셀프트래블

북유럽

상상출판

셀프트래블

북유럽

개정 2판 1쇄 | 2024년 3월 29일

글과 사진 | 유진선

발행인 | 유철상
편집 | 김정민, 김수현
디자인 | 노세희, 주인지
마케팅 | 조종삼, 김소희
콘텐츠 | 강한나

펴낸 곳 | 상상출판
주소 | 서울특별시 성동구 뚝섬로17가길 48, 성수에이원센터 1205호(성수동 2가)
구입 · 내용 문의 | **전화** 02-963-9891(편집), 070-7727-6853(마케팅)
팩스 02-963-9892 **이메일** sangsang9892@gmail.com
등록 | 2009년 9월 22일(제305-2010-02호)
찍은 곳 | 다라니
종이 | ㈜월드페이퍼

※ 가격은 뒤표지에 있습니다.

ISBN 979-11-6782-190-4 (14980)
ISBN 979-11-86517-10-9 (SET)

www.esangsang.co.kr

셀프트래블

북유럽

Northern Europe

유진선 지음

상상출판

PROLOGUE

2012년 8월 16일, 북유럽으로 떠나기 전 상하이에서의 22시간 경유 동안, 나름 비장한 각오를 가지고 루쉰 공원(구 홍구 공원) 안의 윤봉길 의사 기념관을 찾아갔었습니다. 그 당시 판매되고 있었던 일본 번역판을 능가하는 최고의 책을 만들어, 여행자들 손에 꼭 들려 있게 하겠다고 굳게 결심했었죠. 비록 준비했던 책은 무산되었지만, 그때의 각오가 있었기에 희망을 놓지 않았고 지금의 책으로 더욱 크게 열매를 맺을 수 있었습니다.
그리고 10년 넘는 세월이 지난 지금, 이 책은 10살이 되었습니다. 쇄가 바뀔 때마다 수정된 내용으로 꼬리표 가득했던 책은 10권이 넘었고, 이제는 5번째 개정판을 마치고서 후기를 쓰고 있네요. 그것도 밤을 지새우고서….

핀에어 직항이 생기기 전, 북유럽은 우리에게 가장 멀게 느껴지는 곳이었습니다. 나이 들어 마지막으로 떠나는 곳이라는 인식도 한몫했었지요. 2008년 직항 개설 이후 북유럽은 우리에게 더 가깝게 다가왔고, 여행 연령층이 점차 낮아지며 '체력이 있을 때 확실히 느껴야 하는 곳'으로 인식이 바뀌었습니다. 열심히 일한 돈 모아서 북유럽으로 오는 20대 여행자, 교환학생, 워킹 홀리데이, 디자인 유학 관련 지망자들이 늘어났지요. 또한 이들이 사회인이 되고 가족을 이루며, 그때의 행복을 되새기는 여행으로 진화하게 되었습니다. 마지막의 단 한 번이 아닌, 젊을 때부터 여러 번 찾는 여행지로 인식이 바뀌며 여행 목적과 패턴 역시 많이 다양해졌죠. 앞으로 자라나는 이들의 자녀들 역시, 부모님처럼 깊고 치열하게 자연을 느끼고 행복을 배워서 우리 삶을 더 풍성하게 만들 수 있기를 바랍니다.

늘 여행하는 저를 걱정해 주는 우리 가족들과 윤희, 지은, 보영, 보경, 근영이를 비롯한 오랜 친구들, 스웨덴과 이래저래 인연이 깊던 대녀 해진이, 저를 추천해 주신 정은 언니, 이 책을 위해 많이 고생하셨던 상상출판 유철상 사장님을 비롯해 10년간 이 책을 함께 만들어 준 5명의 에디터(손지영, 홍은선, 이정은, 정유진, 김정민) 및 디자이너들, 부족한 자료와 사진을 함께 채워 준 유어진 님과 Helena 님, 설명회와 여행 상담, 현지 동행 등을 통해 인연을 맺었던 모든 분들, 다음 카페 [클럽 노르게] 회원 여러분들, 아이슬란드 원고를 위해 많은 도움을 주신 네이버 [카페 아이슬란드] 운영자 백경하 님, 에스토니아 원고를 감수해 주셨던 네이버 [발트한국인 마당] 운영자 한국외대 서진석 연구원님, 항상 책이 나올 때마다 많은 관심으로 보답해 주시는 주한 노르웨이 대사관의 김영우 사무관님께 진심으로 감사드립니다. 현지에서는 지역 취재에 큰 도움을 주셨던 각 도시별 관광청 및 관광지별 미디어 담당자 여러분들, Taina Gronqvist(피스카르 그룹), 김희욱 님(코펜하겐), 정연희 님(스타방게르), 이철규 님(오슬로)을 비롯해 다양한 현지 이야기를 알려 주시는 여러 현지 교민 블로거와 유튜버 여러분들께도 진심으로 감사드립니다.

2020년부터 이어진 코로나19 시국 와중에는, 2020년 이전 여행의 기억들을 되새기며 오늘을 살았던 분들이 많았습니다. 그중에서 북유럽에 대한 기억으로 살아갔던 분들 역시 적지 않았을 겁니다. 저도 역시 북유럽에서의 행복했던 시절을 떠올리며 이 시국이 얼른 지나가길 바랐고, 이렇게 업데이트를 재개하며 여러분들의 손에 다시 들려지는 순간을 기다렸습니다. 전쟁의 여파로 비행시간은 길어지고, 원체 높았던 물가가 더 올라간 지금의 상황이 야속하지만 여행은 계속되어야겠죠.
지난 10년간 이 책을 아껴 주셨던 모든 독자 여러분들께 머리 숙여 감사드리며, 다시 펼쳐질 새로운 10년, 여러분의 행복하고 안전한 여행을 위해 더 열심히 뛰고, 더 많이 움직이겠습니다. 이 책이 북유럽에 대한 새로운 꿈을 키우고, 그 꿈을 실현시킬 수 있는 소중한 존재가 되었으면 좋겠습니다. 또한 이 책으로 만든 행복한 기억이, 여러분의 오늘을 더 힘차게 살아가게 만드는 자양분으로 남기를 간절히 바랍니다.

마지막으로 항상 저의 시작과 끝이 되시고, 매년 1만 km가 넘는 긴 여행길을 항상 지켜 주시는 하느님께 가장 큰 감사와 찬미를 바칩니다. 당신의 이름은 영원히 찬미 받으소서. 아멘.

2024년 3월
유진선 Christina

CONTENTS

목차

Mission in Northern Europe
북유럽에서 꼭 해봐야 할 모든 것

Enjoy Northern Europe
북유럽을 즐기는 가장 완벽한 방법

덴마크
Denmark

스웨덴
Sweden

노르웨이
Norway

Step to Northern Europe
쉽고 빠르게 끝내는 여행 준비

일러두기

❶ 주요 지역 소개

《북유럽 셀프트래블》은 북유럽의 덴마크, 스웨덴, 노르웨이, 핀란드, 에스토니아, 아이슬란드를 다루고 있습니다. 나라별 챕터로 나누어 각 국가의 앞부분에서는 '국가 프로필'과 '현지 오리엔테이션' 등 기본적인 정보를 다뤄 멀게만 느꼈던 북유럽의 국가와 친숙해질 수 있습니다. 이동 방법이나 긴급 연락처 등의 정보도 전부 이 부분에 실려 있답니다. 그 뒤로는 각 나라의 주요 도시가 차례차례 나오는데 도시나 지역별로 기본적인 교통 정보 등을 다시 제시한 후에 관광지, 식당, 숙소 등을 안내하고 있습니다. 참! 패스나 입장 안내 시 제시된 나이는 전부 '만' 기준이란 거 잊지 마세요.

❷ 철저한 여행 준비

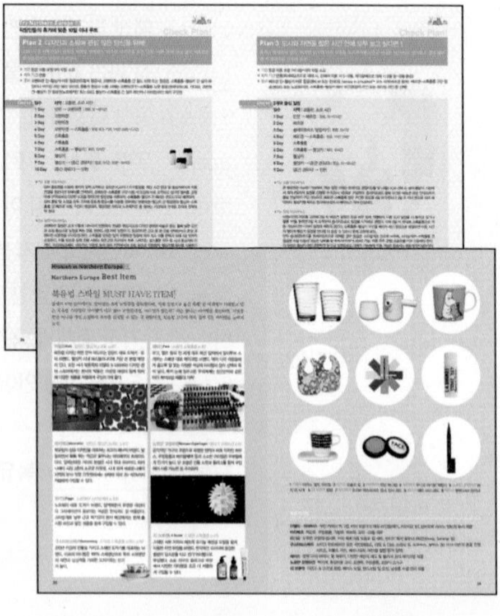

책의 앞부분에서는 'Mission in Northen Europe'를 만날 수 있습니다. 그중 'Try'는 여러 기간별, 지역별로 일정을 제시한 부분입니다. 다양한 일정 제시로 누구든지 여행 계획을 짤 때 활용할 수 있습니다. 'Mission'에서는 말 그대로 북유럽에서 누리고, 맛보고, 쇼핑해야 할 것들을 제시합니다. 또한 누구나 궁금해하는 북유럽 관련 질문들도 정리해 놓았습니다. 본격적인 북유럽 탐색 전 이미지와 분위기를 느껴 볼 수 있습니다.

책의 가장 마지막 부분에는 'Step to Northern Europe'과 'Travel Note'가 있습니다. 막상 떠나고자 하면 막막한 북유럽 여행의 준비법(항공, 유레일 패스, 숙소, 기후, 주의사항)을 수록하여 북유럽 여행 전체에 대한 팁을 얻을 수 있습니다.

❸ 알차디알찬 여행 핵심 정보

본격적인 스폿 소개에 앞서 각 지역의 교통을 비롯한 전반적인 지역 정보를 제시하고, 로컬명소, 뷰포인트 등으로 분류한 명소를 차례차례 안내합니다. 각 지역의 관광지나 식당, 숙소 등의 소개글 오른쪽에는 관련 주소나 이동 방법 등의 세부정보가 제시되어 있습니다.

Snakk?
또한, 중간중간 덧붙이고 싶은 이야기나 강조하고픈 내용은 'Tina's Plus', 'Tina's Story', 'Snakk' 등을 통해 보충했습니다. 참고로 'Snakk'는 노르웨이어로 '말하다'라는 뜻을 가진 단어랍니다.

❹ 원어 표기

최대한 외래어 표기법을 기준으로 표기했으나 관광명소와 업소의 경우 '피요르드(피오르)' 등 현지에서 사용 중인 한국어 안내와 여행자들에게 익숙한 명칭을 택했습니다.

❺ 정보 업데이트

이 책에 실린 모든 정보는 2024년 3월까지 취재한 내용을 바탕으로 합니다. 북유럽은 시기에 따라 정보가 급변하는 지역이니, 여행 전 한 번 더 확인하길 바랍니다. 변동된 정보는 계속 업데이트하겠습니다.

❻ 지도 활용법

이 책의 지도에서는 다음과 같은 부호를 사용하고 있습니다. 'Map Info'에서는 역이나 터미널 등의 하위에 포함된 곳을 추가로 알려 줍니다.

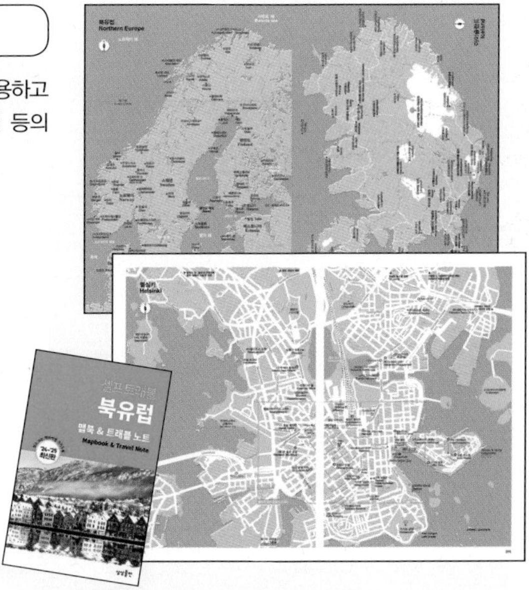

주요 아이콘

- H 호텔, 호스텔 등의 숙소
- S 편의점, 백화점 등의 쇼핑 장소
- B 환전, ATM 사용 등을 할 수 있는 은행
- N 바, 펍, 재즈 클럽 등의 나이트 라이프
- R 카페, 레스토랑 등 식사를 할 수 있는 곳
- M 지하철역
- i 관광이나 교통 안내소
- 트램 정류장
- 버스 터미널이나 정류장
- 페리 터미널이나 승선장
- 일반 철도역이나 국철역

북유럽
Northern Europe

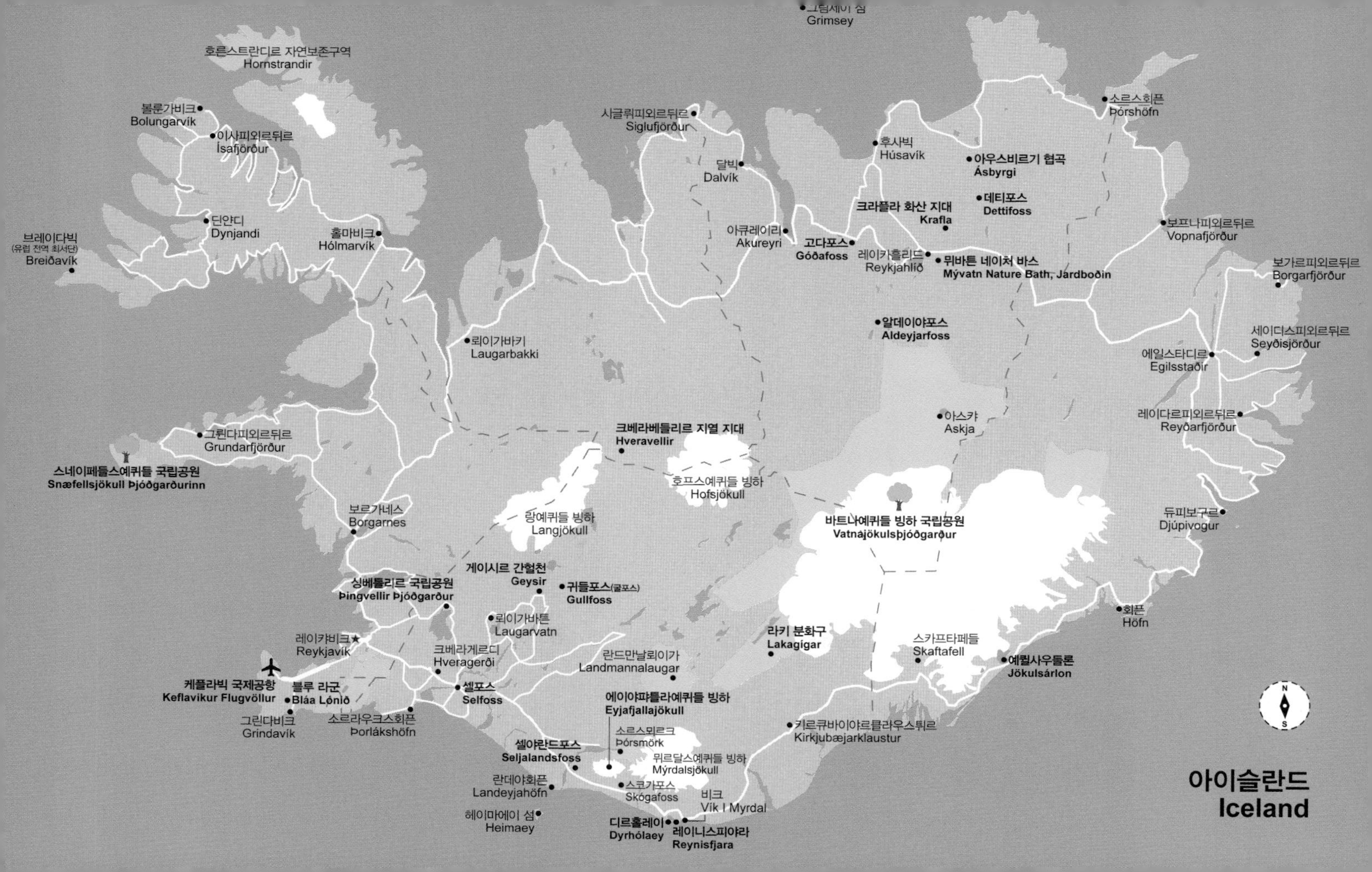
아이슬란드
Iceland
그림세이 섬
Grimsey
호른스트란디르 자연보존구역
Hornstrandir
볼룬가비크
Bolungarvík
이사피외르뒤르
Ísafjörður
딘얀디
Dynjandi
브레이다빅
(유럽 전역 최서단)
Breiðavík
홀마비크
Hólmarvík
시글뤼피외르뒤르
Siglufjörður
달빅
Dalvík
아큐레이리
Akureyri
고다포스
Góðafoss
후사빅
Húsavík
아우스비르기 협곡
Ásbyrgi
데티포스
Dettifoss
크라플라 화산 지대
Krafla
레이캬흘리드
Reykjahlíð
뮈바튼 네이처 바스
Mývatn Nature Bath, Jardboðin
소르스회픈
Þórshöfn
보프나피외르뒤르
Vopnafjörður
보가르피외르뒤르
Borgarfjörður
세이디스피외르뒤르
Seyðisjörður
에일스타디르
Egilsstaðir
레이다르피외르뒤르
Reyðarfjörður
듀피보구르
Djúpivogur
회픈
Höfn
뢰이가바키
Laugarbakki
알데이야포스
Aldeyjarfoss
아스캬
Askja
그른다피외르뒤르
Grundarfjörður
스네이페들스예퀴들 국립공원
Snæfellsjökull Þjóðgarðurinn
크베라베들리르 지열 지대
Hveravellir
호프스예퀴들 빙하
Hofsjökull
바트나예퀴들 빙하 국립공원
Vatnajökulsþjóðgarður
보르가네스
Borgarnes
랑예퀴들 빙하
Langjökull
게이시르 간헐천
Geysir
귀들포스(굴포스)
Gullfoss
싱베틀리르 국립공원
Þingvellir Þjóðgarður
뢰이가바튼
Laugarvatn
레이캬비크
Reykjavík
크베라게르디
Hveragerði
란드만날뢰이가
Landmannalaugar
라키 분화구
Lakagígar
스카프타페들
Skaftafell
예퀼사우를론
Jökulsárlon
케플라빅 국제공항
Keflavíkur Flugvöllur
블루 라군
Bláa Lónið
셀포스
Selfoss
에이야파틀라예퀴들 빙하
Eyjafjallajökull
그린다비크
Grindavík
소르라우크스회픈
Þorlákshöfn
소르스뫼르크
Þórsmörk
셀야란드포스
Seljalandsfoss
뮈르달스예퀴들 빙하
Mýrdalsjökull
키르큐바이야르클라우스튀르
Kirkjubæjarklaustur
란데야회픈
Landeyjahöfn
스코가포스
Skógafoss
비크
Vík Í Myrdal
헤이마에이 섬
Heimaey
디르홀레이
Dyrhólaey
레이니스피야라
Reynisfjara
N
S

01

-

Mission in Northern Europe

북유럽에서 꼭 해봐야 할 모든 것

Plan 1 북유럽 6개국 기본 루트

6개국의 수도와 하이라이트 지역을 모은 '종합 선물 세트'로, 북유럽 전체에서 중요한 곳만 골라서 가고 싶을 경우 추천한다.

Course

일수	지역 : 교통편, 소요 시간
1 Day	인천 · 김포 · 부산 · 제주 → 레이캬비크 : 항공, 14~22시간
2 Day	레이캬비크
3 Day	블루 라군+골든 서클 투어 : 버스, 6~8시간
4 Day	남부 지역 : 버스
5 Day	남부 지역 : 버스
6 Day	남부 지역 : 버스
7 Day	레이캬비크 → 코펜하겐 : 항공, 3시간
8 Day	코펜하겐
9 Day	코펜하겐 근교
10 Day	코펜하겐 → 베르겐 : 항공, 1시간 20분
11 Day	베르겐 → 플롬 : 기차+버스+페리, 5시간
12 Day	플롬 → 뮈르달 → 오슬로 : 기차, 6시간
13 Day	오슬로
14 Day	오슬로 → 스톡홀름 : 기차, 6시간 30분
15 Day	스톡홀름
16 Day	스톡홀름
17 Day	스톡홀름 → 헬싱키 : 페리, 15시간
18 Day	헬싱키
19 Day	탈린 · 투르쿠 · 탐페레 중 선택 당일치기 : 페리 또는 기차, 1시간 40분~2시간
20 Day	헬싱키 → (중간 경유지) : 항공, 8시간 40분~15시간
21 Day	(중간 경유지) → 인천 · 김포 · 부산 · 제주

- 기간 항공 이동 포함 19박 21일 소요
- 최적 기간 연중(레이캬비크 당일 연결 시 6~8월 중심)
- 준비 레이캬비크 인-헬싱키 아웃(핀에어, KLM, SAS, 루프트한자, 영국항공). 레이캬비크-코펜하겐(SAS, 아이슬란드에어 중 선택), 코펜하겐-베르겐 구간 티켓(SAS나 노르웨지안 중 선택), 스톡홀름-헬싱키 구간 페리(실야 라인이나 바이킹 라인 중 선택, 필요 시 항공도 가능), 유레일 스칸디나비아 패스(스칸 패스) 4일, 아이슬란드 내에서는 버스 개별 내용이나 개별 투어 예약, 차량 렌트 중 선택

●Tip 교통 어드바이스

일부 유럽계 항공사들이 여름 시즌에 맞춰 레이캬비크로의 당일 연결을 지원하고 있으니 되도록 당일 연결이 가능한 항공사를 이용하자. SAS나 영국항공처럼 2일 차 오전에 출발이 필요할 경우 공항 근처에서 1박이 필요하고, 레이캬비크 일정이 반나절로 줄어들 수 있다. SAS 이용 시에는 코펜하겐 스톱오버를 앞에 2~3일 정도 추가하고, 아이슬란드 일정 이후 오슬로나 베르겐행 항공편 티켓을 따로 예약해 진행하는 것을 권한다. 역순 일정 시에는 핀에어를 이용해 헬싱키 스톱오버를 뒤에 2일 정도 추가하고 스톡홀름부터 시작하자. 원하는 항공편이 없을 경우 레이캬비크로의 연결편이 많은 코펜하겐이나 오슬로부터 들어간 후, 아이슬란드를 왕복하고 돌아오는 방법도 가능하다.

덴마크 이후부터 지역 내 이동을 주로 열차로 진행한다면 스칸 패스 4일권을 구입해 이동 시 사용할 수 있으며, 헬싱키에서의 당일 일정 시 탈린을 선택한다면 코펜하겐 근교나 오덴세+레고 랜드 일정 시에 대체해서 사용 가능하다. 단 매진이 잦은 여름 최성수기(7월~8월 중순)에는 패스 구입 시 좌석 예약을 요청하는 것을 권한다. 구드방겐-플롬 페리 구간도 넛쉘 패키지 시간대 이용 시 예약하는 것이 좋다. 패스를 사용하지 않을 경우 넛쉘 패키지를 구입하는 것도 괜찮다.

아이슬란드 내에서의 교통은 남부 하이라이트 지역 일정을 기준으로 하였으며, 이 외에 원하는 지역에 맞게 개별 티켓이나 버스 패스를 구입해 시간에 맞춰 이동해도 괜찮다. 렌터카 이용 시에는 첫날 공항에 도착해 차량을 인도받아 자유롭게 일정을 진행하고 7일 차 이동 전에 반납 후 바로 항공 이동하면 된다.

●Tip 일정 어드바이스

북유럽 6개국 수도 및 주요 지역, 송네피요르드를 넣은 기본 일정. 여기서 개인의 취향에 맞는 도시와 지역을 가감하며 여행 일수를 조정할 수 있다. 아이슬란드 골든 서클 일정은 투어를 별도로 진행하거나, 버스 패스를 이용해 이동을 해결하는 방법 중 선택하자. 블루 라군을 함께 묶어서 다녀오는 하루 투어 프로그램도 괜찮다. 링 로드 완주를 원할 경우 2일 차부터 시작할 수 있으며, 이때 원하는 지역을 미리 파악해 일정을 정해야 버스 패스나 2륜/4륜 구동 차량 선택이 용이하다. 단 겨울 시즌에는 남부 위주로만 진행하는 것을 권한다.

코펜하겐으로의 이동은 반드시 오전에 진행하고, 일정이 남는다면 근교 지역(p.95 참조)이나 오덴세, 레고랜드 등을 당일 일정으로 다녀오자. 항공편이 밤 시간만 있다면 9일 차 밤에 베르겐으로 이동해도 괜찮다. 베르겐 도착 후 플롬-오슬로, 오슬로-스톡홀름 구간을 예약하고 시내 관광을 진행하며, 송네 일정은 출도착 시간을 자유롭게 조정하되 시간을 잘 맞춰 이동해야 한다. 12일 차에서 저녁에 오슬로로 돌아온다면 14일 차는 오후에 이동하는 것을 추천한다. 스톡홀름 시내는 기본 2일 일정을 진행 후 마지막 날에는 오후 3시까지 취향에 맞는 곳을 자유롭게 선택한다. 탈린 일정을 먼저 하고 싶거나 헬싱키를 늘리고 싶으면 탈링크로 탈린 이동 후, 17일 차에 탈린 시내를 관광하고 저녁에 헬싱키로 이동해도 된다.

뤼세피요르드를 추가하고 싶다면(5~9월) 코펜하겐-스타방게르 간 항공 이동이 필요하며, SAS만 이용 가능하다. 9일째 저녁에 스타방게르 이동 후 10일 차에 프레이케스톨렌 일정, 11일 차 오전에 베르겐 이동 후(버스편 예약 필수) 시내를 돌아보고 12일 차에 송네 일정을 하루에 모두 진행하자. 게이랑에르피요르드 및 골든 루트를 추가하고 싶다면(6월 말~8월 중순) 베르겐까지는 그대로 진행하되, 11일에 베르겐-뮈르달-플롬-송달-헬레쉴트, 12일에 아침 8시부터 골든 루트 일정을 진행하고 오슬로로 이동해야 나머지 일정에 차질이 없다. 이때 온달스네스-오슬로 구간도 패스 소지 시 예약 필수이며, 평일에만 이동 가능한 점 감안해 미리 일정을 결정한 후 진행하자.

역순 일정으로 진행 시에는 국내외 이동을 고려해 되도록 쇼핑을 줄이고, 아이슬란드에서의 일정은 조금 더 느슨하게 진행하는 것이 좋다. 부득이한 경우 레이캬비크를 중심으로 당일~1박 2일 투어를 적극 이용하고 블루 라군을 마지막에 넣어 피로를 줄이자. 스톱 오버를 이용해 쇼핑 중심 도시들(코펜하겐, 헬싱키)을 마지막으로 넣는 것도 좋은 방법이다.

Check Plan!

Plan 2 디자인과 쇼핑에 관심 많은 당신을 위해!

2030 여성 여행자들의 취향을 제대로 반영하는 '디자인 시티'만을 모은 일정. '예쁜 것'에 관심 많고 여유로운 휴가를 즐기고 싶다면 추천한다.

- 기간 항공 이동 포함 8박 10일 소요
- 최적 기간 연중
- 준비 코펜하겐 인–헬싱키 아웃 항공권(유럽계 항공사), 코펜하겐–스톡홀름 간 철도 티켓 또는 항공권, 스톡홀름–헬싱키 간 실야 라인이나 바이킹 라인 페리 구간권, 중동계 항공사 이용 시에는 코펜하겐 인–스톡홀름 아웃 항공권(에미레이트, 카타르), 코펜하겐–헬싱키 간 항공권(노르웨지안 또는 SAS), 헬싱키–스톡홀름 간 실야 라인이나 바이킹 라인 페리 구간권

Course

일수	지역 : 교통편, 소요 시간
1 Day	인천 → 코펜하겐 : 항공, 12~18시간
2 Day	코펜하겐
3 Day	코펜하겐
4 Day	코펜하겐 → 스톡홀름 : 항공 또는 기차, 1시간 20분~5시간
5 Day	스톡홀름
6 Day	스톡홀름
7 Day	스톡홀름 → 헬싱키 : 페리, 15시간
8 Day	헬싱키
9 Day	헬싱키 → (중간 경유지) : 항공, 8시간 30분~18시간
10 Day	(중간 경유지) → 인천

● Tip 교통 어드바이스

심야 출발편을 이용해 현지에 일찍 도착하고 싶으면 KLM이나 터키항공을, 최단 시간 연결 및 헬싱키에서의 직항 연결을 원한다면 핀에어를 선택하자. 코펜하겐–스톡홀름 구간 이동 시 도심에 바로 도착하고 싶다면 열차를, 공항 면세 구역에서의 다양한 쇼핑을 원한다면 항공편을 이용하자. 스톡홀름–헬싱키 간 페리는 반드시 미리 예약하자.
심야 출발 및 쇼핑을 모두 고려해 중동계 항공사를 이용할 경우에는 코펜하겐–헬싱키 간 항공편과 헬싱키–스톡홀름 간 페리로 이동 수단이 변경되며, 항공편은 SAS와 노르웨지안 중 원하는 시간대와 가격을 고려해 선택하면 된다.

● Tip 일정 어드바이스

코펜하겐 일정은 크게 이틀로 나누어서 진행하자. 첫날은 랜드마크와 디자인 관련된 미술관 중심, 둘째 날은 궁전과 쇼핑 중심으로 일정을 짜는 것을 권한다. 4일 차에 일정이 더 필요하다면 근교 중 한 곳을 선택하거나, 로얄 코펜하겐 아웃렛을 다녀오면 된다. 스톡홀름 일정은 앞의 코펜하겐 일정에 따라 최소 이틀 반에서 최대 3일 반까지 소요된다. 이틀 반으로 일정 진행 시에는 유르고덴 지구에서 하루, 나머지는 셉스홀맨 지구 및 시내 중심가와 이케아, 구스타브스베리, 바르카비 아웃렛 등의 외곽 지역에서의 쇼핑 등으로 진행하자. 헬싱키행 페리를 이용하기 위해 오후 3시까지는 일정을 끝내야 하며, 선내 면세점에서도 역시 디자인 아이템 쇼핑이 가능하니 너무 미리 힘 빼지 말자. 헬싱키에서는 하루 조금 넘는 일정 중, 반나절은 시내 대표 랜드마크를, 나머지는 아라비아나 마리메코 팩토리 아웃렛 중 선택해서 쇼핑하면 된다. 그릇 쇼핑을 원한다면 마지막 지역인 헬싱키에서 진행하는 것이 여행 중 짐 부담을 덜 수 있다.
만약 하루 정도 조정이 필요하다면 코펜하겐 일정을 하루 줄여도 상관없다. 단 스톡홀름 이동 시에 빠르게 이동이 가능한 항공편이나, 말뫼–스톡홀름 구간 야간열차를 이용해야 시간 절약이 가능하고 도시 일정도 알차게 진행할 수 있다.

Plan 3 도시와 자연을 짧은 시간 안에 모두 보고 싶다면 1

휴가는 한정되어 있다. 하지만 도시와 자연 모두를 포기하기엔 너무나 아쉬운 시간이다. 포기하고 싶지 않다면 이 일정으로 진행해 보자.

- 기간 항공 이동 포함 7박 9일~8박 10일 소요
- 최적 기간 연중(뤼세피요르드로 대체 시, 핀에어 이용 시 5~9월, 게이랑에르로 대체 시 6월 말~8월 중순)
- 준비 베르겐 인–헬싱키 아웃 항공권(KLM 또는 핀에어), Norway in a Nutshell™ 코스 티켓(베르겐 왕복), 베르겐–스톡홀름 구간 항공권(SAS 또는 노르웨지안), 스톡홀름–헬싱키 페리 구간권(실야 라인 또는 바이킹 라인 중 선택)

Course 3개국 중심 일정

일수	지역 : 교통편, 소요 시간
1 Day	인천 → 베르겐 : 항공, 15~17시간
2 Day	베르겐
3 Day	송네피요르드 당일치기 : 혼합, 12시간
4 Day	베르겐 → 스톡홀름 : 항공, 1시간 20분
5 Day	스톡홀름
6 Day	스톡홀름 → 헬싱키 : 페리, 15시간
7 Day	헬싱키
8 Day	헬싱키 → (중간 경유지) : 항공, 15~18시간
9 Day	(중간 경유지) → 인천

● Tip 교통 어드바이스

큰 항공편은 KLM만 가능하며, 역순 일정 시에는 핀에어도 괜찮다(5월 말~9월). KLM 선택 시 심야 출발이 가능해서 최대 8일까지 일정을 진행할 수 있으니 1순위로 구입하자. 송네피요르드 왕복 구간은 베르겐 관광 안내소에서 출발 전날까지 구입 가능하며, 베르겐–스톡홀름 항공 구간은 되도록 4일 차 아침이나 3일 차 저녁 편으로 미리 예약하자. 헬싱키행 페리는 한국에서 반드시 예약하고 가야 안심이다.

● Tip 일정 어드바이스

비행시간의 피로를 고려해 2일 차 베르겐 일정은 조금 여유 있게 진행하자. 다른 도시 일정을 더 늘리고 싶거나 플롬 1박을 원하면 2일 차 오후부터 송네피요르드 일정을 시작해도 괜찮다. 이때 3일 차 저녁에 스톡홀름으로 이동 가능하다면 나머지 일정에 여유가 생긴다. 스톡홀름–헬싱키 구간을 페리가 아닌 항공으로 해결하면 이동 시간이 짧아져 헬싱키 일정을 반나절 더 늘릴 수 있으니 함께 고려해 보자.

만약 송네피요르드를 뤼세피요르드로 대체할 경우 항공은 스타방게르 인으로 바뀌며, 스타방게르–스톡홀름 간 항공편 직행 이동이 가능한 날짜를 잘 맞춰 예약하거나(SAS 가능. 여름 위주 운행) 오슬로를 거쳐 이동해야 한다. 이 일정은 헬싱키 대신 코펜하겐 및 근교 일정으로도 대체가 가능하며, 이용 가능한 항공사는 중동계까지 넓어진다. 게이랑에르피요르드 및 골든 루트로 대체 시(6월 말~8월 중순) 항공은 올레순 인으로, KLM만 가능한 점 주의하자. 올레순 도착 후 2일 차 오후에 헬레쉴트 버스 이동, 3일 차 아침 8시부터 일정 진행 후 오슬로 공항 근처 1박, 4일 차 아침에 스톡홀름 항공 이동으로 진행하면 된다. 단 3일 차는 토요일을 피해서 진행하고, 온달스네스–오슬로 공항까지의 기차 이동은 반드시 예약하자. 골든 루트 일정을 비껴갔다면 2일 차에 렌터카를 이용해 당일로 게이랑에르와 골든 루트를 다녀오거나, 헬레쉴트–게이랑에르–올레순순으로 당일 일정을 진행하고(평일만 가능) 3일 차 오후에 항공으로 오슬로를 거쳐 스톡홀름으로 이동해도 괜찮다.

Plan 4 도시와 자연을 짧은 시간 안에 모두 보고 싶다면 2

단기 여행의 생명은 '선택과 집중'이다. 북유럽을 대표하는 곳들의 장점만 골라 모은 일정.

- **기간** 항공 이동 포함 7박 9일 소요
- **최적 기간** 연중(플롬에서 1박 시 4~10월)
- **준비** 오슬로 인-스톡홀름 아웃 항공권(유럽계 및 중동계 항공사), 베르겐-스톡홀름 항공 구간권(SAS 또는 노르웨지안), Norway in a Nutshell™ 코스 티켓(오슬로-베르겐 편도) 또는 오슬로-플롬 구간권(NSB 예약)

Course 노르웨이의 자연, 그리고 대도시

일수	지역 : 교통편, 소요 시간
1 Day	인천 → 오슬로 : 항공, 14~17시간
2 Day	오슬로
3 Day	오슬로 → 뮈르달 → 플롬 : 기차, 6시간
4 Day	플롬 → 구드방겐 → 보스 → 베르겐 : 혼합, 6시간
5 Day	베르겐 → 스톡홀름 : 항공, 1시간 20분
6 Day	스톡홀름
7 Day	스톡홀름
8 Day	스톡홀름 → (중간 경유지) : 항공, 11~19시간
9 Day	(중간 경유지) → 인천

● Tip 교통 어드바이스

베르겐 인이 가능한 항공사로 이동 시에는 베르겐-송네-오슬로-스톡홀름 순으로 좀 더 매끄러운 일정이 만들어진다. 넛쉘 코스를 이틀에 나눠서 진행하고 싶을 경우 예약 시 원하는 시간을 미리 알려야 하며, 본인이 직접 예약 시에는 오슬로-플롬 구간만 예약하고 나머지는 현장에서 구매 가능하다. 스톡홀름 시내에서 유료 관광지 이용이 많다면 패스 48시간권을 구입해 알차게 사용하자.

● Tip 일정 어드바이스

3일 차 일정은 준비 기간에 여유가 있다면 12시 티켓으로 예약하고, 넛쉘 패키지를 구입한다면 시간 조정을 요청해 일정을 이틀로 늘리자. 4일 차에는 플롬에서 오전과 오후 중 본인의 일정에 맞는 것으로 선택 가능하다. 예약 전 우선 플롬에 묵을 곳이 있는지부터 확인한 후, 숙박을 예약하고 그다음 교통편을 확인해야 맘 편히 플롬에서 머무를 수 있다. 플롬에서는 하이킹, 카야킹 등의 액티비티를 즐기거나 아울란드 전망대 등을 3시간 코스로 다녀올 수 있으니 머무르면서 취향에 맞게 선택하자. 베르겐-스톡홀름 간 항공편은 되도록 저녁 편으로 예약할 것.

이 일정은 스톡홀름 대신 코펜하겐 및 근교 일정으로 대체해서 진행해도 된다. 헬싱키로 대체 시에는 항공 이동 때문에 무조건 오슬로로 다시 나와야 하니 베르겐 인-헬싱키 아웃으로 큰 항공편을 잡고 오슬로-헬싱키 구간은 따로 교통수단을 예약하는 것이 좋다. 핀에어 이용 시에는 헬싱키 스톱오버를 적극 이용하면 추가 항공비의 부담을 덜 수 있다.

앞의 노르웨이 일정을 아이슬란드로 대체해서 진행할 경우, 남부 중심으로 진행하되 현지 투어를 적극 이용하고 뒤의 도시 일정은 하루를 줄이자. 핀에어의 스톱 오버를 이용해 경유 도시(헬싱키 또는 코펜하겐)를 뒤에 넣으면 도시 및 쇼핑 일정을 함께 진행하는 데 좋다. 특히 신혼여행 시 그릇이나 인테리어 소품 등의 '혼수 쇼핑'에 가장 유용하다.

Plan 5 노르웨이 중심 일정

짧은 기간 동안이라도 답답한 도시를 벗어나 자연 속에 푹 파묻히고 싶다면 노르웨이의 자연 속으로 떠나 잠시나마 여유를 가져 보자. 더불어 부모님께 가장 멋진 자연을 보여 드리고픈 효자 효녀에게도 추천하는 일정.

- 기간 항공 이동 포함 7박 9일 소요
- 최적 기간 5~9월(골든 루트 포함 시 6월 말~8월 중순)
- 준비 오슬로 왕복 항공권(유럽계 및 중동계 항공사), 노르웨이 철도 패스 3일권

Course

일수	지역 : 교통편, 소요 시간
1 Day	인천 → 오슬로 : 항공, 15~17시간
2 Day	오슬로 → 스타방게르 : 기차, 8시간 30분(야간) / 항공, 50분
3 Day	프레이케스톨렌 등산
4 Day	스타방게르 → 베르겐 : 버스, 5시간 15분
5 Day	베르겐 → 플롬 : 기차, 2시간 50분
6 Day	플롬 → 송달 → 헬레쉴트 : 버스, 6시간
7 Day	게이랑에르 골든 루트 → 오슬로 : 혼합, 12시간
8 Day	오슬로 → (중간 경유지)
9 Day	(중간 경유지) → 인천

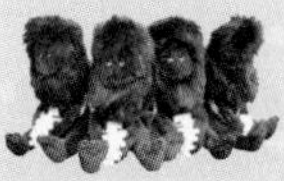

● Tip 교통 어드바이스

오슬로 인과 아웃이 가능한 모든 항공사를 선택할 수 있다. 만약 시간이 없거나, 부모님 동반으로 야간열차 이동이 부담스럽다면 오슬로 도착 후 바로 스타방게르행 항공편을 연결해 이용하거나, 아예 스타방게르 인이 가능한 항공사를 선택하는 것이 좋다.

철도 패스 이용 시 오슬로 도착 후 공항 기차역에서 개시 가능하며, 오슬로–스타방게르 구간과 온달스네스–오슬로 구간을 첫날에 반드시 예약하자. 나머지 버스 및 페리 구간은 모두 시간 맞춰 현장에서 구입하면 된다. 2인 이상 함께 다니면 버스 요금도 절약할 수 있다.

● Tip 일정 어드바이스

전체 일정 중 피요르드 지역만 5일 소요하며, 골든 루트를 반드시 여행하고 싶다면 날짜를 잘 맞춰서 일정에 반영해야 한다. 2일 차 야간열차 및 6일 차 이동은 토요일에 진행 자체가 불가능하니 반드시 피해서 잡자. 3일 차 등산 후에는 등산로 옆의 호스텔이나 로지를 이용하면 등산 후 바로 쉬기 좋다. 4일 차 이동은 시내에 나오는 시간을 고려해 시내를 돌아보고 오후 4~5시에 출발하는 교통편을 이동하자. 베르겐 일정을 늘리고 싶다면 6일 차 일정을 하루에 모두 진행하고, 7일 차 일정은 아침 8시 첫 페리와 9시 40분 달스니바행 첫 버스를 이용해야 15시 30분 전까지 온달스네스에 도착할 수 있다. 8일 차 아침 일찍 아웃해야 한다면 7일 차에 일정을 끝낸 후 바로 오슬로 공항까지 이동하고 공항 근처에서 1박 후 귀국 비행기를 타자.

1일 정도를 더 추가할 수 있으면 쉐락볼튼, 하르당에르피요르드, 뉘가드 빙하 트레킹 중 본인의 취향에 맞는 것을 선택하거나, 플롬에서 1박을 더 하며 잠시 쉼의 시간을 갖는 것이 좋다. 특히 가족 여행에서는 중간중간 쉬는 일정이 꼭 필요하다.

골든 루트 일정을 비껴갔다면 5일 차에 송네 일정을 모두 진행하고 저녁 항공편으로 올레순까지 이동 후 6일 차에 올레순에서 당일 일정을 진행하거나(9월까지 가능), 송네피요르드+(하르당에르피요르드)+뤼세피요르드 위주의 일정으로 변경하자. 특히 송네피요르드+뤼세피요르드 일정은 1주일을 꽉 채워 여유롭게 진행할 수 있으며, 5월~6월 초나 추석 연휴 때 유용하다.

차량 이용 시에는 p.347의 10일 일정 중 원하는 지역을 선택하고, 베르겐에서 차량을 인도받아 일정을 진행하자. 시간이 없을 경우 송네, 하르당에르 피요르드 중심의 왕복 일정을 추천한다.

Check Plan!

Plan 6 스웨덴 '더' 들여다보기

부루마블 게임 시절부터, 스웨덴은 우리의 로망과도 같았다. 현대적인 도시부터 광활한 내륙의 자연까지 스웨덴의 다양한 면면을 들여다보자. 예테보리에서의 학회 일정 시, 어린이 동반 시에도 응용 가능하다.

- 기간 항공 이동 포함 9박 11일 소요
- 최적 기간 6~8월(인란드바난 제외 시 연중 가능)
- 준비 스톡홀름 왕복 항공권(유럽 · 중동 · 아시아계), 스웨덴 철도 패스 4일

Course

일수	지역 : 교통편, 소요 시간
1 Day	인천 · 김포 · 부산 · 제주 → 스톡홀름 : 항공, 12~17시간
2 Day	스톡홀름 → 웁살라 → 외스터순드 : 기차, 6시간
3 Day	인란드바난 일정 후 예테보리 : 기차, 12시간
4 Day	예테보리
5 Day	예테보리 → 말뫼 : 기차, 3시간 20분
6 Day	말뫼
7 Day	말뫼 → 스톡홀름 : 기차, 4시간
8 Day	스톡홀름
9 Day	스톡홀름
10 Day	스톡홀름 → (중간 경유지)
11 Day	(중간 경유지) → 인천 · 김포 · 부산 · 제주

●Tip 교통 어드바이스

스톡홀름 왕복 직항은 없지만, 경유 편이 많고 인천 이외의 공항에서도 이용 가능해 지방 거주 시 편리하다. 저렴한 요금과 짧은 비행시간 및 지방 출도착이 가능한 중국국제항공, 심야 출발이 가능하고 수화물 용량이 큰 중동계 항공사, 유럽계 항공사까지 선택의 폭이 넓다. 일정에 따라 예테보리 왕복 항공권도 차선책으로 고려해 보자.
지역 이동 시에는 스웨덴 철도 패스를 이용하면 편리하다. 단 모든 장거리 이동 시에는 예약이 필수인 점 감안해, 스웨덴 철도청 홈페이지에서 패스 소지자 자격으로 미리 예약한 후 2일 차 아침에 스톡홀름 중앙역에 들러 패스를 개시하면 편하게 이동이 가능하다. 비수기 기간에는 패스를 개시한 후에 구간 예약을 해도 괜찮다. 웁살라–외스터순드, 크리스티네함–예테보리, 예테보리–말뫼, 말뫼–스톡홀름 구간은 모두 예약 필수!
예테보리에서는 시티 카드, 스톡홀름에서는 스톡홀름 패스와 교통권을 함께 구입해 이용하면 시내 관광 시 편리하다. 유료 관광지 입장이 별로 없을 경우, 시내 교통 안내소나 프레스뷔론 편의점에서 일정에 맞는 교통권을 따로 구입해 이용하자.

●Tip 일정 어드바이스

장거리 이동이 필요한 인란드바난 일정을 앞으로 놓고, 대도시 일정은 중반 이후부터 본인의 취향과 컨디션에 맞춰 진행하자. 웁살라 일정은 스톡홀름 출발 시간에 맞게 조정 가능하며, 관광 시간이 조금 걸린다면 외스터순드 이동은 야간에 진행해도 괜찮다. 외스터순드 도착 이후에는 모라를 거쳐 크리스티네함까지 인란드바난의 반나절 일정을 진행하고 예테보리로 이동하자. 예테보리–말뫼는 오후, 말뫼–스톡홀름 이동은 아침에 진행하는 것이 시내 관광 일정을 확보하는 데 좋다. 오후 5시 이후에 출발하는 KLM, 중국국제항공 이용 시에는 마지막 날 오전까지 알차게 활용 가능하며, 이때는 시청사 투어나 시내 중심가에서의 쇼핑 위주로만 일정을 진행하고 세금 환급 등을 고려해 서둘러 공항으로 가자.
여름 전후 기간에는 인란드바난 일정이 제외되어 조금 더 여유 있는 진행이 가능해진다. 이때 도시 순서와 개수는 항공편 및 취향에 따라 자유롭게 변경할 수 있다.

Plan 7 핀란드의 재발견

속도를 조금 늦춰서 핀란드를 천천히 느껴 보자. 디자인, 캐릭터, 게임 등에 관심이 많거나 어린이를 동반한 가족 여행자에게 추천한다. 핀에어로 헬싱키 스톱오버 시에도 응용 가능한 일정.

- 기간 항공 이동 포함 8박 10일 소요
- 최적 기간 연중(무민 월드나 앵그리버드 랜드 이용 시 6~8월)
- 준비 로바니에미 인-헬싱키 아웃 항공권(핀에어), 핀레일 패스 3일권

Course

일수	지역 : 교통편, 소요 시간
1 Day	인천 → 헬싱키 → 로바니에미 : 항공, 9시간
2 Day	로바니에미 → 탐페레 : 기차, 10시간(야간)
3 Day	탐페레
4 Day	탐페레 → 투르쿠 : 기차, 2시간
5 Day	무민 월드 → 헬싱키 : 기차, 2시간
6 Day	탈린 · 에스포 · 포르보 중 선택 당일치기 : 버스나 페리, 30분~2시간
7 Day	헬싱키
8 Day	헬싱키
9 Day	헬싱키 → 인천(10일째 아침 도착) : 항공, 8시간 30분

● Tip 교통 어드바이스

핀에어 이용 시 이동 시간이 크게 단축되어 일정 진행 시 편리하며, 마지막 날의 반나절까지 알차게 이용할 수 있다. 핀레일 패스는 첫날 로바니에미 도착 후 역에서 바로 개시하자. 로바니에미-탐페레 야간열차 구간만 미리 예약하고, 나머지는 시간 맞춰 인터시티 노선 위주로 이동하면 된다.

● Tip 일정 어드바이스

로바니에미 일정은 야간 이동과 백야 기간 등을 고려해 맨 앞에 놓고, 내려오면서 나머지 주요 도시들을 돌아본 후 헬싱키에서 직항으로 아웃한다. 첫날 도착 후에는 시내 중심가와 알토의 건물들 위주, 2일 차에는 악티쿰 박물관과 산타 마을을 중심으로 움직이자. 탐페레 도착 후에는 시내의 관광지 중 관심 있는 곳을 중심으로 돌아보는데, 어린이 동반 시 무민 밸리와 사르카니에미, 좀 더 깊은 수준의 관광을 원한다면 핀레이손과 바프리키 박물관 위주로 돌아보자. 전날 야간 이동을 고려해 탐페레에서 하루 쉬고 4일 차는 아침에, 5일 차는 무민 월드 일정을 끝내고 저녁에 이동한다. 만약 무민 캐릭터에 관심이 별로 없거나 방문한 시기에 운영하지 않는다면 투르쿠 일정을 줄이고, 남은 하루는 탐페레에서 위베스퀼라 알토 박물관을 당일 일정으로 진행하는 것으로 대체해도 괜찮다(이때 패스를 하루 더 늘리거나 당일 티켓 구입). 당일치기 가능한 지역은 당일 상황과 본인의 취향에 맞춰 자유롭게 날짜를 조정해 진행하자. 그리고 마지막 날에는 늦어도 오후 1시까지 일정을 마치고 공항으로 이동해야 하는데, 특히 세금 환급을 받아야 한다면 반드시 서두르자.

야간 이동에 자신이 없다면, 순서를 바꿔서 로바니에미-헬싱키-탐페레-투르쿠-헬싱키 순으로 진행해도 괜찮다. 이때 이동은 항공편(노르웨지안)으로 진행하며, 역순 진행 시에는 로바니에미 아웃으로 항공 일정을 정하는 것이 좋다.

Plan 8 피요르드, 아웃도어 마니아의 소원 성취

노르웨이 하면 떠오르는 피요르드! 이왕이면 자연의 선물 가득한 피요르드 지역에서 짜릿하게 놀아 보지 않겠는가? 피요르드 지역 편에 수록된 등산(p.317 참조)을 포함하여 왕복 항공과 함께 진행한다.

- 기간 항공 이동 포함 13박 15일 소요
- 최적 기간 6월 말~8월 중순(뉘가드 빙하 트레킹 기준)
- 준비 오슬로 왕복 항공권, 노르웨이 철도 패스 3일권

Course

일수	지역 : 교통편, 소요 시간
1 Day	인천 · 김포 · 부산 · 제주 → 오슬로 : 항공, 12~19시간
2 Day	오슬로 → 스타방게르 : 기차, 8시간 30분(야간) / 항공, 50분
3 Day	프레이케스톨렌 등산
4 Day	쉐락볼튼 등산
5 Day	스타방게르 → 아크스달 → 오따 : 버스, 5시간 30분
6 Day	트롤퉁가 등산
7 Day	오따 → 베르겐 : 버스, 3시간 30분
8 Day	하르당게르피요르드 당일치기 : 혼합, 11시간
9 Day	베르겐 → 뮈르달 → 플롬 → 송달 : 버스, 5시간
10 Day	뉘가드 빙하 트레킹
11 Day	송달 → (빙하 박물관) → 스케이 → 헬레쉴트 : 버스, 4시간
12 Day	게이랑에르 골든 루트 → 온달스네스 : 혼합, 7시간 30분
13 Day	온달스네스 → 오슬로 : 기차, 5시간 30분
14 Day	오슬로 → (중간 경유지) : 항공, 5~19시간
15 Day	(중간 경유지) → 인천 · 김포 · 부산 · 제주

● Tip 교통 어드바이스

유럽계나 중동계 항공사 이용 시 오슬로 인과 아웃 일정이 가능하며, 야간 이동이 부담스럽거나 시간 절약을 원한다면 스타방게르 인이 가능한 항공사를 선택하자. 오슬로 일정을 빼고 싶다면 트론헤임이나 올레순 아웃으로 해도 괜찮지만, 핀에어(6~8월)와 KLM만 이용 가능하며 취항 일정도 한정되어 있다.
철도 패스가 있으면 오슬로–스타방게르 구간 야간 이동 때부터 사용 가능하며, 송네피요르드 일정과 온달스네스–오슬로 구간에서도 편리하게 이용할 수 있다. 오슬로–스타방게르, 온달스네스–오슬로 구간은 반드시 일정을 확정하여 오슬로에서 미리 예약하고, 베르겐–뮈르달–플롬 구간은 전날까지 이동 시간을 결정해 예약하거나 당일에 구입해 이용하면 된다. 나머지 버스 일정은 예약이 필요 없으며, 모두 시간표를 미리 확인하고 시간에 맞춰 타자. 차량 이용 시에는 베르겐 공항에서 차량을 인도받아 왕복 일정으로 진행하자. 시간이 없다면 올레순, 몰데 공항에 차량을 반납한 후 항공편으로 오슬로 이동도 괜찮지만 비용이 조금 더 늘어나는 점을 감안해 반납지를 결정할 것.

● Tip 일정 어드바이스

평소에 아웃도어 활동을 즐기고 체력에 자신 있는 여행자에게 추천하는 코스. 노르웨이의 자연을 최대로 느껴보기에 가장 좋다. 준비 과정으로 최소 3개월 이상 등산을 하면서 산과 친숙해질 수 있도록 하자. 연이은 등산으로 인한 체력 소모도 만만찮으니 평소에 체력을 단련해 놓아야 피로도가 덜하고 위험 상황에서의 대처에도 도움이 된다.
악천후로 등산 진행이 어려울 경우 전체 코스 중 2개만 진행해도 무방하며, 남는 일정에는 베르겐나 스타방게르 시내 관광을 좀 더 하거나 피요르드 지역 주변의 관광지, 래르달이나 아울란드 등의 작은 마을들을 버스로 돌아보는 것도 좋다. 베르겐 일정을 더 늘리고 싶다면 9일 차 일정을 오후에 진행하고, 8일 차는 보스에서의 액티비티로 대체해도 괜찮다. 플롬–송달 간 운행하는 버스는 시간을 반드시 확인한 후 이용하자. 11~12일 차 일정은 주말을 피하고, 13일 차 일정에서는 오전 편으로 이동해 오슬로에서 느긋하게 몸과 마음을 정리하는 시간을 갖는 것도 괜찮다. 만약 하루를 줄이고 싶다면 12일 차 일정을 아침 8시부터 시작해 달스니바를 제외한 나머지 일정을 하루에 모두 진행하고 열차로 오슬로 공항까지 바로 이동한 후, 공항 근처에서 1박을 하고 가뿐한 몸으로 귀국 비행기에 오르자.

Plan 9 걸어서 북쪽 끝까지, 북극권 여행

북유럽의 진면모는 북극권 위쪽 지역에서 확실히 드러난다. 남쪽 사람들도 평생 한 번만 간다는 곳, '해가 지지 않는 곳'으로, 또 다른 북유럽을 만나러 가자. 겨울 시즌 오로라를 위한 일정으로도 추천.

- 기간 항공 이동 포함 약 13박 15일 소요
- 최적 기간 6월 초~8월 중순(백야 기간 이용 시 6월 중순~7월 중순) *12~3월은 트롬쇠까지만 가능
- 준비 오슬로 인-헬싱키 아웃 항공권(유럽계 항공사), 오슬로-보되 간 항공권(SAS 또는 노르웨지안), 트롬쇠-알타 또는 호닝스보그 항공권(Widerøe), 로바니에미-헬싱키 항공권(노르웨지안)

Course

일수	지역 : 교통편, 소요 시간
1 Day	인천 → 오슬로 : 항공, 15~18시간
2 Day	오슬로
3 Day	오슬로 → 보되 → 로포텐 제도 : 항공+페리, 5시간
4 Day	로포텐 제도
5 Day	로포텐 제도
6 Day	로포텐 제도
7 Day	로포텐 제도 → 나르빅 → 트롬쇠 : 버스, 8시간 30분
8 Day	트롬쇠
9 Day	트롬쇠 → (알타) → 호닝스보그 : 항공+버스, 6시간
10 Day	노드캅
11 Day	호닝스보그 → 로바니에미 : 버스, 11시간
12 Day	로바니에미
13 Day	로바니에미 → 헬싱키 : 항공, 1시간
14 Day	헬싱키 → 인천(15일째 아침 도착) : 항공, 8시간 40분~15시간

●Tip 교통 어드바이스

핀에어 이용 시 트롬쇠/로바니에미-헬싱키 간 노선을 스톱오버와 연계해서 구입 가능하다. 그러면 오슬로 인-트롬쇠 또는 로바니에미 아웃(핀에어)이 된다.

보되 도착 후 모스케네스행 카 페리를 이용하면 남쪽부터 돌아보기 좋다. 요일별 운행 시간을 반드시 확인하고 이용하자. 나머지 지역은 모두 버스로 이동하며, 티켓은 탑승 시 구입한다. 시간 절약을 원한다면 보되-호닝스보그 구간은 Widerøe 항공편이나 후티루텐으로 대체 가능하며, 모두 미리 예약하는 것이 좋다.

로포텐 제도 안에서 렌터카를 이용할 예정이라면 보되 왕복으로 빌리되, 7일 차에 보되-트롬쇠 간 지역 항공편을 따로 잡아야 한다. 3일 차에 공항에 도착해 바로 렌터카를 인도받은 후, 7일 차에 반납하고 항공편으로 트롬쇠에 이동해서(Widerøe, 노르웨지안) 나머지 일정을 진행하자.

뱃멀미 등으로 페리 이동이 부담스럽다면 하르스타드/나르빅 에브네스 공항으로 항공 이동 후 렌터카를 인도받거나 버스를 이용하고, 로포텐 제도를 왕복 여행한 후 트롬쇠로 버스나 항공 이동해도 괜찮다.

●Tip 일정 어드바이스

노르웨이와 핀란드의 라플란드 지역을 중심으로 진행하는 일정으로, 지역 사정과 버스 운행 일자, 백야 기간에 따라 약간의 조정이 가능하다. 보되 인으로 진행 시, 장시간 비행으로 인한 피로를 고려해 반나절 이상 휴식을 취하고 시내를 둘러본 후 다음 일정을 진행하자. 모든 버스 및 항공편 이동은 오전 시간을 이용해야 최대한의 관광 시간을 확보할 수 있다. 로포텐 제도 내에서는 지역 이동에 걸리는 시간과 배차 간격을 고려해 최소 3일 이상 머무르는 것이 좋다. 로포텐 제도와 나르빅, 노드캅을 잇는 E10, E6 고속도로에서는 창밖으로 아름다운 풍경이 연이어 펼쳐진다. 백야가 지속되는 기간에는 호닝스보그-노드캅을 잇는 버스가 밤 시간에도 운행되는데, 낮과 밤 모두 다른 분위기를 맛볼 수 있어 더욱 기억에 남는 여행이 될 것이다. 노드캅-로바니에미 간 이동에는 꼬박 하루를 할애해야 하지만, 로바니에미의 산타 마을, 산타 파크 등의 재미있는 체험은 그 피로를 싹 날려 줄 것이다. 항공편으로 편안하게 헬싱키에 온 후 느긋한 마음으로 시내를 잠시 둘러본 후 귀국 비행기를 타자. 12~3월의 겨울 시즌에는 주 2회 트롬쇠-로바니에미행 핀에어가 추가되어 시간 절약이 가능하다. 취항 일정을 맞출 수 있다면 9일차에 로바니에미로 바로 이동하고, 나머지 일정을 모두 당겨서 진행하자. 이때 남는 2일은 맨 뒤의 헬싱키 일정에 추가하거나, 시간이 없을 경우 제외하고 진행하면 된다.

Northern Europe Keypoint

북유럽에서 누려야 할 것들

유명한 건축물에 감탄하고, 박물관과 미술관을 둘러보고, 맛집과 분위기 좋은 바에서 로컬을 느끼고, 피요르드와 북극권에서 대자연을 만끽할 수 있는 북유럽 여행. 그냥 보고, 그냥 먹고, 그냥 거니는 것보다 딱딱 포인트에 주목해 여행한다면 북유럽의 비싼 물가 따위 안중에 없이 북유럽으로 떠나는 사람들이 이해될 것이다.

▼ 햇빛은 이들의 완전 소중한 존재

햇살이 오래도록 비춰 주는 여름은 북유럽인들에게 가장 큰 선물이자, 몸과 마음을 따뜻이 감싸 주는 완전 소중한 존재이다. 한국에서 모자랐던 비타민 D를 짱짱하게 보충할 겸, 현지인들처럼 햇살 자체를 즐겨 보자. 물론 높은 지수의 자외선 차단제와 선글라스는 기본.

▶ 사우나는 이들의 위로

특히 핀란드인들에게 사우나는 여러 의미를 갖는 곳이지만, '내 몸을 위로하는 곳'으로 큰 의미가 있다. 잠시 짬을 내어, 사람들 사이에 힘들었던 내 몸을 그들의 침묵과 함께 위로해 보자.

▲ 모든 교통은 어드벤처

한국에서 절대 경험할 수 없는 버스-배-버스 이동, 온갖 곳을 다 뚫어 놓은 가지각색 터널, 가장 아름다운 자연 속을 달리는 관광 기차의 경험 등으로 북유럽의 교통수단은 어드벤처의 연속이다. 비록 이동 시간이 길다 해도, 그 과정 속에서 만나는 즐거움은 놓치지 말자.

▼ 자연은 북유럽의 생활

일찍부터 환경 보호에 관심을 가지고, 철저히 보존한 자연은 북유럽인의 가장 큰 자랑이자 선물이다. 답답한 도시를 벗어나, 이들이 사랑하는 자연 속에 푹 파묻혀 보자. 직접 몸으로 자연을 느낀다면 금상첨화.

◀ 디자인은 북유럽인의 삶
탄탄한 사회, 문화적 기초가 조화를 이룬 이들의 삶은 곧 디자인이다. 단지 아름답다는 이유로 이들의 디자인을 바라보기만 했다면, 이제는 그 현장에서 왜 그런 디자인이 나왔는지 확인해 보자.

▶ 소울 푸드, 청어와 감초
북유럽인들의 공통된 소울 푸드라면 미트볼, 청어절임, 감초를 빼놓을 수 없다. 미트볼과 청어절임은 우리네 김치나 떡볶이처럼 맛이 제각각이고, 감초는 '그 동네에 오래 살았다는 증거'라고 할 정도. 맛은 적응하기 힘들겠지만, 삶을 함께한 '소울 푸드'가 왜 있는지 실감해 보자.

◀ 녹색 성장의 상징, 자전거
덴마크 국민들의 하루는 자전거로 시작해 자전거로 끝난다. 비만도 예방하고 환경도 살리고. 녹색 성장이라는 말은 모두의 적극적인 실천과 지원 덕분에 가능하지 않았을까. 그 대열에 한 자리 차지하고 싶다면 자전거를 빌려서 아침부터 힘차게 달려 보자.

▶ 보트는 여유로운 삶의 증거
동네의 작은 운하부터 나라 사이의 바다, 그리고 피오르드 지역 하나하나를 오가는 배는 그들을 연결해 주는 수단이자 여름날의 여유다. 따가웠던 햇살을 바닷바람이 식혀 주며, 점점이 흩어진 섬 사이를 요리조리 헤치고 물 위의 도시와 자연을 여유롭게 바라볼 수 있다.

Buy Northern Europe Shopping

똑똑한 쇼핑 노하우

아무리 물가가 비싸다 해도 쇼핑을 포기할 수는 없는 법. 여행 중에 구입한 것들은 사진과 함께 그 지역을 추억할 수 있는 가장 좋은 수단이 되기도 한다. 비싸지 않으면서도 여행 이후까지 내게 소중하게 남을 수 있는 것들이 뭐가 있을까?

✖ 기념품류

엽서, 열쇠고리, 냉장고 자석, 종, 스노우볼, 인형 등의 상품은 그 지역을 대표하는 기념품으로 제격이다. 주위 사람들에게 "나 어디 갔다 왔어"라고 하며 보여 주기에도 좋으며, 가격 역시 저렴해 여러 개 구입해서 나눠 줄 수 있다. 작은 아이템들은 넉넉히 구입하자. 인형 등의 큰 상품과 깨지기 쉬운 스노우볼 등의 아이템은 포장할 때 주의가 필요하며, 특히 섬세한 의상이 들어간 인형류는 반드시 잘 포장해서 보관하자.

✖ 식품류

과자류와 초콜릿, 사탕 종류는 가격도 저렴하고, 많은 인원에게 한꺼번에 돌리기 좋아 소소한 기념 선물용으로 좋다. 특히 핀란드의 '원조 자일리톨'은 어른들에게 선물하기 좋고, 캐릭터 과자 및 초콜릿 종류는 어린이들이 아주 좋아한다. 요즘은 커피, 차, 술 등의 기호 식품류도 인기가 높다. 술을 좋아한다면 위스키, 보드카가 든 초콜릿을, 커피 애호가라면 다양한 원두 종류를 절대 놓칠 수 없다. 되도록 일정 막판에 구입하고, 액체 및 젤류는 단단히 포장해서 캐리어에 넣고 수하물로 부치자. 현지인들이 사랑하는 감초 젤리(노르웨이어, 스웨덴어, 덴마크어로는 라크리스Lakris, 핀란드어로는 살미아키Salmiakki)는 특유의 시큼털털한 맛이 사람들에게 거북스러울 수 있으니 구입 시 주의.

✖ 그릇 종류

단순하면서도 세련된 디자인이 묻어난 여러 그릇류는 여성들의 북유럽행을 자극하는 로망이다. 이들이 사랑하는 여러 제품들은 현지 매장과 아웃렛에서 구입할 수 있으며, 특히 핀란드와 스웨덴, 덴마크는 그릇 애호가들의 필수 방문 코스로 이름이 높다. 그만큼 현지에서의 그릇 쇼핑은 가격의 메리트가 있고, 한국에 수입되지 않는 여러 종류를 저렴하게 구입하기에 좋다. 현지용 시즌 한정 상품이나 단종 예정 상품이라면 더더욱 놓치지 말자. 출국 전 해당 회사의 홈페이지에서 모델을 미리 파악한 후, 본인에게 필요한 아이템을 정해 두면 충동구매를 어느 정도 막을 수 있다. 무게와 부피를 고려해 마지막으로 들르는 곳에서 방문하자. 지금 내 식습관과 평소에 해 먹는 요리, 갖고 있는 냄비와 다른 그릇들과도 잘 어울리는지 심사숙고하고 구입하는 것은 기본 중 기본.
하지만 큰 무게와 부피는 귀국할 때 취급이 쉽지 않고, 파손 등의 우려가 높으니 반드시 신중하게 검토하고 구입해야 한다. 현지에서 부칠 경우 배송비 또한 많이 비싸다.

Tip 해외에서의 알짜 쇼핑 정보

1. 아웃렛에서 구입 시에는 반드시 상태를 잘 확인하는 것이 중요하다. 특히 무늬가 있는 모델들은 여러 번 보고 또 보자.
2. 면세점에서 화장품 구입 시 포장해 준 에어 캡은 절대 버리지 말고 그릇 포장 시에 적극 사용하자.
3. 귀국 시 그릇류는 반드시 휴대하고 비행기에 올라야 한다. 두꺼운 도자기류, 액체 및 젤류, 스노우볼 등은 에어 캡과 옷으로 움직이지 않도록 여러 겹으로 단단히 포장하고 '취급주의 수하물'로 부치자.

CHECK CHECK!

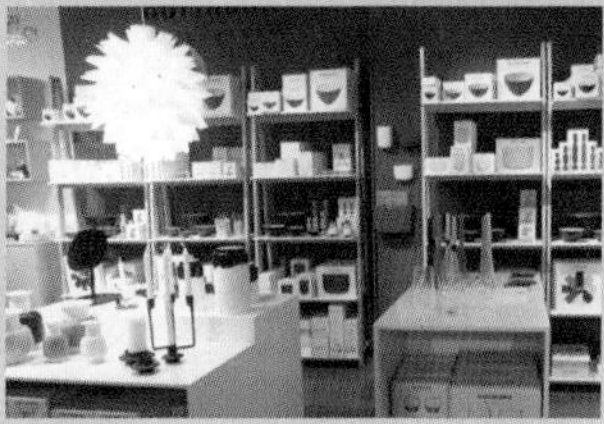

✖ 패션 아이템

요즘 북유럽의 SPA 브랜드와 몇몇 유명 브랜드가 한국에 들어오면서 북유럽의 패션 아이템들이 조금씩 부각되기 시작했다. 유명한 디자인들은 모조품이 양산될 정도로! 패션에 관심이 많다면 현지에서 북유럽 패션을 만날 기회를 놓치지 말자. 단 옷과 신발 모두 현지인의 체격에 맞게 제작된 만큼, 한국인의 체격에는 맞지 않을 수 있으니 반드시 착용 후 확인하고 구입해야 한다.

✖ 기타 디자인 & 캐릭터 제품

유명 디자인 하우스에서 만든 여러 종류의 디자인 상품과 북유럽을 대표하는 캐릭터 상품 및 완구, 일부 슈퍼마켓의 오리지널 상품은 현지에서도 인기가 높다. 한국보다 훨씬 저렴한 가격으로 구입할 수 있어 금상첨화. 특히 알록달록 귀여우면서 쓸모 많은 주방용품, 생활용품 종류는 부피가 크지 않으면서 실용적이고 선물용으로도 인기 최고다.

대표 아이템으로는 패브릭, 컵 코스터, 쟁반, 키친 클로스(건조시킨 행주류), 테이블 클로스, 설거지용 솔, 에코 백, 어린이용 캐릭터 인형, 이불 및 베개 커버 세트, 휴대전화 케이스 등이 있다.

✖ 공항 면세 구역

헬싱키와 코펜하겐 공항은 쇼핑의 명소로도 인기가 높다. 우리가 선호하는 여러 디자인 브랜드와 현지 브랜드, 명품 브랜드를 함께 보고 구입할 수 있기 때문이다. 시내에서 쇼핑할 시간이 없다면 공항 면세를 마지막으로 눈여겨보자. 단 물건 구입 시 행선지에 따라 세금 환급 여부가 달라지며, 면세 구역에서 세금 환급을 따로 받아야 할 수도 있으니 공항 홈페이지를 통해 미리 환급해 주는 곳의 위치를 파악해 두면 시간을 절약할 수 있다.

GEORG JENSEN

Northern Europe Best Item

북유럽 스타일 MUST HAVE ITEM!

앞에서 비싼 물가에서도 살아남는 쇼핑 노하우를 습득했다면, 이제 실전으로 옮길 차례! 전 세계에서 사랑받고 있는 북유럽 스타일의 아이템이 너무 많아 고민된다면, 어디선가 봤는데? 하는 탐나는 아이템을 찾는다면, 기념품뿐만 아니라 개인 소장하여 추억을 간직할 수 있는 걸 원한다면, 북유럽 고수가 콕콕 집어 주는 아이템을 눈여겨보자.

이딸라iittala 핀란드 헬싱키 p.404, p.417

북유럽 디자인 하면 먼저 떠오르는 핀란드 대표 도자기 · 유리 브랜드. 헬싱키 시내 에스플라나디에 가장 큰 본점 매장이 있다. 또한 시내 북동쪽의 이딸라 & 아라비아 디자인 센터 스토어에서는 본사와 박물관, 아웃렛 매장이 함께 위치해 다양한 제품을 저렴하게 구입하기에 좋다.

페이스Face 스웨덴 스톡홀름 p.167

보그, 엘르 등의 전 세계 대표 패션 잡지에서 앞다투어 소개하는 스웨덴 대표 메이크업 브랜드. 여러 나라 사람들에게 골고루 잘 맞는 다양한 색상의 아이템이 많아 선택의 폭이 넓다. 특히 눈에 힘주고픈 우리에게는 천군만마와 같은 아이 메이크업 제품이 가득!

마리메코Marimekko 핀란드 헬싱키 p.405, p.422

북유럽의 섬유 디자인을 대표하는 최고의 패브릭 브랜드. 발랄하면서 톡톡 튀는 색감과 꽃무늬는 마리메코의 트레이드마크. 알렉산테린 거리의 본점은 시내 최대 규모이다. 하카니에미 시장 2층의 소규모 아웃렛, 시내 외곽 헤르토니에미 지역의 본사 직영 아웃렛에서는 상태에 따라 20~50%까지 저렴하게 구입할 수 있다.

피기오Figgjo 노르웨이 스타방게르 p.306

노르웨이 대표 도자기 브랜드. 담백하면서 유연한 곡선미와 그라데이션이 돋보이는 색감은 한식과도 잘 어울린다. 스타방게르 남부 근교 피기오의 본사 매장에서는 현재 출시된 라인과 할인 상품을 함께 구입할 수 있다.

구스타브스베리Gustavsberg 스웨덴 스톡홀름 p.180, p.187

200년 이상의 전통을 가지고 스웨덴 도자기를 대표하는 브랜드. 이곳의 아이템은 100% 스웨덴산으로 특히 스웨덴만의 자연과 상상력을 가미한 도자기류는 인기가 높다.

노르만 코펜하겐 Normann Copenhagen 덴마크 코펜하겐 p.81

감각적인 가구와 조명으로 유명한 덴마크 대표 디자인 하우스. 주방용품과 테이블웨어 등의 소소한 아이템은 주부들에게 인기가 높다. 단 조명은 전용 소켓과 플러그를 함께 구입해야 사용 가능한 점 주의하자.

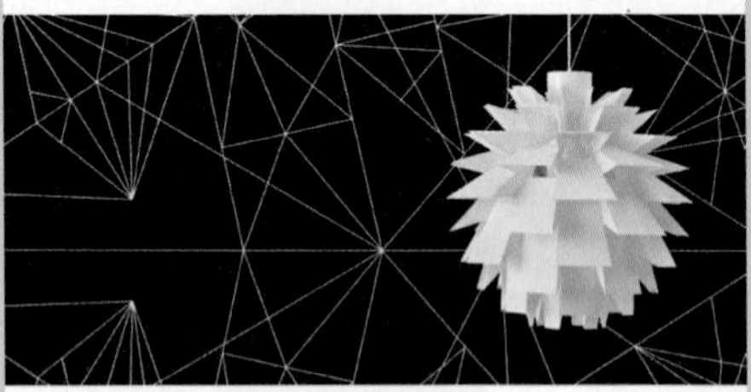

라 브루켓L:A Bruket 스웨덴 스톡홀름 p.173

스웨덴 서부 지역의 해초와 유기농 에센셜 오일을 함께 이용한 자연 화장품 브랜드. 한국에선 드라마에 등장한 립밤이 입소문을 타고 인기 아이템으로 부상했다. 소포 지구의 플래그십 매장에서 다양한 아이템을 조금 더 저렴하게 구입할 수 있다.

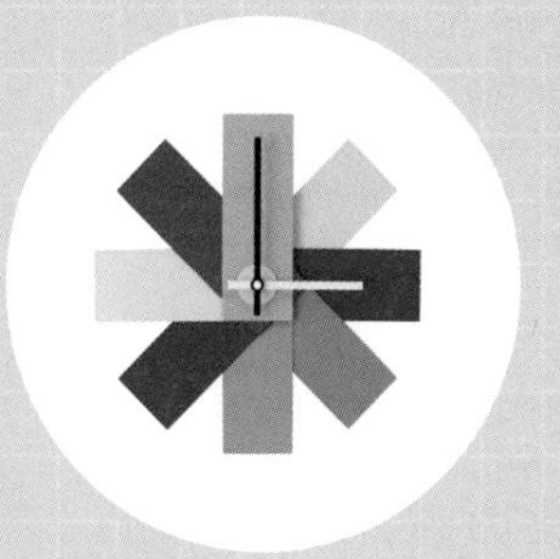

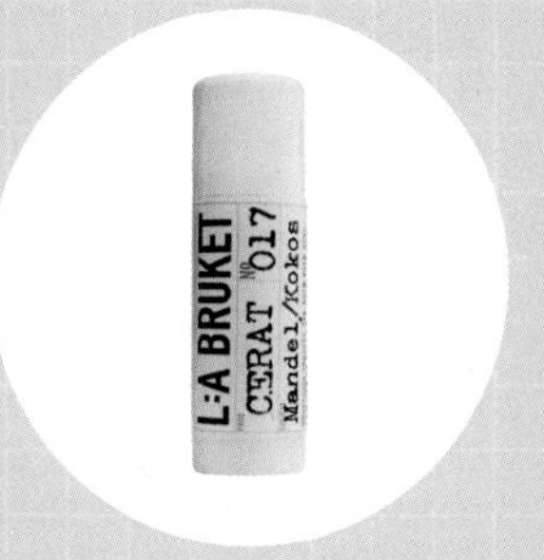

1 이딸라 아이노 알토 유리컵 2 피기오 오슬로 컵 3 아라비아 무민 머그컵 4 마리메코 우니코 아기용 턱받이 5 노르만 코펜하겐 와치 미 시계 6 라 브루켓 립밤 7 마리메코 오이바 에스프레소 컵 & 접시 세트 8 페이스 매트 아이 섀도 9 페이스 붓펜 아이 라이너

추천 아이템

이딸라 · 아라비아 무민 캐릭터 머그컵, 카이 프랑크의 대표 라인들(떼마, 카르티오 등), 알바르와 아이노 알토의 유리 제품
마리메코 지갑류, 주방용품, 가방류, 패브릭, 유아 · 아동 의류
피기오 오목한 모양의 접시류, 커피 애호가용 오슬로 컵 세트, 빈티지 복각 꽃무늬 커피잔(Anna, Sommar 등)
구스타브스베리 스티그 린드베리의 모든 라인(베르소, 아담 & 이브, 스피사 립, 프루누스, 살릭스 등) 리사 라손의 동물 인형 시리즈, 비틀즈 라인, 베르나도트 라인(칼 필립 왕자 참여)
페이스 붓펜 아이 라이너, 펄 파우더, 다양한 색상의 섀도 및 블러셔 등의 메이크업 제품
노르만 코펜하겐 벽시계, 옷걸이용 고리, 조명류, 주방용품, 조립식 소가구
라 브루켓 아몬드 & 코코넛 립밤, 페이스 오일, 핸드크림 및 로션, 남성용 수염 관리 제품

Mission in Northern Europe 04

Taste Northern Europe Food

싸고 맛있게 즐기기

물가가 유난히 비싼 북유럽인 탓에 떠나기도 전에 주머니 사정을 걱정하는 여행자가 한둘이 아닐 것이다. 그래도 잘 먹고, 잘 보고, 잘 돌아다니는 게 여행의 의미 아닌가?! 타국에서 서럽게 굶지 말고 물가도 고려하면서 든든히 먹고 다닐 수 있는 팁을 공개한다.

YUMMY
YUMMY

✖ 만들어 먹자!

약 6년간 북유럽 여행 스터디를 진행하면서, "어떻게 하면 저렴하게 잘 먹고 다닐 수 있죠?"라는 질문에 "열심히 요리해 드세요!"라고 늘 답했다. 특히 현지 재료를 잘 이용하면 입맛도 살리고 추억도 쌓는 나름대로의 재미가 더해지기 때문이다.

슈퍼마켓과 시장 뻔질나게 드나들기

슈퍼마켓과 시장은 그 나라의 음식 문화와 생활 문화를 파악할 수 있는 대표적인 보물창고와 같다. 또한, 주방이 있는 숙소에 묵는다면 식사비를 절약할 수 있다. 일부 대형 슈퍼마켓은 밤 9시 이후까지 영업하기도 하니, 일정의 마지막으로 장을 보고 숙소로 들어가면 좋다.

우유에 민감한 사람에게 추천하는 락토프리 우유

기운이 없을 때, 한국 음식 해 먹기

현지에서도 바비큐용으로 양념된 삼겹살과 쌈 채소를 그리 비싸지 않은 가격에 구할 수 있다. 덴마크 슈퍼마켓에서는 썰어진 생오겹살이 500g에 6,000원 선이다. 또는 라면을 약간 꼬들꼬들 삶은 후, 고추장과 약간의 라면 수프를 넣고 볶아 주면 라볶이가 완성된다. 저렴한 현지 라면과 양파, 햄 등을 넣고 만들어 보자. 노르웨이에서는 어묵을 판매하니 썰어서 넣어 주는 것도 좋은 방법이다. 라면 대신에 파스타 면도 괜찮다.

지퍼 팩, 밀폐 용기를 챙기자

호스텔, 아파트 등에서 냉장고 이용 시에는 저장 용기가 필수! 또한 현지에서 구입한다 해도 지퍼 팩 가격은 한국보다 배로 비싸고 구하기가 쉽지 않다. 떠나기 전 미리 챙기자.

밥 지어 먹기

피요르드 지역처럼 음식점이 없는 곳이나, 한 숙소에 오래 묵을 때 추천한다. 밥을 지을 때는 스시 쌀이 가장 좋지만, 좀 더 저렴한 라이스 푸딩용 쌀 Grøtris(puuroriisi)를 추천한다. 쌀 가격은 1kg에 약 2,000원 꼴로, 레토르트 밥보다 훨씬 저렴하다. 식혀서 지퍼 팩에 넣은 후 냉동하고, 먹을 때마다 전자레인지에 데우면 끝! 단, 출국하기 전에 미리 몇 번 연습하는 게 현지에서 실패할 확률이 낮다. 냄새 덜한 반찬이나 주먹밥 양념, 김자반, 볶음 고추장 등을 함께 준비해 가자. 가족 여행 시에는 시중에 판매하는 1인용 밥솥도 유용하게 사용 가능하다.

✖ 사 먹자!

만약 숙소가 호텔이거나 요리가 귀찮다면 해 먹는 재미는 다소 줄어들 수 있다. 하지만 호텔에는 뜨거운 물을 제공하는 기계는 기본이고, 일부 숙소에는 간이 부엌도 설치되어 있다. 음식을 사 먹으면서 분위기를 내고, 비용도 아끼려면 다음을 참조하자.

숙소 부설, 동네 카페를 이용하자

숙소 주변의 동네 카페들은 대부분 아침 일찍부터 오픈하며, 지역 주민들이 즐겨 먹는 간단한 메뉴를 주로 판매하고 있어 현지인의 일상을 가까이에서 느끼기에 좋다. 일부 대형 숙소에서 운영하는 부설 카페 역시 여행자의 눈높이에 맞는 적당한 가격으로 이용할 수 있다. 꼭 그곳에 묵지 않아도 된다.

나름 쏠쏠한 '오늘의 메뉴'

스톡홀름 시내의 식당들에는 다옌스 랫Dagens Rätt이라는 일명 '오늘의 메뉴'가 점심시간에 마련되어 있다. 또한, 각국의 주요 식당들에서도 역시 저렴한 점심 메뉴를 이용할 수 있다.

시장 음식은 현지식의 보고

현지의 재래시장에서 샌드위치나 수프 등을 사 먹는 재미 또한 무시할 수 없다. 관광 중 현지 음식을 저렴하게 맛보고 싶을 때 이용하자. 특히 현지인들이 많이 먹는 미트볼, 생선 볼, 샌드위치, 수프 등을 커피와 함께 좀 더 신선하게 즐길 수 있다. 단, 관광지에 있는 관광객에게 맞춰진 시장보다는 조금 떨어진 곳에 있는 현지인 위주의 시장을 찾을 것.

미술관이나 박물관 내 식당을 활용하자

유명 미술관과 박물관에는 나름 규모 있는 카페와 식당이 있다. 점심 때 내놓는 '오늘의 메뉴'나 뷔페 가격은 많이 비싸지 않으면서, 맛 역시 충실한 편이다. 대부분 전통 음식을 위주로 한 메뉴라는 것도 큰 장점이다. 박물관이나 미술관 내에 있다고 해도 티켓을 따로 살 필요 없이 그냥 들어가서 주문해 먹으면 된다.

백화점 & 슈퍼마켓의 반조리 식품, 델리 코너를 공략하자

한국과 마찬가지로 백화점 지하 식품 매장이나 대형 할인점의 조리 식품을 떠올리면 된다. 전통 음식 위주로 간편하게 먹을 수 있고 선택의 폭도 넓다. 이 중에서 볶음국수, 초밥, 샐러드, 미트볼, 으깬 감자, 파스타처럼 우리에게도 익숙한 음식들을 골라야 실패가 덜하다. 일부 백화점에서는 델리 코너 음식들을 데워 주고, 간단히 먹을 수 있도록 작은 테이블도 마련해 주니 그 자리에서 먹고 가는 것도 괜찮다. 현지인들도 직접 해 먹기 귀찮을 때, 점심시간에 적극 활용한다.

관광지의 식당은 되도록 피하자

특히 유명한 관광지의 식당 가격이 시내보다 더 비싸다. 다행히 대부분의 식당은 메뉴판을 공개해서 다른 곳과 가격을 비교할 수 있게 되어 있으니 무작정 들어가지 말고 가격과 메뉴를 비교한 후에 결정하자. 하지만 관광지 식당의 '바가지'는 어느 나라든지 똑같다는 사실을 명심할 것.

Mission in Northern Europe 05

Northern Europe Q&A

미치도록 궁금했던 것들

여태껏 필자가 여러 여행자를 만나 북유럽 여행에 대한 상담을 하면서 많이 겹치는 질문들을 골라 냈다. 떠나기 전에는 무척이나 궁금했지만, 막상 다녀오니 별것 아닌 걱정거리를 여기서 해결해 보자.

Q1. 스칸 패스도 유레일이라 들었는데, 그러면 연속 패스가 아닌가요? 만약 제가 4일을 쓴다면 개시한 후 4일까지만 쓸 수 있는 것 아닌가요?

A1. 북유럽은 서유럽과 달리 기차로만 이동이 불가능한 지역이 많아, 스칸 패스는 연속이 아닌 선택 사용 패스로 나와요. 만약 4일짜리 패스를 구입했다면, 개시한 후 본인이 사용 원하는 4일을 지정해서 패스에 날짜를 적고 사용합니다. 일반 유레일의 플렉시와 같은 방식이랍니다.

Q2. 요즘 한창 뜨는 외화 충전식 카드, 북유럽에서도 괜찮을까요?

A2. 최근 연결 계좌에서 외화를 환전해 충전하는 방식의 체크카드(트래블월렛, 트래블로그 등)가 인기를 얻고 있습니다. 환율 우대 폭이 크고 컨택트리스 결제가 지원되는 것이 큰 장점이지요. 현재 두 카드 모두 북유럽 3개국 크로네화와 유로화를 지원하며, 트래블월렛은 아이슬란드 크로네까지 가능합니다. 단, 유로화와 달리 크로네화는 수수료율이 조금 높은 점 알아두시고, 체크카드와 신용카드를 비상용으로 함께 소지하는 것이 좋습니다. 약간 모자란 듯하게 충전하시고, 모자란 금액은 일반 카드로 보충하세요.

Q3. 프레이케스톨렌에 너무 가고 싶어서 사진을 보니 아이들도 올라가던데요. 우리 아이나 부모님을 함께 데려가도 괜찮을까요?

A3. 현지인들은 어릴 때부터 아웃도어에 익숙해서 산을 잘 올라가지만, 학원과 게임에만 익숙한 우리 아이들에게는 아마 아닐 거예요. 오히려 게임기보다 지겹다는 이유로 싫어할 수 있습니다. 자녀가 어리다면 안전을 위해 보트 투어로 대신하고 좀 더 큰 후에 데려가세요. 프레이케스톨렌은 최소한 초등학교 6학년 이상, 쉐락볼튼과 트롤퉁가는 20세 이후에 올라야 적당하답니다. 만약 가게 된다면 가기 전부터 함께 등산하며 산에 익숙해지게 해주세요. 부모님께서 평소에 등산을 많이 하셨더라도, 출국 전 건강 상태를 반드시 체크하고 진행 여부를 결정하는 것이 좋습니다.

Q4. 사람들이 워낙 렌터카 이용이 편하고 좋다고 하는데, 저한테도 렌터카가 필요할까요?

A4. 대중교통으로 접근이 어려운 곳을 주로 갈 경우에는 렌터카가 유용하지만, 비용 또한 대중교통 못잖게 들어가고 특히 혼자 운전 시에는 훨씬 비싸게 치이는 게 사실이에요. 그리고 도시 일정 시에는 주차 비용이 들고 주차 장소가 마땅찮은 점도 고려해서 결정하셔야 합니다. 본인의 일정 중 꼭 필요한 곳에서만 짧게 사용하시고, 비용과 운전 시간을 고려해 여러 명이 함께 이용하는 것이 좋아요. 만약 일정이 짧고 혼자 여행한다면 렌터카보다는 대중교통이 훨씬 더 저렴합니다.

Q5. 일정이 짧은데 굳이 도시 카드를 사야 할까요?

A5. 도시 카드를 사기 전, 먼저 본인이 가고 싶은 관광지들을 대강 추려서

날짜별로 정리해 보세요. 이 중에서 도시 카드로 입장 가능한 유료 관광지가 많다면 거기에 맞게 카드를 구입해도 상관없지만, 무료 관광지 위주로 여행한다면 굳이 살 필요는 없어요. 유료 관광지를 얼마나 가고, 이를 효율적으로 배치하느냐에 따라 도시 카드를 구입할지, 만약 구입한다면 몇 시간의 카드를 이용할 것인지가 결정됩니다.

Q6. 현지 통신을 위해 유심, 이심 중 고민이 되는데, 정하는 팁을 알려주세요.

A6. 평소에 데이터 사용이 많은지, 사용하는 휴대전화 기종, 한국에서 전화, 문자 수신이 꼭 필요한지 여부에 따라 결정하시는 것이 좋습니다. 한국에서의 인증 문자를 받아야 하는 금융 거래 등의 상황도 고려하세요.

참고로 어르신을 동반한 짧은 일정의 패키지 일정일 경우에는 로밍이, 차량 렌트나 중장기 체류 등으로 현지 번호가 필요할 경우에는 현지 유심 이용을 추천하는 편입니다. 도난, 분실에 대비해 여분의 공기계를 하나 더 준비하시는 것이 조금 더 안심되겠죠? 로밍, 유심, 이심의 장단점과 선택 여부는 여행 준비 편 p.592을 참조하시면 선택에 도움이 됩니다.

Q7. 오로라를 잘 보기 위한 포인트를 알려 주세요.

A7. 가장 중요한 포인트는 밤이 긴 겨울, 그리고 '조용하고 불빛이 적은 곳'입니다. 아이슬란드에서는 9월 중순 이후부터 4월까지, 그리고 북극권 지역에서는 10~3월까지가 적기이며, 특히 맑은 날씨, 불빛이 적은 작은 마을이나 국립공원 지역이 관찰의 최적 조건이 되겠죠. 지역 날씨와 오로라 지수를 미리 확인하고 가면 관찰의 확률이 높아진답니다. 단 추운 야외에서 오로라를 기다려야 하니 반드시 따뜻한 옷과 신발로 무장하고, 카메라와 휴대전화 배터리 역시 빨리 닳지 않도록 충분히 감싸 주세요.

Q8. 공공장소에서 화장실은 어떻게 해결할까요?

A8. 북유럽에서는 화장실 사용에도 예외 없이 돈을 받아요. 기차역, 버스터미널, 백화점, 쇼핑몰 등은 전부 유료이며, 패스트푸드점에서도 영수증에 적힌 번호를 눌러야만 사용할 수 있는 곳이 많아요. 아침에 숙소를 나서기 전이나 박물관, 미술관 방문 시, 식당이나 카페 이용 시에는 반드시 화장실에 들러서 조금이라도 해결하면 속이 편해요.

Q9. 나홀로 여행 혹은 동행과 함께하는 여행, 어느 쪽이 좋을까요?

A9. 모처럼 나온 여행에서, 동행의 중요성은 큽니다. 자기와 잘 맞는 동행을 만나면 그 여행이 기억에 남을 테지만, 엄청나게 싸우고 절교하는 경우도 만만찮게 많으니까요. 외로움을 달래고 비용을 절약하기 위해 동행을 구하려고 한다면 다음 사항을 꼭 지키도록 해요.

우선 사전에 충분한 만남을 통해 성향을 파악하고 동행 여부를 결정합니다. 특히 여행 커뮤니티 등에서 동행을 구할 때에는 더더욱 주의가 필요해요. 각자의 성향을 파악했다면, 동행의 범위를 설정하고 특히 관광지가 서로의 성향에 안 맞을 경우 가끔은 떨어져 다니는 것도 좋은 방법이에요. 또 같이 가는 지역은 함께 공부하는 게 좋아요. 본인도 몰랐던 정보를 교환할 수 있어 서로에게 도움이 되니까요. 하지만 어느 한 쪽이 공부가 덜 되면 서로에게 불만의 씨앗이 되기도 합니다.

돈 계산의 경우에는 각자, 그 즉시 해결합니다. 카드 결제의 경우에는 한화로 환산한 돈을 나눠 즉시 입금하는 것이 깨끗하고 서로에게 편합니다. 특별히 가족이나 오랜 친구가 아닌 한, 일정 전체 동행보다는 부분 동행을 권하는 편이에요. 특히 여행지에서 만난 즉석 동행이 전체 동행보다 더 오래 남기도 합니다.

Northern Europe Choice

북유럽 여행, 제대로 알고 결정하자!

북유럽 여행 설명회 때마다 참석자들에게 북유럽 여행을 선택하게 된 이유에 대해 질문한다. 물론 각자의 취향이 북유럽행 결정에 가장 큰 몫을 했겠지만, 여행에서의 장단점 역시 여행 전 반드시 확인해야 하는 문제이기 때문에 여기서 낱낱이 밝혀 보도록 하겠다.

✖ 장점

1) 서유럽과 다른 자연과 문화

스칸디나비아 3개국(덴마크, 스웨덴, 노르웨이)은 독일과 프랑스, 핀란드는 스웨덴으로부터 전파되어 재창조된 문화와 러시아 문화가 골고루 혼합되어 있다. 이들만의 독특한 문화(바이킹 등)와 한자 동맹, 절대왕정 등의 역사적 배경, 척박한 자연과 공존했던 생활은 서유럽과는 또 다른 문화를 창조해 냈다. 현재 전 세계를 선도하는 이들의 디자인과 '스칸디 맘 & 대디'로 표현되는 라이프 스타일의 근원도 여기에 있다.

2) 단기간의 휴가 이용 가능

서유럽보다 도시 규모가 작아 7~10일 정도의 휴가를 활용하기 좋다. 특히 핀에어의 헬싱키 직항이 개항되고 심야에 운행하는 항공사가 늘면서 이동이 더 편해졌다. 이제 '북유럽은 가장 먼 곳'이라는 인식도 옛말이다.

3) 깨끗하고 안전한 환경

북유럽의 공기와 물은 다른 유럽보다 깨끗하다. 덴마크를 제외한 5개국에서는 수돗물을 그냥 마셔도 될 정도. 특히 공기와 물에 민감한 알레르기 환자라면 여기만 한 여행지도 없다. 물론 각 도시의 안전성이 예전보다 많이 떨어졌긴 하지만, 여전히 서유럽 도시들보다는 안전하게 여행할 수 있다. 어린이와 노약자 동반 시에도 최적인 지역으로 첫손 꼽힌다.

4) 덥지 않아 피서에 적합

한여름에도 시원한 날씨가 한국의 푹푹 찌는 더위를 잊게 해 준다. 일부 남쪽 도시들은 기온이 25도 이상으로 올라가도 햇살만 강렬할 뿐이고, 일교차가 커서 밤에는 쌀쌀하다. 한여름에도 긴팔, 긴 바지를 반드시 준비해야 하며, 피요르드나 북극권 지역에서는 아웃도어 재킷과 패딩이 필요하다.

5) 영어 능통

6개국 모두 언어는 다르지만, 영어는 이들을 하나로 묶어 준다. 피요르드나 북극권 같은 시골 지역에서도 웬만하면 영어로 의사소통이 가능하다. 그 나라 말을 몰라도 영어만 조금 알면 '찰떡같이 알아듣는' 그들의 위력을 실감할 수 있다.

6) '행복 체험 여행'의 명소

조금이라도 체력이 좋을 때 가야 하는 체험 여행지. '3대 트래킹'으로 대표되는 강도 높은 아웃도어 활동은 북유럽 여행의 주요 목표가 될 정도다. 또한 이들의 행복 문화를 배우기 위해 워킹 홀리데이와 방학 기간의 '한 달 살기' 같은 중장기 체류도 늘고 있다.

✖ 단점

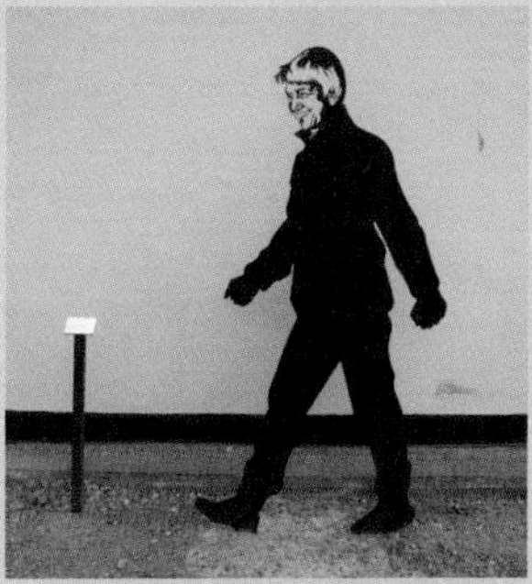

1) 정보의 부족

필자도 준비 과정에서 겪었던 문제다. 영어가 지원되는 홈페이지가 많이 늘었지만 아직까지 원어 위주로 운영되는 곳들이 대부분이다. 또한 한국인들이 주로 접하는 정보는 책보다는 인터넷 정보가 더 많은 비중을 차지하며, 시중의 관련 책들은 거의 디자인, 교육, 이민, 어린이 동화 등 일부 내용에 치중되어 있는 것이 아쉽다.

여행 전 홈페이지 등을 통해 정보를 수집하고, 현지에서는 각 도시에서 배포하는 정보지 등을 놓치지 말자.

2) 서유럽에 비해 낮은 인지도

우리는 유럽 하면 서유럽의 국가들을 주로 떠올리고, 북유럽은 맨 마지막으로 생각하는 경우가 많다. 아직까지 북유럽은 우리에게 낯선 곳이고, 여행도 서유럽에서 시작해 북유럽에서 끝내곤 한다. 그만큼 북유럽에 대한 국내 여행자들의 수요도 낮다. 같은 비용이면 좀 더 유명하고, 물가 싼 곳에서 본전을 뽑아야 한다는 심리 때문에 아무래도 북유럽은 뒷전으로 밀릴 수밖에 없는 현실이다.

하지만 그만큼 나만의 특별한 여행이 된다는 사실!

3) 높은 물가

영국의 물가가 비싸다고 하지만, 북유럽에 비하면 아무것도 아니다. 특히 아이슬란드 물가는 전 세계 최고 수준으로, 영국인들도 여행할 때 손을 떤다. 한국 물가의 최소 2배 이상, 아이슬란드는 최대 4배까지 생각해야 한다. 비용도 다른 서유럽 국가의 1.5~2배 이상 든다. 보통 20~30대 여성 여행자들이 선호하는 쇼핑, 맛집 위주의 소위 럭셔리 여행은 북유럽에서 실행하기 쉽지 않은 편.

여행 전 교통수단 예약, 여행하며 아침 만들어 먹기 등 책에 담긴 꿀팁을 최대한 활용하자.

4) 철저한 성수기 위주의 운영

대부분의 지역은 5~9월, 오로라 관찰이 가능한 북극권 지역과 스키 리조트 밀집 지역은 12~3월이 성수기이다. 특히 일부 관광지와 숙박은 5~9월 위주로 영업하고, 날씨에 구애받는 지역은 6월 말~8월 말에만 문을 열기도 한다. 그래서 때를 놓칠 경우 여행의 범위가 많이 제한되는 것은 당연지사이다.

여행을 충분히 준비할수록 현지에서의 만족도가 높아진다는 사실!

5) 교통편 연결

기후와 지형 문제, 인구밀도의 차이, 성수기 위주의 운영으로 교통편 연결이 지역마다 들쑥날쑥. 특히 피요르드 지역과 북극권, 아이슬란드 내륙 지역은 여름이 아니면 교통 연결 자체가 불가능할 수 있으니 반드시 시기에 맞춰 일정을 계획해야 안전한 이동이 가능하다. 대중교통 위주의 여행을 계획했다면 반드시 시간표를 숙지하고 일정을 잡자.

북유럽 여행의 가장 어려운 부분. 교통편은 반드시 미리 확인해야 한다.

6) 한적하고 소박한 분위기

눈에 확 띄는 랜드마크, 화려한 볼거리와 북적이는 분위기를 기대했다면, 이들의 조용하고 수수한 모습에 적응이 되지 않아 다소 실망할 수 있다. 평소 한국인의 여행 패턴에서는 천천히 들여다볼 여유가 부족하니까!

짧은 일정이라면 꼭 하고 싶은 것을 정해 나만의 여행 테마를 만들 것!

02

Enjoy Northern Europe

북유럽을 즐기는 가장 완벽한 방법

Denmark 덴마크

SUNNY SIDE

덴마크
Denmark / Danmark

1 | 국가 프로필

국가 기초 정보

국가명	덴마크 왕국(Kingdom of Denmark)
	덴마크어 국명은 Danmark.
수도	코펜하겐 Copenhagen
면적	42,916㎢(남한의 약 43%)
인구	약 563만 명
인종	아리안계의 덴족 및 고트족
정치	입헌군주제 및 의원내각제
	(프레데릭 10세 국왕, 메테 프레데릭센 총리)
종교	복음 루터교 90%, 기타 10%
공용어	덴마크어
통화	덴마크 크로네 Krone(DKK, 1DKK≒192원)

공휴일

1월 1일 새해 첫날New Year's Day
3월 28일 성 목요일Maundy Thursday*
3월 29일 성 금요일Good Friday*
3월 31일 부활절Easter*
4월 1일 부활절 후 월요일Easter Monday*
4월 26일 기도의 날Great Prayer Day*
5월 9일 승천일Ascension Day*
5월 19일 성령강림절Whit Sunday*
5월 20일 성령강림절 후 월요일Whit Monday*
6월 5일 헌법의 날Constitution Day
12월 25일 크리스마스Christmas
12월 26일 크리스마스 다음 날Second Day of Christmas
12월 31일 섣달 그믐날New Year's Eve
* 2024년 기준, 해마다 달라질 수 있음.

덴마크 이야기

간추린 역사 이야기

서기 500년경 덴족이 현재의 지역에 정착하고, 9세기경부터 약 200년간 바이킹 시대를 거치면서 서부 유럽으로의 진출을 확대하였다. 1397년에는 스웨덴, 노르웨이, 핀란드를 하나로 맺은 '칼마르 동맹'을 통해 스칸디나비아 통일 왕국으로 번성하였으나, 오래 가지 못하고 1520년경 각 나라로 갈라졌다. 1800년대 초반 나폴레옹 전쟁과 프로이센-오스트리아 전쟁에서 패배하면서 현재의 국토를 간신히 유지했다. 그 기간 동안 안데르센과 키에르케고르가 '문예 부흥'을 이끌었다. 또한, 달가스를 중심으로 유틀란트 반도 황무지 개간 및 녹지 사업, 그룬트비의 농민 교육개혁을 통해 현대 덴마크 사회의 기틀이 확립되었다.
1953년 헌법 개정을 통해 왕위 계승법이 변경되며, 마르그레테 2세 여왕이 1972년 즉위하여 지금까지 왕실이 이어지고 있다. EU 가입은 1993년에 이루어졌지만, 타 유럽 국가와 달리 방위 및 사법, 화폐에서 예외를 인정받아 현재까지 화폐 단위를 비롯한 여러 권한을 지키고 있다. 2000년 초, 코펜하겐과 스웨덴 말뫼를 잇는 외레순 대교Oresund Bridge가 완공되면서 지역 간의 연결뿐만 아니라 인적, 물적 자원 교류 역시 활발하게 발전하고 있다.

지역 정보

독일과 맞닿아 있는 유틀란트 반도와 푸넨Funen, 셸란Zealand의 큰 섬을 비롯한 여러 개의 작은 섬이 연결되어 국토를 이루고 있다. 수도 코펜하겐과 오르후스, 오덴세, 올보르그 등의 주요 도시를 비롯해 5개의 주와 98개의 시와 군으로 구성되어 있다. 또한, 국외 영토인 그린란드와 파로 제도에는 별도의 자치 정부가 있으며, 덴마크 본토와 달리 EU에 가입하지 않았기 때문에 한 나라 안에서도 서로 다른 나라처럼 공존하고 있다.

한국과의 관계

한국전쟁 때 병원선 및 의료진을 파견하면서 우리나라와 인연을 맺었다. 1959년 공사급으로 외교 관계를 시작한 후 처음에는 영국과 스웨덴 대사가 겸임하였으나 1972년 대사관이 세워져 현재까지 상주하고 있다. 약 30년간 왕족, 총리를 비롯한 양국 고위 인사급의 방문이 이어졌으며, 2007년 가을에는 마르그레테 2세 여왕이 한국을 공식 방문하기도 했다.
덴마크로의 주요 수출품은 선박, 자동차, 전자 제품 등의 중화학 공업 제품 중심이며, 취약 분야인 육류 제품 및 의약품 종류를 주로 수입하는 상호 보완적 무역 관계를 유지하고 있다.

덴마크인과 문화

덴마크 사람들은 오랜 농경 사회와 지속된 전쟁, 농지 개간 등을 거치면서 검소함이 몸에 배어 있으며, 다른 나라의 문화도 스스럼없이 잘 받아들이는 편이다. 세 명의 평민 출신 외국인 왕자비와 동성 결혼의 합법화(1989), 코펜하겐 시내의 '크리스티아니아' 같은 특수한 지역은 문화의 다양성을 인정할 줄 아는 국민성의 표본이다.
또한, 덴마크인들은 어린 시절부터 자전거와 동고동락한다. 각 도시에는 자전거 전용도로와 빽빽하게 들어찬 자전거 보관소가 어김없이 자리 잡고 있으며, 아침저녁 출퇴근 시간에는 대도시의 거리 전체가 자전거의 행진을 이룬다. '투르 드 프랑스'가 프랑스 이외의 지역에서 진행된 최초의 국가이기도 할 정도이다.

Snakk

편안하고 아늑한, Hygge

덴마크인들의 성향을 정의할 때 꼭 하나씩 등장하는 단어는 바로 휘게, 'Hygge'입니다. '편안한', '아늑한'의 뜻을 가진 휘게는, 특히 긴긴 겨울을 잘 보내는 덴마크인들의 비법과 같아요. 편안한 의자, 적당한 조도의 조명, 조화를 이루는 촛불 등의 소품으로 집 안 분위기를 아늑하고 따뜻하게 만든답니다. 다른 유럽 국가들보다 덴마크에서 유독 의자, 인테리어 디자인 등이 가장 많이 발달했던 이유는 바로 휘게를 추구하는 그들의 필요성에 있다고 봐도 과언은 아니지요. 심지어 인테리어에 관심 없는 남자도, 집 안을 아늑하게 만들기 위해서는 작은 소품도 어떻게든 들여 놓으려고 노력한답니다.

덴마크를 빛낸 사람들

1 안데르센 HC Andersen : 덴마크 하면 떠오르는 '동화의 아버지' (p.66 인어공주상, p.70 티볼리 공원, p.111 안데르센 박물관 등 참조)
2 그룬트비 Grundvig : 현재의 고등 교육 개념을 확립한 교육가 겸 철학자. 그의 시 400편은 현재까지 덴마크 루터교의 찬송가 가사로 널리 이용되고 있다.
3 달가스 Dalgas : "밖에서 잃은 것을 안에서 찾자"라는 슬로건으로 1800년대 덴마크의 재건을 이끌었으며, 그의 철학은 한국의 새마을 운동에도 영향을 주었다.
4 쇠렌 키에르케고르 Søren Kierkegaard : 저서 《이것이냐 저것이냐》를 통해 실존철학과 현대 기독교의 기초를 다졌다.
5 카렌 블릭센 Karen Brixen : 베스트셀러이자 아카데미상 수상 영화의 원작 《바베트의 만찬》, 《아웃 오브 아프리카》의 작가. '이자크 디네센'이라는 필명으로 활동했다(p.102 카렌 블릭센 박물관 참조).
6 닐스 보어 Niels Bohr : 원자 구조 및 원자핵을 발견한 핵물리학자. 원자폭탄 제조에도 관여하였다.
7 페터 회 Peter Hoeg : 베스트셀러 스릴러 소설 《스밀라의 눈에 대한 감각》의 작가.
8 페터 & 카스퍼 슈마이켈 Peter & Kasper Schmeichel : 아버지 페터는 덴마크 축구 대표팀의 유로 1992, 맨체스터 유나이티드의 1999년 '트리플 크라운'을 주도했고, 아들 카스퍼가 뒤를 이어 최고의 골키퍼로 맹활약 중이다.
9 아르네 야콥슨 Arne Jacobsen : 1930년대 실용주의, 1950년대 모더니즘 건축을 선도한 덴마크 대표 건축가 겸 디자이너. 여러 독창적인 디자인으로 가구, 커트러리 등의 생활 부분까지 명성을 떨쳤다(p.67 디자인 박물관, p.79 기오 옌센, p.102 아르네 야콥슨의 건물들 참조).
10 기오 옌센 Georg Jensen : 최고의 명품 주얼리 브랜드를 만들어 낸 '은의 황제'(p.79 기오 옌센 참조).
11 매즈 미켈슨 Mads Mikkelsen : 〈007 카지노 로얄〉, 〈타이탄〉, 〈로얄 어페어〉, 〈삼총사〉, 〈더 헌트〉 등의 영화에 출연하고 미국 드라마 〈한니발〉에서 렉처 역으로 국제적인 명성을 얻은 덴마크의 대표 배우.
12 수잔 비에르 Susanne Bier : 덴마크 영화의 존재를 전 세계에 알린 여성 영화감독. 〈인 어 베러 월드〉로 2011년 아카데미 외국어영화상도 수상했다.
13 아쿠아 AQUA : 〈바비 걸〉, 〈카툰 히어로〉 등의 곡으로 90년대 초반 공전의 히트를 친 유로 댄스 그룹.

여행 시기와 기후

연중 온화한 기후를 보이며, 한겨울에도 혹한은 없는 편이다. 하지만 기후 변화와 일교차가 심해 아침저녁에는 꽤 쌀쌀하고, 여름을 제외한 나머지 기간에는 흐린 날씨와 비 오는 날씨가 교대로 이어진다.

여행하기 좋은 시기

4~10월이 가장 좋다. 특히 5~6월에는 낮이 아주 길고, 7~8월은 따뜻한 날씨로 많은 관광객의 발길이 이어진다.

패션 코드

여름에도 일교차가 심하니 반드시 긴팔 상의와 긴 바지를 준비하는 것이 좋다. 여름 이외의 기간에는 얇은 옷을 여러 겹 껴입고, 방풍이 잘 되는 재킷과 튼튼한 신발을 챙기는 것도 필수.

가기 전 지식 쌓기

이 책 읽고 가자

- 《북유럽사》 변광수 지음
- 《안인희의 북유럽 신화》 안인희 역
- 《스칸디나비아 우리가 몰랐던 또 하나의 유럽》 토니 그리피스 지음
- 《이것이냐 저것이냐》 쇠렌 키에르케고르 지음
- 《바베트의 만찬》, 《아웃 오브 아프리카》 카렌 블릭

센 지음
- 《스밀라의 눈에 대한 감각》 페터 회 지음
- 《햄릿》 셰익스피어 지음
- 《큐리어스》 시리즈
- 안데르센 동화 〈인어공주〉, 〈임금님의 새 옷〉, 〈눈의 여왕〉, 〈엄지공주〉, 〈나이팅게일〉, 〈미운 오리 새끼〉 등

이 영화 보고 가자
- 〈정복자 펠레〉 아카데미 최우수 외국어영화상 수상
- 〈바베트의 만찬〉, 〈아웃 오브 아프리카〉 카렌 블릭센 원작의 영화
- 〈인 어 베러 월드〉, 〈오픈 하트〉, 〈다시 뜨겁게 사랑하라〉, 〈애프터 웨딩〉 수잔 비에르 감독 작품
- 〈로얄 어페어〉, 〈더 헌트〉 매즈 미켈슨 출연
- 〈아르마딜로〉, 〈멜랑콜리아〉 덴마크 현대 영화
- 〈우리 생애 최고의 순간〉 덴마크 핸드볼 팀
- 〈햄릿〉 로렌스 올리비에, BBC 시리즈 등의 여러 버전
- 〈겨울왕국〉 안데르센의 〈눈의 여왕〉을 모티브로 한 애니메이션

2 | 현지 오리엔테이션

여행 기초 정보

국가 번호	45
통화	덴마크 크로네 Krone(DKK, 1DKK≒192원)
비자	무비자로 90일간 체류 가능(솅겐 조약 가맹국)
시차	한국보다 11~3월은 8시간, 4~10월은 7시간 느리다.
전기	220v, 50Hz(한국과 같은 콘센트 모양)

추천 웹 사이트
덴마크 관광청 www.visitdenmark.com
덴마크 공식 정보 denmark.dk

예산 짜기
물가 수준은 한국의 최소 2~2.5배 정도 높다. 유럽에서도 가장 비싼 국가에 속한다. 국내에서 환전이 어려우니 카드를 주로 사용하고, 지방 도시 일정 추가 시에는 1일분 금액만 미리 환전하거나 현지에서 인출하자. 현지에서 카드 사용 시 곳마다 약 2~5%의 수수료가 붙는 경우가 있으니 결제 금액과 가격을 다시 한번 확인할 것.
시내는 대부분 도보 이동이 가능하며, 도시별 카드와 시내 자전거를 이용하면 비용을 절감할 수 있다. 하루 예산은 숙박비를 제외하고 10만 원을 기본으로 잡자. 한 끼라도 제대로 먹으려면 점심은 2~4만 원, 저녁은 5~10만 원에서 많게는 40만 원까지 예상해야 한다.

영업시간
관공서 월~금 09:30~17:00(목 ~18:00)
은행 월~금 09:30~16:00(목 ~18:00)
우체국 월~금 10:00~17:30(목 ~18:00)
상점 월~목 09:00~18:00(여름 ~20:00)
금 09:00~20:00, 토 10:00~14:00
(매달 첫째 · 마지막 주 토요일 ~17:00)

긴급 연락처
경찰, 화재, 응급 번호 112

한국 대사관
Address Svanemollevej 104, 2900 Hellerup
Tel 3946 0400, 긴급 2294 8943
Access 중앙역에서 S-tog를 타고 Hellerup 역 하차.

현지 교통 따라잡기
유럽 대륙과 기차, 페리 등으로 연결이 잘 되어 있으며, 북유럽 타 국가들과도 여러 교통수단으로 잘 연결되어 있다.

항공
덴마크 메인 항공사인 SAS가 코펜하겐 카스트룹 국제공항을 중심으로 주요 지역을 연결하고 있다. 한국에서는 유럽계, 중동계 및 일부 아시아 항공사의 경유편을 통해 코펜하겐으로 진입 가능하다. 또한, 아이슬란드, 파로 제도, 그린란드로 가는 항공편도 연결해서 이용할 수 있다.
한국–덴마크 운행 항공사 : SAS, 핀에어, 에어프랑스, KLM, 루프트한자, 터키항공, 영국항공(브리티시에어웨이), 러시아항공(아에로플로트), 카타르에어웨이, 에미레이트, 싱가포르항공, 타이항공, 케세이퍼시픽
덴마크–유럽 지역 저가 항공사 : 노르웨지안, DAT, 이지젯, 라이언에어, 부엘링, 트란스비아
덴마크–아이슬란드, 파로 제도, 그린란드 연결 : 아이슬란드에어, 아틀란틱에어웨이즈, 에어그린란드

기차
철도 업체인 DSB에서 코펜하겐 중앙역을 중심으로 전국 각 지역을 운행한다. 각 도시 지역은 준고속 노선인 인터시티 륀Lyn, 일반 인터시티가 주로 이용된다. 유틀란트 북부, 중부 일부 지역은 어라이바Arriva 사의 노선이, 코펜하겐 주변과 스웨덴 남부 지역은 두 나라가 공통으로 운영하는 외레순스톡Øresundståg의 노선이 운행 중이다.

오렌지 요금

2012년 이후 DSB에서 출시된 초저가 요금제. 여름 시즌에 한해 일부 중장거리 노선의 인기가 덜한 시간대에만 예약이 가능하다. 반드시 시간대를 확인하고 예약하자. 예약과 결제 시 페이지가 모두 덴마크어로 되어 있으며, 변경 및 환불이 불가능하다는 것이 가장 큰 단점. 결제 후 메일로 도착한 PDF 파일을 출력해 탑승 후 차장에게 제시할 것. 철도 패스가 없고 일정이 짧을 경우 일회성으로만 이용하자.

Web www.dsb.dk(한국에서 접속 불가, 우회 필요)

유레일 덴마크 패스(단위 : €)

개시 후 1개월 이내에 선택 사용할 수 있다.

기간	일반(28세 이상)		유스(12~27세)	
	1등석	2등석	1등석	2등석
3일	174	137	139	119
4일	209	165	167	142
5일	243	191	194	165
6일	273	216	218	186
8일	329	259	263	224

Tip

덴마크 기차 이용 팁

1. 시간은 정확한 편이지만 연착이 심심찮다. 지역 이동 및 환승 시 시간을 넉넉히 잡을 것.
2. 국제학생증으로 학생 할인은 불가능!
3. 특별히 인기 있는 주중 아침 시간대를 제외하면 예약이 필요 없는 편이다. 성수기에는 무조건 일찍 가서 자리를 잡을 것(단, 레고랜드 일정 시 주말의 오덴세-바일레 구간 2등석은 예약을 권장).
4. 1등석 이용 시 아침 9시 이전 출발 편에서는 간단한 아침 식사가, 그 이후 시간에는 초콜릿 및 타파스 등의 간단한 간식이 제공된다.

페리

차량을 가지고 영국, 스웨덴, 노르웨이, 독일로 갈 때 유용한 교통수단이다. 이 중 일부 노선은 철도 패스 소지 시 약간의 할인 혜택이 있다.

행선지별 페리 안내

출발지	도착지	운행 회사	소요 시간
코펜하겐 노드하운	오슬로	DFDS	약 14시간(야간)
헬싱괴르	헬싱보리	스칸드 라인	약 20분
프레데릭스하운	예테보리	스테나 라인	약 3시간 30분
프레데릭스하운	오슬로	칼라 라인	약 8시간 30분(주간)
히르샬	크리스티안산	칼라 라인	약 3시간 30분
히르샬	스타방게르, 베르겐	피요르드 라인	약 14~17시간(야간)
그뢰노	바르베리	스테나 라인	약 3시간
에스비에르	하리치	DFDS	약 15시간(야간)
히르샬	세이디스피외르뒤르	스뮈릴 라인	약 54시간

1등석 탔으면 꼭 챙기세요!

버스

유틀란트 지역을 촘촘히 이어 주는 편리한 운송 수단. 쉬드트라픽 Sydtrafik에서는 리베-에스비에르-바일레-빌룬트(레고랜드 및 공항 포함) 등의 주요 지역을, 콤바르도 엑스프레센Kombardo Expressen에서는 코펜하겐과 오르후스를 중심으로 헤르닝, 실케보르, 올보르크 등의 유틀란트 지역 도시들과 코펜하겐 공항을, 플릭스부스Flixbus에서는 국내 이외에도 국제선 노선이 스웨덴 등의 인근 유럽 국가들을 연결한다. 미리 예약하면 저렴하지만 환불이 어려우니 주의.

Web **쉬드트라픽** www.sydtrafik.dk(덴마크어)
플릭스부스 www.flixbus.dk
콤바르도 엑스프레센 www.kombardoexpressen.dk

전화 · 인터넷 · 우편

전화

전화 서비스는 텔리아와 TDS에서 운영하며 동전과 카드 모두 이용할 수 있다. 전화카드는 시내 곳곳의 구멍가게나 편의점에서 50DKK 혹은 100DKK 단위로 판매한다. 한국의 선불카드나 콜렉트 콜은 공중전화에서 이용이 어려우며, 한국으로 통화 가능한 카드도 거의 없다. 신용카드를 꽂아서도 통화가 가능한데 급할 때에만 이용하자.

Cost 시내통화 기본요금 5DKK(분당 14DKK)

전화 거는 요령

❶ 국제전화(덴마크→한국, 기타 유럽 국가)

00+국가 번호(한국 82)+지역 번호 또는 휴대전화 기지국 번호 앞의 0을 제외한 전화번호 입력.

예) 일반 전화 통화 시(02 123 4567) : 0082+2 123 4567
휴대전화 통화 시(010 123 4567) : 0082+10 123 4567

❷ 콜렉트 콜(수신자 부담)

KT : 800 1 0382를 입력 후 안내 멘트 듣고 한국 전화번호 입력.

❸ 덴마크 내 전화

시외전화를 걸 때는 지역 번호를 먼저 입력한다(코펜하겐 33, 헬싱괴르 49, 로스킬데 46, 오덴세 66, 빌룬트 75). 타 지역에서 코펜하겐으로 시외전화를 걸 경우 33을 누른 뒤 전화번호를 입력하면 된다.

우편

중앙역을 비롯한 시내 중심가에 우편을 취급하는 곳에는 '포스트노드'라는 이름의 빨간 표지판이 붙어 있으며, 우표를 비롯한 여러 우편 관련 아이템을 함께 판매한다. 우체국 이외에도 기념품점이나 주요 숍에서 엽서를 구입할 때 "Do you need a stamp?"라고 묻기도 하니 우표가 필요하면 함께 구입하자.

Cost 한국으로의 우편엽서 요금 36DKK

인터넷

대부분의 미술관, 박물관, 숙박 시설, 레스토랑, 카페에서 무료로 무선 인터넷을 이용할 수 있다. 이용 가능 여부를 먼저 문의하고 이용하자. 기차 안에서는 DSB Plus 회원이나 1등석 이용자만 무료 이용 가능. 데이터 이용이 많거나 덴마크부터 여행 시작 시, 시내의 Lyca가 붙은 숍에서 라이카 심 카드를 구입해 사용하자.

Web www.lycamobile.dk

치안 및 기타 주의사항

1 치안 상태는 좋은 편이지만, 최근 범죄가 많이 늘었다. 가방과 휴대전화 상태를 항상 주시할 것. 특히 스트뢰이어트 거리와 뉘하운 같은 중심가는 아주 혼잡하며, 중앙역 구내와 주변도 정신없고 어지럽다. 이런 곳에 소매치기가 많으니 반드시 주의를 기울이자.

2 음식점이나 택시 등에서는 팁이 필수가 아니지만, 고급 식당의 경우 꼭 주는 것이 좋다. 보통 음식값의 5~10% 내외이다. 카드 결제 시 팁 금액을 같이 입력하면 편하게 결제할 수 있다.

3 웬만한 길에는 자전거 전용도로가 함께 있는데, 자전거들의 주행속도가 아주 빠르다. 길을 걷다가 잘못하여 자전거에 부딪힐 수 있으니 길을 건널 때 주위를 잘 살피자.

4 서유럽과 북유럽 경계에 위치한 덴마크는 서유럽 국가들처럼 물이 석회질이다. 물은 사서 마시는 것을 권한다. 피부 건조에 대비해 보습제도 많이 준비할 것.

5 술 판매가 북유럽 국가들 중 가장 자유로운 만큼 곳곳에 취객이 많다. 특히 밤 시간에는 조심!

엔터테인먼트

음식

덴마크 사람들은 아침과 저녁을 주로 집에서 먹고, 점심은 간단하게 도시락을 준비해 먹는다. 북쪽 바다에서 주로 잡히는 청어와 연어를 비롯해, 낙농 최강국답게 다양한 유제품과 육가공 제품들이 많다. 또한, 북유럽 국가들 중 여러 스타 셰프가 있고 높은 수준의 '뉴 노르딕 퀴진'을 선보이고 있어 미식가들의 발길이 이어지고 있다. 엄청난 커피 소비량 역시 바리스타 세계 챔피언을 4명이나 배출한 원동력이다.

Do you need a stamp?

대표 음식

데니쉬 페스트리 : 우리에게도 친숙한 페스트리의 '원조'로 비너브뢰트Wienerbrød라고도 한다. 버터를 넣은 반죽을 겹겹이 접고, 커스터드 크림이나 설탕, 계피 등으로 속을 채워 오븐에 굽는 빵이다. 곳곳의 빵집과 슈퍼마켓에서 쉽게 접할 수 있으며, 가격도 저렴하다.

스뫼르브레드Smørrebrød : '버터 바른 빵'이라는 뜻으로, 빵 위에 버터를 바르고 다양한 종류의 소시지, 햄, 삶은 달걀, 청어, 연어, 치즈 등을 얹어 그대로 먹는 오픈 샌드위치이다. 1880년대 이후부터 국민적인 점심 메뉴가 되었으며, 대도시 식당의 점심 메뉴로도 인기 있다.

콜드 뷔페 : 차가운 햄과 생선 종류, 호밀 빵, 치즈 등을 점심 때 뷔페식으로 즐길 수 있다. 저녁 시간에는 더운 음식이 추가된다. 19세기 말부터 덴마크 사람들의 식문화로 스며들었다.

이 외에도 덴마크식 미트볼 **프리카델러**Frikadeller, 갈색 호밀 빵 **러그브레드**Rugbrød, 국민 패스트푸드인 **스테프**Steff **핫도그**, **감초**Lakris를 이용한 **다양한 간식**, 갈래머리 소녀 캐릭터로 유명한 초콜릿 우유 **마틸데**Matilde가 유명하다. **커피 소비량** 역시 세계 최고로 손꼽는 수준.

대표 술

칼스버그Carlsberg와 자매품 **투보그**Tuborg는 전 국민적인 맥주 브랜드로, 다른 북유럽 국가를 비롯한 전 세계에 절찬리 수출 중이다. 또한 **알바니**Albani 등의 지역 맥주, 겨울에 인기 높은 **스납스**Snapps도 빼놓을 수 없다. 다른 북유럽 국가들보다 훨씬 저렴하게 술을 판매하고 제한도 적은 덕에, 원정 술 쇼핑(?)을 오는 스웨덴과 노르웨이 사람들을 곳곳에서 볼 수 있다. 심지어 헬싱괴르 항구에는 술을 대량으로 판매하는 전문 가게가 심심찮게 눈에 띈다.

쇼핑

덴마크에서 기념품은 **바이킹 모자**를 응용한 여러 아이템과 **왕실 기념엽서**가 대표적. **레고**LEGO의 블록 종류, **로얄 코펜하겐**의 도자기 및 각종 디자인 상품도 한 인기 한다. 일부 유명 브랜드 숍에서는 관광객들을 겨냥한 저렴한 상품들을 내놓기도 한다. 세일 기간은 매년 7월 초와 12월 말~1월 중순으로 일 년에 2번 진행하며, 택스프리는 한 상점에서 300DKK 이상 구매 시 약 13~19%를 환급받을 수 있다.

덴마크 대표 브랜드

덴마크의 여러 브랜드는 화려하지 않으면서 아름답고, 실용성 높은 아이템으로 전 세계에서 사랑받고 있다.

로얄 코펜하겐 Royal Copenhagen : 200년 넘게 왕실의 식사 시간을 장식하고 있는 식기류의 최고 명품이다. 손으로 섬세하게 그려 넣은 그릇은 그 자체가 예술!(p.78 로얄 코펜하겐 참조)

기오 옌센 Georg Jensen : 북유럽을 대표하는 명품 주얼리 브랜드. 특히 전통과 현대를 조화시킨 디자인의 퓨전 라인과 뱅글 시계, 100년을 이어 온 문라이트 라인이 대표적이다. 커트러리를 비롯한 생활 제품도 역시 최고의 아이템(p.79 기오 옌센 참조).

뱅 앤 올룹슨 Bang & Olufson : 오디오에 관심 많은 사람이면 다 아는 음향 기기 전문 명품 브랜드. 독특한 모양의 A8 이어폰으로 유명하다.

판도라Pandora : 100종류 이상의 참Charm을 조화시킬 수 있는 팔찌가 대표적인 주얼리 브랜드(p.80 판도라 참조).
트롤비즈Trollbeads : '커스텀 주얼리'의 원조(p.83 트롤비즈 참조).
에코ECCO : 남녀노소 편하게 신을 수 있는 다양한 디자인의 스니커즈와 기능성 레저화, 편안한 착용감의 구두가 인기 만점이다.
레고LEGO : 전 세계 어린이들의 필수 장난감! 유아용 듀플로, 마니아용 스타워즈 키트, 여자 어린이용 프렌즈까지, 다양한 종류의 블록은 세대를 초월하는 마니아들을 양산하고 있다. 특히 유틀란트 중부 빌룬트에는 레고를 이용한 테마파크 레고랜드가 있어 매년 많은 관광객들을 끌어들인다(p.115 레고랜드 참조).
칼스버그Carlsberg : 덴마크를 넘어 세계로 수출되는 북유럽 대표 맥주 회사. 기업의 '노블리스 오블리제'를 예술과 함께 제대로 실현하는 기업이기도 하다(p.88 홈 오브 칼스버그, p.72 뉘 칼스버그 미술관, p.66 인어공주상 참조).

이 외에도 액세서리로 유명한 **필그림**Pilgrim, 커피 프레스와 유리 제품 전문 브랜드 **보덤**Bodum, 위스키 봉봉으로 유명한 초콜릿 회사 **안톤버그**Anthon Berg가 우리에게 알려져 있다.

예술

영화

아카데미 최우수 외국어영화상을 수상했던 〈바베트의 만찬〉(1988), 〈정복자 펠레〉(1989), 〈인 어 베러 월드〉(2011)는 전 세계에 덴마크를 대표하는 영화로 손꼽힌다. 특히 수잔 비에르 감독의 여러 영화를 눈여겨보자.

디자인 · 건축

기오 옌센과 후예들이 주얼리 분야에서 최고를 지켜 왔다면, 아르네 야콥슨Arne Jacobson은 1930년대 실용주의 및 1950년대의 모더니즘 건축을 전파한 대표적인 건축가이자 디자이너이다. 또한, 핀 율Finn Juhl(뉴욕 유엔 본부), 이외른 웃손Jørn Utzon(시드니 오페라하우스), 헤닝 라센Henning Larsen(오페라 하우스, 덴마크 디자인 센터), 오토 폰 스프레켈센Otto von Spreckelsen(파리 신개선문) 등의 여러 건축가가 전 세계에 덴마크 건축과 디자인을 알렸다.

현재 덴마크는 미술에 조예 깊은 여왕 시기부터 국가의 적극적 지원 아래, 북유럽 디자인 및 건축을 선도하는 디자인 왕국으로 굳건히 자리 잡고 있다.

스포츠

덴마크에서 가장 인기 있는 스포츠는 축구! 1992년 유럽 선수권 대회(유로 1992)에서 우승을 차지하면서 전 세계에 이름을 알렸으며, 월드컵에서 총 5번 16강까지 진출했다. 맨체스터 유나이티드의 1999년 '트리플 크라운'의 주축 멤버 골키퍼 페터 슈마이켈Peter Schmeikel과 레스터 시티의 동화 같은 우승의 주역인 아들 카스퍼Kasper, 덴마크 축구 전성시대를 이끈 미카엘Mikael Laudrup, 브리안 라우드럽Brian Laudrup 형제가 덴마크의 국민적인 축구 영웅이다.
또한, 핸드볼과 배드민턴은 겨울에도 즐기는 실내 스포츠로 인기가 높고 실력 또한 출중하다. 매년 올림픽을 비롯한 국제 대회에서 우리와 맞붙기도 한다. 영화 〈우리 생애 최고의 순간〉에서의 게임 장면을 봤다면 이들의 수준이 어느 정도인지 실감할 것이다.

코펜하겐
Copenhagen / København

'상인들의 항구'라는 뜻의 쾨만스하운Komanshavn이라는 이름으로 시작된 이래, 850년 동안 덴마크 국민들의 중심지로 지금까지 자리 잡았다.
현재는 서유럽과 북유럽을 이어 주는 가교이자 출입구로, 덴마크의 수도로, 또한 북유럽 지역 제2의 대도시로 많은 사람이 매년 이곳을 찾고 있다.
거리를 가득 채운 자전거의 물결, 맥주를 들고 물가에 앉은 한가로운 모습, 아담하고 오밀조밀한 옛 건물과 에지 넘치는 현대 건축물의 조화, 그리고 다양한 사람이 어우러진 자유로운 분위기를 느껴 보자.

여행하는 방법

유용한 홈페이지
덴마크 관광청 www.visitdenmark.com
덴마크 공식 정보 denmark.dk
코펜하겐 관광 공식 안내 www.visitcopenhagen.com

관광 안내소
원더풀 코펜하겐 Wonderful Copenhagen
시내 최대의 관광 안내소. 각종 관광 안내, 투어 알선, 숙소 예약 등을 대행해 준다.
Address Vesterbrogade 4B
Tel 70 222 442
Open **3·4월** 09:00~16:00,
5·6·9월 월~토 09:00~18:00, 일 09:00~16:00,
7·8월 월~금 09:00~20:00, 토·일 09:00~18:00,
10~2월 월~금 09:00~16:00, 일 09:00~15:00
Close 1/1, 부활절 당일, 12/24~25
Access 중앙역에서 좌회전 후 티볼리 공원을 끼고 우회전 하자마자 길 건너편에 위치.
Wifi 가능

크리스티아니아 TC Christiania TC
크리스티아니아의 지역 안내소로, 여름에는 매일, 그 외 기간에는 주말에 가이드 투어를 별도로 운영하니 핵심을 콕콕 집어 둘러보고 싶다면 이용해 보자. 지역 안내서는 공식 홈페이지에서 미리 받아서 출력해 갈 것.
Address Nyt Forum, Pusher St
Tel 32 956 507
Open 월~목 12:00~18:00, 금 12:00~16:00
Close 토·일요일

유용한 정보지
코펜하겐 시티 가이드 Copenhagen City Guide
무료 시내 지도가 포함되어 있고 교통 노선, 관광지가 상세하게 표시되어 있다.

환전소
중앙역 구내의 Forex 환전소와 시내 곳곳의 Danske, Nordea 등의 은행 ATM도 유용하다.

우체국
시내 곳곳의 가게에 포스트노드Postnord가 붙은 곳에서 우편 업무가 가능하다. 일룸 백화점 구내(영업시간 내), 라운드 타워 근처(Landemærket 21), 시청사 근처(Mikkel Bryggers Gade 10) 등이 여행자들에게 편리하고 찾기 쉽다.
Open 우편 업무 10:00~18:00

경찰서
중앙 경찰서
중앙역에서 티볼리 방향 출구로 나와 좌회전 후 Hambrosgade 길로 접어들어 왼쪽에 위치. 중앙역 구내에 지소가 있다.
Address Politigarden, 1567 Copenhagen V
Tel 33 141 448

슈퍼마켓
봉투 구입 시 약 5~10DKK를 따로 내야 한다. 되도록 미리 장바구니를 준비하자.

365디스카운트 & 브룩센 365Discount & Brugsen : Coop에서 이야마Irma, 팍타Fakta를 흡수하며 이름이 바뀌었다. 특히 이야마에서 판매하던 자체 상품과 기념품은 브룩센 체인에서 나뉘어져 판매 중이다. 뇌레포트Nørreport 역 근처, 아말리엔보리 궁 근처, 크리스티안하운 역 근처 매장이 접근이 쉽다.
푀텍스 Føtex : 시내에는 소규모의 식품 중심 푀텍스 푸드 중심이다. 매일 07:00~21:00(곳에 따라 ~22:00) 영업하여 주말에도 편리하게 이용 가능. 디자인 박물관 근처, 스트뢰이어트 거리 매장이 접근이 쉽다.
메니 Meny : 시내 일룸 백화점 지하 위치한 노르웨이산 고급 슈퍼.
네토 Netto : 뇌레포트 역 근처, 라운드 타워 옆 골목, 시청 앞 광장 옆(24시간)에 위치. 국민 저가 슈퍼.
레마 1000 Rema 1000 : 라디슨 블루 로열 호텔의 뒤편.

당일 짐 보관

중앙역 지하 코인 로커(소 60DKK, 중 70DKK) 및 유인 보관소 이용 가능.

지명

코펜하겐의 현지식 표기는 København이며 '쾨벤하운'이라 발음한다.

가는 방법

유럽 각국에서 다양한 교통편을 이용해 진입할 수 있으며, 다른 북유럽 국가로의 진출이 쉬워 교통의 허브 역할을 하고 있다.

항공

덴마크 여행은 시내에서 10km 떨어진 거리에 위치한 카스트룹Kastrup 국제공항에서부터 시작된다. 현재 북유럽 최대의 공항으로 전 유럽을 연결하는 다양한 항공편이 취항하고 있어 타 국가 이동 시에도 편리하다. 한국에서는 일부 아시아 및 유럽 항공사의 노선을 통해 경유 편으로 입국할 수 있다. 또한, 공항 면세점은 명품부터 SPA 브랜드까지 다양한 브랜드가 있어 마지막까지 쇼핑을 즐기기에도 최고의 장소. 안내 방송이 없어 전광판을 보고 알아서 찾아가야 하니 이용 시 정신을 바짝 차리자.

Web　　www.cph.dk

카스트룹 공항 터미널별 주요 항공사 안내

❶ **1터미널** : 국내선 노선(SAS)

❷ **2터미널** : 핀에어, 에어프랑스, 러시아항공(아에로플로트), 이지젯, 영국항공(브리티시에어웨이), 터키항공, KLM, 카타르에어웨이, 에미레이트, 싱가포르항공, 노르웨지안, 에어그린란드, 케세이퍼시픽(계절 취항), 체코항공, 폴란드항공(LOT), 라이언에어, 에어차이나(중국국제항공), 루프트한자

❸ **3터미널** : SAS(Blue1, Widerøe, 에스토니안에어), 타이항공, 에어발틱, 아이슬란드에어, DAT, 아틀란틱에어웨이즈

Tip

공항 이용

1. 터미널 내 이동은 도보로 충분히 가능하며, 무료 셔틀버스(04:30~23:30에 15분 간격 운행)를 이용해도 괜찮다.
2. 세금 환급은 2-3터미널 사이의 글로벌 블루, 플래닛 익스체인지(플래닛 및 기타 대행사)에서 처리 가능하다. 단 부스의 비운영 시간에는 3터미널 내 세관에서만 처리 가능하다. 영국, 아이슬란드, 비유럽 국가로 이동 시에는 서둘러 공항으로 가자.

Open　　글로벌 블루 터미널 내 06:00~21:00,
　　　　면세 구역 07:00~19:00, 플래닛 및 기타 05:30~20:00,
　　　　세관 24시간

3. 공항 면세점 이용 시, 브랜드와 행선지에 따라 세금 환급을 별도의 창구에서 받아야 한다. 창구 위치를 미리 파악해 두자.

카스트룹 공항→시내

도착 후 출구는 3터미널과 연결되어 있다. 교통 티켓은 출구 오른쪽의 DSB 자동판매기에서 구입 가능하다. 전 교통편 모두 24시간 운행하여 늦은 시간에도 편하게 이용할 수 있고, 시내 교통과도 잘 연결되어 있다. 숙소 위치에 맞는 교통편을 잘 선택해 이용하자. 전 교통수단 모두 1회권 36DKK(1시간 30분 동안 유효, 1~3존 구간 1회권 적용).

❶ 철도

가장 많이 이용되는 교통수단으로, 시내 중앙역까지 가장 빠르게 연결된다. 중앙역에서 각 지방으로 연계 이동 시, 스웨덴 남부 등으로 이동 시에도 편리하다. 철도 패스 사용이 가능하며 중앙역까지 약 15분 소요된다.

❷ M2라인 지하철

시내의 콩겐스 광장Kongens Nytorv이나, 뇌레포트Nørreport 역까지 진입하여 그 후에 원하는 지역으로 이동이 편하다. 지하철역과 가까운 쪽에 숙소를 잡았을 경우에 유용하다. 뇌레포트까지는 약 25분, 콩겐스 광장(뉘하운, 제너레이터 호스텔 등)까지는 약 20분 소요된다.

❸ 5C번 버스

3터미널 옆 정류장에서 발착한다. 국립수족관 등의 인근 관광지 연계 시, 단호스텔 코펜하겐 시티 등의 인근 숙소 이용 시에 유용한 노선이다. 중앙역까지 약 35분 소요된다.

기차

국내외 노선의 기차와 시내 연결 국철S-tog이 모두 코펜하겐 중앙역에 정차한다. 중앙역 내에는 밤 12시까지 영업하는 편의점과 패스트푸드점, 락케에후세 빵집, 드럭 스토어 Matas, 유 · 무인 짐 보관소, 환전소 Forex 2곳, 경찰서, 자동판매기 등이 있어 여행자들이 편리하게 이용할 수 있다.

Open **중앙역** 04:30~01:00
티켓 판매소 월~금 07:00~20:00, 토 · 일 08:00~18:00

Tina's Plus

DSB 1등석 라운지

1등석 철도 패스나 당일 1등석 티켓 소지 시 이용할 수 있다. 간단한 간식과 음료, 전용 화장실, 무선 인터넷이 무료! 북적거리는 역 구내보다 편안하게 기차를 기다리기에 좋다.

Open 월~금 06:00~18:00
Close 토 · 일요일
Access 구내 경찰서 2층.

페리

오슬로에서 DFDS 페리를 이용하면 시내 북쪽에 위치한 노드하운Nordhavn에 도착한다. 페리 터미널에서 나온 후 시내버스 27번을 이용해 지하철 · 공철 외스터포트Østerport 역으로 나온 후, 원하는 곳으로 이동한다.

버스

국내선, 국제선 플릭스부스Flixbus, 콤바르도 엑스프레센Kombardo

Expressen, 넷부스 이용 시 카스트룹 국제공항 2터미널, 중앙역 뒤편의 Ingerslevsgade에서 정차한다. 플릭스부스, 콤바르도 엑스프레센과 넷부스는 홈페이지나 관광 안내소 등에서 사전 예약이 필수.

시내 교통

시내 중심가에 볼거리들이 몰려 있어 웬만한 곳은 도보 이동이 가능하다. 인어공주상이나 홈 오브 칼스버그, 크리스티아니아, 로얄 코펜하겐 아웃렛 등은 버스와 국철, 지하철 등으로 이동할 수 있다. 단, 정류장과 안내가 모두 덴마크어로 되어 있는 것이 단점. 이동을 원하는 곳을 안내 지도에서 확인한 후, 노선을 선택하고 움직이는 것이 좋다.

Web www.dinoffentligetransport.dk
시티 패스 안내 www.citypass.dk

대중교통 요금

시내와 근교를 합해 1~99존으로 나뉘어 교통 요금이 책정되며, 시내는 1~2존에서 충분히 해결할 수 있다. 되도록 자동판매기를 이용하자. 어린이 동반 시 12세 미만 2명까지 무료이며, 12~15세는 성인의 반값으로 티켓 구입 가능.

1회권 : 1~2존 24DKK(1시간 동안 버스, 지하철, 국철 자유 환승 가능)
시티 패스(교통 전용) : 스몰(1~4존) 24시간 80DKK, 48시간 150DKK, 72시간 200DKK, 라지(1~99존, 광역 지역용) 24시간 160DKK, 48시간 300DKK, 72시간 400DKK

Tip

1. 시티 패스 라지는 헬싱괴르, 로스킬데, 루이지아나 현대미술관(훔레백), 프레데릭스보르 성(힐레뢰드) 등의 근교 지역 이동 시에도 사용 가능하다(p.95, p.104 참조).
2. 구입 시 표에 개시, 종료 시간이 바로 표시되어 펀칭이 필요 없다.

도와주세요!

교통권 선택은 어떻게 할까요?

초보 : 코펜하겐 시내 일정이 공항 이동까지 하면 딱 하루밖에 안 돼요. 어떤 교통권을 살까요?
티나 : 일단 시내에서 가고 싶은 관광지는 어디인가요?
초보 : 아무래도 처음 가는 곳이니까 이곳저곳 많이 보고 싶기는 해요.
티나 : 그렇다면 경우에 따라 2가지로 구분할 수 있어요. 유료 관광지 입장이 많지 않다면 공항 도착 후 시티 패스를 구입해 사용하고, 입장이 필요 없거나 당일 무료 입장 가능한 곳을 선택해서 다녀오세요. 티볼리 공원, 궁전, 미술관 등의 유료 관광지를 많이 보고 싶다면 코펜하겐 카드가 가장 좋은 선택입니다. 본인의 예산과 일정, 관광지 입장 여부에 따라 선택하세요.
초보 : 그럼 저는 최대한 많이 보고 싶으니 코펜하겐 카드를 사야 하겠네요. 카드는 어디서 사지요?
티나 : 공항 도착 후 왼쪽의 관광 안내소에서 직접 구입하실 수 있어요. 구입 후 바로 사용하려면, 개시 시간을 구입 시간 기준으로 적으면 됩니다.

버스
중앙역을 중심으로 시내 곳곳을 연결하는 코펜하겐 시민들의 발. 전체 노선들 중 외스터포트 역(인어공주상, 카스텔레 요새, 노드하운 페리터미널행 27번 버스 연결)–콩겐스 광장–크리스티안보리 궁전–중앙역을 잇는 23번, 뉘하운 운하–왕립 도서관–중앙역–칼스버그 비지터 센터를 연결하는 26번, 뉘칼스버그 미술관–중앙역–프레데릭스베르 지구 및 로얄 코펜하겐 아웃렛을 연결하는 31번 버스가 여행자들에게 유용하다.

운행 05:00~01:00(노선마다 상이)

수상 버스
왕립 도서관–뉘하운 운하–오페라 하우스–카스텔레 요새(인어공주상 근처)를 잇는 991번, 992번 수상 버스는 물길을 따라 낭만을 즐기며 이동하기에 좋다. 인어공주상까지 모두 본 후에 편안하게 돌아오자.

운행 07:00~21:00(30~45분 간격 운행)

국철 S-tog
7개의 노선이 시내와 근교 지역을 연결한다. 시내에서 조금 멀리 떨어진 곳을 오가거나 헬싱괴르행 선로 공사 시 이동할 때 유용하다. 단, 안내 방송과 역 표시가 덴마크어로만 되어 있다는 것이 단점. 안내 지도를 반드시 숙지하고 이동하자.

운행 04:50~01:00

지하철 Metro
4개의 노선이 있으며, 콩겐스 광장 등의 시내 중심가(제너레이터 호스텔, 뉘하운 포함), 프레데릭스베르 지역, 공항 이동 시 사용 가능하다. 2020년 이후 중앙역을 관통하는 노선이 개통되고 이동이 편리해졌다.

운행 24시간

티켓 구입과 사용 방법
1회권

버스는 탑승 시 기사에게 구입 혹은 자동판매기에서 구입 가능.

24시간권(시티 패스 · 광역 지역)

자동판매기, 편의점, 공항, 지하철, S-tog, 각 국철 역내 DSB 창구에서 구입 가능.

코펜하겐 카드 CPH Card

현재 코펜하겐 카드는 시내 및 근교 관광지 80여 곳 입장과 대중교통 이용이 포함된 디스커버Discover, 시내 중심가 관광지 40여 곳 입장과 스트룀마 사의 관광용 버스가 포함된 홉Hop의 두 가지로 운영되고 있다. 본인의 스타일에 맞게 선택하자. 공항과 시내의 관광 안내소, 공식 홈페이지, 애플리케이션에서 구입할 수 있다.

Cost **디스커버** 24시간 479DKK, 48시간 699DKK, 72시간 879DKK
홉 24시간 545DKK, 48시간 745DKK,
72시간 910DKK(11세 이하 어린이 2인까지 무료 동반,
12~15세는 50% 할인된 요금으로 주니어 카드 구입 가능)

Web www.copenhagencard.com

Tina's Plus

자전거로 코펜하겐 즐기기

코펜하겐 시내는 매일 자전거로 출퇴근하는 인파로 전용 도로가 가득하다. 또한 전세계적 사이클 이벤트 '투르 드 프랑스'가 2022년에는 코펜하겐에서 열리면서 더욱 관심이 높아졌다. 현지인들과 함께 시내를 느끼고 싶다면 자전거를 대여해서 시내를 누벼 보자. 묵는 숙소에 문의해 자전거를 대여하거나, 시내 업체를 통해 자전거를 시간별로 대여해 이용하는 것을 추천한다. 업체에 따라 자전거를 이용한 가이드 투어도 운영하니 관심이 있다면 같이 알아보자.

Web **바이시켈리** www.baisikeli.dk
바이크 투어스 코펜하겐
www.bikecopenhagen.dk

코펜하겐 시내, 이렇게 보자

코펜하겐 시내는 중앙역과 시내를 가르는 운하를 기준으로 크게 중앙역 주변, 스트뢰이어트, 뇌레포트, 워터프런트, 크리스티안하운, 외곽 지역의 6개 부분으로 나뉜다. 특히 인기 있는 관광지는 주로 중앙역 주변, 워터프런트 쪽에 집중되어 있다. 시간이 없을 경우에는 시내 중심가와 워터프런트 지역에만 집중하고, 2일 이상 일정 시에는 가까운 지역을 묶어 여행하면 동선이 줄어들어 효율적인 여행이 가능하다.
코펜하겐 시내 일정은 각자의 취향과 목적에 맞춰 조절할 수 있다. 시내 주요 관광지만 볼 경우 최소 1일, 미술관, 궁전 등의 주요 스폿 및 디자인 관련 장소 선택 시 2~3일, 근교 및 당일치기 지역 여행까지 예상 시 많게는 4~5일이 소요된다. 특히 10~4월의 겨울 시즌에는 입장 시간을 고려해 일정을 1.5배 정도 여유롭게 잡자. 주요 관광지가 문 닫는 월요일에는 입장권이 따로 필요 없는 볼거리와 스트뢰이어트 거리, 티볼리 공원, 쇼핑 위주로 정하는 것도 좋은 방법이다.

코펜하겐에서 놓치지 말자
1 세계 놀이공원의 원조 티볼리 공원과 한국의 놀이공원 비교 체험하기.
2 뉘하운 운하부터 코펜하겐의 상징 인어공주상까지, 워터프런트의 명물들 순례하기.
3 자유로운 영혼들이 모인 곳에서 열린 시각으로 사람들 보기.
4 여왕님께서 팍팍 밀어주시는 디자인 · 건축 강국의 현장 돌아보기.
5 왕실의 흔적 안에서 확인하는, '화려했던 그 시절'과 미래 조망하기.

추천 코스

1일 차

인어공주상에서는 그 주변의 카스텔레 요새, 게피온 분수 등도 놓치지 말자. 뉘하운 운하에 도착하면 잠깐 점심을 먹으며 쉬어 가자. 볼거리가 많은 크리스티안보리 궁전에서는 여왕 알현실, 압살론 유적 등의 다양한 볼거리 중 당일 일정과 취향에 맞춰 선택하자. 티볼리 공원은 밤에 가야 가장 재미있는 곳 중 하나! 단 월요일에는 유료 관광지 입장이 불가능할 수 있다.

코펜하겐 중앙역

인어공주상 p.66

버스 15분 + 도보 10분

아말리엔보리 궁전 p.68

도보 10분

뉘하운 운하 p.69

도보 3분

크리스티안보리 궁전 p.73

도보 15분

스트뢰이어트 거리 p.77

버스 15분

티볼리 공원 p.70

도보 5분

2일 차

전일 부족했던 관광지를 보충해서 돌아보자. 각 관광지의 요일마다 무료, 연장 관람 가능한 시간대를 맞춰서 방문하는 것도 추천. 영화 〈로얄 어페어〉를 재미있게 봤다면 로젠보르 궁전(p.74) 등의 궁전을, 디자인과 건축에 관심이 많다면 디자인 박물관(p.67)과 노르만 코펜하겐(p.81), 왕립 오페라 하우스(p.86), '블랙 다이아몬드' 왕립 도서관(p.72) 등을 놓치지 말자. 스트뢰이어트 거리의 숍들과 로얄 코펜하겐 · 기오 옌센 팩토리 아웃렛(p.87)에서의 쇼핑도 괜찮다.

3일 차

왕들의 마지막 안식처 로스킬데(p.104), 〈햄릿〉의 무대 크론보르 성(p.98), '바닷가 옆 미술관' 루이지아나 현대미술관(p.99), 프레데릭스보르 성(p.97), 룽스테드 카렌 블릭센 박물관, 클람펜보르의 핀 율의 집 및 아르네 야콥슨의 건물들(p.102~103) 등의 근교 지역의 스폿을 선택해 반나절 혹은 종일 코스로 다녀오자. 코펜하겐 카드로 교통수단 이용과 시설 입장이 모두 가능하다.

개시된 철도 패스가 있다면 동화의 도시 오덴세(p.108), 덴마크의 상징 레고랜드(p.115), 스웨덴 말뫼(p.219)를 당일로 다녀올 수 있다. 여름 시즌에는 오덴세와 레고랜드를 묶어서 다녀올 수 있으며, 하루를 모두 투자해야 한다.

코펜하겐
Copenhagen
N
S
Jagtvej
Nørrebrogade
알리스
ALICE CPH
슬립 인 헤븐
Sleep in Heaven
프레데릭스베르 병원
Rosenørns Allé
Falkoner Allé
Nordre Fasanvej
Fasanvej
코펜하겐 대학교
프레데릭스베르 캠퍼스
Bülowsvej
H. C. Ørsteds Vej
Åboulevard
Forum
Frederiksberg
Smallegade
네토
Netto
로얄 코펜하겐 · 기오 옌센 팩토리 아웃렛
Royal Copenhagen· Georg Jense Factory Outlet
Gammel Kongevej
Sødre Fasanvej
프레데릭스베르 공원
Frederiksberg Slotspark
Frederiksberg Allé
Pile Allé
코펜하겐 동물원
Copenhagen Zoo
프레데릭스베르 궁전
Frederiksberg Slot
COOP 365
브룩센
Brugsen
(기존 이야마)
사보이 호텔
Savoy Hotel
Vesterbrogade
저렴한 음식점과 숙소가 많은 곳
미켈러 바
Mikkeller Bar
Enghavevej
Istedgade
Valby Langgade
Ny Carlsberg Vej
Gamle Carlsberg Vej
칼스버그 비지터 센터
Calrsberg
Visitors Center

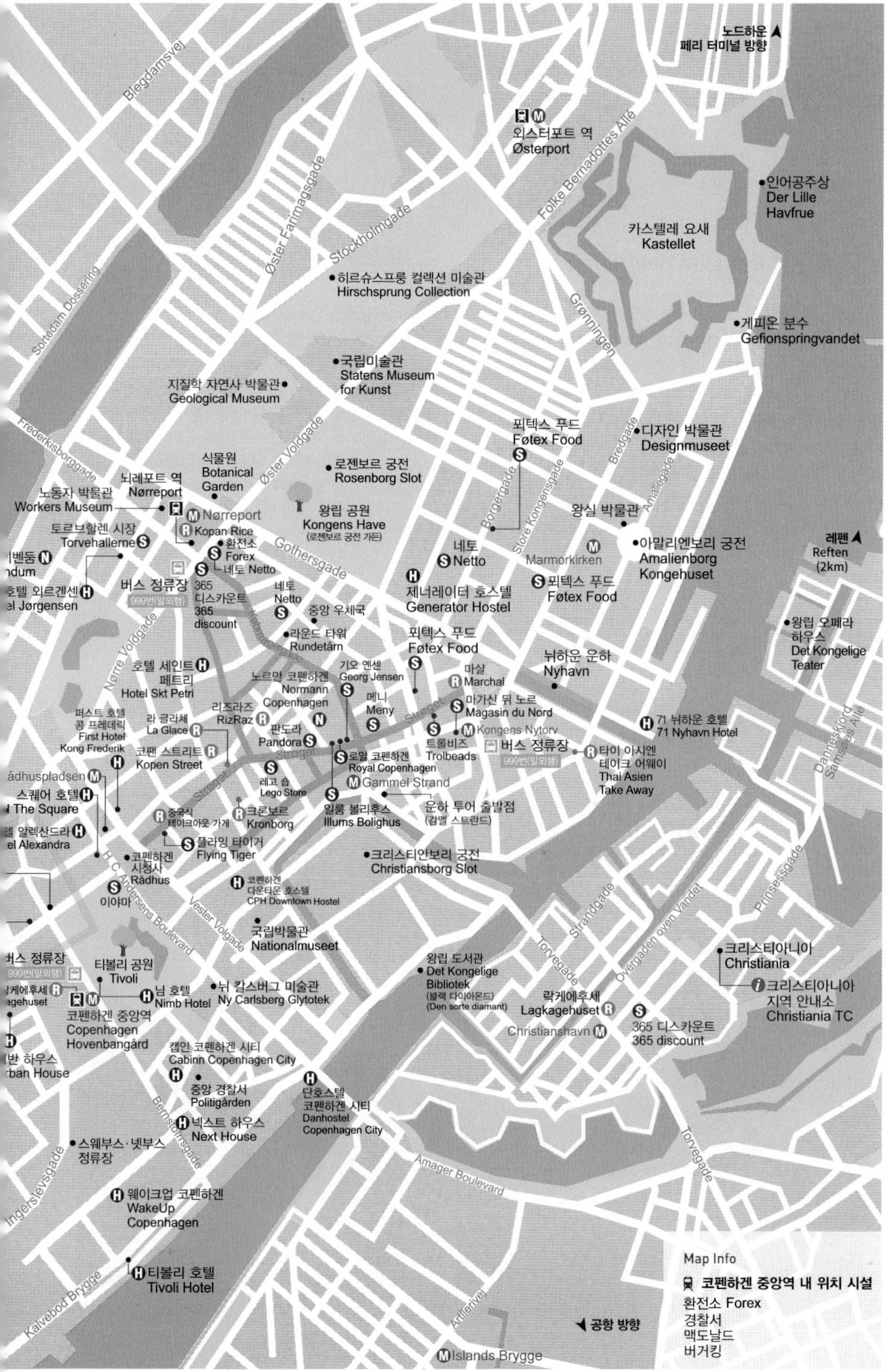

노드하운
페리 터미널 방향
외스터포트 역
Østerport
인어공주상
Der Lille
Havfrue
카스텔레 요새
Kastellet
히르슈스프룽 컬렉션 미술관
Hirschsprung Collection
게피온 분수
Gefionspringvandet
국립미술관
Statens Museum
for Kunst
지질학 자연사 박물관
Geological Museum
푀텍스 푸드
Føtex Food
디자인 박물관
Designmuseet
식물원
Botanical
Garden
로젠보르 궁전
Rosenborg Slot
뇌레포트 역
Nørreport
노동자 박물관
Workers Museum
왕립 공원
Kongens Have
(로젠보르 궁전 가든)
왕실 박물관
Nørreport
Kopan Rice
토르브할렌 시장
Torvehallerne
환전소
Forex
네토 Netto
네토
Netto
Marmorkirken
아말리엔보리 궁전
Amalienborg
Kongehuset
레펜
Reften
(2km)
버스 정류장
999번(말뫼행)
365
디스카운트
365
discount
네토
Netto
제너레이터 호스텔
Generator Hostel
푀텍스 푸드
Føtex Food
중앙 우체국
라운드 타워
Rundetårn
푀텍스 푸드
Føtex Food
왕립 오페라
하우스
Det Kongelige
Teater
뉘하운 운하
Nyhavn
호텔 세인트
페트리
Hotel Skt Petri
노르만 코펜하겐
Normann
Copenhagen
기오 옌센
Georg Jensen
마샬
Marchal
마가신 뒤 노르
Magasin du Nord
메니
Meny
리즈라즈
RizRaz
퍼스트 호텔
콩 프레데릭
First Hotel
Kong Frederik
라 글라체
La Glace
판도라
Pandora
트롤비즈
Trolbeads
Kongens Nytorv
버스 정류장
999번(말뫼행)
71 뉘하운 호텔
71 Nyhavn Hotel
타이 아시엔
테이크 어웨이
Thai Asien
Take Away
코팬 스트리트
Kopen Street
로얄 코펜하겐
Royal Copenhagen
Gammel Strand
레고 숍
Lego Store
스퀘어 호텔
The Square
중국식
테이크아웃 가게
크론보르
Kronborg
일룸 볼리후스
Illums Bolighus
운하 투어 출발점
(감멜 스트란드)
알렉산드라
Alexandra
플라잉 타이거
Flying Tiger
크리스티안보리 궁전
Christiansborg Slot
코펜하겐
시청사
Rådhus
이야마
코펜하겐
다운타운 호스텔
CPH Downtown Hostel
국립박물관
Nationalmuseet
크리스티아니아
Christiania
버스 정류장
999번(말뫼행)
티볼리 공원
Tivoli
님 호텔
Nimb Hotel
뉘 칼스버그 미술관
Ny Carlsberg Glytotek
왕립 도서관
Det Kongelige
Bibliotek
(블랙 다이아몬드)
(Den sorte diamant)
락케에후세
Lagkagehuset
크리스티아니아
지역 안내소
Christiania TC
코펜하겐 중앙역
Copenhagen
Hovenbangård
Christianshavn
365 디스카운트
365 discount
반 하우스
Urban House
캡인 코펜하겐 시티
Cabinn Copenhagen City
중앙 경찰서
Politigården
단호스텔
코펜하겐 시티
Danhostel
Copenhagen City
넥스트 하우스
Next House
스웨부스·넷부스
정류장
웨이크업 코펜하겐
WakeUp
Copenhagen
티볼리 호텔
Tivoli Hotel
공항 방향
Islands Brygge
Map Info
코펜하겐 중앙역 내 위치 시설
환전소 Forex
경찰서
맥도날드
버거킹
Blegdamsvej
Øster Farimagsgade
Stockholmgade
Folke Bernadottes Allé
Sortedam Dossering
Grønningen
Frederiksborggade
Øster Voldgade
Gothersgade
Borgergade
Store Kongensgade
Bredgade
Amaliegade
Nørre Voldgade
Købmagergade
Strøget
H. C. Andersens Boulevard
Vester Voldgade
Strandgade
Torvegade
Overgaden oven Vandet
Prinsessgade
Danneskiold Samsøes Allé
Bernstorffsgade
Ingerslevsgade
Amager Boulevard
Kalvebod Brygge
Artillerivej

워터프런트 지역 Waterfront

시내를 남북으로 가르는 운하와 뉘하운 운하를 기준으로 가장자리에는 코펜하겐을 상징하는 여러 스폿이 늘어서 있다. 한가롭게 걸으며 워터프런트의 여유로움을 만끽해 보자.

인어공주상 Der Lille Havfrue

관광명소

코펜하겐의 상징이자 최고의 포토 포인트. 1913년에 칼스버그 재단의 카를 야콥슨과 조각가 에드바그 에릭슨Edvard Ericsson에 의해 세워진 이래 '코펜하겐 하면 떠오르는 이미지' 1위를 굳게 고수하고 있다. 또한, 오덴세 이외의 지역에서 안데르센 동화의 주인공들 중 동상까지 세워져 있는 건 인어공주뿐! 그 명성에 걸맞게 근처에는 전 세계에서 온 관광객들로 장사진을 이룬다. 비록 '너무 작고 별 볼 일 없어서 실망했다'고 하는 이도 꽤 있지만, 그 존재감만으로도 안데르센을 떠올리게 해줄 가능성 역시 충분하다. 동상은 한동안 반달리즘의 희생물이 되어 머리와 팔이 잘리고, 페인트를 뒤집어쓰는 등의 온갖 수난을 겪기도 했다. 그래서 지금 인어공주상의 목과 팔에는 땜질이 되어 있는 상태.

Address Langelinie, 2100

Access 아말리엔보리 궁전에서 위로 직진한 후 'Der Lille Havfrue-The Little Mermaid' 표지판을 따라 약 도보 15분 소요된다. 길을 따라 걷는 관광객이 많으므로 같이 따라가는 것도 좋은 방법이다. 중앙역에서 지하철이나 국철, 23번 버스를 이용해 외스터포트 역에서 내린 후 카스텔레 요새를 왼쪽으로 돌아 강변까지 간다. 수상 버스 991, 992번 이용 시 Nordre Toldbud 선착장에서 하선 후 도보 이동 가능.

Snakk

2010년, 인어공주의 '난 자리'는 컸다!

2010년 3월부터 약 7개월 동안, 인어공주상이 상하이 엑스포 현장으로 '세상 구경하러' 자리를 비운 적이 있었어요. 이때 동상의 자리에는 상하이 현지의 인어공주상을 비춰 주는 모니터가 동상을 대신했습니다. 그리고 동상을 방문한 사람들은 그 바위 위에서 인어공주처럼 앉아서 사진까지 찍었다고 하네요. '든 자리는 몰라도 난 자리는 안다'라는 옛말이 있듯이, 인어공주상이 기대에 비해 볼품없다 해도 그 존재감만큼은 엄청나다는 증거겠죠?

디자인 박물관 Designmuseet

박물관 건축 · 디자인

덴마크 디자인의 역사와 현주소를 확인할 수 있는 가장 중요한 공간. 19세기 후반의 장식미술부터 2000년대까지 약 120년간의 컬렉션은 이곳의 가장 중요한 보물이다. 특히 1900년대의 덴마크 디자인을 이끈 카레 클린트Kaare Klint, 아르네 야콥슨Arne Jacobsen의 전용관이 가장 많은 눈길을 끈다. 이들이 중시했던 '사람 중심의 디자인'이 어떤지를 설계도와 설명을 통해 확실히 느낄 수 있다. 이 외에도 폴 헤닝센, 핀 율, 베르너 판톤 등의 조명과 의자 컬렉션 역시 놓칠 수 없는 하이라이트! 시간을 들여서 천천히, 덴마크 디자인의 진면목을 확인해 보자. 상설 전시 이외에도 때마다 열리는 특설 전시 역시 재미있고 알차다. 2014년 12월 이후 덴마크 최대의 패션 및 텍스타일 컬렉션이 추가되며 더욱 풍성해졌다.

박물관 숍 옆의 디자인 도서관(화 · 목 10:00~14:00, 수 10:00~17:00)에는 전 세계의 디자인 장서가 소장되어 있다. 관심 많은 여행자나 관련 전공자라면 이곳에서의 시간이 아깝지 않을 것이다. 숍에서는 감각적인 디자인 상품과 서적이 눈길을 끈다. 별도의 전시품 수장고와 포스터 컬렉션은 운영 시간 동안 방문 가능하지만, 별도의 예약을 거쳐야 할 수 있으니 미리 홈페이지를 통해 신청하고 가자.

Address	Bredgade 68
Tel	33 185 656
Open	10:00~18:00(수 ~21:00)
Close	월요일(공휴일 포함), 12/24~25, 12/31~1/1, 도서관은 연말연시, 공휴일, 7월 한 달간 휴무
Access	중앙역 옆이나 크리스티안보리 궁전에서 지하철 3, 4호선 Marmorkirken 역에서 하차 후 Fredericiagade 방면으로 나와서 좌회전해 올라간다. 인어공주상과 아말리엔보리 궁전 중간 지점에 있다.
Cost	성인 130DKK, 27세 미만 · 학생 90DKK, 18세 미만 무료
Wifi	가능(비밀번호 있음)
Web	www.designmuseum.dk

아말리엔보리 궁전
Amalienborg Kongehuset

관광명소 박물관

1667년부터 약 6년간 지어진 로코코 양식의 궁전으로, 프레드릭 3세의 왕비 아말리에의 이름을 따와 아말리엔보리라 명명했으며, 한때 화재로 소실되었으나 1748년경 재건되었다. 1794년 크리스티안보리 궁전의 대화재 전에는 귀족들이 거주하는 저택이었지만, 그 이후부터 현재까지 덴마크 왕실이 옮겨 와 거주하고 있다. 현재 이 궁전의 한 부분은 프레데릭 10세 국왕 가족의 겨울 궁전으로 이용 중이다. 또 궁전 내 한 부분인 크리스티안 8세 궁전의 1층은 왕실 박물관으로 조성되어 1863~1972년의 왕실에서 사용된 각종 의상과 보석 등을 전시하고 있다. 최근에는 그 옆의 크리스티안 7세 궁전 가이드 투어(1인당 105DKK), 영어 투어(토 · 일 13:10)도 추가됐다.

영국처럼 곰털 모자를 쓴 근위병이 각 방향으로 한 명씩 궁을 지키고 있으며, 여왕이 머무는 기간의 매일, 5~9월의 수 · 토 · 일요일 정오에는 근위병 교대식이 진행되어 또 다른 볼거리를 제공한다.

Address Christian VII's Palace
Tel 33 122 186
Open **박물관 1/2~3/22, 4/2~6/21, 9~12월** 화~금 10:00~15:00, 토 · 일 10:00~16:00, **3/23~4/1, 6/22~9/1** 10:00~17:00
근위병 교대식 5~9월 수 · 토 · 일 12:00(왕이 머무르는 기간에는 매일)
Close 10/24~12/30의 월요일(방학 기간 제외), 12/24~26, 12/31
Access 뉘하운 운하에서 북쪽으로 올라가면 둥근 모양으로 늘어선 건물이 있다. 인어공주상 및 디자인 박물관에서 도보로 약 10분 거리.
Cost **박물관** 성인 125DKK, 학생 80DKK, 17세 이하 무료, 크리스티안 7세 궁전 가이드 투어 105DKK
로젠보르 궁전 통합 티켓 성인 215DKK, 학생 150DKK(48시간 유효, 현장 구입만 가능)
Web 궁전 www.kongernessamling.dk
덴마크 왕실 www.kongehuset.dk

카스텔레 요새 & 게피온 분수
Kastellet og Gefionspringvandet

로컬명소

인어공주상 가는 길에 위치한 별 모양의 요새. 1662년 이후부터 제2차 세계대전까지 코펜하겐을 방어하는 요새 역할을 하였다. 여러 번의 전쟁을 거치면서 요새는 많이 파괴되었고, 지금은 공원으로 탈바꿈한 상태다. 주변에는 처칠 공원과 처칠 동상, 레지스탕스 박물관도 들어서 있으니 같이 묶어서 구경해 보자.

요새 아래쪽의 게피온 분수는 1908년에 안데스 분데고르드 Anders Bundegaard에 의해 만들어졌고, 인어공주상과 마찬가지로 칼스버그사가 코펜하겐 시에 기증하였다. 북유럽 전설에 등장하는 여신인 게피온이 황소로 변신한 자신의 네 아들과 함께 쟁기질하는 모습을 형상화했다. 이곳 역시 포토 포인트로 인기 만점.

Access 인어공주상(p.66) 가는 방법과 동일.

뉘하운 운하 Nyhavn

관광명소

뉘하운은 '새로운 항구'라는 의미로, 바닷가와 마주하고 있는 서민적 분위기의 운하이자 항구이다. 1637년에 개설된 이후 예전에는 항구 노동자들의 선술집과 작은 규모의 집이 많이 늘어서 있었지만, 지금은 다양한 식당과 카페가 생기고 가격 또한 오르면서 예전 같은 소박한 분위기는 많이 퇴색되었다. 하지만 운하 북쪽을 중심으로 여러 색깔로 칠해진 아기자기한 집들과 운하가 어우러져 아직까지 명맥을 유지하고 있다. 색색의 집들을 천천히 둘러보며 동화 속 분위기를 느껴 보자.
이곳은 한때 안데르센이 집세를 내지 못해 방황하며 살았던 곳으로도 유명하다. 살던 집은 18번지, 20번지, 67번지인데, 특히 18번지는 그가 최후의 4년을 보냈던 곳이다. 현재 18번지에는 안데르센 관련 기념품점이 운영 중이며, 내부에는 안데르센 동상이 있다.

Access 크리스티안보리 궁전을 나와 길을 건너 북쪽으로 직진. 지하철 콩겐스 광장 역에서 하차 후 도보로 이동 가능하다. 중앙역이나 국립박물관 뒤편으로 26번 버스도 운행한다.

Tina's Plus

뉘하운의 또 하나의 낭만, 운하 투어

뉘하운 운하와 감멜 스트란드를 출발해 60분 동안 인어공주상과 오페라 하우스, 크리스티안하운, 왕립 도서관 등을 한 바퀴 도는 운하 투어를 이용해 보자. 운하 지역의 낭만도 즐길 수 있다.

Open 10:00~17:10(뉘하운), 10:10~16:40(감멜 스트란드)
※ 시기에 따라 1일 10회 매시간 간격으로 운행. 예약 전 확인 필수.
Cost 성인 139DKK, 6~15세 70DKK
Web www.stromma.dk

톨부드 보데가 Toldbud Bodega

로컬명소 레스토랑

1787년 오픈 이래 시내에서 가장 오래된 전통 식당. 인어공주상 주변 지역을 돌아본 후 들르기에 좋은 위치다. 점심에는 직접 만드는 전통 오픈 샌드위치 '스뫼레브뢰드', 저녁에는 본격적인 전통 요리를 내놓는다. 여러 명이 갈 경우 다양한 종류를 주문해 즐겨 보자. 물은 별도(20DKK)인 점 주의.

Address Esplanaden 4, 1263 København
Tel 45 33 129 331
Open 화~토 12:00~15:30(점심) 17:30~21:30(저녁), 일 12:00~17:00
Close 월요일, 일부 공휴일
Access 디자인 박물관에서 인어공주상 방면으로 올라간 후 다음 큰길에서 좌회전해 왼쪽.
Cost 점심 70~200DKK, 저녁 100~280DKK
Wifi 가능(비밀번호 있음)
Web www.toldbod-bodega.dk(덴마크어)

시내 중심가
Central District of Copenhagen

중앙역과 관광 안내소를 비롯한 여러 숙박 시설과 대규모의 박물관, 놀이공원이 자리 잡고 있다. 이곳만 하루를 잡고 둘러봐도 무방하다. 티볼리 공원과 안데르센 대로를 기준 삼아 취향대로 관광지를 골라 움직이자. 가족 여행자들에게는 특히 관심 있는 곳들이 많아 하루가 짧을 것이다.

티볼리 공원 Tivoli

관광명소 로컬명소 어린이 동반

1843년에 지어진 전 세계 놀이공원의 원조. 코펜하겐 시민들이 시즌 티켓 끊어서 자녀와, 손자와 함께 찾는 170여 년 전통의 가족 공원이기도 하여 덴마크인들에게는 의미가 크다. 연간 400만 명 이상이 방문하는 코펜하겐 대표 관광지로 매일 장사진을 이룬다. 특히 세계에서 가장 오래된 100살의 목조 롤러코스터를 비롯한 세계에서 가장 높은 회전목마 The Star Flyer, 한국의 자이로드롭과 비슷한 The Golden Tower와 같은 스릴 있는 놀이기구가 인기 만점. 안데르센 동화를 재현한 이야기 기차는 어린이들과 함께 타기에 더욱 좋다. 매일 저녁에는 아름다운 불빛이 만들어 내는 야경 또한 분위기를 돋운다. 또한, 야외무대에서는 다양한 공연이 매일 진행되며, 벽보나 홈페이지를 통해 공연 일정을 확인하고 방문하면 더욱 재미있게 즐길 수 있다. 한국에서 놀이공원의 야간 개장과 스릴 만점 놀이기구를 좋아한다면 여기서도 놓치지 말자. 현지에서도 역시 저녁에 인기가 가장 많은 곳이다. 3대 이상의 놀이기구 탑승을 생각한다면 자유이용권을 구입하는 것을 추천한다. 설립자인 기오 카르스텐센Georg Carstensen은 생전에 안데르센의 절친한 친구였다고 한다. 그래서 안데르센 동상이 티볼리를 바라보는 위치에 서 있다는 사실!

Address Tivoli, Vesterbrogade 3
Tel 33 151 001
Open **3/22~9/22 · 10/10~11/3 · 11/15~1/5** 일~목 11:00~23:00, 금 · 토 11:00~24:00, **2월 방학기간** 목 · 일 11:00~21:00, 금 · 토 11:00~ 22:00(2월 둘째 주 월~목 11:00~22:00, 금 · 토 11:00~23:00)
Close 12/24~25, 1월, 3월
Access 중앙역 바로 앞.
Cost **입장료(8세 이상)**
월~금 1일권 155DKK, 2일권 225DKK
토 · 일 1일권 165DKK
입장료+자유이용권 혼합(8세 이상) 439DKK
입장료(3~7세) 1일권 70DKK, 2일권 100DKK (시즌 무관)
자유이용권 259DKK(수족관, 기념사진 촬영 추가 시 299DKK)
놀이기구 대당 25DKK~
※ 여름 시즌 금요일 저녁 7시 이후, 대형 야외공연 당일 225DKK
Web www.tivoli.dk

코펜하겐 시청사 Rådhus

로컬명소 뷰포인트

1903년에 지어진 코펜하겐 시내의 랜드마크. 시청 옆에는 모두에게 개방하는 넓은 정원이 있고, 안에는 회의장으로 쓰이는 넓은 방부터 높은 시계탑까지 여러 볼거리가 있다. 특히 시계탑은 105.6m로 시내에서 가장 높으며, 205개의 계단을 걸어 올라가면 코펜하겐 시내를 한눈에 내려다볼 수 있어 항상 많은 사람으로 북적인다. 시청 안의 회의장을 제외한 나머지 공간들은 모두 가이드 투어로만 둘러볼 수 있다. 또한, 시청사 내부에는 1955년 옌스 올젠이 만든 세계 각국의 시각과 천체 움직임을 표시하는 천문시계가 따로 전시되어 있다. 현재 코펜하겐의 모든 건물은 경관 보존을 위해 시청사 탑보다 높게 지어질 수 없다.

Address City Hall, DK-1599
Tel 33 662 582
Open **시청사 개방** 월~금 09:00~16:00, 토 09:30~13:00
정원 5~9월 09:00~16:00
가이드 투어(영어) 월~금 13:00, 토 10:00
탑 투어 월~금 11:00, 14:00, 토 12:00
Close 12/24~25, 12/31~1/1
Access 중앙역에서 티볼리 공원을 지나 광장 오른쪽 건너편 위치한 큰 건물.
Cost 시청사 · 정원 · 천체 시계 입장 무료, 시청사 가이드 투어 70DKK, 탑 가이드 투어 45DKK
Web www.kk.dk(덴마크어)

국립박물관 Nationalmuseet

박물관 어린이 동반

1744년에 지어진 후 잠시 왕실의 궁전 및 알현실로 사용되었다. 1900년대 이후 지금까지 선사시대, 중세, 현대의 덴마크 역사를 비롯해 왕실 소장품, 고대 그리스 및 이집트 유적이 전시된 덴마크 최대의 박물관이다. 특히 석기시대와 철기시대의 방대한 유적, 바이킹 시대의 유물, 에스키모 관련 자료 등이 가장 볼 만하다. 덴마크에 대한 모든 것을 한자리에서 총정리하고 싶다면 반드시 둘러보자. 부설 레스토랑 스뫼르Smor에서의 식사도 함께 이용해 보자. 어린이 메뉴 가능.

Address Ny Vestergade 10
Tel 33 134 411
Open 4~10월 · 11~3월의 화~금 10:00~17:00(어린이관 ~16:30), **부설 레스토랑** 목 10:00~20:00
Close 11~3월의 월요일(일부 공휴일 제외), 12/24~25, 12/31
Access 시청사를 지나 크리스티안보리 궁전 가는 방향의 중간.
Cost 18세 이상 성인 130DKK, 18세 미만 무료
Wifi 가능
Web 부설 레스토랑 www.restaurant-smor.dk(덴마크어)
www.natmus.dk

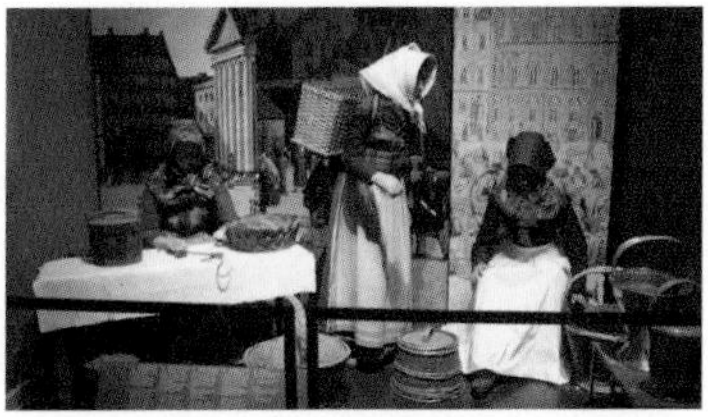

뉘 칼스버그 미술관
Ny Carlsberg Glytotek

미술관

칼스버그 창업주의 아들, 카를 크리스티안 야콥슨이 소장했던 미술품으로 만들어진 미술관. 크리스티안보리 궁전의 국보급 예술품이 불탄 후, 야콥슨 부자가 소장품 대부분을 국가에 헌납하고 박물관 건립에 참여하면서 이곳이 만들어졌다. 먼저 2층의 아열대식물로 조성된 정원이 시선을 사로잡으며, 3층 규모의 건물 안에는 고대 이집트와 그리스, 로마 유적, 로댕의 〈생각하는 사람〉을 비롯한 근대 조각, 후기 인상파 작품, 근현대 덴마크 화가들의 작품이 다양하게 전시되어 있다.

Address	Dantes Plads 7
Tel	33 418 141
Open	화~금 10:00~17:00(목 ~21:00)
Close	월요일, 1/1, 6/5, 12/24~25
Access	티볼리 공원에서 강변으로 가는 방향에 있는 바로 옆 건물.
Cost	28세 이상 성인 125DKK, 18~27세 · 학생 95DKK, 18세 미만 · 매달 마지막 수요일 무료, 특별전 포함 시(목요일) 60DKK 추가
Web	www.glyptoteket.dk

왕립 도서관(블랙 다이아몬드)
Det Kongelige Bibliotek(Den Sorte Diamant)

건축 · 디자인 로컬명소

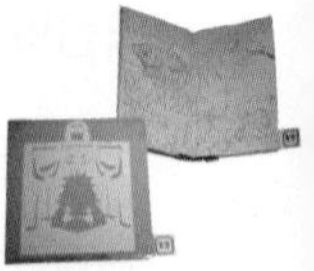

덴마크 전역의 도서를 소장한 초대형 도서관. 코펜하겐 대학 부설 도서관으로도 이용 중이다. 1906년 현재의 위치로 이전한 이래 규모가 커지면서 1999년에 신관이 추가로 지어졌는데, 검은 화강암으로 만들어진 건물의 모습이 다이아몬드를 닮아 '블랙 다이아몬드'라고 한다. 특히 밤에는 검은색의 양 날개와 건물 중간의 아트리움으로 비치는 빛이 대조를 이루면서 아름다움을 더한다.

신관에서는 키에르케고르의 수필 원고, 안데르센의 원본 동화와 종이접기 작품 등이 보관된 전시관이 가장 인기 있으며, 전시물은 수시로 교체된다. 동관 학습장은 누구나 입장 가능하니 관광 중 잠시 들러 현지 학생들의 학구열도 함께 느껴 보자. 신관과 구관은 3개의 구름다리를 통해 연결된다.

Address	Søren Kierkegaards Plads 1
Tel	33 474 747
Open	**블랙 다이아몬드(신관)** **7~8월** 월~금 08:00~19:00, **9~6월** 월~금 08:00~20:00, 토 09:00~18:00 **희귀본 전시실** 월~금 10:00~20:00, 토 10:00~18:00 **동관 학습장** **7~8월** 월~금 08:00~19:00, 토 10:00~16:00 **9~6월** 월~금 08:00~20:00, 토 09:00~18:00 **가이드 투어** 월 15:00
Close	일요일, 부활절 전 금요일~당일, 기도의 날, 성령강림절, 6/5, 12/24~26, 12/31~1/1
Access	중앙역 건너편 뉘하운 운하에서 26번 버스를 타고 도서관 앞에서 하차. 991번, 992번 수상 버스로 도서관 앞 선착장에서 하선.
Cost	**입장** 무료, **가이드 투어** 성인 75DKK, 학생 30DKK, 18세 미만 무료
Wifi	가능
Web	www.kb.dk

크리스티안보리 궁전 Christiansborg Slot

관광명소 뷰포인트

1167년에 압살론 성이 지어지면서 그 기초가 마련된 이래, 1417~1794년에 대화재 전까지 덴마크 왕실의 정궁으로 사용되었다. 이후 두 차례의 화재가 일어나 증축을 거쳤고 1928년에 현재 건물 모습으로 재건되었다. 현재의 '크리스티안보리'라는 이름은 1745년 크리스티안 6세 때 당시의 코펜하겐 성이 재건되면서 붙여졌다. 영화 〈로얄 어페어〉의 실제 모델인 크리스티안 7세와 카롤리네 마틸데 왕비 역시 이곳에서 결혼하고 프레데릭 6세를 얻었으며, 왕비가 유폐된 이후 1794년 화재 전까지 거주했다.

지금의 궁전은 알현실, 국회의사당, 대법원, 정부 청사, 수상 공관이 함께 모여 있는 '덴마크 정치 1번지'이다. 알현실에는 각색 실크로 마감된 방과 전 여왕 마르그레테 2세의 60살 생일을 맞아 기증받은, 덴마크의 역사와 왕들의 모습이 수놓아져 있는 아름다운 대형 태피스트리가 여행자의 시선을 사로잡는다. 가이드 투어 시간에 맞춰서 방문하면 더욱 재미있게 구경할 수 있다. 왕실 채플, 마구간 등도 과거와 현재의 왕실을 알기 위해 함께 둘러볼 만하다. 또한 성내 탑은 시내를 내다보기 좋은 뷰 포인트로, 탑 내 레스토랑은 야경과 함께 식사를 즐길 수 있어 역시 인기가 높다. 2016년 봄부터는 왕실 주방 투어도 새롭게 추가되었다.

대법원 건물 지하에는 압살론 성의 초기 유적이 남아 있어 성의 옛 역사를 생생하게 체험할 수 있다. 국회의사당만 무료로 가이드 투어가 가능하며, 덴마크의 오늘을 알고 싶다면 궁전과 묶어서 돌아보는 것도 괜찮다.

Address Christiansborg, DK-1240

Open **알현실 · 성 유적 · 주방 4~9월** 10:00~17:00(알현실 09:00~17:00), **11~3월** 화~일 10:00~17:00(**영어 가이드 투어 :** 알현실 15:00, 성 유적 토요일 12:00)
왕실 마구간 1~6월 · 8~12월 13:30~16:00, **7월** 10:00~18:00
왕실 채플 일요일 · 부활절 휴일 · 7월 · 가을 방학 기간 월~토 10:00~17:00
국회의사당 가이드 투어(영어) 1~6월 · 9~12월 토요일 · 공휴일, **학교 방학 기간** 12:00(월 2~5회 진행), **6/24~9/11** 월~금, 부활절, 성령강림절 연휴 12:00, 그 외 부정기적
탑 화~일 11:00~21:00

Close **알현실 · 성 유적 · 탑 · 주방** 10~3월의 월요일, 왕실 주요 행사 시, 12/31~1/3, **국회의사당** 부활절 전 2주, 일부 공휴일, **왕실 채플** 개방 기간 외, **왕실 마구간** 10~3월의 월요일

Access 시청에서 강변 방향으로 두 블록을 간 다음 좌회전하여 올라간다. 중앙역 근처에서는 2A, 23, 31, 37번 버스를 이용해 크리스티안보리에서 하차.

Cost **국회의사당 가이드 투어 · 왕실 채플 · 탑** 무료
알현실 성인 105DKK, 학생 95DKK, 18세 미만 무료
지하 성 유적 전시관 · 주방 성인 65DKK, 학생 55DKK, 18세 미만 무료
종합 티켓(알현실+성 유적+왕실 마구간+주방) 성인 175DKK, 학생 155DKK, 18세 미만 무료

Web 궁전 www.christiansborg.dk
덴마크 국회 www.thedanishparliament.dk
탑 안내 www.taarnet.dk

뇌레포트 지구
Nørreport

색다른 다국적 문화를 느낄 수 있는 뇌레브로 지역과 인접해 있어, 젊은이들이 즐기기 좋은 바와 저렴한 슈퍼마켓, 아시안 마켓 등이 많다. 지하철과 국철이 모두 연결되는 교통의 요지이기도 하다.

Access 지하철이나 국철 뇌레포트Nørreport 역에서 하차. 버스 이용 시 6A번, 11A번 탑승 후 뇌레포트 역 앞에서 하차하여 도보 이동 가능.

로젠보르 궁전 Rosenborg Slot

관광명소 로컬명소

전 세계에서 가장 먼저 박물관으로 조성된 왕궁. 1600년대 초반 크리스티안 4세의 건축계획에 따라 지어졌으며, 1710년까지 왕실의 공식 거주지이자 여름 궁전으로 이용되었다. 이후 왕실의 보물들을 소장하는 곳으로 바뀌었고, 1838년에 일반인에게 공개하였다. 건물의 1층과 2층에는 크리스티안 4세 때부터 약 150년간 사용했던 왕실의 화려한 가구들과 태피스트리 등은 절대왕정 시대가 어땠는지를 말해 주고 있다. 또한, 지하에 소장된 갖가지 보석, 왕관, 장식품 역시 덴마크의 화려했던 시절을 눈부신 광채로 확실히 보여 준다. 지하부터 3층까지 별도의 안내 지도를 이용해 꼼꼼히 관람하자.

Address Øster Volgade 4a
Tel 33 186 055
Open **1/2~3/22 · 11/1~12/23** 10:00~16:00, **3/23~10월 · 12/27~30** 10:00~17:00
Close 1~3/23 · 11~12월의 월요일(공휴일 제외), 12/24~26, 12/31
Access 중앙역 뒤편 버스 정류장에서 23번 버스를 이용해 Kronprinsessegade 정류장에서 하차 후 건너편 공원 안으로 진입.
Cost 성인 140DKK, 18세 이상 학생 90DKK, 18세 미만 무료
아말리엔보리 궁전 통합 티켓
학생 150DKK, 성인 215DKK(36시간 유효)
Web www.dkks.dk

Tip
박물관 통합권
로젠보르 궁, 국립 미술관과 함께 주변 공원 내 4곳의 박물관(자연사 박물관, 노동자 박물관, 식물원, 히쉬프룽 컬렉션 미술관)을 함께 묶은 통합권도 있다. 미술에 관심이 많거나 어린이 동반 시 추천한다. 통합권 소지 시 입장료가 50% 할인된다. 통합권은 홈페이지 또는 6곳 중 처음 들르는 곳에서 구입할 수 있다. 구입 후 1년간 유효하며, 입장 시 신분증을 제시해야 한다.
Cost 18세 이상 기준 295DKK
Web 통합 안내 www.parkmuseerne.dk

국립미술관 Statens Museum for Kunst

미술관 어린이 동반

덴마크 최대 규모의 종합 미술관. 왕실이 소장하고 있는 약 1만 점의 중세 이후 작품을 비롯해, 14세기부터 현재까지의 덴마크와 서유럽 중심의 예술품이 전시되어 있다. 특히 덴마크 예술의 '황금시대'였던 1800년대 작품들과 1500~1600년대의 그림 및 조각 작품이 풍성하고 신관에 마련된 현대미술 전시 역시 충실하다. 시대별로 전시물이 체계적으로 정리되어 있고, 어린이를 위한 체험 시설이 잘 갖춰져 있어 가족이 함께 즐기기에도 좋다. 시즌별로 열리는 다양한 특별전 역시 재미를 더해 준다. 각 관에 비치된 상세 안내 지도를 보면서 관람하면 조금 더 이해가 빠르다. 더 깊이 있는 관람을 원한다면 관내 예술자료실(수~금 11:00~15:00)도 예약해서 이용해 보자.

Address Sølvgade 48-50
Tel 33 748 494
Open 10:00~18:00(수 ~20:00)
Close 월요일, 12/24~25, 12/31~1/1
Access 국철 뇌레포트 역 앞 버스 정류장에서 6A번 버스를 타고 국립미술관 앞에서 내린 후 왼쪽. 지하철이나 국철 이용 시 뇌레포트 역에서 내려 길을 건너 왼쪽으로 직진.
Cost 28세 이상 성인 130DKK, 18~27세 95DKK, 18세 미만 무료
Wifi 가능
Web www.smk.dk

비벤둠 Bibendum

바 로컬명소

'이제 한잔할 시간'이라는 라틴어, 'Nunc est Bibendum'에서 이름을 따서 만든 와인 바. 젊은이들이 많이 찾는 뇌레포트 지역의 바 밀집 골목에 위치해 있다. 캐주얼한 분위기에서 여러 명이 함께 와인을 즐기기에 좋다. 다양한 종류의 안주 메뉴, 치즈 플레이트를 비롯해 30가지 이상의 와인 리스트도 충실하며 가격도 괜찮은 편이다. 지역, 품종별로 세분화된 와인을 직원의 추천과 함께 선택해 보자.

Address Nansensgade 45
Tel 33 330 774
Open 월~토 16:00~24:00(식사 17:00~21:30)
Close 일요일, 공휴일, 7월, 그 외 부정기적
Access 지하철이나 국철 뇌레포트 역에서 하차, 역 앞 큰길에서 2번째 길 Ahlefeldtgade 접어든 후 4번째 길인 Nansensgade에서 우회전해 오른쪽. 버스 40번 이용 시 Norre Farimagsgade 정류장에서 하차 후 Turesensgade 길로 진입해 다음 골목에서 우회전.
Cost 안주 40~295DKK, 와인 잔당 70~150DKK · 병당 425~2,500DKK, 3코스 요리 1인당 330DKK
Web www.bibendum.dk

토르브할렌 시장 Torvehallerne

로컬명소 쇼핑 레스토랑

현재 코펜하겐의 음식 문화를 한눈에 볼 수 있는 시장. 신선한 고기와 생선, 건강 지향 과채 주스, 직접 볶아서 파는 커피 원두와 차, 타파스와 베트남식 샌드위치를 비롯한 다양한 음식들을 한 자리에서 만날 수 있다. 원하는 음식을 포장 구입해서 한쪽의 테이블에서 즐겨 보자. 날 좋을 때에는 야외 테이블이 사람들로 꽉 들어찬다. 로젠보르 궁전, 국립미술관 관람 후 신선하고 맛있는 음식들로 에너지를 충전하고, 덴마크 음식 문화도 함께 체험하기에 최고의 장소다. 폐점 직전 시간에는 가게마다 약간의 떨이도 있어서 싸게 팔거나 덤으로 끼워 주기도 하니 눈여겨보자.

Address Frederiksborggade 21
Open 월~금 10:00~19:00, 토~일 10:00~18:00 (일부 매장 07:00~)
Access 뇌레포트 역에서 하차 후 팍타 슈퍼마켓 쪽으로 길을 건넌 후 건물을 끼고 우회전해 올라가 왼쪽의 큰 시장.
Web www.torvehallernekbh.dk

코팬 Kopan Rice

로컬명소 레스토랑

토르브할렌 시장의 작은 호떡 자전거로 시작해, 지금은 어엿한 점포와 푸드 트럭을 갖춘 한식당이 되었다. 한국인과 현지인 모두에게 맞춘 깔끔한 밥과 사이드 메뉴를 선보인다. 특히 양념치킨, 채소와 잡곡이 듬뿍 든 비빔밥이 인기 만점. 외국 친구들에게 한국 음식을 선보여주고 싶다면 이 곳을 추천한다. 2018년 BTS의 멤버 RM이 휴가차 방문하면서 아미들의 성지가 되기도 했다. 원조였던 Kopan Street는 2023년 5월에 스트뢰이어트 거리 근처에 호떡 전문점으로 확장 이전했다. 시그니처 메뉴인 씨앗호떡을 비롯해, 치즈, 불고기, 김치호떡으로 현지인들의 입맛을 사로잡고 있다. 바람 부는 쌀쌀한 날에 들러 따끈하고 든든한 호떡으로 기운 내자.

Address **1호점** Linnésgade 24, 1361 2층
2호점 Kopan Street Nørregade 2, 1165
Tel 53 574 688
Open **Rice** 화~토 16:00~21:30(라스트 오더 20:30) **푸드트럭** 월~금 10:00~19:00, 토 · 일 10:00~18:00
Street 11:30~20:00
Close **Rice** 일 · 월요일, 일부 공휴일 **Street** 영업시간 내 재료 소진 시
Access **Rice** 토르브할렌 시장에서 왼쪽으로 나와 Linnesgade 길 오른쪽 중간 건물 2층. **푸드트럭** 토르브할렌 시장 구내 위치. **Street** 1La Glace 매장 앞에서 오른쪽으로 직진 후 좌회전해 다음 골목 오른쪽의 파란 문 가게.
Cost 비빔밥 및 덮밥류 100~140DKK, 양념치킨 69DKK **Street** 호떡류 50~80DKK
Wifi 가능(비밀번호 있음)
Web www.kopan.dk

스트뢰이어트 지구
Strøget

세계에서 가장 긴 보행자 거리이자 코펜하겐 시내 최대의 중심가. 'Strøget'는 덴마크어로 '걷다'라는 뜻으로, 시청 앞 광장부터 콩겐스 광장 Kongens Nytorv까지 이어진 4개의 보행자 도로를 통틀어 'Strøget'라고 통칭한다. 시청사 앞 광장부터 시작되는 초입 부분에는 관광객 위주의 기념품 숍과 SPA 브랜드, 로얄 코펜하겐 매장 주변부터 콩겐스 광장까지는 2곳의 대형 백화점과 명품 브랜드 숍이 늘어서 있다. 코펜하겐 시민들이 사랑하는 보행자 거리를 걸으며 자유로운 분위기를 만끽하자. 바닥이 돌로 되어 있어 다소 울퉁불퉁하므로 밑창이 두꺼운 신발을 신는 것이 좋다. 주말 오후에는 밀려드는 사람들로 아주 혼잡하므로 소지품 관리에 주의할 것. 쇼핑 시 세금 환급은 300DKK부터 가능하다.

Access 시청 앞 광장에서 길을 건넌 후 보행자 거리로 접어든다. 버스나 지하철 이용 시 인어공주상 등에서 23번 버스나 지하철로 탑승하면 콩겐스 광장Kongens Nytorv, 또는 시청 앞 광장 역 Rådhuspladsen에서 하차.

라운드 타워 Rundetårn

뷰포인트

1642년 크리스티안 4세에 의해 천문대 목적으로 세워졌던 독특한 모양의 탑. 한때는 코펜하겐 대학의 천문대로 이용되었지만, 지금은 일반인에게 개방하고 있다. 다른 유럽의 전망대와 달리 총 209m의 나선형 진입로로 구성되어 있어 오르내리기에도 수월하며, 35m의 탑 위에서는 코펜하겐 구시가지를 내려다볼 수 있어 시청사 탑과 함께 코펜하겐 최고의 전망대로 손꼽히고 있다. 또한, 탑 중간에는 매년 100개 이상의 공연과 전시회 등이 열리는 라이브러리 홀The Library Hall과 채플이 연결되어 있어 다양한 문화를 즐기기에 좋다.

Address Kobmagergade 52A, DK-1150
Tel 33 730 373
Open **탑 4~9월** 10:00~20:00, **10~3월** 목~월 10:00~18:00, 화 · 수 10:00~21:00
천문대 10월 중순~3월 중순 화 · 수 19:00~22:00, **7/1~8/12** 일 13:00~16:00
Close 12/24~25, 1/1
Access 스트뢰이어트 거리에서 일룸 백화점 지나기 전 골목으로 들어서 오른쪽 위치.
Cost 성인 40DKK, 5~15세 10DKK
Web www.rundetaarn.dk

로얄 코펜하겐 Royal Copenhagen

쇼핑 건축 · 디자인

1774년에 약사인 프란츠 하인리히 뮬러에 의해 '덴마크 왕립 도자기 제조소'로 창설되었다. 약 200년 이상 '플로라 다니카' 라인이 덴마크 왕실에 납품되면서 지금까지 북유럽을 대표하는 명품 도자기 브랜드로 발전했다. 하나하나 손으로 그린 특유의 무늬 '무셀마렛'을 현대적으로 재해석한 플루티드 메가Fluted Mega, 흰 바탕에 브랜드 도장이 찍힌 시그니처, 섬세함의 극치를 보여 주는 레이스는 이들의 간판. 중심가의 플래그십 매장에서는 시내에서 가장 다양한 아이템들을 취급하고 있다. 기존의 푸른색 중심 라인을 비롯해 다양한 색상의 시즌별 무늬 라인, 매년 한정판 출시되는 그림 접시, 도자기 피규어, 홍차 등이 늘 인기가 많다. 하지만 가격은 한국과 큰 차이가 없는 편이고, 지금은 거의 모든 상품이 'Made in Thailand'로 출시되는 점이 다소 아쉽다.

Address Amangertorv 6
Tel 33 137 181
Open **3~6월** 월~금 10:00~19:00, 토 10:00~18:00, 일 11:00~16:00
7~8월 월~금 10:00~19:00, 토 10:00~18:00, 일 10:00~17:00
Close 12/31~1/1, 부활절 전 목요일~다음 월요일, 기도의 날, 승천일, 성령강림절, 6/5, 12/24~26
Access 지하철 콩겐스 광장 역에서 스트뢰이어트 거리로 직진해 오른쪽. 기오 옌센 매장과 디즈니 스토어 사이 위치.
Web www.royalcopenhagen.com

일룸 볼리후스 Illums Bolighus

쇼핑 건축 · 디자인

북유럽의 디자인 브랜드를 한자리에 모은 디자인 전문 백화점. 1925년 창립 이래 인테리어 디자인 전문 숍으로 시작했다가, 1961년 현재의 건물로 이전한 후 종합 디자인 백화점으로 발전을 거듭하고 있다. 총 5층의 규모 중에서, 1층의 디자인 소품과 그릇 브랜드, 3층의 가구 및 텍스타일 매장은 '예쁜 것'에 관심 많은 이들의 시선을 집중시키고도 남는다. 북유럽의 인테리어, 생활 디자인 제품에 관심이 많다면 반드시 방문하자. 그 옆의 로얄 코펜하겐, 기오 옌센 매장과 묶으면 최고의 디자인 쇼핑 코스가 된다. 티볼리 공원, 카스트룹 공항 면세점과 북유럽 주요 도시에 분점이 있다.

Address Amagertorv 10
Tel 33 141 941
Open 월~토 10:00~19:00, 일 11:00~18:00
Close 12/24~26, 1/1, 부활절 당일, 6/5
Access 지하철 콩겐스 광장 역에서 스트뢰이어트 거리로 직진해 오른쪽. 로얄 코펜하겐 매장과 디즈니 스토어 옆.
Web www.illumsbolighus.com

기오 옌센 Georg Jensen

쇼핑 건축·디자인

북유럽 최고의 명품 주얼리 브랜드, 기오 옌센의 본점. 1904년에 본인의 이름을 걸고 은세공 숍을 오픈한 이래 지금까지 왕실을 비롯한 전 세계 상류층에게 인기를 얻고 있다. 간판 라인인 퓨전 시리즈와 뱅글 시계, 전통의 문라이트 시리즈를 비롯해 유명 디자이너들의 커트러리 및 그릇 등 가장 다양한 라인업을 자랑한다. 은 주얼리는 10만 원대부터 구입 가능하며, 200~500DKK대의 소소한 상품들과 커트러리 역시 품격 있는 선물로 적당하다. 굳이 쇼핑이 아니라도 주얼리 속 디자이너들의 이야기를 천천히 둘러보고 나면 예술 작품을 감상한 느낌까지 받을 수 있다. 나를 위한 최고의 선물이나 소중한 분에게 드리는 선물을 구입하려면, 덴마크 주얼리 디자인이 무엇인지 확실히 알고 싶다면 반드시 방문하자. 다만 2013년 이후 대표가 중국계로 바뀌며 브랜드 성격이 다소 변화되었다. '조지 젠슨'이라고 부르는 것은 영어식 표현이며, 현지에서는 '기오 옌센'이라 부른다.

Address Amangertorv 4
Tel 33 114 080
Open 월~금 10:00~18:00, 토 10:00~17:00, 일 11:00~15:30
Close 12/24~26, 1/1, 부활절 전 금요일~다음 월요일, 기도의 날, 승천일, 성령강림절, 6/5
Access 지하철 콩겐스 광장 역에서 스트뢰이어트 거리로 직진해 오른쪽. 로얄 코펜하겐 매장 바로 옆.
Web www.georgjensen.com

Snakk

북유럽 주얼리 디자인의 할아버지,
기오 옌센 Georg Jensen(1866~1935)

기오 옌센은 대장간을 경영했던 아버지 밑에서 자연스럽게 금속 세공을, 왕립 예술 학교에서는 조각을 배워 장인으로서의 기초를 다졌습니다. 1904년 코펜하겐 중심가의 작은 공방을 빌려 은세공 숍을 연 이래, 생전에 은세공 및 주얼리 분야에서 독보적인 명성을 얻었어요. 클래식하면서도 섬세한 세공과 디자인, 은은한 광택을 지닌 은 제품은 왕실을 비롯한 여러 상류층들을 매료시켰답니다. "은은 덴마크의 여름밤에 뜬 달빛과 같은 광채를 지녔다." 그의 은 예찬은 지금까지도 인구에 회자되고 있어요.
또한 "유행을 따르지 말라. 참신하기를 원한다면 현재에 충실하여라." 그의 디자인 철학은 지금까지 덴마크 및 북유럽 지역 디자인의 근본 철학입니다. 덴마크가 세계 최고의 디자인 강국 중 하나로 부상 중인 저력은, 그와 같이 현재와 미래를 읽을 줄 알았던 디자인 선배들로부터 이어진 것이라고 해도 과언은 아니겠죠?

마가신 뒤 노르 Magasin du Nord

쇼핑

콩겐스 광장 바로 앞에 위치한 덴마크 최대 규모의 백화점. 1870년에 지금의 자리에 매장을 오픈한 후 왕실을 비롯한 코펜하겐 시민들에게 사랑받고 있다. 지하의 식품 매장부터 6층의 SPA 브랜드 매장까지, 다양하고 풍성한 아이템들이 7층 규모 매장 안에 가득하다. 특히 지하의 초콜릿 숍과 와인 바, 1층의 화장품 매장 및 'Joe & the Juice', 4층의 완구점과 덴마크 기념품 숍, 5층의 주방용품 매장과 서점은 여행자들에게도 인기가 높다. 매년 여름과 겨울 세일에는 아침부터 밤까지 문 앞 자전거 주차장이 엄청나게 붐비는데 이 또한 장관이다. 시기에 따라 오픈 시간이 다르니 반드시 홈페이지에서 미리 확인할 것. 물건 구입 시 여권을 제시하면 10% 여행자 할인을 적용받을 수 있다(세금 환급과 중복 가능). 건물 한쪽 옆 별관에는 백화점의 150년 역사를 담은 작은 박물관이 있다. 시간이 된다면 같이 둘러보자(무료 입장 가능).

Address	Kongens Nytorv 13
Tel	33 114 433
Open	10:00~20:00(12월 ~22:00), **박물관** 목 · 금 13:00~17:00, 토 · 일 11:00~15:00
Close	12/24~26, 1/1, 부활절 당일, 6/5 **박물관** 월~수요일
Access	지하철 콩겐스 광장 역에서 콩겐스 광장 방면으로 나온 후 왼쪽. 스트뢰이어트 거리 끝부분에 위치.
Web	www.magasin.dk(덴마크어) www.magasinmuseum.dk(덴마크어)

판도라 Pandora

쇼핑

한때 '고소영 팔찌'로 국내에 소문난, '커스텀 주얼리'의 대표 브랜드 판도라의 코펜하겐 본점. 기본 팔찌와 200가지 이상의 다양한 참을 이용해, 취향에 따라 조합이 가능한 나만의 아이템을 만들 수 있어 전 세계에서 히트를 쳤다. 한국보다 더 많은 종류의 판도라 상품을 만나고 싶다면 반드시 방문하자. 세일 기간에는 50%까지 할인된 가격으로 구입 가능하다.

Address	Amangertorv 18-20
Tel	36 730 809
Open	월~금 10:00~19:00, 토 10:00~18:00, 일 11:00~17:00
Close	12/24~26, 1/1, 부활절 전 금요일~다음 월요일, 성령강림절 후 월요일, 6/5
Access	지하철 콩겐스 광장 역에서 스트뢰이어트 거리로 직진해 오른쪽.
Web	www.pandora.net

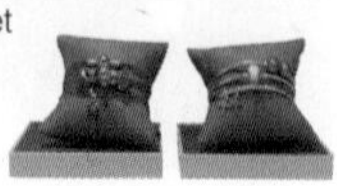

노르만 코펜하겐 Normann Copenhagen

쇼핑 건축·디자인

의자, 테이블, 조명 등으로 주부들과 디자인 마니아들의 위시 리스트가 된 디자인 브랜드, 노르만 코펜하겐의 본사 직영 매장. 다양한 상품을 만나 볼 수 있다. 이들의 간판 폼Form 의자와 바퀴 달린 블록Block 테이블, 모모Mormor 시리즈 그릇, 벨 조명 등은 늘 인기 좋은 아이템이며, 집에 여유 공간이 적다면 종이 조명이나 거품기를 비롯한 작은 사이즈 주방용품도 괜찮다. 매장 재정비 기간과 매년 2회 있는 대규모의 세일은 쇼핑과 디자인에 관심이 많다면 절대로 놓치지 말아야 한다. 일룸 볼리후스를 비롯한 디자인 멀티숍, 카스트룹 공항 면세 구역에 생활용품 중심의 분점이 있다. 300DKK 이상 구입 시 세금 환급 가능.

Address Niels Hemmingsens Gade 12
Tel 35 554 459
Open 월~금 10:00~18:00, 토 10:00~16:00
Close 일요일, 공휴일
Access 판도라 매장 오른쪽 옆 골목으로 올라가 오른쪽.
Web www.normann-copenhagen.com

© Normann Copenhagen

© Normann Copenhagen

라 글라체 La Glace

카페 로컬명소

143년간 스트뢰이어트를 지켜 온 케이크 전문점으로, 덴마크 최고의 케이크를 맛볼 수 있다. 고풍스러운 실내 분위기는 이곳의 전통을 고스란히 보여 주고 있다. 가장 인기 좋은 스포츠 케이크 Sportskage를 비롯해, 약 15종의 케이크가 있어 행복한 고민에 빠지고 만다. 그 외에도 여왕의 이름을 딴 마르그레테 케이크, 음자리표 장식이 붙은 카를 닐센 케이크, 상큼한 레몬 맛의 안데르센 케이크 등도 선택할 수 있다. 가게 앞에 사람들이 줄 서 있어 근처에서 금방 눈에 띄며, 자리에서 큐알 코드를 찍은 후에 메뉴를 확인하고 주문한다.

Address Skoubogade 3-5, 1158 Copenhagen
Tel 33 144 646
Open **10~3월** 월~금 08:30~18:00, 토 09:00~18:00, 일 10:00~18:00
Close 4~9월의 일요일, 부활절 전 목요일~다음 월요일, 기도의 날, 승천일, 성령강림절, 6/5, 12/25~26
Access 스트뢰이어트 거리에서 Skoubogade 길로 접어든 후 왼쪽.
Cost 케이크 조각당 72DKK, 기타 스위트 종류 49DKK~, 커피 68DKK(리필 1회 가능)
Wifi 가능(비밀번호 있음)
Web www.laglace.dk

레고 숍 Lego Shop

쇼핑 어린이 동반

전 세계를 사로잡은 덴마크 대표 장난감, 레고의 코펜하겐 대형 숍. 문 앞에는 왕실 근위병, 스트뢰이어트에서 자전거를 타는 레고 모형이 포토 포인트로 모두를 반긴다.
유아용 듀플로와 여자 어린이용 프렌즈, 키마와 스타워즈를 비롯한 다양한 시리즈의 레고 상품을 판매하며, 조각 부품도 색상과 크기에 따라 구입할 수 있다. 레고 숍에서 가장 인기 있는 상품은 '나만의 피규어'로, 머리+가발+몸통+다리+장신구를 합해 다양한 조합이 가능해 기념품으로도 인기가 높다(3개 60DKK).
구입 시 한국인이라고 밝히면 숭례문 레고도 찾아 주니 관심 있으면 같이 알아 보자. 가격은 국내와 차이가 거의 없는 편.

Address Vimmerskaftet 37
Tel 52 159 158
Open 월~토 10:00~18:00, 일 11:00~17:00
Close 12/24~26, 12/31~1/1, 그 외 부정기적
Access 시청 앞 광장에서 스트뢰이어트 거리로 진입 후 중간 지점 오른쪽.
Web www.lego.com

중국식 테이크아웃 식당

레스토랑

스트뢰이어트 거리 곳곳에서는 여러 가지 음식 중 3~4가지를 합해 30DKK부터 판매하는 중국식 테이크아웃 가게들이 여럿 자리 잡고 있다. 포장 판매만 가능하며, 작은 박스 하나면 여자 혼자 먹기에 적당하다. 현지인들도 식사 시간에는 줄 서서 사 갈 정도로 인기가 좋다. 저렴하게 '밥'을 먹고 싶다면 괜찮은 선택.

트롤비즈 Trollbeads

쇼핑

기본 팔찌와 목걸이에 다양한 참 장식을 연결해 만드는 '커스텀 주얼리'의 원조 브랜드인 트롤비즈의 본점 매장. 판도라(p.80 참조)가 마케팅으로 치고 나온 후발 주자라면, 이곳은 1976년 창업 이래 장인 정신에 좀 더 무게를 두고 있는 오리지널이라 봐야 할 것이다. 실제로 두 브랜드 간의 특허를 비롯한 신경전도 만만치 않다.
가격은 한국 매장과 거의 차이가 없는 편이지만, 다양하고 풍부한 상품이 플래그십다운 장점이다. 지하의 작은 박물관에서는 매년 만들어지는 참과 함께 브랜드의 역사와 전통을 확인할 수 있으니 역시 놓치지 말자.

Address Grønnegade 3
Tel 61 163 990
Open 월~금 10:00~17:00, 토 11:00~16:00
Close 일요일, 12/24~26, 1/1, 부활절 전 금요일~다음 월요일, 성령강림절 후 월요일, 6/5
Access 스트뢰이어트 거리 끝쪽 멀버리 매장 왼쪽 길에서 좌회전해 다음 골목 건너편.
Web www.trollbeads.com

플라잉 타이거 Flying Tiger

쇼핑 건축 · 디자인

저렴하면서도 컬러풀한 생활용품을 주로 판매하는 멀티숍. '북유럽의 다이소'라고도 불린다. 위트 넘치는 재미있고 귀여운 디자인 상품들은 서유럽과 아시아 국가들을 사로잡았으며, 지금은 한국에도 진출했다. 시내의 15개 매장 중 스트뢰이어트 거리의 숍은 3층 규모로 물건이 많고 종류도 다양하며, 여행 중 급히 필요한 물건들을 구입하기에도 좋다. 한국 매장에서 먼저 물건을 보고 간 후 한국에 없는 상품들을 주로 공략하자. 또한 이곳에서만 볼 수 있는 매장 곳곳의 독특하고 재미있는 일러스트는 포토 포인트로도 최고!

Address Frederiksborggade 23
Tel 33 131 975
Open 월 · 화 10:00~18:00, 수~금 10:00~19:00, 토 10:00~17:00, 일 11:00~16:00
Close 공휴일
Access 시청 앞 광장에서 스트뢰이어트 거리로 진입 후, 베이징 테이크아웃 가게 건너편 건물 2층. 간판이 'Tiger'라고 돼 있다.
Web www.flyingtiger.com

크론보르 Kronborg

로컬명소 레스토랑

입구부터 걸려 있는 덴마크 국기가 시선을 끄는 오픈 샌드위치 전문 레스토랑. 청어, 연어, 새우 등의 다양한 재료와 가격대는 고를 때마다 행복한 고민에 빠지게 한다. 선택이 어렵다면 '오늘의 메뉴'를 직원에게 물어 봐서 선택하는 것도 좋다. 복잡한 스트뢰이어트 거리를 살짝 벗어나, 편안한 분위기 안에서 덴마크식 점심을 즐겨 보자. 성인 여자 1인 기준으로 두 가지 메뉴 선택이 적당하다.

Address Brolæggerstræde 12
Tel 33 130 708
Open 일~수 11:00~17:00, 목~토 11:00~22:00
Close 일부 공휴일
Access 스트뢰이어트 거리에서 라 글라체와 반대 방향으로 내려가 오른쪽 모퉁이.
Cost 오픈 샌드위치 79~150DKK
Web www.restaurantkronborg.dk

촐론 Cholon Vingårdstræde

로컬명소 레스토랑

덴마크와 베트남식이 결합된 캐주얼 퓨전 요리 전문점. 어머니의 손맛으로 직접 만든 쌀국수와 튀김 만두인 짜조를 덴마크식으로 재해석한 촐론 롤Cholon Roll이 인기가 높다. 스트뢰이어트 거리 관광 중 잠깐 들러 따끈한 국물과 튀김을 즐겨 보자. 음주 후 해장하기에도 좋다. 주변에는 원숭이 목각인형으로 유명한 카이 보이센의 메인 숍, 장난감 가게, 어린이 놀이터가 있어서 어린이 동반 시 들르기 좋다.

Address Vingårdstræde 21, 1070 København
Tel 25 947 070
Open 화~토 11:30~23:00, 일 11:30~21:00
Close 월요일 및 일부 공휴일
Access 스트뢰이어트 거리에서 COS 매장을 바라보고 우회전해 세 번째 길모퉁이 위치.
Cost 촐론 롤 및 쌀국수류 130~160DKK, 튀김 및 안주류 75~95DKK
Wifi 가능(비밀번호 있음)
Web www.restaurantcholon.dk

마샬 Marchal

로컬명소 레스토랑

250년 전통의 D'Angleterre 호텔 1층에 위치한 미슐랭 1스타 레스토랑. 월~토요일에 가능한 점심 코스 메뉴는 미슐랭 스타급 중 저렴한 가격으로 현지인들에게도 인기 최고다. 2코스 메뉴는 매일 달라지는 생선과 고기 요리가 함께 서빙되며, 4코스는 애피타이저와 디저트가 추가된다. 보라색과 회색 중심의 차분하면서도 우아한 분위기이며, 예약은 필수.

Address Kongens Nytorv 34
Tel 33 120 094
Open **아침** 07:00~10:30(토 · 일 ~11:00), **점심** 월~토 12:00~15:00, **저녁** 18:00~22:00(금 · 토 ~23:00)
Access 지하철 콩겐스 광장 역에서 마가신 뒤 노르 방면으로 나온 후 직진해 왼쪽의 D'Angleterre 호텔 1층 위치.
Cost **점심** 2코스 595DKK, 4코스 995DKK, 단품 180DKK~, 탄산수 추가 시 65DKK
Web www.marchal.dk

크리스티안하운 지구
Chiristianshavn

운하 남쪽에 형성된 지역으로, 1970년대 이전까지 군사 지역이었다. 지금은 운하를 따라 고급 주택들과 크리스티아니아가 '애증의 사이'처럼 공존하고 있으며, 국립 예술 학교가 함께 들어서 있어 예술의 향기도 함께 느끼기에 좋다. 또한 '뉴 노르딕 퀴진'을 표방하는 레스토랑들과 다양한 푸드 트럭들도 지역 내에 속속 들어서고 있어 미식가들의 호기심도 함께 자극한다.

크리스티아니아 Christiania

색다른 코펜하겐의 단면을 맛볼 수 있는, 'Freetown'이라 불리는 '히피'들의 집합소. 1971년까지 군용 막사가 있는 곳이었으나, 이후 히피들과 사회 문제층이 정착하고 공동체를 만들기 시작하면서 지금의 자유 지역으로 발전하였다. 한동안 이곳은 세금의 무법 지대이자 대마초 거래의 장으로 범죄 단체들의 표적이 되어 왔다. 하지만 2016년 8월 이후 경찰의 노력으로 범죄 단체가 소탕되었고, 주민들이 대마초 거래 장소를 완전히 철거하며 이미지 개선을 위해 노력 중이다. 지금까지 정권이 바뀔 때마다 이곳을 없애겠다는 공약 역시 만만치 않았지만 일반 시민들과 외국인들에게 사랑받는 관광지로 발전하면서, 함부로 없애기가 애매한 '애증의 존재'이기도 하다. 최근에는 동네 주민들이 부지 전체를 직접 매입하겠다는 의사를 밝히고, 기금 모금을 진행하여 그 귀추가 주목되고 있다.

크리스티아니아 안에 있는 벼룩시장, 카페, 재즈 클럽 등을 비롯한 다양한 시설은 우리가 접근하기에 쉽고, 지역 내 레스토랑은 저렴하게 식사를 즐기기에 좋다. 단, 카페에서 취급하는 브라우니 등의 일부 간식류는 안전을 위해 구입 금지. 사진 촬영 시 반드시 미리 물어 보고, 낮 시간에 촬영 가능한 부분 위주로만 방문하는 것을 권한다.

관광명소 로컬명소

Open 가이드 투어 7/1~9/30의 매일 15:00
그 외 기간 토 · 일 15:00(영어, 덴마크어)에 진행

Cost 가이드 투어 60DKK(현금만 가능)

Access 시내 중앙역 앞에서 9A번 버스를 타고 Prinsessgarde로 접어든 후, Sankt Annæ Gade 정류장에서 내려 왼쪽으로 걸어간다. 반드시 위의 정류장에서 내릴 것.

Web www.christiania.org
가이드 투어 www.rundvisergruppen.dk

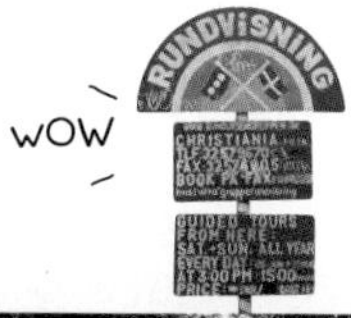

왕립 오페라 하우스 Det Kongelige Teater

건축 · 디자인

헤닝 라센의 설계와 국내 최고 재벌 기업 AP 묄러 재단의 후원을 받아 2005년에 지어졌다. 운하를 향해 날개를 펼치고 있는 것 같은 건물도 아름답지만, 내부에서 바라보는 운하 풍경 역시 일품이다. 수준급의 콘서트와 오페라 공연도 자주 상연되니 홈페이지로 스케줄을 확인하고 관람해 보자. 주말에는 내부 가이드 투어도 진행한다. 부설 레스토랑 Almanak에서는 코펜하겐의 일몰을 바라보며 4코스의 식사나 와인을 즐길 수 있다. 주변에는 고급 주택가와 영화, 음악, 디자인 학교들이 밀집해 있어 분위기가 색다르다. 운하 투어로 오가면서 둘러보는 것도 좋은 방법이다.

Address	Ekvipagemestervej 10
Tel	33 696 985
Open	**티켓 오피스** 월~금 09:30~16:00(목 ~18:00) **부설 레스토랑** 화~토 저녁 17:30~24:00
Close	부정기적(티켓 오피스는 토 · 일요일 휴무)
Access	중앙역 건너편에서 2A번 버스를 타고 극장 옆에서 하차. 왕립 도서관과 뉘하운, 인어공주상 쪽에서는 수상 버스 991번, 992번으로 이동 가능하다. 공연 전후에는 993번 수상 버스가 국립극장 앞에서 뉘하운을 오간다.
Cost	가이드 투어 150DKK
Wifi	가능
Web	www.kglteater.dk 부설 레스토랑 www.almanakioperaen.dk

락케에후세 Lagkagehuset

카페 로컬명소

코펜하겐 시민들의 '국민 빵집'. 좋은 재료를 사용해 매일 아침마다 가마에서 구워 낸 식사용 빵과 달콤한 데니쉬 페스트리는 모두에게 인기가 많다. 아침에는 덴마크식 아침 식사, 다양한 샌드위치, 심지어는 만들어 먹는 샌드위치 세트도 구입할 수 있다. 덴마크인들이 사랑하는 진짜 페스트리를 맛보며 잠깐의 여유를 가져 보자. 번호표를 뽑고 순서를 기다린 후 주문해야 한다. 소개하는 매장은 전국에서 최초로 오픈한 1호점이며, 시내 곳곳과 관광안내소, 중앙역 구내, 공항, 오덴세와 오르후스 등의 주요 도시 등에 지점이 있다.

Address	Torvegade 45
Tel	32 573 607
Open	06:00~19:00
Close	12/25
Access	지하철 크리스티하운 역 길 건너편, 크리스티아니아로 들어가는 모퉁이에 위치.
Cost	오늘의 빵 35DKK, 데니쉬(3개) 55DKK, 샌드위치 50DKK~
Web	www.lagkagehuset.dk(덴마크어)

외곽 지역
Outskirts of Copenhagen

중앙역과 중심가를 벗어난 외스터브로 Østerbro, 프레데릭스베르 Frederiksberg, 헬러룹 Hellerup 등의 외곽 지역은 코펜하겐에서 가장 살기 좋은 '부자 동네'로 손꼽힌다. 이들의 자존심을 상징하는 여러 관광지들을 놓치지 말자. 시내에서의 이동 시간을 고려해 최소 2~3시간의 일정은 기본으로 잡는 것이 좋다.

로얄 코펜하겐 · 기오 옌센 팩토리 아웃렛
Royal Copenhagen·Georg Jensen Factory Outlet

쇼핑

로얄 코펜하겐의 상품들을 저렴하게 구할 수 있는 본사 공장 아웃렛. 본점 못지않은 다양한 라인업을 갖추고 있다. 가격 할인 폭은 25%부터이며, '빨간 딱지'가 붙은 최종 할인가 제품은 좀 더 할인의 폭이 크다. 특히 단종된 상품을 구하고 싶다면 반드시 눈여겨보자. 상태 확인은 필수! 세금 환급은 300DKK부터 가능하다.

기오 옌센의 본사 아웃렛 매장도 위층에 같이 붙어 있다. 커트러리나 촛대 등의 생활용품을 주로 구입하고 싶다면 묶어서 방문하는 것도 추천. 영업시간은 동일하다.

Address Søndre Fasanvej 9, 2000 Frederiksberg
Tel 33 137 181
Open 월~금 10:00~18:00, 토 10:00~15:00, 일요일 11:00~15:00
Close 12/24~26, 12/31~1/1, 부활절 전 목요일~다음 월요일, 기도의 날, 승천일, 성령강림절, 6/5
Access 중앙역 앞에서 31번 버스를 타고 Fasanvej에서 하차 후, 길을 건너 오른쪽의 큰 길에서 직진. 시내에서 지하철 이용 시 Fasanvej 역에서 내린 후 Sodre Fasanvej 쪽으로 직진.

Tip
유틀란트 중부 바일레Vejle에 분점이 있다. 레고랜드 일정이 있다면 바일레 역에서의 막간을 이용해 들러 보자.
Address Vesterbrogade 23, 7100 Vejle
Open 월~목 10:00~17:30, 금 10:00~18:00, 토 10:00~15:00
Access 바일레 기차역에서 도보 15분, 짐이 있다면 버스 터미널에서 2, 5번 버스를 이용해 Vesterbrogade v Staldgaardsgade 정류장에서 하차.

홈 오브 칼스버그
Home of Carlsberg

관광명소

덴마크 맥주의 대표 선수, 칼스버그 맥주에 대한 재미있는 전시가 가득한 박물관 겸 체험 센터. 전 세계 약 17,000개의 맥주병이 전시된 컬렉션, 맥주가 만들어지는 과정, 정원의 작은 인어공주상, 20여 마리의 말이 있는 마구간을 지나 마지막 코스인 2층 바에서 무료 쿠폰으로 맥주 시음이 가능하다. 특히 시즌별로 나오는 '신상' 맥주는 꼭 마셔 보자. 술 좋아하는 여행자라면 필수 코스! 단 맥주 시음은 만 18세부터 가능하다. 투어는 1시간 반 정도 소요되며, 이동 시간을 고려해 일정을 다소 넉넉히 잡는 것을 권한다. 약 3년간의 시설 현대화 공사를 마치고 2023년 12월에 재오픈했다. 2층의 부설 바에서는 시음 맥주 이외에 다양한 종류의 맥주를 추가로 주문해 즐길 수 있다. 또한 별관의 부설 레스토랑 Medklubben에서는 투어 후의 여운을 맛있는 코스 메뉴로 지속시키기에 좋다.

Address Gamle Carlsberg Vej 11
Tel 33 271 282
Open **5~9월** 10:00~18:00,
10~4월 화~일 10:00~17:00,
부설 식당 수 · 목 17:00~23:00, 금 · 토 11:30~14:45(점심), 17:00~24:00(저녁)
Close 10~4월의 월요일, 12/24~26, 12/31~1/1
Access 시청 앞 광장에서 26번 버스를 이용하여 Kammasvej에서 하차 후, 길을 건너 Gamle Carlsberg 문으로 들어간다. Stog 이용 시 Carlsberg 역에서 하차 후 철로 옆길을 따라 오른쪽.
Cost 18세 이상 성인 190DKK, 18세 미만 · 학생 120DKK, 가이드 투어 100DKK, 테이스팅 투어 120DKK
Web **부설 레스토랑** www.madklubben.dk
www.homeofcarlsberg.com

미켈러 바 Mikkeller Bar

로컬명소 바

라멘과의 콜라보 맥주로 유명한, 미켈러Mikkeller 사의 전국 1호 직영 바. 최근에는 서울 가로수길에 분점을 내면서 국내에도 이름을 알리고 있다. 미켈러 사와 코펜하겐 주변 양조장의 창작 맥주를 즐길 수 있으며, 종류는 수시로 바뀐다. 차분한 분위기 속에서 미켈러다운 맥주를 가볍게 즐기기에 좋다. 단 카드 결제 시 2% 추가되는 점 주의.

Address Viktoriagade 8, B-C, 1655 København
Tel 33 310 415
Open 일 · 월 14:00~22:00, 화 · 수 14:00~23:00, 목 14:00~24:00, 금 14:00~02:00, 토 12:00~02:00
Close 12/24~25
Access 26, 7A번 버스를 이용해 중앙역 뒤편 Hovedbanegården, Frihedsstøtten에서 하차 후 좌회전해 Viktoriagade 길이 보이면 길을 건너 내려가 오른쪽.
Cost 맥주 잔당 35DKK~(도수, 크기에 따라 다름)
Wifi 가능(비밀번호 있음)
Web www.mikkeller.com

레펜 Reffen

레스토랑 바 로컬명소

폐허가 된 공장 지대에 각국 푸드 트럭들이 모여 '스트리트 푸드'가 조성되었다가, 2021년에 현재의 이름으로 통합되며 젊은이들의 새로운 명소로 떠올랐다. 18개의 각국 음식 푸드 트럭을 비롯해 여러 창작 숍들과 바가 운영 중이다. 낮 시간에는 온 가족이 함께, 저녁 시간에는 강변의 일몰을 바라보며 여러 부스들의 다양한 음식과 맥주 한 잔을 함께 즐기기에 좋다. 각 부스별 메뉴는 방문 전 홈페이지를 통해 미리 확인하자.

Address Refshalevej 167 Unit A, 1432 København
Tel 33 930 760
Open **푸드트럭 부스** 4~9월 11:30~20:30(금 · 토 ~21:30) **바** 11:00~24:00(금 · 토 ~02:00)
Close **푸드트럭 부스** 10~3월
Access 중앙역 앞에서 2A번 버스를 이용해 종점 Refshaleøen까지 이동한 후, 왼쪽의 Refshalevej를 따라 강변까지 걸어가 오른쪽. 수상 버스 991, 992번 이용 시 Refshaleøen에서 하선 후 버스 정류장까지 이동해 같은 방법으로 도보 이동.
Cost 부스마다 다름
Web www.reffen.dk

코펜하겐의 숙소
Copenhagen Accommodations

숙박 시설은 많지만, 가격은 만만찮다. 4월 말~9월에는 몰려드는 관광객들로 숙소가 꽉 차는 것이 다반사. 중앙역과 가까운 위치가 좋으며 지하철역이나 국철역 주변도 괜찮다. 공식 유스호스텔(단호스텔) 이용 시 회원은 숙박비가 10% 할인된다.

※ 요금은 호스텔의 경우 도미토리, 호텔은 스탠더드 2인실 기준.

단호스텔 코펜하겐 시티
Danhostel Copenhagen City

15층 건물에 위치한 유럽 최대 규모의 5성급 공식 유스호스텔 겸 디자인 호스텔. 저렴한 가격과 깨끗하고 편리한 시설, 좋은 위치로 늘 인기 만점이다. 강변 방향 고층부 방은 전망도 최고다. 주방, 세탁 이용 시 리셉션에서 카드키를 받아 이용해야 한다. 17층에는 주~월 단위로 이용 가능한 고급 아파트 Europahuset도 함께 운영 중이다.

Address Hans Christian Andersen blvd 50
Tel 33 118 585
Cost 205DKK~(조식, 시트 별도)
Web www.danhostel.dk
17층 아파트 www.europahuset.dk

코펜하겐 다운타운 호스텔
CPH Downtown Hostel

중앙역, 국립박물관, 시청사와 가까운 위치의 호스텔로, 시내 관광에 편리하다. 호스텔의 다양한 시티 투어도 매력 포인트. 1층에 바가 운영되고 있어 밤에 조금 시끄러운 편이다. 유레일 소지자 자격 예약 시 10% 할인.

Address Vandkunsten 5
Tel 70 232 110
Cost 230DKK~(조식 별도, 시트 포함)
Web www.copenhagendowntown.com

제너레이터 호스텔 Generator Hostel

콩겐스 광장, 스트뢰이어트 거리, 뉘하운 운하와 가까워 시내만 관광할 경우 묵으면 편리하다. 시설도 깨끗하고 편리하지만 주방 시설이 없는 것이 단점. 유레일 소지자 자격 예약 시 20% 할인.

Address Adelgade 5-7
Tel 78 775 400
Cost 240DKK~(조식 별도, 시트 포함)
Web www.generatorhostels.com

어반 하우스
Urban House

기존의 오메나 호텔을 개조해 마이닝거 체인에서 운영하는 호스텔. 중앙역에서 도보 이동 가능한 위치와 깔끔한 시설로 오픈 후 젊은 배낭여행자들에게 인기가 높다. 요일별로 진행되는 이벤트 역시 매력 포인트. 단 1층의 바 때문에 다소 시끄러울 수 있다. 주말에는 가격이 올라간다. 카드 결제만 가능.

Address Colbjørnsensgade 5-11
Tel 33 232 929
Cost **도미토리** 주중 250DKK~, 주말 310DKK~ (조식 별도, 시트 포함)
Web www.meininger-hotels.com

슬립 인 헤븐
Sleep in Heaven

현지 젊은이들의 명소인 뇌레브로 지구에 위치한 깔끔한 호스텔. 중앙역과 뉘하운에서 66번 버스로 이동 가능하다. 24시간 오픈으로 늦은 시간에도 편리하게 이용할 수 있다. 중심가에 숙박이 없을 경우 차선책으로 고려해 보자. 도미토리는 16~35세까지만 숙박 가능한 점 주의.

Address Struenseegade 7
Tel 35 354 648
Cost 175DKK~(시트 포함, 조식 별도)
Web www.sleepinheaven.com

캡인 코펜하겐 시티
Cabinn Copenhagen City

꼭 필요한 시설만 갖춘 덴마크 대표 저가 호텔 체인. 티볼리 공원, 중앙역과 가까운 곳에 위치해 늦은 시간 이동에도 편리하다. 이곳 외에도 시내의 3곳에 지점이 있다. 조식은 별도(75DKK).

Address Mitchellsgade 14
Tel 33 461 616
Cost 650DKK~
Web www.cabinn.com

웨이크업 코펜하겐
WakeUp Copenhagen

570개의 객실을 갖춘 2성급의 중저가 호텔. 중앙역 뒤편에서 700m 떨어진 거리에 위치해 이동이 편하다. 시설 역시 단순, 깔끔함 그 자체. 호스텔은 피곤하지만 호텔이 부담스럽다면 고려해 보자. 이곳 외에도 시내에 2곳의 지점이 더 있다.

Address Carsten Niebuhrs gade 11
Tel 44 800 000
Cost 600DKK~
Web www.wakeupcopenhagen.com

넥스트 하우스 Next House

시내 최대 규모의 트렌디한 사설 호스텔. 중앙역에서 도보 이동이 가능하며, 5C번 버스 정류장 앞에 위치해 공항 이동이 손쉽다. 식당과 바를 비롯한 편리한 시설, 다양한 일일 투어도 매력 포인트. 방이 많이 좁은 편이지만, 좋은 위치와 서비스가 충분히 보완한다. 체크인은 셀프.

Address Bernstorffsgade 27, 1577 København
Tel 33 301 100
Cost 140DKK~(조식 별도, 시트 포함)
Web www.nexthousecopenhagen.com

사보이 호텔
Savoy Hotel

현재 핫 플레이스로 뜨고 있는 베스터브로Vesterbro 지역의 터줏대감 같은 호텔. 실내는 많이 작지만 맛있는 조식과 아름다운 주변 환경이 이를 보완한다.

Address Vesterbrogade 34
Tel 33 267 500
Cost 1,200DKK~
Web www.savoyhotel.dk

스퀘어 호텔 Hotel The Square

시청 앞 광장 바로 건너편에 자리 잡고 있어 시내 어디로든지 다니기에 편하다. 좋은 입지와 더불어 세련된 인테리어와 서비스로 인기를 얻고 있다.

Address Rådhusladsen 14
Tel 33 381 200
Cost 1,300DKK~
Web www.thesquarecopenhagen.com

71 뉘하운 호텔
71 Nyhavn Hotel

뉘하운 지역의 옛 창고를 개조해 들어선 최신 시설의 호텔. 항구 방향의 객실에서는 매일 활기찬 뉘하운의 풍경을 만날 수 있다. 방이 약간 작을 수 있다는 점을 알아 두자.

Address Nyhavn 71
Tel 33 436 200
Cost 1,200DKK~
Web www.71nyhavnhotel.com

티볼리 호텔
Tivoli Hotel

강변을 조망하기에 좋은 호텔. 특히 티볼리 공원의 자유이용권과 숙박권을 묶은 패키지 상품은 가족 여행자들에게 유용하다. 시내 중심가를 순환하는 7A번 버스가 호텔 주변을 오간다.

Address Arni Magnussons Gade 2
Tel 44 870 000
Cost 1,200DKK~
Web www.tivolihotel.com

스칸딕 팰리스 호텔
Scandic Palace Hotel

중앙역, 티볼리 공원, 시청 앞 광장을 바라보는 위치에 자리 잡고 있어 이동과 관광 모두에 최고의 위치다. 1910년에 세워진 이래 오드리 헵번을 비롯한 많은 유명 인사들이 다녀간 곳으로도 유명하다.

Address Rådhuspladsen 57
Tel 33 144 050
Cost 1,500DKK~
Web www.scandichotels.com

호텔 알렉산드라
Hotel Alexandra

시내에 위치한 대표적인 디자인 호텔. 특히 아르네 야콥슨, 핀 율, 카레 클린트 등의 대표 가구 디자이너들 작품으로 꽉 들어찬 스위트는 이곳의 자랑이다. 디자인에 관심 많은 여행자에게 적극 추천한다. 또한 이곳에서 판매하는 가구 미니어처와 열쇠고리는 기념품으로 구입하기에 좋다.

Address HC Andersens Blvd 8
Tel 33 744 444
Cost 1,600DKK~
Web www.hotelalexandra.dk

호텔 세인트 페트리 Hotel Skt Petri

코펜하겐 대학교 건너편에 자리 잡은 아름다운 호텔. 발코니가 있는 방에서는 도시의 전망을 감상할 수 있으니 되도록 4층 이상 층의 방을 요청하자. 시내 중심가까지 도보로 이동 가능하다.

Address Krystalgade 22
Tel 33 459 100
Cost 1,500DKK~
Web www.hotelsktpetri.dk

퍼스트 호텔 콩 프레데릭 First Hotel Kong Frederik

시내에서 가장 오래된 호텔답게 고풍스러운 인테리어가 포인트. 최근 새 단장 공사를 마치면서 시설이 조금 더 깨끗해졌다. 세 가지 테마 중 선택해 방을 고를 수 있으며, 미니 바 이용은 무료.

Address Vester Voldgade 25
Tel 33 125 902
Cost 1,500DKK~
Web www.firsthotels.com

라디손 컬렉션 로열 코펜하겐 Radisson Collection Royal Copenhagen

아르네 야콥슨의 설계와 인테리어로 유명한 특급 호텔. 특히 실내 기둥과 나선형 계단, 모던한 디자인의 커트러리, 달걀 및 백조 의자를 비롯한 다양한 아이템을 만날 수 있다. 건축과 인테리어 디자인에 관심 많은 여행자라면 가 볼 만하다. 오리지널 디자인이 남아 있는 606호를 돌아보는 것도 잊지 말자. 단 방이 비었을 때에만!

Address Hammerichsgade 1
Tel 33 426 000
Cost 1,500DKK~
Web www.radissonhotels.com/en-us

님 호텔 Nimb Hotel

바로크풍 인테리어를 표방한 최고급 호텔. 2008년 티볼리 공원의 한 부분으로 개장하면서 주목을 받았다. 호화로운 인테리어와 첨단 시설의 조화가 멋스럽다. 거의 모든 방에서 티볼리 공원을 조망할 수 있는 것도 매력 포인트.

Address Bernstorffsgade 5
Tel 88 700 000
Cost 3,000DKK~
Web www.nimb.dk

코펜하겐 지하철 및 광역철도 노선도

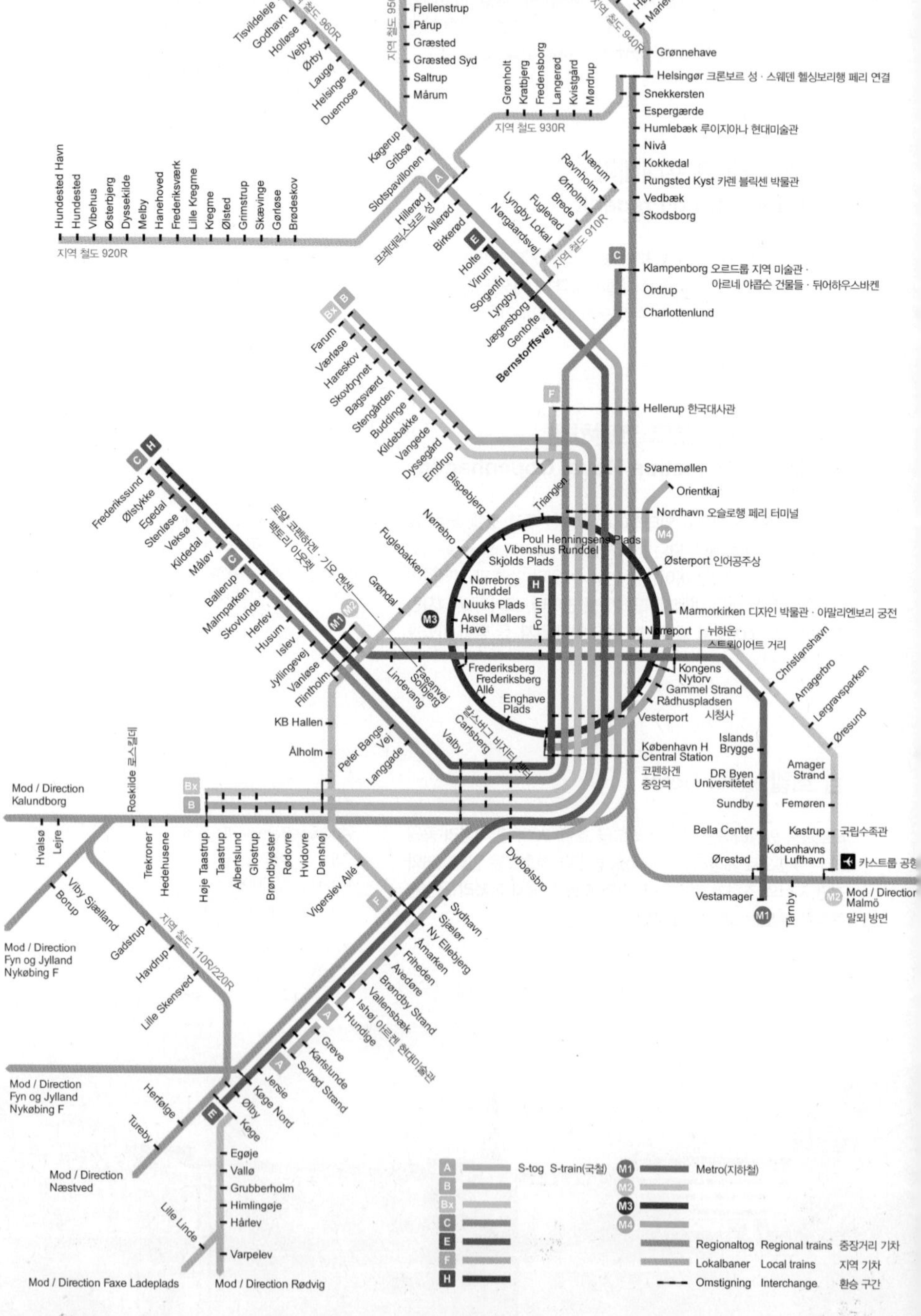

코펜하겐 근교
Suburbs of Copehagen

코펜하겐에서 북쪽으로 약 50분을 올라가는 헬싱괴르행 철도를 따라가면, 바닷가와 마주한 근교 지역을 만날 수 있다. 1400년대 이후 부를 가져다 준 막강 권한의 성부터 시작해, 지금은 지역 최고의 고급 주택가, 시민들이 사랑하는 주말 놀이터로 변화를 거듭하고 있다. 잠시 도심을 벗어나 시원한 바닷가와 함께 펼쳐진 과거와 현재의 덴마크를 만나 보자. 모두 코펜하겐에서 반나절 혹은 당일 일정으로 여유롭게 즐기기에 좋다.

가는 방법

코펜하겐 중앙역이나 공항에서 헬싱괴르행 기차를 이용해, 룽스테드 Rungsted · 훔레백Humlebæk · 헬싱괴르Helsingør 역에서 하차하여 원하는 관광지로 이동한다. 중앙역 기준으로 룽스테드 키스트까지 약 20분, 훔레백까지 약 35분, 헬싱괴르까지 약 50분 소요된다. 클람펜보르Klampenborg까지는 중앙역에서 국철S-tog을 이용하면 편리하게 이동 가능하며, 중앙역 기준으로 약 15분 소요된다.

프레데릭스보르 궁전으로 갈 때에는 중앙역에서 A번 S-tog를 이용해 힐레뢰드Hillerød까지 이동하거나, 헬싱괴르 역에서 930번 지역 기차를 이용할 수 있다. 약 50분 소요.

스웨덴 헬싱보리에서는 스칸드라인사의 페리를 이용해 헬싱괴르 항구까지 이동 가능하며, 약 20분 소요. 운행편이 많아 이용에 편리하다.

Tina's Plus

388번 버스 이용하기!

헬싱괴르부터 링비 지역을 잇는 388번 버스를 잘 이용하면, 룽스테드를 비롯한 주변 관광지들을 연결해 하루에 둘러볼 수 있다. 특히 오르드룹 미술관과 아르네 야콥슨의 건축물들을 묶어서 둘러보거나, 카렌 블릭센 박물관에 추가로 들르고 싶을 때 적극 이용하자. 1시간에 1~2대만 운행하니 시간표를 꼭 확인하고 움직일 것.

대중교통 요금

클람펜보르는 4존, 아르켄은 5존, 룽스테드는 7존, 훔레백 · 힐레뢰드 · 헬싱괴르는 나머지 외곽에 포함된다. 티켓은 각 국철 역내 자동판매기나 창구에서 구입 가능하다(자세한 방법은 p.62 참조). 지역 여행 시에는 시티 패스 라지(광역 교통권)나 코펜하겐 카드를 적극 이용하는 것이 이득이다.

1회권 : 1~4존 48DKK, 7존 84DKK, 기타 존 108DKK
(1시간 반~2시간 동안 버스, 지하철, 국철 자유 환승 가능)
시티 패스 라지 : **성인** 24시간 160DKK, 48시간 300DKK(12~15세 50% 할인)

코펜하겐 근교, 이렇게 보자

근교 지역에서는 각자의 취향과 곳곳의 입장 시간, 시기에 따라 방문할 수 있는 곳들이 달라진다. 반드시 자기에게 맞는 곳을 먼저 결정한 후, 그에 맞는 교통수단을 선택해 이동하자. 일정은 최소 반나절에서 하루 이상 걸리며, 관광지가 한 기차 라인 안에 있다면 하루에 2곳을 기본으로 묶어서 잡아야 시간을 알차게 활용할 수 있다. 특히 해가 긴 여름 시즌의 평일에는 최대 3곳까지 묶어서 갈 수 있지만, 철저하게 시간을 분배하고 맞춰서 움직여야 한다. 비수기의 월요일은 일정 진행을 피하고, 관광지 입장 및 교통 모두 코펜하겐 카드 사용이 가능하니 반드시 챙기자.

1 **고성과 왕실에 관심이 많다면** : 프레데릭스보르 성, 프레덴스보르 성, 크론보르 성
2 **미술, 디자인, 건축, 인테리어에 관심이 많다면** : 클람펜보르의 아르네 야콥슨 관련 장소(벨뷰 해변, 벨라비스타 리조트 건물, 벨뷰 극장과 생가), 오르드룹 지역 미술관 및 핀 율의 집, 루이지아나 현대미술관, 아르켄 현대미술관
3 **문학과 영화에 관심이 많다면** : 크론보르 성, 카렌 블릭센 박물관
4 **가족 여행 시** : 국립수족관, 루이지아나 · 아르켄 현대미술관, 프레데릭스보르 성

코펜하겐 근교
Suburbs of Copenhagen

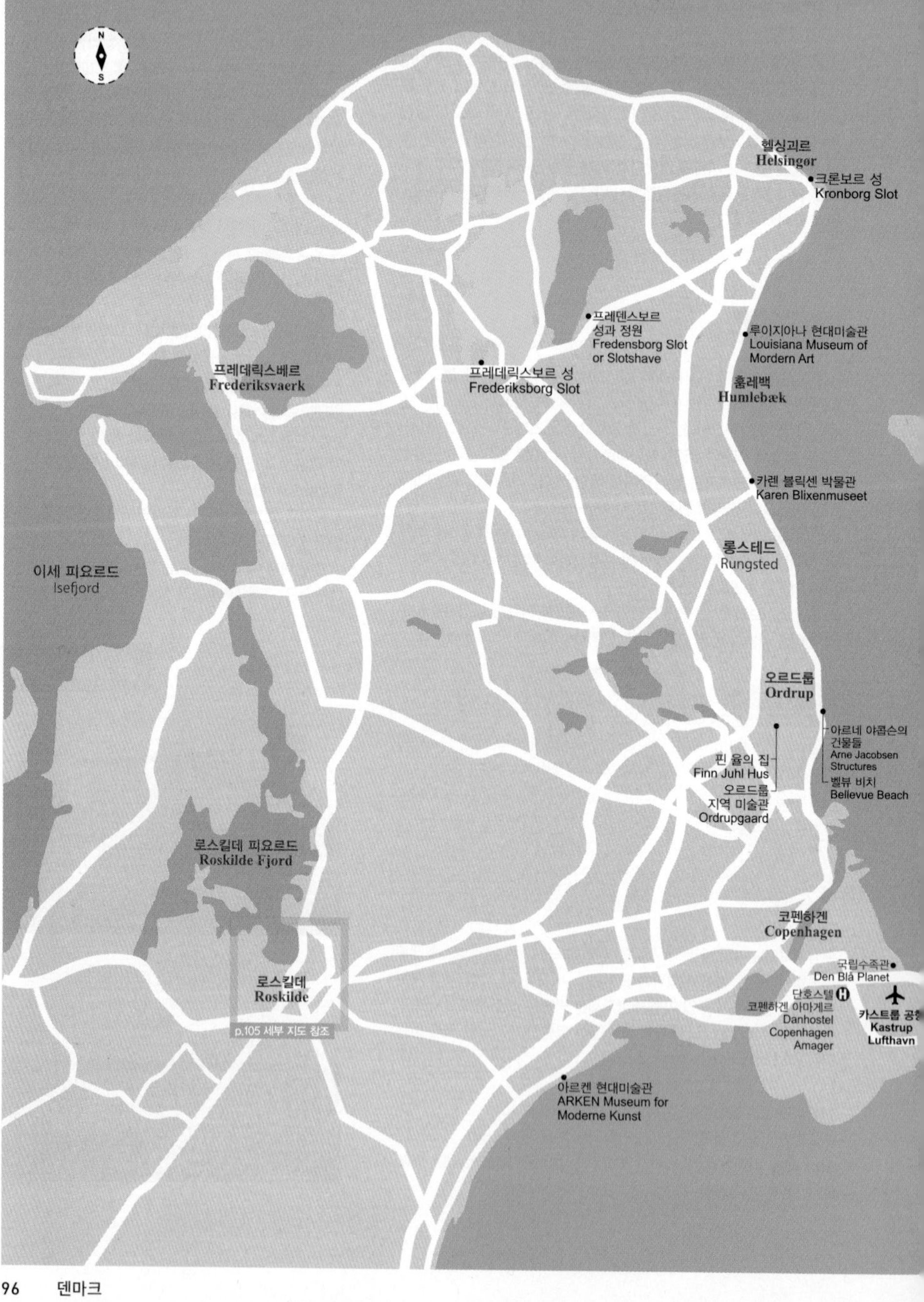

프레데릭스보르 성, 국립 역사 박물관
Frederiksborg Slot, Det Nationalhistoriske Museum

관광명소 로컬명소 박물관 어린이 동반

크론보르 성(p.98 참조)과 함께 르네상스 양식을 충실히 고수한 고성으로, 1600년대 초반 붉은 벽돌의 대규모 성으로 조성된 이래 왕의 거주지이자 연회장으로 사용되었다. 1878년 칼스버그 창업주인 야콥슨 집안에서 인수해 국립역사박물관으로 조성한 후, 지금까지 칼스버그 재단에서 운영 중이다. 1500년대부터 현재까지 왕실 중심의 역사가 전시되어 있으며, 근현대사 중심의 특설 전시도 간간이 열린다. 왕들과 주변 유명 인물들의 초상화 및 예술품, 화려하게 꾸며진 연회장과 채플은 당시 왕들의 힘과 덴마크 국민들의 역사의식을 느끼기에 부족함이 없다. 규모가 크고 계단이 많아 최소 2시간은 투자해서 천천히 보는 것을 추천한다. 방문 전 우세움Useeuum 애플리케이션을 미리 다운받아, 성의 이야기와 역사를 보고 가면 조금 더 이해가 빠르다. 성안에는 계단이 많고 엘리베이터가 없는 점 주의. 좀 더 여유가 된다면 1700년대에 조성된 넓은 정원도 함께 방문해 보자.

Address	Frederiksborg Slot, 3400 Hillerød
Tel	48 260 439
Open	**4~12월** 10:00~17:00, **1~3월** 11:00~15:00, **12/24~26 · 12/31** 10:00~15:00
Close	1/1
Access	중앙역에서 A선 S-tog, 헬싱괴르에서는 지역 기차를 이용해 힐레뢰드Hillerød 역까지 이동한 후, 역 옆의 버스 정류장에서 301, 302, 303번 버스로 환승해 성 앞에서 하차.
Cost	**4~10월** 19세 이상 성인 110DKK, 학생 · 65세 이상 90DKK, 19세 미만 무료, **11~3월** 19세 이상 성인 90DKK, 학생 · 65세 이상 70DKK, 19세 미만 무료, 오디오 가이드 무료
Wifi	가능(실내 일부)
Web	www.dnm.dk

Tip
52번 전시실에 전시된 초상화 가운데 영화 〈로얄 어페어〉의 주인공 3명 중 요한 스트루엔시의 이름이 없는 점을 주목하자. 다른 초상화들은 모두 이름이 있지만 이 초상화 하나만 이름이 없다!

크론보르 성 Kronborg Slot

관광명소 유네스코 영화·책 배경

르네상스 시대의 건축양식을 충실히 보존한 바닷가의 고성. 1420년대에 크로겐Krogen이라는 이름으로 지어진 이래, 약 300년간 외레순 해협을 지나는 배들에게 통행세를 걷는 역할을 한 요새 겸 왕의 거주지였다. 한동안 군사적 목적으로만 사용되다가 1938년 이후 일반인에게 공개되고 유네스코 세계문화유산이 되면서 최고의 관광 명소로 탈바꿈했다. 성안에는 14~15세기의 왕들이 거주하던 공간과 북유럽 최고 규모의 연회장, 덴마크의 수호자 '홀거Holger the Dane'가 보존되어 있는 지하 창고 Casemate, 바다를 향해 뻗은 대포가 화려했던 절대왕정 시대를 말해 주는 듯하다.
또한, 이곳은 셰익스피어의 대표 희곡 〈햄릿〉의 배경으로 등장했으며, 그 영향으로 1816년부터 매년 여름 각국 극단에서 준비한 〈햄릿〉 공연이 성 안뜰에서 직접 상연되고 있다.
성안에서는 영어 가이드 투어가 매일 2~3회 진행된다. 투어 시간과 내용은 시즌에 따라 달라질 수 있으니 공식 홈페이지를 통해 미리 시간을 확인하고 참여해 보자.

Address Kronborg 2 C, Helsingor
Tel 49 213 078
Open **4~10월** 10:00~17:00,
11~3월 화~일 11:00~16:00
Close 11~3월의 월요일, 12/24~25, 12/31~1/1
Access 헬싱괴르 역에서 하차 후 바닷가 방향으로 표지판을 따라 올라가면 오른쪽에 큰 성이 있다. 역에서 성까지 도보로 약 15분 소요.
Cost 성인 125DKK, 학생 115DKK, 18세 미만 무료
6~8월 성인 145DKK, 학생 135DKK
Wifi 가능(성내 일부 공간)
Web 공식 www.kronborg.dk
햄릿 축제 www.hamletscenen.dk

Holger the Dane

Snakk

크론보르 성이 왜 〈햄릿〉의 배경이 되었을까요?

셰익스피어가 〈햄릿〉의 영감을 받았던 내용은, 1500년대에 페데르센이 정리한 덴마크 역사의 전설 속 왕자 '암레Amleth'의 이야기였어요. 이 이야기가 유럽에 전해졌을 당시 덴마크의 성은 절대왕정 덕분에 유럽에서 가장 막강했고, 그 소문이 영국까지 퍼져 1700년대까지 영향을 끼쳤죠. 그래서 크론보르 성이 〈햄릿〉의 주 무대로 점지된 건 너무나 자연스러웠답니다. 극중에 사용되었던 몇 명의 이름들도 덴마크의 역사적 인물들의 이름을 따온 거였죠. 비록 셰익스피어가 실제로 덴마크를 방문했다는 얘기는 전해지지 않았지만요.
잘 쓰인 작품 한 편이 그 배경의 장소를 두고두고 먹여 살리는 법인데, 그래서 셰익스피어의 선견지명(?)으로 인해 400년이 지난 지금도 아직까지 그 효과를 100% 누리는 크론보르 성이랍니다.

루이지아나 현대미술관 Louisiana

미술관 카페 레스토랑 어린이 동반

1958년에 덴마크 현대미술을 소개하려는 목적으로 지어진 이래, '세계에서 가장 아름다운 현대미술관'으로 명성을 떨치고 있는 바닷가 옆 미술관. 1945년 이후 작품을 중심으로, 3천 점 이상을 볼 수 있는 상설 전시와 분야별로 연 4~6회 열리는 특설 전시 모두 최고를 자랑한다. 해변을 바라보며 조성된 조각 공원 역시 이곳을 유명하게 해 주는 대표 스폿이다. 날 좋을 때는 조각 작품들과 함께 해변에서 여유를 즐기고, 실내에서 본 작품의 여운도 되새겨 보자. 어린이용 공간도 충실해 가족 여행 장소로도 좋다. 부설 레스토랑과 카페는 바닷가 풍경을 즐기며 부담 없이 즐기기에 좋으며, 기념품점에서 판매하는 자체 상품은 독특한 기념품으로 좋다. 평일에는 일정의 마지막으로 넣는 것을 추천.

Address Strandvej 13, 3050 Humlebæk
Tel 49 190 719
Open 화~금 11:00~22:00,
토 · 일 · 공휴일 11:00~18:00
Close 월요일, 12/24~25, 12/31~1/1
Access 훔레백 역에서 루이지아나 방면 출구로 나온 후 큰길에서 우회전하여 표지판을 따라 직진. 도보로 약 15분 소요.
헬싱괴르 역 혹은 카렌 블릭센 박물관에서 388번 버스 이용할 경우 Humlebæk Strandvej / Louisiana 정류장에서 하차(시간당 1대 운행).
Cost 성인 145DKK, 학생 125DKK, 18세 미만 무료
Wifi 가능(실내 일부 공간)
Web www.louisiana.dk

아르켄 현대미술관
ARKEN Museum for Moderne Kunst

미술관 로컬명소 건축·디자인 어린이 동반

대규모 다문화 지구였던 남부 베스테븐Vestegn 지역의 개발을 위해, 1996년에 지어진 국내 최대 규모의 현대미술관. 이후 세 번의 증축과 주변 지역 정비를 거치면서 지금의 모습으로 발전하였다. '예술의 섬'이라는 이름으로 조성된 본관 주변과 배를 닮은 건물 및 실내 구조, 1990년대 이후 전위적 작품 중심의 전시는 현대미술관으로써의 존재감을 확실히 드러낸다. 내부는 각 작가별, 주제별 개별 전시실로 이루어져 있어 작품에 조금 더 집중할 수 있다. 관심 있는 전시실을 찾아서 감상해 보자. 6~9월 중순까지의 여름 시즌에는 건물 주변에 앤터니 곰리, 제프 하인, 올라푸르 엘리아손을 비롯한 여러 작가들의 설치 작품들을 배치한다. 안내 지도(덴마크어)를 받아 보물찾기하듯이 하나씩 찾아보는 것도 재미있다. 맛있는 점심과 주말 브런치(149DKK)를 내 놓는 부설 카페, 다양한 디자인 상품을 갖춘 부설 숍 역시 유용하다.

Address Skovvej 100, 2635 Ishøj
Tel 43 540 222
Open 수~일 10:00~17:00(목 ~21:00)
Close 월·화요일, 12/24~25, 12/31~1/1
Access 코펜하겐 중앙역에서 A, E선 S-tog를 이용해 이스회이Ishøj 역에서 하차 후, 표지판을 따라 도보 이동하거나(약 30분 소요) 역 앞에서 128번 버스로 환승해 미술관 앞 하차. 5존 위치.
Cost 성인 140DKK, 학생 120DKK, 18세 미만 무료 (온라인 예매 시 50% 할인)
Wifi 가능
Web www.arken.dk

안내 지도

국립수족관 Den Blå Planet

관광명소 로컬명소 건축 · 디자인 어린이 동반

'푸른 행성'이라는 뜻의 북유럽 최대 규모 아쿠아리움. 1939년 이래 73년간 운영된 국립수족관의 확장을 위해 지어졌으며, 2013년 새 건물에 문을 연 후 약 2만 마리 이상의 해양 생물들이 살아가는 터전이 되었다. 둥근 바람개비 모양의 건물 내부는 호수, 열대 지방, 대양의 3개 파트와 53개의 수조로 나뉘어져 있으며, 특히 대양 파트는 가오리, 고래상어 등의 다양한 어류와 대규모의 수조를 통해 깊고 넓은 바닷속에 들어온 듯한 느낌을 안겨 준다. 해양 생물들을 직접 만져 볼 수 있는 체험 장소는 어린이들의 자연 학습 장소로도 제격이다. 매시간 진행되는 다양한 체험 이벤트와 먹이 주기, 해달 쇼 등의 시간표를 확인하고 참여해 보자. 바닷가에 조성된 어린이용 야외 놀이터와 휴식 장소는 실내를 벗어나 잠시 여유를 갖기에도 좋다.

카스트룹 공항과 멀지 않은 위치에 있어 출국 전 마지막 일정, 경유 시간이 애매하거나 지연될 때, 월요일 및 공휴일 일정 시 최고의 장소이다. 어린이 동반 시에는 식사까지 합해 반나절 이상을 투자해야 할 수도 있으니 일정과 예산을 넉넉히 계획할 것. 시간당 입장 인원이 제한되어 있어 온라인 예매를 권한다.

Address Jacob Fortlingsvej 1, 2770 Kastrup
Tel 44 222 244
Open 월 · 중간 방학 기간 10:00~21:00, 화~일 10:00~17:00(일부 휴일 전 날 ~14:00)
Access 중앙역이나 공항 앞에서 5C번 버스로 건물 앞 하차. 지하철 이용 시 Kastrup 역에 하차 후 표지판을 따라 도보 이동하며 약 15분 소요. 3존에 위치.
Cost **성수기(주말, 6/29~8월, 2월 중순 2주, 10월 말 방학 기간, 부활절 방학, 연말연시)** 12세 이상 240DKK, 3~11세 125DKK
비수기(그 외 기간) 12세 이상 230DKK, 3~11세 110DKK(온라인 예매 시 10~25DKK 할인, 코펜하겐 카드 이용 불가)
Wifi 가능
Web www.denblaaplanet.dk

카렌 블릭센 박물관
Karen Blixen Museet

영화 · 책 배경

Hej Hej

《아웃 오브 아프리카》, 《바베트의 만찬》을 집필한 작가 카렌 블릭센이 평생을 보냈던 생가. 1981년 이후 박물관으로 조성되었다. 박물관 건물은 그녀의 어린 시절 습작, 그림과 편지, 일부 초판본을 전시하는 전시관과 생전 유품이었던 그녀의 책들을 포함한 도서관으로 구성되어 있다. 또한, 그 옆의 집과 서재에는 케냐에서 사용하던 가구, 예술 학교에 다니던 시절의 온갖 그림을 비롯해, 가족들이 틈틈이 모은 아프리카 무기와 그림 컬렉션들이 가득하다. 집 안에 비치된 안내 책자와, 생애를 담은 기록 영화 역시 빼놓지 말아야 한다. 돌아올 때에는 집 뒤편 숲속에 조성된 800m의 풋패스를 이용해 그녀의 무덤도 함께 돌아보자. 방문 전 소설과 영화를 미리 보고 가면 금상첨화.

Address Rungsted Strandvej 111, 2960 Rungsted Kyst
Tel 45 571 057
Open **5~9월** 11:00~20:00, **10~4월** 화~목 11:00~21:00, 금~일 11:00~17:00
Close 월요일, 10/25~26, 12/24~26, 12/31~1/2, 부활절 다음 월요일
Access 룽스테드 키스트 역에서 Rungstedvej 길을 따라 직진 후 다음 사거리에서 우회전해 오른쪽. 걷기 힘들다면 388번 버스를 이용해 박물관 앞에서 하차.
Cost 27세 이상 100DKK, 19~26세 · 학생 60DKK, 19세 미만 무료
Wifi 가능(비밀번호 있음)
Web www.blixen.dk

아르네 야콥슨의 건물들
Arne Jacobsen Structure

건축 · 디자인

아르네 야콥슨의 1930년대 실용주의 건축들은 대부분 클람펜보르의 바닷가 근처, 벨뷰Bellevue 비치에 위치해 있다. 해안가의 등대(1933), 벨라비스타 해안 리조트 건물(1933), 벨뷰 극장(1936, Strandvejen 451)이 대표적인 장소들이다. 이 중에서는 벨뷰 극장에만 입장할 수 있다. 이 외에도, 1951년 이후 나머지 인생을 보냈던 모더니즘의 정수, 작업실 겸 집(Strandvejen 413)도 있지만, 내부를 볼 수 없어 아쉽다. 모두 클람펜보르 역에서 도보로 5분이면 이동이 가능하다.

Access 클람펜보르 역에서 바닷가가 보이는 방향으로 나와 큰길 Strandvejen에서 왼쪽에 극장이 있다. 나머지 건물들은 모두 Strandveijen 길가에 있고, 등대는 해안 공원 끝자락에 있다.
Web 공식(디자인 위주) www.arne-jacobsen.com
벨뷰 극장 www.bellevueteatret.dk
현재 관리 회사(영어 자료) www.realdaniabyg.dk

핀 율의 집 Finn Juhl Hus

건축 · 디자인 미술관

1942년에 지어진, 덴마크 디자인을 대표하는 거장 핀 율이 평생을 살던 집이자 일터. 그의 작품 세계를 가장 깊이 느낄 수 있는 대표적인 장소이다. 외부와 인테리어 모두 율의 설계로 만들어졌으며, 집 안의 작은 디테일 하나하나에서 그의 손길이 그대로 느껴진다. 디자인 박물관(p.67)에 만족할 수 없다면 반드시 방문해 보자. 2008년 이후 오르드룹 지역 미술관의 컬렉션이 되어 일반에 공개되고 있다. 헬싱키의 알토의 집(p.417) 및 인근에 위치한 아르네 야콥슨의 집과 비교해서 보는 것도 좋은 방법. 팸플릿에는 집 안의 가구와 작품들이 하나하나 안내되어 있으니 반드시 읽으면서 돌아보자. 실내는 사진 촬영 금지.

또한, 오르드룹 지역 미술관은 지역 유지가 평생 수집한 프랑스 인상파 작품들과 자하 하디드의 2008년 연장 건물이 포함되어 있어 함께 둘러보면 더욱 알차다.

Address	Vilvordevej 110, 2920 Charlottenlund
Tel	39 641 183
Open	토 · 일 · 공휴일 11:00~17:00 **6~8월** 화~일 11:00~17:00(수 ~19:00)
Close	10~5월의 월~금요일, 6~8월의 월요일
Access	코펜하겐 중앙역에서 S-tog로 클람펜보르 역까지 간 다음, 388번 버스를 타고 Vivordevej 정류장에서 하차.
Cost	성인 130DKK, 18~25세 95DKK, 18세 미만 무료
Web	공식 www.finnjuhl.com 가구 관련 www.onecollection.com 오르드룹 지역 미술관 www.ordrupgaard.dk

꼭 가지고 들어가서 볼 것!

로스킬데
Roskilde

코펜하겐에서 서쪽으로 35km 떨어진 거리에 위치한 근교의 아담한 소도시. 9세기에 바이킹 세력이 확장되면서 덴마크의 수도이자 교역의 중심지로 발전했다. 12세기에 코펜하겐으로 천도한 이후, 수도 방위 기지 겸 모든 왕들의 묘지가 있는 역사상 중요한 소도시로 지금까지 자리 잡았다.
지금은 매년 7월 덴마크뿐만 아니라 북유럽을 뜨겁게 달구는 록 페스티벌이 진행되는 장소이자, 한가롭고 푸근한 근교의 전원도시이기도 하다. 이런 상반된 매력과 함께, 아기자기한 거리와 로스킬데 피요르드를 바라보고, 덴마크의 역사가 남긴 숱한 흔적을 따라가 보자.

여행하는 방법

유용한 홈페이지
로스킬데 관광 공식 안내 www.visitfjordlandet.dk(로스킬데 · 이세 피요르드 지역 종합 안내)

관광 안내소
무료 화장실(월~토 08:00~21:00) 이용 가능.
Address Stændertorvet 1(3 시청사, 시민회관 1층)
Tel 46 316 565
Open **4~9월** 월~금 10:00~17:00, 토 10:00~13:00,
10~3월 월~금 10:00~16:00, 토 10:00~13:00
Close 일요일, 12/24~1/1
Access 로스킬데 시내 중앙 광장 왼쪽. 대성당 가는 길목에 위치. 중앙역 내 매표소에도 지도 등의 관광 자료가 비치되어 있다.

경찰서
Address Skovbogade 3
Tel 46 351 448
Access 중앙역 앞에서 좌회전 후 Tinghussi 길로 접어든다.

슈퍼마켓
<u>푀텍스 Føtex</u> : 중앙역 오른쪽 옆 대형 매장. 우체국 포함.
<u>메니 Meny</u> : 시내 중심가 중앙 광장 건너편.
<u>365 디스카운트 365 Discount</u> : 시내 중심가 중앙에 광장에서 왼쪽으로 직진.

가는 방법

코펜하겐 중앙역에서 로스킬데 중앙역까지 기차로 약 35분 소요된다. 북서부 지역으로의 인터시티 기차 이용 시 중간에 잠깐 내려서 들르기에도 좋다.
로스킬데는 코펜하겐 교통권 중 8존에 해당된다(1회권 96DKK). 이동 시 시내 패스 라지(광역 교통권), 코펜하겐 카드 이용이 모두 가능하다.

로스킬데 시내, 이렇게 보자

역에서 내린 후 좌회전하여 Allehelgensgade를 지나거나, 우회전하여 Hestetorvet으로 접어든 후 시내 중심가로 들어서자. 보행자 거리의 쇼핑가와 함께 아기자기한 옛 분위기와 조용한 공원을 만날 수 있다. 대성당을 관람한 후 공원길로 들어서면 덴마크의 숲 속에서 여유로움을 찾을 수 있으며, 돌아올 때 바이킹 배 박물관 오른쪽의 Frederiksborgvej 길로 접어들면 한가로운 주택가가 이어져 현지 사람들의 삶을 느끼기에도 좋다.
로스킬데는 코펜하겐에서 충분히 반나절 일정 혹은 당일치기가 가능한 소도시로, 이동까지 합해 최소한 반나절 이상을 투자하는 것을 추천한다. 대성당과 바이킹 배 박물관 모두 관람 시 최소 1~2시간은 소요되는 점도 감안해서 움직이자. 시내 관광지들이 대부분 문을 닫는 월요일에 일정을 잡는 것을 추천.

로스킬데에서 놓치지 말자
1 그 옛날 바이킹들의 배에서 보는 화려했던 옛 시절.
2 덴마크 왕들의 마지막 안식처, 대성당 안에서 돌아보는 왕실의 어제와 오늘.

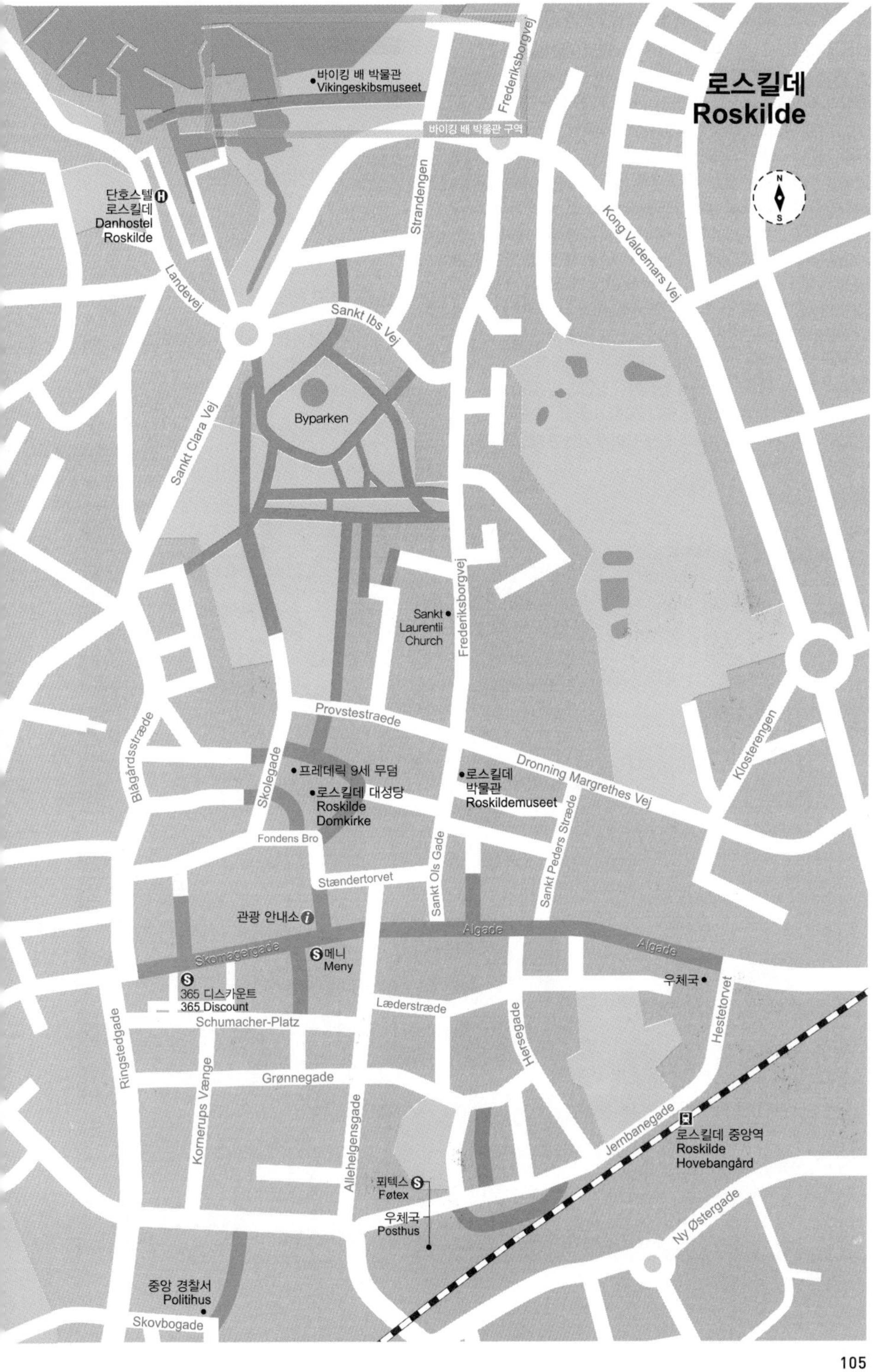
로스킬데
Roskilde
N
S
바이킹 배 박물관
Vikingeskibsmuseet
바이킹 배 박물관 구역
Frederiksborgvej
단호스텔
로스킬데
Danhostel
Roskilde
Strandengen
Kong Valdemars Vej
Landevej
Sankt Ibs Vej
Byparken
Sankt Clara Vej
Sankt
Laurentii
Church
Frederiksborgvej
Provstestraede
Dronning Margrethes Vej
Klosterengen
Blågårdsstræde
Skolegade
프레데릭 9세 무덤
로스킬데 대성당
Roskilde
Domkirke
로스킬데
박물관
Roskildemuseet
Sankt Peders Stræde
Fondens Bro
Sankt Ols Gade
Stændertorvet
관광 안내소
Algade
Algade
Skomagergade
메니
Meny
우체국
365 디스카운트
365 Discount
Hestetorvet
Lærderstræde
Schumacher-Platz
Ringstedgade
Hersegade
Grønnegade
Komerups Vænge
Allehelgensgade
Jernbanegade
로스킬데 중앙역
Roskilde
Hovebangård
퇴텍스
Føtex
우체국
Posthus
Ny Østergade
중앙 경찰서
Politihus
Skovbogade

바이킹 배 박물관 Vikingeskibsmuseet

로컬명소 박물관

최강의 조선술로 명성을 날렸던 바이킹 시대의 한 단면을 볼 수 있는 대형 박물관. 실내 전시관에서는 1962년 로스킬데 피요르드의 진흙 속에서 출토된, 수도 방위를 위해 물막이로 이용되었던 5척의 배를 복원해 전시하고 있다. 야외 전시관에서는 바이킹 시대 당시의 방법으로 배를 만드는 모습을 볼 수 있으며, 5~9월에는 재현된 배로 로스킬데 피요르드를 항해하며 바이킹이 된 기분을 느낄 수도 있다(추가 요금 160DKK). 대규모의 배를 만들었던 뛰어난 조선 기술과 치열했던 바이킹 간의 전투 역사를 박물관 안에서 짐작할 수 있다. 지역 박물관 중 유일하게 월요일과 공휴일에 운영하는 것도 큰 장점이다. 5~9월에는 매일 12:00, 15:30(2월 방학 중 15:00, 이외 기간에는 11:00)에 실내 전시관에서, 13:00에 야외의 배 제작 현장에서 장인과 함께하는 30분간의 무료 영어 가이드 투어가 있다. 또한 6월 말~8월 말에는 바이킹의 생활상에 대해 가족과 함께 참여가 가능한 패밀리 가이드 투어도 진행된다.

Address Vindeboder 12
Tel 46 300 253
Open **방학 기간 · 5/1~10/20** 10:00~ 17:00, **그 외 기간** 10:00~16:00
Close 12/24~25, 12/31
Access 로스킬데 역에서 중심가로 접어들어 대성당과 공원을 지나 끝까지 직진한 후 유스호스텔 오른쪽으로 진입.
Cost **5/1~10/20** 성인 160DKK, 학생 105DKK, 18세 미만 무료
그 외 기간 성인 125DKK, 학생 80DKK, 18세 미만 무료
Web www.vikingeskibsmuseet.dk

로스킬데 대성당 Roskilde Domkirke

관광명소 로컬명소 유네스코

1987년 유네스코 세계문화유산으로 지정된 일명 '덴마크의 웨스트민스터 사원'. 덴마크를 기독교로 개종시켰던 '푸른 이빨의 하랄' 왕에 의해 목조 성당으로 세워진 후, 1170년 이후부터는 프랑스 고딕 양식이 반영된 대성당으로 발전을 거듭했다. 내부에는 14~15세기에 만들어진, 화려하고 아름답게 장식된 강대상과 제대, 오르간이 시선을 사로잡는다. 또한 성당 가장자리와 바깥에는 역대 덴마크 왕들의 무덤이 자리 잡고 있으며, 이들의 변천 과정을 통해 덴마크 왕실의 과거와 현재를 확인할 수 있다. 영화 〈로얄 어페어〉의 실제 인물, 크리스티안 7세와 프레데릭 6세의 묘지 역시 이곳에 있다. 입장 시 제공하는 안내 책자와 함께 성당의 역사를 알려 주는 2층의 작은 박물관을 먼저 관람한 후 1층의 묘지들을 돌아보자. 단, 성당 안에는 화장실이 없다! 볼일은 다른 곳에서 미리 해결하고 들어올 것.

Address	Konventgården, Domkirkestræde 10
Tel	46 351 624
Open	**5·9월** 월~토 10:00~17:00, 일·공휴일 13:00~16:00, **6~8월** 월~토 10:00~18:00, 일·공휴일 13:00~16:00, **10~4월** 월~토 10:00~16:00, 일·공휴일 13:00~16:00
Close	12/24, 그 외 부정기적
Access	로스킬데 역에서 중심가 보행자 도로로 접어든 후 관광 안내소 왼쪽 옆의 큰 성당.
Cost	성인 70DKK, 학생 50DKK, 18세 미만 무료 (안내 책자 포함)
Web	www.roskildedomkirke.dk

오덴세
Odense

북구 신화의 최고 신 오딘Odin의 이름을 따서 만들어진 고도. 현재 핀 섬의 중심지이자 덴마크 제3의 도시이다. 도시 전체에는 고즈넉하면서도 한가로운 옛 분위기가 지금까지 살아 숨 쉬고 있다. 특히 오덴세는 안데르센이 태어나 어린 시절을 보냈던 고향으로, 안데르센 동화를 기억하는 여행자라면 필수로 방문하는 코스로 자리 잡았다. 항상 어린이의 마음으로 동화를 썼던 안데르센의 흔적을 찾아가 보자.

여행하는 방법

유용한 홈페이지
오덴세 관광 공식 안내 www.visitodense.com
오덴세 박물관 안내 www.museum.odense.dk

관광 안내소
여름에는 주요 관광지에 간이 부스와 안내 인원이 추가된다.

Address Østre Stationsvej 15
Open 월~목 10:00~15:30, 금 10:00~13:30
Close 토 · 일요일
Access 오덴세 중앙역 옆 시민 서비스센터(Odense Kommune Borgerservice) 구내

유용한 정보지
익스피리언스 오덴세 Experience Odense
시내 안내 책자. 그 외에 안데르센의 발자취를 따라갈 수 있는 In H. C. Andersen's Footsteps, 동화별 동상 지도가 유용.

환전소
Forex
코펜하겐과 마찬가지로 Forex가 가장 편리하다.

Open 월~금 09:30~17:30
Close 토 · 일요일
Access 오덴세 중앙역 구내.

우체국
중앙 우체국
이외에 시내 중심가의 우편 취급소 Postbutik도 유용하다.

Address Kobmagergade 33
Open 월~금 10:00~17:30, 토 10:00~13:00
Close 일요일

경찰서
푸넨 지방 중앙 경찰서
Address Hans Mules Gade 1-3
Tel 66 141 448

슈퍼마켓
리들 Lidl : 시청사 가기 전 Slotsgade 길 끝 쪽.
네토 Netto : 중앙역 건너편에서 좌회전.
푀텍스 Føtex : 시청사 뒤편, 트램 도로 앞.

당일 짐 보관
중앙역 내 코인 로커에 짐 보관 가능.

가는 방법

덴마크 전역에서 기차로 쉽게 오갈 수 있다. 코펜하겐 중앙역에서 오덴세 중앙역까지 오르후스행 인터시티 륀, 일반 인터시티 기차로 약 1시간 30분이 소요된다. 레고랜드나 옐링과 묶어서 당일 이동 시, 오덴세–바일레 구간의 2등석은 철도 패스 소지 시 미리 예약하는 것을 권장한다. 1등석 패스 소지 시 역내의 DSB 1등석 라운지 이용이 가능하다(월~금 07:00~17:00).

시내 교통
시내 중심가와 주요 관광지는 도보 이동이 충분히 가능하며, 걷기 힘들 때는 흰색 트램 Letbane이 편리하다. 또한 멀리 떨어진 곳은 시내 버스를 이용한다. 티켓은 Fynbus 홈페이지나 애플리케이션, 중앙역 앞 트램 정류장 내 자판기, 시내 슈퍼마켓, 버스 기사에게 현금으로 직접 구입 가능. 1일권은 여름 시즌과 공휴일 기간에만 판매한다.

Cost **버스 · 트램** 1존 24DKK(어린이 50% 할인), 1일권 투어리스트 티켓 50DKK
Web **핀 지역 버스 및 교통권** www.fynbus.dk
트램 www.odeseletbane.dk

오덴세 시내, 이렇게 보자

오덴세는 첫째도, 둘째도 안데르센! 우리의 어린 시절에 함께했던 동화의 기억을 하나둘씩 되살려 보면서 천천히 거리를 걸어 보자. 단, 비수기 기간에는 월요일을 피할 것.

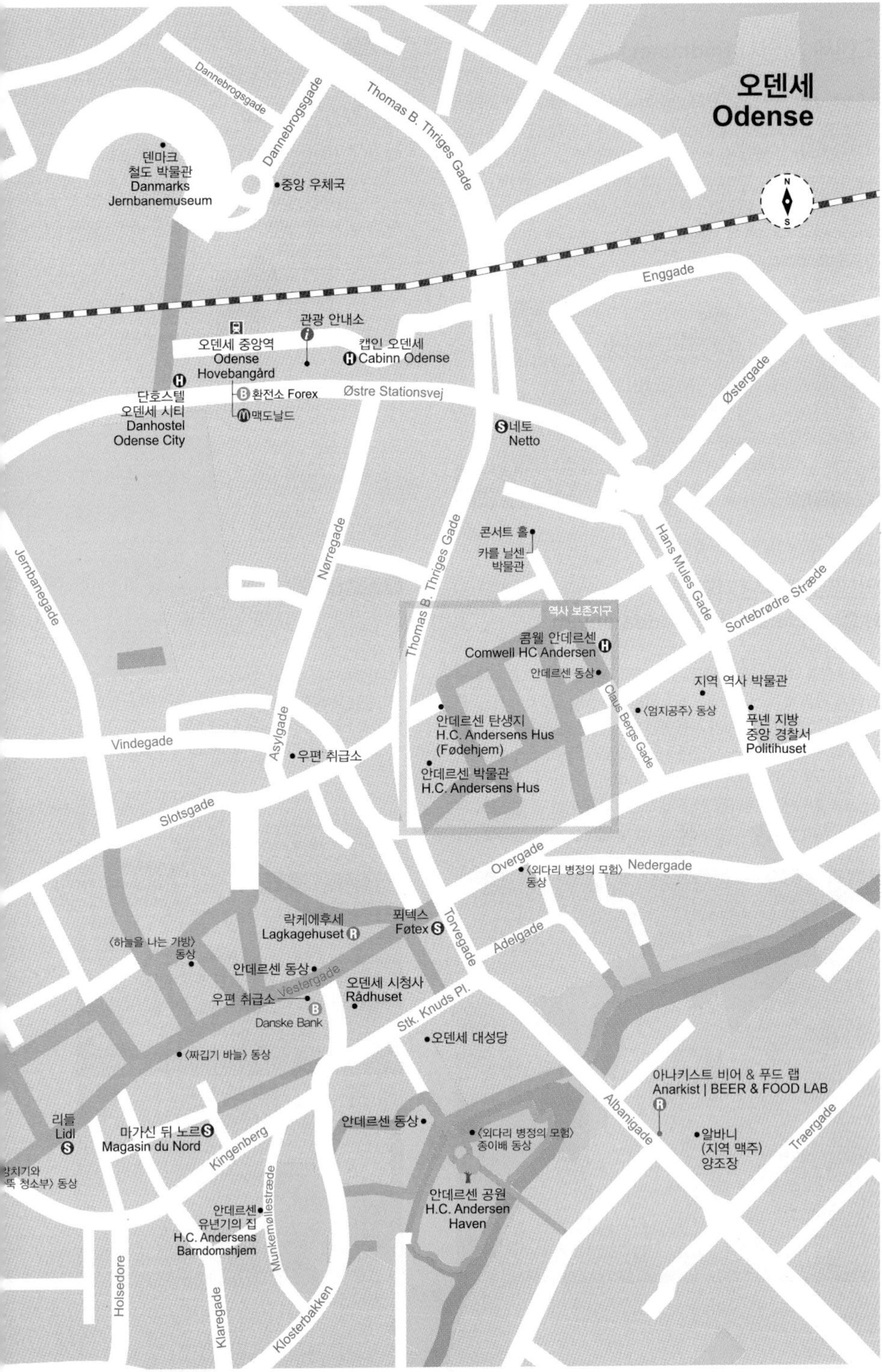

오덴세
Odense
Dannebrogsgade
Dannebrogsgade
Thomas B. Thriges Gade
덴마크 철도 박물관 Danmarks Jernbanemuseum
중앙 우체국
Enggade
관광 안내소
오덴세 중앙역 Odense Hovebangård
캡인 오덴세 Cabinn Odense
단호스텔 오덴세 시티 Danhostel Odense City
환전소 Forex
맥도날드
Østre Stationsvej
Østergade
네토 Netto
콘서트 홀
카를 닐센 박물관
Jernbanegade
Nørregade
Thomas B. Thriges Gade
Hans Mules Gade
Sortebrødre Stræde
역사 보존지구
콤웰 안데르센 Comwell HC Andersen
안데르센 동상
지역 역사 박물관
〈엄지공주〉 동상
Claus Bergs Gade
푸넨 지방 중앙 경찰서 Politihuset
안데르센 탄생지 H.C. Andersens Hus (Fødehjem)
안데르센 박물관 H.C. Andersens Hus
Vindegade
Asylgade
우편 취급소
Slotsgade
Overgade
〈외다리 병정의 모험〉 동상
Nedergade
락케에후세 Lagkagehuset
푀텍스 Føtex
Torvegade
Adelgade
〈하늘을 나는 가방〉 동상
안데르센 동상
Vestergade
오덴세 시청사 Rådhuset
우편 취급소
Danske Bank
Stk. Knuds Pl.
오덴세 대성당
〈짜깁기 바늘〉 동상
아나키스트 비어 & 푸드 랩 Anarkist | BEER & FOOD LAB
리들 Lidl
마가신 뒤 노르 Magasin du Nord
안데르센 동상
〈외다리 병정의 모험〉 종이배 동상
Albanigade
알바니 (지역 맥주) 양조장
Traergade
Kingenberg
치기와 뚝 청소부〉 동상
안데르센 유년기의 집 H.C. Andersens Barndomshjem
Munkemøllestræde
안데르센 공원 H.C. Andersen Haven
Holsedore
Klaregade
Klosterbakken

오덴세 시청사 Rådhuset

로컬명소

1883년 이탈리안 고딕 양식으로 지어졌으며, 1955년에 지금의 모습으로 증축되었다. 옆에는 큰 광장이, 뒤편에는 관광 안내소가 있어 관광 시 출발 장소나 만남의 장소로 좋다. 시청사는 연중 개방하지만 가이드 투어는 여름 시즌에만 진행된다. 홀마다 붙어 있는 대형 그림과 오덴세의 역사 자료가 붙어 있는 메모리얼 월 Memorial Wall, 왕실에서 사용하는 방 퀸스 룸Queen's Room을 1시간 동안의 투어로 관람할 수 있다.

Address Flakhaven, 5000 Odense C
Tel 66 131 372
Open **시청사 개방 1/24~12월** 월~목 08:00~15:00, 금 08:00~12:00
가이드 투어 화 · 목 13:00
Access 중앙역 왼쪽에서 큰길을 따라 쭉 내려가 주차장에서 우회전.
Cost **시청사 입장** 무료
가이드 투어 성인 25DKK, 13세 이하 10DKK

안데르센 유년기의 집 H.C. Andersens Barndomshjem

관광명소 어린이 동반

안데르센이 태어난 후 2세부터 14세까지 거주했던 집으로, 1930년 원형에 가깝게 복원되었다. 그가 사용했던 작은 침대와 가구, 구두 수선공이었던 아버지가 사용하던 연장 등이 그 당시 삶의 모습을 말해 준다. 가난하게 살았던 시절을 말해 주듯이 집 안은 허름하고 공간은 아주 작지만, 안데르센이 아버지의 이야기를 들으면서 꿈을 키웠던 곳이라는 점을 생각하면서 구경하자. 집 옆이 큰 건물로 막혀 있어 다락방에서 밖을 볼 수 없다는 것이 아쉽다.

Address Munkemøllestræde 3
Open **9~6월** 11:00~16:00, **7 · 8월** 10:00~17:00
Close 9~6월의 월요일, 12/24~26, 12/31~1/1, 부활절
Access 시청사 오른쪽으로 내려가 다음 보이는 작은 길에서 좌회전.
Cost 안데르센 박물관 입장 당일에 한해 티켓에 포함.
Web www.museum.odense.dk

안데르센 박물관 H.C. Andersens Hus

박물관 어린이 동반

안데르센의 삶과 동화 세계를 조명하는 종합 박물관. 기존의 건물과 부지가 켄고 쿠마의 설계를 바탕으로 2021년 리모델링이 완료되며 완전히 달라졌다. 입장 시 헤드폰을 착용하고, 스피커 표시가 붙은 지점에서 전시에 대한 설명을 꼼꼼히 들어 보자. 입체적으로 전시된 안데르센의 생애와 가이드 속 이야기는 감동을 더해주고, 12명의 예술가가 재현한 동화 속 이야기와 체험 코너는 모두가 재미있게 즐기기에 좋다. 마지막 순서에는 안데르센이 태어났던 옛 방이 연결되어 있으며, 기존 박물관의 일부 공간은 기념관으로 남아 이곳의 역사를 말해 주고 있다. 또한 기존 '부싯돌 상자'를 통합한 동화 체험 공간 빌레 바우Ville Vau는 어린이 동반 시 최고의 장소이며, 주변의 덴마크 식물 정원 역시 휴식 장소로 좋다.

여름 성수기와 8월 말 안데르센 축제 기간에는 많은 인원으로 붐비니 입장 시간을 미리 예약하는 것을 권한다. 입장권 구입 시 유년기의 집 입장이 당일에 한해 가능.

Address	H.C. Andersen Haven 1
Tel	65 514 601
Open	**1월~3/24 · 11~12월** 화~일 10:00~16:00, **3/25~6월 · 9~10월** 10:00~17:00, **7 · 8월** 09:00~18:00
Close	1월~3/24 · 11~12월의 월요일, 12/24~25, 12/31~1/1
Access	중앙역 오른쪽에서 보이는 큰길을 따라 내려가 왼쪽에 있다.
Cost	성인 165DKK, 18세 미만 무료(유년기의 집 포함) ※ 안데르센 박물관 티켓 소지 시, 시내의 지역 역사 박물관(p.112), 카를 닐센 박물관, 야외 민속 박물관 입장료가 50% 할인된다. 티켓 구입 후 8일 이내에 유효.
Web	hcandersenshus.dk

Snakk

앗! 신호등에도 안데르센?

안데르센 박물관 근처의 신호등을 잘 보세요. 빨간불일 때는 안 보이지만, 파란불로 바뀌면 옆의 사진에서처럼 안데르센이 나타난답니다. 동네가 동네인 만큼 신호등에서도 안데르센이 등장하는 센스를 발휘하고 있어요. 안데르센 박물관에서 나올 때 반드시 확인해 보세요!

안데르센 공원 H.C. Andersen Haven

로컬명소

오덴세 시민들이 여유를 즐기는 작은 공원. 여름에는 햇빛을 즐기며 잠시 여유를 찾는 사람들로 가득하다. 피곤한 다리를 잠시 쉬게 한 뒤, 안데르센의 태양 표시를 찾아가 보자. 건너편에는 1888년에 건립된 안데르센 동상과 안데르센이 견진성사를 받았던 성 크누드 대성당이 있다. 또한, 호수 위에는 〈외다리 병정의 모험〉에 등장한 종이배 모양의 조형물도 있다.

Access 유년기의 집에서 왼쪽으로 올라가 교회 뒤편에 있는 작은 섬으로 간다.

지역 역사 박물관 Møntergarden

로컬명소 박물관 어린이 동반

핀 섬과 오덴세의 역사와 산업, 생활을 압축해서 보여 주는 지역 민속 박물관. 선사 시대의 유골부터 중세, 현재까지 이어진 지역의 모습이 3층 규모의 현대 건물에 재현되어 있다. 또한 메인 박물관 건너편의 16~18세기에 지어진 옛 건물들은 박물관의 한 부분이자, 어린이 눈높이의 19세기 생활 체험장으로 운영 중이다. 안데르센 박물관 관람 후, 도시의 옛 모습을 알고 싶다면 함께 방문해 보자. 바닥이 두꺼운 신발을 신을 것.

Address Møntestræde 1
Tel 65 514 601
Open **9~6월** 화~일 10:00~16:00, **7 · 8월** 10:00~17:00
Close 9~6월의 월요일, 12/25, 12/31~1/1
Cost 성인 100DKK, 18세 미만 무료, 안데르센 박물관 입장권 소지 시 50% 할인
Access 중앙 경찰서 건너편 옆 골목 내 빨강+노란색 건물
Web www.montergarden.dk

아나키스트 비어 & 푸드 랩
Anarkist I BEER & FOOD LAB

로컬명소 | 바

지역 대표 맥주 회사 알바니Albani에서 운영하는 직영 바. 알바니의 전통 맥주를 비롯해 아나키스트 레이블과 기타 지역 양조장의 맥주, 기간별로 달라지는 음식을 함께 맛볼 수 있다. 4종류의 샘플러로 원하는 맥주를 선택해 즐기고, 병과 캔은 기념품으로 구입해 보자. 성인 여행자에게 최고의 장소로, 관광지 영업 종료 후 들러서 한잔하기에 좋다. 한국식 안주에는 쌉쌀하면서 상쾌한 Crisp'n Cool을 추천. 코펜하겐 티볼리 공원 바깥에 분점이 있다.

Address Albanigade 20, 5000 Odense
Tel 29 230 616
Open 수 15:00~23:00, 목 12:00~23:00, 금 · 토 12:00~24:00
Close 일~화요일, 일부 공휴일
Cost 맥주 잔당 45DKK~, 4종 샘플러 125DKK, 안주류 25DKK~, 식사류 100DKK~
Access 안데르센 공원을 나와 강변으로 나온 후 다리를 건너 왼쪽 알바니 본사 건물 옆.
Wifi 가능(비밀번호 있음)
Web www.anarkistbrewery.dk

덴마크 철도 박물관
Danmarks Jernbanemuseum

관광명소 | 로컬명소 | 어린이 동반

덴마크의 철도 역사와 실물을 시대별로 볼 수 있는 박물관. 19세기 이후 철도 개설과 현재까지의 역사 및 다양한 기차 모형이 인형과 함께 재현되어 있어 재미를 더한다. 특히 테마별로 열리는 흥미로운 전시는 성인들의 추억을 자극하고, 어린이들을 위한 기차 콘셉트 놀이 장소는 미취학 어린이들에게 인기 만점이다. 안데르센 테마 외의 가족 관광지로 최적이며, 특히 월요일 일정이나 시내 관광 시간이 짧을 경우 돌아보기에 편하다. 유레일 패스 소지 시 입장료 20% 할인 가능.

Address Dannebrogsgade 24, 5000 Odense
Tel 66 136 630
Open 목~일 09:00~16:00, 월~수 10:00~16:00
Close 일부 공휴일
Cost 성인 120DKK, 학생 · 65세 이상 105DKK, 18세 미만 무료
Access 오덴세 중앙역 뒤편
Wifi 가능
Web www.jernbanemuseet.dk

오덴세의 숙소 Odense Accommodations

외곽 지역까지 더해 여유 있게 시내를 둘러보고 싶거나, 타 지역으로의 연결 여행 시에 주로 1박을 하게 된다. 중앙역에서 이동하기 편한 곳으로 선택할 것.

※ 요금은 호스텔의 경우 도미토리, 호텔은 스탠더드 2인실 기준.

단호스텔 오덴세 시티 Danhostel Odense City

140명이 묵을 수 있는 최신 시설의 호스텔로 호텔을 개조하여 만들었다. 중앙역을 나와 오른쪽 옆에 위치. 하루 정도 여유 있게 여행할 때 편리하다. 직원이 없는 시간에는 자동 체크인 기계를 이용하자. 매년 3~12월 중순에 운영.

Address Østre Stationsvej 31
Tel 63 110 425
Cost 250DKK~(조식, 시트 별도)
Web www.danhostel.dk

캡인 오덴세 Cabinn Odense

꼭 필요한 시설만 갖춘 저가 호텔 체인. 중앙역, 안데르센 관련 스폿과 가깝고, 4인까지 이용할 수 있는 패밀리 룸도 갖추고 있어 가족 여행객에도 좋다.

Address Østre Stationsvej 7-9
Tel 63 145 700
Cost 700DKK~
Web www.cabinn.com

콤웰 안데르센 Comwell H.C. Andersen

오덴세 시내 최고의 호텔로 안데르센 박물관과 콘서트 홀 옆에 위치해 있다. 나지막한 건물은 인근의 역사 보존지구 및 안데르센 박물관과도 조화를 이룬다. 정성 어린 서비스와 레스토랑 역시 최고 수준. 건물 한 켠에는 안데르센이 앉아 있는 동상이 있다.

Address Claus Bergsgade 7
Tel 66 147 800
Cost 1,200DKK~
Web www.comwell.com

레고랜드
Legoland

덴마크를 대표하는 국내 최대의 테마 파크. 2020년, 7번째로 춘천에 문을 열었지만, 이곳은 1968년에 세워진 '원조'다. 스릴 있는 놀이기구보다 아기자기한 볼거리를 더 좋아한다면, 키덜트족을 비롯한 레고 마니아, 어린이를 동반한 가족 여행자라면 여기만 한 곳은 없다.
레고는 '잘 놀다'라는 뜻의 'Leg Godt'의 약자로, 1958년에 출시된 이래 반세기의 역사를 이어 오며 '세기의 발명품'으로 자리 잡으면서, 전 세계인들을 사로잡았다. 갓 돌이 지난 아기부터 마니아 어른들까지, 무한한 조합으로 전 세대를 아우르는 매력은 오늘도 많은 사람을 레고의 세계로 빠져들게 한다.
특히 레고랜드 곳곳에 만들어진 레고 모형을 보고 있노라면 〈레고무비〉 못지않게 '레고의 세계에 불가능은 없다!'는 사실을 확실히 실감할 것이다.

여행하는 방법

유용한 홈페이지

레고사 공식 홈페이지 www.lego.com
레고랜드 공식 홈페이지 www.legoland.dk
레고랜드 홀리데이(호텔, 캐빈 및 숙박 시설 패키지) www.legolandholidays.dk
레고 하우스 www.legohouse.com
빌룬트 국제공항 www.bll.dk

기본 정보

Address Nordmarksvej 9
Open **레고랜드** 4월 초~10월 말, 11/24~12/31, **레고 하우스** 연중 가능 ※ 시간은 10:00~18:00 혹은 21:00까지 기간별로 다르므로 사전에 확인 필수.
Close 11월, 1월~3월 말, 그 외 부정기적(레고 하우스 제외)
Cost **1일권** 329DKK(홈페이지에서만 구입 가능), 현장 구입 시 499DKK

유용한 정보지

기본적으로 안내소나 매표소에서 나눠 주는 안내 지도를 잘 활용하면 헤매지 않고 즐길 수 있다.

당일 짐 보관

입구의 짐 보관 로커 이용이 가능하지만 28인치 이상은 불가(대 75DKK, 소 60DKK). 공항에 도착 후 왕복으로 움직이거나, 일정 후 항공 이동 시 이용하면 유용하다. 타 지역 일정 시에는 바일레 기차역 내 코인 로커 이용 가능.

가는 방법

기차로 이동 시 코펜하겐 공항이나 중앙역에서 오르후스, 프레데릭스하운행 기차로 바일레까지 이동 후, 역 옆의 버스 터미널에서 빌룬트 공항행 43, 143번 버스를 이용해 정문 옆에서 하차. 총 3시간 30분 소요된다. 철도 패스 이용 시, 어린이 동반 시 추천.
버스로 이동 시 코펜하겐 중앙역 뒤편 정류장에서 플릭스부스, 콤바르도 엑스프레센 사의 직행 버스를 이용하며, 약 3시간 20분 소요된다. 1일 2회 운행하고 날마다 시간과 요금이 다른 점 주의.
항공 이용 시 빌룬트 공항 앞에서 역시 43번, 143번 버스로 움직이며 약 10분 소요된다. 특히 한국에서 유럽계 항공사의 경유 편으로 직접 진입하거나 타 유럽 국가에서 저가 항공으로 이동 시 유용하다.
Cost 43번, 143번 버스(바일레-빌룬트 기준) 65DKK(당일 기차표, 당일 날짜가 체크된 철도 패스가 있으면 10DKK 할인 가능, 학생 할인 불가)

레고랜드, 이렇게 보자

매표소를 지나 입구로 들어오면, 양쪽에는 크고 작은 숍, 정면에는 안데르센이 책 읽어 주는 모습을 재현한 레고 모형을 만날 수 있다. 먼저 꼬마 기차로 미니 랜드 전체를 한 바퀴 돌고 나서, 운영 시간이 짧은 뒤편의 놀이기구와 체험 공간부터 시작하자. 저녁에 놀이기구 운영이 종료된 후 마지막으로 미니 랜드를 도보로 천천히 돌아보는 것이 좋다.

레고랜드에 가기 전 알아 두세요!

1 바일레 역-레고랜드 간 버스는 쉬드트라픽 홈페이지나 애플리케이션에서 시간표를 미리 확인하자. 한국에서 접속 가능.
2 레고랜드와 레고하우스를 하루에 묶기에는 시간이 부족할 수 있다. 어린이 동반 시에는 빌룬트나 바일레 시내에 숙박을 잡고 하루씩 진행하는 것을 권한다.
3 대량의 사진, 동영상 촬영을 대비해 메모리와 배터리를 넉넉히 준비하자.
4 기념품은 시내나 춘천 숍에 없는, 레고랜드 원조만의 아이템 위주로 구입하는 것을 추천.
5 물과 간식을 충분히 준비해 가자.

놀이기구

20가지 이상의 놀이기구와 다양한 체험 공간은 이곳을 찾는 어린이들을 열광시킨다. 극지방과 해적선, 미국 서부 모험 시대를 재현한 '레고레도' 등의 각종 테마 장소, 4D 영화관 등은 각자의 재미가 쏠쏠하다. 물총 등의 일부 물 맞는 놀이기구들을 재미있게 즐기려면 가벼운 일회용 비옷을 준비해 오는 센스! 놀이기구 사이사이에 자리 잡은, 레고로 만들어진 인형들과 온갖 소품들은 눈길을 뗄 수 없는 포토 포인트다. 매년 다른 테마로 집과 성들을 조립해 일시적으로 전시하기도 한다. 전체 놀이기구들 중 키 150cm 미만의 어린이들만 탑승 가능한 것들이 많으니 타기 전에 확인할 것.

듀플로 랜드

7살 미만의 어린이를 동반한 가족이라면 좋아할 '듀플로 랜드'를 놓치지 말자. 듀플로 블록을 15배 확대한 크기와 어린이 키 높이의 각종 놀이기구들은 유아부터 큰 아이들까지 모두를 제대로 빠져들게 한다. 아이들을 전 세계 어린이들과 자연스럽게 함께 놀 수 있도록 유도해 주면 금상첨화.

미니 랜드

레고랜드의 하이라이트는 1억 개 이상의 블록을 사용해 만들어진 미니 랜드! 1968년부터 만들어진 이래 레고랜드가 덴마크 대표 명소가 된 이유는 바로 이곳에 있다. 코펜하겐의 유명 관광지 뉘하운과 아말리엔보리 궁전을 비롯한 여러 명소, 덴마크의 아름다운 소도시들, 그 밖의 전 세계의 명소들과 스타워즈 시리즈를 속속들이 총망라했다. 모두의 눈길과 발길을 사로잡는 레고 모형들은 최고의 포토 포인트. 여기서 레고랜드의 마지막을 화려하게 보내자. 리베 같은 덴마크 소도시들로의 여행을 생각한다면 레고로 예습(?)한다 생각하고 돌아보는 것도 재미있다. 뉘하운 지구, 베르겐 시내를 이미 봤다면 나름의 복습(?)도 가능하다.

레고랜드 호텔 Legoland Hotel

레고의 세계 속에서 특별하게 하루를 보내고 싶다면, 가격은 비싸지만 최고의 장소다. 해적선, 공주와 기사, 왕궁 등의 테마를 가지고 레고로 만들어진 방을 선택해 예약할 수 있다. 특히 어린이를 동반한 가족이나, 레고를 사랑하는 마니아라면 놓치지 말자.

Address Aastvej 10
Tel 45 7951 1350
Cost 일반 1,500DKK~, 테마방(4인) 2,800DKK~
Web www.legoland.dk

레고 하우스 Lego House

2017년 9월 빌룬트 중심가에 새롭게 문을 연 실내 체험 센터. 레고 조각을 형상화해 만든 독특한 건물 외관부터 남다르다. 실내 체험 공간은 크게 4곳으로 나뉘어져 있으며 각 장소마다 다른 체험이 가능하다. 또한 지하의 레고 역사 박물관에서는 레고 사의 전통을 시대별로 엿볼 수 있다. 날씨나 기간에 상관없이 레고 자체를 하루 종일 즐기고 싶다면, 건축에 관심이 많다면 추천한다. 독특한 주문 방법이 재미있는 구내식당과, 이곳만의 한정 아이템을 판매하는 대형 숍 역시 필수 코스.

Address Ole Kirks Vej 1
Open **1층 레고 스퀘어** 09:30~,
2층 체험 존 10:00~(기간별로 다름)
Close **하우스 전체** 1월, 12/18~26, 12/31~1/1(기간별로 다름)
체험 존 9월 1~3주, 11~1월 화~목요일, 12/24~26, 12/31~1/1
Access 레고랜드 앞이나 빌룬트 공항에서 43, 143번 버스로 Billund Senteret 정류장에서 하차 후 도보 이동. 레고랜드에서 도보 이용 시 15분 소요.
Cost **체험 존** 3세 이상 299DKK
통합권(레고랜드 1일+하우스 1일) 529DKK
※ 홈페이지 구입 시 269DKK, 오후 3시 이후 방문 시 20% 할인
Web www.legohouse.com

Tina's Plus

함께 가자! 라란디아 Lalandia

레고랜드 건너편에는 북유럽 최대 규모의 어린이용 스포츠 센터, 라란디아가 있다. 대규모 워터파크 아쿠아돔Aquadome, 볼링 · 인공 암벽 · 인공 스키 슬로프 같은 스포츠 관련 시설을 비롯해 가족 여행자를 위한 캐빈 등의 시설이 충실하다. '레고랜드 홀리데이' 프로그램을 이용해 묶어서 예약 가능하다. 좀 더 활동적인 관광지를 원하는 가족 여행자, 레고랜드가 운영하지 않는 11~3월 여행 시 추천.

Web www.lalandia.dk

애증의
편의점

한국과 일본의 편의점 문화에 익숙하다면, 유럽에서는 저녁에 일찍 닫는 가게들 때문에 그런 재미를 느끼기 쉽지 않다. 유럽에서 편의점 쇼핑의 재미를 느끼려면 북유럽 국가들의 편의점으로 가라!

다양한 군것질거리, 복권과 시내 교통권 및 우표 판매는 기본 중 기본이다. 시내 중심가에서는 관광 기념품과 다양한 서적류까지 갖춘 대형 편의점도 운영한다. 또한, 체인마다 다양한 아침 메뉴, 커피와 시나몬 롤, 핫도그, 샌드위치 등의 세트 메뉴를 경쟁적으로 내놓아 물가 비싼 북유럽에서의 주머니 부담을 조금이나마 줄여 주고 있다. 심지어 스웨덴의 대표 편의점인 프레스뷔론Pressbyrån의 일부 매장에서는 기차표, 장거리 버스표까지 구입 가능하고 무선 인터넷도 무료이다. 스웨덴 국왕이 사는 드로트닝홀름 궁전 앞에도 매장 떡 하니 있고, 공항마다 필수로 위치하니 그 위력이 대단하지 않은가.

매일 아침, 출근하는 사람들의 손에는 편의점 체인의 커피가 들려 있고, 중앙역의 편의점에는 핫도그와 커피를 사기 위해 많은 사람이 줄 서 있다. 필자도 예외는 아니었다. 시내 교통권을 죄다 편의점에서 구입하는 건 기본이다. 공항 편의점에서 요구르트를 사서 비행기 안에서 먹고, 잠시 동행하는 사람들과 음료수 세트를 사서 나눠 마시기도 했다. 특히 노르웨이에서는 '국민 편의점' 나르베센Narvesen의 핫도그를 참 많이 먹었던 기억이 생생하다. 핫도그 가격은 25NOK였는데, 한국 돈으로는 5,000원 정도이지만 그나마 싸게 먹을 수 있다는 게 어디냐 했다. 심지어 그때 잠깐 동행했던 런더너 친구도 '영국보다 비싸다'고 손 떨며 핫도그를 먹기도 했다. 당시만 해도 훨씬 더 큰 소시지 위에 새우나 감자 샐러드까지 공짜로 얹어 줬는데, 요즘은 그것마저도 유료가 되어 버리고 가격도 오른 게 아쉬울 뿐이다.

하지만 편의점이라고 24시간 영업하는 것은 절대 아니다.
물론 시내 중심가의 일부 매장은 늦게까지 영업하지만,
대부분 밤 11시 이전에 문을 닫는다.
그래서 밤에 급히 교통권을 사야 하거나, 출출할 때
나가서 사 먹기에는 불편한 게 사실이다. 물론 기본적인
물건값도 시내 마트보다 2배까지 비싸다. 그나마 세트로 구입하면
조금 덜 비싼데, 필요 없는 것까지 같이 껴서 사야 하나
생각하며 망설이다가 빈손으로 나오는 경우도 비일비재하다.

저렴한 먹을거리와 다양한 세트 메뉴, 교통권 구입 등의
편의를 고려한다면 '애', 슈퍼보다 더 비싼 물가에 치를 떨고,
급하게 필요한데 문 닫은 걸 보면 '증'이 되는 편의점.
그래도 내게는 소중한 북유럽에서의 추억이다.
나르베센처럼 맛있고 큰 핫도그, 프레스뷔론처럼 예쁜 컵에
커피를 담아 시나몬 롤과 함께 파는 편의점 어디 없을까.

Sweden 스웨덴

스웨덴
Sweden / Sverige

1 | 국가 프로필

국가 기초 정보

국가명	스웨덴 왕국(Kingdom of Sweden), 스웨덴어 국명은 Sverige.
수도	스톡홀름 Stockholm
면적	450,295k㎡(한반도의 약 2배)
인구	약 970만 명
인종	북구 게르만족 95%, 사미 Sami족 2%, 기타 3%
정치	입헌군주제 및 의원내각제 (칼 구스타프 16세 국왕, 마그달레나 안데르손 총리)
종교	복음 루터교 69%, 기타 30%
공용어	스웨덴어
통화	스웨덴 크로네 Krone(SEK, 1SEK≒128원), 보조통화 외레 Öre

공휴일

1월 1일 새해 첫날New Year's Day
1월 6일 공현일Epiphany
3월 29일 성 금요일Good Friday*
3월 31일 부활절Easter*
4월 1일 부활절 후 월요일Easter Monday*
5월 1일 노동절May Day
5월 9일 승천일Ascension Day*
5월 19일 성령강림절Whit Sunday*
6월 6일 국가 기념일National Day
6월 21~22일 하지Midsummer's Day*
11월 1일 만성절All Saints' Day
12월 25일 크리스마스Christmas
12월 26일 크리스마스 다음 날Second Day of Christmas
* 2024년 기준, 해마다 달라질 수 있음.

스웨덴 이야기

간추린 역사 이야기

'바이킹 시대'로 일컬어지는 9세기경부터 비잔틴, 아랍과의 교류를 통해 해상무역의 강자로 유럽 무대에 등장했다. 1397년 '칼마르 동맹'이 맺어지면서 잠시 덴마크의 연합 왕국으로 지배를 받았으나, 120년 후 핀란드와 노르웨이를 포함한 독립 왕국으로 재독립하면서 강력한 해군력을 바탕으로 절대왕정의 시대를 이끌었다. 하지만 1800년대 초 러시아의 공격으로 핀란드와 올란드 제도를 러시아에 넘겨야 했으며, 1905년에는 노르웨이도 독립을 선언하면서 현재의 영토로 정비되었다. 1914년에 덴마크 및 노르웨이와 말뫼 협정을, 대공황 이후 사회민주당 및 노사 대표와 함께 잘트쉐바덴 협약을 맺으면서 현대 스웨덴의 기본 체계인 복지국가 확대 발전, 부의 재분배, 전쟁 불개입 등의 기본 골격이 확립되었다. 제2차 세계대전 후에는 국민 · 노후 연금제도, 아동 양육 보조금 확대 등의 복지 정책이 확대되면서 경제는 매년 6% 이상 눈부신 성장을 이룩했다. 1994년에는 EU에 가입하고, 2000년대 이후 정보통신, 환경보호, 생명공학 분야에서도 두각을 나타내며 북유럽 경제의 선두주자로 지금까지 자리 잡고 있다.

지역 정보

스코네Skåne, 스모란드Småland, 예타란드Götaland, 스베아란드Svealand, 노를란드Norrland(옘틀란드Jämtland, 라플란드Lappland)의 5개 지역과 고틀란드Gotland 섬으로 구성되어 있다. 전체 인구는 스톡홀름을 비롯해 예테보리, 말뫼 등의 대도시와 남쪽 지역에 주로 집중되어 있으며, 약 2만 명 가량의 사미Sami족이 요크모크, 아르비스아우르 등을 중심으로 하는 라플란드 지방에 거주한다.

한국과의 관계

한국전쟁 때 야전 병원단을 파견하여 우리를 도운 이래, 1959년 본격적인 외교 관계를 수립하면서 현재까지 관계가 지속되고 있다. 휴전 이후에는 판문점 중립국 감시위원회에 대표단을 계속 파견하고 있으며, 국왕을 비롯한 각계 인사들의 방문도 잦은 편이다. 1960년대 경제 재건을 위해 주요 도로 건설 장비를 우리나라에 지원하여 경부고속도로 등의 대형 고속도로 건설에도 크게 기여한 바 있다. 북유럽 지역에서도 스웨덴에 한국 교민이 가장 많이 살고 있으며 입양된 한국인들도 약 9천 명에 이른다. 북한과도 역시 외교 관계를 맺고 있다.
주요 수출품은 승용차, 휴대전화, 의류, 신발이며 주요 수입품은 화물차, 의약품, 철강 제품이다.

스웨덴인과 문화

스웨덴 사람들의 성향은 '적당Lagom'과 '안전Trygghet'이라는 단어로 정의된다. 어떤 조건이든지 모자라지도 넘치지도 않도록 하고, 무슨 일이든지 신중하게 고민한 후 진행한다. 화려하지 않고 겸손하면서도 소박한 모습은 처음 우리들이 다가가기에는 쉽지 않지만, 조금씩 마음을 열면 누구보다 더 믿음직한 모습을 접할 수 있다. 또한, 다른 사람들을 향한 배려 역시 뛰어나서 외국 이민자들을 위한 정책도 다른 북유럽 국가들보다 더 폭넓고, 문화를 받아들이는 자세도 다르다. 이들의 모습은 소위 '얀테의 법칙'이라고 하는 관습법에서 유래되었는데, 아래에 조금 더 자세히 설명하겠다.

또한, 어린 시절부터 조기 음악 교육이 활성화되어 있어 대부분의 국민들이 노래를 잘 부르거나 악기를 다룰 줄 안다. 그 덕에 시내 곳곳에는 사람들의 다양한 공연을 접할 수 있으며 그 수준도 높다. 한국 사람들이 노래를 좋아한다고 하지만, 이들은 정말 몇 술 더 뜬다. 그래서 스웨덴에서 유명한 팝 그룹들도 많이 나왔고, 음악 프로듀싱 역시 미국과 영국에 이어 세계 3위의 저력을 자랑한다.

Tina's Plus

얀테의 법칙 Jantelov

스웨덴을 비롯한 다른 북유럽 국가들의 사회적 현상과도 가장 관련이 높은 관습법. 이는 덴마크의 소설가 악셀 산데모세Aksel Sandemose의 책 《그의 발자취를 따라 건너다(1933)》에 자세히 설명되어 있다. '자신을 다른 사람들보다 더 특별하다고 여길 수 없고, 튀지 말아야 한다'는, 자신의 개성과 함께 어울려 사는 삶이 조화를 이루어야 한다는 내용이다. 스웨덴 사람들의 기본 덕목인 'Lagom'도 이와 밀접하다.

1. 자기만이 특별하다고 여기지 말라.
2. 우리만큼 잘한다고 여기지 말라.
3. 우리보다 똑똑하다고 여기지 말라.
4. 우리보다 낫다고 여기지 말라.
5. 우리보다 많이 안다고 여기지 말라.
6. 우리보다 더 가치 있다고 여기지 말라.
7. 모든 것에 능하다고 여기지 말라.
8. 우리를 비웃지 말라.
9. 누군가 당신에게 신경 쓴다고 여기지 말라.
10. 우리에게 무언가를 가르칠 수 있다고 여기지 말라.

마지막에 작자는 한 술 더 떠서,
11. '우리가 당신에 대해 모른다고 생각하는가?' 질문을 던진다.

스웨덴을 빛낸 사람들

1 알프레드 노벨 Alfred Bernhard Nobel : 생전에는 다이너마이트, 사후엔 노벨상으로 인류에 보답하고 있다(p.152 노벨 박물관 참조).

2 카를 본 린네 Carl von Linné : 생물 분류학을 창시한 식물학자(p.235 린네 박물관과 정원 참조).

3 안데쉬 첼시우스 Anders Celsius : 섭씨온도의 개념을 확립했다.

4 아스트리드 린드그렌 Astrid Lindgren : 어린이 동화 〈내 이름은 삐삐 롱스타킹〉의 작가. 현재 20SEK 지폐의 모델(p.158 유니바켄 참조).

5 그레타 가르보 Greta Garbo, **잉그리드 베리만** Ingrid Bergman : 1920~1940년대 영화의 전성기를 이끌었던 여배우들. 〈크리스티나 여왕〉, 〈카사블랑카〉 등의 영화에서 북구의 신비로움을 알렸다.

6 잉마르 베리만 Ingmar Bergman : 〈페르소나〉, 〈화니와 알렉산더〉 등으로 스웨덴 영화를 알린 명감독.

7 셀마 라게를뢰프 Selma Lagerlöf : 《닐스의 이상한 여행》으로 스웨덴 자연의 아름다움을 알린 동화 작가.

8 스티그 라르손 Stieg Larsson : 영화로 만들어진 스릴러 소설 《밀레니엄》 시리즈의 작가.

9 스티그 린드베리 Stig Lindberg : 구스타브스베리 도자기의 히트 아이템인 베르소, 아담 & 이브, 프루누스, 스피사 립, 살릭스 등을 디자인한 스웨덴 대표 도예가(p.180 구스타브스베리 팩토리 숍 참조).

10 헨릭 라르손 Henrik Larsson, **올로프 멜베리** Olof Mellberg, **즐라탄 이브라히모비치** Zlatan Ibrahimović : 스웨덴 축구를 유럽의 강팀으로 이끈 대표 선수들.

11 아니카 소렌스탐 Annika Sörenstam : '골프의 여제'로 1990년대를 호령했으며, 박세리의 라이벌이기도 했다.

12 비외른 보리 Björn Borg, **스테판 에드베리** Stefan Edberg : 1970~1980년대의 남자 프로 테니스계를 주름잡은 대표적인 선수들.

13 비르기트 닐손 Birgit Nilsson : 키르스텐 플라그슈타트(p.247 참조)의 대를 잇는 20세기 최고의 바그너 드라마틱 소프라노 가수. 현재 500SEK 지폐의 모델.

14 아바 ABBA : 1974년 유로비전 송 콘테스트에서 우승을 차지한 후, 1980년대 초반까지 많은 히트곡을 양산한 전설적인 혼성 그룹. 40년간 활동을 중단했던 시기에도 뮤지컬 〈체스〉와 〈맘마미아〉를 통해 전설을 이어가고 있다(p.159 아바 박물관 참조).

15 잉그바르 캄프라르 Ingvar Kamprad : 1943년에 18세의 나이로 이케아IKEA를 만들고 키워 낸 최고 경영자(p.179 이케아 참조).

Snakk

우리 생활 속, 스웨덴의 발명품

생활 속에서 가장 필요한 물건들 중에서는, 스웨덴의 발명품을 빼놓을 수 없죠. 현재 우리의 팩 소주와 멸균 우유의 팩으로 사용되는 '테트라 팩Tetra Pak'(1951)을 비롯해, 승용차에 널리 사용되는 3점식 안전벨트(1959), 액정 모니터에 들어가는 원료인 액상 크리스털(1979)이 대표적입니다. 특히 3점식 안전벨트는 6초마다 한 명의 생명을 살리는, 전 세계에서 가장 중요한 발명품으로 손꼽히고 있어요.

여행 시기와 기후

겨울이 긴 대신 나머지 계절은 상대적으로 짧고 기후 변화가 심하다. 겨울에는 해가 떠 있는 시간이 짧고 혹한이 지속되며 눈도 많이 온다. 특히 북극권 위쪽의 6~7월에는 백야Midnight Sun, 한겨울 동안에는 해를 아예 볼 수 없는 극야Polar Night가 지속되며, 남부 스코네 지방과 고틀란트 지방은 상대적으로 따뜻한 편이다.

여행하기 좋은 시기 : 낮이 길고 날이 따뜻한 6~9월에 여행객이 많이 방문한다. 7~8월의 한여름에는 한국처럼 많이 덥지 않고 아침저녁 선선하다. 1~3월에는 날이 가장 춥지만, 북부 지방에서는 오로라를 볼 수 있어 역시 관광객들의 발길이 이어진다.

패션 코드 : 6~8월에는 가장 따뜻한 기후를 보이지만, 심한 일교차로 긴팔 상의와 긴 바지, 얇은 머플러가 반드시 필요하다. 산악 지대와 물가로 간다면 모기 방지 대책도 반드시 세워야 한다.

11~3월(북쪽은 4월 말까지)의 겨울에는 반드시 두꺼운 모자와 장갑, 보온이 잘 되는 옷, 방수 신발로 중무장하자. 특히 오로라를 보기 위해 북쪽으로 간다면 더 많은 대비를 하는 것이 좋다.

가기 전 지식 쌓기

이 책 읽고 가자

- 《북유럽사》 변광수 편찬
- 《바이킹의 역사》 타임라이프북스 지음
- 《안인희의 북유럽 신화》 안인희 역
- 《스칸디나비아 우리가 몰랐던 또 하나의 유럽》 토니 그리피스 지음
- 《창문 넘어 도망친 100세 노인》, 《셈을 할 줄 아는 까막눈이 여자》 요나스 요나손 지음

이 영화 보고 가자

- 〈개 같은 내 인생〉 12살 소년의 국가 대표 성장 영화
- 〈페르소나〉, 〈산딸기〉, 〈화니와 알렉산더〉 잉그마르 베르히만 제작
- 〈크리스티나 여왕〉 그레타 가르보 주연
- 〈렛 미 인〉 흡혈귀 소재의 영화, 에스킬투나를 무대로 삼았다.
- 〈밀레니엄 : 여자를 증오한 남자들〉, 〈밀레니엄 : 불을 가지고 노는 소녀〉, 〈밀레니엄 : 벌집을 발로 찬 소녀〉 스티그 라르손의 소설을 원작으로 한 영화. 스웨덴과 헐리우드 버전으로 각각 제작되었다.

2 | 현지 오리엔테이션

여행 기초 정보

국가 번호 46

통화	스웨덴 크로네 Krone (SEK, 1SEK≒128원)
비자	무비자로 90일간 체류 가능 (쉥겐 조약 가맹국)
시차	한국보다 11~3월은 8시간, 4~10월은 7시간 느리다.
전기	220v, 50Hz(한국과 같은 콘센트 모양)

추천 웹 사이트

스웨덴 관광청 www.visitsweden.com

스웨덴 공식 정보 www.sweden.se

예산 짜기

물가 수준은 보통 서유럽 국가들의 1.5배 이상으로, 여행 예산은 영국과 비슷하거나 조금 더 준비해야 한다. 국내에서 환전이 어려우니 카드를 주로 사용하자. 호스텔 이용 시 시트를 미리 지참하는 것도 좋다. 시설 입장 시 도시별 카드를 적극 활용하고, 슈퍼마켓에서 장을 봐서 직접 해 먹으면 비용 절감에 도움이 된다. 하루 예산은 숙박비를 제외하고 8~10만 원으로 잡자.

영업시간

관공서 월~금 09:30~17:00(목 ~18:00)

은행 월~금 09:30~15:00

우체국 월~금 09:00~18:00

상점 월~금 10:00~19:00(여름 ~20:00), 토 10:00~18:00, 일 12:00~18:00

긴급 연락처

경찰, 화재, 응급번호 112

한국 대사관

Address	Laboratoriegatan 10, P.O.Box 27237, 102 53 Stockholm
Tel	08 5458 9400
Open	월~금 09:00~16:30
Close	토요일, 일요일, 스웨덴 공휴일, 한국의 삼일절, 광복절, 개천절
Web	swe.mofa.go.kr
Email	koremb.sweden@mofat.go.kr

현지 교통 따라잡기

스웨덴은 북유럽 전 지역을 이어 주는 교통의 허브로 자리 잡고 있어 다양한 교통수단을 이용해 움직일 수 있다. 특히 기차와 페리 이용이 가장 많으며, 남쪽 지역으로의 이동에는 항공편도 많이 이용된다.

항공

메인 항공사인 SAS가 스톡홀름 아를란다 공항을 중심으로 전국을 연결하고 있다. 전 유럽을 잇는 저가 항공 노선도 많이 취항하며, 국내선은 북부 지방이나 고틀란드 지역으로 이동할 때 사용된다. 한국에서는 일부 아시아계, 중동계, 유럽계 항공사 경유 편으로 이동할 수 있다.

한국-스웨덴 운행 항공사 : 핀에어, SAS, 에어프랑스, KLM, 루프트한자, 영국항공(브리티시에어웨이), 체코항공, 터키항공, 중국국제항공(에어차이나), 말레이시아항공, 카타르에어웨이, 에미레이트, 타이항공, 러시아항공(아에로플로트), 폴란드항공(LOT), 중국동방항공

스웨덴-유럽 지역 저가 항공사 : 이지젯, 라이언에어, 노르웨지안, 위즈에어, 저먼윙스, 부엘링, 트란사비아, 플라이비, 유로윙즈

기차

SJ(스테이튼 옌베거스Statens Järnvägars)와 베올리아, 톡콤파니엣 등의 일부 회사에서 스톡홀름 중앙역과 예테보리, 말뫼 등의 대도시를 중심으로 전국 각 지역 및 노르웨이와 덴마크를 연결하는 노선을 운행한다. 특히 대도시를 연결하는 초고속 열차 스납톡Snabbtåg(X2000)은 1등석 이용 시 무선 인터넷 및 카페 메뉴 무료 등의 서비스가 좋은 편이다. 야간에는 쿠셋과 1~4인용 침대칸이 있는 나톡Nattåg을 이용할 수 있으며, 멀리 노르웨이 나르빅까지 연결된다. 지역 열차와 인터시티 노선은 예약이 필요 없지만, 초고속 열차와 야간열차는 반드시 예약해야 한다.

6~8월에는 스웨덴 중북부 내륙 지방의 자연을 감상할 수 있는 관광 노선 인란드바난Inlandsbanan이 추가로 운행된다(p.237 참조).

Web 스웨덴 철도청 www.sj.se

남서부 스코네 지방 기차 안내 www.skanetrafiken.se

Tip

기차 이용 팁

1. 유스 할인은 만 25세 이하까지만 15% 가능하다. 국제 학생증을 준비하자.
2. 홈페이지에서 예약 시 2등석은 예약비를 따로 결제해야 하며, 1등석은 예약비가 포함된다. 철도 패스로 좌석 예약 시 고속열차 1등석은 148SEK, 2등석은 65SEK이다.
3. 스톡홀름, 예테보리, 말뫼 중앙역에서는 1등석 철도 패스나 당일 승차권 소지 시 최신 시설의 1등석 라운지를 무료로 이용할 수 있다.
4. 스웨덴 철도청 홈페이지에서는 패스 소지자 자격으로 예약이 가능하다. 인터넷 예약 불가 시에는 역이나 공항 도착 층 내 자동판매기에서 구입하자. 요금은 동일!
5. 오슬로, 코펜하겐, 나르빅으로의 철도 예약 시 국내선 창구에서 가능하다.

6. 무선 인터넷은 1등석과 2등석 모두에서 무료 제공되어 편리하게 이용할 수 있다. 단, 2등석은 용량 제한이 있다.
7. 코펜하겐 중앙역과 공항, 오슬로 중앙역, 스톨리엔, 나르빅역 안에서도 SJ 자동판매기 이용이 가능하다.
8. 26세 미만의 학생 여행자에게 한하여 출발 24시간 전부터 남은 티켓을 116SEK부터 저렴하게 판매하고 있다. 철도청 홈페이지에서 구입할 수 있으며, 검표 시 국제학생증(ISIC)을 반드시 제시해야 한다.
9. 티켓 및 식음료 구매는 카드 결제만 가능.

유레일 스웨덴 패스(단위 : €)

개시 후 1개월 이내에 선택 사용할 수 있다.

기간	일반(28세 이상)		유스(12~27세 이상)	
	1등석	2등석	1등석	2등석
3일	245	193	196	167
4일	284	223	227	194
5일	317	250	254	217
6일	349	274	278	238
8일	404	318	323	275

버스

플릭스부스 스웨덴Flixbus Sweden, 유부스Ybuss, 넷부스Nettbuss 등 여러 회사에서 각 지역을 잇는 고속버스 및 공항버스 노선을 운영한다. 기차처럼 주요 구간을 잘 이어 주고 있어 대체 교통수단으로 유용하다.

페리

고틀란드 섬과 핀란드 및 발트 국가들로 이동할 때 주로 이용한다. 특히 핀란드 헬싱키와 투르쿠, 에스토니아 탈린, 라트비아 리가를 이어 주는 대형 여객선 바이킹 라인Viking Line, 실야 라인Silja Line, 탈링크Tallink가 가장 유용하다. 또한, 덴마크 프레데릭스하운이나 그뢰노, 핀란드 바사, 폴란드, 리투아니아로 가는 페리 노선도 이용할 수 있다.

전화 · 인터넷 · 우편

전화

전화 서비스는 텔리아Telia에서 운영한다. 대형 쇼핑몰과 길거리에서 간간이 볼 수 있고 동전과 카드 모두 이용 가능하다. 전화카드는 시내 곳곳의 편의점에서 50SEK, 100SEK 단위로 판매한다. 하지만 대부분 공중전화에서 한국의 선불카드와 콜렉트 콜 이용이 어렵고, 휴대전화 보급이 늘면서 공중전화의 수도 점차 줄어들고 있다. 급할 때에는 신용카드를 꽂아서 사용해도 무방하다.

Cost 시내 통화 기본요금 10SEK

전화 거는 요령

❶ 국제전화(스웨덴→한국, 기타 유럽 국가)

00+국가 번호(한국 82)+지역 번호 또는 휴대전화 기지국 번호 앞의 0을 제외한 전화번호 입력.

예) 일반 전화 통화 시(02 123 4567) : 0082+2123 4567

휴대전화 통화 시(010 123 4567) : 0082+10 123 4567

❷ 콜렉트 콜(수신자 부담)

KT : 020 799 355를 입력 후 안내 멘트를 듣고 한국 전화번호 입력.

❸ 스웨덴 내 전화

시외전화를 걸 때만 지역 번호를 먼저 입력한다(스톡홀름 08, 예테보리 03, 말뫼 04, 웁살라 18).

우편

시내 중심가의 우편 취급소에는 '포스트노드Postnord'라는 이름과 파란 표시의 마크가 붙어 있다. 일부 대형 슈퍼마켓 구내에도 우편 취급소가 있어서 우체국을 대신해 편리하게 이용 가능하다. 이 외에도 각 관광지 기념품점이나 주요 숍, 편의점에서 엽서를 구입할 때 "Do you need a stamp?"라고 묻기도 하니 함께 구입하는 것을 추천. 국제우편 발송 시 노란색 우체통을 이용하자.

Cost 한국으로의 우편엽서 요금 28SEK

인터넷

스마트 폰이 보급되면서 무선 인터넷을 무료로 사용할 수 있는 장소가 많이 생겼다. 특히 카페와 레스토랑, 미술관, 박물관, 기차역, 버스 터미널을 비롯해 공항버스, 스웨버스 등에서도 제공된다.

대용량의 데이터 이용이 필요할 경우 편의점에서 컴빅Comviq, 트레Tre(3), 텔리아의 선불 심 카드를 구입해 이용하는 방법도 있다. 용량과 조건을 반드시 확인하고 구입하자.

치안 및 기타 주의사항

1 치안 상태는 다른 유럽 국가들보다 좋은 편이지만, 최근 도난 사건이 자주 발생하고 있다. 특히 스톡홀름 중앙역 주변이나 시내 중심가에서는 2~3인이 한 조를 이뤄 로션 등을 가방에 뿌린 후 정신없는 틈을 타서 터는 경우가 자주 있다. 시내 중심가와 기차역, 버스 터미널, 페리 터미널 등에서는 반드시 소지품에 주의를 기울이자.

2 팁은 대부분 영수증에 포함되지만, 대도시 식당의 경우 음식값의 5~10% 정도 되는 팁을 계산 시 직접 추가해서 계산하기도 한다. 지역마다 조금씩 다르니 미리 물어보는 것이 좋다.

3 봄에는 꽃가루가 날리는 경우도 있어 호흡기가 민감한 사람이라면 약간의 주의가 필요하다. 봄에 여행할 경우 마스크 등을 한국에서 미리 챙겨 가자.

4 여름 숲에는 모기가 많다. 현지에서도 주의보가 내려질 정도. 특히 아웃도어 활동이나 섬 지역 여행을 생각한다면 모기 방지 패치나 스프레이, 전자 모기향 등을 미리 준비할 것.

5 맥주는 알코올 도수 3.5까지의 제품만 슈퍼마켓과 편의점에서 판매하며, 그 이상 도수의 모든 술은 국영 술 판매장 시스템볼라옛 Systembolaget에서 월~토요일에만 구입할 수 있다.

6 일요일에는 거의 모든 가게가, 월요일에는 대부분의 박물관과 미술관이 문을 닫는다. 단 성수기 때에는 운영 시간이 늘어나는 경우가 많고 요일별로 연장 개방도 진행하니 사전에 확인할 것.

7 스웨덴은 수돗물이 깨끗해 그냥 마셔도 상관없지만, 속이 민감하다면 끓여 마시자.

'EXTRA'란에 팁 금액을 적으면 같이 결제해 준다.

엔터테인먼트

음식

발트 해 연안에서 잡히는 청어, 연어, 대구를 비롯한 생선 종류와 감자를 주로 즐겨 먹는다. 아침은 **내케브뢰드**Knäckebröd라 불리는 빵에 치즈, 햄, 야채류를 얹거나 대구알로 만든 캐비어를 발라 차와 함께 먹는다. 점심에는 **다엔스 렛**Dagens Rätt이라 불리는 '점심 세트'를 주로 이용하는데, 대부분 간단한 3코스(전식, 본식, 음료)로 이루어져 있고 가격도 저렴해 현지인과 여행자 모두에게 인기를 얻고 있다. 오후에는 **피카**Fika라고 하는 '스웨덴식 애프터눈 티'로 간단한 차 또는 커피와 함께 페스트리나 샌드위치를 먹으며 여유를 찾는다. 매주 목요일은 '**수프 데이**'라고도 하며, 콩과 양파로 만든 수프에 얇은 팬케이크를 곁들이는 전통이 있다. 또한, 스웨덴식 미트볼 **셰트불라**Köttbullar는 음식점마다 내 놓는 대표 음식으로, 우리네 김치나 떡볶이처럼 집집마다 요리법이 다르지만 으깬 감자와 링곤베리 잼을 함께 내 놓는 것은 마찬가지다.

커피 소비량 역시 세계 톱 5에 들 정도이다. 스웨덴인들은 매일 최소 4잔 이상의 커피를 마시며, 이들이 커피와 즐겨 먹는 **사프론 번**과 **시나몬롤**Kanelbullar은 전 국민의 간식이다. 국민 맥주인 **스벤드룹**Svendrup, **프립스**Pripps를 비롯한 전국의 다양한 맥주도 빼놓을 수 없다.

Snakk

사순절 전날에는 세믈라 Semla를 먹자!

부활절 전의 40일간을 '사순절'이라고 하며, 사순절이 시작되기 바로 전날을 참회 화요일, 스웨덴어로는 '페티스더겐Fettisdagen(Pancake Day)'이라고 하죠. 사순절의 금식 전 남은 유제품과 달걀을 다 먹으려는 의도로 여러 가지 빵을 만들어 먹었다고 하는데, 스웨덴 전역에서는 세믈라Semla라고 불리는 크림빵을 맛볼 수 있습니다. 신문마다 세믈라를 먹으라는 내용이 큼지막하게 실리고, 거리의 모든 빵집과 카페에서는 세믈라를 사는 사람들로 붐벼요. 카다멈(정향) 향이 나는 빵에 생크림과 아몬드 소가 들어가 있어 부드러운 맛과 고소한 맛, 시원한 맛, 달콤한 맛이 오묘한 조화를 이룹니다. 빵 하나로 음식과 종교 문화를 동시에 체험할 수 있는 좋은 기회가 되겠죠? 사순절 시작 기간에 방문하는 분이라면 반드시 맛보세요.

쇼핑

바이킹 모자 및 국기, **순록** 등을 응용한 아이템과 **삐삐 캐릭터**를 이용한 관련 상품, 색색의 **달라르나 말**, **로열 패밀리 엽서**, **크리스마스 장식품** 등은 스웨덴 기념품으로 인기가 좋다. 또한, 스웨덴이 '원조'인 브랜드들의 제품은 세일 기간을 이용하면 저렴하게 구할 수 있으며, 요즘은 스웨덴만의 다양하고 기발한 디자인 제품도 인기몰이를 하고 있다. 세일 기간은 7월 초와 12월 말~1월 중순으로 1년에 2번 진행되며, 택스프리는 한 상점에서 200SEK 이상 구매 시 구매 금액의 약 10~12%를 환급받을 수 있다.

대표 브랜드

H&M Hennes & Mauritz : 전 세계적 인기를 얻고 있는 중저가 토털 패션 브랜드 H&M의 원산지는 바로 스웨덴! 유행 아이템을 저렴하게 판매한다(p.145 H&M 참조).

이케아IKEA : 전 세계 사람들에게 사랑받고 있는 저렴한 가구 및 생활용품 브랜드. 직접 조립해서 만들 수 있는 여러 가구 종류와 톡톡 튀는 느낌의 생활 소품은 인기 최고. 스톡홀름 남부에는 세계 최대 매장이 있으며, 한국에도 4호점까지 성업 중이다(p.179 이케아 참조).

구스타브스베리Gustavsberg, **뢰스트란드**Rörstrand : 스웨덴을 대표하는 도자기 브랜드. 이들의 그릇은 많은 주부의 로망이다(p.180 구스타브스베리 팩토리 숍 참조).

코스타 보다 Kosta Boda, **오레포스**Orrefors : 섬세한 세공을 자랑하는 대표 유리 브랜드. 특히 오레포스의 크리스털 잔은 노벨상 시상식에서 사용되고 있다.

누디 진 Nudie Jeans : 세계 유일의 유기농 면을 이용한 '착한' 청바지 브랜드(p.172 누디 진 리페어 숍 참조).

아크네 스튜디오 Acne Studio : 스웨덴을 대표하는 감각적인 디자인의 패션 브랜드. 특히 벨로시테 무스탕 재킷은 한국에서 카피 제품이 나올 정도다. 가격은 높지만 값어치를 톡톡히 한다(p.174 아크네 스튜디오 참조).

일렉트로룩스Electrolux : 국내에는 청소기 라인으로 유명한 북유럽 대표 가전 브랜드.

이 밖에도 중장비 브랜드 **스카니아**SCANIA, 튼튼한 승용차로 명성 높은 **볼보**Volvo, 휴대전화로 유명한 **에릭손**Ericsson, **앱솔루트 보드카**Absolute Vodka, 모바일 게임 **캔디 크러쉬 사가**Candy Crush Saga, '칸켄 백'으로 알려진 아웃도어 브랜드 **피엘라벤**Fjällräven이 우리에게 친숙하다.

예술

음악

미국, 영국 다음가는 음악 수출국으로 명성이 자자하다. 1960년대 이후 '스웨디시 팝'의 기초가 잡힌 이래, 많은 뮤지션과 프로듀서들이 유럽과 전 세계에 진출해 스웨덴 팝 음악을 전파하고 있다. 영화와 뮤지컬 〈맘마미아〉로 현재까지 명성 높은 1970년대 혼성 그룹 아바ABBA(p.159 아바 박물관 참조)를 비롯해, 록시트Roxette, 카디건스Cardigans, 에이스 오브 베이스Ace of Base가 대표적인 팝 그룹. CF를 통해 친숙한 재즈 아카펠라 그룹 '더 리얼 그룹The Real Group' 역시 스웨덴 출신이다. 유로비전 송 콘테스트에서도 6회 우승해 최다 우승국이기도 하다.

디자인

이케아IKEA(p.179)에서 확인할 수 있는 실용성 높은 디자인은 스웨덴과 북유럽의 디자인을 대표한다. 기능성을 중시하면서도 단아한 느낌의 상품을 시내 곳곳에서 만날 수 있다.
또한, 아크네 스튜디오Acne Studio(p.174)를 비롯한 여러 패션 디자인 브랜드도 인기몰이 중이다.

스포츠

여름에는 축구와 테니스, 겨울에는 아이스 하키와 스키, 스케이트가 가장 인기 있는 스포츠이다.
축구는 1994년 미국 월드컵 때 3위에 오르면서 전 세계의 주목을 받았고, 지금까지 스웨덴의 남팀, 여팀 모두 북유럽 최고의 강팀이다. 테니스에서도 역시 1970년대 전설의 선수 비외른 보리Björn Borg를 비롯한 스테판 에드베리Stefan Edberg 등의 명선수들이 프로 테니스계에서 이름을 날렸다.
아이스 하키, 노르딕스키, 알파인 스키를 비롯한 여러 동계 종목들은 세계 선수권 대회, 동계 올림픽 때마다 꾸준히 좋은 성적을 내고 있다. 매년 3월에 모라에서 펼쳐지는 바살로펫Vasaloppet 스키 마라톤은 빼놓을 수 없는 스키 이벤트다. 아이스 하키는 전국 남자들의 겨울 스포츠로, 매년 10~4월마다 전국 리그전이 활발하다. NHL(북미 아이스 하키 리그)에 유명 선수가 많이 진출했고, 최근에는 여자 팀도 좋은 성적으로 남자 팀의 뒤를 따르고 있다.
5~9월에는 남부 스코네부터 라플란드 지역까지 하이킹, 래프팅 등의 다양한 야외 활동을 즐길 수 있어 전 세계 아웃도어 마니아들의 발길이 스웨덴으로 이어진다. 특히 북부 라플란드의 가장 아름다운 국립공원인 아비스코 국립공원에서 시작되는 총 440km의 '왕의 산책로' 쿵스레덴Kungsleden은 전 세계에서 가장 긴 트레킹 코스로 유명하다.

피엘라벤 클래식 Fjällräven Classic

피엘라벤Fjällräven에서 주최하는 세계적인 트레킹 행사. 스웨덴 북부에서 시작된 후 일부 유럽 국가, 미국, 한국까지 확대되었다. 아웃도어에 관심 많은 여행자라면 행사에 맞춰 일정을 잡는 것도 고려해 보자. 스웨덴 내에서는 쿵스레덴과 아비스코 국립공원, 국내에서는 제주도를 중심으로 진행된다(2024년 8/10~17, 한국에서는 10월 예정).

Web 공식 classic.fjallraven.com
국내 공식 cafe.naver.com/fjallravenkorea

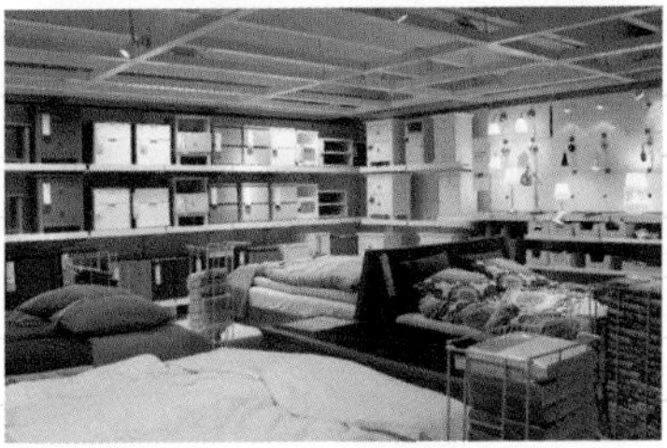

스톡홀름
Stockholm

스톡홀름은 '통나무'를 뜻하는 Stockar와 '섬'을 뜻하는 Holmar의 합성어로, 1255년 무렵 구시가에 통나무로 성을 쌓아 도시의 기초를 마련한 것에서 유래되었다. 말할렌 호수와 발트 해, 그리고 14개의 섬이 어우러진 '북유럽의 베네치아'로 불리며 800년 역사의 유서 깊은 도시이다. 13세기 중반 현재 감라 스탄(구시가지) 지역의 언덕 위에 사람들이 모여 살면서 요새를 만들고 도시를 형성해 발전했으며, 지금은 북유럽 최대의 규모를 자랑하는 도시이자 스웨덴의 수도이다. '요람에서 무덤까지'로 대표되는 복지 정책 아래, 삶을 아름답게 만들어 가는 사람들이 모여 있어 더욱 아름다운 이곳을 마음껏 누벼 보자.

여행하는 방법

스톡홀름 관광 안내

유용한 홈페이지

스웨덴 관광청 www.visitsweden.com
스웨덴 공식 정보 www.sweden.se
스톡홀름 관광 공식 안내 www.stockholmtown.com

관광 안내소

중앙 관광 안내소를 대신해, 공항과 시내 곳곳에 사설 안내소가 있다. 각종 안내 책자 배부, 교통권 판매, 투어 알선 및 예약, 티켓 판매 등을 수행한다.

로열 유르고덴 Royal Djurgården
유르고덴 지역 전문 안내가 풍부하다.
Address Djurgårdsvägen 2
Open **5~9월** 09:00~19:00, **10~4월** 09:00~17:00
Web www.roaldjurgarden.se

투어 & 티켓 Tour & Tickets
중앙역 구내에 위치. 유레일/인터레일 패스 소지자는 철도 예약도 가능.
Open **중앙역 구내점** 월~금 09:00~19:00, 토 · 일 10:00~17:00
Web www.stockholminfo.com

SL 센터 SL Centre
스톡홀름 시내 교통 종합 안내소. 중앙역 지하에 있어 도착 후 시내 교통정보를 얻기에 좋다. 스마트 카드를 비롯한 시내 교통권 구입이 가능하다. 이 밖에도 지하철 센트럴T-Centralen 역의 세르옐 광장 방면 출구에 지소가 있다.
Open 월~금 07:00~21:00, 토 · 일 10:00~20:00
세르옐 광장 지소 월~금 10:00~18:00
Access 중앙역 지하 Coop 슈퍼마켓 건너편.
Web www.sl.se

환전소

카드 위주로 우선 사용하고, 현지에서의 환전은 급할 경우에만 하자.
시내 곳곳의 Handelsbanken, Swedbank, SEB, Nordea 등의 은행 ATM도 유용하다.

Forex
저렴한 수수료로 환전할 수 있어 가장 많이 이용되는 환전소. 중앙역 1층과 지하, 버스 터미널, 공항 구내를 비롯해 시내 곳곳에 지점이 있어 찾기 어렵지 않다. 중앙역 1층 지점은 07:00~21:00에 이용할 수 있다.

우체국

소포는 항공우편만 가능하며, 한국으로의 엽서 발송은 26SEK. 엽서만 보낼 거라면 꼭 우체국이 아니라 더라도 각 관광지의 기념품 숍이나 편의점 등에서도 우표 구입이 가능하다.
Open 월~금 10:00~21:00, 토 10:00~19:00, 일 11:00~19:00
Close 일부 공휴일
Access 시내 중심가 올렌스Åhléns 백화점 지하 2층 헴셉 슈퍼마켓 내(지하철 T-Centralen 역에서 세르옐 광장 방면의 연결 통로 이용).

경찰서 Polisen

중앙 경찰서
중앙역 근처(Klarabergsviadukten 49, 08:00~16:00), 쇠데르말름 지구(Torkel Knutssonsgatan 20, 월~금 08:00~21:00, 토 · 일 10:00~18:00)를 비롯한 곳곳에도 지소가 있다.
Address Kungsholmsgatan 43
Tel 77 114 1400
Open 24시간

슈퍼마켓

ICA, Hemköp, Coop 등의 슈퍼마켓이 중심가에 있다. 한국 식품점도 이용 가능(p.147 참조).

당일 짐 보관

중앙역, 버스 터미널의 코인 로커 소 70SEK, 중 90SEK(4시간 이상 이용 시)에 이용 가능. 카드 결제만 된다.

가는 방법

유럽 전역에서 비행기, 기차, 페리를 비롯한 다양한 교통편으로 진입할 수 있다. 또한 다른 스칸디나비아 지역 국가들과도 연결되는 교통편이 많아 지역 교통의 허브 역할도 한다.

항공

스톡홀름에는 아를란다Arlanda, 브롬마Bromma, 스카브스타Skavsta, 베스테로스Västerås 등의 총 4개 공항이 있다. 대부분의 국제선은 아를란다 공항으로, 저가 항공은 스카브스타 공항에서 발착한다. 한국에서는 일부 아시아계, 중동계, 유럽계 항공사의 경유편 노선을 통해 들어올 수 있다.

Web 아를란다 · 브롬마 공항 안내 www.swedavia.se

아를란다 공항 Arlanda Flygplats

스톡홀름 시내에서 북쪽으로 약 40km 떨어진 스웨덴 최대의 공항. 대부분의 국제선 노선이 취항한다. 2터미널은 단거리 유럽행, 5터미널은 국내선 및 장거리 국제선이 주로 취항한다. 발착하는 항공사가 많아 연결이 편리하지만, 코펜하겐이나 헬싱키에 비해 공항 쇼핑의 메리트는 적은 편이다.

아를란다 공항 터미널별 주요 항공사 안내

❶ **2터미널** : KLM, 에어프랑스, 이지젯, 체코항공, 부엘링, 영국항공(브리티시에어웨이), 에어발틱

❷ **5터미널** : SAS, 노르웨지안, 터키항공, 루프트한자, 카타르에어웨이, 에미레이트, 타이항공, 아이슬란드에어, 중국국제항공(에어차이나), 에게안에어, 폴란드항공(LOT), 핀에어, 라이언에어, 위즈에어

Tip

공항 이용

1. 각 터미널 간은 모두 도보 이동이 가능하다. 짐이 많을 경우 10번, 14번, 17번 버스를 이용하자. 특히 공항 주변에서 숙박 시 14번, 차량 렌털 시 17번 버스가 유용하다.
2. 세금 환급은 2터미널 도착 게이트 옆 세관, 5터미널 출발 층 글로벌 블루, 5터미널 면세 구역 내 포렉스 Forex(플래닛 및 기타)에서 처리 가능하다. 비EU 지역 이동 항공편, 2터미널 내 단시간 환승 항공편 이용 시 서둘러 공항으로 가자. 환급 양식도 미리 작성해 놓을 것.
3. 공항 면세점 이용 시, 브랜드와 행선지에 따라 세금 환급을 면세 구역에서 따로 받아야 할 수도 있다. 구입 시 확인할 것.

아를란다 공항→시내

티켓은 도착 층 곳곳에 있는 자동판매기, 관광 안내소, 편의점에서 직접 구입할 수 있다. 반드시 미리 티켓을 구입해서 승차하자.

❶ **쾌속 철도 아를란다 익스프레스** Arlanda Express

요금은 비싸지만, 시내 중앙역까지 가장 빠르게 이동할 수 있다. 철도패스 소지 시에도 유용. 단 학생 할인을 원한다면 창구에서 구입해야 한다.

운행 **공항→시내** 04:50~01:05
시내→공항 04:20~00:35(10~15분 간격)

Time 시내 중앙역까지 약 20분 소요.

Cost 26세 이상 320SEK, 18~25세 · 학생 160SEK, 18세 미만 무료
※ 성인 2인이 함께 편도 이용 시 420SEK 적용(3인 520SEK, 4인 620SEK).

Wifi 가능

Web www.arlandaexpress.com

❷ **공항버스 플뤼부사르나** Flygbussarna

시내버스 터미널까지 운행하는 공항버스로 가장 저렴하고 편한 직행 이동 수단이다. 새벽이나 늦은 시간에도 편리하게 이용할 수 있다. 도착 층 밖의 버스 정류장에서 탑승 가능하고, 버스 터미널에서는 2번 승차장에서 탑승한다. 홈페이지에서 구입 시 더 저렴하다.

운행 **공항→시내** 24시간(03:00 제외, 10분~1시간 간격)
시내→공항 03:00~22:00

Time 시내버스 터미널까지 약 45분 소요.

Cost 18세 이상 139SEK, 8~17세 119SEK, 7세 이하 무료(3인 299SEK, 4인 399SEK)

Wifi 가능

Web www.flygbussarna.se

❸ **통근 기차 펜델톡** Pendeltåg **40번**

시내 교통카드 사용 시간이 남아 있거나, 통근 기차 노선과 숙소가 가까울 경우 유용하다. 4터미널과 5터미널 사이의 스카이시티Skycity까지 도보 이동 후 지하에 연결된 아를란다 중앙역에서 탑승할 수 있다. 시내에서는 웁살라까지 가는 열차를 이용할 것.

운행 **공항→중앙역** 월~금 04:40~00:40, 토 · 일 05:40~01:10
중앙역→공항 월~금 04:05~00:50, 토 · 일 05:05~01:50

Time 중앙역까지 약 40분 소요.

Cost 성인 171SEK, 18~19세 · 65세 이상 158SEK, 시내 교통카드 사용 시 추가 요금 132SEK(18세 이상, 연장 티켓 발권이나 추가 충전 필요)

Tip

가장 저렴한 이동 방법

시내 교통카드에 시간이나 금액이 남아 있고, 짐이 가벼울 때 유용하다. 공항 도착 층 옆 시내버스 정류장에서 583번 버스를 타고 매르스타Märsta 역 옆 버스 터미널에서 하차 후, 매르스타 역에서 쇠데르탈예Södertälje행 통근 기차로 환승해 중앙역까지 이동한다. 공항 이동 시에는 매르스타행 통근 기차로 종점까지 이동한 후 버스로 환승할 것.

Time 5터미널 및 중앙역 출 · 도착 기준으로 약 1시간 10분 소요, 2터미널 출 · 도착 시 15~20분

추가 소요.
Cost 1회권 54SEK, 시내 SL 카드 · 컨택리스 카드 이용 시 42SEK

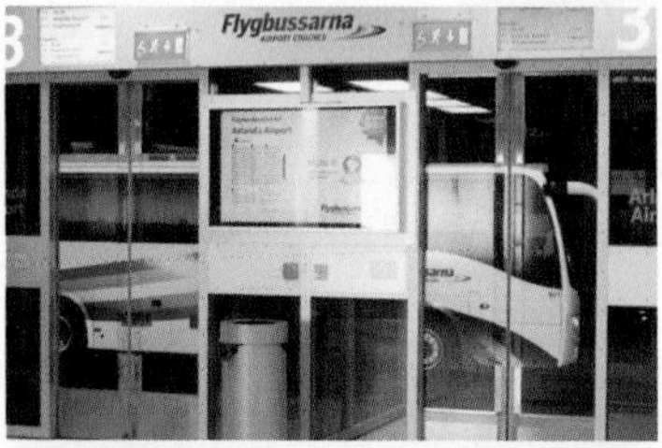

브롬마 공항 Bromma Flygplats

시내에서 서쪽으로 8km 떨어진 거리에 있는 작은 공항으로, 김포공항처럼 단거리 노선 위주로 운행한다.

브롬마 공항→시내

❶ 공항버스 플뤼부사르나 Flygbussarna

스톡홀름 시내 버스 터미널까지 운행. 요일마다 운행 간격과 횟수가 달라지니 반드시 시간표를 미리 확인하고 움직이자. 티켓은 터미널 건물 내 자동판매기와 편의점에서 구입 가능. 홈페이지에서 구입 시 더 저렴하다. 버스 터미널에서는 3번 승차장에서 탑승한다.

운행 **공항→시내** 월~금 07:30~22:00, 토 09:40~16:30, 일 12:30~21:30
시내→공항 월~금 05:30~20:20, 토 07:30~15:40, 일 10:50~19:45
Time 시내버스 터미널까지 약 20분 소요.
Cost 18세 이상 119SEK, 8~17세 99SEK, 8세 미만 무료
Wifi 가능

❷ 트램+지하철

31번 트램으로 지하철 알빅Alvik 역까지 이동한 후, 지하철로 환승해 원하는 곳으로 이동할 수 있다. 가장 저렴한 교통비로 이동 가능한 것이 장점. SL 애플리케이션에서 교통 1회권을 구입하거나, 컨택리스 카드를 이용해 이동하자.

운행 **공항→알빅 역** 월~금 05:25~23:00, 토 · 일 05:45~23:30
알빅 역→공항 월~금 05:10~23:15, 토 · 일 05:30~23:20
Time 중앙역까지 약 30~45분 소요.
Cost 1회권 54SEK, 시내 SL 카드 이용 시 42SEK

스카브스타 공항 Skavsta Flygplats

시내에서 남쪽으로 100km 떨어진 스톡홀름 제3의 공항. 노르웨지안, 위즈에어의 항공편 위주로 운영되고 있다.

Web www.skavsta.se

스카브스타 공항→시내

❶ 공항버스 플뤼부사르나 Flygbussarna

공항과 시내를 잇는 유일한 교통수단. 시내버스 터미널까지 운행한다. 시내에서 공항으로 이동 시 소요 시간을 고려해 반드시 최소한 비행기 출발 3시간 반 전까지는 버스 터미널에서 탑승할 것.

운행 비행기 스케줄에 맞춰서 운행
Time 시내버스 터미널까지 약 1시간 20분 소요.
Cost 18세 이상 239SEK, 8~17세 209SEK, 8세 미만 무료
Wifi 가능

기차

스톡홀름 중앙역에서 근교 지역까지 운행하는 통근 열차 펜델톡Pendeltåg, 국내선 · 국제선 인터시티 및 초고속 열차 스납톡Snabbtåg, 북부 지역으로 가는 야간열차Nattåg가 발착한다. 역내에는 사설 관

광 안내소, Forex 환전소, 교통 안내소, 코인 로커, 각종 편의점과 Coop 슈퍼마켓을 비롯한 다양한 시설이 많아 여행의 출발지로 삼기에 좋다.

중앙역 내 티켓 판매소

국제선과 국내선이 구분되어 있다. 반드시 해당 창구의 번호표를 뽑고 순서를 기다려서 이용하자. 특히 오슬로행, 코펜하겐행, 나르빅행 열차 예약은 국내선 창구를 이용할 것.

Open 월~금 06:00~22:00, 토 · 일 08:00~20:00

SJ 1등석 라운지

당일 1등석 티켓 및 1등석 철도 패스와 당일 예약표 소지 시 이용할 수 있다. 간단한 식사와 음료, 무료 무선 인터넷, 당일 짐 보관, 전용 화장실 이용, 국내선 예약(카드 결제만 가능) 등의 서비스를 제공한다. 북적거리는 역내를 피해 편안하고 조용한 라운지 안에서 기차를 기다리자.

Open 월~금 06:00~18:00, 8월 중순~6월 중순 일요일 10:00~18:30

Close 토요일, 6월 말~8월 초의 일요일

페리

핀란드 헬싱키와 투르쿠, 에스토니아 탈린, 라트비아 리가, 러시아 상트 페테르부르크에서 실야 라인, 바이킹 라인, 탈링크 라인 등을 비롯한 다양한 페리 노선으로도 스톡홀름에 진입 가능하다.

탈링크 실야 라인 터미널→시내

❶ 지하철

도보로 Gärdet 역까지 간 다음(약 15분 소요) 각 지역까지 지하철로 이동 가능. 편의점이나 SL 애플리케이션에서 교통권을 미리 구입하거나 컨택리스 카드를 이용해 승차할 것.

Cost 1회권 42SEK(SL 카드 · 컨택리스 카드 이용 시)

❷ 버스 보트부사르나 Båtbussarna

버스 터미널 내 2번 탑승 게이트에서 이용할 수 있으며, 중간 정차 없이 직행 운행한다. 터미널 구내 편의점이나 자동판매기에서 미리 티켓을 구입해 승차하자. 기간별로 운행 횟수가 달라질 수 있다.

운행 **터미널→시내** 10:15, 10:30, 10:45(유르고덴 경유), 11:00
시내→터미널 14:40, 15:30

Cost 18세 이상 성인 75SEK, 6~17세 55SEK

Time 시내버스 터미널까지 약 20분 소요.

Web www.batbussarna.se

❸ 1번 시내버스

지하철 예르뎃 역 옆의 버스 정류장에서 탑승 가능하며, 시내 중심가 Stureplan, 회토리엣 시장, 버스 터미널, 시청사, 쿵스홀멘 지역까지 운행한다. 해당 지역에서 묵을 경우 유용하다. 페리 터미널 이동 시에는 종점 Frihamnen에서 하차해도 무방. 밤 시간대에는 91번이 같은 노선으로 운행한다.

운행 **터미널→시내** 월~금 05:20~00:30, 토 · 일 06:00~00:30
시내(버스 터미널 기준)→터미널 월~금 05:05~19:50, 토 · 일 06:10~00:55

Cost　1회권 42SEK, 시내 SL 카드 · 컨택리스 카드 이용 시 39SEK
Time　약 25분 소요.

Tina's Plus

페리 터미널 내 티켓 판매소 안내

금요일을 제외한 출발 당일에도 티켓 구입이 가능하다. 건당 50SEK의 수수료가 있는 점 주의.

탈링크 실야 라인 05:45~19:30

바이킹 라인 06:15~10:30, 14:30~19:30

바이킹 라인 터미널→시내

❶ 시내버스

터미널 건물에서 조금 내려가 주차 빌딩 근처의 버스 정류장 Londoniadukten 정류장에서 슬루센행 버스를 타고 슬루센 지하철역까지 간 다음, 지하철이나 다른 버스로 환승해 원하는 곳으로 이동한다. 미리 SL 애플리케이션으로 티켓을 구입하거나, 컨택리스 카드를 준비하자. 정류장에 도착하는 버스는 모두 슬루센역 방면으로 이동한다.

Cost　1회권 39SEK(시내 SL 카드, SL 애플리케이션, 컨택리스 카드 사용 시)
Time　슬루센 역까지 약 10분 소요.

❷ 셔틀버스

버스 터미널에서 바이킹 라인 자체 버스를 이용해 시내버스 터미널까지 이동할 수 있다. 티켓은 배 안이나 탑승 시 기사에게 구입 가능.

운행　**터미널→시내** 도착 30분 후 출발
　　　시내→터미널 06:30, 14:45, 15:15, 18:30
Cost　12세 이상 65SEK(학생 할인 없음), 6~11세 40SEK
Time　시내버스 터미널까지 약 15분 소요.

버스

중앙역 옆 버스 터미널인 시티 터미날렌City Terminalen에서 스웨덴 전역과 해외 노선을 잇는 고속버스 노선이 발착한다. 특히 예테보리, 오슬로 및 우메오Umeå 등의 일부 북부 도시로 야간에 장거리 이동 시 아주 유용하다. 티켓은 홈페이지에서 미리 예약하거나 스웨버스 마크가 붙은 프레스뷔론 편의점 및 창구에서 구입 가능. 반드시 미리 티켓을 구입해서 승차하자.

버스 터미널 안에는 SAS, 노르웨지안, 핀에어, KLM을 비롯한 일부 유럽계 항공사의 셀프 체크인 기기가 있다. 공항 이동 전 보딩 패스와 짐표를 출력해 가면 시간을 절약할 수 있다.

Web　스웨버스 www.flixbus.se
　　　위부스 www.ybuss.se
　　　넷부스 www.nettbuss.se

시내 교통

스토르스톡홀름 로컬트라픽Storstockholms Lokaltrafik에서 스톡홀름의 버스와 지하철, 통근 기차 전 노선을 관할하고 있다.

감라 스탄을 중심으로 하는 구시가와 세르엘 광장 중심의 시내 중심가는 도보로 충분히 이동 가능하며, 유르고덴 지역의 박물관이나 페리 터미널, 셉스홀맨이나 쇠데르말름 지구, 외곽 지역으로 이동 시에는 버스나 트램, 지하철, 통근 기차를 이용한다.

시내 전체에 여러 버스 노선이 운행되고 있다. 유모차나 휠체어 탑승 시 승객들을 위해 차체를 낮춰 주기도 한다. 단, 탑승 후에 버스에서 티켓 구입은 불가능하다. SL 애플리케이션을 이용해 티켓을 구입하거나 시내 교통카드인 SL 카드를 구입하여 미리 충전해 놓자. 컨택리스 카드도 이용 가능.

지하철 툰넬바나Tunnelbana는 T-Centralen 역에서 감라 스탄 지구를 비롯한 시내 주요 지역을 운행하고 있으며 노선 역시 많다. 하지만 T-Centralen 역을 제외하면 영어 안내 방송이 없다는 것이 가장 큰 단점. 반드시 노선도를 보고 정류장 이름을 확인하면서 이동하자.

통근 기차 펜델톡Pendeltåg은 중앙역을 중심으로 시 외곽 및 근교 지역을 이어 주고 있으며, 멀리 웁살라(아틀란다 공항 경유)까지 연결된다.

6~8월에는 여러 예술가가 꾸민 개성 넘치는 역내를 무료 가이드 투어(영어)로 돌아볼 수 있다. 가이드 일정은 홈페이지와 교통 안내소에서 직접 확인 가능하며, 가이드 투어는 세르엘 광장 방면 교통 안내소에서 시작한다.

트램 Spårvagn은 크게 시내 유르고덴 지구를 연결하는 7번 시티, 외곽 지역 중심의 20번 리딩예바난Lidingöbanan, 30, 31번 트배어바난Tvärbanan, 12번 노케르뷔바난Nockebybanan으로 나뉘어진다. 특히 브롬마 공항이나 밀레 공원을 오갈 때 유용하다. 탑승 시 직원에게 교통카드나 애플리케이션을 직접 제시하거나, 정류장의 SL 포스트에 직접 카드를 찍고 이동하자.

통근 페리 펜델보트Pendelbåt는 주변 섬과 시내를 잇는 4개의 노선으로 운영되며, 특히 슬루센(쇠데르말름)-셉스홀멘(현대미술관 등)-유르고덴을 잇는 82번 유르고덴 페리가 여행 시 가장 유용하다. 단 82번을 제외한 나머지 노선은 겨울에 운행하지 않는 점 주의.

운행 05:00~01:00(노선별로 다름), **통근 페리 펜델보트** 06:00~22:00(82번 07:20~18:30), **지하철** 6월 말~8월 초까지는 운행 횟수 감소.

Web www.sl.se

트램 Sparvag City · Djurgårdslinjen No.7

시내 중심가 세르엘 광장과 유르고덴 지구의 박물관 간을 왕복 운행한다. 교통국에서 운영하는 7번 트램 노선 Sparvag City과 스웨덴 트램 협회에서 운영하는 유르고덴 라인 Djurgardslinjen의 두 노선이 함께 운행 중이다. 특히 유르고덴 라인은 1900년대 초~중반에 사용되던 기종을 개조해 운행하고 있어 옛 분위기를 느끼기에 좋다. 23:00 이후부터는 세르엘 광장에서 스칸센까지만 운행한다.

운행 **7번 트램** 월~금 05:30~01:45, 토 · 일 06:30~01:45
유르고덴 라인 4/10~6/24, 9/1~12/16 토 · 일 · 공휴일 11:00 ~18:00, 6/25~8/23 화~일 11:00~18:00(스칸센 개방 시간에 따라 ~22:00)

Web www.djurgardslinjen.se

자전거 City Bikes

2022년 5월부터 시에서 직접 운영하는 전기 자전거 대여 시스템으로 변경되었다. Stockholm e Bikes 애플리케이션을 이용하며, 가까운 위치의 자전거를 찾아 잠금을 풀고 사용한다. 최소 이용 시간은 90분이며, 이후 시간당 요금이 추가된다.

Cost 첫 90분 및 이후 시간당 11SEK

Web www.stockholmbikes.se

Tip

이 외에 Rent a Bike, Djurgårdsboden, Cykelstallet 등의 자전거 렌탈 서비스가 있다.

택시

현재 스톡홀름에는 여러 개의 택시 회사가 있고, 요금도 회사마다 천차만별이다. 탑승 전, 뒷문 옆에 붙어 있는 가격 안내를 반드시 확인하고 잘 골라서 탑승하자.

보통 택시 이용 시 10km, 15분 이동을 기준으로 월~금 09:00~16:00에 가장 저렴하고, 월~금 밤 시간, 금요일 16:00~월요일 09:00, 공휴일 당일 15:00~익일 09:00 순으로 요금이 높아진다. 최고가는 290~390SEK이며, 아를란다 공항까지는 4인까지 승차 시 시내 중심가까지 750SEK로 요금이 정해져 있다.

Tel　Taxi Stockholm 020 08-15 00 00
　　Taxi Kurir Stockholm 08-30 00 00

보트

14개의 섬으로 이루어진 스톡홀름을 제대로 즐길 수 있는 방법. 시청사, 감라 스탄 지구 등에서 보트를 타고 시내를 편안하게 둘러보자. 50분 동안의 운하 가이드 투어 Royal Canal Tour는 스톡홀름 패스를 저녁까지 이용하고 싶을 때, 쨍쨍한 여름날 저녁을 만끽하고 싶을 때 좋다. 이 외에도 주변의 여러 섬을 돌아보는 투어 프로그램까지 다양하게 마련되어 있다.

운행　시내 보트 투어 5/1~9/6, 운하 가이드 투어 4/3~12/17
Cost　시내 보트 투어 24시간 335SEK, 운하 가이드 투어 285SEK
Web　www.stromma.se

대중교통 요금

1회권 enkel biljett : 기본 42SEK(컨택리스 카드 접촉 시, 애플리케이션 구입 시, SL 카드 구입 시에도 동일 적용), 54SEK(창구 구입 시), 6~17세 26SEK(75분 동안 버스, 메트로, 유르고덴행 트램 자유 환승 가능)

※ 시내 전 구간은 단일 요금이 적용된다.

24시간권 24-timmarsbiljett : 175SEK, 6~17세 110SEK

72시간권 72-timmarsbiljett : 350SEK, 6~17세 220SEK

7일권 7-dagarsbiljett : 455SEK(SL 카드나 애플리케이션에 충전해 사용), 6~17세 290SEK

티켓 구입과 사용 방법

교통편 탑승 시 카드나 애플리케이션을 차내의 녹색 센서에 접촉시키며, 센서가 없는 곳에서는 직원에게 제시해야 한다. 초보자는 부득이한 환승을 대비해 탑승 시간에 제약이 덜한 24시간권 등의 정기권 사용을 권한다.

1회권 : SL 애플리케이션에서 구입하거나, 금액이 충전된 SL 카드 · 컨택리스 카드 접촉 시 자동 적용(개시 후 75분간 환승 가능).

24 · 72시간, 7일권 : SL 애플리케이션에서 구입하거나, 지하철역 내 자동판매기, 편의점, 교통 안내소에서 SL 카드에 충전해 사용 가능.

SL 카드 : 교통 안내소, 편의점에서 20SEK에 구입하며 충전은 100SEK부터 가능, 애플리케이션에서 구입 시 무료.

Tip

스톡홀름 올-인클루시브 패스

정해진 시간 동안 시내 박물관 대부분과 미술관, 투어 버스와 보트 등을 무료로 이용할 수 있다. 봄~가을 위주로 짧은 시간 동안 많은 곳

Taxiföretagets eller sammanslutningens namn

Prisinformation

När	Jämförpris 10 km som tar 15 min	Det högsta jämförpriset som tillämpas av detta taxifordon
Vardag klockan 09-16 ❶	250 kr	320 kr
Vardag klockan 16-09 ❷	270 kr	
Fredag klockan 16-måndag klockan 09 ❸	300 kr	
Valborg, Midsommar-, Jul-, Nyårsafton klockan 15 till klockan 09 nästa dag ❹	320 kr	

Begär alltid taxameterkvitto!

Grunderna för hur priset bestäms framgår av prisinformation på insidan av taxifordonet!

Storbilstaxa tillämpas vid körning med fler än fyra passagerare.
Stations-/ terminalavgift tillämpas.
Fasta priser tillämpas.

10km(15분 주행) 기준 요금표

❶ 월~금 09:00~16:00
❷ 월~금 16:00~09:00
❸ 금 16:00~월 09:00(주말)
❹ 하지 · 12/25 · 4/30 · 1/1의 15:00~익일 09:00

을 보고 싶다면, 보트 투어를 많이 이용한다면 추천. GoCity 애플리케이션을 다운받고, 원하는 장소와 날짜를 선택한 후 결제해 이용하면 된다. 입장 시 패스에 있는 QR 코드를 접속하자. 보트 운행이 없는 겨울에는 약간의 할인이 적용된다.
단 교통 기능이 없는 점을 감안해, 패스 사용 시간에 맞춰 교통권을 함께 구입해 사용해야 한다. 방문을 원하는 관광지가 패스 사용이 가능한지도 사전에 반드시 확인하고 이용하자.

Cost **16세 이상 성인 기준** 24시간 834SEK, 48시간 1,299SEK, 72시간 1,534SEK, 120시간 1,919SEK(6~15세 60% 할인)

Web www.gocity.com/stockholm

스톡홀름 시내, 이렇게 보자

스톡홀름은 '북유럽의 서울'로, 다른 북유럽 국가의 도시 중에서도 규모가 가장 크고 볼거리도 많다. 여태까지 필자에게 조언을 받았던 여행자들이 돌아와서는 이구동성으로 "시내만 3일 잡았는데도 모자랐어요!"라고 말할 정도다. 그래서 일정도 도시 중 가장 길게 잡는 것이 좋다. 시내는 걷거나 자전거로 이동하기 쉽게 조성되어 있지만, 넓은 시내를 다 돌아보려면 대중교통을 잘 이용해야 하며, 동선이 비슷한 곳을 묶어서 일정을 짜면 교통 이용 횟수가 줄어들고 효율적인 일정도 가능해진다.
시내 전체는 크게 노르말름(중심부), 감라 스탄(구시가지), 유르고덴, 셉스홀맨, 쇠데르말름 지구 등으로 나뉘며 외곽에도 여러 관광지가 다양하게 분포되어 있다. 이 중 가장 중요한 중심부와 감라 스탄을 묶어서 하루, 유르고덴 지구 박물관들을 둘러보는 하루를 합해 최소 2일 일정이 기본으로 필요하다. 그 외에 본인의 취향에 맞춰 시내와 외곽 지역의 관광지, 이케아나 구스타브스베리 아웃렛 등의 대형 쇼핑 스폿 추가 시 3~5일, 웁살라와 시그투나 등의 근교 지역까지 포함하면 5~7일 이상까지 소요될 수 있다. 관광지 운영이 짧아지는 11~3월에는 가고 싶은 관광지들의 운영 여부를 확인한 후 전체 일정을 잡는 것이 좋다. 시간이 부족하다면 기본 일정 이틀만 진행하도 무방하며, 저녁 시간까지 진행하는 투어나 나이트 라이프 스폿을 잘 이용하면 다소 타이트하지만, 알찬 일정이 가능해진다.
14개의 섬 사이에 숨어 있는 역사와 전통, 각 지역 속의 독특한 매력을 여유롭게 찾아보는 것이 스톡홀름 관광의 포인트!

스톡홀름에서 놓치지 말자!

1 전 세계의 12월을 아름답게 빛내는 노벨상의 현장 찾아보기.
2 감라 스탄의 작은 골목길들 구석구석 내 발로 누비기.
3 유르고덴 지구에 모여 있는 보석 같은 박물관들을 쫙~ 살펴보기.
4 쇠데르말름 지구와 이케아, 구스타브스베리 등의 쇼핑 스폿에서 스웨덴다운 보물 찾기.
5 예술가들이 만든 그들의 집과 작품 속, '가장 아름다운 삶'에 대해 고찰하기.

추천 코스

1일 차는 '스톡홀름의 어제와 오늘', 2일 차는 '스웨덴 문화 체험'이라는 테마로 구성하여 스톡홀름의 다양한 면면을 체험할 수 있도록 했다. 날씨, 왕궁 개방 여부, 시청사 투어 시간 등에 따라 일정을 서로 맞바꿔 진행해도 무방하다.

1일 차

스톡홀름의 가장 기본적인 관광지들을 둘러보며 시내와 친해지자. 700년 전 골목길부터 현재 노벨상의 현장까지 골고루 돌아볼 수 있다. 시청사와 탑 투어를 동시에 진행 시, 아침부터 서둘러야 한다. 세르옐 광장 및 중심가에서는 점심을 먹으며 잠깐 휴식을 취하고 중간중간 백화점 등의 쇼핑 스폿도 눈여겨봐 주는 센스! 구시가 감라 스탄의 미로 같은 골목길 속에서는 길을 잃어 보고, 곳곳에 숨은 작은 가게들 역시 눈여겨보자. 낮 일정이 끝나면 세르옐 광장을 다시 찾아 낮에 못다 한 쇼핑, 나이트 라이프를 진행하자. 여름 시즌에는 스톡홀름 패스로 진행 가능한 운하 투어 등을 이용하면 알찬 저녁이 된다.

스톡홀름 중앙역

→

스톡홀름 시청사 p.142

도보 10분

→

세르옐 광장 & 중심가 p.143

도보 15분

감라 스탄 지구 p.150

도보 10분

←

세르옐 광장 p.143

도보 10분

2일 차

2일 차 일정에서는 유르고덴 지구의 여러 재미있는 박물관들을 취향 따라 돌아보며, 스웨덴의 다양한 문화를 몸과 마음으로 느껴 보자. 이날 스톡홀름 패스를 잘 사용하면 본전 뽑을 수 있다. 바사호 박물관에는 아침 일찍 가지 않으면 1시간 이상 줄 서서 기다릴 수 있으니 반드시 오전이나 맨 마지막에 진행하자. 바사호 박물관을 보고 나서 삐삐의 향수 가득한 박물관인 유니바켄과 스웨덴 전통으로 가득한 문화사 박물관 중 한 곳을 선택해 둘러보자. 늦어도 오후 3시 전까지 관람을 마칠 것. 야외 박물관인 스칸센에서는 스웨덴 각 지역의 역사와 전통을 확인하며, 우리의 전통에 대해서도 함께 생각해 보자. 일정 마지막에는 역시 세르옐 광장으로 돌아가서 지하에 연결된 여러 슈퍼마켓에서 못다 한 쇼핑을 즐기자.

세르옐 광장 p.143 근처 트램

→

바사호 박물관 p.156
트램 15분

→

유니바켄 p.158 또는
문화사 박물관 p.157
도보 5분

스칸센 p.155
트램 10분

←

아바 박물관 p.159 또는
티볼리 그뢰나 룬트 p.158
트램+도보 10분

←

세르옐 광장 p.143
트램 15분

3일 차

현재 스웨덴 왕실의 정궁 드로트닝홀름 궁전(p.177), 실용주의 건축의 정수인 국립 공동묘지(p.176), 바닷가 옆 아름다운 예술가의 집 밀레 공원(p.178) 중에서 선택해 외곽 지역 반나절 일정을 진행하자. 그 외에도 시내의 많은 미술관과 박물관 중 본인의 취향 따라 테마 여행을 즐기는 것도 괜찮다. 쇼핑에 관심이 많다면 구스타브스베리 팩토리 숍(p.180), 이케아(p.179), 바르카비 퀄리티 아웃렛(p.180)으로의 쇼핑 역시 반나절에서 하루까지 너끈히 잡아야 한다. 쇠데르말름 지구(p.164)과 소포 지구(p.170)에서 보물찾기라도 하듯 숍 찾는 재미 역시 놓치지 말자.

4일 차

웁살라(p.231), 시그투나(p.188), 에스킬투나, 박스홀름(p.190), 마리에프레드(p.189)을 비롯한 여러 근교 지역 중 마음에 드는 곳을 선택해 당일 근교 여행을 떠나자.

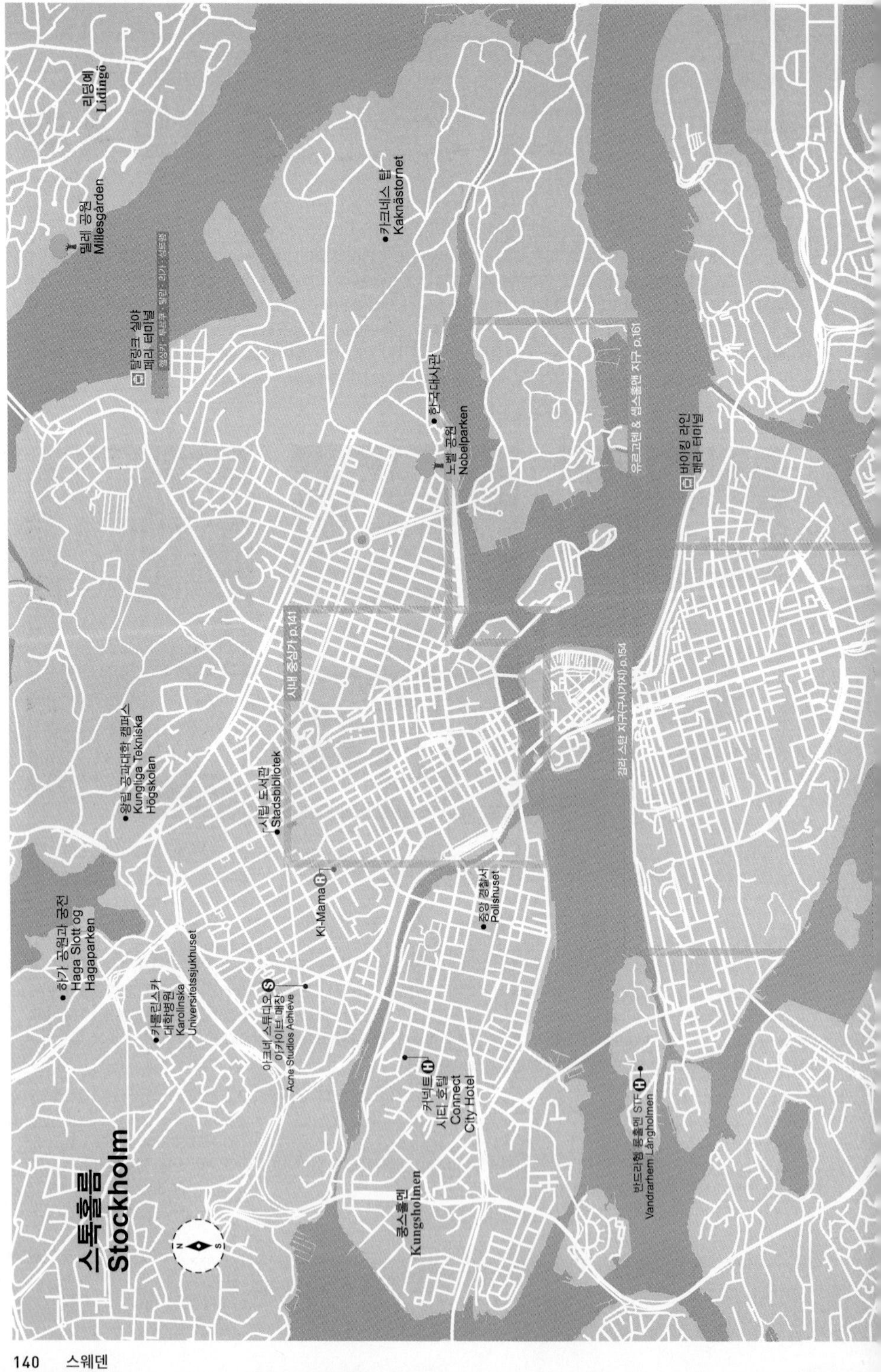
스톡홀름
Stockholm
리딩에
Lidingö
밀레 공원
Millesgården
탈링크 실야
페리 터미널
카크네스 탑
Kaknästornet
한국대사관
노벨 공원
Nobelparken
유르고덴 & 셉스홀멘 지구 p.161
바이킹 라인
페리 터미널
시내 중심가 p.141
감라 스탄 지구(구시가지) p.154
왕립 공과대학 캠퍼스
Kungliga Tekniska
Högskolan
시립 도서관
Stadsbiblioteket
Ki-Mama
중앙 경찰서
Polishuset
하가 공원과 궁전
Haga Slott og
Hagaparken
카롤린스카
대학병원
Karolinska
Universitetssjukhuset
아크네 스튜디오
아카이브 매장
Acne Studios Achieve
커넥트
시티 호텔
Connect
City Hotel
쿵스홀멘
Kungsholmen
반드라헴 롱홀멘 STF
Vandrarhem Långholmen

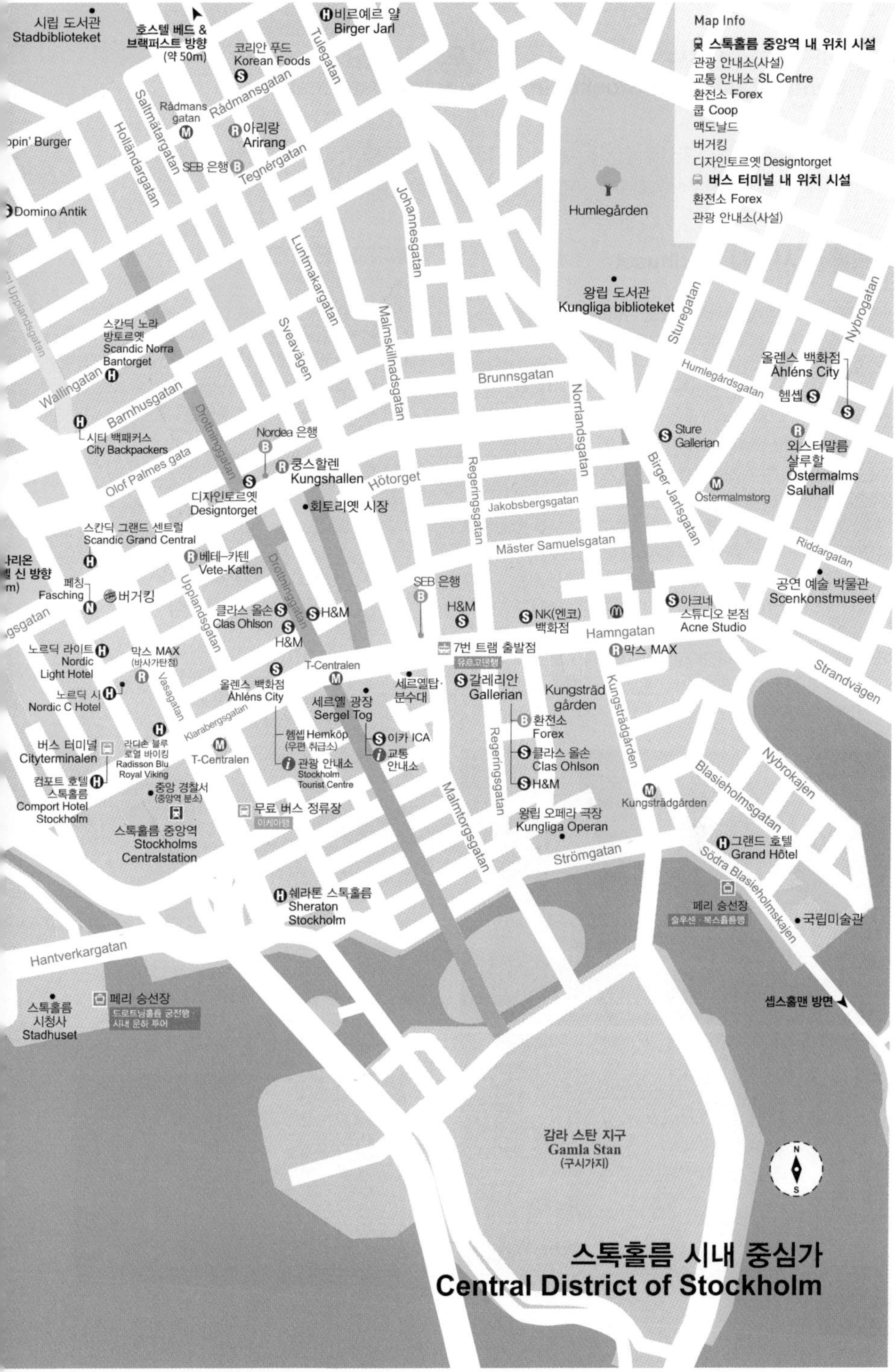

스톡홀름 시내 중심가
Central District of Stockholm

시내 중심가(노르말름, 외스터말름)
Central District of Stockholm(Norrmalm, Östermalm)

스톡홀름의 현재와 미래를 확인할 수 있는 다양한 건축물과 여행자들을 위한 편의 시설이 많아 여행의 시작점으로 삼기에 좋다. 여기서부터 스톡홀름 시내 관광을 시작하자.

스톡홀름 시청사 Stadhuset

관광명소 로컬명소 뷰포인트

세계에서 가장 아름다운 시청 건물로 손꼽히는 곳. 1923년 라구나르 오스토베리에 의해 세워진 후 스톡홀름 시내 최고의 랜드마크로 자리 잡고 있다. 특히 매년 12월에 노벨상 시상식 및 축하 만찬이 열리는 곳으로도 유명하다. 시청 안에서는 이탈리아 광장을 연상케 하는 블루 홀, 1,800만 개 이상의 금박 모자이크로 장식된 골든 홀, 스톡홀름 시 행정의 중심인 시의회 회의장 등을 45분간의 가이드 투어로 돌아볼 수 있다. 한글 안내문을 미리 다운받아 보면 도움이 된다.

106m 규모의 시청사 탑은 5~9월에 스톡홀름 시내를 한눈에 볼 수 있어 인기가 많다. 엘리베이터를 타고 올라간 후 약 300개의 계단을 다시 숨차게 걸어 올라가야 하지만, 탑에서 보는 시가지와 항구의 멋진 전경은 고생을 보상해 주고도 남는다. 미야자키 하야오의 애니메이션 〈마녀 배달부 키키〉에 나오는 큰 시계탑이 이 탑을 모델로 하여 그려졌다고 하니 비교해서 보면 더 재미있다. 시간당 입장 인원이 30명으로 제한되어 있으므로 일찍 관람을 원한다면 청사 투어 전에 미리 진행하는 것이 좋다.

Address Hantverkargatan 1
Tel 08 5082 9058
Open **영어 가이드 투어** 10:00~15:00(매시간 정각에 진행), 주말 · 공휴일 09:30~15:00, 6/7~8/26 09:00~16:00
탑 입장 6~8월 09:10~17:10, 5 · 9월 09:10~15:50(40분 간격)
Close 1/1, 12/6~11, 12/24~26, 12/31, 그 외 부정기적
Access 중앙역 앞에서 바닷가 방향으로 내려간 다음 큰 시계탑이 있는 건물을 따라 도보 약 10분 소요. 쇠데르말름 지구에서는 3번 버스를 타고 Stadhuset 정류장에 하차.
Cost **가이드 투어** **4~10월** 성인 150SEK, 학생 · 65세 이상 130SEK, 7~19세 60SEK, 6세 이하 무료, **11~3월** 성인 90SEK, 학생 · 65세 이상 80SEK, 7~19세 40SEK
※ 스톡홀름 패스 이용 불가
시청사 전망대 60SEK
Web international.stockholm.se

Snakk

시청사 속 '옥에 티'를 찾아라!

시청사에는 '옥에 티'가 숨어 있습니다. 골든 홀로 들어설 때, 문 윗부분을 잘 보면 머리가 가려진 그림이 있어요. 하필 이 도시의 수호성인인 에릭의 머리가 가려진 사태(?)가 빚어진 건, 설계 시 무늬 배치가 잘못되었기 때문이라고 합니다. 하지만 이런 약점이 오히려 관광의 다른 포인트가 되어, 시청사 투어 시 생각지 못한 반전의 재미를 주고 있지요.

세르옐 광장 Sergel Tog

로컬명소

스톡홀름 시민들의 '만남의 장소'이자, 다양한 길거리 공연이 펼쳐지는 대형 광장이다. 그 옆의 큰 건물은 시민 문화 센터, 예술 도서관, 푸드코트 등이 밀집해 있어 잠시 식사를 하며 쉬어 가기에 좋다. 또한 지하도 주위에는 올렌스 백화점, NK 백화점, 갈레리안 쇼핑몰 지하와 연결되어 있어 쇼핑에 편리하다. 사람이 많은 만큼 소매치기도 많이 보이니 소지품 관리에 주의할 것.

Access 중앙역 앞에 나 있는 계단을 이용해 Klarabergsgatan을 쭉 따라 올라가면 큰 탑과 광장이 있다. 지하철 T-Centralen 역에서 하차 후 세르옐 광장 방면 출구로 나와도 무방.

디자인토르옛 Designtorget

쇼핑 건축 · 디자인

스웨덴의 디자인 경향을 가장 빠르게 알 수 있는 숍. 개성 있는 신인 디자이너들의 기발한 상품과 인기 많은 디자인 아이템들을 함께 취급하고 있다. 스톡홀름 관광객들을 위한 시내 랜드마크 캐릭터 아이템과 디지털 기기 사용자들을 고려한 받침 및 정리 제품들, 기발한 아이디어 가득한 주방용품, 어린이용품은 선물용으로 최고. 가격은 싸지 않지만, 그들만의 재치 넘치는 디자인 상품에 관심이 많다면 반드시 방문하자. 쇠데르말름, 쿵스가탄, 중앙역 등을 비롯한 시내 곳곳과 아를란다 공항 5터미널 면세 구역, 예테보리, 말뫼, 우메오에도 매장이 있다.

Address Certralplan 15
Tel 08 219 150
Open 월~금 08:00~20:00, 토 · 일 10:00~18:00
Access 스톡홀름 중앙역 구내 1층.
Web www.designtorget.se

시립 도서관 Stockholms Stadsbibliotek

로컬명소 건축 · 디자인 어린이 동반

국립 공동묘지(p.176)를 설계한 군나르 아스프룬드의 또 다른 역작. 로마에 영감을 받아 1928년에 지어진 노르딕 신고전주의 건축의 전형이다. 건물 내부는 각국의 문학 작품이 둥글게 배치된 메인 열람실 로툰다Rotunda와 여러 전문 분야별 열람실 Facksal, 연령별로 분류된 어린이 전용관으로 나뉘어 있다.
특히 메인 열람실은 책이 사람을 감싸는 포근한 느낌과 쉽게 책을 찾을 수 있는 구조가 어우러져 편안함을 안겨 준다. 중간중간 배치된 세면대와 건물 모양의 소파, 오래된 책상과 의자, 동화 속 세계의 벽화가 포함된 어린이 전문관 역시 아스프룬드의 감성을 느끼기에 좋다. 그냥 건물 안쪽만 휙 둘러보지 말고, 잠시 자리에 앉아 이들처럼 책을 읽으며 이곳이 왜 스톡홀름 시민들에게 사랑받는지 느긋이 생각해 보자. 화장실은 유료(5SEK).

Address Sveavägen 73
Tel 08 5083 1210
Open **7~8월 첫째 주** 월~금 09:00~19:00, 토 12:00~16:00
그 외 기간 월 · 수 · 목 10:00~17:00, 화 13:00~19:00, 금~일 12:00~16:00
Close 7~8월 첫째 주의 일요일, 12/24~25, 12/31~1/1, 공휴일
Access 슬루센 역에서 2번, 로프스텐 역에서 6번 버스를 이용해 Stadsbibliotek 정류장에 하차하거나, 지하철 17, 18, 19번 Odenplan 역에서 하차해 도보 이동.
Wifi 가능
Web biblioteket.stockholm.se

Tina's Plus

시내 대표 앤티크 거리, Upplandsgatan

시립 도서관에서 중앙역 방면의 53번 버스를 타고 거치는 Upplandsgatan은 다양한 앤티크 가게들이 많아 '앤티크 거리'로 유명하다. 유명 브랜드들의 옛 모델 그릇, 조명, 가구 등에 관심이 많다면 한번 들러 보자. 가게들은 모두 평일 오후 시간 중심으로만 문을 연다.
주변에는 일식집 Ki-Mama, 버거 맛집 Flippin' Burgers를 비롯한 다양한 식당도 많아, 시립 도서관 일정 후 알찬 오후와 저녁 시간을 보내기에 좋다. 시티 백패커스(p.181 참조)와 중앙역 주변 숙소에 묵는다면 도보 이동도 가능하다.

추천 앤티크 가게

Bacchus Antik(Address Upplandsgatan 46) : 그릇, 가구 등의 잡화 중심
A Bit of Old Touch(Address Upplandsgatan 43) : 의류 중심
Stockholms Skivbörs(Address Upplandsgatan 47) : 중고 레코드 중심
Domino Antik(Address Upplandsgatan 25) : 조명, 그릇, 유리 제품 중심

NK(엔코) 백화점 NK(Nordiska Kompaniet)

쇼핑

스웨덴의 자존심을 지키는 북유럽 최고의 명품 백화점. 한국으로 치면 신세계 백화점 본점이나 압구정 갤러리아와 비슷한 곳이다. 1902년에 세워진 이래 지금까지 스톡홀름의 대표적인 쇼핑 명소이자 유행 경향의 척도로 인기가 높으며, 세련된 스타일의 현지인들을 만나기에도 좋다. 저렴하고 맛있는 아이템이 많은 지하 식품관을 비롯해, 1층에는 간단한 관광 안내소와 환전소 Forex, 4층에는 영어 서적을 갖춘 서점이 있어 여행자들에게도 유용하다. 특히 4층 인테리어 매장과 지하 주방용품 매장은 북유럽에서도 최고 수준으로 이곳에서 주부들이나 관심 많은 여행자의 지갑 열리는 것은 시간문제. 시간을 넉넉히 잡고 둘러보자. 세금 환급은 200SEK 이상 구입 시 가능하다. 화장실은 유료(10SEK)이며, 예테보리에 분점이 있다.

Address Hamngatan 18-20
Tel 08 762 8410
Open 월~금 10:00~19:00, 토 10:00~18:00, 일 · 일부 공휴일 11:00~17:00
Close 하지의 금 · 토요일, 12/24~26, 1/1
Access 세르옐 광장에서 유르고덴행 트램 정류장 왼쪽 건너편. 지하철 T-Central 역에서 지하 연결 통로로 이어진다.
Web www.nk.se

H&M

쇼핑

스웨덴을 대표하는 중저가 토털 패션 브랜드. 메인 아이템인 여성 의류를 비롯해 남녀노소 입을 수 있는 다양한 사이즈의 아이템이 많아 선택의 폭이 넓다. 특히 세일 기간에는 50% 이상 할인된다. 스톡홀름 시내 중심가에는 8개의 대규모 매장이 있으며, 여기에 소개하는 곳은 전 세계의 H&M 본점과 같은 플래그십 매장이다. 한국에 없는 '나만의 패션'을 연출하고 싶은 패셔니스타라면 필수 코스! 어린이, 잡화, 인테리어 상품까지 폭넓게 선택할 수 있다. 매장마다 서로 다른 물건을 갖추고 있으니 맘에 드는 것이 보이면 바로 사는 것이 좋다. 특히 세일 기간에는 경쟁이 치열하다.

Address Hamngatan 22
Tel 08 5246 3530
Open 월~금 10:00~20:00, 토 10:00~19:00, 일 11:00~18:00
Access NK 백화점 바로 옆. 지하철 T-Centralen역에 지하 연결 통로가 있다.
Web www.hm.com

갈레리안 Gallerian

쇼핑

건너편의 NK 백화점, 올렌스 백화점과 함께 스톡홀름 최대의 쇼핑 스폿으로 통한다. 젊은 층이 선호하는 의류 브랜드, 스포츠 멀티숍, 휴대전화, 디자인 상품, 전자 제품 매장 및 저렴한 간이식당이 많다. 쇼핑할 시간이 없거나, 여행 중 필요한 물건이 있다면 이곳에서 바로 해결하는 것도 좋은 방법이다. 여름과 겨울 세일 기간에는 많은 사람으로 붐빈다. 화장실 이용은 유료(10SEK).

Address Klara Södra Kyrkogata 18
Open 월~금 10:00~20:00, 토 10:00~19:00, 일 11:00~19:00
Access NK 백화점 건너편. 지하철 T-Centralen 역에서 세르옐 광장 방면에 연결 통로가 있다.
Web www.gallerian.se

클라스 올손 Clas Ohlson

쇼핑 로컬명소

간단한 전자 제품과 생활용품을 주로 판매하는 '만물상' 같은 대형 숍. 특히 DIY족을 위한 다양한 공구와 재미있는 생활용품이 많다. 여행 도중 자물쇠, 자전거 체인, 배낭, 건전지 등이 급히 필요할 경우에도 유용한 곳이다. 갈레리안 쇼핑몰을 비롯한 시내 약 12곳에 매장이 있으며 핀란드와 노르웨이 대도시에도 있다.

Address Drottninggatan 53
Tel 08 5179 3900
Open 월~금 10:00~20:00, 토 10:00~18:00, 일 11:00~18:00
Access 세르옐 광장 가기 전, 구시가지로 가는 Drottninggatan의 반대 방향에 위치.
Web www.clasohlson.com

스톡홀름의 각종 슈퍼마켓

식비 및 생활비 절약을 위한 방법으로 적극 이용하자. 늦은 시간까지 운영하고 있어 관광 후 들르기도 편하다. 단, 계산 시 여권 제시가 필요한 점 주의.

이카 ICA

스웨덴 전역에 널리 퍼져 있는 슈퍼마켓 체인으로, 시내 곳곳에 크고 작은 매장이 있다. 지하철 중앙역에서는 세르옐 광장 방향 출구 옆의 ICA Nära가 가장 찾기 쉽다. 또 즉석 음식과 커피 등을 주로 판매하는 ICA to go는 간단한 식사 해결에 좋다.

Open　월~금 07:00~23:00, 토 · 일 09:00~23:00

쿱 Coop

중앙역 지하 교통 안내소 건너편에 대형 매장이 여행자에게 유용하다. 이 밖에도 구시가지와 한국 슈퍼 근처에 소형 매장, 쇠데르말름 지구 살루할, 시립 도서관 옆에 대형 매장이 있다.

Open　08:00~22:00(중앙역 지하 06:00~23:30)

헴셥 Hemköp

시내 중심가 올렌스 백화점Åhlens City 지하, 앤티크 거리에 위치한 초대형 슈퍼. 저렴한 상품이 많아 선택의 폭이 넓다. 시내 곳곳에 8개의 매장이 있다.

Open　07:00~23:00

NK 백화점 지하 식품 매장

한국의 백화점 식품관처럼, 오감이 즐거운 음식 천국.

코리안 푸드 Korean Food

북유럽 전체에서 유일한 한국 식품점. 한국 음식이 급하게 필요할 때 찾아가 보자. 가격은 한국의 최대 3배까지로 꽤 높은 편. 7월에는 휴가 관계로 잠시 문을 닫는다.

Address　Luntmakargatan 76
Tel　08 5459 3816
Open　월~금 13:00~19:00, 토 11:00~16:00
Close　일요일, 공휴일, 12/24~26, 12/31~1/2, 여름휴가 기간
Access　지하철 Rådmansgatan 역에서 한 블록 안으로 들어가 Luntmakargatan이 보이면 왼쪽으로 올라간다.
Web　www.koreanfood.se

막스 MAX

레스토랑

1968년에 오픈한 후, 스웨덴을 대표하는 패스트푸드 체인으로 발전했다. 엄선한 100% 스웨덴산 재료만 사용하여 다른 패스트푸드점보다 좀 더 신선한 맛이 느껴진다. 저렴한 카페 메뉴, 점심에는 당일의 세트 메뉴가 최고. 시내 중심가에는 NK 백화점 건너편, 쿵스가탄 뒤편에 2곳이 더 있다. 늦은 시간 식사가 필요할 때 유용하다.

Address Vasagatan 7
Tel 08 5061 2070
Open 일~목 10:00~02:00, 금 · 토 10:00~05:00
Access 중앙역에서 왼쪽으로 직진.
Cost 어린이 세트 45SEK, 점심 세트(10:00~14:00) 87SEK, 일반 세트 메뉴 95~120SEK, 커피 종류 22~49SEK
Wifi 가능
Web www.max.se

아리랑 Arirang

레스토랑

1975년 스톡홀름에 최초로 생긴 한국 레스토랑. 전통과 현대가 조화된 인테리어와 깔끔한 맛으로 현지인들을 사로잡고 있다. 특히 점심 메뉴 비빔밥은 인기 최고. 이곳에서 직접 만든 고추장과 양념, 김치는 따로 구입 가능하다. 가격은 조금 높지만, 한국 음식이 그리울 때 찾아가면 딱 좋다. 저녁에는 예약 필수.

Address Luntmakargatan 65
Tel 08 673 3225
Open 화~금 11:00~14:30(점심), 17:00~22:00(저녁), 토 12:00~15:00(점심), 17:00~22:00(저녁)
Close 일 · 월요일, 7월 여름휴가 기간
Access 지하철 17, 18, 19번 Rådmansgatan 역에서 하차하여 Rådmansgatan을 따라 들어가면 Luntmakargatan 거리가 나오는데 오른쪽에 흰 간판과 검은색 레스토랑이 있다.
Cost 점심 비빔밥(육회/콩/불고기/잡채/닭고기) 179SEK
Web arirang.se

베테-카텐 Vete-Katten

로컬명소 카페

90살이 넘는 베이커리 카페로, 스웨덴 시내를 대표하는 카페 중 하나이다. 고풍스런 분위기의 실내에서 맛있는 아침 식사와 케이크, 시나몬 롤을 맛볼 수 있다. 점심 시간에는 전통식 오픈 샌드위치, 매주 화요일 오후에는 애프터눈 티 뷔페(15:00~17:00, 여름 제외)도 가능하다. 시민들이 사랑하는 전통 카페에서 현지인들과 함께 아침과 오후의 피카 시간을 즐겨 보자. 중앙역 구내와 올렌스 백화점 내, 갈레리안 쇼핑몰 구내에 지점이 있다.

Address Kungsgatan 55
Tel 08 208 405
Open 월~금 07:30~20:00, 토 · 일 09:00~19:00
Close 하지의 금 · 토요일, 12/24~26, 12/31~1/1
Access 중앙역 앞에서 좌회전 후 버거킹이 보이면 반대편 큰길로 우회전해 오른쪽.
Cost 음료 종류 30SEK~, 케이크 45SEK~, 샌드위치류 92SEK~, 오늘의 점심 100~150SEK
Web www.vetekatten.se

외스터말름 살루할 Östermalms Saluhall

로컬명소 레스토랑

스톡홀름을 대표하는 최고의 실내 시장. 제이미 올리버가 자신의 비디오 클립에서 'Fantastic Indoor Market'이라고 극찬한 곳으로도 유명하다. 1888년에 지금의 장소에서 시작된 이래, 17명의 상인이 대대로 이곳을 책임져 왔다. 시장 안에 진열된 신선한 야채, 과일, 생선, 치즈 종류와 포장된 음식들은 모두의 눈길과 발길을 사로잡는다. 스웨덴만의 최고급 먹거리에 관심이 많다면 반드시 방문해 보자. 2016년 4월부터 설립 125주년을 기념해 약 4년간 리노베이션이 진행되었으며, 새단장을 마치고 2020년에 다시 문을 열었다.

Address Östermalmstorg 31
Open 월~금 09:30~19:00, 토 09:30~17:00
(일부 레스토랑 09:30~21:00)
Close 일요일, 공휴일
Access 지하철 13, 14번 Östermalmstorg 역에서 하차 후, Nybrogatan 방면 출구로 나와 왼쪽. 헴셉 및 올렌스 백화점 건너편 위치.
Web www.ostermalmshallen.se

페칭 Fasching

로컬명소 재즈 클럽 즐길거리

1977년 처음 문을 연 이래, 예테보리의 네페르티티(p.206 참조)와 함께 스웨덴 최고의 재즈 클럽으로 굳건히 자리 잡아 왔다. 구시가지의 스탐펜(p.153 참조)이 펍에 가깝다면, 페칭은 뉴욕 블루노트처럼 식사와 공연을 같이 즐기는 '극장식당'과 비슷하다. 거의 매일 최고의 재즈 공연을 관람할 수 있고, 금요일 저녁과 토요일 밤에는 젊은이들을 위한 클럽으로도 변신한다. 홈페이지에 매일의 공연 목록이 나와 있으니 반드시 확인하고 가자. 만 20세 이상만 입장이 가능하다.

Address Kungsgatan 63
Tel 08 5348 2960
Open 월~목 · 일 18:00~24:00,
금 · 토 18:00~04:00
Access 중앙역을 나와 왼쪽으로 직진 후, 버거킹 앞에서 좌회전.
Cost 최소 150SEK 이상(공연마다 다름)
Web www.fasching.se

감라 스탄 지구(구시가지)
Gamla Stan

도시가 처음 만들어졌던 13세기부터 지금까지 감라 스탄은 스톡홀름의 역사를 말해 주는 전통적인 구시가 지역이다. 작은 섬 안에 오밀조밀하게 모여 있는 집들과 좁은 골목길이 운치를 더하는 곳에서 한가롭게 거닐며 분위기를 느껴 보자.

대성당 Storkyrkan

스톡홀름에서 가장 오래된 대성당으로 1279년에 세워졌다. 대성당이라는 이름과 다르게 규모는 작은 편이지만 왕실의 결혼식, 장례식 등의 주요 행사를 도맡고 있는, 작지만 큰 왕실 공식 루터란 대성당이다. 지속된 증개축을 통해 지금의 모습을 갖췄으며, 내부 제단 벽 부분은 흑단과 금으로 장식되어 있어 화려한 멋을 더한다. 특히 대성당 안에서는 1489년에 제작된 '세인트 조지(외란)와 용' 목조각이 가장 유명한데, 덴마크와의 전쟁에서 승리한 것을 기념하여 만들어졌다고 한다. 오디오 가이드를 미리 홈페이지에서 들어 보고 가면 이해하기 쉽다.

관광명소

Address Trångsund 1
Open 09:00~18:00
Access 시청사 앞에서 3번, 중앙역 옆에서 53번 버스를 타고 Mälartorget에서 하차. 지하철 이용 시 13, 14, 17, 18, 19번 Gamla Stan 역에서 하차.
Cost 성인 85SEK, 18세 미만 무료
Web www.stockholmsdomkyrkoforsamling.se
오디오 가이드 storkyrkanaudio.com

왕궁 Kungahuset

관광명소

북유럽 왕실을 대표하는 대규모의 궁전. 1981년에 드로트닝홀름 궁전으로 국왕이 옮겨 가기 전까지 왕실의 공식 거주지였으며, 지금은 외국 국빈들을 맞는 영빈관 겸 왕의 공식 업무 장소이다. 총 608개의 방 중에서 일부를 공개하고 있는데, 특히 왕실의 다양한 미술품과 가구, 섬세하게 수놓아진 태피스트리들이 눈길을 끈다. 메인 건물인 스테이츠 아파트먼트States Apartment 외에도, 구스타프 3세의 미술품이 소장된 앤티크 박물관, 스웨덴 경제의 역사가 담긴 화폐 박물관, 1970년까지의 왕실 보물들을 전시하는 Treasury 등을 티켓 하나로 함께 방문할 수 있다. 또한 뒤편 광장에서 열리는 근위병 교대식은 북유럽 왕실들 중 최대 규모로 5~9월에는 군악대까지 포함된다. 시설마다 공식 일정이 있을 경우 휴관할 수 있으니 사전에 홈페이지를 통해 확인하고 방문하자. 티켓은 구입 후 7일 동안 유효하다. 시간이 맞다면 6~8월 매일 10:30, 13:30, 이외 기간 토~일 13:30에 진행하는 영어 가이드 투어(입장료에 포함)를 잘 활용해 보자.

Address Kungahuset, Gamla Stan
Tel 08 402 6130
Open **5~9월** 10:00~17:00, **10~4월** 10:00~16:00
근위병 교대식 4/23~8/31 월~토 12:15, 일 · 공휴일 13:15 **9~12월** 수 · 토 12:15, 일 13:15(9/1 이후 비수기에는 군악대 규모 축소)
Close 12/24~25, 12/31~1/1, 주요 행사일
Access 시내 중심가에서 Drottninggatan 길을 따라 내려간다. 지하철 이용 시 13, 14, 17, 18, 19번 감라 스탄 역에서 도보 약 10분 소요.
Cost **전체 통합 티켓(왕궁+화폐 박물관+무기고+구스타프 3세 박물관+보물관)** 18세 이상 180SEK, 7~17세 · 학생 90SEK
Wifi 가능
Web www.royalpalaces.se
근위병 교대식 관련 www.forsvarsmakten.se

노벨 박물관 Nobelmuseet

박물관 어린이 동반

스웨덴 하면 생각나는, 노벨의 생애와 노벨상에 대한 정보를 담은 작은 박물관. 노벨상 수상자들에 대한 다양한 정보, 철철이 열리는 관련 특설 전시가 1층에 꽉 들어차 있다. 우리가 아는 이름을 수상자 명단 중 찾아보는 것도 나름 재미있다. 구내의 카페 '비스트로 노벨'에서는 1998년까지 노벨상 시상식 때 디저트로 제공된 아이스크림을 판매하며, 의자를 뒤집어 보면 카페를 방문했던 노벨상 수상자들의 서명이 새겨져 있다. 매일 11:15, 13:15, 15:15(금요일 19:15 추가)에 무료 영어 가이드 투어가 있다(여름 시즌에는 10:15, 16:15 추가). 평화상 부분은 오슬로의 노벨 평화센터(p.266 참조)에 따로 전시되어 있다.

Address Börshuset, Stortorget, Gamla Stan
Tel 08 5348 1818
Open **6/1~8/31** 10:00~19:00(금 ~21:00)
9/1~5/31 11:00~17:00(금 ~21:00)
Close 하지의 금 · 토요일, 9/1~5/31의 월요일, 12/24~ 25, 12/31~1/1, 1/8~2/9(공사)
Access 구시가지로 진입해 대광장 Stortorget까지 이동한 후, 분수대 건너편의 Svenskan Akademien 건물 1층.
Cost 성인 140SEK, 학생 100SEK, 18세 미만 무료, 오디오 가이드 20SEK
Web www.nobelmuseet.se

대광장 Stortorget

로컬명소 관광명소

시내에서 가장 오래된 광장으로, 처음 구시가지가 만들어졌던 당시부터 여러 골목길들이 모이는 큰 광장으로 형성되었다. 1520년 덴마크 지배 시절, 92명의 귀족과 왕족이 처형당하며 독립 운동을 촉발시킨 '피의 대학살'이 일어난 장소이기도 하다. 그들의 피가 어려 붉게 변한 우물이 지금까지 중앙에 남아 있다. 현재 증권 거래소, 한림원, 노벨 박물관, 도서관 등이 자리 잡고 있으며, 12월에는 크리스마스 마켓이 열려 분위기를 돋운다. 아바 멤버들이 음반 사진을 찍었던 장소로도 유명하다.

Access 대성당을 지나 있는 노벨 박물관 앞의 작은 광장.

에노테카 코르비나 Enoteca Corvina

레스토랑 바

고풍스러우면서 편안한 분위기의 이탈리아식 와인 바. 다양한 종류의 이탈리아 와인과 샤퀴테리, 치즈 등의 안주류를 함께 취급하고 있다. 관광을 끝내고 마지막으로 들러 가볍게 한 잔으로 하루를 마무리하기에 제격인 곳이다. 매달 바뀌는 테마별 메뉴와 지하 셀러에서 진행하는 테이스팅 프로그램(1인 695SEK, 월 2회 진행)은 이탈리아 와인에 관심 많고 날짜가 맞으면 눈여겨볼 만하다. 방문 전 와인 리스트를 미리 확인하고 원하는 와인을 정해서 가자. 여럿이 이용 시 최대 4인까지만 가능.

Address Kornhamnstorg 47
Tel 08 660 5997
Open 화~목 16:00~22:00, 금 16:00~24:00, 토 14:00~24:00
Close 일 · 월요일
Access 지하철 감라스탄 역에서 하차 후 Stora Nygatan 방면으로 나와 우회전.
Cost 와인 잔당 135~250SEK~, 안주류 125~425SEK, 식사류 255~300SEK
Web www.corvina.nu(스웨덴어)

스탐펜 Stampen

바 펍 즐길거리

그 옛날 전당포였던 건물을 1968년에 탈바꿈한 이래 구시가지의 밤을 책임진다. 재즈 및 블루스 바와 펍을 겸한다. 평일 저녁 8시 전까지는 '애프터 워크'를 따로 마련해 저렴한 가격으로 재즈 라이브 공연을 즐길 수 있고 한잔할 수도 있다. 저녁 8시 이후에는 블루스, 스윙, R & B 등 다양한 장르의 공연이 펼쳐진다. 구시가지 관광을 마친 후 가볍게 한잔 즐기기에 좋다. 되도록 일찍 가서 자리를 잡을 것.

Address Stora Nygatan 5
Tel 08 205 793
Open 화~목 · 일 17:00~01:00, 금 16:00~01:00, 토 13:00~01:00(공연 21:00)
Close 월요일
Access 구시가지로 진입한 후 대성당 앞길 Storkyrkobrinken 길로 우회전, 다시 왼쪽 큰길 Stora Nygatan으로 진입하면 오른쪽에 입간판이 있다.
Cost 맥주 75SEK~, 칵테일 155SEK, 공연 입장 50SEK
Web www.stampen.se

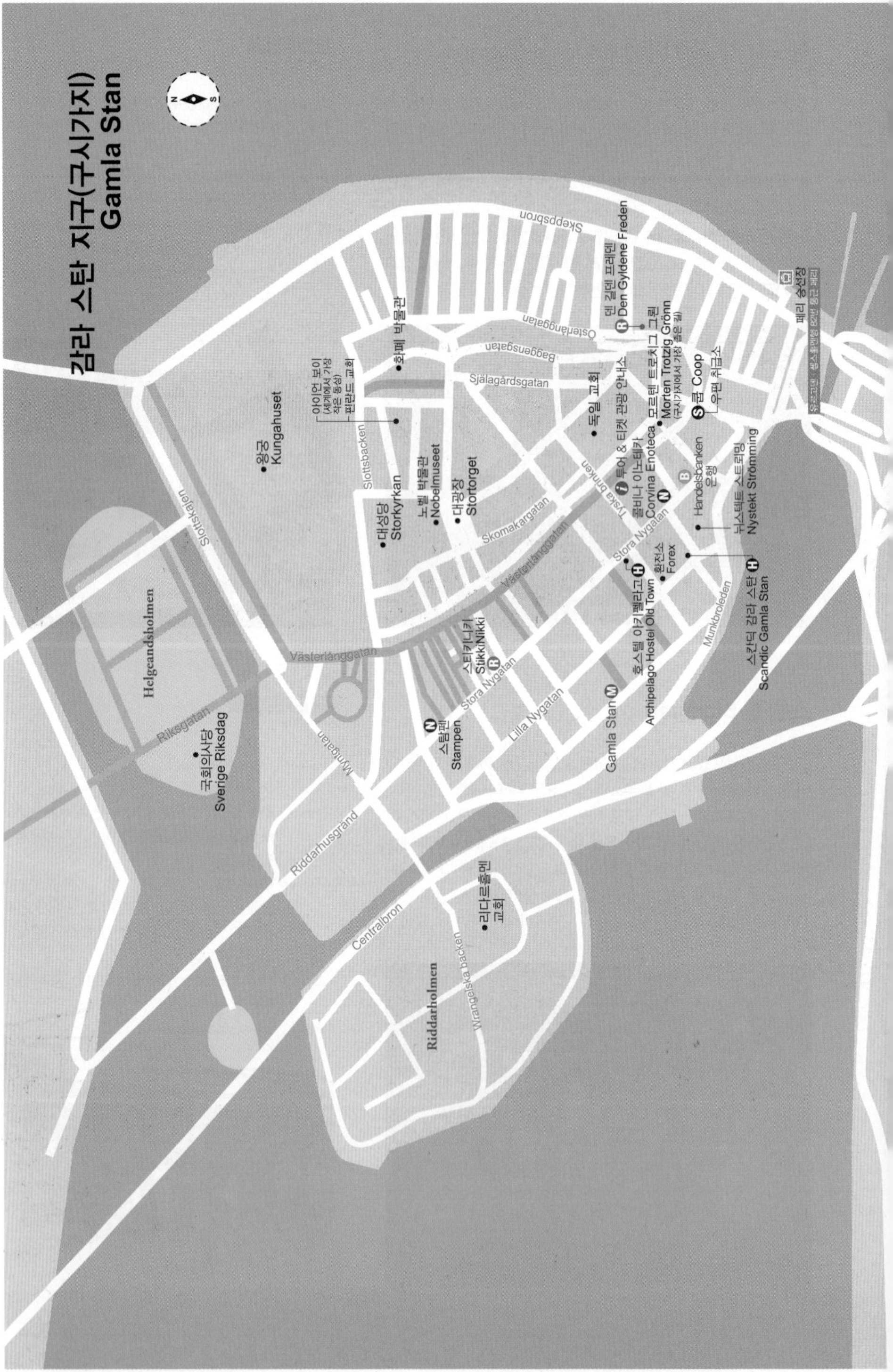

감라 스탄 지구(구시가지)
Gamla Stan
Skeppsbron
덴 길덴 프레덴
Den Gyldene Freden
Österlånggatan
Baggensgatan
Själagårdsgatan
화폐 박물관
아이언 보이
(세계에서 가장 작은 동상)
핀란드 교회
왕궁
Kungahuset
Slottsbacken
대성당
Storkyrkan
노벨 박물관
Nobelmuseet
대광장
Stortorget
독일 교회
투어 & 티켓 관광 안내소
콜비나 이노테카
Corvina Enoteca
모르텐 트로치그 그뢴
Morten Trotzig Grönn
(구시가지에서 가장 좁은 길)
쿱 Coop
우편 취급소
Handelsbanken
은행
뉘스테트 스트뢰밍
Nystekt Strömming
페리 승선장
Skomakargatan
Tyska brinken
Stora Nygatan
Västerlånggatan
환전소
Forex
호스텔 아키펠라고
Archipelago Hostel Old Town
스칸딕 감라 스탄
Scandic Gamla Stan
Munkbroleden
스티키 니키
Stikki Nikki
Slottskajen
Helgeandsholmen
Riksgatan
국회의사당
Sverige Riksdag
Myntgatan
스탐펜
Stampen
Lilla Nygatan
Gamla Stan
Riddarhusgränd
리다르홀름 교회
Centralbron
Riddarholmen
Wrangelska backen

유르고덴 지구
Djurgården

한때 왕실의 사냥터로 사용되었으며, 지금은 스톡홀름의 굵직한 박물관들이 모인 '박물관의 섬'이자 시민들의 주말 놀이터로 사랑받고 있다. 스웨덴 최대의 야외 박물관부터 삐삐와 아바의 향수가 담긴 박물관까지 취향대로 골라서 즐겨 보자.

Access 세르옐 광장 Sergel Tog에서 7번 트램, 시립 도서관에서 67번 버스 이용.

스칸센 Skansen

박물관 로컬명소 어린이 동반

1891년에 지어진 규모 300,000㎡의 세계 최초 야외 박물관으로, 아르투르 하셀리우스에 의해 스웨덴 전국 곳곳의 전통 가옥 150채와 나무, 동물들로 조성되었다. 특히 17~19세기의 생활 모습을 전통 의상과 함께 완벽하게 재현하고 있다. 19세기 분위기의 빵집과 유리 · 도자기 공방, 농장, 교회를 비롯해 북쪽 노를란드부터 남쪽 섬 고틀란드까지의 지방별 가옥, 야외 동물원 등 모두 빠짐없이 보자. 관람 시간을 넉넉히 잡는 것이 좋고 날짜에 따라 운영 시간과 입장료가 달라질 수 있으니 사전에 반드시 확인하자. 4월 30일, 6월 말 하지 전날과 12월 31일에는 기념행사가, 12월에는 크리스마스 마켓이 열린다. 전통 가옥, 유리 · 도자기 공방 등의 전통 실연은 보통 11:00~16:00에 진행한다. 되도록 오후 3시 전까지 입장할 것.

Address Djurgårdsslätten 49-51
Tel 08 442 8000
Open **1/8~3월 · 10~12월** 월~금 10:00~15:00, 토 · 일 · 공휴일 · 학교 방학 기간(2, 10월 말) 10:00~16:00,
4월 · 12/25 · 12/31 10:00~16:00(4/30 ~21:00, 12/31 20:00~24:00 추가),
5~9월 10:00~18:00(하지 전날 ~22:00)
12/24 10:00~14:00
Access 7번 트램을 이용해 스칸센 정문 앞에서 하차.
Cost **1/8~4/29 · 9/30~11/29** 16세 이상 성인 200SEK, 학생 225SEK
4/30~9/29 · 11/30~12월 16세 이상 성인 265SEK, 학생 245SEK, 4~15세 연중 80SEK
※ 수족관 동시 입장 시 4~15세 80SEK, 학생 및 16세 이상 성인 160SEK 추가
Web www.skansen.se(한국어 지원)

바사호 박물관 Vasa Museet

박물관 로컬명소 어린이 동반

스웨덴의 국력이 절정기에 달했던 1625년에 만들어진 후 첫 항해에서 침몰한 군함, 바사Vasa호의 흔적을 전시하고 있는 배 모양 박물관이다. 당시 국왕이었던 구스타프 아돌프 2세의 명에 의해 독일의 30년 종교전쟁에 출전하기 위해 2년간 작업을 통해 건조되었다. 1628년 스톡홀름 항구를 출발한 후 돌풍에 휘말려 주변 지역 바닷속에 수장된 이래, 333년이 지난 1961년 인양되었고 보존 작업을 거쳐 현재까지 전시되고 있다. 길이 62m, 높이 50m의 거대한 크기와 700개 이상의 조각상이 빚어 낸 화려하고 웅장한 모습은 절대왕정 시대의 강력했던 왕권을 상징한다.

9~5월의 평일은 일 3회, 주말과 6~8월은 매시간 30분마다 6개 국어로 무료 가이드 투어가 진행된다. 또한, 수시로 기록영화도 상영되고 있으므로 함께 감상하면 전시물을 이해하기에 좋다. 입장 인원이 한정되어 있어 여름 성수기에는 일정의 맨 처음, 9~5일 수요일에는 맨 마지막으로 방문하자. 한국어 오디오 가이드를 홈페이지에서 미리 받아 가면 더욱 편리하다.

Address Galärvarvsvägen 14
Tel 08 5195 4800
Open **입장 9~5월** 10:00~17:00(수 ~20:00), **6~8월** 08:30~18:00, 6/4 · 12/24 · 12/31 10:00~15:00
영어 가이드 투어 09:30~16:30(9~5월의 토 · 일과 6~8월의 매시간 1시간)
Close 12/23~25, 1/1, 그 외 부정기적(전시물 수리 등)
Access 7번 트램을 타고 유르고덴 첫 정거장에서 내려서 오른쪽 길로 진입해 왼쪽에 위치한 배 모양의 건물.
Cost 성인 190SEK, 19세 미만 무료
Wifi 가능
Web www.vasamuseet.se (한국어 지원)

Tina's Story

바사호와 타이타닉호 참사, 그 공통점은 과유불급!

겉으로는 그렇게 화려하고 컸던 바사호가, 돌풍 두 번에 꼼짝없이 당했던 이유는 무엇이었을까? 침몰 당시 많은 루머가 나돌았고 후에 원인도 밝혀졌지만, 무엇보다 가장 큰 이유는 '지나친 욕심'이었다. 건조 당시에 스웨덴이 가진 지식으로는 바사호 같은 배를 만들기엔 무리가 있었던 데다가 군함이라는 이유로 많은 대포를 실으려는 욕심이 안전에 대한 불감증을 불렀다. 결국 대포의 무게를 못 이긴 나머지, 균형도 맞출 수 없어 군함 역할 한 번 못해 보고 발트 해 속으로 가라앉으며 삶을 마감했다.

290년이 지난 후, 1912년 타이타닉호가 바사호의 첫 항해에서의 침몰을 비슷하게 재현하는 참사를 겪는다. 안전에 제대로 신경 쓰지 않고 빨리 도착하려는 지나친 욕심에 말려든 것이 그 원인이었다. 결국 근처의 빙산을 피하지 못하고 충돌해 초대형 참사로 이어졌는데, 이는 바사호와 닮은 면이 없지 않다.

우리네 인생에서도 바사호, 타이타닉호와 마찬가지로 배려 없는 지나친 욕심을 부리면 안 된다는 교훈은 똑같지 않을까? 그래서 바사호는 오늘도 많은 관광객에게, 그리고 지금을 살아가는 우리 모두에게 온몸으로 외친다. 배도 인생도 모두가 과유불급이라고, 지나친 기대와 욕심을 버리고 자기 분수에 맞게 배려하며 살아가야 한다는 것을.

문화사 박물관 Nordiska Museet

박물관 로컬명소 어린이 동반 건축 · 디자인

르네상스 양식의 웅장한 건물이 눈길을 끄는 큰 박물관. 야외 박물관 스칸센의 설립자인 하셀리우스에 의해 1873년에 만들어졌으며, 500년간의 스웨덴 생활 문화사가 시대별, 분야별로 전시되어 있다. 2층에는 화려했던 15~18세기의 테이블 세팅과 패션, 전통에 대한 내용이, 3층에는 가구 컬렉션, 사미족에 관련된 전시가 재미를 더해 준다. 때때로 열리는 분야별 특설 전시도 놓치지 말자. 스웨덴을 이어 온 '아름다운 것들'의 전통과 삶의 모습을 이곳에서 가장 많이 만날 수 있다. 특히 스웨덴의 디자인이 어디서 발전했는지를 알 수 있는 좋은 장소이다. 스칸센과 함께 묶어서 보면 스웨덴의 전통에 대해 조금 더 깊은 이해가 가능하다. 6~8월에는 매일 11:00, 14:00에 무료 가이드 투어가 있다.
이곳을 보통 '북방 민족 박물관'이라고도 부르는데, 스웨덴의 문화가 시대 흐름별로 전시되어 있는 점을 감안해 편의상 '문화사 박물관'이라 칭했다.

Address Djurgårdsvägen 6-16
Tel 08 5195 4600
Open **9~5월** 10:00~17:00(수 12:00~18:00)
6~8월 10:00~17:00(수 12:00~16:00)
Close 12/24~25, 12/31~1/1, 하지 전날
Access 시내 중심가에서 7번 트램으로 유르고덴 첫 정류장에서 하차 후 바로 앞의 큰 건물.
Cost 성인 170SEK(9~5월의 화요일 13:00~17:00 무료), 학생 150SEK, 19세 미만 무료, 오디오 가이드 무료(일부 특별 전시 별도)
Web www.nordiskamuseet.se

유니바켄 Junibacken

로컬명소 어린이 동반 박물관

스웨덴의 아동 문학가 아스트리드 린드그렌Astrid Lindgren을 비롯한 여러 북유럽 작가의 동화를 소재로 하여 만들어진 미니 테마 박물관. 1층에는 무민과 같은 북유럽 작가들의 동화 캐릭터를 어린이 크기로 재구성했으며, 이야기 기차를 타고 15분 동안 다양한 동화 이야기를 미니어처 모델로 감상할 수 있다. 2층 삐삐의 집, 빌라 빌레쿨라Villa Villekula에서는 남녀노소 구분 없이 삐삐의 세계에 빠져든다. 집 안에는 짝짝이 양말, 큰 구두, 작은 옷가지, 바닥에 펼쳐진 생강 과자 등이 남아 있어 향수를 자극하고, 한쪽의 말 동상 앞에서는 당근과 함께 인증샷 찍으려는 어린이들로 북적인다. 어린이를 동반한 가족 여행객에게 추천하며, 삐삐에 대한 추억이 있다면, 북유럽 아동 문학에 관심이 많다면 반드시 들르자. 기념품점에서 판매하는 삐삐 인형과 책 등의 기념품도 놓칠 수 없다.

Address Galärvarvsvägen 8
Tel 08 5872 3000
Open **7/1~8/18** 10:00~18:00
그 외 기간 10:00~17:00(토 09:00~17:00)
Close 1~4월 · 9~11월의 월요일(일부 공휴일, 방학 기간 제외), 12/24~25, 12/31
Access 유르고덴 진입 후 첫 트램 정거장에서 내려 길을 건넌 후, 오른쪽 골목의 표지판을 따라 간다.
Cost 16세 이상 225SEK, 3~15세 190SEK(비수기 평일 20% 할인, 카드 결제만 가능)
Web www.junibacken.se

티볼리 그뢰나 룬트 Tivoli Gröna Lund

로컬명소 어린이 동반

이름만으로도 코펜하겐 티볼리와 뭔가 관계가 있다는 사실을 추측할 수 있는데, 실제로도 티볼리를 본따서 1883년에 세워진 자매품(?)이다. 공원 안은 늘 31가지의 놀이기구를 즐기려는 사람들로 붐비고, 야외무대에서는 유명 아티스트들의 공연이 이어진다. 아바 역시 1975년에 이곳 야외무대에서 공연을 가지기도 했다. 특히 자이로드롭과 비슷한 프리트 팔 틸트Fritt Fall Tilt와 카타풀텐Katapulten, 익스트림Extreme같이 스릴 넘치는 놀이기구들은 호수를 바라보며 스릴을 즐기기에 안성맞춤. 유르고덴 일정 중 맨 마지막으로 방문하면 알찬 코스가 된다.

Address Lilla Allmänna Gränd 9
Tel 08 5875 0100
Open **놀이기구 운영** 4월 말~9월(시간은 날짜에 따라 상이하며 사전에 시간 확인 필수)
※ 그 외 기간에는 야외무대 공연 시간에 맞춰서 오픈.
Close 10월 초~4월 말, 4월 말~5월 초와 8월 말~9월 말의 월~수요일
Access 7번 트램을 이용해 Tivoli 정류장에서 하차.
Cost **입장** 7~64세 130SEK, 7세 미만 · 65세 이상 무료, 18:00~20:30 220SEK(콘서트 포함 시)
자유이용권 9~64세 오크반드Åkband 395SEK(19:00 ~260SEK)
놀이기구 오크쿠퐁Åkkupong 대당 25SEK~(난이도에 따라 1~4장 사용 가능)
입장+놀이기구 4~8세 345SEK(홈페이지 구입 시)
Web www.gronalund.se

아바 박물관 ABBA The Museum

박물관 로컬명소 관광명소

스웨덴을 넘어 전 세계를 열광시키고 있는 1970년대 대표 혼성 그룹, 아바의 모든 것을 전시하는 대형 박물관. 2009년 오픈을 목표로 전 세계 팬들의 관심을 모았던 박물관 건립 프로젝트를 통해 2013년 5월 '스웨덴 음악 명예의 전당'의 큰 부분으로 완성되어 아바 팬들의 '성지순례'가 이어지고 있다.

4명 멤버들이 각자 활동하던 그룹 결성 전 시절부터 1974년 유로비전 송 우승과 그들의 녹음 현장, 해체 이후 현황 등을 담은 다양한 자료가 가득하다. 녹음실에서 직접 5번째 멤버를 뽑는 오디션에 참여하고, 무대에 올라 함께 노래해 보자. 직접 입었던 의상과 전 세계에서 발매된 음반 재킷, 엄청난 음반 판매량을 증명하는 골든 디스크, 난이도별로 나뉜 퀴즈는 아바의 명성을 직접 확인하기에 부족함이 없다. 영화와 뮤지컬로 제작된 〈맘마미아〉 등을 통해 아바의 대표 곡들을 어렴풋이 들었다면, 이곳에서 아바의 모든 음악을 더 깊이 만나 보자. 알면 알수록 이들의 세계에 푹 빠져들 것이다. 입장 및 기념품점 모두 카드 결제만 가능하다. 가능하면 공식 홈페이지에서 티켓을 미리 구입해 오는 것을 추천.

Address Djurgårdsvägen 68
Tel 08 1213 2860
Open **1/12~3월** 일~수 10:00~18:00, 목~토 10:00 ~19:00
4월 · 9/2~29 10:00~19:00
5월~9/1 10:00~20:00
9/30~12월 10:00~18:00(목 ~20:00),
12/24~25 10:00~14:00, **12/31** 10:00~16:00
Close 1월 둘째 주(전시물 수리)
Access 시내 중심가에서 7번 트램으로 티볼리 정류장에서 하차 후 길을 건너 왼쪽으로 직진.
Cost 16세 이상 239SEK, 학생 200SEK, 7~15세 100SEK, 7세 미만 무료, 오디오 가이드 20SEK(시기에 따라 변동 있음)
Wifi 가능(비밀번호 있음)
Web 아바 박물관 www.abbathemuseum.com
아바 공식 www.abbasite.com

VÄLKOMMEN!

Tina's Plus

A-B-B-A, 하나라서 더욱 빛나는 그들

스웨덴 팝 음악은 아바 등장 이전과 이후로 구분된다고 해도 과언이 아니다. 〈Waterloo〉로 유럽을 제패한 지 어느덧 50여 년이 지난 지금 〈Dancing Queen〉, 〈Take a chance on me〉, 〈Voulez-Vouz〉, 〈Mamma Mia〉 등의 숱한 명곡은 지금까지 변치 않는 히트 곡으로 자리 잡고 있다.

아바 결성 전부터, 4명의 멤버는 모두 스웨덴에서 이름을 날리던 가수였다. 1960년대에 비외른Björn과 베니Benny는 국내 최고 인기 그룹이었던 '후트내니 싱어즈'와 '헵 스타즈'에서 맹활약했고, 비외른과 베니의 아내이자 연인이었던 아그네타Agnetha와 아니-프리드Anni-Frid(이하 프리다Frida) 역시 뛰어난 가창력으로 유명했다. 이들은 서로의 작업에 공동 참여하며 그룹의 기반을 다졌고, 1972년에 첫 싱글 〈People Need Love〉를 내놓으며 본격적인 아바로서의 활동을 시작했다.

첫 앨범의 대표곡 〈Ring Ring〉은 1973년 유로비전 송 콘테스트에서 시선을 끌기에 부족했다. 하지만 1974년 심기일전하고 내놓은 〈Waterloo〉는 그해 유로비전 송 콘테스트를 제패했고, 아울러 이들의 이름은 전 유럽으로 뻗어 나가기 시작했다. 이후에 폴라 스튜디오를 설립해 〈Arrival〉, 〈Super Trouper〉, 〈Voulez-Vous〉 등의 음반과 여러 싱글을 내놓고, 미국과 일본까지 전 세계를 돌며 스웨덴 팝 음악을 널리 알렸다. 하지만 아그네타와 비외른이 자녀 양육 문제로 1979년에 이혼하고, 아울러 2년 후 프리다와 베니도 결별하며 위기를 맞았다. 결국 1982년 〈The Visitors〉를 마지막으로 약 40년간 활동을 중단했다가 2021년에 신곡을 발표하며 부활을 알렸다.

활동 중단 기간 동안 프리다와 아그네타는 1990년대까지 각자의 음반을 내놓았고, 비외른과 베니는 뮤지컬 〈체스〉와 〈두베 몰라에서 온 크리스티나〉를 통해 음악 영역을 전환했다. 이들의 음악은 〈뮤리엘의 웨딩〉을 비롯한 여러 영화의 OST로 활용되었으며, 1999년 이후 이들의 23곡을 엮은 뮤지컬 〈맘마미아〉가 런던과 뉴욕에서 히트를 치고 영화화되며 다시금 재조명되고 있다.

그러면 이들의 음악은 전성기에서 40년 이상이 지난 이후에도 왜 계속해서 인기를 누리고 있을까? 그 이유는 탄탄하고 절묘한 화음과 뛰어난 음악성이다. 아그네타와 프리다는 서로의 음역에서 능력을 발휘해 아름다운 화음을 만들었고, 베니와 비외른의 끊임없는 열정은 숱한 히트 곡을 양산했다. 다양한 악기 연주로 함께한 세션 멤버들과 매니저 겸 음반 제작자였던 스티그 안데르손Stig Andersson의 작사 역시 든든한 지원으로 히트에 기여했다. 그룹 결성 이전에도 이들은 각자의 자리에서 빛났지만, 아바라는 이름으로 합쳐졌을 때 전 세계 팝 음악에 가장 찬란한 별이 되어 더욱 빛났다.

아바 관련 명소 따라잡기

아바의 명소들은
이 책자에 잘 소개되어 있다.

아바 관련 장소들이 궁금하다면, 아바 박물관, 관광 안내소 등에서 판매하는 아바 책자를 이용해 직접 찾아가 보자. 시내 중심의 대표적인 장소들은 다음과 같다.

시청사 앞 항구 : 멤버 전원이 청바지 차림으로 화보 촬영했던 곳.

쉐라톤 호텔 : 아그네타가 화보 촬영을 했던 곳.

왕립 오페라 극장 : 1976년에 현재 국왕 칼 구스타프 16세가 결혼하기 전날 〈Dancing Queen〉을 공연했던 곳. 2003년 실비아 왕비의 50살 생일을 맞아 아니-프리드와 아카펠라 밴드 '리얼 그룹'이 연합해 다시 〈Dancing Queen〉을 불렀다.

호텔 리발 : 베니 앤더슨이 소유한 호텔. 이곳에서 영화 〈맘마미아〉 시사회가 열렸고, 멤버 전원이 30년 만에 다시 만났다(p.184 참조).

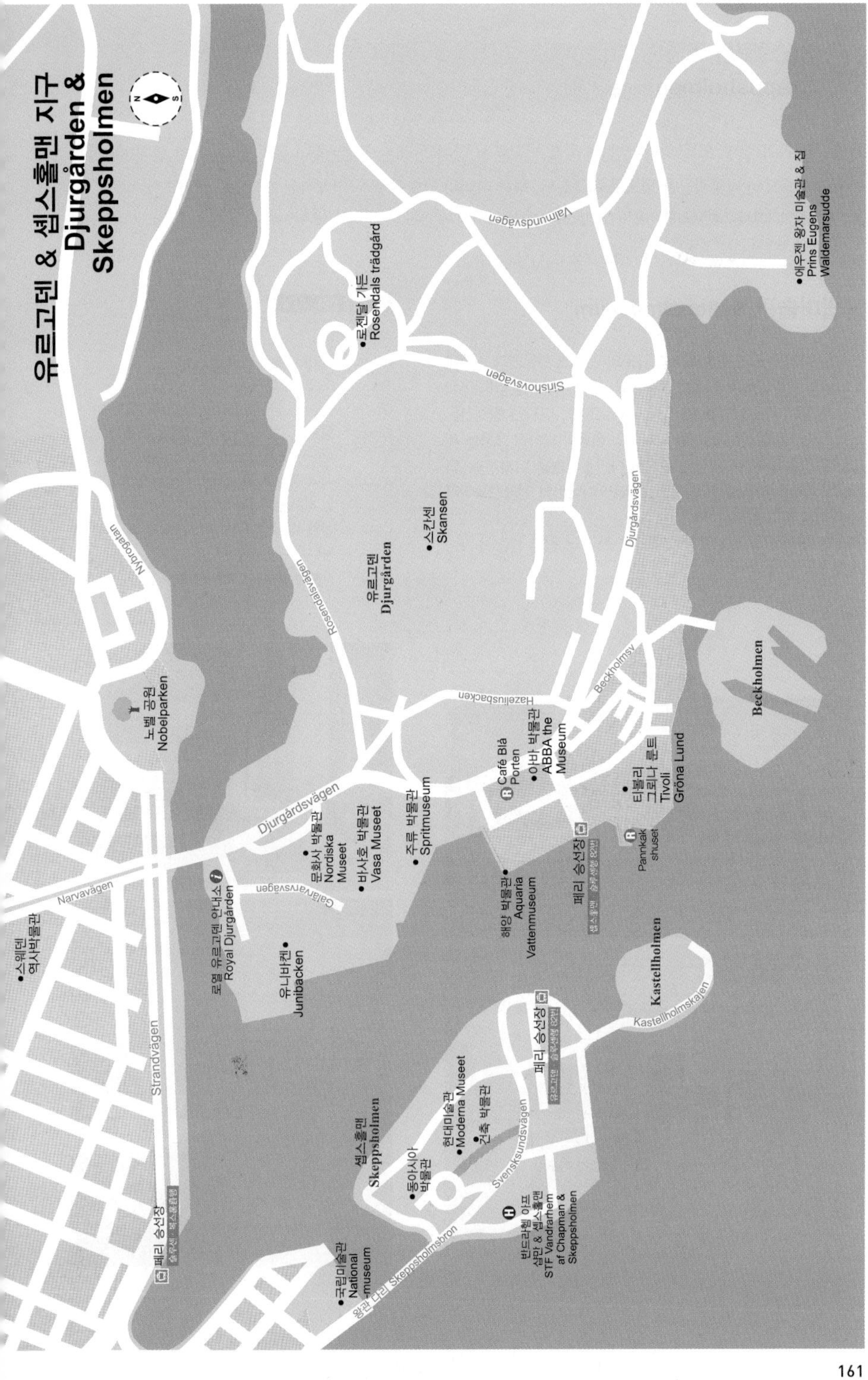

유르고덴 & 셉스홀멘 지구
Djurgården & Skeppsholmen
N
S
Nybrogatan
노벨 공원
Nobelparken
Narvavägen
Strandvägen
Djurgårdsvägen
Rosendalsvägen
Sirishovsvägen
Valmundsvägen
Hazeliusbacken
Beckholmsv
Galärvarvsvägen
Svensksundsvägen
Kastellholmskajen
왕관 다리 Skeppsholmsbron
스웨덴 역사박물관
로열 유르고덴 안내소
Royal Djurgården
유니바켄
Junibacken
문화사 박물관
Nordiska Museet
바사호 박물관
Vasa Museet
주류 박물관
Spritmuseum
유르고덴
Djurgården
스칸센
Skansen
로젠달 가든
Rosendals trädgård
에우겐 왕자 미술관 & 집
Prins Eugens Waldemarsudde
Café Blå Porten
아바 박물관
ABBA the Museum
티볼리 그뢰나 룬드
Tivoli Gröna Lund
Pannkak shuset
Beckholmen
해양 박물관
Aquaria Vattenmuseum
페리 승선장
Kastellholmen
셉스홀멘
Skeppsholmen
동아시아 박물관
현대미술관
Moderna Museet
건축 박물관
반드라헴 아프 샵만 & 셉스홀멘
STF Vandrarhem af Chapman & Skeppsholmen
국립미술관
National -museum

셉스홀맨 지구
Skeppsholmen

시내 중심가와 일명 '왕관 다리'로 연결된 셉스홀맨 섬 안에는 작은 박물관들이 몰려 있다. 특히 현대미술관을 비롯한 대규모의 박물관들은 명소로 손꼽힌다. 왕관 다리와 박물관 모두 산책하는 기분으로 둘러보자.

Access 중앙역에서 65번 버스를 이용해 현대미술관 Moderna Museet에서 하차. 유르고덴에서 페리 이용 시 82번 통근 페리를 이용해 Skeppsholmen에서 하선.

국립미술관 Nationalmuseum

미술관 건축 · 디자인

스웨덴 최대 규모의 미술관. 3층 규모의 건물에 서유럽과 스웨덴 화가들의 17~19세기 작품들, 전 세계 디자인 작품들, 미니어처 초상화 등이 주로 전시되어 있다. 특히 2층의 디자인 컬렉션은 16세기부터 현대까지, 스웨덴 디자인의 전통과 역사적 흐름을 제대로 파악할 수 있어 가장 인기가 높다. 내 가슴을 뛰게 하는 디자인이 무엇인지를 알고 싶다면, 디자인 마니아와 전공자들이라면 빠지지 말고 들르자.
2019년 재개장 후 전시물이 확충되어 조금 더 편한 관람이 가능해졌다. 내부에서는 카드 결제만 가능.

Address Södra Blasieholmshamnen
Tel 08 5195 4300
Open 화 · 수 · 금~일 11:00~17:00(목 ~20:00)
Close 월요일, 하지 전날 및 당일, 부활절 당일, 12/24~25, 12/31~1/1
Access 시내 중앙역에서 65번 버스 이용 후 미술관 앞 하차. 왕관 다리 들어가기 바로 전 위치.
Cost 성인 150SEK, 20세 미만 무료(종료 90분 전부터 입장 시 100SEK)
Web www.nationalmuseum.se

현대미술관 Moderna Museet

미술관 로컬명소 레스토랑 카페

유럽 최고의 현대미술관 중 하나로 손꼽히는 스톡홀름의 명소. 1900년대 이후 현대미술 및 컨템포러리 작품을 주로 전시한다. 1958년에 옛 체육관을 개조해 세워진 후, 라파엘 모네오의 설계로 리모델링을 마쳤다. 문 앞에는 색색으로 칠해진 칼더의 〈원소들〉이 바람에 흔들리며 관람객들을 반기고, 팝 아티스트 로버트 라우센버그가 일필휘지로 써 내려간 건물의 캘리그래피는 독특한 존재감을 부여한다. 상설 컬렉션만으로도 충실하지만, 다양한 주제의 특설 전시도 재미있고 알차다. 전시 일정을 확인하고 관심 있는 전시를 찾아서 보는 것을 추천. 부설 카페와 레스토랑에서는 호수의 경치를 바라보며 여유를 즐기기에 좋다. 여유가 있으면 그 옆의 건축 박물관, 예술 도서관도 함께 묶어서 둘러보자.

Address Slupskjulsvägen 7-9(Exercisplan 4)
Tel 08 5202 3500
Open 화 · 금 10:00~20:00,
수 · 목 · 토 · 일 10:00~18:00
Close 월요일, 4/30, 하지 전날, 12/24~25, 12/31~1/1
Access 중앙역 앞에서 65번 버스를 타고 왕관 다리를 지나 Modernamuseet에서 내린 후, 길을 건너서 표지판을 따라간다.
Cost 성인 150SEK, 학생 및 노인 120SEK, 19세 미만 무료
Wifi 가능(4층 일부 공간)
Web www.modernamuseet.se

쇠데르말름 지구 Södermalm

도시가 처음 만들어졌던 13세기 이후, 구시가지에서 벗어난 평민과 노동자들이 모이면서 자연스럽게 쇠데르말름 지구가 형성되었다. 지금은 스타일 좋은 숍이 가득한 멋쟁이들의 상주 지역으로, 특히 주말에는 세련된 남녀들의 모습을 심심찮게 볼 수 있다.

먼저 시립 박물관에서 스톡홀름의 발전상을 확인한 후, 중심가인 예트가탄 Götgatan을 천천히 걸어 보자. 멋진 디자인 숍과 카페들이 우리네 가로수길처럼 좁은 길에 몰려 있어 눈이 지루하지 않다. 특히 토요일 낮 시간 이후부터는 몰려든 젊은이가 가득해 산뜻한 분위기를 즐기기에 좋다. 북적거리는 중심가를 지나 폴쿵아가탄 Folkungagatan으로 가면, 현재 스톡홀름에서 뜨고 있는 소포 SoFo 지역에 접어든다. 이곳의 다양한 숍에서 개성 넘치는 디자인을 찾아보고, 식당과 바에서 현지의 '잘나가는' 2040 세대들도 만나면서 보람찬 하루 일정을 완성하자.

Course 카타리나 전망대 ➔ 시립 박물관 ➔ 예트가탄 ➔ 살루할 ➔ 소포 지역 ➔ 사진 미술관

Access 지하철 13, 14, 17, 18, 19번 슬루센 Slussen 역에서 하차 후, 정문 출구로 나가면 왼쪽에 시립 박물관, 오른쪽에 카타리나 전망대가 보인다. 바로 예트가탄 쪽으로 가려면 반대편 출구로 나갈 것.

카타리나 전망대 Katarinahissen

뷰포인트

감라 스탄 방향 오른쪽 옆에 37m 높이의 카타리나 엘리베이터와 전망대가 있다. 1930년대에 지어진 전망대에서는 스톡홀름 시내와 시청사의 풍경을 바라보기에 좋다. 현재는 예트가탄 뒤편의 진입로를 이용해 들어가면 편하게 올라갈 수 있다. 끝까지 올라가면 바람이 불어서 꽤 춥다. 여름에도 스카프를 준비하자!

Open 월 11:30~23:00,
화~토 11:30~01:00,
일 14:00~23:00

Access 지하철 슬루센 역에서 예트가탄 방면 출입구로 나온 후, 왼쪽 뒷길에서 끝까지 직진해 왼쪽의 진입로로 접어든다.

사진 미술관 Fotografiska

미술관 관광명소 로컬명소 레스토랑 뷰포인트

섬 오른쪽 바닷가에 자리 잡은 사진 전문 미술관. 2010년 문을 연 이래 쇠데르말름 지역을 대표하는 최고의 관광명소가 되었다. 때마다 달라지는 다양한 사진 작품 전시는 관광객들과 현지인들에게 인기가 많다. 홈페이지에서 미리 관심 있는 전시를 확인한 후 방문하자. 운영 시간이 길어 늦은 시간까지 부담 없이 즐기기에 좋다. 숍에서 판매하는 다양한 사진 관련 상품들도 눈여겨보자. 부설 레스토랑은 신선한 로컬 재료를 이용한 요리와 멋진 전망으로 인기가 높다. 부설 카페에서의 스웨덴식 피카 뷔페(평일 10:00~16:00, 1인당 125SEK), 브런치 뷔페(주말 11:00~14:00) 등의 옵션을 잘 이용하면 역시 전망과 사진을 여유롭게 즐기기에 좋다.

Address Stadsgardshamnen 22
Tel 08 5090 0500
Open 10:00~23:00
부설 레스토랑 수~토 18:00~23:00
Close 하지의 금 · 토요일, 12/24~25
Access 지하철 슬루센Slussen 역 정문으로 나온 후, 바닷가 길을 따라 오른쪽으로 도보 10분 소요.
Cost 성인 170SEK, 학생 140SEK, 13세 미만 무료
Wifi 가능
Web www.fotografiska.eu

시립 박물관 Stadmuseet

박물관 로컬명소 어린이 동반

쇠데르말름 초입에 위치한 4층 규모의 도시 역사 박물관. 농장을 세워 마을을 이루고, 1600년대에는 수도가 되어 현재까지 발전한 스톡홀름의 역사를 시대별, 분야별로 재미있게 구경할 수 있다. 이들의 깨끗한 물과 녹지 가득한 도시를 이룬 비결도 여기에서 확인해 보자. 알면 알수록 이들의 자연 친화적인 도시 계획과 환경 보호 정책에 고개가 저절로 끄덕여질 것이다.

Address Ryssgården, 116 45
Tel 08 5083 1600
Open 수 · 금~일 11:00~17:00, 화 · 목 11:00~20:00
Close 월요일, 하지의 금 · 토요일, 12/24~26, 12/31~1/1
Access 지하철 슬루센Slussen 역 정문으로 나온 후 왼쪽. 도보 이동 시 구시가지에서 다리를 건넌 후 오른쪽.
Cost 무료(일부 체험 및 특별전 유료)
Wifi 가능(비밀번호 있음)
Web www.stadsmuseet.stockholm.se

마리아베르옛 Mariaberget & 스키나르빅스베르옛 Skinnarviksberget 언덕 전망대

로컬명소 뷰포인트

지역의 북쪽 언덕에 자연스럽게 만들어진 전망의 명소. 특히 여름날의 저녁 시간에는, 석양을 바라보며 시청사와 어우러진 풍경을 바라볼 수 있어 현지인들의 발걸음이 이어진다.
마리아베르옛 언덕에서 옆길 Monteliusvagen 길을 따라 몬텔리우스 언덕 등의 전망 언덕이 연결되어 있으며, 스킨나르빅스 언덕은 조금 더 넓은 바위 위에서 여럿이 함께 모여 석양과 함께 여유롭게 피크닉을 즐기기에 좋다. 깔고 앉을 신문지나 휴대용 방석, 마실 거리를 꼭 챙기고, 오르내릴 때 미끄러지지 않도록 주의를 기울이자.

Access **마리아베르옛**
티센터 건물 옆 골목 Bellmansgatan으로 들어가 3번째 왼쪽 골목 Bastugatan으로 좌회전한 후, 오른쪽의 학교 뒤편 Monteliusvagen 언덕길을 올라간다.
스킨나르빅스베르옛
지하철 진켄스담Zinkkensdam 역에서 하차 후, 공원이 보이는 길로 직진해 오른쪽의 바위 언덕으로 접어든다.

티 센터 오브 스톡홀름 The Tea Centre of Stockholm

쇼핑 로컬명소

1978년 스리랑카 출신의 티 셀렉터 모리스 베르농Mauris Vernon이 현재 장소에 창립한 이래, 스웨덴 최고의 차 회사로 자리 잡았다. 이 집의 간판인 쇠데르블렌딩Söderblandning은 달콤한 향으로 유명하며, 시내 대표 관광 상품으로 판매되기도 했다. 홍차와 녹차 중 선택할 수 있고 가격도 저렴하다. 이 밖에도 풍부한 향과 맛을 자랑하는 얼 그레이 스페셜, 스웨덴의 추운 겨울을 따뜻하게 버티게 하는 스파이스 블렌드Spice Blend, 기름기 많은 음식에 잘 어울리는 서 존 블렌드Sir John Blend도 인기 품목이다. 점포 건물을 본뜬 예쁜 패키지는 선물용으로 적당하다. 대표가 직접 맛과 품질을 체크하는 만큼, 본점에서 직접 향을 맡아 보고 구입하는 것을 추천한다. 최근에는 제주도에서 직접 들여온 여러 종류의 한국 녹차도 판매(129SEK~)해 반갑다.

Address Hornsgatan 46
Tel 08 640 4210
Open 월~금 10:00~18:00, 토 10:00~16:00(5~8월 ~14:00)
Close 일요일, 하지의 금 · 토요일, 12/24~26, 1/1
Access 지하철 슬루센Slussen 역 하차 후 메인 출구로 나와 Mariagatan 길에서 우회전 후 오른쪽 간판.
Cost 쇠데르블렌딩(홍차 · 녹차) 100g 리필용 봉지 65SEK, 통 129SEK
Web www.theteacentre.se

요한 & 니스트룀 Johan & Nyström

카페 로컬명소

쇠데르말름 지역의 중심에 위치한 스웨덴 대표 커피 요한 & 니스트룀의 본점. 스톡홀름 최고의 커피를 마실 수 있는 곳으로 아침 일찍부터 현지인들의 발걸음이 이어진다. 전 세계에서 직접 들여온 친환경 공정무역 커피 원두와 다양한 차 종류는 취향대로 구입이 가능하다. 시내 3곳, 아를란다 공항 2 · 4터미널, 예테보리와 헬싱키 시내 및 반타 공항에 분점이 있다. 카드 결제만 가능.

Address Swedenborgsgatan 7
Tel 08 702 2040
Open 월~금 07:00~19:00, 토 07:00~18:00, 일 08:00~18:00
Close 하지 전날 및 당일, 12/24~25, 12/31~1/1, 그 외 부정기적
Access 지하철 13, 14번 마리아토르옛Mariatorget 역 건너편, 통근 기차 이용 시 스톡홀름 쇠드라 Stockholm Södra 역에서 좌회전.
Cost 오늘의 커피Bryggkaffe 39SEK, 라테 48SEK, 차 종류 35SEK~, 빵 종류 35SEK~
Web www.johanochnystrom.se

페이스 Face Stockholm

쇼핑

전 세계 패션 잡지에서 환영받는, 스웨덴 대표 메이크업 브랜드 페이스의 로드 숍. 특히 다양한 색상의 섀도와 립 제품 및 펄 파우더, 인근 바다의 해초에서 추출한 성분을 담은 수분 크림류가 인기 만점이다. 그중에서도 품절을 거듭하는 최고 인기 아이템은 붓펜 아이라이너로, 눈에 힘주고 싶은 한국 여자들에게도 추천한다. 시내에 총 3곳의 지점이 있다.

Address Götgatan 24
Tel 08 643 9370
Open 월 · 화 · 목 · 금 11:00~18:00, 토 11:00~16:00
Access 지하철 슬루센Slussen 역에서 하차 후 Götgatan 거리의 왼쪽.
Cost 붓펜 아이라이너 310SEK, 섀도 개당 230SEK, 수분 크림 370SEK, 펄 파우더 175SEK
Web www.facestockholm.com

드롭 커피 Drop Coffee

카페 로컬명소

여유 있는 좌석 간격과 원목 인테리어가 편안함을 주는 현지인 추천 카페. 매일 다양한 원두를 직접 드립퍼로 내려 주는 커피가 맛있다. 유기농 재료를 이용한 빵, 아침용 샌드위치 프랄라Fralla 는 아침 식사와 브런치, 피카 시간 최고의 친구로 역시 인기 만점. 갓 내린 커피 한 잔과 함께 현지인들의 여유를 함께 체험해 보자. 직접 로스팅한 다양한 원두도 구입 가능하다. 카드 결제만 가능.

Address Wollmar Yxkullsgatan 10
Tel 08 660 5997
Open 월~금 08:00~18:00, 토 · 일 10:00~17:00
Access 지하철 13, 14번 마리아토르옛Mariatorget 역 뒤편, 통근 기차 이용 시 스톡홀름 쇠드라 Stockholms södra 역에서 직진 후 4번째 골목에서 좌회전.
Cost 커피 잔당 45~70SEK, 시나몬 롤 등의 빵 종류 45~60SEK, 아침용 샌드위치 55SEK, 원두 250g 120~160SEK
Web www.dropcoffee.com (스웨덴어)

옴니폴로스 하트 Omnipollos Hatt

로컬명소 바

자체 양조장에서 직접 만든 맥주와 화덕 피자를 전문으로 하는 작은 규모의 바. 매일 저녁마다 사람으로 꽉 들어차며 자리가 없어 바깥까지 나와 마시기도 한다. 철철이 바뀌는 향긋한 맥주를 담백한 피자와 함께 '피맥'으로 즐겨 보자. 피자는 테이크아웃도 가능하다.

- Address Hökens gata 1A
- Tel 076 083 8499
- Open 월 · 목 · 토 · 일 12:00~01:00
- Close 일부 공휴일, 그 외 부정기적
- Access 지하철 슬루센 역에서 예트가탄 방면 출구로 나온 후, 왼쪽 골목에서 좌회전.
- Cost 맥주 종류 60SEK~, 피자 한 판 110SEK~
- Web www.omnipolloshatt.com

쇠데르할라르나 살루할 Söderhallarna Saluhall

로컬명소 레스토랑

1층에는 시장과 레스토랑, 2층부터는 여러 규모의 숍과 영화관 등이 들어선 복합 공간이다. 점심시간에는 식당마다 내놓은 '오늘의 메뉴'와 각종 테이크아웃 음식들을 저렴하게 맛볼 수 있다. 미트볼 등을 구입해 주변 공원에서 먹는 것도 괜찮다. 2026년까지 시설 현대화 공사 중이며, 지하 Coop 마켓만 영업 중.

- Address Söderhallarna 110
- Tel 08 714 9601
- Open 월~금 09:00~19:00, 토 10:00~18:00, 일 10:00~17:00
- Close 하지의 금 · 토요일, 12/24~26, 12/31~1/1, 1/6
- Access 지하철 17, 18, 19번 메드보리얄플라센 Medborgarplatsen 역에서 하차 후 건너편.
- Web www.soderhallarna.se(스웨덴어)

스티키 니키 Stikki Nikki

카페

분홍색 간판과 실내의 귀여운 캐릭터가 눈길을 끄는 아이스크림 가게. 유기농 우유와 설탕, 과일을 이용한 이탈리아식 아이스크림을 맛볼 수 있다. 진한 맛의 초콜릿과 딸기 등을 비롯해 소금 감초Salt Lakris와 솔트 캐러멜도 먹을 만하다. 단 빨리 녹는 편이니 주의할 것. 시내에만 여러 곳의 매장이 있다.

- Address Götgatan 46
- Open 11:00~19:00
- Close 일부 공휴일, 12~3월
- Access 슬루센 역에서 하차 후 Götgatan 거리 왼쪽의 분홍색 간판.
- Cost 아이스크림 한 스쿱 35SEK, 파인트(3종류) 68SEK, 드립커피 20SEK
- Web www.stikkinikki.com

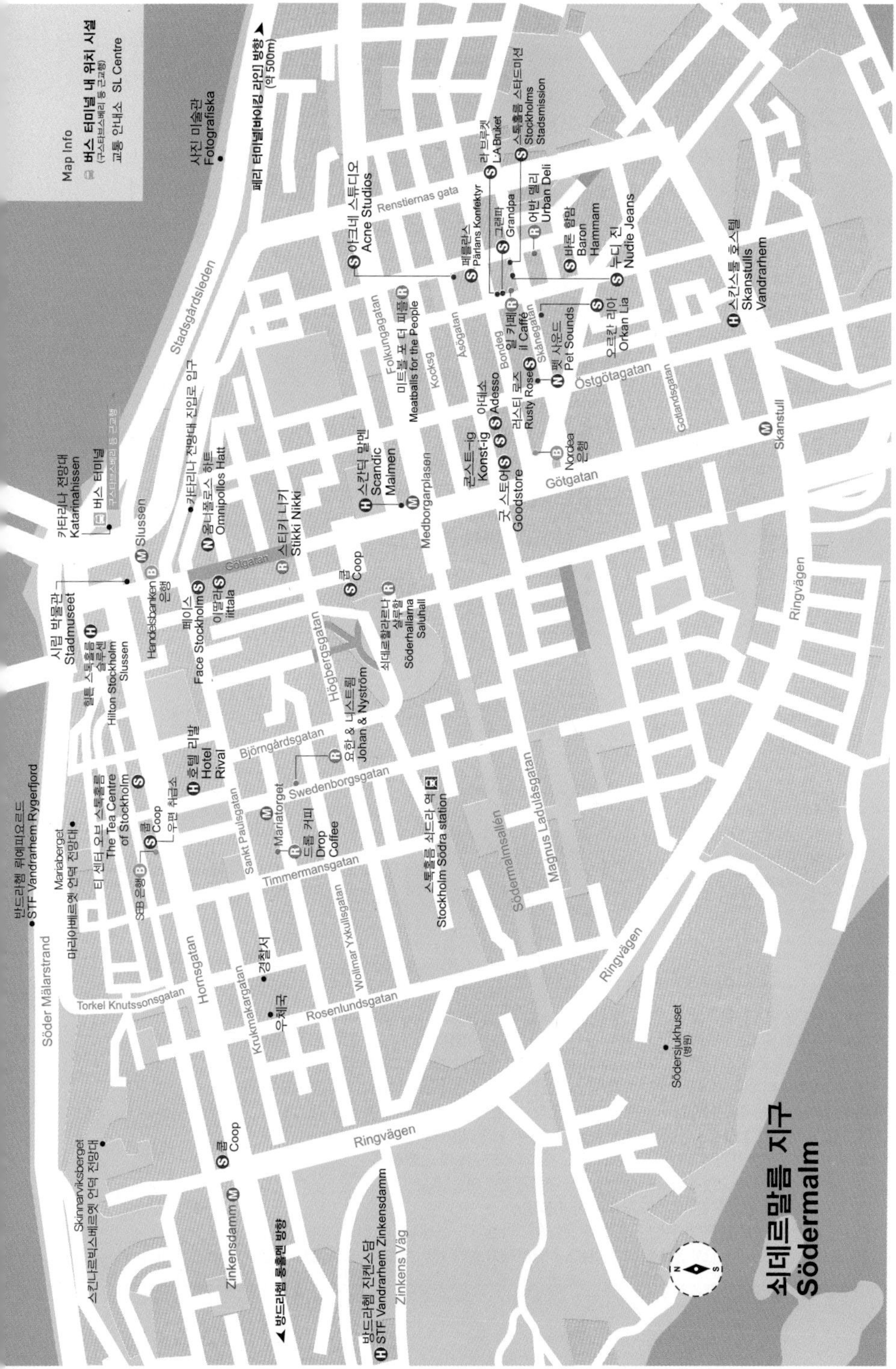
쇠데르말름 지구
Södermalm
Map Info
버스 터미널 내 위치 시설
(구스타브스베리 등 근교행)
교통 안내소 SL Centre
사진 미술관
Fotografiska
페리 터미널[바이킹 라인] 방향
(약 500m)
Stadsgårdsleden
카타리나 전망대
Katarinahissen
버스 터미널
구스타브스베리 등 근교행
Slussen
카타리나 전망대 진입로 입구
옴니폴로스 하트
Omnipollos Hatt
스티키 니키
Stikki Nikki
Götgatan
스칸딕 말멘
Scandic Malmen
쿱
Coop
쇠데르할라르나 실내 시장
Söderhallarna Saluhall
Medborgarplasen
아크네 스튜디오
Acne Studios
Renstiernas gata
Folkungagatan
미트볼 포 더 피플
Meatballs for the People
Kocksg
Åsögatan
페를란스
Pärlans Konfektyr
라 브루켓
L:A Bruket
스톡홀름 스타드미션
Stockholms Stadsmission
그랜파
Grandpa
어반 델리
Urban Deli
바론 함맘
Baron Hammam
누디 진
Nudie Jeans
일 카페
Il Caffé
Bondeg
Skånegatan
펫 사운드
Pet Sounds
오르칸 리아
Orkan Lia
러스티 로즈
Rusty Rose
아데소
Adesso
콘스트-ig
Konst-ig
굿 스토어
Goodstore
Nordea
은행
Östgötagatan
Gotlandsgatan
Skanstull
스칸스툴 호스텔
Skanstulls Vandrarhem
시립 박물관
Stadmuseet
힐튼 스톡홀름 슬루센
Hilton Stockholm Slussen
Handelsbanken
은행
페이스
Face Stockholm
이딸라
iittala
Högbergsgatan
반드라헴 뤼에피오르드
STF Vandrarhem Rygerfjord
Mariaberget
마리아베르옛 언덕 전망대
티 센터 오브 스톡홀름
The Tea Centre of Stockholm
SEB 은행
쿱
Coop
우편 취급소
호텔 리발
Hotel Rival
Björngårdsgatan
요한 & 니스트룀
Johan & Nyström
Swedenborgsgatan
Mariatorget
드롭 커피
Drop Coffee
Sankt Paulsgatan
Timmermansgatan
스톡홀름 쇠드라 역
Stockholm Södra station
Wollmar Yxkullsgatan
Södermalmsallén
Magnus Ladulåsgatan
Ringvägen
Söder Mälarstrand
Hornsgatan
Torkel Knutssonsgatan
Krukmakargatan
경찰서
우체국
Rosenlundsgatan
Södersjukhuset
(병원)
스킨나르빅스베르옛 언덕 전망대
Skinnarviksberget
쿱
Coop
Zinkensdamm
반드라헴 롱홀멘 방향
반드라헴 진켄스담
STF Vandrarhem Zinkensdamm
Zinkens Väg
N
S

소포는 쇠데르말름 지역 중에서도 폴쿵아가탄 Folkungagatan의 남쪽 지역 South of Folkungagatan을 별칭한다. 특히 2010년 이후부터 개성 넘치는 디자인 숍, 브랜드 숍, 카페와 바 등이 골목마다 들어서며 현지의 2040 세대를 확실히 사로잡고 있다. 현재 가장 '핫'한 스톡홀름의 디자인과 패션을 만나고 싶다면, 현지 직장인들의 품격 있는 '불토'를 즐기고 싶다면 이곳을 놓치지 말자. 특히 토요일 낮부터 저녁까지 쇼핑과 식사, 나이트 라이프를 골고루 즐기기에 좋다.

Access 지하철 17, 18, 19번 Medborgarplatsen 역에서 하차 후 폴쿵아가탄Folkungagatan 방면으로 나온다. 돌아갈 때는 한 정거장 떨어진 지하철 스칸스툴Skanstull 역으로 가도 괜찮다.

Web www.sofo-stockholm.se(스웨덴어)

소포 지역, '잘' 즐기는 팁

1. 대부분의 숍 크기는 작고 숨어 있는 데다 분위기는 조용하다. 서울의 가로수길 같은 느낌은 절대 기대하지 말자.
2. 숍과 바는 주로 Bondegatan, Skånegatan 주변에 많다. 시간이 없으면 그쪽을 집중 공략하자.
3. 관광 안내소나 일부 숍에서 지역 지도를 받고 자신의 취향에 맞는 곳을 찾아가면 실패할 확률이 낮다.
4. 한 달에 1~2회, 주로 화요일에 '소포 나이트'가 있다. 그날은 숍들이 밤 8시까지 문을 여니 체크!
5. '불토'를 끝내고 지하철로 움직인다면 운행 시간을 알아 놓고 교통권도 미리 준비하자.
6. 좋은 가게들에서 생각지 않게 '지를' 수도 있다. 지갑과 카드 간수에 신경 쓰자.
7. 현지인과의 연락처 교환과 인맥 형성(?)을 위해 명함을 챙겨 가는 센스!
8. 숍에서 사진 촬영을 원한다면 반드시 미리 물어 볼 것.
9. 이왕이면 현지인처럼 '꾸민 듯 안 꾸민 듯한' 옷차림이 먹힌다(?). 현지에서 사 입고 다녀도 무방.
10. 토요일 밤에도 바는 12시 전에 칼같이 닫힌다. 적당히 놀고 빨리 쉬라는 배려로 알고, 끝나면 얼른 숙소로 들어가자.

❶ 콘스트-이그 Konst-ig 쇼핑 건축·디자인

1994년 문을 연 지역 유일의 디자인 및 아트 북 전문 서점. 지역 분위기와 잘 맞는 책들이 눈길을 사로잡는다. 영어로 된 디자인 북도 많아 선택의 폭 또한 넓다. 배송 서비스도 가능하다.

Address Åsögatan 124
Tel 08 204 520
Open 월~금 11:00~18:00, 토 12:00~16:00
Close 일요일, 하지의 금·토요일, 12/24~26, 12/31~1/1, 여름휴가 약 3주간
Web www.konstigbooks.com

❷ 아데소 Adesso 쇼핑 건축·디자인

따뜻한 느낌의 디자인 상품을 주로 만드는 패브릭 및 가구 디자인 회사 아데소의 쇼룸. 특히 펠트를 이용한 소품, 다양한 패브릭과 조명이 눈길을 끈다. 패브릭 제품은 기본 300SEK 이상.

Address Vetegatan 3
Tel 08 642 0610
Open 수~금 12:00~17:00
Close 하지의 금·토요일, 12/24~1/7, 여름휴가 약 2주간
Web www.adessostockholm.se(스웨덴어)

❸ 미트볼 포 더 피플 Meatballs for the People 레스토랑 로컬명소

스웨덴의 '국민 음식' 미트볼을 다양하게 맛볼 수 있는 레스토랑 겸 최초의 전문 숍. 기본 쇠고기 외에 돼지, 닭, 연어, 순록, 무스, 양, 곰, 채식 등으로 취향 따라 선택 가능하다. 특히 4가지 미트볼을 선택해 맛볼 수 있는 '위 러브 미트볼'을 추천.

Address Nytorgsgatan 30
Tel 08 466 6099
Open 일~목 11:00~23:00, 금·토 11:00~24:00
Close 하지의 금·토요일, 12/24~25, 12/31~1/1, 7월 여름휴가 기간
Cost 위 러브 미트볼(4종류 선택) 279SEK, 클래식 미트볼 세트 229SEK
Web www.meatball.se

❹ 스톡홀름 스타드미션 Stockholms Stadsmission 쇼핑

판매 수익을 학교와 사회에 환원하는 비영리 재단이 운영하는 중고 숍. 특히 이곳에서는 시내의 다른 매장과 달리 트렌디한 중고 상품과 리폼 상품을 주로 판매한다. 시내에 총 7곳의 매장이 있다.

Address Skånegatan 75
Tel 08 6842 3450
Open 월~금 10:00~19:00, 토 11:00~17:00, 일 12:00~17:00
Close 하지의 금·토요일, 연말연시, 그 외 부정기적
Web www.stadsmissionen.se(스웨덴어)

❺ 그랜파 Grandpa 쇼핑

빈티지 감성의 남녀 의류와 인테리어 소품을 주로 판매하는 토털 패션 숍. 지하에는 이들이 엄선한 진짜 빈티지 의류도 함께 판매한다. 여러 브랜드의 제품이 감각적으로 큐레이팅되어 있어 꼭 물건을 구입하지 않아도 구경하는 재미가 있으며, 인테리어 소품 등도 전시되어 있다. 직원들도 친절한 편. 세련된 현지인들의 스타일을 엿보기 좋다.

Address Södermannagatan 21
Tel 08 642 6080
Open 월~금 10:00~18:00, 토 · 일 11:00~17:00
Close 하지의 금 · 토요일, 연말연시, 그 외 부정기적
Web www.grandpa.se

❻ 누디 진 리페어 숍

Nudie Jeans Repair Shop 쇼핑

세계 최초로 유기농 면을 이용한 남성 청바지 브랜드. 특히 '지속 가능한 청바지'를 표방하여 재활용 및 공정 무역, 공정 생산에 앞장서고 있다. 사이즈와 색상, 스타일이 폭넓게 갖춰져 있어 여성들이 쇼핑하기에도 부담 없다. 전국의 매장들 중 즉석 수선이 가능한 것도 장점. 가격은 조금 비싸지만, '착한 소비'를 하면서 현지 멋쟁이들의 스타일을 즐기고 싶다면 강력 추천. 방문 전 한국 내 매장에서 먼저 입어본 후 사이즈를 파악하고, 한국에 없는 상품 위주로 구입하는 것을 권한다.

Address Skånegatan 75
Tel 08 4109 7200
Open 월~금 11:00~18:30, 토 11:00~17:00, 일 · 공휴일 12:00~16:00
Close 하지의 금 · 토요일, 12/25, 12/31~1/1
Web www.nudiejeans.com

❼ 굿 스토어 Goodstore 로컬명소

친환경, 유기농 상품을 주로 취급하는 전문 숍. 대체 가능한 식물성 식재료가 아주 충실하다. 채식, 키토제닉 등의 건강 지향 식사를 하고 있거나, 특정 식재료에 민감하다면 찾아가 보자. 채식 식사가 가능한 부설 카페(월~토 11:00~16:00, 일 12:00~16:00)도 운영한다.

Addres Åsögatan 116
Tel 85 002 3311
Open 월~금 11:00~19.00, 토 11:00~18:00, 일 12:00~17:00
Close 하지의 금 · 토요일, 연말연시
Web www.goodstore.se(스웨덴어)

⑧ 러스티 로즈 Rusty Rose 쇼핑

깔끔하면서도 빈티지한 느낌의 인테리어 소품 숍. 주인 요렐Görel이 철철이 직접 소품들을 골라 선보인다. 집 분위기에 맞는 계절별 소품과 따뜻한 감성이 묻어나는 소품을 직접 추천받자. 특히 앤티크 취향의 소품을 좋아한다면 추천.

Address Skanegatan 53A
Tel 08 644 7797
Open 화~토 11:00~18:30
Close 월 · 일요일, 하지의 금 · 토요일, 연말연시, 그 외 부정기적
Web www.rustyrose.se(스웨덴어)

⑨ 바론 함맘 Baron Hammam 쇼핑

시리아에서 직수입한 올리브 비누를 주로 판매한다. 유기농 올리브유가 12~32% 들어 있는 전통 비누 Lagertvål Traditionell은 베스트 아이템(59~109SEK). 특히 올리브유가 16% 함유되어 있는 비누(74SEK)는 품절을 거듭하는 최고 인기 상품이다. 원료 특성상 유통기한이 짧은 점을 감안해 구입하자.

Address Sofiagatan 3
Tel 08 644 7205
Open 월~금 12:00~18:00, 토 11:00~15:00
Close 일요일, 하지의 금 · 토요일, 연말연시, 그 외 부정기적
Web www.baronhammam.eu(스웨덴어)

⑩ 라 브루켓 L:A Bruket 쇼핑

스웨덴 서부 지역의 해초와 식물성 에센셜 오일을 이용한 화장품 브랜드, 라 브루켓의 스톡홀름 플래그십 매장. 일명 '고현정 립밤' 17번 아몬드 & 코코넛 립밤(150SEK)을 비롯해, 다양한 보습 제품들이 인기다. 남성들을 위한 수염 관리 제품들도 눈여겨보자. 한국보다 20~30% 저렴한 가격에 구입할 수 있다.

Address Södermannagatan 19
Tel 08 615 0011
Open 월~금 10:30~18:00, 토 11:00~17:00, 일 12:00~17:00
Close 하지의 금 · 토요일, 연말연시
Web www.labruket.se

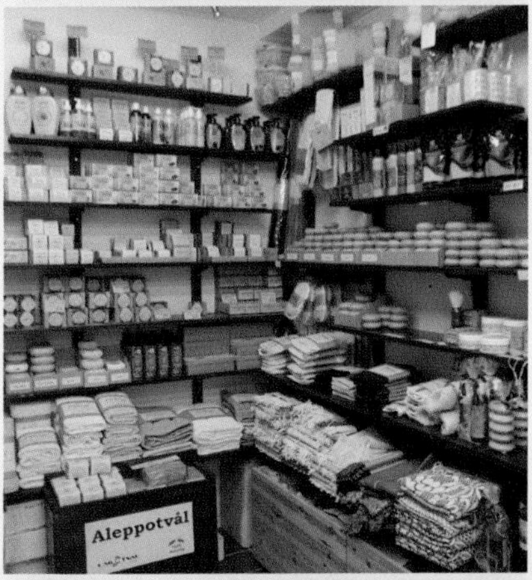

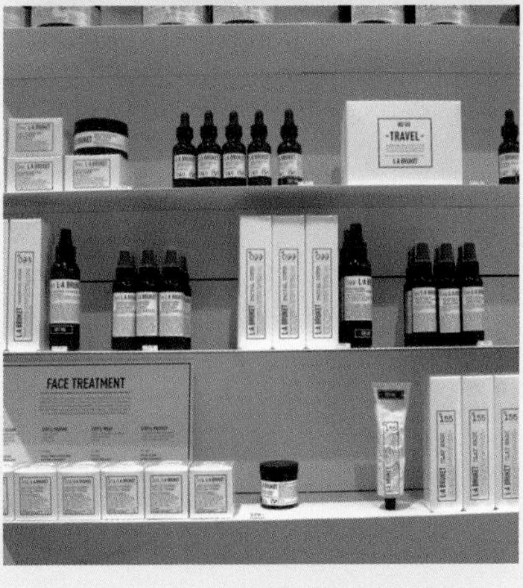

⑪ 페를란스 Pärlans Konfektyr 쇼핑

1930년대에 문을 연 이래 캐러멜만 판매하는 전문 숍. 현대미술관과 시청사 내 카페 등에서도 만날 수 있지만, 본점인 이곳은 15가지 이상의 다양한 캐러멜 종류를 자랑한다. 오픈식 주방 덕에 제조 과정을 확인할 수 있어 더욱 믿음이 간다. 여행 중 당 보충이 필요하다면 주저 없이 들어가서 구입하자. 현지에서는 감초 소금Salt Lakris 캐러멜이 가장 인기 있지만, 우리 입맛에는 바닐라 클래식, 초콜릿, 오렌지 등이 더 잘 맞는다. 여름 한정 아이스크림 역시 눈여겨보자.

Address Nytorgsgatan 38
Tel 08 660 7010
Open 월~금 11:00~18:00, 토 11:00~17:00
Close 일요일, 하지의 금 · 토요일, 연말연시, 7월 여름휴가 기간, 그 외 부정기적
Cost **캐러멜** 개당 11SEK, 15개 세트 140SEK, 캐러멜 소스 병당 98SEK, 아이스크림 45SEK
Web www.parlanskonfektyr.se

⑫ 오르칸 리아 Orkan Lia 쇼핑

300종 이상의 다양한 천과 스타일로 '나만의 원피스'를 제작해 주는 맞춤 숍. 먼저 홈페이지에서 본인이 원하는 스타일과 천을 선택한 후, 숍에서 샘플을 직접 입어보고 결정하는 것을 권한다. 제작에는 약 하루 정도 소요되며, 가격은 천에 따라 달라지지만 1,500~2,000SEK 정도를 예상하자. 현지인들은 시청 결혼식용 드레스를 맞추러 오기도 한다.

Address Skånegatan 82
Tel 073 987 4829
Open 월~금 10:00~18:00
Close 토 · 일요일, 하지의 금 · 토요일, 연말연시, 그 외 부정기적
Web www.orkanlia.se(스웨덴어)

⑬ 아크네 스튜디오 Acne Studios 쇼핑

현재 스웨덴의 패션을 주도하는 대표 브랜드, 아크네 스튜디오의 소포 지역 숍. 슬림한 라인의 남녀 청바지와 가죽 재킷, 피스톨 부츠는 가격이 비싸긴 하지만, 가장 인기 있다. 작고 마른 체격도 충분히 입을 수 있는 사이즈 역시 장점. 최근에는 한국에도 수입되었지만, 더욱 다양한 아이템을 직접 보고 싶다면 이곳으로 가자. 본점은 NK 백화점 근처(Norrmalmstorg 2)에 있고, 최종 디자인에서 탈락한 샘플을 모아 놓은 아카이브 매장은 시내 북서쪽(Torsgatan 53)에 있다.

Address Nytorgsgatan 36
Tel 08 640 0470
Open 월~금 11:00~19:00, 토 11:00~17:30, 일 12:00~17:00
Close 공휴일, 하지의 금 · 토요일
Web www.acnestudios.com

⑭ 일 카페 il Caffé 카페

소포 지역 관광 중 맛있는 커피와 빵으로 잠시 한숨 돌리기에 최고의 장소. 노트북과 스마트 폰을 든 현지인들의 자유로운 일터로도 인기 많은 곳이다. 특히 우리에게는 무선 인터넷이 무료인 이곳이 가히 천국과 같다. 옆 건물의 부속 빵집에서 판매하는 바게트와 롤 종류를 곁들이면 간단한 식사나 오후 차 시간을 즐기기에 제격이다. 시내에 총 3곳의 지점이 있다.

Address	Södermannagatan 23
Tel	08 462 9500
Open	월~금 07:00~18:00, 토 · 일 09:00~18:00
Close	하지의 금 · 토요일, 연말연시, 그 외 부정기적
Cost	음료 30~50SEK, 시나몬 롤 35SEK, 기본 빵 종류 20SEK~, 샌드위치 95~120SEK
Wifi	가능
Web	www.ilcaffe.se

⑮ 펫 사운드 Pet Sounds 즐길거리 바 펍

기존에는 소포 지구의 나이트 라이프를 대표하는 바가 자리 잡고 있었으나, 2020년에 문을 닫고 지금은 중고 음반 숍만 남아 있다. 60년대 이후 록 그룹들의 중고 레코드 및 CD를 주로 취급하고 있으며 가격도 괜찮은 편. 록 마니아들에게 추천한다.

Address	Skånegatan 53
Tel	08 643 8225
Open	**중고 음반 숍** 월~금 11:00~18:00, 토 11:00~16:00
Close	일요일, 일부 공휴일
Web	www.petsounds.se(중고 음반 숍)

⑯ 어반 델리 Urban Deli 레스토랑 쇼핑 즐길거리

쇠데르말름 지역 최고의 고급 식품점이자, 멋진 레스토랑 겸 바로 지역에서 인기 최고! 주변 지역에서 공수한 신선한 농축산물, 매일 만드는 빵, 유기농 중심의 고급 식품을 구입할 수 있어 아침부터 늘 많은 사람으로 붐빈다. 또한, 주말 밤에는 스타일 좋은 남녀들이 가득한 분위기에서 즐거운 시간을 보내기 좋다. 친환경 유기농 와인이 포함된 와인 리스트도 추천.

Address	Nytorget 4
Tel	08 4255 0030
Open	08:00~22:00(**레스토랑** 금 · 토 08:00~01:00, 일~목 08:00~23:00)
Cost	식사 100~300SEK, 맥주 50~65SEK, 와인 75~150SEK(잔당)
Access	지하철 Skanstull 역 하차 후 Götgatan을 따라 직진, Skånegatan으로 접어든 후 4번째 길 Nytorget에서 우회전.
Wifi	가능(비밀번호 있음)
Web	www.urbandeli.org(스웨덴어)

외곽 지역
Outskirts of Stockholm

스톡홀름 외곽에는 도심에서 잠깐 벗어나 여유를 찾을 수 있는 한가로운 곳이 많다. 관광지 하나당 반나절 이상의 일정을 잡고 여유롭게 즐기자.

국립 공동묘지 Skogskyrkogården

관광명소 로컬명소 건축 · 디자인 유네스코

1915년 공모전에 당선된 군나르 아스프룬드Gunnar Asplund와 시구르 레베렌츠Sigurd Lewerentz의 설계로, 남부의 소나무 숲과 채석장에 새로운 묘지와 장례식장 건물이 지어지며 형성되었다. 묘지 내부에는 '숲속 장례식장Woodland Chapel', '부활' 동상, 아스프룬드의 최후 역작인 화장장과 3곳의 채플, 1961년 마지막으로 완성된 추모 공원, 현재 관광 안내소로 쓰이는 4개의 작은 파빌리온, 약 10만 기의 묘지 등으로 구성되어 있다. 전체의 설계와 내부의 채플 건축 등은 1920년대 노르딕 신고전주의와 1930년대 이후 실용주의 건축을 그대로 보여 준다. 이들의 설립 정신은 현대의 추모 공원 건립에 영향을 주었고, 1994년 유네스코 세계문화유산으로 지정되었다. 이들의 건축 속에 담긴 '위로'의 의미와, '죽으면 숲으로 돌아간다'는 북유럽의 장례 문화를 채플과 여러 건축물로 되새기며, 숙연한 마음으로 천천히 돌아보자. 설계자인 아스프룬드, 1900년대 스웨덴 대표 여배우 그레타 가르보Greta Garbo가 이곳에 잠들어 있다. 채플 내부는 가이드 투어를 통해서만 입장 가능하다.

Address Kyrkogårdsförvaltningeng
Tel 08 5083 0100
Open **묘지** 연중 공개(24시간)
안내 센터 11:00~16:00(5~9월 매일, 10월의 토 · 일, 11/1~3)
유료 가이드 투어 5~9월의 일 11:30
Close 하지의 금 · 토요일
Access 지하철 18번 스콕스쉬르코고르덴 Skogskyrkogården 역에서 하차 후 출구에서 우회전.
Cost 가이드 투어 150SEK
Wifi 안내 센터에서 가능
Web www.skogskyrkogarden.stockholm

드로트닝홀름 궁전 Drottningholms Slott

관광명소 로컬명소 유네스코

1600년대에 헤드빅 엘레노라 왕비의 명에 의해 프렌치 바로크 양식으로 지어져 한동안 '북구의 베르사유'라 불리기도 했다. 왕실의 여자들을 위한 궁전으로 이용되다가, 1981년 이후부터 스웨덴 왕실의 정궁이 되었으며 1991년 유네스코 세계문화유산으로 지정되었다. 궁전 밖의 넓고 아름다운 정원은 공원으로 조성되어 연중 공개 중이며, 주말에는 삼삼오오 나들이 나온 시민들과 관광객들로 늘 북적인다. 궁전 안은 스톡홀름의 왕궁과 비슷하게 소박하면서도 왕실의 위엄을 잃지 않고 있다. 한쪽의 중국 별궁Kina Slott(5~9월만 개방)은 지어질 당시 트렌드(?)였던 중국풍 디자인과 소품으로 꾸며져 있어 더욱 이국적인 분위기를 더한다. 도심을 벗어나 아름다운 궁전과 정원 안에서 여유를 즐겨 보고 싶다면, 도시락을 싸서 피크닉 즐겨 보자. 반나절 일정으로 제격이다. 궁전 내에서 사진 촬영은 금지. 더 깊은 수준의 관광을 원한다면 45분의 유료 가이드 투어(6~8월 11:30, 9~5월 주말 11:30)도 함께 이용해 보자. 공식 홈페이지에서 미리 오디오 가이드를 다운로드받아 사용하면 관람이 더욱 편리하다.

Address Drottningholms slottsförvaltning
Tel 08 8402 6280
Open **정원** 연중 공개(24시간)
궁전 2/3~4월 · 10/5~12/8 토 · 일 10:00~16:00, 5~9월 10:00~17:00
중국 별궁 5~9월 11:00~17:00
Close 12/9~30, 왕실 공식 행사 시, 부활절 다음 월요일
Access 지하철로 17, 18, 19번 브롬마플란Brommaplan 역까지 이동 후, 역 앞 버스 터미널 B번 정류장에서 177번, 301번, 302번, 323번 버스로 궁전 앞에서 하차.
시청사 근처 부두에서는 직행 페리 이용 가능(250SEK). 약 1시간 소요(6/28~9/26).
Cost **정원** 무료
궁전 성인 140SEK, 7~17세 및 학생 70SEK, 7세 미만 무료, 가이드 투어 30SEK
중국 별궁 혼합 티켓 성인 190SEK, 7~17세 90SEK
Web www.kungligaslotten.se
www.kungahuset.se

밀레 공원 Millesgården

로컬명소

현대 조각가 카를 밀레Carls Milles 부부가 거주했던 집과 정원. 1906년에 결혼 후 리딩예 섬에 정착해 집과 스튜디오를 조성했고, 1936년 국가에 작품과 집 모두를 기부하며 지금의 공원으로 조성되었다. 바닷가를 바라보고 있는 위치에 북유럽 및 그리스 신화를 모티브로 한 조각들이 정원을 비롯한 집 안 곳곳에 가득하다. 특히 1950년에 만들어진 로어 테라스에는 밀레의 대표작인 〈신의 손〉을 비롯한 신화 조각들이 모여 있다. 집 안에서는 그의 크고 작은 작품들, 생전에 수집했던 예술품들, 생활 공간, 스튜디오가 남아 있어 그들의 삶과 예술 세계를 더 생생히 느끼기에 좋다. 홈페이지에서 오디오 가이드를 미리 다운받아 이용해 보자.

Address Herserudsvägen 32
Tel 08 446 7594
Open **10~4월** 화~일 11:00~17:00, **5~9월** 10:00~17:00
Close 12/24~25, 10~4월의 월요일(공휴일 제외)
Access 13번 지하철 로프스텐 역에서 하차 후 밖으로 나와, 21번 트램으로 환승해 Torsvik 역에서 하차. 도보로 10분 소요. 걷기 힘들다면 한 정거장 뒤인 Baggerby 역에서 하차 후 238, 923번 버스로 환승해 박물관 앞에서 하차.
Cost 성인 170SEK, 학생 140SEK, 19세 미만 무료
Web www.millesgarden.se

대형 쇼핑 스폿
Shopping Spot

아무리 북유럽 물가가 비싸다고 하지만, 스톡홀름은 북유럽 전체에서 가장 매력 넘치는 쇼핑의 메카다. 특히 그릇이나 생활 소품 등의 다양하고 아름다운 아이템은 많은 여행자의 지갑을 열게 한다. 지름신 방어를 위해 쇼핑 전 목록 작성은 필수, 지갑 단속은 철저히! 부피와 무게를 생각해 일정 막바지에 방문하는 것을 추천한다.

이케아 IKEA Kungens Kurva

쇼핑 건축 · 디자인

1965년에 문을 연 이래 전 세계 최대 규모를 자랑하는 이케아의 스톡홀름 외곽 매장. 뉴욕 구겐하임 미술관에 영감을 받은 건물로도 유명하다. 가장 다양한 구색의 이케아 소품과 가구가 4층 규모, 55,200㎡의 초대형 매장 안에 가득 들어차 있다. 살림에 관심이 많거나, '생활 밀착형' 북유럽 디자인을 제대로 보고 싶다면, 이케아의 모든 아이템이 보고 싶다면 여기만 한 곳이 없다. 3층의 부설 레스토랑, 1층과 2층의 카페에서는 시내보다 저렴하고 맛있는 식사를 즐길 수 있어 현지인들도 일부러 찾을 정도이다. 식사와 쇼핑 합해 하루를 모두 투자해 여유롭게 돌아보자. 품목별로 할인 행사도 있으니 눈 크게 뜨고 살펴보면 의외의 '득템'도 가능하다. 호스텔에서 사용할 시트 세트가 없다면 여기서 저렴하게 구입하는 것도 괜찮다. 전 세계 1호 겸 본점은 남부 알무트Älmhult에 있다. 하지만 규모는 이곳이 최고!

Address Modulvägen 1
Tel 0775 700 500
Open 09:30~19:30(토 · 일 ~18:30)
Close 하지의 금 · 토요일, 12/24~25, 12/31~1/1
Access **평일** 시내 중앙역 건너편 정류장에서 매시간 정각에 운행하는 무료 셔틀버스 이용. 약 25분 소요(돌아올 때에는 내렸던 곳에서 매시간 30분마다 역시 무료 셔틀버스 탑승 가능).
주말 중앙역에서 지하철을 타고 스카르홀멘Skärholmen 역이나 통근 기차로 후딩에Huddinge 역까지 이동 후, 173번, 707번, 710번, 740번 버스를 타고 이케아 건물 앞에서 하차.
Web www.ikea.com

Tip
이케아 패밀리 카드
이케아 패밀리 카드 소지 시, 회원 대상 할인 및 평일 무료 커피 이용 등의 혜택이 있다. 한국 매장에서 미리 만들어 가면 유용하게 사용 가능하다.

구스타브스베리 팩토리 숍 Gustavsberg

쇼핑

스웨덴 대표 도자기 브랜드인 구스타브스베리사의 본사, 공장, 공식 매장, 도자기 박물관(p.187 참조) 등이 자리 잡고 있는 구스타브스베리 마을의 중심. 특히 구스타브스베리사의 공식 매장은 스웨덴 전역에서 이곳에만 있다. 그릇에 관심이 많거나, 한국에서 구할 수 없는 옛 디자인의 그릇을 구하고 싶다면 필수 코스. 반드시 상태를 잘 확인하고 구입하자. 할인율은 최대 40%까지. 구스타브스베리의 간판 패턴, 나뭇잎 무늬의 이름은 베르'사'가 아니라 베르'소'라는 것 기억하자.

그 외에도 그들의 옛 디자인을 취급하는 빈티지 매장(주중 운영), 이딸라 그룹(뢰스트란드 등), 빌레로이 앤 보흐, 유리 브랜드 코스타 보다Kosta Boda의 아웃렛도 함께 자리 잡고 있어 여러 브랜드를 보고 고르기에 좋다. 전체 매장 중 구스타브스베리 아웃렛 매장만 유일하게 세금 환급이 불가능하다. 현금보다 카드 결제 권장.

Address Odelbergs väg 1C, 13440 Gustavsberg
Tel 08 5703 6900
Open 11:00~17:00, **이딸라 아울렛** 10:00~18:00
Close 5/1, 하지의 금 · 토, 12/24~25 · 12/31 · 1/1
Access 지하철 슬루센Slussen 역 건너편 버스 터미널에서 474번 버스 탑승 후 Farstaviken 정류장에서 하차. 약 30분 소요.
Web www.gustavsbergsporslinsfabrik.se

Tip
현지 추천 아이템
스티그 린드베리(베르소, 스피사 립, 아담 & 이브, 프루누스, 살릭스 등)

바르카비 퀄리티 아웃렛
Stockholm Quality Outlet Barkarby

쇼핑

북유럽에서 가장 큰 브랜드 아웃렛 타운. 특히 아크네 스튜디오, 필리파 K, 누디 진을 비롯한 여러 스웨덴 패션 브랜드의 아웃렛 매장이 밀집해 있어 시내에서 못다 한 패션 쇼핑을 즐기기에 제격이다. 역시 반나절 이상을 넉넉히 예상하고 시간을 투자하는 것이 좋다. 원하는 브랜드를 미리 파악한 후 방문하자.

Address Majorsvägen 2, 17738 Järfälla
Open 10:00~19:00
Access 중앙역에서 볼스타 Bålsta행 통근 기차를 이용해 야콥스베르Jacobsberg 역에서 하차 후, 역 앞에서 567번 버스를 타고 Barkarby Handelplats 정류장에서 내린다.
Web www.qualityoutlet.com

스톡홀름의 숙소
Stockholm Accommodations

도시의 규모만큼이나 숙소의 종류와 수가 많다. 선택의 폭은 넓지만, 가격대는 물가만큼이나 높은 건 사실. 되도록 동선과 교통 등을 고려해 이동이 최대한 편리한 지역에 숙박을 잡는 것이 좋다. 지역에서도 유일하게 한인 민박을 여러 곳 갖춘 도시이지만, 대부분의 민박집은 전시장이 있는 시스타 Kista 지역에 몰려 있고 출장자 중심으로 운영되는 점을 감안하자. 중앙역, 프리드헴스플란, 슬루센 등의 대형 지하철역 주변, 각 지역의 중심지, 멜라렌 호숫가에 좋은 숙소들이 몰려 있다.

또한, 배나 감옥, 비행기 등을 개조한 재미있는 숙박 시설에 관심이 있으면 미리 알아보고 하루는 묵어 보는 것도 추천한다. STF 공식 유스호스텔 이용 시 비회원은 1박당 50SEK가 추가되며 시트와 조식은 모두 별도.

※ 요금은 호스텔의 경우 도미토리, 호텔은 스탠더드 2인실 기준.

시티 백패커스
City Backpackers

최고의 위치와 시설로 늘 인기가 많은 시내 최고의 호스텔. 중앙역에서 도보 10분 거리로 늦은 시간 이동에도 편리하다. 특히 배낭여행자에 특화된 다양한 서비스와 체험 중심의 투어 프로그램은 꾸준한 인기의 비결. 방에 들어갈 때 현관과 각 방의 키 코드 번호를 잘 기억할 것. 아침 식사는 부설 카페에서 이용 가능. 유레일 소지자 자격 예약 시 10% 할인.

Address Upplandsgatan 2A
Tel 08 206 920
Cost 320SEK~(조식, 시트 별도)
Web www.citybackpackers.se

반드라헴 아프 샵만 & 셉스홀맨
STF Vandrarhem af Chapman & Skeppsholmen

범선을 개조하여 만든 공식 유스 호스텔이다. 셉스홀맨 지구의 미술관과 왕관 다리, 구시가지 등으로 도보 이동 가능하며 시내 관광 시 편리하게 이용할 수 있다. 체크인은 건물 안의 리셉션을 이용하면 되고, 11:00~15:00는 청소 시간이다. 중앙역 앞에서 현대미술관행 65번 버스로 이동 가능.

Address Flaggmansvaen 8
Tel 08 463 2100
Cost 260SEK~
Web www.svenskaturistforeningen.se

반드라헴 롱홀멘
STF Vandrarhem Långholmen

1975년까지 실제로 감옥으로 이용되었으며, 지금은 호텔 겸 공식 유스호스텔로 인기가 높다. 색다른 곳에서 하룻밤 묵으며 여행의 재미를 더할 수 있다. 50명 정원으로 사전에 예약은 필수. 호스텔은 6월 말~8월 말에만 운영한다. 지하철 혼스툴Hornstull 역에서 도보로 이동 가능.

Address Långholmsmuren 20
Tel 08 720 8500
Cost 호스텔 350SEK~, 호텔 1,100SEK~
Web www.langholmen.com

반드라헴 진켄스담
STF Vandrarhem Zinkensdamm

쇠데르말름 지역의 조용한 녹지에 자리 잡은 공식 유스호스텔 겸 호텔. 조용하고 깨끗한 분위기에 개인 및 가족 여행자를 위한 시설도 잘 갖추고 있어 어린이를 동반한 가족 여행객에게 좋다. 지하철 진켄스담Zinkensdamm 역에서 도보로 7분 소요.

Address Zinkens väg 20
Tel 08 616 8100
Cost 호스텔 280SEK~, 호텔 800SEK~
Web www.zinkensdamm.com

반드라헴 뤼예피요르드
STF Vandrarhem Rygerfjord

쇠데르말름 북쪽 선착장에 위치한 3척의 배 호텔 겸 호스텔. 2인실 위주로 운영하며, 전망 위치와 창문 유무에 따라 가격이 달라진다. 객실이 다소 좁지만, 배에서 묵는 재미가 보완한다. 지하철 슬루센 역에서 도보 이동 가능.

Address Söder Mälarstrand, Kajplats 13
Tel 08 840 830
Cost 호스텔 350SEK~, 호텔 800SEK~
Web www.rygerfjord.se

점보 스테이
Jumbo Stay

아를란다 공항 근처에 자리 잡은 비행기 호텔 겸 공식 유스호스텔. 퇴역한 보잉 747-200이 2007년에 영구 정착하며 숙박시설로 조성되었다. 실제 비행기 안에서의 하룻밤은 여행의 재미를 더해 준다. 어린이를 동반해 공항 근처에서 1박 시 추천. 공항에서 무료 셔틀버스로 연결된다.

Address Jumbovägen 4
Tel 08 5936 0400
Cost 호스텔 500SEK~(조식 별도, 시트 포함), 호텔 1,000SEK~
Web www.jumbostay.com

아키펠라고 호스텔
Archipelago Hostel

구시가지의 가로수길, Stora Nygatan에 위치한 작은 호스텔. 싱글부터 6인실까지 중 선택 가능하며, 욕실은 모두 공동 사용이다. 오래된 건물을 사용하고 있고 방이 작은 편이니 주의하자. 체크인은 21:30까지만 가능하다.

Address Stora Nygatan 38
Tel 02 1244 3601
Cost 240SEK~(조식, 시트 별도)
Web www.archipelagohostel.se

스칸스툴 호스텔
Skanstulls Vandrarhem

저렴한 가격과 편안한 시설로 최근 인기가 높아졌다. 특히 소포 지구에서 나이트 라이프까지 풀로 즐기고 싶다면 최고의 장소다. 저녁 8시 이후 체크인을 원할 경우 반드시 하루 전까지 미리 호스텔에 얘기하도록 하자.

Address Ringvägan 135
Tel 08 643 0204
Cost 220SEK~(조식, 시트 별도)
Web www.skanstulls.se

호스텔 베드 & 브렉퍼스트
Hostel Bed & Breakfast

지하철 로드만스가탄Rådmansgatan 역에서 도보로 이동 가능한 곳에 위치한다. 시립 도서관, 한국 식품점과 가깝고 근처에 지하철역이 있어 시내 곳곳으로의 연결이 편리하다. 직원의 친절도와 시설 역시 만족스럽다.

Address Rehnsgatan 21
Tel 08 152 838
Cost 320SEK~(조식, 시트 별도)
Web www.hostelbedandbreakfast.com

커넥트 시티 호텔
Connect City Hotel

비즈니스 호텔로도 인기 높은 쿵스홀맨 지역의 대표 호텔. 가족 여행자를 위한 패밀리 룸과 저렴한 숙박을 위한 캐빈 룸도 마련되어 있어 선택의 폭이 넓다. 창문 유무에 따라 가격이 다르니 사전에 확인하자. 통근 열차가 다니는 알비쇠Älvsjö 역 근처의 분점은 출장 온 비즈니스맨들에게 인기가 높다.

Address Alströmergatan 4
Tel 08 441 0220
Cost 850SEK~
Web www.connecthotels.se

컴포트 호텔 익스프레스 스톡홀름
Comfort Hotel Xpress Stockholm

버스 터미널 건물에 위치한 호텔로 이동과 관광, 출장 모두에 최고의 위치. 비즈니스맨을 위한 시설도 충실한 편이다. 창문 유무에 따라 가격이 다르다.

Address Kungsbron 1
Tel 08 5662 2200
Cost 1,000SEK~
Web www.choicehotels.com

노르딕 라이트
Nordic Light Hotel

'빛'을 콘셉트로 한, 다양한 조명으로 꾸민 인테리어가 시선을 사로잡는다. 중앙역 및 버스 터미널 근처의 각색 조명을 밝힌 발코니 건물이 바로 노르딕 라이트! 분위기 있는 곳을 원한다면 제격. 바로 옆의 자매 호텔인 노르딕 시Nordic C는 바다를 콘셉트로 하여 수족관과 함께 꾸며져 있다.

Address Vasaplan 7
Tel 08 5056 3000
Cost 라이트 2,400SEK~, 노르딕 시 2,000SEK~
Web www.nordiclighthotel.com

비르예르 얄
Birger Jarl

스톡홀름 시내를 대표하는 디자인 호텔. 특히 7층의 전 객실은 스웨덴을 대표하는 인테리어 디자이너들과 전문 회사들의 '가장 스웨덴다운 디자인'을 표방한 작품으로도 유명하다. 창문 없는 캐빈부터 스위트까지 선택의 폭 또한 넓다. 디자인에 관심 많은 여행자에게 추천.

Address Tulegatan 8
Tel 08 674 1800
Cost 1,000SEK~
Web www.birgerjarl.se

클라리온 호텔 사인
Clarion Hotel Sign

비즈니스맨과 가족 여행자 모두에게 만족할 만한 서비스를 제공하는 호텔. 인테리어도 깔끔하다. 철길이 보이는 방에서는 기차 소리가 조금 들릴 수 있다. 중앙역에서 도보 10분 정도 소요된다.

Address Östra Järnvägsgatan 35
Tel 08 678 9800
Cost 2,000SEK~
Web www.clarionhotel.com

쉐라톤 스톡홀름
Sheraton Stockholm

1975년에 북유럽 최초로 지어진 쉐라톤 체인의 호텔로, 석조를 이용한 외관은 건립 당시부터 시선을 사로잡았다. 국내외 유명 인사가 많이 거쳐 갔으며, 특히 아바가 화보를 찍었던 호텔로도 유명하다. 호수가 보이는 전망과 고풍스러운 인테리어 역시 인기의 비결이기도 하다.

Address Tegelbacken 6
Tel 08 412 3400
Cost 2,000SEK~
Web www.sheraton.com

스칸딕 말멘
Scandic Malmen

쇠데르말름 지구의 중심가, 소포 지구의 초입에 위치한 대형 호텔. 각 방의 트렌디한 디자인이 소포 지구의 분위기와 잘 어울린다. 쇠데르말름 위주의 일정 시 추천. 창문 유무 및 면적에 따라 가격이 다르다.

Address Götgatan 49-51
Tel 08 5173 4700
Cost 1,300SEK~
Web www.scandichotels.se

힐튼 스톡홀름 슬루센
Hilton Stockholm Slussen

슬루센 지역 내 최고의 호텔. 철저한 스웨덴식 인테리어로 체인 호텔이라는 느낌이 덜하다. 특히 호수에 접해 있는 방들은 시내를 조망하기에 좋다. 지하철 슬루센 역에서 3분이면 이동 가능.

Address Guldgränd 8
Tel 08 5173 5300
Cost 1,500SEK~
Web www.hilton.com

호텔 리발
Hotel Rival

아바 멤버 베니 앤더슨의 소유로 유명한 특급 호텔. 1937년에 영화관을 포함한 복합 시설로 지어졌다가, 2003년 리노베이션을 거친 후 부티크 호텔로 탈바꿈했다. 내부의 디자인 역시 모던한 분위기. 아래층 700석 규모의 극장에서 펼쳐지는 다양한 이벤트도 눈여겨보자.

Address Mariatorget 3
Tel 08 5457 8900
Cost 2,500SEK~
Web www.rival.se

스칸딕 감라 스탄
Scandic Gamla Stan

17세기에 지어진 건물을 이용한 고풍스러운 분위기의 호텔. 구시가지 안에서 분위기 있게 묵고 싶을 때 이용하자. 옥상에서는 구시가지를 조망하기에 좋다. 주중보다 주말 가격이 좀 더 비싼 편.

Address Lilla Nygatan 25
Tel 08 723 7259
Cost 1,600SEK~
Web www.ricahotels.se

스칸딕 그랜드 센트럴
Scandic Grand Central

24시간이 흥겨운 중앙역 근처의 호텔. 특히 1층의 레스토랑과 바는 만남의 장소로 유명하며, 주말에는 주변 나이트 라이프 스폿을 이용해 늦은 시간까지 즐기기에 좋다. 관광과 업무, 엔터테인먼트 모두 놓치고 싶지 않다면 추천. 창문 유무와 면적에 따라 가격이 다르다.

Address Kungsgatan 70
Tel 08 5125 2000
Cost 2,200SEK~
Web www.scandichotels.se

라디손 블루 로열 바이킹
Radisson Blu Royal Viking

중앙역을 나와 바로 왼쪽에 보이는 대형 호텔. 항상 많은 사람으로 북적여 활기가 넘친다. 9층의 멋진 스카이 바는 시내를 조망하기 좋은 포인트. 넓은 실내 공간과 편안한 분위기는 모든 여행자를 만족시킨다.

Address Vasagatan 1
Tel 08 5065 4000
Cost 1,500SEK~
Web www.radissonblu.com

그랜드 호텔
Grand Hôtel

구시가지와 유르고덴을 바라볼 수 있는 호숫가 전망이 일품. 1874년에 지어진 이래 매년 노벨상 수상자들이 묵는 호텔로, 현재까지 스톡홀름 최고의 자리를 굳게 지키고 있다. 스타 셰프 마티아스 달그렌Mathias Dahlgren의 레스토랑과 최고의 시설을 자랑하는 스파 역시 이곳의 매력 포인트.

Address Södra Blasieholmshamnen 8
Tel 08 679 3500
Cost 3,000SEK~
Web www.grandhotel.se

스톡홀름 근교

Suburbs of Stockholm

스톡홀름 시내를 가로지르는 멜라렌 호수 주변에는 방사형으로 여러 근교 지역이 뻗어 있다. 여러 교통수단으로 적게는 20분에서 많게는 2시간까지 걸리는 근교 지역들은 아기자기하고 한가로운 옛 정취를 느끼기에 좋다. 잠시 도심을 벗어나, 조금 더 스웨덴다운 소도시 속에서 여유를 찾고 싶다면 반나절 또는 하루 일정으로 방문해 보자. 모두 규모가 작아 각 지역 내에서는 도보로 충분히 둘러볼 만하다.

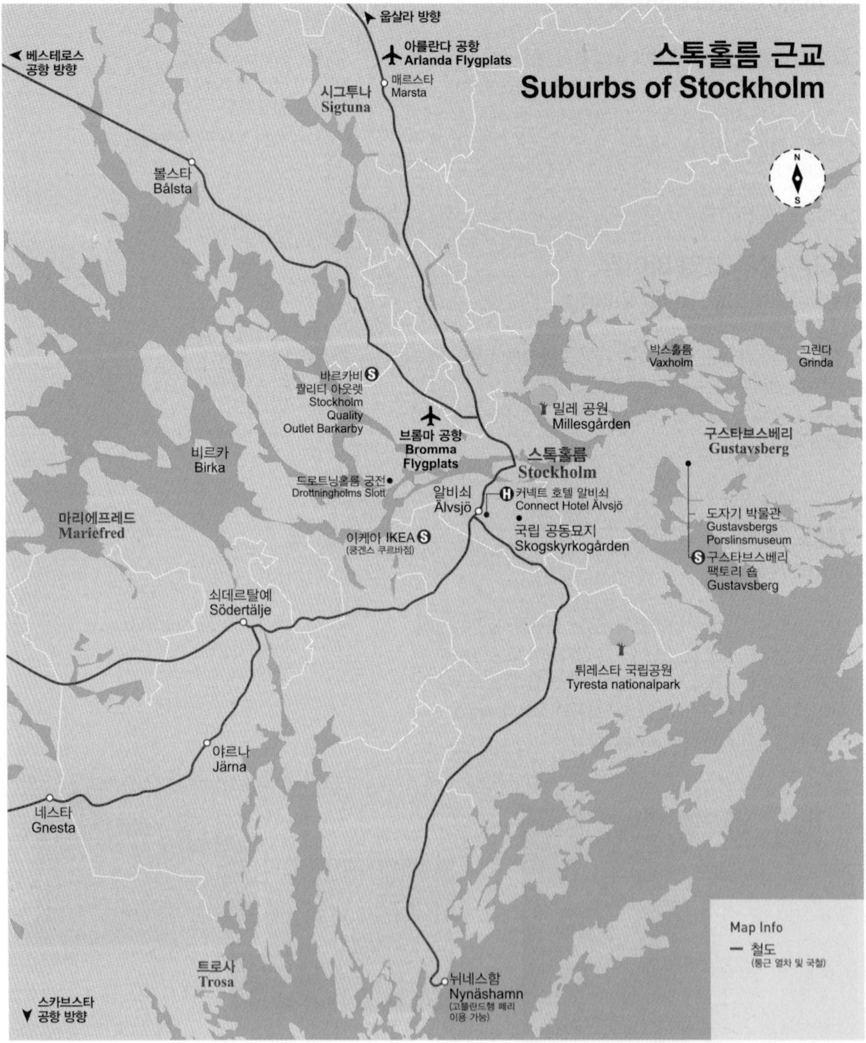

구스타브스베리
Gustavsberg

스톡홀름에서 동쪽으로 약 27km 떨어진 거리에 위치한 작은 항구 마을. 하지만 우리에게는 스웨덴 도자기의 대표 선수 구스타브스베리사의 본거지로 알려져 있다. 실제로 구스타브스베리사는 1600년대 이후 벽돌로 시작해 세면대, 그릇 등의 다양한 세라믹 아이템을 생산한 전통의 회사였다. 하지만 1994년에 대형 세라믹 사업이 매각된 후, 지금은 마을을 중심으로 식기와 일부 도자기 예술품이 명맥을 잇고 있다. 스웨덴 도자기의 역사와 전통을 알고 싶다면, 그릇에 관심이 많다면 반드시 들르자.

Access 구스타브스베리 팩토리 숍 가는 방법 참조(p.180)

도자기 박물관
Gustavsbergs Porslinsmuseum

박물관 건축 · 디자인

구스타브스베리사에서 만든 여러 도자기 아이템을 비롯해, 스웨덴 도자기의 역사와 전통을 알아볼 수 있는 작은 규모의 박물관. 1800년대 만국 박람회에 출품한 화려한 도자기부터 일본인들에게 인기 좋은 리사 라손Lisa Larson의 귀여운 인형들, 노벨상 시상식에 실제 사용되는 그릇들까지 재미난 아이템이 가득하다. 이들의 도자기 변천사를 살펴보면 우리에게 익숙한 패턴이 어떻게 발전해 왔는지도 확인할 수 있다. 그릇 쇼핑으로만 만족할 수 없다면, 구스타브스베리가 어떤 브랜드인지 좀 더 알고 싶다면 들러 볼 만하다. 구스타브스베리가 욕실용 아이템을 만들었던 회사라는 사실도 이곳에서 직접 확인할 수 있다. 필자 역시 이런 반전(?)에 무릎을 쳤을 정도.

Address Odelbergs väg 5B, 13440 Gustavsberg
Tel 08 5703 5658
Open **6/4~8월** 화~금 10:00~17:00, 토 · 일 11:00~16:00
10월~6/3 금~일 11:00~16:00
Close 월요일, 12/24~26, 12/31~1/1, 1/6, 하지 전날 및 당일
Access 구스타브스베리 마을로 들어서 약 10m 직진 후 오른쪽.
Cost 성인 100SEK, 20세 미만 무료(14:00 이후 입장 시 80SEK)
Web www.gustavsbergs-porslinsmuseum.se

시그투나
Sigtuna

스톡홀름과 웁살라가 발전하기 전 스웨덴의 기초가 된 근교의 소도시. 스톡홀름 시내에서 북서쪽으로 약 40km 떨어져 있으며, 980년경부터 생겨난 가장 오래된 도시이다.

버스에서 내린 후 마을의 가장 중심가인 Storgatan과 광장 Storatorget을 향해 들어가자. 길을 따라 유럽에서 가장 작은 시청사 건물을 비롯한 오래된 가옥들이 남아 있다. 17세기 양식의 나지막한 카페 탄트 브룬 Tant Brun과 길 중간중간 남아 있는, 돌이 깔려 있는 골목길은 고도의 운치를 더해 준다. 중심가 광장에서는 1912년 이래 매년 8월 말과 12월 초~중순에 큰 장이 선다.

또한, 시그투나는 덴마크의 옐링처럼 스웨덴에 그리스도교 신앙이 처음 전파된 곳으로, 스톡홀름으로 천도 전까지 종교적인 중심지로도 힘을 발휘했다. 특히 12세기 이후 무역으로 부를 쌓은 시민들이 큰 규모의 교회를 지었는데, 3곳의 교회 유적(페르, 올로프, 라르)과 지금까지 남아 있는 마리아 교회 모두 당시의 시그투나 시민의 힘을 실감케 한다. 교회 안에 남아 있는 흔적과 폐허 속에서 발굴된 유적들이 모인 박물관에서 더 자세히 시그투나의 옛 모습을 확인해 보자. 마을 곳곳에 그들의 고대어인 룬 문자로 새겨진 비석은 보너스!

Access 스톡홀름 중앙역에서 통근 기차로 매르스타 Märsta 역까지 이동 후, 역 옆의 버스 터미널에서 570번 버스로 환승한다. 약 1시간 소요. 여름에는 시청사 옆 항구에서 페리(왕복 455SEK)를 이용할 수 있으며, 6월 말~8월 초의 목~일요일만 운영.

Web 지역 안내 www.destinationsigtuna.se, 시그투나 박물관 · 시청사 www.sigtunamuseum.se

Tip
관광 안내소

Address Storagatan 33, 19323 Sigtuna(시청사 건너편)

Tel 08 5948 0650

Open 월~금 10:00~17:00, 토 11:00~15:00, 일 12:00~15:00

Close 1/1, 12/24~26

마리에프레드
Mariefred

멜라렌 호숫가에 늘어선 알록달록하고 아담한 시가지가 눈길을 끄는 소도시. 스톡홀름에서 서쪽으로 약 65km 떨어진 거리에 위치한다. 1500년대 권력자들이 세력 다툼을 위해 세웠던 그립스홀름 성(5~11월 오픈)과 1500년대의 사원터에 1624년 지어진 마리에프레드 교회가 마을의 중심을 잡고 있다. 그 주변으로는 돌이 깔려 있는 좁다란 골목길과, 18~20세기에 걸쳐 지어진 어부들과 수공업자들의 색색으로 칠해진 건물들이 살아 숨 쉰다. 또한, 성 근처의 옛 마구간이 그래픽 아티스트들을 위한 공간으로 새롭게 바뀌면서 예술가들의 마을로도 부상하고 있다.

특히 이곳을 대표하는 증기기관차는 1895년에 개통되었으며, 레게스타 역부터 마을까지의 약 4km 구간을 시속 11km로 달리고 있다. 몇 대 남지 않은 증기기관차를 타는 재미도 놓치지 말자. 관광 안내소를 비롯한 모든 시설은 페리와 증기기관차 운행 시즌에 맞춰서만 운영한다.

Access 스톡홀름 중앙역에서 에스킬투나행 지역 기차를 타고 레게스타 Läggesta 역에서 하차 후, 역 옆의 버스 터미널에서 지역 버스 305번이나, Museijarnvag 표지판을 따라 관광 증기기관차(5 · 6월 주말, 7월 주 3~6회, 8월 주 3~5회, 9월 주 1~2회)로 환승해 약 1시간 소요(증기기관차 이용 시 3등석 기준 왕복 100SEK, 철도 패스 소지 시 50% 할인). 페리 이용 시 8/14~27는 주말에, 6/30~8/13은 수 · 목, 주말에 매일 1회(10:00~13:30, 16:30~20:00) 운행한다. 요금은 17세 이상 왕복 455SEK, 6~16세는 50% 할인 적용. 약 3시간 30분 소요.

Web 지역 안내 www.imariefred.nu, 마리에프레드행 페리 안내 www.stromma.se, 증기기관차 안내 www.oslj.nu(스웨덴어), 그립스홀름 성 www.royalpalaces.se

박스홀름 Vaxholm

시내 동부에서 약 25km 거리에 위치한 군도 내 아담한 섬마을. 13세기 이후 바이킹이 정착해 마을을 이루기 시작했고, 16세기 중반 요새 축조 후 거주자가 늘며 규모가 확대되었다. 19세기에는 청어 어업의 중심지로도 발전했다가 산업화 이후 스톡홀름 시민들의 휴양지가 되었다. 지금은 계절에 관계없이 옛 모습을 함께 간직한 시민들의 주말, 여름 시즌 근교 나들이 장소로 사랑받고 있다.

페리에서 내려 바닷가를 따라 오른쪽을 바라보면 요새가 들어선 섬이 있고, 왼쪽에는 아기자기한 마을이 남아 있다. 먼저 작은 배를 타고 요새 섬으로 들어가 한 바퀴를 돌며 옛 분위기를 느껴 보자. 다시 선착장으로 돌아와 마을 구석구석과 바닷가를 천천히 거닐면서 여유를 즐기는 것만으로도 마음이 편안해질 것이다. 자전거를 대여해 한 바퀴 돌거나(시간당 95SEK), 선착장에서 배를 타고 주변 섬과 숲을 점 찍듯 둘러봐도 좋다. 여름에는 선착장 옆의 아이스크림 가게에서 맛있는 아이스크림 하나 사 들고 바닷가에서 햇살을 즐겨 보자.

Access SL 카드, 컨택트리스 카드 소지 시, 13, 14번 지하철 왕립공과대학 Tekniska högskolan 역이나 단데뤼드 병원 Danderyds sjukhus 역까지 이동 후, 670번 버스로 환승해 종점까지 이동하며 약 1시간 20분 소요.
페리 이용 시에는 그랜드 호텔 근처 스트룀 선착장 Strömkajen이나 구시가지 슬루센 선착장에서 박스홀름 볼라옛 사의 페리를 이용해 박스홀름 선착장까지 이동하며 약 1시간 소요. 5~9월에는 옛 느낌의 증기선이 추가로 투입되어 낭만을 느끼기에 좋다. 티켓은 SL 애플리케이션으로 구입하거나 탑승 시 직접 결제 가능(성인 97SEK, 7~19세 64SEK).
4월 말~10월 중순까지는 스트룀마 사의 페리를 이용해 박스홀름과 요새, 산드함, 그린다 등의 군도 지역을 연결해서 이용할 수 있다. 6월 중순~8월은 매일, 이외 기간은 금~일 및 공휴일에 1~2회 운행.

Web 박스홀름 관광 안내 www.destinationvaxholm.se
박스홀름 페리 안내 www.waxholmsbolaget.se

Tip

박스홀름 요새 Vaxholm Kastell

선착장 건너편의 작은 섬 안에 세워진 옛 요새. 16세기 중반 구스타브 바사 왕의 명으로 지금의 장소에 수도 방위를 위해 처음 세워졌다. 지금의 요새는 1863년에 완성된 것으로 1940년대까지 군사적 목적으로 이용되었다. 현재는 박물관을 통해 오랜 역사를 전하는 중이며, 요새 터 안에는 호텔과 각종 시설이 조성되어 있다.

Access 마을 메인 선착장에서 오른쪽으로 올라가서 위치한 케이블 선착장에서 케이블 페리를 이용해 진입하며 10분 소요. 5월 중순~8월까지 운행하며 티켓은 자판기로 당일 구입. 이외 기간에는 수상 택시를 이용할 수 있으며 5분 소요.

Open **요새 터** 연중 입장 가능 **박물관** 5월 중순~6월(하지 주말 제외) 주말, 8월 중순~말 주말, 7월~8월 중순 매일 11:00~17:00, 10월 말 방학 기간 12:40~15:00

Cost 성인 100SEK, 19세 미만 무료

Web 섬내 안내 www.kastellet.com, 박물관 www.vaxholmsfastning.se

예테보리
Göteborg

스웨덴의 제2도시 겸 서부 예타란트Götaland 지역의 중심지인 '고트족들의 성'. 스톡홀름이 스웨덴의 어제를 이끌어 온 도시라면, 예테보리는 오늘을 보여 주는 산업과 예술의 중심 도시이다. 17세기에 도시의 기초가 확립된 이래 활발한 무역과 어업 활동으로 부를 쌓았고, 자동차 볼보Volvo로 대표되는 중공업을 크게 발전시켰다. 아울러 주변 바다의 신선한 수산물로 만든 최고의 요리, 감각 넘치는 예술인들을 양성하는 전문학교의 발전은 예테보리를 '스웨덴에서 가장 창의적인 도시'로 만드는 데 이바지했다. 우리에게는 1993년 현정화의 세계 탁구 선수권 대회 우승, 2008년 김연아의 세계 피겨 선수권 대회 입상 등으로도 익숙한 도시이기도 하다.

여행하는 방법

유용한 홈페이지

예테보리 관광 종합 안내 www.goteborg.com

관광 안내소

예테보리 관광 Göteborgs Turistbyrå

각종 시내 안내 책자 무료 배부, 시티 카드와 교통권 및 기념품 판매, 숙소와 각종 투어를 알선해 준다. 란드베터 공항 도착층에 지소가 있다.

Address Kungsportsplatsen 2

Tel 31 368 4200

Open **1/1~6/25, 9/5~12/31** 월~금 10:00~17:00, 토 10:00~15:00 (**5/30~6/26** 일 11:00~16:00, **11/21~12/31** 일 11:00~15:00 추가)

6/27~9/4 월~금 10:00~18:00, 토 10:00~17:00, 일 11:00~16:00

성령강림절, 제헌절, 하지 당일 등의 일부 공휴일 11:00~16:00

하지 전날, 12/31 10:00~14:00

Close 1/1, 1/6, 부활절 전 금요일과 후 월요일, 12/24~26

Access 트램 3, 4, 5, 7, 10번을 이용해 Kungsportsplatsen 정류장에서 하차. 살루할렌Saluhallen 실내 시장 건너편.

Wifi 가능

교통 안내소 Västtrafikbutik

시내 교통 종합 안내소. 도착 직후 교통 정보를 얻고 교통권을 구입하기에 좋다. 중앙역 앞에 지소가 있으며 운영 시간은 동일.

Open 월~금 07:00~19:00, 토 · 일 09:00~19:00

Access 닐스 에릭손 버스 터미널 구내.

중앙역 짐 보관소

교통권은 여기서!

유용한 정보지

예테보리 시티 가이드 Göteborg City Guide
시내 무료 지도. 관광 안내 홈페이지에서 PDF로 다운받을 수 있다.
워크 위드 미 Walk with me
시립 박물관에서 이주민들을 위해 배부하는 시내 워킹 투어 지도.

환전소

Forex는 급할 경우에 이용하자. 시내 곳곳에 있는 Swedbank, Handelsbanken, SEB 지점의 ATM도 유용하다.

Forex
저렴한 수수료로 환전이 가능하며, 오슬로 이동 시 세금 환급 처리도 해 준다. 중앙역, 노드스탄 쇼핑몰, 시내 중심가에 지점이 있다.
Open **중앙역 구내** 월~금 10:00~18:00, 토 10:00~16:00

우체국

Willys 슈퍼마켓 내 우편 취급소.
Open 월~금 07:00~21:00, 토·일 09:00~21:00
Close 일부 공휴일
Access 하가 교회에서 다리를 건너 왼쪽, 어시장 들어가기 전에 위치. 이 외에도 슬로츠코겐 호스텔 근처(Linnégatan 57), 하가 지구 헴셉 슈퍼마켓(Linnégatan 36A), 뢰스카 박물관 근처 Coop 슈퍼마켓(Kungsportsavenyn 26-28) 등에 지소가 있다.

경찰서

Address Stampgatan 28
Tel 77 114 1400
Open 08:00~22:30
Access 트램 1~11번을 이용해 Ullevi Norra 정류장에서 하차하여 Stampgatan 길을 따라 오른쪽.

슈퍼마켓

빌리스 Willys : 어시장 근처, 슬로츠코겐 호스텔 뒤편.
이카 ICA : 하가 지구, 국철 리세베리 역 근처 대형 매장.
헴셉 Hemköp : 슬로츠코겐 호스텔, 하가 지구, 코카 레스토랑 근처.
쿱 Coop : 뢰스카 미술관 근처.
네토 Netto : 린네 지구 미니 호텔 옆.
리들 Lidl : Hello Monkey 린네가탄점 건너편의 대형 매장.
아시안 마켓 Saigon Food : 노드스탄 쇼핑몰 내 대형 매장.

인터넷

중앙역과 버스 터미널을 비롯해 박물관, 일부 레스토랑 및 체인 카페, 노드스탄 쇼핑몰 등에서 무선 인터넷을 무료로 이용할 수 있다.

지명

예테보리의 영어식 이름은 고텐버그Gothenburg라고 한다.

당일 짐 보관

중앙역 1층 및 지하는 24시간 기준으로 중 80SEK, 소 60SEK(카드 결제만 가능).

가는 방법

코펜하겐과 오슬로의 중간 지점에 위치해 있어, 항공보다는 육상 교통 이용의 비중이 더 높다.

항공

예테보리 여행은 시내 남동쪽으로 20km 떨어진 란드베터Landvetter 공항에서부터 시작된다. 한국에서는 메인 항공사인 SAS와 일부 유럽계 항공사의 경유편을 이용해 진입 가능하다. 만약 예테보리행 티켓을 구하지 못했거나, 아시아·중동계 항공사 및 유럽 내 저가 항공 이용 시, 철도 패스 소지 시에는 코펜하겐 카스트룹 공항(p.59 참조)을 통해 들어온 후 기차나 버스로 이동하는 방법도 차선책이 될 수 있다.
Web 란드베터 공항 안내 www.swedavia.com/landvetter

란드베터 공항→시내
두 노선 중에서 시간과 형편에 맞는 것을 선택할 수 있으며, 모두 닐스 에릭손 버스 터미널까지 운행한다.

❶ 공항버스 플뤼부사르나 Flygbussarna
운행 횟수가 많고, 늦은 시간 도착 시에도 편리하게 이용 가능하다. 자동판매기나 구내 편의점에서 티켓을 미리 구입한 후에 승차하자. 시내에서는 교통 안내소에서 구입 가능.
운행 **공항→시내** 07:00~01:10
시내→공항 03:00~21:00(시간당 1~5회 운행)
Time 시내버스 터미널까지 약 25분 소요.
Cost **공항–버스 터미널** 18세 이상 성인 139SEK, 8~17세 119SEK
Wifi 가능
Web www.flygbussarna.se

❷ 플릭스부스 Flixbus
가장 저렴한 요금으로 시내 이동이 가능하며 미리 예약하면 더 저렴하다. 하지만 운행 횟수가 적은 것이 단점. 자동판매기에서 티켓 구입 후 승차한다. 버스 터미널과 트램 Korsvägen 역의 두 곳으로 나뉘니 숙박 위치에 따라 선택하자.
운행 **공항→시내** 13:20, 15:15
시내→공항 09:30~21:40(버스 터미널 5회, Korsvägen 5회씩 분산 운행)
Time 시내버스 터미널까지 약 25분 소요.
Cost **공항–버스 터미널** 1인 69SEK
Web www.flixbus.se

카스트룹 공항→예테보리 시내
티켓을 미리 예약하거나, 당일에 자동판매기를 이용해 구입해서 승차하자.

❶ 지역 기차

운행 횟수가 많아 이동에 편리하다. 저렴하게 이용하고 싶으면 미리 예약하는 것을 권한다. 철도 패스 사용도 가능하다. 1시간에 1~2대 운행.

운행 **공항→시내** 05:45~22:45
시내→공항 05:55~20:55(토 · 일 06:40~)

Time 공항-중앙역 약 3시간 20분 소요.

Web www.skanetrafiken.se

❷ 버스

짐이 크고 많을 때, 공항에 늦게 도착했거나 일찍 가야 할 때에 유용하다. 버스포유Bus4you 지역 노선 중 본인의 시간에 맞는 노선을 선택해 이용하자. 3터미널 바깥의 버스 정류장에서 탑승할 수 있다. 일찍 예약해야 저렴하다.

운행 **버스포유 공항→시내** 월~목 · 토 5회, 금 6회, 일 7회
버스포유 시내→공항 월~목 · 토 5회, 금 6회, 일 7회(심야 운행 가능)

Time 카스트룹 공항 3터미널-닐스 에릭손 버스 터미널 약 3시간 40분 소요.

Cost 버스포유 259SEK~

Web 버스포유 www.bus4you.se(스웨덴어)

기차

예테보리 중앙역에서 스톡홀름(약 4시간 소요) · 말뫼(약 3시간 30분 소요)행 초고속 열차 스납톡, 코펜하겐행 지역 기차 외레순스톡(약 4시간 소요), 외레브로와 린쉐핑, 칼스타드를 비롯한 중서부 지역을 이어 주는 배스트톡Västtågen, 룰레오행 야간열차(약 15시간 소요), 근교 통근열차 펜델톡Pendeltåg, 오슬로행(약 3시간 40분 소요) NSB 노선이 출도착한다. 역 구내는 건물 하나를 끼고 버스 터미널과 연결되어 있으며, Forex 환전소, 각종 편의점, 커피 전문점, 1등석 라운지를 비롯한 편의 시설로 꽉 들어차 있다.

Open **중앙역 내 티켓 판매소** 월~금 06:00~20:00, 토 07:00~18:00, 일 07:30~20:00
SJ 1등석 라운지 6/27~8/4 월~금 08:00~18:30, **그 외 기간** 월~금 06:00~18:30, 일 10:00~18:30

버스

중앙역 옆의 닐스 에릭손 버스 터미널Nils Eriksson Terminalen에서 스웨부스, 넷부스의 국내 및 국제노선이 발착한다. 특히 오슬로 · 코펜하겐행은 1일 6~10회(약 3시간 40분~4시간 소요), 스톡홀름행은 4~6회 운행한다(약 7시간 소요, 야간 이동 가능). 철도 패스가 없거나, 부득이하게 야간 이동할 때, 카스트룹 공항으로 이동 시 유용하다.

Open **버스 터미널 내 티켓 판매소** 월~금 07:30~18:00, 토 09:00~17:00, 일 09:30~18:00

페리

차량 소지 시에는 독일 킬Kiel, 덴마크 프레데릭스하운Frederikshavn에서 스테나 라인Stena Line의 페리를 이용해 진입할 수 있다. 킬에서 약 14시간 30분, 프레데릭스하운에서 약 3시간 30분 소요.

트램 Masthuggstorget 정류장에서 1, 2, 3, 5, 6번 트램을 타고 시내로 나올 수 있다.

Web www.stenaline.se

시내 교통

시내의 관광지들은 중심가와 강 하구를 비롯한 전체에 분산되어 있어 도보만으로는 한계가 있고 반드시 대중교통을 이용해야 한다. 서부 예타란트 지역 교통국 배스트트라픽Västtrafik에서 시내의 전 교통 노선을 관할하고 있다. 숙소와 관광지를 운행하는 노선 번호를 알아 두면 좀 더 쉽게 이동 계획을 짜기에 좋다. 공식 안내 애플리케이션 Västtrafik To Go 이용 시 더욱 편리하게 교통 이용이 가능하니 미리 받아서 사용법을 익혀 두자. 여름 시즌에는 공사 등으로 노선이 중간에 바뀌는 경우도 있으니 이 점 주의.

Web 예테보리 시내 및 서부 예타란트 지역 교통 안내 www.vasttrafik.se

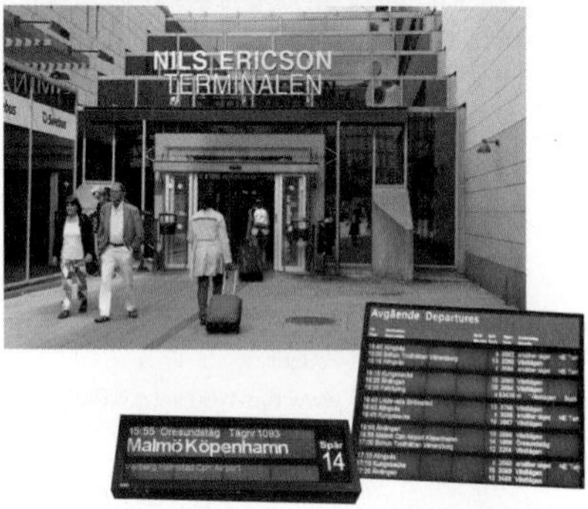

트램 Spårvagn

1879년에 운행을 시작한 후, 지금까지 예테보리 시내를 대표하는 아이콘과 같은 존재이다. 중앙역과 그뢴삭 광장Grönsakstorget, 얌 광장Jämtorget, 브룬스 공원Brunnsparken을 중심으로 12개의 노선이 시내 구석구석을 연결한다. 최신 기종과 오래된 기종이 함께 운행하고 있어 시내의 낭만을 느끼며 돌아보기에 좋다. 각 장소마다 정차하는 트램의 번호와 정류장 이름을 미리 확인하고 움직이자. 내릴 때 벨을 누르거나 줄을 잡아당겨야 한다.

운행 05:00~01:00(노선, 요일별로 상이)

Tip

100년 전 트램으로 시내 돌아보기

7월 초부터 약 1개월간은 매일, 그리고 4~6월과 8~12월의 토요일에는 옛 모습의 레트로풍 트램이 중앙역과 리세베리 놀이공원 구간을 오간다. 100년 전의 예테보리를 느끼고 싶다면 탑승해 보자. 시내 교통 카드 이용 가능.

운행 11:00~18:00

Web www.ringlinien.org(스웨덴어)

버스

중앙역과 닐스 에릭손 버스 터미널을 중심으로 시내 먼 곳까지 연결하지만, 시내 안에서는 트램보다 이용 빈도가 낮은 편이다. 특별히 52번(슬로츠코겐 공원-살그렌스카 병원-예타 광장), 60번(슬로츠코겐 호스텔-얌 광장-중앙역) 노선 정도만 먼저 알아 두자. 숙소 근처의 버스 노선을 추가로 알아 두는 것도 도움이 된다.

운행 24시간(노선, 요일별로 상이)

시내 자전거 Styr & Ställ

자전거 타기를 좋아한다면 시내에서도 자전거를 즐기기에 좋다. 시내 곳곳에 75곳 이상의 자전거 보관소가 있다. Nextbike 애플리케이션이나 홈페이지에서 계정을 등록한 후 사용한다. 만 18세 이상부터 이용 가능.

운행 06:00~22:00

Cost 첫 30분 무료, 이후 30분 경과 시마다 20SEK 추가

Web www.styrochstall.se

정류장 표시

페리
11번 트램으로 시내 살트홀멘Saltholmen 선착장까지 이동해, 주변 군도 지역으로 가는 페리를 이용할 수 있다. 여름 시즌에 배를 타고 섬 지역으로 가고 싶을 때 이용해 보자. 시내 교통카드로 이용 가능하다. 교통 안내 홈페이지에서 시간표를 미리 확인할 것.

대중교통 요금
시내의 관광지들, 페리 터미널, 숙소는 모두 시내 중심 구역으로 일괄 요금이 적용된다.

1회권 Enkel : 시내 구간 35SEK(90분 간 버스, 트램 자유 환승 가능)
24시간 / 72시간권 : 115SEK / 230SEK

티켓 구입과 사용 방법

교통권은 배스트트래픽 애플리케이션, 배스트트래픽 표시가 붙은 편의점, 교통 안내소, 자동 판매기에서 구입할 수 있다. 애플리케이션으로 교통권 구입 시 바로 개시되며, 환승 시에는 남은 시간을 반드시 확인하자. 종이 티켓 구입 시에는 트램, 버스 내 센서에 접촉하여 개시시켜야 유효하다. 컨택리스 결제가 가능한 카드도 이용 가능.

Tip
예테보리 올-인클루시브 패스
정해진 시간 동안 시내 대부분의 박물관과 미술관, 투어 버스와 보트 등을 무료로 이용할 수 있다. 투어를 많이 이용한다면 추천. GoCity 애플리케이션을 다운받고, 원하는 장소와 날짜를 선택한 후 결제해 이용하면 된다. 입장 시 패스에 있는 큐알 코드를 접촉시키자.
단 교통 기능이 없는 점을 감안해, 패스 사용 시간에 맞춰 교통권을 함께 구입해 사용해야 한다. 리세베리가 포함되지 않은 것이 최대의 단점.
Cost 16세 이상 성인 기준 24시간 384SEK, 48시간 479SEK(6~15세 30% 할인)
Web www.gocity.com/gothenburg

Tip
연간 회원권 Museum Card 이용하기
시에서 운영하는 뢰스카 박물관, 시립 미술관, 시립 박물관, 해양 박물관, 수족관 중 한 곳에서 연간 회원권을 구입하면, 그 해에 한하여 5곳 모두에서 사용할 수 있고 재방문도 가능하다. 리세베리, 국립 과학관 등의 대형 관광지 방문 일정이 없거나 비시즌 기간 여행 시, 시내 위주 일정 시 유용하다.
Cost 1인 140SEK(특별권은 20% 할인 가능)

예테보리 시내, 이렇게 보자

예테보리 시내 중심은 시내를 나누는 운하를 기준으로, 시내 중심부와 워터프런트, 하가 지구, 동부의 아베뉜 및 이벤트 디스트릭트, 서부의 린네 지구 및 기타 지역으로 나뉜다. 특히 시내의 주요 시설 및 쇼핑과 관련된 곳들은 중심부, 시내의 랜드마크는 워터프런트, 시간을 많이 들여야 하는 대형 관광지들은 동부 지구에 집중되어 있다. 이 중 중심부와 동부 지구의 대형 관광지를 묶으면 최소 하루, 거기에 하가 지구와 린네 지구의 대형 공원 및 예약이 필요한 식당 등을 포함하면 이틀까지 필요하다. 시간이 부족하다면 중심부는 짧게, 동부의 두 지구는 1~2곳만 넣고, 리세베리가 운영하지 않는 기간에는 시내의 주요 미술관과 박물관 중 2곳 정도 선택해 진행해도 괜찮다. 또한 지역의 식당들을 예약하고 싶다면, 관광지의 동선과 그쪽에 있는 식당을 서로 맞추는 것이 이동 시간 단축과 관광 시간 확보에 도움이 된다.

예테보리에서 놓치지 말자!
1 현재의 스웨덴을 만들어 온 예술과 산업의 현장 속으로.
2 다국적 푸드 트럭 축제부터 미슐랭 스타급 식당까지, 어느 하나 빼놓을 수 없는 이들의 맛 찾기.
3 북유럽 최대의 자존심, 리세베리와 국립과학관 속에서 보내는 신나는 하루.

추천 코스

여행 기간과 날짜에 따라 선택 가능한 관광지가 달라진다. 특히 월요일에는 미술관과 박물관을 피하고, 11월과 1~3월에는 리세베리가 운영하지 않으니 이 점 감안해서 일정을 잡자.

1일 차

단 하루만 진행할 경우에는 여기서 본인의 취향에 맞는 곳을 정한 후 집중하자.

버스 터미널 내 교통 안내소나 노드스탄 쇼핑몰 p.204

→

립스틱 빌딩 p.201

도보 10분

→

어시장 p.202

도보 20분

←

하가 지구 p.210

도보 10분

←

시립 미술관, 국립과학관 또는 뢰스카 박물관 중 선택

트램 15분+도보 5분

←

리세베리 p.216

트램 10분 또는 도보 3분

2일 차

아침에는 슬로츠코겐 공원(p.207)을 한가롭게 걸으며 여유를 가진 후, 전날 부족했던 미술관과 박물관을 둘러보자. 어린이 동반 시에는 선박 박물관(p.200)이나 해양 박물관, 미술과 디자인에 관심 많으면 뢰스카 박물관(p.212)과 주변의 여러 갤러리를 묶어 돌아보는 것을 추천한다. 그리고 본인의 취향에 맞는 식당을 점심이나 저녁에 예약해 이들의 식문화를 즐겨 보자. 저녁에는 네페르티티 재즈 클럽(p.206) 같은 전통 있는 명소나 린네 지구에서의 나이트 라이프도 즐거움을 더한다.

예테보리 시내 중심가
Central District of Göteborg

예테보리 시내 중심가 p.197
예테보리
Göteborg
N
S
Karlavagnsgatan
Lindholmsallén
린드홀멘 과학 공원
Lindholmen Science Park
살머스 공과대학 린드홀멘 캠퍼스
Campus Lindholmen
Västra Sjöfarten
Skeppsbron
Västra Hamngatan
스테나 라인 페리 터미널
덴마크행
해양 박물관(100m) ·
생선 경매장(500m) ·
페리 터미널
[독일행 스테나 라인]
(1.5km) 방향
Andréegatan
Masthamnsgatan
Första Långgatan
스틱베리 공식 유스호스텔
Vandrarhem Stigbergsliden
네토
Netto
예테보리 미니 호텔
Göteborgs Mini-Hotel
Värmlandsgatan
Haga Nygata
마스투겟 교회
Masthuggskyrkan
Vegagatan
Nordhemsgatan
Linnégatan
알바르 & 이바르 빵집
Alvar & Ivar Surdegsbageri
Övre Husargatan
헬로 멍키
Hello Monkey
Linnégatan
빌리스
Willys
Nordostpassagen
헴셉
Hemköp
프람 에코리브
Fram Ekolivs
우편 취급소
Olivedalsgatan
슬로츠코겐 공원
Slottsskogen
슬로츠코겐 호스텔 & 호텔
Slottsskogen
Vandrarhem och Hotell
린네플라센 호스텔 & 호텔
Linnéplatsens Vandrarhem och Hotell
살그렌스카 병원 방향(약 800m)

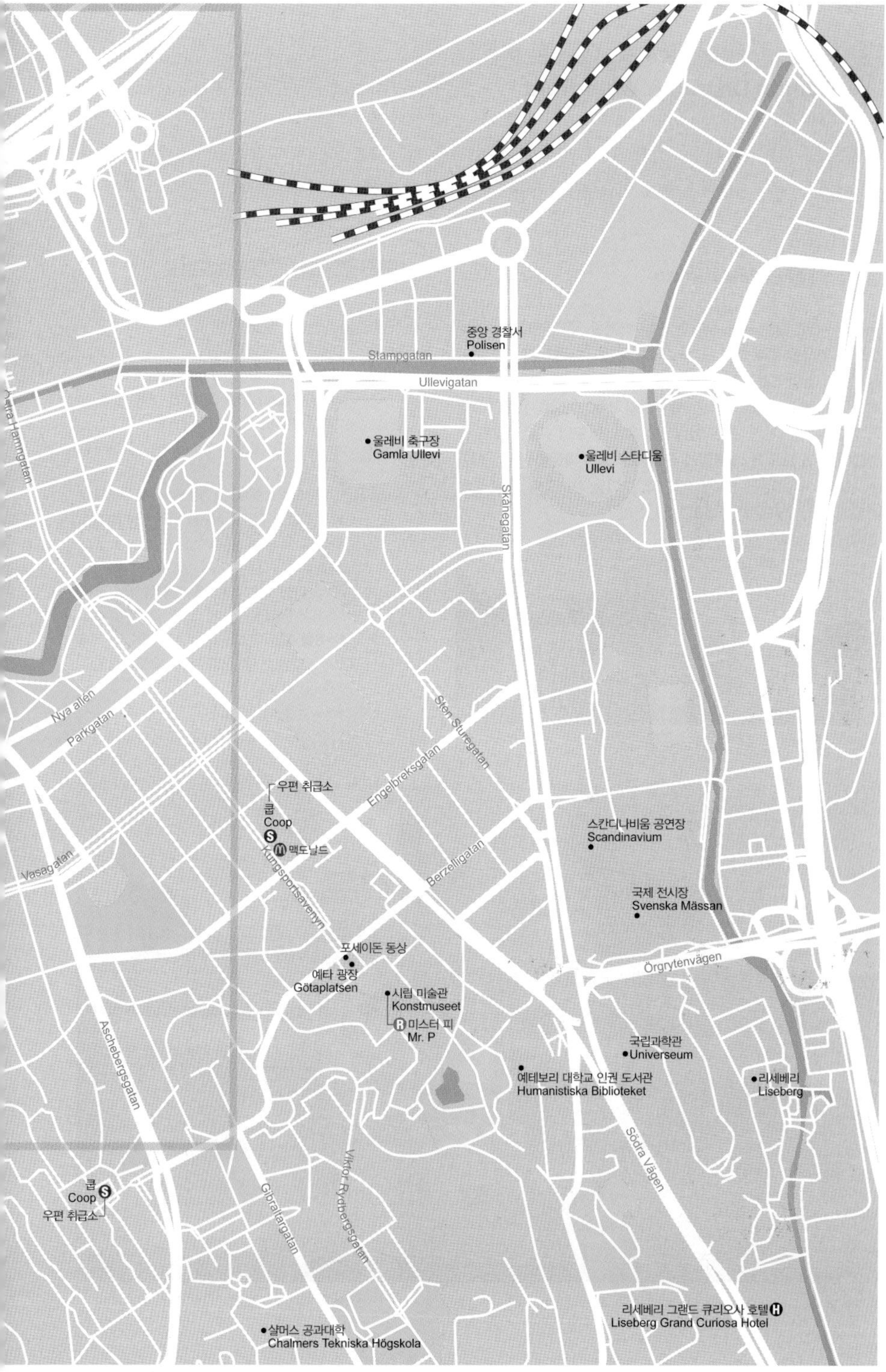
중앙 경찰서
Polisen
Stampgatan
Ullevigatan
Östra Hamngatan
울레비 축구장
Gamla Ullevi
울레비 스타디움
Ullevi
Skånegatan
Nya allén
Parkgatan
Sten Sturegatan
Engelbreksgatan
우편 취급소
쿱
Coop
맥도날드
Kungsportsavenyn
Vasagatan
Berzelligatan
스칸디나비움 공연장
Scandinavium
국제 전시장
Svenska Mässan
포세이돈 동상
예타 광장
Götaplatsen
시립 미술관
Konstmuseet
미스터 피
Mr. P
Örgrytevägen
국립과학관
Universeum
예테보리 대학교 인권 도서관
Humanistiska Biblioteket
리세베리
Liseberg
Aschebergsgatan
Södra Vägen
쿱
Coop
우편 취급소
Gibraltargatan
Viktor Rydbergsgatan
리세베리 그랜드 큐리오사 호텔
Liseberg Grand Curiosa Hotel
샬머스 공과대학
Chalmers Tekniska Högskola

시내 중심부 & 워터프런트 지역
Central District & Waterfront

예테보리를 대표하는 랜드마크 장소와 즐거운 시간을 보낼 수 있는 쇼핑, 식당이 밀집해 있어 시내 일정의 처음과 끝을 보람차게 보내기 좋다. 어시장 위쪽과 강가를 중심으로 방향을 잡아 움직이자.

선박 박물관 Maritiman

박물관 관광명소 로컬명소 어린이 동반

'배'를 주제로 하는 세계 최대의 전문 박물관. 무역항이었던 예테보리의 역사를 함께했던 13척의 각종 군함, 여객선, 잠수함 등이 전시되어 있다. 오디오 가이드를 미리 다운받아 들으며 각 배에 직접 탑승해 보자. 여름 시즌에는 매일 11:00, 13:00, 15:30에 영어 가이드 투어가 있으며, 어린이를 위한 별도의 프로그램도 마련되어 있어 모두가 재미있게 즐기기에 좋다. 어린이 동반 시에는 시간을 넉넉히 잡는 것을 권한다. 오디오 가이드를 공식 홈페이지에서 미리 다운받아 들어 보고 가자.

Address Packhusplatsen 12

Tel 31 105 950

Open **부활절 방학 · 4 · 5 · 9 · 10월** 토 · 일 11:00~16:00, **7월** 10:00~18:00, **6 · 8월** 10:00~17:00, **11월** 토 · 일 10:00~15:00

Close 3 · 4 · 5 · 9 · 10월의 월~금, 하지의 금 · 토요일

Access 5, 6, 10번 트램으로 Lilla Bommen 정류장에서 하차해 Torggatan을 따라 강 방향으로 직진 후, 두 번째 큰길 Västra Sjöfarten 길에서 좌회전해 오른쪽.

Cost 16세 이상 성인 150SEK, 학생 135SEK, 5~15세 95SEK
6~8월 성인 175SEK, 학생 150SEK, 5~15세 100SEK(홈페이지 구입 시 5~10SEK 할인)

Wifi 가능(일부 장소)

Web www.maritiman.se

오페라 하우스 Göteborgsoperan

로컬명소 건축 · 디자인

항구를 바라보는 위치에 배 모양으로 서 있는 오페라 극장. 얀 이지코비치의 설계로 1994년 완공된 이래, 매일 최고의 오페라, 뮤지컬, 콘서트를 감상할 수 있는 명소가 되었다. 6월 말~8월 중순까지 매일 오후 2시에는 전직 가수의 안내로 45분간의 가이드 투어가 진행된다(영어 가능). 낮 시간에는 전망 좋은 부설 레스토랑에서의 '오늘의 점심(149SEK)'도 즐기자. 카드 결제만 가능.

Address Christina Nilssons gata
Tel 31 108 000
Open **가이드 투어(영어) 6월 말~8월 중순** 14:00, **그 외 기간** 평일 주 2~3회 14:00, 금~토 18:00
티켓 오피스 월~토 12:00~16:30
Close 일요일, 공휴일
Access 립스틱 건물에서 보행자 도로를 따라 내려가서 있는 배 모양의 건물. 트램 이용 시에는 5, 6, 10번 트램으로 Lilla Bommen 정류장에서 하차 후 Torggatan을 따라 강 방향으로 직진 후 좌회전.
Cost **가이드 투어** 성인 100SEK, 6~20세 50SEK (시티 패스 사용 불가)
Web www.opera.se

립스틱 빌딩 Läppstiftet

관광명소 로컬명소 뷰포인트 건축 · 디자인

립스틱처럼 한쪽이 기울어진 붉은 부분 때문에 현지인들에게 '립스틱 건물'이라고 불리는 예테보리의 랜드마크 건물. 랄프 어스킨Ralph Erskine에 의해 설계되어 1989년에 지어졌고 현재는 국제회의장으로 사용 중이다. 평일 낮 시간에 한해 건물 맨 위층을 전망대로 공개하고 있으며, 86m 높이의 전망대에서 시내 전체와 예타 운하를 파노라마처럼 바라보기에 좋다. 현재 공사 중.

Address Lilla Bommen 1
Tel 31 156 135
Open **전망대** 월~금 07:30~17:00
Close 토 · 일요일, 공휴일
Access 5, 6, 10번 트램으로 Lilla Bommen 정류장에서 하차 후 오른쪽 옆의 Östra Hamngatan을 따라 노드스탄 쇼핑몰 옆쪽으로 온 후, 오른쪽의 보행자 도로를 이용해 항구 쪽으로 직진한다. 중앙역에서도 도보 15분 소요. 오페라 하우스 옆.
Cost **전망대** 성인 50SEK(시티 패스 이용 불가)
Web coorkonferens.se/lappstiftet-konferens

시립 박물관 Stadsmuseet

박물관 로컬명소 어린이 동반

예테보리의 탄생부터 현재까지의 역사를 한눈에 볼 수 있는 종합 박물관. 1750년대에 지어진 동인도 회사 건물에 자리 잡고 있다. 스웨덴 국내에서 유일하게 보존되어 있는 바이킹 배 에스케스케르Äskeskärr와 과거를 살아 갔던 가족들의 생활공간, 다양한 주제의 특설 전시도 재미있다. 어린이 전용관에서는 인공 암벽 타기 등의 여러 놀이 기구가 흥미를 더한다. 가족 여행 시에도 추천.

Address Norra Hamngatan 12
Tel 31 368 3600
Open 화~일 11:00~17:00(수 ~20:00)
Close 월요일, 부활절 당일, 5/1, 6/6, 하지의 금 · 토요일, 12/24~25, 1/1
Access 1~11번 트램으로 Brunnsparken에 내린 후 강변을 따라 우회전해 오른쪽.
Cost 26세 이상 60SEK, 21세 미만 · 학생 무료
Web www.goteborgsstadsmuseum.se

어시장 Feskekörka

관광명소 로컬명소 레스토랑

현재 예테보리를 상징하는 터줏대감과 같은 존재이자, '먹방 도시'의 든든한 지원군. 매일 들어오는 생선 및 갑각류, 조개 종류를 10곳의 가게에서 판매하고 있다. 규모는 작지만, 가장 신선한 생선을 직접 선택하고 맛볼 수 있어 생선을 좋아하는 미식가에게 필수 중 필수 코스. 포장된 새우 샐러드와 오픈 샌드위치 등은 가격도 비싸지 않아 테이크아웃으로 구입해 바깥의 테이블이나 강가에 앉아 점심이나 간식으로 먹기에 좋다. 지금의 건물은 노르웨이의 목조 교회와 고딕 양식에 영감을 받은 1874년의 것으로, 스웨덴어로 '물고기 교회'라는 뜻이다. 2021년 9월부터 공사 중.

Address Rosenlundsvägen
Tel 31 134 681
Open 월~금 10:00~18:00, 토 10:00~15:00
Close 일요일, 공휴일
Access 1, 2, 3, 5, 6, 10, 11번 트램을 이용해 Hagakyrkan 정류장에서 하차한 후 다리를 건너 좌회전한다.
하가 지구에서도 도보 이동 가능.
Web www.feskekorka.se(스웨덴어)

Feskekörka

가브리엘 피스크 Gabriel Fisk

레스토랑 로컬명소

어시장을 대표하는 최고의 생선 전문 레스토랑. 문 앞의 큰 새우 간판은 이곳의 정체성을 확실히 보여 준다. 매일 들어오는 생선으로 요리하는 '오늘의 생선 요리'와 버터에 구운 광어 요리 '레몬솔', 신선한 새우와 게 종류가 맛있다. 가을 이후에는 굴 까기 국내 챔피언인 주인이 직접 손질해 주는 굴도 놓칠 수 없다. 시내에서 가장 맛있는 생선 요리를 먹고 싶다면 추천한다. 좋은 자리에 앉으려면 예약 필수. 2021년 9월부터 공사 중.

Tel 31 139 051
Open 어시장 운영과 동일(월요일 제외)
Access 어시장 내 2층.
Cost 오늘의 생선 요리(화~목) 185SEK, 새우 샌드위치 229SEK, 기타 생선 요리 180~320SEK, 당일 들어오는 새우/ 굴/ 바닷가재/ 게 종류는 시가 적용
Web www.restauranggabriel.se(스웨덴어)

Tina's Plus
스웨덴 최대의 생선 경매장, Fiskauktion

1910년부터 지금까지, 평일 새벽에는 스웨덴의 생선 가격을 책임지는 국내 최대의 생선 경매가 열린다. 매월 1회 진행되는 가이드 투어(1인당 85SEK)를 이용해 경매 현장을 직접 둘러볼 수 있다. 예약 필수.

Address Fiskhamnen, 414 58
Open **가이드 투어** 월 1회 07:00
Access 1, 3, 5, 6, 9, 10번 트램을 이용해 Kaptensgatan에서 하차 후, 뒤로 돌아서 세 번째 길 Djurgardsgatan까지 직진 후, 우회전하여 Fiskehamgatan 길을 따라 돌아간다. 정류장에서 도보로 약 15~20분 소요.
Web www.gfa.se/guidade-turer(스웨덴어)

살루할렌 Stora Saluhallen

로컬명소 레스토랑

고기, 유제품, 곡물이 주로 거래되던 시장터에 1888년 14,000㎡의 규모로 건립되었고, 이후 2번의 큰 리노베이션을 진행하면서 지금의 모습으로 시설이 정비되었다. 총 39곳의 매대에서는 신선한 고기와 치즈, 생선, 갓 구워진 빵을 비롯한 온갖 '맛있는 것'들이 여행자들의 군침을 삼키게 한다. 포장된 음식들을 관광 중 들러 구입하거나, 중간 중간 비치된 테이블에 앉아 즐겨 보자. 브런치나 늦은 점심을 먹기에도 좋다.

Address Kungstorget
Open 월~수 10:00~18:00, 목 · 금 10:00~19:00, 토 10:00~17:00
Close 일요일, 공휴일
Access 3, 4, 5, 7, 10번 트램을 이용해 Kungsportsplatsen 정류장에 하차 후, 관광 안내소 반대 방향으로 길을 건넌다. 둥글게 굽어진 지붕 건물.
Web www.storasaluhallen.se

노드스탄 Nordstan

로컬명소 쇼핑

중앙역 옆에 위치한 시내 최대의 쇼핑몰. 따로 쇼핑할 시간이 없거나 날씨가 좋지 않을 때, 중앙역 · 버스 터미널 이용 전후에 연결 통로를 이용해 쇼핑과 식사를 모두 해결하기에 좋다. 구내의 우편 취급소, 올렌스 백화점 분점, 지역 최대의 아시안 마켓 Saigon Food, 주류 판매장 시스템볼라옛, '만물상' 클라스 올손Clas Ohlson(p.146 참조)과 다양한 규모의 식당들, SEB 은행, Forex 환전소는 여행자들에게 특히 유용하다. 화장실은 유료.

Address Nordstadstorget
Open 월~금 10:00~20:00, 토 · 일 10:00~18:00
Close 일부 공휴일
Access 중앙역을 나와 지하로 들어가는 연결 통로를 이용하거나, 길을 건너 바로 앞.
Wifi 가능
Web www.nordstan.se

브로길렌 Brogyllen Konditori

카페 로컬명소

그들의 애프터눈 티, '피카'를 즐기기에 가장 좋은 곳으로 현지인의 추천 1순위. 매일 아침부터 신선하게 구워 낸 유기농 빵, 달콤한 타르트와 케이크 종류, 커피의 짝꿍 시나몬 롤은 나오자마자 팔려 나간다. 여름 시즌에는 딸기를 이용한 디저트가 인기 아이템이며, 오후 시간에는 피카를 즐기려는 시민들로 가득하다. 가장 달콤한 오후 시간을 보내고 싶다면 추천한다. 살루할렌 시장을 비롯해 시내에 3곳의 분점이 있지만 이곳의 규모가 가장 크다.

Address Västra Hamngatan 2
Tel 31 138 713
Open 월~금 07:00~19:00, 토 · 일 08:00~18:00
Close 일부 공휴일
Access 시립 박물관에서 다리를 건너 바로 왼쪽. 피스케크로겐 건너편. 1, 2, 3, 5, 6, 7, 10, 11번 트램을 이용해 Gronsakstorget에서 하차 후 강변 반대 방향으로 직진.
Cost 시나몬 롤 30SEK, 빵 종류 40SEK~, 커피 30SEK~, 타르트 및 케이크 종류 45SEK~
Web www.brogyllen.se(스웨덴어)

다 마테오 Da Matteo

카페 로컬명소

1995년, 지금의 자리에 처음 문을 연 이래, 시내 중심가의 작은 정원에서 예테보리 커피 문화의 역사가 이루어졌고 지금도 진행 중이다. 매일 아침부터 영업시간 내내 신선한 커피를 마시려는 현지인들로 붐비며, 날씨 좋을 때에는 야외 테이블에 자리가 없을 정도다. 직접 수매해 로스팅한 친환경 공정무역 원두는 취향대로 구입이 가능하며, 관련 상품은 시내 기념품으로도 좋다. 라테 주문 시 "에스프레소 메드 묄크Espresso med mjölk"라고 얘기해야 하며, 취향에 따라 크기와 원두, 우유(저지방/락토 프리) 선택이 가능하다. 이 외에도 시내 중심가의 분점(Vallgatan 5, Magasinsgatan 17A)에서는 직접 구워 낸 빵과 피자를 맛볼 수 있으며, 2019년 후반기 이후 로스팅장 확장 공사를 마치고 재오픈했다. 또한 중심가(Vallgatan 19)와 아베뉜 지구(Kristinelundsgatan 10)에 자체 빵집 한델 HANDEL을 새롭게 런칭하며 계속해서 확장 중이다.

Address Södra Larmgatan 14
Tel 31 774 2881
Open 월~금 08:00~18:00, 토 10:00~17:00, 일 11:00~17:00
Close 일부 공휴일
Access 시립 박물관에서 다리를 건너 바로 왼쪽. 1, 2, 3, 5, 6, 7, 10, 11번 트램을 이용해 Grönsakstorget에서 하차 후 길을 건너 왼쪽의 보행자 도로로 진입하며, 위에 Victoriapassagen이라고 써 있는 문을 통과하면 왼쪽에 작은 매장이 나온다.
Cost 커피 27SEK~, 라테 종류 40SEK~, 시나몬롤 42SEK, 아침용 샌드위치 55SEK~, 원두 250g 130~200SEK
Wifi 가능
Web www.damatteo.se

구르메코브 Gourmetkorv

로컬명소 레스토랑

긴 소시지를 사용한 시내 대표 핫도그 가게. 현지인들의 점심 겸 간식의 명소로, 가게 규모는 작지만 늘 사람들로 붐빈다. 기본 핫도그는 작은 사이즈만 먹어도 충분하며, 식사 대용을 원한다면 감자 선택과 탄산수가 포함된 오늘의 핫도그 'Korv of the day'나 기타 스페셜 메뉴를 추천. 실내에 앉을 자리가 부족하니 포장으로 구입해 가자.

Address Södra Larmgatan 6
Tel 31 136 233
Open 월~금 10:00~18:00, 토 11:00~17:00, 일 11:00~16:00
Close 일부 공휴일
Access Grönsakstorget 트램 정류장에서 오른쪽 골목으로 진입해 오른쪽.
Cost 기본 핫도그 Korv med Bröd 42SEK, 오늘의 핫도그 Korv of the day 115SEK
Web www.gourmetkorv.se(스웨덴어)

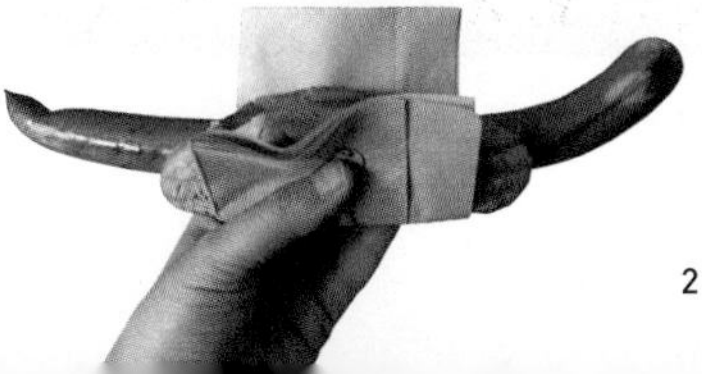

피스케크로겐 Fiskekrogen

레스토랑

1972년 이래 지금까지 가장 신선한 생선 요리를 선보이는 생선 전문 레스토랑. 매일 아침마다 경매장에서 직접 공수한 생선과 갑각류, 조개 종류는 모두의 입맛을 사로잡고 있다. 금 · 토요일에만 가능한 갑각류 뷔페는 신선한 새우, 게, 랑구스틴(바닷가재의 일종), 홍합 종류를 마음껏 먹을 수 있어 가족 단위 여행자들에게 인기가 높다. 매일 달라지는 '오늘의 생선 요리'와 이를 이용한 테이스팅 코스도 미식가들의 흥미를 자극한다. 갑각류 종류를 좋아한다면 추천.

Address	Lilla torget 2
Tel	31 101 005
Open	월~목 17:30~22:00, 금 16:00~24:00, 토 12:00~24:00
Close	일요일, 일부 공휴일
Access	브로길렌 빵집 길 건너 골목 안쪽의 작은 광장 옆 위치. 1, 2, 3, 5, 6, 7, 10, 11번 트램을 이용해 Grönsakstorget에서 하차 후 강변 반대 방향으로 끝까지 직진 후 다리를 건너지 말고 좌회전. 문 근처에 큰 동상이 있다.
Cost	갑각류 뷔페(금 16:00~19:00, 토 12:00~16:00) 655SEK, 기본 생선 요리 250SEK~, 플래터 355SEK~, 4코스 995SEK ※ 오늘의 생선 요리는 시가 적용
Wifi	가능
Web	www.fiskekrogen.se

네페르티티 재즈 클럽 Nefertiti Jazzklubben

로컬명소 바 재즈 클럽

스톡홀름의 페칭(p.149 참조)과 함께 스웨덴을 대표하는 최고의 재즈 클럽. 1978년 지금의 자리에 이집트 여왕의 이름을 따서 세워진 이래, 이들의 나이트 라이프를 주도하는 대표 장소로 자리 잡았다. 주중에는 재즈 중심의 공연이 매일 저녁 올라가며, 주말 밤에는 하우스와 힙합, 소울 음악 중심의 클럽으로 변신한다. 입장은 만 20세 이상부터 가능. 홈페이지에서 공연 목록을 확인한 후 관심 있는 아티스트의 공연을 찾아 방문하는 것을 추천한다. 되도록 공연 10~20분 전에 미리 와서 자리를 잡을 것.

Address	Hvitfeldtsplatsen 6
Tel	31 711 4076
Open	**공연** 수~일 19:00 **클럽** 금 · 토 24:00~04:00
Access	1, 2, 3, 5, 6, 10, 11번 트램을 이용해 Hagakyrkan 정류장에서 하차 후, 다리를 건너 두 번째 사거리에서 좌회전해 들어간다.
Cost	공연마다 다름, 음료 30SEK~
Wifi	가능
Web	www.nefertiti.se(스웨덴어)

린네 지구
Linné

얍 광장 Järntorget과 린네 거리 Linnégatan를 중심으로 슬로츠코겐 공원까지 연결된다. 현지인들이 즐겨 찾는 다양한 규모의 식당과 숍들이 많고, 가족 여행자를 위한 대형 공원과 저렴하고 깔끔한 숙박 시설이 많아 시내 중심가와는 또 다른 재미를 느낄 수 있다. 현지인들의 여유로운 맛과 멋을 들여다보기에 최고의 장소다.

슬로츠코겐 공원 Slottsskogen

로컬명소 어린이 동반

시내 최대의 도심 공원으로, 시민들의 사랑을 듬뿍 받고 있는 도심 속 오아시스다. 중세 이후부터 과수원과 사냥터로 이용되다가, 시내의 규모가 커지면서 1874년 이후 대형 공원으로 조성되었다. 공원 안에는 자연사 박물관, 국내에서 가장 오래된 어린이용 동물원, 대규모의 놀이터 플릭타Plikta를 비롯한 여러 규모의 어린이 관련 시설이 많아, 가족 여행자들이 하루를 보내기에도 최고의 장소다. 아침 일찍이나 해 질 무렵에는 천천히 걷거나 자전거를 타고 여유롭게 산책을, 햇살 좋은 오후에는 간단한 먹을거리를 준비해 피카 시간을 즐기기에도 좋다. 깔고 앉을 수 있는 신문지나 돗자리, 물 한 통을 함께 준비하자.

Open **공원** 24시간
동물원 4/29~9/1 10:00~16:00
플릭타(자연 놀이터 및 자전거 대여 등) 10:00~17:00
Close 일부 공휴일
Access 1, 2, 6번 트램이나 52번 버스를 이용해 Linneplatsen이나 Botanisk Tradgarden 정류장에 하차 후 진입.
Web www.goteborg.se/slottsskogen

헬로 멍키 Hello Monkey

레스토랑

아시아 각국의 요리를 재해석한 퓨전 요리 레스토랑. 딤섬과 생선회, 상추쌈, 쌀국수 등을 다른 아시아 요리와 접목해 내놓고 있다. 2인 이상 함께 방문 시, 3코스 이상의 콤보 세트를 주문해 더 많은 종류를 즐겨 보는 것을 추천. 식전 빵 대신 인도식 칩 플랫탑과 커리 소스가 나와 더욱 입맛을 돋운다. 거의 모든 요리에 고수가 들어가는 점 주의. 2021년 이후 린네 거리의 매장은 시내 중심가 다 마테오 매장 근처의 본점과 통합된 점 알아 두자.

Address Magasingsgatan 26
Tel 31 125 210
Open 월~목 17:00~24:00, 금 17:00~01:00, 토 13:00~02:00
Access 다 마테오 Vallgatan점 건너편에서 오른쪽으로 내려가 끝쪽.
Cost 퓨전 비빔밥 170SEK, 메인 200~300SEK, 한국식 쌈 요리 1인당 289SEK, 콤보 세트 1인당 449SEK
Web www.hellomonkey.net

살루할 브리겐 Saluhall Briggen

로컬명소 레스토랑

소방서 자리였던 곳에서 1891년 문을 열었고, 재공사 후 현지인들이 사랑하는 실내 시장이 되었다. 지금은 기존의 실내 시장 대신 여러 식당의 집합체로, 베트남 식당 Vietnamhaket, 해물 요리 전문점 Restaurant Havet, 샐러드 전문점 Salladsbaren Grönt & Gott, 이탈리아 식당 겸 와인 바 Vita가 함께 자리잡고 있다. 한 건물에서 여러 식당을 보고 고르고 싶을 때 추천. 7월 여름휴가 기간에는 운영하지 않는 식당도 있으니 주의하자.

Address Nordhemsgatan 28
Open 11:00~21:00(식당별로 다름)
Close 공휴일, 7월 여름휴가 기간
Access 1, 6번 트램을 이용해 Prinsgatan에서 하차 후, Plantagegatan으로 진입해 다음 사거리에서 우회전한다.

프람 에코리브 Fram Ekolivs

로컬명소 쇼핑

한국으로 치면 한살림과 같은 친환경, 유기농 농산물 협동조합 숍으로, 회원가입 없이도 이용 가능하다. 1984년에 지역 최초로 친환경 상품의 구입 기회를 늘리기 위한 장소로써 문을 연 이후, '친환경 로컬 푸드' 및 공정무역 상품을 주로 취급하고 있다. 한국에서 비슷한 숍을 이용하고 있거나 건강한 식재료로 장을 보고 싶다면 눈여겨보자. 2020년 이후 하가 지구의 대형 매장으로 통합 이전했다.

Address Södra Allégatan 2B
Tel 31 135 317
Open 월~금 08:30~18:30, 토 10:00~16:00
Close 일요일, 공휴일
Access 60번 버스나 1, 2, 3, 6번 트램을 이용해 Järntorget에서 하차 후, 광장을 지나 Haga ostergatan으로 접어들어 두 번째 골목 왼쪽 끝.
Web www.framekolivs.se(스웨덴어)

올손스 빈 Olssons Vin

바

소박하면서 캐주얼한 분위기의 와인 바. 각국의 다양한 와인들을 골고루 마시고 싶을 때 적당한 가격으로 이용할 수 있다. 치즈와 안주 플래터 메뉴도 취향 따라 선택 가능. 관광을 마치고 마지막으로 들러서 와인 한 잔으로 하루를 정리하고 싶을 때 추천한다. 실내가 좁아 사람이 많을 때에는 서서 마셔야 할 수도 있다. 카드 결제만 가능하다.

Address Tredje Långgatan 9
Tel 31 309 5260
Open 월~토 17:00~01:00
Access 1, 2, 3, 5, 6, 9번 트램으로 Jämtorget 정류장에서 하차 후 두 번째 거리 Tredje Långgatan으로 진입. 오른쪽의 첫 번째 문으로 들어와 왼쪽.
Cost 와인 잔당 100~175SEK, 치즈 및 안주류 35~200SEK, 피자 155~230SEK
Wifi 가능
Web www.olssonsvin.se(스웨덴어)

하가 지구
Haga

시내의 구시가지 지역으로, 화재를 피해 잘 보존된 아기자기한 목조 건물이 군락을 이루고 있다. 그 안에 소박하게 자리 잡은 숍과 카페들을 눈여겨보며 옛 정취를 느껴 보자. 옆 동네 린네 지구와 함께 묶어서 돌아보는 것도 괜찮다. 울퉁불퉁한 돌바닥 때문에 발이 아플 수 있으니 반드시 바닥이 두꺼운 신발을 신을 것.

뇔러 에스프레소바 Nöller Espressobar

카페

저렴하고 맛있는 커피와 수프, 샌드위치로 아침이나 저녁을 먹기에 좋다. 특히 점심 메뉴로 나오는 커피+수프 세트는 쌀쌀한 날씨에 최고. 간간이 만들어 주는 귀여운 라테 아트 역시 이 집의 포인트. 여름에는 시원한 아이스 라테와 프라페, 스피루리나가 든 건강 생과일주스도 만날 수 있다.

Address Haga Nygata 28
Tel 31 135 361
Open 월~금 08:00~18:00, 토 · 일 09:00~18:00
Access 1, 2, 3, 5, 6, 10, 11번 트램으로 Hagakyrkan 정류장에서 하차 후 Husargatan 거리로 진입해 두 번째 골목에서 우회전.
Cost 아메리카노 35SEK, 라테 40SEK, 건강 생과일주스 55SEK, 점심 메뉴(커피+수프) 90SEK
Wifi 가능
Web www.noller.se

헴마 호스 Hemma Hos

바

직접 만든 맛있는 안주 종류를 먹을 수 있는 '게스트로 펍'이다. 다양한 지역 맥주와 따끈한 식사 메뉴가 주말 저녁의 흥겨운 분위기에 특히 잘 어울리며 여러 명이 함께 즐기기에도 좋다. 가끔씩 내 놓는 주인장의 추천 메뉴도 놓치지 말자. 맥주는 작은 사이즈로도 주문 가능하다.

Address Haga Nygata 12
Tel 31 134 090
Open 월 16:00~22:00, 화~목 16:00~23:00, 금 13:00~24:00, 토 12:00~24:00, 일 12:00~22:00
Access 1, 2, 3, 5, 6, 10, 11번 트램으로 Hagakyrkan 정류장에서 하차 후 Östra Skansgatan 거리로 진입해 두 번째 골목에서 우회전.
Cost 맥주류 79~90SEK, 칵테일 158SEK, 식사류 100~250SEK, 와인 잔당 115~160SEK
Web www.hemmahoshaga.se

빌레발라 Villervalla

쇼핑

톡톡 튀는 무늬와 색깔이 귀여운 유아 · 아동복 브랜드 숍. 체격이 작은 우리나라 어린이들에게도 잘 맞는다. 변화무쌍한 날씨에 유용한 방수 셸 재킷, 아이와 어머니가 함께 입을 수 있는 커플 룩 티셔츠가 인기 아이템. 이곳 외에도 아웃렛 매장이 근처(Landsvägsgatan 3)에 있으니 좀 더 저렴한 아이템을 구하고 싶거나 급하게 옷을 사야 한다면 함께 방문해 보자.

Address Haga Nygata 22
Tel 31 711 1515
Open 월~금 10:00~18:00, 토 10:00~16:00, 일 12:00~15:00
Close 공휴일
Access 1, 2, 3, 5, 6, 10, 11번 트램으로 Hagakyrkan 정류장에서 하차 후 Husargatan 거리로 진입해 두 번째 골목에서 우회전.
Web www.villervalla.se(스웨덴어)

엔 델리 하가 En Deli Haga

레스토랑

친환경 식재료를 사용한 시내 유일의 채식 전문 델리 겸 식당. 원하는 음식 종류를 골라 구입하기에도 좋다. 빵과 커피를 무한 리필할 수 있는 점심 메뉴는 배고픈 여행자들에게도 제격이다. 여름에는 설탕을 줄여 더욱 상큼하고 시원한 레모네이드가 인기 만점. 좀 더 건강한 식사가 필요한 사람이나 채식주의자에게 추천한다. 평일과 주말의 가격이 다른 점 주의.

Address Haga Nygata 15
Tel 31 711 5795
Open 월~금 08:00~19:30, 토 · 일 08:00~18:30
Access 1, 2, 3, 5, 6, 10, 11번 트램으로 Hagakyrkan 정류장에서 하차 후 Kaponijälgatan 거리로 진입해 두 번째 골목에서 우회전.
Cost **점심 세트 메뉴** 월~금 130SEK, 토 · 일 145SEK, 4종류 선택 시 110~130SEK
Web www.endelihaga.se(스웨덴어)

아베뉜 & 이벤트 디스트릭트
Avenyn & Event District

동부는 크게 예술 관련 관광지 중심의 아베뉜 Avenyn, 시내 최고의 대형 관광 명소들과 이벤트 시설들이 모여 있는 이벤트 디스트릭트로 나뉜다. 관광지들의 규모에 맞춰 시간을 충분히 잡고, 시간이 부족할 경우 원하는 곳만 선택해 둘러보자. 또한 유명 식당들도 간간이 숨어 있어 저녁 식사를 하기에 좋다. 시설 입장료와 식사, 기념품 등을 고려해 예산 역시 넉넉히 준비하자. 어린이를 동반한 가족 여행자는 하루를 잡아도 모자랄 것이다.

Web 아베뉜 지역 안내 www.avenyn.se(스웨덴어)

뢰스카 박물관 Röhsska Museet

박물관 | 로컬명소 | 건축 · 디자인

장식미술, 패션, 디자인, 공예 분야에 대한 방대한 전시물이 이곳의 자랑이다. 전체는 크게 4부분으로 나뉘며, 스웨덴 디자인과 장식미술의 발달 과정이 시대 및 분야별로 전시되어 있다. 특히 20세기 이후의 가구, 산업, 패션 디자인 관련 전시는 북유럽 디자인을 알고 있다면 반드시 봐야 할 부분이다. 또한 철철이 달라지는 특설 전시 역시 눈을 떼기 힘들 정도로 흥미롭다. 시간을 넉넉히 두고 이들의 진면목을 확인해 보자. 카드 결제만 가능.

Address Vasagatan 39
Tel 31 368 3150
Open 화 · 수 11:00~18:00, 목 11:00~20:00, 금~일 11:00~17:00
Close 월요일, 하지의 금 · 토요일, 12/24~26, 12/31~1/1, 부활전 전 금요일, 5/1, 6/6
Access 3, 4, 5, 7, 10번 트램을 이용해 Valand에서 하차.
Cost 20세 이상 70SEK, 20세 미만 · 학생 무료
Wifi 가능
Web www.rohsska.se

시립 미술관 Konstmuseet

미술관 로컬명소 관광명소

서부 지역 최대 미술관으로, 1861년 문을 연 이래 15세기부터 현대에 이르는 방대한 작품들을 전시하고 있다. 네덜란드, 프랑스의 고전 작품들을 비롯해 18~20세기 중반까지의 북유럽 작품이 4층 규모의 건물 안에 가득하다. 왕족이 소유한 작품 없이, 시 차원에서 들여오고 기증받은 작품들로만 구성되어 '시립 미술관'이라는 이름이 정말 딱 맞는 곳이다. 특히 19세기 이후의 스웨덴 화가 작품들과 '예테보리 컬러리스트'라 불리는 1930년대 작품들은 관심 있게 눈여겨보자. 신관에 함께 붙어 있는 사진 전문관 하셀블라드 센터에서의 사진 작품과 부설 숍에서의 다양한 디자인 및 사진 관련 서적은 보너스. 시간을 넉넉히 잡고 4층부터 내려가며 돌아보자. 또한 정문 앞 예타 광장Götaplatsen에 우뚝 서 있는 '포세이돈' 동상은 카를 밀레(p.178 참조)의 1931년 작품으로, 예테보리 시내를 대표하는 상징이다.

Address	Götaplatsen
Tel	31 368 3500
Open	화 · 목 11:00~18:00, 수 11:00~20:00, 금~일 · 공휴일 11:00~17:00
Close	월요일, 부활절 전 금 · 토요일, 5/1, 6/6, 하지의 금 · 토요일, 12/24~26, 12/31~1/1
Access	4, 5번 트램을 이용해 Berzelligatan에서 하차 후 분수대와 큰 동상이 보이는 방향으로 직진해 왼쪽의 큰 건물. 슬로츠코겐 공원에서는 52번 버스로 예타 광장 앞 하차.
Cost	20세 이상 70SEK, 20세 미만 · 학생 무료(일부 특설 전시 별도)
Wifi	가능
Web	konstmuseum.goteborg.se

Konstmuseet

미스터 피 Mr. P

레스토랑

시립 미술관의 부설 레스토랑. 작품 관람 전후, 낮 시간에는 커피를 즐기기에, 저녁에는 편안한 분위기에서 맛있는 음식과 와인을 함께 맛보기에 좋다. 안주 메뉴는 아시아 요리, 주 요리는 전통 요리를 변형한 퓨전 요리다. 음식에 맞는 와인을 조화롭게 즐겨 보자.

Tel	31 160 980
Open	화~금 17:00~24:00, 토 12:00~24:00, 일 12:00~17:00
Close	월요일
Access	시립 미술관 정문 왼쪽 옆.
Cost	안주 메뉴 50~150SEK, 주 메뉴 130~250SEK, 오늘의 스파클링와인 잔당 95SEK
Wifi	가능(비밀번호 있음)
Web	www.mr-p.se

코카 Koka

레스토랑 로컬명소

2008년부터 약 6년간 미슐랭 가이드 1스타를 유지해 온 전통의 레스토랑 'Kock & Vin'을 좀 더 모던한 분위기로 리노베이션해 재탄생했다. 스타 셰프 비외른 페르손Björn Persson을 주축으로 한 셰프진이 만들어 내는 현대 스웨덴 요리가 이들의 장기이며, 계절별 지역 재료를 사용해 5 · 7코스 요리를 선보이고 있다. 현재 예테보리의 미슐랭 스타 식당 중 상대적으로 괜찮은 가격으로 코스 요리를 즐길 수 있다는 것도 큰 장점이다. 여행 중 특별한 날, 특별한 식사를 원한다면 추천한다. 방문 전 홈페이지에서 스케줄을 확인하고 반드시 예약하자. 7월에는 휴가로 문을 닫는다.

Address Viktoriagatan 12
Tel 31 701 7979
Open 월~목 18:00~24:00, 금 · 토 17:00~24:00
Close 일요일, 여름휴가 기간
Access 1, 2, 3, 6번 트램을 이용해 Viktoriagatan에서 하차 후 Viktoriagatan 길로 접어들어 오른쪽.
Cost 오늘의 코스(월~목 · 금 · 토 18:00 이전) 745SEK, 파머스 메뉴(전일) 995SEK, 테이스팅 메뉴 1,195SEK
Web www.restaurangkoka.se

Tina's Plus
아베뉜 지역의 점심 즐기기

아베뉜 지역 홈페이지에서 안내하는 '오늘의 점심'을 잘 활용하면 지역 내에서 합리적인 가격의 점심 식당을 선택하기에 좋다. 메뉴는 매주 바뀌며, 월~금요일에 한해 가능하다. 특히 뢰스카 박물관, 예테보리 대학교, 국립 미술관 일정이 있을 때 활용해 보자.

Web www.avenyn.se/dagens-lunch-man/(스웨덴어)

국립과학관 Universeum

로컬명소 관광명소 어린이 동반

북유럽 최대의 과학 센터로, 다양한 형태의 체험이 가능한 실내 테마 파크. 총 7층 규모의 내부는 해양 수족관, 열대 우림, 빙하기, 과학 기술, 우주, 수생 동물, 뱀 전문관, 직업 체험 등의 여덟 개 부분으로 나뉘고 특성별로 전시와 체험 프로그램이 충실하고 재미있게 구성돼 있다. 날씨와 시즌에 상관없이 방문할 수 있다는 것도 가장 큰 장점이다. 안내 지도를 보고 나이와 취향에 맞는 프로그램과 전시관을 정해 움직이자. 성인들에게도 흥미 있는 곳들이 많아 온 가족이 함께 방문하기에 최고의 장소다. 특히 어린이 동반 시 최소 반나절은 잡는 것이 좋다. 열대우림 파트는 16:00 이후 입장 불가.

Address Södra Vägen 50
Tel 31 335 6450
Open **7/4~8/9** 10:00~20:00, **8/12~7/4** 10:00~18:00, **학기 중간 방학 및 승천일 전후** 10:00~19:00, **12/24** 10:00~15:00
Close 12/25
Access 2, 4, 5, 6, 8, 10, 13번 트램을 이용해 Korsvägen에서 하차. 리세베리 놀이공원 옆 위치.
Cost **6~8월** 17세 이상 성인 300SEK, 3~16세 250SEK
9~5월 17세 이상 성인 245SEK, 학생 210SEK, 3~16세 195SEK(15:30 이후 입장 시 20% 할인, 홈페이지 예약 시 30SEK 할인)
Wifi 가능
Web www.universeum.se

리세베리 Liseberg

로컬명소 관광명소 어린이 동반

북유럽을 대표하는 최대 규모의 놀이공원이자, 매년 3백만 명 이상의 관광객들이 찾는 예테보리 최고의 관광명소이다. 총 34가지의 놀이기구 중 국내에서 가장 길고 난이도 높은 롤러코스터인 헬릭스Helix를 비롯해 한국의 자이로드롭과 같은 아트모스피어Atmosfear, 에어로스핀Aerospin, 메카니카Mechanica 등의 스릴 넘치는 놀이기구, 가장 오래된 목조 롤러코스터 발더Balder는 인기 최고. 이들의 캐릭터를 이용한 래빗 랜드Kaninlandet처럼 7세 미만의 어린이를 위한 놀이 공간 역시 충실하다. 야외무대에서는 최고의 공연이 이어지며, 방문 전 스케줄을 미리 확인하면 더욱 알찬 일정이 된다. 공원 한쪽에 있는 아바를 비롯한 유명 인사들의 핸드 프린팅, 크리스마스 시즌의 마켓 역시 놓칠 수 없다. 어린이 동반 시에는 국립과학관과 함께 이곳을 방문 1순위로 잡아야 한다. 혼자서 와도 충분히 즐길 수 있으니 걱정 말자. 일정의 마지막으로 잡고 저녁에 가면 더욱 재미있다.

Address Sofierogatan 5
Tel 31 400 100
Open **4월 중순~5월 말 · 8월 말~10월 초** 금 15:00~23:00, 토 · 일 11:00~23:00, **5월 말~8월 말** 11:00~23:00, **10월의 약 2주간(핼러윈 시즌) · 11월 말~12월 말(크리스마스 시즌)** 12:00~21:00
※ 기간, 요일에 따라 변동이 있으니 방문 전 홈페이지 확인 필수.
Close 9~11월의 평일(방학 기간 제외), 1~4월 중순
Access 2, 4, 5, 6, 8, 10, 13번 트램을 이용해 Liseberg에서 하차.
국립과학관에서는 후문까지 도보 5분 소요.
Cost 110cm 이상 입장 125~175SEK(기간, 요일에 따라 다름), 놀이기구 대당 25SEK~, 자유이용권(All-in-One) 255~355SEK, 110cm 미만 입장 무료 · 자유이용권 205SEK(시티 패스 사용 불가)
Web www.liseberg.se

예테보리의 숙소
Göteborg Accommodations

국제회의나 콘서트, 스포츠 경기 당일에는 숙소 구하기가 쉽지 않을 수 있으니 스케줄을 반드시 체크하자. 가족 여행 시 어린이 무료 숙박이 가능한 체인 호텔과 리세베리, 국립과학관 등을 묶은 패키지도 고려해 보자.

※ 요금은 호스텔의 경우 도미토리, 호텔은 스탠더드 2인실 기준.

슬로츠코겐 호스텔 & 호텔
Slottsskogen Vandrarhem och Hotell

린네 지구의 조용한 고급 아파트 근처에 위치한 호스텔 겸 호텔. 좋은 위치와 깔끔하고 편리한 시설은 시내 최고라 불러도 손색이 없다. 배낭여행자용 도미토리부터 싱글룸까지 옵션도 다양하다. 욕실은 공용 사용이며, 퇴실 시 청소는 반드시 직접 해야 한다(도미토리 제외). 24시간 리셉션으로 늦은 시간 도착 시에도 편리하다.

Address Vegagatan 21
Tel 31 426 520
Cost 도미토리 240SEK~, 싱글룸 400SEK, 2인실 600SEK(조식, 시트 별도)
Web www.sov.nu

린네플라센 호스텔 & 호텔
Linnéplatsens Vandrarhem och Hotell

슬로츠코겐 공원에서 대각선 건너편에 위치한 호스텔 겸 작은 규모의 호텔. 공원과 자연사 박물관, 병원 등과 가깝고 시설도 깔끔해 어린이를 동반한 가족 여행자도 이용하기에 좋다. 넓은 창문으로 공원을 조망할 수 있다. 욕실은 공용 사용. 늦은 시간 체크인 시에는 미리 안내를 받아 개별 키 박스를 이용하자.

Address Linnéplatsen 8
Tel 31 775 7575
Cost 도미토리 225SEK~, 2인실 795SEK~ (조식, 시트 별도)
Web www.linneplatsensvandrarhem.se

스틱베리 공식 유스호스텔
Vandrarhem Stigbergsliden

시내 최대 규모의 공식 유스호스텔. 선원들의 숙소를 개조해 지어졌다. 전망이 좋은 편이고 시설도 괜찮지만, 전체적으로 낡은 것이 단점. 페리 터미널, 해양 박물관과 가깝다.

Address Stigbergsliden 10
Tel 31 241 620
Cost 220SEK~(조식, 시트 별도)
Web www.svenskaturistforeningen.se

예테보리 미니 호텔
Göteborgs Mini-Hotel

린네 지구에 위치한 작은 규모의 호텔 겸 호스텔. 유아 침대 등의 어린이 동반 여행자를 위한 시설에 충실하고, 트램 정류장과 페리 터미널에서 가깝다. 하지만 퇴실 시 청소는 본인이 직접 해야 한다. 가족 단위로 저렴하게 이용하기에 좋다.

Address Tredje Långgatan 31
Tel 31 241 023
Cost 도미토리 200SEK~
싱글룸 400SEK~(조식, 시트 별도)
Web www.minihotel.se

호텔 그랜드 큐리오사
Hotel Grand Curiosa

리세베리 놀이공원에서 운영하는 부설 호텔로 2023년 봄에 문을 열었다. 4~7인까지 이용 가능한 큰 방들 중심으로 운영된다. 특히 19세기 동인도제도 여행기 내용과 놀이기구의 옛 설계도 등으로 꾸며진 방이 재미있다. 4인 이상 가족 단위 여행자에게 추천.

Address Herman Lindholms torg 1
Tel 31 400 100
Cost 1,700SEK~
Web www.liseberg.se

스칸딕 유로파
Scandic Europa

중앙역 옆 노드스탄 쇼핑몰 내에 위치한 호텔로, 날씨에 상관없이 한 건물 안에서 식사와 쇼핑 모두를 해결하기에 좋다. 늦은 시간에 도착하거나 이른 시간 출발 시, 지역 이동이 많을 때에도 유용하다.

Address Nils Ericsonsgatan 21
Tel 31 751 6500
Cost 1,200SEK~
Web www.scandichotels.se

퍼스트 호텔 G
First Hotel G

중앙역 건물 3층에 위치한 4성급 호텔. 시내에 너무 늦게 도착했거나 새벽에 빨리 출발한다면, 근교 이동이 잦다면 이곳만 한 위치가 없다. 단 밤 시간 도착 시에는 중앙역 건물이 닫는 시간을 고려해 별도의 안내를 받을 것.

Address Nils Ericsonsplatsen 4
Tel 31 637 200
Cost 1,000SEK~
Web www.firsthotels.se

라디손 블루 스칸디나비아
Radisson Blu Scandinavia

강변, 공원, 중앙역, 시내 중심가 모두 도보로 이동 가능한 위치의 대형 호텔. 넓고 쾌적한 실내 공간과 서비스는 모든 여행자들을 만족시킨다. 시내를 주로 도보 이동으로 돌아보고 싶은 여행자에게 추천.

Address Södra Hamngatan 59
Tel 31 758 5000
Cost 1,700SEK~
Web www.radissonblu.com

클라리온 컬렉션 포스트
Clarion Collection Post

중앙역 근처의 옛 우체국 건물이 멋진 특급 호텔로 리모델링되어 재탄생했다. 옛 건물의 고풍스러움을 살리면서, 메탈 소재를 함께 이용한 인테리어가 눈길과 발길을 사로잡는다. 옥상에 위치한 수영장은 여름 시즌을 즐길 수 있는 최고의 장소.

Address Drottningtorget 10
Tel 31 619 000
Cost 1,700SEK~
Web www.nordicchoicehotels.se

말뫼
Malmö

174개국인들이 한데 모여 살아가는 스웨덴의 제3도시이자, 남부 스코네Skåne 지방의 중심지. 한동안 스웨덴 조선업의 중심지로 이름을 날렸으나, 전 세계적인 조선업 몰락의 영향으로 '말뫼의 눈물'로 대표되는 침체기를 겪었다. 하지만 덴마크를 잇는 외레순 대교가 개통된 이후 코펜하겐과 한 생활권이 되었고, 이민자의 증가로 도시 분위기가 바뀌며 지금은 스웨덴을 대표하는 다문화 도시로 유명해졌다.

여행하는 방법

유용한 홈페이지

말뫼 지역 관광 공식 안내 www.malmo.se/malmotown

스코네 지방 관광 안내 www.visitskane.com

관광 안내소

중앙 관광 안내소를 대신해, 각 주요 장소마다 관광 정보 코너 Infopoints가 설치되었다. 시내 지도 및 각종 관광 정보지는 아래 장소나 숙소에서 받을 것.

- 말뫼 스투루프 공항 내 안내소
- 시립 현대미술관 콘스트할 구내(p.228 참조)
- 현대미술관 말뫼 분관 구내(p.227 참조)
- 시내 중심가 프레스뷔론 편의점(Sodergatan 11, 릴라 광장 뒤편)
- 엠포리아 쇼핑센터

교통 안내소 Skånetrafikens Kundcenter

스코네 지방 및 시내 교통 종합 안내소. 도착 직후 교통 정보를 얻고 교통권을 구입하기에 좋다.

Open **중앙역점** 월~금 07:00~20:00, 토 10:00~18:00, 일 10:00~18:00

Access 중앙역 구내.

유용한 정보지

말뫼 프리 가이드 Malmö Free Guide

시내 전반적인 정보와 교통 정보가 모두 충실하다.

익스피리언스 아워 원더풀 시티 바이 버스

Experience Our Wonderful City by Bus

주요 관광지의 버스 노선이 안내된 버스 전용 안내지.

환전소

중앙역 내 위치한 Forex 환전소를 이용하자. 시내 Handelsbanken, SEB, Swedbank 등의 시중 은행 ATM도 유용하다.

Forex
Open 월~금 07:00~20:00, 토 09:00~18:00, 일 10:00~18:00

우체국

ICA 슈퍼마켓 내 우편 취급소
Address Stora Kvarngatan 59
Open 월~금 08:00~20:00, 토 08:00~18:00, 일 11:00~18:00
Close 공휴일
Access 중앙역 앞에서 다리를 건너, 두번째 사거리 Adelgatan에서 우회전해 카롤리 교회Caroli Kyrka 옆의 카롤리 쇼핑몰 내 위치.
이 외에도 말뫼 성 근처에 자리한 크론프린센 쇼핑몰 내(Mariedalsvägen 32E), 콘스트할 미술관 근처의 헴셥 슈퍼마켓, 스코네 대학병원 근처 ICA에도 있다.

경찰서

중앙 경찰서
분실물, 자전거 관련 지소는 별도로 마련되어 있다(Sturkögatan 10).
Address Drottninggatan 18
Access 현대미술관에서 나와 다리를 건너 왼쪽.
Open 월~금 09:00~15:00

슈퍼마켓

이카 ICA : 카롤리 쇼핑몰 내 대형 매장, 터닝 토르소 근처 대형 매장.
헴셥 Hemköp : 콘스트할 미술관 근처.
쿱 Coop : 중앙역 구내.
아시안 마켓 Asian Trading : 묄레봉 광장 옆.
리들 Lidl : 터닝 토르소 옆 상가 1층에 위치.

당일 짐 보관

중앙역 내 코인 로커 대 80SEK, 소 60SEK(카드 결제만 가능)에 이용 가능.

가는 방법

스웨덴 국내에서는 기차와 버스 및 국내선 항공편이 연결되며, 국제선 항공편을 이용할 때에는 코펜하겐을 통해 진입하는 것이 더 가깝고 편리하다.

항공

국제선 이용 시에는 코펜하겐 카스트룹 공항(p.59 참조)이 시내와 가까워 편하게 이동하기에 좋다. 이에 비해 말뫼 공항은 국내선 이동 시에 주로 이용된다.

카스트룹 공항→말뫼 시내

❶ 지역 기차
시내 중앙역까지 가장 빠르게 이동할 수 있으며, 운행 시간이 길어 새벽이나 늦은 밤에도 편리하다. 빨간색 스코네트라픽 자동판매기를 이용해 티켓을 구입한 후 승차할 것. 시내 이동 시에는 예테보리, 헤셀

홀름Hässleholm, 칼마르Kalmar, 벡셰Växjö행 지역 기차를, 공항 이동 시에는 코펜하겐 중앙역이나 헬싱괴르행 열차를 이용하자. Triangeln이나 Hyille 역에서도 승하차가 가능하니 숙소와 가까운 기차역을 미리 알아 두고 움직이자.

운행 24시간(05:00~24:00는 20분마다, 새벽 01:00~04:00는 시간당 1대 운행)
Time 카스트룹 공항–말뫼 중앙역 약 20~25분 소요.
Cost 135SEK
Web www.skanetrafiken.se

말뫼 스투루프 공항 Malmö Sturup Flygplats

시내에서 약 30km 떨어진 지역에 있는 작은 공항. SAS의 국내선 노선과 지역 노선 투이플라이 노르딕TUIPly Nordic, 노르웨지안, 위즈에어, 라이언에어 등의 일부 저가 항공이 취항한다.

Web www.swedavia.com/malmo

스투루프 공항→시내

❶ 공항버스 플뤼부사르나 Flygbussarna

공항과 시내를 이어 주는 유일한 교통수단으로, 시내 중앙역과 룬드 중앙역까지 운행한다. 자동판매기나 구내 편의점, 홈페이지에서 티켓을 구입한 후 승차한다.

운행 **공항→시내** 월~금 08:25~21:15, 토 09:40~19:55, 일 09:40~22:35
시내→공항 월~금 04:40~19:40, 토 06:25~18:40, 일 08:15~ 18:40
Time 시내 중앙역까지 약 45분 소요.
Cost **공항–중앙역** 18세 이상 성인 149SEK, 8~17세 129SEK
Wifi 가능
Web www.flygbussarna.se

기차

말뫼 중앙역에서 덴마크 코펜하겐과 근교 지역, 예테보리와 서부 지역, 남동부 스모란드 지역을 연결하는 외레순스톡Øresundståg, 시 외곽과 근교 지역을 연결하는 보라색 열차 포가톡Pågatåg이 발착한다. 스톡홀름행 주간 초고속 열차(4시간 30분 소요)와 야간열차(7시간 30분 소요)도 함께 이용할 수 있고 운행 횟수도 많다. 코펜하겐 발착 직행 열차를 예약하지 못했거나 야간 이동 시에는 여기서 환승해 이용해도 괜찮다.

역 구내에는 Forex 환전소, 코인 로커, 커피 전문점, 각종 편의점과 패스트푸드점, Coop 슈퍼마켓이 있어 편리하다. 플랫폼이 많고 역 구내가 넓으니 환승 시간을 넉넉히 두자.

중앙역 내 티켓 판매소

Open 월~금 06:00~20:00, 토 07:00~18:00, 일 07:00~20:00
SJ 일등석 라운지 월~금 06:30~17:15, 일 09:30~16:15

버스

행선지와 회사별로 버스 정류장이 나뉘어 있다. 중앙역 앞에서 다리를 건너 왼쪽의 Norra Vallgatan 거리에서는 플릭스부스 노선과(613번 제외) 공항버스 노선 중심으로 출도착한다. 예테보리, 오슬로, 코펜하겐행 600번 버스포유Bus4You는 중앙역 옆쪽 정류장에서 별도로 출도착한다. 승하차 전 미리 위치를 확인해 둘 것.

페리

독일 트라베뮌데에서 핀라인 페리를 이용해(약 9시간 소요), 시내 북동쪽에 위치한 항구로 진입할 수 있다. 차량을 가지고 이동할 경우에 유용하다. 차량 없이 항구에서 중앙역 이동 시에는 페리 터미널 바깥의 정류장에서 32번 버스를 이용할 수 있다.

Web 핀라인 페리 안내 www.finnlines.com

시내 교통

대부분의 볼거리가 시내 중심가와 남부 지역을 중심으로 분산되어 있으며, 이들 간의 거리를 고려하면 대중교통을 함께 이용해야 한다. 터닝 토르소와 서부 항구 지구, 호스텔, 묄레봉 광장 및 아시안 마켓, 시립 현대미술관 콘스트할, 스코네 대학병원, 스웨드방크 축구장, 엠포리아 쇼핑센터 등으로 갈 때에는 시내버스, 근교 철도 포가톡Pågatåg을 이용할 수 있다. 스코네트라픽 애플리케이션을 이용해 시간, 요금을 확인 후 이용하자.

Web 스코네 지방 교통 안내 www.skanetrafiken.se

버스

중앙역 앞 버스 정류장, 구스타프 아돌프 광장을 중심으로 12개의 노선이 시내 구석구석을 연결하고 있다. 특히 1~10번 버스를 잘 이용하면 시내 주요 지역을 돌아보기에 좋다. 중앙역에서 거리가 있는 관광지나 호스텔 이동 시, 걷기 힘들 때에 유용하다. 같은 곳을 가더라도 노선에 따라 정류장이 서로 다를 수 있으니 안내 지도를 미리 확인하고 움직이자. 6월 중순~8월 중순에는 운행 횟수가 감소한다.

운행 05:00~24:00

근교 철도 Pågatåg

시립 현대미술관, 엠포리아 쇼핑센터를 비롯한 시내 중남부 지역과 스코네 지역을 이어 준다. 룬드, 헬싱보리Helsingborg, 크리스티안스타드Kristianstad, 이스타드Ystad 등의 인근 지역 여행 및 이동 시에 더욱 유용하다.

운행 24시간(심야 시간에는 시간당 1대 운행)

대중교통 요금

티켓을 구입한 지점을 기준으로 거리를 산정해, 3개 존으로 묶어서 요금이 계산된다. 반경 8km까지는 기본 구간, 35km 안까지는 2존, 이를 벗어나면 전체 존으로 적용된다. 또한 성인 2인 이상 동반 여행 시에는 조인트 티켓을 이용하면 25% 할인도 가능. 7~19세는 40% 할인된다. 요금 산정은 말뫼 중앙역 기점 기준.

1회권 Enkel : 기본 구간 31SEK, 2존(시내+룬드) 58SEK
24시간권 24timmar : 기본 구간 62SEK, 2존(시내+룬드) 116SEK, 3존(스코네 전 지역) 234NOK

티켓 구입과 사용 방법

자동판매기, 공식 홈페이지, 스코네트라픽 표시가 붙은 편의점과 슈퍼마켓, 교통 안내소, 스코네트라픽 애플리케이션에서 구입 가능. 1회권, 애플리케이션에서 구입 시 즉시 개시 시간이 찍히며, 24시간권 종이 티켓은 센서에 접촉시켜야 한다.

시내 녹색 버스 이용 시에는 탑승 시 컨택트리스 카드, 애플페이, 삼성페이 중 선택해서 센서에 접촉시키면 즉시 결제 가능하며, 하루에 2회 이용 시에는 자동으로 24시간권 요금이 적용된다.

말뫼 시내, 이렇게 보자

말뫼 시내는 크게 항구 지역, 물로 둘러싸인 시내 중심가, 그 외 지역으로 나뉘며, 시내의 주요 관광지와 박물관, 미술관들은 중심가와 남부 지역에 집중돼 있다. 보통 코펜하겐에서의 당일 여행이나, 예테보리 · 스톡홀름에서 이동 시 반나절 일정으로 들르는 경우가 많은데, 도시 규모와 관광지 이동 시간을 고려하면 최소 반나절 이상은 잡아야 한다. 특히 현대미술과 건축에 관심이 많거나, 말뫼에서만 느낄 수 있는 스웨덴의 현재를 알고 싶다면 하루로도 모자랄 수 있다. 당일 일정 시에는 시내의 랜드마크와 말뫼 성, 릴라 광장 근처의 관광지를 중심으로 움직이고, 시내의 박물관 중 본인의 취향에 맞는 곳을 미리 선택해 집중하는 것을 권한다. 시간이 없거나 월요일에 여행한다면 터닝 토르소와 말뫼 성 중심으로만 일정을 진행하는 것도 괜찮다.

말뫼에서 놓치지 말자!

1 도시의 부활을 상징하는 현대 건축물 감상하기.
2 묄레봉 광장과 주변 지역에서 다문화 스웨덴의 오늘 확인하기.
3 파란만장한 과거의 흔적 말뫼 성과 예술의 향기 가득한 현대미술관들 선택해 돌아보기.

추천 코스

미술관 선택은 본인의 취향과 당일 상황에 맞춰서 결정하면 된다. 단 월요일에는 시립 현대미술관, 말뫼 성만 입장이 가능하니 이 점 고려해 일정을 잡자.

1일 차

말뫼 중앙역

→ 도보 25분, 또는 버스 15분

터닝 토르소 p.225

→ 버스 10분+도보 10분

말뫼 성 & 시립 박물관 p.226

현대미술관,
형태 디자인 센터 p.227 또는
시립 현대미술관 콘스트할 중 선택

← 도보+버스 25분

릴라 광장 p.228

도보 5~10분

2일 차

오전에는 묄레봉 광장의 시장에 들러 말뫼의 오늘을 느껴 보자. 전날 부족했던 미술관 등을 선택해 천천히 둘러보고, 저녁에는 오페라 하우스나 라이브 극장에서 공연을 관람하면 더욱 알찬 하루가 된다. 축구에 관심이 많다면 봄~가을의 주말에 말뫼 FF의 홈구장에서 경기를 관람하며 열기를 느껴 보자. 옆 동네 룬드를 묶어 반나절~하루 일정으로 함께 돌아보는 것도 좋은 방법이다.

Tina's Plus

즐라탄의 고향에서 축구의 열기를 느끼자!

지역 축구팀 말뫼 FF는 현재 국내 프로축구 1부 리그의 최강팀이며, 스웨덴을 대표하는 축구 선수 즐라탄 이브라히모비치도 말뫼 출신이라는 사실! 특히 그의 동상이 있는 말뫼 FF의 홈구장 엘레다 스타디온Eleda Stadion, 즐라탄이 설립한 유소년 구장 즐라탄 코트Zlatan Court(Bennets väg 2)는 반드시 둘러보자. 팀 광고로 덮인 시내버스도 재미있는 볼거리다. 봄~가을의 축구 시즌에는 직접 경기를 보는 것도 추천. 구장 4층에는 박물관(화~목 11:00~18:00, 무료 입장)도 운영 중이다.

Access 중앙역 앞에서 3번 버스로 구장 근처 Malmö Stadion이나, 10번 버스로 Malmö Hålsjögatan 에서 하차해 구장까지 도보 이동.

Web 말뫼 FF 공식 안내 www.mff.se

Map Info
말뫼 중앙역 내 위치 시설
교통 안내소 Skånetrafikens Kundcenter
환전소 Forex
쿱 Coop Nära
플라잉 타이거 Flying Tiger
말뫼
Malmö
리들 Lidl
터닝 토르소 Turning Torso
이카 ICA
우편 취급소
페리 터미널 [트라베뮌데행 핀라인] 방향
룬드 방향
클라리온 호텔 & 콩그레스 말뫼 라이브 Clarion Hotel & Congress Malmö Live
말뫼 중앙역 Malmö Centralstation
버스포유 정류장
말뫼 라이브 콘서트 하우스 Malmö Live Konserthus
공항버스, 장거리 버스 정류장 (플릭스부스)
이카 ICA (우편 취급소)
H&M
라디손 블루 말뫼 Radisson Blu Malmö
카롤리 쇼핑몰 Malmö Caroli
스칸딕 크라머 Scandic Kramer
시청사 Rådhuset
중앙 경찰서
카롤리 교회 Caroli Kyrka
대광장 Stortorget
릴라 광장 Lilla Torg
막스 MAX
말뫼 성 & 시립 박물관 Malmöhus Slott & Konstmuseum
관광 정보 Pressbyrån
현대미술관 Moderna Museet
형태 디자인 센터 Form Design Center
999번 버스 정류장
Kungsparken
중앙 버스 정류장
구스타프 아돌프 광장 Gustav Adolfs Torg
중앙 경찰서 Politihuset (자전거 분실물)
Gamla Kyrkogården
시립 도서관 Stadsbiblioteket
클라스 올손 Clas Ohlson
맥도날드
Handelsbanken 은행
크론프린센 쇼핑몰 Kronprinsen Köpcenter
호텔 엔 호스텔 말뫼 시티 HOTEL N Hostel Malmö City
헴셉 Hemköp (우편 취급소)
스칸딕 트리안겔른 Scandic Triangeln
Nordea 은행
오페라 극장 Malmö Opera
SMAK
트리안겔른 쇼핑몰 Triangeln
SEB 은행
버거킹
시립 현대미술관 콘스트할 Konsthall
우편 취급소
헴셉 Hemköp
루트 & 라그나르 호스텔(400m) · 즐라탄 코트(1.2km) 방향
환전소 Forex
Triangeln 역 북쪽 출구
Folkets
Triangeln 역 남쪽 출구
이카 ICA
우편 취급소
묄레봉 광장 시장 Möllevångstorget Torghandel
아시안 마켓 Asian Trading
Pildammsparken
스코네 대학병원 Skånes Universitetssjukhus
엠포리아 쇼핑센터 · 코펜하겐 방향
Pildammarna
스웨드방크 축구장 방향 (100m)
Grimsbygatan
Carlsgatan
Skeppsbron
Östra Varvsgatan
Lilla Varvsgatan
Västra Varvsgatan
Masttorget
Stora Varvsgatan
Skeppsgatan
Bassängkajen
Norra Neptunigatan
Centralplan
Östergatan
Fiskehamnsgatan
Västergatan
Citadellsvägen
Slottsgatan
Engelbrektsgatan
Kalendegatan
Djäknegatan
Södergatan
Grönegatan
Stora Kvarngatan
Gasverksgatan
Stora Nygatan
Södra Promnaden
Mariedalsvägen
Kung Oscars väg
Drottninggatan
Regementsgatan
Storgatan
Fersens väg
Davidshallsvägen
Holmgatan
Föreningsgatan
Amiralsgatan
Östra Rönneholmsvägen
Kronborgsvägen
Pildammsvägen
Friisgatan
Bergsgatan
Rådmansgatan
Södra Förstadsgatan
Carl Gustafs väg
Sofielundsvägen
Ystadsgatan
John Ericssons väg

터닝 토르소 Turning Torso

관광명소 | 건축 · 디자인 | 환경 · 생태

현재 북유럽 전체에서 가장 높은 190m의 최고층 빌딩이자, 말뫼를 대표하는 랜드마크로 시내 어디서든지 눈에 잘 띈다. 스페인 건축가 산티아고 칼라트라바의 설계로 2007년에 완공되었다. 총 54층 중, 5층씩 묶어 각 파트별로 10도씩 돌려서 독특하게 꼬아진 형상이 '스크류 바' 아이스크림을 묘하게 닮아 있어 보면 볼수록 신기하기만 하다. 내부는 컨퍼런스 센터와 최고급 아파트로 사용되고 있으며, 직접 올라가 시내 전체를 볼 수 없는 것이 정말 아쉬울 뿐이다.

또한 주변의 서부 항구 Västra Hamnen 지역은 조선업의 몰락 후 한동안 버려진 땅이었다가 2000년대 이후 Bo01 주택 박람회의 주관으로 여러 독특한 현대 건축물들이 지어지기 시작했다. 지금 이 구역은 태양열, 풍력, 바이오 가스 등의 친환경 에너지를 사용하는 '지속 가능한' 주거 지역으로 관심을 모으고 있다. 현대 건축, 환경과 재생 에너지에 대해 관심 있다면 반드시 들르자.

Address Lilla Varvsgatan 14
Access 중앙역 앞에서 2번 버스를 이용해 Turning Torso 정류장에서 하차.
Web www.turningtorso.se

말뫼 라이브 콘서트 하우스 Malmö Live Konserthus

로컬명소 | 건축 · 디자인

스웨덴 최대의 콘서트 홀과 클라리온 호텔, 컨퍼런스 센터가 합쳐진 항구의 새로운 문화 중심지. 도르테 만드룹Dorte Mandrup사의 설계로 2015년 5월에 완공되었다. 붉고 노란색의 건물 외관은 말뫼 성의 색에서 착안되어, 말뫼의 정체성을 현대적으로 표현했다는 평을 얻기도 했다. 말뫼 심포니 오케스트라를 비롯한 다양한 공연이 펼쳐지며 공연 목록은 홈페이지를 참조하자.

Address Dag Hammarskjölds torg 4
Tel 40 343 500
Open **리셉션 및 티켓 오피스** 화~목 15:00~18:00 (공연 2시간 전)
Close 금~월요일
Access 중앙역 옆에서 보행자 도로 다리를 건너 직진해 오른쪽의 붉고 노란 건물. 터닝 토르소 앞에서 2번 버스를 이용해 Malmö Högskolan 정류장에서 하차.
Web www.malmolive.se

말뫼 성 & 시립 박물관
Malmöhus Slott & Konstmuseum

박물관 관광명소 로컬명소 어린이 동반

르네상스 양식을 충실히 보존한, 북유럽 전체에서 가장 오래된 도심의 고성. 1429년 북유럽 통합 왕 '포메라니아의 에릭'의 명으로 지역의 해상 교통을 통제하기 위해 작은 홀을 만들면서 기초가 세워진 후, 1536년 이후 덴마크 왕 크리스티안 3세의 명으로 네덜란드, 이탈리아 양식을 혼합한 요새 목적의 성으로 확장되었다. 독립 이후에는 왕궁, 요새, 그리고 80년간 감옥으로 이용되었다가 약 9년의 재건 공사를 통해 지금의 모습을 갖추었고, 1937년 이후 지금까지 국보급 문화재이자, 다양한 박물관들이 들어선 '박물관의 성'으로 시민들에게 사랑받고 있다.
성 안은 500년의 역사를 말해 주는 말뫼 후스, 자연사 및 고대사 박물관, 시립 미술관, 아쿠아리움 등으로 나뉜다. 다양한 주제의 박물관들을 다 보려면 시간을 넉넉히 잡아야 하니 본인의 취향에 맞는 곳들을 미리 선택해서 보자. 옛 건물이라 돌계단이 많은 점도 고려해 반드시 편한 신발을 신을 것. 구내 레스토랑 Wega의 점심 메뉴(80~120SEK)도 저렴하고 맛있다.

Address Malmöhusvägen 6
Tel 40 344 400
Open 10:00~17:00
Close 5/1, 하지의 금 · 토요일, 12/24~25, 12/31~1/1
Access 중앙역과 구스타프 아돌프 광장에서 3, 7, 8번 버스를 타고 Tekniska museet 정류장에서 하차해 도보 10분 소요. 도보 이동 시 중앙역에서 다리를 건너 Norra Vallgatan 길을 따라 우회전하며 도보 15~20분 소요.
Cost 성인 40SEK, 학생 20SEK, 20세 미만 무료
Web 박물관 안내 www.malmo.se/museer (스웨덴어)
문화재 관리국 www.sfv.se
구내식당 www.restaurangwega.se

현대미술관 Moderna Museet

미술관 관광명소 로컬명소 건축 · 디자인

스톡홀름 현대미술관(p.163 참조)의 남부 지역 분관. 런던의 테이트 모던처럼, 발전소였던 건물이 현대미술의 장으로 되살아나 2009년에 화려하게 문을 열었다. 붉은 오렌지색 메탈 소재를 사용한 신관 건물은 옛 건물의 붉은색과 묘하게 어우러진다. 스톡홀름 본관과 마찬가지로 철철이 바뀌는 현대 작품 주제의 특설 전시는 재미있고 알차다. 전시 일정을 확인하고 관심 있는 주제를 찾아서 관람하자. 신관 외벽과 같은 색, 소재를 이용한 구내 카페도 재미를 더해 준다.

Address Ola Billgrens plats 2-4
Tel 40 685 7937
Open 화 · 금 10:00~20:00, 수 · 목 · 토 · 일 10:00~18:00
Close 월요일, 부활절 다음 월요일, 4/30, 6/6, 하지의 금 · 토요일, 12/24~25, 12/31~1/1
Access 중앙역에서 다리를 건너 시내로 진입 후, Själbodgatan을 따라 내려와 우회전한다. 도보로 15분 소요. 버스 이용 시 2, 5, 7, 8번 버스로 Malmö Djäknegatan에서 하차 후 도보 6분 소요.
Cost 성인 50SEK, 학생 40SEK, 18세 이하 무료
Wifi 가능
Web www.modernamuseet.se/malmo

형태 디자인 센터 Form Design Center

미술관 로컬명소 건축 · 디자인

디자인과 건축의 융합을 '형태'라는 주제로 풀어 낸 작은 박물관이자 아이디어 교환 공간. 다양한 주제의 특설 전시는 기본이며, 현업의 전문가와 학생들이 참여한 세미나, 강연도 수시로 열린다. 현재 스웨덴 디자인 · 공예 협회에서 운영하고 있으며, 좋은 전시를 무료로 관람할 수 있어 부담이 덜하다. 다양한 스웨덴 디자인 상품을 판매하는 대규모의 부설 숍도 반드시 들르자.

Address Lilla Torg 9
Tel 40 664 5150
Open 화~토 11:00~17:00, 일 12:00~16:00
Close 월요일, 부활절 전 금요일, 승천일, 6/6, 하지의 금 · 토요일, 12/24~25, 12/31~1/1
Access 중앙역에서 다리를 건너 시내로 진입 후, 대광장 Stortorget을 지나 작은 광장 Lilla Torg의 끝으로 가면 진입 문이 있다. 도보 10분 소요.
Cost 무료
Wifi 가능
Web www.formdesigncenter.com

시립 현대미술관 콘스트할 Konsthall

미술관 로컬명소 건축 · 디자인

북유럽에서 가장 큰 전시 홀을 갖춘 현대미술관으로, 1975년에 문을 연 이래, 시내 모든 현대미술관의 어른 같은 존재다. 클라스 안셀름Klas Anshelm의 설계로 지어졌으며, 콘크리트와 나무, 알루미늄 및 550장의 유리를 이용한 전시 홀은 햇빛이 잘 들어와 건물 그 자체로도 아름답다. 철철이 열리는 현대미술 전시를 비롯해, 각종 단편 영화제의 행사장으로도 폭넓게 이용되고 있다. 다양한 예술 서적을 갖춘 구내 서점, 현지인들이 '최고의 점심 명소'로 추천하는 부설 레스토랑 Smak의 맛있는 '오늘의 점심'(159SEK)도 놓치지 말자.

Address S:t Johannesgatan 7
Tel 40 346 000
Open 화 · 목~일 11:00~17:00, 수 11:00~19:00
Close 월요일, 하지의 금 · 토요일, 12/24~25, 12/31~1/1, 전시 교체 시
Access 1, 2, 6, 7, 8번 버스나 근교 철도 포가톡을 이용해 트리안게른Triangeln 역에서 하차 후 Rådmansgatan으로 접어들어 직진.
Cost 무료
Wifi 가능
Web 본관 www.konsthall.malmo.se
부설 레스토랑 www.smak.info(스웨덴어)

릴라 광장 Lilla Torg

로컬명소

릴라는 '작다(Little)'라는 뜻의 스웨덴어로, 말뫼 도심 속의 '작은 광장'이다. 분위기 좋은 레스토랑과 카페, 바들이 주변에 모여 있어 저녁 시간에는 사람들로 북적거린다. 여름 시즌에는 바깥에 나와 있는 야외 테이블에서 저녁을 즐기기에 좋다. 일정의 마지막으로 넣는 것을 추천.

Access 중앙역 앞에서 다리를 건너 시내로 진입 후, 대광장 Stortorget을 지나서 오른쪽의 작은 광장.

묄레봉 광장 시장
Möllevångstorget Torghandel

로컬명소

매일 아침 묄레봉 광장에서는 다양한 식재료와 신선하고 저렴한 야채 및 과일을 각국 상인들이 나와 판매하며, 그들이 직접 만드는 길거리 음식도 함께 맛볼 수 있다. 또한 주변에는 아시안 마켓 Asian Trading을 비롯한 각국의 식재료 가게와 레스토랑도 모여 있어 '다문화 스웨덴'의 현재를 조금이나마 알기에 좋다. 말뫼 시내에서 라면 등을 저렴하게 구입하고 싶거나, 가장 활기찬 아침 분위기를 느끼고 싶다면 추천한다. 7월의 여름휴가 기간에는 규모가 줄어든다.

Open 월~토 07:00~15:00

Close 일요일, 공휴일

Access 시청사 앞에서 34번 버스를 타고 Möllevångstorget 정류장에서 하차 후 바로 앞. 시내 중심가에서는 1, 2, 6, 7, 8번 버스를 이용해 트리안게른Triangeln에서 하차 후 도보 이동 가능. 포가톡 이용 시 트리안게른 Triangeln 역에서 하차 후 남쪽 출구 Södra Uppgången으로 나올 것.

Tina's Plus

말뫼와 함께 가자, 남부 최고의 대학 도시 룬드 Lund

말뫼를 중심으로 하는 남부 스코네 지방에는 작은 도시들이 각자의 색깔을 내며 자리 잡고 있다. 그중에서도 룬드는 웁살라와 함께 스웨덴을 대표하는 대학 도시로 이름이 높다. 특히 개교 350년을 넘은 스웨덴 최고의 명문, 룬드 대학교가 시내 중심을 차지하고 있어 아카데믹한 분위기가 시내 전반에 흐른다. 학생 인구가 시내 전체 인구의 40%를 차지할 정도다.

룬드 중앙역 하차 후, Sankt Petri Kyrkogatan을 통해 시내로 들어가자. 먼저 우회전해 보이는 룬드 대성당은 웁살라 대성당과 함께 스웨덴에서 가장 오래된 종교 건물이다. 영화 〈산딸기〉에서 주인공이 훈장을 받던 곳으로 등장하기도 했다. 성당 및 부속 박물관을 본 후, 정원을 가로지르면 대학 역사 박물관과 남부 지역 야외 민속박물관인 쿨투렌Kulturen이 나온다. 시간이 된다면 같이 둘러보고, 그 옆의 대학 캠퍼스로 들어가자. 캠퍼스를 다 둘러보려면 중간 중간 버스나 자전거를 이용해야 한다. 꽃 피는 계절에는 무료로 개방하는 교내 식물원과 정원도 빼놓을 수 없다. 학교를 둘러봤다면 대성당 근처의 시청 앞 광장 Stortorget과 그 주변의 시내 중심가에서 활기찬 오후를 보내자. 시내 자전거를 이용해 학생들처럼 시내를 활보하는 것도 괜찮다. 일정 전 말뫼에서 룬드가 결합된 24시간권 교통카드를 미리 준비하자.

Access 말뫼 중앙역 또는 시내 국철역에서 근교 철도 포가톡Pågatåg을 이용해 룬드 중앙역까지 15~20분 소요되고, 코펜하겐 중앙역에서 이동 시 약 1시간, 스톡홀름 중앙역에서는 주간 초고속 열차로 약 4시간, 야간열차로 약 7시간 소요된다.

룬드 대성당

시내 주변

대학 본부

중앙 도서관

말뫼의 숙소
Malmö Accommodations

도시의 규모답게 다양한 숙소가 많아 선택의 폭이 넓다. 코펜하겐에 숙박 시설이 부족하다면 대체로 이용이 가능하니 만약의 경우 고려해 보자.

※ 요금은 호스텔의 경우 도미토리, 호텔은 스탠더드 2인실 기준.

호텔 엔 호스텔 말뫼 시티
HOTEL N Hostel Malmö City

기존의 공식 유스호스텔이었던 곳이 2021년 이후 이름이 바뀌었다. 중앙역에서 버스로, 시내 중심에서 도보 이동이 가능하며, 깔끔하고 편리한 시설은 가족과 개인 여행자 모두에게 좋다. 단 엘리베이터가 없는 것이 단점. 2인 이상 여행 시 추천.

Address Rönngatan 1
Tel 40 655 1300
Cost 750SEK~
Web www.hotelnhostel.se

루트 & 라그나르 호스텔
Rut & Ragnars Vandrarhem

70명 규모의 시내 제2의 호스텔. 20명 규모의 대형 도미토리부터 저렴한 개인실까지 선택의 폭이 넓다. 중앙역과 시내 중심가에서 3번 순환버스로 연결된다. 일부 다인실은 학생 할인도 가능하니 학생증을 준비하자.

Address Nobelvägen 113
Tel 40 611 6060
Cost 220SEK~(조식, 시트 별도)
Web www.rutochragnars.se

스칸딕 크라머
Scandic Kramer

시내 대광장을 바라보는 위치의 대형 호텔. 1878년산 건물을 이용해 외관과 인테리어 모두 스칸딕 체인답지 않은 고풍스러움을 풍긴다. 중앙역에서 도보 5분 소요되어 늦게 도착했거나 일찍 출발해야 할 때에도 좋다.

Address Stortorget 7
Tel 40 693 5400
Cost 1,300SEK~
Web www.scandichotels.se

클라리온 호텔 & 콩그레스 말뫼 라이브
Clarion Hotel & Congress Malmö Live

라이브 콘서트 홀 옆에 있는 클라리온 체인의 호텔. 각 건물이 하나로 어우러져 있는 모습도 아름답지만, 정성 어린 서비스 역시 인기의 비결이다. 국제회의 및 학회가 자주 열리는 곳으로 비즈니스 관련 여행자들에게 최고의 장소다.

Address Dag Hammarskjölds torg 2
Tel 40 207 500
Cost 1,500SEK~
Web www.nordicchoicehotels.com

웁살라
Uppsala

스톡홀름이 스웨덴의 수도가 되기 전, 정치적, 종교적 중심지 역할을 했던 스웨덴의 고도. 지금은 스웨덴 제4의 도시이고, 개교 560년의 역사와 전통을 자랑하는 북유럽 최초이자 최대의 대학 도시이다. 특히 식물학자 린네와 첼시우스 등의 과학자들이 대학교수로 활동하며 현대 과학의 기본을 만들었던 곳으로도 의미가 깊다.

여행하는 방법

유용한 홈페이지

웁살라 관광 공식 안내 www.destinationuppsala.se
린네 관련 관광 안내 www.linnaeusuppsala.com

관광 안내소

중앙 관광 안내소를 대신해, 각 주요 장소마다 관광 정보 코너 Infopoints가 설치되었다. 시내 지도 및 각종 관광 정보지는 아래 장소나 숙소에서 받을 것. 관광 안내 홈페이지에서는 채팅 상담도 가능하다(월~금 10:00~17:00, 토 10:00~15:00).

- 웁살라 시립 미술관 구내
- 교통 안내소
- 시청사 내 안내센터(중앙역 옆)
- 웁살라 콘서트 홀 & 회의장(중앙역 뒤편)

교통 안내소 UL Center

Open 월~금 07:00~19:00, 토 09:00~17:00
Close 일요일, 하지의 금 · 토요일, 공휴일, 12/25
Access 중앙역 구내.

유용한 정보지

왓츠 온 웁살라 What's on Uppsala
시내 종합 안내 책자로 여행 시 유용하다.

우체국 Posten

Address Dragarbrunnsgatan 50(헴셉 슈퍼마켓 내 우편 취급소)
Open 월~금 07:00~21:00, 토 · 일 09:00~21:00
Access 시내 관광 안내소 왼쪽의 길로 들어선 후 다음 블록에서 좌회전.

경찰서

Address Svartbäcksgatan 49
Tel 77 114 1400
Open 월~금 08:00~17:00
Close 토 · 일요일
Access 린네 박물관을 지나 오른쪽으로 직진.

슈퍼마켓

헴셉 Hemköp : 시내 관광 안내소 왼쪽 길로 진입해 있는 대형 매장.
이카 ICA : 린네 박물관 근처 보행자 거리 Klostergatan에 위치.

당일 짐 보관

중앙역 내 코인 로커 이용 가능.

가는 방법

스톡홀름 중앙역에서 웁살라 중앙역까지 지역 기차와 통근 기차로 약 45분~1시간이 소요된다. 이 중 지역 기차가 운행 횟수가 많고 저렴해 인기가 높다. 당일에도 충분히 티켓 구입이 가능하며, 통근 기차 이용 시 스톡홀름 시내 교통 카드에 요금을 추가해 사용하면 된다. 철도 패스를 이용해 중북부 지방 이동 시 잠시 들르기에도 좋은 위치다.

Cost **지역 기차** 역에서 기계 구입 시 성인 89SEK~, 18세 이하 45SEK
통근 기차 스톡홀름 시내 교통 카드(구간 연장 요금) 88SEK, 별도 구입 151SEK, 아를란타 공항에서 연장 이용 시 135SEK

시내 교통

시내 중심가 및 린네 관련 관광지는 도보로 충분히 이동 가능하지만, 걷기 힘들거나 감라 웁살라처럼 멀리 떨어진 곳으로 이동 시에는 버스를 이용할 수 있다. 중앙역 건너편, 시내 중심가 Storatorget을 중심으로 노란색과 녹색 시내버스가 발착한다. 티켓은 프레스뷔론 편의점과 시내 헴셉 슈퍼마켓, 교통 안내소 UL Center, 버스 정류장이나 중앙역의 티켓 자동판매기를 이용해 구입 가능. 스톡홀름에서 쓰던 SL 카드에 금액이 있으면 함께 사용해도 괜찮다. 컨택리스 카드도 이용 가능.

Cost 1존권(외곽 포함, 75분간 유효) 39SEK
24시간권 1존 135SEK
두 도시 통합 24시간권 290SEK

Web www.ul.se

웁살라 시내, 이렇게 보자

역에서 내린 후 근처의 관광 안내소에서 지도를 받은 후, 역 정문에서 시내 방향으로 직진하여 시내를 동서로 가르는 퓌리스 강에서부터 방향을 잡고 관광지를 찾아가자. 강 건너편 오른쪽에는 대성당, 정면에는 언덕 위에 자리 잡은 성과 대학 건물이 이정표가 되어 준다.
웁살라는 스톡홀름에서 머물며 당일치기가 가능하지만, 은근히 규모가 있는 편이라 많이 걷게 된다. 되도록 오전 일찍부터 여는 대성당이나 식물원부터 일정을 진행할 것. 린네 관련 관광지들을 조금 더 보고 싶다면 5~9월의 화~일요일이 적당하며, 그 외 기간에는 대성당과 야외 관광지 위주로만 방문해도 무방하다.

웁살라에서 놓치지 말자

1 린네의 이름을 단 정원, 박물관, 식물원에서 린네의 흔적 찾기.
2 시내의 성과 옛 흔적에서 재발견하는, 스웨덴의 살아 있는 옛 역사.

추천 코스

관광 안내소 ➔ 대성당 ➔ 식물원 ➔ 웁살라 성 ➔ 린네 박물관과 정원

예상 소요 시간 : 약 6시간~하루

Tip
아를란다 공항을 오갈 때, 801번 버스가 공항과 시내 중앙역을 연결한다. 운행 시간이 길어 심야 시간에 이동 시에도 편리하다. 5터미널까지 약 45분 소요. 자동판매기에서 티켓을 미리 구입하거나, 탑승 시 카드로 결제할 것.

운행 03:00~01:00(04:30~23:30까지 30분 간격, 전후 시간 1시간 간격)
Cost 117SEK(2시간 30분간 유효)

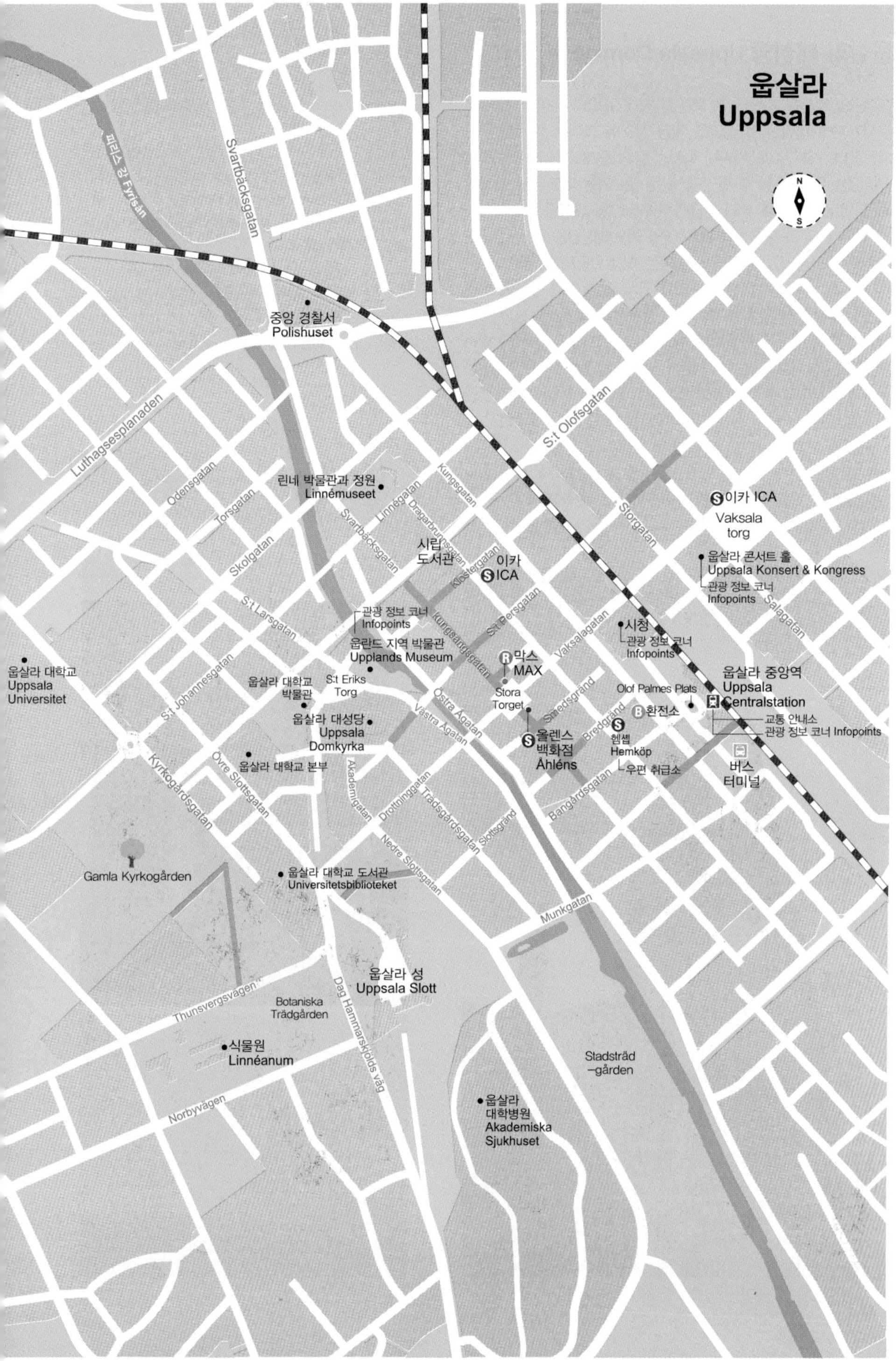

웁살라
Uppsala
N
S
피리스 강 Fyrisån
Svartbäcksgatan
중앙 경찰서
Polishuset
Luthagsesplanaden
S:t Olofsgatan
Odensgatan
Torsgatan
Skolgatan
린네 박물관과 정원
Linnémuseet
Linnégatan
Kungsgatan
Dragarbrunnsgatan
Svartbäcksgatan
시립
도서관
Klostergatan
이카
ICA
Storgatan
이카 ICA
Vaksala
torg
웁살라 콘서트 홀
Uppsala Konsert & Kongress
관광 정보 코너
Infopoints
Salagatan
S:t Larsgatan
관광 정보 코너
Infopoints
웁란드 지역 박물관
Upplands Museum
Kungsängsgatan
S:t Persgatan
막스
MAX
Vaksalagatan
시청
관광 정보 코너
Infopoints
웁살라 대학교
Uppsala
Universitet
S:t Johannesgatan
웁살라 대학교
박물관
S:t Eriks
Torg
Stora
Torget
Smedsgränd
Olof Palmes Plats
웁살라 중앙역
Uppsala
Centralstation
환전소
Bredgränd
헴셉
Hemköp
우편 취급소
교통 안내소
관광 정보 코너 Infopoints
웁살라 대성당
Uppsala
Domkyrka
Östra Ågatan
Västra Ågatan
올렌스
백화점
Åhléns
버스
터미널
Kyrkogårdsgatan
Övre Slottsgatan
웁살라 대학교 본부
Akademigatan
Drottninggatan
Trädgårdsgatan
Slottsgränd
Bangårdsgatan
Gamla Kyrkogården
웁살라 대학교 도서관
Universitetsbiblioteket
Nedre Slottsgatan
Munkgatan
웁살라 성
Uppsala Slott
Thunsvergsvägen
Botaniska
Trädgården
Dag Hammarskjölds väg
식물원
Linnéanum
Stadsträd
-gården
Norbyvägen
웁살라
대학병원
Akademiska
Sjukhuset

웁살라 대성당 Uppsala Domkyrka

관광명소 로컬명소

750년의 역사를 지닌 현재 북유럽 최대 규모의 대성당. 1273년 구시가지에 세워진 옛 성당을 지금 장소에 그대로 옮겨서 짓기 시작했다. 하지만 예산 부족, 흑사병 등의 문제로 1435년이 되어서야 간신히 완공될 수 있었다. 처음에는 가톨릭 교회로 지어졌지만, 1500년대 이후부터 지금까지 루터란의 대성당으로 사용되고 있다. 지금의 모습은 1880년대의 리노베이션을 통해 신고딕 양식으로 완성되었으며, 탑의 높이는 최대 118.7m에 달한다. 스웨덴의 첫 번째 왕이었던 구스타프 바사 왕 부부와 식물학자 린네를 비롯한 유명 인사들이 이곳에 잠들어 있다.

성당의 북쪽 탑에는 작은 박물관이 자리 잡고 있다. 중세에 왕비가 입었던 섬세한 드레스와 성당 안에서 사용된 여러 은 제품, 왕족들의 묘지에서 출토된 유물들을 통해 당시 스웨덴의 화려했던 과거를 엿볼 수 있다. 동시 입장이 25명까지만 가능하니 먼저 성당 내부를 보고 문 여는 시간에 맞춰 박물관으로 가자.

매주 토요일 낮에 열리는 오르간 연주도 눈여겨보자. 특히 성당 안의 파이프 오르간은 스웨덴 최대 규모로, 왼쪽의 1871년산과 뒤쪽의 2009년산 오르간이 어우러진 연주 소리는 놓칠 수 없다.

Address Domkyrkoplan, 75310 Uppsala
Tel 18 430 3500
Open 08:00~18:00(하지 전날 · 4/30 ~12:00)
박물관 월~토 10:00~16:00, 일 · 공휴일 12:30~16:00(5~9월 ~17:00)
Access 중앙역에서 강까지 직진 후 오른쪽에 보이는 큰 교회.
Cost **성당** 무료
박물관 18세 이상 60SEK, 18세 미만 무료
안내서 10SEK
Web www.uppsaladomkyrka.se

Tip
가이드 투어
6월 말~8월 중순까지 월~토 10:00, 14:00, 일요일 15:00에 무료 가이드 투어가 있다. 이 외 기간에는 매월 첫 토요일 12:30, 박물관은 매일 16:00에 진행.

식물학자 린네의 무덤

웁살라 성 Uppsala Slott

로컬명소 미술관

과거와 현재의 스웨덴을 함께 만날 수 있는 대표적인 공간으로, 1549년 구스타프 바사 왕이 1540년대에 축조하기 시작해, 1600년대 중반까지 3명의 왕에게 계승되어 완성되었다. 스투레 학살(1567)과 웁살라 교구의 창설(1593), 크리스티나 왕비의 양위(1654)를 비롯한 크고 작은 사건이 벌어졌고, 1719년 울리카 왕비의 대관식을 마지막으로 스톡홀름 왕궁에 공식 왕궁 역할을 넘겼다. 지금의 성 건물은 시장 공관과 연회장으로 사용 중이며, 여름 시즌에만 가이드 투어로 돌아볼 수 있다. 성안에는 시립 미술관, 평화의 집(인권 박물관), 바사보겐이 함께 자리 잡고 있다.

Address Drottning Christinas väg 1E
Tel 51 939 300
Open **시립 미술관** 화 · 수 · 금~일 11:00~16:00, 목 11:00~20:00
성 가이드 투어(영어) 6월 말~8월 중순 매주 화~일 13:00, 15:00
Close 12/24~25, 12/31~1/1, 부활절 전 금요일, 부활절, 5/17, 7월의 월 · 화, 하지의 금~일, 4/30~5/1
Access 대성당에서 왼쪽으로 직진해 보이는 큰 성과 건물.
Cost **20세 이상** 시립 미술관 및 평화의 집 무료, 성 가이드 투어 90SEK(수 16:00~ 무료), 바사보겐 120SEK, **19세 이하 · 학생** 성 가이드 투어 20SEK
Wifi 가능
Web www.uppsalakonstmuseum.se
평화의 집 www.fredenshus.se

린네 박물관과 정원 Linnémuseet

박물관 로컬명소

대학 부설 식물원장의 집으로 만들어진 후, 1743년 이후 약 35년간 식물학자 린네가 생의 마지막까지 거주하고 강의를 진행하며 식물 연구에 전념한 곳이다. 집 안에는 그의 가족들이 생전에 사용하던 물건들과 린네가 생전에 모았던 식물 및 곤충 표본, 부인이 소장하던 그릇 컬렉션 등으로 볼거리가 풍성하다. 또한, 정원에는 연구를 위해 심었던 약 1,300종의 식물이 가득하며, 종류마다 린네식의 표기로 일일이 이름이 붙어 있다. 1937년에 린네 협회가 인수해 현재의 박물관으로 조성하였다. 5~9월에는 11:30, 14:30에 무료 가이드 투어가 있다.

Address Svartbäcksgatan 27
Tel 18 136 340
Open **5~9월** 11:00~17:00(정원 ~20:00)
가이드 투어(영어) 14:30
Close 5 · 9월의 월요일, 10~4월, 하지의 금 · 토요일
Access 중앙역에서 보행자 거리로 접어든 후, Svartbacksgatan 거리에서 우회전.
Cost **박물관** 18세 이상 120SEK, 학생 · 65세 이상 100SEK, 18세 미만 무료
정원 무료
Web 린네 협회 www.linnaeus.se

식물원
Linnaeum, Botaniska Trädgården

로컬명소

웁살라 대학에 부설된 대규모의 정원이자, 학생들의 실습을 위한 현장. 스웨덴 국내에서 가장 오래된 정원이자 식물원으로, 1655년에 카를 10세가 성 축조 작업을 진행하며 식물학, 약학, 환경학, 전공 학생들의 학습을 위해 조성하였다. 린네가 교수로 부임한 후 그의 계획에 따라 1745년에 먼저 재건을 거쳤으며, 추가로 1787년 이후 구스타프 3세에게 할양받은 땅에 온실과 바로크 양식의 건물이 세워지며 지금의 규모를 갖추게 되었다. 현재 야외 정원과 온실에는 린네의 제자들이 전 세계를 다니면서 수집했던 1만 종 이상의 식물이 자라고 있으며, 바로크 양식으로 조성된 야외 정원은 꽃이 만발할 때 아름다움이 절정에 달한다. 여름에는 현지인들의 결혼식, 파티 장소로도 인기가 높다. 산책하는 기분으로 천천히 거닐어 보자.

Address Thunbergsvägen 6
Tel 18 471 2838
Open **정원** **5~9월** 07:00~21:00, **10~4월** 07:00~19:00
정원 가이드 투어(영어) **6월 중순~8월 중순** 토 · 일 14:30
열대식물원 **9~5월** 화~금 09:00~15:00, 토 · 일 12:00~15:00, **6~8월** 월~금 09:00~15:00, 토 · 일 11:00~16:00
온실 화~금 09:00~15:00
Close 월요일(정원 제외), 1/6, 5/1, 6/6, 하지의 금 · 토요일, 12/22~31
Access 웁살라 성 건너편의 큰 정원.
Cost **정원 · 온실** 무료
열대식물원 · 정원 가이드 투어 성인 50SEK, 학생 · 65세 이상 50SEK, 18세 미만 무료
Web www.botan.uu.se

인란드바난
Inlandsbanan

인란드바난은 크리스티네함Kristinehamn에서 모라Mora, 외스터순드Östersund를 거쳐 북극권 위쪽의 옐리바레Gällivare까지, 총 1,289km의 스웨덴 내륙 지방을 종단하는 기차 노선. 원래 인란드바난은 전혀 개발되지 않았던 스웨덴 내륙 지방의 발전과 수송을 위해 1937년에 개통되었으나, 1950년대 이후 자동차의 발달로 존폐 위기에 처하기도 했다. 하지만 주민들과 국영철도의 협조 덕에 1993년 이후 노선 지역의 15개 지자체가 뜻을 모아 회사를 만들어 운영 중이며, 6~8월에는 관광 노선을 이용할 수 있다. 해안 지역에 가려져 있던 스웨덴 내륙의 드넓은 자연을 조금 더 가까이서 보고 싶다면 반드시 탑승해 보자.

여행하는 방법

유용한 홈페이지

인란드바난 공식 안내 www.inlandsbanan.se
외스터순드 지역 안내 www.visitostersund.se
모라 및 실리안 지역 안내 www.siljan.se
북극권 이북 라플란드 지역 안내(아르비스아우르, 요크모크, 옐리바레) www.swedishlapland.com
옐리바레 지역 안내 www.visitgallivare.se

유용한 정보지

모라 스트란드 역, 외스터순드 중앙역, 옐리바레 역 내 혹은 기차 안에 비치된 인란드바난 공식 안내지를 챙기자. 지역마다 정차할 때 유용하다. 외스터순드 중앙역 옆의 인란드바난 본사에서는 직접 안내도 해 준다.

가는 방법

인란드바난 탑승 포인트는 시작점인 크리스티네함, 열차가 시작되는 모라, 중간 지점 외스터순드, 종착점 옐리바레의 총 4부분으로 나뉜다. 이 중 본인의 일정에 맞는 곳을 선택해 이용하자. 운행 이외 기간에 해당 구간은 일반 열차와 버스로 대체된다.

크리스티네함
스톡홀름 중앙역과 예테보리 중앙역에서 초고속 열차로 약 2시간(1일 5회 운행, 예약 필수), 인터시티 기차로 약 2시간 25분(1일 2회 운행) 소요.

모라
스톡홀름 중앙역에서 인터시티 열차로 모라 스트란드역까지 약 3시간 50분 소요, 1일 2회 운행.

외스터순드
스톡홀름 중앙역에서 외스터순드 중앙역까지 주간열차로 약 5시간 30분, 야간열차로 약 7시간 50분(모두 예약 필수), 노르웨이 트론헤임 중앙역에서 주간열차로 약 3시간 40분 소요(1일 2회 운행, 스톨리엔 1회 환승). 국내선 항공편 이용 시 약 1시간 소요. 본선 중 외스터순드-모라 구간은 외스터순드 중앙역에서 출도착한다. 스톡홀름, 코펜하겐, 우메오에서 항공 이용 시 오레-외스터순드 공항을 이용할 수 있으며, 스톡홀름 기준으로 약 1시간 20분 소요. 비행기 도착 시간에 맞춰 외스터순드 시내까지 버스가 운행되며, 약 20분 소요.

옐리바레
스톡홀름 중앙역에서 야간열차로 약 16시간 소요(예약 필수). 노르웨이 나르빅에서는 주간 열차로 약 4시간, 키루나에서는 약 1시간 30분 소요된다. 항공편 이용 시 아를란다 공항에서 파퓰에어Popul Air의 국내선 노선으로 연결 가능하며, 약 2시간 40분 소요된다. 마을까지 이동 시에는 공항 택시를 예약해야 한다.
이후부터는 키루나, 나르빅, 아비스코 국립공원, 룰레오, 보덴 등으로 기차와 랜스트라피켄 노르보텐 버스 노선이 연결된다.
Web 버스 www.ltnbd.se
파퓰에어 www.populair.com

Tip
1. 스톡홀름에서 야간열차로 도착 후 외스터순드에서의 인란드바난 당일 이용은 가능하나, 옐리바레에서는 시간이 맞지 않아 이용이 어렵다.
2. 옐리바레부터 일정 시작 시, 역 구내에 위치한 관광 안내소에서 미리 인근 라플란드 지역 정보를 얻어 두면 지역 파악에 도움이 된다.
Open 월~금 08:00~15:00

인란드바난, 이렇게 이용하자

모라-외스터순드-옐리바레 간 본선은 6월 말~8월 말, 이 중 모라-외스터순드 간은 12월 중순~4월 중순에 추가로, 크리스티네함-모라 간은 7월 초~8월 중순까지 운행한다. 특히 6월 중순~7월 초는 관광객이 적고 해가 길어 여행하기에 편하다. 전 노선 이용 시 2일이 소요되며, 스톡홀름과 옐리바레에서의 이동을 고려하면 3~4일까지 여유를 두는 것이 좋다. 시간이 없다면 한 노선만 선택해도 괜찮다. 노선 시간표는 다음 페이지 참조(p.238, p.239).

모라 스트란드⇔외스터순드(모라 역 정차) 노선 시간표

※ 시기에 따라 발착이 달라지니 이용 전 사이트(www.inlandsbanan.com) 참조 필수.

2024/06/17~08/25

Mora⇔Östersund

거리(단위 : km)	정류장	출발	정차
0	Mora strand	13:37	
0	Mora station	13:43	
13	Orsa	13:57	
64	Älvho	14:40	
82	Lillhamra	14:55	
102	Fågelsjö	15:31	20분
136	Sveg	16:03	
185	Överhogdal Hbdg	16:45	
198	Sörtjärn	16:55	
219	Röjan	17:16	
229	Kvarnsjö	17:25	
239	Åsarna Södra	18:33	60분
254	Svenstavik C	18:48	
275	Hackås	19:08	
284	Fåker	19:16	
294	Tandsbyn	19:26	
306	Brunflo	19:39	
320	Östersund C	19:53	

Östersund⇔Mora

거리(단위 : km)	정류장	출발	정차
1	Östersund C	07:22	
15	Brunflo	07:32	
27	Tandsbyn	07:43	
37	Fåker	07:53	
46	Hackås	08:01	
67	Svenstavik C	08:21	
82	Åsarna Södra	08:36	
92	Kvarnsjö	08:44	
102	Röjan	08:57	
123	Sörtjärn	09:15	
136	Överhogdal Hbdg	09:25	
145	Ytterhogdal	09:34	
185	Sveg	10:12	
219	Fågelsjö	11:11	20분
239	Lillhamra	11:27	
257	Älvho	11:43	
308	Orsa	12:27	
321	Mora station	12:41	
321	Mora strand ank/arr	13:23	

외스터순드⇔옐리바레 노선 시간표

※ 시기에 따라 발착이 달라지니 이용 전 사이트(www.inlandsbanan.com) 참조 필수.

2024/06/17~08/25

Gällivare⇔Östersund

거리(단위 : km)	정류장	출발	정차
0	Gällivare	07:30	
53	Porjus	08:23	
100	Jokkmokk	09:13	
107	Polar Circle	09:33	10분
163	Kåbdalis	10:21	
201	Varjisträsk	10:53	
213	Piteälvsbron	11:03	
225	Moskosel	11:44	30분
273	Arvidsjaur	12:55	20분
298	Avaviken	13:18	
326	Slagnäs	13:42	
342	Buresjön	13:55	
362	Sorsele	14:40	10분
385	Blattnicksele	14:57	
397	Sandsjönäs	15:09	
434	Storuman	15:44	
475	Vojmån	16:18	
499	Vilhelmina Norra	17:32	
502	Vilhelmina	17:38	
524	Meselefors	17:57	
558	Dorotea	18:28	
559	Dorotea Camping	18:32	
579	Hoting	18:53	
631	Ulriksfors	19:35	
666	Jämtlands Sikås	20:08	
708	Häggenås	20:42	
718	Lit	20:51	
774	Jamtli	21:16	
745	Östersund V	21:34	
746	Östersund C	도착 21:36	

Östersund⇔Gällivare

거리(단위 : km)	정류장	출발	정차
0	Östersund C	07:45	
1	Östersund V	07:50	
2	Jamtli	07:52	
28	Lit	08:17	
38	Häggenås	08:26	
80	Jämtlands Sikås	09:04	
115	Ulriksfors	09:32	
167	Hoting	10:17	
187	Dorotea Camping	10:34	
188	Dorotea	10:37	
222	Meselefors	11:06	
244	Vilhelmina	11:25	
247	Vilhelmina Norra	12:30	60분
271	Vojmån	12:51	
312	Storuman	13:32	
349	Sandsjönäs	14:05	
361	Blattnicksele	14:16	
384	Sorsele	14:49	15분
404	Buresjön	15:00	
420	Slagnäs	15:23	
448	Avaviken	15:45	
473	Arvidsjaur	16:23	15분
521	Moskosel	17:44	40분
533	Piteälvsbron	18:07	10분
545	Varjisträsk	18:17	
583	Kåbdalis	18:59	
639	Polar Circle	19:56	10분
645	Jokkmokk	20:08	
693	Porjus	20:52	
746	Gällivare	도착 21:47	

인란드바난, 이렇게 즐기자

인란드바난은 일반 열차의 차량을 이용하는 '관광 열차'로, 관광 포인트가 되는 곳에 정차하여 지역을 돌아볼 수 있다. 기사가 직접 영어로 안내 방송을 하고, 기사와 별도로 차장이 있어 승차 시 좌석 안내와 식사 주문, 관광 안내 등의 업무를 담당하며 심지어 일부 구간 운전까지 한다. 중요한 장소에서는 사진을 찍을 수 있도록 속도를 줄여 주며, 중간중간 정차하는 역에서는 식사와 관광을 위해 20분~1시간 정도 정차하기도 한다. 이때 잠깐 내려서 자연을 짧게나마 느껴 보자. 또한 정해진 시간 동안 주문한 식사를 즐기거나 준비한 도시락을 먹으며 잠시 여유를 느끼는 것도 괜찮다. 운전석도 개방되어 있어 전망을 즐기기에 최고.

크리스티네함⇔모라 구간

1969년에 철로 이용이 잠시 중단되었지만, 지금은 크리스티네함–필립스타드 구간에 한해 레일이 일부 복구되었고 나머지 노선은 우회하여 운행 중이다. 관광을 위해 멈춰 서지는 않는다.

모라⇔외스터순드 구간

전체 노선의 4분의 1, 본선의 3분의 1 구간으로, 짧은 시간에 인란드바난을 경험하고 싶거나 외스터순드에서 당일 왕복을 원할 때 이용 가능하다. 중부 지방에 걸쳐 있는 호수를 따라 중간중간 운송을 위해 정차하는 역도 있지만, 플랫폼에서 빨간 표지판을 직접 올려 타겠다는 의지를 밝히지 않으면, 열차가 그냥 지나가는 간이역도 많다. 포옐셰Fågelsjö, 오사르나Åsarna 역에 정차할 때 식사와 휴식을 취하면서 주변을 잠시 둘러보자. 여기서부터는 때 묻지 않은 내륙의 자연을 맛볼 수 있으며, 숲속에 자라는 야생 베리류도 마음껏 채취 가능하다.

외스터순드⇔옐리바레 구간

인란드바난 전체의 반이자 본선의 3분의 2를 차지하는 구간으로, 이동에만 약 14시간 걸린다. 이 구간에 들어서면서 나무의 키가 작아지기 시작하며 정차 지점도 더 많아진다. 점심을 위해 가장 오래 정차하는 빌헬미나Vilhelmina, 인란드바난 박물관이 있는 소르셀레Sorsele, 자동차 브랜드들의 극한 조건 시험장 아르비스야우르Arridsjaur, 노동자들의 현장이 재현된 모스코셀Moskosel, '진짜' 북극권이 시작되는 지점인 지리상 북극권Geografiska Polcikeln, 스웨덴 사미족의 전통 마을 요크모크Jokkmokk와 바이키야우르Vajkijaur를 지나 옐리바레에서 화려한 막을 내린다.

북부로 올라가면서 직원들이 직접 사미족 전통 악기 연주를 선보이기도 하며, 아르비스야우르부터는 중간중간 역에 정차하여 사미족 문화 체험을 위한 오두막에도 들어가 볼 수 있다. 일정에 여유가 있다면 요크모크, 아르비스야우르 등의 라플란드 대표 마을에 잠시 들러 스웨덴 라플란드 지역을 조금 더 체험해 보는 것도 괜찮다. 특히 사미족의 문화에 관심이 많다면 추천하는 구간이다.

Tip

1) 인란드바난 이용 시 간단한 팁

1. 짐은 가지고 타도 상관없다. 되도록이면 짐을 차내에 간단히 묶어 놓을 것.
2. 방수 재킷과 따뜻한 옷, 튼튼한 신발, 모기 방지 스프레이나 패치 등을 챙기자. 특히 6~7월의 숲과 물가에는 모기가 많다.
3. 식사 가격은 한국보다 조금 더 비싸지만, 스웨덴 전체 물가에 비하면 양호한 편이다. 가격대는 70SEK 이상부터 시작되며, 지역에서 생산되는 식재료를 이용한 소박한 음식을 주로 맛볼 수 있다.
4. 긴 이동에 대비해 즐길거리, 주전부리를 넉넉히 준비하자. 물은 간간이 들르는 역에서 보충 가능하다.

2) 철도 패스 소지자를 위한 팁

1. 인란드바난 예약비는 한 구간당 50SEK로, 예약은 선택 사항이다.
2. 기차 요금은 시기에 상관없이 정상 요금이 적용되어 철도 패스 이용이 훨씬 이득이다.
3. 노르웨이나 핀란드 북부를 거치는 일정 시, 외스터순드나 옐리바레에서 야간열차 이용을 원한다면 출발 전에 스웨덴 국내의 기차역, 철도청 홈페이지에서 반드시 미리 예약하자.

3) 전체 일정 시 추천 숙소

STF Östersund Ledkrysset Vandrarhem

외스터순드 공식 유스호스텔이다. 저녁 8시 이후 체크인하거나 아침 8시 전 체크아웃 시 미리 요청하면 키 박스를 이용한 키 카드 수령 및 숙박비 지불이 가능하다. 약간의 현금을 준비하자.

Address Biblioteksgatan 25, 83141 Östersund
Tel 063 103 310
Access 외스터순드 베스트라 역에서 도보 15분 소요.
Cost 도미토리 250SEK~(조식, 시트 별도)
Web www.ostersundledkrysset.se

Pensionat Augustin

옐리바레 마을에서 저렴한 옵션의 소규모 숙소. 욕실은 공용이며 3인 이상 가족실도 지원한다. 든든한 아침 식사와 역에서 가까운 거리가 큰 장점.

Address Tingshusgatan 3, 982 31 Gällivare
Tel 0970 550 40
Access 옐리바레 역 광장에서 왼쪽 Centralplan 길을 따라 올라간 후 첫번째 회전교차로에서 우회전해 왼쪽 건너편 위치. 역에서 도보로 5분 소요
Cost 1인당 800SEK~(조식, 시트 포함)
Web www.pensionataugustin.se

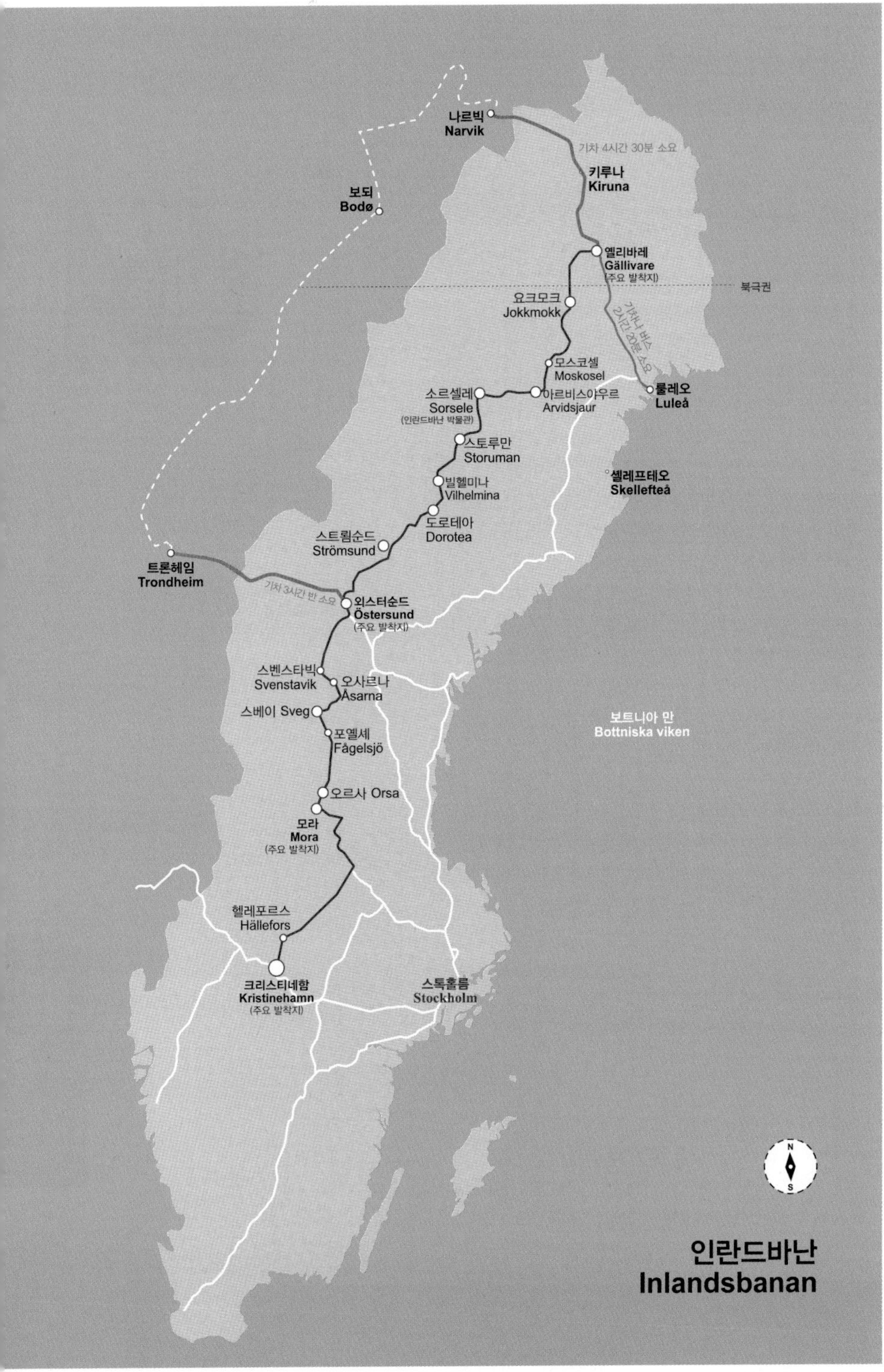
나르빅
Narvik
기차 4시간 30분 소요
키루나
Kiruna
보되
Bodø
옐리바레
Gällivare
(주요 발착지)
북극권
요크모크
Jokkmokk
기차나 버스 2시간 20분 소요
모스코셀
Moskosel
소르셀레
Sorsele
(인란드바난 박물관)
아르비스야우르
Arvidsjaur
룰레오
Luleå
스토루만
Storuman
셸레프테오
Skellefteå
빌헬미나
Vilhelmina
도로테아
Dorotea
스트룀순드
Strömsund
트론헤임
Trondheim
기차 3시간 반 소요
외스터순드
Östersund
(주요 발착지)
스벤스타빅
Svenstavik
오사르나
Åsarna
스베이 Sveg
포옐셰
Fågelsjö
보트니아 만
Bottniska viken
오르사 Orsa
모라
Mora
(주요 발착지)
헬레포르스
Hällefors
크리스티네함
Kristinehamn
(주요 발착지)
스톡홀름
Stockholm
N
S
인란드바난
Inlandsbanan

맥주도 마음대로 못 사는 나라

북유럽 4개국 중 덴마크는 편의점과 슈퍼마켓에서 제한 없이 다양한 맥주를 살 수 있고 가격도 괜찮다. 하지만 나머지 3개국에서는 나름의 법적 제한 조치가 있어, 이를 피해 싸게, 많이 맥주를 마시려는 다양한 천태만상이 펼쳐진다.

여기서 각국의 맥주 판매 제한 조치를 잠시 설명하자면, 핀란드의 모든 슈퍼마켓에서는 맥주를 자유롭게 살 수 있지만, 평일에는 밤 9시, 토요일에는 밤 6시까지만 가능하다. 스웨덴에서는 알코올 도수 3.5 이하의 맥주 종류만 슈퍼마켓이나 편의점에서 구매 가능하며, 그 이상의 맥주는 무조건 국영 술 판매장 시스템볼라엣Systembolaget에서 영업시간 내에 사야 한다. 노르웨이 슈퍼마켓에서의 구입 시간은 평일 저녁 8시까지, 토요일 6시까지로 제한되어 있다(실제로 토요일 저녁에는 슈퍼마켓에서 맥주를 들고 계산대로 뛰어가는 진풍경도 벌어진다). 아이슬란드에서는 빈부딘이라는 전용 술 판매장에서 영업시간 내에 사야 한다. 그런데 지방 마을들의 빈부딘은 영업시간이 너무나 짧다. 하루에 단 2~3시간만 문을 여니 타이밍을 놓치면 여러 동네로 술 찾아 삼만리까지 불사할 정도.

맥줏값도 1pint(약 550ml) 기준으로 한 캔이 적게는 2,500원, 노르웨이에서는 7,000원까지 한다. 한국에서 주로 판매되는 350ml 사이즈의 경우 알코올 3.5도 이하라면 가격이 비슷하지만, 도수가 높으면 1.5배 정도 비싸다. 가격에서 술에 붙는 세금이 20% 이상이고 각국마다 기준도 다르다. 필자가 룸메이트들에게 선물용으로 가져간 200ml 플라스틱 병 소주를 보여 주며 '대형 슈퍼에서 1병당 5NOK' 정도라고 말하니, 다들 그 자리에서 "한국 가자"라는 말이 나왔을 정도면 얼마나 술이 비싼지 실감할 것이다.

각 나라를 오가는 배는 비행기처럼 면세 구역인 까닭에, 조금이라도 술을 싸게 사려고 안간힘을 쓰는 사람이 많다. 맥주 두 박스는 필수 중 필수이고, 다양한 보드카와 와인 등을 사는 모습도 볼 수 있다. 특히 스웨덴-핀란드-에스토니아, 덴마크-노르웨이 간 페리는 대표적인 주류 판매장이다. 스웨덴 남서부 일부 도시(헬싱보리, 말뫼 등)와 덴마크 남부는 다리로 연결되고 배로도 20분밖에 안 걸려서 타지에서 차를 몰고 와 술을 대량으로 사 들고 가는 사람도 적지 않다.
오죽하면 헬싱괴르와 탈린 항구 근처에는 주류 수요를 겨냥한 주류 숍이 엄청나게 늘어서 있을까.
그러면 덴마크를 제외한 나머지 나라에서, 밤늦게 맥주가 마시고 싶어지면 어떻게 해야 될까? 스웨덴과 핀란드에서는 알코올 3.5도 이하, 노르웨이에서는 3도 미만의 라트욀lattøl이라는 낮은 도수의 맥주를 구입할 수 있다.
맛이 살짝 싱겁지만 그거라도 마실 수 있다는 게 어딘가.
물론 술을 못 한다면 무알코올 맥주도 있다.
가격이 일반 맥주보다 50%까지 저렴한 것도 나름의 장점이다.
바에서 마시는 가격이 '해피 아워' 때 최소 5,000~7,000원, 밤에는 10,000~15,000원 정도라는 걸 생각한다면 조금 싱겁더라도 도수 낮은 것으로 시도해 보자. 돈도 절약하고 몸의 부담도 줄이면서, 현지인들의 술 문화도 체험할 수 있는 일석삼조의 효과를 볼 수 있다.

Norway 노르웨이

노르웨이
Norway / Norge

1 | 국가 프로필

국가 기초 정보

국가명	노르웨이 왕국(Kingdom of Norway), 노르웨이어 국명은 Norge.
수도	오슬로 Oslo
면적	385,155㎢(한반도의 약 1.7배)
인구	약 515만 명
인종	노르딕족, 사미족 및 기타
정치	입헌군주제 및 의원내각제 (하랄 5세 국왕, 요나스 가르 스퇴레 총리)
종교	복음 루터교 94%, 기타 6%
공용어	노르웨이어(노르웨이어에서도 보크몰과 뉘 노르예의 2가지로 나뉘는데 주로 보크몰 사용)
통화	노르웨이 크로네 Krone(NOK, 1NOK≒125원)

공휴일

1월 1일 새해 첫날New Year's Day
3월 24일 성지 주일Palm Sunday*
3월 28일 성 목요일Maundy Thursday*
3월 29일 성 금요일Good Friday*
3월 31일 부활절Easter*
4월 1일 부활절 후 월요일Easter Monday*
5월 1일 노동절May Day
5월 9일 승천일Ascension Day*
5월 17일 헌법 제정일(노르웨이 최대 국경일)Constitution Day
5월 19일 성령강림절Whit Sunday*
5월 20일 성령강림절 후 월요일Whit Monday*
12월 25일 크리스마스 Christmas
12월 26일 크리스마스 다음 날Second Day of Christmas
* 2024년 기준, 해마다 달라질 수 있음.

노르웨이 이야기

간추린 역사 이야기

'바이킹 시대'로 불렸던 8세기경부터 유럽의 '공포의 존재'로 부상하였다. 872년경 노르웨이라는 이름으로 첫 통일 왕국이 만들어진 후 베르겐을 수도로 삼아 약 500년간 평화를 누렸다. 하지만 1397년에 '칼마르 동맹'이 맺어진 후 400년간 덴마크의 속국으로, 1814년부터 약 90년간 스웨덴의 연방으로 지배를 받았으며 1905년에 독립국가가 될 수 있었다. 제1차 세계대전 때에는 중립을 지키면서 사회민주주의 건설을 위한 여러 장치를 마련하였으나, 제2차 세계대전을 전후해 독일에게 점령당하고 왕실은 영국으로 망명하였으며, 해안 지역 전체가 폭격으로 파괴되는 시련을 겪었다. 1948년에는 북대서양 조약기구 NATO에, 1960년에는 유럽자유무역연합 EFTA에 가입했으나 EU 가입은 1972년, 1994년에 국민 투표로 부결되어 지금까지 EU 미가입국으로 남아 있다.
1969년에는 북해 에코피스크 유전이 개발되면서 유럽 최고의 산유국으로 급부상했고, 현재는 세계 3위의 석유 및 천연가스 수출국이 되어 지금까지 지속적인 경제 성장을 하고 있다.

지역 정보

수도 오슬로를 중심으로 베르겐Bergen, 트론헤임Trondheim, 스타방게르Stavanger, 크리스티안산Kristiansand의 주요 도시가 있는 본토와, 북위 78도에 위치한 스발바르Svalbard 제도, 얀 메이엔Jan Meyen 제도로 구성되어 있다.
전체 인구는 오슬로를 비롯한 남서쪽 해안 지역에 주로 집중되어 있으며, 북극 지역에 대한 연구가 진행되면서 트롬쇠, 보되 등의 지역 도시 발전도 가속화되고 있다.

한국과의 관계

한국전쟁 때 외과 의료단을 파견하여 우리와 인연을 맺었으며, 1959년 외교 관계가 수립되면서 현재까지 국제사회에서 우리 입장을 지지하고 있는 전통 우방국으로 자리 잡았다.
지금은 조선, 석유 분야를 중심으로 노르웨이에 한국인들이 일부 진출해 있으며, 2000년대 초에는 스발바르 제도의 뉘 올레순에 다산과학기지를 개설해 한국도 북극 연구에 활발히 참여 중이다. 또한, 한국 입양인들도 노르웨이에 6천 명가량 거주하고 있다.
2006년에 EFTA 자유무역연합에 참가하면서 양국 간의 무역이 더욱 활발해졌는데, 양국의 취약 분야를 보완해 주는 상호 보완적 무역 관계를 지속하고 있다.

주요 수출품은 자동차, 선박, 통신 장비, 의류 등이고 주요 수입품은 수산물, 모피, 특수산업 장비 등이다.

Snakk

자랑스러운 한국인, 라면왕 '미스터 리' 이철호

노르웨이 최고의 라면 브랜드 '미스터 리'를 한국인이 만든 사실을 알고 계시나요? 이철호 씨는 한국전쟁 중 노르웨이인 의사를 만나 죽음의 고비를 넘기고 노르웨이로 와서, 우여곡절 끝에 스위스 요리 학교를 졸업하고 '유럽 최고의 요리사' 훈장을 받고 요리사로 살았죠. 하지만 우연히 허름한 뒷골목에서 먹었던 라면은 삶의 터닝 포인트가 되었답니다. 전국을 직접 돌면서 시식회를 열었는데, 심지어는 시식회를 위해 한 동네의 초등학교 학생 대부분이 무단결석까지 감행했다는 기사도 있었어요.
이철호 씨는 2018년 2월, 80세를 일기로 세상을 떠났습니다. 생전 라면을 통해 한국을 알리고 양국 간에 마음의 다리를 놓았던 노력을 기리며, 노르웨이에 가면 '미스터 리' 라면을 한번쯤 먹어 봅시다!

노르웨이인과 문화

노르웨이 사람들의 성향은 '외강내유'의 그 자체이다. '모든 사람은 평등하다'는 평등주의적 시각과 '함께 사는 세상'을 표방하는 노르웨이 사람들의 자세는 일찍부터 사회민주주의를 정착시키고, 대외 정책의 큰 방향을 이끌어 가는 원동력으로 자리 잡아 왔다. 그래서 노르웨이 사람들은 다른 스칸디나비아 국가의 사람들보다 더 친절하면서 순박한 모습을 보인다.
한편으로는 '짠돌이'의 성향도 지녔다. 다른 나라와 달리 옷차림새도 튀지 않는다. 시내에는 할인 슈퍼마켓과 중저가 브랜드의 숍이 성업 중인 반면 명품 매장은 썰렁하다. 물론 높은 물가와 세금 때문이기도 하겠지만, 무엇보다 그들의 삶에는 겉모양보다 내실을 중시하는 자세가 배어 있기 때문이다. 하지만 석유 수출 이후 부를 쌓으면서, 생활 성향을 두고 풍요를 누리는 현재 세대와 가난을 경험했던 기성세대가 갈등하는 양상도 보인다.

노르웨이를 빛낸 사람들

1 프리드초프 난센 Fridtjof Nansen : 극지방 탐험가 겸 과학자로 프람호 제작과 극지방 연구에 앞장섰으며, 제1차 세계대전 후에는 외교 및 난민 구제 사업에 공헌하였다(p.272 프람호 박물관 참조).
2 로알드 아문센 Roald Amundsen : 세계 최초로 남극점을 정복한 극지 탐험가(p.272 프람호 박물관, p.359 북극 박물관 참조).
3 에드바그 그리그 Edvard Grieg : 모음곡 〈페르 귄트〉 등을 통해 노르웨이의 우수 어린 정서를 표현한 대표 작곡가(p.295 트롤하우겐 참조).
4 헨릭 입센 Henrik Ibsen : 19세기 유럽 사회를 뒤흔든 연극 〈인형의 집〉의 극작가.
5 에드바그 뭉크 Edvard Munch : 삶의 여러 단면을 강렬한 색감으로 그려낸 표현주의 화가. 〈절규〉는 최고의 작품으로 손꼽힌다(p.276 뭉크 미술관 참조).
6 구스타프 비겔란 Gustav Vigeland : 인간 삶의 군상을 조각으로 표현한 '북구의 로댕'(p.274 비겔란 공원 참조).
7 게르하르트 한센 Gerhard Hansen : '한센병'이라 불리는 나균을 최초로 발견한 의학자.
8 키르스텐 플라그슈타트 Kirsten Flagstads : 20세기 최고의 바그네리안 소프라노로 명성을 떨쳤고, 국립 오페라단 초대 단장으로도 활약했다(p.268 오페라하우스 참조).
9 아하 A-ha : 1980년대에 결성된 3인조 남성 그룹으로 〈Take On Me〉가 그들의 최고 히트 곡. '소방차'를 비롯한 1980년대 말 한국 남성 가수 그룹의 결성에 영향을 준 존재이다.
10 시셀 시르셰뵈 Sissel : 맑고 깨끗한 목소리로 1994년 동계 올림픽 주제가를 비롯한 여러 노래에서 북구의 아름다움을 알린 베르겐 출신의 국민 가수.
11 시크릿 가든 Secret Garden : 유로비전 송 콘테스트에서 최초로 연주곡으로 1위를 차지한 바 있는(2009) 뉴 에이지 2인조 그룹.
12 악셀 포울센 Axel Poulsen : 현대 피겨 스케이팅의 점프 기술 중 하나인 '악셀 점프'의 창시자.
13 올레 군나르 솔샤르 Ole Gunnar Solskjaer : 1990~2000년대에 맨체스터 유나이티드에서 오랫동안 활약했던 노르웨이 최고의 축구 영웅. 감독 데뷔 후 자국 리그에서 몰데를 우승으로 이끌었고, 2019년 3월부터 2년간 맨체스터 유나이티드의 감독이었다.
14 요 네스뵈 Jo Nesbø : '해리 홀레'를 등장시킨 스릴러 소설 시리즈로 전 세계를 사로잡은 뮤지션 겸 국민 작가. 특히 《스노우맨》은 국내에서도 인기가 높다.
15 킹스 오브 컨비니언스 Kings of Convenience : 감각적인 사운드와 어쿠스틱 기타 연주로 국내에서도 인기 있는 2인조 남성 포크 그룹.
16 엘링 홀란드 Erling Håland : 현재 국내 최고의 축구 영웅이자 스트라이커. 아버지의 뒤를 이어 맨체스터 시티에서 맹활약 중이다.

여행 시기와 기후

남부 해안 지역은 멕시코 만류의 영향을 받아 겨울에도 기후가 온화한 편이지만, 오슬로와 내륙 및 피요르드 지역은 그 반대로 겨울이 길고 혹한이 지속되며 눈이 많이 내린다. 베르겐을 비롯한 남서부 해안 지역에서는 1년 중 200일 이상 비가 내리기도 한다. 5~7월에는 16시간이 넘는 일조시간 덕에 노르웨이를 오래 즐길 수 있으며, 북극권 위쪽 지역은 5월 중순부터 약 2개월간 백야 현상이, 겨울엔 최대 4개월간 해가 지평선 위로 떠오르지 않는 극야가 지속된다. 지역별 백야, 극야 기간은 p.350 북극권 지역 안내 참조.

여행하기 좋은 시기

낮이 길고 따뜻한 5~9월이 방문의 적기이다. 12~3월에는 날이 춥고 눈이 많이 내리는 데다 일조시간 역시 짧지만, 오로라 관찰이나 동계 스포츠를 즐기기에 최고다.

패션 코드

6~8월에도 큰 일교차에 대비해 두툼한 옷을 준비하는 것이 좋다. 피요르드, 북극권 지역으로의 여행 시 변화무쌍한 날씨에 대비해 아웃도어 재킷이나 우의를 반드시 갖추고, 등산까지 생각한다면 등산화, 장갑 등의 아웃도어 용품은 필수!

겨울에는 반드시 두꺼운 모자와 장갑, 스키복과 보드복, 눈에 강한 방수 신발, 내복이 필요하다. 특히 오로라, 개썰매 등의 극지방 체험을 위해 북극권 쪽으로 간다면 단단히 준비할 것.

가기 전 지식 쌓기

이 책 읽고 가자

- 《북유럽사》 변광수 지음
- 《안인희의 북유럽 신화》 안인희 역
- 《좌우는 있어도 위아래는 없다》 박노자 지음
- 《스칸디나비아 우리가 몰랐던 또 하나의 유럽》 토니 그리피스 지음
- 《인형의 집》, 《들오리》, 《페르 귄트》, 《민중의 적》 헨릭 입센 지음
- 《뭉크 전기》 슈테네르센 외 여러 명 지음
- 《굶주림》 크누트 함순 지음(노벨 문학상 수상작)
- 《콘티키》 토르 헤위에르달 지음
- 《찰리와 초콜릿 공장》 로알드 달 지음
- 《소피의 선택》 요스테르 고르데 지음
- 《함메르페스트로 가는 길》 마르야레나 렘브케
- 《스노우맨》, 《레드브레스트》, 《레오파드》, 《헤드헌터》, 《세상의 끝 그리고 지구수호대》 등 요 네스뵈 지음
- 《큐리어스》 시리즈

이 영화 보고 가자

- 〈오슬로의 이상한 밤〉 2007년 개봉작. 정년퇴직한 NSB 기관사의 자아 찾기
- 〈콘티키〉 헤위에르달의 탐험기를 그린 다큐멘터리 영화(p.273 콘티키 박물관 참조)
- 〈오슬로, 8월 31일〉 2012년 칸 영화제와 선댄스 영화제 초청작. 오슬로 시내를 배경으로 삼았다.
- 〈찰리와 초콜릿 공장〉 프레이야 초콜릿 공장을 소재로 삼았다.
- 〈너무 밝히는 소녀 알마〉 호기심 강한 17세 소녀의 성장담
- 〈토르 : 천둥의 신〉 북유럽 신화를 바탕으로 한 슈퍼 히어로 영화
- 〈겨울왕국〉 노르웨이의 겨울을 배경으로 삼았다.
- 〈스캄〉 10대들의 현주소를 알 수 있는 국민 드라마.

2 | 현지 오리엔테이션

여행 기초 정보

국가 번호	47
통화	노르웨이 크로네(NOK, 1NOK≒125원)
비자	무비자로 90일간 체류 가능 (쉥겐 조약 가맹국. 단 스발바르 제도는 본토와 달리 쉥겐 조약이 적용되지 않는다)
시차	한국보다 11~3월은 8시간, 4~10월은 7시간 느리다.
전기	220v, 50Hz(한국과 같은 콘센트 모양)

추천 웹 사이트

노르웨이 관광청 www.visitnorway.com

예산 짜기

세계 최고의 물가로 악명이 높은 곳이다. 그 비싸다고 소문난 영국 물가의 2배 이상이고, 한국 물가의 4배까지 높다. 그래서 여행 비용도 다른 유럽 국가의 최소 2배는 예상해야 한다. 비싼 물가에 처음엔 발길이 떨어지지 않을 수도 있지만, 나름의 계획으로 알차게 보낼 수 있다.

국내에서 환전이 어려우니 카드를 주로 사용하고, 비상금으로 1일분 금액만 현지에서 인출하자. 특히 피요르드, 북극권 지역으로의 일정 시 현금이 필요할 수 있다. 각 도시별 카드와 국제학생증, 유스호스텔증을 적극 활용하고, 슈퍼마켓을 200% 이용해 직접 요리해 먹자. 현지인들도 '직접 해 먹으라'고 이구동성으로 권할 정도이다. 호스텔이나 캐빈 등을 이용할 경우 시트도 미리 준비하면 비용을 절약할 수 있다.

하루 예산은 숙박비를 제외하고 최소 10만 원 이상 필요하며, 특히 한 끼라도 제대로 먹을 경우 점심은 2~5만 원, 저녁은 1인당 5~10만 원, 많게는 40만 원까지 예상해야 한다.

영업시간

관공서 월~금 09:00~16:30

은행 월~금 09:00~15:30

우체국 월~금 10:00~17:00, 토 10:00~13:00

상점 월~금 09:00~19:00, 토 09:00~18:00,
일(일부) 12:00~17:00

긴급 연락처

경찰 112
화재 110
응급번호 113(긴급 의료 기관 9225 4433)
한국 대사관

Address Inkognitogaten 3, 0244 Oslo
Tel 2254 7090
Open 08:45~16:15
Close 토 · 일요일, 공휴일, 한국의 삼일절, 광복절, 개천절
Access 왕궁 뒤쪽의 약 100m 떨어진 곳에 있다. 시내 공식 안내도 참조.
Email kornor@mofat.go.kr

현지 교통 따라잡기

지형상 교통 연결이 어려운 부분이 많고, 시기별, 지역별로 교통편이 들쑥날쑥한 편이다. 특히 피요르드, 북극권 지역은 철도 진입 자체가 불가능하여 페리, 버스, 항공편 등의 교통수단을 함께 섞어서 이용해야 한다. 여행 시기별로 교통 시간표가 달라지는 경우가 많으니 반드시 사전에 이동 방법과 시간표를 확인하자. 교통비 예산도 반드시 따로 잡을 것.

항공

오슬로 가데모엔 공항을 중심으로 메인 항공사인 SAS와 계열 국내선 항공사 비데뢰, 지역 대표 저가 항공 노르웨지안의 정기편을 이용할 수 있다.

한국-노르웨이 운행 항공사 : 핀에어, SAS, 에어프랑스, 루프트한자, KLM, 영국항공(브리티시에어웨이), 터키항공, 체코항공, 카타르에어웨이, 러시아항공(아에로플로트), 타이항공, 에미레이트

노르웨이-유럽 지역 저가 항공사 : 노르웨지안, 라이언에어, 이지젯(계절 한정), 위즈에어, 부엘링

기차

기차 서비스는 NSB에서 운영하며, 2021년부터 북부행 일부 노선은 스웨덴 철도행 소속으로 분산 운영 중이다. 주요 도시와 오슬로 근교를 중심으로 정기 노선을, 일부 산악 지대로 관광 노선(플롬 라인, 라우마바넨)을 운영한다. 하지만 지형상 문제로 지역 연결 편의 수가 적어 대도시로의 이동이나 피요르드 거점으로 이동 시에만 주로 이용된다. 오슬로 중심의 대도시, 뮈르달 · 온달스네스 등의 피요르드 거점 지역, 북극권 지역으로의 이동 시 이용하려면 주간이든 야간이든 모두 예약 필수!

Web www.vy.no
트론헤임, 뢰로스, 보되 행 야간 예약 www.sj.no(노르웨이어)

Tina's Plus

노르웨이 기차 이용 시 알아 둘 것

❶ 기차 서비스 이용 팁

1. 어린이 동반 시 반드시 NB Familie 칸으로 예약하자. 놀이방과 유모차 칸이 있다.
2. 1등석 철도 패스 소지 시 콤포르트Komfort까지 전 좌석 예약비가 무료!
3. 1등석 콤포르트Komport는 2등석 철도 패스, 저가 요금으로도 예약 가능하며, 예약비는 130NOK다.
4. 토요일 밤에는 야간열차가 운행하지 않으니 일정을 짤 때 주의하자(보되-트론헤임 간 노선 제외).
5. 부득이하게 열차 안에서 티켓을 구입할 경우 1인당 40NOK가 추가 부과된다.
6. 야간열차는 좌석과 2인실 침대차 소베Sove, 6인실 침대차 Hvile가 있다. 현재 오슬로-베르겐 구간은 2인실과 6인실 모두, 오슬로-트론헤임-보되/스타방게르 노선에서는 2인실만 운영 중이다. 철도 패스나 저가 요금 예약 시 2인실은 2인이 함께 예약해야 비용 절감이 가능한 점 알아 두자.
7. 베르겐-보스 간 등의 단거리 노선은 현지 구매만 가능하다.
8. 동물을 싫어하거나 알레르기가 있다면 예약 시 반드시 'Animal Free'로 요청하자. 개 그림이 그려진 칸에 가지 않는 것도 요령이다.
9. 선로 공사나 홍수 같은 천재지변 등으로 중간에 노선이 버스로 대체될 수 있다. 이때 반드시 직원의 안내를 따라 움직일 것.

❷ 초저가 요금 라브프리스 Lavpris

VY에서 운영하는 초저가 열차 티켓. 최소 249NOK부터 시작해 한정된 수량이 다 팔리면 가격이 279, 349, 369, 409NOK순으로 올라간다. 출발일 60일 전부터 VY 홈페이지, VY 애플리케이션, 역내 자동판매기에서 구입할 수 있다. 일정이 짧거나 할인 혜택이 없을 때, 부득이하게 구간권을 구해야 할 경우 유용하다. 단 일정 변경과 환불이 어려우니 일정을 확정하고 나서 신중하게 구입하자. 티켓 구입 후에는 반드시 역 안의 자동 발권기에서 발권 후 탑승하거나, PDF 파일로 오는 티켓을 미리 출력해서 제시해야 한다. 해외 결제 가능한 신용카드와 페이팔로만 결제가 가능하다.

유레일 노르웨이 패스(단위 : €)

개시 후 1개월 이내에 사용 날짜를 지정해서 사용할 수 있다. 남부부터 북극권까지 이동이 많을 경우에 유리하다. 2등석만 구입 가능.

기간	일반(26세 이상)	유스(12~25세)
	2등석	
3일	193	167
4일	223	194
5일	250	217
6일	274	238
8일	318	275

Tip

오슬로-베르겐(뮈르달) 노선 한정 서비스

낮 시간 일부 노선에만 일반 좌석과 함께 기존의 콤포르트에서 업그레이드된 플뤼스Pluss석과, 최대 6인까지 수용 가능한 개별실 쿠페Kupe석까지 선택이 가능하도록 세분화되었다. 특히 쿠페석은 4인 이상 일행이나 가족 여행 시 추천하며 1실을 통째로 예약해야 한다. 밤 이동 시 2인실 침대차 Sove는 1인당 599NOK, 6인실 침대차 Hvile은 실당 1,299NOK부터 예약 가능하다.

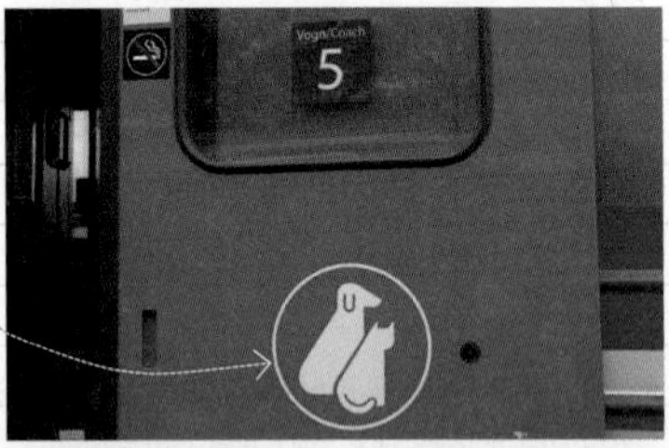

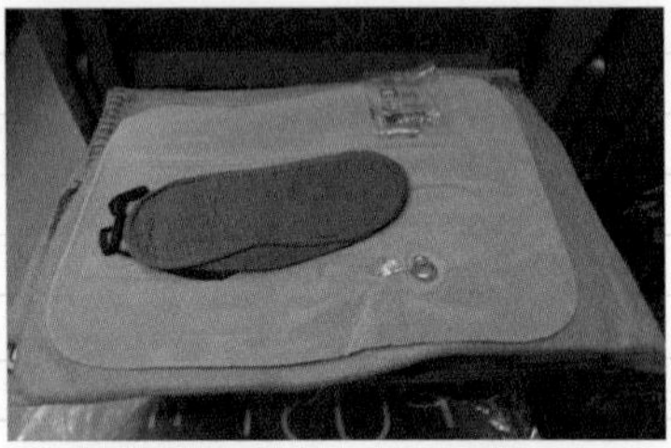

버스

노르웨이 부스엑스프레스Norway Bussekspress, 넷부스Nettbuss, 베올리아Veolia 등에서 주요 도시와 지방으로 가는 버스 노선을 운영한다. 철도 패스가 없거나, 기차 노선이 없는 피요르드 및 북극권 지역 이동 시 유용하다. 사전에 시간표와 운영 일정을 미리 체크할 것.

Web 노르웨이 부스엑스프레스 www.nor-way.no
넷부스 www.vy.no
베올리아 www.boreal.no

Tina's Plus

버스 이용 팁

1. 요금은 탑승 시 지불한다. 현금 결제도 가능하지만, 카드나 지역 교통 애플리케이션을 이용하는 것이 편하다.
2. 각 지역 버스는 학생 할인(25%), 67세 이상 노인 할인(50%) 요금으로 이용이 가능하며, 5~15세(지역에 따라 17세)까지는 성인 요금의 50%가 적용된다. 탑승 시 국제학생증, 여권을 제시하자.
3. 티켓은 현지에서 구입해도 무방하며, 예약 불가능한 일부 관광 노선은 무조건 빨리 가서 줄을 서는 것이 상책이다.
4. 피요르드, 북극권 지역 버스들은 중간에 버스 자체가 배에 실려 바다를 건너기도 한다. 배에 탑승하면 잠깐 내려도 괜찮다.
5. 장거리 이동 시 공통 구간에서는 같이 움직이며, 중간에 분기되는 지점에서 하차해 각 지역으로 가는 버스로 갈아타야 한다. 티켓은 처음 탑승할 때 최종 목적지까지 가는 걸로 한꺼번에 끊을 수 있으며, 기사가 영어로도 방송해 주니 반드시 정신을 집중하자.
6. 토요일 오후~일요일 오전에는 거의 모든 노선이 운행하지 않는다. 특히 토요일은 운행 일정이 거의 없으니 이동을 피할 것.

페리

노르웨이 내에서는 서부 피요르드 지역, 로포텐 제도 등의 북부 섬 지역으로 이동할 때 주로 이용된다. 일부 노선은 5~9월에만 운영되고, 여름 외 기간에는 운행 간격이 달라진다. 사전에 운행 날짜와 시간, 일정을 반드시 확인하고 이용하자.

국제선 노선은 오슬로, 베르겐, 스타방게르, 크리스티안산에서 이용 가능하며 5~20시간의 장거리 노선이 많다. 일부 노선은 철도 패스 소지 시 30%까지 할인 혜택을 받을 수 있다.

여행 기간이 길고 금전적 여유가 있다면, 신혼여행 등으로 낭만적인 무언가를 원한다면 '세계에서 가장 아름다운 크루즈'로 명성이 높은 연안 여객선 후티루텐Hurtigruten을 추천한다.

매일 저녁에 베르겐을 출발해 올레순, 게이랑에르피요르드(6~8월 북행), 트론헤임, 보되, 로포텐 제도, 트롬쇠, 호닝스보그를 거쳐 키르케네스까지 이동하는 노선이다. 승선비와 캐빈 이용료가 비싸지만, 아름다운 노르웨이 해 연안을 확실히 눈에 담을 수 있어 늘 인기가 높다. 구간별로 티켓을 구입해 탑승할 수도 있으며, 일부 구간에서 미니 크루즈라는 이름으로 식사와 숙박을 묶은 패키지 상품 역시 유용하게 즐길 수 있다. 학생 할인도 가능.

Web www.hurtigruten.com

세계에서 가장 아름다운 크루즈, 후티루텐!

전화 · 인터넷 · 우편

전화

전화 서비스는 텔레노르Telenor에서 운영하며, 공공장소에서 가끔 빨간 공중전화를 볼 수 있다. 동전과 신용카드 모두 사용 가능하다.

전화 거는 요령

❶ 국제전화(노르웨이→한국, 기타 유럽 국가)

00+국가 번호(한국 82)+지역 번호 또는 휴대전화 기지국 번호 앞의 0을 제외한 전화번호 입력.

예) 일반 전화 통화 시(02 123 4567) : 0082+2 123 4567

휴대전화 통화 시(010 123 4567) : 0082+10 123 4567

❷ 콜렉트 콜(수신자 부담)

KT : 800 1 9982를 입력 후 안내 멘트를 듣고 한국 전화번호 입력.

❸ 노르웨이 내 전화

국내 전화 시 전화번호만 입력한다. 별도의 지역 번호는 없다.

우편

중앙역을 비롯한 시내 중심가, 대형 슈퍼마켓에 붙은 '포스텐Posten' 표시를 눈여겨보자. 우편물을 취급하는 곳이다. 슈퍼마켓 안에 위치한 우체국도 이용에 편리하다. 국제우편은 빨간 우체통을 이용할 것. 우체국 외에도 각 관광지 기념품점이나 주요 숍에서 엽서 구입 시 우표 구입 여부를 물어보기도 하니 엽서만 보낼 경우 함께 구입하는 것도 좋은 방법이다.

Cost 한국으로의 우편엽서 요금 28NOK

Web www.posten.no

인터넷

전 유럽에서 무선 인터넷 인프라가 좋은 편이다. 각 기차역, 지역 간 연결 버스, 대부분의 카페와 숙박 시설, 미술관이나 박물관 등에서 무료로 무선 인터넷 이용이 가능하다. 단 비밀번호가 걸려 있거나, 해당 홈페이지에 가입 후 사용해야 하는 곳이 많으니 사용 전에 반드시 확인하자.

데이터 이용이 많을 경우 텔리아Telia 숍이나 편의점에서 마이콜Mycall 심 카드를 구입해 따로 사용하는 것도 좋은 방법이지만, 구입 후 등록 절차 처리가 필요해, 주말에 구입 시 다소 불편할 수 있다. 빠른 처리를 원한다면 오슬로 시내의 마이콜 숍(Brugata 1)을 평일에 직접 방문할 것.

치안 및 기타 주의사항

1 다른 유럽 국가들보다 치안 상태가 좋은 편이지만, 최근 범죄가 크게 늘었다. 오슬로 중앙역을 비롯한 사람들이 많이 모이는 곳에서는 어김없이 소매치기가 잡히는 모습을 자주 볼 수 있다. 가방 등을 몸에서 떼지 말고, 본인 짐 관리에 반드시 주의를 기울이자. 서부 유럽에서 볼 수 있는 전형적인 소매치기 유형(옷이나 머리에 오물을 묻힌 후 닦아 주는 사이 가방을 가져가는 경우, 사인해 달라는 식으로 종이를 내미는 사이에 전화기를 가져가는 경우 등)이 눈에 띄고 있다.

2 노르웨이의 슈퍼마켓에서는 평일에는 저녁 8시, 토요일에는 저녁 6시까지만 맥주를 살 수 있다. 와인과 보드카 등은 국영 술 판매장인 빈모노폴렛Vinmonopolet에서만 평일에 한해 구입 가능하며, 편의점에서는 아예 술을 팔지 않으니 이 점 알아 두자.

3 팁은 대부분 영수증에 포함되지만, 대도시 식당의 경우 5~10%의 팁을 계산 시 직접 추가해서 계산하기도 한다. 곳마다 조금씩 다르니 미리 물어보자.

4 일요일에는 거의 모든 가게가, 월요일에는 대부분의 박물관, 미술관이 문을 닫는다.

5 운전 시 피요르드와 산악 지역은 언덕과 커브가 많아 시속 50km도 내지 못할 수 있다. 게다가 속도위반 딱지가 60만 원! 반드시 제한속도를 지켜서 운전하자. 트롤스티겐, 송네펠옛 등의 일부 관광 도로는 개방 기간이 제한되어 있다. 사전에 노르웨이 도로교통부 홈페이지(www.vegvesen.no)와 NRK 교통 안내(trafikk.nrk.no)에서 확인하는 건 필수.

6 항공을 비롯한 대중교통 노선은 주말 오전에 운행 횟수가 적거나, 없는 경우가 많다. 특히 토요일에 피요르드, 북극권 지역으로의 이동을 피하자.

7 북유럽에서도 수돗물이 가장 깨끗해 그냥 마셔도 되지만, 민감한 사람은 끓여 마시자.

국제우편은 빨간 우체통을 이용할 것:)

슈퍼마켓 내 우편 취급소

엔터테인먼트

음식

노르웨이 음식의 큰 특징은 다양한 생선 요리이다. 훈제, 염장 등으로 맛을 낸 연어, 새우, 청어, 대구, 고등어 종류를 쉽게 접할 수 있어 생선을 좋아한다면 쾌재를 부르고도 남을 것이다. **피스케카커**Fiskekaker, **피스케푸딩**Fiskepudding이라고 불리는 어묵은 노르웨이에서만 먹을 수 있다. **생선 통조림과 스프레드**, **말린 대구포** 등은 한국인의 입맛에도 잘 맞아 여행 중에 즐기기에 아주 좋다. 슈퍼마켓에서도 생선류의 가격이 육류보다 저렴한 편.

염소젖으로 만든 갈색 치즈 **브루노스트**Brunost, 다양한 맛의 치즈와 대구알을 튜브에 담은 **카블리**Kavli사의 **튜브 스프레드 종류**, **미스터리 라면**, **프레이야**Freia **초콜릿**은 모두 노르웨이에서만 맛볼 수 있다.

전국구 맥주 브랜드 **링네스**Ringnes, 서부 지역 대표이자 제2의 브랜드 **한자**Hansa, 북극권 지역 대표 **마크**Mack는 노르웨이의 'Big 3' 맥주이다. 감자로 만든 술 애쿼비트Aquavit의 대표 브랜드 **리니에**Linie 역시 노르웨이에서만 맛볼 수 있다.

또한, 세계 최고의 커피 소비 국가답게, 대도시를 중심으로 수준급의 카페가 많고 커피 수준도 높다. **스톡프릿**Stockfleth, **솔베르 & 한센**Solberg & Hansen 등의 전통 있는 커피 · 차 전문점과, **팀 웬들보**(p.283 참조) 같은 스타 바리스타는 노르웨이를 대표하는 커피의 아이콘이다.

쇼핑

바이킹 관련 소품, **트롤 인형**, 전통 문양의 **스웨터와 니트** 소품, 연어를 비롯한 **생선 가공 제품**, **갈색 치즈**, **프레이야 초콜릿**, 유명 커피점의 **원두**, **오메가3** 영양제는 늘 인기 많은 아이템이다.

세금 환급은 한 숍에서 315NOK(식품은 285NOK) 이상 구입 시 전체 가격의 약 12~19%를 받을 수 있으며, 가게 앞에 'Tax Refund'가 붙어 있는 숍에서만 가능하다. 노르웨이는 EU 가입 국가가 아니기 때문에, 다른 국가로 이동하기 전에 반드시 환급을 해결해야 한다. 단 버스나 기차로 노르웨이를 떠나 덴마크, 스웨덴, 핀란드에서 귀국 시 마지막 국가에서 일괄 처리할 수 있다.

각 도시별 공항 내 세금 환급 장소

❶ **오슬로 가데모엔** : 2번 체크인 카운터 옆, 면세 구역 내 D1 게이트 근처(글로벌 블루) 공항 내 서비스 센터(플래닛 및 기타)
❷ **토프-산데피오르드** : 구내 서비스 카운터
❸ **스타방게르** : 구내 Aviator 서비스 카운터
❹ **베르겐** : 출발층 구내 Northland 카운터, 면세 구역 내 ARK 서점
❺ **보되, 올레순** : Travel Value 숍 구내(비행기 시간에 맞춰 운영)
❻ **트론헤임** : 세븐일레븐 편의점
❼ **트롬쇠** : C터미널 내 서비스 카운터(글로벌 블루) 면세 구역 내 Tromso Souvenir(플래닛 및 기타)

이 외 환급 장소

각국 국경 지점(카라쇼크, 할덴, 키르케네스 등), 오슬로 · 베르겐 시내 Norsund(플래닛), 카라쇼크 마을 내 사미 파크 안내 데스크, 페리 내 안내 데스크

스포츠

스키와 스케이트는 전 국민의 스포츠로, 겨울이 되면 스포츠 스폿마다 장사진을 이룬다. 매년 3월에는 오슬로 외곽의 홀맨콜렌에서 스키 점프 대회가 열린다. 1994년에는 릴레함메르 동계 올림픽도 성공적으로 개최했다. 특히 스키 점프와 크로스컨트리 스키, 바이애슬론, 스피드 스케이팅 장거리 종목은 동계 올림픽을 비롯한 여러 국제 대회에서 늘 좋은 성적을 내고 있고 유명한 선수도 많다. 또한 2022년 베이징 동계 올림픽에서는 종합 우승을 차지하기도 했다.

여름에는 피요르드 지역을 중심으로 하이킹, 래프팅, 카야킹 등의 다양한 야외 활동을 즐길 수 있어 역시 전 세계 아웃도어 마니아들의 발길이 이어진다. 드라마틱한 자연을 즐기기에 최상의 방법이다.

축구 역시 봄~가을의 인기 스포츠로, 국민들의 자국 리그 사랑은 대단하다. 현재 노르웨이에는 총 15개의 축구팀이 있으며, 트론헤임 연고의 로젠보르 팀은 매년 챔피언스 리그에 진출하는 명문이다. 여성 팀 역시 올림픽과 월드컵에서 남자 팀 못지 않은 맹활약 중.

노르웨이인들의
아침에는
우리가 있다!

오슬로
Oslo

1048년 창도 이래 1299년에 정식으로 노르웨이의 수도가 되었고, 17세기에 대화재를 거치면서 북유럽에서 가장 오래된 수도 '크리스티아니아'로 자리 잡아 발전을 거듭하였다(1624년부터 1925년까지 오슬로를 크리스티아니아라고 불렀다). 1905년 스웨덴과의 동맹 해제 이후 1925년에 다시 옛 이름 '오슬로'를 되찾아 지금까지 지속적으로 발전하고 있다. 유럽 전체에서 가장 비싼 물가가 여행자들의 발목을 잡기도 하지만, 뭉크와 비겔란으로 대표되는 독특한 예술 세계, 바이킹과 극지방 탐험으로 나타나는 도전의 역사, 녹지로 가득한 정갈하고 아름다운 시내의 모습은 오슬로를 결코 놓칠 수 없게 한다.

여행하는 방법

유용한 홈페이지

노르웨이 관광청 www.visitnorway.com
오슬로 관광 공식 안내 www.visitoslo.com

관광 안내소

오슬로 비지터 센터 Oslo Visitor Center

오슬로의 중앙 관광 안내소로 중앙역 옆, 옛 동부역 건물 1층에 있다. 오슬로뿐만 아니라 노르웨이 전역의 여행 정보를 얻기에 좋으며, 송네피요르드 패키지 티켓도 이곳에서 한꺼번에 구입 가능하다. 그 외에도 가데모엔 공항 도착 층(24시간), 크루즈 터미널(Søndre Akershuskai, 0150 Oslo)에 지소가 있다.

Address Jernbanetorget 1
Tel 23 106 200
Open **5~6 · 9월** 09:00~18:00, **7 · 8월** 월~토 08:00~19:00, 일 09:00~18:00, **10~4월** 월~토 09:00~16:00, 일 10:00~16:00
Close 부활절 당일과 다음 날, 12/25~26, 12/31~1/1
Wifi 가능
Email info@visitoslo.com

웅인포 Unginfo

13~27세를 위해 저렴한 여행과 유학, 취업에 필요한 각종 정보를 얻을 수 있는 사설 안내소. 인터넷 30분 무료 사용 및 출력 서비스를 지원한다.

Address Møllergata 3
Tel 24 149 820
Open **8월** 월~금 10:00~17:00, 토 12:00~17:00
1~7월 · 9~12월 월~금 12:00~17:00(목 ~19:00)
Close 토 · 일요일
Web www.use-it.no

교통 안내소 Ruters Kundesenter

오슬로 시내 종합 교통 안내소. 중앙역 아래에 위치해 있어 도착 후 시내 교통에 대한 정보를 얻기에 좋다. 각종 교통권과 오슬로 패스도 구입 가능. 이 밖에도 마요르스투엔, 중앙역(지하철역), 국립극장 Nationaltheatret 지하철역 구내에 지점이 있다.

Address Jernbanetorget 1
Tel 24 149 820
Open 월~금 07:00~20:00, 토 09:00~18:00, 일 10:00~16:00
Web www.ruter.no

유용한 정보지

오슬로 가이드 Oslo Guide

관광청에서 발간하는 오슬로 공식 안내지.

왓츠 온 오슬로 What's on Oslo

매달 발행되는 안내지로 해당 달의 이벤트를 비롯한 정보가 다양하다.

유스 잇 Use-IT

웅인포Unginfo 안내소와 호스텔에서 배부하는 무료 정보지로, 특히 학생과 배낭여행자를 위한 절약 여행 팁이 많다.

환전소

환전 수수료가 비싸므로 한국에서 현금으로 미리 환전하는 것이 가장 좋다. Forex는 가장 낮은 비율의 수수료를 부과하며, 특히 큰 단위 환전 시 유용하다. 각각 중앙역 1층과 지하, 시청 앞에 지점이 있다.

중앙역 1층 지점

Open 월~금 08:00~20:00, 토 09:00~17:00
Close 일요일

우체국

시청사 뒤편 Vika 지점

Address Klingenberggata 7B
Open 월~금 07:30~18:00, 토 10:00~15:00

경찰서

중앙 경찰서 Politihus

버스 터미널 앞에서 37번 버스를 탄 뒤 Politihuset 정류장 하차하면 있다. 중앙역 뒤편에도 지소가 있다.

Address Hammersborggaten 12
Tel 02800
Open 폴리스 리포트 접수 08:30~14:30

슈퍼마켓

중앙역 구내를 비롯한 시내 곳곳에 할인 슈퍼마켓이 다양하게 있다. Storgata, Grønland 등의 이민자 중심 지역에서는 아시안 마켓도 간간이 찾을 수 있다. 일요일에는 영업하지 않음.

쿱 Coop : 안케르 호스텔Anker Hostel 근처, 중앙역 구내, 아케르 브뤼헤 쇼핑몰 내.
요커 Joker : 중앙역 구내(일요일 영업).
키위 KIWI : Brugata 트램 정류장 앞, 중앙역 옆 뷔포르텐 쇼핑몰 내, 프롱네르 지구, 그뤼네뢰카 지구(국립도서관 옆).
메니 MENY : 중앙역 건너편 오슬로 시티 쇼핑몰 내. 국립미술관 뒤편.

인터넷

중앙역을 비롯한 미술관과 박물관, 일부 레스토랑과 체인 카페 등에서 무선 인터넷을 무료로 이용할 수 있다.

당일 짐 보관

중앙역 지하와 버스 터미널, 페리 터미널 내 코인 로커(소 50NOK, 중 60NOK, 대 80NOK).

가는 방법

기차와 페리, 항공편을 통해 진입할 수 있지만, 다른 유럽 국가들과의 연결 편이 많지 않다. 특히 항공 이용 시 어느 공항에 도착하는지를 반드시 확인하고 이동하자.

항공

오슬로에는 가데모엔Gardermoen과 토프-산데피요르드Torp-Sandefjord 공항이 있으며, 대부분의 국제선은 가데모엔 공항에서 발착한다. 한국에서는 일부 유럽 및 중동계 항공사의 경유 노선을 통해서 입국할 수 있다.

가데모엔 공항 Gardermoen Lufthavn

오슬로 시내에서 북쪽으로 약 50km 떨어진 곳에 위치한 노르웨이 최대의 공항. 대부분의 국제선 노선이 취항하고 있다. 다른 수도급 도시에 비해 공항 크기가 작고 면세에서의 쇼핑 메리트도 적은 편.
취항 항공사가 늘면서 계속해서 증축 공사를 진행하고 있다. 이용 시 국내선과 국제선 통로가 구분되어 있는 점 주의.

Web www.osl.no

가데모엔 공항→시내

❶ **쾌속 철도 플뤼토겟** Flytoget

오슬로 중앙역, 시내 중심가의 국립극장까지 가장 편하고 빠르게 연결된다. 공항 기차역에서 오렌지색 자동판매기를 이용해 발권하자. 철도 패스 이용이 불가능한 것이 단점.

운행 **공항→중앙역** 05:30~00:50
중앙역→공항 04:40~24:00
(10~20분 간격)
Time 중앙역 20분, 국립극장Nasjonalteatret까지 약 25분 소요.
Cost 성인 230NOK(15세까지 어린이 1인 동반 무료), 16~30세 학생 · 67세 이상 노인 115NOK
Web www.flytoget.no

❷ **일반 철도 로칼톡** Lokaltog

가장 많이 이용되는 철도로, 철도 패스 이용 및 일부 지방으로의 연결도 가능하다. 공항 기차역에서 빨간색 자동판매기를 이용해 티켓을 구입할 수 있으며, 발권 후 2시간 안에 사용해야 한다. 시내-공항 이동 시 오슬로 패스나, 교통 24시간권에 시간이 남아 있다면 역내 자동판매기에서 104NOK의 구간 연장 요금을 내고 구입 가능하다.
트론헤임 발착 노선(온달스네스, 릴레함메르행 등) 이용 시 공항 역에서 승하차가 가능하다.

운행 **공항→시내** 05:10~23:40
시내→공항 04:50~23:50
Open **공항 창구** 월~금 07:30~22:05, 토 10:30~16:30, 일 10:00~22:05
Time 약 30분 소요.
Cost 성인 118NOK, 학생 90NOK

❸ **공항버스 플뤼부센** Flybussen

총 7개 노선이 공항과 오슬로 시내 및 근교를 연결하며, 오슬로 시내로는 5개의 노선이 있다. FB1번은 시내 북서부 마요르스투엔과 하랄드쉐임 유스호스텔, FB3A와 B번은 하랄드쉐임 유스호스텔과 북부 뉘달렌 지역, FB5A와 B번은 버스 터미널과 라디손 블루 스칸디나비아 호텔로 이동 시 유용하다. 학생증 할인을 ISIC만 가능.

숙소의 위치를 확인하고 맞는 노선을 선택해 이용하자. 티켓은 11번 승차장의 자동판매기나 탑승 시 기사에게 구입하며, 자동판매기, 홈페이지에서 미리 구입 시 더 저렴하다. 18세 이하 어린이 동반 시 성인 1인당 최대 4인까지 무료 탑승 가능.

운행 **FB1 공항→시내** 05:20~23:15 **시내→공항** 03:00~20:30(1시간에 1대 운행)
FB3 공항→시내 05:30~00:30(1시간 간격)
FB5 공항→시내 04:45~01:45(30분~1시간 간격) **시내→공항** 03:00~21:00(1시간 간격)
하랄드쉐임 유스호스텔→공항 03:20~22:10(1시간 간격)

Time 버스 터미널과 하랄드쉐임 유스호스텔까지 45분, 마요르스투엔까지 1시간 5분 소요.

Cost **FB1~5 공통** 성인 229NOK, 학생 139NOK(홈페이지 구입 기준, 당일 구입 시 성인 260NOK, 18~30세 · 학생 160NOK)

Web www.flybussen.no

토프–산데피요르드 공항 Torp-Sandefjord Lufthavn

오슬로 시내에서 남쪽으로 약 120km 떨어진 곳에 위치한 제2의 공항. 비데뢰와 노르웨지안의 일부 노선, KLM이 1일 2회, 그 밖에 위즈에어, 라이언에어 등의 저가 항공 노선이 주로 발착하고 있다.

공항–시내 간의 거리와 수속 시간을 고려해 시간을 넉넉히 잡고 이동하는 것을 권한다.

Web www.torp.no

토프–산데피요르드 공항→시내

❶ **토프 익스프레스 버스** Torp Express

공항에서 시내로 가는 유일한 직통 대중교통 수단. 공항에서는 비행기 도착 직후, 시내버스 터미널에서는 비행기 발착 시간에 맞춰 운행한다. 티켓은 기사와 홈페이지로부터 직접 구입할 수 있다.

Time 시내버스 터미널까지 약 1시간 50분 소요.

Cost 성인 340NOK, 학생 260NOK, 4~16세 159NOK

Web www.torpekspressen.no

❷ **일반 철도 로칼톡** Lokaltog

개시한 철도 패스가 있을 경우 유용하다. 기차 발착 시간에 맞춰 토프역으로 가는 셔틀버스가 출발하니 시간 맞춰서 탑승할 것. 티켓은 구내 편의점 나르베센이나 역내 자동판매기, VY 애플리케이션에서 구입할 수 있다. 공항에서 시내로 이동 시에는 릴레함메르Lillehammer행, 시내에서 공항으로 이동 시에는 라르빅Larvik행 기차를 이용해야 한다. 예약 시 셔틀버스와 기차표를 같이 구입할 것.

운행 **토프 역→오슬로 중앙역** 월~금 04:50~22:40, 토 · 일 07:50~22:50
오슬로 중앙역→토프 역 월~금 05:30~22:30(시간당 1대 운행), 토 · 일 06:40~21:35
공항–토프 역 셔틀버스 운영 시간 월~금 04:40~21:30, 토

08:15~23:15, 일 09:15~23:15(이외 시간 출도착 시 버스를 이용하자. 역 이동 시 택시 예약도 가능)

Time 공항–토프 역 간 약 5분, 토프 역–오슬로 중앙역 간 약 1시간 30분 소요.

Cost 기차 364NOK, 셔틀버스 포함 55NOK
※ 라브프리스 구입 가능.

기차

오슬로 중앙역을 중심으로 국내외를 연결하는 기차들이 발착한다. 오슬로 중앙역에는 지하철역, 교통 안내소, 슈퍼마켓(Coop, Joker), 환전소, 드럭 스토어 2곳, 코인 로커 등의 편의 시설과 쇼핑몰 뷔포르텐Byporten까지 있어서 여행자들이 편리하게 이용할 수 있다.

대인 창구는 단 4곳뿐이지만 운영 시간이 길어서 이용에 편리하다. 되도록 평일 아침 일찍이나 저녁 6시 이후 예약하는 것을 권하며, 특히 철도 패스를 개시하려면 아침 시간을 이용하자. 총 20개의 플랫폼은 앞뒤로 10개씩 배치되어 있다. 특히 10번대 이후 플랫폼과 공항행 특급 기차 플랫폼으로 이동 시 소요 시간을 조금 더 예상할 것.

중앙역 내 티켓 판매소

Open 월~금 07:30~20:00, 토 · 일 07:45~18:00, 10:00~18:00
※ 철도 패스 이용 시 1시간 일찍 마감.

버스

노르웨이 부스엑스프레스와 넷부스를 비롯한 지역 버스, 스웨버스 장거리 및 야간 노선 모두 오슬로 갈레리안 버스 스테이션Gallerian Oslo Bus Station에서 발착한다. 티켓은 홈페이지, VY 애플리케이션, 구내 자동판매기에서 구입 가능하다. 중앙역과 연결된 통로를 이용해 시내로 나올 수 있다.

버스 터미널 창구

Open 월~금 07:00~23:00, 토 · 일 08:00~22:00

페리

덴마크 코펜하겐, 프레데릭스하운Frederikshavn, 독일 북부 킬Kiel에서 장거리 페리를 이용해 노르웨이로 들어올 수 있다. 이 중 킬 출발편은 시내에서 1km 떨어진 칼라 라인 터미널, 코펜하겐과 프레데릭스하운 출발편은 중앙역 남서부에 위치한 페리 터미널에 도착한다. 칼라 라인 터미널에서 시내까지는 버스 33번, DFDS / 스테나 라인 페리 터미널에서는 버스 60번을 이용하여 시내로 진입할 수 있다.

시내 교통

오슬로 시내는 중심가 대부분에 볼거리들이 몰려 있어 도보로도 충분히 이동이 가능하다. 조금 떨어져 있는 비그되이 지구, 뭉크 미술관, 비겔란 공원 등으로 이동 시 버스나 트램 Trikk, 지하철 T-bane, 페리를 이용해 이동하면 된다.

시내에서는 **트램**이 가장 편한 교통수단으로, 총 6개 노선이 시내 구석구석을 연결하고 있다. 특히 12번 트램은 비겔란 공원-프롱네르 지구-오슬로 시청사-노벨 평화 센터-중앙역-안케르 호스텔-그뤼네뢰카 지구를 연결하는 '관광 노선'으로 편리하게 이용 가능하다. 이용 전 교통 안내소에서 트램 지도를 받아 노선을 익혀 두자. 타고 내릴 때 버튼을 반드시 눌러야 한다. 여름 시즌에는 공사로 노선이 바뀔 수 있다. **버스**는 4~9월 전후에 비그되이 지구로 갈 때(30번), 주로 이용하며, 앞문으로 승차하고 뒷문으로 하차한다. **지하철**은 홀멘콜렌 스키 박물관 이동 시에 주로 이용하기 때문에 이용 빈도가 가장 낮은 편이다. 비그되이 지구행 90번, 91번 **페리**는 시청 뒤편의 3번 페리 승선장에서 탑승할 수 있으며, 3월 말~10월 중순(2024년 3/22~10/6)에만 운행하고 따로 티켓을 사야 한다.

시내에서 **택시**는 택시 정류장에서만 탈 수 있으며 가장 비싼 교통수단이다. 기본요금이 75NOK부터 시작하며, 1km마다 15.53NOK씩 추가된다. 급할 때에만 여러 명이 함께 이용할 것.

운행 월~금 05:30~01:00, 토 · 일 06:00~01:00
Web 오슬로 교통국 www.ruter.no
비그되이 지구행 페리 www.nyc.no

대중교통 요금

1회권 Enkel : 19세 이상 42NOK(기사에게 살 경우 62NOK), 4~18세 · 67세 이상 노인 21NOK(1시간 동안 버스, 지하철, 트램 자유 환승 가능)

24시간권 Dagskort : 127NOK(시내 교통수단 자유 이용 가능)

비그되이 지구행 페리 : 승선장 내 티켓 부스 구입 시 편도 67NOK, 왕복 104NOK, 배 안에서 구입 시 편도 77NOK

※ 2일 이상 일정을 계획했다면 시내 교통 안내소나 나르베센 편의점에서 # Reisekort 교통카드를 함께 구입해 충전 후 사용하는 것도 좋은 방법이다. 카드 자체는 50NOK.

자전거 City bike

깨끗하고 편리한 시내 교통수단이다. 애플리케이션을 이용해 신용카드를 등록한 후, 가장 가까운 시내 자전거 보관소를 찾아 잠금을 풀어 자전거를 사용하거나 반납한다. 시내 곳곳에 자전거 보관소가 있어 이용에 편리하다. 4~11월(05:00~01:00)에만 이용 가능.

Time 06:00~24:00
Cost 데이 패스 59NOK, 1시간 25NOK
Web www.oslobysykkel.no

티켓 구입과 사용 방법

Ruter 애플리케이션이나 시내 교통 안내소와 나르베센Narvesen, 믹스MIX, 세븐일레븐, 델리 데 루카Deli de Luca 등의 편의점에서 구입할 수 있다. 지하철이나 트램 탑승 시 일부 정류장에 있는 자동판매기 역시 유용하다. 처음 사용 시 반드시 차내 센서에 카드를 접촉시켜야 사용할 수 있다.

오슬로 패스 Oslo Pass

시내 대부분의 박물관과 미술관, 버스, 트램, 지하철 및 비그되이 박물관 지구로 가는 페리를 마음껏 이용할 수 있다. 관광 안내소, 교통 안내소, 대부분의 호텔과 공식 유스호스텔 등에서 구입 가능하다. 이용 시 비그되이 지구 박물관들만 잘 돌아다녀도 이득이다.

Cost 24시간권 520NOK, 48시간권 760NOK, 72시간권 895NOK
(67세 이상 및 18~30세 학생 20%, 6~17세 50% 할인)

표는 여기서 사세요!

오슬로 시내, 이렇게 보자

오슬로 시내는 그다지 크지 않은 편이지만, 관광지가 전체적으로 넓게 퍼져 있어 대중교통 수단을 잘 이용하면 효율적으로 다닐 수 있다. 시내의 관광지는 크게 중심가 지역, 비그되이 지구, 외곽 지역의 세 부분으로 나뉜다. 중심가 지역은 카를 요한스 거리와 시청사, 국립미술관, 항구, 프롱네르 지구를 중심으로 여유롭게 둘러보자. 시간이 부족하다면 중심가 지역 위주로만 일정을 정해도 괜찮다. 비그되이 박물관 지구, 비겔란 공원 등의 외곽 지역 관광지로 이동할 때에는 관람과 이동 시간을 모두 고려해 시간을 잘 맞춰 움직이자. 특히 입장 시간에 구애받지 않는 비겔란 공원, 오페라 하우스 등은 일정의 시작이나 끝으로 구성하자.
오슬로에서의 일정은 시내 중심가와 일부 관광지 위주로만 돌아볼 경우 최소 하루는 기본으로 예상하는 것이 좋다. 관광지가 일찍 문을 닫는 겨울 시즌에는 여름보다 1.5배 일정을 늘려서 잡자. 뭉크의 그림을 비롯한 다양한 노르웨이의 면면을 들여다보고 싶다면 2일, 외곽 및 근교 여행까지 생각한다면 3일까지 필요할 수 있다.
눈에 띄는 화려한 곳보다는, 소박한 도시 속 모습 속에서 가장 노르웨이다운 것을 찾아보는 것이 오슬로 관광의 포인트!

오슬로에서 놓치지 말자!

1 매년 12월을 화려하게 장식하는 노벨 평화상의 현장으로~
2 바이킹의 전통을 잇는 모험의 역사를 비그되이에서 체험해 보자!
3 북유럽 특유의 우수 어린 분위기, 뭉크와 비겔란의 작품을 만나 보자.

추천 코스

1일 차

하루 일정만 가능하다면 이 코스를 이용하자. 단 월요일에는 국립미술관 방문을 제외해야 하며, 비그되이 지구에서는 다양한 박물관 중 원하는 곳을 추려서 방문해야 시간 절약이 가능하다. 겨울 시즌에는 안전을 위해 비겔란 공원이나 오페라 하우스를 첫 일정으로 진행할 것. 교통과 입장이 모두 해결 가능한 오슬로 패스도 같이 챙기자.

오슬로 시내 중앙 관광 안내소

→ 트램 10분

오슬로 시청사 p.264

→ 도보 5분

국립미술관 p.265

왕궁 p.267

← 도보 5분

비그되이 박물관 지구 p.271

← 도보 10분+페리 15분

비겔란 공원 p.274

페리 20분+트램 10분

아케르스후스 요새와 성 또는 오페라 하우스 p.268

2일 차

시간이 넉넉히 필요한 뭉크 미술관(p.276), 아스트루프 펀리 현대미술관(p.266), 국립미술관 분관 등을 여유롭게 관람하거나, 전날 부족했던 관광지를 함께 묶어서 다녀오는 것을 추천한다. 이때 오슬로 패스는 48시간권으로 미리 구입해서 사용할 것. 저녁 시간에는 오페라 하우스에서 발레, 오페라, 콘서트 등을 선택해 관람하자. 좀 더 일정이 여유롭다면 낮에는 프롱네르 지구(p.269), 저녁에는 그뤼네뢰카 지구(p.280)에서 현지인들의 삶을 엿보는 것도 여행의 재미를 더한다. 외곽으로 나가고 싶다면 3일 차 일정을 당겨서 진행해도 괜찮다.

3일 차

각 반나절씩 필요한 외곽 지역의 관광지들을 돌아볼 수 있는 시간이다. 홀멘콜렌 스키 점프장(p.275), 소니아 온스테드 현대미술관, 〈절규〉의 무대가 된 에케베르그Ekeberg 지역, 뭉크의 생가 에켈리Ekely 등을 선택해 둘러볼 수 있다. 만약 철도 패스가 남았다면 프레데릭스타드+아문센 센터, 릴레함메르+하마르 중 선택해 당일치기를 하는 것도 괜찮다.

오슬로 트램 Trikk Tram

- ► 화살표 방향으로만 정차하는 곳
- 제한된 서비스(이용 전 시간표 확인할 것)
- Ⓣ 지하철 갈아타는 곳
- 철도 갈아타는 곳
- 페리 갈아타는 곳
- 20 시내버스 갈아타는 곳
- 지역 버스 터미널

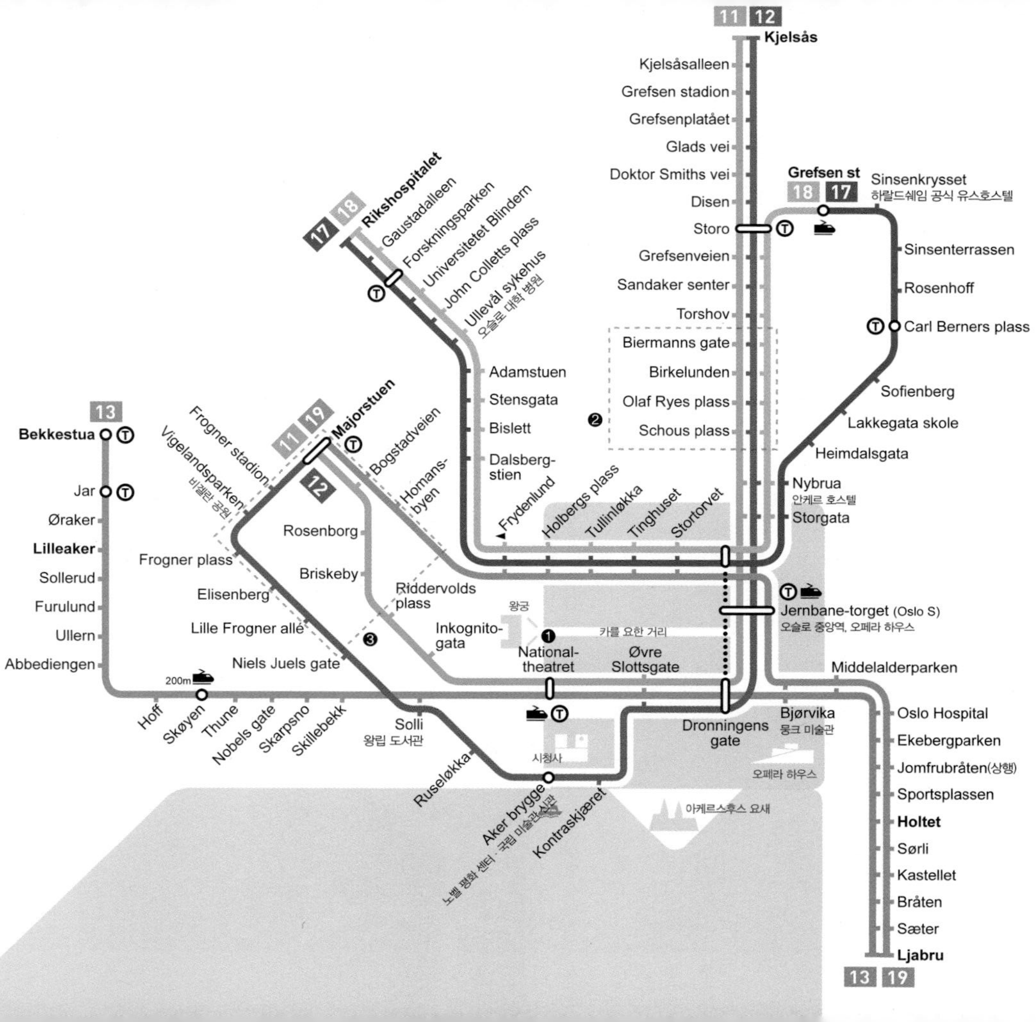

1. ❶ 국립극장, 카를 요한스 거리
2. ❷ 그뤼네뢰카 지구
3. ❸ 프롱네르 지구

오슬로
Oslo
Majorstuen
모노리탄
Frogner Stadion
비겔란 공원
Vigelandsparken
오슬로 마이크로브루어리
Oslo Mikrobryggeri
오슬로 시립 박물관
키위 KIWI
비겔란 박물관
코크스 펜쇼나트
Cochs Pensjonat
프롱네르 지구
Gyldenløves gate
Juels 33 Kolonial
카트리네 함멜
Cathrine Hammel
Uranienborgveien
Briskebyveien
Heftyes gate
Løvenskiolds gate
스베레 새트레 콘디토리
Sverre Sætre konditori
한국 대사관
모카 오슬로
Mocca Oslo
Oscars gate
Parkveien
우체국
Frognerveien
왕궁
Det Kongelige Slott
Camilla Colletts vei
Inkognitogata
Bygdøy Allé
오펜트 바케리
Åpent Bakeri
키위 KIWI
Riddervolds gate
Frederik Stangs gate
리베르티에 빈바
Libertine Vinbar
빌라 파라디소 2호점
Villa Paradiso
Henrik Ibsens gat
Sol Cigar
입센 박물관
국립 도서관
키위 KIWI
Cort Adelers gate
Niels Juels gate
Drammensveien
메니 MENY
국립미술관 신축 건물
노르웨이 민속박물관
Norsk Folkemuseum
페리 터미널
칼라 라인
Stranden
Museumveien
더 치프 호텔
The Thief Hotel
아스트루프 펀리 현대미술관
Astrup Fearnley Museet
Huk Aveny
Christian Benneches vei
Langviksveien
바이킹 박물관
Vikingskipshuset
콘티키 박물관
Kon-Tiki Museet
프람호 박물관
Frammuseet
Løchenveien
Bygdøynesveien

그뤼네뢰카 지구
그뤼네뢰카 브뤼후스 Grünerløkka Brygghus
Thorvald Meyers gate
안케르 호스텔 2호점 Anker Hostel
비르케룬덴 벼룩시장 Birkelunden
프레이아 초콜릿 센터
Fossveien
Markveien
Toftes gate
Helgesens gate
빌라 파라디소 Villa Paradiso
Grüners gate
팀 웬들보 Tim Wendelboe
파르크테아트렛 Parkteatret
Mathallen
Sofienberggata
키위 KIWI
시립 공동묘지 (뭉크 · 입센 묘지)
Ullevålsveien
Nordregate
Korsgata
닥터 크나입스 빈바 Dr. Kneipp's Vinbar
웨이 다운 사우스 Way Down South
Finnmarkgata
St. Olav's gate
Møllergata
안케르 호스텔 Anker Hostel
7월 22일 센터 22. Juli-senteret
쿱 Coop
메니 (오슬로 시티 쇼핑몰 내)
베스트 웨스턴 카를 요한 Best Western Karl Johan
Grensen
Universitetsgata
스토크프뤼 Stockfleth
우체국
마이콜 숍 Mycall Shop
Tøyen
호텔 브리스톨 Hotel Bristol
웅인포 Unginfo
Nationaltheatret
국립 극장
Karl Johans gate
P-호텔 P-Hotel
키위
Brugata
톤 호텔 스펙트럼 Thon Hotel Spectrum
Tøyengata
우체국
티넨탈 nental
그랜드 호텔 Grand Hotel
Torggata
Storgata
톤 호텔 테르미누스 Thon Hotel Terminus
Grønland
Jens Bjelkes gate
Stortingsgata
Akersgata
클라리온 호텔 로열 더 허브 Clarion Hotel The Hub
Oslo Spektrum
라디손 블루 플라자 호텔 Radisson Blu Plaza
환전소 Forex
국회의사당
Øvre Slottsgate
Nedre Slottsgate
Kongens gate
오슬로 대성당
Akebergveien
스칸딕 호텔 빅토리아
Jernbanetorget
버스 터미널 Gallerian Oslo bus statjon
오슬로 시청사 Rådhuset
스칸딕 호텔 오슬로 시티
교통 안내소
키위 KIWI (뷔포르텐 쇼핑몰 내)
중앙 경찰서
페르미날렌 호텔 Perminalen Hotell
스텐&스트룀 백화점 Steen&Strøm
스칸딕 호텔 뷔포르텐 Scandic Hotel Byporten
노벨 평화 센터 Nobels Fredssenter
Tollbugata
Prinsens gate
오슬로 프로모션
오슬로 중앙역 Oslo Sentralstjon
페리 승선장
비그되이행
사가 호텔 센트럴 & 포쉬텔 Saga Hotel Central & Poshtel
Rådhusgata
국립미술관 분관 (건축)
Grev Wedels Plass
오페라 하우스 Operaen
빌라 파라디소 3호점
아케르스후스 요새와 성 Akershus Festning og Slott
뭉크 미술관 신관
Skippergata
페리 터미널
DFDS · 스테나 라인
Map Info
오슬로 중앙역 내 위치 시설
환전소 Forex(지하 1층)
쿱 Coop
요커 Joker
빈모노폴렛(국영 술 판매장) Vinmonopolet

시내 중심가
Central District of Oslo

오슬로의 과거와 현재를 말해 주는 대표적인 장소. '노르웨이의 샹젤리제'라 불리는 카를 요한스 거리는 왕궁, 국회의사당 Stortinget, 정부 청사 등과 이어져 있다. 2011년 여름을 강타했던 브레이빅 일파의 테러 사건도 이 지역에서 일어났다. 매년 7월 말에는 많은 사람의 꽃다발과 촛불이 정부 청사를 밝힌다. 늘 사람으로 가득 찬 이곳에서는 반드시 소지품 관리에 주의할 것!

오슬로 시청사 Rådhuset

관광명소 로컬명소

'두 개의 갈색 치즈'라는 별명으로 불리는 오슬로의 아이콘. 마그누스 폴손과 아른슈타인 아르네베르가 공동 설계하였고, 창도 900주년을 기념해 1950년에 문을 열었다. 1층의 메인 홀에서는 매년 400건 이상의 크고 작은 행사가 열리는데, 특히 1990년 이후부터 노벨 평화상의 시상식장으로 이용되어 매년 12월 10일에는 전 세계의 시선이 집중되는 곳이다. 1층을 비롯한 각 공간은 페르 크로그Per Krohg, 알프 롤프센Alf Rolfsen 등의 노르웨이 대표 화가들이 작업한 초대형 프레스코화로 가득 차 있다. '뭉크의 방'에는 1938년에 사들인 뭉크의 〈인생〉이 자리 잡고 있으며 일반인에게는 매달 1회 시민들의 결혼식 장소로만 개방된다. 낮에는 15분에 한 번씩 53개의 크고 작은 종이 시간을 알려 주고 있으니 잘 들어 보자. 6~9월에는 시간마다 달라지는 소리가 재밌다.
특히 이곳은 오페라 하우스와 함께 시민들에게 개방된 대표적인 '열린 공간'이다. 전 세계 시청사 건물 중 관광객들에게 중요 시설을 무료로 자유롭게 개방하는 곳은 오슬로뿐이라는 사실! 외관부터 내부까지 모두가 20세기를 대표하는, 독립한 조국에 바치는 노르웨이 예술가들의 역작이라는 걸 생각한다면 시청사는 시민들을 위한 하나의 거대한 '예술 작품'으로 보아야 할 것이다. 비정기적인 휴관이 가끔 있으니 방문 전 반드시 홈페이지에서 확인하고 가자.

Address	Rådhusplassen 1, 0037 Oslo
Tel	2346 1200
Open	6~8월 09:00~18:00, 9~5월 09:00~16:00 **가이드 투어** 6/17~8/11 10:00, 12:00, 14:00
Close	1/1, 부활절 전날과 당일, 5/1, 5/17, 12/5~11, 12/25~26, 그 외 부정기적(행사 등)
Access	11, 13번 트램을 타고 Nasjonalteatret에서 내리면 건너편으로 보이는 2개의 갈색 건물. 또는 12번 트램을 타고 Aker Brygge에 하차.
Cost	무료
Web	www.oslo.kommune.no

국립미술관 Nasjonalmuseet

미술관 로컬명소

노르웨이 및 북유럽 최대의 국립미술관. 1836년 오슬로 대학 근처에 처음 문을 연 이래, 약 150년간 노르웨이 및 북유럽 국가들의 작품을 중심으로 전시하며 명성을 떨쳤다. 2014년까지 기존 국립미술관과 현대미술, 장식미술, 건축관으로 분산되었으나, 건축을 제외한 나머지 분관들 모두 2022년 6월에 마르코 마그니가 설계한 새 건물로 통합 이전을 완료하며 초대형 미술관으로 발돋움했다.

새로운 건물은 크게 순수미술과 장식미술 분야의 두 부분으로 나뉘며, 1층은 장식 미술품과 디자인, 2층에는 기존 국립미술관과 현대관의 작품이 전시 중이다. 특히 노르웨이 풍경화의 아버지 달Dahl, 사실주의의 대가 크리스티안 크록, 뭉크의 작품들은 전용관이 따로 있으니 놓치지 말고 시간을 들여서 보자. 또한 1960년대 이후 현대 작품들, 19세기 귀족과 평민의 생활상, 국내 디자인의 발전, 현재 소냐 왕비의 옛 의상 컬렉션 등의 자료들 역시 재미있고 알차다.

방문 전, National Gallery Visitor Guide 애플리케이션을 내려받아 오디오 가이드를 미리 들어 보고(한국어 지원), 그림 앞에서 다시 들으면 감동이 더해진다. 최소 2시간 이상을 잡고 여유롭게 관람하자. 특히 여름 성수기처럼 관람객이 많은 시즌에는 인파가 덜한 오픈 시간이나 저녁 시간 입장을 권한다.

건축 분관은 1830년 지어진 은행 건물과 국가 대표 건축가 스베레 펜(p.343 빙하 박물관 참조)의 최후작 증축관이 결합되어 있어 시간이 되면 함께 둘러봐도 괜찮다. 통합 티켓 구입 시 당일에 한해 함께 입장 가능. 현재 공사 중이다.

Address	**본관** Brynjulf Bulls plass 3 **건축관** Bankplassen 3
Tel	21 982 000
Open	**본관** 화~수 10:00~20:00, 목~일 10:00~17:00 **건축관** 화~일 10:00~18:00 **전관 여름 시즌** 화~일 10:00~21:00
Close	월요일, 12/23~25, 12/31~1/1, 5/1
Access	**본관** 12번 트램 Aker Brygge 정류장에서 하차 후 뒤편, 노벨 평화 센터 옆 **건축관** 11, 12번 트램 Dronningens Gate 정류장에서 하차 후, 사가 호텔을 지나 끝까지 직진해 오른쪽.
Cost	**통합 입장 시** 성인 200NOK, 18~25세 및 67세 이상 120NOK(당일에 한해 통합 입장 가능) **단독 입장 시 건축관** 성인 60NOK, 학생 40NOK, 미술 / 디자인 / 건축 / 미술사 / 복원 / 미학 / 박물관학 전공 학생증 소지자 · 17세 이하 무료
Wifi	가능
Web	www.nasjonalmuseet.no

Tip
국립미술관에서 볼 만한 주요 포인트
- 달 〈스탈헤임에서 내다본 풍경〉을 비롯한 노르웨이 풍경화 (42번 전시실)
- 한스 구데 & 티데란드 〈하르당에르 피요르드의 결혼 항해〉 (45번 전시실)
- 크리스티안 크록 〈경찰서의 알베르티네〉, 〈생존을 위한 투쟁〉, 〈병든 소녀〉 (57번 전시실)
- 키티 키엘란드, 해리어트 베커, 오다 크로그 등의 노르웨이 초기 여성 화가 작품들 (51번 전시실)
- 뭉크의 작품들 (초기-59번, 전성기-60번, 봄-57번 전시실)
- 현대 노르웨이 왕비 의상들 (31번 전시실)
- 북유럽 디자인의 발전 (19~29번 전시실)

노벨 평화 센터 Nobels Fredssenter

박물관

노벨 평화상 수상자들의 면면과 세계 평화를 주제로 하는 각종 전시를 볼 수 있는 평화 주제의 인터랙티브 박물관. 2005년 옛 오슬로 서부역이었던 곳을 개조해 문을 열었다. 노벨 평화상을 받은 모든 사람과 단체를 소개하고 있는 노벨 필드Nobel Field, 노벨의 생애가 담긴 전자책이 있는 노벨 챔버, 수상자들의 다양한 정보를 볼 수 있는 벽면의 대형 터치스크린이 대표적인 볼거리이다. 또한, 매년 노벨 평화상 수상자를 비롯한 전쟁, 난민, 인권에 관련된 다양한 사진전은 방문하는 모든 여행자에게 가슴 찡한 감동을 선사한다.

Address Brynjulf Bulls plass 1
Tel 48 301 000
Open **1/2~6/16 · 9~12월** 화~일 11:00~17:00, **6/17~9/1** 10:00~17:00
가이드 투어 **5/1~8/31** 매일 14:00 · 15:00, **9/1~4/30** 주말 14:00(영어)
Close 1/2~6/16 · 9~12월의 월요일, 12/9~11, 12/24~25, 12/31~1/1, 5/17
Access 12번 트램을 이용해 Aker Brygge 정류장에서 하차 후 오른쪽.
Cost 성인 160NOK, 학생 100NOK, 12~16세 50NOK, 12세 미만 무료
Web www.nobelpeacecenter.org

아스트루프 편리 현대미술관 Astrup Fearnley Museet

미술관 건축 · 디자인 뷰포인트

오슬로 시내에서 유일하게 기업의 후원으로만 운영되는 개인 현대미술관. 2012년 9월에 렌조 피아노 워크숍과 국내 건축가들의 협업으로 지어진 아름다운 건물로 자리를 옮겼다. 배 모양의 지붕과 건물도 포인트이지만, 오슬로 피요르드가 바라다보이는 '바닷가 옆 미술관'으로 전망이 최고. 특히 젊은 신진 작가들의 작품을 중심으로, 철철이 진행되는 다양한 현대미술 특집전 역시 놓칠 수 없다. 시간을 넉넉히 잡고 바닷가 전망도 함께 즐기며 여유롭게 관람하자. 앞뜰은 햇살 좋은 날에 피크닉을 즐기기에도 좋은 스폿. 매주 주말 오후 2시, 3시에는 별도의 유료 가이드 투어가 있다. 카드 결제만 가능.

Address Strandpromenaden 2
Tel 22 936 060
Open 화 · 수 · 금 12:00~17:00, 목 12:00~19:00, 토 · 일 11:00~17:00
Close 월요일, 부활절 전 금요일, 5/1, 5/17, 12/23~26, 12/30~1/1
Access 12, 13, 19번 트램을 타고 국립극장 Nationaltheatret 정류장에서 내린 후 바닷가 끝으로 직진.
Cost 성인 150NOK, 학생 100NOK, 18세 미만 무료, 가이드 투어 50NOK
Wifi 가능(비밀번호 있음)
Web www.afmuseet.no

왕궁 Det Kongelige Slott

관광명소 로컬명소

현재 노르웨이의 국왕 하랄 5세가 살고 있는 소박한 느낌의 궁전. 매년 여름에는 정해진 기간 내에 1시간의 가이드 투어로 연회장, 식당, 채플을 비롯한 주요 시설을 둘러볼 수 있다(영어 가능). 또한, 매일 낮 1시 반에는 궁전처럼 소박한 규모의 위병 교대식이 진행된다. 앞뜰은 공원처럼 일반인에게 공개되어 있어, 한가롭게 잔디밭에 앉아 피크닉을 즐기거나 카를 요한스 거리를 둘러본 후 들러서 잠시 쉬어 가기에 좋다.

Address Drammensveien 1
Open **궁전 개방** 6월 말~8월 중순(매년 달라짐)
가이드 투어 12:00, 14:00, 14:20, 16:00
근위병 교대식 13:30
Access 국립미술관에서 오슬로 대학교 뒤편을 따라 내려간 후 카를 요한스 거리에서 끝까지 직진.
Cost **가이드 투어** 성인 220NOK, 학생 · 어린이 110NOK
※ 티켓 예약은 티켓마스터 노르웨이에서만 가능.
Web www.royalcourt.no
노르웨이 왕실
www.kongehuset.no

7월 22일 센터 22. Juli-Senteret

로컬명소

2011년 7월 22일, 전 세계를 경악시킨 오슬로 테러를 추모하고자 조성된 작은 박물관. 폭탄이 투하되었던 정부 청사의 한 부분에 테러 발생부터 테러범 베링 브레이빅에 대한 판결까지 전 과정의 타임라인과 법원 판결문, 사진 등을 정리해 모두에게 전하고 있다. 77명의 희생자들에게 묵념한 후, 숙연한 마음으로 사건의 시작부터 천천히 둘러보자. 현장에서 발견된 희생자들의 유류품, 생존자들과 목격자들의 증언은 눈물 어린 감동을 더한다. 아픈 역사를 기억하고, 재발 방지를 위해 노력하는 모습을 확인해 보자.

Address Akersgata 42
Tel 2224 2222
Open 목~일 11:00~16:00
Close 월~수요일, 부활절 전 목요일~부활절 당일, 12/24~1/12
Access 11, 17, 18번 트램 stortorvet 역에서 하차 후, Grubbegata를 따라 올라간다. 정부청사 구내 위치.
Cost 무료
Web www.22julisenteret.no

아케르스후스 요새와 성 Akershus Festning og Slott

로컬명소 뷰포인트 영화 · 책 배경

바닷가의 요새로 둘러싸인 성으로, 1299년 호콘 5세에 의해 왕궁으로 세워졌다. 지금은 영빈관으로 이용되고 있다. 성 내부는 오디오 가이드를 통해서 관람 가능하며, 제2차 세계대전 때 독일군에 대한 저항운동 자료가 담긴 레지스탕스 박물관과 방위 박물관도 함께 있다. 매일 13:30에는 작은 규모의 위병 교대식이 열린다. 특히 해 질 녘에 바깥쪽 요새에서는 더욱 아름다운 오슬로 항구의 모습을 감상할 수 있다. 애니메이션 〈겨울왕국〉 속 아른델 왕국의 모델이 되기도 했다.

Address Akershus festning
Open **요새 입장 10~4월** 06:00~21:00(**가이드 투어** 7/2~8/31 11:00, 15:00, 나머지 기간 토 · 일 13:00)
성 입장 5~8월 월~토 10:00~16:00, 일 12:00~16:00, **9~4월** 토 · 일 12:00~17:00
Close 9~4월의 월~금, 5/1, 12/20~31
Access 시청 뒤편으로 나와 페리 터미널 가기 전 길에서 좌회전. 12, 13, 19번 트램 이용 시 Øvre Slottsgate 정류장에서 하차.
Cost **요새** 무료(**가이드 투어** 성인 100NOK, 학생 60NOK), **성** 성인 100NOK, 학생 60NOK, 6~18세 40NOK(오디오 가이드 포함)
Web www.forsvarsbygg.no/festningene
레지스탕스 박물관
www.forsvaretsmuseer.no

오페라 하우스 Operaen

관광명소 로컬명소 건축 · 디자인 뷰포인트

노르웨이 국립 오페라와 발레단이 염원했던 전용 공간은, 스뇌헤타Snøhetta의 설계로 2008년 완공된 후 오슬로를 대표하는 '신 아이콘'이 되었다. 바다 위에 하얀 카펫을 깔아 놓은 듯한 외부에는 약 36,000개의 이탈리아산 대리석과 화강암, 올록볼록한 메탈 소재가 퍼즐처럼 맞춰져 있고, 내부에는 독일산 참나무를 이용해 따뜻하면서도 유연한 곡선의 느낌이 전해진다. 특히 이곳의 포인트는 열린 공간을 상징하는 '지붕'으로, 그 위에서 여유와 햇볕을 즐기는 현지인들과 여행자들이 늘 가득하다. 심지어는 저스틴 비버를 비롯한 유명 가수들이 지붕 위에서 공연을 가졌을 정도라고 한다. 날 좋을 때 올라간다면 눈부심 방지를 위해 반드시 선글라스를 준비하는 센스! 위치상 일정의 처음이나 마지막으로 방문을 계획하고 여유롭게 일출이나 일몰을 감상하자. 여유가 있다면 이곳의 오페라, 콘서트, 발레 등을 감상하는 것도 좋다. 공연 목록은 홈페이지를 참고하자. 화장실 이용은 무료.

Address Kirsten Flagstads Plass 1
Tel 21 422 121
Open **리셉션 · 티켓 오피스** 월~금 09:00~16:00, 토 11:00~16:00, 일 12:00~16:00
가이드 투어 일~금 13:00, 토 12:00, **6/26~8/13** 월~토 11:00, 12:00, 13:00, 15:00, 일 12:00, 13:00, 15:00
Access 중앙역 뒤편의 연결 통로 이용.
Cost **가이드 투어** 성인 120NOK, 학생 70NOK(오슬로 패스 이용 시 20% 할인)
Web www.operaen.no

Snakk

노르웨이 오페라의 대모, 키르스텐 플라그슈타트 Kirsten Flagstad(1895~1962)

키르스텐 플라그슈타트는 1930년대에 최고의 바그너 전문 소프라노 가수로 명성을 떨쳤습니다. 현역 은퇴 후에는 노르웨이 국립 오페라단의 초대 단장으로 부임했고, 오페라 전용 극장의 필요성을 역설했지요. 그녀의 유지는 46년 후 '바다 위의 아름다운 극장'으로 실현되었어요. 극장 옆에는 플라그슈타트의 동상이 세워져 있고, 주소 역시 그녀의 이름을 딴 곳에서 후배들은 오늘도 기량 연마에 여념이 없답니다.

오슬로 시내 북서부 프롱네르 지구는 도심의 분주함을 피해 스타일을 즐기기 좋은 '오슬로의 가로수길'이다. 특히 이곳에는 한국 대사관을 비롯한 각국의 대사관이나 영사관이 많고 스타일 좋은 현지인들도 거주하고 있어, 자연히 이들을 대상으로 하는 고급 식품점과 옷집, 멋진 바들이 곳곳에 숨어 있다.

먼저 왕궁 뒤편의 Slottsparken 정류장에서 19번 트램을 타고 Riddervolds Plass에서 내리자. 트램 라인을 따라 동네를 걷고 있노라면 예쁜 옷 가게와 서점, 카페가 곳곳에 보석처럼 박혀 있다. 심지어 이곳의 H&M에서만 출시되는, 패션 학교 학생들이 만든 라인과 각종 콜라보레이션 라인이 따로 있을 정도이다.

프롱네르 지구에는 유독 빈티지 숍이 많은데, 12번 트램 정류장까지 가는 Niels Juels gate와 주변 길목 사이사이로 빈티지 숍이 고개를 내밀고 있다. 가끔 1,000NOK 넘는 아이템들을 100~500NOK에 판매하고 있기도 하는데 아무래도 현지인들 사이즈에 맞는 것이다 보니 줄여 입을 각오는 하고 구매하는 것이 좋다. 빈티지 아이템들도 마찬가지. 길목에 있는 숍들을 돌아본 후 Niels Juels gate 쪽으로 접어들어 12번 트램을 타고 이동하면 그날의 유람은 마무리된다. 조금 더 시간이 있으면 비그되이 알레 Bygdøy allé 쪽까지 들어가서 구석구석 숨은 스폿을 돌아보는 것도 괜찮다.

매주 토요일 낮, 특히 매년 3월과 9월의 첫 토요일은 프롱네르 지역의 진면목을 보기에 가장 좋은 시기이다. 이 '대매출의 날'에는 가게마다 붙어 있는 세일 표시와 삼삼오오 모여 옷걸이에 걸린 옷들을 고르는 사람들의 모습을 볼 수 있다. 아침부터 여유롭게 움직이자. 카페에 들러 커피 한 잔과 맛있는 빵으로 아침을 해결하고, 오전 11시 이후부터는 본격적인 쇼핑 시간. 특히 100~300NOK짜리 균일가 아이템은 빨리 가서 사는 게 임자다. 빈티지 숍에서 파는 감각적인 아이템도 마찬가지. 오후에는 곳곳의 카페에서 달콤한 케이크와 빵, 커피나 샴페인 한 잔으로 쇼핑의 스트레스를 해소하며 동네 사람들을 구경하는 것도 재미있다. '오슬로에 과연 이런 곳이 있었나?' 하고 놀라고, 스타일에 목말랐던 여성 여행자들에게 잠깐의 여유를 누릴 수 있는 좋은 장소가 될 것이다.

Access 12번 트램으로 Niels Juels gate, 11번 트램으로 Riddervolds Plass 정류장에서 하차.

오펜트 바케리

Åpent Bakeri 카페 로컬명소

노르웨이 전통 방식과 프랑스 방식이 혼합된 퓨전 빵을 먹을 수 있는 오슬로 최고의 빵집. 주변의 외교 사절들과 멋쟁이 현지인들을 통해 입소문이 나서, 매일 오전마다 긴 줄이 문 밖까지 늘어서기도 한다. 모두가 추천하는 최고 인기 메뉴는 호박씨, 해바라기씨, 귀리 등이 가득 든 호밀 빵인 뮈슬리 번으로, 여기에 버터와 홈메이드 딸기 잼, 커피 한 잔을 곁들이면 아침 식사로도 그만이다. 특히 홈메이드 딸기 잼의 맛은 최고! 숍 매니저는 여행자를 위한 빵으로 스웨덴식, 덴마크식 호밀빵 Rug를 추천했다. 매일 아침마다 직접 만드는 신선한 빵 맛은 변함없는 인기의 비결이라고. 대표 파티셰는 제빵 관련 책도 여러 권 냈을 정도로 유명 인사다. 시내에 총 12곳의 매장이 있으며, 최근에는 전통의 빵집 United Bakeri와 피자 Lofthus Samvirkelag가 더해져서 빵 이외의 메뉴로도 선택의 폭이 넓어졌다.

Address Inkognito terrasse 1
Tel 22 049 667
Open 월~금 07:30~17:00, 토 08:00~16:00, 일 09:00~16:00
Close 일부 공휴일, 그 외 부정기적
Access 왕궁 뒤쪽의 두 번째 길 Inkognitogata로 진입 후, 왼쪽 첫 번째 길에서 직진하여 첫 번째 갈림길의 모퉁이에 위치. 11번 트램으로 Inkognitogata 정류장에 하차 후 도보 5분 소요.
Cost 크루아상/뺑 오 쇼콜라 48NOK, 뮈슬리 번 48NOK, 커피 35NOK, 식사용 빵 50NOK~
Web www.apentbakeri.no(노르웨이어)

프롱네르 지구에서 추천하는 곳들

모카 오슬로Mocca Oslo
향긋한 드립 커피 한 잔으로 동네 탐험 시작!

스베레 새트레 콘디토리Sverre Sætre konditori
세계 챔피언의 특별한 케이크와 초콜릿.

카트리네 함멜Cathrine Hammel
깔끔한 선의 옷을 선보이는 카트리네 함멜의 플래그십 숍.

오슬로 마이크로브루어리Oslo Mikrobryggeri
북유럽에서 가장 오래된 소형 양조장에서 갓 뽑은 맥주 한 잔.

Juels 33 Kolonial
노르웨이답지 않은 독특한 고급 식품점을 구경하고 싶다면?

Villa Paradiso Progner
현지인들이 줄 서는 피자집에서 함께 피자 한 판.

비그되이 지구
Bygdøy

'가장 노르웨이다운 것'을 다양하게 느낄 수 있는 박물관들이 가득한 비그되이 지구의 한가로운 분위기 속에서 노르웨이가 어떤 곳인지를 확실히 느껴 보자. 최소 반나절 이상의 일정을 잡고 여유롭게 돌아보는 것을 추천한다.

노르웨이 민속박물관
Norsk Folkemuseum

박물관 로컬명소 어린이 동반

노르웨이인들의 삶과 전통을 시대별로 확인할 수 있는 국내 최대의 야외 박물관. 1894년에 문을 열었으며, 1907년에 오스카 2세의 여름 거주지 근처에 있었던 전통 가옥 5채와 목조 교회가 그대로 옮겨져 지금의 모습이 되었다. 야외 박물관 안에는 오슬로 주변부터 송네피요르드 지역까지, 전국 각지에서 그대로 가져온 155채의 다양한 모습의 건물이 지역별, 시대별로 자리 잡고 있다. 또한, 전통 의상과 예술품, 장난감, 사미족의 생활 모습 등을 전시하는 실내 박물관 역시 재미를 더해 준다. 욜Gol 지역에서 1200년경에 지어진 것으로 추정되는 목조 교회Stave Church, 1800년대 후반부터 현재까지 오슬로 시민들의 생활상을 담은 아파트도 함께 볼만한 곳으로 손꼽힌다. 여름 시즌에는 오후마다 민속음악과 함께 춤 공연을 볼 수 있으며, 기념품점에서는 전통 문양의 스웨터를 비롯한 각종 공예품을 구입하기 좋다. 별도 판매하는 안내 책자(10NOK)로 건물별 설명을 읽으며 관람하면 이해가 빠르다.

Address Museumsveien 10
Tel 22 123 700
Open **10~4월** 11:00~16:00, **5~9월** 10:00~17:00
Close 12/24~26, 12/31~1/1, 5/17, 그 외 부정기적
Access 비그되이행 페리에서 내려 표지판을 따라 직진. 30번 버스 이용 시 바이킹 박물관 앞에서 하차 후 오른쪽.
Cost **5~9월 · 부활절 · 연말연시 · 중간 방학 기간** 성인 180NOK, 학생 100NOK, 18세 미만 무료, **그 외 기간** 성인 140NOK, 학생 80NOK, 18세 미만 무료
Web www.norskfolkemuseum.no

Snakk
지붕에 잔디를 덮는 이유는 무엇일까요?
노르웨이의 시골집들을 잘 보면 지붕이 두꺼운 잔디와 흙으로 덮여 있답니다. 그 이유는 집을 보호하기 위해서라고 하네요. 특히 단단히 심은 풀과 흙 덕분에 단열 효과가 나서 한겨울에도 집을 따뜻하게 유지할 수 있어요. 척박한 자연 속에서 살아 나가기 위해 주변에서 구하기 쉬운 소재를 잘 이용하고, 이를 전통으로 만드는 센스는 우리도 배울 만하겠죠?

프람호 박물관 Frammuseet

박물관 | 로컬명소 | 어린이 동반

"나는 얼음의 압력에서 견딜 수 있고, 얼음 위에 떠서 살 수 있는 배를 만들 것이다. 그 크기는 12명이 5~6년간 살 수 있는 규모로." 1892년에 건조되어 북위 85도, 남위 86도를 넘나들었던 '전진'이라는 의미의 프람Fram호와, 난센이 그린란드 원정 때 탑승했던 외위아Gjøa호가 보존되어 있는 '자랑스러운 도전의 역사'의 박물관. 프람호는 한 번도 가기 힘든 남북극의 바다를 모두 다녀온, 노르웨이 탐험 역사의 산증인이자 국보급 문화재다. 프람호의 역사는 석유가 발견되기 전, 전 세계에 자랑스럽게 말할 수 있는 가장 노르웨이다운 역사의 첫 페이지라고 하겠다. 난센은 프람호를 타고 1893년부터 약 3년간 바다에 표류하면서 북반구 해류의 방향과 극지방 빙하의 흐름에 대해 연구했고, 북위 86도까지 직접 탐험하여 세계를 놀라게 했다. 그 이후 프람호는 오토 스베르드룹Otto Sverdrup의 그린란드와 북극해 횡단, 아문센의 남극 정복에도 이용되었다. 적도 바다에서 수명을 다한 이후 1935년에 현재의 박물관으로 옮겨졌다. 전시관에는 난센, 아문센을 비롯한 극지 탐험가들의 면면과 당시 사용했던 물건들도 전시되어 있다. 그들의 치열했던 도전 정신을 말해 주는 설명과 20분에 한 번씩 배 위에서 보여 주는 오로라 영상 쇼도 놓치지 말자. 한국어 안내가 있는 것도 큰 장점이다.

Address	Bygdøynesveien 39
Tel	23 282 950
Open	**5~8월** 09:30~18:00, **9~4월** 10:00~17:00
Close	5/17, 12/24~25
Access	시청사 뒤편 선착장에서 91번 페리를 타고 비그되이 도착 후 보이는 삼각형 모양의 건물. 30번 버스 이용 시에는 콘티키 박물관 앞에서 하차.
Cost	17세 이상 140NOK, 노인 100NOK, 학생 · 6~16세 50NOK, 5세 이하 무료, 패밀리(성인 2인+6~16세 최대 5인) 300NOK **콘티키 박물관 통합 입장** 성인 250NOK, 학생 90NOK
Web	www.frammuseum.no

Tip
트롬쇠의 북극 박물관(p.359 참조)과 함께 보면 감동은 배가 된다.

콘티키 박물관 Kon-Tiki Museet

박물관 로컬명소

인류학자이자 탐험가인 토어 헤위에르달Thor Heyerdahl(1914~2002)이 탐험 때 사용했던 콘티키Kon-Tiki호, 라 1Ra I호와 라 2Ra II호, 티그리스Tigris호의 모형을 원형 그대로 재현해 전시하고 있다. 헤위에르달은 1947년에 콘티키호를 타고 남태평양에 사는 폴리네시아인의 기원을 조사하기 위해 101일에 걸쳐 약 8,000km를 항해했으며, 1969~1970년에는 인류 이동과 문화의 전파 과정을 파악하기 위해 라 1과 2호로 모로코에서 남아메리카 지역까지, 1977~1978년에는 티그리스호로 파키스탄에서 에티오피아 근처까지 항해하기도 했다. 이 배들 모두 잉카인과 이집트인들이 만든 원형 그대로 나무와 갈대를 이용해 만들어졌다. 허술하게 느껴지는 배로 바다를 오랫동안 항해했다는 사실이 놀랍기만 하다. 콘티키는 고대 잉카어로 '태양신'이라는 뜻이다. 헤위에르달이 쓴 1947년의 탐험 이야기는 전 세계 70여 개 국어로 번역되어 베스트셀러가 되었다. 기록 영화로도 만들어져 아카데미 상을 수상했고, 2012년에 리메이크되어 다시 한 번 감동을 안겨 주고 있다. 매일 12시마다 원작 영화를 상영하고 있으니 함께 보는 것도 추천.

Address Bygdøynesveien 36
Tel 23 086 767
Open **9~4월** 10:00~17:00, **5월** 10:00~18:00, **6~8월** 09:30~18:00
Close 5/17, 12/24~25, 12/31~1/1, 부활전 전 금요일
Access 프람호 박물관에서 오른쪽 대각선 건너편에 위치. 시내에서는 30번 버스 이용.
Cost 18세 이상 140NOK, 학생 50NOK, 67세 이상 100NOK, 6~15세 50NOK, 패밀리(성인 2인+6~16세 최대 5인) 300NOK
Web www.kon-tiki.no

바이킹 박물관 Vikingskipshuset

박물관

오슬로 시청사를 설계했던 아른슈타인 아네베르크Arnstein Arneberg에 의해 지어졌다. 오세베르크Oseberg(1904년 출토, 서기 843년경 제작 추정), 고크슈타드Gokstad(1880년 출토, 서기 890년경 제작 추정), 툰Tune(1867년 출토, 서기 900년경 제작 추정)의 3척의 배와 그 안에서 발견된 유물들을 전시하고 있다. 3척의 배의 이름들은 모두 출토된 지역의 이름을 따서 지어졌다. 특히 오세베르크와 고크슈타드의 경우 내부에서 돛과 노, 장식용품, 가구류, 가축 등이 발견되었는데, 이는 바이킹 전통에 따라 지배층들의 수장을 위한 것으로 확인되었다. 투네호는 부패가 심해 그나마 덜 부패된 아랫부분만 발굴되었다. 배에 원래 있던 보물들은 대부분 도굴되어 전시품이 많지 않은 편이다. 2026년까지 공사 중.

Address Huk Aveny 35
Tel 22 135 280
Open **5~9월** 09:00~18:00, **10~4월** 10:00~16:00
Close 12/24~26, 12/31~1/1, 그 외 부정기적
Access 선착장에서 내려 표지판을 따라 직진. 시내에서는 30번 버스로 박물관 앞에서 하차.
Cost 16세 이상 120NOK, 학생 90NOK, 18세 미만 무료
Web www.khm.uio.no

외곽 지역
Outskirts of Oslo

시내 중심가에서 약간 떨어져 있지만, 외곽 지역에서도 노르웨이를 대표하는 아이콘을 역시 다양하게 만날 수 있다. 특히 뭉크와 비겔란의 대표 작품들이 가득한 곳은 놓치지 말자.

비겔란 공원 Vigelandsparken

관광명소 로컬명소

노르웨이를 대표하는 조각가 구스타프 비겔란과 그 제자들이 만든 조각이 가득한 대형 공원. 내부의 모든 조각들은 인간의 삶을 주제로 하여 만들어졌는데, 그중 최고의 하이라이트는 공원 중심에 서 있는 〈모노리탄〉으로, 1929년부터 약 14년간 3명의 석공에 의해 만들어졌다. 14m의 조각 안에 있는 121명의 인간 군상은 '영원한 삶의 굴레'를 표현하고 있으며, 그 주변에는 36개의 동상이 〈모노리탄〉을 호위하듯이 둘러싸고 있다. 또한, 공원 초입의 다리 위에는 가족과의 관계를 형상화한 58개의 조각이 세워져 있는데, 특히 공원의 마스코트(?)인 '화난 아기' 〈신나타겐 Sinnataggen〉 동상이 가장 유명한 포토 포인트. 덴마크 코펜하겐의 인어공주 동상처럼 반달리즘의 희생물이 되어 페인트를 뒤집어쓰고, 다리가 잘리는 등의 수난을 겪으면서 더욱 유명해졌다. 공원 남쪽에는 비겔란이 생전에 거주했던 집과 작업장이 박물관으로 조성되어 있으며, 공원 내의 조각을 작업하던 흔적이 남아 있어 더욱 생생한 감동을 느낄 수 있다. 비겔란은 공원의 전체 세팅을 모두 디자인했지만, 완성을 보지 못하고 1943년에 세상을 떠나 아쉬움을 더한다.

Address Frogner & Vigelandsparken
Tel 23 493 700
Access 시내에서 트램 12번, 뭉크 미술관에서 20번 버스로 Vigelandsparken에서 하차.
Web www.vigeland.museum.no

Tip
관광객들이 적은 아침이나, 해 지기 직전이 관람에 가장 좋다. 일정의 처음이나 마지막에 방문하는 것을 추천.

홀멘콜렌 스키 점프장 & 스키 박물관 Holmenkollen

박물관 | 뷰포인트 | 영화 · 책 배경

스키 박물관과 스키 점프장이 함께 자리 잡은 '노르웨이 스키의 전당'으로, 매년 3월에는 전국을 뜨겁게 달구는 스키 점프 대회가 열리는 장소이기도 하다. 스키 박물관에는 노르웨이 4천 년의 스키 역사가 시대별로 전시되어 있다. 특히 아문센이 남극 탐험 때 사용했던 스키와 지역별로 세분화된 스키 모양, 유명 선수들이 직접 신은 스키는 관심 있게 눈여겨보자. 점프장으로 올라가면 시내 전경을 한눈에 볼 수 있으며, 매년 4~11월 초에는 직접 줄을 매달아 내려오는 집라인Zipline으로 스릴 만점 체험도 가능하다. 매일 인원이 한정되어 있어 오전에 빨리 가서 예약하는 게 좋다. 영화 〈오슬로의 이상한 밤〉에서, 주인공 오드 호르텐이 한을 풀기 위해 밤에 몰래 올라가 뛰어내렸던 바로 그곳이기도 하다.

Address Kongeveien 5
Tel 22 123 700
Open **5~9월** 10:00~17:00(목 ~20:00), **10~4월** 10:00~16:00(목 ~20:00)
지프라인 4~5월 · 10월~11/14 토 · 일 11:00~16:00, **6~8월 · 9월** 토 · 일 11:00~17:00
Close 12/24~26, 12/31~1/1, 5/17
Access 지하철 1호선 Frognerseteren행을 탑승하고 홀멘콜렌Holmenkollen 역에 하차 후, 스키박물관 표지판을 따라 직진한다.
Cost 성인 190NOK, 학생 170NOK, 7~16세 95NOK,
지프라인 성인 690NOK, 학생 · 19세 미만 590NOK
스키 시뮬레이션 성인 130NOK
Web www.holmenkollen.com
지프라인 kollensvevet.no

Tip
북부의 송스반Sogsvann, 트뤼반Tryvann 지역은 오슬로 시민들의 사계절 자연 놀이터다. 여름에는 온 가족이 함께하는 숲 체험 놀이터, 겨울에는 스키장이 운영되니 조금 더 시간이 된다면 함께 찾아가 보자.

뭉크 미술관 Munchmuseet

미술관 관광명소 로컬명소 뷰포인트

뭉크의 작품들만 전문으로 전시하는 미술관. 1944년 뭉크가 사망하며 오슬로 시에 기증한 그림, 인쇄물, 유품 등을 바탕으로 하며, 1963년 동부 퇴옌 지구에 처음 문을 열었다. 40년이 지나며 전시 공간 확충을 위한 증축이 진행되었고, 2021년 10월에 오페라 하우스 옆 15층 규모의 신관으로 이전을 완료했다.

현재 2만여 점의 작품들을 주제, 제작 시기 등에 맞춰 순환 전시하며, 대표작 〈절규〉와 〈마돈나〉도 주제에 따라 다른 버전으로 전시된다. 소재별, 주제별, 관련 예술가와의 합동 및 교차 전시 등으로 일반인과 전시 기획자들 모두에게 흥미를 선사한다. 또한 뭉크의 영향을 직간접적으로 받은 여러 북유럽 예술가들의 작품들도 별도로 전시되어 있다.

2004년 이후 〈절규〉를 비롯한 여러 작품들의 도난이 이어지며, 이로 인한 훼손이 문제가 되었다. 현재 〈절규〉는 원본 보호를 위해, 디지털로 처리한 3가지 버전을 시간마다 번갈아 전시하고 있는 점 알아 두자. 신관에는 각 층에 화장실이 들어서고 보안 검색이 완화되면서 재입장의 불편 없이 더욱 편안한 관람이 가능해졌다.

뭉크의 작품들은 많은 인원이 복원과 보존에 힘쓰고 있는 데다가, 이 외에도 드로잉, 삽화, 판화 원본, 흑백 사진, 각종 유품 등의 그림 외 요소 또한 만만찮게 많다. 기존의 협소했던 건물은 엄청난 작품을 품기에 너무나 버겁게 보였는데, 신관 완공 후 공간이 크게 늘어나 전시의 폭이 확실히 달라졌다. 이제는 더 이상의 도난과 훼손이 없기를 애호가로서 소망하는 바이다.

Address Edvard Munchs Plass 1
Tel 23 493 500
Open **11~3월** 일~화 10:00~18:00, 수~토 10:00~21:00, **4~10월** 월 · 화 10:00~18:00, 수~일 10:00~21:00
Close 5/1, 그 외 부정기적(전시 교체 등)
Access 오페라 하우스 옆의 굽어진 고층 건물.
Cost 25세 이상 180NOK, 18~24세 100NOK, 18세 미만 무료, 오디오 가이드 50NOK
Wifi 가능
Web www.munchmuseet.no

Tip

1. 어린이 동반 시에는 작품 성격을 고려해 10세 이상부터 입장하되, 사전에 반드시 그림에 대해 숙지하고 가는 것을 권한다. 실제로 노르웨이 교육 웹사이트에서, 뭉크 주제 영상은 현지 학교 5~7학년(한국 초등학교 고학년)을 대상으로 제작되었다.
2. 1층 로커에 짐 보관 시, 로커 번호를 반드시 사진으로 저장하자. 관람 후 짐 찾을 때 편하다.
3. 관람 시간이 짧다면 4층 'Infinite'에 집중하자. 대표 작품들이 12개 테마로 구분되어 빠른 이해에 도움이 된다.
4. 12층의 식당과 옥상 바를 비롯, 고층 전시실 복도에서는 바닷가 풍경과 일몰을 감상하기에 좋다. 관람 중간중간 휴식을 취하며 전망을 즐겨 보자.

Tina's Plus
뭉크 이야기

〈절규〉는 4개가 아니다!

우리가 알고 있는 〈절규〉는 총 4점으로, 뭉크 미술관의 유화, 국립 미술관의 파스텔과 템페라 혼합화, 개인 소장 2점으로 알려져 있다. 하지만 이것들이 전부는 아니다. 판화로 30점가량이 제작되었고, 이중 뭉크 미술관에는 6점의 석판화와 여러 가지의 스케치 버전이, 베르겐 국립 미술관에는 얼굴과 손만 나온 석판화가 소장되어 있다. 결국 〈절규〉는 최소 40점 이상이 있다고 해도 맞을 것이다. 그러면 왜 한 주제에서 여러 버전이 나왔을까? 뭉크는 생전에 하나의 주제를 다양한 버전의 작품으로 남겼다. 〈절규〉를 비롯한 〈병든 아이〉, 〈마돈나〉, 〈목소리〉 등의 일부 대표 작품은 유화, 파스텔, 일러스트, 판화 등의 여러 버전으로 제작되어 있으며, 제작 시기에 따라 소재와 화풍도 달라져서 이를 비교하면서 보는 재미가 쏠쏠하다.

절규
파스텔, 1893
© Munch Museum/Munch-Ellingsen Group/BONO 2014
(현재 개인 소장)

진정한 종합 예술가, 뭉크

"내 인생은 꼭 낡고 썩은 배가 폭풍우 치는 바다를 항해하는 듯했다."

1863년 오슬로 교외의 뢰텐Røten에서 군의관의 5남매 중 장남으로 태어난 후, 그의 인생 역정은 처음부터 파란만장했다. 5세 때 어머니를, 14세 때 누나 소피를 결핵으로 잃고, 그 자신도 건강이 좋지 않아 학교를 쉬는 경우가 다반사였다. 그래서 그의 집안에는 늘 죽음과 병적 불안의 기운이 감돌았고, 이는 그의 행동과 작품 세계에 오랫 동안 영향을 미쳤다.

붓을 든 자화상
유화, 1904
© Munch Museum /Munch-Ellingsen Group /BONO 2014(뭉크 미술관 소장)

17세 때 집안의 권유로 건축 공부를 위해 공업 전문학교에 들어갔으나, 화가가 되기로 결심하고 이듬해 왕립 미술학교에 다시 입학했다. 20세 때 첫 전시회를 열고, 1889년에는 오슬로에서 첫 개인전을 열면서 화가로서의 기본을 다진 이후, 프랑스와 독일을 오가며 당시의 대세였던 인상주의, 상징주의를 익혔다. 여기에 자신의 내면과 체험을 녹여 내면서 그를 대표하는 표현주의가 탄생했고, 〈목소리〉(1893) 이후부터는 〈생의 프리즈〉 시리즈의 작품들을 발표하며 절정기를 맞이했다.

(좌측부터) 절규, 질투, 후회
유화, 1894
© Munch Museum/Munch-Ellingsen Group/BONO 2014
(뭉크 미술관 소장)

"예술은 자연의 또 다른 면이다. 예술의 결과물은 인간 영혼의 깊은 곳에서 온다. 즉 예술은 인간의 신경, 마음, 머리, 눈을 통해 나오는 것들의 형상이다."

하지만 성공 이후에도 그의 삶이 잘 풀리지는 않았다. 부친의 사망 후 부양의 의무를 지고, 그림을 판 돈으로 남은 가족들을 부양해야 했다. 우울증에서 비롯된 알코올 중독은 계속해서 그를 따라 다녔고, 1902년 연인 툴라와의 총격 사건으로 손가락 일부를 잃고 충격에 빠져 그의 심신은 바닥까지 치달았다. 결국 1908년 코펜하겐에서 약 9개월간 정신과 치료를 받은 후에야 간신히 진정할 수 있었다.

1909년에 정신과 치료를 마치고 노르웨이로 돌아온 후, 1916년 오슬로 교외의 에켈리Ekely에 정착하면서 그의 작품과 삶, 모두가 180도 달라졌다. 물론 집에 드나드는 모델들과 약간의 관계도 있었지만, 의사의 조언대로 잦은 외부 접촉을 피하고, 술을 끊으며 마지막까지 작품 활동에 매진했다. 특히 생의 마지막에는 자신의 아이와 같은 그림들이 전쟁 통에 사라지지나 않을까 걱정하면서…. 1944년 1월, 80세의 생일 1개월이 지난 후 그는 낮잠을 자던 중 조용히 삶을 마감했다.

총 맞은 왼손의 엑스레이 필름
1902
© Munch Museum
/Munch-Ellingsen Group
/BONO 2014(뭉크 미술관 소장)

뭉크의 묘지
오슬로 시내
Vår Frelsers Gravlund의
뭉크 묘지

그의 평생에 있어 그림은 자신의 내면을 위로하는 치유의 수단이자(〈생의 프리즈〉 시리즈), 자신의 현재를 조명하는 과정이었다(자화상). 또한, 창작에 대한 끝없는 열정은 나이가 든 이후에도 변하지 않았다. 평소 엄청난 독서량과 관찰력, 끊임없는 호기심과 도전 정신은 그의 창작열과 함께 작품 세계를 넓고 깊게 발전시키는 원동력이었다.

또한, 우리가 뭉크를 단순한 화가로만 볼 수 없는 이유 중 하나는 그의 소재 선택과 표현에서 보이는 다양한 시도에 있다. 대표작들은 유화, 수채화, 드로잉뿐만 아니라 석판화, 에칭, 드라이포인트, 목판화, 헥토그라피 등으로도 재창조되었다. 자신의 작품을 다른 버전으로 소유하려는 목적도 있었지만, 작품에 대한 끝없는 도전과 열정이 더 컸다고 볼 수 있다. 심지어는 조각, 사진, 만평, 시, 다큐멘터리 필름까지 남아 있을 정도로 그의 창작 분야는 무궁무진했다. 그래서 뭉크를 단순한 화가, 그래픽 아티스트를 넘어선 '진정한 종합 예술가'라고 불러야 할 것이다.

ULK지에 실린 뭉크가 그린 만평
1892
© Munch Museum
/Munch-Ellingsen Group
/BONO 2014(뭉크 미술관 소장)

뭉크 작품의 시대별 이해

뭉크의 작품들은 제작 시기와 그 당시의 미술사적 경향에 따라 총 3단계의 변화를 겪는다. 작품을 이해하기 위해 시대별로 작품의 경향을 간단히 살펴보자.

❶ 초기(1880~1892)

당시 노르웨이의 화풍은 사실주의가 강했고, 뭉크의 초기작들 역시 스승이었던 사실주의 화가 크리스티안 크록의 영향을 받았다. 물론 1890년대 초반까지는 프랑스 유학을 거치며 인상주의, 상징주의를 결합한 자기만의 스타일을 만드는 데 주력했다. 시발점이 된 작품은 〈병든 아이〉(1886)로, 15살 때 누나 소피를 잃은 기억을 자신의 스타일로 재현하였다. 발표 후 한동안 〈병든 아이〉는 사실주의 치하의 화단에서 강한 비판의 대상이었으나, 앞으로 그의 표현주의적 세계가 어떻게 펼쳐질지 알려 주는 신호탄과 같은 존재였다. 물론 〈라파예트 거리〉(1891)처럼 프랑스 인상주의의 영향을 받은 작품들도 종종 보인다.

라파예트 거리
유화, 1891
© Oslo Nasjonalmuseet/Munch-Ellingsen Group/BONO 2014(오슬로 국립미술관 소장)

② 중기(1893~1908)

〈절규〉(1893~1895), 〈마돈나〉(1894), 〈사춘기〉(1893)를 비롯한 뭉크의 대표 작품들이 줄줄이 쏟아져 나온 시기. 특히 이 시기의 작품들은 사랑, 이별, 우울, 허무 등의 대표적 주제를 가지는데, 이를 합해 〈생의 프리즈〉라 한다. 매년 여름을 보냈던 오스고르스트란드의 풍경, 어린 시절의 기억, 내면의 상태, 여자와의 관계, 세기말의 공포와 허무, 오슬로 보헤미안의 영향이 작품 안에 고스란히 녹아 있다. 〈목소리〉(1893) 이후부터는 초기의 기본기를 바탕으로, 본격적으로 자신의 기억과 내면을 융합시킨 강렬한 색채와 붓 터치의 표현주의 화풍을 확립해 나갔다. 뭉크를 표현주의의 대표 화가라고 부르는 것도 이 시기의 작품들 때문이다.

이때 그의 작품 세계에는 3명의 대표적인 여자가 있었다. 〈목소리〉(1893)와 〈생명의 춤〉(1899)의 주인공인 첫사랑 밀리 타울로 Milly Thaulow, 〈마돈나〉(1893)의 뮤즈 다그니 유엘Dagny Juel, 폭풍우같이 교제했던 툴라 라르센Tulla Larsen이다. 특히 툴라와의 관계는 1900년대 초반 작품들에 크게 영향을 미쳤다. 〈마라의 죽음 II〉(1907)은 이별의 상처로 고생한 그의 모습을 강한 가로세로 선의 붓 터치로 극명히 보여준다.

또한, 작품의 영역이 캔버스를 벗어나 판화를 비롯한 '그래픽 아트'로 확대되었다. 〈병든 아이〉는 1890년대 말 석판화로 만들어진 첫 작품이기도 했으며 이후 그의 히트작들로 확대되었다. 그가 개발한 판화 기법 중, 판화 원본을 잘라서 퍼즐처럼 맞춘 후 각기 다른 색으로 찍어 내는 채색 목판화는 판화 기술의 정수라 부를 만하다.

마돈나
채색 석판화, 1895/1902

마라의 죽음 II
유화, 1907

③ 후기(1910~1943)

1908년 가을부터 약 9개월간 정신과 치료를 받은 후, 그의 작품 세계는 또 다른 전기를 맞는다. 이때 오슬로 대학교를 위해 제작한 대형 벽화 〈해〉, 〈역사〉 등은 그 전보다 밝은 색채를 사용하고, 강렬함이 덜해 염세주의적 성향이 크게 수그러들었음을 엿볼 수 있다. 또한 내면의 표현보다는 자연 친화적인 표현으로 조금 더 선회하는 경향도 보였다. 1928년에는 초콜릿 브랜드 프레이야 Freia의 직원 식당에 12점의 벽화를 그리기도 했는데, 이때 그린 〈생의 프리즈〉 작품들 역시 기존보다 완전히 순화되어 있다. 그의 표현주의적 강렬함은 1900년대 초반 대두된 입체파, 미래파의 영향을 받아 새로운 방향으로 발전했는데, 특히 같은 주제의 그림이 완전히 다른 모습으로 재편되기도 했다.

1940년대에는 '죽음과 삶의 경계'를 나타낸 자화상과 폭격당하는 조국을 걱정하는 내용의 그림들로 삶의 마지막을 예시했다. 〈시계와 침대 사이〉(1942)는 삶과 죽음의 경계 사이에 선 자신의 모습을 표현한 대표작이다.

다리 위의 여인들
유화, 1935

시계와 침대 사이
유화, 1942

Grünerløkka
그뤼네뢰카 지구

시내 북동부에 위치한 그뤼네뢰카 지역은 평일과 주말의 분위기가 180도 달라지는, 오슬로 현지 젊은이들에게 가장 사랑받는 명소이다. 처음에는 공장 노동자들의 단체 거주지였으나, 이후 인근의 이민자들과 저렴한 집을 찾던 젊은이들의 영향을 받아 여러 문화가 어우러진 젊음의 지역으로 발전하였다.

낮에는 유모차를 끄는 젊은 주부들과 인근 직장인들이 주를 이루며, 햇살 좋은 날에는 거리의 야외 테이블에서 햇볕을 즐기는 사람들로 떠들썩하다. 또한, 골목골목 숨겨진 작은 숍과 카페들도 나름의 구경거리를 제공한다. 매일 낮에는 식당이었던 곳이 저녁에는 분위기 좋은 바로 변신하는데, 주말 밤에는 오슬로의 2030 세대들이 속속들이 모여들어 '진짜 이상한 밤'이 펼쳐진다. 평소에는 조용하고 수줍던 사람들이 180도 변하기 때문이다. 또한, 일요일 오후에는 비르케룬덴 공원을 중심으로 벼룩시장이 열리는데, 오슬로 사람들의 삶을 더 가까이 느끼기에 부족함이 없다.

유명한 바 앞에는 밤 10시 이후부터 많은 젊은이가 북적거리고, 바 안에 들어가면 발 디딜 틈이 없다. 피크 타임이 되면 바 앞에 긴 줄이 늘어서 있을 정도다. 평소에는 밤 10시에 문을 닫는 편의점과 패스트푸드점도 토요일 밤만큼은 새벽 2시까지 영업하고, 시내로 나가는 밤 12시 반의 막차 트램은 서울 못잖게 만원이다. 숙소로 돌아가는 길에 중앙역행 막차를 탔는데, 그쪽 사람들에 비하면 '호빗족'인 필자, 장대 같은 현지인들 사이에 묻혀서 움직이기도 힘들었다. 오슬로의 손 떨리는 택시비를 피하기 위해 막차에 목숨 거는 모습은 우리네 모습과도 많이 닮아 있었다.

한바탕 불태운 토요일 밤이 지나가고, 일요일 오후에는 가장 큰 벼룩시장이 비르케룬덴 Birkelunden 공원에서 열려 또 한 번 떠들썩해진다.

세 번째 오슬로 방문에서 그 동네 토박이였던 현지인 친구에게 이 벼룩시장을 적극 추천받았다. 보물창고와 같은 이곳에서 필자는 열심히 좋은 아이템을 찾았고, 20NOK짜리 티셔츠를 건져서 오랫동안 잘 입었다. 여기서는 흙 속의 진주를 찾는다 생각하고 눈을 크게 뜨자. 의외로 상태 괜찮은 빈티지 의류와 액세서리 등을 싼 가격에 찾아낼 수 있다. 특히 스타일 좋은 언니들이 판매하는 아이템들 중에는 세련되고 예쁜 것이 많아 '득템'의 재미를 배가시킨다.

LIVE TO RIDE
LAST Garage CHANCE
MOTOR OIL
JUNK
MOPAR
PARTS & ACCESSORIES
TEXAS
66

JACK DANIEL'S
Tennessee
WHISKEY
DRINK COFFEE
dance in the RAIN
SOME
WANT IT
SOME
OTHERS
HAPPEN
NEVER RUN
FASTER
THAN YOUR
GUARDIAN
ANGELS
CAN FLY
Wake me when it's the weekend
2=150 kr

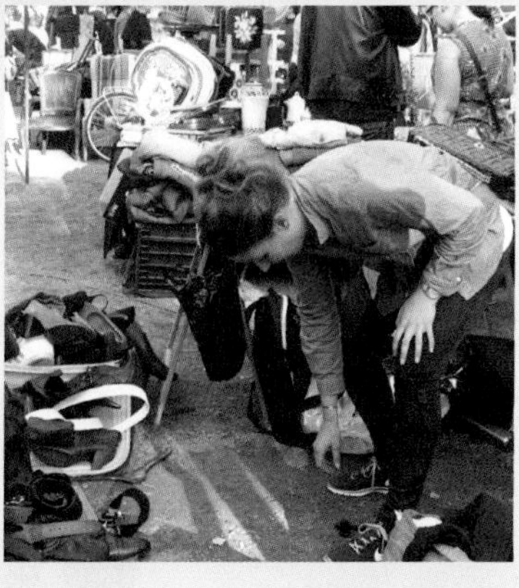

그뤼네뢰카의 불타는 주말 밤, '잘' 즐기는 방법

1. 11번, 12번, 18번 트램을 타고 비르케룬덴Birkelunden부터 이동한 후 슈스 플라스Schous Plass로 내려올 것.

2. 숙박은 밤에도 걸어 이동할 수 있도록 그뤼네뢰카 지역과 되도록 가깝게 잡자. 부득이하게 멀리 잡았다면 12번 트램 정류장 근처로 잡고, 막차 시간 전까지 일정을 끝내고 돌아오는 것이 좋다.

3. 막차 시간은 반드시 알아 두고, 교통권도 미리 구입하자. 오슬로 택시비는 상상 초월이다.

4. 혼자 가도 현지인들 앞에서 당당하다면 친해지는 기회를 만들기에 좋다. 영어 실력이 부족해도 괜찮다.

5. 들어갈 때 신분증 검사를 하는 곳이 있으니 최소한 여권 사본이나 휴대전화로 찍어 둔 사진 준비는 필수.

6. 술값은 잔당 60~150NOK로, 짬짬이 출출할 때를 대비해 약간의 여윳돈을 더 준비하자. 특별히 그 동네의 편의점도 금~토요일은 새벽 3시까지 문을 연다.

7. 피크 시간은 밤 12시이며, 새벽 3시경에 파장 분위기다.

8. 오슬로의 대표 맥주는 프뤼데룬트Frydelund와 보르크Borg이다. 국민 맥주인 링네스Ringnes도 역시 인기 만점. 다른 술보다 가격이 저렴한 편이다.

Yeah!
Friday Night

그뤼네뢰카의 명소, 현지인 강추!

동네 인기 최고 명소

웨이 다운 사우스Way Down South
오슬로에서 가장 맛있는 '치맥'을 먹고 싶다면!

파르크테아트렛Parktheatret
라이브 극장.

그뤼네뢰카 브뤼후스Grünerløkka Brygghus
자가 맥주 제조.

닥터 크나입스 빈바Dr. Kneipp's Vinbar
차분한 분위기, 좋은 와인 한잔과 함께 하루를 마감하며~

빌라 파라디소Villa Paradiso
현지인들이 줄 서서 먹는 피자집에서 맛있게 한 판.

팀 웬들보Tim Wendelboe
바리스타 챔피언의 커피와 함께하는 잠깐의 여유!

비르케룬덴 벼룩시장 쇼핑 로컬명소

약간의 현금을 준비하자. 흥정도 가능하다.

Open 일요일 12:00~18:00(겨울 시즌은 일몰 시까지)
Access 11번, 12번, 18번 트램을 타고 비르케룬덴Birkelunden 정류장에서 내려 공원으로 들어간다. 버스 이용 시 30번 버스로 같은 이름의 정류장에서 하차.

닥터 크나입스 빈바 Dr. Kneipp's Vinbar 바 즐길거리

미국의 와인 전문지 《와인 스펙테이터》에서 주최하는 'Awards of Excellence'를 9번이나 수상한, 노르웨이를 대표하는 와인 바로 이름이 높다. 명성에 걸맞게 와인 리스트도 최고. 그뤼네뢰카 지역 특유의 시끌벅적한 분위기에서 벗어나 좀 더 차분하고 편안한 분위기에서 하루를 마감하기에 좋다. 직원들도 친절하며, 원하는 가격대와 취향에 맞는 와인도 잘 추천해 준다. 옆 건물의 부속 레스토랑 역시 와인과 음식 모두 최고이며 가격대는 조금 더 높다.

Address Torvbakkgate 12
Tel 22 372 297
Open 화~수 16:00~23:00, 목~토 16:00, 24:30
Close 일요일, 7/3~8/12의 월요일
Access 11번, 12번, 18번 트램을 타고 Schous Plass 정류장 하차, Leirfallsgaten 길로 접어든 후 길 끝에서 우회전해 오른쪽.
Cost 와인 잔당 95~250NOK, 치즈 3종류 210NOK
Web www.markveien.no

팀 웬들보 Tim Wendelboe 카페 로컬명소

2004년 바리스타 세계 챔피언, 팀 웬들보가 직접 운영하는 전 세계 유일의 에스프레소 바. 오슬로에서 가장 맛있는 커피를 마실 수 있는 곳으로 첫손 꼽힌다. 최고의 커피로 행복한 오후를 보내고 싶다면, 매일 커피 없이 못 산다면 반드시 들르자. 전 세계에서 직접 들여와 로스팅한 원두도 취향대로 구입할 수 있다. 블렌딩한 원두가 아닌, 지역과 농장의 특성을 살린 여러 지역의 '싱글 에스테이트' 원두를 철철이 판매하고 있어 고르는 재미도 남다르다. 최근에는 실내 배치가 조금 바뀌면서 앉아서 마실 곳이 더 늘어났다. 여름에는 카페 프레도를 비롯한 냉커피 메뉴를 즐길 수 있다.

Address Grüners gate 1
Tel 40 004 062
Open 월~금 08:30~18:00, 토 · 일 11:00~17:00
Close 1/1, 부활절 전 금요일~당일, 12/24~26, 그 외 부정기적
Access 트램 11번, 12번, 13번을 타고 Olaf Ryes plass 정류장에 하차 후, 공원 방향의 Grüners gate를 따라 직진하여 공원 다음 블록에서 왼쪽.
Cost 커피 50~65NOK(종류에 따라 다름), 4종 테이스팅 180NOK, 원두 250g 135~ 200NOK
Web www.timwendelboe.no

오슬로의 숙소
Olso Accommodations

일정이 짧거나 중심가 위주의 일정이라면 카를 요한스 거리, 주말에 그뤼네뢰카 지역에서의 나이트 라이프를 즐길 예정이라면 중앙역과 12번 트램 노선이 가까운 곳에 숙박을 하는 것이 좋다. 공식 유스호스텔은 유스호스텔증 소지 시 숙박비가 10% 할인된다.

※ 요금은 호스텔의 경우 도미토리, 호텔은 스탠더드 2인실 기준.

안케르 호스텔
Anker Hostel

트램 5개 노선이 연결되는 교통 좋고 저렴한 숙박업소로 인기 최고. 그뤼네뢰카 지구나 중앙역에서 도보 이동이 가능해 주말에는 항상 만원이다. 방 안에 주방 시설이 있고 식기는 보증금을 내고 빌려야 한다. 자리가 없을 경우 그뤼네뢰카 지구에 위치한 2호점(Københavngata 10)도 괜찮다.

Address Storgata 53
Tel 22 997 200
Cost 250NOK~(조식, 시트 별도)
Web www.ankerhostel.no
2호점 아파트 www.ankerapartment.no

하랄드쉐임 공식 유스호스텔
Haraldsheim Vandrerhjem

시내 중심가에서 다소 멀리 떨어져 있지만, 훌륭한 시설과 조용한 환경, 푸짐한 아침 식사로 늘 인기가 많다. 시내에서 17번 트램, 공항에서 FB1, 3번 버스로 직접 연결된다. 연말연시를 제외하고 연중 운영한다.

Address Haraldsheimveien 4
Tel 22 222 965
Cost 320NOK~(조식, 시트 포함)
Web hihostels.no

사가 호텔 센트럴
Saga Hotel Central

사가 호텔에서 소규모의 도미토리로 운영하는 시내 중심가의 중급 호텔. 도미토리는 2022년 이후 단 12명만 예약이 가능해져서 예약 경쟁이 늘 치열하다. 중앙역에서 도보 이용 가능.

Address Kongens gate 7
Tel 23 100 800
Cost 345NOK~(시트 포함), 호텔 800NOK~
Web www.sagahoteloslocentral.no

시티박스
City Box

꼭 필요한 시설만 갖춘 중앙역 근처의 저가 호텔. 청소나 다른 부대 서비스가 거의 없는 편이다. 2인 이상 함께 묵을 때 호스텔과 비슷한 가격으로 이용 가능. 체크인 및 결제는 기계로 진행하는 점 기억하자. 베르겐에 분점이 있다.

Address Prinsen gate 6
Tel 21 420 480
Cost 700NOK~
Web www.citybox.no

페르미날렌 호텔
Perminalen Hotell

중앙역에서 도보 이동 가능한 위치. 덕분에 비싸지만 인기가 많은 편이다. 수용 인원이 많지 않으니 예약은 필수. 현지 군인들이 많이 이용하는 곳으로도 소문났다.

Address Øvre Slottsgate 2
Tel 09 642 0470
Cost 455NOK~, 2인실 990NOK~(조식 별도, 시트 포함)
Web www.perminalen.no

코크스 펜쇼나트
Cochs Pensjonat

왕궁 뒤편에 위치한, 조용하고 깔끔한 저가형 호텔. 시내 최고의 쇼핑가인 프롱네르 지구나 마요르스투아 지역과 가까워 여유 있게 여행을 즐기기에 좋다. 욕실은 공동 사용이다.

Address Parkveien 25
Tel 23 332 400
Cost 800NOK~
Web www.cochspensjonat.no

스칸딕 호텔 빅토리아
Scandic Hotel Victoria

시청 근처에 위치한 현대식 호텔. 위치도 괜찮고 시설도 평이한 수준이다. 아케르 브뤼헤 지역과 가까워 근처에서 생선 요리 전문 레스토랑을 쉽게 접할 수 있다.

Address Rosenkrantzgate 13
Tel 24 147 700
Cost 1,200NOK~
Web www.scandichotels.no

P-호텔
P-Hotel

중심가에서 저렴한 요금으로 이용 가능한 중급 호텔. 아침 식사는 봉투에 담아 방까지 배달해 준다. 방 크기가 많이 작지만, 좋은 위치가 보완한다.

Address Grensen 19
Tel 23 318 000
Cost 700NOK~
Web www.p-hotels.no

베스트 웨스턴 카를 요한
Best Western Karl Johan

카를 요한스 거리에 위치해 시내 중심가 위주의 일정에 편리하다. 하지만 다소 시끄러울 수 있다는 단점도 감안하자. 가족 여행객이 지내기에 좋다.

Address Karl Johans gate 33
Tel 23 161 700
Cost 1,000NOK~
Web www.karljohan.no

톤 호텔 테르미누스
Thon Hotel Terminus

중앙역 근처에서 저렴하게 묵고 싶을 때 좋다. 방 크기가 작고 어메니티 지급이 거의 없는 것이 단점. 요일별로 가격 차이가 크다. 이와 비슷한 곳으로 같은 체인의 스펙트룸(Brugata 7)이 있으며 가격 역시 비슷한 수준이다.

Address Stenersgaten 10
Tel 22 056 000
Cost 1,300NOK~
Web www.thonhotels.com

스칸딕 호텔 오슬로 시티
Scandic Hotel Oslo City

비즈니스 호텔로 인기 높은 중앙역 바로 옆에 위치한 호텔. 늦게 도착했거나 일찍 이동이 필요할 때, 시내 교통 이동이 잦을 때 추천한다. 금~토요일에는 가격이 떨어지니 저렴하게 묵고 싶으면 눈여겨보자.

Address Europarådets Plass
Tel 23 104 200
Cost 1,100NOK~
Web www.scandichotels.no

클라리온 호텔 로열 더 허브
Clarion Hotel The Hub

중앙역 건너편, 오슬로 시티 쇼핑몰 옆에 위치해 있다. 시설에 비해 다소 비싼 감이 있지만, 리노베이션한 지 오래되지 않아 깔끔한 편이다. 위치만큼은 최고다.

Address Biskop Gunnerusgate 3
Tel 23 108 000
Cost 1,500NOK~
Web www.choicehotels.com

스칸딕 호텔 뷔포르텐
Scandic Hotel Byporten

중앙역 바로 옆 뷔포르텐 쇼핑몰 안에 위치해 있어 교통과 쇼핑 면에서 모두 편리하다. 편안한 인테리어와 시설도 만족스럽다. 단 친환경 호텔을 표방하고 있어 방에 냉장고나 일회용품이 없는 것이 다소 불편할 수 있다.

Address Jernbanetorget 6
Tel 23 155 500
Cost 1,200NOK~
Web www.scandichotels.no

더 치프 호텔
The Thief Hotel

아스트루프 펀리 미술관 근처에 들어선 특급 호텔 및 스파. 통창을 최대한 이용한 채광과 마룻바닥이 어우러진 인테리어가 북유럽다운 편안함을 준다. 고층부 방에서는 항구의 전망도 놓칠 수 없다. 루프탑 바와 스파 역시 이곳의 매력.

Address Landgangen 1
Tel 24 004 000
Cost 2,500NOK~
Web www.thetheif.com

라디손 블루 플라자 호텔
Radisson Blu Plaza

가장 아름다운 객실을 보유하고 있는 대형 호텔. 모든 객실이 넓고 흠잡을 데 없이 훌륭하다. 37층의 규모와 높이는 시내 전망을 감상하기에 좋고, 위치 역시 관광과 이동에 만족스럽다.

Address Sonja Henies plass 3
Tel 22 058 000
Cost 2,000NOK~
Web www.radissonblu.com

호텔 브리스톨
Hotel Bristol

1920년에 문을 연 이래 시내 최고의 호텔이었지만, 지금은 다소 가라앉았다. 하지만 좋은 서비스와 넓은 실내는 왜 유명했는지를 보여 준다. 라이브러리 바와 정원은 많은 유명 인사의 사교장으로도 유명하다.

Address Kristian IVs gate 7
Tel 22 826 000
Cost 2,000NOK~
Web www.hotelbristol.no

콘티넨탈
Continental

세계적인 유명 인사들이 머무는 최고급 호텔. 고풍스러운 장식과 현대적 인테리어가 묘한 조화를 이루는 전통 있는 곳이다. 다양한 크기와 디자인의 객실을 보유하고 있으며, 콘티넨탈 스위트는 노르웨이 최고로 통한다. 레스토랑 역시 최고 수준.

Address Stortingsgaten 24~26
Tel 22 419 060
Cost 2,500NOK~
Web www.hotel-continental.no

그랜드 호텔
Grand Hotel

1874년에 문을 연 이래 오슬로의 랜드마크로 자리 잡은 대표적인 호텔. 특히 입센과 뭉크, 난센을 비롯한 유명 인사들이 문턱 닳도록 드나들었던 곳으로 유명하다. 지금은 노벨 평화상 수상자들과 관계자들이 묵는 명소 중의 명소다. 1층 카페에서의 식사도 괜찮은 편이다.

Address Karls Johans gate 31
Tel 23 212 000
Cost 2,000NOK~
Web www.grand.no

Tip
그랜드 호텔의 1층에 있는 카페 '그랜드 카페'는 1800년대 말에 입센, 뭉크, 스트린드베리를 비롯한 '오슬로 보헤미안'의 대표적인 모임 장소였다. 특히 입센은 매일 아침 11시마다 출근 도장을 찍었을 정도. 그가 즐겼던 메뉴는 애쿼비트와 청어. 지금도 그의 자리는 '입센의 자리'로 보존되어 있다.
Cost 오늘의 3코스 880NOK, 단품 260~650NOK
Web www.grandcafeoslo.no

베르겐

베르겐
Bergen

'대항해시대'라는 게임을 해 본 사람이라면 베르겐을 모를 수가 없다. 12세기부터 약 200년간 노르웨이의 수도로 나라 전체를 호령했으며, 오슬로로 수도가 옮겨 간 이후에는 한자 동맹을 통해 19세기까지 북해와 발트 해 전체를 주름잡은 해상무역의 중심지로 명성을 떨쳤다. 지금은 그 영화가 세계문화유산으로 남아, 피요르드와 중세의 여러 흔적을 볼 수 있는 관광의 중심지로써 많은 인기를 누리고 있다. 700년이 넘는 세월 동안 '바다의 강자'로 군림했던 흔적과 노르웨이 어업의 중심 도시로서의 현재 모습을 함께 느껴 보자.

여행하는 방법

유용한 홈페이지
베르겐 관광 공식 안내 www.visitbergen.com

관광 안내소
스트란드카이 페리 터미널 바로 옆 건물에 위치한다. 각종 관광 안내와 티켓 예약, 숙소 소개, 간단한 환전 등이 가능하다. 공항 안에도 지소가 있다.

Address Strandkaien 3
Tel 55 552 000
Open **6~8월** 08:30~22:00, **5 · 9월** 09:00~20:00, **10~4월** 09:00~16:00
Close 11~2월의 일요일, 부활절, 12/24~26, 12/31, 1/1(공항 내 안내소 제외)
Email info@visitbergen.com

유용한 정보지
베르겐 가이드 Bergen Guide
시내 지도, 관광지, 음식점, 숙소, 피요르드 투어 등의 자료가 많다.

환전소
관광 안내소에서 환전이 가능하지만 환율이 좋지 않다. 시내 Nordea, DnB 등의 시중 은행 ATM을 이용하는 것을 추천한다.

우체국
중앙 우체국
Address Starvhusgaten at Christes gate
Open 월~금 09:00~18:00, 토 10:00~15:00
Close 일요일, 공휴일
Access 경찰서 건너편 EXHIBITION 쇼핑몰 2층. Marken 거리의 Coopr Prix 슈퍼마켓 안에도 작은 규모의 우체국이 있다.

경찰서
Address Starvhusgaten at Christes gate
Access Marken 길을 나와 다음 블록의 큰 건물.
Open 08:00~16:00(목 ~20:00)

슈퍼마켓
레마 1000 Rema1000 : 스트란드카이 페리 터미널 앞, 마르켄 호스텔 근처, 피그말리온 식당 건너편.
쿱 Coop : 마르켄 호스텔 근처(우체국 포함), 버스 터미널 내 쇼핑센터.
메니 MENY : 버스 터미널 내 쇼핑센터.
아시안 마트 Lien Asiatisk Matvare : 중앙역 건너편.

당일 짐 보관
기차역, 버스 터미널, 스트란드카이 페리 터미널 내 코인 로커 이용 가능.

가는 방법

노르웨이에서는 기차와 버스, 기타 유럽 국가들에서는 항공편과 페리 이용 가능. 특히 피요르드 지역을 이어 주는 다양한 교통편이 베르겐에서 발착한다.

항공
베르겐 시내에서 남서쪽으로 약 19km 떨어진 곳에 있는 플레스란드 공항Flesland Lufthavn. 메인 항공사인 SAS와 계열사 비데뢰, 저가 항공 노르웨지안과 부엘링이 유럽의 주요 도시를 연결한다. 한국에서는 영국항공(브리티시에어웨이), KLM, 핀에어(5월 말~9월, 스톡홀름 1회 중간 기착) 등의 경유편 노선을 통해 이동할 수 있다.

플레스란드 공항→시내
❶ **공항버스 플뤼부센** Flybussen
공항과 시내를 연결하는 빠르고 편한 교통수단으로, 홈페이지 구입 시 더 저렴하다. 자동판매기나 홈페이지에서 미리 티켓을 구입하자.

운행 **공항→시내** 월~금 07:50~23:15, 토 09:30~18:30, 일 10:30~23:15
시내→공항 월~토 04:30~19:30, 일 07:50~19:30(버스 터미널 기준)
Time 버스 터미널 U번 정류장까지 약 30분, 어시장까지 약 35분.
Cost 성인 189NOK(15세 이하 어린이 4인 동반 무료), 학생 119NOK
※ 홈페이지 구입 시 169NOK
Web www.flybussen.no

❷ **트램** Bybanen

가장 저렴한 요금으로 시내 연결이 가능하다. 공항 도착층에서 엘리베이터로 한 층 내려가 트램 정류장에서 탑승한다. 자동판매기, Skyss 애플리케이션에서 미리 티켓을 구입해 탑승하자. 주말, 공휴일에 한해 어린이 4인 동반 무료.

운행 **공항→시내** 월~목 · 일 05:10~24:00, 금 · 토 05:10~03:10
시내→공항 월~목 · 일 05:40~01:00, 금 · 토 24시간

Time 시내버스 터미널, 중심가 Byparken까지 약 45분 소요

Cost 시내 구간 1회권 44NOK

페리

덴마크 히르샬행 피요르드 라인, 연안 여객선 후티루텐은 시내 남쪽의 베르겐 항구에서 출도착하며, 항구까지는 중심가에서 도보로 15~20분 정도 소요된다.

플롬행 고속 페리 노선은 시내 중심가에 있는 스트란드카이 페리 터미널Strandkaiterminalen에서 발착하며, 터미널까지는 시내 중심가에서 바로 연결된다.

기차

오슬로 중앙역에서 하루 5~6회 정도 정기편이 운행되며, 주간은 6시간 40분, 야간은 8시간 정도 소요된다(일~금 운행). 송네피요르드 노선에서 주로 이용하는 보스행, 뮈르달행도 같이 발착한다. 시내 진입 시 중심가까지 충분히 도보로 이동 가능하며, 약 10~15분 정도 소요된다. 시내에서 트램 이용 시 Nonneseter 정류장에서 하차 후 옆쪽 문으로 들어갈 것.

티켓 판매소 월~금 06:45~19:15, 토 · 일 07:30~16:00

버스

오슬로, 스타방게르, 송달, 스트륀, 올레순, 트론헤임 등의 여러 지역에서 버스를 이용해 이동할 수 있으며, 피요르드 지역 이동 시에 유용하다. 장거리 지역 버스는 G · O번 정류장, 공항버스는 R(공항행), U(시내행) 정류장에서 발착한다. 시내에서 트램으로 이동 시 Bystasjonen 정류장에서 하차 후 도보로 이동할 것. 버스 터미널 건물에는 대형 쇼핑센터가 위치해 있어 이동 전후에 쇼핑하기 좋다.

시내 교통

시내 중심가는 모두 도보로 충분히 이동할 수 있다. 단, 몬타나 공식 유스호스텔, 트롤하우겐 등의 일부 외곽 지역으로 이동할 때에는 버스와 트램 Bybanen을 이용한다. 1회권이나 24시간권 등의 티켓은 트램 정류장의 자동판매기와 Skyss 애플리케이션, 편의점에서 구입할 수 있다. 구입한 교통권은 버스와 트램, 둘 다 이용 가능하다. 단, 어디서 구매하느냐에 따라 약간의 가격 변동이 있다.

Cost **1회권 Enkel** 자동판매기 구입 시 44NOK, 기사에게 구입 시 64NOK(1시간 내 자유 환승 가능)
24시간권 Dagskort 110NOK

Web www.skyss.no

베르겐 카드 Bergen Card

시내 대부분의 박물관, 버스, 트램, 플뢰옌산으로 가는 등산 열차를 비롯한 다양한 서비스를 정해진 시간 동안 마음껏 이용할 수 있다. 관광 안내소와 시내 호텔, 유스호스텔, 기차역, 페리 터미널에서 구입 가능. 단, 한자박물관 입장은 제외되며 트롤하우겐과 플뢰옌산 등산 열차 이용 시에는 할인이 적용된다.

Cost 24시간권 380NOK, 48시간권 460NOK
(3~15세 60% 할인, 학생 · 노인 20% 할인)

베르겐 시내, 이렇게 보자

보통 피요르드 관광의 기착점으로 반나절 정도 베르겐에 머무는 경우가 많다. 하지만 베르겐 시내에는 절대 놓칠 수 없는 것이 많다. 특히 브뤼겐 지구 주변의 여러 장소와 국립미술관처럼 방대한 관광지는 베르겐을 이해하려면 시간을 들여 천천히 둘러보는 것이 좋다.

시내의 중요 관광지 정도만 둘러본다면 최소 반나절에서 하루가 소요된다. 거기에 국립미술관과 트롤하우겐, 울리켄 산을 비롯한 반나절 이상이 소요되는 곳을 추가하면 2일, 하르당에르나 송네피요르드 투어까지 진행 시 3~4일이 필요하다.

시내 여행까지 하루 일정으로 진행 시 국립미술관, 트롤하우겐 중에 한 곳을 선택해 반나절 정도 본 후 나머지 시간에 시내 일정을 진행하자. 시내의 관광지들은 대부분 항구와 중심가에 모여 있어 충분히 도보로 이동할 수 있다. 하지만 트롤하우겐처럼 외곽에 있는 곳들은 반드시 대중교통으로 이동해야 하는 점도 감안해 계획을 짤것.

베르겐에서 놓치지 말자

1 10세기부터 지금까지, 북해 바다와 북유럽 전체를 주도한 베르겐의 저력을 되새겨 보기.

2 오슬로에서 느낀 뭉크와 달의 감동, 여기서 한 번 더 느껴 보자.

3 북유럽의 음악 세계를 주도한 사람들의 흔적 찾기.

추천 코스

시내 관광 안내소 → 어시장 → 베르겐후스(호콘 홀, 로젠크란츠 타워) → 브뤼겐 지구 및 한자 박물관 → 국립미술관 또는 트롤하우겐 → 플뢰옌 산 왕복

예상 소요 시간 : 약 6~8시간

베르겐
Bergen
Skanselien
Ladegårdsgaten
Nye Sandviksveien
Heggebakken
Kong Oscars gate
Strømgaten
Marken
Kaigaten
Øvregaten
Bryggen
Torget
Strandkaien
C. Sundts gate
Strandgaten
Markeveien
Teatergaten
Engen
Nøstegaten
Nøstegaten
Håkonsgaten
Vaskerelven
Neumanns gate
Torggaten
Olav Kyrres gate
Christies gate
Rådhusgaten
Starvhusgaten
Domkirkegaten
Lille Øvregaten
Nedre Korskirkeallmenningen
Vetridsallmenningen
Finnegårdsgaten
Rosenkrantzgaten
Nikolaikirke Almenning
Dreggsallmenningen
Festningkaien
Nygårdsgaten
Fosswinckels gate
Lars Hilles gate
Rasmus Meyers allé
Fjøsangerveien
Torgallmenningen
Øvre Ole Bulls plass
시티 호스텔 베르겐
City Hostel Bergen
쿱 Coop
쿱 프릭스
Coop Prix
우체국
그랜드 호텔 터미누스
Grand Hotel Terminus
베르겐 중앙역
Bergen Sentralstasjon
시립 도서관
버스 터미널
Byterminalen
쿱 Coop
메니 Meny
아시안 마트
Lien Asiatisk Matvare
Lille Lungegård svannet
뤼스베르켓
Lysverket
KODE 4
KODE 3
그리그 홀
Grieghallen
레마 1000
Rema 1000
시티박스
Citybox
베르겐 국립미술관
Bergen Kunstmuseum, KODE 2
KODE 1
(정식미술 파트)
St. Paul Menighet
베르겐 대학교
Universitetet i Bergen
그리그 동상
중앙 경찰서
Politihus
노르데아 은행
Nordea
중앙 우체국
Posten
레마 1000
REMA 1000
카페 미스욘
Kaffemisjonen
공항버스 정류장
쇠스트레네 하겔린
Søstrene Hagelin
스칸딕 토르예
Scandic Torget
피그말리온
Pygmalion Økocafe& Gallery
실내 어시장
Fish Me
관광 안내소
어시장
Fisketorget
페리 터미널
스트란드카이 국내선
Strandkai
뎃 릴레 카페콤파니엣
Det lille Kaffekompaniet
플뢰엔 산 등산 열차
Fløibanen
뎃 한세아티스케 호텔
Det Hanseatiske Hotell
하도그 가게
Trekroneren
한자 박물관
Hanseatiske Museum
(메인 파트)
브뤼겐 지구
Bryggen
한자 박물관
Schøtstuene
(부속 파트)
라디손 블루 로열 호텔
Radisson Blu Royal Hotel
(공항버스 정류장)
클라리온 호텔 어드미럴
Clarion Hotel Admiral
페리 승선장
Bergen Port
(베르겐 항구)
국제선, 후티루틴
세인트 메리 교회
브뤼겐 박물관
BryggensMuseet
로젠크란츠 타워
Rosenkrantztårnet
호콘 홀
Håkonshallen
베르겐후스
Bergenhus Festning
우체국
아쿠아리움

어시장 Fisketorget

관광명소 쇼핑

베르겐을 가장 베르겐답게 만들어 주는 대표적인 곳으로, 300년이 넘는 역사를 지닌 곳이다. 연어를 중심으로 노르웨이 근해에서 많이 잡히는 생선과 그 가공품들을 맛보고 구입할 수 있다. 지금은 과일, 야채, 꽃, 기념품, 의류 등도 함께 판매하고 있어 종합 시장에 가깝다. 본격적인 영업은 아침 9시 이후부터 시작된다. 관광 안내소 건물에 위치한 실내 어시장 Fish Me도 함께 방문해 보자.

Open **5~8월** 07:00~19:00, **9~4월** 07:00~16:00
실내 어시장 4/15~10/14 08:00~23:00, **10/15~4/14** 월~토 10:00~22:00
로컬 농산물 마켓 토 10:00~16:00
Close 9~4월의 일요일
Access 시내 관광 안내소에서 중심가 방향으로 나와 왼쪽. 비수기에는 관광 안내소 1층과 실내 어시장 중심으로 운영.
Web 실내 어시장 www.fishme.no

베르겐 국립미술관 Bergen Kunstmuseum, KODE

미술관

장식미술 중심의 KODE 1, 컨템포러리 중심의 KODE 2(슈테네르센 컬렉션), 19~20세기 초 작품 중심의 KODE 3(라스무스 마이어 컬렉션Rasmus Meyers Samlinger), 전 세계의 작품이 전시된 KODE 4(뤼스베르켓Lysverket)로 나뉘어 있다. 가장 볼만한 곳은 KODE 3으로, 베르겐에서만 볼 수 있는 뭉크의 작품 50점이 별도로 전시되어 있다. 특히 음반 재킷으로도 쓰였던 〈여름 밤〉, 〈카를 요한 거리의 저녁〉, 〈다리 위의 여인들〉 같은 초기와 중기 작품들, 〈절규〉의 또 다른 버전을 만날 수 있다. KODE 4에 전시된 현대 작품들과, 달Dahl과 크록Christian Krohg의 베르겐 관련 작품들도 눈여겨보자. 베르겐에서 일정이 여유 있거나 미술에 관심 많다면 추천한다. 현재 KODE 4는 공사 중.

Address Rasmus Meyers alle 3-10(KODE2~4), Nordahl Bruns gate 9(KODE1)
Tel 55 568 000
Open **전관 5~9월** 화~일 10:00~17:00(목~20:00), **10~4월** 수~금 11:00~18:00, 토·일 11:00~16:00
Close 9/15~5/16의 월요일, 12/25, 1/1, 5/1, 5/17
Access 경찰서 앞에서 Olav gate를 따라 내려가 분수가 있는 호숫가 오른쪽 옆에 위치.
Cost 성인 175NOK, 학생 100NOK, 17세 이하 무료
※ 베르겐 카드 소지 시 5~9월은 25% 할인, 그 외 기간 무료
Web www.kodebergen.no

베르겐후스 Bergenhus Festning

관광명소 뷰포인트

베르겐 끝자락에 있는 13세기 중반에 지어진 바닷가의 요새. 그 안에는 왕궁 및 연회장, 채플, 대주교관 등이 화려했던 시대를 증명해 주고 있다. 호콘 홀과 로젠크란츠 타워, 최근에 개설된 저항 박물관 정도만 일반인에게 개방 중이며, 나머지 건물은 겉모습만 볼 수 있다. 트레일 지도를 받아 한 바퀴 돌아보자.

Access 브뤼겐 지구에서 끝자락에 위치.
Open 06:30~23:00
Web www.bymuseet.no
www.forsvarsbygg.no

Bergenhus Festning

로젠크란츠 타워 Rosenkrantztårnet

뷰포인트 관광명소

호콘 홀과 함께 왕궁의 건물로 지어진 후 1299년까지 왕이 거주했으며, 1560년경 베르겐의 성주였던 에릭 로젠크란츠에 의해 방위를 위한 요새로 바뀌었다. 천장과 바닥을 제외하고 모두 석조로 만들어졌으며, 제2차 세계대전 때 파괴된 후 지금의 모습으로 복원되었다. 여름에는 매일, 그 외 기간에는 매주 일요일 가이드 투어가 있다. 탑 위는 플뢰옌 산 전망대와 함께 시내 전경을 보기 좋은 뷰 포인트로 인기가 높다.

Tel 55 314 380
Open **1 · 3 · 11월** 토 · 일 10:00~14:00, **2월 · 4/2~5/14, 9/16~10/31 · 12월** 10:00~14:00, **5/15~9/15** 10:00~16:00
Close 5/1 · 17, 12/20~1/1, 그 외 부정기적
Cost 성인 140NOK, 학생 70NOK

Bergenhus Festning

호콘 홀 Håkonshallen

관광명소

1261년에 건립 당시 왕이었던 호콘 7세의 이름을 따서 석조 건물로 지어진 이래, 왕의 거주지이자 연회장, 국가적 행사의 공간으로 이용되었다. 1400년대 이후 창고 용도로 쓰이다가 제2차 세계대전 때 독일군의 공격으로 120톤의 다이너마이트가 투하되어 전소되기도 했지만, 1957년에 재건되었다. 지금도 왕실의 연회장이자 공식 행사장으로 이용되며, 매년 5월 말을 화려하게 장식하는 베르겐 인터내셔널 페스티벌의 공연장이기도 하다.

Tel 55 316 067
Open **5/20~9/13** 10:00~16:00, **9/14~5/19** 10:00~14:00, **그 외 기간** 부정기적(행사 기간 등)
Close 5~6월 축제 기간, 12/20~1/1, 5/1 · 17, 부활절 전 일요일~다음 월요일
Cost 성인 120NOK, 학생 90NOK, 어린이 무료

브뤼겐 Bryggen

관광명소 로컬명소 유네스코 영화 · 책 배경

브뤼겐의 뜻은 '항구'로, 베르겐이 존재하는 이유는 바로 이곳에 있다. 13세기 이후에 많은 상인이 브뤼겐으로 들어와 목조건물을 지어 거주지와 창고 등으로 이용했다. 지금의 건물들은 1702년 대화재로 소실된 이후 예전 모습을 살려 재건된 것이다. 1990년 유네스코 세계문화유산으로도 지정되었다. 1955년 화재 이후 지역 주민들의 요구로 남은 건물마저 허물어질 뻔하기도 했으나, 현장 주변에서 11~13세기 유물이 출토되며 본격적인 보존 노력이 진행되고 있다. 애니메이션 〈겨울왕국〉에서 아른델 왕국의 마을 모델로도 등장해 더욱 유명해졌다.

Access 관람 안내소에서 좌회전 후, 베르겐후스 가기 전 나오는 삼각 건물들. 끝에 브뤼겐 박물관과 라디손 블루 로열 호텔이 있다.

한자 박물관 Hanseatiske Museum og Schøtstuene

박물관

현재 가장 잘 보존되어 있는 오랜 역사의 목조건물로, 1820년 이후 박물관으로 조성되었다. 상인들이 직접 생활했던 공간과 가재도구를 비롯한 한자 동맹 시절 사용했던 염장 도구, 장부, 물물교환 칠판, 거래 시 찍었던 직인 등의 다양한 물품이 전시되어 있다. 또한, 조금 떨어진 곳에는 그 당시에 사용했던 부엌 및 식당터 Schøtstuene가 따로 남아 있다. 건물을 보호하기 위해 멀리 떨어진 곳에서만 불을 사용할 수 있었으며, 침실에는 난방 대신 침대 옆에 여닫이문을 달아 바람을 막았다고 한다. 현재 본관의 보존 공사로 대부분 전시물이 식당터로 이전해 전시 중이며, 가이드 투어로 둘러볼 수 있다.

Address Finnegårdsgaten 1a
Tel 55 544 690
Open **1월** 토 · 일 11:00~15:00, **2~4월 · 10~12월** 11:00~15:00, **5~9월** 10:00~17:00
Close 12/24~1/2, 5/17
Access 어시장에서 브뤼겐 방향으로 이동할 때 나오는 첫 번째 건물. 식당은 브뤼겐 박물관 뒤편.
Cost 성인 150NOK, 학생 75NOK, 19세 미만 무료 (베르겐 카드 사용 시 100NOK)
Web www.museumvest.no

브뤼겐 박물관 Bryggens Museet

박물관 유네스코

브뤼겐 지구 내 역사 겸 고고학 박물관. 1955년 화재 이후 13년간 이곳에서 11~13세기 유물 수천 점이 발굴되었고, 중요 장소였던 12세기 집터 위에 1976년에 박물관이 조성되며 지역의 화려했던 역사를 증거하고 있다. 특히 그 당시 주민들이 사용했던 큰 배부터, 각종 가재도구들과 룬 문자 기록까지, 주민들의 발전된 생활상을 파악할 수 있는 자료들이 가득하다. 베르겐후스, 브뤼겐 지구를 돌아보기 전 예습의 목적으로 둘러보는 것을 추천한다. 매년 5월 중순~9월 중순에는 이곳부터 지역 가이드 투어가 진행되며(1인당 160NOK, 영어 투어 11:00), 현재 1950~60년대 발굴 작업에 대한 투어가 진행 중이다.

Address Dreggsalmenning 3
Tel 55 588 010
Open **1/8~5/21 · 10~12월** 11:00~15:00, **5/22~9월** 10:00~17:00
Close 5/1 · 17, 12/23~26, 12/31~1/1, 부활절 전 금요일~부활절 당일
Access 브뤼겐 건물들 맨 끝에 있는 라디손 블루 호텔 옆.
Cost 성인 160NOK, 학생 80NOK, 18세 미만 무료
Web www.bymuseet.no

Tip
베르겐후스와 브뤼겐 박물관을 당일에 함께 방문 시, 처음 방문했던 곳의 티켓을 다음 방문지에서 제시하면 입장료를 50% 할인받을 수 있다.

플뢰옌 산 등산 열차 Fløibanen

관광명소 뷰포인트

산 중턱의 전망대까지는 15~30분에 한 대씩 운행하는 등산 열차를 이용할 수 있으며, 오르내리는 데 약 10분 소요된다. 특히 베르겐 시내의 아름다운 전망과 일몰, 야경을 바라보기 좋은 최고의 포토 포인트다. 저녁에 가장 많은 관광객의 발길이 이어진다. 전망대 이후부터 정상까지는 직접 하이킹해서 가야 하며 왕복에 약 2시간 정도 소요된다. 등산 열차 이용이 부담스럽거나, 체력과 시간이 허락한다면 플뢰옌 산을 직접 걸어서 왕복해 보자. 오르내리는 동안 베르겐 사람들의 삶의 모습을 같이 볼 수 있으니 일석이조!

Open 월~금 07:30~23:00, 토 · 일 08:00~23:00
Access 한자 박물관 옆 골목에서 산을 따라 위로 올라간다.
Cost **왕복** 16세 이상 130NOK(5~8월 180NOK), 4~15세 60NOK(베르겐 카드 소지 시 4~9월 80NOK, 10~3월 60NOK, 4월 무료)
Web www.floyen.no

트롤하우겐 Troldhaugen

관광명소 로컬명소

노르웨이를 대표하는 작곡가 그리그가 매년 여름을 보냈던 집과 작업실, 박물관, 콘서트 홀이 함께 있는 곳으로, '요정이 사는 언덕'이라는 뜻을 지니고 있다. 그리그는 이 집에서 부인 니나와 생애 후반기인 22년간 함께 살면서, 여름에는 언덕 아래의 작업실에서 주로 곡을 썼다고 한다. 초입의 박물관에서는 그리그의 삶과 음악 세계를 연대기식으로 전시하고 있다. 철철이 진행되는 특설 전시에서는 그와 관계된 음악가들의 이야기도 다룬다. 집과 호수 근처 작업실 안에는 그가 사용하던 피아노와 여러 가지 가재도구 등이 남아 있으며, 작업실로 내려가는 언덕 아래 절벽에는 그와 부인 니나가 함께 묻힌 무덤이 있어 가슴이 찡해진다. 여름에는 절벽 옆 콘서트 홀에서 매일 오후 1시마다 음악회가 열린다.

Address Troldhaugsveien 65
Tel 55 922 992
Open **5~9월** 09:00~18:00, **10~4월** 10:00~16:00(토 · 일 ~17:00)
Close 부정기적(행사 등)
Access 시내 중심가나 중앙역 옆의 트램 정류장에서 트램에 탑승해 Hop 정류장에서 하차 후 도보로 약 20분 소요. 중간중간 표지판이 있다.
Cost 성인 175NOK, 학생 90NOK, 베르겐 카드 이용 시 65NOK(런치 콘서트 이용 시 성인 290NOK, 학생 200NOK)
Web www.griegmuseum.no
런치 콘서트+교통 패키지 예약
fjords.tide.no/concertgrieg

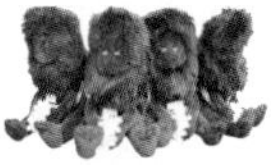

뤼스베르켓 Lysverket

로컬명소 레스토랑

주변 지역에서 직접 공수한 신선한 해산물 요리와 각국의 조리법이 조화된 퓨전 노르웨이 요리를 중심으로 한다. 국립 미술관 관람 전후 들러서 여유롭게 식사와 와인을 즐기기에 좋다. 이곳의 특기인 생선 수프는 약간의 신맛이 있어 느끼하지 않으며, 생선살도 실하게 들어 있다. 특별한 날에 가도 손색없는 곳을 찾는다면 추천한다. 예약 필수.

Address Rasmus Meyers allé 9
Tel 55 603 100
Open 화~토 18:00~23:00,
Close 월 · 일요일
Cost 11코스 1,990NOK
Access 국립 미술관 4관(KODE 4) 1층
Web www.lysverket.no

피그말리온 Pygmalion Økocafe & Gallery

로컬명소 레스토랑

2002년 문을 연 이래 현재까지 유기농 음식을 전문으로 취급하는 카페 겸 바. 주로 튀기지 않고 구운 음식으로 깔끔한 맛이며, 짠맛이 적어 아이들과 함께 먹기에 좋다. 유기농 맥주를 곁들이면 더욱 맛있다. 건강한 식사를 원하거나 가족 여행 시 추천. 실내는 신진 예술가들의 작품이 전시되는 갤러리와 라이브 콘서트장 역할도 함께 하고 있어 즐거움을 더한다. 학생증 제시 시 10% 할인 가능.

Address Nedre Korskirkeallmenningen 4
Tel 55 323 360
Open 월~토 11:00~23:00, 일 12:00~22:00
Close 일부 공휴일 및 부정기적
Cost 샌드위치 및 각종 식사 메뉴 89~240NOK, 어린이 메뉴 80NOK~
Access 어시장 가기 바로 전, (구)YMCA 호스텔 1층
Web www.pygmalion.no

쇠스트레네 하게린 Søstrene Hagelin

레스토랑 로컬명소

베르겐에서만 만날 수 있는 어묵 전문점. 1929년부터 가족 경영으로 어묵 제조를 시작한 이래 베르겐 최고의 어묵 생산 업체가 되었고, 2010년에 마담 베르겐을 인수해 상호를 변경했다. 즉석에서 갓 구워 낸, 하트 모양의 어묵은 쫄깃하고 담백하여 맛있다. 따끈한 생선 수프와 어묵 샌드위치는 간단한 식사로도 좋다. 한국의 즉석 튀김 어묵이 그립다면 추천.

Address Strandgatan 3
Tel 55 232 778
Open 월~목 10:00~19:00, 금 10:00~18:00, 토 10:00~17:00
Close 일요일
Access 어시장에서 왼쪽의 큰길로 나온 후, Strand gate 오른쪽 하얀 간판의 가게.
Cost 어묵 19NOK, 어묵 버거 세트 119NOK, 생선 수프+빵 세트 129NOK
Web www.sostrenehagelin.no

뎃 릴레 카페콤파니엣
Det lille Kaffekompaniet

카페 로컬명소

베르겐 최고의 커피를 마실 수 있는 작은 규모의 카페. 1996년 지역 대학생들에 의해 벤처 기업으로 설립된 이래 베르겐 카페의 새로운 역사로 자리 잡았다. 이곳의 카푸치노는 깊고 부드러운 맛과 거품으로 인기 최고. 아침부터 저녁까지 문 앞에는 많은 사람이 늘 길게 줄 서 있다. 실내에 자리가 부족하고 합석은 기본이니 테이크아웃을 권한다. 플뢰옌 산 전망대에 올라갈 때 한 잔 들고 가면 쌀쌀한 바람에도 걱정 뚝!

Address Nedre Fjellsmau 2
Tel 55 329 272
Open 10:00~18:00
Access 플뢰옌 산 전망대 가기 바로 직전 골목에서 우회전.
Cost 오늘의 커피 38NOK, 아메리카노 40NOK, 카푸치노 50NOK
Wifi 가능(비밀번호 있음)

카페 미쇼넨 Kaffe Misjonen

카페 로컬명소

파란색의 간판과 실내 인테리어가 눈에 들어오는 커피 전문점. 이탈리아와 에티오피아식 블렌딩이 혼합된 커피를 마실 수 있다. 베르겐 시내의 직장인들이 아침에 즐겨 찾고 있어 현지인들의 아침 풍경을 살짝 엿보기에도 좋다. 커피와 잘 어울리는 달콤한 빵과, 매일 다르게 내려 주는 싱글 오리진의 드립 커피를 추천.

Address Øvre Korskirkealmenningen 5
Tel 45 050 360
Open 월~금 08:00~18:00, 토 · 일 11:00~16:00
Access 피그말리온 식당 골목에서 약 30m 정도 올라간 후 오른쪽의 청록색 간판.
Cost 핸드드립 커피 50NOK~, 빵 종류 35NOK~
Wifi 가능(비밀번호 있음)
Web www.kaffemisjonen.no(노르웨이어)

트레크로네렌 Trekroneren

로컬명소

시민들의 야식을 책임지는 시내 대표 핫도그 가게. 순록을 비롯한 8가지의 소시지 중 입맛 따라 선택 가능하며, 보통 사이즈도 아주 커서 든든한 한 끼 식사 겸 야식, 해장으로 좋다. 현지인들은 감자나 새우 샐러드를 토핑으로 추가해 먹기도 한다.

Address Kong Oscars gate 1
Open 월~수 11:00~03:30, 목~토 11:00~04:00, 일 12:00~03:30
Access 항구에서 플뢰옌 산 케이블카 가는 길의 첫 오른쪽 골목 바로 옆.
Cost 핫도그 종류 85NOK, 빅사이즈 120NOK, 새우, 감자샐러드 토핑 추가 시 15NOK

베르겐의 숙소
Bergen Accommodations

매년 많은 관광객이 몰리는 도시답게 숙박업체는 다양하지만, 여름 성수기와 5월 말 축제 기간에는 순식간에 매진되고 가격도 큰 폭으로 오른다. 특히 저렴하고 인기 좋은 곳들은 일정이 결정되면 무조건 미리 예약하는 것이 상책이다. 관광 안내소에서 소개받을 경우 50NOK의 수수료를 내야 한다.

※ 요금은 호스텔의 경우 도미토리, 호텔은 스탠더드 2인실 기준.

시티 호스텔 베르겐
City Hostel Bergen

베르겐에서 가장 인기 높은 호스텔. 깔끔한 시설과 역에서 가까운 위치로 여름이나 축제 기간에는 늘 만원이다. 리셉션은 문 여는 시간이 정해져 있으니 반드시 확인할 것. 기존의 마르켄 호스텔 Marken Gjestehus이 2022년부터 변경되었다는 점 알아두자.

Address Kong Oscars gate 45
Tel 55 314 404
Cost 250NOK~(조식, 시트 별도)
Web www.cityhostel.no

몬타나 유스호스텔
Montana Vandrerhjem

시내에서 약 3km 떨어진 외곽 지역에 위치한 훌륭한 시설의 공식 유스호스텔. 푸짐한 조식이 제공되어 가족, 개인 여행자 모두를 만족시킨다. 시내에서 버스로 약 20분 정도 소요되는 위치에 있다. 시내의 호스텔이 다 찼다면 최후의 수단으로 선택 가능. 무료 주차로 렌터카 여행자들에게 좋다.

Address Johan Blytts vei 30
Tel 55 208 070
Cost 270NOK~(조식 포함, 시트 별도)
Web hihostels.no

시티박스
Citybox

꼭 필요한 시설만 갖춘 저가형 호텔. 청소나 다른 부대 서비스가 거의 없는 편이다. 호스텔은 머쓱하고 호텔은 가격 때문에 망설여진다면 괜찮은 옵션. 체크인은 기계로 하는 점 주의.

Address Nygårdsgaten 31
Tel 55 312 500
Cost 700NOK~
Web www.citybox.no

클라리온 호텔 어드미럴
Clarion Hotel Admiral

스트란드카이 페리 터미널 바로 앞에 위치한 호텔. 특히 브뤼겐이 바로 보이는 항구 전망의 방은 베르겐의 풍경을 조망할 수 있는 최고의 명당이다. 전망을 중시한다면 추천.

Address C Sundtsgate 9
Tel 55 236 400
Cost 1,600NOK~
Web www.nordicchoicehotels.no

그랜드 호텔 터미누스
Grand Hotel Terminus

중앙역 바로 옆에 위치하고 있어 늦은 시간 베르겐 도착 시 편리하다. 흰색 중심의 깔끔하고 단정한 인테리어와 서비스도 눈길을 끈다. 국내 최고의 위스키 바가 호텔 내에 자리 잡고 있다.

Address Zander Kaaesgate 6
Tel 55 212 500
Cost 1,600NOK~
Web www.grandterminus.no

스칸딕 토르옛
Scandic Torget

공항버스 정류장을 비롯해 어시장, 관광 안내소 등 시내 중심가에서도 최중심에 위치해 있다. 관광지와 교통 모두를 포함한 좋은 위치를 고려한다면 최고다. 이 외에도 조금 안으로 들어간 위치에 분점 베르겐 시티(Hakonsgaten 2)가 있다.

Address Strandkaien 2-4
Tel 55 593 390
Cost 1,600NOK~
Web www.scandichotels.com

뎃 한세아티케 호텔
Det Hanseatiske Hotell

한자 박물관 옆, 브뤼겐 지구의 목조건물 안에 유일하게 자리 잡고 있는 특급 호텔. 고풍스러운 인테리어와 함께 전통의 향기 가득한 1박을 원한다면 고려해 보자.

Address Finnegårdsgaten 2
Tel 55 304 800
Cost 1,800NOK~
Web www.dethanseatiskehotell.no

라디손 블루 로열 베르겐
Radisson Blu Royal Bergen

브뤼겐 박물관 옆에 위치한 전통의 호텔. 브뤼겐 지구와 중심가 모두 가깝고, 공항버스의 시작점으로 이동이 편리하다. 항구 전망의 방은 풍경 조망에도 좋다. 가격 대비해 방이 넓지만 시설이 다소 오래된 것이 단점.

Address Dreggsallmenningen 1
Tel 55 543 000
Cost 1,000NOK~
Web www.radissonhotels.com

스타방게르
Stavanger

대성당으로 대표되는 1,000년의 역사와 현재 노르웨이의 중심인 석유산업이 공존하는 아름다운 소도시. 노르웨이 남부 로가란드 Rogaland 지역의 중심 도시이기도 하다. 1900년대 중반까지 통조림 산업으로 간신히 연명했던 이곳은 1960년대에 석유 시추가 시작된 이후 노르웨이 제4의 도시로 급부상했으며, 뤼세피요르드를 오가려면 들러야 하는 교통의 중심지로 매년 여름 북적거린다.

여행하는 방법

유용한 홈페이지
스타방게르 및 로가란드 지역 관광 공식 안내
www.regionstavanger-ryfylke.com

관광 안내소
구시가지 바로 옆 위치. 쉐락볼튼을 비롯한 뤼세피요르드 관련 예약도 대행해 준다.

Address Strandkaien 61
Tel 51 859 200
Open **6~8월** 월~금 08:00~15:00, **9~5월** 월~금 09:00~16:00
Close 9~5월의 주말, 10/16~4월의 토요일, 12/25, 1/1, 공휴일

교통 안내소 Kolumbus Kundersenter
시내 도착 후 버스 노선 안내를 받고 교통권을 구입하기에 좋다. 특히 멀리 나갈 때 유용하다.

Open **시내 중앙역 옆** 구내 월~금 07:00~18:00, 토 09:00~16:00

환전소
시내 Nordea나 DnB 등의 은행 ATM도 유용하다.

우체국
Address 9 Haakon 7s gate, 4005 Stavanger
Open 월~금 08:00~18:00, 토 10:00~15:00
Close 일요일, 공휴일
Access 관광 안내소에서 우회전, Lars Hertervigs gate에서 오른쪽.

경찰서
Address Lagårdsveien 6, 4010 Stavanger
Access 중앙역 근처 버스 정류장에서 1번, 3번, 4번 버스 탑승 후 Politikammer 정류장에서 하차. 공항버스 2번으로도 이동 가능.
Open 24시간

슈퍼마켓
레마 1000 Rema 1000 : 버스 터미널 건물 3층.
키위 KIWI : 석유 박물관 옆 쇼핑몰 1층.
엑스트라 Extra : 시내 중심가에 위치.
아시안 마트 그린피스 Green peas : 구시가지 뒤편.

당일 짐 보관
페리 터미널, 중앙역 내 코인 로커 이용 가능.

가는 방법

베르겐보다 상대적으로 교통편이 적고 이동 시간도 길어, 항공이나 야간열차 노선을 주로 많이 이용한다. 피요르드 지역 이동 시 버스도 유용하다.

항공
스타방게르 여행은 시내에서 약 10km 떨어진 솔라 공항에서부터 시작된다. 메인 항공사인 SAS와 비데뢰, 저가 항공 노르웨지안이 노르웨이 국내와 일부 유럽의 도시들을 연결한다. 한국에서는 KLM, 영국항공의 경유 노선을 통해 이동할 수 있다.

솔라 공항→시내

❶ 공항버스 플뤼부센 Flybussen
공항과 시내를 연결하는 유일한 교통수단. 최종 종착점은 페리 터미널이다.

운행 **공항→시내** 월~금 07:45~23:15, 토 09:10~19:30, 일 09:10~23:35
시내→공항 월~금 05:15~19:00, 토 05:20~17:45, 일 05:15~20:20
Time 버스 터미널까지 약 35분, 페리 터미널까지 약 40분 소요.
Cost 138NOK(15세 이하 어린이 4인 동반 무료), 학생 105NOK(현장 구입 시 160NOK)
Wifi 가능
Web www.flybussen.no

❷ 지역 버스 42번
건물 밖 3번 정류장에서 탑승 가능하며 30분 간격으로 운행한다. 근교 산네스Sandnes나 공항 주변에 숙박을 잡았거나, 피기오로 이동하고 싶을 때 활용하자. 저렴하게 시내 이동을 원할 경우 반대 방향인 타낭거 Tananger행을 이용해 Tananger Havn이나 종점에서 2, 7번 시내버스로 환승하면 된다. 탑승 전 미리 공항 내 녹색 자동판매기나 애플리케이션에서 티켓을 구입하자.

운행 **공항-산네스 방면** 월~금 06:10~00:10, 토 08:10~00:10, 일 09:40~22:40
공항-타낭거 방면(시내버스 환승 시) 월~금 06:15~00:45, 토 08:45~00:45, 일 10:15~22:45
Time 산네스 버스 터미널까지 약 35분, 종점 타낭거까지 약 30분 소요(시내버스 추가 환승 시에는 15~30분 추가 소요 예상).
Cost 시내 1회권 44NOK, 24시간권 85NOK

페리

덴마크 북부 히르샬에서 베르겐행 피요르드 라인 페리를 이용해 시내 리사비카Risavika 페리 터미널까지 이동할 수 있으며 약 10시간 소요. 시기에 따라 주 3~5회 운행하며, 차량을 가지고 야간 이동 시, 가족 여행 시 편리하다.

페리 터미널→시내

페리 터미널 앞 버스 정류장에서 시내버스 2번을 이용해 중앙역 앞 C번 정류장까지 간다. 자동판매기로 미리 티켓을 구입하거나 Kolumbus Billet 애플리케이션을 설치해 놓자. 돌아올 때는 F번 정류장에서 탑승한다.
운행 양방향 모두 24시간(시간당 1~2대)
Cost 시내 1회권 44NOK(자판기, 애플리케이션 구입), 기사에게 구입 시 64NOK
Web www.fjordline.com

기차

오슬로 중앙역에서 하루 3~4회의 정기편이 발착한다. 주야간 모두 약 8시간 30분 소요되며, 특히 토요일 오후~일요일 오전은 운행 노선이 없다. 현재 야간열차 노선은 좌석과 2인실 침대 칸만 운영 중이며, 예약이 필수다.

버스

오슬로까지 1일 1회, 베르겐과 크리스티안산으로 하루 5회 이상의 주간 버스 노선이 발착한다. 특히 베르겐행 버스는 노르웨이 부스엑스프레스의 400번 고속버스 키스트부센Kystbussen이 매시간 운행하고 있다. 공항버스는 2번, 지방 장거리 버스는 3, 4번, 쉐락볼튼행 버스(6월 중순~8월)는 6번 승차장에서 발착한다.
Web 400번 버스 www.nor-way.no

시내 교통

시내 중심가는 모두 도보로 충분히 이동할 수 있으며, 공식 유스호스텔 등이 있는 외곽 지역이나 경찰서로 이동할 때 시내버스를 이용하면 된다. 버스 터미널이나 주변 공원의 정류장에서 탑승 가능하며, 주말에는 아침 9시부터 버스가 운행한다. 티켓은 버스 터미널, 페리 터미널, 솔라 공항 구내 녹색 자판기와 Kolumbus 애플리케이션에서 구입 가능. 버스에서 직접 구입 시 20NOK가 추가된다.
Cost **1회권 Enkel** 단일 존 44NOK, 2개 존 80NOK(1시간 내 자유 환승 가능)
24시간권 단일 존 100NOK, 2개 존 190NOK
※ 시내 기준으로 구입 시 지역은 Nord-Jæren을 선택하자. 시내와 산네스, 피기오까지 포함된다.
※ 프레이케스톨렌 왕복을 위해(p.332 참조) 외르플란드 이동 시에는 리필케Ryfylke 존을 추가해 2개 존으로 구입해야 한다.
Web www.kolumbus.no

스타방게르 시내, 이렇게 보자

스타방게르를 뤼세피요르드 관광의 기착점으로만, 석유화학의 도시로만 생각하지 말자. 베르겐 못지않은 풍광은 기본! 현재 노르웨이를 이끌어 가는 석유산업의 진면목과 여심을 자극하는 아기자기한 골목 여행까지 포함하면 스타방게르 시내는 최소 반나절 이상을 투자해 여유롭게 돌아보는 것을 추천한다. 또한, 프레이케스톨렌, 쉐락볼튼 등의 뤼세피요르드 관련 스폿까지 포함 시에는 최대 3일까지 필요하다.
시내는 관광 안내소와 대성당을 기준으로 크게 구시가지와 중심가의 두 부분으로 나뉜다. 중앙역과 버스 터미널 앞의 호수를 돌아 도보 5분이면 대부분의 이동이 해결된다. 구시가지는 입장 시간에 구애받지 않는 곳들을 중심으로 일정의 초반이나 마지막에 방문하자. 중심가는 석유 박물관이나 카페 골목의 숍들 운영 시간을 고려해 원하는 곳을 골라 가감하는 것을 권한다. 악천후로 등산 등의 야외 일정이 불가능할 경우에는 시립 박물관과 부설 시설들을 비롯한 실내 관광지로 대체가 가능하다. 특히 관람 시간이 긴 목요일을 적극 활용하고, 저녁 시간에는 칼곶이바위를 비롯한 바닷가에서의 일몰 감상도 잊지 말자.

스타방게르에서 놓치지 말자

1 대성당 속에 숨어 있는 1,000년의 소박한 과거 흔적.
2 아기자기한 구시가지와 중심가 골목 속에서 사진 찍기 놀이 한 판.

추천 코스

시내 관광 안내소 → 구시가지 & 통조림 박물관 → (뤼세 보트 투어) → 석유 박물관 → 카페 골목 → 대성당
반나절만 진행 시 석유 박물관 또는 대성당 → 구시가지
우천 시 시립 박물관 → 구시가지 → 통조림 박물관 → 석유 박물관 → 카페 골목

예상 소요 시간 : 약 6시간~하루

스타방게르
Stavanger
노르웨이 석유 박물관
Norsk Oljemuseum
페리 터미널 Fiskepiren
공항버스 종점
Bekhuskaien
Verksgata
페리 터미널
키위
KIWI
Langgata
Pedersgata
Kongsteinsgata
Bergelandsgata
Hetlandsgata
환전소
Forex
엑스트라 Extra
Klubbgata
Østersvågkaien
Havneringen
카페 골목
Fargegaten
Syvende
Himmel
Kirkegata
Valbergtårnet og
vektermuseet
카디널
Cardinal
스타방게르
대성당
Stavanger
Domkirke
톤 호텔
마리팀
Thon Hotel
Maritim
Byparken
Breibakken
Stiftelsesgata
Kongsgata
Erichstrups gate
스타방게르 B&B
Stavanger B&B
Sandegata
버스 터미널
레마 1000
Rema 1000
시내버스 탑승장
교통 안내소
스타방게르
중앙역
Stavanger
Sentralstasjon
Jernbaneveien
Olav Vs gate
버스 승차장
Kongsgårdsbakken
Radisson
Blu Atlantic
DnB
은행
중앙
우체국
Knud Holms gate
Skagenkaien
Skagen
Valbergata
Skansekaien
Nedre Holmegate
Øvre Holmegate
Clarion Collection
Skagen Brygge Hotel
페리 승선장
피스케토르예
Fisketorget Stavanger
해양
박물관
Strandkaien
Nedre Strandgate
Lars Hertevigs gate
Olav Kyrres gate
Coop Prix
Løkkeveien
아시안 마트
Greenpeas
Øvre Strandgate
관광 안내소
구시가지
Gamle
Stavanger
통조림 박물관
Norsk Hermetikk
museum
Nedre Strandgate
Stokkaveien
Brønngata
Steingata
Peder Claussøns gate
Eiganesveien
Ny Olavskleiv
Jens Zetlitz gate
Prinsens gate
St. Svithuns gate
Wessels gate
Kong Oscars gate
Tanke Svilands gate

노르웨이 석유 박물관 Norsk Oljemuseum

박물관 로컬명소 어린이 동반

현재 노르웨이 석유산업의 모든 것을 생생히 보여 주는 스타방게르 및 남부 로가란드 지역 최대 규모의 박물관. 바다 위에 떠 있는 석유 시추 시설과 지층을 본떠 지어졌으며 1999년에 문을 열었다. 지구의 역사와 석유의 생성, 현재 석유산업의 현황 등을 여러 종류의 퀴즈와 전시물을 통해 재미있게 관람할 수 있다. 중심에 마련된 석유 시추 시설의 축소 모델은 보기만 해도 그 규모가 감탄스럽다. 시추복을 입은 후 바다로 가는 헬리콥터에 탑승하고, 시추선의 작업 자리에 직접 앉아 볼 수 있는 다양한 체험 공간과 3D기록 영화들은 관람의 재미를 더해 준다. 현재 석유 산업의 현실을 확인하며, 석유의 소중함과 에너지 절약의 필요성을 다시 한 번 느껴 보자. 관람에 최소 2시간은 소요되니 시간을 넉넉히 잡고 여유롭게 돌아보는 것이 좋다.

Address Norwegian petroleum museum, PO box 748 Sentrum
Tel 51 939 300
Open **9~5월** 월~토 10:00~16:00, 일 10:00~18:00,
6~8월 10:00~19:00
Close. 부활절 전 금요일~부활절 당일, 12/24~25, 12/31~ 1/1, 5/17
Access 스타방게르 시내 페리 터미널에서 왼쪽으로 직진하여 보이는 큰 석조 건물. 중앙역에서는 왼쪽의 둥근 길을 따라 직진하면 바닷가의 오른쪽 길 끝에 보인다.
Cost 성인 180NOK, 학생 90NOK, 어린이 60NOK, 패밀리(성인 2명+어린이 3명) 420NOK
Web www.norskolje.museum.no

스타방게르 대성당 Stavanger Domkirke

관광명소 로컬명소

현재 남아 있는 북유럽의 11세기 이전 지어진 종교 건물들 중 가장 잘 보존되어 있는 900년 역사의 대성당으로, 지역의 터줏대감이다. 1125년에 스타방게르 시내가 만들어지며 함께 지어진 이래, 종교개혁과 화재 등을 거치며 노르만, 고딕, 바로크 양식이 혼합된 건물로 재건을 거듭했다. 내부에는 제단, 벽면 곳곳에 앤드류 스미스의 작품인 17세기 바로크 양식의 목조각이 있고, 1957년에 만들어진 제단 위쪽 스테인드 글라스는 시선을 뗄 수 없을 만큼 섬세하고 아름답다. 성당 뒤편에 심어진 하트 모양의 꽃들 역시 눈여겨보자. 현재 공사 중으로 입장 불가(2025년 완공 예정).

Address Haakon Vii's gate 2
Tel 51 840 400
Open **6~8월** 월~금 08:30~19:00, 토 09:00~13:00, 일 13:00~19:00
9~5월 월~금 11:00~16:00
Access 중앙역 앞에서 왼쪽으로 직진 후 관광 안내소 건너편에 보이는 교회.
Cost 12세 이상 20NOK, 11세 이하 무료
Web www.domkirkenogpetri.no(노르웨이어)

구시가지 Gamle Stavanger

로컬명소

시내 왼편 바닷가 한쪽에 형성된, 18세기경 지어진 흰색 목조건물들이 모인 군락이다. 대부분의 건물에는 실제 주민들이 거주하는 만큼, 조용히 둘러보는 것을 권한다. 창문마다 늘어서 있는 각자의 컬렉션과 색색의 꽃들, 골목골목 숨은 예술가들의 아틀리에, 골목에 걸터앉은 개와 고양이들이 어우러져 한 폭의 그림을 만들고 있다. 날 좋을 때 사진 찍기 놀이하기에 최적인 장소다. 시내 관광의 처음이나 마지막으로 방문하는 게 좋다.

Access 중앙역에서 왼쪽으로 나온 후 바닷가 왼쪽 길을 따라 끝까지 직진해 흰색 집들이 모인 곳으로 올라간다.

스타방게르 시립 박물관
Stavanger museum

관광명소 로컬명소 어린이 동반

시내에서 가장 오래된 박물관. 1893년 이후 자연사 중심의 박물관이 되었다가, 2011년에 어린이 박물관을 통합해 지금의 모습으로 발전했다. 지하의 북극 관련 동물 표본, 맹금류를 비롯한 국내 새 종류의 생태, 노르웨이 어린이들의 시대별 이야기, 민속 의상 부나드를 비롯한 다양한 주제의 전시가 재미있다. 한편에는 한복도 있으니 눈여겨보자. 현지 어린이들의 단골 방문지로 첫손 꼽히며, 어린이를 동반한 가족 여행자에게도 추천. 특히 악천후로 시내 관광만 가능할 경우 대체 장소로 좋다.
이곳을 포함한 4곳의 박물관에서 티켓 구입 시, 당일에 한해 전관 입장이 가능하다. 관람 시간이 가장 긴 목요일을 적극 활용하자.

Address Muségata 16
Tel 51 842 700
Open **전관** 화~수 · 금 11:00~15:00, 목 11:00~19:00, 토 · 일 11:00~16:00
Close 월요일, 5/17, 12/24~26, 12/31~1/1
Access 교통 안내소 뒤편을 따라 지하도를 통과해 직진한 후 왼쪽의 하얀 큰 건물.
Cost 성인 140NOK, 18세 미만 및 학생 무료(당일에 한해 부속 박물관 모두 입장 가능)
Web www.stavangermuseum.no

해양 박물관 Stavanger Maritime Museum

관광명소 로컬명소 어린이 동반

스타방게르 시내와 바다의 역사를 전시한 옛 느낌의 박물관. 16세기에 지어진 상인의 사무실과 집을 개조해 지어졌다. 1차 대전 중 발전한 통조림 산업, 무역과 조선 산업을 비롯한 도시 기간 산업의 이야기는 시내를 이해하는 데 도움을 준다. 2층의 1950년대를 재현한 체험 공간은 현지 어린이들에게 인기 만점.

Address Strandkaien 22
Access 시내 바닷가에서 왼쪽.
Cost **전관** 성인 140NOK, 18세 미만 무료
Web www.stavangermaritimemuseum.no

통조림 박물관
Norsk Grafisk Museum
Og Hermetikkmuseum, IDDIS

관광명소 로컬명소 어린이 동반

석유 시추 전까지 시내의 주산업이었던 통조림 산업과, 이와 연계된 인쇄물의 변천에 대해 알려 주는 작은 박물관. 특히 통조림 캔과 레이블에 대한 다양한 전시물이 가장 흥미롭고 재미있다. 한 편의 통조림 제조 과정 이야기와 체험을 통해 옛날 사람들의 이야기를 함께 느껴 보자.

Address Andasmauet 15
Access 관광 안내소 앞에서 언덕을 올라 오른쪽. 구시가지 내 위치.
Cost **전관** 성인 140NOK, 18세 미만 무료
Web www.iddismuseum.no

칼곶이바위 Sverd i fjell

관광명소 로컬명소 뷰포인트

'바위 위에 꽂힌 칼'을 뜻하는 스타방게르의 상징. 872년경 이 지역에서 하랄 미발 왕Harald Fairhair이 전투로 노르웨이를 통일시킨 것을 기념해, 1983년 프리츠 뢰드Fritz Røed에 의해 바위 위에 세워졌다. 10m 높이의 세 자루 청동검은 분열되었던 왕국을 상징하며, 저녁 시간에는 인근 하프르스피요르드Hafrsfjord의 일몰과 어우러진 모습이 더욱 분위기를 돋운다.

Access 라디손 블루 아틀란틱 호텔 앞에서 19번 버스로 Madlaleiren 정류장에서 하차해 내려가 왼쪽 바닷가 바위에 위치. 시내에서 약 20분 소요되며 시간당 1대 운행. 공항에서는 플뤼부센 공항버스가 인근에 정차한다.

피기오 숍 Figgjo fabrikkutsalg

로컬명소 쇼핑 디자인

노르웨이를 대표하는 도자기 회사 피기오의 본사 및 팩토리 숍. 1941년 창립 후 남부의 도자기 산업을 주도적으로 이끌어 왔다. 깔끔한 라인과 은은한 색감, 오목한 모양은 한식에도 잘 어울린다. 매장 뒤편에는 피기오의 역사를 담은 작은 박물관이 있고, 한 켠의 세일 코너에서는 단종 및 할인 상품을 저렴하게 구입하기에 좋다. 옛 빈티지 모델로 피기오를 어렴풋이 알고 있다면, 여기서 제대로 확인해 보자. 단 아직 세금 환급이 없고, 해외 배송은 개별적으로만 가능한 것이 아쉽다.

Address Åslandsbakken 1, 4332 Figgjo
Tel 94 001 043
Open 월~수 · 금 10:00~17:00, 목 10:00~19:00, 토 10:00~16:00
Close 일요일, 일부 공휴일
Access 중앙역 앞에서 산네스행 7번 버스, 공항 앞 3번 정류장에서 42번 버스로 종점 산네스 버스 터미널까지 이동 후, 10번 정류장에서 23번 버스로 환승해 Figgjohallen 정류장에서 하차. 우측 다리를 건너 표지판을 따라 오른쪽에 큰 숍이 있다. 총 1시간 20분 소요.
Cost ※ 시내 24시간권 필요
Web www.figgjofabrikkutsalg.no(노르웨이어)
본사 www.figgjo.com

Tip
필자 추천
빈티지 복각 꽃무늬 커피잔(Anna, Sommar 등) · 오목한 접시와 볼 종류 · 바이킹 축구팀 및 카툰 머그컵 · 커피 애호가용 오슬로 라인

카페 골목 Fargegaten

로컬명소

시내 중심가 보행자 지역 중 Øvre Holmegate 거리 주변은 스타방게르 시내의 작은 '카페 골목'이다. 알록달록 아기자기한 목조 건물 안에는 분위기 좋은 북 카페 Bøker og Børst, 차 전문점 Efendi, 귀여운 옷 가게 쉬벤데 힘멜Syvende Himmel, 기발한 그림이 있는 미용실 등이 자리 잡고 있어 여심을 자극한다. 날 좋을 때에는 커피 한 잔, 초콜릿 한 조각, 그리고 책 한 권과 함께 자리에 앉아 잠시 여유를 즐겨 보자.

Access 시내 석유 박물관이나 페리 터미널에서 우회전 후 Kirkegata 거리로 진입, 3번째 거리인 보행자 거리 Øvre Holmegate로 들어간다.

쉬벤데 힘멜 Syvende Himmel

쇼핑

북유럽 국가들의 '여성스러운' 브랜드 옷들을 모아 파는 멀티숍으로 '7번째 천국'이라는 뜻. 다양한 스타일의 원피스와 스커트, 니트, 레인코트 종류가 많다. 오피스용으로 좋은 단정한 아이템부터 파티에 어울리는 과감한 스타일까지 입맛 따라 고를 수 있다. 가격은 원피스 한 벌에 20만 원대, 비바람 불 때 유용한 레인코트는 30만 원대로 한국 브랜드 옷값과 비슷한 수준이다. 가끔씩 밖에 나와 있는 균일가 상품과 주인 언니 Inger의 감각적인 코디는 지름 욕구를 불러일으킨다. 여성 여행자 스스로 최고의 선물을 구입하고 싶다면 추천한다. 아직 세금 환급이 불가능한 것이 아쉽다.

Address Øvre Holmegate 21
Tel 51 012 961
Open 월~금 12:00~17:00, 토 11:00~16:00
Close 일요일, 공휴일, 그 외 부정기적
Access 스타방게르 시내 석유 박물관이나 페리 터미널에서 우회전 후 Kirkegata 거리로 진입, 세 번째 거리인 보행자 거리 Øvre Holmegate로 들어서면 왼쪽 카페 골목 안에 있다.
Web www.instagram.com/syvendehimmel

맛바렌 비스트로 바이 레노
Matbaren Bisto by Re-naa

로컬명소 레스토랑

시내 대표 미슐랭 스타 식당 레노Re-naa의 동생 격인 고급 레스토랑. 노르웨이산 식재료와 프랑스식 비스트로의 조화로, 계절 재료를 사용한 요리가 주를 이룬다. 생선을 충분히 사용한 요리들과 후식류 모두 맛있고 와인도 충실하다. 영어 메뉴가 없으므로 홈페이지에서 메뉴를 미리 확인하고 가는 것을 권한다. 2인 이상 방문 시 예약 필수.

Address Steinkargata 10, Breitorget
Tel 51 551 111
Open 화~금 16:00~24:00, 토 12:00~24:00
Close 일 · 월요일, 일부 공휴일
Access 대성당 옆편 Laugmannsgata를 따라 쭉 내려가서, 6번째 블록을 지나 왼쪽 지하.
Cost 식사류 200~550NOK
Wifi 가능(비밀번호 있음)
Web www.restaurantrenaa.no/matbaren

피스케토르옛 Fisketorget Stavanger

로컬명소 레스토랑

시내 최중심의 작은 어시장 겸 생선 전문 식당. 점심시간에 내 놓는 단품 류는 현지인들이 사랑하는 점심 식사로 인기가 높다. 특히 차이브와 호밀빵 가득한 생선 수프는 쌀쌀한 날씨를 따뜻이 데워 주는 최고의 인기 메뉴. 저녁에는 단품을 조합한 코스 메뉴만 가능한 점 알아두자. 한 켠의 작은 어시장에서는 신선한 연어를 비롯한 여러 가지 생선 종류와 따끈한 어묵을 구입할 수 있다.

FISKETORGET

Address Strandkaien 37
Tel 51 527 350
Open **식당** 월~토 11:00~24:00 **어시장** 월~금 10:00~17:00, 토 09:00~15:00
Close 일요일, 일부 공휴일
Access 대성당 앞에서 왼쪽으로 바닷가 가기 직전 둥근 건물.
Cost 단품 메뉴(11:00~17:00) 200~440NOK, 생선수프 260NOK, 오늘의 생선요리 365NOK, 저녁 3코스 720NOK
Wifi 가능(비밀번호 있음)
Web www.fisketorget-stavanger.no

카디널 펍 Cardinal

로컬명소 바

100종류 이상의 맥주를 갖춘 전통의 가스트로 펍. 음악 없이 대화만 가능한 분위기 속에서, 지역 맥주와 함께 하루를 마감하기에 좋다. 오후~저녁 시간에는 맥주와 버거류를 곁들여 '버맥'을 즐겨보자. 상대적으로 사람이 적은 평일 저녁 이용을 권한다. 특히 산행 후 뒷풀이 장소로 추천. 만 20세 이상부터 입장 가능.

Address Skagen 21
Tel 98 204 201
Open 월~목 15:00~01:30, 금 · 토 12:00~01:30, 일 15:00~24:00(라스트 오더 ~21:00)
Close 일부 공휴일
Access 대성당 옆에서 Skagen 길을 따라 올라가 오른쪽의 녹색 기둥 집. 문 위쪽에 대주교 그림의 간판이 붙어 있다.
Cost 맥주 330ml 기준 잔당 100NOK~, 식사류 180~230NOK
Wifi 가능(비밀번호 있음)
Web www.cardinal.no(노르웨이어)

스타방게르의 숙소
Stavanger Accommodations

시내 중심가의 숙박은 비싸고, 호스텔은 운영 기간이 짧은 데다 외곽에 있다는 게 단점. 스타방게르의 여행을 생각한다면, 특히 뤼세피요르드를 제대로 즐기고 싶다면 반드시 미리 예약하자. 특히 호텔은 주중보다 주말이 조금 더 저렴하다.

※ 요금은 호스텔의 경우 도미토리, 호텔은 스탠더드 2인실 기준.

모스방엔 공식 오토 캠핑장
Mosvangen Camping

시내 중심가에서 약 3km 떨어진 모스방엔 호숫가에 위치한 오토 캠핑장 겸 캐빈. 기존 캠핑장의 옛 유스호스텔 건물이 캐빈으로 추가되었다. 차량 및 텐트 소지 시, 가족 여행 시 저렴하고 편리하며 욕실은 공용이다. 공항버스와 시내버스 4번으로 연결 가능. 캐빈은 4~10월에만 운영.

Address Mosvangen 15
Tel 51 532 971
Cost 2인 캐빈 500NOK, 텐트 1인당 200NOK, 2인 250NOK, 캠핑카 소지 시 2인까지 350NOK (차량, 오토바이 소지 여부 및 인원에 따라 다름)
Web stavangercamping.no

스타방게르 B & B Stavanger B & B

현지 민박이라기보다 취사와 세탁이 가능한 저렴한 호텔에 가깝다. 중앙역, 버스 터미널과 가까워 늦게 도착했거나 지역간 이동이 많을 경우 편리하다. 조용하고 아늑한 분위기이며 욕실은 공용이다. 지하 주방도 이용 가능하다. 묵는 층에 따라 요금에 차이가 있다.

Address Vikedals gata 1a
Tel 51 562 500
Cost 1인실 650NOK, 2인실 750NOK
Web www.stavangerbedandbreakfast.no

톤 호텔 마리팀 Thon Hotel Maritim

시내 중심의 공원이 바라다보이는 위치에 있지만, 조용하고 편하게 묵기 좋다. 방은 살짝 작은 편이다. 친환경 호텔을 표방하고 있어 냉장고, 일회용품 등의 서비스가 제공되지 않을 수 있다. 저렴하게 묵고 싶으면 주말을 이용하자.

Address Kongsgaten 32
Tel 51 850 500
Cost 1,400NOK~
Web www.thonhotels.no

라디손 블루 아틀란틱 호텔
Radisson Blu Atlantic hotel

중앙역과 호수, 중심가를 가장 가까이 품은 4성급 호텔. 특히 문 앞에서 Gofjord사의 프레이케스톨렌행 버스, 공항버스, 시내버스 주요 노선이 모두 정차하여 어디든지 움직이기에 최고의 위치다. 그만큼 경쟁도 치열하니 빨리 예약하는 것을 권한다.

Address Olav V s gate 3, 4005 Stavanger
Tel 51 761 000
Cost 1,700NOK~
Web www.radissonhotels.com

트론헤임
Trondheim

노르웨이 제3의 도시이자, 학생들의 젊은 에너지가 항상 넘치는 최대의 대학 도시이다. 특히 게이랑에르피요르드 및 뫼레, 롬스달 지역, 북극권, 스웨덴으로 이동할 때 교통의 요지 역할을 한다.
997년 창도 이래 오랫동안 중부 지역을 대표하는 천년 고도로, 지금은 공과대학인 NTNU를 중심으로 노르웨이의 미래를 책임질 학생들의 터전으로 자리 잡았다. 또한, 2000년대 이후 대형 글로벌 IT기업들이 노르웨이 지사를 트론헤임에 설립하면서 첨단산업의 중심지로도 새롭게 발돋움하고 있다.

여행하는 방법

유용한 홈페이지

트론헤임 종합 안내 www.visittrondheim.no

관광 안내소

시내 최중심가에서 간단한 관광 안내를 받기에 좋다.

Address Kongens Gate 9
Tel 73 536 994
Open 월~토 10:00~18:00
Close 일요일, 일부 공휴일
Access 시내 중심 올라브 동상 앞 트론헤임 토그Trondheim Torg 쇼핑몰 1층.

올라브 콘서트홀 지소

Address Kjøpmannsgata 48, 7010 Trondheim
Open 월~금 10:00~17:00(7월 09:00~15:00)
Close 토 · 일요일, 일부 공휴일
Access 중앙역 앞에서 다리를 건너 오른쪽 끝 전에 Krambugata 길에서 우회전해 왼쪽의 올라브 콘서트홀 1층 구내.

환전소

급할 경우 Ria를 이용하자. 시내 각 은행에 ATM도 많이 배치되어 있어 편하게 이용할 수 있다.

Forex

스웨덴으로 이동 시 세금 환급 처리도 가능.

Address Munkegata 34
Open 월~금 08:30~18:00
Close 토 · 일요일
Access 스티프고르덴 궁전 뒤편.

Ria Money Transfer

토요일에 급할 때 이용하자.

Address Dronningens gate 15, 7011 Trondheim
Open 월~금 09:00~19:30, 토 10:00~18:00
Close 일요일
Access 중앙역 앞에서 다리를 건너 직진 후 Dronningens gate로 우회전해 왼쪽. 옆에 Rema1000 슈퍼마켓이 있다.

우체국

여행자들에겐 시내 중심가에서 가장 가까운 지점이 편하다.

Address Kongens gate 27, 7012 Trondheim
Open 월~토 07:00~23:00
Close 일요일
Access 시내 중심 올라브 동상에서 우회전해 엑스트라Extra 슈퍼마켓 내 위치.

경찰서

Open 폴리스 리포트 접수 08:00~13:00(목 14:30~18:00)
Access 버스 터미널 바로 옆.

슈퍼마켓

레마 1000 Rema 1000 : 올라브 광장 왼쪽 옆 Torg 쇼핑몰, 중앙역 근처에 각각 위치. 시내에 가장 많다.
쿱 Coop : Drottninggata 거리에 위치.
분프리스 Bunnpris : Munkgata 거리와 버스 중앙 정류장 옆에 위치.

당일 짐 보관

중앙역, 버스 터미널 내의 코인 로커 이용 가능. 버스 터미널이 10NOK 더 저렴하고 개수도 많다.

가는 방법

노르웨이와 스웨덴 일부 지역에서는 버스와 기차, 항공편을 이용할 수 있으며, 연안 여객선 후티루텐도 정기편을 운행한다.

항공

시내에서 약 32km 떨어진 배르네스Værness 공항에서 오슬로 및 여러 도시를 잇는 SAS, 비데뢰, 노르웨지안의 정기편이 발착한다. 한국에서는 KLM, 핀에어(6~8월)의 경유편을 이용해 이동할 수 있다.

베르네스 공항→시내

❶ 버스 배르네스 엑스프레센 Værnes-Ekspressen

시내 중심가, 올라브 광장을 거쳐 외곽 지역까지 가는 은색 버스. 특히 NTNU 대학교 기숙사가 있는 Moholt 지역까지 직접 갈 경우 가장 유용하다. 공항 앞 3번 정류장에서 탑승하며, 티켓은 홈페이지나 기사에게 직접 구입할 수 있다. 중앙역에 서지 않으니 이 점 주의.

운행	**공항→시내** 월~금 07:30~00:05, 토 08:55~00:20, 일 09:10~01:10 **시내→공항** 월~금 03:15~20:15, 토 03:45~17:15, 일 03:45~20:15(시내 중심가 Dronningens Gate 기준)
Time	시내 중심가 Dronningens Gate와 니다로스 대성당까지 약 40~50분, Moholt까지 약 1시간 소요.
Cost	홈페이지 구입 시 성인 249NOK, 학생 189NOK
Web	www.vaernesekspressen.no

❷ 지역 철도 로칼톡 Lokaltog

중앙역에서 연계해 기차를 이용해야 할 경우, 중앙역 주변 숙박 시 편리하다. 단 주말에는 운행 횟수가 줄어든다.

운행	**공항→시내** 월~금 05:50~23:00, 토 · 일 06:40~23:00 **시내→공항** 월~금 05:10~23:10, 토 07:10~23:10, 일 07:45~23:15(30분~1시간 간격 운행)
Time	중앙역까지 약 35~40분 소요.
Cost	45NOK(학생 할인 없음)

기차

트론헤임 중앙역에서 오슬로(약 6시간 30분 소요), 릴레함메르, 돔보스, 뢰로스 등을 잇는 중남부 지역 노선(도브레바넨 및 뢰로스바넨)과, 보되행 노드란드 라인이 발착한다. 특히 열차로 북극권 지역을 오르내릴 때에 반드시 거치는 중간 기착지이다. 스웨덴 외스터순드 방면으로 가는 열차(1일 2회 운행, 약 3시간 40분 소요, 스톨리엔 1회 환승)도 이용할 수 있어 스웨덴으로 이동 시 유용하다.

버스

중앙역 옆 버스 터미널에서 각 지역을 잇는 고속버스와 지역 버스가 발착한다. 토요일 밤 야간열차가 없을 때, 절약 여행을 원할 때, 편리한 교통수단이다. 오슬로 버스 터미널에서 VY 710번 야간버스로 약 8시간, 베르겐에서는 431번 야간 버스로 약 13시간 소요된다. 철도 패스가 없을 경우 차선책으로 이용하자. 미리 구입하면 저렴하다.

페리

연안 여객선 후티루텐을 이용할 수 있다. 특히 베르겐이나 올레순 이동 시 미니 크루즈 상품을 이용해 저렴한 가격으로 이동이 가능하다. 후티루텐 페리 선착장에서 중앙역까지 도보로 약 10~15분 소요된다. 중간 기항지 관광 때 잠시 내려서 둘러보는 것도 좋은 방법이다. 또한 국내선용 고속 페리 선착장에서는 크리스티안순드행 고속 페리(1일 1~3회 운행, 3시간 30분 소요)가 출도착한다.

Tip

중앙역, 페리 터미널에서 시내 중심가 이동 시, 버스 23번(후티루텐 페리 선착장), 24번(중앙역 · 버스터미널), 25번(고속 페리 터미널, 유스호스텔 경유)이 유용하다. 걷기 힘들거나 시간 절약을 원한다면, 혹은 유스호스텔에서 숙박 시 이용하자.

시내 교통

시내 안에서는 대부분 도보로 이동 가능하지만, 호스텔, 대학가와 일부 관광지까지는 시내버스를 이용할 수 있다. 중앙역 앞을 기점으로 여러 버스 노선이 운행한다. 티켓은 정류장의 자동판매기나 탑승 시 운전사에게 직접 구입 가능하다. 정확한 금액의 잔돈까지 준비하자.

Cost	**시내버스 · 트램 1회권(1시간 자유 이용 가능)** 자동판매기 구입 시 43NOK, 기사에게 구입 시 63NOK **1일권** 129NOK
Web	www.atb.no

Tina's Plus

시내 자전거 이용하기

트론헤임은 노르웨이 국내에서 자전거 이용자가 가장 많은 도시이다. 또한, 현재 북유럽에서 사용하는 시간제 시내 자전거를 가장 먼저 시행한 곳이기도 하다. 시내 자전거를 이용하고 싶다면 애플리케이션을 다운받은 후 전화번호와 보증금용 신용카드를 등록하면 된다. 4~11월에만 이용 가능.

Cost	1시간 무료, 이후 15분당 15NOK 추가, 1개월권 149NOK, 연간권 399NOK
Web	www.trondheimbysykkel.no

트론헤임 시내, 이렇게 보자

주요 관광지는 시내 중앙의 올라브 광장을 중심으로 그 주변에 몰려 있으며, 특히 니다로스 대성당을 비롯한 그 주변의 관광지들은 트론헤임 시내의 최대 관광지로 늘 인기가 많다. 그쪽을 중심으로 돌아보고, 시간이 좀 더 있다면 중심가 밖으로 영역을 넓히는 것이 좋다. 북극권 이동 등으로 반나절만 관광할 경우 니다로스 대성당과 그 부속 박물관들을 집중해서 보자.

트론헤임은 대학 도시로, 8월 중순부터 5월까지의 학기 기간, 특히 노르웨이 최대의 문화 축제 UKA가 열리는 10월 말에는 학생들의 활기가 넘쳐 더욱 재미있게 여행할 수 있다. 대부분 관광지는 모두 도보로 이동할 수 있으며, 학생들처럼 자전거를 이용해 시내를 한 바퀴 도는 것도 특유의 분위기를 느끼기에 좋다.

트론헤임에서 놓치지 말자

1 니다로스 대성당에서 보는 천 년 전과 천 년 후.

2 노르웨이의 미래를 이끄는 사람들과 즐거운 한때.

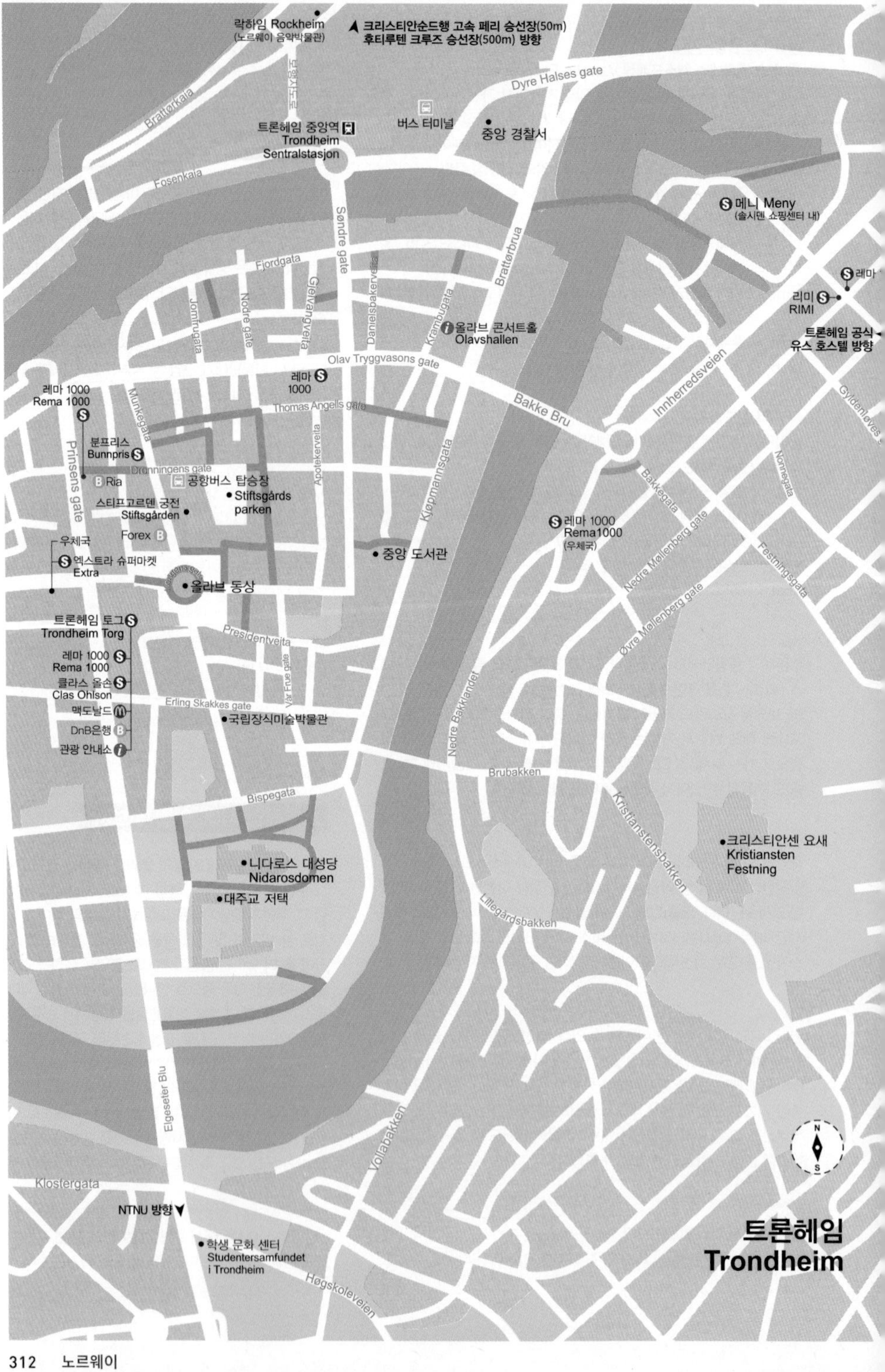

락하임 Rockheim
(노르웨이 음악박물관)
크리스티안순드행 고속 페리 승선장(50m)
후티루텐 크루즈 승선장(500m) 방향
Dyre Halses gate
Brattørkaia
트론헤임 중앙역
Trondheim
Sentralstasjon
버스 터미널
중앙 경찰서
Fosenkaia
Søndre gate
메니 Meny
(솔시덴 쇼핑센터 내)
Fjordgata
Gjetvangveita
Danielsbakerveita
Brattørbrua
Jomfrugata
Nordre gate
Krambugata
올라브 콘서트홀
Olavshallen
리미
RIMI
트론헤임 공식
유스 호스텔 방향
Olav Tryggvasons gate
레마 1000
Rema 1000
레마
1000
Innherredsveien
Munkegata
Thomas Angells gate
Bakke Bru
Gyldenløves
분프리스
Bunnpris
Prinsens gate
Apotekerveita
Dronningens gate
Ria
공항버스 탑승장
Stiftsgårds
parken
Kjøpmannsgata
Bakkegata
Nonnegata
스티프고르덴 궁전
Stiftsgården
레마 1000
Rema1000
(우체국)
Forex
우체국
엑스트라 슈퍼마켓
Extra
중앙 도서관
Nedre Møllenberg gate
Festningsgata
올라브 동상
Øvre Møllenberg gate
트론헤임 토그
Trondheim Torg
Presidentveita
레마 1000
Rema 1000
클라스 올손
Clas Ohlson
Vår Frue gate
Nedre Bakklandet
Erling Skakkes gate
맥도날드
국립장식미술박물관
DnB은행
관광 안내소
Brubakken
Bispegata
Kristianstensbakken
크리스티안센 요새
Kristiansten
Festning
니다로스 대성당
Nidarosdomen
대주교 저택
Lillegårdsbakken
Elgeseter Bru
Vollabakken
Klostergata
NTNU 방향
학생 문화 센터
Studentersamfundet
i Trondheim
Høgskoleveien
트론헤임
Trondheim

니다로스 대성당 Nidarosdomen

관광명소 로컬명소 뷰포인트 박물관

트론헤임을 대표하는 지역 최대의 관광지이자, 노르웨이 국민들의 정신적인 사원과 같은 곳. 특히 1800년대 이후부터 왕이 즉위할 때 교회의 축복을 받는 대관식을 이곳에서 진행하고 있다. 결혼식을 비롯한 왕실 관련 행사도 가끔 열리며, 현재 하랄 5세 왕의 장녀 루이제 공주의 결혼식도 이곳에서 열렸다.
1018년 올라브 성인이 순교한 후 무덤이 있는 자리에 1035년부터 지어지기 시작했으며, 거의 250년이나 걸려 완공된 북유럽 지역에서 가장 오래된 대성당이다. 여러 번의 화재로 심하게 손상되기도 했으나, 19세기 이후 재건을 거쳤고 1900년대에 들어와 원형에 가깝게 복원되었다. 특히 성당 정면 파사드의 지름 8m에 이르는 섬세한 장미 창과 그 안의 아름다운 스테인드 글라스, 성당 위에 섬세하게 조각된 예수를 비롯한 54명의 성인 조각은 보는 순간 탄성이 절로 나온다. 또한, 부속 건물인 대주교의 저택은 중세에 목조로 지어진 대주교의 관저였다. 하지만 1983년 화재로 전소된 후 복구 중 중세의 유물들이 무더기로 출토되어 박물관으로 화려하게 부활했다. 저택의 한 부분에서는 노르웨이 왕실이 1906년부터 사용한 대관식 의상, 왕과 왕비의 왕관을 비롯한 여러 왕실의 보물들을 구경할 수 있다. 다른 유럽의 왕실 보물보다 정말 소박하다. 내부에서는 사진 촬영이 금지다.

Address	Nidarosdomen, Bispegaten 5
Tel	51 939 300
Open	**성당** 09:00~14:00 **대주교 궁전 박물관 · 왕실 전시관 6~8월** 월~금 10:00~17:00, 토 10:00~15:00, 일 12:00~16:00, **5월** 월~토 10:00~15:00, 일 12:00~16:00, **9~4월** 화~금 11:00~14:00, 토 11:00~15:00, 일 12:00~16:00
Close	9~4월의 월요일(성당 제외), 그 외 부정기적(행사 등)
Access	관광 안내소 오른쪽 옆길을 따라 내려가면 왼쪽에 보이는 큰 성당과 건물들.
Cost	**통합 티켓(성당+대주교 저택+왕실 전시관+탑)** 성인 240NOK, 학생 120NOK, 6~15세 120NOK, 6세 미만 무료 **따로 구입 시** 성당 120NOK, 대주교 저택+왕실 전시관 120NOK, 탑 70NOK(6/17~8/18)
Web	www.nidarosdomen.no(노르웨이어)

Tip
매년 6월 중순~8월 중순에는 성당 탑에 올라가 시내를 조망할 수 있는데, 탑의 계단은 폭이 좁고 미끄러워 오르내릴 때 주의가 필요하다. 필자도 미끄러져서 황천길 갈 뻔 했다. 시간당 30명까지만 입장 가능.

스티프고르덴 궁전 Stiftsgården

로컬명소 영화 · 책 배경

북유럽 지역 최대의 목조 궁전으로, 대관식 등의 행사로 국왕이 트론헤임을 방문할 때 묵는 거처이기도 하다. 크리스티네 쉴러에 의해 저택으로 설계되어 1778년에 완공되었으며, 1800년에 왕실에 매각되어 역대 왕들의 대관식 장소로 이용되었다. 완공 당시에는 바로크 양식으로 지어졌으나, 시간이 지나면서 로코코와 신고전 양식이 혼합되었다. 매시간 가이드 투어로만 관람 가능하며 뒤뜰 정원은 시민들의 휴식 공간으로도 사랑받고 있다. 내부는 애니메이션 〈겨울왕국〉에서 아른델 왕궁의 모델로 사용되었으며 현재 왕실 사람들처럼 소박하기 그지없다. 내부에서는 사진 촬영 금지.

Address Munkegata 23
Tel 73 842 880
Open **6/1~8/14** 월~토 10:00~15:00, 일 12:00~15:00의 매시간 정각에 가이드 투어 진행
Close 8/15~5/31, 공식 행사 시
Access 올라브 광장에서 중앙역 방향으로 70m 정도 이동 후 오른쪽.
Cost 성인 120NOK, 학생 · 어린이 70NOK
Web www.royalcourt.no
www.nkim.no/stiftsgarden

크리스티안센 요새 Kristiansten Festning

로컬명소 뷰포인트

대화재가 있었던 1681년에 방위를 위해 세워진 요새로, 스웨덴과의 전투와 제2차 세계대전 당시 레지스탕스 대원들이 활동했던 흔적이 남아 있다. 해 질 녘에 성벽 위에서 바라보는 시내와 주변 지역의 전경도 놓치지 말자. 5/17, 왕실 가족의 생일 등에는 12:00(일요일 오후 13:00)에 축포를 쏘기도 한다.

Address Kristianstensbakken 32
Tel 73 995 280
Open **부지** 08:00~21:00, **10~3월** 09:00~21:00
요새 성내 투어 5/12~9/30 11:00~16:00
Access 니다로스 대성당 옆에서 작은 다리를 건너서 직진하면 큰 성벽이 보인다.
Web www.forsvarsbygg.no

올레순
Ålesund

1904년 1월 23일, 시내 중심가는 화마에 휩쓸려 잿더미가 되었고, 시민들은 허망하게 꿈을 잃었다. 3년 후, 당시 예술계를 풍미했던 아르누보 운동의 영향과 시민들의 노력에 힘입어 시내는 아르누보 양식으로 완벽히 재건되었고, 잃었던 꿈도 되찾았다. 지금은 '노르웨이인들이 가장 살고 싶어 하는 아름다운 도시'가 되어 그 명성을 이어가고 있다.

여행하는 방법

유용한 홈페이지
올레순 및 뫼레 지역 관광 공식 안내
www.visitalesund.com

관광 안내소
지역 페리 터미널 옆에 위치해 있다.

Address Skateflukaia, 6002 Ålesund
Tel 70 157 600
Open **6~8월** 08:30~18:00,
9~5월 월~금 09:00~16:00
Close 부활절, 12/25~26, 12/31~1/1, 9~5월의 토 · 일

유용한 정보지
가이드 투 올레순 & 게이랑에르 Guide to Ålesund og Geiranger
올레순과 게이랑에르 지역 종합 안내지.

어롱 더 스트리트 오브 올레순 Along the streets of Ålesund
주 정부에서 만든 유료 안내지(30NOK). 시내 중심가를 좀 더 자세히 알고 싶을 때 유용하다.

환전소
시내 Nordea, DnB, SpareBank1 은행 ATM이 유용하다.

우체국
시내 분프리스, 키위 슈퍼마켓 매장 내 우편 취급소 이용 가능.

경찰서
Address Nedre Strandgate 50
Access 아르누보 센터에서 Nedre Strandgate를 따라 약 600m 직진 후 오른쪽.

슈퍼마켓

레마1000 Rema1000 : 중앙 경찰서 건너편. 밤 11시까지 영업.
분프리스 Bunnpris : 일요일 영업. 아르누보 센터 건너편과 관광 안내소 근처 Storgata 2곳 위치.
키위 KIWI : 시내 Kremmergården 쇼핑몰 내.

당일 짐 보관
코인로커

당일 짐 보관

버스 터미널 내 코인 로커 이용 가능. 단 9개뿐이니 서둘러 자리를 차지하자. 개당 40NOK(현금 필요).

가는 방법

국내에서는 버스와 항공, 그리고 서부 피요르드 지역에서는 페리를 이용해 진입할 수 있다.

항공

올레순 여행은 시내 중심가에서 18km 떨어진 비그라Vigra 공항에서부터 시작된다. 노르웨지안과 SAS의 국내선 및 런던 · 코펜하겐행 국제선, 위즈에어의 일부 동유럽행 노선이 출도착한다. 한국에서는 SAS와 KLM의 경유편을 이용해 진입할 수 있다. 국내선 이동 시 오슬로에서 약 50분, 베르겐과 트론헤임에서는 모두 35분 소요.

Web www.avinor.no

비그라 공항→시내

❶ **버스** Flybuss 65

공항과 시내를 연결하는 유일한 교통수단으로, 시내버스 터미널로 운행하며 최종 종착점은 모아 버스 터미널이다. 시즌마다 시간이 조금씩 달라지니 미리 확인하자. 시내버스 터미널에서는 3번 정류장에서 출도착한다.

운행	**공항→시내** 국내선 비행기 도착 15분 후, 국제선 도착 20분 후 출발 **시내→공항** 일~금 07:40~15:20, 토 05:50~15:20(6~8회)
Time	시내버스 터미널 약 25분, 모아 버스 터미널 약 45분 소요.
Cost	**시내버스 터미널 출도착 시** 편도 115NOK **모아 버스 터미널** 편도 135NOK
Web	www.flybussen.no

페리

지역을 잇는 고속 페리 노선은 관광 안내소 바로 앞의 페리 터미널, 연안 여객선 후티루텐은 시내 북쪽의 전용 터미널, 크루즈 노선은 시내 남쪽의 크루즈용 터미널에서 출도착한다. 모두 시내에서 도보 이동 가능. 특히 6~8월에는 디즈니 크루즈를 비롯한 다양한 크루즈 노선과 유명 인사들의 요트가 많이 정박하여 배의 물결로 장관을 이룬다.
후티루텐 이용 시 6~8월에는 북행이 아침과 저녁에 하루 2회, 그 외 시즌과 남행 노선은 1회 정박한다. 차량을 가지고 이동하거나, 여름 시즌 베르겐에서 출발해 게이랑에르피요르드를 한 바퀴 도는 일정 진행 시 유용하다.

버스
오슬로행 VY 148번 야간버스(9시간 소요, 매일 운행) 게이랑에르, 헬레쉴트, 온달스네스, 몰데를 잇는 장거리 버스와 공항버스는 시내버스 터미널 Ålesund Rutebilstasjonen에서 출도착한다. 특히 게이랑에르행 버스는 '골든 루트' 기간(p.337 참조)에 한해 1일 3회까지 증편되며, 온달스네스행 버스는 돔보스행 기차 시간에 맞춰 운행한다. 또한 버스 터미널에는 각 행선지별로 번호가 붙은 플랫폼이 있으며 그쪽으로 버스가 출도착하니 탑승 전 행선지별 플랫폼을 반드시 확인하고 탑승하자.

시내 교통

시내 중심가는 크기가 작아 충분히 도보 이동이 가능하다. 단 아쿠아리움(4~6월), 순뫼레 박물관, NTNU 올레순 캠퍼스 등으로 이동할 때에는 시내버스를 이용한다. 버스 터미널, 올라프 광장을 중심으로 시내 순환버스인 뷔부스Bybuss와, 모아Moa 등의 인근 지역을 연결하는 단거리 지역 버스를 이용할 수 있다. 정확한 금액의 잔돈을 준비하자. 티켓은 탑승 시 기사에게 직접 구입한다.

Cost 시내 구간 1회권 44NOK, 24시간권 130NOK
Web www.frammr.no

Tina's Plus
시내 관광기차, 관광버스 이용하기
여름 시즌에는 후티루텐 및 크루즈 이용자를 위한 파란색의 꼬마기차와 빨간색의 관광버스가 별도로 운행된다. 원하는 곳에서 타고 내리면서 시내를 구경하기에 좋으며, 관광버스는 아쿠아리움과 순뫼레 박물관 등의 외곽 관광지까지 연결한다. 티켓은 관광 안내소나 크루즈 선내 안내소에서 구입 가능하다.
운행 관광기차 6/26~8/14, 크루즈 정박 시 관광버스 4~10월
Cost **관광기차** 16세 이상 성인 300NOK, 16세 미만 150NOK, 패밀리(성인 2인+어린이 3인) 750NOK
관광버스 16세 이상 성인 475NOK, 16세 미만 235NOK
Web 관광기차 www.citytour.no
관광버스 www.stromma.no

올레순 시내, 이렇게 보자

베르겐 못지않은 풍광과 예술의 향기가 느껴지는 시가지, 시내 전체를 내려다보는 아크슬라 산 왕복만 해도 거의 반나절은 소요된다. 게이랑에르 일정, 크루즈 이용 시 기항지 관광 때문에 시간이 부족하다면 시내 중심가와 아크슬라 산 정도가 적당하다. 건축 · 디자인에 관심이 많거나, 이동 및 관광 시간이 충분히 필요한 순뫼레 박물관과 아쿠아리움을 추가한다면 이동 시간을 고려해 하루는 잡는 것이 좋다. 특히 어린이 동반 시에는 반드시 하루를 잡을 것. 차량 이용 시에는 시내 일정 및 골든 루트와 아틀란틱 로드를 하루씩 돌아보는 방법도 고려할 수 있으며, 이때 3일까지 필요하다. 또한 10~4월의 비수기에는 주말에 교통 운행이 줄어들고 문을 닫는 관광지도 많으니 되도록이면 주말을 피해서 방문하자.

올레순에서 놓치지 말자!

1 잿더미에서 피어난 꽃, 아르누보 양식의 시가지와 흔적들 돌아보기.
2 아크슬라 산에서 바라보는 아름다운 해넘이와 시내의 조화.

추천 코스

관광 안내소 ➔ (순뫼레 박물관) ➔ 아르누보 센터 및 시가지 ➔ (올레순 박물관 ➔ 대서양 아쿠아리움) ➔ 아크슬라 산 전망대 왕복

예상 소요 시간 : 6시간~하루

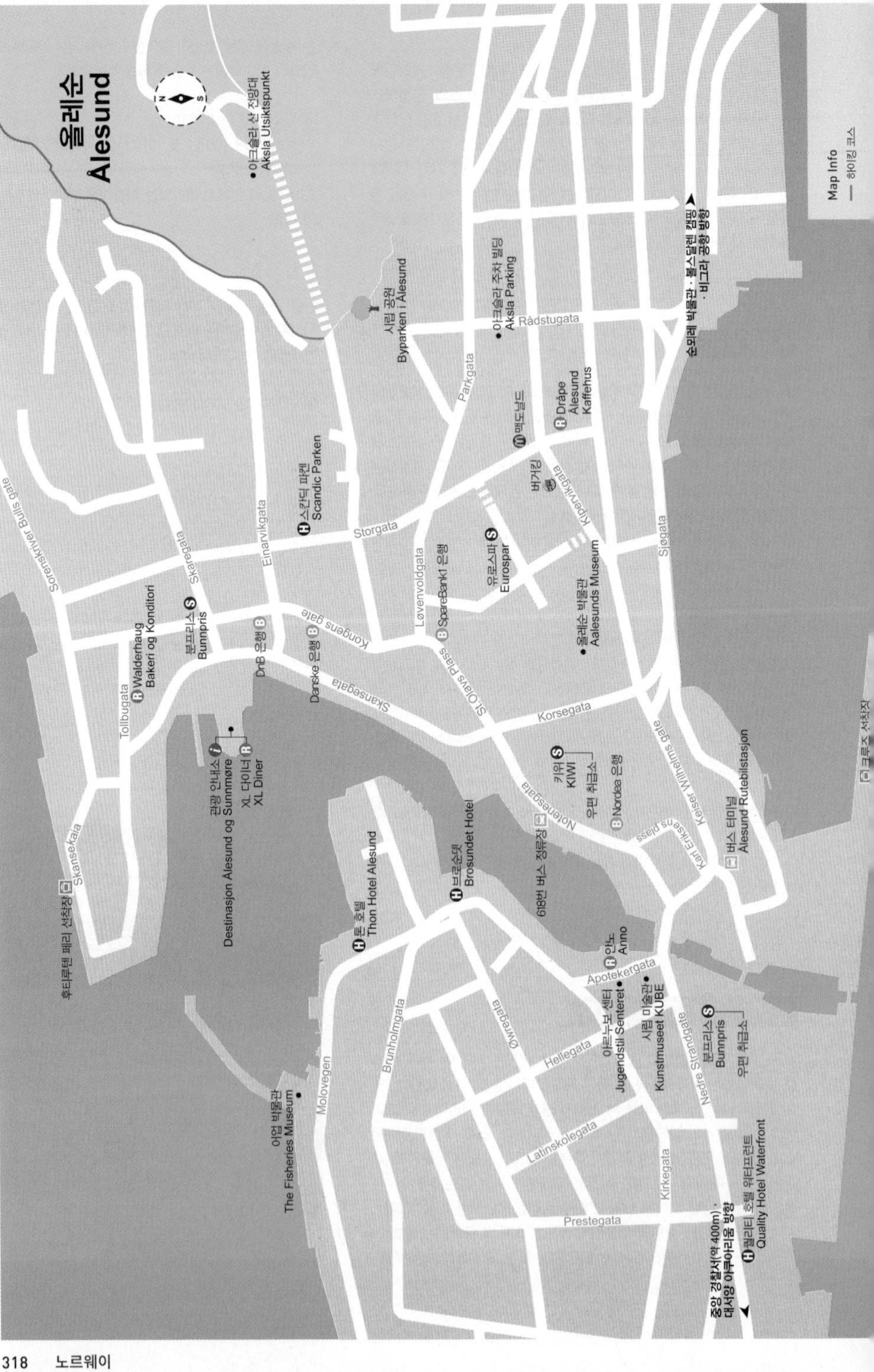
울레순
Ålesund
아크슬라 산 전망대
Aksla Utsiktspunkt
시립 공원
Byparken i Ålesund
아크슬라 주차 빌딩
Aksla Parking
Rådstugata
Parkgata
순모레 박물관 · 볼스달렌 캠핑 · 비그라 공항 방향
Map Info
하이킹 코스
맥도날드
Dråpe Ålesund Kaffehus
버거킹
Kipervikgata
스칸딕 파켄
Scandic Parken
Storgata
Einarvikgata
Sorenskriver Bulls gate
Skaregata
유로스파
Eurospar
Løvenvoldgata
SpareBank1 은행
Sjøgata
분프리스
Bunnpris
Walderhaug Bakeri og Konditori
DnB 은행
Kongens gate
Danske 은행
Skansegata
Tollbugata
St.Olavs Plass
올레순 박물관
Aalesunds Museum
Korsegata
관광 안내소
Destinasjon Alesund og Sunnmøre
XL 다이너
XL Diner
키위
KIWI
우편 취급소
Nordea 은행
Notenesgata
Karl Eriksens plass
Keiser Wilhelms gate
Skansekaia
후티루텐 페리 선착장
버스 터미널
Ålesund Rutebilstasjon
크루즈 선착장
610번 버스 정류장
브로순넷
Brosundet Hotel
톤 호텔
Thon Hotel Alesund
안노
Anno
Apotekergata
아르누보 센터
Jugendstil Senteret
시립 미술관
Kunstmuseet KUBE
분프리스
Bunnpris
우편 취급소
Nedre Strandgate
Hellegata
Øwregata
Brunholmgata
Molovegen
어업 박물관
The Fisheries Museum
Latinskolegata
Kirkegata
Prestegata
퀄리티 호텔 워터프런트
Quality Hotel Waterfront
중앙 경찰서(약 400m) · 대서양 아쿠아리움 방향

아르누보 센터 Jugendstil Senteret

관광명소 로컬명소 건축·디자인

화재 전 약국이었던 이곳은, 현재 '아르누보 시티' 올레순을 상징하는 대표 건물 겸 기념관이 되었다. 3개 층에 걸친 전시관에는 아름답게 꾸며진 당시의 가구와 인테리어, 재건 당시 이용된 건축 재료와 각종 기록들이 가득하다. 특히 3층에 전시된 소품들은 노르웨이만의 아르누보가 어떤 것인지를 확실히 보여 준다. 1904년으로 돌아간다는 설정으로, 대화재의 순간부터 재건까지의 역사를 담은 기록 영화 〈타임 머신〉도 놓치지 말고 보자. 티켓 한 장으로 옆 건물의 시립 미술관 KUBE를 함께 관람할 수 있다.

Address Apotekergata 16
Tel 70 104 970
Open **6~8월** 10:00~17:00, **9~5월** 11:00~17:00
Close 9~5월의 월요일, 5/17, 12/24~25
Access 버스 터미널에서 Nedre Strandgate를 따라 좌회전.
Cost 18세 이상 성인 110NOK, 학생 75NOK, 18세 미만 무료
Web www.vitimusea.no

시립 미술관 Kunstmuseet KUBE

미술관 건축·디자인

옛 노르웨이 은행(1906) 자리에 들어선 작은 미술관. 현대 작품과 건축, 장식미술을 중심으로 전시하고 있으며, 특히 지역에 관련된 내용이 주를 이루는 '지역 밀착형 미술관'이기도 하다. 아르누보 센터를 본 후에 함께 방문하자.

Open 아르누보 센터와 동일
Access 아르누보 센터 옆. 2층에 연결 통로가 있다.

아크슬라 산 전망대 Aksla Utsiktspunkt

관광명소 뷰포인트

올레순을 대표하는 사진에 단골로 등장하는 전망의 명소. 시내 중심에 있는 아크슬라 산에는 418개의 계단이 있으며, 계단을 하나둘씩 오를 때마다 조금씩 달라지는 시내 전망을 확인할 수 있다. 특히 저녁 시간에 해 지는 모습과 어우러진 시내 풍경은 최고다. 여유가 된다면 낮과 저녁 모두 올라가 보는 것을 추천한다. 강도는 그다지 높지 않아 초등학생 이상 어린이들도 충분히 오르내릴 수 있다. 피곤하면 중간 중간 놓인 벤치에서 잠시 휴식을 취하며 오르내려도 괜찮다.

Open 24시간

Access 아크슬라 주차 빌딩 건너편 공원으로 진입 후 좌회전하면 계단이 나온다. 크루즈 이용 시에는 파란색 관광기차나 빨간 관광버스로 전망대 근처까지 이동 가능.

순뫼레 박물관
Stiftinga Sunnmøre Museum

박물관 관광명소 로컬명소 어린이 동반

순뫼레 & 롬스달 지역 최대의 야외 민속박물관. 중세부터 대화재 전후 기간까지의 생활 모습이 55채의 전통 가옥과 함께 재현되어 있다. 6월 말~8월 초 매주 수요일 '가족의 날'에는 매듭 만들기, 배 만들고 타기, 발굴 작업 등의 어린이를 위한 다양한 체험 프로그램이 재미를 더해 준다. 한쪽에 복원된 1,000살 넘는 바이킹 배를 비롯한 여러 배 컬렉션과 숍에서 판매하는 지역 장인들의 수제품도 빼놓지 말자. 액티비티와 왕복 이동을 고려해 최소 3시간 이상의 일정을 잡는 것이 좋다. 입장 티켓으로 도보 10분 거리에 있는 중세 박물관을 함께 볼 수 있다.

Address	Museumsveien 1
Tel	70 164 870
Open	화 · 목 · 금 11:00~17:00, 토 · 일 12:00~16:00 **6/24~8/21** 월~금 10:00~16:00, 토 · 일 12:00~16:00
Close	8/22~6/23 외 월 · 수요일, 5/7, 12/24~25, 12/31~1/16
Access	버스 터미널이나 아쿠아리움 앞에서 1, 3, 4번 버스를 타고 Sunnmøre museet 정류장에서 하차 후, 진입로로 접어든다.
Cost	18세 이상 성인 110NOK, 어린이 무료
Web	www.vitimusea.no

올레순 박물관 Aalesunds Museum

박물관 로컬명소

올레순 시내의 어제와 오늘을 전시하는 작은 박물관. 순뫼레 박물관, 아르누보 센터 방문 전후에 예습과 정리의 의미로 간단히 관람하기에 좋다. 이곳의 하이라이트는 1904년에 대서양을 횡단한 달걀 모양의 구명보트인 우래드Uræd이며, 이 외에도 아르누보 양식에 대한 설명, 시민들이 이용하던 이발소, 치과 등이 재현되어 있다.

Address	Rasmus Rønnebergs Gate 16
Tel	70 164 842
Open	**9월~6/18** 금~일 12:00~15:00, **6/19~8월** 월~금 11:00~15:00, 토 · 일 12:00~15:00
Close	9월~6/18의 월요일
Access	버스 터미널 앞에서 Keiser Wilhelms gate를 따라 우회전.
Cost	성인 75NOK, 어린이 30NOK
Web	www.aalesunds.museum.no

대서양 아쿠아리움 Atlanterhavsparken

관광명소 로컬명소 어린이 동반

섬 끝에 자리 잡고 있는 대규모의 수족관. 대서양과 노르웨이 해, 피요르드에 서식하는 해양 생물들을 주로 만날 수 있다. 액티비티 룸에서는 게와 불가사리 등의 작은 해양 생물들을 직접 만져 볼 수 있어 어린이들의 흥미를 자극하고, 매일 오후마다 진행되는 물고기와 펭귄, 물개에게 먹이 주기 쇼는 이곳의 명물로 모두를 즐겁게 한다. 특히 오후 1시의 대형 수조에서의 먹이 주기 쇼가 인기 최고. 어린이를 동반한 가족 여행자에게 적극 추천한다. 4~10월에 한해 1번 시내버스가 이곳을 연결한다. 배차 시간을 고려해 되도록 버스 시간에 맞춰서 움직이자.

Address Tueneset N-6006, Ålesund
Tel 70 107 060
Open **6~8월** 09:00~17:00, **9~5월** 10:00~16:00
Close 5/17, 12/24~25
Access 5~10월의 월~토요일에는 시내버스 터미널 2번 정류장에서 1번을 이용해 Atlanterhavsparken 정류장에서 하차한다. 올라프 광장 출발 기준으로 가는 편은 11:30, 12:30, 13:30, 14:30(6월 말~8월 중순에는 10:30, 15:30 추가), 버스 터미널 도착 기준으로 오는 편은 11:50, 12:50, 13:50, 14:50(6월 말~8월 중순에는 10:50, 15:50 추가)에 있다.
Cost 16세 이상 225NOK, 3~15세 100NOK(주차 무료)
Web www.atlanterhavsparken.no

Tina's Plus

가보자! 아틀란틱 로드 Atlanterhavsveien

'아틀란틱 로드'는 온달스네스-크리스티안순드를 잇는 64번 도로 선상에 위치한 8.3km의 구간이며, 1920년대 이후 버려진 철로가 12개의 섬과 함께 연결되어 1989년에 자동차 도로로 재탄생했다. 노르웨이 국내 관광 도로 '내셔널 루트' 중 가장 유명한 도로로, '세기의 건축물', '세계에서 가장 아름다운 자동차 도로'로 이름을 날리고 있다. 한국에서는 모 자동차 광고에 배경 장소로 등장하면서 유명해지기도 했다. 자동차 여행자라면 놓치지 말자. 올레순에서 여유가 된다면 당일 일정으로 충분히 왕복할 수 있다. 운전이 어렵다면 버스 이용도 가능하며, 안내소 주변의 풋패스를 이용해 직접 걸어 볼 수도 있다. 드론 사용도 가능.

Access **차량 이용 시** 올레순에서 이동 시 E39번 도로로 몰데까지 이동 후, 64번 도로로 진입한다. 올레순-몰데-아틀란틱 로드-크리스티안순드 순서로 이동한 후 같은 길로 왕복하거나, 70번 도로로 베르쇠야Bergsøya까지 내려온 후 E39번 도로로 진입해 돌아온다.

버스 이용 시 올레순 시내버스 터미널에서 크리스티안순드행 프람 엑스프레스 버스를 이용해 몰데 버스 터미널까지 이동 후(1시간 반 소요), 510번 아이데Eide, 콜보르Kårvåg행 지역버스로 환승해 아틀란틱 로드 중간의 안내소(정류장명 Atlanterhavsvegen)까지 이동한다. 약 1시간 소요. 상황에 따라 먼저 콜보르까지 이동 후, 기사가 역순 운행하는 버스로 환승하도록 안내하기도 하니 탑승 시 기사에게 반드시 목적지를 알릴 것.

티켓은 탑승 시 기사에게 직접 구입할 수 있으며, 당일 왕복 이동은 월~금만 가능하다. 몰데 오뢰Årø 공항도 거쳐 가니 몰데 출·도착 항공 이동 시에는 시간을 잘 맞추자.

당일에 올레순-크리스티안순드-트론헤임까지 이동 시에도 응용이 가능하다. 이때 콜보르에서 501번 버스로 환승해 최종 종착점인 크리스티안순드까지 이동한 후(약 2시간 소요), 버스 터미널 옆의 페리 선착장에서 트론헤임행 고속 페리(약 3시간 반 소요, 1일 1~3회 운행)를 이용하면 된다. 평일에만 가능하며 아침 일찍부터 서둘러서 움직여야 한다. 역순 이동도 가능.

Web 몰데 & 롬스달 지역 안내 www.visitmolde.com
프람 엑스프레스 고속버스, 아틀란틱 로드행 지역 버스와 페리 안내 www.frammr.no

XL 다이너 XL Diner

레스토랑

퓨전 바깔라우 요리를 주로 선보이고 있는 고급 레스토랑. 바깔라우가 포르투갈식 요리라고 해도, 올레순 인근의 대구가 수출되며 만들어졌다는 역사적(?) 배경을 알면 왜 바깔라우가 올레순의 대표 음식인지 알 수 있다. 가격은 비싸지만, 올레순만의 독특한 대구 요리를 맛보고 싶다면 방문해 보자. 예약 필수.

Address Skaregata 1B
Tel 70 124 253
Open 월~토 17:00~23:00
Close 일요일, 일부 공휴일, 그 외 부정기적
Access 관광 안내소 건물 2층.
Cost 전식 180NOK~, 바깔라우 메뉴 370NOK~
Wifi 가능(비밀번호 있음)
Web www.xlgruppen.no

안노 Anno

레스토랑 바

해산물 베이스의 다양한 요리를 선보이는 중고급 레스토랑 겸 바. 점심시간에는 누구나 먹기 좋은 기본 요리, 저녁에는 조금 더 과감한 퓨전 요리 위주로 운영되고 있다. 여름에는 야외 좌석에서 바닷가를 바라보며 식사나 와인 한 잔을 하기에 좋다. 여러 종류의 스납스와 와인을 갖춘 바도 괜찮은 편이다.

Address Apotekergata 9B
Tel 71 707 077
Open 월~금 11:00~22:00, 토 14:00~22:00
Close 일요일
Access 아르누보 센터 건너편.
Cost 점심(월~금 11:00~16:00) 단품류 180~230NOK, 저녁 단품류 180~550NOK
Web www.anno.no

드로페 올레순 카페후스 Dråpe Ålesund Kaffehus

레스토랑 카페 로컬명소

따뜻하고 편안한 분위기 속에서, 맛있는 커피와 식사를 온 가족이 즐기기에 제격이다. 햇살 좋은 날에는 시원한 홈메이드 레모네이드와 쉐이크를 적극 추천한다. 수시로 열리는 전시회와 미니 콘서트 등의 이벤트도 매력 포인트.

Address Storgata 4
Tel 91 584 571
Open 월~금 09:00~21:00, 토 10:00~18:00, 일 12:00~18:00
Access 버스 터미널 앞에서 우회전 후, 올레순 박물관을 지나 두 번째 갈림길에서 좌회전해 오른쪽.
Cost 커피 잔당 35~60NOK, 쉐이크 65NOK, 식사 메뉴 90~250NOK, 어린이 메뉴 80NOK
Web www.draapekaffehus.no

올레순의 숙소
Ålesund Accommodations

'수요는 많은데 공급이 적은' 도시 중 하나이다. 매년 여름에는 많은 관광객이 몰리지만, 저렴한 곳은 순식간에 매진되기도 한다. 반드시 예약하고 가자.

※ 요금은 호스텔의 경우 도미토리, 호텔은 스탠더드 2인실 기준.

볼스달렌 캠핑
Volsdalen Camping

시내 중심가에서 2km 떨어진 오토 캠핑 및 캐빈. 시내에서 가장 저렴한 옵션으로 2~8인까지 묵을 수 있는 다양한 크기의 캐빈을 갖추고 있다. 차량 및 텐트 소지 시, 가족 여행 시 저렴하고 편리하게 이용할 수 있으며 욕실은 공용이다. 청소를 직접 해야 하는 것이 단점.

Address Sjømannsvegen 1
Tel 70 125 890
Cost **2인 캐빈** 비수기 660NOK~, 성수기 680NOK(시트 별도)
Web www.volsdalencamping.no

브로순뎃
Brosundet

아르누보 시가지에 있는, 어부들의 옛 숙소를 개조해 만든 호텔. 나무를 사용한 따뜻하면서도 모던한 분위기가 흰 건물과 잘 어우러진다. 바닷가를 바라보며 시내 분위기를 함께 느끼고 싶다면 추천. 부설 카페에서는 매일 오후에 애프터눈 티를 즐길 수 있다.

Address Apotekergata 1, 5, 6004 Ålesund
Tel 70 103 300
Cost 1,700NOK~
Web www.brosundet.no

퀄리티 호텔 워터프런트
Quality Hotel Waterfront

'톡 튀는' 독특한 나무 빛깔의 건물이 아르누보 시가지와 묘한 조화를 이룬다. 바닷가 전망이 좋으면서, 편의 시설과 경찰서, 버스 터미널 모두 가까워 가족 여행 시에도 편리하다. 건축에 관심 많은 여행자에게도 추천.

Address Nedre Strandgate 25-27
Tel 70 111 900
Cost 1,200NOK~
Web www.nordicchoicehotels.no

피요르드 지역
Fjord

노르웨이 여행의 하이라이트는 단연 피요르드 유람!

피요르드가 생성된 시점은 지금으로부터 약 6천 년 전 빙하기로 추정된다. 여러 번의 빙하기와 간빙기를 거치며 빙하의 이동에 의해 육지가 침식되자 U자 모양의 복잡한 해안선과 빙하 지형이 만들어졌다. 즉 빙하로 인해 만들어진 좁고 깊은 만을 피요르드라고 한다.

특히 4대 피요르드로 손꼽히는 송네Sognefjorden, 하르당에르Hardangerfjorden, 게이랑에르Geirangerfjorden, 뤼세Lysefjorden피요르드가 많은 관광객을 끌어들이고 있다. 송네피요르드는 깊이가 1,300m를 넘을 정도다.

여행 중에는 어디론가 한적한 자연 속에서 잠시 모든 것을 잊고 싶은 마음이 간절할 것이다. 특히 휴식 목적에 가장 충실한 곳으로는 피요르드 지역만 한 곳이 없다. 갔다 온 사람들 열이면 열 모두 "하루라도 더 있고 싶다", "그냥 그곳에서 푹 쉬고 싶었다" 이구동성으로 말할 정도니 더 이상의 표현은 필요 없겠다. 소중한 휴식을 위해 열심히 살았다면, 피요르드 지역 안에서는 모든 욕심을 잊자. 노르웨이의 청정 자연과 위대한 힘이 담겨 있는 피요르드의 매력을 몸과 마음으로 한껏 느껴 보면, 저절로 재충전된 나를 발견할 수 있을 것이다.

도와주세요!

피요르드 일정, 짐은 어떻게?

초보 : 피요르드 일정에서는 짐을 계속 들고 다녀야 하나요?

티나 : 각 교통편 이용 시에는 거의 짐칸에 넣고 다니기 때문에, 짐을 들 시간은 길지 않으니 걱정 마세요.

초보 : 짐이 크다면 어떻게 할까요?

티나 : 포터 서비스를 이용해 숙소로 짐을 미리 보내는 것도 고려해 보세요. 특히 부모님이나 어린이를 동반한 경우라면 유용합니다.

여행하는 방법

각 피요르드로 가는 방법은 거점 도시나 지역으로 이동한 후, 그 안에서 여러 가지 교통수단을 이용해야 한다. 피요르드를 누비기 전에 먼저 해당 지역에 대해 알아보자.

유용한 홈페이지

피요르드 관광 공식 안내 www.fjordnorway.com

노르웨이 철도청 www.vy.no

고속버스 노선 www.nor-way.no

넷부스 www.vybuss.no

피요르드 지역(하르당에르~스트륀) 종합 교통 안내 www.skyss.no

유용한 정보지

피요르드 노르웨이 Fjord Norway

피요르드 종합 안내 책자로, 4대 피요르드에 대한 안내가 충실하다. 오슬로나 다른 대도시 안내소에서도 받을 수 있다.

이 밖에도 각 지역별 안내 소책자, 하이킹 지도, 교통편 시간표 등이 유용하니 해당 지역 이동 시 반드시 챙기자.

피요르드 지역
Fjord

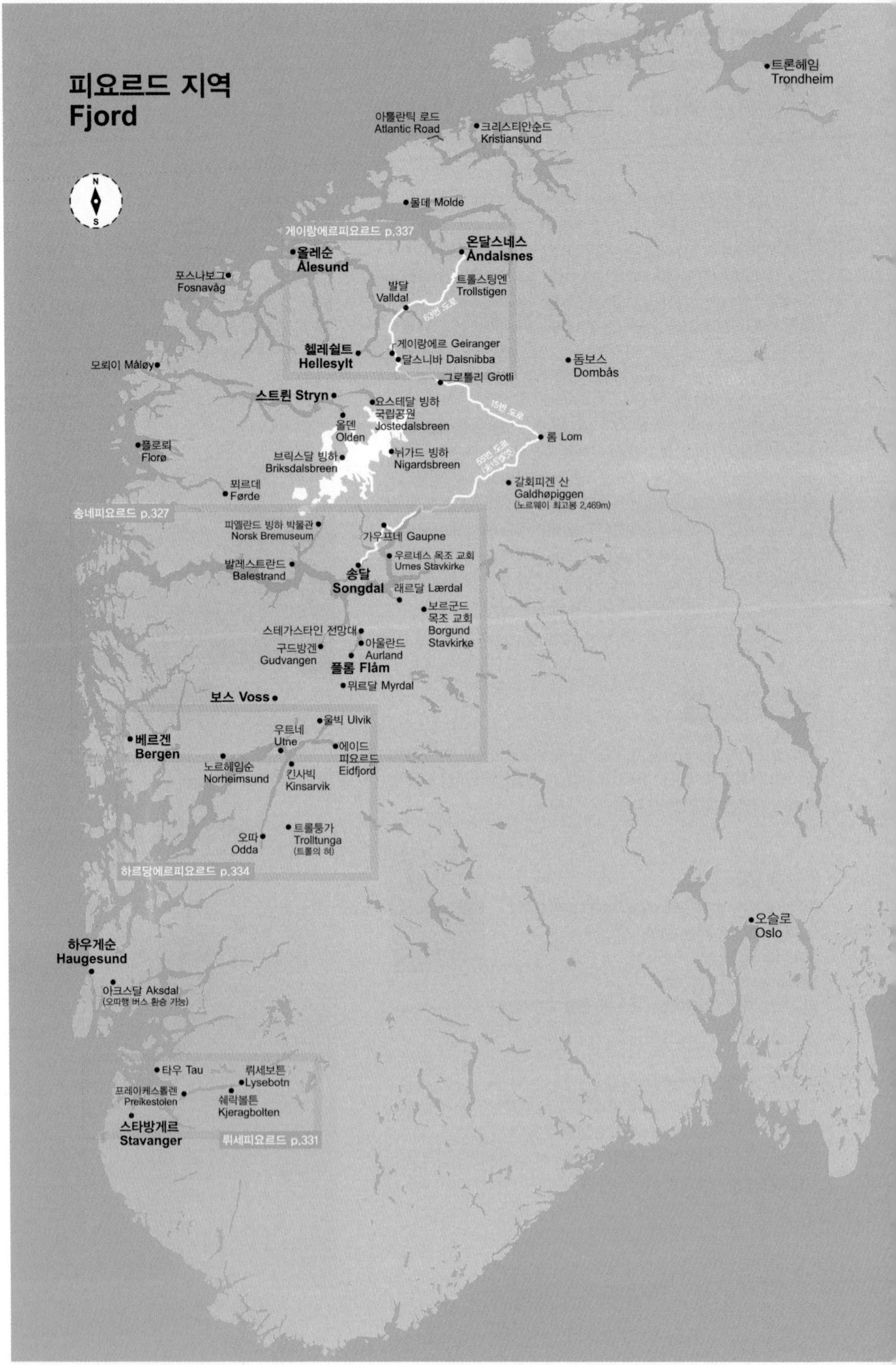

송네피요르드
Sognefjord

약 204km 길이, 1,300m 깊이의 세계에서 가장 긴 피요르드로, 노르웨이 내륙의 중간을 칼로 찢어 놓은 것처럼 바다가 깊이 들어와 있다. 유람선을 타고 굽이굽이 뻗은 해안선을 돌아보는 것도 재미있지만, 그 주변 지역에서의 액티비티 역시 재미를 더해 주어 피요르드에서 연중 관광객이 가장 많은 곳이다.

중심 지역 이동 방법

오슬로 중앙역이나 베르겐 역에서 뮈르달Myrdal까지 기차로 이동한다. 오슬로에서는 약 4시간 50분, 베르겐에서는 약 1시간 50분 소요되며, 연중 최고 인기 노선으로 예약은 필수!
특히 오슬로–뮈르달 구간은 해발 1,220m의 핀세Finse를 비롯한 높은 산악 지대를 오르내리며, 세계에서 가장 아름다운 기차 코스로 이름이 높다. 창문에서 시선을 떼지 말자.

기본 코스

노르웨이 인 어 넛쉘 Norway in a Nutshell™

피요르드 관광의 기본 코스이며 연중 운영된다. 기차, 페리, 버스 등을 타고 송네피요르드의 가장 구불구불한 곳과 대관령 같은 급경사 코스를 함께 맛볼 수 있는 노르웨이 자연의 '종합 선물 세트'라고 해도 무방하다. 오슬로 출발–베르겐 도착 및 베르겐에서 왕복 코스 모두 가능하며, 역순으로도 진행할 수 있다.

Cost **오슬로–베르겐 코스** 시즌에 따라 2,535~2,805NOK
베르겐 왕복 1,885NOK
뮈르달–플롬 기차 360NOK(철도 패스 이용 시 30% 할인)
플롬–구드방겐 페리 625NOK, 10~4월 595NOK
구드방겐–보스 버스 67NOK(학생 40%, 67세 이상 · 6~17세 50% 할인) ※ 현장 결제 시 20NOK 추가
보스–베르겐 기차 257NOK(학생 25%, 67세 이상 · 6~17세 50% 할인) ※ 버스 이용 시 105NOK(학생 25% 할인)
※ 전 코스 표를 한꺼번에 묶어 구입 시 국내 일부 여행사, 공식 홈페이지, 오슬로나 베르겐 시내 관광 안내소와 기차역에서 구입 가능하다.

Tip

4월 말~10월에는 루스트라 사의 플롬–구드방겐 노선이 1일 4편까지 추가된다. 기존 페리의 이용이 부담스럽거나 예약을 하지 못했다면 차선책으로 추천. 앞뒤 교통편 시간을 반드시 확인한 후 맞춰서 이용하자.

운행 **4/24~10/20** 플롬–구드방겐 11:00, 16:00 구드방겐–플롬 08:30, 13:30
6~8월 추가운행 플롬–구드방겐 08:30, 13:30 구드방겐–플롬 11:00, 16:00(약 2시간 소요)
Cost 성인 450NOK, 학생 300NOK, 4~16세 225NOK
Web www.lustrabaatane.no

유용한 홈페이지

송네피요르드 지역 안내 www.sognefjord.com
Norway in a Nutshell™ 상품 안내 및 예약 www.norwaynutshell.com
보스 지역 공식 안내 www.visitvoss.no
페리, 전망대 예약 www.norwaysbest.com

관광 안내소

'노르웨이 인 어 넛쉘' 이용자 중심의 안내소와 플롬 지역 관광 안내소가 한 건물 안에 있다.

쿤데센터 I 플롬 Kundesenter i Flåm
'노르웨이 인 어 넛쉘' 투어 관련 교통 창구와 주변 지역 및 아웃도어 관련 정보를 제공하는 창구로 나뉘어 있다. 여기서 하이킹 지도를 받자. 페리, 산악열차 티켓 구입 및 투어 프로그램 참여 가능.
Tel 57 631 400
Open **4 · 10월** 08:00~17:00, **5~8월** 07:00~19:00, **9월** 08:00~19:00, **11~3월** 08:30~17:00
Access 플롬 기차에서 내린 후 바로 앞쪽의 빨간 건물 안에 있다.

슈퍼마켓

쿱 Coop : 플롬 읍내 뒤편 위치. 우체국이 함께 있다.
Open 08:00~20:00(일 12:00~18:00)
키위 KIWI : 보스 중심가에 위치.

당일 짐 보관

플롬 : 기차 플랫폼 옆 유인 보관소(1일 50NOK).
※ 짐을 들고 다니기 부담스럽다면 숙소까지 짐을 옮겨 주는 포터 서비스를 이용하자. 일정이 가장 긴 오슬로–베르겐 코스에 유용하다.
Web www.porterservice.no

Tina's Plus

티켓 구입, 한꺼번에? 따로따로?

구입 방법	Norway in a Nutshell™ 코스	각 코스 개별 구입
장점	•한 번에 전 코스 구입 가능 •할인 혜택 없을 때 대안 •준비 시간 단축 •국내 여행사에서 쉽게 구입	•전체 비용 절감 가능 •일정의 유동성 확보 •현장 할인 혜택 적용 가능(학생, 노인 등)
단점	•일정의 유동성이 적음 •가격이 가장 높음 •현장 할인 혜택 적용 불가	•저가 요금 매진 시 비용 상승 •준비 시간과 노력 필요 •최성수기에 매진 부담 •저가 요금 구매 시 변경이나 환불 불가
이런 경우 이용하자	•여행 일정이 짧을 경우 •할인 혜택이나 철도 패스 없을 경우 •준비 기간이 촉박할 경우 •저가 요금 티켓 매진 시 최후의 수단 •최성수기에 가족 여행 시	•철도 패스나 국제학생증 소지 시 •코스 일부만 진행할 경우 •일정에 유동성 필요 시 •준비 기간이 넉넉할 경우 •비수기 기간(10~4월)일 경우 •베르겐 당일 왕복 일정 시

추천 코스

오슬로 출발

기차로 약 4시간 40분 소요(08:25~13:05/06:25~11:37*)

뮈르달 Myrdal

사철로 약 50분 소요(13:22~14:10/11:28~12:26*)

플롬 Flåm

페리로 약 2시간 소요(15:20~17:20*)

구드방겐 Gudvangen

버스로 약 1시간 소요(17:25~18:20*)

보스 Voss

기차로 약 1시간 20분 소요(19:13~20:40*)

베르겐 도착

베르겐 출발

기차로 약 1시간 10분 소요(08:31~09:44)

보스 Voss

버스로 약 1시간 10분 소요(10:10~11:05)

구드방겐 Gudvangen

페리로 약 2시간 20분 소요(12:00~14:00)

플롬 Flåm

사철로 약 1시간 소요(14:30~15:14, 16:50~17:35)

뮈르달 Myrdal

기차로 약 4시간 50분 소요(17:42~22:27)

오슬로 도착

* 표시는 5/21~9/26에만 운행

뮈르달 Myrdal → 플롬 Flåm

뮈르달 역에 내린 후 반대편 플랫폼에 서 있는 플롬바나Flåmbana라 불리는 산악 열차를 타고 플롬에 이동할 수 있다. 대기하는 시간이 길지 않으므로 얼른 기차에 올라 직원에게 직접 티켓을 구입하자. 철도 패스를 제시하면 30% 할인되며, 오슬로–뮈르달 구간 예약 시 함께 묶어서 미리 구입하면 더욱 편하게 이용할 수 있다. 산악 열차의 티켓 소지 시 플롬의 열차 박물관 무료 관람이 가능하다.

플롬행 산악 열차를 타면 약 1시간 동안 길이 20km에 이르는 아찔한 산길을 오르내리면서 15개의 터널을 통과한다. 철길을 만들기에 어려운 산악 구간을 훌륭한 관광 코스로 만들어 낸 노르웨이의 뛰어난 철도 기술을 짐작할 수 있다. 중간에 93m 높이의 키요스 폭포Kjosfossen에서 잠시 사진을 찍을 수 있도록 약 10분간 정차한다. 이때 높은 산과 흰 물보라의 조화를 감상하자.

플롬 도착 후 대기 시간이 길거나, 1박 이상 여행할 예정이라면 먼저 관광 안내소나 공식 유스호스텔 사무실에서 하이킹 지도를 얻자. 플롬에는 1~10번의 다양한 하이킹 코스가 있어 본인의 숙련도에 따라 선택하여 즐길 수 있다. 특히 폭포를 끼고 가는 3번 코스는 아름다운 풍경을 조망할 수 있다.

송달행 450번 고속버스를 비롯한 지역 버스를 이용하려면, 플롬 도착 후 산악 열차에서 하차해 좌회전하여 큰길 건너편에 있는 B번 버스 정류장에서 탑승하자.

플롬 Flåm → 구드방겐 Gudvangen

플롬에서 점심 식사를 하거나 중심가를 돌아본 후 구드방겐행 페리를 타자. 티켓은 관광 안내소나, 탑승 시 직원에게 직접 구입하면 된다. 송네피요르드 전체 중 아울란드Aurlandfjord와 내뢰이피요르드Nærøyfjord의 지류로, 가장 구불구불한 구간이다. 특히 내뢰이피요르드 지역은 2005년에 유네스코 세계자연유산으로 지정되었다. 뱃전은 여름에도 아주 쌀쌀하니 반드시 따뜻한 옷과 머플러 등을 준비할 것. 페리를 놓쳤거나 역순으로 다시 돌아오려면 버스 이용도 가능하다(약 20분 소요, 1인당 65NOK). 하지만 터널만 지나가서 구경은 어려우니 최후의 수단으로 이용하자.

구드방겐 Gudvangen → 보스 Voss

구드방겐에 도착하면 그 자리에서 바로 보스로 가는 버스를 탈 수 있으며, 대기 시간 동안 마을에서 잠시 요기를 하는 것도 좋다. 버스 티켓은 Skyss Billet 애플리케이션이나 탑승 시 기사에게 직접 구입 가능하다. 5월 중순~9월 중순에는 대관령 산길을 연상케 하는 구불구불하고 험준한 13개의 비탈길을 지나 산을 내려와 보스에 도착한다. 비탈길을 오르내릴 때 두 개의 폭포가 만들어 내는 장관을 구경해 보자. 특히 페리 도착 시간에 맞춰 출발하는 버스에서는 기사가 직접 방송도 해 준다.

송네피요르드를 즐기는 다양한 방법

1 송네피요르드 전체 돌아보기

베르겐–플롬 간의 고속 페리를 이용하여 송네피요르드의 큰 지류 전체를 모두 돌아볼 수 있다. 4~10월에만 이용 가능하며 1일 1회 운행, 약 5시간 10분 소요. 예약 없이 당일에도 탑승 가능.

운영 **베르겐→플롬** 08:00 **플롬→베르겐** 15:30

Cost 1,060NOK(학생 · 67세 이상 50% 할인 가능)

Web www.norled.no

2 사파리

자연 속으로 들어갈 수 있는 좋은 방법. 피요르드 지역의 야생동물을 확인할 수 있다. 가족 여행자에게 추천.

운영 **90분** 2~12월 09:50, 14:45, 7 · 8월 16:50, 18:50

2시간 반 11~3월 11:30

Cost **90분** 성인 850NOK, 어린이 625NOK, 겨울 사파리 920NOK

Web www.fjordsafari.com

3 카야킹

5/1~9/20에 체험 가능하며, 플롬에서 카약을 이용해 아울란드 피요르드 지역을 오갈 수 있다. 3~8시간의 프로그램이 다양하며, 초보자에게는 3시간을 추천한다. 잘 마르는 옷을 준비하자.

운영 **3시간 코스 6~8월** 08:30, 10:00, 11:00, 12:00, 15:00, 17:00

Cost **3시간 코스** 성인 1,120NOK, 5~13세 950NOK

Web www.njord.as

4 스테가스타인 Stegastein 전망대 다녀오기

플롬에서 버스로 약 30분 거리에 위치한 스테가스타인 전망대에 올라, 송네피요르드의 또 다른 모습을 확인할 수 있다. 여름엔 09:00부터 매 시간 비수기엔 2~3회 버스가 운행하며, 관광 안내소 및 관광 안내 홈페이지에서 예약 가능하다. 뤼세피요르드 일정이 없다면 대체로 괜찮다.

운영 **11~3월** 12:45, 14:30

4 · 10월 10:00, 12:00, 14:15

5 · 9월 10:00, 12:00, 14:15, 16:00

6~8월 09:00, 10:00, 11:00, 12:00, 13:00, 14:30, 15:00, 16:30, 18:00 (**일몰 노선 추가** 6/15~7/15 21:00, 7/16~8/15 20:00)

Cost 1인당 360NOK

5 보스 지역 내 액티비티

보스에서도 패러글라이딩, 래프팅 등의 액티비티를 할 수 있다. 특히 인기 있는 패러글라이딩의 경우, 비용은 1인당 최소 약 30만 원으로 스위스보다 비싸지만 피요르드 지역의 자연을 즐기려면 감수할 만하다. 보스에서 1박을 하거나, 베르겐에서 당일치기로 오가며 진행하자. 연중 운영하는 것도 장점이다. 보스 관광 안내소에서 신청 가능하며 홈페이지에서도 예약할 수 있다.

Web 보스 패러글라이딩 클럽 www.vosshpk.no

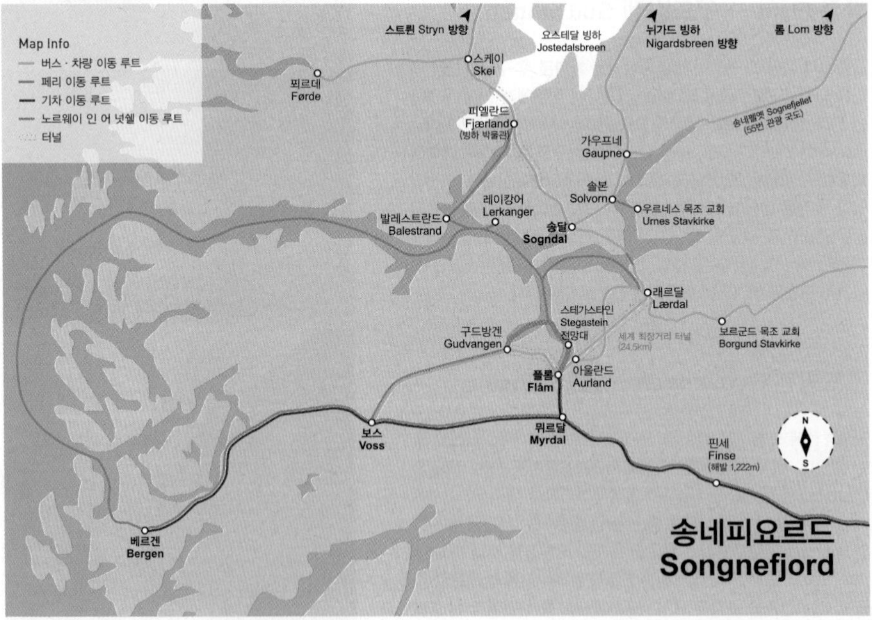

뤼세피요르드
Lysefjord

'빛'이라는 뜻을 지닌 남서부 로가란드 Rogaland 지역을 대표하는 피요르드. 다른 피요르드보다 규모는 작지만, 이동 방법이 비교적 간단하고 액티브한 아웃도어 활동을 즐기기에 좋은 지역이다. 특히 뤼세피요르드의 대표적인 장소인 프레이케스톨렌에서는 바짝 깎아지른 듯한 절벽 위에서 풍경을 내려다보는 묘미가 색다르다. 단, 베르겐이 아닌 스타방게르에서 출발하는 점을 고려해 피요르드 일정의 맨 처음이나 마지막에 방문하자.

중심 지역 이동 방법

우선 거점이 되는 스타방게르 시내로 이동해야 한다. 자세한 방법은 스타방게르 편 참조(p.300).

스타방게르 Stavanger → 프레이케스톨렌 Preikestolen

2019년 12월에 스타방게르와 타우를 잇는 14km의 해저 터널이 개통되며 이동이 편해졌다. 시내버스 터미널 2번 승차장에서 Gofjords, Pulpit Rock Tour, 시내 라디손 블루 아틀란틱 호텔(p.309) 앞에서 Gofjord 사의 버스로 약 45분~1시간 소요. 전날까지 홈페이지에서 미리 예약하자. 3월 말~4 · 10월은 주말과 공휴일, 5~9월은 매일 운행한다.

Cost **스타방게르–프레이케스톨렌 등산로**
Pulpit 버스 왕복 470NOK, 편도 295NOK
Gofjords 버스 왕복 476NOK, 편도 310NOK
등산로 옆 주차장 1일 250NOK

유용한 홈페이지
뤼세피요르드 안내 www.visitlysefjorden.no
프레이케스톨렌 교통 안내
www.pulpitrock.no, www.gofjords.no
등산 관련 안내 www.preikestolen365.com

관광 안내소
스타방게르 시내 관광 안내소 참조(p.300).
프레이케스톨렌, 쉐락볼튼 등산 시 버스 종점 정류장 앞에도 작은 규모의 안내소가 있다.

프레이케스톨렌 : 등산로 옆 호텔 내 대여 숍 이용 가능
Open 안내소 08:00~18:00
쉐락볼튼 : 등산로 옆 안내소에서 등산화 대여 가능
Open **6/21~8/23** 13:00~17:00

당일 짐 보관
스타방게르 시내 페리 터미널, 버스 터미널, 기차역 내 코인 로커 이용 가능.

프레이케스톨렌 등산 Preikestolen

최근 2~3년간 등산로 초중반에 계단을 조성해 오르기가 조금 더 쉬워졌다. 중간중간 빨간 T로 표시된 이정표를 반드시 따라가자. 나뭇길 평지 이후 시작되는 가파른 계곡에서는 손을 써서 오르내려야 할 수 있으니 장갑을 착용하고, 계곡물에 미끄러지지 않도록 주의를 기울여야 한다. 이후 계속되는 바위 구간 역시 비에 젖으면 매우 미끄럽다. 궂은 날씨와 부모님 동반 시에는, 평소보다 등산 속도를 1.5배 이상 느리게 조절해 천천히 오르내리자. 펄핏 록의 수직 높이는 약 640m이며, 절벽 위에 오르면 아래를 내려다보는 것만으로도 아찔한 느낌을 준다. 참고로 현재 펄핏 록은 계속된 침식으로 인한 지반 침하로 매년 1cm씩 내려앉고 있다. 절벽 위에는 아무런 안전장치가 없고 바람이 매우 강하다. '인생 사진' 찍겠다고 절벽에 걸터앉거나 벼랑 가까이 섰다가 강한 바람에 넘어지는 위험 상황도 발생할 수 있다. 어린이 동반 시에는 최소한 초등학교 고학년 이후부터 동반을 권하며, 절벽 가장자리에 함부로 가지 않도록 주의를 기울이자. 절벽 위 모습을 찍고 싶다면, 그 위로 이어진 T표시가 있는 가파른 바위를 따라 더 높은 뷰포인트에 올라 보는 방법이 있다. 또한 11~3월에는 겨울 산행의 경험이 부족하고 날씨가 좋지 않다면 안전을 위해 보트 투어로 대체하거나, 가이드 하이킹 프로그램을 예약해 이용하자.

스타방게르-프레이케스톨렌(버스) 시간

Boreal와 Gofjords, 두 회사가 교통편을 운행 중이다. 출발 전날까지 미리 예약하자.

※ 단, Gofjords는 5/17(건국기념일), 5/26(성령강림절) 미운행.

Veolia(3월 말~10월 말)

노선에 따라 산네스 버스터미널, 모스방엔 캠핑장 등에서 승하차 가능할 수 있으니 해당 장소에서 승하차 시 미리 시간 맞춰 예약하고 정류장 앞에서 대기할 것.

버스 터미널-등산로 앞

3/16~31 주말 · 3/25~29 · 4월 주말 09:00, 10:50, **5/1~6/16** 매일 08:00, 09:00, 10:00, 13:00, 15:00, **6/17~8/31** 매일 08:00, 09:00, 10:00, 11:00, 13:00, 14:00, 15:00, 16:15, 17:30, **9월 매일~10월 주말** 09:00, 11:00, 13:00

등산로 앞-버스 터미널

3/16~31 주말 · 3/25~29 · 4월 주말 · 9월 매일 · 10월 주말 13:30, 16:00, **5/1~6/16** 매일 13:00, 14:00, 16:00, 18:15, 20:15, **6/17~8/31** 매일 13:00, 14:00, 15:00, 16:00, 17:15, 18:15, 19:15, 21:15

Gofjords(3월 말~9월)

시내 라디손 블루 아들란틱 호텔(p.309 참조) 앞에서 출도착한다. 3/23~4/1 매일, 4월 주말, 5~9월 매일.

시내-등산로 앞 09:00, 11:00(**6~8월** 09:00, 10:00 추가)

등산로 앞-시내 15:00, 17:00(**6~8월** 14:00, 16:00 추가)

Tip

직행이 없는 기간에 방문하거나 시간이 맞지 않을 경우, 버스 터미널 6번 승차장에서 100번 지역 버스로 종착점인 외르플란드Jorplandsvagen까지 이동한 후, 택시를 이용해 등산로 앞까지 가야 한다. 택시 이용을 고려해 여러 명이 함께 이동하는 것을 권한다.

운행 **버스 터미널-외르플란드** 07:00~02:00, **외르플란드-버스 터미널** 06:05~01:05 (30분~1시간 간격 운행)
※ 티켓 구입 시 2개 존 24시간권(135NOK)으로 왕복 가능(p.301 참조).

Web www.kolumbus.no

뤼세피요르드를 즐기는 또 다른 방법

1 보트 투어

힘들게 산을 오를 자신이 없거나 악천후로 등산이 어렵다면, 어린이 · 노약자 · 임산부 동반 시, 5~9월 이외 기간에 방문 시 보트 투어를 대체로 이용할 수 있다. 스타방게르 시내를 출발해 펄핏 락을 중심으로 뤼세피요르드를 한 바퀴 도는 코스로, 약 3시간 30분 소요된다. 관광 안내소나 홈페이지에서 예약할 수 있다.

운영 **11~3월** 금~일 11:00(12/25 제외), **4 · 10월** 수~일 11:00, **5~9월** 매일 12:00, 15:00

Cost 성인 790NOK, 어린이 395NOK(항만세 11NOK 추가 예정)

Web www.rodne.no

2 쉐락볼튼 Kjeragbolten 등산

강도 높은 등산을 원한다면 도전해 보자. 절벽과 절벽 사이에 끼어 있는, 해발 1,000m 꼭대기의 '달걀 바위'를 보기 위해 매년 여름 등산객들의 발길이 이어진다. 절벽 위에서 내려다보는 뤼세피요르드의 묘미와 버스 안에서 보는 주변 지역 풍경도 놓칠 수 없다. 왕복 등산은 약 6시간 소요. 산 전체가 바위로 구성되어 있고 경사도가 가팔라 악천후 시 사고 발생 위험이 높다. 등산 장구 구비는 필수. 최소 고등학생 이상 연령부터 진행할 것.

왕복 교통편은 관광 안내소, 홈페이지에서 하루 전까지 예약할 수 있다. 일기예보 확인 후 구입 여부를 결정하는 것이 좋으며, 날씨가 좋다면 예약 필수. 반드시 시내 중심에 숙박을 잡고, 시내 외곽의 숙소 이용 시 시내버스 운행 시간을 고려해 평일에 진행하자.

운행 6~9월 주말, 7·8월은 매일 07:45에 버스 터미널 6번 승강장 앞에서 버스 출발, 등산로 앞에서는 16:30에 출발해 19:00에 도착. 5월 말~9월 말 차량으로 시내 남쪽에서 E39번 도로를 이용해 내려간 후, 45번 국도→975번 지방도로→986번 지방도로를 통해 등산로 앞 주차장까지 간다. 지방도로는 급커브와 언덕이 많고, 날씨가 좋지 않으면 진입이 통제될 수 있는 점 주의.

Cost 왕복 880NOK

Web 왕복 버스 www.gofjords.no

Tip

차량과 페리를 이용해 쉐락볼튼으로 이동 시, 리필케 해저 터널 및 13번 국도 → 523번 지방도를 거쳐 오아네스Oanes까지 이동 후(약 50분 소요), 선착장에서 560번 페리를 타고 맨 안쪽 뤼세보튼까지 이동하며(1시간 50분 소요), 하선 후 500번 지방도를 따라 쉐락볼튼 주차장까지 이동하면 된다. 총 3시간 30분 소요. 전 구간 운전보다 체력 소모가 적은 것이 장점이다.

일정 종료 후 프레이케스톨렌으로 이동 시에는 갈 때의 역순으로 오아네스까지 이동 후, 523번 지방도를 거쳐 Preikestolvegen 길을 따라 등산로 앞 주차장까지 이동한다. 만약 프레이케스톨렌을 거치지 않는다면 중간 지점인 송에산드Songesand(50분 소요)까지 페리로 이동 후, 661번 지방도 → 13번 리필케 국도 순서로 진행하면 된다.

토요일을 제외하고 1일 2회 연중 운행. 특히 차량 소지 시에는 스타방게르 교통안내 홈페이지에서 반드시 예약하고 가자.

운행 **뤼세보튼 출발** 월~금 08:10, 월~목 15:10, 금 14:15, 18:30, 일 13:00, 17:15

오아네스 출발 월~금 06:05, 월~목 13:05, 금 12:10, 17:05, 일 10:40, 15:25

Cost 성인 86NOK, 4~15세 43NOK, 차량 소지 시 크기에 따라 대당 489~568NOK **뤼세보튼-송에산드** 성인 51NOK

Web 스타방게르 및 로가란드 지역 교통안내 www.kolumbus.no

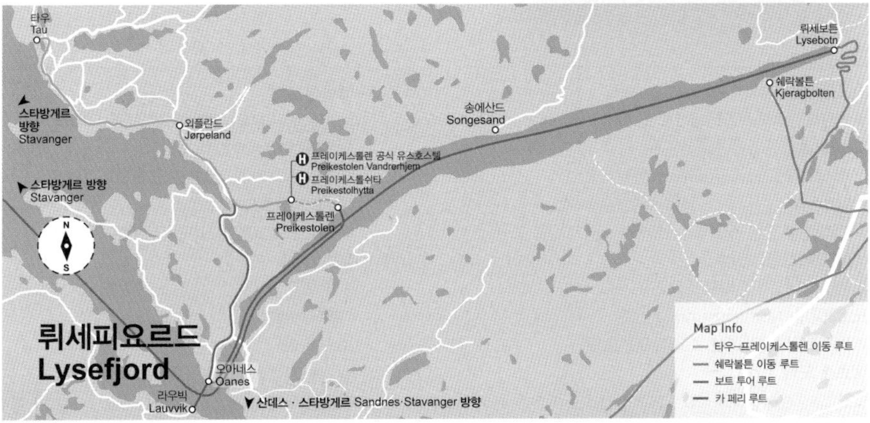

하르당에르피요르드
Hardangerfjord

노르웨이에서 두 번째로 긴 피요르드로, 베르겐에서 당일치기로 다녀올 수 있다. 주변의 과수원 지역에 꽃이 피는 5~6월, 사과가 익는 8~9월에는 좀 더 아기자기하면서 차분한 분위기의 피요르드를 맛볼 수 있다.

중심 지역 이동 방법

발착 지점인 베르겐으로 일단 이동해야 하루 일정 진행이 편하다. 이동 방법은 베르겐 편 교통 참조(p.288). 트롤퉁가 일정 전후나 송네피요르드 일정과 묶으면 보스로 이동해서 참여해도 괜찮다. 오따-보스 간은 990번, 오파-노르헤임순 간은 930번 버스를 이용.

기본 코스

하루 동안 하르당에르피요르드를 둘러보려면, 베르겐에서 버스와 지역 페리를 이용해 왕복으로 진행하거나, 기차 · 버스 · 페리를 모두 이용해 크게 한 바퀴 도는 방법이 있다. 모두 하루에 단 1번만 진행하니 시간을 잘 맞춰야 한다. 4~10월에 진행 가능.

티켓은 교통편 탑승 시 개별로 구입하거나, Norled 홈페이지에서 왕복 패키지 교통권을 구입하는 방법 중 선택 가능하다. 버스 탑승 시에는 Skyss Billet 애플리케이션을 적극 이용하자.

Cost **보스-(그란빈)-울빅 버스** 44NOK **노르헤임순-베르겐 버스** 67NOK **울빅-에이드피요르드-노르헤임순 페리** 537NOK **베르겐-노르헤임순-에이드피요르드 버스+페리 왕복 패키지** 850NOK, **킨사빅 왕복 시** 750NOK ※ 버스 학생 40%, 5~16세 · 67세 이상 50% 할인, 현장에서 구입 시 20NOK 추가, 페리 학생 30%, 5~16세 · 67세 이상 40% 할인 적용 가능

Web 페리 및 패키지 안내 www.norled.no
버스 안내 www.skyss.no
하르당에르피요르드 안내 www.hardangerfjord.com

관광 안내소

에이드피요르드 Eidfjord Turistkontor
각종 안내 책자 배부, 숙소 및 레포츠 소개, 간단한 인터넷 이용 가능.

Address Ostangvegen 1, 5783 Eidfjord
Tel 5 367 3400
Open **6/15~8/15** 월~금 09:00~19:00, 토 10:00~18:00, 일 11:00~18:00
6/1~14, 8/16~31 월~금 09:00~18:00, 토 10:00~18:00
9~5월 월~금 09:00~16:00(**5월** ~18:00)
Email turistinfo@visiteidfjord.no

우체국
요커Joker 슈퍼마켓 내 위치.

슈퍼마켓
쿱 Coop, 요커 Joker : 에이드피요르드 중심가에 위치

당일 짐 보관
에이드피요르드 관광 안내소에 잠시 보관 가능.

추천 코스

베르겐 출발
↓ 기차 또는 버스로 약 1시간 10분 소요(07:57~09:07, 08:43~09:56)
보스 Voss
↓ 버스로 약 50분 소요(10:05~11:10)
울빅 Ulvik
↓ 페리로 약 30분 소요(11:15~11:45)
에이드피요르드 Eidfjord
↓ 페리로 약 2시간 40분 소요(15:25~18:15)
노르헤임순 Norheimsund
↓ 버스로 약 1시간 30분 소요(19:00~20:25)
베르겐 도착

※ 이 외 시즌에는 925, 930번 버스로 반나절~당일로 진행하기를 추천.

베르겐 출발
↓ 버스로 약 1시간 30분 소요(07:25~08:50)
노르헤임순 Norheimsund
↓ 페리로 약 2시간 50분 소요(09:00~11:45)
에이드피요르드 Eidfjord
↓ 페리로 약 30분 소요(15:25~16:00)
울빅 Ulvik
↓ 버스로 약 1시간 20분 소요(17:38~18:03, 환승 18:05~18:35)
보스 Voss
↓ 기차로 약 1시간 20분 소요(19:13~20:40)
베르겐 도착

보스 Voss → 울빅 Ulvik

보스에서 울빅까지 가는 50분 동안의 버스 구간은 구드방겐-보스 구간처럼 드라마틱한 맛은 덜하지만 풍경은 놓칠 수 없다. 중간에 있는 300m 높이의 폭포 셰르브스포스Skjervsfoss는 노르웨이에서 가장 높은 폭포로 이곳의 하이라이트! 역순 일정 시에는 중간에 그란빈Granvin에서 1회 환승하며, 이때 직원의 안내를 따를 것.

울빅 Ulvik → 에이드피요르드 Eidfjord

올빅에서 에이드피요르드로 가는 뱃길은 하르당에르피요르드의 지류를 따라 약 30분 소요된다. 구불구불한 2개의 지류를 넘어가는 재미가 있으며, 중간중간 물개들이 있으면 천천히 운행한다. 에이드피요르드 도착 후 다음 배 시간까지 약 3시간을 기다려야 한다. 비용을 절약하며 노르웨이의 숲을 확실히 느끼려면 주변 지역을 하이킹하며 돌아보자. 관광 안내소에서 하이킹 지도를 받을 수 있다. 1~4번의 코스가 색상으로 구분되어 있으며, 각 코스의 길에는 다른 색상으로 길 표시를 해 주고 있어 길을 잃을 염려가 없다. 가장 짧은 코스는 약 1시간, 긴 코스는 약 2시간 정도 소요된다. 기다리는 시간 동안 즐겨 보자.
또 다른 방법으로, 노르웨이 자연 센터와 182m 높이의 뵈링스 폭포를 버스로 왕복하는 3시간 15분의 투어 프로그램을 이용해 기다리는 시간을 좀더 알차게 보낼 수 있다(5~9월 운영, 11:45 출발~14:30 도착). 원할 경우 미리 예약하자.

Web 투어 예약 www.gofjords.no

에이드피요르드 Eidfjord → 노르헤임순 Norheimsund

오후 2시부터 노르헤임순으로 가는 2시간 40분 동안의 피요르드 페리 여행을 시작한다. 먼저 다시 울빅으로 돌아간 후, 로프트후스Lofthus, 우트네Utne, 킨사빅Kinsarvik 등의 작은 마을에서 중간중간 정박하면서 하르당에르피요르드의 하류를 따라간다. 좁고 긴 지류부터 큰 폭의 웅장한 하류까지 다양하게 분포되어 있다. 피요르드의 크기와 다양한 매력을 만끽하고 싶다면 제격이다.

노르헤임순 Norheimsund → 베르겐 Bergen

2시간 40분 동안의 피요르드 여행을 마친 후, 선착장 앞에서 버스를 타고 베르겐으로 돌아간다. 보스-울빅 구간처럼 아찔한 맛은 덜하지만, 중간중간 피요르드의 작은 지류와 폭포를 함께 만날 수 있다. 특히 마지막에 방문하는 마을 노르헤임순은 노르웨이에서 아름다운 마을로 다섯 손가락 안에 꼽히는 곳이라 떠나기가 더욱 아쉬울 것이다. 여름 시즌에는 마을에서 잠시 시간을 보낸 후 마지막 버스(22:00)로 이동하는 방법도 고려해 보자.

하르당에르피요르드를 즐기는 또 다른 방법

트롤퉁가 Trolltunga 등산

해발 1,000m 높이의 정상에서 하르당에르피요르드를 향해 혀처럼 뻗은 바위를 '트롤퉁가(트롤의 혀)'라 하며 여름마다 등산객들로 붐빈다. 노르웨이의 여러 트레킹 코스 중에서도 28km로 거리가 길고 난이도가 높다. 왕복 등산은 10~12시간 정도 소요되며, 등산 시간과 지역 이동 시간을 감안해 오따Odda에서 최소 1박 이상 머물러야 한다. 현지에서의 등산 권장 연령은 만 17세 이상.

Access **스타방게르**에서 400번 고속버스를 이용해 아크스달Aksdal까지 이동 후, 180번 고속버스로 환승해 셀예스타드Seljestad, 이후 930번 지역 버스로 환승해 오따 중심가 터미널에서 하차(1일 1~3회, 5시간 30분). **오슬로**에서는 180번 버스를 이용해 셀예스타드까지 이동 후, 930번 지역 버스로 환승(총 6시간 반 소요, 1일 1~2회 운행). **베르겐**에서 왕복 시에는 930번 지역 버스로 약 3시간 반 소요된다. 1일 1~3회 운행. **오따 버스 터미널**에서는 티세달까지만 990, 995번 버스가 운행하며, 이후 등산로 입구까지는 택시를 이용해야 한다. 읍내부터 일행을 모아 함께 이동할 것. 여름 시즌에는 지역 버스(녹색), 택시(흰색) 회사에서 운영하는 버스를 이용하면 된다.

운영 **오따 읍내→등산로 입구** 05:55, 07:20, 14:15, 15:45(5/19~9/24), 06:50, 10:10(6/23~9/17) **등산로 입구→오따 읍내** 15:00, 16:30, 18:00(5/19~9/24), 19:15(6~8월), 17:30(6/23~9/17) **단독 등산 가능 시기** 6~9월

Cost **티세달행 버스** 41NOK, **등산로행 버스** 왕복 300NOK(택시), 왕복 350NOK(셔틀), **등산로-4km 지점(P3) 입구(P2)** 왕복 250NOK(6/3~9/24) **주차비 등산로 아래** 500NOK, **4km 지점** 800NOK(30대 한정 예약 필수, 승용차만 가능, 도로 통행료 200NOK 포함)

Web 오따 택시 www.oddataxi.no
트롤퉁가 통합 안내 www.trolltunga.com

Tip

트롤퉁가 등반 관련 팁

1. 왕복 시간을 고려해 늦어도 아침 7시부터 등산을 시작하자.
2. 따뜻한 물과 보온병, 충분한 음식, 장갑, 물티슈, 쓰레기 처리용 봉투를 꼭 챙기자.
3. 등산로에는 화장실이 없다. 등산 전 화장실에 반드시 미리 들를 것.
4. 등산 시간을 단축하고 싶거나 늦게 도착했다면, 4km 지점까지 운행하는 셔틀 미니버스(30분 간격, 6/3~9/24 운행)를 이용하는 것도 괜찮다.
5. 등산용품 미소지 시 등산로 입구 옆 안내소에서 유료 대여 가능.
6. 10~5월에는 단체 하이킹 프로그램을 이용하는 것을 권한다.

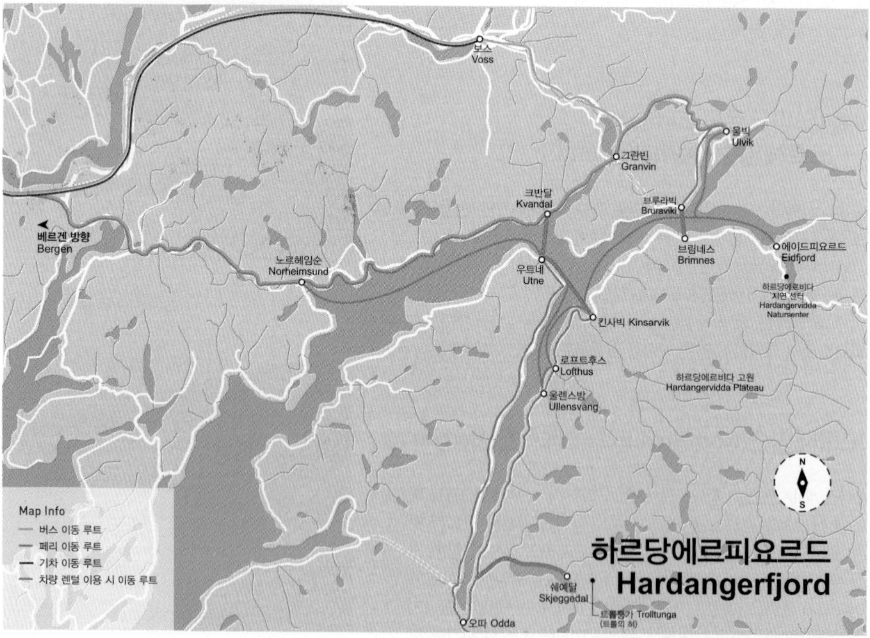

게이랑에르피요르드
Geirangerfjord

서부 피요르드 지역 중에서 역시 절경을 자랑하는 중서부 뫼레 Møre 와 롬스달 Romsdal 지역의 피요르드. 여기에 풍경 좋고 험준하기로 소문난 63번 도로 '골든 루트'와 묶어 하루 일정으로 많은 사람이 방문한다. 다른 피요르드보다 거리가 멀고 페리와 골든 루트 운영이 짧은 것이 단점이지만, 한정된 기간에만 만끽할 수 있다는 희소성(?) 때문에 인기가 높다.

중심 지역 이동 방법

시기와 여행 방향에 따라 이용할 수 있는 교통편이 다르다. 상황에 맞게 선택할 것.

6월 말~8월 중순 : '골든 루트' 운영 기간

오슬로나 트론헤임에서 출발 시

오슬로와 트론헤임 중앙역, 오슬로 가데모엔 공항 역에서 온달스네스까지 오후 기차로 이동 후(약 5시간 반 소요. 돔보스에서 1회 환승), 다음 날 아침부터 절경이 유명한 트롤스팅엔Trollstingen 일정을 진행한다. 돔보스–온달스네스 간 노선인 라우마바넨 Raumabanen 역시 플롬 라인 못지않게 아름다운 구간을 달리는 관광 기차로 유명하다. 노선 지도를 꼭 챙기자.

숙박 문제로 야간 이동이 필요하거나 열차 티켓 매진 시, 오슬로 버스터미널과 가데모엔 공항 앞에서 올레순행 VY 148번 야간버스를 이용해 온달스네스 역까지 이동할 수 있다(6시간 소요. 매일 운행).

또한 오슬로 버스 터미널, 가데모엔 공항 앞에서 VY 146번 야간 버스로 스트륀까지 이동 후(7시간 45분 소요. 매일 운행), 110번(월~토 06:10), 250번(일~금 09:15) 지역 버스로 환승해 헬레쉴트로 가야 하루 일정을 진행할 수 있다. 아침 페리와 오전 버스로 골든 루트 일정을 마치고 오후 교통편 이용 시, 온달스네스부터 일정 시작 후 당일 저녁에 오슬로 이동 시 유용하다.

베르겐에서 출발 시

431번 Nor-Way 고속버스로 종점 푀르데Førde까지 이동 후, 110번(16:25) 지역 버스로 환승해 스트륀, 이후 250번(19:05) 지역 버스로 환승해 헬레쉴트까지 이동한다. 2회 환승에 총 7시간 30분이 소요되며, 일~금에는 1회만 운행한다(온달스네스행은 없음).

대체 수단으로 송네피요르드 일정을 반으로 나누어 베르겐–뮈르달(또는 보스–구드방겐)–플롬 순으로 선택해 진행하고, 플롬과 송달에서 버스를 이용해 헬레쉴트까지 이동하면 송네 일정과 지역 이동을 모두 해결할 수 있다. 시간이 없거나 북쪽으로의 일정 진행 시 유용하다. 모두 일~금에 운행.

유용한 홈페이지

게이랑에르피요르드 관광 안내
www.geirangerfjord.no
뫼레 · 롬스달 지역 종합 교통 안내
www.frammr.no
달스니바 안내 dalsnibba.no

관광 안내소

게이랑에르 Geiranger Turistinformasjon
항구 옆 안내소는 5~9월에만 운영하며, 이외 기간에는 마을 내 노르웨이 피요르드 센터 Norwegian Fjord Centre에서 대행한다. 투어 및 액티비티 알선, 차량 대여(24시간), 간단한 짐 보관 가능.

Address 6216 Geiranger
Tel 7 026 3099
Open **5월~9월 중순** 09:00~17:00
그 외 기간 10:00~15:00

ATM

헬레쉴트 읍내 은행 Sparebanken Møre, 게이랑에르 요커Joker 슈퍼마켓 옆, 온달스네스 읍내 은행 SpareBank1, Sparebanken Møre

우체국

헬레쉴트 쿱Coop, 게이랑에르 요커Joker 슈퍼마켓 내 위치.

슈퍼마켓

쿱 Coop, 요커 Joker : 헬레쉴트 게이랑에르 마을 내에 위치.
레마 1000 Rema 1000, 키위 KIWI : 온달스네스 번화가에 위치.

당일 짐 보관

온달스네스 : 기차역 코인 로커(중간 크기 60NOK).
게이랑에르 : 관광 안내소에 보관 가능. 개당 40NOK(현금 필요).

올레순에서 출발 시

올레순 버스 터미널에서 지역 버스로 헬레쉴트 · 온달스네스까지 약 2시간 반 소요된다. KLM의 경유 편으로 입국하거나(p.316 참조) 올레순 관광 일정이 있을 때 유용하다. 공항버스로 버스 터미널까지 이동 후 지역 버스 이용이 가능하다.

5월~10월 : '골든 루트'를 제외한 나머지 기간

올레순으로 야간 버스, 항공 등을 이용해 이동한 후, 올레순 시내에서 게이랑에르까지 페리를 이용해 왕복으로 오갈 수 있다. 5월 중순~9월까지는 페리만 이용 가능하며, 전후 기간에는 주변 지역까지 포함한 당일 크루즈 패키지로 대체된다. 철도 이용 시에는 온달스네스까지 이동 후 지역버스 681번을 타고 올레순으로 이동해(약 2시간 40분 소요, 1일 2~3회 운행) 일정을 진행하자.

매년 6~8월 연안 여객선 후티루텐이 유일하게 게이랑에르피요르드 전 구간을 왕복한다. 요금이 조금 비싸지만 좀 더 편안하게 전체를 한 바퀴 돌아보고 싶을 때 이용해 보자. 요금은 시즌별로 달라지며, 학생 할인도 된다.

운행

후티루텐 일정 21:30 베르겐 출발 – 09:45(+1) 올레순 – 14:15 게이랑에르피요르드 – 18:30 올레순 – (22:15 몰데) – 10:00(+2) 트론헤임 도착

게이랑에르–헬레쉴트 페리

❶ 게이랑에르→헬레쉴트

09:30, 13:00, 16:00(3/1~5/15, 9/16~12/31)

08:30, 10:00, 11:40, 13:20, 15:00, 16:30, 18:00(5/16~9/15)

❷ 헬레쉴트→게이랑에르

11:30(9/16일 이후 11:00), 14:30, 17:30(3/1~5/15, 9/16~12/31)

08:30, 10:00, 11:40, 13:20, 15:00, 16:30, 18:00(5/16~9/15)

❸ 올레순–게이랑에르 왕복 페리

올레순–게이랑에르 10:30(5/15~31), 08:30(6/1~9/1), 금~일 09:00(9/2~22 매일 · 9/23~30)

게이랑에르–올레순 16:00(5/15~31), 14:30(6/1~9/1), 금~일 14:00(9/2~22 매일 · 9/23~30)

※ 11~5월에는 페리 왕복과 주변 시설을 묶은 당일 크루즈 패키지 이용 가능(1인 1,980NOK).

기본 코스

골든 루트+페리

온달스네스–게이랑에르–달스니바–랑바트 구간을 잇는 63번 도로 구간은 험한 산세와 길이 어우러진 풍경이 아름다워 '골든 루트'라고 한다. 또한 헬레쉴트–게이랑에르 간을 잇는 S자 페리 구간을 묶어서 하루에 모두 둘러볼 수 있다. 티켓은 교통편 탑승 시마다 구입 가능하며, 달스니바 왕복 구간은 관광 안내소에서도 구입할 수 있다.

운행

온달스네스–트롤스팅엔–게이랑에르 220, 221번 버스 6/24~8/18(1일 2회)

VY 25번 버스 6/1~9/15

게이랑에르–달스니바 버스 6/11~9/30 매일(2시간 투어), 5/21~9/30(주 3~5회, 3시간 투어)

게이랑에르–헬레쉴트 페리 3/1~5/15, 9/16~12월 매일 3회, 5/16~9/15 매일 7회

63번 도로 차량 통행 5월 중순~10월 중순(트롤스팅엔 전망대 · 달스니바 전망대 6월 초~9월 중순, 매년 달라짐)

Cost

게이랑에르–헬레쉴트 페리 340NOK

게이랑에르–달스니바 버스 왕복 사설 430NOK(2시간 투어), 595NOK(3시간 투어)

게이랑에르–올레순 페리 편도 880NOK, 왕복 1,760NOK

온달스네스 → 게이랑에르

이 구간은 골든 루트의 하이라이트! 63번 도로의 백미인 '요정의 길', 트롤스티겐Trollstigen을 약 1시간 반 동안 오르내린다. 급격히 굽어진 12개 구간을 오르내리는 기사의 운전 실력과 길 위아래로 보이는 아찔한 산세에 저절로 감탄이 나온다. 또한, 3번의 포토 타임 중에서 2번째 구간인 트롤스티겐 전망대에서 바라보는 전경은 경이로움의 그 자체다. 길마다 '왕의 길', '대주교의 길' 같은 이름이 붙어 있는 곳도 있으니 같이 찾아 보면 흥미롭다. 10분간 페리로 피요르드를 건넌 후, 3번째 구간 외르네스에서의 전망도 함께 보면 3시간의 여정이 금방 끝난다!

운행 **FRAM 지역 버스 220번**(6/24~8/18) 온달스네스–게이랑에르 08:20(직행), 18:40(1회 환승), 게이랑에르–온달스네스 12:25(직행), 18:40(1회 환승)
※ 저녁 편은 링에 페리 선착장에서 노선 분기 후 환승.
VY25 지역 버스(6/1~9/15) 온달스네스–게이랑에르 09:00, 게이랑에르–온달스네스 13:00

게이랑에르 ⇔ 달스니바

게이랑에르 도착 후 바로 관광 안내소에 들러서 짐을 맡기고 달스니바행 왕복 투어 버스를 타자. 버스는 게이랑에르행 버스가 서는 곳에 함께 정차한다. 크루즈가 도착하는 날에는 그 여파로 약간의 교통 체증이 발생해 버스가 지연되는 경우도 있다. 급할 경우 짐은 버스 안에 보관 가능.
게이랑에르를 출발한 버스는 가파른 산길을 오르내리며, 플뤼달스유베Flydalsjuvet 전망대에서 첫 번째로 정차한다. 하지만 여기서 힘 빼지 말자. 진짜 하이라이트인 달스니바가 남아 있다. 해발 1,500m의 달스니바 전망대에 오르면 구름 사이로 아스라이 보이는 게이랑에르의 모습과 주변의 산세가 조화를 이루어 더욱 드라마틱하다. 다녀 간 사람들이 쌓아 놓은 돌탑도 구경거리다. 하지만 날씨가 좋지 않으면 아무것도 보이지 않고, 버스도 운행하지 않을 수 있으니 사전에 날씨 확인은 필수. 사설 버스는 일자별로 운행 횟수, 시간대가 다르다. 여행일에 맞춰 예약하고 가자.

운행 **사설 버스 투어 6/1~9/30** 매일 11:45(2시간 투어), **5/21~9/30** 09:00, 12:00, 13:45(3시간 투어, 날마다 다름)
Web www.geirangerfjord.no/bus-tur-til-mt-dalsnibba
전망대 안내 www.dalsribba.no

게이랑에르 → 헬레쉴트

게이랑에르–헬레쉴트 구간은 게이랑에르피요르드의 대표적인 지류를 지나가는 1시간 10분 간의 S자 노선이며, 유네스코 세계자연유산으로도 지정되어 있다. 특히 '일곱 자매 폭포'라 불리는 아름다운 일곱 줄기의 폭포와 그 건너편의 '구혼자 폭포'의 모습은 놓치지 말자. 구간마다 안내 방송이 나온다. 헬레쉴트 도착 후에는 1박을 하거나, 다음 날 일정에 맞춰 버스로 스트륀(월~금 07:25, 매일 13:50, 일~금 17:25 출발)이나 올레순(월~토 07:05, 월~금 10:10, 일~금 16:20, 일 18:00 출발)으로 이동할 수 있다. 버스는 페리 하선 후 다리를 건너 중심가로 왼쪽의 YX 주유소 건너편 정류장에서 탑승한다.

오슬로 · 트론헤임 출발

↓ 기차로 약 4시간 10분~5시간 45분 소요(14:02~19:32, 돔보스에서 1회 환승), 온달스네스 1박 야간버스 이용 시 22:15~05:00(가데모엔 공항 앞 23:10)

온달스네스 Åndalsnes

↓ 버스로 약 3시간 소요(08:20~11:20, 트롤스티겐 경유)

게이랑에르 Geiranger

↓ 달스니바 및 주변 지역 투어, 하이킹, 피요르드 센터 방문 등 선택해 진행.

게이랑에르 Geiranger

↓ 페리로 약 1시간 10분 소요(15:00~16:05/16:30~17:35/18:00~19:05)

헬레쉴트 Hellesylt

↓ 버스로 약 1시간~2시간 20분 소요(헬레쉴트-스트륀 월~금 17:25~18:20, 일~금 22:10~23:00 또는 1박 후 다음 날 월~토 07:25~ 08:25, 헬레쉴트-올레순 일~금 10:10~12:50)

스트륀(이후 오슬로행 야간 버스나 송달, 브릭스달 빙하행 버스 이용) · 올레순 도착

오슬로 출발

↓ 야간 버스로 약 7시간 45분 소요(22:15~05:50)

스트륀 Stryn

↓ 버스로 약 55분 소요(월~토 06:10~07:05, 일~금 09:15~10:10)

헬레쉴트 Hellesylt

↓ 페리로 약 1시간 10분 소요(08:30~09:35, 10:00~11:15, 11:40~12:55)

게이랑에르 Geiranger

↓ 달스니바 및 주변 지역 투어, 하이킹, 피요르드 센터 방문 등 선택해 진행.

게이랑에르 Geiranger

↓ 버스로 약 3시간 소요(12:25~15:20/18:40~21:40, 트롤스티겐 경유)

온달스네스 Åndalsnes

↓ 기차로 약 4시간 30분~6시간 소요(16:02~21:34 또는 1박 후 다음 날 09:05~15:08/14:02~19:32, 돔보스에서 1회 환승, 야간버스 이용 시 00:06~06:22, 온달스네스-올레순 매일 14:20~16:25, 일~금 20:20~22:25)

오슬로 · 트론헤임 · 올레순 도착

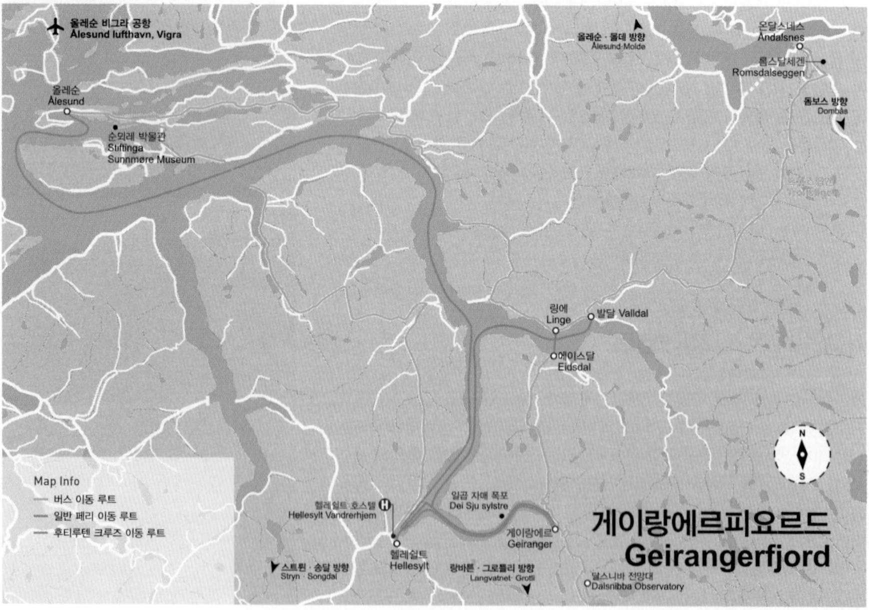

피요르드 지역 내 기타 거점

여러 개의 피요르드를 묶어서 진행할 경우, 교통의 거점이 되는 장소도 그냥 넘어가지 말자. 특히 빙하에 관련된 곳과 전통적인 목조 교회가 있는 지역은 노르웨이를 더 깊이 아는 데 도움이 된다. 일정에 여유가 있거나, 아웃도어 활동을 제대로 해 보고 싶다면 추천한다.

지역 이동 방법

주로 이용하는 교통의 거점은 편의 시설을 갖추고, 오슬로행 야간 버스, 항공편 등의 여러 장거리 교통편이 연결된 송달, 스트륀이 대표적이다.

오슬로 버스 터미널에서는 넷부스 익스프레스Nettbuss Express 버스를 이용해 야간 이동이 가능하다. 송달행은 170번, 스트륀행은 146번 버스를 이용할 것. 모두 오슬로 가데모엔 공항 앞에서 정차하여 공항 이동 시에도 편리하다. 시간표를 미리 확인해서 시간을 잘 맞추자.

항공 이용 시 오슬로 가데모엔 공항에서 송달까지 비데뢰 정기편이 연결되며 약 50분, 베르겐에서는 약 35분 소요된다. 또 송달 공항에서 중심가까지 따로 버스가 운행한다.

보스나 플롬에서는 450번 VY 고속버스 송네부센Sognebussen 420번 노르웨이 부스익스프레스 버스를 이용해 래르달, 송달까지 이동할 수 있다. 이 노선은 중간에 배로 송네피요르드를 한 번 건너고, 24.5km의 세계 최장거리 터널을 거치는 코스가 여행의 재미를 더한다. 인간이 길을 뚫을 수 있는 곳은 어디든지 터널을 만들어 내는 노르웨이인들의 저력을 확인할 수 있다.

송달–스트륀–헬레쉴트–올레순 각 구간의 버스는 매일 2회 운행되며(토요일에는 스트륀까지만 운행), 중간에 분기점인 스케이, 스트륀에서 2회까지 환승한다. 내리기 전 기사가 알려 주는 방송에 귀를 기울이자. 당일 짐 보관은 스트륀 · 스케이 · 송달 버스 터미널의 코인 로커에서 가능하다(현금 필요).

운행(출발~도착)

플롬→송달 450번 고속버스 하루 1~3대 토 15:15~16:55, 일~금 20:15~21:55, 18:30~20:25

플롬→송달 420번 고속버스 매일 11:30, 일 20:20, 월~금 18:30

송달→스케이 170번 고속버스 하루 3대 16:25~17:20

송달→스트륀 지역 버스 월~금 09:10~11:50

스케이→스트륀 지역 버스 하루 4대 17:25~18:55, 월~금 10:20~11:50, 매일 13:20~14:45

스트륀→헬레쉴트 지역 버스 하루 2~4대 일~금 09:15~10:10, 19:05~20:00, 일 17:00~18:00

※ 역순 루트 시 스트륀 1박 필수.

헬레쉴트→스트륀 지역 버스 일~금 07:25~08:25, 17:25~18:20, 매일 13:45~14:45

스트륀→스케이 지역 버스 매일 08:45~10:20, 15:30~17:05, 18:30~21:10

스트륀→송달 지역 버스 매일 08:45~11:15, 월~금 15:45~18:30

스케이→송달 170번 고속버스 매일 10:20~11:15, 13:20~14:15, 21:20~22:15

송달→플롬 450번 고속버스 월~금 14:35~16:15, 일 13:35~15:15, 토 14:35~16:15

플롬→송달 420번 고속버스 매일 14:30, 월~금 06:30, 일 11:30

Web 지역 버스 안내 www.skyss.no

뉘가드 빙하 Nigardsbreen

아웃도어 | 로컬명소 | 환경 · 생태

요스테달 국립공원 빙하 지역에서 가장 큰 빙하 지대. 매년 여름 이곳에서는 가이드의 안내를 동반한 단체 하이킹 프로그램을 진행한다. 빙하를 제대로 경험하고 싶다면, 아웃도어 활동에 관심이 많고 체력에 자신이 있다면 추천한다. 등산화, 장갑, 따뜻한 옷 준비는 필수.
먼저 버스로 안내 센터까지 이동 후, 투어를 신청하고 잠시 빙하에 대한 전시물을 보며 기다리자. 버스와 배로 빙하까지 이동해 아이젠을 착용하고 하이킹을 시작한다. 중간중간 신발 끈이 풀어졌거나 이동이 힘들다면 "Stop!"을 외칠 것. 반드시 점심과 충분한 물을 준비하자. 빙하 호수 위에서 즐기는 카야킹, 래프팅 등의 액티비티 역시 안내 센터에서 신청할 수 있다.
어린이 동반 시, 가족 참여가 가능한 4시간 코스에 참여하거나(8세 이상), 보트와 버스 왕복을 이용하자.

Open **안내 센터 5~9월** 10:00~17:00, **6/25~8/20** 09:00~18:00

Time **3시간 반 코스 7/8~8/18** 13:00, **4시간 코스 7/1~8/25** 10:30, **5시간 코스 6/3~9/15** 11:15

Access 6월 말~9월 초(6/24~9/1)의 08:35에 송달 버스 터미널과 호스텔 앞에서 롬행 버스를 타고 가우프네Gaupne까지 이동 후 안내소행 버스로 환승하며, 안내소-빙하 진입로까지의 3.5km 구간은 도보나 버스(1일 2회)로 이동한다. 돌아올 때에는 빙하 진입로에서 12:25, 16:55 버스를 이용해 가우프네에서 환승.

Cost **3시간 반 코스** 685NOK, **4시간 코스** 12세 이상 795NOK, 8~12세 680NOK, **5시간 코스** 910NOK, **차량 통행료** 60NOK, **보트 왕복료** 75NOK

Web www.jostedal.com
빙하 트레킹 안내 www.bfl.no

목조 교회 Stavkirke

건축 · 디자인 | 로컬명소 | 유네스코

11~12세기에 노르웨이에서는 나무를 이용한 그들만의 독특한 교회 건축양식이 꽃을 피웠다. 그때 지어진 교회가 2천 동이 넘었다는 기록이 있지만, 화재 등을 거치면서 지금은 28동만 간신히 명맥을 잇고 있다. 그중 송달 근처의 우르네스Urnes, 보르군드Borgund에 있는 목조 교회가 가장 유명하다. 보르군드 교회에는 목조 교회에 대한 안내 센터가 있고, 대중교통으로의 접근이 쉬워 인기가 많다. 한글 안내서를 받아 꼼꼼히 둘러보자. 우르네스 교회는 피요르드 지역의 교회들 중 가장 오래된 곳으로 섬세한 양식이 특징이며 1980년에 유네스코 세계문화유산으로 지정되었다.

Open **우르네스 교회 5/2~9/30** 10:30~17:45
보르군드 교회 4/15~10/10 09:30~17:30

Close 나머지 기간, 5/17

Access **우르네스 교회** 송달에서 솔본Solvorn까지 버스 이동 후(1일 3~4회 운행. 약 7분 소요), 우르네스행 페리로 환승해 도보 이동 20분. 총 1시간 소요. 솔본-우르네스 구간은 5~9월에 매일 8회, 그 외 기간 1~5회 운행(토요일 운행 없음). 약 5분 소요.
보르군드 교회 송달 버스 터미널에서 170번 고속버스로 약 1시간 30분 소요되며, 6~8월에만 매일 1회 운행. 송달→보르군드 교회 11:30~12:53, 보르군드 교회→송달 14:47~16:15.

Cost 성인 100NOK, 학생 · 어린이 80NOK

Web 목조 교회 www.stavechurch.com
우르네스행 페리 www.lustrabaatane.no

브릭스달 빙하 Briksdalsbreen

아웃도어 | 환경 · 생태

요스테달 국립공원의 한 줄기인 빙하 지대로, 스트륀에서 반나절 일정으로 방문할 수 있어 골든 루트 일정과 함께 둘러보기에 좋다. 안내 센터 도착 후 약 40분 동안 하이킹을 해야 빙하를 볼 수 있는데, 길 중간의 표지판에는 브릭스달 빙하의 크기가 1800년대부터 1900년대 초반까지에는 어느 정도였는지 알려 주고 있다. 10년을 주기로 얼었다 녹았다를 반복한다고 하지만, 최근 빙하가 급속히 녹으면서 '허리 잘린' 모습이 안타까울 뿐이다. 지구를 위해 할 수 있는 우리의 역할에 대해서도 다시 한 번 생각해 보자. 하이킹이 힘들다면 트롤 카(편도 180NOK)도 이용할 수 있지만, 하이킹 강도는 그다지 높지 않아 어린이들도 충분히 오를 수 있다. 뉘가드 빙하를 먼저 본 뒤에 방문할 경우 브릭스달은 규모가 훨씬 작아 다소 밋밋하게 보일 수 있는 점을 고려하자.

Access 스트륀 버스 터미널에서 왕복 버스를 이용해 브릭스달 빙하 등산로 입구까지 간 후에 하이킹해 올라간다. 버스는 5/18~9/15 매일 09:45, 15:50(6/21~8/19, 스트륀 출발), 13:30, 18:00(6/21~8/19, 브릭스달 등산로 출발)에 운행한다.

Web 공식 관광 안내 www.nordfjord.no

빙하 박물관 Norsk Bremuseum

박물관 | 건축 · 디자인 | 환경 · 생태 | 어린이 동반

피옐란드Fjærland의 탁 트인 풍경과, 노르웨이 대표 건축가 스베레 펜Sverre Fehn이 설계한 멋진 건물이 조화를 이루는 박물관. 요스테달 국립공원의 초입인 피옐란드에 위치해 있다. 매시간 상영하는 18분짜리 빙하 관련 영화를 먼저 관람한 후, 빙하의 생성 과정부터 천천히 알아 보자. 기후 변화, 빙하가 만든 동굴, 피요르드의 형성 과정 등 흥미로운 정보가 가득하며, 실제 빙하 얼음을 이용한 체험도 있어 온 가족이 함께하는 환경 교육에 좋다. 특히 이곳은 한글 안내가 지원되어 더욱 편하게 관람할 수 있다. 헬레쉴트나 송달 이동 전후에 시간이 있거나, 지구 온난화를 비롯한 환경 문제, 건축에 관심이 많다면 추천한다.

Address Fjærland Norsk Bremuseum, 6848 Fjærland

Tel 57 693 288

Open **4~5월 · 9~10월** 10:00~16:00, **6~8월** 09:00~19:00, **11~3월** 단체에 한해 별도 요청 필요

Access 송달 버스 터미널에서 스케이행, 푀르데행 버스를 타고 박물관 앞에서 하차. 약 35분 소요. 하행 이동 시 송달 방향 버스를 이용해 박물관 앞에서 하차한다.

Cost 성인 160NOK, 학생 · 어린이 80NOK, 패밀리(성인 2+어린이 2) 350NOK

Web www.bre.museum.no(한국어 지원)

피요르드 여행 계획 & 루트 짜기
Plan a Fjord Journey

피요르드 지역은 한국으로 말하자면 '강원도 산골짜기'다. 그만큼 교통이 척박하고 이동 시간도 많이 소요된다. 교통이 안 좋은 지역에 효율적으로 이동하려면 처음 여행 계획을 세울 때부터 다음 사항을 참고하자.

여행 계획 시 이것만은 기억하자

1 어느 피요르드에 갈지 정하고, 지도를 보며 전체적인 동선을 잡자. 2곳 이상을 묶어서 가려면 남쪽부터 뤼세-하르당에르-송네-게이랑에르순으로 올라가거나, 그 반대 루트로 진행하는 것이 교통 연결에 편리하다. 특히 프레이케스톨렌 등의 등산 일정은 체력과 야간 이동 등을 고려해 일정 초반에 진행하는 것이 좋다. 3~10일의 루트는 뒤의 루트 짜기 부분을 참조(p.346~347).

2 피요르드 지역의 교통 운행, 등산 코스와 숙소 운영 기간을 미리 파악하고, 차량 소지 시에는 트롤스팅엔(63번), 송네펠옛(55번) 등의 관광 도로 운영 기간을 반드시 알아 두자. 기간과 시간 엄수가 생명! 특히 주말이 끼어 있으면 이동 교통편 운행 횟수가 줄어드니 더욱 꼼꼼히 시간을 확인해야 한다.

3 어린이, 임산부, 노약자 동반 시 한두 곳만 가더라도 일정은 여유롭게 잡자. 특히 지역 이동 시 주간 장거리 이동은 최소화하고 무리한 하이킹이나 등산 일정은 금물.

4 숙소는 반드시 미리 예약하자. 매년 여름에는 전 세계에서 몰려오는 관광객으로 항상 만원사례다. 특히 저렴하면서도 깨끗한 피요르드 지역 내 호스텔은 6월 말~8월 중순에 자리 찾기가 어렵고, 매년 5월 말~6월 초 베르겐 국제 페스티벌 기간에는 숙박 가격도 크게 오른다. 여행 일정을 잡았으면 숙소부터 빨리 확보해야 몸과 마음, 주머니가 편해진다.

5 차량 이용 시에는 하루에 운전 가능한 시간과 거리를 정한 후, 이동 거점에 숙소를 잡는 것이 좋다. 숙소는 각 지역별 관광 안내 홈페이지에서 미리 정보를 확인한 후, 가격대와 루트에 맞춰서 리스트를 만들고 현지에서 활용하자. 인기 있는 곳은 반드시 예약하고 가자.

피요르드 지역에서 등산 일정을 계획한다면

프레이케스톨렌, 쉐락볼튼, 트롤퉁가 등의 등산 코스는 매년 여름 등산객들에게 인기가 높다. 여행자들이 올린 멋진 사진들에 '꽂힌' 나머지 등산이 힘들어도 아름다운 풍경을 보기 위해 찾는 여행자들이 계속해서 늘어나고 있다. 하지만 이곳에서는 단지 관광의 차원이 아닌, 진짜 '등산'이 기다리고 있다. 직접 올라가겠다면 반드시 철저히 준비하자.

주의사항

1. 본인의 여행 일정이 등산 가능 기간에 포함되는지 반드시 확인하고 일정을 잡자. 대부분 5~9월에 교통편이 운행하며, 현지 기상 및 눈이 녹는 상태에 따라 변동될 수 있다. 가장 안전하게 등산하려면 6~8월 정도가 적당하다.

2. 등산용품을 미리 준비하고, 출국 전까지 손발에 익숙해지도록 등산하면서 자주 사용하자.
등산 바지가 없다면 두꺼운 레깅스나 트레이닝복 등의 신축성 있는 바지로, 등산 장갑이 없다면 코팅된 목장갑으로 대체 가능하다. 높은 지수의 자외선 차단제와 모자도 필수. 등산화가 무겁고 커서 챙기기 힘들다면 비행기 탑승 시나 지역 이동 시 신자.

3. 기후 변화가 아주 심하다. 올라갈 때 날씨가 좋다가도 내려갈 때 폭우가 쏟아지는 건 예사다. YR 애플리케이션을 이용해 현지 날씨를 자주 확인하고, 악천후에 대비한 차선책도 미리 세워 두는 것이 좋다.

4. 10세 이하 어린이, 임산부, 노인 동반 시에는 안전을 위해 가벼운 하이킹과 보트 투어 위주로만 일정을 진행하자.

5. 평소에 등산을 거의 하지 않는 편이라면 등산 후 반드시 다리에 무리가 간다. 등산을 하고 나서 2~3일은 좀 더 여유 있게 일정을 잡자.

6. 부득이하게 전체 일정 마지막에 등산 일정을 잡아야 한다면, 2곳 이상의 등산은 피하자. 다리 상태가 좋지 않으면 귀국 시 장거리 비행 및 회복에 악영향을 줄 수 있다.

피요르드 지역 간 이동 시간
Fjord

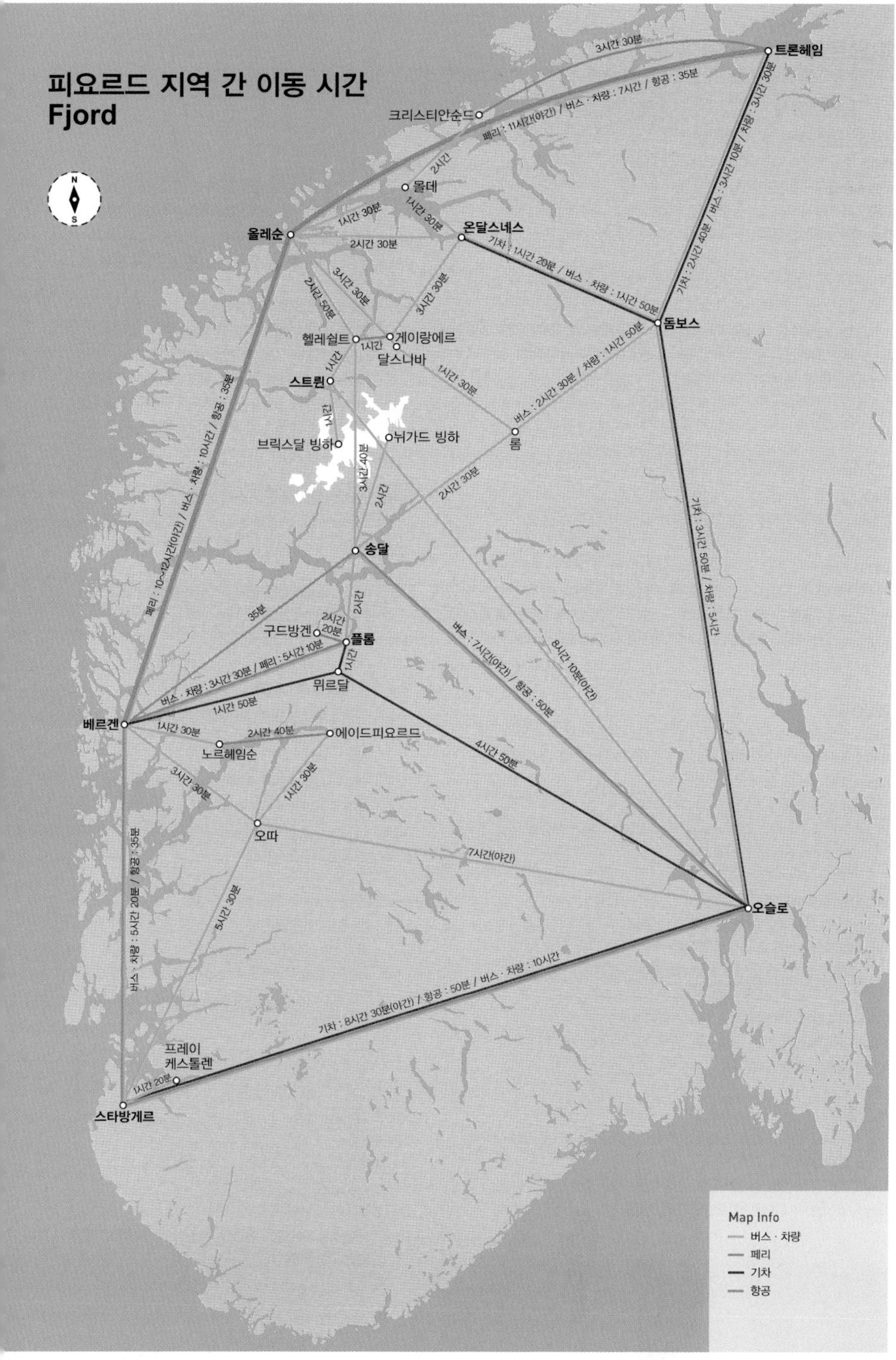

피요르드 지역 모델 루트

다양한 루트를 종합해 최소 2일에서 최대 10일까지의 루트를 제시해 보았다. 일정에 맞게 적절히 응용해 보자.

✖ 오슬로 왕복 기준 4일 이하 일정

송네

Day 1 오슬로–뮈르달–플롬
Day 2 플롬에서 휴식 및 하이킹, 액티비티
Day 3 아침 9시 플롬 출발–구드방겐–보스 일정 후 베르겐 관광
Day 4 베르겐 관광 후 오후에 오슬로 이동
Plus 시간이 없을 경우 2일 일정에서 바로 베르겐 이동 후 4일 차 일정을 3일 차로 당기며, 베르겐 일정 진행 후 타 도시로 이동도 가능하다. 하르당에르를 추가하고 싶으면 3일 차 일정을 2일 차로 당기고, 3일째에 하르당에르 일정을 진행하자. 보스에서 패러글라이딩 등의 액티비티로 대체하는 것도 괜찮다.
빙하 트레킹을 추가하고 싶거나 플롬에 숙소가 없다면 1일 차에 바로 송달로 이동하고, 2일 차 종일 빙하 트레킹, 3일 차는 아침 8시부터 플롬으로 이동한 후 나머지 일정을 진행하자.

뤼세

Day 1 오슬로에서 스타방게르로 아침 항공으로 이동 후 뤼세 보트 투어 및 시내 관광
Day 2 프레이케스톨렌 당일치기 후 오슬로로 야간열차 또는 항공 이동
Plus 쉐락볼튼 추가 시 2일 일정을 쉐락볼튼으로 대체할 수 있으며, 프레이케스톨렌과 쉐락볼튼을 모두 등산하고 싶다면 최소 하루를 늘리는 것이 좋다. 주말 일정 시 지역 이동은 금요일이나 일요일 오후 이후에 하자.

게이랑에르

Day 1 오슬로에서 온달스네스로 오후 기차 또는 야간버스로 이동
Day 2 골든 루트 및 게이랑에르 피요르드 전체 일정 후 헬레쉴트 1박하기
Day 3 아침 버스로 브릭스달 빙하 왕복, 로엔 곤돌라 왕복 이후에 야간 버스로 오슬로에 이동
Plus 주말을 제외하고 진행하는 것이 좋다. 부득이하게 주말을 끼울 경우 야간버스 왕복도 고려해 보자.

올레순을 넣고 싶다면,

Day 1 오슬로–올레순 항공 이동 후 시내 관광
Day 2 헬레쉴트까지 버스 이동 후 골든 루트 전체 진행, 온달스네스 1박 (롬스달세겐 등산 추가 시 1박 이상 추가 필요)
Day 3 오전 기차로 오슬로 이동, 또는 버스로 몰데 이동 후 시내 관광이나 아틀란틱로드 왕복하고 오슬로 항공 이동
Plus 골든 루트 기간과 맞지 않을 경우 2일 차 일정 시 게이랑에르를 당일 일정으로 왕복하자.

역순 일정 시,

Day 1 오슬로–온달스네스 오전 기차 이동 후 골든 루트 전체 진행, 게이랑에르 1박
Day 2 달스니바 왕복 후 헬레쉴트 페리 이동, 이후 올레순 버스 이동
Day 3 올레순 시내 관광 후 오슬로 항공 이동

송네+뤼세

Day 1 (전날 야간 이동 또는 당일 아침 첫 비행기로 이동) 프레이케스톨렌 등반 또는 보트 투어를 진행하고 스타방게르 시내에서 숙박
Day 2 오전 버스나 항공으로 베르겐으로 이동 후 베르겐 시내 관광
Day 3 베르겐–오슬로순으로 송네 일정 당일 진행
Plus 1일 추가 시, 숙박은 프레이케스톨렌 등산로 옆 로지 등에서 해도 무방하다. 2일 차는 아침 9시부터 스타방게르에 나와 관광 후 오후 3시 이후에 베르겐으로 이동한다. 3일 차는 베르겐 관광을 종일 진행하거나 오전만 진행 후 송네 일정을 이틀로 나누자.

송네+게이랑에르(골든 루트 진행 기간)

Day 1 오슬로–뮈르달–플롬 일정 후 플롬 1박하기
Day 2 플롬–송달–(피옐란드 빙하 박물관)–헬레쉴트 버스 이동
Day 3 아침 8시 헬레쉴트 출발–게이랑에르에서 페리, 골든 루트 진행 후 온달스네스 1박
Day 4 오전 기차로 오슬로 이동

베르겐을 빼고 싶지 않다면,

Day 1 베르겐 반일 관광 후 올레순 항공 이동
Day 2 게이랑에르 이동 후 골든 루트 일정 진행하고 온달스네스 1박
Day 3 오전 기차로 오슬로 이동, 또는 몰데 버스 이동 후 시내 돌아보고 오슬로 항공 이동

송네+게이랑에르(5월~10월)

Day 1 오슬로–뮈르달–플롬–송달
Day 2 (송달–스케이)–헬레쉴트–올레순
Day 3 게이랑에르 당일 왕복
Day 4 올레순에서 오슬로로 항공 이동
Plus 시간이 없을 경우 3일 차 일정 진행 후 스트륀에서 야간버스를 이용해 오슬로로 이동하고 올레순은 제외하자.

✖ 오슬로 왕복 기준 7일 일정
(6월 말~8월 중순 기준)

송네+뤼세

Day 1 오슬로에서 스타방게르로 오전 항공으로 이동 후 시내 관광.
Day 2 프레이케스톨렌 당일치기 일정
Day 3 오전에 스타방게르 이동 후 버스나 항공 등으로 베르겐으로 이동

Day 4 베르겐 관광
Day 5 베르겐–보스–구드방겐–플롬순으로 이동 후 플롬 1박하기
Day 6 플롬에서 휴식 또는 액티비티 후 플롬에서 다시 1박하기
Day 7 플롬–뮈르달–오슬로순으로 이동
Plus 여기서 쉐락볼튼 등반을 추가할 경우 3일 차에 쉐락볼튼 당일 등반 후 4일 차 아침에 베르겐으로 이동할 것. 이때 등반 순서는 당일 사정에 따라 조정해도 괜찮다.

송네+게이랑에르

Day 1 오슬로에서 베르겐으로 오전 항공으로 이동 후 반나절 관광
Day 2 베르겐–보스–구드방겐–플롬(또는 베르겐–뮈르달–플롬)순으로 이동 후 플롬 1박
Day 3 플롬에서 휴식 또는 액티비티 후 송달로 이동
Day 4 뉘가드 빙하 트레킹
Day 5 송달–(피옐란드 빙하 박물관–보르군드 목조 교회)–스케이–헬레쉴트순 버스 이동
Day 6 헬레쉴트–게이랑에르에서 페리, 골든 루트 일정 진행 후 온달스네스로 이동
Day 7 온달스네스–오슬로 또는 트론헤임으로 오전에 이동
Plus 이 일정은 1일 차를 베르겐에서 시작하기 때문에 베르겐 인이나 아웃 일정에서도 응용 가능하다. 시간이 없거나 기간이 맞지 않으면 빙하 트레킹을 제외하고 4일 차에 바로 헬레쉴트로 이동 후, 5일 차 아침 8시부터 골든 루트 일정을 진행해도 괜찮다. 하르당에르 추가 시 하루를 늘리거나 다른 일정에서 맞춰 조정하자.

송네+뤼세+게이랑에르

Day 1 오슬로에서 스타방게르로 아침 항공으로 이동 후 프레이케스톨렌 당일치기
Day 2 스타방게르 관광 후 베르겐 이동
Day 3 베르겐 반나절 관광 후 오후부터 베르겐–뮈르달–플롬 순으로 일정 진행 후 저녁 버스로 송달에 이동
Day 4~7 '송네+게이랑에르' 일정과 동일
Plus 1일 차에는 반드시 아침 첫 비행기를 이용해야 등반 시간에 여유가 생긴다. 단 일정 첫날이 주말이면 전날 저녁에 미리 이동하는 것이 좋다.

✖ 오슬로 출발 기준 10일 일정(등산 포함)

(6월 말~8월 15일)

Day 1 전날 오슬로에서 야간열차나 항공으로 이동 후 프레이케스톨렌 등산–스타방게르 시내 관광
Day 2 쉐락볼튼 등산
Day 3 아침 11시 출발하여 오따로 버스 이동 후 휴식
Day 4 트롤퉁가 등산
Day 5 베르겐으로 아침 버스 이동 후 반나절 관광
Day 6 베르겐–뮈르달–플롬(또는 베르겐–보스–구드방겐–플롬)순으로 일정 진행 후 송달로 이동
Day 7 뉘가드 빙하 트레킹
Day 8 송달–(피옐란드 빙하 박물관–보르군드 목조 교회)–스케이–헬레쉴트순으로 버스 이동
Day 9 게이랑에르 골든 루트 당일치기 일정 후 온달스네스로 버스 이동
Day 10 아침 기차로 오슬로나 트론헤임, 지역 버스로 올레순으로 이동

Plus 등산 실력과 체력을 모두 갖춘 아웃도어 마니아에게 추천! 노르웨이의 자연을 최대로 느껴 보기에 가장 좋다.

✖ 차량 이용 시 10일 일정

Day 1 스타방게르 이동 후 프레이케스톨렌 등산
Day 2 버스나 항공으로 베르겐 이동 후, 차량 인도받아 노르헤임순–오따 순 이동
Day 3 트롤퉁가 등산
Day 4 킨사빅–보스–구드방겐–플롬, 스테가스타인 전망대 왕복
Day 5 플롬–래르달–송달–(빙하 박물관, 브릭스달 빙하)–스트륀
Day 6 스트륀–헬레쉴트–게이랑에르+달스니바 전망대 왕복–63번 도로 거쳐 온달스네스
Day 7 올레순+몰데+아틀란틱로드 당일 왕복 / 롬스달세겐 등산 중 선택
Day 8 온달스네스–돔보스–롬–55번 도로 거쳐 송달
Day 9 송달–발레스트란드–라빅–베르겐 이동 후 반납
Day 10 베르겐 시내 관광 후 오슬로 항공이동
Plus 오슬로부터 차량을 인도받아 진행 시에는 스타방게르까지 이동에만 하루가 걸리며, 인도와 반납 지점을 다르게 이용 시(편도 렌트) 왕복보다 최대 2배까지 요금이 늘어날 수 있다. 계획 시 반드시 이동 시간과 비용 모두를 계산한 후 필요한 구간에서만 왕복으로 사용하는 것을 권한다.
베세겐 등산 추가 시에는 송달–스트륀–헬레쉴트 구간을 제외하고, 플롬–파게르네스–베세겐–롬–돔보스–온달스네스–(63번 도로)–게이랑에르–그로틀리–롬–(55번 도로)–송달 순으로 바꿔서 진행하면 된다.

✖ 시간이 없다면?

송네피요르드 기존의 'Norway in a Nutshell™' 코스 패키지를 이용해 유동성 있는 일정 진행을 원한다면 지역 교통 시간을 미리 알아 두고, 상황에 따라 현장에서 구입할 것.

뤼세피요르드 프레이케스톨렌 등산이나 보트 투어 중 당일 날씨나 교통 상황에 맞춰 선택하자. 컨디션 조절을 위해 야간에 왕복 이동은 피하는 것이 좋으며, 쉐락볼튼 등반을 원한다면 전날 미리 스타방게르에 도착해 1박을 해야 한다. 특히 주말이 끼어 있으면 왕복 교통편이 난감해질 수 있으니 주의.

하르당에르피요르드 925번 버스를 이용해 베르겐–노르헤임순–보스 코스로 진행 시 반나절로 단축이 가능하다. 트롤퉁가 등반만 진행한다면 왕복 버스 이동 시간과 등반 시간을 합해 최소 3일은 잡아야 한다.

게이랑에르피요르드 야간 이동이 힘들거나, 베르겐에서 후티루텐 탑승 시, 5 · 9 · 10월의 당일치기 일정 시에는 최소 3일을 예상하자.

피오르드 지역의 숙소
Fjord Accommodations

여기에 있는 숙소 목록은 여름 동안 가장 인기가 높고 저렴한 옵션이다. 이곳에 묵을 계획이라면 3~4개월 전부터 가능 여부를 확인하고 빨리 예약하자. 시트, 아침 식사 등의 옵션과 운영 기간이 다르니 미리 조건을 알아보는 것도 필수. 요금 또한 날짜와 조건에 따라 조금씩 달라질 수 있다. 어린이 및 노약자 동반 시 반드시 가족실로 예약하는 것도 잊지 말자. 공식 유스호스텔은 유스호스텔증 소지 시 숙박비를 10% 할인받을 수 있다.

※ 요금은 호스텔의 경우 도미토리, 호텔은 스탠더드 2인실 기준.

프레이케스톨렌 베이스캠프
Preikestolen Basecamp

프레이케스톨렌 등반 시 최적의 위치로 여유로운 일정과 휴식이 가능하다. 호텔 마운틴 로지와 저렴한 옵션 프레이케스톨휘타Preikestolhytta, 대가족 전용 캐빈 Vatnegården, 1~2인용 글램핑장 하이커스 캠프Hiker's Camp까지 예산, 인원에 맞게 선택할 수 있다.

Address Preikestolvegen 521, 4100 Jørpeland
Tel 51 742 074
Access 프레이케스톨렌행 버스 종점에서 하차 후 오른쪽 아래에 위치한 검은색 통나무집.
Cost 1.100NOK(조식, 시트 포함), 글램핑장 2인 캐빈 900NOK(전력 시설, 매트리스 포함)
Web www.preikestolenfjellstue.no

헬레쉴트 호스텔
Hellesylt Vandrerhjem

게이랑에르피요르드로 이동 시 가장 가까운 위치로, 싱글 룸부터 도미토리까지 다양한 옵션을 선택할 수 있다. 가파른 언덕 위에 위치하고 있어 캐리어 소지 시 이동이 많이 힘들다. 송달, 스트륀, 올레순에서 버스로 이동 시 기사에게 호스텔 앞에서 세워달라고 얘기할 것. 호스텔은 6/12~8/31에만 운영한다. 호스텔 월드에서만 예약 가능.

Address 6218 Hellesylt
Tel 70 265 128
Access 페리 하선 후 오른쪽 광장에서 호스텔 표지판을 바라보고 언덕을 올라간 후 건너편.
Cost 265NOK(조식 포함, 시트 별도), 호텔 800NOK

송달 B & B
Sogndal B & B

학교 기숙사 건물을 이용하는 여름 숙박 시설로, 뉘가드 빙하 트레킹 및 주변 지역 여행 시 유용하다. 송달에서 가장 저렴하고 편하게 묵을 수 있다. 세탁과 주차도 무료. 앞에서 바로 450, 170번 고속버스, 뉘가드 빙하로 가는 버스가 정차해서 이동에도 편하다. 터미널에서 약간 거리가 있는 것이 단점. 6/26~8/14에만 운영하고, 리셉션 오픈 시간은 07:30~11:00, 16:00~23:00.

Address Helgheimsvegen 9, 6856 Sogndal
Tel 57 627 575
Access 송달 버스 터미널에서 하차 후 터미널 건물을 등지고 오른쪽 마을 중심부 쪽으로 도보 약 15분 소요. 플롬에서 450번 고속버스 이용 시 Helgheim 정류장에서 하차 후 바로 옆 건물.
Cost 1인실 720NOK(조식, 시트 포함), 2인실 970NOK~

플롬 캠핑 & 공식 유스호스텔
Flåm Camping & Vandrerhjem

캠핑장과 캐빈, 도미토리가 함께 있으며 숲으로 둘러싸여 있어 자연 속에서 유유자적 휴식을 취하기에 최적의 위치. 31명만 수용 가능한 작은 규모로 늘 깨끗하게 관리되고 있다. 2인실이나 4인실 도미토리를 이용하면 화장실 사용이 가장 편하고 일부 저렴한 객실과 캐빈 이용 시 샤워실은 따로 동전을 넣고 써야 하는 불편함이 있으니 알아 두자. 4~10월에 운영한다.

Address Flåm Camping og Vandrerhjem, 5743 Flåm
Tel 57 632 121
Access 플롬 역에서 왼쪽으로(페리 하선 후 기준으로는 오른쪽) 다리를 건너간 후 유스호스텔 마크 아래 화살표를 따라 직진한다. 역에서 도보로 약 5~7분 소요.
Cost 550NOK~(조식 별도, 시트 포함)
Web www.flaam-camping.no

온달스네스 호스텔
Åndalsnes Vandrerhjem

노르웨이식 통나무집을 이용해 잘 관리되고 있어 가족 여행에도 좋다. 5/15~9/1에만 운영한다. 골든 루트 운영 기간에는 이곳에서부터 버스가 출발하며, 게이랑에르에서 돌아올 때에는 기사에게 요청하면 근처에 정차 가능하다. 현재 카약에서만 예약 가능.

Address Setnes, 6300 Åndalsnes
Tel 71 221 382
Access 온달스네스 역 앞의 버스 정류장에서 지역 버스를 타고 Setnes 정류장에서 하차해 건너편 위치. 역에서 도보 이동 시 약 30분 소요.
Cost 450NOK~(조식 포함, 시트 별도)

브레케 가드 호스텔
Brekke Gard Hostel

플롬에서 비수기에 저렴하게 1박을 원할 때 고려 가능한 게스트하우스. 플롬 읍내에서 2km 정도 떨어져 있다. 조용하게 휴식을 취하기 좋은 위치지만, 시설이 많이 낡았다. 가족 여행자를 위한 작은 아파트도 운영한다.

Address Brekke Gard Hostel, 5742 Flåm
Tel 92 811 575
Access 플롬 공식 유스호스텔을 지나 Nedre Brekkevegen 길을 따라 내려가서 왼쪽.
Cost 360NOK(조식, 시트 별도)
Web www.brekke-gard-hostel.norway-hotel.com

트롤퉁가 스튜디오
Trolltunga Studio

오따에서 가장 저렴한 도미토리를 운영하는 게스트하우스 겸 아파트. 중심가, 버스 터미널과 가까워 이동에 편리하고 시설도 깔끔하다. 주방 시설이 갖춰진 2~4인용 스튜디오 룸은 가족 여행 시 특히 유용하다. 주차는 무료. 5~9월에만 운영한다.

Address Freimsanden 4, 5750 Odda
Tel 46 300 500
Access 오따 버스 터미널에서 Almerket 길을 따라 큰길까지 내려와, 다리를 건너 Tyssedalsvegen 길을 쭉 올라가 왼쪽. 버스 터미널에서 도보로 10분 소요.
Cost 도미토리 450NOK(조식, 시트 별도), 2인 스튜디오 1,300NOK~(시트 별도)

북극권
Arctic Norway

북위 66도 33분의 북극권을 기준으로, 여름과 겨울에는 백야와 오로라로 대표되는 경이로운 자연현상을 만날 수 있다. 우리가 여태까지 알고 있었던 북유럽의 이미지를 '제대로' 볼 수 있어 매년 여름과 겨울에는 기를 쓰고 많은 사람이 이곳을 찾는다. 또한 북극점으로 가는 베이스 캠프로 삼아 많은 극지 탐험가가 이곳을 거쳐 북극 탐험을 진행한다. 여행의 고수라면 거쳐 가야 하는 북극권 탐험! 반드시 체험해 보자.

가는 방법

오슬로를 비롯한 노르웨이 내 대도시에서는 열차와 항공편으로 일단 거점 도시로 들어가 일정을 시작한다. 스웨덴이나 핀란드 북부에서도 열차와 버스, 항공(12~3월)을 이용해 진입할 수 있다.

항공

오슬로에서는 SAS와 노르웨지안이 보되 · 하르스타드/나르빅 에브네스 · 트롬쇠 · 알타 · 키르케네스행 정기편을 1일 1~3회, 비데뢰가 보되-베르겐, 트롬쇠-베르겐 간 정기편을 1일 1회 운행한다. 소요 시간은 오슬로 가데모엔 공항 출발을 기준으로 1시간 30분~2시간 30분 정도 걸린다. 한국에서는 2018년 핀에어, 2022년 이후 KLM, 에어프랑스, 루프트한자에서 트롬쇠로 주 2~3회 겨울 한정 노선이 취항하면서 당일 연결까지 가능해졌다.

Web www.avinor.no

트롬쇠 랑그네스 공항 Tromsø Langnes Lufthavn

트롬쇠 시내에서 약 5km 떨어진 곳에 위치한 지역 유일의 국제선 연결 공항. SAS, 노르웨지안, 비데뢰의 국내선과 런던, 스톡홀름, 암스테르담, 헬싱키, 파리, 로바니에미를 연결하는 국제노선을 이용할 수 있다. 오슬로에서 출발 시 약 1시간 50분 소요.

트롬쇠 랑그네스 공항→시내

❶ **공항버스 플뤼부센** Flybussen

트롬쇠 시내 중심가의 호텔들을 연결하는 1번, 대학으로 가는 2번 버스 노선을 이용할 수 있다. 공항 바로 앞 정류장에서 탑승한다.

운행 **공항→시내** 월~금 08:25~22:55, 토 10:00~22:35(10회 운행), 일 09:25~23:45
시내→공항 월~금 04:45~19:10, 토 06:00~17:00(10회 운행), 일 06:00~19:50(시즌마다 변동)

Time 공항-버스 터미널 약 20분 소요.

Cost 성인 125NOK, 학생 · 67세 이상 100NOK, 어린이 80NOK

Web www.bussring.no

❷ **시내버스 24번, 26번, 40번, 42번**

공항 건너편에서 오른쪽으로 돌아내려 가서 시내버스 정류장에서 탑승할 수 있다. 가장 저렴한 가격으로 늦은 시간까지 시내 구석구석 이동하기에 좋다. 정류장 옆 자동판매기나 Troms Billet 애플리케이션에서 티켓을 구입 후 탑승하자.

운행 **공항→시내** 월~금 05:10~23:55, 토 06:00~23:55, 일 06:10~00:00(금 · 토 01:00~03:30)
시내→공항 월~금 05:10~23:50, 토 06:10~23:35 일 06:20~00:10(금 · 토 01:30~03:30)

Time 공항-시내 약 30분 소요.

Cost 65NOK(90분 동안 시내 구간 자유 이용 가능), 미리 구입 시 44NOK, 오프 피크 적용(월~금 09:00~14:00, 17:00~01:00) 22NOK

Web www.tromskortet.no

하르스타드/나르빅 에브네스 공항
Harstad/Narvik lufthavn, Evenes

오슬로행 SAS와 노르웨지안, 트론헤임 · 보되 · 트롬쇠행 비데뢰의 정기편이 연결되는 공항. 나르빅 시내에서 79km 떨어져 있다. 오슬로에서 약 1시간 30분 소요.

겨울 시즌에 나르빅을 거쳐 아비스코 국립공원으로 가거나 페리 이용 없이 로포텐 제도로 진입을 원할 때 유용하다.

하르스타드/나르빅 에브네스 공항→시내

❶ **공항버스 플뤼부센** Flybussen

82번이 버스 터미널까지 운행한다. 항공편 시간 및 시즌에 따라 변동되니 반드시 재확인할 것.

운행 **공항→시내** 월~금 04:20~18:00(5~12회 운행) 토 06:00, 08:40, 10:45, 13:30, 일 10:45~22:35(7회 운행)
시내→공항 월~금 04:25~20:40(3~5회 운행), 토 06:00, 07:25, 09:05, 11:40, 14:15, 일 09:05~20:40(7회)

Time 공항-시내 약 55분 소요.

Cost 299NOK(홈페이지 구입 기준)

Web www.flybussen.no

❷ **200번, 300번 지역 버스**

로포텐 제도, 하르스타드행 버스 이용 시 공항에 중간 정차한다. 도착 후 로포텐, 베스테롤렌 제도로 직접 이동 시 유용하다.

운행 **공항→시내** 월~금 06:40, 12:45, 17:05, 18:10, 토 · 일 12:45, 18:15, 일 18:30

시내→공항 월~금 06:05, 09:55, 14:05, 15:50, 토 · 일 09:55, 15:50, 일 19:00

공항→로포텐, 베스테롤렌 제도 이동 매일 11:05, 17:05

Time 공항에서 시내까지 약 1시간 35분, 로포텐 스볼베르까지 3시간, 레크네스까지 4시간 20분, 베스테롤렌 소르틀란드까지 2시간 20분 소요.

Cost 공항-시내 122NOK(REIS 애플리케이션 구입 시)

Web www.reisnordland.no

보되 공항 Bodø Lufthavn

오슬로 · 트론헤임 · 트롬쇠행 SAS와 노르웨지안, 베르겐 · 로포텐 제도로의 비데뢰 정기편을 이용할 수 있는 소규모의 공항이다. 중심가와 가까워 접근이 쉽다. 항공편으로 오슬로에서 약 1시간 20분, 트론헤임에서 약 50분 소요.

보되 공항→시내

❶ **시내버스 1번, 2번**

공항에서 시내 중심가 중앙 버스 정류장까지 운행한다.

운행 **공항→시내** 월~금 05:40~00:00(금 ~03:15), 토 07:00~03:30(30분~1시간 간격), 일 07:00~00:00(1시간 간격)

시내→공항 월~금 05:40~00:05(금 ~03:20), 토 07:05~03:35(30분~1시간 간격), 일 07:05~00:05(1시간 간격)

Time 공항-시내 약 10분 소요.

Cost 60NOK(미리 구입 시 44NOK)

❷ **지역 버스 100번, 200번, 300번, 400번**

공항에서 시내 중심가를 거쳐 지방으로 연결된다(노선에 따라 1일 1~6회 운행).

운행 **공항→시내** 월~금 06:35~20:40, 토 07:15~16:35, 일 07:15~20:40

시내→공항 월~금 05:55~22:25, 토 09:25~22:25, 일 10:10~22:20

Time 시내-공항 약 10분 소요.

Cost 시내버스와 동일

스볼베르 공항 Svolvær Lufthavn

로포텐 제도 안에서 가장 큰 공항이다. 스볼베르 중심가에서 약 7km 떨어져 있으며, 보되행 비데뢰 정기편을 이용할 수 있다. 오슬로에서는 여름 위주로 직항이 있지만, 보통 보되에서 1회 추가 환승 필요하다. 레크네스에도 역시 공항이 있지만 이곳이 운행 편수가 더 많다.

스볼베르 공항→시내

❶ **버스**

공항에서 읍내까지 운행한다. 요일마다 변동이 있다.

운행 **공항→시내** 월~금 07:50, 09:55, 13:40, 14:10, 16:50, 19:50, 토 13:40, 15:20, 19:50, 일 13:40, 16:50, 19:50

시내→공항 월~금 06:40, 09:50, 12:30, 14:05, 15:15, 15:50, 16:45, 18:30, 토 09:50, 12:30, 15:15, 일 09:50, 15:15, 16:45, 18:30

Time 약 10분 소요.

Cost 44NOK

알타 공항 Alta Lufthavn

알타 시내에서 약 7km 떨어져 있으며, 트롬쇠와 함메르페스트, 호닝스보그 등을 잇는 노르웨이 라플란드(핀마르크Finnmark) 지역의 거점 공항이다. 노르웨지안과 SAS의 항공편으로 오슬로에서 약 2시간 소요.

알타 공항→시내

❶ **지역 버스**

알타 시내 버스 터미널에서 출도착하는 지역 버스 노선 일부가 공항 앞에서 정차한다. 노선에 따라 1일 2회 운행.

운행 **공항→버스 터미널** 월~금 06:10~19:55(8회 운행), 토 06:15, 11:40, 12:45, 일 16:10, 19:55

버스 터미널→공항 월~금 06:20~23:00(8회 운행), 토 09:00, 16:00, 일 10:55, 16:10, 23:00

Cost 60NOK(미리 구입 시 45NOK)

❷ **시내버스 40, 41, 43, 45번**

공항 밖 왼쪽 길을 따라 직진 후 큰길이 나오면 좌회전해서 건너편에 정류장이 있다. 정류장 이름은 Ältagård이며, 알타 박물관까지 운행한다.

운행 월~금 06:00~23:10, 토 · 일 09:00~23:20

Cost 60NOK(미리 구입 시 45NOK)

호닝스보그 공항 Honningsvåg Lufthavn

항공편을 이용해 노드캅으로 갈 수 있는 가장 가까운 공항. 호닝스보그 중심지에서 약 4km 떨어져 있다.

호닝스보그 공항→시내

❶ **택시**

중심가와 공항을 잇는 가장 편한 수단. 여러 명이 함께 이용하는 것을 권한다.

Tel 78 472 234

Time 중심가까지 5~10분 소요

Cost 1인당 약 120NOK

❷ **도보**

호닝스보그 호스텔에 숙박 시 도보로도 이동 가능하다.

Time 공항–호닝스보그 호스텔 약 30분 소요.

기차

여행 기간이 길고 철도 패스가 있을 경우 유용하다. 노르웨이 국내에서는 보되까지만 기차를 이용할 수 있으며 예약이 필수이다. 오슬로에서 올라갈 때에는 오슬로–트론헤임(약 6시간 30분 소요), 트론헤임–보되(약 9시간 40분 소요) 편으로 연결된다. 스웨덴 스톡홀름에서는 나르빅행 야간열차가 1일 1회 운행되며 약 21시간이 소요된다. 특히 키루나–나르빅 구간은 철광석 운반을 위해 1903년 개통된 세계 최북단 기차 노선 오포트바넨Ofotbanen으로 유명하다. 키루나–나르빅 약 3시간 소요(아비스코 국립공원 경유). 핀란드부터 스웨덴을 거쳐 이동할 경우 헬싱키에서 케미Kemi까지 야간열차로 이동 후(약 10시간 소요), 케미–하파란다Haparanda(버스로 약 35분), 하파란다–룰레오Luleå(버스로 약 1시간 40분), 룰레오–나르빅(기차로 약 7시간)순으로 이동 가능하다. 여름 시즌 이 외에 핀란드에서 노르웨이 북부로 이동할 경우 최선의 방법이지만, 이동 시간이 길고 룰레오에서 1박을 해야 한다. 로바니에미까지 포함한다면 로바니에미–케미 간 기차 이동도 추가된다(약 1시간 20분 소요). 철도 패스 소지 시 케미–하파란다–룰레오 간의 버스 이용은 무료. 핀란드와 스웨덴 간 시차가 1시간 있는 점을 고려해, 국경 이동 교통편 이용 시 반드시 시간을 확인하자.

페리

금전적 여유가 있다면 후티루텐이 최고의 방법이다. 매일 저녁 베르겐을 출발해 보되, 로포텐 제도 스탐순드와 스볼베르, 트롬쇠, 호닝스보그를 거쳐 키르케네스까지 이동하는 총 11일의 왕복 일정이다. 특히 지역 이동 시간을 맞추기 어렵고 숙박할 곳이 부족하다면 대체 방법으로도 적당하다.

후티루텐 왕복 시간표

(+1)은 출발 지역 기준으로 다음 날, (+2)는 다다음 날을 나타낸다.

겨울 시즌(9/15~4/14)		여름 시즌(4/15~9/14)	
21:30	베르겐 출발	21:30	베르겐 출발
12:40(+3)	보되	12:40(+3)	보되
19:00	로포텐 스탐순드	19:00	로포텐 스탐순드
21:00	로포텐 스볼베르	21:00	로포텐 스볼베르
14:15(+4)	트롬쇠	14:15(+4)	트롬쇠
05:15	함메르페스트	05:15	함메르페스트
11:15	호닝스보그	11:15	호닝스보그
09:00(+6)	키르케네스 도착	09:00(+6)	키르케네스 도착
12:30	키르케네스 출발	12:30	키르케네스 출발
05:30(+1)	호닝스보그	05:30(+1)	호닝스보그
10:45	함메르페스트	10:45	함메르페스트
23:45	트롬쇠	23:45	트롬쇠
18:30(+2)	로포텐 스볼베르	18:30(+2)	로포텐 스볼베르
22:00	로포텐 스탐순드	22:00	로포텐 스탐순드
02:30(+3)	보되	02:30(+3)	보되
14:30(+5)	베르겐 도착	14:30(+5)	베르겐

버스

핀란드 북부에서 직접 이동 시, 노르웨이로 바로 넘어갈 수 있어 편리하다. 우선 야간열차나 항공편으로 로바니에미나 이발로까지 이동한 후, 에스켈리센–라핀 린야Eskelisen-Lapin Linjat와 부스링Busring에서 공동 운행하는 트롬쇠행, 노드캅행 장거리 버스를 이용하자. 트롬쇠행은 12/1~3/13 · 6~8월(약 10시간 30분 소요), 노드캅행은 6/1~8/19(약 10시간 40분 소요. 전후 기간에는 카라쇼크Karasjok까지만 운행)에 1일 1회 운행한다.

Web 핀란드–스웨덴 노르웨이 북극권 연결 버스 www.thearcticroute.com
노르웨이–핀란드 연결 라핀 린야 버스 www.eskelisen.fi

지역 내 교통

각 지역은 주로 버스로 이동하며, 로포텐 제도로 이동 시에는 항공편과 페리도 유용하다. 시즌에 따라 운행 시간이 달라지니 미리 홈페이지에서 확인하자.

지역 교통 안내 홈페이지

보되, 나르빅, 로포텐 · 베스테롤렌 제도 등 노드란드 지역
www.reisnordland.no
알타, 호닝스보그(노드캅), 카라쇼크 등의 핀마르크 지역
www.snelandia.no
트롬쇠 지역 www.tromskortet.no
노르웨이–핀란드 연결 라핀 린야 버스
www.eskelisen.fi
보되–로포텐 제도 간 카 페리 www.thn.no

항공

보되에서 비데뢰 정기편을 이용해 로포텐 제도 스볼베르, 레크네스, 나르빅 · 하르스타드, 트롬쇠까지 이동할 수 있다. 노르웨지안으로는 나르빅 하르스타드, 트롬쇠, 알타로 이동 가능하다. 또한 트롬쇠에서는 알타, 함메르페스트, 호닝스보그까지 역시 비데뢰 정기편이 자주 운행한다.

각 지역별 이동 시간

❶ **보되–스볼베르 · 레크네스** 약 30분
❷ **트롬쇠–알타 · 함메르페스트** 약 35분
❸ **보되–나르빅–트롬쇠 간 연결 시** 각 약 1시간

버스

지역을 촘촘히 이어 주는 대표적인 교통수단. 시기에 따라 운행 시간과 기간이 달라진다. 사전에 반드시 시간표를 확인하고 움직이자. 50km 이상 이동 시에는 학생 할인 가능.

각 지역별 이동 시간

❶ **나르빅–보되** 약 6시간(1일 1~2회)
❷ **나르빅–파우스케** 약 4시간 50분(1일 1~2회)
❸ **나르빅–로포텐 스볼베르** 약 4시간 반(1일 1~2회)
❹ **나르빅–로포텐 레크네스** 약 6시간 반(1일 1~2회)
❺ **나르빅–베스테롤렌 소르틀란드** 약 4시간(1일 2회)
❻ **나르빅–트롬쇠** 약 4시간(1일 2~4회)
❼ **트롬쇠–알타** 약 6시간 반(1일 1회)
❽ **알타–호닝스보그 · 함메르페스트** 약 3시간 50분(1일 2~4회)
❾ **호닝스보그–카라쇼크** 약 3시간 반(1일 1회, 6~8월)

Tip

노드란드 지방 교통 패스 Travel Pass Nordland
보되, 로포텐 · 베스테롤렌 제도, 나르빅 등의 노드란드 전 지역 버스, 고속 페리를 7일 간 자유롭게 이용할 수 있다. 로포텐 제도를 고속 페리와 버스로 이동하고, 대중교통 이용이 많다면 추천. 보되 시내 교통 안내소, 공식 홈페이지, 각 지역 관광 안내소와 버스 기사에게 구입할 수 있다. 단 카페리는 제외.

Cost 16세 이상 1,290nok, 15세까지 695nok
Web www.travelpassnordland.com

페리

로포텐 제도 스볼베르에서 보되를 잇는 고속 페리 노선을 이용할 수 있다. 또한, 모스케네스와 아래쪽의 작은 섬(배뢰이, 뢰스트 등)을 잇는 카 페리 노선은 차량 이용 시 유용하고 가격도 저렴하다. 요일별, 기간별로 시간표가 달라지니 날짜를 확인하고 일정에 맞는 시간대의 페리를 이용하자. 차량 소지 시에는 가능한 크기를 확인한 후 최성수기에는 미리 예약하는 것이 좋은 방법이다.
호닝스보그–보되까지 이동 시, 숙박비와 교통비를 합하면 후티루텐 이용 시와 가격이 비슷할 수 있고 전체 일정도 3일로 단축이 가능하다. 특히 백야 마라톤 등의 행사로 트롬쇠에서 숙박을 구하지 못했거나, 장시간의 버스 이동이 부담스러울 때 차선책으로 이용 가능.
이외에 트롬쇠–하르스타드Harstad, 알타–함메르페스트, 피스케뵐Fiskebøl–멜부Melbu 등의 지역 고속 페리와 카 페리 노선들이 본토와 주변 섬 지역, 바다로 연결 가능한 마을과 도시들을 이어 주고 있다.

각 지역별 이동 시간

❶ **보되–로포텐 제도 스볼베르 고속 페리** 3시간 반(1일 1회)
❷ **보되–로포텐 제도 모스케네스 카 페리** 3시간 반~4시간(1일 1~2회, 기간 및 요일마다 다름)
❸ **트롬쇠–하르스타드 고속 페리** 3시간(1일 2~4회)
❹ **알타–함메르페스트 고속 페리** 2시간 45분(1일 1~2회, 토요일 제외)
❺ **피스케뵐–멜부 카 페리** 40분(1일 9회)

Cost 보되–스볼베르 고속 페리 580NOK(학생 50% 할인 가능)
보되–모스케네스 카 페리 227NOK(학생 할인 불가)

북극권 지역, 이렇게 다니자

기본 여행 일수는 보되와 나르빅, 트롬쇠 정도로만 둘러본다면 최소 3일, 로포텐 제도를 껴서 방문한다면 5일, 노드캅까지 고려한다면 1주일 이상을 예상해야 한다. 보되, 나르빅, 알타는 각각 최소 1~2시간, 많게는 반나절까지 충분히 돌아볼 수 있다. 트롬쇠는 규모를 고려해 시내는 하루 종일, 오로라 투어 등을 진행한다면 최대 3일까지 예상하는 것이 좋다. 로포텐 제도 안에서는 섬의 여러 거점을 돌아보거나 각종 투어 등을 이용하려면 최소 3일 이상이 필요하다.
지역 방문의 최적기는 백야 기간과 교통편 노선이 증편되는 5월 중순~8월 중순이다. 또한, 12~3월의 겨울에는 교통편이 줄어들지만, 오로라, 개썰매 등의 겨울 체험과 사미족 관련 행사에 참여가 가능하다.

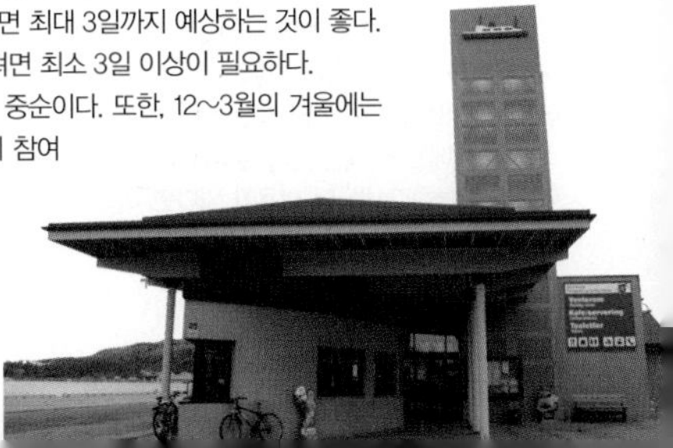

기차
진입 루트에 따라 이용 가능한 노선이 구분된다.

노르웨이 국내에서 왕복 이동 시
보되에 도착한 후 북쪽으로 이동한다.
보되→로포텐 제도 각 지역→나르빅→트롬쇠 및 기타 북부 지역(알타, 함메르페스트, 호닝스보그, 노드캅 등) 또는 보되→나르빅→로포텐 제도 각 지역→보되순으로 왕복 이동도 가능.

스웨덴에서 왕복 이동 시
철도 연결이 가능한 나르빅으로 이동해 일정을 시작한다. 나르빅→로포텐 제도 왕복 이동→트롬쇠 및 기타 지역 또는 보되에서 남행.

6~8월에 내륙 관광 기차 인란드바난 이용 시
옐리바레→키루나→나르빅→로포텐 제도→보되 순으로 내려가거나, 트롬쇠→알타→기타 북부 지역 순으로 올라가는 루트 중 선택 가능. 스톡홀름이나 다른 스웨덴 북부 지역까지 연결할 경우 나르빅에서 기차를 이용해 내려갈 것.

항공
런던에서 항공편으로 움직일 때 트롬쇠를 처음이나 끝으로 정하자. 노르웨이 내에서 이동 시에는 보되가 이동에 편리하다. 오슬로로 돌아올 경우 보되, 나르빅/하르스타드 에브네스, 트롬쇠, 알타, 키르케네스 등에서 노르웨지안, SAS의 정기 항공편을 이용할 수 있다.

런던에서 진입 시
트롬쇠→나르빅→로포텐 제도 각 지역→보되 또는 나르빅→기타 지역순으로 이동.

오슬로 · 베르겐 · 트론헤임 출발, 런던 등으로 나갈 때
오슬로 · 베르겐 · 트론헤임→보되→로포텐 제도 각 지역→나르빅→트롬쇠순으로 이동.

버스
핀란드 로바니에미에서 트롬쇠, 알타, 카라쇼크, 호닝스보그 등으로 이동할 수 있다. 버스 시간과 운행 기간을 반드시 확인하고 움직일 것.

노드캅행 버스
로바니에미→(카라쇼크)→호닝스보그/노드캅→(함메르페스트)→알타→트롬쇠→나르빅→로포텐 제도 각 지역 왕복→보되

트롬쇠행 버스
노드캅으로 올라가거나 남쪽으로 내려가는 루트 중 선택 가능하다.

후티루텐
먼저 철도나 항공으로 보되까지 이동한 후, 지역 안에서 연안 여객선 후티루텐을 이용해 로포텐 제도, 트롬쇠, 노드캅 등을 기항지 관광을 이용해 돌아보고 종착점인 키르케네스로 간다. 총 3일 소요. 키르케네스 도착 후에는 킹 크랩 낚시 등의 액티비티를 즐긴 후 오슬로로 항공 이동이 가능하다. 좀 더 여유가 있다면 버스(주 4회 운행)로 카라쇼크까지 이동해 1박 후, 핀란드 북부나 카우토케이노Kautokeino 등의 사미족 관련 지역으로 추가 이동하는 루트도 고려할 수 있다.

Tina's Plus

알고 가자! 백야, 극야와 오로라

1) 백야? 극야란?
봄에서 여름으로 넘어가는 시점에 지구의 자전축이 기울면서 극지방을 중심으로 긴긴 낮이 계속되는데, 이를 백야, 즉 미드나잇 선Midnight Sun이라 한다. 북극권 지역에서는 하지를 중심으로 전후 2주~4개월 동안 이 현상이 지속되며, 이때 태양은 지평선 아래로 지지 않고 노을이 지는 듯한 상태에서 계속 떠 있다. 그 반대로 동지를 중심으로 전후 2주~4개월 동안 태양이 지평선 위로 떠오르지 않는데, 이를 극야, 즉 폴라 나이트Polar Night라 부른다. 이때에는 백야와 반대로 낮에는 초저녁처럼 푸른빛과 긴긴 밤이 지속되며, 간혹 어렴풋이 노을지듯 태양의 흔적이 보인다.

지역별 백야와 극야 기간
보되(북위 67도 18분) 백야 6/4~7/8, 극야 12/15~23
로포텐제도 스볼베르(북위 68도 15분) 백야 5/28~7/14, 극야 12/5~1/7
나르빅(북위 68도 26분) 백야 5/27~7/15, 극야 12/4~1/8
트롬쇠(북위 69도 42분) 백야 5/20~7/22, 극야 11/25~1/17
알타(북위 70도) 백야 5/16~7/26, 극야 11/24~1/18
함메르페스트(북위 70도 40분) 백야 5/16~7/27, 극야 11/21~1/21
노드캅(북위 71도 11분) 백야 5/13~7/29, 극야 11/18~1/24
스발바르 제도 롱이예르비엔(북위 78도 12분) 백야 4/20~8/21, 극야 10/26~2/16

2) 오로라(극광)란? Aurora Borealis(Northern Lights)
10~3월에만 볼 수 있는 극지방의 대표적인 기상 현상으로, 지구의 자기장과 입자의 충돌에 의해 생긴다. 약할 때에는 희거나 노란색으로, 강할 때에는 녹색과 붉은색의 아름다운 오로라를 감상할 수 있다. 날씨가 맑을 때, 극야가 지속될 때, 저녁 9~12시에 가장 잘 보인다. 특히 북위 66~75도의 지역이 관찰의 최적지. 트롬쇠는 오로라 연구가 가장 활발하게 진행되는 곳으로 오로라를 보기 위해 세계적으로 가장 많은 관광객이 모여든다.
오로라를 잘 보려면 출발 10일 전부터 지역 날씨와 오로라 지수를 체크하자. 도심보다는 불빛과 인구가 적고 조용한 작은 마을이나 국립공원 지역이 관찰에 좋고 투어 비용도 절약된다.

북극권
Arctic Norway

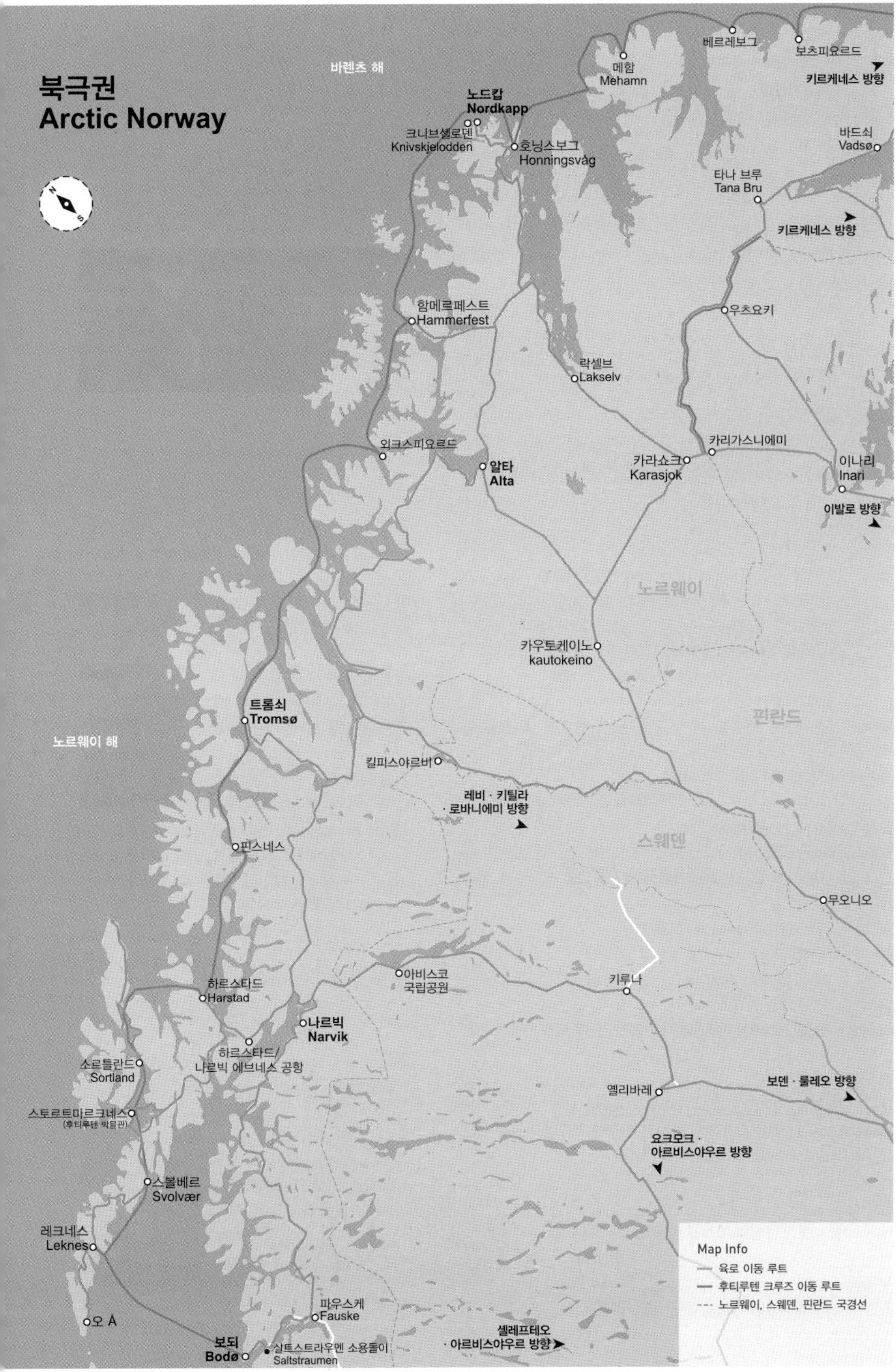

트롬쇠
Tromsø

1800년대 말, 극지방 탐험이 시작될 당시에는 오슬로에서 북극점까지의 중간 지점이라는 이유로 극지방 탐험의 관문으로 이용되었다. 지금은 세계 최북단의 대학교가 들어서며 젊음 넘치는 북극권 지역 최대 도시로 탈바꿈했다. 특히 북극 지역 생물, 오로라에 대한 연구가 가장 활발하게 진행되고 있어 겨울에는 오로라를 보려는 관광객들로 붐빈다. 함메르페스트 Hammerfest, 알타 Alta, 호닝스보그 Honningsvåg, 스발바르 제도 롱이에르비엔 Longyearbyen으로 가는 북극권 북부 항공 교통의 요지이기도 하다.

유용한 홈페이지

트롬쇠 지역 관광 안내 www.visittromso.no

관광 안내소

지역에 관련된 자료가 가장 잘 갖춰져 있다. 겨울에는 오로라, 개썰매, 스노 모빌 체험 등의 다양한 체험 프로그램을 소개해 준다. 북극권 인증서 구입과 무선 인터넷도 가능.

Address Samuel Arnesens gate 5
Tel 77 610 000
Open **1~3월 · 6월** 월~금 09:00~19:00, 토 · 일 10:00~18:00
4/1~5/16 · 9~10월 월~금 09:00~16:00, 토 10:00~16:00
7~8월 월~금 09:00~17:00, 토 · 일 10:00~17:00
11/1~12/23 월~금 09:00~17:00, 토 · 일 10:00~16:00
12/24 09:00~14:00, **12/25~26** 10:00~15:00
12/27~3/31 09:00~18:00
Close 5/1, 5/17, 부활절 전 목요일~다음 월요일, 4~6월 중순 · 9 · 10월의 일요일
Access 버스 터미널 구내 교통 안내소 2층.

교통 안내소 Kundesenter

트롬쇠 시내버스, 알타와 나르빅 등의 지역 이동 버스 정보 확인 시 편리하며, 자동판매기를 이용해 교통권 구입 및 당일 짐 보관도 가능하다.

Address Samuel Arnesens gate 5(2층)
Tel 77 788 777
Open 월~금 09:00~16:30
Close 토 · 일요일, 공휴일
Access 아문센 동상에서 바닷가를 바라보고 오른쪽, 버스 터미널 구내.

유용한 정보지

트롬스 홀리데이 가이드 Troms Holiday Guide

트롬쇠를 비롯한 주변 지역 종합 안내지. 다양한 액티비티 정보가 많다. 미니 사이즈의 시티 가이드도 유용하다.

환전소

Nordea를 비롯한 은행의 ATM을 이용하자.

우체국

Address Storgata 102(Rema 1000 마트 구내)
Open 월~토 07:00~23:00
Close 일요일

경찰서

Address Stakkevollvegan 11, 9010 Tromsø
Tel 77 611 008

슈퍼마켓

유로스파 Eurospar, **아란야 임포트** Aranya Import (아시안 마켓) : 시내 Storgata 대로변 위치.
쿱 Coop : 시내 톤 호텔 건너편에 위치한 대형 매장(Extra). 북극 박물관 근처(Coop Prix)에 위치.

당일 짐 보관

교통 안내소(카드만 가능, 대 100NOK, 소 80NOK)
공항 내 유인 보관소(개당 60NOK)

시내 교통

티켓은 기사에게 직접 구입하거나 교통 안내소, 편의점에서 Tromskort를 구입 · 충전해 사용한다.

Cost **1회권(90분 자유 이용 가능)** 44NOK(안내소에서 구입 시), 67NOK(기사에게 구입 시)
24시간권 126NOK
※ 평일 09:00~14:00, 오프 피크 적용(17:00~01:00) 21NOK
Web www.tromskortet.no

Tip

트롬쇠 패스

정해진 시간 동안 시내의 주요 대형 관광지 입장, 스토르스테이넨 산 케이블카, 시내 교통편 이용이 가능하다. 입장 가능한 장소에 따라 가격이 달라지니 미리 입장할 곳을 선택한 후 패스 종류를 결정하자.

Cost 일반 패스 24시간 989NOK
컬처 패스 24시간 1,698NOK(일반+박물관 3곳 추가)
패밀리 패스 24시간 1,248NOK(일반+트롤 박물관 추가)

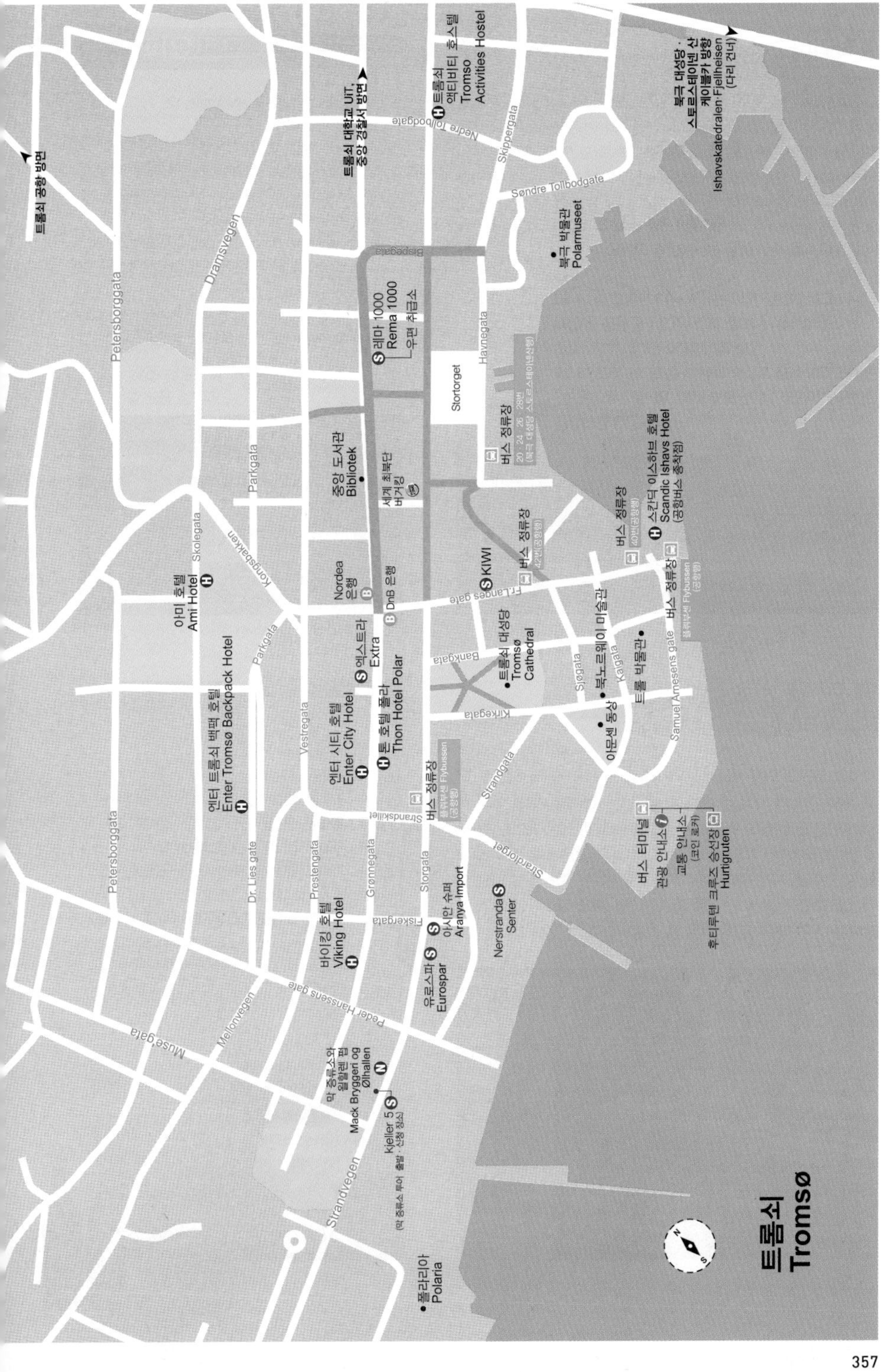
트롬쇠
Tromsø
트롬쇠 공항 방면
트롬쇠 대학교 UiT, 중앙 경찰서 방면
트롬쇠 액티비티 호스텔
Tromso Activities Hostel
북극 대성당 · 스토르스테이넨 산 케이블카 방향
Ishavskatedralen · Fjellheisen
(다리 건너)
Nedre Tollbodgate
Skippergata
Søndre Tollbodgate
북극 박물관
Polarmuseet
Bispegata
Dramsvegen
Petersborggata
레마 1000
Rema 1000
우편 취급소
Stortorget
Havnegata
버스 정류장
중앙 도서관
Bibliotek
세계 최북단 버거킹
Parkgata
Skolegata
Kongsbakken
아미 호텔
Ami Hotel
Nordea 은행
DnB 은행
KIWI
Fr. Langes gate
스칸딕 이스하브 호텔
Scandic Ishavs Hotel
엑스트라
Extra
트롬쇠 대성당
Tromsø Cathedral
Bankgata
북노르웨이 미술관
Sjøgata
Kaigata
트롤 박물관
Samuel Amesens gate
엔터 트롬쇠 백팩 호텔
Enter Tromsø Backpack Hotel
엔터 시티 호텔
Enter City Hotel
톤 호텔 폴라
Thon Hotel Polar
Vestregata
Kirkegata
아문센 동상
Strandgata
Strandskillet
버스 터미널
관광 안내소
교통 안내소
후티루텐 크루즈 승선장
Hurtigruten
Strandtorget
Dr. Lies gate
Prestengata
Grønnegata
Storgata
Fiskergata
아시안 슈퍼
Aranya Import
Nerstranda Senter
바이킹 호텔
Viking Hotel
유로스파
Eurospar
Peder Hanssens gate
Mellomvegen
Muségata
Mack Bryggeri og Ølhallen
kjeller 5
Strandvegen
폴라리아
Polaria

폴라리아 Polaria

관광명소 어린이 동반 환경 · 생태

두꺼운 얼음이 넘어져 있는 것 같은 외관부터 시선을 사로잡는 북극 아쿠아리움 겸 전시관. 북극 연구의 현주소를 알 수 있고, 북극해 지역에 서식하는 동식물들을 전시하고 있다. 북극해에 서식하는 해양 생물 종류를 생생히 보고 직접 만져 볼 수도 있어 어린이들의 자연 학습장으로도 인기가 높다. 매일 낮 12시 반, 오후 3시에 물개에게 먹이를 주고 훈련하는 물개 쇼, 스발바르 제도의 생태계를 담은 기록 영화 〈스발바르-야생의 북극〉은 더욱 놓치지 말아야 한다. 기념품점에서 판매하는 독특하고 예쁜 기념품도 추천.

Address Hjalmar Johansensgate 12
Tel 77 750 100
Open **6/1~8/31** 10:00~17:00, **9/1~5/31** 10:00~16:00(일부 공휴일 ~14:00)
Close 일부 공휴일(비정기적)
Access 버스 터미널에서 Storgata 거리를 따라 왼쪽으로 직진한 후, 왼쪽에 보이는 흰 도미노 모양의 건물.
Cost 성인 220NOK, 학생 · 67세 이상 130NOK, 3~16세 어린이 110NOK, 패밀리(성인 2명+3~16세 3명) 575NOK
Web www.polaria.no

막 증류소 & 욀할렌 펍 Mack Bryggeri & Ølhallen

즐길거리 로컬명소 펍

세계 최북단의 맥주 회사 막Mack 증류소는 1877년에 창설된 이래, 지역 경제의 가장 큰 축을 차지하는 노르웨이 제3의 맥주 회사로 성장했다. 특히 이들이 운영하는 욀할렌 펍은 1928년에 문을 연 트롬쇠에서 가장 오래된 펍으로 가장 많은 막의 맥주를 마실 수 있어 인기가 높다. 매주 월~토요일에는 증류소와 펍을 오가는 투어를 진행한다. 술을 좋아한다면 세계 최북단의 맥주 공장에서 나온 '따끈따끈한' 맥주를 종류별로 마셔 보자.

Address Storgata 5
Tel 77 624 580
Open **욀할렌 펍** 월~목 12:00~00:30, 금 · 토 12:00~01:30, 일 14:00~19:30
가이드 투어 월~금 15:30(6~8월에는 14:00 추가), 토 14:30
Close **욀할렌 펍** 부활절 전 목요일~다음 월요일
Access Storgata의 보행자 도로를 지나 폴라리아 방향으로 직진, 폴라리아 50m 전 위치.
Cost 가이드 투어 230NOK(맥주 1잔 시음 포함)
Web www.mack.no/olhallen

북극 박물관 Polarmuseet

박물관 관광명소 로컬명소

세관 창고로 사용되었던 붉은색 건물 안에, 아문센의 50주기를 기념해 1978년 문을 열었다. 난센과 아문센을 비롯한 북극 탐험가들의 생생한 탐험기, 1500년대 스발바르 제도의 발견부터 지금까지의 생활 모습, 극지방 동물 종류, 포경 및 석탄 채굴에 대한 이야기가 다양한 전시물로 재현되어 있다. 특히 아문센에 대한 전시관에는 그의 극지방 탐험, 마지막 북극 비행에 대한 다양하고 가슴 찡한 이야기가 전시되어 있어 감동을 느낄 수 있다. 오슬로의 프람호 박물관(p.272 참조) 관람 전후에 이곳을 함께 보면 이해와 감동이 두 배!

Address Søndre Tollbodgate 11
Tel 77 623 360
Open **6~8월** 09:00~18:00, **9~5월** 11:00~17:00
Close 5/1, 5/17
Access 버스 터미널, 관광 안내소에서 Storgata를 따라 오른쪽으로 직진한 후, Bispegata에서 우회전하면 바닷가 쪽 붉은색 건물.
Cost 성인 100NOK, 67세 이상 50NOK, 학생 · 7~18세 무료
Web www.uit.no/tmu/polarmuseet

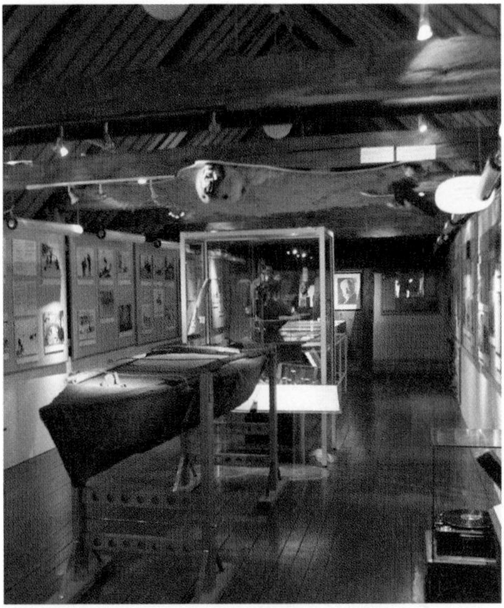

북극 대성당 Ishavskatedralen

건축 · 디자인

빙하와 극지방 얼음을 형상화해 1965년에 지어졌다. 갈라진 빙하와 오로라의 휘장을 상징하는 11개의 삼각형 아치, 유럽에서 가장 큰 스테인드 글라스로 이루어져 있다. 여름의 백야 기간에는 매일 밤마다 콘서트(1인당 200NOK)가 열리고, 극야 기간에는 오로라 불빛과 비슷한 조명을 건물에 비추어 주변 경관과 훌륭한 조화를 이룬다.

Address Hans Nilsensvei 41
Tel 55 316 067
Open **1~5월 · 8/16~12월** 13:00~17:00(수 14:00~) **6/1~8/15** 09:00~18:00(일 13:00~)
Close 12/24~26, 12/31~1/1, 5/17
Access 북극 박물관을 나와 도보로 다리를 건너거나, 20번, 24번, 26번 버스로 대성당 건너편 하차.
Cost 성인 80NOK, 13세 미만 어린이 무료
Web www.ishavskatedralen.no

나르빅
Narvik

세계지리 과목 시간에 '얼지 않는 최북단의 항구'라고 배워서 이름만큼은 익숙할 것이다. 1903년에 스웨덴 키루나 근처에서 채굴된 철광석을 수출하는 기지가 세워진 이래 현재까지 이용되고 있다. 제2차 세계대전 때 독일군에 의해 철저히 파괴되었고 연합군과 치열한 공방전을 거친 끝에 전쟁 후 재건되었다. 현재 오슬로와 함께 노르웨이에서 유일하게 스웨덴 철도청 기차가 운행되는 곳으로, 스웨덴에서 북극권으로 올라올 때, 로포텐 제도에서 육로 이동 시 가장 유용한 교통의 요지이다.

유용한 홈페이지
나르빅 관광 안내 www.visitnarvik.com

관광 안내소
Address Kongensgate 41-43, 8515 Narvik(시내 중심가 광장 건너편)
Tel 76 965 600
Open **9~5월** 10:00~16:00,
6~8월 10:00~18:00
Close 12/24~26, 12/31~1/1

환전소
시내 Nordea 은행이나 AMFI, Storsenter 쇼핑센터 내 ATM 이용 가능. 스웨덴에서 이동하는 거라면 미리 Forex에서 환전하고 오자.

슈퍼마켓
엑스트라 Extra : 기차역 인근 스토어센터 쇼핑 내에 위치.
분프리스 Bunnpris : 버스 터미널 근처 AMFI 쇼핑센터 내 위치.

경찰서
Access Kongens gate를 따라 항구 방면으로 내려가서 왼쪽에 위치.

당일 짐 보관
기차역 내, 버스 터미널 옆 AMFI 쇼핑몰 코인 로커 이용 가능.

시내 교통
기차역에서 시내 중심가 버스 터미널까지는 도보로 약 15분 소요된다. 특히 로포텐 제도, 트롬쇠 등으로 기차와 버스를 연계해서 이용 시에는 기차역에 버스가 정차하지만, 가끔 그냥 지나가는 경우도 있다. 되도록 터미널까지 도보로 이동해서 버스에 탑승하자.

Tip
나르빅 기차역은 운영 시간이 아주 짧다. 티켓 구입 및 기예약건 출력, 코인 로커 이용은 역 개방 시간에만 가능하다. 야간열차 이동 시 스웨덴 철도청 홈페이지에서 예약하는 것을 권하며, 예약하지 못했다면 구내 자동 판매기를 이용하거나, 승차 후 직원에게 철도 패스를 제시하고 안내를 받자.

보되
Bodø

노르웨이 철도의 종착점이자 북극권 및 로포텐 제도로 들어가는 지역의 관문. 노드란드 Nordland 주의 중심지이며 북극권 지역 제2의 도시이기도 하다. 제2차 세계대전 때 독일 군사들에 의해 철저하게 파괴되었지만, 다행히 지금의 반듯하게 정리된 모습으로 재건되었다. 2024년 유럽 문화 수도.

유용한 홈페이지
보되 관광 안내 www.visitbodo.com

관광 안내소
Address Dronningens gate 15
Tel 75 548 000
Open **6~8월** 월~금 09:00~20:00, 토 · 일 10:00~18:00,
9~5월 월~금 09:00~15:30
Close 9~5월의 토 · 일요일
Access 보되 시청사 1층.

환전소
기차를 이용할 경우 트론헤임의 Forex에서 미리 환전하고 이동하자. 시내에서는 Nordea, Sparbanken, DnB 등의 은행에서 ATM 이용이 가능하다.

우체국
Address Storgata 48(시내 Coop Prix 구내)
Open 월~금 07:00~23:00
Close 토 · 일요일

슈퍼마켓
레마 1000 Rema 1000 : 종합 터미널 왼쪽 건너편.
쿱 프릭스 Coop Prix : 기차역에서 시내 방향으로 왼쪽 골목.

당일 짐 보관
종합 터미널, 기차역 내 코인 로커 이용 가능.

시내 교통
시내 중심가는 도보로 이동 가능하며 공항, 항공 박물관, 살트스트라우멘 소용돌이로 갈 때에 시내버스와 지역 버스를 이용할 수 있다. 버스, 페리, 기차로 도착 시, 도보로 5분 소요되는 Dronningens Gate의 대성당, 시청사 앞 중앙 버스 정류장에서 시내, 지역 버스 탑승이 가능하다. REIS 애플리케이션이나 교통 안내소에서 미리 티켓을 구입해 승차하자.
Cost **시내버스 1회권 Enkel** 44NOK~
(1시간 자유 이용 가능, 거리 비례)

항공 박물관 Luftfartsmuseet

박물관 로컬명소 어린이 동반

북극권 지역 최대 규모의 박물관. 공군 비행장이었던 곳에 노르웨이 전역의 비행기 38대를 모아서 전시하고 있다. 특히 제2차 세계대전 때에 사용된 공군기와 SAS의 역사를 모은 민항기 관련 전시물, 공군기지가 있을 때 사용되었던 관제탑, 비행기 조종 체험 시뮬레이터는 늘 인기 만점이다. 야간열차나 비행기 타기 전 잠시 짬을 내서 다녀오기에 좋다.

Address Olav V gate
Tel 75 507 850
Open **6~8월** 10:00~18:00,
9~5월 월~금 10:00~16:00, 토 · 일 11:00~17:00
Close 12/24~26, 1월, 부활절 당일, 5/1, 5/17
Access 시내 중앙 버스 정류장에서 1, 2, 4번 시내버스를 타고 City Nord에서 하차. 약 10분 소요. 시내에서 도보 이동 시 30분 정도 소요.
Cost 성인 175NOK, 학생 140NOK, 어린이 90NOK, 패밀리(성인 2인+어린이 2인) 450NOK, 시뮬레이터 70NOK
Web www.luftfartsmuseum.no

시립 박물관 Bymuseet i Bodø

박물관 로컬명소

한눈에 톡 튀는 노란색 건물이 시선을 사로잡는 지역 박물관. 보되 시내를 중심으로 하는 노드란드 지역의 과거와 현재의 생활 모습, 제2차 세계대전 당시 파괴된 참상, 사미족과 로포텐 어업의 역사를 확인할 수 있다. 특히 세계대전 당시 파괴된 도시와 재건의 현장, 사미족의 생활, 2층에 새로 추가된 시내 유물을 눈여겨보자. 시내를 둘러볼 시간이 짧다면 이곳만 봐도 충분하다. 2024년까지 공사 중.

Address Prinsensgate 116, 8005 Bodo
Tel 75 503 500
Open 월~금 11:00~15:00, 토 · 일 12:00~15:00, **6/13~8/14** 11:00~17:00
Close 5/1, 5/17, 12/5~1/2, 부활절 전 1주일, 성령강림절 당일 및 다음 날
Access 종합 터미널에서 Sandgata를 따라 내려가서 Prinsens gate에서 좌회전 후 오른쪽의 노란색 건물 시내 성당 뒤편.
Cost 성인 80NOK, 학생 20NOK, 19세 미만 무료
Web nordlandsmuseet.no

살트스트라우멘 소용돌이 Saltstraumen

뷰포인트

ⓒ 유어진

살트피요르드와 셸스타드피요르드를 잇는 살트스트라우멘 해협에서는 조석 간만의 차로 생기는 지름 10m, 깊이 4m의 소용돌이를 6시간에 한 번씩 볼 수 있다. 보름달이 뜨는 기간에는 더욱 강한 소용돌이가 생긴다. 날짜에 따라 소용돌이의 규모가 달라질 수 있으니 가기 전 관광 안내소에 미리 볼 수 있는 기간을 문의하자. 살트스트라우멘 해협은 보되 시내에서 약 33km 떨어져 있다.

Access 보되 시내에서 200번 지역 버스를 타고 약 1시간 소요. 월~금 3~4회, 토 · 일 2회 버스가 운행된다.

Tip
영화 〈명량〉에 나오는 소용돌이와 비교해서 보는 것도 재미있다.

로포텐 제도
Lofoten

'세계에서 가장 아름다운 어촌'이자, 한자 동맹 시절부터 지금까지 노르웨이 대구 어업을 대표하는 지역으로 유명하다. 빙하의 침식으로 물에 가라앉아 이루어진 4개의 큰 섬(보겐 Vågen, 베스트보괴이 Vestvågøy, 플라크스타되이 Flakstadøy, 모스케네쇠이 Moskenesøy)과 그 외 자잘한 섬들로 이루어져 있다. 높은 산과 만년설, 어부들의 전통 가옥 로부어 Rorbuer, 군데군데 늘어선 대구 덕장이 어우러진 마을과 항구는 그림같이 아름답다. 섬 안의 전통적인 분위기에서는 우리네 겨울의 동해안 어촌과 같은 정감도 느낄 수 있다. 노르웨이 남부 사람들도 '내 평생 단 한 번'이라도 가고 싶어 하는 지역으로 손꼽는 곳이다.

유용한 홈페이지

로포텐 제도 관광 안내 www.lofoten.info

관광 안내소

스볼베르 관광 안내소

로포텐 제도 안에서 규모가 가장 큰 안내소로, 다양한 레저 활동 및 숙소 등을 소개해 준다. 코인 로커 이용도 가능하며 숙박 예약 시 35NOK의 수수료가 필요하다. 레크네스(월~금 10:00~19:00, 토 10:00~16:00), 람베르 마을(화~토 11:00~17:00)과 레이네 마을(10:00~17:00)에도 지소가 있다.

Address Torget 18

Tel 76 070 575

Open **5/29~7/2 · 8/7~12월** 월~금 09:00~16:30, 토 · 일 10:00~16:30,
7/3~8/6 09:00~18:00
1~2월 월 10:30~15:30

Access 보되행 익스프레스 페리 터미널 오른쪽 건너편에 위치.

환전소

스볼베르 번화가의 Nordea와, 카벨보그 중심가의 SpareBank 1을 비롯한 시중 은행 지점과 우체국의 ATM을 이용하자.

우체국

스볼베르 Kiwi

카벨보그(Extra), 레크네스 중심가 Rema 1000, 레이네의 Coop 슈퍼마켓과 헤닝스베르 중심가의 Joker 슈퍼마켓에 작은 우체국이 있다. 오Å에서는 마을 내 가게와 버스 정류장 옆 기념품점에서 우표 구입이 가능하다.

Open 슈퍼마켓 영업 시간 내

Close 일요일

경찰서

스볼베르 번화가 후티루텐 페리 터미널 앞에 위치.

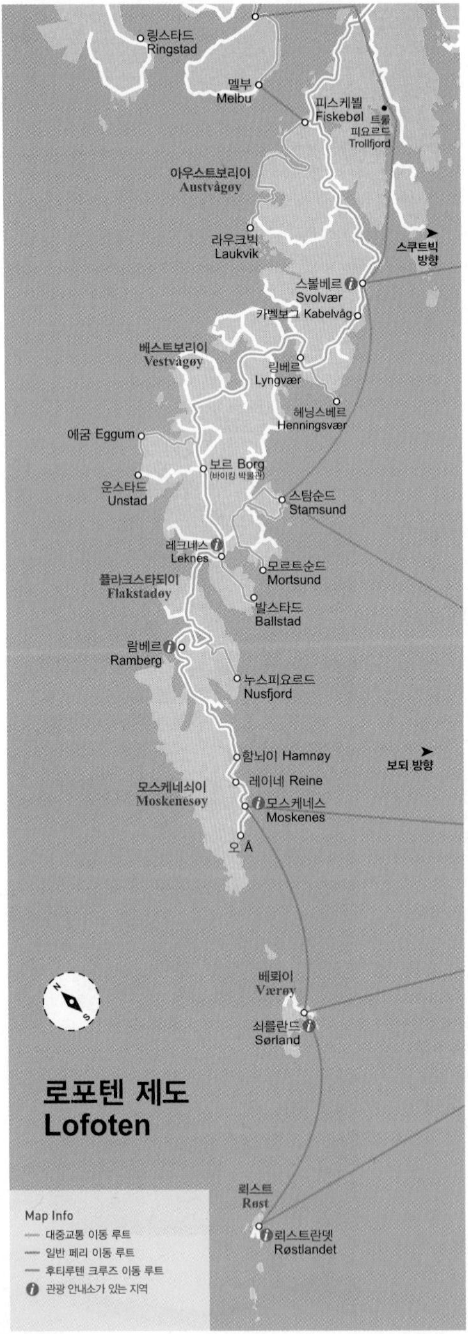

슈퍼마켓

키위 KIWI : 스볼베르, 레크네스에 위치.

레마 1000 Rema 1000 : 스볼베르, 레크네스에 위치.

쿱 Coop : 스볼베르, 카벨보그(Extra), 레크네스(Extra), 레이네에 위치.

요커 Joker : 헤닝스베르, 쇠르보겐(오–모스케네스 중간)에 위치.

당일 짐 보관

스볼베르 관광 안내소 코인 로커 이용.

레크네스 관광 안내소에서도 잠깐 동안 짐 보관이 가능하다.

가는 방법

버스와 페리, 항공편의 세 가지가 있다. 형편과 시간에 맞는 것을 선택하자.

① 버스

1일 1~2회 운행하며, 나르빅 버스 터미널에서 스볼베르까지 약 4시간 30분, 레크네스까지 약 6시간 30분, 오까지 약 8시간 50분 소요(레크네스에서 1회 환승). 하르스타드/나르빅 에브네스 공항 도착 시 유용하다.

② 페리

보되 페리 터미널에서 스볼베르까지 익스프레스 페리로 약 3시간 소요(1일 1회 운행). 좀 더 저렴한 편이나 차량 소지 시 모스케네스행 카 페리를 이용할 수 있으며 시기 · 요일마다 시간과 운행 횟수가 다르다. 약 3시간 30분~4시간 소요.

③ 항공

보되 공항에서 스볼베르, 레크네스까지 비데뢰의 정기편으로 약 30분 소요. 1일 5~7회 운항. 스볼베르 공항 안내는 p.351 참조.

지역 교통

북쪽 지역에서는 스볼베르를 중심으로 카벨보그, 헤닝스베르, 레크네스 등의 주요 지역을 연결하는 버스 편이 1일 1~10회 운행한다. 오, 모스케네스, 누스피요르드 등의 남부 지역과 연안 여객선 기착지 스탐순드, 공식 유스호스텔이 있는 발스타드 등은 레크네스에서 연결 버스 노선을 1일 1~7회 이용할 수 있다. 50km 이상 구간은 학생 할인(50%)을 받을 수 있다. 학교가 개학하는 8월 중순 이후에는 스케줄이 변동될 수 있으니 반드시 홈페이지에서 시간표를 확인하자. 일정이 길다면 노드란드 트래블 패스(p.353 참조)를 보되에서 구입해 사용하는 것을 권한다.

Web　www.reisnordland.no(노르웨이어)

스볼베르 Svolvær

본토의 나르빅과 베스테롤렌 제도를 잇는 버스, 연안 여객선 후티루텐, 보되행 익스프레스 페리, 항공편이 거쳐 가는 로포텐 제도의 최중심지. 대형 슈퍼마켓, 중앙 우체국, 경찰서, 도서관, 은행, 종합 관광 안내소, 렌터카 사무실 등이 있어 필요한 것을 대부분 해결할 수 있다.

카벨보그 Kabelvåg

스볼베르에서 약 5km 떨어진 곳의 아담한 번화가. 로포텐 제도에서 최초로 사람이 정착했던 흔적이 남아 있는, 가장 오래된 마을이면서 로포텐 안에서 기독교가 가장 먼저 전파된 곳이기도 하다. 또한, 로부어를 가장 먼저 만든 마을로도 유명하다. 여름 호스텔을 비롯한 여러 규모의 숙박 시설과 편의 시설이 많아서 대중교통 및 렌터카 여행의 베이스 캠프로도 좋다.
추천 관광지는 보겐 교회(로포텐에선 최대 규모이자, 전국에선 2번째로 큰 노란색 목조건물 교회), 로포텐 박물관(로포텐 북부 지역 민속박물관), 에스폴린 갤러리, 수족관 등이다.

Cost　박물관 1곳당 145NOK, 3곳 통합 275NOK

Web　박물관 안내 www.museumnord.no

헤닝스베르 Henningsvær

섬 끝에 삐죽 나온 작은 반도에 위치해 있는 아름다운 마을. 섬의 풍경에 매료된 예술가들이 모여 작은 갤러리 마을을 형성하고 있다. 마을 안에서 예술가들의 다양한 갤러리를 구경하는 것도 또 다른 재미다. 또한, 로포텐 북부 지역에서 가장 활발한 대구 어업을 펼치고 있는 곳으로 매년 2~4월에는 많은 대구 어선과 어부로 북적인다.

Tina's Plus

헤닝스베르 마을의 아기자기 명소들

Kaviar Factory

마을 초입의 옛 대구알 공장이 현대미술 갤러리로 재탄생했다. Wifi 무료 이용 가능.

Web　www.kaviarfactory.com

Engelskmannsbrygga

도자기, 유리 예술가들의 단아하고 아름다운 작품들이 눈길을 사로잡는다. 제작 실연 프로그램도 운영한다.

Web　www.engelskmannsbrygga.no

925 Catrine Linder

금속 디자이너 Catrine Linder가 직접 제작한 은 액세서리와 소품들이 멋스럽다.

Web　www.925catrinelinder.com

Fiskekrogen

지역 내에서 가장 맛있는 생선 요리를 맛볼 수 있다. 특히 '오늘의 생선'을 추천.

Web　www.fiskekrogen.no

로포트르 바이킹 박물관 Lofotr Vikingmuseum

박물관 로컬명소

1983년부터 바이킹 유적에 대한 발굴이 진행됐으며, 이곳에서 북유럽에서 가장 큰 바이킹 두목의 83m 길이의 집과 교역에 쓰인 금박, 장신구와 모피 등이 출토되었고 1995년에 박물관으로 조성되었다. 먼저 관람하는 실내 전시관에서는, 바이킹 시대에 지배 계층이 어떻게 살았는지를 기록 영화와 유물들로 생생히 확인할 수 있다. 복원된 두목의 집에서는 실연으로 생활 모습을 보여주며, 당시 조리법을 이용한 음식과 저녁 잔치 음식(사전 예약 필요)도 먹을 수 있다. 야외 전시관에서는 대장간, 활쏘기, 도끼 던지기, 바이킹 배 타기 등의 다양한 재현 프로그램이 재미를 더해준다. 특히 여름 시즌에만 가능한 배 타기 프로그램(6/15~8/15, 13:00~15:00 진행), 8월 초에 진행되는 바이킹 페스티벌은 놓치지 말자. 간단한 한국어 안내 지도도 지원하고 있다.

Address Vikingveien 539
Tel 76 084 900
Open **2~4월 · 9/16~10월** 월~토 12:00~16:00,
5월 · 9/1~15 10:00~17:00,
6~8월 10:00~19:00,
11/1~12/22 · 1월 수 · 토 10:00~16:00
Close 11~1월의 일~화 · 목 · 금요일, 2~4월 · 9/16~ 10월의 일요일, 12/23~1/1
Access 레크네스에서 스볼베르행 버스를 타고 박물관 앞 하차.
Time 레크네스에서 버스로 약 20분, 스볼베르에서 약 1시간 10분 소요.
Cost **6~8월** 16세 이상 225NOK, 학생 195NOK, 6~15세 150NOK
그 외 기간 16세 이상 180NOK, 학생 170NOK, 6~15세 140NOK
Web www.lofotr.no

레이네 Reine

로포텐 남부의 마을들 중 오 못지않게 인기 있는 마을이다. 특히 모 화장품 회사의 광고에 등장하는 겨울 풍경의 무대가 바로 여기! 옆 동네 함뇌이와 묶어 오에서 당일치기 일정이 가능하다. 날 좋을 때, 눈이 많이 쌓였을 때에는 뷰 포인트 지점인 마을 초입의 나무다리에서 멋진 사진을 찍기 위해 많은 사람들이 몰려든다.

Access 지역 버스로 오에서 15분, 모스케네스 항구와 함뇌이 마을에서 10분 소요.

Tina's Plus
레이네브링엔 오르기
레이네 마을의 뒷산(?)인 레이네브링엔은 아름다운 풍경을 볼 수 있는 등산 코스로 유명하다. 하지만 길이 험하고 등산에 약 5시간이 소요된다. 등산화와 장갑 필수.
Access 레이네 마을을 나와 왼쪽으로 직진 후, 터널 왼쪽 옆길로 들어가면 바닥에 화살표가 그려져 있다. 그 방향으로 들어가 등산을 시작하자.
Web 로포텐 제도 내 하이킹 안내 www.68north.com/outdoors

오 Å

로포텐 제도의 맨 끝자락에 위치한 작은 마을로, 노르웨이어 알파벳 중 마지막 글자를 이름으로 삼았다. 마을에 들어서면 바다 위에 떠 있는 빨간 로부어와 대구 덕장, 어부들이 남긴 그물과 말린 생선들이 어우러져 '로포텐이란 이런 것이다'라고 말해 주는 것만 같다. 지역 안에서는 '로포텐의 혼이 담긴 마을'로도 유명하다.
특히 이 마을의 대부분은 대구 어업 박물관과 노르웨이 어촌 박물관이 차지하고 있다. 각자 번호가 붙어 있는 집은 마을 곳곳에 흩어진 박물관의 일부이며, 심지어는 공식 유스호스텔 객실도 대구 어업 박물관 3층에 들어서 있다. 마을 전체가 하나의 박물관이라 생각하고 천천히 돌아보자.

Web 어촌 박물관
www.museumnord.no/fiskevarsmuseum

WELCOME Å!

Tina's Plus
전통 가옥 로부어 Rorbuer에서 묵어 보자!
로부어Rorbuer는 로포텐을 대표하는 아이콘 같은 존재다. 범람에 대비해 지면보다 더 높게 기둥을 세우고, 안개 자욱한 날씨에도 눈에 잘 띄도록 진한 빨강색으로 채색했다. 겨울에는 대구잡이 어부들의 숙소로, 여름에는 가족 단위 여행객의 펜션 겸 전통 가옥 체험 장소로 인기가 높다. 보통 2~6인이 함께 사용하며, 가격은 최소 1,000NOK부터 시작한다. 관광 안내 홈페이지에서 목록을 확인한 후 예약할 수 있다.

알타
Alta

이 도시를 유명하게 만든 것은 8,000년 전부터 제작된 것으로 추정되는 암각화이다. 암각화들은 현재 알타 박물관에 전시되어 많은 관광객을 끌어들이고 있다. 또한, 호닝스보그, 함메르페스트, 키르케네스, 카우토케이노 Kautokeino, 카라쇼크 Karasjok 등의 사미족 지역을 이어 주는 핀마르크 Finnmark 육상 교통의 요지이기도 하다. 여기서부터는 노르웨이어와 사미어가 병기된다.

유용한 홈페이지
알타 관광 안내 www.visitalta.no

관광 안내소
Adress Labyrinten 3, 9510 Alta
Tel 99 100 022
Open 월~금 10:00~14:00
Close 토 · 일요일
Access AMFI 쇼핑몰 옆, 경찰서 건물 내 위치.

환전소
시내 중심가의 DNB, SpareBank 1 은행의 ATM 이용 가능.

우체국
Address Bjørn Wirkolas vei, 9510 Alta(Rema 1000 매장 내)
Tel 03800
Open 월~토 07:00~23:00
Close 일요일, 공휴일

슈퍼마켓
분프리스 Bunnpris : 시내 AMFI 쇼핑몰 내 위치.
키위 KIWI : AMFI 쇼핑몰 오른쪽 옆 큰길 건너편 위치.
레마 1000 REMA 1000 : AMFI 쇼핑몰 대각선 건너편.

당일 짐 보관
시내 중심가의 AMFI 쇼핑몰 내 코인 로커 이용 가능(20NOK).

시내 교통
버스
버스 터미널을 중심으로 40, 41, 43, 44, 45번의 5개 노선이 운행하고 있다. 특히 공항, 알타 박물관으로의 이동 시 가장 유용한 교통수단이다.
운행 **시내 중심가** 월~금 06:15~23:15, 토 · 일 09:15~23:15
알타 박물관행 월~금 06:00~23:00, 토 · 일 09:00~23:00
Cost 1회권 60NOK, 24시간권 100NOK
※ Snelandia Mobillett 애플리케이션이나 공식 홈페이지에서 지불 시 36NOK.

알타 박물관 Alta Museum

박물관 로컬명소 유네스코

핀마르크 지역을 대표하는 최대의 박물관. 1973년에 유네스코 세계문화유산으로 지정된 원시시대의 암각화를 비롯해, 핀마르크 지역 내 사미족 문화 등을 다양하게 전시하고 있다. 특히 이곳의 하이라이트는 절벽 위에 그려진 암각화로, 8000~200년 전에 사냥꾼과 어부들에 의해 여러 차례 전승을 위해 만들어진 것으로 추정된다. 그들의 생활 모습과 동물들, 바이킹 양식의 기원이 된 배, 다산과 풍요 기원 등의 내용이 다양하게 새겨져 있다. 알타 시내 남서쪽 끝에 위치해 있어 시내 중심가와 다소 떨어진 곳에 있으니 반드시 버스 시간을 확인하고 이동하자. 야외에 전시된 암각화는 5~10월에만 공개한다. 이곳의 암각화가 붉은 이유는 보존을 위해 착색했기 때문이다. 하지만 착색하지 않은 일부 암각화는 알아보기 힘들 수도 있다. 둘러볼 때 안내서와 오디오 가이드로 꼼꼼하게 확인하자.

Address Altaveien 19, 9518 Alta
Tel 4 175 6330
Open **5/20~31 · 8/21~9/14** 09:00~17:00, **6/1~8/20** 09:00~19:00, **9/15~5/18** 월~금 09:00~15:00, 토 · 일 11:00~16:00 (12/27~30, 부활절 전 금요일~다음 월요일, 5/1, 5/17, 성령강림절 등에도 11:00~16:00)
Close 12/24~26, 12/31~1/1
Access 알타 시내버스 터미널이나 공항에서 40, 41, 42번 시내버스를 타고 박물관 앞에서 하차.
Cost **5~9월** 성인 145NOK, 학생 125NOK, 7~16세 45NOK, 오디오 가이드 40NOK **10/1~4/30** 성인 95NOK, 학생 75NOK, 7~16세 30NOK, 오디오 가이드 30NOK
Web www.altamuseum.no

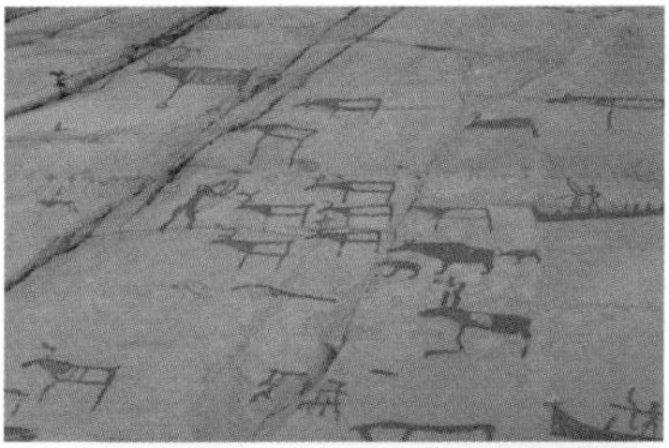

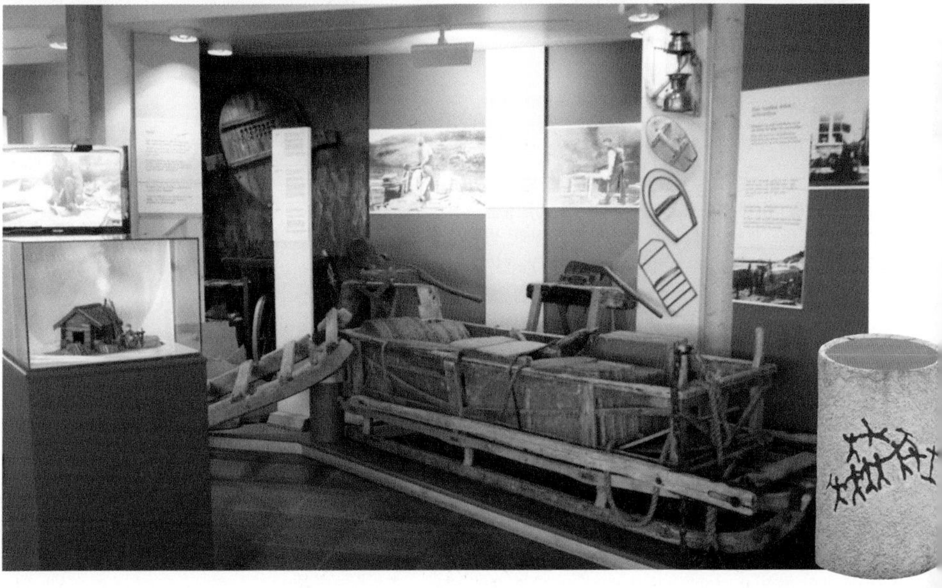

노드캅
Nordkapp

본토에서 해저터널로 연결된 마게레위 Magerøy 섬 안에는, 북위 71도 10분의 유럽 대륙 최북단 지점인 노드캅이 있다. 매년 5월 중순부터 7월 말까지는 땅끝의 강한 바람을 맞으며 24시간 지지 않는 해를 보기 위해 많은 관광객이 운집한다. 그 무엇보다 '최북단'을 밟아 본다는 것에 의미를 두고 방문하자. 숙소는 35km 떨어진 호닝스보그 번화가에 잡고 움직여야 한다.

유용한 홈페이지

호닝스보그 · 노드캅 관광 안내 www.nordkapp.no
노드캅 홀 안내 www.visitnordkapp.net

관광 안내소

Address Fiskeriveien 4B, 9750 Honningsvåg
Tel 78 477 030
Open **10~4월** 월~금 11:00~14:00,
5~9월 월~금 08:30~22:00, 토 · 일 11:00~20:00
Close 10~4월의 토 · 일요일

유용한 정보지

노드캅-더 톱 오브 더 월드 Nordkapp-The top of the world
호닝스보그 안내소에서 받을 수 있다.
웰컴 투 더 노스 케이프 Welcome to the North Cape
노드캅 홀의 안내서.

우체국

호닝스보그 중심가, 쿱Coop 슈퍼마켓 내 우편 취급소 이용.

슈퍼마켓

쿱 프릭스 Coop Prix : 호닝스보그 중심가에 위치해 있다.
레마 1000 Rema 1000 : 노드캅행 길 중간에 위치한 대형 매장.

호닝스보그-노드캅 교통(110번 지역 버스, 406번 투어 버스)

투어 버스를 이용해 연중 방문이 가능하며, 매년 5월 중순~9월 중순에는 지역 버스 110번이 추가된다. 또한 여름 시즌에는 밤 시간 투어가 추가되어 백야를 확실히 느끼기에 좋다. 출발 15분 전까지 관광 안내소 앞에서 대기할 것. 홀 구내 입장 포함.

운행 **호닝스보그-노드캅 투어 버스**
연중 11:15 **여름 백야 투어** 5/15~7/31 22:00
110번 지역 버스 호닝스보그-노드캅 월~금 10:45(5/15~9/15), 21:30(6/1~7/31), 토 13:05(5/15~9/15), 일 21:30(6/1~7/31)
노드캅-호닝스보그 월~금 13:30(5/15~9/15), 00:15(6/1~7/31), 토 15:00(5/15~9/15) 일 00:15(6/1~7/31)
Cost 겨울 시즌 투어 1,290NOK, 5~9월 낮시간 투어 1,190NOK, 여름 백야 투어 1,695NOK(학생 요금은 별도 문의 필요)
Web 지역 버스 www.snelandia.no
투어 www.northcapetours.com

노드캅 홀 Nordkapphallen

1959년 첫 삽을 떠서 석조 건물로 지어진 이래 두 차례의 증축을 거쳐 지금의 모습을 갖추었다. 노드캅 하면 떠오르는 곶 끝의 지구 모양 조형물, 전 세계 어린이들의 그림으로 만든 평화 기원 조형물 'Children of the Earth', 레스토랑과 카페, 결혼식 가능한 작은 예배당, 마게레위 섬의 사계절이 담긴 기록영화를 상영하는 극장 등이 함께 있는 종합문화공간이다. 일정을 넉넉히 잡고 이곳을 천천히 즐겨 보자. 특히 백야 기간 이곳에서 보는 해 질 녘의 풍경은 잊지 못할 기억으로 남을 것이다. 저녁부터 밤까지 즐기는 것을 추천하며, 가장 관광객이 많은 시간대이기도 하다.
관광 안내소에서는 도착 증명서를 발급해 주며(70NOK), 엽서 발송 시에는 노드캅 도장이 선명히 찍혀서 발송된다. 기념품으로 최고!

관광명소 뷰포인트

Address Nordkapphallen, 9764 Nordkapp
Tel 78 476 860
Open **1월~5/17** 11:00~16:00, **5/18~8월** 11:00~01:00, **9/1~17** 11:00~20:00, **9/18~30** 11:00~17:00, **10~12월** 11:00~15:00
Access 호닝스보그 내 관광 안내소 앞에서 버스로 약 35분 소요(p.370 교통 부분 참조).
핀란드 로바니에미에서 이동할 경우 에스켈리센-라핀 린야 버스로 호닝스보그를 경유해 노드캅까지 직행으로 약 11시간 소요. 6/1~8/19에만 이용 가능하다.
Cost **24시간 복수 입장** 17세 이상 320NOK, 학생 200NOK, 7~16세 90NOK, 패밀리(성인 2명+7~16세 2명) 730NOK
도보 · 자전거 이동 시 무료
Web www.nordkapp.no

Tina's Plus

노드캅은 끝이 아니다?
크니브셸로덴 Knivskjelodden

노드캅은 대륙의 끝이라는 약간의 상징적(?)인 의미를 지니고 있지만, 진짜 최북단은 따로 있다. 크니브셸로덴이라 불리는 곳은 노드캅보다 약 1.4km 더 북쪽에 위치해 있으며, 별도의 교통편 없이 도보로밖에 갈 수 없는 척박한 절벽이다. 돌과 흙길로만 이루어진 '진짜 최북단'은 크니브셸로덴 표지판이 있는 지점에서 왕복 거리 18km 정도 떨어져 있다. 약 6시간 소요되며, 길이 많이 험하지는 않지만 강풍과 폭우 동반 시 이동이 어렵다. 날 좋을 때 노드캅에 왔다면 한번 도전해 보자. 비록 도착 후 풍경은 노드캅보다 너무나 초라해 보이지만, 진짜 북쪽을 밟아 봤다는 만족감은 충만할 것이다. 바닥 두꺼운 신발과 아웃도어 재킷을 반드시 갖추고 가자.

Access 노드캅행 버스에서 기사에게 크니브셸로덴 쪽으로 가겠다고 이야기하면 주차장 근처에서 내릴 수 있다(정류장명 knivskjellodden p-plass). 약 45~55분 소요. 그 이후부터는 표지판을 따라 하이킹할 것.

Knivskjelodden

북극권의 숙소
Arctic Norway Accommodations

북극권 역시 피요르드와 마찬가지로, 수요에 비해 공급이 적어 절약 여행을 위한 숙박을 구하기가 쉽지 않다. 여름에만 운영하는 숙소가 대부분이고, 호텔의 가격은 대도시 못지않다. 6월 하지 전후 2~3일, 1월 중순 여행 시에는 백야 · 극야 마라톤, 국제영화제 때문에 1년 전부터 숙소가 동이 난다. 공식 유스호스텔은 유스호스텔증 소지 시 숙박비가 10% 할인된다. 학생 할인을 해 주는 곳도 있으니 국제학생증을 준비하는 것이 좋다.

※ 요금은 호스텔의 경우 도미토리, 호텔은 스탠더드 2인실 기준.

보되 공식 유스호스텔
Bodø Vandrerhjem

보되 기차역 3층에 자리 잡은 최신 시설의 유스호스텔. 로포텐 진입 전후에 하루씩 묵을 곳을 찾는다면 이곳이 최고다. 연중 문을 연다. 리셉션은 15:00~22:00까지 운영.

Address Sjøgata 57, 8006 Bodø
Tel 75 508 048
Access 보되 기차역 3층에 위치. 종합 터미널에서는 Sjøgata를 따라 직진하여 도보 약 10분 소요.
Cost 도미토리 445NOK(조식 별도, 시트 포함)

카벨보그 여름 호텔 & 호스텔
Kabelvåg Sommerhotell Og Vandrerhjem

어업 학교의 방학 동안 운영되는 여름 호스텔. 스볼베르에서 약 5km 떨어진 카벨보그 마을 근처에 위치해 있다. 아침 식사와 시트가 제공되어 알뜰 여행자들에게 유용하다. 늘 인기가 높고 운영 기간도 짧으니 서둘러 예약하자. 매년 6월 초~8월 초(2024년은 6/3~8/11)에만 문을 연다.

Address Finnesveien 24, 8310 Kabelvåg
Tel 76 069 880
Access 버스 이용 시 Vågenveien 정류장에서 하차 후 길을 건너 노란 교회 오른쪽의 길로 접어들어 약 5분 소요. 표지판이 있다. 나르빅이나 스볼베르, 레크네스에서 버스 이용 시 Vågen에 내려 달라고 요청할 것.
Cost 1인 도미토리 450NOK, 싱글 979NOK(조식, 시트 포함)
Web www.lototensommerhotell.no

오 공식 유스호스텔
Å Vandrerhjem

로포텐의 전통 속에서 가장 저렴하게 이용 가능한 호스텔. 어부들이 실제로 사용했던 전통 가옥에서 묵어 보는 색다른 경험이 가능하다. 리셉션은 12:00~20:00까지 오픈하며 연중 운영한다. 규모가 작아 수용 인원이 많지 않으니 빨리 예약하자.

Address Å i Lofoten, 8392 Lofoten
Tel 76 091 211
Access 오 마을에 접어들어, A-Hamna 표시와 공식 유스호스텔 마크가 붙은 건물에서 체크인한다. 본관은 대구 어업 박물관 3층에 위치.
Cost 440NOK(조식 별도, 시트 포함)

엘리아센 로부어 Eliassen Rorbuer

남부 함뇌이 섬 안의 오두막 마을로, 총 46동의 로부어, 전통식 오두막, 아파트 중 선택이 가능하다. 취사가 필요한 2인 이상의 가족 및 그룹 여행자에게 추천. 마을 중심의 사무실에서 체크인을 진행한 후, 열쇠를 받아 각 동으로 이동하자. 대중교통으로의 이동도 편하다.

Address 8390 Hamnøy
Tel 45 814 845
Access 오, 레이네, 모스케네스 페리 선착장에서 레크네스행 버스로 함뇌이 정류장에서 하차 후 마을 안으로 진입.
Cost 2인 아파트 1,590NOK~, 전통식 가옥 2,190NOK~
Web rorbuer.no

스탐순드 공식 유스호스텔 Stamsund Vandrerhjem

후티루텐으로 스탐순드 이동 시 저렴하고 편하게 이용 가능하다. 로부어 두 채를 개조한 곳으로 전통적인 분위기에서 묵을 수 있다. 3~9월만 운영하며 전화로만 예약 가능.

Address Hartvågen 13, 8378 Stamsund
Tel 76 089 334
Access 스탐순드 버스 정류장 하차 후 Johansens vei를 따라 직진, 좌측의 Hartvåghaugen을 따라 오른쪽의 노란색 집. 레크네스에서 버스 이용 시 호스텔 앞에 내려 달라고 할 것.
Cost 도미토리 270NOK, 싱글 400NOK~(조식, 시트 별도)
Web www.stamsundhostel.com

로포텐 B & B Lofoten B & B

꼭대기 층 Loftet과 2층은 레이네의 풍경을 즐기면서 묵기에 좋으며, 방 1개도 이용 가능하여 개인 여행자를 위한 배려가 엿보인다. 가족 및 그룹 여행자에게 추천. 체크인 하루 전 이메일로 문 번호를 받아서 건물로 들어갈 것. 로부어 이용을 원할 경우 쇠르보겐에 위치한 4곳의 로부어도 예약 가능하다.

Address Aqua Lofoten Coast Adventure, 8390 Reine
Tel 48 228 334
Access 레이네 마을로 진입 후, Moskenes Kommune 바로 직전 오른쪽 길. 건너편에 Eva Harr 갤러리가 있다.
Cost 싱글 800NOK, 2인실 1,000NOK~, 6인 아파트 2,500NOK(조식, 시트 포함)
Web www.lofotenbedandbreakfast.no

스예만스키르켄 나르빅 Sjømannskirken Narvik

나르빅 시내에서 가장 저렴하게 묵기 좋은 옵션으로 2023년 여름에 문을 열었다. 버스 터미널과 스키장, 지역 박물관과 모두 도보로 이동 가능하여, 시내에서 액티비티를 즐기기에 좋다. 주차는 무료. 단 역에서 거리가 다소 멀고, 호스텔 전용 예약 사이트에서만 예약 가능한 것이 단점.

Address Kongensgate 1, 8514 Narvik
Cost 도미토리 340NOK~

엔터 트롬쇠 백팩 호텔
Enter Tromsø Backpack Hotel

트롬쇠에서 가장 저렴한 옵션의 소규모 호텔로 늘 인기 만점이다. 자유롭게 취사 가능하고, 전 구역에서 금연이다. 학생 할인도 받을 수 있다. 호스텔에 자리가 없는 경우 차선책으로 고려 가능. 분점인 엔터 시티 호텔(Grønnegata 48)과 바이킹 호텔(Grønnegata 18)도 가격은 비슷한 편.

Address Parkgata 4, 9008 Tromsø
Tel 77 668 300
Access 버스 터미널에서 Kaigata 길을 따라 Fredrik Langes gate가 보일 때까지 간다. 여기서 공원이 보일 때까지 가면 Parkgata가 나오는데 그 길의 4번지에 위치.
Cost 싱글 500NOK~, 2인실 1,300NOK~
Web entertromso.no

아미 호텔
Ami Hotel

역시 트롬쇠에서 선택할 수 있는 가장 저렴한 옵션의 소규모 호텔. 엔터 트롬쇠 백팩 호텔과 쌍벽을 이루는 학생 여행자를 위한 곳으로 늘 인기가 좋다. 풍성한 아침 식사를 비롯해, 간단한 취사도 가능하다. 학생 할인(30%)도 받을 수 있다.

Address Skolegata 24, 9008 Tromsø
Tel 76 060 920
Access 버스 터미널에서 Kaigata 길을 따라 Fredrik Langes gate가 보일 때까지 간다. 여기서 공원이 보일 때까지 직진 후 공원을 가로질러 Skolegata가 나오면 그 건너편.
Cost 싱글 640NOK~, 2인실 1,200NOK~
Web www.amihotel.no

트롬쇠 액티비티 호스텔
Tromso Activities Hostel

트롬쇠 시내에서 유일하게 도미토리를 운영하는 게스트하우스. 저렴한 가격과 시설로 오픈 후 최고의 인기를 얻고 있다. 시설이 크지 않아 수용 인원도 적으니 성수기에는 서둘러 예약하자. 리셉션 오픈 시간은 16:00~20:00까지. 자체 오로라 투어를 운영하는 것도 매력 포인트.

Address Storgata 107, 9008 Tromso
Tel 98 899 268
Access 시내버스 터미널에서 Storgata로 접어든 후 보행자 도로를 지나 107번지 건물. 버스 터미널과 페리 터미널에서 도보 10분 소요.
Cost 도미토리 300NOK~(조식 별도), 더블 1,500NOK(조식, 시트 별도)
Web tromsoactivities.com

커피는 그들의 시계다

북유럽 국가들이 세계 커피 소비량 Top 5를 모두 차지하고 있다는 사실을 알고 있는가? 그만큼 그들은 커피 없이 못 사는 사람들이다. 서울보다 카페 수가 많은 데다, 바리스타들의 실력이 출중해서 세계 바리스타 챔피언십도 여러 번 제패했다. 또한 각 나라를 대표하는 체인점은 물론이거니와 편의점의 커피 역시 맛이 괜찮다. 얼마나 좋은 카페가 많으면 별다방이 공항과 일부 대형 쇼핑몰에만 있을까 싶다.

북유럽 사람들은 하루에 얼마나 커피를 마실까? 핀란드인의 경우 하루에 4~5잔의 커피를 마신다고 하는데, 특히 마시는 시간이 거의 비슷해서 '커피는 핀란드인의 시계'라는 말이 나올 정도란다. 매번 식사 후에 마시는 건 기본이고, 일 끝나고 돌아와 마시는 커피인 일타파이바카비Iltapäiväkahvi까지. 다른 나라들도 마찬가지로 매일 식사 후에 한 잔씩, 스웨덴에서는 오전과 오후에 잠시 차를 마시는 시간(특히 오후의 차 시간을 피카Fika라고 한다)도 있으니, 역시 많이 마시는 건 다를 바 없다. 일할 때는 바짝 일하면서, 쉴 때에는 커피 한잔으로 확실히 여유를 즐기는 듯하다. 시시때때로 마시는 것 같지만, 나름의 규칙(?)이 있는 걸 보면 역시 커피는 북유럽인들의 시계라는 게 맞다. 또한, 사무실마다 커피 메이커는 기본 중 기본. 유지비 많이 드는 에스프레소 기계보다는 어디든지 쉽게 내려 마시기 좋은 드립 커피 머신이 더 인기 있다. 슈퍼마켓의 커피 코너도 엄청 크고, 직접 원두를 볶아서 내놓는 집 역시 인기 만점이다.

필자는 한국에서 커피를 그다지 많이 마시지 않지만, 현지에 가면 매일 한두 잔은 마시게 된다. 기차로 이동할 때, 쌀쌀한 바람이 불 때, 취재 중 잠깐 앉아 한숨 돌리고 싶을 때, 그들이 즐겨 먹는 시나몬 롤이나 데니쉬 페스트리 등을 먹을 때에는 반드시 한 잔이 필요하다. 점심 세트에 커피가 무한정 나온다면 일석이조! 커피값도 절약하면서, 현지인처럼 점심의 여유를 커피 한 잔으로 마무리할 수 있기 때문이다.

한국에서 커피 없이 못 산다 싶은 사람들은 북유럽에서 만세를 부르고도 남을 것이다. 커피값도 생각보다 많이 비싸지 않고 (물론 다른 유럽처럼 테이크아웃이 더 저렴하지만), 판매하는 원두 종류도 많은 데다 가격도 한국보다 더 싸다. 거기에 커피와 잘 어울리는 시나몬 롤이나 페스트리 등의 맛있는 빵이 같이 있다면 금상첨화. 편의점에서 파는 커피와 빵 세트라도 사서 현지인처럼 길거리 벤치에 앉아서, 혹은 조금 높은 곳에 올라 시내를 내다보며, 공원에서 사람들을 구경하면서 혼자만의 '피카'를 즐기는 건 어떨까.

Finland 핀란드

핀란드
Finland / Suomi

1 | 국가 프로필

국가 기초 정보

국가명	핀란드 공화국(Republic of Finland), 핀란드어 국명으로는 Suomi.
수도	헬싱키 Helsinki
면적	338,000㎢(한반도의 약 1.5배)
인구	약 530만 명
인종	핀족 93%, 북구 게르만(스웨덴계) 6%, 사미족 및 기타
정치	대통령제 및 의원내각제, 사울리 니니스퇴 대통령, 산나 마린 총리
종교	복음 루터교 88%, 러시아 정교 1%, 기타
공용어	핀란드어(93%), 스웨덴어(6%), 사미어 및 기타
통화	유로(€, €1≒1,434원), 보조통화 센트

공휴일

1월 1일 새해 첫날New Year's Day
1월 6일 공현일Epiphany
2월 6일 사미족의 날Sami national day(북부만 해당)
3월 29일 성 금요일Good Friday*
3월 31일 부활절Easter*
4월 1일 부활절 후 월요일Easter Monday*
5월 1일 노동절May Day
5월 9일 승천일Ascension Day*
5월 19일 성령강림절Whit Sunday*
6월 21~22일 하지Midsummer Day*
11월 1일 만성절All Saints' Day
12월 6일 독립 기념일Independence Day
12월 24일 크리스마스 이브Christmas Eve
12월 25일 크리스마스Christmas
* 2024년 기준, 해마다 달라질 수 있음.

핀란드 이야기

간추린 역사 이야기

12세기부터 스웨덴 십자군에 정복되어 지배를 받다가, 1397년에는 칼마르 동맹이 맺어지면서 약 120년간 덴마크의 지배를 받았다. 그 이후 1809년까지 스웨덴, 1809년 이후 100년 이상 제정 러시아의 지배를 받으면서 아픈 식민지 역사가 전개되었다. 1835년 민족주의 고취를 위해 민족 대서사시 《칼레발라》가 집대성되었으며, 1848년 혁명을 기점으로 본격적인 독립 투쟁이 시작되었다. 1917년 러시아 혁명을 기점으로 독립을 선언했고, 2년 후 적위군과 백위군 간의 내전이 종료되고 후 헌법이 제정되며 '핀란드 공화국'으로 독립국가가 형성되었다.
제2차 세계대전이 시작되고 약 5년간 소련과 두 차례에 걸쳐 전쟁을 치르면서 국토 전체는 초토화가 되었고, 1952년까지 6억 달러에 달하는 금전적 배상을 해야 했다. 하지만 국민들의 엄청난 노력으로 6년 만에 배상금 전액을 갚았고, 1966년 사회민주당 내각이 수립되면서 복지 국가로의 기틀이 마련되었다. 1995년 EU에 가입한 후 구소련 붕괴의 여파로 잠시 경제 위기를 겪는 듯했으나, 국민과 기업 모두의 적극적인 노력으로 다시 건실한 경제 성장을 이룩하고 있다.

지역 정보

수도 헬싱키를 중심으로 탐페레Tampere, 투르쿠Turku, 로바니에미Rovaniemi, 오울루Oulu 등의 주요 도시가 있는 본토와 올란드Åland 제도로 구성되어 있다. 전체 인구의 약 50%가 헬싱키 주변 지역 및 남부 지역에 거주하고 있으며, 북쪽의 라플란드 지방에는 사미족이 주로 거주하고 있다. 전 국토의 75%가 숲, 10%가 호수로 이루어져 있으며 인구 밀도가 세계에서 가장 낮다. 1㎢당 17명으로 한국의 약 4% 수준이다. 또한 투르쿠 중심의 서부 해안 지역과 올란드 제도에서는 스웨덴어를 주로 사용한다.

한국과의 관계

1973년 남북 모두와 외교 관계를 시작한 후 이듬해에 비자 면제 협정이 발효되면서, 지금까지 양국 정상을 비롯한 여러 고위급 인사들의 교류가 이어졌다. 또한, 서로 비슷한 역사적 경험과 러시아 교역에 대한 노하우를 바탕으로, 러시아 시장의 개척 및 수출의 전진기지화를 위해 양국 업체 간의 적극적인 협조가 이루어지고 있다. 히트 상품인 '자일리톨' 껌과 핀에어의 인천 직항 노선 개설은 양국을 더 가깝게 맺어준 매개체이기도 하다. 핀란드로의 주요 수출품은 전자제품, 승용차, 무선통신 부품 등이고, 주요 수입품은 선박 부품, 합판, 종이 등이다.

핀란드인과 문화

핀란드인들의 특성은 크게 '외로운 늑대' 와 'Sisu'라는 두 개의 단어로 통칭된다. 자신이 아는 소수와만 교류하는 늑대의 특성은 바로 핀란드 사람들의 기질과 꼭 닮았다. 처음에는 말 붙이기 어렵고 친해지기 어렵지만, 함께 운동을 하고 사우나를 하면서 조금씩 마음을 연다. 또한, 오랫동안 스웨덴과 러시아의 지배를 받으면서 굳건히 지켜 온 민족의식 '은근과 끈기', 즉 Sisu는 우리의 모습과 통하는 면이 많다. 이들의 정직성 또한 최고이다. 시간 약속이나 돈 관계가 아주 철저하다. 부채가 있으면 빨리 갚고, 전 세계적으로 투명성 높은 사회를 지닌 저력은 바로 국민들의 철저한 의식 속에서 비롯되었다.

핀란드를 빛낸 사람들

1 장 시벨리우스 Jean Sibelius : 교향시 〈핀란디아〉를 통해 핀란드의 민족주의 음악을 세계에 알렸다(p.415 시벨리우스 공원, p.441 시벨리우스 박물관 참조).

2 갈렌 칼렐라 Gallen Kallela : 《칼레발라》를 소재로 한 북구신화를 표현한 민족주의 화가(p.399 아테네움 국립미술관, p.407 국립박물관, p.435 갈렌-칼렐라 미술관 참조).

3 알바르 알토 Alvar Aalto : 곡선미가 돋보이는 따뜻한 빛의 건축을 창조한 건축가 겸 디자이너(p.404 이딸라, p.418~420 알토의 아틀리에 · 집 · 박물관, p.435 오타니에미 참조).

4 마이아 이솔라 Maija Isola : 마리메코Marimekko의 상징 우니코Unikko를 창조한 디자이너(p.405 마리메코 참조).

5 카이 프랑크 Kaj Franck : '핀란드 디자인의 아버지'. 단순 깔끔의 그 자체인, 이딸라iittala의 기본 라인 떼마Teema와 카르티오Kartio의 디자이너(p.405 이딸라 참조).

6 토베 얀손 Tove Jansson : 북구의 전설 '트롤'을 재창조한 대표 동화, 〈즐거운 무민 가족〉의 작가(p.445 무민 월드, p.453 무민 박물관 참조).

7 리누스 토발트 Linus Torvalds : 리눅스Linux 운영 체계 시스템의 창시자.

8 키이라 코르피 Kiira Korpi : 국내에서도 큰 인기를 얻고 있는 북유럽 최고의 피겨 요정.

9 야리 리트마넨 Jari Litmanen : 1990년대 후반부터 아약스, 바르셀로나에서 맹활약한 축구 영웅.

10 에사 페카 살로넨 Esa-Pekka Salonen : 세계 클래식계에 핀란드를 크게 알린 명지휘자 겸 현대 작곡가.

11 아르토 파실린나 Arto Paasilinna : 소설 《기발한 자살 여행》, 《토끼와 함께한 그해》 등의 저서로 핀란드인의 우울한 정서를 유머로 승화시킨 국민 작가.

12 아키 카우리스매키 Aki Kaurismäki : 영화 〈과거가 없는 남자〉로 2002년 칸 영화제에서 황금종려상을 수상한 핀란드 대표 영화감독.

여행 시기와 기후

사계절이 다소 뚜렷한 편이다. 여름에는 일조 시간이 길며 따뜻하고, 겨울에는 그 반대. 하루 동안의 기후 변화가 상당히 심하니 바람막이 등을 반드시 준비하자. 특히 북극권 주변 지역에서는 겨울 동안 오로라를 볼 수 있으며, 한겨울에는 항구가 결빙되기도 한다.

여행하기 좋은 시기 : 낮이 길고 날이 따뜻한 5~9월이 여행 적기. 7~8월의 한여름은 살짝 덥지만, 아침 저녁은 쌀쌀하다.

패션 코드 : 여름에도 일교차가 심하니 긴팔 상의와 긴 바지, 바람막이 재킷, 쉽게 걸칠 수 있는 얇은 머플러, 레깅스 등을 챙기는 것이 좋다. 숲 속을 즐기고 싶다면 모기 방지 대책도 세우자.
겨울에는 반드시 두꺼운 모자와 장갑, 스키복이나 보드복, 방수 신발, 내복이 꼭 필요하다. 특히 크리스마스 시즌에 산타를 만나러 가거나, 오로라를 보러 간다면 철저한 대비는 필수!

가기 전 지식 쌓기

이 책 읽고 가자

- 《스칸디나비아 우리가 몰랐던 또 하나의 유럽》 토니 그리피스 지음
- 《북유럽의 외로운 늑대 핀란드》 정도상 지음
- 《핀란드 들여다보기》 이병문 지음
- 《즐거운 무민 가족》 시리즈(전 8권) 토베 얀손 지음
- 《토끼와 함께한 그해》, 《기발한 자살 여행》, 《천사가 너무해》, 《저승에서 살아남기》 등 아르토 파실린나 지음
- 《알바 알토 : 거장이 연주하는 핀란드의 풍토》 이토 다이스케 지음
- 《큐리어스》 시리즈
- 《어수선 씨의 야단법석 세계여행》 마우리 쿠나스 지음

이 영화 보고 가자

- 〈카모메 식당〉 헬싱키 배경의 일본 여성 감독 영화
- 〈과거가 없는 남자〉, 〈레닌그라드 카우보이 미국에 가다〉, 〈어둠은 걷히고〉, 〈르 아브르〉, 〈황혼의 빛〉 아키 카우리스매키 감독의 작품
- 〈무민〉 시리즈는 일본에서 애니메이션으로 제작되어 각국 언어로 방송되었다.

2 | 현지 오리엔테이션

여행 기초 정보

국가 번호	358
통화	유로(€, €1≒1,434원)
비자	무비자로 90일간 체류 가능(쉥겐 조약 가맹국)
시차	한국보다 11~3월은 7시간, 4~10월은 6시간 느리다.
전기	220v, 50Hz(한국과 같은 콘센트 모양)

추천 웹 사이트

핀란드 관광청 www.visitfinland.com

예산 짜기

물가는 한국의 1.5~2배 정도로 예상해야 한다. 서유럽과 비교하자면 영국과 비슷한 수준이다. 생활 물가를 비롯한 숙박비, 교통비 등 모두 우리나라보다 비싸다.

신용카드와 국제 현금카드 사용도 아주 편리하지만, 약간의 유로화 현금도 비상용으로 준비하는 것이 좋다. 시설 입장 시 도시별 카드를 적극 활용하고, 슈퍼마켓에서 장을 봐서 직접 해 먹으면 비용 절감에 도움이 된다. 하루 예산은 숙박비를 제외하고 8~10만 원 정도를 기본으로 예상할 것. 한 끼라도 제대로 식사할 경우 점심은 약 2~3만 원, 저녁은 4~10만 원 정도 예상하는 것이 좋다.

핀란드에선 ATM을 '오또 Otto'라고 한다!

영업시간

관공서 월~금 09:00~16:30
은행 월~금 10:00~16:30
우체국 월~금 08:00~18:00
상점 월~금 09:00~17:00, 토 09:00~15:00
대형 숍 월~금 09:00~21:00, 토 09:00~18:00, 일 12:00~17:00

긴급 연락처

경찰, 화재, 응급번호 112(경찰은 10022번도 사용 가능)

한국 대사관

Address Erotajankatu 7A, 00130 Helsinki
Tel 09 251 5000, 긴급 040 903 1013
Open 월~금 09:00~16:30
Close 토요일, 일요일, 공휴일, 한국 삼일절, 광복절, 개천절, 한글날
Email korembfi@mofat.go.kr

현지 교통 따라잡기

핀에어의 적극적인 노력으로 많은 아시아 국가와의 연결이 수월하다. 하지만 다른 유럽 국가와의 저가 항공편이 거의 없어 북유럽을 벗어난 이동은 쉽지 않다.

항공

메인 항공사인 핀에어Finnair가 헬싱키 반타 공항을 중심으로 전 유럽 지역을 운항한다.

한국-핀란드 운행 항공사 : 핀에어, SAS, 에어프랑스, 영국항공(브리티시에어웨이), 루프트한자, KLM, 터키항공, 일본항공(JAL), 러시아항공(아에로플로트), 카타르항공

핀란드-유럽 지역 저가 항공사 : 노르웨지안, 라이언에어, 위즈에어, 부엘링, 저먼윙스

기차

핀란드 철도청 VR에서 핀란드 전역 및 러시아 상트 페테르부르크, 모스크바를 연결하는 모든 열차를 운행한다. 대도시 지역으로는 초고속 열차 펜도리노Pendolino와 인터시티 2가 운행되며, 야간에는 북극권 지역으로 가는 침대 열차(콜라리행 오로라 익스프레스, 로바니에미행 산타클로스 익스프레스)를 이용할 수 있다. 야간 노선은 2~3인실 침대칸 및 좌석만 운행되며, 차량도 실을 수 있다. 단거리 노선은 예약 없이도 이용 가능하지만, 펜도리노와 야간열차는 예약이 필수!

최근에는 60일 전 조기 예약 시, 대도시 중심의 노선에서는 €9.9부터 구간권 구입이 가능한 어드밴스 요금제가 등장했다. 하지만 이동량 많은 아침저녁 시간대의 열차와 야간열차는 저렴한 가격에 구하기 어려울 수 있으니 시간대를 확인한 후 일정에 맞춰 구입하자.

Web www.vr.fi

Tip

기차 이용 팁

1. 학생 할인은 핀란드에서 발급한 학생증만 가능하다.
2. 철도 패스 이용 시 인터시티는 예약 없이도 충분히 이용 가능하지만, 펜도리노는 예약 필수. 예약비는 거리에 따라 €3~10 안팎.
3. 인터시티 기차의 1등석은 2층에 위치해 있어 캐리어 소지 시 어려움을 겪을 수 있다. 큰 짐은 1층 짐칸에 반드시 묶어 두고 올라갈 것.
4. 철도 패스 개시는 역내 국제선 창구에서만 오후 5시 이전까지 가능(핀레일 패스 제외).
5. 러시아 상트 페테르부르크로 이동 시 기간이 남은 철도 패스가 있으면 전체 요금에서 50% 할인된다(이때 패스 하루 차감). 기차 안에서 세금 환급 가능.

유레일 핀란드 패스(단위 : €)
개시 후 1개월 이내에 선택 사용할 수 있다.

기간	일반(28세 이상)		유스(12~27세)	
	1등석	2등석	1등석	2등석
3일	161	121	129	105
4일	194	146	155	126
5일	225	169	180	146
6일	253	190	202	164
8일	305	229	244	198

버스
헬싱키의 캄피 버스 터미널을 중심으로, 전국 각 지역과 러시아 상트 페테르부르크를 이어 주는 고속버스 노선을 이용할 수 있다. 이동 시간 2시간 이내의 도시부터 라플란드 지역까지 주요 구간을 이어 주고 있어 대체 교통수단으로 유용하다.
특히 로바니에미와 오울루에서 노르웨이 북부를 연결하는 에스켈리센-라핀 린야 버스는 라플란드 지역을 이어 주는 유일한 교통수단이기도 하다. 노선별로 운행 일자가 한정된 곳도 있으니 반드시 운행 기간을 사전에 확인할 것.
Web 고속버스 www.matkahuolto.fi
에스켈리센-라핀 린야 버스 www.eskelisen.fi

페리
올란드Åland 제도와 스웨덴, 에스토니아로 이동할 때 주로 이용한다. 특히 헬싱키나 투르쿠에서 올란드 마리에함과 스웨덴 스톡홀름을 이어 주는 대형 여객선 실야 라인Silja Line, 바이킹 라인Viking Line은 서로 경쟁하면서 많은 사람을 실어 나른다.
1 스웨덴으로의 이동 시 금요일 저녁은 피하자. 요금이 가장 비싸고 이용하려는 사람도 많다.
2 현재 철도 패스를 이용한 실야 라인 할인은 캐빈 한 칸을 통째로 예약해야만 적용된다. 바이킹 라인은 승선료의 50% 할인이 가능하며 캐빈 요금은 별도.
3 실야 라인과 바이킹 라인 모두 한국에서 예약 대행 홈페이지를 통해 예약 가능하며 요금도 괜찮은 편.
4 탈린 이동 시 시즌별로 운행하는 페리가 다르다. 반드시 확인할 것.

Tip
€1로 저렴하게 떠나자! 온니버스 Onnibus
일찍 예약하면 €1의 요금으로 버스를 이용할 수 있어 알뜰 여행자들에게 유용하다. 헬싱키를 중심으로 포르보, 탐페레, 투르쿠 등의 지방 도시를 기차보다 저렴하게 이용하고 싶을 때 눈여겨보자. 단 이동 시간대에 따라 가격 차이가 있다.
Web www.onnibus.com

Tina's Plus
러시아 지역 들어가기
핀란드와 러시아는 국경을 마주하고 있어 러시아에서 핀란드로, 또는 그 반대로 들어갈 때 기차와 버스, 페리를 이용할 수 있다. 기차의 경우 모스크바행 야간열차 톨스토이가 1일 1회(약 14시간 소요), 상트 페테르부르크행 알레그로 열차가 1일 2~4회(약 5시간 30분 소요) 운행된다. 투르쿠에서는 버스로 러시아까지 이동이 가능하다(약 9시간 반 소요). 페리 이용 시에는 세인트 페터 라인으로 짧은 시간 동안 상트 페테르부르크를 관광하기에 좋다. 현재 러시아는 60일까지 무비자로 체류 가능하다.

전화 · 인터넷 · 우편

전화

전화 서비스는 Tele Finland를 비롯한 총 8개 업체에서 운영하는데, 휴대전화 사용률이 전 세계에서 가장 높아(인구 1명당 휴대전화 1대 꼴) 시내 중심가에 공중전화가 거의 없다. 또한, 공중전화에서 한국 – 선불카드 사용도 어려운 편. 전화카드는 곳곳의 편의점에서 €5나 €10에 구입할 수 있고 신용카드 이용도 가능하다.

Cost 시내전화 기본요금 50¢

전화 거는 요령

❶ 국제전화(핀란드→한국, 기타 유럽 국가)

00 또는 통신사별 식별 번호(996, 990 등)+국가 번호(한국 82)+지역 번호 또는 휴대전화 기지국 앞의 0 제외한 전화번호 입력.

예) 일반 전화 통화 시(02 123 4567) : 00 or 996+82+2 123 4567

휴대전화 통화 시(010 123 4567) : 00 or 996+82+10 123 4567

❷ 콜렉트 콜(수신자부담)

KT : 98001 0820를 입력 후 안내 멘트 듣고 한국 전화번호 입력.

❸ 핀란드 내 전화

국내 전화 시 시외전화만 지역 번호를 먼저 입력한다(헬싱키 09, 투르쿠 02, 탐페레 03, 로바니에미 016). 시내전화는 전화번호만 입력한다.

우편

우편물을 취급하는 곳이라는 의미로 중앙역을 비롯한 시내 중심가에 '포스티Posti'라는 표시가 붙어 있고 오렌지색 우체통도 곳곳에 많다. 각 관광지 기념품점이나 주요 숍에서 엽서를 구입할 때 "Do you need a stamp?"라고 묻기도 하니 필요하면 함께 구입하자. 무민 엽서와 우표를 이용해 한국으로 엽서를 보내는 것도 괜찮다.

Cost 한국으로의 우편엽서 요금 €1

Web www.posti.fi/fi

인터넷

리눅스의 원산지답게 인터넷 보급률이 높고, 무선 인터넷 인프라 역시 유럽 국가들 중 최고 수준이다. 대부분의 카페와 식당, 미술관, 박물관, 숙박 시설 등에서 무선 인터넷을 무료로 이용할 수 있으니 문의해 보자. 기차, 지역 버스 이용 시 무료로 이용 가능하다. 데이터 이용이 많은 경우 텔리아Telia, 엘리사Elisa, DNA의 선불 심 카드를 구입해 사용하는 것을 권한다.

시내 곳곳에서 볼 수 있는 오렌지색 우체통

치안 및 기타 주의사항

1 다른 유럽 국가들보다 치안 상태가 아주 좋은 편이다. 하지만 시내 중심가와 중앙역, 버스 터미널, 페리 터미널에서는 관광객을 노리는 범죄가 심심찮게 일어나니 소지품 관리에 주의를 기울이자.
2 경찰관을 사칭하고 휴대품 검사를 한다고 얘기하며 현금을 갈취하는 사례가 늘어나고 있다. 경찰관은 노상에서 신원 확인 요구를 하지 않으니 맞닥뜨리면 신분증 제시를 요구하고 주위에 알리자.
3 러시아를 경유해 육로로 입국하거나, 핀에어 이외의 항공편으로 바로 핀란드에 입국하는 경우 입국 심사가 조금 까다로울 수 있다. 한국 관련 질문을 주로 물어보는 경우가 많으니 성실하게 답변하고, 곤란해질 경우 영사관의 긴급 연락 번호를 이용해 도움을 청하자.
4 팁은 보통 음식값이나 서비스 요금에 약 15%가 포함되어 따로 줄 필요가 없다. 하지만 일부 관광지 레스토랑에서는 약간의 팁을 따로 내야 할 수 있으니 계산 전 문의하자.
5 수돗물이 가장 깨끗한 나라로, 그냥 마실 수도 있지만 속이 민감한 사람은 끓여 마시자.
6 헬싱키 대성당 같은 복음 루터교 교회 안에서는 모자를 벗어야 한다. 우스펜스키 대성당 같은 러시아 정교 교회 안에서는 플래시 사용이나 사진 촬영 자체가 금지되기도 한다.
7 교통수단 무임승차 적발 시 벌금 €80를 부과한다. 반드시 티켓을 구입해서 승차하자.
8 맥주는 슈퍼마켓에서 저녁 9시까지만 구입할 수 있다. 그 외의 술 종류 구입은 알코Alko라는 국영 술 판매장을 이용하거나 페리 안에서 할 것.

엔터테인먼트

음식

핀란드 사람들은 매 끼니 딱딱한 전통 **호밀 빵**과 **감자**, **치즈**를 절대 빼놓지 않는다. 발트 해 연안과 호수에서 잡히는 **청어**, **연어** 등의 **다양한 생선**, 울창한 숲에서 딴 **야생 베리류**와 **칸타렐리**Kantarelli(꾀꼬리버섯) 같은 **버섯류**, 라플란드 지역에서 사육되는 **순록**을 주로 즐겨 먹는다. 매주 목요일이면 스웨덴과 마찬가지로 **팬케이크**와 **콩 수프**를 먹는 풍습도 남아 있다. 또한, 세계 최고의 엄청난 **커피** 및 **초콜릿** 소비량과 함께 **시나몬 롤 뿔라**Pulla와 카렐리아 지방의 아침 빵 **카르야란피라카**Karjalanpiirakka 등도 놓칠 수 없다. 소금 절임 감초 **살미아키**Salmiakki는 특유의 시큼털털한 맛으로 우리 입맛에는 맞지 않지만, 그들에게는 김치와 같은 존재이기도 하다. 핀란드에 오래 살았다는 증거가 살미아키를 즐겨 먹는 것이다.
8월에 방문한다면 **라푸**Rapu도 먹어 보자. 호수에서 주로 잡히는 가재 종류인데, 가격은 비싸고 살은 많지 않지만 핀란드의 음식 애호가들에게 인기가 높다.

사우나

핀란드의 엔터테인먼트에서 사우나를 절대 빼놓을 수 없다. 전 국민 3명 중 1명에게 사우나가 보급되어 있고, 중부 지방의 쿠오피오Kuopio에는 세계 최대의 전통 방식 사우나가 있다. 핀란드의 웬만한 호텔과 몇몇 호스텔에도 사우나 시설이 갖춰져 있어 이용이 편하다. 여행 중에 쌓인 피로를 뜨끈하게 풀면서, 핀란드의 문화를 알고 싶다면 사우나 체험을 추천! 한국 공중목욕탕의 사우나, 한증막 이용 경험이 있다면 '원조' 사우나를 이 기회에 제대로 맛보자.

Tip

즐겁고 안전한 사우나 이용을 위한 주의사항

1. 웬만한 사우나는 남녀 탕이 분리되어 있지만, 공용으로 이용하는 곳에서는 수영복이 필요하다.

2. 사우나 전에는 반드시 몸을 씻고 들어가며, 종이 타월이 있다면 깔고 앉자. 흘러내리는 땀은 바닥에 흘리지 말고 수건으로 닦는 것이 위생상 좋다.

3. 다른 사람들을 위해 문을 너무 오래 열어 놓지 말자. 추가로 스팀이 필요할 경우 주변 사람들에게 물어보고 물을 뿌릴 것.

4. 사우나 시간은 10~15분이 적당하며, 잠시 밖에 나와서 몸을 식히는 과정을 몇 번 반복하자.

5. 사우나 전후에는 땀으로 잃은 수분 보충을 위해 충분한 양의 물을 마시자.

쇼핑

산타와 순록 등을 이용한 각종 **크리스마스 기념품**, 한국에서도 인기 높은 **자일리톨**Xyllitol **껌**과 **치약**, **무민**이나 **앵그리 버드 캐릭터**를 이용한 다양한 아이템은 핀란드를 대표하는 선물로 좋다. 또한 **마리메코**Marimekko 같은 핀란드 디자인 브랜드들의 아이템, **아라비아**Arabia와 **이딸라**iittala, **펜틱**Pentik의 키친웨어 및 유리 제품 역시 인기가 많다. 세일 기간은 매년 7월 초와 12월 말~1월 중순으로 일 년에 2번 진행되며, 세금 환급은 한 상점에서 €40 이상 구매 시 약 10~15%를 환급 받을 수 있다.

대표 브랜드

이딸라iittala, **아라비아**Arabia : 핀란드 하면 생각나는 유리 및 도자기 브랜드. 단순미의 절정 떼마Teema와 24H, 알바르 알토의 사보이 라인, 무민 캐릭터 아이템 등이 널리 사랑받고 있다(p.404 이딸라, p.417 이딸라 & 아라비아 디자인 센터 참조).

마리메코Marimekko : 화려한 색감으로 핀란드의 정서와 자연을 표현한 패브릭 브랜드. 특히 양귀비꽃 무늬 우니코Unikko를 비롯한 다양한 꽃무늬가 그려진 아이템이 인기다(p.405 마리메코 참조).

아리카Aarikka : 나무를 이용한 크리스마스 아이템이 돋보이는 브랜드.

So Cute!

파체르Fazer : 핀란드를 대표하는 초콜릿 및 제과 브랜드. 지금까지 다국적 기업에 넘어가지 않고 핀란드와 북유럽의 자존심을 굳건히 지키고 있다(p.401 카페 파체르 참조).
앵그리 버드 Angry Birds : 로비오Rovio에서 2009년에 출시 후 전 세계적으로 인기를 얻은 모바일 게임. 다양한 캐릭터 상품도 출시되어 인기가 많다(p.454 사르카니에미 참조).
루미네Lumene : 핀란드의 대표 화장품 브랜드. 북극권 지역의 여러 베리류 성분으로 만들었다. 뛰어난 보습 효과로 인기가 높다. 가격도 저렴한 편.

예술

디자인

1875년 이래 예술 디자인 협회가 창설되고, 1950년대 이후부터 본격적으로 산업이 발전하면서 많은 디자이너가 배출되었다. 생활과 자연에 영감받은 이들의 컬러감 넘치는 디자인은 현재 전 세계 디자인의 '대세'로 자리 잡고 있다(p.405 마리메코, p.404 이딸라, p.410 디자인 박물관, p.418~420 알토의 아틀리에 · 집 · 박물관 등 참조).

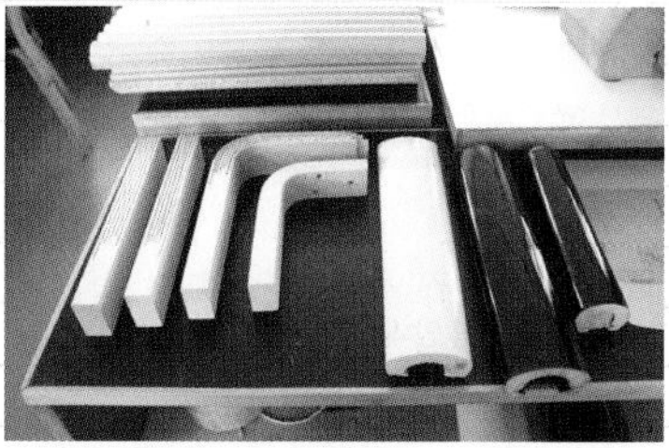

문학

대서사시 《칼레발라》가 핀란드의 민족의식을 깨웠다면, 현재 국민 작가인 아르토 파실린나Arto Paasilinna는 대표작 《기발한 자살 여행》에서 특유의 유머로 현대 핀란드인의 우울을 나타내고 있다. 또한, 토베 얀손의 〈즐거운 무민 가족〉 시리즈는 현대 북유럽 사람들의 정서를 잘 나타낸, 핀란드인들이 어린 시절 가장 처음 접하는 동화로 첫손에 꼽힌다.

스포츠

아이스 하키와 노르딕 스키(크로스컨트리, 스키 점프 등)는 전 국민이 즐기는 동계 스포츠로 인기가 높다. 특히 아이스 하키는 매년 10~4월 전국에서 치열한 리그전이 펼쳐지며 전 국민을 열광시킨다. NHL(북미 아이스 하키 리그)에도 유명 선수가 많이 진출해 있으며, 여자 팀 역시 좋은 성적으로 남자 팀을 따라잡고 있다. 스웨덴이나 러시아와의 경기가 있으면 한일전을 능가하는 열기로 거리가 한산해진다. 또한, 겨울에는 호수와 바다가 2개월 이상 단단히 얼어붙으면서, 많은 사람이 스케이트를 즐긴다. 겨울에 여행한다면 스케이트를 대여해 시내 스케이트장에서 시민들과 함께 즐겨 보자.

Snakk

핀란드의 엽기적인(?) 세계 선수권 대회

매년 여름에는 갖가지 재미있는 세계 선수권 대회가 핀란드에서 많이 열립니다. '아내 들어올리고 달리기', '휴대전화 멀리 던지기', '에어 기타(기타 치는 모습 흉내내기)' 등의 대회는 그 자체로도 매년 뉴스의 해외 토픽을 장식하고 있지요. 특히 '아내 들어올리고 달리기'의 1등 상품은 아내 무게만큼의 맥주라고 하네요. 여름에 핀란드의 지방 쪽으로 여행을 떠난다면 이런 대회도 한번 재미있게 구경해 보는 것은 어떨까요?(축제 관련 p.597 참조)

헬싱키
Helsinki

'발틱 해의 아가씨'답게 항상 깨끗한 이미지로 여행자들을 반긴다. 러시아의 지배를 받던 1812년에 수도가 된 이후, 독립과 세계대전을 거치면서 더욱 탄탄하게 발전을 거듭해 왔다. 소박하고 정돈된 느낌의 시내에는, 20세기 북유럽의 민족주의 음악과 현재의 디자인, 통신 산업을 주도하는 저력이 함께 살아 숨쉬고 있다. 어두웠던 과거를 잊지 않으면서 미래를 향해 전진하는 핀란드 사람들의 힘을 느껴 보자.

여행하는 방법

유용한 홈페이지
핀란드 관광청 www.visitfinland.com
헬싱키 관광 공식 안내 www.myhelsinki.fi

관광 안내소
헬싱키 시티 투어리스트 오피스 Helsinki City Tourist Office
핀란드 국내 종합 관광 안내소로, 헬싱키와 각 지방 관광 정보가 있다. 관광 공식 홈페이지에서는 채팅 상담 서비스 이용도 가능.
Address Aleksanterinkatu 24
Tel 09 169 3757
Open **5/15~9/14** 월~토 09:00~18:00, 일 09:00~16:00
9/15~5/14 월~금 09:30~17:30, 토 · 일 10:00~16:00
Close 12/24~26, 1/1
Access 원로원 광장, 헬싱키 대성당 건너편

교통 안내소 HSL Service Point
시내 교통 정보를 얻고 교통권을 구입할 수 있다.
Address Kaivokatu 1(중앙역 구내)
Tel 09 4766 6400
Open 월~금 07:30~19:00, 토 · 일 09:30~17:00

유용한 정보지
헬싱키 비지터 가이드 Helsinki Visitors Guide
무료 시내 안내 책자 및 시내 지도.
무민 시티맵 Moomin City Map
무민 관련 장소에 관심 있다면 추천. 캐릭터를 활용한 지도 자체도 기념품이 된다.

환전소
유로화 사용. 급할 경우 시내 곳곳의 ATM(Otto)도 유용하다.

Forex
큰 단위 환전 시 유용하다. 중앙역 구내, 공항 내 3곳을 포함해 시내에 4곳의 지점이 있다.

❶ 중앙역 1층 지점
Open 월~금 09:00~19:00

우체국
중앙 우체국
무민 우표를 붙여서 엽서를, 마리메코 꽃무늬 박스로 소포를 보낼 수 있다.
Open 월~금 08:00~20:00 토 10:00~16:00, 일 12:00~16:00
Access 중앙역 뒤편에 위치.

경찰서
Address Pasilanraitio 13(범죄, 분실물 신고)
Open 08:00~18:00
Tel 0295 417 934, 긴급 112
Access 트램 9번을 타고 Estersportti에 하차 후 Pasilanraitio 길을 따라 올라간다. 중앙역에서 23번 버스도 이용 가능.

슈퍼마켓
K-마켓 K-market : 캄피 버스 터미널 1층(대형 매장)과 중앙역 지하에 위치.
S-마켓 S-market : 중앙역 옆 소코스SOKOS 지하(대형 매장)에 위치. 24시간 영업. 이들의 중소 버전인 Alepa도 곳곳에 있다.
아시안 마켓 : 하카니에미 시장(p.414) 뒤편에 여러 곳 있다. 캄피 버스 터미널 옆에 Kiina가 가장 접근성이 좋고 규모가 크다.

지명
헬싱키의 스웨덴식 지명은 헬싱포어스Helsingfors라고도 한다. 각 도로와 주요 장소에는 핀란드어와 스웨덴어가 함께 표시되어 있으니 헷갈리지 말자.

당일 짐 보관
중앙역, 캄피 버스 터미널, 각 페리 터미널 내 코인 로커(소 €4, 중 €6) 이용이 가능하다.
※ 중앙역 코인 로커는 3시간 단위로 요금이 달라지니 미리 시간을 정해서 지불하자.
Cost 소 €3.9, 대 €4.9, 스키 €5.9(3시간 기준)

가는 방법

한국에서의 직항편이 개설된 후, 쉽게 접근할 수 있어 인기가 높아졌다. 단 유럽과의 연결편이 많지 않다.

항공

헬싱키 여행은 시내에서 북쪽으로 19km 떨어진 거리에 있는 반타Vantaa 공항에서부터 시작된다. 한국에서는 2008년부터 핀에어의 직항 노선이 주 5일~매일 운항한다. 이 외에도 일부 유럽 · 중동계 및 일본 항공 경유편을 이용해 입국할 수 있다. 공항 면세점은 디자인, 캐릭터 아이템이 많아 막판 쇼핑 명소이다.

Web www.helsinki-vantaa.fi

Tip

세금 환급 창구 안내

세금 환급 시 먼저 도착 층의 글로벌 블루 · 플래닛 카운터에서 서류에 도장을 받은 후, 직원에게 바로 처리를 받거나 면세 구역 내 회사별 수거함에 서류를 넣을 것. 운영 외 시간이나 기타 회사 서류는 도착 층 · 29번 게이트 근처 세관에서 도장을 받고 수거함에 서류를 제출한다.

면세 물건을 모두 들고 타거나 타 국가에서 환승 시, 29번 게이트 근처 세관(플래닛 및 기타 회사)이나 50번 게이트 근처 글로벌 블루 카운터(비쉥겐)에서 세관 도장을 받고 회사별 수거함이나 세관 옆 수거함에 서류를 제출하면 된다. 물건을 보여 줘야 하는 경우가 있으니 반드시 제시 가능하도록 미리 준비해 두자.

Open **글로벌 블루 도착 층** 09:00~21:45, 50번 게이트 창구 13:00~18:00
※ 서류 수거 부스는 13 · 29 · 50번 게이트 근처.
플래닛 도착 층 월~금 10:00~17:00, 토 · 일 09:30~16:30, 세관 24시간
※ 서류 수거 부스는 29 · 50번 게이트 근처.

반타 공항→시내

❶ 광역 지역 버스 600번

시내까지 가장 저렴하고 편한 이동수단으로 시내 하카니에미 시장과 중앙역을 연결한다. 공항에서는 10번 승강장, 중앙역에서는 7번 정류장에서 발착한다. 정류장 자동판매기나 HSL 애플리케이션에서 미리 티켓을 구입해 승차하자.

운행 24시간(시간대에 따라 15~30분 간격)
Time 공항-중앙역 1시간 소요
Cost €4.1(ABC존 1회권 해당, 미리 구입 시)

❷ 순환 통근철도 I선, P선

두 노선이 순환하고 있어 어떤 것을 타든지 헬싱키 중앙역에 똑같이 도착하며, 도착층에서 연결 통로를 이용해 이동 후 탑승한다. 지방행 철도 이용 시 티꾸릴라(북동부 방면), 파실라(서부 방면) 역에서 환승하면 된다. 헬싱키 시내 광역 교통권 및 철도 패스 모두 이용 가능.

운행 월~금 04:30~01:15, 토 · 일 06:30~01:00
Time 공항-중앙역 약 50분 소요.
Cost €4.1(ABC존 1회권 해당, 자동판매기 구입 시)
※ 티꾸릴라까지 이동 시 €2.95(BC존)

페리

스웨덴, 에스토니아, 독일 등에서 입국 시 주로 이용된다.

터미널별 주요 페리 라인 안내

올림피아Olympia **터미널** : 실야 라인(스톡홀름)
카타야노카Katajanokka **터미널** : 바이킹 라인(스톡홀름, 탈린)
웨스트(란시Länsi**) 터미널** : 탈링크(탈린, 1터미널), 에케로 라인(탈린, 1터미널), 세인트 페테 라인(상트 페테르부르크, 1터미널)
카나바Kanava **터미널** : 로열 라인(관광 노선)
연안 페리 터미널 : 수오멘린나 요새행 페리(교통국 운영)
한자 페리 터미널 : 핀라인(독일 트라베뮌데)

카타야노카 터미널에서 이동 시 13번 버스나 5번 트램, 올림피아 터미널에서 이동 시 2, 3번 트램, 웨스트 터미널에서는 7번이나 9번 트램, 한자 터미널에서는 90번 버스로 지하철 Vuosaari 역까지 이동한 후 중앙역행 M1 지하철로 환승한다.

Tip

시내에서의 페리 예약

일정의 유동성, 기상 사정 등으로 예약 조정 필요 시, 출발 하루 전까지 예약해도 괜찮다. 부득이하게 당일 구입이 필요하다면 항구에서 직접 구입하자. 창구 구입 시 건당 €5의 취급 수수료가 붙는다.

기차

국내 주야간 노선 및 에스포행 통근 기차, 러시아 상트 페테르부르크행과 모스크바행 기차가 모두 중앙역에 정차한다. 대형 호텔부터 슈퍼마켓 등의 편의 시설이 지하 2층까지 가득하다. 또한 중앙역 건물은 신시가지를 상징하는 랜드마크로 건물 앞 거인상은 시민들의 대표적인 약속 장소이기도 하다(p.407 참조). 철도 패스 개시는 매일 10:00~16:00에 가능하다. 번호표를 뽑고 순서를 기다린 후 이용하자.

Open　**티켓 판매소** 10:00~18:00

Web　중앙역 구내 시설 안내 www.paarautieasema.fi

버스

캄피Kamppi 버스 터미널에서 여러 회사의 버스가 지역 및 장거리 노선을 연결하고 있다. 특히 포르보Porvoo 등으로 단거리 당일치기 여행 시, 에스포 각 지역(알토 대학교, 타피올라, 세레나 워터파크 등)으로 이동 시 유용하다. 터미널 안에는 대형 쇼핑몰과 푸드코트가 있어 여행자들도 편리하게 이용할 수 있다.

시내 교통

시내 중심가는 대부분 도보나 자전거로 오갈 수 있으며, 조금 먼 거리를 갈 때에는 버스, 지하철, 트램이 유용하다. 특히 마켓 광장, 템펠리아우키오 교회, 린난매키 놀이공원, 하카니에미 시장, 대성당 등의 주요 볼거리를 경유하는 트램 2, 3번을 잘 이용하면 투어 버스보다 저렴하고 편하게 시내를 돌아보기에 좋다. 전체를 한 번 돌아보는 데 약 1시간 20분 소요된다. 버스는 시내 외곽 구석구석을 다니는 점이 좋지만, 초보자가 이용하기에는 다소 어려운 편이다. 디자인 박물관, 시벨리우스 공원, 세우라사리 야외 박물관으로 가는 24번, 코르케아섬 동물원으로 가는 16번 노선 정도만 알아 두자. 지하철은 마리메코 팩토리 아웃렛, 하카니에미 시장 등에 갈 때에 주로 이용하며, 2개 노선이지만 노선이 단순해 이용이 쉽다. 최근 에스포까지 노선이 연장되어 타피올라 · 오타니에미 지역까지 이동 가능. 수오멘린나 요새행 페리는 마켓 광장 옆 페리 선착장에서만 발착하며, 헬싱키 교통국 마크가 붙은 곳에서 이용해야 가장 저렴하다.

Web　www.hsl.fi

교통 운행 시간

버스 월~금 06:00~23:00, 토 · 일 06:00~22:00(일부 노선 금 · 토 24시간)

트램 · 지하철 05:30~23:30

수오멘린나 요새행 페리 06:00~02:00(20~40분 간격)

대중교통 요금

시내와 외곽+에스포, 근교 지역의 총 3존으로 구분된다. 1회권 및 1일권 이상의 데이 티켓 구입 시에는 시내 일정 시 AB존, 공항이나 누크시오 국립공원까지 포함 시 ABC존으로 구입해야 한다. 1회권 구입 시에는 숙소 위치에 따라 BC의 조합도 가능. 1회권은 2개 존 구입 시 80분, 3개 존은 90분간 유효.

2번, 3번 트램 탈 때 노선도를 꼭 챙기세요!

<u>A존</u> : 헬싱키 시내 및 수오멘린나 요새
<u>B존</u> : 헬싱키 외곽 및 근거리 근교(마리메코 아웃렛, 한자 페리터미널), 오타니에미 · 타피올라 지구 등의 에스포 일부
<u>C존</u> : 에스포 및 반타 등의 근교 도시(반타 공항), 누크시오 국립공원 등

Cost **트램 · 버스** 공용 AB, BC존 1회권 €2.95 (자동판매기, 어플리케이션)
트램 · 버스 · 통근기차 ABC존 1회권 €4.1(자동판매기, 어플리케이션)
24시간권 AB존(기존 투어리스트 티켓) €9, 1일 추가 시 €4.5
ABC존(기존 광역권) €11, 1일 추가 시 €5.5
* 6~17세는 50% 할인

티켓 구입과 사용 방법

<u>트램 · 버스</u> : 편의점, 애플리케이션, 정류장 및 지하철역 내 자동판매기에서 구입.
<u>투어리스트 티켓</u> : 편의점, 자동판매기, 애플리케이션으로 직접 구입.

<u>헬싱키 카드 Helsinki Card</u>
정해진 시간 동안 시내의 주요 박물관과 미술관, 시내 교통편을 무료로 이용할 수 있다. 짧은 시간에 시내 일정을 집중한다면 추천. GoCity 홈페이지에서 미리 결제 후, 공항이나 시내 관광 안내소에서 카드를 받아 입장 및 교통 이용 시 센서에 접촉하면 된다.

Cost **16세 이상 성인 기준** 24시간 €56,
48시간 €67(6~15세 50% 할인)
Web www.stromma.fi

<u>뮤지엄 카드 Museokortti / Museum Card</u>
핀란드 전역의 주요 박물관을 1년간 자유롭게 입장할 수 있는 노란 색의 연간 회원권. 헬싱키 시내 및 지방 도시 여행 시, 입장료 €10 이상의 미술관 · 박물관 입장이 많을 때 아주 유용하다. 헬싱키 카드 사용 기간이 짧다고 느껴질 때, 일정에 여유가 있을 경우, 미술 · 디자인 · 건축 전공자, 교환학생 등으로 일정 기간 거주할 경우 추천. 해당 장소에서 직접 구입하거나, 출국 전 공식 홈페이지 · 애플리케이션을 이용해 회원 가입 후 구입할 수 있다. 입장 시 카드와 함께 신분증을 반드시 제시해야 하는 점 주의.

Cost 1년 €79, 연장 시 €73
Web www.museot.fi

헬싱키 시내, 이렇게 보자

헬싱키 시내는 중앙역과 만네르하임 대로Mannerheimintie, 핀란드 만을 중심으로, 구시가지, 신시가지, 디자인 디스트릭트, 외곽 지역, 수오멘린나 섬의 총 다섯 지역으로 나눌 수 있다. 우선 구시가지와 신시가지에 있는 시내의 중요한 관광지와 수오멘린나 요새를 중심으로 돌아본 후, 조금씩 영역을 넓히면 시내를 거의 다 돌아볼 수 있다.
헬싱키에서의 일정은 각자의 취향과 목적에 따라 최소 1일에서 3일 이상까지 고려 가능하다. 시내 중심가와 수오멘린나 요새 위주로만 진행 시에는 하루, 미술관이나 박물관을 조금 더 돌아본다면 이틀이 필요하다. 디자인이나 건축, 쇼핑에 관심이 많거나 근교 및 탈린 당일 여행까지 진행 시 3일은 잡는 것이 좋다. 특히 10~4월의 겨울 시즌에는 관광지 입장 시간도 짧아져서 일정을 여름보다 길게 잡아야 한다. 수오멘린나 요새, 시벨리우스 공원 등의 야외 관광지를 맨 먼저 방문할 것. 주요 박물관들이 문을 닫는 월요일에는 수오멘린나 요새와 일부 야외 관광지, 시장 위주로 돌아보면 편리하다. 천천히 걸으면서 구석구석 숨은 핀란드의 참모습을 들여다보는 것이 포인트.

헬싱키에서 놓치지 말자

1 격동의 역사를 돌아보는 수오멘린나 요새로의 특별한 투어.
2 골목골목 '디자인 핀란드'의 현재와 미래를 들여다보자.
3 신시가지의 다양하고 멋진 현대 건축물과, 구시가지 속 제정 러시아 시대를 함께 돌아보자.

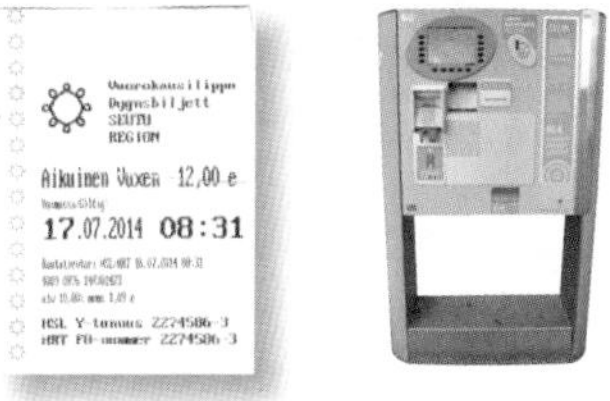

헬싱키 시내+광역 지역 24시간 티켓

추천 코스

1일 차

헬싱키의 핵심적인 곳을 골라서 보는 코스로, 시간이 없거나 핵심만 보고 싶을 경우에 적당하다. 해가 짧아지는 10월 이후에는 시벨리우스 공원과 수오멘린나 요새부터 시작할 것. 날씨가 좋지 않으면 야외 관광지의 수를 줄여서 진행하자. 마켓 광장에선 음식을 빼앗아 먹는 갈매기를 조심하자. 원로원 광장 및 헬싱키 대성당에선 가장 멋진 각도에서 기념사진 남기는 걸 잊지 말자! 알렉산테린 거리와 스토크만 백화점 등에서는 각종 음식점, 쇼핑 등을 즐길 수 있어 저녁 시간을 보내기에 좋다.

에스플라나디 공원 옆 관광 안내소

→

마켓 광장 p.440
도보 1분

→

우스펜스키 대성당 p.401
도보 5분

원로원 광장 & 헬싱키 대성당 p.400
도보 5분

←

시벨리우스 공원 p.415
트램 20분+도보 10분

←

템펠리아우키오 교회 p.408
트램 10분

수오멘린나 요새 p.421
도보 5분+페리 15분

→

알렉산테린 거리 p.400
도보 5분+페리 15분

2일 차

키아즈마 현대미술관(p.406), 아테네움 국립미술관(p.399), 아모스 렉스 시립 미술관(p.408), 국립박물관(p.407) 등의 여러 미술관이나 박물관 중에서 취향에 맞는 곳을 선택해 여유롭게 돌아보자. 디자인에 관심이 많으면 '디자인 디스트릭트'의 여러 숍과 건축 박물관(p.411), 디자인 박물관(p.410) 등을 묶어 한 바퀴 돌고, 좋은 바에서 한 잔까지 하면 하루가 훌쩍 간다. 미술관과 박물관들이 문 닫는 월요일에는 옆의 영화 〈카모메 식당〉의 코스를 따라 시내를 돌아보는 것도 괜찮다.

3일 차

세우라사리 야외 박물관(p.417), 알토의 집과 아틀리에(p.418~420) 등의 외곽 지역이나, 포르보(p.428), 에스포(p.432) 등의 근교 지역으로 반나절~하루 여행을 다녀오자. 철도 패스가 남아 있다면 탐페레(p.448), 투르쿠(p.437), 무민 월드(p.445), 에스토니아의 탈린(p.466)으로의 하루 여행도 괜찮다. 마리메코 팩토리 아웃렛(p.422), 이딸라 & 아라비아 디자인 센터(p.417)는 최고의 쇼핑 장소!

영화 〈카모메 식당〉 하루 코스

헬싱키를 배경으로 음식을 통한 치유의 이야기가 잔잔히 펼쳐지는 아름다운 영화 〈카모메 식당〉. 이 영화가 알려진 후 헬싱키로 향하는 여자들의 발길이 바빠졌다. 주인공 사치에가 매일 테이블을 닦던 식당부터 네 여자들이 해바라기를 하던 바닷가 카페까지, 영화 속에 나온 곳들을 빠짐없이 따라잡아 보자.
※ 참고로 이 일정은 식당이 문을 여는 월~토요일에만 가능하다. 특히 대부분의 미술관과 박물관이 문 닫는 월요일에 진행하는 것을 추천.

마켓 광장 p.440

→

라빈톨라 카모메 p.412
트램 10분

→

아카테미넨 서점 & 카페 알토 p.403
트램 15분

하카니에미 시장 p.414
트램 15분

←

이딸라 & 아라비아 디자인 센터 p.417
트램 20분

←

카페 우르술라 p.416

1 조금 더 시간이 있다면, 사치에가 처음과 마지막에 수영하던 이르윈카투 수영장(p.409), 마사코가 옷을 사러 갔던 마리메코 매장(p.405), 마사코가 버섯을 따러 갔던 누크시오 국립공원(p.436) 등을 돌아보자.
2 영화 속에 나온 그릇이나 소품들은 일정 중간에 스토크만 백화점, 이딸라 & 아라비아 디자인 센터 스토어, 하카니에미 시장 등에 들러 구입할 수 있다. 단 주먹밥을 담았던 아라비아의 아베크 블루 라인은 이미 단종되었다.

Tina's Plus

핀에어로 장시간 경유 시 시간 운용 방법

여행 첫날

아침 7시 이후부터 일정을 잡는 것이 좋다. 먼저 이르윈카투 수영장(p.409 참조)에서 피로를 풀어준 후, 2번, 3번 트램을 타고 시내를 한 바퀴 돌며 대강의 지리를 익혀 두고 원하는 관광지 1~2곳에만 집중하자. 공항에서 시내로 이동 시 광역 24시간 교통권을 구입해 이용하면 원하는 곳에서 타고 내릴 수 있어 투어 버스보다 훨씬 편하고 저렴하게 시내를 둘러볼 수 있고, 공항-시내 왕복 이동도 해결된다.

여행 마지막 날

늦어도 오후 3시까지는 중앙역에 도착해 바로 공항으로 이동할 수 있도록 아침부터 서두르자. 시내 중심가에서 벗어나지 않도록 일정을 진행하는 것이 좋다. 알렉산테린 거리나 중앙역 주변 중심으로 못다 한 쇼핑이나 미술관, 박물관 관람을 진행하거나, 2번 혹은 3번 트램으로 시내를 돌며 여행을 정리하면 딱이다. 시내로 이동할 시간이 부족하다면 이딸라 아울렛(p.423)으로의 쇼핑도 고려해 보자.

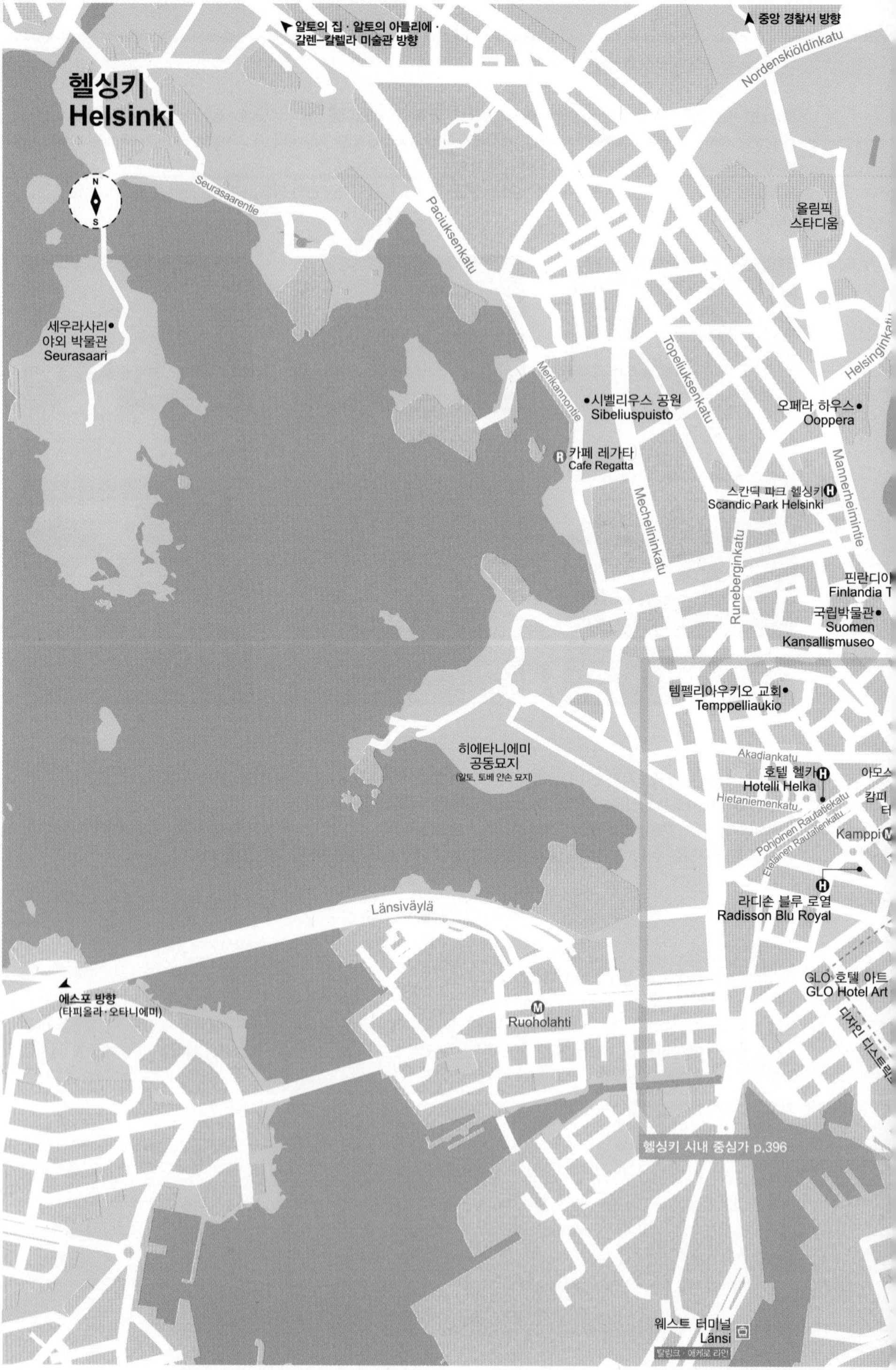
헬싱키
Helsinki
알토의 집 · 알토의 아틀리에 · 갈렌-칼렐라 미술관 방향
중앙 경찰서 방향
Nordenskiöldinkatu
Seurasaarentie
Paciuksenkatu
올림픽 스타디움
세우라사리 야외 박물관 Seurasaari
Topeliuksenkatu
Merikannontie
시벨리우스 공원 Sibeliuspuisto
오페라 하우스 Ooppera
카페 레가타 Cafe Regatta
Mannerheimintie
스칸딕 파크 헬싱키 Scandic Park Helsinki
Mechelininkatu
Runeberginkatu
국립박물관 Suomen Kansallismuseo
템펠리아우키오 교회 Temppeliaukio
히에타니에미 공동묘지 (알토, 토베 얀손 묘지)
Akadiankatu
호텔 헬카 Hotelli Helka
Hietaniemenkatu
Pohjoinen Rautatiekatu
Eteläinen Rautatiekatu
Kamppi
라디손 블루 로열 Radisson Blu Royal
Länsiväylä
GLO 호텔 아트 GLO Hotel Art
에스포 방향 (타피올라·오타니에미)
Ruoholahti
헬싱키 시내 중심가 p.396
웨스트 터미널 Länsi
탈링크 · 에케로 라인

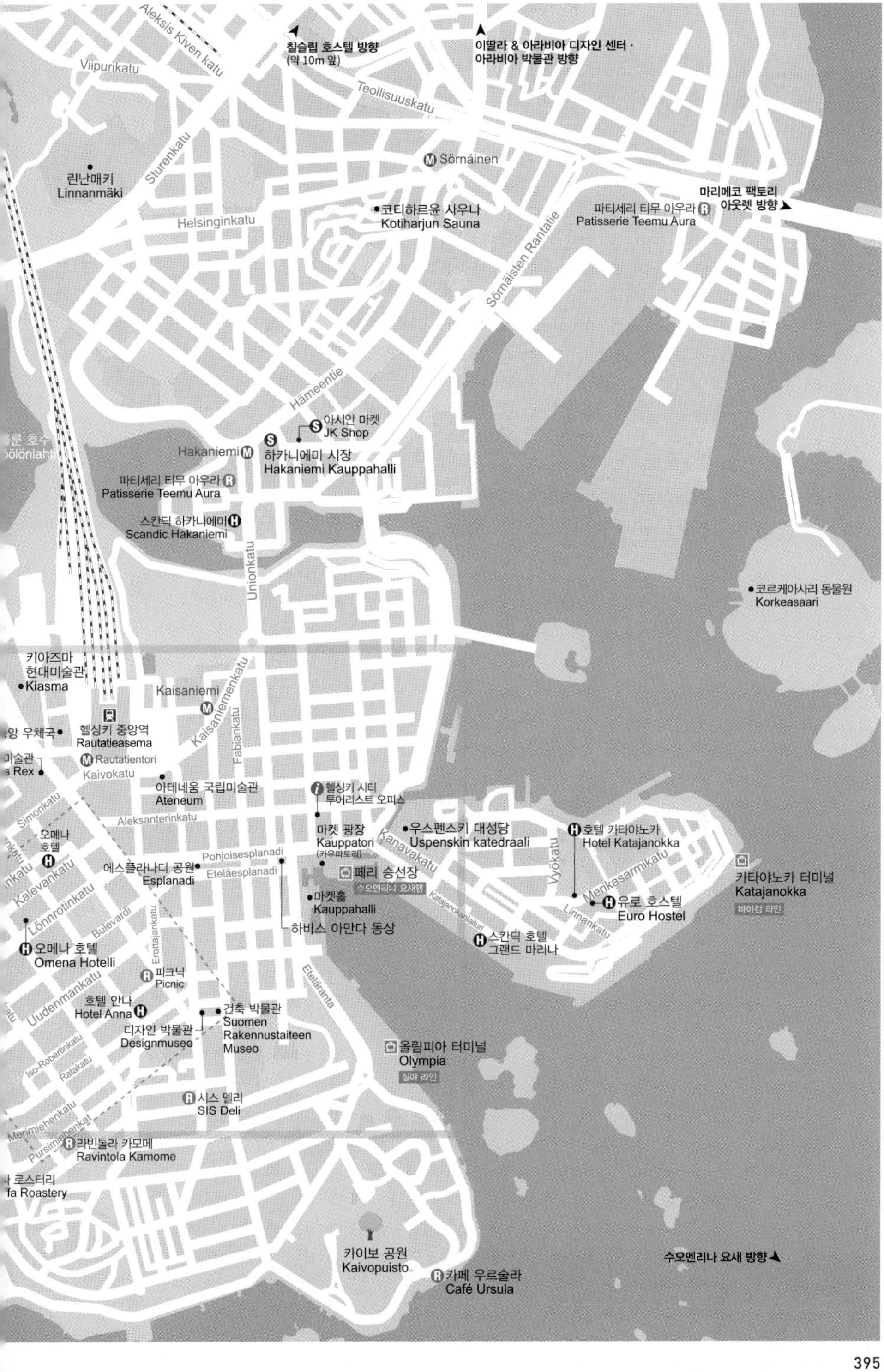
Aleksis Kiven katu
칠슬립 호스텔 방향
(약 10m 앞)
이딸라 & 아라비아 디자인 센터 ·
아라비아 박물관 방향
Viipurikatu
Teollisuuskatu
Sörnäinen
Sturenkatu
린난매키
Linnanmäki
마리메코 팩토리
아웃렛 방향
파티세리 티무 아우라
Patisserie Teemu Aura
코티하르윤 사우나
Kotiharjun Sauna
Helsinginkatu
Sörnäisten Rantatie
Hämeentie
아시안 마켓
JK Shop
Hakaniemi
하카니에미 시장
Hakaniemi Kauppahalli
파티세리 티무 아우라
Patisserie Teemu Aura
스칸딕 하카니에미
Scandic Hakaniemi
Unionkatu
코르케아사리 동물원
Korkeasaari
키아즈마
현대미술관
Kiasma
Kaisaniemi
Kaisaniemenkatu
Fabiankatu
헬싱키 중앙역
Rautatieasema
Rautatientori
Kaivokatu
아테네움 국립미술관
Ateneum
헬싱키 시티
투어리스트 오피스
Aleksanterinkatu
Simonkatu
오메나
호텔
마켓 광장
Kauppatori
(카우파토리)
우스펜스키 대성당
Uspenskin katedraali
호텔 카타야노카
Hotel Katajanokka
Kanavakatu
Vyökatu
Merikasarmikatu
Kalevankatu
에스플라나디 공원
Esplanadi
Pohjoisesplanadi
Eteläesplanadi
페리 승선장
수오멘린나 요새행
마켓홀
Kauppahalli
Katajanokanlaituri
유로 호스텔
Euro Hostel
카타야노카 터미널
Katajanokka
바이킹 라인
Lönnrotinkatu
Bulevardi
Erottajankatu
하비스 아만다 동상
Linnankatu
스칸딕 호텔
그랜드 마리나
오메나 호텔
Omena Hotelli
피크닉
Picnic
Eteläranta
Uudenmankatu
호텔 안나
Hotel Anna
건축 박물관
Suomen
Rakennustaiteen
Museo
디자인 박물관
Designmuseo
올림피아 터미널
Olympia
실야 라인
Iso-Robertinkatu
Ratakatu
시스 델리
SIS Deli
Merimiehenkatu
Pursimiehenkatu
라빈톨라 카모메
Ravintola Kamome
카이보 공원
Kaivopuisto
카페 우르술라
Café Ursula
수오멘리나 요새 방향

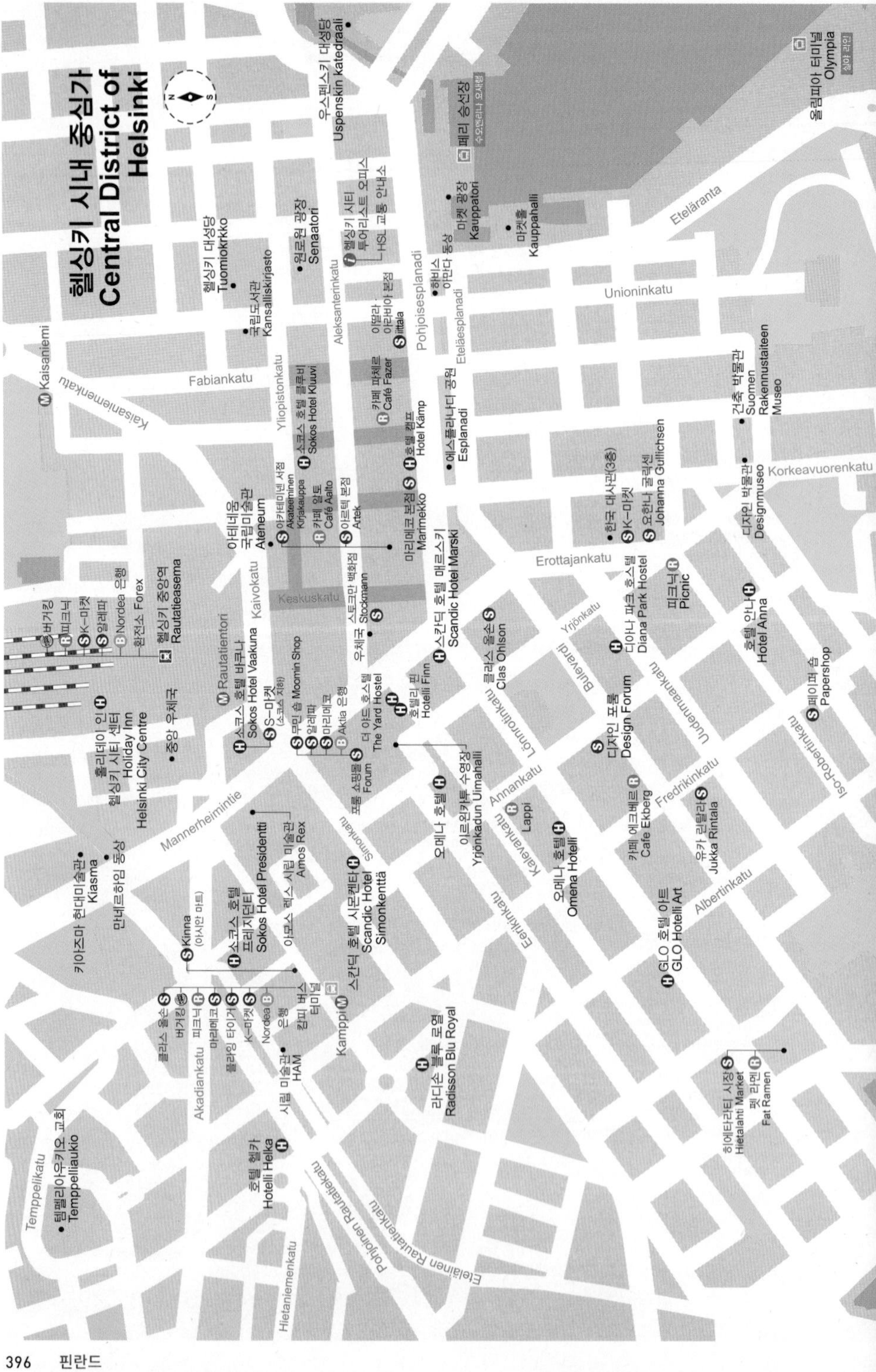
헬싱키 시내 중심가
Central District of Helsinki
우스펜스키 대성당
Uspenskin Katedraali
페리 승선장
수오멘린나 요새행
올림피아 터미널
Olympia
실야 라인
헬싱키 대성당
Tuomiokirkko
원로원 광장
Senaatori
헬싱키 시티 투어리스트 오피스
HSL 교통 안내소
마켓 광장
Kauppatori
마켓홀
Kauppahalli
Eteläranta
국립도서관
Kansalliskirjasto
Aleksanterinkatu
이딸라 아라비아 본점
iittala
하비스 아만다 동상
Pohjoisesplanadi
Eteläesplanadi
Unioninkatu
Kaisaniemi
Kaisaniemenkatu
Fabiankatu
Yliopistonkatu
소코스 호텔 클루비
Sokos Hotel Kluuvi
카페 파체르
Café Fazer
호텔 캠프
Hotel Kämp
에스플라나디 공원
Esplanadi
건축 박물관
Suomen Rakennustaiteen Museo
Korkeavuorenkatu
디자인 박물관
Designmuseo
아테네움 국립미술관
Ateneum
아카테미넨 서점
Akateeminen Kirjakauppa
카페 알토
Café Aalto
아르텍 본점
Artek
마리메코 본점
Marimekko
스칸딕 호텔 매르스키
Scandic Hotel Marski
한국 대사관(3층)
K-마켓
요한나 굴릭센
Johanna Gullichsen
Erottajankatu
피크닉
Picnic
디아나 파크 호스텔
Diana Park Hostel
호텔 안나
Hotel Anna
페이퍼 숍
Papershop
버거킹
피크닉
K-마켓
알레파
Nordea 은행
환전소 Forex
헬싱키 중앙역
Rautatieasema
Kaivokatu
Keskuskatu
스토크만 백화점
Stockmann
우체국
Rautatientori
소코스 호텔 바쿠나
Sokos Hotel Vaakuna
S-마켓
(소코스 지하)
무민 숍 Moomin Shop
알레파
마리메코
Aktia 은행
포룸 쇼핑몰
Forum
더 야드 호스텔
The Yard Hostel
호텔리 핀
Hotelli Finn
클라스 올손
Clas Ohlson
Yrjönkatu
Bulevardi
Uudenmaankatu
디자인 포룸
Design Forum
Lönnrotinkatu
Iso-Robertinkatu
Fredrikinkatu
카페 에크베르그
Cafe Ekberg
유카 린탈라
Jukka Rintala
Albertinkatu
홀리데이 인 헬싱키 시티 센터
Holiday Inn Helsinki City Centre
중앙 우체국
Mannerheimintie
오메나 호텔
이르욘카투 수영장
Yrjönkadun Uimahalli
Annankatu
라피
Lappi
Kalevankatu
오메나 호텔
Omena Hotelli
Eerikinkatu
GLO 호텔 아트
GLO Hotelli Art
키아즈마 현대미술관
Kiasma
만네르하임 동상
Kinna
(아시안 마트)
소코스 호텔 프레지덴티
Sokos Hotel Presidentti
아모스 렉스 시립 미술관
Amos Rex
스칸딕 호텔 시몬켄타
Scandic Hotel Simonkenttä
Simonkatu
클라스 올손
버거킹
피크닉
마리메코
플라잉 타이거
K-마켓
Nordea 은행
캄피 버스 터미널
Kamppi
시립 미술관
HAM
Akadiankatu
라디손 블루 로열
Radisson Blu Royal
히에타라티 시장
Hietalahti Market
펫 라멘
Fat Ramen
템펠리아우키오 교회
Temppeliaukio
Temppelikatu
호텔 헬카
Hotelli Helka
Pohjoinen Rautatiekatu
Eteläinen Rautatiekatu
Hietaniemenkatu

헬싱키 트램
Helsinki Tram

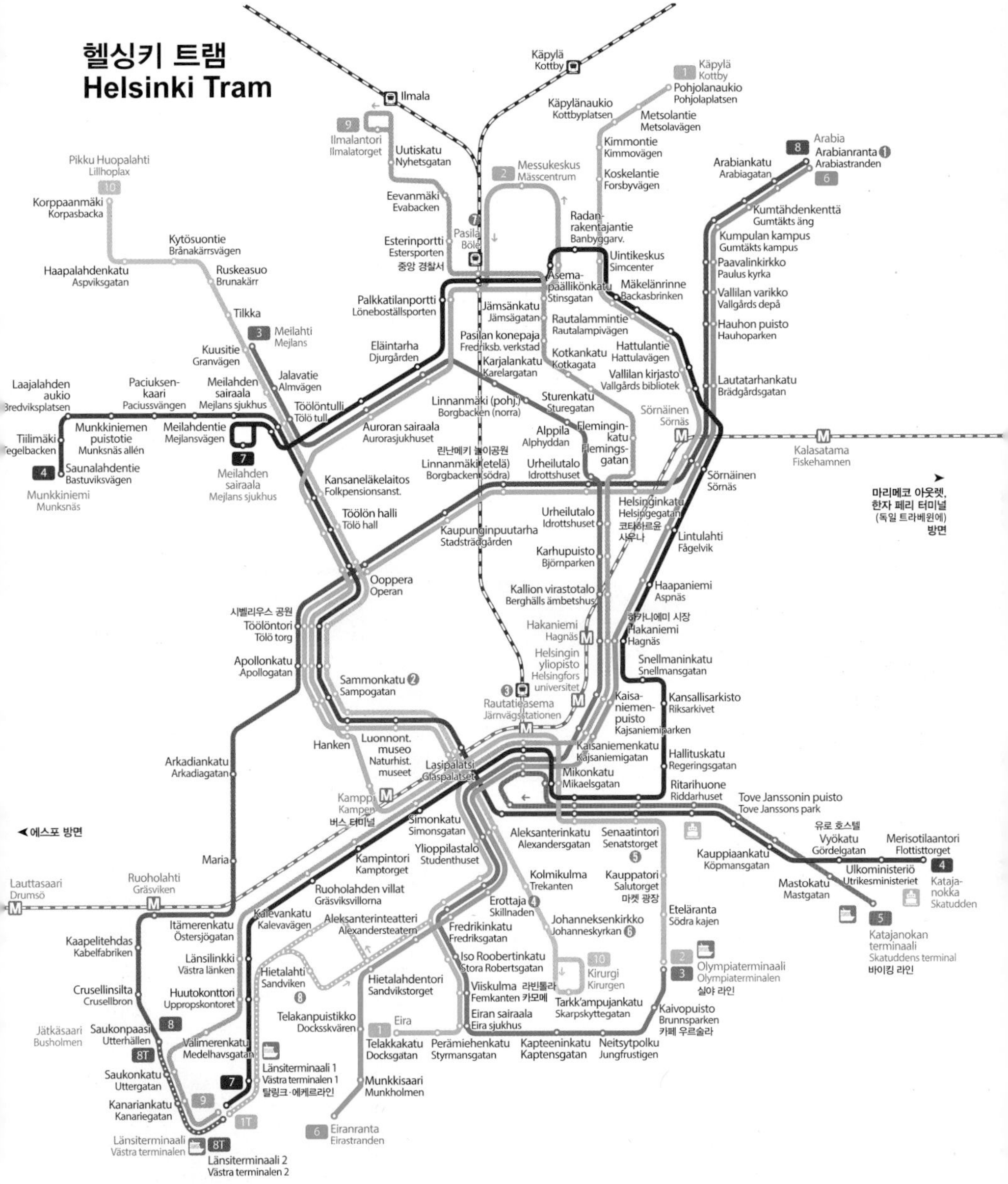

① 이딸라 & 아라비아 디자인 센터, 아라비아 박물관
② 템펠리아우키오 교회
③ 중앙역, 아테네움 국립미술관
④ 한국 대사관
⑤ 헬싱키 대성당, 원로원 광장
⑥ 디자인 박물관, 건축 박물관
⑦ 중앙 경찰서, 공항철도(I · P선) 환승
⑧ 히에타니에미 벼룩시장 & 실내 시장

구시가지 & 카타야노카 지구
Old Town & Katajanokka

중앙역과 만네르하임 거리 Mannerheimintie를 기준으로 북동쪽 방면에 위치한다. 1809년 헬싱키의 창도 후 지어진 카를 엥겔의 건물들을 중심으로 하는 지역이며, 제정 러시아 시대의 흔적이 가장 많이 남아 있는 곳이다. 헬싱키가 어떤 곳이었는지를 확인할 수 있는 관광 명소가 많다.

마켓 광장(카우파토리) Kauppatori

관광명소

매일 아침 들어오는 싱싱한 생선과 야채, 과일이 관광객들의 시선을 사로잡는다. 또한, 다양한 길거리 음식을 저렴한 가격에 맛볼 수 있어 배낭여행자들의 식사 해결에도 제격이다. 오전 시간에는 식품 중심, 오후에는 잡화 중심의 장이 열린다. 현지인들의 인기 아이템은 날로 먹는 완두콩인데, 너무 많이 먹으면 배탈이 날 수 있다. 중간중간 음식을 빼앗아 먹는 갈매기들도 경계하자. 겨울에는 여름 시즌보다 상인의 수가 많이 줄어든다.

Open 08:00~17:00
Access 에스플라나디 공원 끝까지 가서 건너편.

에스플라나디 공원 Esplanadi

로컬명소

시내 중앙을 관통하는 에스플라나디 공원은 1831년에 만들어졌으며, 지금은 시민들의 대표적인 휴식 공간이다. 맑은 날에는 공원 전체에 햇볕을 즐기는 사람들로 가득하다. 주변에는 여러 브랜드 숍과 특급 호텔, 디자인 숍이 가득 들어서 있다. 29번지의 호텔 캠프는 한때 시벨리우스와 갈렌-칼렐라의 집이 있던 곳이며, 공원 가운데에는 민족 시인 루네베리Runeberg의 동상이 그의 아들에 의해 세워졌다. 항구 한쪽 옆의 하비스 아만다 분수와 동상은 1908년에 5월 축제 중심지에 세워졌다. 특히 4월 말에는 이 동상을 중심으로 학생들이 모여들어 성대한 노동절 및 봄맞이 행사인 바푸Vappu를 진행한다. 중앙역에서 에스플라나디 거리로 접어들어 직진하다가 오른쪽에 위치한다.

아테네움 국립미술관 Ateneum

미술관 레스토랑

1887년 세워진 이래 헬싱키의 예술을 상징하는 과거의 아이콘이자, '핀란드의 내셔널 갤러리'라 불리는 고전 미술관이다. 특히 신화 〈칼레발라〉를 바탕으로 한 갈렌-칼렐라, 후고 심베리 등의 작품과 알렉산드르 1세의 소장품을 중심으로, 1700~1950년대 근대 작품까지 전시하고 있다. 특히 핀란드 화가들의 다양한 특집전은 반드시 눈여겨보자. 분위기는 다른 미술관보다 무겁지만, 차분하게 작품을 감상하고 싶은 미술 애호가에게 추천한다. 내부에선 플래시 촬영 금지. 부설 레스토랑의 '오늘의 수프'를 비롯한 푸짐한 점심 메뉴는 관람 전후 든든하게 식사를 해결하기에 좋다. 매달 첫 번째 일요일 12:00에는 무료 가이드 투어(영어)가 있으니 시간이 맞으면 참석해 보자.

Address Kaivokatu 2
Tel 09 173 361
Open 화~금 10:00~20:00, 토 · 일 10:00~17:00
Close 월요일, 1/1, 5/1, 하지의 금~일요일, 12/6, 12/24~ 26, 부활절 전 금요일과 다음 월요일
Access 헬싱키 중앙역 건너편 왼쪽.
Cost 성인 €22, 학생 €12, 19세 미만 무료(1년에 6번 무료 입장일 운영, 홈페이지 참조)
※ 뮤지엄 카드 사용 가능.
Wifi 가능(비밀번호 있음)
Web www.ateneum.fi

Tina's Plus
〈상처 입은 천사〉 바라보기

후고 심베리의 작품 〈상처 입은 천사〉는 핀란드인들이 가장 좋아하는 그림 중 하나이다. 하지만 심베리는 죽을 때까지 이 그림에 대한 아무런 이야기를 하지 않아, 각자의 해석이 분분하다.

그러면 이 그림을 어떻게 들여다봐야 할까.
아무런 힘없이 눈이 가려진 채로 날개가 꺾인 천사, 그리고 날카롭고 어두운 표정으로 천사를 들고 있는 두 아이. 이 세상에서의 천사는, 그리고 아이들은 누구의 모습과 닮아 있을까.
순수의 상징인 천사는 인간 세상에서 상처받은 날개로 더 이상 날지 못하고, 아이들은 힘든 세상에 찌든 얼굴로 천사와 사람들을 향해 불만을 드러내고….

이 그림이 〈아마란스 전설〉이라는 핀란드의 한 이야기에서 비롯되었다는 의견이 가장 많다. 그림과 이야기 내용이 들어맞는 부분이 참 많다. 아동 학대에 대한 상징적 표현, 약자의 체념과 분노를 나타낸다는 식의 해석도 있다. 물론 이해에 따라 다양한 해석이 가능하니, 심베리가 무덤에서 나와 직접 얘기해 주지 않는 한 각자의 상상력(?)을 발휘해 해석해 보길 바란다.

헬싱키 대성당 Tuomiokirkko

관광명소 로컬명소

파란 하늘 아래 눈에 띄는 아름다움이 돋보이는 루터란 교회의 대성당. '나 헬싱키에 왔어' 하는 인증 사진 촬영 장소로 인기가 높다. 이곳은 1852년 러시아 정교회의 대성당으로 만들어졌으나, 독립 이후 루터란 교회의 대성당으로 바뀌었다. 중앙의 큰 돔과 양 귀퉁이의 4개의 작은 돔이 성당 전체의 무게를 잡아 주고 있다. 내부의 대형 그림, 루터와 아글리콜라의 동상, 기둥 위의 예수와 십이사도상은 반드시 눈여겨보자. 칠흑 같은 밤에는 더 아름답게 빛나는 모습을 볼 수 있다.

Address Unioninkatu 29
Tel 09 2340 6120
Open 월~금 09:00~18:00, 토 13:00~16:00, 일 11:30~18:00
Cost €5(기부 권장)
Access 원로원 광장 뒤쪽에 위치. 트램 1, 2, 4, 7번 이용 시 Senaatintori 정류장에서 하차.
Web www.helsinginseurakunnat.fi

원로원 광장 Senaatori

관광명소 로컬명소

정부 청사, 대성당, 헬싱키 대학교 본관, 중앙 도서관 등의 여러 기관이 둘러싸고 있는 정사각형의 광장. 헬싱키 시민들과 여행자들의 만남의 광장으로 활용되고 있다. 대부분의 주변 건물들은 카를 엥겔Karl Engel에 의해 설계되었고, 그 앞에는 발터 루네베리가 만든 러시아 황제 알렉산드르 2세의 동상이 큼지막하게 자리 잡고 있어 러시아에 지배당하던 시절의 역사를 함께 말해 준다. 광장 주변은 늘 많은 사람과 관광버스로 북적이고 있으니 지나갈 때 주의를 기울이자.

Access 1, 2, 4, 7번 트램을 타고 Senaatintori 정류장에서 하차.

우스펜스키 대성당 Uspenskin Katedraali

서유럽 최대 규모의 러시아 정교회 성당으로, 1868년에 성모 승천을 기념하여 비잔틴 슬라브 양식으로 만들어졌다. 러시아에 지배받던 시절의 역사를 알 수 있는 중요한 공간이기도 하다. 지붕의 양파 모양 꾸뽈라와 첨탑은 금으로 덮여 있고, 건물 전체는 붉은색 벽돌로 지어졌다. 내부 제단 벽에는 천연 물감으로 그려진 그리스도와 십이사도의 벽화가 있다. 헬싱키 대성당과 함께 시내의 랜드마크를 이끄는 쌍두마차로 손꼽힌다. 실내에서는 촬영 시 플래시 사용 금지.

관광명소

Address Kanavakatu 1
Tel 09 634 267
Open **5~8월** 월~토 09:30~16:00, 일 12:00~15:00
9~4월 화~금 09:30~16:00, 토 10:00~15:00, 일 12:00~15:00
Close 9~4월의 월요일
Access 마켓 광장에서 다리를 건너 바로 보이는 갈색의 큰 대성당.
Web www.hos.fi/kirkot/uspenskin-katedraali

카페 파체르 Café Fazer

핀란드를 대표하는 초콜릿 회사 파체르Fazer에서 만든 카페의 본점. 1891년 창업 이래 바닥과 천장 등의 장식이 문화재로 지정되었고, 120년의 역사와 전통을 자랑한다. 지금은 헬싱키에서 가장 맛있는 케이크와 카푸치노를 즐길 수 있는 곳으로 유명하며, 늘 사람으로 붐빈다. 이곳의 최고 인기 메뉴는 역사를 함께한 부다페스트 케이크, 다크 초콜릿 무스, 사과 바닐라 머랭으로, 여행 중 피로 회복에 최고. 또한 파체르의 다양한 초콜릿, 무민 캐릭터 과자류는 핀란드 기념 선물로 좋다. 브런치와 수프 뷔페 등의 다양한 식사 메뉴도 갖추고 있어, 아침 일찍부터 따뜻하게 식사를 해결하기 좋다. 매주 목요일에 이들이 즐겨 먹는 팬케이크와 콩 수프도 함께 맛보자.

카페 로컬명소

Address Kluuvikatu 3
Tel 020 729 6702
Open 월~금 07:30~22:00,
토 09:00~22:00, 일 10:00~18:00
Close 승천일, 5/1, 12/6, 12/24~25, 하지의 금 · 토
Access 시내에서 3, 4, 7번 트램을 타고 알렉산테린카투Aleksanterinkatu 정류장에서 내려 5m 직진 후 끌루비카투Kluuvikatu 골목으로 진입하면 왼쪽에 큰 간판이 보인다.
Cost 커피 €3.5, 부다페스트 케이크 조각당 €6.5, 사과 바닐라 머랭 조각당 €7.9, 점심 수프 뷔페 €12.7
Wifi 가능
Web www.fazer.fi(핀란드어)

스토크만 백화점 Stockmann

쇼핑 로컬명소

헬싱키 시민들에게는 최고의 약속 장소이자(1층 정문에 돌아가고 있는 시계 앞에서 만나자는), '가장 핀란드다운' 상품을 많이 보유한 핀란드 최대의 백화점이다. 지하의 대형 식품 매장, 1층의 화장품 매장, 5층의 그릇 전문 매장은 늘 사람들로 붐빈다. 어린이 동반 가족에게는 6층의 장난감 숍도 인기 만점. 여름 시즌에는 옥상에서의 식사 역시 운치를 더해 준다. 한곳에서 집중 쇼핑을 원하거나, 관광 중 짬짬이 쇼핑하고 싶을 때, 핀란드의 유행을 파악하고 싶을 때, 간단하게 점심 해결을 원할 때 최고의 장소이다. 세금 환급은 €40 이상부터 가능하다. 쇼핑 전 8층 안내소에서 여권 제시 후 10% 할인 쿠폰을 받자.

Address Aleksanterinkatu 52
Tel 09 12 11
Open 월~금 10:00~20:00,
토 10:00~19:00, 일 12:00~18:00
Close 1/1, 1/6, 부활절 전 금요일~다음 월요일, 5/1, 어머니의 날(5월 둘째 주 일요일), 승천일, 성령강림절, 하지, 11/6, 아버지의 날(11월 둘째 주 일요일), 12/6, 12/25
Access 시내 중앙역에서 길을 건너 왼쪽으로 내려간 후, Aleksanterinkatu로 접어들어 바로 오른쪽 위치. 중앙역에서 도보로 약 5분 소요.
Web www.stockmann.fi

아카테미넨 서점
Akateeminen Kirjakauppa

쇼핑 | 건축 · 디자인 | 영화 · 책 배경

1968년에 알바르 알토의 설계로 제작된 헬싱키 시내에 위치한 최대 규모의 서점. 문 앞의 모든 연령층을 고려한 3단계 손잡이, 서점 안에 햇살을 가득히 안겨 주는 천장의 독특한 창이 눈길을 끈다. 건축에 관심이 많다면 반드시 눈여겨보자. 핀란드를 알리는 내용의 여러 서적과 무민 동화책은 가장 인기가 많으며, 유럽 각국의 영어판 잡지(1층)와 여행 서적(2층)도 구입할 수 있다. 헬싱키 시내 최초의 스타벅스 매장이 여기에 들어서기도 했다. 현재 내부 조명 교체 공사로 다소 불편할 수 있는 점 주의.

Address Pohjoisesplanadi 39
Tel 09 121 41
Open 월~금 09:00~20:00, 토 09:00~18:00, 일 11:00~18:00
Close 스토크만 백화점과 동일
Access 시내 중앙역에서 에스플라나디 거리로 접어들어 왼쪽, 스토크만 백화점 옆 위치. 스토크만 백화점 지하 1층에 연결 통로가 있다.
Web www.akateeminen.com

카페 알토 Café Aalto

카페 | 영화 · 책 배경

원래는 옆 건물의 라우타탈로Rautatalo에 있던 '카페 콜롬비아'였으나, 1986년 현재의 위치로 이전 후 알토 재단의 허락하에 이름을 바꾸었다. 지금은 아카테미넨 서점을 찾는 사람들의 휴식처이자 만남의 장소로, 알토의 이름에 걸맞은 문화 공간 'Cultura'를 표방하는 카페이기도 하다. 실내는 1970년대 이전 카페 콜롬비아에서 쓰던 가구와 알토의 골든 벨 조명, 아르네 야콥슨의 '개미 허리 의자'가 어우러져 과거와 현재의 조화를 보여 준다. 서점에서 구입한 책을 읽으며 한가롭게 커피 한 잔이나 브런치, 와인 한 잔을 즐기기에 좋다. 이곳의 간판인 시금치와 모차렐라 치즈가 듬뿍 든 알토 파이, 베리를 얹은 치즈케이크를 맛보자.

Address Pohjoisesplanadi 39
Tel 09 121 4446
Open 아카데미넨 서점과 동일
Access 아카테미넨 서점 3층에 위치.
Cost 커피 €4.4, 치즈케이크 €8.8, 알토 파이 €14.9, 연어 파이 조각당 €16.6, 조식 세트 €14.9
Wifi 가능
Web www.cafeaalto.fi

이딸라 · 아라비아 iittala · Arabia

쇼핑 건축 · 디자인

핀란드 대표 도자기 브랜드 아라비아와 유리 브랜드 이딸라의 시내 최대 규모 메인 숍. 2017년 이후 두 브랜드가 개별 숍으로 나눠졌지만, 문 하나를 통해 서로 연결되어 있어 '따로 또 같이'의 느낌을 준다. 이딸라와 아라비아 브랜드의 전 라인은 물론 계열 브랜드인 피스카르, 하크만의 상품들도 만나볼 수 있다. 특히 이곳의 메인 라인인 떼마Teema, 24h, 타이카Taika, 무민 시리즈, 알바르 알토 유리 제품들이 가장 잘 나가는 아이템이다. 매년 부활절, 여름 시즌, 크리스마스 전후로 나오는 한정 상품들은 더더욱 놓치지 말자. 한국에도 진출한 브랜드인 만큼, 한국에 출시되지 않은 상품 위주로 구입하는 것을 추천한다. 세금 환급은 €40부터 가능.

Address Pohjoisesplanadi 25
Tel 020 439 3501
Open 월~금 10:00~19:00, 토 10:00~17:00, 일 12:00~16:00
Close 1/1, 부활절 전 금요일, 5/1, 성령강림절, 하지의 금 · 토요일, 12/6, 12/25, 일요일
Access 중앙 관광 안내소 앞에서 우측으로 직진.
Web 이딸라 www.iittala.com
아라비아 www.arabia.fi

Snakk

핀란드 디자인의 아버지, 카이 프랑크 Kaj Franck(1911~1989)

"색은 내가 유일하게 사용하는 장식적 요소다."

카이 프랑크는 알토와 함께 핀란드 디자인의 기본을 확립한 디자이너입니다. 그의 디자인 철학은 '장식을 배제한 간결미'와 '일상 속 아름다움의 창조'로, 지금의 북유럽 디자인에서 한결같이 보이는 공통점이지요. 대표작인 떼마Teema, 카르티오Kartio 라인의 제품이 매일 사용해도 지겹지 않고, 60년간 전 세계에서 사랑받고 있는 비결도 바로 그의 철학에 있어요. 현재 디자인 협회에서 수여하는 '카이 프랑크상'은 핀란드 디자이너들이 가장 누리고 싶어 하는 최고의 영예랍니다.

마리메코 Marimekko

쇼핑 건축 · 디자인

1951년 창립 이래, 북유럽의 섬유 디자인을 대표하는 최고의 브랜드로 자리 잡았다. 발랄하면서 톡톡 튀는 색감과 꽃무늬는 이들의 트레이드마크! 알렉산테린 거리의 숍은 13개 매장 중 시내 최대 규모를 자랑한다. 2층 규모의 숍에 가득한 남녀 의류, 침구류, 주방 소품, 액세서리는 모두의 눈길과 발길을 사로잡는다. 또한 DIY족을 위한 패브릭 역시 놓칠 수 없는 아이템. 같은 아이템이라도 한국 매장에서보다 20~30% 정도 저렴한 가격에 구입할 수 있다. 세금 환급은 €40부터 가능하다. 이 외에도 포룸 쇼핑몰, 캄피 버스 터미널 건물에 분점이 있다.

Address Pohjoisesplanadi 33
Tel 050 572 5632
Open 월~금 10:00~19:00, 토 11:00~17:00, 일 12:00~16:00
Close 1/1, 부활절 전 금요일, 5/1, 하지의 금 · 토요일, 12/6, 12/25
Access 아카테미넨 서점 정문에서 좌회전 후 캠프 호텔 1층 갤러리아 쇼핑몰 내.
Web www.marimekko.com

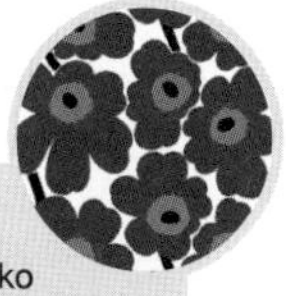

빨강 우니코
© Marimekko

Snakk

마리메코의 간판 스타, 우니코 Unikko

요 빨간 꽃무늬가 처음에는 '요란뻑적지근하다'고 여겨질 수도 있지만, 보면 볼수록 매력 넘치고 심지어는 빠져들기까지 합니다. 이 꽃무늬는 1964년에 마이아 이솔라 Maija Isola가 처음 디자인한 '우니코Unikko'예요. 양귀비꽃을 모델로 핀란드의 자연과 정서를 담아 만들어졌답니다. 처음에는 빨간 꽃으로 시작해, 이후 파랑, 검정 등의 다양한 색상 조합으로 50년간 마리메코의 대표 선수 역할을 톡톡히 해내고 있어요. 2014년 가을에는 핀에어 비행기에도 파랑과 흰색의 우니코가 도배(?)되었을 정도이니 그 위상이 어느 정도인지 실감이 가죠?

신시가지
New Town

이 지역에는 20세기 이후 독립을 상징하는 여러 건축물이 들어섰다. 제2차 세계대전 후 알토가 주도했던 계획에 따라 퇼룬 만 Töölönlahti 주변을 중심으로 세워진 다양한 현대 건축물을 볼 수 있다. 특히 규모 있는 미술관과 박물관은 핀란드의 다양한 문화를 느낄 수 있어 많은 여행자의 발길이 끊이지 않는다.

키아즈마 현대미술관 Kiasma

미술관 건축 · 디자인 레스토랑

신시가지와 핀란드의 현대를 상징하는 대표적인 랜드마크. 미국의 건축가 스티븐 홀에 의해 설계된 초현대적 건물이다. 특히 아연, 구리, 유리, 알루미늄으로 지어진 외관과 5층으로 이루어진 내부의 조화가 볼만하다. 아테네움 국립미술관의 현대미술 분관이었다가 1997년에 별도의 미술관으로 독립했다. 1960년대 이후의 다양한 작품 특설전과 체험 공간을 통해 현대미술을 재미있게 즐길 수 있다. 1층의 카페에서는 '오늘의 수프'가 곁들여진 점심 뷔페를 함께 즐겨 보자. 특히 점심시간에는 인근 직장인들도 비즈니스 런치를 즐기기 위해 자주 찾는다.

Address Mannerheimiaukio 2
Tel 09 1733 6501
Open 화~금 10:00~20:00, 토 · 일 10:00~17:00
Close 월요일, 하지의 금 · 토요일, 12/6 · 24~26 · 31, 1/1
Access 중앙 우체국 Posti 옆에 위치.
Cost 성인 €22, 학생 €20, 18세 미만 무료
※ 뮤지엄 카드 사용 가능.
Wifi 가능
Web www.kiasma.fi

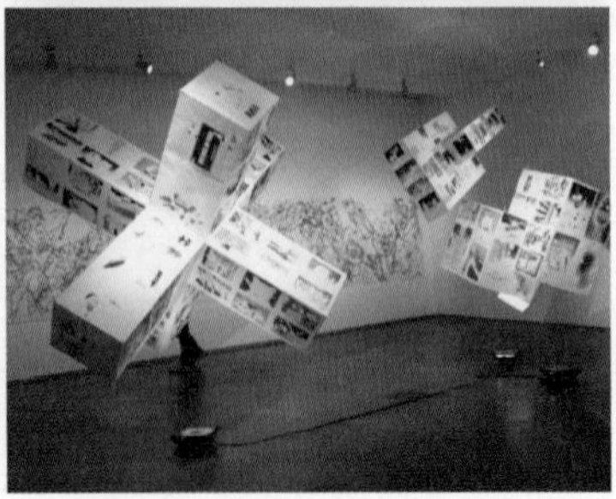

중앙역 Rautatieasema
스웨덴어 Järnvagsstation

로컬명소

신시가지의 랜드마크인 육중한 화강암 건물은 1914년 에리엘 사리넨Eliel Saarinen의 설계로, 역 입구를 지키는 4명의 거인상은 에밀 빌크스트룀Emil Wikström에 의해 만들어졌다. 지금 이 거인상들은 핀란드 철도청의 마스코트이자, 돈 안 드는 광고 모델로 사랑받고 있다. 기차역 구석구석에서 이들을 이용한 재미있는 광고 역시 깨알 같은 재미를 준다.

Open 05:00~01:30

국립박물관 Suomen Kansallismuseo

박물관 로컬명소

독립 후 1916년 개관 이래 핀란드 국내의 문화, 역사, 고고학적 유물로 가득 찬 국내 최고의 박물관이 되었다. 내부의 6개 파트 중 방대한 규모의 선사시대 유물, 스웨덴 지배를 받던 시절 교회 관련 전시물, 독립 이후 핀란드의 발전상 등이 가장 볼만하다. 특히 건물 내 〈칼레발라〉 프레스코화는 이곳을 대표하는 갈렌-칼렐라 만년의 역작. 핀란드에 대한 모든 것을 한자리에서 골고루 보고 싶다면 반드시 방문하자. 매주 금요일 16:00 이후, 매년 6월 12일(헬싱키의 날)에는 무료 입장이 가능하다. 오디오 가이드 이용을 위해 개인 이어폰을 준비할 것. 현재 보수공사 중이며, 2027년 재개장할 예정이다.

Address Mannerheimintie 34
Tel 09 4050 9544
Open 11:00~18:00
Close 9~4월의 월요일, 1/1, 부활절 전 금요일, 5/1, 하지의 금 · 토요일, 12/6, 12/24~26, 12/31
Access 시내에서 트램 4번, 7번, 10번으로 칸살리스무세오Kansallismuseo 정류장에서 하차. 키아즈마 미술관 앞에서 길 건너 오른쪽 직진.
Cost 성인 €15, 학생 €10, 18세 미만 · 매주 금요일 16:00 이후 무료
※ 뮤지엄 카드 사용 가능.
Web www.kansallismuseo.fi

템펠리아우키오 교회 Temppeliaukio

관광명소 건축 · 디자인

템펠리아우키오 광장 근처에 있는 암반을 깎아 만든 교회로, 1969년에 티모와 투오모 수오말라이넨 형제의 설계로 지어졌다. 천장과 외벽 사이의 창을 통해 자연광이 들어오도록 설계되었으며, 그 안쪽에는 약 3만 미터의 구리 선이 돔 모양으로 둥글게 엮어져 있어 울림 효과를 더욱 높여 주고 있다. 또한 건물 내부는 천연 암석의 느낌을 그대로 살리고 외부는 깎아 냈던 바위들을 쌓아 놓아 방음 효과 및 외부 충격으로부터의 차단 효과도 좋은 편. 교회 안에서는 다양한 음악회, 결혼식 등이 자주 열려 헬싱키 시민들의 일상을 엿보기에 좋다.

Address Lutherinkatu 3
Open 월~금 10:00~17:00, 토 10:00~13:15, 14:15~17:00, 일 12:00~13:15, 14:15~17:00
Access 2번 트램을 이용해 정류장 Sammonkatu (Sampogatan)에서 하차.
Cost 성인 €8, 18세 미만 무료
※ 뮤지엄 카드 사용 가능.
Web www.temppeliaukionkirkko.fi

아모스 렉스 시립 미술관 Amos Rex

미술관 건축 · 디자인

핀란드 최대 규모의 개인 미술관. 스웨덴계 신문사 편집장 겸 미술품 수집가였던 아모스 앤더슨Amos Anderson의 5,000점 넘는 미술품이, JKMM의 현대적인 건물로 옮겨져 2018년 8월 말에 새롭게 문을 열었다. 이곳에서는 노벰버 그룹, 프리즈마 그룹, 네비즘Naivism 등의 초기 핀란드 현대미술 유파들의 작품을 중심으로 한 20세기 초중반의 작품을 주로 취급한다. 키아즈마와 다른 현대미술 작품을 접하고 싶다면 추천.

Address Mannerheimintie 22-24
Tel 09 684 4460
Open 월 · 수~금 11:00~20:00, 토 · 일 11:00~17:00
Close 화요일, 1/1, 5/1, 승천일, 하지의 금 · 토요일, 12/6, 12/23~25, 12/31, 전시 교체 시 (부정기적)
Access 시내 중앙우체국 및 소코스 호텔 건너편.
Cost 성인 €20, 학생 €5, 18세 미만 무료
※ 뮤지엄 카드 사용 가능.
Web www.amosrex.fi

무민 숍 Moomin Shop

쇼핑

애니메이션 〈즐거운 무민 가족〉 주인공들의 캐릭터 상품을 판매하고 있는 시내 중심가의 공식 숍이다. 저렴한 가격의 각종 엽서부터 열쇠고리, 냉장고 자석, 피규어, 다양한 크기의 무민 패밀리 인형이 베스트 아이템! 이 숍에서만 판매하는 한정 아이템도 같이 눈여겨보자. 무민 월드에 갈 시간이 없다면 여기서 아쉬움을 달래도 좋다. 매장 내 태블릿으로 회원가입 시 전 제품을 10% 할인받을 수 있다. 한국 내 매장에서 먼저 물건을 본 후에, 주로 한국에 없는 오리지널 상품들을 구입하는 것을 추천. 반타 공항 안에도 매장이 있다.

Address Mannerheimintie 20
Tel 04 0192 0720
Open 월~토 10:00~19:00, 일 12:00~16:00
Access 중앙역에서 길을 건너 오른쪽의 길 Mannerheimintie 건너편 포룸 쇼핑몰 2층.
Web www.moomin.com

이르왼카투 수영장 Yrjönkadun Uimahalli

로컬명소 영화·책 배경

1928년에 설립된 후 헬싱키 시내의 터줏대감처럼 자리 잡은 대중 수영장 겸 사우나. 신고전 양식의 건물로도 유명하지만, 남녀 수영장 운영 시간이 다르고 수영복 없이도 마음 편히 이용 가능한 곳으로 현지인들도 즐겨 찾는다. 영화 〈카모메 식당〉에서는 주인공 사치에가 수영하던 곳으로 등장했다. 묵는 숙소에 사우나가 없거나 비싸다면 이곳에 와서 현지인들과 함께 저렴하게 피로를 풀어 보자. 여름 시즌에는 휴가 관계로 운영하지 않을 수 있으니 미리 확인할 것. 현재 공사 중이며 2026년 재개장할 예정이다.

Address Yrjönkatu 21
Tel 09 3108 7401
Open **여성 월** 1층 12:00~20:00,
수 · 금 1층 06:30~20:00, 2층 13:00~20:00
일 1층 11:00~20:00, 2층 13:00~20:00
남성 화 · 목 1층 06:30~20:00,
2층 13:00~20:00,
토 1층 07:00~20:00, 2층 13:00~20:00
Close 1/1, 5/1의 일요일, 6/2~9/2, 12/6, 12/23~26
Access 포룸 쇼핑몰 뒤편, 위에 'UIMAHALLI/SIMHALL'이라고 쓰인 간판이 붙어 있으며, 그 아래 문으로 들어가면 현관이 있다.
Cost **1층(수영장, 일반 사우나)** 성인 €5.5, 학생 · 노인 €3
2층(수영장, 수면실, 가운, 스팀, 전통 사우나) 성인 €16, 학생 · 노인 €11
Web www.hel.fi

디자인 디스트릭트
Design District

신시가지의 Uudenmaankatu를 중심으로 디자인 협회에서 조성한, 다양한 헬싱키의 디자인을 가장 가까이서 접할 수 있는 지역. 골목골목 자리 잡은 아기자기한 가게와 작은 스튜디오가 호기심을 자극한다. 여태까지 그들의 디자인을 완성품으로만 바라봤다면, 일터가 자리한 이곳에서 디자이너들의 노력을 좀 더 가까이 느껴 보자. 시내 관광 안내소에서 지역 지도를 받아 참고하면 좋다.

디자인 박물관 Designmuseo
스웨덴어 Kunstindustrimuseet

박물관 | 건축 · 디자인

장식미술 학교 학생들을 위해 1873년에 처음 만들어진 후 1894년 구스타프 니스트룀에 의해 지금의 건물이 지어졌다. 1층에서는 핀란드 디자인의 변천사, 지하와 2층에서는 철철이 바뀌는 다양한 컬렉션을 볼 수 있어 디자인 전공자와 관심 많은 여행자라면 반드시 눈여겨보자. 시대 및 계파별로 나뉜 작품 전시는 핀란드 디자인의 역사를 파악하기에 좋다. 특히 알토, 피르칼라, 사파네바 등의 디자이너들이 만든 유리 작품 컬렉션이 하이라이트. 내부에서 사진 촬영은 금지. 매달 마지막 화요일 오후 7시, 여름 시즌에는 매주 토요일 오후 3시에 전시물 중심의 무료 가이드 투어가 있다.

Address Korkeavuorenkatu 23
Tel 09 622 0540
Open **9~5월** 화 11:00~20:00, 수~일 11:00~18:00
7 · 8월 월~금 11:00~20:00, 토 · 일 11:00~18:00
Close 9~5월의 월요일, 1/1, 5/1, 하지의 금 · 토요일, 12/6, 12/24~26
Access 24번 버스나 10번 트램을 타고 박물관 앞에서 하차.
Cost 성인 €20, 학생 €12, 어린이 · 매달 마지막 화요일 무료
※ 뮤지엄 카드 사용 가능.
Wifi 가능(비밀번호 있음)
Web www.designmuseum.fi

Tina's Plus
디자인 디스트릭트의 '클래스'를 이끄는 추천 숍

디자인 디스트릭트의 그 많은 숍들이 부침을 반복하는 가운데, 전통과 인기를 굳건히 얻은 숍들은 지금도 건재하다. 이곳의 터줏대감이 된 숍들을 간단히 소개한다.

유카 린탈라 Jukka Rintala
전통의 의상 디자이너 유카 린탈라의 메인 숍이자 일터. 70세에 가까운 나이에도 계속 현역으로 왕성한 활동을 보이고 있다. 자연의 아름다움에서 영감을 받은 패턴의 의상, 텍스타일 디자인으로 '100% 핀란드 디자인'을 선보인다는 자부심이 대단하다. 이브닝드레스부터 냅킨을 비롯한 소품까지 다양한 라인업을 만날 수 있다.
Address Fredrikinkatu 26 Web www.jukkarintala.fi

요한나 굴릭센 Johanna Gullichsen
텍스타일 디자이너 요한나 굴릭센의 메인 숍. 전통적인 직조 방법을 이용한 톡톡한 패브릭과 관련 제품들이 인기가 높다. 여타 핀란드 브랜드들보다 차분하고 단정한 색상과 무늬는 우리에게도 잘 맞는다.
Address Erottajankatu 1 Web www.johannagullichsen.com

페이퍼 숍 Papershop
다양한 종이 디자인 아이템을 취급하는 전문 숍. 형형색색의 예쁜 포장지, 노트, 축하 카드, 포스터 등에서 이들만의 감성을 느끼기에 좋다. 디자인 문구류 등에 관심이 많으면 반드시 들러 보자.
Address Fredrikinkatu 18 Open 월~금 10:00~18:00, 토 11:00~16:00 Web www.papershop.fi

건축 박물관
Suomen Rakennustaiteen Museo
스웨덴어 **Finlands Arkitekturmuseet**

박물관 | 건축 · 디자인

1899년에 지어진 사회당 겸 헬싱키 대학교 체육과 건물에 1981년 문을 열었다. 2층의 전시관에는 매번 달라지는 핀란드 건축에 대한 다양한 전시가 열리며, 자료실에는 핀란드 현대건축에 대한 약 50만 점의 원본 설계도, 85,000장의 사진, 30,000장이 넘는 슬라이드, 모델 등이 전시되어 있다. 또한, 도서관에는 33,000여 권의 장서와 1,000여 권의 잡지가 보관되어 있어 건축이나 미술 전공자라면 그 안에서 하루를 다 보내도 아깝지 않을 것이다.

Address Kasarmikatu 24
Tel 09 8567 5100
Open **전시관 · 도서관** 화 11:00~20:00, 수~일 11:00~18:00
자료실 화~목 11:00~16:00(사전 신청 필요)
Close 월요일, 5/1, 하지의 금~일요일, 승천일, 12/6, 12/24~26, 12/31~1/1, 부활절 전 금요일~다음 월요일
자료실 월요일(드로잉 전시관 1~3월 휴관)
Access 디자인 박물관을 등지고 왼쪽 길로 돌아간 후 다음 길에서 좌회전. 큰 깃발이 붙어 있다.
Cost 성인 €20, 학생 €12, 18세 미만 · 매달 마지막 화요일 무료
※ 뮤지엄 카드 사용 가능.
Web www.mfa.fi

라피 Lappi

레스토랑

핀란드 북부 라플란드 전통 음식을 주로 취급하는 고급 레스토랑. 통나무와 돌이 어우러진 실내 분위기부터 공간 이동한 듯한 느낌을 준다. 음식으로 지역 분위기를 대신 느껴 보고 싶다면 추천한다. 3인 이상 방문 시 예약 필수.

Address Annankatu 22
Tel 09 645 500
Open 월~토 16:00~22:00
Access 캄피 버스 터미널 옆쪽 문에서 Annankatu 길로 접어들어 오른쪽의 통나무집.
Cost 단품류 €13~70, 칵테일류 €8~10
Web www.lappires.com

카페 에크베르 Cafe Ekberg

카페 레스토랑 로컬명소

1852년에 처음 문을 연 이래, 지금의 자리에서 헬싱키를 지켜 온 170년 전통의 카페 겸 빵집. 디자인 디스트릭트를 돌아보기 전후에, 고풍스럽고 여유로운 분위기에서 아침과 점심 식사, 다양한 빵과 케이크 종류를 즐기기에 좋다. 국민 간식 시나몬 롤과 크림이 듬뿍 든 파이, 페스트리, 무스 케이크는 늘 인기 만점이다. 카페와 테이크아웃 전용 공간이 구분되어 있다.

Address Bulevardi 9
Tel 09 681 1860
Open 월~금 07:30~19:00, 토 · 일 09:00~18:00
Close 일부 공휴일
Access 트램 3, 6번을 이용해 Fredrikinkatu에서 하차 후 바로 앞.
Cost 빵 종류 €3~8, 케이크 및 파이 €7~10, 평일 아침 식사 뷔페 €15.9, 점심 메뉴 €13.9, 커피 €4.5~
Web www.cafeekberg.fi

라빈톨라 카모메 Ravintola Kamome

레스토랑 영화 · 책 배경

일본 영화 〈카모메 식당〉의 메인 촬영 장소로 등장한 곳. 2006년 촬영 당시부터 약 8년간 핀란드 가정식 식당 '카빌라 수오미 Kahvila Suomi'로 운영되었으나, 2015년 7월 이후 일본인으로 주인이 바뀌면서 상호도 바뀌었다. 특히 영화 속에서 등장했던 '주먹밥'을 먹을 수 있어 영화의 팬들로 매일 붐빈다. 촬영 당시의 소박한 분위기가 사라진 것이 아쉽지만, 핀란드에서 밥을 먹거나 이자카야 분위기를 느끼고 싶다면 가볼 만하다. 내부에 붙어 있는 영화 포스터와 그 당시 색감이 남은 벽 등이 영화의 향기를 다소나마 전해 주고 있다.

Address Pursimiehenkatu 12
Tel 09 657 422
Open 월~금 11:00~22:00, 토 13:00~22:00
Close 일요일, 공휴일, 겨울 휴가 기간, 그 외 부정기적
Access 2번이나 3번 트램으로 Viiskulma (Femkanten) 정류장에서 하차 후 Pursimiehenkatu 거리로 접어들어 왼쪽. 갈매기 그림이 그려진 간판이 있다.
Cost 점심 메뉴(월~금 11:00~15:00) €12.7~16, 주먹밥 €6~8.5, 토요일 브런치 메뉴(덮밥/라멘+샐러드+후식+커피) €22.5, 저녁 메뉴 €7~20
Web www.kamome.fi

히에타라티 시장 Hietalahden Kauppahalli

로컬명소 쇼핑

112년 역사의 실내 시장이, 지금은 여러 식당이 한데 모인 맛의 경연장으로 변모했다. 특히 뜨끈한 국물 음식을 주로 취급하는 식당들은 쌀쌀한 날에 인기가 높다. 매년 여름에는 야외 광장에서 벼룩시장이 열리며, 시민들과 관광객들이 어우러져 재미를 더한다. 약간의 현금을 준비하고, 소지품 관리에 주의를 기울이자.

Address Lönnrotinkatu 34
Open **실내 식당** 월 · 화 08:00~18:00, 수 · 목 08:00~22:00, 금 · 토 08:00~23:00, 일 10:00~16:00 **여름 시즌** 일요일 12:00~18:00(식당에 따라 영업시간 다름)
야외 벼룩시장 6월 말~9월 월~토 08:00~16:00, 일 10:00~16:00
Access 중앙역에서 6번 트램을 이용해 Hietalantori에서 하차 후 건너편.
Web 실내시장 www.hietalahdenkauppahalli.fi
여름 벼룩시장 안내 www.kirppikset.info/kirppikset/hietalahdentorin-kirpputori(핀란드어)

팻 라멘 Fat Ramen

레스토랑

실내 시장을 대표하는 퓨전 라멘집. 직접 뽑은 면과 함께, 뽀얀 돼지고기 육수와 채수를 이용한 라멘 중 선택 가능. 토핑과 김치를 추가로 주문해 먹으면 더욱 맛있다. 벼룩시장을 돌아본 후 뜨끈하게 속 풀기에 좋은 장소다. 현지인 입맛을 반영해 정통 일식 라멘과는 다소 거리가 있는 점 미리 알고 가자.

Open 월~토 11:00~22:00, 일 12:00~15:00
여름 벼룩시장 기간 일요일 12:00~18:00
Access 실내시장 구내.
Cost 라멘 €13~18, 어린이 메뉴 €7.5, 김치 추가 €4.9, 점심 라멘 세트 €17(매주 달라짐)
Web www.fatramen.fi

피크닉 Picnic

레스토랑

노란 종이컵 모양의 조명이 눈길을 끄는 샌드위치 전문점. 통곡물 바게트에 신선한 재료를 채운 샌드위치 세트와 풍성한 샐러드, 구운 감자가 맛있는 베스트 아이템이다. 최근에는 한국 양념구이맛 샌드위치도 한 자리 차지하고 있다. 중앙역, 버스 터미널을 비롯해 시내에 약 10곳의 지점이 있다.

Address Fredrikinkatu 28
Tel 40 714 9824
Open 월~금 08:00~18:00, 토 10:00~16:00
Access 카페 에크베르 왼쪽 큰길에서 길 건너 왼쪽.
Cost 바게트 샌드위치 €7.5, 샐러드 €12.3, 구운 감자 세트 €11.3
Web www.picnic.fi(핀란드어)

외곽 지역
Outskirts of Helsinki

시내 중심가에서 조금만 눈을 돌리면 또 다른 헬싱키의 면면을 맛볼 수 있다. 헬싱키의 평범한 사람들이 모여드는 곳에서 현지인들의 일상을 들여다보자.

하카니에미 시장 Hakaniemi Kauppahalli

로컬명소 | 쇼핑 | 영화·책 배경

헬싱키 시민과 밀착된 느낌의 재래시장. 매일 야채와 과일 중심의 야외 마켓, 육류와 잡화 중심의 실내 마켓이 함께 열리고 있다. 야외 마켓에서는 여행 때 먹을 과일 종류를 시식해 보고 구입할 수 있고, 그 옆에 있는 카페에서는 전통 음식을 저렴하게 맛보기에 좋다. 실내 마켓의 1층에서 신선한 생선과 고기 종류를 구입할 수 있는데, 특히 통삼겹살과 영화 〈카모메 식당〉 속에서 등장한 순록고기, 다양한 맛의 청어 절임, 현지인들이 즐겨 먹는 잔생선 무이꾸Muikku 등을 맛보자. 줄 서서 먹는 수프 가게, 맛있는 빵을 파는 가게들은 늘 인기 만점.

Tel 09 3106 4269
Open **시내** 월~토 08:00~18:00
야외 마켓 06:30~16:00
Close 일요일, 12/6, 12/24~25, 12/31~1/1
그 외 부정기적(가게별로 다름)
Access 3, 6, 7, 9번 트램 및 지하철로 하카니에미 Hakaniemi 정류장에서 하차.
Web www.hakaniemenkauppahalli.fi

Tip
뒤편에는 여러 아시안 가게들이 자리 잡고 있다. 한국 음식이 필요할 경우 찾아가 보자.
JK Shop Sörnäisten rantatie 3
Jiahe Asian Market Sörnäisten rantatie 7
Vii-Voan Hämeentie 3

파티세리 티무 아우라 Patisserie Teemu Aura

로컬명소 | 카페

자신의 이름을 걸고 2011년 처음 문을 연 이래, 주변 직장인들과 관광객들에게 사랑받는 강소 빵집으로 발전했고, 2021년에 규모를 확장해 현재 장소로 이전했다. 유기농 밀가루를 이용해 아침 일찍 구워 낸 빵과 적당한 단맛의 무스 케이크 종류가 이 집의 인기 메뉴. 아침에는 커피와 샌드위치, 오후에는 시나몬 롤과 마카롱 등이 인기가 높다. 맛있고 신선한 빵과 커피로 헬싱키 시민들처럼 아침을 즐겨 보자.

Address Siltasaarenkatu 12
Tel 050 523 1523
Open 월~금 08:00~18:00, 토 09:00~17:00
Close 일요일, 여름 휴가 기간, 그 외 부정기적
Access 하카니에미 시장 건너편. 지하철-트램 Hakaniemi 역에서 하차해, 스칸딕 하카니에미 호텔 옆.
Cost 식사용 빵 종류 €2.5~7, 시나몬 롤 €3.3, 조각 케이크류 €7, 커피류 €2.8~4, 점심 메뉴 €14.5
Wifi 가능(비밀번호 있음)
Web www.patisseritm.fi

시벨리우스 공원 Sibeliuspuisto

관광명소

핀란드 최대의 민족주의 음악가, 시벨리우스를 기리기 위해 만들어진 공원. 특히 공원의 하이라이트인 기념비는 1967년 에일라 힐투넨에 의해 만들어졌다. 24톤의 강철이 사용된 파이프 오르간 모양의 기념비와 두상은 헬싱키에 왔다는 것을 새삼 깨우쳐 주는 최고의 포토 포인트이기도 하다. 또한, 주변의 바닷가 산책로를 거닐고 레가타 카페에서 분위기를 느끼며 한가롭게 보내기에 좋다. 현재 공사 중.

Access 3번 트램을 타고 Ooppera 정류장에 내린 다음 길 건너편의 Sibeliuspuisto 거리를 따라 걸어 올라간다. 중앙 우체국 근처나 디자인 박물관 옆에서는 24번 버스 이용해 Sibeliuspuisto 정류장에서 하차.

코티하르윤 사우나 Kotiharjun Sauna

로컬명소 사우나

1928년 이래 참나무 장작을 이용해 전통 방식으로 가열하는, 시내에서 가장 오래된 대중 사우나. 남녀 사우나가 분리되어 있으며, 사물함과 여러 시설 모두 전통을 그대로 살려 고풍스러운 느낌이다. 노동자들이 주로 거주했던 카일로Kailo 지역에 위치해 있어 헬싱키의 현지 사람들과 함께 어울려 사우나를 즐기기에 좋다. 사우나 시 옆 사람이 해 주는 자작나무 가지 비타Vihta를 이용한 마사지는 거절하지 말자. 입장 시 수건과 세면도구 등은 반드시 챙기고, 깔고 앉을 종이 타월 정도만 따로 구입할 것. 약간의 핀란드어, 스웨덴어 인사와 단어를 알고 가면 현지인들과 더 친해지기에 좋다.

Address Harjutorinkatu 1
Tel 09 753 1535
Open 화~일 14:00~20:00
Close 월요일, 1/1, 1/6, 부활절 전 금요일과 당일, 5/1, 어머니날, 하지 당일, 6/2~8/11의 일요일, 12/6, 12/24~26, 아버지날, 대체 이용일(부정기적)
Access 시내에서 9번 트램을 이용해 헬싱인카투 Helsinginkatu 정류장 하차 후, 건너편의 둥근 길로 진입. 빨간색 글자의 'SAUNA' 간판이 있는 건물에 위치.
Cost 성인 €15, 학생 €12, **세신**(목 · 토요일) 1인 €13
Web www.kotiharjunsauna.fi

Snakk

현지인들에게 물었다. 사우나란 '( )이다!'

사우나란 **의식**이다
사우나의 모든 것에는 일종의 법도(?)가 있다. 우리네 다도처럼.

사우나란 **신성한 곳**이다
전통적으로 탄생부터 장례까지 사우나 안에서 이루어졌다.

사우나란 **민주주의적 장소**이다
'계급장 떼고' 붙어도 상관없는, 모든 사람이 똑같은 곳이다.

카페 우르술라 Café Ursula

카페 | 영화 · 책 배경 | 뷰포인트

카이보 공원의 한편에 자리 잡은 50년 이상의 전통을 지닌 카페. 특히 여름에는 바닷가 발코니 자리에서 오랜 시간 햇볕을 즐기려는 현지인들로 붐빈다. 날 좋을 때에는 바닷가 자리, 쌀쌀해지면 통유리로 된 실내 자리에서 커피(€4)나 맥주, 와인 한 잔을 시켜 놓고 아름다운 핀란드 만의 석양을 감상하기에 좋다. 영화 〈카모메 식당〉에서 4명의 여자들이 저녁 햇볕을 즐기던 장소는 바닷가 자리 오른쪽. 평일에는 점심 세트와 3코스 저녁 요리도 즐길 수 있다. 야외 좌석 이용 시 새들이 남은 음식을 쪼아 먹을 수 있으니 주의를 기울이자.

Address Ehrenströmintie 3
Tel 09 652 817
Open **5~9월** 07:30~23:00, **10~4월** 09:00~18:00 (일 ~17:00)
Access 시내에서 1, 3번 트램을 타고 Kaivopuisto 정류장에서 하차. 카이보 공원을 가로질러 끝까지 간 후 왼쪽.
Cost 커피 종류 €4~6, 당일 점심 메뉴 및 주말 한정 연어 수프 €15~26
Wifi 가능
Web www.ursula.fi(핀란드어)

린난매키 Linnanmäki
스웨덴어 Borgbacken

로컬명소 | 어린이 동반 | 뷰포인트

1950년에 설립된 이래 환갑을 넘긴, 핀란드에서 가장 오래된 놀이공원. 43가지의 놀이기구를 이용할 수 있어 매년 여름 시즌에는 시민들로 가득하다. 놀이기구를 타지 않아도 부담 없이 즐기기에 좋은 곳이다. 나무로 만들어진 롤러코스터와 60m까지 올라가는 라케티Raketti 등의 스릴 있는 놀이기구는 인기 만점. 헬싱키 시내를 360도 조망할 수 있는 유일한 무료 놀이기구인 파노라마Panorama도 추천. 여름에는 일정 마지막에 방문해 신나게 놀아 보자.

Address Tivolikuja 1
Tel 09 773 991
Open 매년 4월 중순~10월 중순, 그 외 기간 및 요일별로 상이
Access 시내에서 3번 트램이나 중앙역 옆에서 23번 버스를 이용해 문 앞의 정류장 하차.
Cost **입장** 무료
놀이기구 대당 €10
자유 이용권 신장 120cm 이상 Isohupi €51 (폐장 3시간 전 Iltahupi €41)
놀이기구 이용권 6장 묶음 €51
Web www.linnanmaki.fi

세우라사리 야외 박물관 Seurasaari
스웨덴어 Foliso

박물관 로컬명소 어린이 동반

1909년에 지어진, 시내 서쪽 섬 안에 위치한 야외 민속 박물관. 핀란드 전역의 18~19세기 당시 전통 가옥 87채가 옮겨져 보존되어 있다. 이곳에서 가장 오래된 카루나 교회(1686)를 비롯해 19세기에 재건된 농장 건물 니멜라 테넌트Niemelä Tenant(1820년대 제작 추정), 전형적인 서부 부농의 모습을 보여 주는 안티 농장(역시 1820년대 제작 추정), 라플란드 빌리지 등은 대표적인 건물들이다. 6/15~8/15에는 매일 오후 3시에 영어로 진행하는 가이드 투어가 있으며, 하지 당일에는 큰 규모의 불 피우기 행사가 진행되어 많은 사람이 몰려든다. 5/18과 6/12(헬싱키의 날)은 무료.

Address Seurasaaren Silta
Tel 09 4050 9660
Open **5월** 월~금 09:00~15:00, 토 · 일 11:00~17:00, **6~9월** 11:00~17:00
Close 10~4월, 하지의 금요일
Access 중앙 우체국이나 디자인 박물관 앞에서 24번 버스를 타고 종점까지 간 후에 다리를 건너 진입.
Cost 성인 €12, 학생 €9, 18세 미만 무료, 패밀리(성인 2인+7~17세 4인) €25
※ 뮤지엄 카드 사용 가능.
Web www.kansallismuseo.fi

이딸라 & 아라비아 디자인 센터 Iittala & Arabia Design Centre

박물관 건축 · 디자인

'헬싱키에서 가장 창의적인 디자인 연구 공간'을 표방하는 디자인 전시 및 연구의 장. 기존의 아라비아 박물관과 함께, 이딸라와 아라비아가 주축이 된 디자인 종합 공간으로 영역을 확장했다. 박물관에서는 이딸라 & 아라비아사의 역사를 비롯한 재미있는 도자기, 유리 작품들이 눈길을 끈다. 또한 디자인 랩에선 무료 커피와 함께 일일 워크숍, 디자이너와의 대담, 분야별 디자인 전시와 행사가 수시로 열린다. 방문 전 홈페이지를 확인해 관심 있는 행사에 참여해 보는 것도 추천한다.

Address Hameentie 135A
Tel 020 439 5326
Open **디자인 랩 & 박물관** 화~금 11:00~17:00, 토 11:00~16:00, 일 12:00~16:00
구내 숍 월~금 10:00~19:00, 토 10:00~16:00, 일 12:00~16:00
Close 월요일, 5/1, 하지 전날 및 당일, 12/6, 12/24~26, 12/31~1/1
Access 6, 8번 트램을 이용해 Arabiakatu에서 하차 후, 오른쪽의 Arabia라고 쓰인 공장 오른쪽 유리 출입구로 진입. 숍과 카페는 2층, 디자인 랩과 박물관은 9층에 위치.
Cost 무료
Wifi 가능
Web www.designcentrehelsinki.com

알바르 알토 Alvar Aalto(1898~1976)와 그의 첫 부인 아이노 Aino Aalto(1894~1949)는 1930년대 실용주의 건축을 주도하며, 핀란드의 건축과 생활 디자인의 선구자 역할을 해낸 거장들이다. 이들이 살았던 집과 아틀리에는 헬싱키 외곽 뭉키니에미 Munkkiniemi 지역에 자리 잡고 있다. 잠시 도심을 벗어난 곳에서, 거장의 삶과 예술 세계를 속속들이 들여다보기에 제격이다. 디자인, 건축, 인테리어 등에 관심이 많다면 반드시 들르자. 모두 가이드 투어로만 둘러볼 수 있다.

Web 알토 재단(알토 관련 관광지 통합) www.alvaraalto.fi

알토의 아틀리에 Alvar Aallon Ateljee

건축 · 디자인

1955년에 지어진 알토의 건축 사무소 겸 아틀리에. 1950년대 이후 몰려든 대형 프로젝트의 작업 공간을 확보하기 위해 만들어졌다. 건축 사무소 역할은 둘째 부인 엘리사가 1994년까지 진행했다. 현재는 알토 재단의 사무실로 이용되고 있다. 알토만의 장기, 곡선미가 살아 있는 건물 구조도 아름답지만, 아침부터 저녁까지 햇살이 쏟아질 듯 들어오는 내부에서 왜 알토가 '빛의 건축가'인지를 확인할 수 있다. 그가 생전에 사용했던 제도 용품과 건축 소재, 원본 설계도 역시 눈여겨보자.

Address Tillimäki 20
Tel 09 753 1535
Open 가이드 투어 **5/15~10/18** 화~금 14:30, 15:30, 토 · 일 13:30, 14:30
10/9~4/30 화 14:30, 토 · 일 14:30, 15:30
Close 월요일, 부활절 전 금요일, 5/1, 하지의 금 · 토요일, 12/6, 12/24~25, 1/1, 그 외 부정기적
Access 시내에서 4번 트램을 타고 Tillimäki에서 하차 후 좌회전하여 Tillimäki 길을 따라 올라가 길 왼쪽의 20번지 집. 'Aalto Foundation'이라 쓴 작은 현판만 있어 찾기가 쉽지 않다.
Cost 성인 €20, 학생 €10, 18세 미만 무료

알토의 집 **Alvar Aallon koti ja toimisto, Riihitie**

건축 · 디자인

알토 부부의 평생 터전이자, 1955년 아틀리에가 지어질 때까지 사용된 그들의 일터. 1936년 완공된 이후 알바르와 아이노, 모두 이곳에서 남은 삶을 보냈고, 둘째 부인 엘리사가 1994년에 사망한 후 2002년부터 공개되었다.

외부 설계는 알바르, 내부 인테리어는 아이노가 맡아 25년간 평생 파트너십의 정수를 그대로 보여 준다. 1층은 작업실과 거실 및 주방, 2층은 방과 발코니로 생활공간과 작업 공간이 조화를 이루면서 집 안 구석구석에 빛이 잘 들어오도록 설계되었다. 집 안에 배치된 이들의 가구 사이로, 군데군데 놓인 클래식한 소품과 소가구가 훌륭한 조화를 이룬다. 안팎을 모두 돌아보고 나면 지금의 우리들이 봐도 모던하고 아름다운 집이라는 감탄이 절로 나올 것이다.

Address Rihiitie 20
Tel 09 753 1535
Open **가이드 투어 10/9~4/30** 화~금 · 토 · 일 12:00, 13:00, 14:00
5~9월 화~금 12:00~15:00(매시간 정각), 토 · 일 12:00, 13:00, 15:00
Close 월요일(8월 제외), 1/1, 부활절 전 금요일, 5/1, 12/6, 하지의 금 · 토요일, 그 외 부정기적
Access 시내에서 4번 트램을 타고 Laajalahden aukio에서 하차 후, 길을 건너 Laajalahdentie 길을 따라 올라가 첫 번째 골목에서 좌회전.
Cost 성인 €30, 학생 €15, 18세 미만 무료

Alvar Aallon koti ja toimisto, Riihitie

알토 박물관 Alvar Aalto MUSEO

알토의 고향이었던 핀란드 중부 위베스퀼라에는 그의 예술 세계를 집대성한 박물관이 자리 잡고 있다. 그가 생전에 직접 설계하고 만들었으며, 내부에는 그가 디자인한 의자 실물부터 설계한 건축물들의 축소 모형 및 설계도 등 다양한 시각 자료가 눈을 뗄 수 없게 한다. 그의 전매특허 스타일인 '파이미오 의자'에 직접 앉아 보고, 시대별로 조성된 여러 모형과 설계도를 통해 작품 세계를 깊이 느껴 보자. 그의 인테리어와 조명, 아르텍 가구로 꾸며진 '카페 알바르'에서의 맛있는 식사도 역시 추천한다.

위베스퀼라 대학교와 그 주변의 시청사 등도 알토의 작품이다. 좀 더 시간이 있다면, 안내 자료를 받아 주변까지 함께 둘러보는 것을 추천한다. 건축, 디자인 전공자의 필수 코스! 2023년 여름부터 역시 알토가 설계했던 중부 핀란드 박물관이 Aalto2라는 이름으로 이곳에 통합되어 전시물이 더욱 풍성해졌다.

Address Alvar Aallon katu 7, Jyväskylä
Tel 14 266 7113
Open **9~5월** 11:00~18:00(일부 공휴일 ~16:00), **6~8월** 10:00~18:00
Close 월요일, 1/1, 5/1, 하지의 금 · 토요일, 12/6, 12/24 ~26, 부활절 전 금요일, 승천일
Access 위베스퀼라 중앙역에서 Hannikaisenkatu를 따라 도보로 약 20분 소요. 위베스퀼라 대학교 구내에 자리 잡고 있다.
Cost 성인 €15, 학생 €10, 18세 미만 무료
※ 뮤지엄 카드 사용 가능.
Web 통합 신관 www.aalto2.museum

Tip

"아름다움은 기능과 형태의 조화이다."

1. 아틀리에와 집, 모두 놓치지 말자

하루에 알토의 아틀리에와 집, 두 곳을 효율적으로 보고 싶다면, 먼저 알토 집에서 투어를 진행한 후 14:30에 아틀리에 투어를 받는 것을 추천. 5~9월에는 오후 시간에 맞춰 투어를 받는 방법도 괜찮다. 집과 아틀리에 사이는 도보로 7분 소요되며, 가는 길도 아름다워 천천히 산책하기에 좋다.

2. 알토 박물관까지는 어떻게?

헬싱키에서 위베스퀼라까지 기차로 약 3시간 30분, 탐페레에서 1시간 40분 소요. 당일 여행 시 아침 일찍부터 서둘러서 움직여야 한다. 외곽의 무라탈로 체험 주택까지 묶어서 갈 경우 1박까지 잡자 (6/1~9/15 평일에 한해 가이드 투어로 관람 가능).

수오멘린나 섬
Suomenlinna

시내에서 페리로 약 15분 움직이면, 핀란드 격동의 역사가 가득한 현장이 섬 안 가득 펼쳐진다. 핀란드 사람들에게는 자랑스러운 '문화적 보석'이자 가장 민감한 '아픈 역사', 헬싱키 시민들에게는 주말의 피크닉 장소이자 시내의 한 부분에 자리 잡은 역사 학습장, 해군사관학교 학생들을 비롯한 850명 주민에게는 삶의 터전, 건축 전공자들에게는 19세기 요새 건축의 전형, 헬싱키를 찾는 모든 사람들에게는 세 시대를 포괄하는 격동의 핀란드 역사 그 자체, 우리에게는 19세기 중반 이후 병인양요, 신미양요를 막아 냈던 강화도와 비슷한 의미로 와닿는 곳이라 할 수 있겠다. 날씨 좋을 때에는 피크닉을 즐기는 사람들로 섬이 분주하다. 10월 이후 해가 짧을 때에는 안전을 고려해 반드시 오전 시간에 다녀오자.

Access 헬싱키 시내 마켓 광장 옆의 페리 선착장에서 헬싱키 교통국 소속의 페리로 이동할 수 있으며, 약 15분 정도 소요된다. 40분~1시간에 한 대씩, 새벽 2시까지 운행한다.

수오멘린나 요새 Suomenlinna

스웨덴어 Sveaborg

관광명소 로컬명소 유네스코

18세기 중반 스웨덴의 해군 제독이었던 아우구스틴 에렌스베르드의 주도로, 러시아 세력을 견제하기 위해 스베아보리Sveaborg라는 이름으로 지어졌다. 19세기 제정 러시아 지배 시절에는 전쟁 속에서 헬싱키를 지키는 수도 방위 전진기지의 역할을 하며 크게 발전했다. 독립 후 '핀란드인의 요새'를 뜻하는 수오멘린나로 명칭이 변경되었고, 1973년 이후 해군사관학교를 제외한 군사적 역할을 마감했다. 1991년에 유네스코 세계문화유산으로 지정된 후, 핀란드를 대표하는 최고의 문화유산이자 헬싱키 시민들의 쉼터로 자리 잡았다. 4개의 섬 각각에는 별 모양으로 만들어진 방위벽, 1,000문이 넘는 대포, 수오멘린나 박물관, 에렌스베르드 박물관과 제2차 세계대전에서 사용된 베시코 잠수함, 러시아 정교 양식의 교회, 장난감 박물관 등이 요새의 파란만장한 역사를 말해 주고 있다.

Address Suomenlinna C 74, 00190 Helsinki
Tel 09 684 1880
Open **요새** 페리 운행 시간 내 입장 가능
비지터 센터·박물관 10/1~4/30 10:00~16:00, **5/2~9/30** 10:00~18:00
Close 1/1, 부활절 전 금요일, 5/1, 12/6, 12/24~25
Cost **수오멘린나 박물관** 성인 €9, 학생 €6, 7~17세 €5
장난감 박물관 성인 €6, 학생 €4, 7~17세 €3
베시코 잠수함 성인 €7, 학생 €5, 7~17세 €3
관세 박물관 무료
가이드 투어 €12
※ 뮤지엄 카드 사용 가능, 7세 미만 전관 무료
Web www.suomenlinna.fi

Tina's Plus

헬싱키에서 아웃렛 쇼핑하기

헬싱키를 여행하는 이유에는 '쇼핑'을 빼놓을 수 없다. 특히 마리메코와 이딸라 그룹의 다양한 상품을 구하기 위해 아웃렛 매장을 찾는 여행자들이 늘고 있다. 헬싱키 일정이 여행 후반이나 마지막에 있다면 고려해 보자. 보물찾기하는 마음으로 둘러보면 어느 새 양손이 무거워진 자신을 발견할 것이다. 여기서는 지름신을 잘 달래고, 짐 상태에 맞게 꼭 필요한 물건만 구입할 것.

Tip

마리토리 Maritori

본사 구내식당 마리토리가 운영 업체를 변경해 다시 일반 개방을 시작했다. 신선한 지역 재료를 사용한 요리를, 마리메코 그릇에 뷔페식으로 즐길 수 있다. 메뉴는 매주 바뀌니 홈페이지에서 확인하고 가자. 아웃렛 쇼핑 후 맛있는 점심과 커피를 함께 즐기기에 최고의 장소.

Open 월~금 10:30~14:00(점심 ~14:00)
Cost 점심 풀 메뉴 €14.9(메인 요리+샐러드바 뷔페+수프+커피), 수프+샐러드바 €13.5
Web www.maritori.fi

마리메코 팩토리 아웃렛 Marimekko Herttoniemi

쇼핑

마리메코의 다양한 상품을 구입할 수 있는 본사 아웃렛 매장이다. 가격은 상태에 따라 매장가보다 약 20~30%, 많게는 50%까지 저렴한 편. 다양하고 풍부한 소재의 패브릭이 가장 인기 많으며, 두께와 문양에 따라 가격은 천차만별이다(미터당 €10~35). 반타 공항 근처에도 아웃렛이 있지만, 이곳에 물량이 더 많다. 상태를 반드시 잘 확인하고 구입하자. 세금 환급은 €40 이상부터 가능하다. 일부 문구류, 신상품 종류는 아웃렛 옆의 본매장에서만 취급한다.

Address Kirvesmiehenkatu 7
Tel 09 758 7646
Open 월~금 10:00~18:00, 토 10:00~17:00, 일 12:00~17:00
Access 중앙역에서 지하철을 이용해 헤르토니에미 Herttoniemi 역에서 하차 후, 버스 정류장 방면으로 나와 길을 건너 직진한다. 두 번째 큰길에서 좌회전 후 맥도날드와 볼보 사이 표지판에서 우회전하면 간판이 달린 회색 건물이 있다.

Tip

이딸라 유리 마을

Lasimäki, Iittala Glass Capital

이딸라의 역사는 중부 소도시 이딸라에서 1881년부터 시작되었으며, 지금도 최고의 유리 제품들이 만들어지고 있다. 알토 꽃병, 카르티오 컵 등의 아름다운 유리 제품을 만드는 모습을 직접 확인해 보자. 유리 박물관, 아웃렛 등의 부대시설도 충실하며 헬싱키나 탐페레에서 반나절~당일 일정으로 다녀오기에 좋다.

Address Tehtaantie 3 C, 14500 Iittala

Tel 020 439 6230(가이드 투어 예약 가능)

Open **공장** 월~금 09:00~20:00 **아웃렛** 10:00~18:00(5/14~8/31 ~20:00) **박물관** 화~일 11:00~17:00(9~5월은 주말만 운영)

Close **공장** 6월 말~5주간, 12월 말~1주일 및 공휴일 **아웃렛** 12/25, **박물관** 매주 월요일, 공휴일

Access 헬싱키 중앙역이나 탐페레 중앙역에서 지역 기차를 이용해 이딸라 역에 하차한 후, 역 앞에서 큰길로 나오면 큰 공장이 보인다. 헬싱키에서는 1시간 반, 탐페레에서는 55분 정도 소요.

Web www.iittalavillage.fi

이딸라 아웃렛 Iittala Outlet Tammisto

쇼핑 | 건축 · 디자인

이딸라 & 아라비아를 비롯한 피스카르 그룹 계열(피스카르, 하크만, 뢰스트란드, 로얄 코펜하겐 등)의 제품들을 한 자리에서 구입할 수 있다. 2016년 11월 이후 반타 공항 근처로 이전했다. 공항 근처에서 1박을 하거나, 시내에서의 일정이 여유 있을 때 추천. 전체 상품들 중 핀란드 브랜드인 이딸라, 아라비아가 가장 저렴한 편. 특히 '빨간 딱지'가 붙은 단종 예정, 한정판, 최종 할인 상품은 1순위로 눈여겨보자. 부피와 무게를 생각하여 일정 후반부에 들를 것. 세금 환급은 €40 이상부터 가능하다.

이 외에도 에스포, 투르쿠, 위베스퀼라, 로바니에미 산타 마을을 비롯한 전국에 매장이 있다.

Address Tammisto Kauppatie(Valimotie) 18, 01510 Vantaa

Tel 020 439 3567

Open 월~금 10:00~19:00, 토 10:00~17:00, 일 12:00~16:00

Close 부활절 전 금요일, 5/1, 하지 당일 및 다음 날, 12/6, 12/24~26, 12/31~1/1

Access 하카니에미 시장에서 621번 버스로 하르코쿠야Harkokkuja 정류장에서 하차 후 도보 이동. 약 45~50분 소요. 공항에서 이동 시에는 561번 버스로 Tammistontie 정류장에서 내리고, 그 자리에서 621번 버스로 환승해 같은 정류장에서 하차.

헬싱키의 숙소
Helsinki Accommodations

헬싱키 시내의 숙소는 저렴한 호스텔부터 무인 호텔, 대표 체인 호텔까지 종류가 다양하다. 시내의 호스텔은 시트는 포함이지만 조식은 불포함이다. 유스호스텔증 소지 시 1박당 €2.5가 할인된다.

※ 요금은 호스텔의 경우 도미토리, 호텔은 스탠더드 2인실 기준.

유로 호스텔
Euro Hostel

헬싱키 시내 최대 규모의 공식 유스호스텔. 카타야노카 페리 터미널과 가깝고 5번 트램 이용에도 편한 위치다. 아침 사우나를 무료로 이용할 수 있다. 단 냉장고 개인 칸과 주방 기구는 보증금을 내고 빌려야 한다.

Address Linnankatu 9
Tel 09 642 0470
Cost €28.4~
Web www.eurohostel.fi

디아나 파크 호스텔
Diana Park Hostel

디자인 디스트릭트 중심에 자리 잡고 있어, 시내 중심가와 디자인 디스트릭트 위주의 일정 시 최고의 장소다. 단 엘리베이터가 없어서 3층까지 짐을 직접 들고 올라가야 하는 점 주의.

Address Uudenmankatu 9
Tel 09 642 189
Cost €25~
Web www.dianapark.fi

더 야드 호스텔
The Yard hostel

2016년 10월 말 포룸 쇼핑몰 뒤편에 문을 연 소규모의 호스텔. 중앙역에서 가까워 늦은 시간 이동에도 편리하다. 시내를 주로 도보 위주로 여행하거나, 디자인 디스트릭트 위주의 일정 시 눈여겨보자. 다른 곳보다 요금이 조금 비싸지만 조식이 제공된다.

Address Kalevankatu 3A
Tel 050 342 3249
Cost €34~(조식, 시트 포함)
Web www.theyard.fi

칩슬립 호스텔
Cheapsleep Hostel

시내에서 가장 저렴한 옵션의 호스텔. 중심가와 다소 떨어져 있지만, 주변에 트램 4개 노선이 연결되어 이동이 편하다. 2인실부터 26인 대형 도미토리까지 다양한 옵션 선택이 가능하다. 건물 1층에 알레파 슈퍼마켓이 있다.

Address Sturenkatu 27 B
Tel 40 483 8280
Cost €15~
Web www.cheapsleep.fi

수오멘린나 호스텔
Suomenlinna Hostel

시내에 자리가 없을 때 최후의 수단. 페리를 타고 이동해야 하는 등 위치에 있어서 불편한 점은 있지만, 수오멘린나 섬 안에서 조용하게 휴식을 취하고 싶을 때 최고의 장소다.

AddressSuomenlinna C9
Tel 09 684 7471
Cost €25~
Web www.hostelhelsinki.fi

오메나 호텔
Omena Hotelli

최소한의 시설만 갖춘, '사과'라는 뜻의 무인 호텔 체인. 3인 이상 여행 시 저렴하고 편하게 이용 가능하다. Yrjönkatu의 지점을 포함하여 헬싱키 시내에 총 2곳에 지점이 있다(Lönnrotinkatu 13).

AddressYrjönkatu 30
Cost 4인 1실 €60~
Web www.omenahotels.com

호텔 헬카
Hotelli Helka

아르텍 가구를 이용한 인테리어로 유명한, 헬싱키 대표 디자인 호텔. 가격 대비 시설이 괜찮은 편이다. 알토의 가구 디자인에 관심이 많다면 추천한다.

AddressPohjoinen Rautatiekatu 23
Tel 09 613 580
Cost €120~
Web www.helka.fi

호텔리 핀
Hotelli Finn

건물 꼭대기에 위치해 있으며 시내 중심가에 있다. 규모는 작고 단출하지만, 스태프가 친절하고 시설이 알차다. 아침 식사는 옆 건물 레스토랑에서 할 수 있다.

AddressKalevankatu 3B
Tel 09 684 4360
Cost €110~
Web www.hotellifinn.fi

호텔 카타야노카
Hotel Katajanokka

과거의 감옥이었던 건물이 현대적인 호텔로 재탄생했다. 시내까지는 4번 트램으로 이동 가능하며 바이킹 라인 페리 터미널과 가깝다. 호텔 내에 감옥 콘셉트의 레스토랑도 있으니 관심이 있으면 들러 보자.

AddressLinnankuja 5
Tel 09 686 450
Cost €120~
Web hotelkatajanokka.fi

GLO 호텔 아트
GLO Hotel Art

디자인 디스트릭트에 위치한 디자인 호텔이다. 고풍스러운 외관과 달리 내부는 모던한 편. 여름과 주말에는 특별 요금으로 묵을 수도 있으니 예약 전에 스페셜 오퍼를 확인하자.

Address Lönnrotinkatu 29
Tel 010 344 4100
Cost €150~
Web www.palacekamp.fi

호텔 안나
Hotel Anna

디자인 디스트릭트에서 젊은이들을 겨냥한 다양한 숍을 접하기에 좋은 위치. 일부 더블 룸에는 침대를 추가로 2개까지 더 놓을 수 있어 가족 여행객에도 추천한다.

Address Annankatu 24
Tel 09 616 621
Cost €130~
Web www.hotelanna.com

홀리데이 인 헬싱키 시티 센터
Holiday Inn Helsinki City Centre

중앙역 바로 옆에 위치해 있어 공항 및 철도 이용에 편리하며, 시내에 늦게 도착했을 때 최고의 위치다. 호텔 바로 앞에 공항버스가 정차한다. 비즈니스 여행객들에게 추천.

Address Elielinaukio 5
Tel 09 5425 5000
Cost €120~
Web www.finland.holidayinn.com

스칸딕 호텔 매르스키
Scandic Hotel Märski

비즈니스 여행자들을 위한 회의장을 비롯해 다양한 시설이 마련되어 있다. 체인 자체가 친환경적 호텔을 표방하고 있기 때문에 일회용품이 없어 불편할 수 있다. 그 외에도 파크(Mannerheimintie 46), 그랜드 마리나(Katajanokanlaituri 6), 시몬켄타(Simonkatu 9) 등의 규모 있는 분점이 있다.

Address Mannerheimintie 10
Tel 09 68 061
Cost €130~
Web www.scandic-hotels.fi

소코스 호텔 프레지덴티
Sokos Hotel Presidentti

핀란드 대표 호텔 체인인 소코스의 대형 호텔. 기차역과 버스 터미널의 중간 지점이고, 주요 쇼핑센터가 인근에 있다. 이 외에도 클루비카투(Kluuvikatu 8), 지하에 S-마켓 대형 매장과 소코스 백화점을 갖춘 중앙역 옆 바쿠나Vaakuna(Asema-aukio 2) 등의 분점이 시내에 있다.

Address Eteläinen Rautatiekatu 4
Tel 020 123 4608
Cost €150~
Web www.sokoshotels.fi

스칸딕 그랜드 센트럴 헬싱키
Skandic Grand Central Helsinki

2023년 중앙역 건물 옆에 새롭게 오픈한 스칸딕 체인의 호텔. 시내의 분점 중 가격은 가장 비싸지만, 최고의 위치가 모든 것을 용서한다.

Address Vilhonkatu 13
Tel 300 308 401
Cost €200~
Web www.scandichotels.com

라디손 블루 로열
Radisson Blu Royal

캄피 버스 터미널 근처에 위치한 현대식 고층 건물의 대형 호텔. 모든 객실이 넓고 흠잡을 데 없이 훌륭하다. 3가지 타입의 방을 선택할 수 있으며, 13개의 비즈니스 룸을 갖추고 있다.

Address Runeberginkatu 2
Tel 020 123 4701
Cost €190~
Web www.radissonblu.com

호텔 캠프
Hotel Kämp

1887년에 만들어진 전통 있는 호텔로, 1층에는 백화점 캠프 갤러리아가 있다. 24시간 운영되는 세심한 서비스가 최고의 자랑이다. 특히 만네르하임 스위트는 지역 최고의 스위트룸으로 통한다. 쇼핑하기에 좋은 Kluuvi 지역에 위치하고 있다.

Address Pohjoiesplanadi 29
Tel 09 576 111
Cost €250~
Web www.palacekamp.fi

스칸딕 하카니에미
Scandic Hakaniemi

하카니에미 시장 건너편에 자리 잡은 디자인 호텔. 시내 중심가에서 살짝 떨어진 위치에 있지만 공항행 광역 버스와 트램, 지하철 노선이 바로 연결되어 편리하다. 특히 아웃렛 쇼핑 위주의 일정 시, 늦은 시간 공항행 교통편을 편하게 이용하고 싶을 때 추천.

Address Siltasaarenkatu 14
Tel 09 5466 0100
Cost €120~
Web www.scandic-hotels.com

포르보
Porvoo

1300년대에 '강변의 성'으로 6곳의 마을에서 시작된, 700살이 넘은 핀란드 제2의 고도이다. 15~16세기의 한자 동맹 시절에는 무역의 중심지, 제정 러시아 시절에는 '황제의 도시'로 엥겔의 도시계획이 실행되면서 지금의 모습이 완성되었다. 헬싱키에서 멀지 않고, 아기자기한 옛 정취를 맛보기 좋은 곳이다.

슈퍼마켓

K-마켓 K-market : 버스 터미널 근처의 대형 매장.
S-마켓 S-Market : 버스 터미널 뒤편, Sokos 백화점 구내.

지명

포르보의 스웨덴어 지명은 보르고Borgå이다. 헬싱키와 마찬가지로 길 이름이 핀란드어와 스웨덴어로 두 개 존재한다.

여행하는 방법

유용한 홈페이지

포르보 관광 공식 안내 www.visitporvoo.fi

관광 안내소

시내 관광 정보는 시 정부의 서비스 센터 Kompassi 정보 부스에서 얻을 수 있다. 구시가지와 가까운 위치에서 이용 가능.

Address Rihkamatori B
Tel 20 692 250
Open 월~금 09:00~15:00(일부 공휴일 ~12:00)
Close 12/6, 12/23~26, 부활절 전 금요일~다음 월요일, 하지 전날 및 당일
Access 버스 터미널 뒤편에서 직진해 K마켓 건너편 1층.

유용한 정보지

오피셜 가이드 오브 포르보 The Official Guide of Porvoo
포르보의 공식 안내 책자.

우체국

Address Runeberginkatu 3
Open 월~토 07:00~22:00
Close 일요일
Access K-마켓 구내.

가는 방법

헬싱키 시내 캄피 버스 터미널에서 Porvoon Liikenne (Borgå Trafik) 사의 버스로 50분~1시간 소요된다. 티켓은 버스 터미널 내 매표소에서 바로 구입 가능하며, 학생 할인은 별도로 없다.
온니버스Onnibus 사의 버스 이용 시, 미리 예약하면 €1부터 구입할 수 있지만(p.381 참조), 시간대를 잘 맞춰 이용해야 저렴하고 편하다.
Cost 왕복 €19.6

포르보 시내, 이렇게 보자

시내는 버스 터미널을 중심으로 크게 남북으로 나뉜다. 먼저 포르보의 역사와 전통이 살아 숨 쉬는 북쪽의 구시가지를 천천히 돌아보자. 아기자기한 분위기와 강가에 놓인 붉은색 집들과의 조화를 눈여겨보는 것이 포인트. 조금 더 시간이 있다면 시내 남쪽에 위치한 제정 러시아 시절의 신시가지로 내려가, 루네베리의 집과 조각 작품 속에서 잠시 예술의 향기를 느껴 보자.
헬싱키에서의 당일치기 여행 시 이동 시간을 고려해 최소 반나절은 필요하며, 조금 더 여유롭게 돌아보고 싶으면 하루 정도가 적당하다.

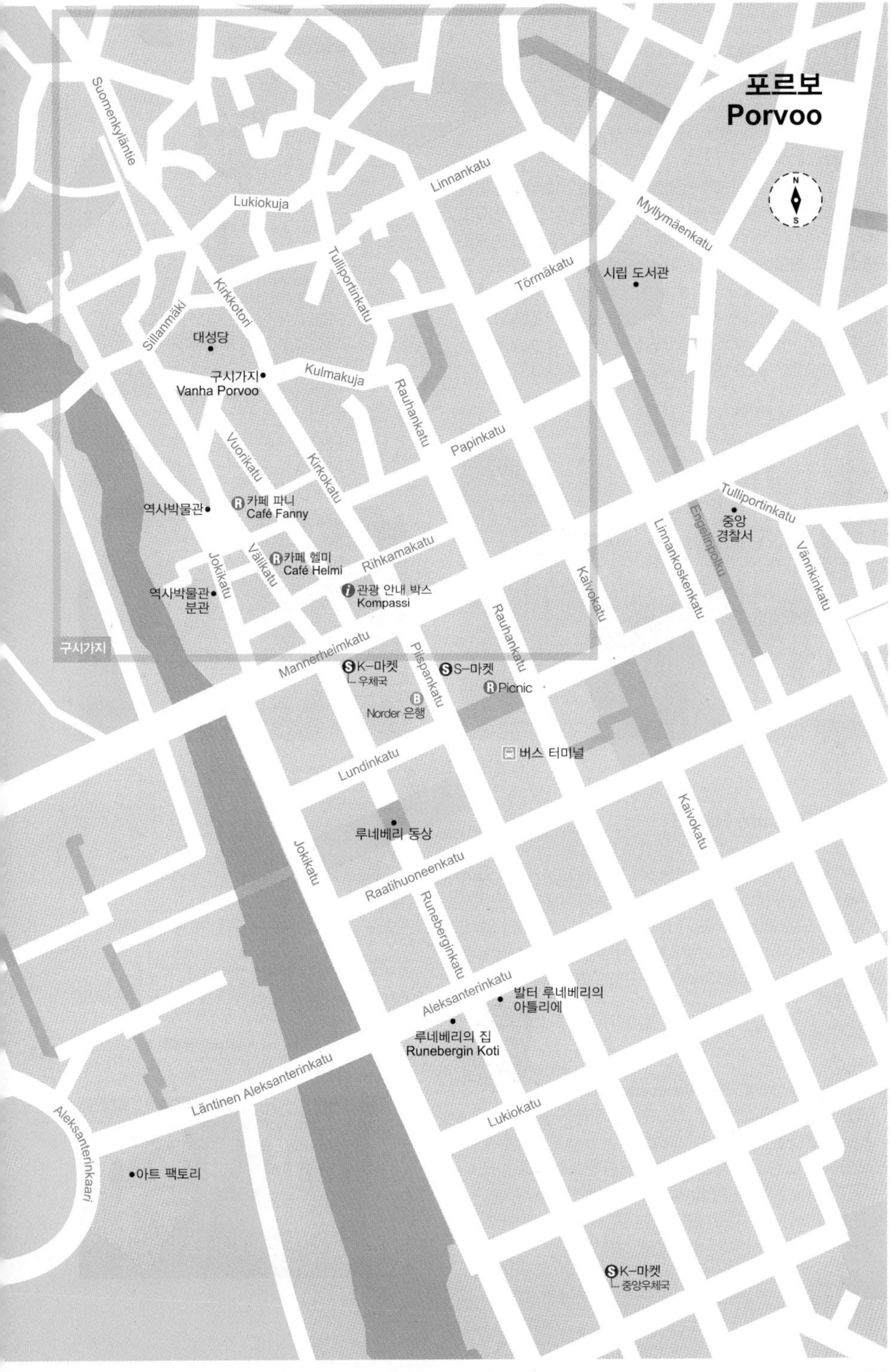
포르보
Porvoo
N
S
Suomenkyläntie
Lukiokuja
Linnankatu
Myllymäenkatu
Tulliportinkatu
Törmäkatu
시립 도서관
Kirkkotori
Sillanmäki
대성당
구시가지
Vanha Porvoo
Kulmakuja
Rauhankatu
Papinkatu
Vuorikatu
Kirkokatu
역사박물관
카페 파니
Café Fanny
Tulliportinkatu
중앙 경찰서
Linnankoskenkatu
Engelinpolku
Vänrikinkatu
Jokikatu
Välikatu
카페 헬미
Café Helmi
Rinkamakatu
Kaivokatu
역사박물관 분관
관광 안내 박스
Kompassi
Rauhankatu
구시가지
Mannerheimkatu
Piispankatu
K-마켓
우체국
S-마켓
Picnic
Norder 은행
버스 터미널
Lundinkatu
루네베리 동상
Kaivokatu
Jokikatu
Raatihuoneenkatu
Runeberginkatu
Aleksanterinkatu
발터 루네베리의 아틀리에
루네베리의 집
Runebergin Koti
Läntinen Aleksanterinkatu
Aleksanterinkaari
Lukiokatu
아트 팩토리
K-마켓
중앙우체국

구시가지 Vanha Porvoo
스웨덴어 Gamla Borgå

관광명소 로컬명소 뷰포인트

포르보의 700여 년 역사를 말해 주는 역사 지구이자 서민들의 마을. 중심의 대성당과 역사 박물관, 자갈 가득히 깔린 길, 파스텔 톤의 낡은 목조건물, 강변에 세워진 붉은 건물이 하나의 군락을 이룬다. 1500년대 이후 언덕배기에 대성당을 중심으로 형성되었으나, 1760년 대화재 때 80% 이상이 소실된 후 지금의 모습으로 재건되었다. 마을 안의 대성당, 역사 박물관에서는 부흥했던 당시 사람들의 생활을 엿보기에 좋다. 한번 들어가서 구경해 보자. 강변의 붉은색 건물들은 한자 동맹 시절에 창고로 사용되었으며, 지금은 시내의 고급 주택으로 탈바꿈했다. 강 건너편에서 바라보는 이들의 풍경은 포르보를 대표하는 포토 포인트이다.

Web www.porvoonmuseo.fi

카페 헬미 Café Helmi

카페

1800년대 제정 러시아 시대의 분위기가 물씬 풍기는 카페. 시내에서 가장 맛있는 루네베리 타르트로 인기가 높다. 구시가지 분위기에 걸맞은 고풍스러운 카페에서 19세기로 돌아간 것처럼 오후의 여유를 즐겨 보자. 티 센터 오브 스톡홀름(p.166 참조)과 자체 브랜드의 홍차와 녹차 잎을 사용하며, 별도 구입도 가능하다.

Address Välikatu 7
Tel 19 524 5165
Open 월~금 11:00~17:30, 토 10:00~18:00, 일 11:00~17:00
Close 12/6, 12/24~25, 하지의 금 · 토요일
Access 시내 관광 안내소 왼쪽 옆에서 구시가지로 오르는 길의 오른쪽.
Cost 커피 · 차 €3.8, 루네베리 타르트 €7
Web www.teehelmi.fi

Snakk

먹어 보자! 루네베리 타르트 Runebergintorttu

매년 2월 5일 '루네베리의 날'에 핀란드 전역에서 루네베리 타르트를 맛볼 수 있지만, 포르보에서는 1년 내내 먹을 수 있답니다. 아몬드 가루와 버터를 이용한 반죽을 둥글게 굽고, 그 위에 하얀 설탕 아이싱과 베리 잼을 얹어 달콤새큼한 맛을 더합니다. 시가지를 둘러본 후 카페에서 루네베리 타르트 한 조각과 함께 여유를 즐겨 보세요.

루네베리의 집 Runebergin Koti

스웨덴어 Runebergs Hem

박물관

1800년대 핀란드의 민족 시인인 루네베리Johan Ludvig Runeberg와 최초의 여기자 겸 소설가였던 부인 프레데리카가 살았던 집. 19세기 중반의 저택 양식을 그대로 간직한 집은 루네베리의 사후 1882년에 핀란드 최초의 생가 박물관으로 개방되었다. 루네베리는 이 집에서 스웨덴어로 된 작품을 집필했는데 그 흔적이 집 안에 고스란히 남아 있다. 근처의 5번지 파란색 집은 그의 3남이자 헬싱키 대성당 앞 동상(p.400 참조)의 조각가인 발터 루네베리가 사용하던 아틀리에인데 루네베리의 집 티켓으로 함께 관람 가능하다(6~8월). 부인 프레데리카가 생전에 열심히 가꿨던 집 앞의 아름다운 정원 역시 놓치지 말자.

Address Aleksanterinkatu 3
Tel 040 489 9900
Open **6~8월** 10:00~16:00, **9~5월** 수~일 10:00~16:00
Close 하지의 금 · 토요일, 12/6, 12/24~25, 12/31~1/1
Access 포르보 버스 터미널에서 나와 우회전, Runeberginkatu에서 정면으로 직진 후 오른쪽의 노란색 집.
Cost 성인 €8, 학생 €6, 18세 미만 무료
※ 뮤지엄 카드 사용 가능.
Web www.porvoo.fi/runebergin-koti(핀란드어)

에스포

에스포 Espoo

헬싱키 바로 옆에 위치한 에스포는 일산과 비슷한 위성 도시이자 핀란드에서 두 번째로 큰 도시이다. 헬싱키의 규모가 커지면서 인근의 '베드 타운'으로 조성되었다. 1990년대 이후 오타니에미 지역을 중심으로 노키아를 비롯한 여러 산업 단지가 들어서며, 핀란드를 이끄는 첨단산업의 중심지로 지금까지 발전 중이다.
그렇다고 다른 볼거리가 없는 건 아니다. 가족 단위로 즐기기 좋은 관광지가 시내 곳곳에 있어 헬싱키 시민들의 주말 나들이 장소로도 사랑받고 있다.

여행하는 방법

유용한 홈페이지

에스포 관광 공식 안내 www.visitespoo.fi

관광 안내소

시내 관광 정보는 시 정부의 서비스 센터에서 얻을 수 있다. 시내에 총 5곳이 있으며, 여행자들에게는 에스포 역 근처의 지소가 접근성이 좋다. 누크시오 국립공원 일정 전 잠시 들르자. 시간이 없다면 헬싱키 시내 관광 안내소(p.388)에서 미리 자료를 받아 가는 것도 방법이다.

Address Siltakatu 11, 02770 Espoo
Open 월~금 08:30~16:00
Access 에스포 기차역 뒤편 Entresse 쇼핑몰 1층.

유용한 정보지

에스포 가이드 Espoo Guide
에스포 지역 안내지.

슈퍼마켓

스토크만 백화점 식품 매장 : 타피올라 지역에 위치.
K-마켓 K-market, **S-마켓** S-market : 에스포 기차역 근처 중심가와 타피올라 지역에 각각 위치.
알레파 Alepa, **K-마켓** K-market : 알토 대학교 구내, 지하철 역 앞에 위치.

우체국

에스포 기차역 옆 에스푼토리Espoontori 쇼핑몰 K-마켓, 알토 대학교 구내에 위치.

지명

에스포의 스웨덴식 지명은 에스보Esbo이다. 이곳 역시 길 이름이 핀란드어와 스웨덴어로 두 개!

가는 방법

헬싱키 시내의 캄피 버스 터미널이나 중앙역에서 버스나 통근 기차, 지하철(m1, m2)을 이용하면 지역에 따라 약 25~40분 소요된다. 타피올라, 오타니에미 지역은 버스와 지하철로 연결 가능하며, 누크시오 국립공원으로 이동 시 통근 기차를 이용할 수 있다.
교통권 이용 시 헬싱키에서 광역 지역 교통권을 구입해 사용하면 편리하다. 교통권 구입 시 방문하는 장소에 따라 요금이 달라지는 점 주의.

Cost **AB존**(타피올라, 오타니에미 지역, 갈렌-칼렐라 미술관 등) 24시간권 €9, 1일 추가 시 €4.5
ABC존(누크시오 국립공원, 세레나 워터파크, 반타 공항) 24시간권 €11, 1일 추가 시 €5.5
※ 에스포 시내에서 반타 공항 이동 시 BC존이 적용. 6~17세는 50% 할인.

에스포 시내, 이렇게 보자

에스포의 규모는 헬싱키 못지않지만, 시내의 주요 관광지들이 모여 있지 않고 지역에 넓게 흩어져 있다. 각자의 취향에 맞는 관광지를 먼저 선택한 후에 그에 맞는 교통수단을 이용해 이동하자. 관광지 운영에 따라 일정은 최소 반나절에서 최대 하루까지 필요하다.

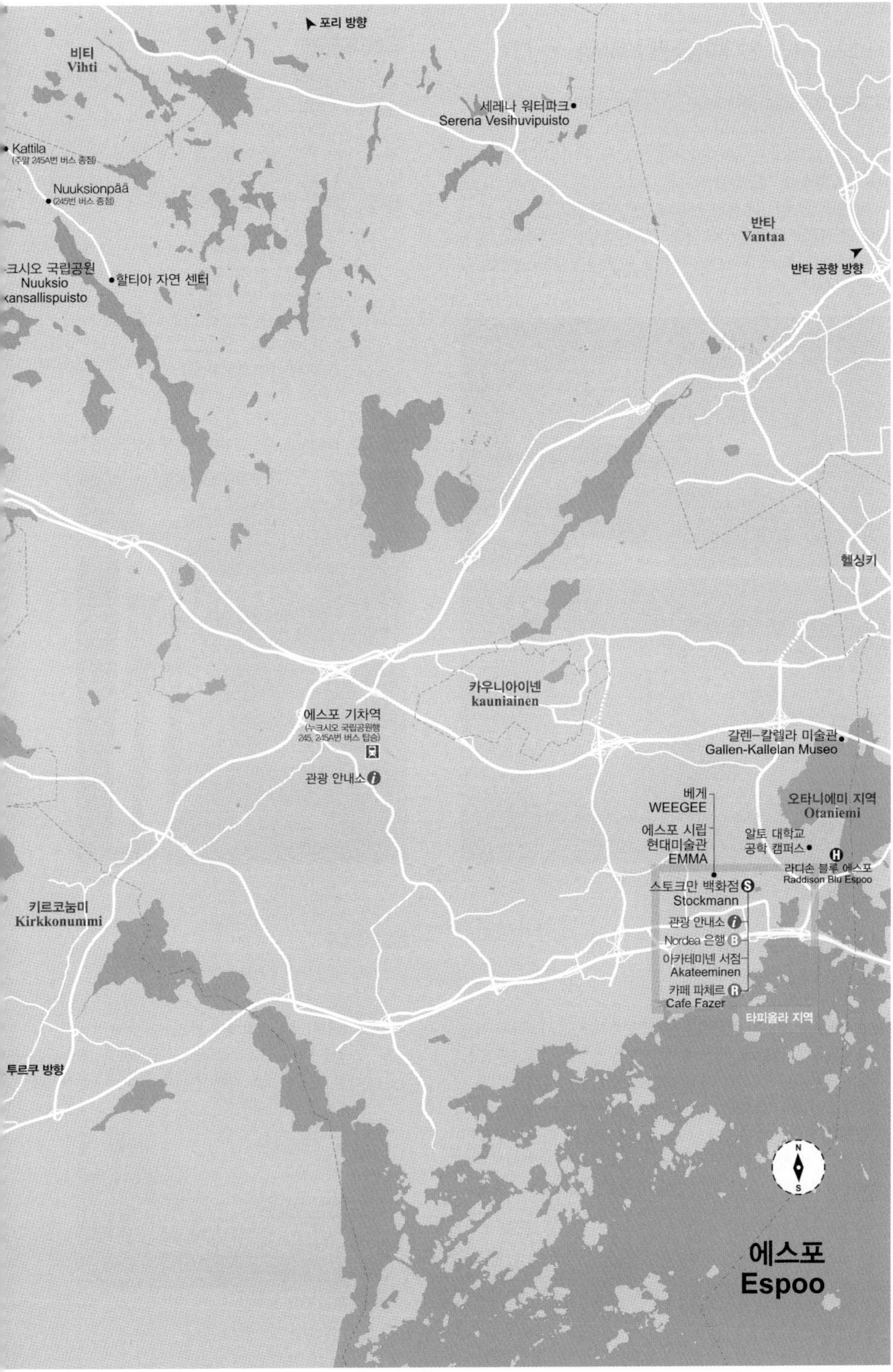

포리 방향
비티
Vihti
세레나 워터파크
Serena Vesihuvipuisto
Kattila
(주말 245A번 버스 종점)
Nuuksionpää
(245번 버스 종점)
반타
Vantaa
반타 공항 방향
크시오 국립공원
Nuuksio
kansallispuisto
할티아 자연 센터
헬싱키
카우니아이넨
kauniainen
에스포 기차역
(누크시오 국립공원행
245, 245A번 버스 탑승)
관광 안내소
갈렌-칼렐라 미술관
Gallen-Kallelan Museo
베게
WEEGEE
에스포 시립
현대미술관
EMMA
오타니에미 지역
Otaniemi
알토 대학교
공학 캠퍼스
라디손 블루 에스포
Raddison Blu Espoo
스토크만 백화점
Stockmann
키르코눔미
Kirkkonummi
관광 안내소
Nordea 은행
아카테미넨 서점
Akateeminen
카페 파체르
Cafe Fazer
타피올라 지역
투르쿠 방향
N
S
에스포
Espoo

에스포 시립 현대미술관 EMMA

미술관 로컬명소

헬싱키의 키아즈마 현대미술관이 철철이 열리는 특설전 중심이라면, 이곳은 현대미술사의 주요한 작품이 가득한 상설 전시 위주의 핀란드 최대 현대미술관이다. 1930년대 이후의 주요한 현대미술 유파들의 작품들을 골고루 다루고 있어 차분한 분위기에서 작품을 감상하기에 좋다. 내부에서는 사진 촬영 금지.
티켓 한 장으로 에스포 시립 현대미술관이 속한 멀티플렉스 베게WEEGEE 안의 모든 박물관을 구경할 수 있다. 시간을 충분히 잡고 둘러보자.

Address Ahertajantie 5
Tel 09 8165 7512
Open 수~목 11:00~19:00, 금 11:00~21:00, 화·토·일 11:00~17:00
Close 월요일, 하지의 금·토요일, 12/6, 12/24~25, 12/31~1/1
Access 지하철 Tapiola 역에서 117, 119번 버스로 환승해 WEEGEE 앞 하차 후 2층. 오타니에미에서는 111번 버스로 이동 가능.
Cost 성인 €20, 학생 €10, 18세 미만·매주 금요일 15:00 이후 무료
※ 뮤지엄 카드 사용 가능.
Web www.emmamuseum.fi

타피올라 Tapiola
스웨덴어 Hagalund

건축·디자인

1950년대부터 계획된 정원 도심 지역으로 에스포 시내에서 가장 큰 중심가이다. 아르네 에르비Aarne Ervi의 설계로 만들어진 도심 지역에 작은 평수의 여러 아파트와 스토크만 백화점 분점, 크고 작은 규모의 숍이 집중되어 있다. 또한, 1989년에 만들어진 에스포 문화센터 Espoo Kulttuurikeskus 및 다양한 미술관이 모인 멀티플렉스 베게WEEGEE도 빼놓을 수 없다. 특히 베게WEEGEE 안에는 위에 언급한 국내 최대 현대미술관인 EMMA가 대표적.

Access 헬싱키 시내 캄피 버스 터미널에서 105, 106, 107, 109, 110번 버스, 에스포 역에서 18, 19번 버스로 이동 가능. 지하철 이동 시에는 Tapiola 역에서 하차.

오타니에미 Otaniemi
스웨덴어 Otnäs

건축 · 디자인

오타니에미Otaniemi 지역은 마이크로소프트를 비롯한 약 500개의 전 세계 기업의 지사가 들어선 핀란드 첨단산업의 메카이다. 이곳의 중심에는 알토 대학교Aalto Yliopisto의 공과대학 캠퍼스가 자리 잡고 있는데, 한국의 KAIST처럼 최고의 공학도를 양성하는 대학교로 이름이 높다. 캠퍼스 안에서는 1950년대에 대선배인 알토가 설계한 본관 건물과 도서관, 라일리Raili와 레이마 피에틸라Reima Pietilä가 설계한 채플Kaapeli, 회의장이 유명하다. 건축에 관심이 있거나, 명문 공과대학생들의 모습을 가까이서 보고 싶다면 방문하길 추천한다. 학교 홈페이지에서 미리 지도를 받아 위치를 정해서 움직이자. 교내 학생 식당에서는 시내보다 훨씬 저렴한 가격으로 맛있는 식사를 즐길 수 있는 것도 큰 장점. 타피올라 지역, 베게WEEGEE(EMMA 포함)와 함께 묶어서 하루 일정으로 방문하기에도 좋다.

Access 헬싱키 시내에서 이동 시 지하철 Aalto-yliopisto 역에서 하차. 타피올라 지역에서 이동 시 111번 버스 이용 가능.
Web 오타니에미 지역 www.otaniemi.fi
알토 대학교 www.aalto.fi

갈렌-칼렐라 미술관
Gallen-Kallelan Museo

미술관

민족주의 화가 악셀리 갈렌-칼렐라Akseli Gallen-Kallela가 거주하던 집과 작업실이 미술관으로 조성되어 있다. 모두 그의 설계로 만들어진 이곳에는 생전에 작업했던 여러 작품이 남아 있으며, 종종 그와 관련된 다른 예술가들의 전시도 열린다. 공식 홈페이지에서 오디오 가이드를 미리 받아서 들어 보고 가면 이해가 빠르다.

Address Gallen-Kallelantie 27
Open **5/15~8/31** 11:00~18:00, **9/1~5/14** 화~금 11:00~16:00, 토 · 일 11:00~17:00
Close 9/1~5/14의 월요일, 하지 전날, 12/24~25, 전시 교체 시
Access 4번 트램을 타고 틸리마키Tiilimäki까지 이동 후, 33번 버스로 환승해 종점 Ritolehto까지 간다. 이후 다리를 건너 Gallen-Kallelan tie 길을 따라 직진한 후 표지판을 따라 좌회전.
Cost 성인 €12, 학생 €5, 18세 미만 무료
※ 뮤지엄 카드 사용 가능.
Web www.gallen-kallela.fi

누크시오 국립공원
Nuuksio kansallispuisto

아웃도어 | 로컬명소 | 영화 · 책 배경 | 환경 · 생태

영화 〈카모메 식당〉에서 마사코가 버섯을 따러 갔던 숲으로 등장했던 곳. 규모는 다른 지방의 숲이나 국립공원보다 작지만, 핀란드의 대자연을 그대로 옮겨 놓은 듯한 '미니어처 핀란드'로 인기가 높다. 숲 속에서는 날아다니는 날다람쥐들과 나무를 쪼는 딱따구리들을 눈여겨보는 것도 재미있다. 여름에는 블루베리를 비롯한 야생 베리류, 가을에는 칸타렐리Kantarelli라 불리는 꾀꼬리 버섯을 비롯한 다양한 버섯을 채취할 수 있어 나름의 자급자족(?)도 가능하다. 공원 안에서는 기본 4km부터 17km까지의 다양한 하이킹 트레일을 이용해 반나절~하루 동안 하이킹을 즐길 수 있다. 핀란드의 숲을 짧게라도 느끼고 싶다면 가장 좋은 장소. 여름에 방문하면 모기가 많으니 모기 방지 스프레이나 패치 등을 미리 준비할 것.

Tel 02 0564 4790
Access 헬싱키 중앙역에서 에스포 역까지 통근 열차로 이동한 후, 플랫폼 옆의 버스 정류장에서 245번 버스를 타고 누크시온빠Nuuksionpaa나 할티아Haltia, 여름 시즌이나 주말에는 245A번 버스로 종점 카틸라Kattila까지 이동한 후 하이킹을 시작한다. 1시간에 1~2회 운행하며 총 1시간 정도 소요.
Web 국립공원 www.outdoors.fi/nuuksionp
힐티아 자연 센터 www.haltia.com

세레나 워터파크 Serena Vesihuvipuisto

로컬명소 | 어린이 동반 | 아웃도어

북유럽 안에서 가장 큰 워터파크. 다양한 길이와 크기의 슬라이드는 모든 연령층에게 인기 높다. 여름에는 5개의 슬라이드가 있는 야외 수영장을, 그 외의 계절에는 140m의 최장거리 슬라이드를 비롯한 9개의 시설이 갖춰진 실내 수영장을 이용할 수 있다. 겨울에는 스키 센터(1일 €33.5, 16:00 이후 €31)도 함께 운영한다. 어린이를 동반한 가족 여행자에게 최적의 장소. 수건은 대여가 안 되니 반드시 본인이 소지해 방문할 것. 스키와 워터파크 혼합티켓(€47)도 구입 가능하다. 홈페이지에서 미리 티켓 구입 시 €2 할인.

Address Tornimäentie 10
Tel 09 8870 5555
Open **6/6~8/8** 11:00~20:00, **여름 전후 금 · 토 · 2/15~3/2** 11:00~19:00
Close 5/16~6/5 · 11~12월의 월~금요일(연말 제외), 8월 말~10월 중순의 약 6주간
Access 헬싱키 역에서 에스포행 통근 기차로 레빠바라Leppävaara 역에서 하차 후 236번으로 환승해 종착점 Serena에서 하차.
Cost 1일 패스 €33.5(16:00 이후 €28.5), 패밀리(어른 2인+어린이 2인) €120
Web www.serena.fi

투르쿠
Turku

1229년에 생긴 핀란드에서 가장 오래된 도시. 스웨덴이 지배하던 시절에는 500년간 핀란드의 수도이면서 한자 동맹 때 해상 무역의 거점으로 부를 축적했다. 비록 지금은 헬싱키와 에스포, 탐페레에 밀려 제4의 도시가 되었지만, 그때의 영화는 구시가지와 성에 고스란히 살아 숨 쉬고 있다. 또한, 스톡홀름에서 오는 실야 라인, 바이킹 라인 페리를 비롯해 전국 각지로 가는 다양한 교통편이 많아 핀란드 여행의 처음이나 마지막 도시가 되기에 부족함이 없다.

여행하는 방법

유용한 홈페이지
투르쿠 관광 공식 안내 www.visitturku.fi

관광 안내소
Address Aurakatu 8
Tel 02 262 7444
Open **4~9월** 09:00~18:00(토 · 일 ~16:00), **10~3월** 월~금 09:00~18:00, 토 · 일 10:00~15:00
Close 1/1, 부활절 전 금요일과 다음 월요일, 5/1, 승천일, 하지의 금 · 토요일, 12/6, 12/24~26
Access 시내 중심가 마켓 광장 대각선 건너편, 마켓 홀 옆에 위치. 대형 모니터가 위에 있다.

환전
Forex
스톡홀름 이동 전 남은 유로화를 크로네로 환전할 때 유용하다.
Open 10:00~17:00
Close 일요일
Access 마켓 광장 건너편, 한자 쇼핑센터 1층.

슈퍼마켓
S-마켓 S-market : 마켓 광장 옆 소코스SOKOS 쇼핑센터 지하에 대형 매장이 있다.
K-마켓 K-Market : 한자 쇼핑센터 구내와 우체국이 같이 있다.
마켓 홀 Kauppahalli : 시내 한자 쇼핑센터 건너편에 위치한 전통의 식재료 시장. 핀란드다운 먹거리를 사고 싶을 때 추천한다.
Open 월~금 08:00~18:00, 토 08:00~16:00
Close 일요일
Web www.kauppahalli.fi

경찰서
1번 버스 이용하여 Sairashuoneenpuisto 정류장에 하차 후 뒤편 위치.
Address Eerikinkatu 40-42
Tel 02 9541 7258
Open 월~금 08:00~17:00

지명
투르쿠의 스웨덴어 지명은 오보Åbo이다. 특히 투르쿠는 핀란드어보다 스웨덴어를 주로 사용하는 지역이다.

당일 짐 보관
중앙역 내 코인 로커 이용 가능.

가는 방법

항공, 페리, 버스, 기차 등의 다양한 교통편이 있다. 특히 스톡홀름에서 페리와 항공, 핀란드 국내에서 버스나 기차를 이용해 이동할 수 있다.

항공

투르쿠 시내에서 8km 떨어진 곳에 투르쿠 공항이 있다. 한국에서는 핀에어와 SAS의 경유편으로 진입이 가능하다. 스웨덴의 에어립AirLeep 노선을 비롯해, 에어발틱, 위즈에어 등의 저가 항공 노선이 주로 취항한다.

Web　www.finavia.fi

페리

시내 남서쪽 끝 페리 터미널에서 실야 라인과 바이킹 라인 페리가 발착한다. 특히 스톡홀름, 올란드 제도 이동 시 가장 유용하다. 1번 버스 종점은 실야 라인이고, 종점 출발 후 그 다음 정거장에는 바이킹 라인 페리 터미널이 있으니 이동 시 잘 확인할 것.

공항→페리 터미널 · 시내

시내버스 1번

공항에서 시내 중심가 마켓 광장을 거쳐 페리 터미널까지 운행한다.

운행　**공항-시내** 월~금 04:40~00:10, 토 · 일 06:00~23:00
시내-공항(마켓 광장 기준) 월~금 04:10~00:30, 토 · 일 05:20~23:30

Time　마켓 광장까지 약 20분, 페리 터미널까지 약 45분 소요.

Cost　€3

기차 · 버스

투르쿠 중앙역과 항구 역에서 헬싱키와 주요 도시를 잇는 인터시티 및 초고속 열차 펜도리노가 발착한다. 또한 로바니에미행 야간열차도 매일 1회 운행되고 있다.

중앙역에서 시내 중심가까지는 도보로 약 15분 소요되는데, 32번, 42번 버스가 역 건너편에서 중심가 마켓 광장까지 운행한다. 몸이 피곤하거나 짐이 많을 때, 호스텔이나 페리 터미널로 가야 할 때에 유용하다. 또한 항구 역은 시내를 거치지 않고 바로 타 지역으로 이동 시 좋지만, 페리 출도착 시간에만 이용 가능하다.

중앙역에서 500m 거리에 있는 버스 터미널과 항구 역 옆 버스 탑승장에서는 남서부 지방 도시들과 러시아 상트페테르부르크를 잇는 중장거리 노선이 발착한다.

시내 교통

시내 중심가만 관광할 경우 도보로 충분히 이동할 수 있다. 하지만 조금 거리가 있는 곳으로 움직일 때에는 버스를 이용하자. 전체 버스 노선 중 공항에서 시내, 공식 유스호스텔, 성, 페리 터미널까지 운행하는 1번이 가장 유용하며, 중앙역에서 시내 중심가 마켓 광장까지 도보로 약 15~20분이 소요된다. 6월 말~8월 초에는 노선이 감소한다.

버스 이용 시 자동판매기, Fiot 애플리케이션을 이용하거나 기사에게 직접 티켓 구입이 가능하며, 컨택리스 결제가 가능한 카드를 센서에 접촉시켜도 무방하다. 3회 이상 이용 시 24시간 교통권인 트래블 티켓을 이용하는 것이 이득이다. 무민 월드 일정 시에도 사용 가능.

운행　월~금 05:30~23:00, 토 · 일 06:00~23:00

Cost　1회권 €3(1시간 동안 자유 이용, 기사에게 구입 시 €4) 24시간 교통권 트래블 티켓 €8

Web　www.foli.fi

투르쿠 시내, 이렇게 보자

투르쿠 시내는 옆으로 길게 관광지가 배치되어 있어 일정에 따라 볼 수 있는 관광지가 달라진다. 마켓 광장을 기준으로 중심가 근처에는 대성당과 수공 박물관 등의 아기자기한 곳들이, 항구 근처에는 대규모의 관광지들이 있다. 이 중에서 취향에 맞는 곳들을 골라서 오전과 오후로 나눠 보는 것을 추천한다. 시내의 대표적 관광지들을 조금 더 보고 싶다면 하루를 온전히 투자하자. 페리 일정이나 무민 월드 등의 근교 일정으로 시내를 반나절만 봐야 한다면 중요한 한두 곳만 골라서 봐도 나쁘지 않다.

투르쿠에서 놓치지 말자

1 과거의 영화가 묻어 있는 투르쿠 성, 해양 박물관에서 그때를 되돌아보자.

2 아기자기한 구시가지와 수공 박물관, 대성당에서 만나는 옛 분위기.

추천 코스

무민 월드 일정, 지역 이동 등으로 시간이 부족하다면 관광지의 수를 줄여서 진행하자.

마켓 광장 → 투르쿠 대성당 & 시벨리우스 박물관 → (아보아 베투스 & 아르스 노바) → 수공 박물관 → 투르쿠 성이나 해양 박물관

예상 소요 시간 : 약 8시간

투르쿠 24시간 트래블 티켓

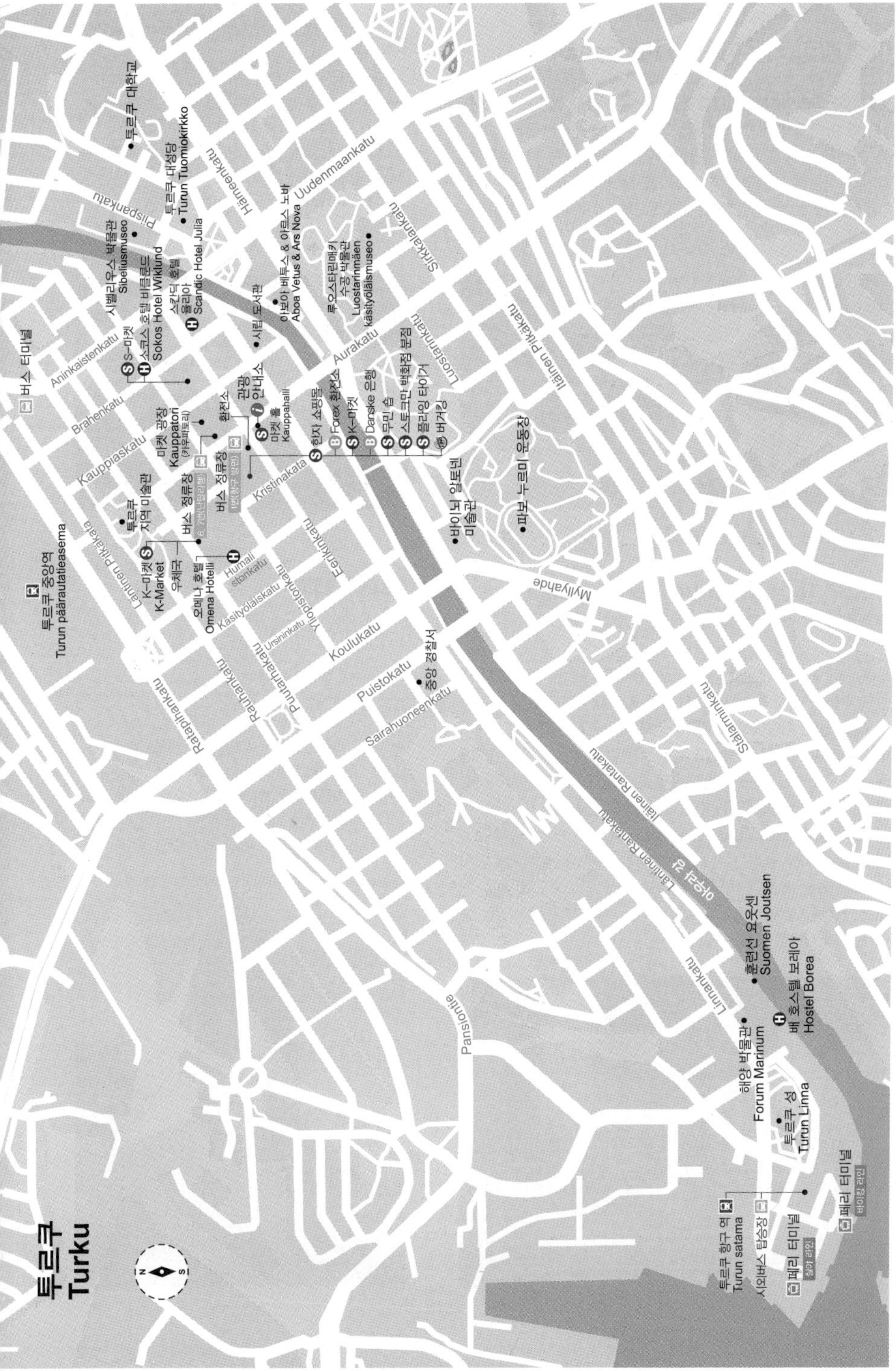

투르쿠
Turku
투르쿠 중앙역
Turun päärautatieasema
버스 터미널
Aninkaistenkatu
Brahenkatu
Kauppiaskatu
Läntinen Pitkäkatu
투르쿠 지역 미술관
K-마켓
K-Market
우체국
버스 정류장
오메나 호텔
Omena Hotelli
Humalistonkatu
Käsityöläiskatu
Ursiininkatu
Yliopistonkatu
Eerikinkatu
Koulukatu
Puistokatu
Sairashuoneenkatu
Ratapihankatu
Rauhankatu
Puutarhakatu
중앙 경찰서
마켓 광장
Kauppatori
버스 정류장
환전소
관광 안내소
마켓 홀
Kauppahalli
Kristiinankatu
한지 쇼핑몰
Forex 환전소
K-마켓
Danske 은행
무민 숍
스토크만 백화점 분점
플라잉 타이거
버거킹
바이뇌 알토넨 미술관
파보 누르미 운동장
Myllykatu
S-마켓
소코스 호텔 비클룬드
Sokos Hotel Wiklund
스칸딕 호텔 율리아
Scandic Hotel Julia
시립 도서관
시벨리우스 박물관
Sibeliusmuseo
Piispankatu
투르쿠 대성당
Turun Tuomiokirkko
투르쿠 대학교
Hämeenkatu
아보아 베투스 & 아르스 노바
Aboa Vetus & Ars Nova
Aurakatu
Uudenmaankatu
루오스타린매키 수공 박물관
Luostarinmäen käsityöläismuseo
Sirkkalankatu
Luostarinkatu
Itäinen Pitkäkatu
Itäinen Rantakatu
Läntinen Rantakatu
Stålarminkatu
아우라 강
Linnankatu
Pansiontie
훈련선 요우센
Suomen Joutsen
해양 박물관
Forum Marinum
배 호스텔 보레아
Hostel Borea
투르쿠 성
Turun Linna
투르쿠 항구 역
Turun satama
시외버스 탑승장
페리 터미널
페리 터미널

마켓 광장(카우파토리) Kauppatori

로컬명소

헬싱키와 마찬가지로 '카우파토리Kauppatori'라고 불리는 시내 중심가의 마켓 광장에서 매일 시장이 열린다. 신선한 야채와 과일, 꽃, 기념품 등을 판매하는 종합 시장으로 저렴하게 식사를 해결하거나 천천히 걸으면서 구경하기에 좋다. 이곳에서 살아 있는 투르쿠를 느껴 보자. 12월에는 크리스마스 마켓이 되어 더욱 분위기를 돋운다.

Open 월~금 07:00~18:00, 토 07:00~14:00, **11/25~12/22** 11:00~19:00
Close 일요일(11/25~12/22 제외), 일부 공휴일
Access 중앙 버스 정류장 바로 앞의 광장.
Web www.turku.fi/kauppatori

투르쿠 대성당 Turun Tuomiokirkko

스웨덴어 Åbo domkyrka

관광명소 로컬명소

1300년에 지어진 핀란드에서 가장 오래된 대성당. 현재까지 핀란드 루터파 교회의 총본산이자 대주교좌 대성당으로 굳건히 자리 잡고 있다. 처음에는 가톨릭 대성당으로 시작했지만 종교개혁 이후 루터파 교회로 바뀌었다. 성당 외관과 내부는 12~16세기에 걸쳐 증축되었으며 1827년 대화재 후 재건되어 지금에 이르고 있다. 남쪽 갤러리의 박물관에는 가톨릭 대성당이었던 시절의 온갖 흔적이 남아 있으니 함께 보는 것도 괜찮다.
매일 낮 12시에 울리는 종소리는 1944년 제2차 세계대전 당시 영부인이었던 게르다 리티가 '나라를 위해 기도하도록 종을 쳐라'고 권유한 것에서 비롯되었으며, 지금까지 라디오 1채널을 통해 전국의 시보로 들을 수 있다.

Address Tuomiokirkkotori 20
Tel 02 206 7100
Open 09:00~18:00
Access 마켓 광장에서 다리를 건너 왼쪽으로 직진.
Cost **대성당** 무료
박물관 성인 €2, 학생 · 7~17세 €1
※ 뮤지엄 카드 사용 가능.
Web www.turuntuomiokirkko.fi(핀란드어)

시벨리우스 박물관 Sibeliusmuseo

박물관

핀란드에서 사용된 다양한 악기를 비롯해, 시벨리우스의 삶과 예술 세계를 조명할 수 있는 종합 음악 박물관. 1926년에 대학교 부설 음악 박물관으로 시작된 이래, 약 1,400종 이상의 전통 및 현대 악기와 시벨리우스가 직접 사용했던 여러 물건 등이 전시되고 있다. 매주 수요일에는 관내 홀에서 음악회가 열린다.

Address Piispankatu 17
Tel 02 215 4494
Open **2월~6/20 · 9/4~12월** 수~일 11:00~16:00, **6/26~9/1** 수~일 11:00~18:00
Close 월 · 화요일, 1/1, 부활절, 5/1, 하지의 금 · 토요일, 12/6, 12/24~26, 12/31
Access 투르쿠 대성당을 나와 오른쪽 건너편 위치.
Cost 성인 €7, 학생 €5, 18세 미만 €3
※ 뮤지엄 카드 사용 가능.
Web www.sibeliusmuseum.abo.fi

루오스타린매키 수공 박물관 Luostarinmäen käsityöläismuseo

박물관

19세기의 투르쿠 시내를 그대로 살린 야외 박물관으로, 1940년에 문을 열었다. 1827년 대화재 속에서 살아남은 당시의 수공업자들의 집에서 40여 명의 수공업자들이 지금까지 살아 숨 쉬는 전통을 재현하고 있다. 18개의 장소에서 각자 다른 수공업자가 만드는 다양한 수공예품이 포인트. 여러 가닥의 실로 정교하게 만드는 라우마식 레이스, 전통 방식으로 구워 내는 빵집은 이곳에서만 만날 수 있다.

Address Vartiovuorenkatu 2
Tel 02 262 0350
Open **6/3~8/11** 10:00~18:00, **5/4~6/2 · 8/12~9/15 · 11/30~12월** 화~일 09:00~17:00
Close 하지의 금~일, 12/6, 12/24~25, 12/31~1/1, 1/7~5/3, 9/16~11/29
Access 대성당에서 한 블록 건너 Uudenmaankatu를 따라 내려간다.
Cost 성인 €10, 학생 €5, 7~15세 €4, 패밀리 €24
※ 뮤지엄 카드 사용 가능.
Web www.turku.fi/kasityolaismuseo

투르쿠 성 Turun Linna

스웨덴어 Åbo Slott

관광명소 로컬명소

아우라 강의 입구에 세워진 회색의 웅장한 성은 700년 이상 투르쿠의 터줏대감으로 자리 잡아 왔다. 1280년에 카를 구스타프가 핀란드의 총독이었던 시절 지어진 이래, 구스타프 바사 왕을 비롯한 스웨덴의 왕족들과 핀란드 지역 통치자들이 거주하던 공간으로 이용되었다. 1614년에 화재를 겪고 제2차 세계대전 때 전소될 뻔 했으나 여러 번의 재건을 거쳐 원형을 유지하고 있다.
이곳의 하이라이트는 여러 왕이 머물렀던 왕의 스테이트 룸Medival King's State Room이다. 왕의 응접실King's Chamber와 어린 왕족들의 공간Youth's Quarters, 여자들의 회랑Ladies' Parlour, 왕과 여왕의 초상화가 전시된 왕의 홀King's Hall, 성의 보물들이 전시된 은 저장실Silver Vault 등의 공간으로 나뉘어 있다. 또한, 대계단 탑을 따라가면 Castle Church가 남아 있는데 처음에는 총 쏘는 병사들을 배치시켜 두는 곳이었지만, 이후 요한 공의 연회장으로, 1700년대에는 예배당으로 바뀌었다. 성의 동쪽 부분에는 1881년 이래 역사 박물관이 조성되었는데, 선사시대부터 19세기까지의 투르쿠 역사를 전시하는 대규모 박물관이다. 특히 르네상스 시대의 모습을 미니어처 모델로 만들어 놓은 전시관과 17~19세기의 역사 전시관은 놓치지 말자. 관광에 최소 2시간 이상 소요되니 투르쿠에서 시간이 별로 없을 경우 이곳만 보는 것을 추천한다. 오디오 가이드를 미리 다운받아 다니면 이해가 빠르다.

Address	Linnankatu 80
Tel	02 262 0300
Open	10:00~18:00(일부 기간 ~15:00)
Close	1/1, 부활절 전 금요일, 5/1, 하지의 금~일요일, 12/6, 12/23~25, 12/31, 9~5월의 월요일
Access	페리 터미널이나 시내 마켓 광장에서 1번 버스를 타고 성 앞에서 하차.
Cost	성인 €12, 학생 €6, 7~15세 €5, 4세 미만 무료, 패밀리(성인 2명+7~15세 최대 4인) €29 * 뮤지엄 카드 사용 가능.
Web	www.turku.fi/turunlinna

아보아 베투스 & 아르스 노바
Aboa Vetus & Ars Nova

미술관 박물관

한 지붕 아래에 다른 성격의 박물관과 미술관이 공존하는 구조로, 한 장의 티켓으로 두 곳을 모두 관람할 수 있다.
아보아 베투스는 투르쿠의 옛 흔적 그 자체이다. 중세부터 남아 있는 석조 가옥과 집터 등의 흔적을 통해 중세의 모습을 추측해 볼 수 있는 박물관이다. 아르스 노바는 전혀 다른 성격의 현대미술관으로, 현대 예술 작품이 특별전 형식으로 전시되고 있다. 특별전 일정을 반드시 확인하자. 매년 6월 말에는 문 앞에서 중세 마켓이 열리며, 입장료도 20% 할인된다.

Address Itäinen Rantakatu 4-6
Tel 02 250 0552
Open 11:00~18:00
Close 9~3월 월요일, 1/6, 5/1, 하지의 금~일요일, 12/6, 12/24~1/1
Cost **입장** 성인 €15, 학생 €10, 어린이 €6
※ 뮤지엄 카드 사용 가능.
Web www.aboavetusarsnova.fi

해양 박물관 Forum Marinum

박물관 로컬명소 어린이 동반

무역항이었던 투르쿠의 화려했던 시절과 핀란드 해군의 변천사를 보여 주는 대규모의 종합 센터. 평소에는 메인 전시관만 개방하며, 여름에는 해군 훈련선 '핀란드의 백조' 수오멘 요웃센 Suomen Joutsen, 1887년 만들어진 목조선 신Sigyn, 마지막으로 사용된 증기선 S/S 베타야 5S/S Vetäjä V, 전함 카르야라Corvette Karjala, 부설함 케이헤살미Keihässalmi를 비롯한 여러 선박의 내부를 돌아볼 수 있다. 또한, 15명 이상 단체에 한해 조선 산업에 대한 가이드 투어도 가능하다. 남자 어린이를 동반한 가족에게는 무민 월드보다 이곳이 더 낫다. 시간을 충분히 두고 여유 있게 관광하자.

Address Linnankatu 72
Tel 02 282 9511
Open **전시관** 10:00~18:00
전시선 5/24~8/25 10:00~18:00
Close **전시관** 공휴일, 9~5월의 월요일
전시선 하지의 금 · 토요일, 8/26~5/23
Access 페리 터미널이나 마켓 광장에서 1번 버스를 타고 박물관 앞 하차. 투르쿠 성에서는 도보로 이동 가능.
Cost **전시관** 성인 €13.5, 학생 €9, 7~15세 €5
전시선 성인 €7, 학생 · 7~15세 €4
6~8월 통합 요금(전시관+전시선) 성인 €20, 학생 · 7~15세 €10, 패밀리(성인 2+어린이 3) €46, 7세 미만 전부 무료
※ 뮤지엄 카드 사용 가능.
Web www.forum-marinum.fi

투르쿠의 숙소
Turku Accommodations

투르쿠에선 저렴한 호스텔부터 무인 호텔, 대표 체인 호텔까지 선택의 폭이 넓다. 시내 관광을 폭넓게 하고 싶다면 마켓 광장 주변에 숙소를 잡는 것을 추천.

※ 요금은 호스텔의 경우 도미토리, 호텔은 스탠더드 2인실 기준.

배 호스텔 보레아
Hostel Borea

해양 박물관 구내에 위치한 공식 유스호스텔. 1960년대에 이용된 증기선 보레Bore를 이용해 독특한 분위기에서의 1박을 즐길 수 있다. 시내와 페리 터미널에서 1번 버스로 바로 연결되고, 투르쿠 성과도 가깝다. 아침 사우나(06:00~10:00)도 무료로 이용 가능.

Address Linnankatu 72
Tel 02 642 0470
Cost 싱글 €50~, 2인실 €78~(조식, 시트 포함)
Web www.hotelborea.fi

오메나 호텔
Omena Hotelli

핀란드 대표 무인 호텔 체인으로, 숙박하려면 인터넷 예약만 가능하며 최소한의 시설만 갖추었다. 주말에는 가격이 올라간다. 특히 3인 이상 함께 묵을 시 유용하다.

Address Humalistonkatu 7
Tel 020 7716 555
Cost €80~
Web www.omena.com

스칸딕 호텔 율리아
Scandic Hotel Julia

마켓 광장의 왼쪽 건너편에 있으며, 대성당을 비롯한 주변 관광지와 가깝다. 그리 저렴하진 않지만, 적당한 가격으로 시내 중심가에 묵고 싶다면 고려해 보자.

Address Eerikinkatu 4
Tel 02 336 000
Cost €100~
Web www.scandichotels.fi

소코스 호텔 비클룬드
Sokos Hotel Wiklund

마켓 광장 바로 옆에 위치. S-마켓, 소코스 백화점 및 각종 편의시설이 한 건물 안에 위치해 모든 것을 해결하기에 좋다. 무민 월드와의 패키지 상품으로 묶어서 예약하는 것을 권한다. 가족 여행자들에게도 추천.

Address Eerinkatu 11
Tel 010 786 5000
Cost €120~
Web www.sokoshotels.fi

무민 월드
Muumimaailma

북유럽을 대표하는 토베 얀손의 동화, 〈즐거운 무민 가족〉 속 그들의 터전 '무민 밸리'가 재현되어 있는 테마 파크. 투르쿠 시내에서 16km 떨어진 항구 마을 난탈리Naantali의 카일로 섬 안에 있다. 평화롭고 고요한 동화 속 세상에서, 동화의 주인공들과 즐겁게 하루를 보내자.

여행하는 방법

유용한 홈페이지
무민 월드 홈페이지 www.moominworld.fi
무민 공식 안내 www.moomin.com

주소 및 입장 시간
Address Kaivokatu 5
Tel 02 511 1111
Open **6/11~30 · 8/1~18** 11:00~17:00, **7월** 10:00~17:30
Close 나머지 기간
Cost 1일 패스 €36(홈페이지 구입 시 €33)

유용한 정보지
무민 신문
안내소나 매표소에서 나눠 준다. 행사 일정 등이 나와 있다.

우체국
안내 사무소 내 위치. 엽서 발송 시 무민 스탬프가 선명하게 찍혀서 온다. 기념품으로 최고!

경찰서
안내 사무소를 거쳐 무민의 집으로 가는 길목 오른쪽에 표지판이 있다.

당일 짐 보관
안내 사무소에서 운영 시간 동안 이용 가능(1일 €4).

가는 방법

무민 월드는 투르쿠 시내에서만 직접 이동이 가능하다. 투르쿠까지의 이동은 p.437 참조. 투르쿠 시내에서 일반 버스나 차량 중 선택해서 이용할 수 있다.

❶ 일반 버스 이용 시
마켓 광장 옆 10번 버스 정류장에서 난탈리행 6번, 버스로 종점까지 이동한 후 내려 표지판을 따라 도보로 이동한다. 종점에서 섬까지 약 15~20분 소요. 난탈리는 시외 구간이지만 시내 교통권 사용이 가능하다.
Cost €3(투르쿠 시내 1회권 적용)

❷ 차량 이용 시
내비게이션 이용 시 주소를 Tuulensuunkatu 12, Naantali로 입력하면 된다.
투르쿠 시내에서 난탈리까지 표지판을 따라 쭉 들어간 후, 반드시 무민 파크 주차장에 주차하자. 주차장에서 섬 진입 직전까지 순환 버스를 타고 들어가며, 버스 요금은 주차비에 포함된다. 돌아올 때도 동일.
Cost 1일 주차비 €12(예약 시 €10)

무민 월드, 이렇게 보자

매표소를 지나 입구로 들어오면 바로 엠마 극장과 숍, 건너편에는 안내소와 우체국이 있다. 우선 안내소에 큰 짐을 맡겨 두고 무민의 집부터 시작하자. 크게 숲으로 둘러싸인 2곳의 풋패스가 있으며, 중요한 관광 포인트는 모두 풋패스에 포함된다. 무민의 집에서 무민 아빠의 배, 스노크의 공방, 스너프킨의 캠핑장을 따라 안내소 쪽으로 돌아오는 길은 동화 속 주인공들의 장소에서 자연을 함께 느끼기에 좋다. 또 다른 풋패스에서는 경찰서 뒤편을 따라 해티패트너 같은 다소 으시시한(?) 캐릭터를 만날 수 있다. 최소 2~3시간 이상, 많게는 반나절까지 금방 보낼 것이다.

Tip
무민 월드 가기 전후 팁
1. 당일 저녁에 스톡홀름행 페리를 이용할 예정이라면 짐을 안내 사무소에 잠시 맡겨도 괜찮다(버스 정류장에서 섬 안까지는 들고 가야 한다).
2. 여름 시즌에는 모기 방지 패치, 겨울 시즌에는 스키복이나 보드복, 방수 부츠를 준비하자.
3. 여행 전 무민 동화책을 미리 읽고 캐릭터를 알아두면 더욱 재미있게 즐길 수 있다.
4. 무민 월드 내 및 난탈리 번화가의 기념품 숍은 같은 물건도 헬싱키 시내 숍이나 페리에서 사는 것보다 비싸다. 한정 상품 위주로 구입하자.

무민의 집

블루베리 빛깔의 집 앞에는 무민 캐릭터 인형들이 기다리고 있다. 이들에게 안겨서 "Hauska Tavata(Nice to meet you)!" 하고 인사를 나눠 보자. 친근하고 따뜻한 느낌은 힘든 여행에 지친 몸과 마음도 따뜻하게 해 준다. 무민 인형에게 안기면 떨어지기 싫을 정도로.

집으로 들어가면 아빠 무민이 자서전을 집필하던 타자기, 엄마 무민이 요리를 준비하던 부엌, 스노크 아가씨의 레이스 가득한 귀여운 침대, 그리고 매일 아침 무민이 눈을 뜨던 침대와 사다리가 동화 속처럼 재현되어 있다. 무민 동화가 얼마나 많은 사람의 마음을 움직이고 있는지 확실히 실감할 것이다. 그 옆의 스니프의 집과 스노크 아가씨의 미용실은 보너스.

아빠 무민의 배

〈아빠 무민의 모험〉에 등장한, 아빠 무민이 젊은 시절 항해했던 배의 모습을 재현해 놓았다. 한쪽에는 여러 가지 색깔의 실로 매듭 팔찌를 만드는 코너가 있다. 설명을 잘 듣고 팔찌를 만들면 돈 안 드는 기념품으로 최고! 아이들과 어울려서 함께 배 안의 미끄럼틀을 타고 내려오면 재미가 더해진다. 중간 중간 위치한 무민 동화 속 이야기, 엄마 무민을 만난 이야기도 놓치지 말자.

숲 속에서

스노크의 공방과 전망대를 지나 숲 속으로 들어가자. 하늘을 향해 쭉쭉 뻗은 나무가 가득한 숲 속에 들어서면, 몸과 마음에 신선한 공기가 가득 찬다. 잠시 서서, 앉아서, 누워서 숲을 느껴 보자. 한쪽에는 130kg 하중까지 견딜 수 있는 그물 침대가 있어서 날 좋을 때 잠시 숲 속에서의 낮잠도 즐길 수 있다. 한여름에는 모기 패치를 붙이고 이용할 것.

엠마 극장

〈무민 골짜기의 여름〉에서 극장지기로 나온 엠마의 이름을 딴 극장. 매년 달라지는 주제로, 매시간 주인공 캐릭터들이 작은 공연을 한다. 핀란드어와 스웨덴어로만 진행하지만, 오후 1시 공연에 한해 영어 자막을 제공하니 함께 참여해 보자. 내용이 단순해 알아보기 쉽다.

스탬프 찍힌 무민 엽서

탐페레
Tampere

핀란드 제3의 도시이자, 산업을 통해 발전한 모습은 영국의 맨체스터와 비슷하다. 시내를 둘러싸고 있는 나시 호수Näsijärvi와 피하 호수Pyhäjärvi는 운치를 더해 주며, 깨끗하게 정돈된 옛 흔적은 현대적인 건축물과 잘 어우러진다. 특히 근현대사를 대표하는 노동운동, 레닌의 활동, 독립 전쟁 등의 굵직한 역사를 간직한 곳이다.

여행하는 방법

유용한 홈페이지

탐페레 관광 공식 안내 www.visittampere.fi

관광 안내소

여행 전 공식 홈페이지나 헬싱키 시내 관광 안내소에서 미리 자료를 받아 두고, 급할 경우 찾아가자. 시청사 내 서비스 센터 Tampereen palvelupiste, 시내 중심가 마켓 홀 Tampereen Kauppahalli에 간단한 안내 장소가 마련되어 있다.

Address Frenckellinaukio 2 B(시청사 서비스 센터)
Open 월~금 10:00~15:30
Access 스파이 박물관 건너편의 시청사 건물 오른쪽 뒤편. 마켓 홀은 시내 중심가 소코스 백화점 왼쪽 뒤편.

유용한 정보지

탐페레 박물관 안내 Tampere Museums
매년 발간하는 시내 박물관 및 관광지 안내 책자. 홈페이지에서 미리 다운받아 읽어 보면 시내 관광지에 대해 간단히 파악이 가능하다.

슈퍼마켓

S-마켓 S-market : 중앙역 뒤편(중앙역 플랫폼과 연결) 대형 매장 소코스 백화점 지하 1층 프리스마.
스토크만 백화점 지하 식품 매장 : 중앙역에서 시내로 접어드는 대로변.
K-마켓 K-market : 스칸딕 호텔 탐페레 시티 뒤편.

우체국

시내 중심가 소코스 백화점 구내에 위치해 있다.
Address Hämeenkatu 21
Open 월~토 09:00~17:00
Close 일요일, 공휴일

경찰서

Address Sorinkatu 12(버스 터미널 건너편)
Tel 02 281 511, 긴급 112

지명

탐페레의 스웨덴어 지명은 탐머포어스Tammerfors이다.

당일 짐 보관

중앙역 내의 코인 로커 이용 가능.

가는 방법

핀란드 국내에서는 기차와 버스, 국내외 지역에서는 항공으로 이동할 수 있다. 한국에서는 핀에어와 KLM의 경유편으로 진입 가능하다.

항공

시내에서 남서부 방향으로 17km 거리의 피르칼라Pirkkala 공항에서 핀에어, KLM, 에어발틱의 정기 노선이 발착하고 있다.
1터미널 : 핀에어, KLM, 에어발틱
2터미널 : 라이언에어 전용(계절 노선)
Web www.finavia.fi/en/tampere-pirkkala

피르칼라 공항→시내

시내버스 103번
가장 저렴한 요금으로 시내까지 이동할 수 있다. 비행기 도착 시간에 맞춰 출도착한다.

운행 **공항–중앙역**
월~금 05:30~00:50, 토 04:25, 05:40, 06:45, 13:30, 15:15, 17:15, 일 13:30~00:50(9회 운행)
중앙역–공항
월~금 04:45~00:10, 토 03:55, 05:05, 06:10, 12:55, 14:40, 16:40, 일 12:55~22:40(8회 운행)
Time 약 30분 소요
Cost 성인 €5.5(C존 해당, 컨택리스 결제 시 €4.5), 어린이 €2.7
Web www.nysse.fi

기차 · 버스

탐페레 중앙역에서 핀란드 남북을 잇는 인터시티, 초고속 열차 펜도리노, 로바니에미행 야간열차가 발착한다. 특히 헬싱키와 투르쿠에서는 약 1시간 50분 소요된다. 중앙역에서 500m 떨어진 곳에 버스 터미널이 있으며, 헬싱키와 여러 도시를 잇는 중장거리 노선이 발착한다.

페리

여름 시즌에 한해 매주 화요일에 실버 라인에서 헤멘린나까지 '시인의 길' 코스라고 불리는 페리 투어 노선을 운영한다. 천천히 이동하며 핀란드의 자연을 느끼기에 좋다. 이 외에도 주변 지역을 돌아보는 다양한 코스가 있다.

운행 탐페레-헤멘린나 6/13~8/8, 탐페레-비사부오리 6/6~8/15

Time **실버 라인** 탐페레 09:00, 헤멘린나 11:00 출발(약 8시간 50분 소요)
탐페레-비사부오리 보트 왕복 탐페레 출발 11:00, 비사부오리 출발 15:00 출발(약 6시간 50분 소요)

Cost 비사부오리 투어(탐페레-비사부오리 보트 편도) €44
실버 라인(탐페레-헤멘린나 편도) €64

Web www.hopealinjat.fi

시내 교통

시내 구간에서 공항, 사르카니에미 놀이공원 등의 먼 곳을 갈 때에만 버스를 이용하면 된다. 2021년 여름 이후 시내에 트램 1, 3번 노선이 개통되어 중앙역-시내 중심가-시립 도서관 및 미술관까지 편하게 이동이 가능해졌다. 중앙역-중심가 구간에서 걷기 힘들 때 가끔 이용해 보자. 티켓은 공항 내 안내소, 시내 R-kioski 내 편의점이나(매표소 옆) 버스 터미널, 시내 스토크만, 소코스 백화점에서 구입할 수 있다. 컨택리스 결제 가능한 카드가 있으면 더 저렴하게 이용 가능.

Cost **1회권** 시내 구간 €3.5, 컨택리스 결제 시 €2.7, **1일권** AB존 €7, A~C존 €9

Web www.nysse.fi

탐페레 시내, 이렇게 보자

탐페레 시내의 대표 관광지들은 탐머코스키 강을 중심으로 동쪽과 서쪽으로 분리되어 있다. 핀란드 산업의 역사와 삶의 모습은 강 동쪽에, 마니아들의 호기심을 자극하는 박물관과 놀이 시설은 서쪽에 있으니 취향에 맞춰 동선을 잡자. 대표 관광지들만 방문한다고 해도 1일은 충분히 잡는 것이 좋다. 특히 핀란드의 1900년대 독립 직후 역사를 사전에 알고 간다면 금상첨화. 어린이를 동반한 가족 여행자, 캐릭터 마니아라면 무민 박물관과 사르카니에미 놀이공원에 좀 더 비중을 두자.

탐페레에서 놓치지 말자

1 현대 핀란드의 역사와 흔적을 찾아가자.
2 핀란드 대표 캐릭터인 무민과 앵그리 버드를 만나자!

하루 추천 코스

무민 박물관 ➔ 탐페레 대성당 ➔ 바프리키 박물관 지구나 핀레이손 지구 박물관들, 레닌 박물관 중 선택 ➔ 사르카니에미 놀이공원

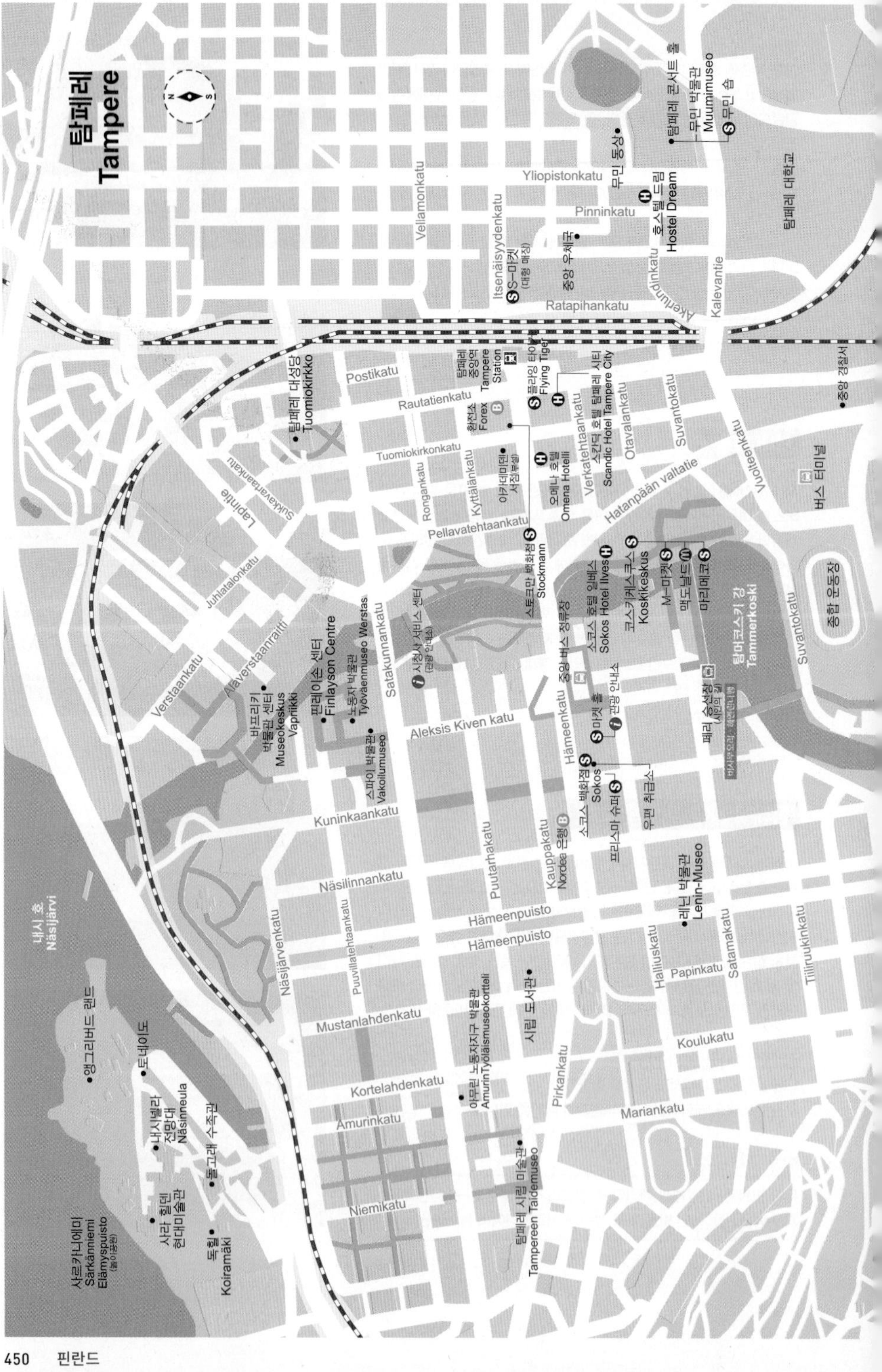
탐페레
Tampere
내시 호
Näsijärvi
사르카니에미
Särkänniemi
Elämyspuisto
(놀이공원)
앵그리버드 랜드
토네이도
내시넬라 전망대
Näsinneula
사라 힐덴 현대미술관
돌고래 수족관
도훨
Koiramäki
바프리키 박물관 센터
Museokeskus Vapriikki
핀레이슨 센터
Finlayson Centre
노동자 박물관
Työväenmuseo Werstas
스파이 박물관
Vakoilumuseo
탐페레 대성당
Tuomiokirkko
시청사 서비스 센터
(관광 안내소)
아무리 노동자지구 박물관
Amurin Työläismuseokortteli
시립 도서관
탐페레 시립 미술관
Tampereen Taidemuseo
스토크만 백화점
Stockmann
아카데미덴 서점(부설)
환전소
Forex
탐페레 중앙역
Tampere Station
플라잉 타이거
Flying Tiger
스칸딕 호텔 탐페레 시티
Scandic Hotel Tampere City
오메나 호텔
Omena Hotelli
소코스 호텔 일베스
Sokos Hotel Ilves
코스키케스쿠스
Koskikeskus
M-마켓
맥도날드
마리메코
탐메르코스키 강
Tammerkoski
중앙 버스 정류장
마켓 홀
관광 안내소
소코스 백화점
Sokos
프리스마 슈퍼
우편 취급소
노르데아 은행
Nordea
레닌 박물관
Lenin-Museo
페리 승선장
버스 터미널
중앙 운동장
중앙 경찰서
탐페레 대학교
S-마켓
(대형 매장)
중앙 우체국
무민 동상
호스텔 드림
Hostel Dream
탐페레 콘서트 홀
무민 박물관
Muumimuseo
무민 숍
Verstaankatu
Alaverstaanraitti
Juhlatalonkatu
Lapintie
Sukkavartaankatu
Postikatu
Rautatienkatu
Tuomiokirkonkatu
Ronganikatu
Kyttälänkatu
Pellavatehtaankatu
Satakunnankatu
Aleksis Kiven katu
Hämeenkatu
Verkatehtaankatu
Otavalankatu
Suvantokatu
Hatanpään valtatie
Vuolteenkatu
Kalevantie
Akerlundinkatu
Ratapihankatu
Itsenäisyydenkatu
Vellamonkatu
Yliopistonkatu
Pinninkatu
Kuninkaankatu
Puutarhakatu
Kauppakatu
Näsilinnankatu
Hämeenpuisto
Näsijärvenkatu
Puuvillatehtaankatu
Mustanlahdenkatu
Kortelahdenkatu
Amurinkatu
Niemikatu
Pirkankatu
Hallituskatu
Papinkatu
Satamakatu
Tiiliruukinkatu
Koulukatu
Mariankatu

탐페레 대성당 Tuomiokirkko

로컬명소

라르스 송크에 의해 설계된 붉은 색 지붕과 회색 화강암의 대성당. 핀란드식 민족적 낭만주의 및 아르 누보 양식이 결합된 건축물이다. 제단 위에는 마그누스 엥켈Magnus Enckell의 프레스코화 〈부활〉이 걸려 있으며, 성당 안에는 후고 심베리Hugo Simberg가 그린 〈상처받은 천사〉와 〈죽음의 정원〉의 대형 벽화, 돔 위에는 지혜의 사과를 물고 있는 뱀이 표현되어 있다.

Address Tuomiokirkonkatu 3
Tel 03 219 0265
Open **5/2~8/31** 10:00~17:00, 예배 시간
9~4월 11:00~15:00, 예배 시간
Close 5/1
Access 중앙역에서 나와 Rautatienkatu 길에서 우회전 후 왼쪽.
Web www.tampereenseurakunnat.fi(핀란드어)

바프리키 박물관 센터 Museokeskus Vapriikki

박물관 로컬명소

탐펠라 섬유 공장을 개조해서 만든 종합 박물관 건물. 유리와 철골을 이용해 현대적인 느낌으로 단장했다. 이곳에는 다양한 장르의 특별 전시를 비롯해, 지역 역사 박물관인 피르칸마Pirkanmaa, 핀란드 아이스 하키의 '명예의 전당', 우편 · 게임 · 자연사 · 신문 박물관이 함께 들어서 있다. 핀란드 산업과 전쟁, 탐페레에 대한 모든 것을 알고 싶다면 최고의 장소이다. 티켓 한 장으로 건물에 들어선 시설을 모두 둘러볼 수 있다. 부설 레스토랑의 맛있고 든든한 '오늘의 점심(월~금 €11.7, 토 · 일 €19.7)'도 놓치지 말자.

Address Alaverstaanraitti 5
Tel 03 5656 6966
Open 화~일 10:00~18:00
(일부 공휴일 전날 ~16:00)
Close 1/1, 5/1, 월요일, 하지의 금 · 토요일, 12/6, 12/21 ~27
Access Satakunnankatu 길로 접어든 후 소코스 호텔 탐머가 보이면 우회전하고, 그 다음 사거리에서 Kelloportinkatu 길을 따라 왼쪽.
Cost 성인 €15, 학생 · 7~17세 €7, 패밀리(성인 2명+7~17세 최대 4인) €34(특별 전시관 별도)
※ 뮤지엄 카드 사용 가능.
Web www.vapriikki.fi

핀레이손 센터 Finlayson Centre

박물관 로컬명소

1820년 탐머코스키 강둑에 스콧 제임스 핀레이손Scott James Finlayson이 작은 공장을 세우면서부터 이곳의 역사가 시작되었다. 또한 1882년 북유럽에서 최초로 전구가 사용된 곳으로도 역사적인 의미를 가지는 곳이다. 지금은 박물관, 카페, 레스토랑, 영화관 등의 문화시설이 밀집한 종합 센터로 탈바꿈했다.

Access 바프리키 박물관 센터에서 다리를 건너 왼쪽으로 직진.
Web www.finlaysoninalue.fi

Finlayson Centre

스파이 박물관 Vakoilumuseo

박물관 로컬명소

세계 최초의 스파이 전문 박물관으로, 규모는 크지 않지만 전시물은 알차다. 특히 냉전 시대를 풍미했던 정치 스파이 등에 대해 풍성한 전시물을 접할 수 있다. 전화 가로채기, 투명 잉크로 이름 쓰기 등의 흥미로운 체험도 해 볼 수 있다. 심지어는 거짓말 탐지기 단체 이용, KGB 입문 학교 테스트(€5 추가)까지 가능하다!

Address Satakunnankatu 18
Tel 03 212 3007
Open **6~8월** 월~토 10:00~18:00, 일 12:00~18:00,
9~5월 12:00~18:00
Close 1/1, 부활절 전 금요일~다음 월요일, 5/1, 하지의 금~일요일, 12/6, 12/23~26
Access 핀레이손 센터 내의 Media 54 건물 지하 1층.
Cost 성인 €10, 학생 · 6~17세 €6, 6세 미만 무료
Web www.vakoilumuseo.fi

Finlayson Centre

노동자 박물관 Työväenmuseo Werstas

박물관 로컬명소

탐페레의 축을 이루던 노동자들의 역사와 삶을 확인할 수 있는 대표적인 장소이다. 핀란드 노동자들에 대한 19세기부터 현재까지의 생활 내용이 중심으로 이뤄져 있다. 섬유산업과 증기기관 등에 대한 부속 박물관도 함께 돌아볼 수 있다. 부정기적으로 특집전도 열린다.

Address Väinö Linnan aukio 8
Tel 010 420 9220
Open 11:00~18:00
Close 월요일, 1/1, 12/6, 12/24~25
Access 핀레이손 센터로 진입해 Väinö Linnan aukio로 들어간다.
Cost 무료
Web www.werstas.fi

무민 박물관 Muumimuseo

박물관 | 어린이 동반 | 영화 · 책 배경

무민 동화를 주제로 한 전 세계 유일의 박물관. 약 28년간 소규모의 '무민 밸리 컬렉션'으로 운영되다가 2017년 6월 박물관으로 정착했다. 토베 얀손과 파트너 툴리키 피에틸라Tuulikki Pietilä가 1986년에 기증한 1,000점 이상의 컬렉션을 바탕으로, 동화 속 원본 일러스트와 스케치, 육필 원고, '무민의 집'을 비롯한 입체 모형들을 발간 순서와 주제에 맞춰 전시하고 있다. 방문 전 무민 동화를 미리 읽은 후, 관내에 비치된 안내 책자 〈Guess what happens next?〉를 꼼꼼히 읽고, 각 입체 모형과 관련된 동화를 들으며(영어, 일어 지원) 돌아보면 이해와 감동이 배가 된다. 각국의 무민 책들로 가득한 도서관에서 한글로 쓰인 무민 책을 찾아보는 것도 재미를 더한다. 이 외에도 주말 13:00에 진행되는 무료 영어 가이드 투어, 건물 옆 소르사 공원의 무민 동상, 체험 활동이 가능한 스튜디오(12:00~16:00), 어린이 메뉴가 지원되는 부설 레스토랑 Tuhto, 박물관 한정 일러스트 엽서, 우표 구입 · 발송이 가능한 부설 숍도 빼놓지 말자. 관내에서는 포토 존을 제외하고 사진 촬영 금지.

Address Tampere Hall, Yliopistonkatu 55
Tel 03 5656 6578
Open 화~금 09:00~17:00(목 ~19:00), 토 · 일 10:00~17:00
Close 월요일, 1/1, 5/1, 12/6, 12/22~26, 부활절 전 금요일, 하지의 금~일요일
Access 중앙역을 나와 좌회전한 후, Kalevantie 길에서 좌회전해 내려간다. 시내 중심가에서는 2, 7, 9번 버스를 이용해 Yliopisto 정류장에서 하차. 호스텔 드림 이용 시 정문 왼쪽에서 길 건너편 위치. 사르카니에미 놀이공원에서 2번 버스로 연결.
Cost 18세 이상 성인 €14.5, 7~17세 어린이 €7, 패밀리(성인 2인+어린이 최대 4인) €34
※ 뮤지엄 카드 사용 가능.
Web muumimuseo.fi(한국어 지원)
탐페레 콘서트 홀 www.tampere-talo.fi

레닌 박물관 Lenin-Museo

박물관 로컬명소

1946년 탐페레 시민들의 발안으로 만들어진 곳이다. 소비에트 사회주의의 창시자인 레닌에 대한 자료가 전시된 세계 유일의 박물관. 1905년에 레닌과 스탈린이 처음 만났던 장소였던 노동자 홀 안에 위치해 있다. 레닌의 삶과 핀란드에서의 레닌의 활동이 전시되고 있다. 특히 어린 시절 성적표와 죽기 전에 썼던 메모 등 희귀 자료는 놓치지 말자.

Address Hämeenpuisto 28
Tel 03 276 8100
Open **9~5월** 화~일 11:00~17:00, **6~8월** 11:00~18:00
Close 1/1, 5/1, 12/6 · 12/24~26, 9~5월의 월요일, 하지의 금~일요일
Access 중앙역에서 Hämeenpuisto 공원까지 쭉 직진한 후 왼쪽의 28번지 건물 3층.
Cost 성인 €8, 학생 €6, 18세 미만 무료
※ 뮤지엄 카드 사용 가능.
Web www.lenin.fi

1990년 맥도날드 모스크바 1호점 오픈 기념 T셔츠

사르카니에미 Särkänniemi Elämyspuisto

미술관 로컬명소 어린이 동반 뷰포인트

내시 호수를 바라다보는 위치에 있으며, 규모와 시설 면에서 핀란드 최고의 놀이공원이다. 34개의 놀이기구 중 토네이도, 하프파이프처럼 스릴 있는 놀이기구는 어른들에게도 인기가 높다. 200종 이상의 어류와 돌고래 4마리가 있는 수족관, 어린이 전용 동물원 겸 마우리 쿠나스Mauri Kunnas의 동화 세계를 재현한 강아지촌Koiramäki, 천문대, 대규모 실내 놀이터 존스Zones, 야외 체험 놀이터 수퍼파크Super Park는 어린이들이 가장 좋아하는 스폿이기도 하다.

북유럽에서 가장 높은 168m의 전망대인 내시눌라 전망대Näsinneula에서는 최고의 360도 전망을 감상할 수 있다. 역시 공원 내 위치한 사라 힐덴 현대미술관은 다양한 현대미술품과 조각이 많아 함께 둘러보기에 좋다.

시즌에 따라 오픈 시간 및 입장 기간 등이 모두 다르다. 방문 전 반드시 홈페이지를 통해 확인하자.

Address Laiturikatu 1
Tel 020 713 0200
Open 시즌에 따라 계속 바뀐다. 방문 전 홈페이지 확인은 필수.
Close 1/1, 5/1, 12/6, 12/25, 그 외 부정기적
Access 시내 중앙 버스 정류장에서 9, 19번 버스, 무민 박물관 앞에서 2번 버스를 이용. 약 10~15분 소요.
Cost **입장 무료, 놀이기구** €5~10(대당)
수족관 €13.9 **전망대** €8.9
자유이용권(5/11~9/21) 120cm 이상 €51, 120cm 미만 €31(홈페이지 구입 시 €39.9, 날짜 정해 미리 구입 시 €19.9~34)
Web 사르카니에미 www.sarkanniemi.fi
사라 힐덴 현대미술관
www.tampere.fi/sarahilden

탐페레의 숙소
Tampere Accommodations

도시의 규모만큼 숙소도 다양하다. 되도록 시내 중앙 광장이나 중앙역과 가까운 곳에 숙소를 잡을 것.

※ 요금은 호스텔의 경우 도미토리, 호텔은 스탠더드 2인실 기준.

호스텔 드림
Hostel Dream

중앙역 뒤편에 위치한 호스텔 겸 호텔. 시내 중심가와 반대 방향에 있어 다소 불편하게 느껴질 수 있지만, 중앙역까지 도보 이동이 가능하고 시설도 깔끔하다. 무민 박물관과도 가깝다.

Address Åkerlundinkatu 2
Tel 45 236 0517
Cos €30~(조식 별도, 시트 포함)
Web www.dreamhostel.fi/fi/etusivu

오메나 호텔
Omena Hotelli

핀란드 대표 무인 호텔 체인으로, 숙박하려면 인터넷으로만 예약이 가능하며 최소한의 시설만 갖추었다. 주말에는 가격이 올라간다. 3인 이상 함께 여행 시 유용하다.

Address Hämeenkatu 7
Tel 020 771 6555
Cost €80~
Web www.omenahotels.com

스칸딕 호텔 탐페레 시티
Scandic Hotel Tampere City

기차역 바로 건너편에 위치하며 시설을 충실히 갖췄다. 늦은 시간 도착 시에도 편하게 이동 가능하다. 이동이 많거나 비즈니스 목적으로 이용 시 유용하다.

Address Hämeenkatu 1
Tel 03 244 6111
Cost €110~
Web www.scandichotels.fi

소코스 호텔 일베스
Sokos Hotel Ilves

호수가 바라다보는 위치에 있어 전망이 좋고 조용하다. 되도록 높은 층에 있는 방으로 요청하자. 중앙역에서 도보로 10분 소요.

Address Kauppiaskatu 6
Tel 02 337 381
Cost €170~
Web www.sokoshotels.fi

로바니에미
Rovaniemi

라플란드 지역의 최중심지이자 라플란드 지역에서 즐길 수 있는 모든 레저 활동의 베이스 캠프와 같은 곳이다. 또한, '산타 클로스의 공식 거주지'가 가까이 위치해 있어 크리스마스 시즌에는 천국과 같다. 19세기 이후 임업의 중심지로 조성되기 시작해 지금에 이르렀다.

여행하는 방법

유용한 홈페이지
로바니에미 공식 안내 www.visitrovaniemi.fi
라플란드 지역 관광 안내 www.lapland.fi/visit

관광 안내소
오로라, 개썰매 등의 다양한 겨울 체험 투어를 소개받을 수 있다.

Address Koskikatu 12
Tel 016 346 270
Open **11월 · 1/8~3/28** 월~금 09:00~17:00,
3/29~10/31 월~금 09:00~17:00,
12월~1/7 월~금 09:00~18:00, 토 10:00~15:00
Close 일요일, 공휴일
Access 역 앞에서 Lapinkävijäntie 길을 따라 올라간 후 Koskikatu에서 우회전, 호텔 산타클로스 건너편.

교통 안내소 Osviitta Service Point
시내 교통 안내를 받고 1일권 등의 교통권 구입 가능.

Address Koskikatu 19
Open 월~목 9:00~16:30, 금 9:00~15:30

슈퍼마켓
K-마켓 K-market : 시내 중심가 Rinteenkulma 쇼핑몰 내 대형 매장.
세일 Sale : 관광 안내소 근처. 24시간 영업.

경찰서
Address Hallituskatu 1 A, 96100 Rovaniemi
Tel 071 876 6237
Access 역 앞에서 Lapinkävijäntie 길을 따라 올라간 후 Hallituskatu에서 우회전해 오른쪽, 시청사 옆.

당일 짐 보관
중앙역 내 코인 로커 이용 가능하다.

가는 방법

항공
시내에서 10km 떨어진 로바니에미 공항으로 핀에어, 노르웨지안의 정기 노선이 운행한다. 겨울 시즌에는 런던, 파리를 비롯한 유럽 여러 도시에서도 연결이 가능하다. 한국에서는 핀에어의 경유편을 통해 진입할 수 있다.

로바니에미 공항→시내
공항 셔틀 버스
산타 빌리지와 버스 터미널을 비롯한 시내 주요 호텔들(호텔 산타클로스, 스칸딕 등)로 비행기 출도착 시간에 맞춰 운행한다. 특히 비행기 출발 1시간 20분 전부터 시간 맞춰 이용하자. 홈페이지에서 예약도 가능하다. 겨울 시즌에는 산타클로스 버스 등이 추가로 운행된다.

Time 약 20~30분 소요.
Cost €8
Web www.airportbus.fi

기차 · 버스
로바니에미 역에서 헬싱키, 투르쿠, 탐페레를 잇는 야간열차 '산타클로스 익스프레스'가 발착하며, 헬싱키를 기준으로 약 12시간 30분 소요. 침대칸은 예약 필수이며, 12월에는 무조건 일찍 예약하는 것이 좋다. 오울루, 케미 등을 잇는 지역 열차도 이용할 수 있다.
역 근처의 버스 터미널에서는 이발로Ivalo, 사리셀카Saariselkä, 이나리Inari 등의 라플란드 지역, 노르웨이 북부 주요 지역(트롬쇠, 카라쇼크, 노드캅)을 연결하는 에스켈리센-라핀 린야 버스가 발착한다.
기차역에는 출도착 시간 위주로 직원이 상주한다. 철도 패스로 예약 시 아침이나 저녁 시간을 이용하자.

시내 교통

산타 마을 이동 시 이용되며, 교통 안내소나 공식 홈페이지에서 미리 티켓을 구입하자. 산타 마을은 A존 적용.

운행 **8번 버스** 월~금 13회(45분 간격), 토 · 일 6회
Cost 1회권 €3.6, 24시간권 €9
Web www.linkkari.fi

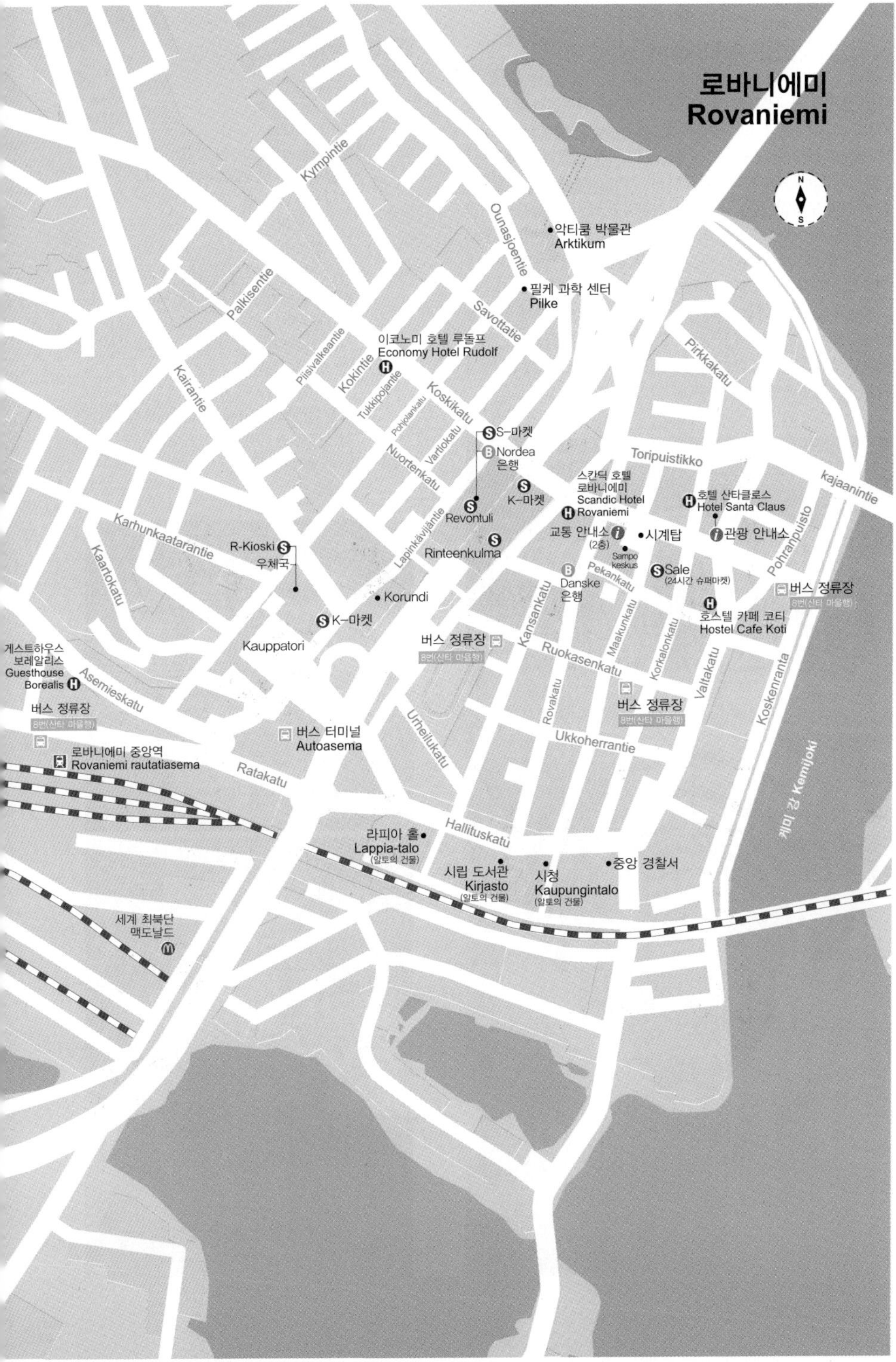
로바니에미
Rovaniemi
N
S
Kympintie
Ounasjoentie
악티쿰 박물관
Arktikum
필케 과학 센터
Pilke
Palkisentie
Savottatie
이코노미 호텔 루돌프
Economy Hotel Rudolf
Piisivalkeantie
Kokintie
Tukkipojantie
Kairantie
Pohjolankatu
Koskikatu
Pirkkakatu
S-마켓
Nordea
은행
Vartiokatu
Nuortenkatu
Toripuistikko
kajaanintie
스칸딕 호텔
로바니에미
Scandic Hotel
Rovaniemi
호텔 산타클로스
Hotel Santa Claus
K-마켓
Revontuli
Karhunkaatarantie
Lapinkävijäntie
교통 안내소
(2층)
시계탑
관광 안내소
Rinteenkulma
Sampo
keskus
Pohjanpuisto
R-Kioski
우체국
Kaartokatu
Pekankatu
Sale
(24시간 슈퍼마켓)
Danske
은행
버스 정류장
8번(산타 마을행)
Korundi
K-마켓
Kansankatu
Maakunkatu
호스텔 카페 코티
Hostel Cafe Koti
Korkalonkatu
게스트하우스
보레알리스
Guesthouse
Borealis
Kauppatori
버스 정류장
8번(산타 마을행)
Ruokasenkatu
Valtakatu
Asemieskatu
Rovakatu
버스 정류장
8번(산타 마을행)
Koskenranta
버스 정류장
8번(산타 마을행)
버스 터미널
Autoasema
Urheilukatu
Ukkoherrantie
로바니에미 중앙역
Rovaniemi rautatiasema
Ratakatu
케미 강 Kemijoki
라피아 홀
Lappia-talo
(알토의 건물)
Hallituskatu
시립 도서관
Kirjasto
(알토의 건물)
시청
Kaupungintalo
(알토의 건물)
중앙 경찰서
세계 최북단
맥도날드

악티쿰 박물관 Arktikum

관광명소 로컬명소 박물관

길게 뻗은 둥근 지붕의 유리 터널이 시선을 사로잡는 라플란드 지역 최대의 박물관. 1992년에 독립 75주년을 기념해 문을 연 이래 핀란드 북부를 대표하는 박물관으로 자리 잡았다. 이곳은 두 부분으로 나뉘는데, 북극 센터에서는 지역 사람들과 생물들, 전통 생활의 모습이 많은 사람을 끌어들이고 있다. 라플란드 지역 박물관은 사미족을 비롯한 라플란드 지역의 역사를 생생히 전시하고 있어 재미를 더한다. 두 부분 모두 꼼꼼히 둘러보면 북극권 여행 전후의 예습 및 개념 정리에 도움이 된다.

이외에도 북극권 지역에 대한 풍부한 자료를 갖춘 도서관, 숲을 주제로 하는 과학 센터 필케Pilke도 함께 묶어서 둘러보자. 관람 시간은 최소 2시간 정도 예상해야 한다. 따뜻하고 맛있는 점심 뷔페(월~금, €15)를 내놓는 구내식당 역시 추천.

Address Pohjoisranta 4
Tel 016 322 3260
Open **박물관 1~11월** 화~일 10:00~18:00, **12월** 10:00~18:00(목 ~20:00)
구내식당 월~금 10:30~17:00, 토 · 일 12:00~17:00
Close 1~11월의 월요일, 12/24
Access 시내 관광 안내소에서 Koskikatu를 따라 Piisivalkeantie까지 간 다음 우회전하여 강변까지 간다.
Cost 성인 €18, 학생 €5, 어린이 €6, 패밀리(성인 2명+7~15세 2명) €40, 특별 전시 €6
※ 뮤지엄 카드 사용 가능.
통합 티켓(박물관+Pilke+Korundi) 성인 €25 학생 €20, 7~15세 어린이 €10
Web www.arktikum.fi

산타 마을
Joulupukin Pajakylä(Santa Claus Village)

관광명소 어린이 동반

로바니에미로부터 북동쪽으로 약 8km 떨어져 있는 산타클로스의 '공식 거주지'로, 북위 66도 33분 7초의 북극권이 이곳을 가로지른다. 선명하게 새겨져 있는 '공식' 북극권 선 Napapiiri를 넘는 체험을 할 수 있어 많은 사람의 기념 촬영 장소로 인기 있으며, 안내소에서는 북극권 도착 인증서를 유료로 받을 수 있다.
12월을 전후한 크리스마스 시즌에는 산타를 찾으려는 순례객들로 장사진을 이룬다. 산타 우체국에서는 전 세계 어린이들이 보낸 편지들로 가득하며 겨울의 2개월 동안에는 한국인 요정도 만날 수 있다. 산타 스탬프가 찍힌 엽서나 카드, 작은 기념품 등을 구입해 크리스마스에 맞춰서 보내면 최고의 크리스마스 선물이 될 것이다. 산타의 공식 일터인 산타 오피스에서는 산타를 만나려는 관광객들의 줄이 끊이지 않는다. 이곳에서의 사진 촬영은 마을에서 주관하는 공식 사진 촬영으로만 가능하며(약 €20~50), 개인 촬영은 금지되어 있으니 주의할 것. 크리스마스 전시장에서는 핀란드를 비롯한 각 나라의 크리스마스 풍습과 요정들의 장난감 공장 등을 다양한 모형으로 감상할 수 있다. 기념품점의 라플란드 지역 수공예품도 놓치지 말자. 또한 근처의 순록 사파리 농장에서는 겨울에 한해 순록이 끄는 썰매를 타고 면허증도 받을 수 있다. 지역을 오가는 막차는 저녁 6시에 있으므로 대중교통 이용 시 반드시 시간에 맞춰 움직이자.

Address Joulumaantie 1, 96930 Napapiiri
Tel 016 356 2096
Open **1~5월 · 9~11월** 10:00~17:00, **6~8월** 09:00~18:00, **12/1~1/6** 09:00~19:00
산타 우체국 **11~5월 · 9~11월** 10:00~17:00, **6~8월** 09:00~18:00, **12/1~1/6** 10:00~20:00
※ 일부 공휴일 단축 운영, 장소마다 다름.
Access 시내에서 8번 버스를 타고 산타 마을 앞 하차. 약 35분 소요. 공항에서 이동 시 산타 익스프레스 버스(일 11회 운행)로 10분 소요.
Cost **입장 · 산타 오피스** 무료
Web 산타 마을 www.santaclausvillage.info

Tip
1. 현지에서는 산타를 '요울루푸키joulupukki'라고 한다.
2. 기념품 숍 안에 자리한 작은 규모의 이딸라와 마리메코 아웃렛은 보너스!
3. 산타 우체국에서는 일반 우편 업무도 가능하다.

산타 파크 Santaparkissa

관광명소 어린이 동반

시내에서 북서쪽으로 약 5km 떨어진 곳에 위치해 있는, 크리스마스를 주제로 하는 테마 파크. 지하 동굴로 들어가면 썰매를 타고 갖가지 모형과 요정들의 장난감 공장을 구경할 수 있다. 산타의 비서인 요정이 되는 체험을 할 수 있는 요정 학교, 크리스마스용 생강과자를 직접 만들고 꾸밀 수 있는 진저브레드 키친, 다양한 모양의 산타를 꾸밀 수 있는 요정의 공작실 등은 어린이들의 호기심을 충족시키기에 충분하다. 어른들에게는 얼음으로 만들어진 아이스 바와 조각가들의 얼음 조각이 가득한 아이스 갤러리도 괜찮다. 이곳에도 역시 산타의 작업실이 위치해 있어 직접 산타를 만나고 사진 촬영도 할 수 있다. 산타 마을에서 산타를 못 만났다면 이곳에서라도 만나자.

Tip
세계 최북단이었던(?) 맥도날드
로바니에미 시내의 맥도날드는 한동안 러시아 무르만스크에 최북단 자리를 내주었다가, 2022년 우크라이나 전쟁 이후 러시아에서 철수하며 다시 최북단의 자리를 되찾았다. 단 현재의 자리로 이전한 후 기념엽서가 없어진 것이 다소 아쉽다.
Address Vierustie 1(중앙역 근처)
Open 24시간

Address Tarvantie 1 96930 Nappapiiri
Tel 060 030 1203
Open **11/19~30** 10:00~17:00, **12/1~1/7** 10:00~18:00(**12/24** ~16:00)
Close 6/27~8/8의 일요일, 8/9~11/6, 1/10~6/27
Access 시내에서 8번 버스를 타고 산타 파크 앞 하차. 산타 마을과 파크 간을 오갈 수 있다. 운행 횟수가 적으므로 대중교통 이용 시 반드시 시간에 맞춰서 움직일 것. 주차는 무료.
Cost **11/19~30** 성인 €39, 3~12세 €33
12/1~15 · 1/1~13 성인 €42, 3~12세 €36
12/16~31 성인 €45, 3~12세 €38
Web www.santapark.com

알토의 건물들

건축 · 디자인

Hallituskatu 대로변에 위치한 건물들 중 알바르 알토의 작품들이 있다. 대형 콘서트 홀과 국제 회의장으로 쓰이고 있는 라피아 홀Lappia-talo(1975)을 비롯해 시립 도서관 Kirjasto(1965)와 시청 건물 Kaupungintalo(1988)은 제2차 세계대전 이후 알토의 도시계획에 의해 만들어졌다. 건축에 관심 있는 여행자에게 추천하는 스폿. 현재 라피아 홀의 전시관, 도서관만 입장이 가능하다. 내부까지 보고 싶다면 도서관을 이용하자. 시청사는 공사 중.

Open **도서관 6~8월** 월~목 09:00~19:00, 금 09:00~ 17:00, 토 11:00~15:00,
9~5월 월~목 09:00~20:00, 금 09:00~18:00, 토 11:00~16:00
Close 일요일
Web lapinkavijat.rovaniemi.fi/aalto(핀란드어)
lapinkirjasto.finna.fi(도서관 안내)

로바니에미의 숙소
Rovaniemi Accommodations

로바니에미의 최성수기인 12월에는 2배까지 요금이 올라간다. 반드시 빨리 예약할 것. 저렴하게 이용하려면 그나마 여름이 낫다.

※ 요금은 호스텔의 경우 도미토리, 호텔은 스탠더드 2인실 기준.

호스텔 카페 코티
Hostel Cafe Koti

로바니에미 시내의 유일한 호스텔 겸 소규모의 호텔이다. 다양한 방 옵션과 깔끔한 시설을 갖추고 있어 가족 여행자에게도 적당하다. 부설 카페에서의 푸짐한 아침식사와 저렴한 '오늘의 점심'은 보너스!

Address Valtakatu 21, 96200 Rovaniemi
Tel 044 796 1333
Cost 도미토리 €32~, 2인실 €100~(조식 별도, 시트 포함)
Web www.hostelcafekoti.fi

호텔 산타클로스
Hotel Santa Claus

현대적 시설이 잘 갖추어진 시내 중심가의 호텔로, 오로라 스위트와 바, 그릴이 추가되면서 규모가 확장되었다. 비즈니스 목적으로도 이용하기에 좋으며 직원들의 친절한 서비스도 만족스럽다.

Address Korkalonkatu 29
Tel 016 321 321
Cost €120~
Web www.santashotels.fi

이코노미 호텔 루돌프
Economy Hotel Rudolf

산타 호텔 체인의 2성급 시내 호텔. 주방 시설이 작은 것이 단점이지만, 좀 더 저렴한 가격으로 산타 호텔의 낭만을 느낄 수 있다. 체크인은 10분 거리에 떨어져 있는 호텔 산타클로스에서 가능하다.

Address Koskikatu 41-43
Tel 016 321 321
Cost €100~
Web www.santashotels.fi

게스트하우스 보레알리스
Guesthouse Borealis

중앙역 건너편에 위치한 현지 민박 겸 아파트. 다소 허름한 느낌이지만 가족적인 분위기와 깨끗한 시설로 인기가 높다. 연말 성수기는 최소 2박부터 숙박 가능한 점 주의.

Address Asemieskatu 1
Tel 016 342 0130
Cost €70~
Web www.guesthouseborealis.com

SAMPO

에스토니아 Estonia

All about Estonia

에스토니아
Estonia / Eesti

1 | 국가 프로필

국가 기초 정보

국가명	에스토니아 공화국(Republic of Estonia)
수도	탈린 Tallin
면적	45,227k㎡(한반도의 약 10%)
인구	약 131만 명
인종	에스토니아인(68%), 러시아(23%), 우크라이나계(2%), 벨라루스계(1%) 핀족(1%) 등
정치	대통령제, 의원내각제(알라르 카리스 대통령)
종교	복음 루터교, 러시아 정교(국교는 없음)
공용어	에스토니아어
통화	유로(€, €1≒1,434원), 보조통화 센트

공휴일

1월 1일 새해 첫날New Year's Day
3월 29일 성 금요일Good Friday*
3월 31일 부활절Easter*
5월 1일 봄 기념일Spring Day
6월 21~22일 하지Midsummer's Day*
6월 23일 전승 기념일
8월 20일 독립 기념일
12월 25일 크리스마스Christmas
12월 26일 박싱 데이Boxing Day
* 2024년 기준, 해마다 달라질 수 있음.

에스토니아 이야기

간추린 역사 이야기

13세기 초에 덴마크의 정복이 시작되면서 유럽 역사에 등장한 이래, 16세기까지 탈린을 중심으로 한자 동맹이 결성되었고 무역의 중심지로 부를 누렸다. 하지만 17세기 이후 스웨덴과 제정 러시아에 번갈아 지배받았다. 1918년 제정 러시아가 무너지면서 공화국으로의 독립을 선언했고, 2년간의 전쟁 후에 독립을 인정받았다. 그러나 20년 후 총선거에서 공산당이 승리하며 1940년대 이후 구소련 치하의 16개 자치 공화국 중 하나로 전락했다. 1991년 구소련이 붕괴되어 다시 에스토니아 공화국이라는 이름으로 재독립하고, 2004년에는 EU 가입, 2007년에는 솅겐 조약에 가입해 유럽 연합의 한 일원으로 발돋움하고 있다.

지역 정보

수도 탈린을 중심으로 타르투Tartu, 패르누Pärnu, 나르바Narva 등의 주요 도시가 있으며, 러시아 및 라트비아와 국경을 접하고 있다. 한국의 제주도와 비슷한 사아레마Saaremaa도 인기 있는 관광지이다.

한국과의 관계

1970년대 이후 건너갔던 일부 한국인(고려인)들이 거주하면서 인연을 맺기 시작했다. 구소련 붕괴 이후 독립하면서 1991년에 처음 외교 관계를 수립했으며, 2001년에는 무비자 협정을 맺었다. 또한, 탈린 사범대와 타르투대에서 한국어 강좌가 개설되고, 에스토니아어-한국어 사전이 나오면서(2003) 한국 문화에 대한 관심도도 점차 높아지고 있다. 에스토니아로의 주요 수출품은 기계류, 섬유 원료, 의류 및 신발류, 금속 제품 등이고, 주요 수입품은 광물류, 직접 소비재 등.

에스토니아 사람들과 문화

오랜 기간의 침략과 식민지 지배 속에서도 자신들의 문화를 지켰다는 자부심은 한국과 통하는 면이 있다. 사람들은 자신의 의사를 적극적으로 표현하지 않아 다소 내성적이라고 여겨지기도 한다. 하지만 노래에 대한 사랑만큼은 한국인 못지않다. 여러 노래 행사가 있는 것은 기본이고, 5년마다 합창 축제도 열린다. 어려운 시절 노래로 설움을 달랜 것도 우리와 일맥상통한다. 또한, 개방 이후 관광객들이 늘면서 웬만한 사람들은 영어를 잘 구사한다. 구소련 지배에서 벗어난 후 러시아어 사용자가 크게 줄었다.

여행 시기와 기후

사계절이 다소 뚜렷한 편이지만, 겨울이 상대적으로 길고 혹한도 지속된다. 특히 탈린의 항구는 겨울철에 1개월 이상 얼어붙는다. 나머지 계절에는 기후 변화가 잦고, 7월~8월 초에는 30도 이상까지 기온이 상승한다.

여행하기 좋은 시기 : 낮이 길고 날이 따뜻한 4~10월에 관광객이 많다. 겨울에는 배 이용 시 항구가 결빙되어 큰 배로만 진입이 가능하다.

패션 코드 : 한여름은 꽤 덥지만, 일교차가 심하다. 기후 변화에 대비해 쉽게 입고 벗을 수 있는 옷을 준비하자. 겨울에는 두꺼운 모자와 장갑, 눈에 강한 신발이 필요하다.

2 | 현지 오리엔테이션

여행 기초 정보

국가 번호	372
통화	유로(€, €1≒1,434원)
비자	무비자로 90일간 체류 가능(쉥겐 조약 가맹국)
시차	한국보다 11~3월은 7시간, 4~10월은 6시간 느리다.
전기	220v, 50Hz(한국과 같은 콘센트 모양)

추천 웹 사이트
에스토니아 관광청 www.visitestonia.com

예산 짜기
여타 북유럽 국가들보다는 물가가 낮은 편으로 한국과 다소 비슷하다. 현금으로 조금씩 환전하고, 필요 시 신용카드를 함께 사용하자. 하루 예산은 숙박비를 제외하고 약 8~10만 원으로 잡는 것을 권한다.

영업시간
관공서 월~금 09:30~17:00
은행 월~금 09:00~18:00
우체국 월~금 09:00~18:00, 토 09:30~15:00
상점 월~금 10:00~19:00, 토 10:00~15:00
대규모 상점 09:00~22:00

긴급 연락처
긴급 요청, 화재, 응급번호 112
경찰 110
※ 여권 등의 영사 업무는 헬싱키의 주 핀란드 한국 대사관, 라트비아 리가의 주 라트비아 한국 대사관에서 진행한다.

현지 교통 따라잡기

주로 헬싱키에서 페리를 이용하지만 리투아니아, 라트비아, 러시아에서 육로로 진입하기도 한다. 타 국가에서 진입 시 항공편도 편리하다.

항공
메인인 에스토니안에어Estonian Air를 비롯한 유럽 항공사, 저가 항공 노선이 탈린을 중심으로 취항하고 있다.
한국–에스토니아 취항 항공사 : 핀에어, SAS(에스토니안에어와 공동 운행), 터키항공, 루프트한자, 러시아항공(아에로플로트), 폴란드항공(LOT)
에스토니아–유럽 지역 저가 항공사 : 이지젯, 라이언에어, 노르웨지안, 위즈에어, 에게안에어, 에어발틱

페리
스톡홀름과 헬싱키에서 페리로 들어올 수 있다. p.133, p.389 참조.

버스
리투아니아, 라트비아, 러시아 상트 페테르부르크에서 이동 시 룩스 익스프레스, 에코 라인 등의 장거리 버스를 이용해 이동할 수 있다. 동유럽과 발트 3국을 함께 여행 시 유용한 교통수단이다.
Web www.luxexpress.eu, www.ecolines.net

전화 · 인터넷 · 우편

전화
공중전화는 카드 이용만 가능하다. 한국으로의 수신자 부담 통화는 아직 서비스되지 않는다.

전화 거는 요령
❶ 국제전화(에스토니아→한국, 기타 유럽 국가)
00+국가 번호(한국 82)+지역 번호 또는 휴대전화 기지국 앞의 0을 제외한 전화번호 입력.
예) 일반 전화 통화 시(02 123 4567) : 0082+2 123 4567
휴대전화 통화 시 : 0082+10 123 4567

❷ 에스토니아 내 전화
탈린 시내에서는 전화번호만 입력하고, 시외전화 시 지역 번호와 전화번호 모두 입력한다. 단, 타 지역에서 탈린으로 전화 시에는 전화번호만 누를 것.

우편
우체국의 수는 적다. 기념품점에서 엽서 구입 시 우표 구입 여부를 물어보기도 한다.
Cost 한국으로의 우편엽서 요금 €1.9
Web www.omniva.ee

인터넷
무료로 무선 인터넷을 사용할 수 있는 곳이 점차 늘고 있다. 카페와 레스토랑 이용 시 문의할 것.

치안 및 기타 주의사항

육로 입국 시 절차가 간소화되어 입국이 편해졌다. 단 러시아 이동 시에는 입국 서류를 먼저 작성하고 버스에 오르자.

탈린
Tallinn

발트 3국 중 가장 먼저 개방된 후, 헬싱키에서 당일치기 여행이 가능한 이점을 안고 한창 뜨는 여행지로 각광받고 있다. 지금의 구시가지에는 중세 이후 한자 동맹을 통해 부를 누렸던 흔적이 남아 있다. 1800년대 이후 제정 러시아와 구소련 지배를 받았던 시절의 모습도 발견할 수 있다. 2004년에는 EU에 가입하면서 유럽 연합 안의 한 국가로 당당히 인정받았다. 성곽 속에 남아 있는 고즈넉한 구시가지와 과거의 영화를 새로운 모습으로 발전시키는 시민들의 모습을 함께 만나 보자.

여행하는 방법

유용한 홈페이지
에스토니아 관광청 www.visitestonia.com
탈린 안내 공식 홈페이지 www.tourism.tallinn.ee

관광 안내소
탈린 투어리스트 인포메이션 센터 Tallin Tourist Information Centre
구시가지 중심부에 위치하고 있다. 숙소 소개와 예약은 해 주지 않으니 이 점 주의해서 미리 알아보거나, 안내 자료를 받아 직접 찾아갈 것.
Address Niguliste 2
Tel 645 7777
Open 09:00~18:00, **12/24 · 31** 09:00~15:00
Close 1/1, 12/25~26

유용한 정보지
탈린 디스 위크 Tallin This Week
페리 터미널에서 주로 받을 수 있는 소식지로 탈린 시내의 정보가 많이 실려 있어 이 한 권만으로도 유용하다.

환전소
페리 터미널과 시내에 있는 Danske, Nordea, Swedbank, SEB 은행들의 ATM이 유용하다.

인터넷
탈린 시내에서는 무선 인터넷 이용이 무료로 가능한 곳이 많아 스마트 폰 이용 시 편리하다. 가게 앞에 붙은 노란색 WIFI 스티커를 눈여겨보자.
Web www.wifi.ee

우체국
로어 타운 지소
알렉산더 네프스키 대성당 옆, Lossi plats 광장의 지소는 구시가지와 어퍼 타운을 통틀어 이곳에만 있다.
Open 월~금 10:00~17:00
Close 토 · 일요일

슈퍼마켓
D터미널 근처 쇼핑몰 Nautica Keskus 구내와 구시가지에 위치한 RIMI의 대형 매장이 유용하다. 핀란드보다 저렴한 가격으로 장을 보기에 좋다.
Open 08:00~22:00

당일 짐 보관
페리 터미널 내 코인 로커를 이용할 수 있다.
Cost 소 €3, 중 €4

가는 방법

대부분 헬싱키에서 페리를 많이 이용하며, 다양한 노선을 갖추고 있어 선택의 폭이 넓다. 좀 더 먼 곳에서는 비행기를 이용하여 이동하기도 한다. 또한 러시아와 발트 해 연안의 타 국가에서는 버스를 이용해 들어올 수 있다.

페리
헬싱키에서는 여러 회사의 페리를 이용하여 진입할 수 있으며, 운행 시간과 차량 탑승 여부, 가격에 따라 회사마다 다소 차이가 있다. 11~3월의 비수기 시즌이나 당일 왕복 시에는 요금이 40%까지 할인된다.

바이킹 라인 Viking Line
시기에 따라 하루 2~4회 출항하며, 스톡홀름-헬싱키 간 바이킹 라인과 연계 예약도 가능. 헬싱키 시내에서는 카타야노카 페리 터미널, 탈린 시내에서는 A터미널에서 발착한다.
운행 약 2시간 30분 소요.
2/8~12/31
헬싱키-탈린 금 07:45, 14:15, 월~목 · 토 10:30
탈린-헬싱키 금 10:45, 17:30, 월~목 · 토 07:00, 17:30, 일 15:30, 22:15
Cost **편도** 비수기 €22~

탈링크 Tallink
일 7회까지 연중 운행하고, 철도패스 소지자 할인 및

스톡홀름행 연계 예약도 가능해서 늘 인기가 많다. 헬싱키 시내 웨스트(란시) 페리 터미널(1터미널), 탈린에서는 D터미널에서 발착한다. 출발 30분 전까지 반드시 승선을 완료할 것.

운행 **헬싱키→탈린(양방향) 1/10~4/17** 07:30~22:30(1일 4~7회 운행), **4/18~12/18** 07:30~23:30(1일 7회 운행)
탈린-스톡홀름 18:00 **스톡홀름-탈린** 17:30

Cost 헬싱키-탈린 편도 €35, 탈린-스톡홀름 B캐빈 편도 €50~

에케뢰 라인 Eckerö Line

가격은 저렴하지만 이동 시간이 길고 출항 횟수가 적다. 최후의 수단으로 사용할 것. 헬싱키에서는 시내 웨스트 페리 터미널(2터미널), 탈린에서는 A터미널에서 발착한다.

운행 2시간 30분 소요.
헬싱키→탈린 09:00, 15:15, 21:40(일~금)
탈린→헬싱키 06:00(월~토), 12:00, 18:30

Cost 편도 €19~

Web www.eckeroline.com

항구→시내

모든 항구에서 시가지까지는 도보로 약 10~15분 소요되어 충분히 도보 이동이 가능하다. 걷는 것이 힘들고 인원이 3명 이상이면 택시 이용도 무방하다. 단 신시가지나 공항까지 이동 시에는 2번 버스가 유용하다.

항공

시내에서 4km 떨어진 탈린 공항을 이용할 수 있다. 일부 저가 항공 노선 및 국적기인 에스토니안에어가 주로 취항한다. 한국에서는 일부 유럽계 항공사의 경유편으로 입국할 수 있다. 저가 항공 노선은 주 2~3회 정도만 운행하니 날짜를 잘 맞춰 이용할 것.

Web www.tallinn-airport.ee

탈린 공항→시내

시내버스 2번

공항에서 신시가지 버스 터미널, 페리 터미널까지 연결 가능하다. 티켓은 컨택리스 결제가 가능한 신용카드로 지불할 것. 공식 홈페이지에서 큐알 티켓을 구입해 사용하면 편리하다(p.468 참조).

운행 **공항→페리 터미널** 월~금 05:00~00:00, 토 · 일 05:05~00:00
페리 터미널→공항 월~금 05:30~23:20, 토 · 일 05:45~23:20

Time 시내 신시가지까지 약 15분 소요(시간당 1~3회 운행).

Cost 성인 €2, 학생 €1

버스

러시아 상트 페테르부르크, 라트비아 리가에서 이동 시 룩스 익스프레스LUX Express의 버스 정기편으로 이동할 수 있다. 버스 터미널은 신시가지에 위치해 있으며, 구시가지 중심까지는 도보로 약 15분 소요된다.

Tip

러시아 상트페테르부르크에서 육로 이동 시 지금은 입국 절차가 간소화되어 심사 시간이 단축되었다. 하지만 쉥겐 입국 도장을 잊고 찍어 주지 않는 경우가 간혹 발생하니 반드시 여권을 확인한 후 요청해서 도장을 받자. 또한 반대 루트로 이동 시에는 러시아 입국 서류를 반드시 미리 작성하고 버스에 탑승해야 시간 절약이 가능하다.

시내 교통

페리 터미널에서 구시가지까지, 구시가지 안에서는 도보로 충분히 오갈 수 있다. 이 외에 버스 터미널, 공항, 카드리오 궁 등의 신시가지 지구로 오갈 때에는 페리 터미널, 구시가지 바깥에서 버스와 트램(4개 노선) 중 선택해 이용한다. 버스와 트램 모두 티켓은 컨택리스 결제가 가능한 카드를 센서에 접촉시키자. 여러 명이 함께 이용 시에는 공식 홈페이지에서 큐알 티켓QR Ticket을 구입해 인원대로 충전한 후 바코드를 센서에 접촉시키면 된다.

운행　05:00~01:00(노선별로 상이)
Cost　1회권 €2(기사에게 구입 시), €1.5(컨택리스 결제, 큐알 티켓)
1일권 €4.5
Web　티켓 구입 www.tlt.ee, www.tallinn.ee/pilet

Tip

탈린 시내 교통 카드, 스마트 카드 Ühiskaart

2명 이상 인원이 함께 탈린 공항을 이용하거나, 시내에서의 이동이 많다면 교통 카드 구입을 고려해 보자. 구입 시 보증금 €2가 필요하며, 최대 6명까지 동시에 지불이 가능하다. 공항을 비롯한 시내 R-Kioski 편의점, 우체국(올드 타운 지점 포함), 버스 터미널 내 교통 안내소, 시내 리미/막시마/셀버 슈퍼마켓, 스토크만 백화점 등에서 구입하며, 환불은 공항 · 페리 터미널 · 중앙역 내 R-Kioski 매장이나 교통 안내소에서 진행하면 된다.

탈린 시내, 이렇게 보자

구시가지와 신시가지를 포함하면 탈린의 규모는 다른 북유럽 수도 못지않다. 하지만 관광의 포인트는 구시가지와 그 주변의 몇몇 박물관 쪽에 집중되어 있으므로 그쪽 위주로만 일정을 잡는 것을 권한다. 구시가지 위주로의 일정 시 오전 일찍부터 저녁까지 하루를 풀로 잡자. 성벽 바깥의 관광지까지 돌아보고 싶거나 여유로운 일정을 원한다면, 타 지역으로의 이동 일정이 있다면, 1박 이상도 괜찮다.
페리로의 이동 시 페리 터미널에서 시내까지는 도보로 약 15분 정도가 소요되며, '뚱뚱이 마르가레타'라고 불리는 큰 탑 옆의 문에서부터 본격적인 구시가지 진입이 가능하다. 버스 이동 시에는 비루Viru 쪽의 옆문으로 진입할 수 있다.
탈린 구시가지는 언덕과 시내를 둘러싸는 성벽을 경계로 하여, 옛 지배층의 구역이었던 어퍼 타운인 톰페아와 시민들의 삶의 터전이었던 로어 타운으로 나뉘어 있다. 먼저 옛 정취가 남은 구시가 광장과 성벽을 돌아본 다음, 성벽 바깥의 여러 볼거리를 함께 둘러보자. 구소련 지배 시절의 흔적도 탈린을 이해하려면 필수로 둘러보자.

탈린에서 놓치지 말자

1 성벽 속에 감추어진 빨간 지붕의 옛 흔적 속으로~
2 눈물 없이 볼 수 없는, 어두운 역사를 오늘에 되새긴다.
3 다양한 교회의 모습을 입맛대로 감상하자!

추천 코스

하루를 탈린에서 풀로 보낼 경우 추천하며, 페리 시간과 관광지 운영에 따라 조정할 수 있다. 시청사의 탑에 입장 불가 시, 올레비스테 교회 전망대로 일정이 대체 가능하다. 매주 월요일에는 역사 박물관, 독립박물관이 모두 문을 닫으니 분관 KGB 비밀감옥터를 대체해서 둘러보자. 역사 박물관과 독립 박물관은 같이 보면 금상첨화. 톰페아 성에서는 에스토니아 전통의 힘을 충분히 느껴 볼 수 있다. 일정의 마지막에는 라에코야 광장의 분위기 있는 식당이나 카페에서 탈린의 저녁을 만끽해 보자.

시내 관광 안내소 ➔ 라에코야 광장 & 시청사 ➔ 에스토니아 역사 박물관 또는 KGB 비밀 감옥터 ➔ 톰 교회 또는 알렉산더 네프스키 대성당 ➔ 톰페아 성 ➔ 라에코야 광장

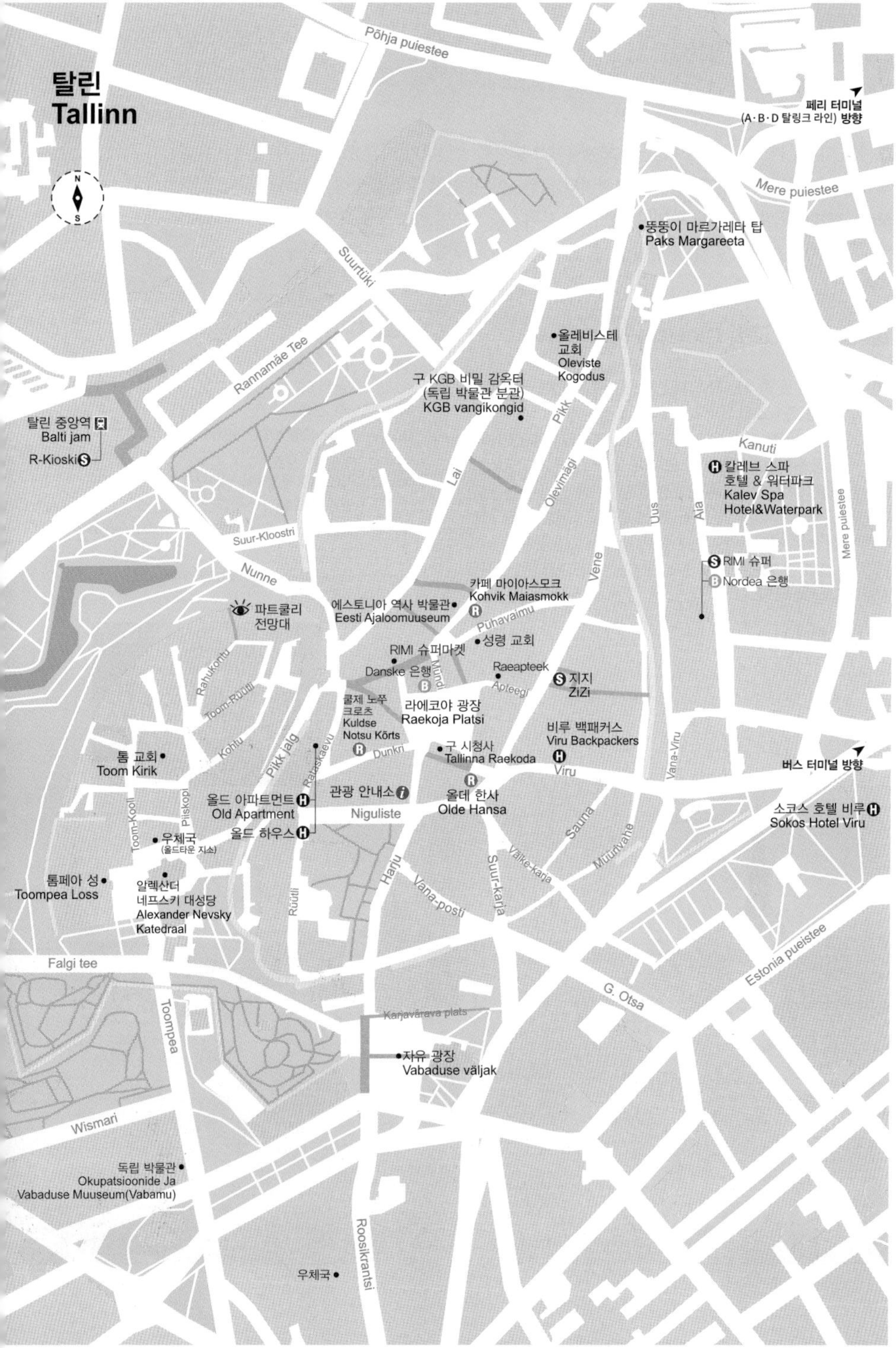
탈린
Tallinn
N
S
Põhja puiestee
페리 터미널
(A·B·D 탈링크 라인) 방향
Mere puiestee
뚱뚱이 마르가레타 탑
Paks Margareeta
Suurtüki
Rannamäe Tee
올레비스테
교회
Oleviste
Kogodus
구 KGB 비밀 감옥터
(독립 박물관 분관)
KGB vangikongid
Pikk
탈린 중앙역
Balti jam
R-Kioski
Kanuti
칼레브 스파
호텔 & 워터파크
Kalev Spa
Hotel&Waterpark
Lai
Olevimägi
Uus
Aia
Mere puiestee
Suur-Kloostri
RIMI 슈퍼
Nordea 은행
Nunne
Vene
카페 마이아스모크
Kohvik Maiasmokk
에스토니아 역사 박물관
Eesti Ajaloomuuseum
파트쿨리
전망대
Pühavaimu
성령 교회
RIMI 슈퍼마켓
Danske 은행
Mündi
Raeapteek
Apteegi
지지
ZiZi
Rahukohtu
Toom-Rüütli
쿨제 노쭈
크로츠
Kuldse
Notsu Kõrts
라에코야 광장
Raekoja Platsi
비루 백패커스
Viru Backpackers
Vana-Viru
버스 터미널 방향
Kohtu
Pikk jalg
Rataskaevu
Dunkri
구 시청사
Tallinna Raekoda
Viru
톰 교회
Toom Kirik
관광 안내소
올데 한사
Olde Hansa
소코스 호텔 비루
Sokos Hotel Viru
Toom-Kooli
Piiskopi
올드 아파트먼트
Old Apartment
Niguliste
올드 하우스
우체국
(올드타운 지소)
Sauna
Müürivahe
Harju
Suur-karja
Väike-karja
Vana-posti
톰페아 성
Toompea Loss
알렉산더
네프스키 대성당
Alexander Nevsky
Katedraal
Rüütli
Falgi tee
Estonia puiestee
G. Otsa
Toompea
Karjavärava plats
자유 광장
Vabaduse väljak
Wismari
독립 박물관
Okupatsioonide Ja
Vabaduse Muuseum(Vabamu)
Roosikrantsi
우체국

로어 타운(알린)
All-linn

12세기 이후부터 상인들과 시민들이 모여들면서 도시로 발전하기 시작했으며, 1997년에는 유네스코 세계문화유산으로 지정되었다. 탈린 시내 관광지의 대부분이 이 안에 위치해 있어 시간이 없을 경우 이곳만 돌아봐도 충분하다. 소박하면서도 아기자기한 시내 분위기를 느끼며 한가롭게 거닐어 보자. 바닥이 모두 돌로 되어 있어 유모차나 캐리어 소지 시 힘이 들 수 있다. 반드시 바닥이 두꺼운 신발을 신을 것.

올레비스테 교회 Oleviste Kogodus

뷰포인트

탈린 시내 건물들 중 시청사 탑과 쌍벽을 이루는, 한동안 전 유럽에서 가장 높았던 교회. 탈린이 역사에 등장한 12세기 이후부터 약 800년을 탈린을 지켜 온 안방마님이다. 교회의 이름은 11세기 노르웨이 왕 올라브 2세에서 따 왔으며, 올라브는 항해자들의 수호성인 이름이기도 하여 북유럽 전체에서 가장 인기 있는 남자 이름이다. 탑의 높이는 약 159m로 15세기에는 한동안 전 세계에서 가장 높은 건물이었으며, 지금도 탈린 시내에서 가장 높다. 152개의 좁고 긴 계단을 걸어 올라가면 탈린의 아름다운 전경을 한눈에 감상할 수 있다.

Address Lai tn 50
Tel 641 2241
Open **탑 4~10월** 10:00~18:00
Close 6/23, 11~3월
Access 라에코야 광장에서 북쪽으로 올라가 왼쪽에 있는 큰 교회.
Cost 성인 €5, 15~25세 학생 €3, 7~14세 어린이 €1
Web www.oleviste.ee(에스토니아어)

라에코야 광장 Raekoja Platsi

관광명소 유네스코

약 11세기부터 탈린 시민들의 만남의 광장이자 큰 시장으로 이용되고 있는 탈린의 중심지이다. 여름에는 다양한 길거리 공연과 노천 카페가 광장을 가득 메운다. 매년 11월 중순에는 큰 크리스마스 트리가 세워지고 크리스마스 마켓이 열려 색다른 볼거리를 제공한다. 저녁에는 불빛이 어우러져 더욱 분위기 있다. 광장의 북쪽에는 라에압텍Raeapteek, 즉 1422년부터 약국으로 사용된 건물이 있고 그 옆쪽에는 14세기에 세워진 것으로 추정되는 성령 교회Puhavaimu Kirik가 있으니 함께 둘러보자.

Access 관광 안내소에서 나와 왼쪽으로 돌아 나오면 바로 보인다.

구 시청사 Tallinna Raekoda

뷰포인트 유네스코

북유럽에서 가장 오래된 시청사로, 1320년경부터 세워진 것으로 추정되며 현재의 모습은 1402년부터 2년간 진행된 재건 과정에서 후기 고딕 양식으로 완성되었다. 2층의 시민 홀과 작은 부엌은 현재까지 각종 연회와 공연이 열리는 시민들의 공간으로 활용되고 있으며, 시내를 내려다볼 수 있는 64m의 탑은 시청의 하이라이트! 115개의 좁고 긴 계단을 걸어 올라간 후 바라보는 시내 전경이 멋지다. 여름 동안 매일 개방되고 있으니 놓치지 말자.
시청 위 탑 꼭대기에는 탈린의 상징 중 하나인 파수병 모양의 '올드 토마스'가 있으며, 1522년부터 현재까지 풍향기로 사용되고 있다. '올드 토마스'가 가리키는 방향을 알아보는 것도 하나의 재미.

Address Raekoja plats 1
Tel 645 7900
Open **시청사 탑 6~8월** 11:00~18:00, **9/1~10/15** 토 · 일 11:00~16:00
시민 홀 6/25~8/31 월~토 10:00~16:00
12월 주말 · 12/27~30 · 1/2~7 11:00~17:00(이 외 시간은 사전 신청 필요)
Close **시청사 탑** 6/23~24, 10/16~5월
시민 홀 8/20, 12/24~26, 1/1, 부활절, 5/1, 성령강림절, 5/2~14
Access 라에코야 광장에서 오른쪽의 큰 탑과 건물.
Cost **탑** 성인 €4, 학생 · 어린이 €2
구시청사 성인 €5, 학생 €3, 어린이 €2
Web raekoda.tallinn.ee

올데 한사 Olde Hansa

레스토랑

탈린에서 중세 분위기를 느끼는 데 확실한 방점을 찍고 싶다면 이곳이 제격이다. 문 앞에서는 즉석에서 볶아 주는 아몬드와 땅콩이 올데 한사를 찾은 관광객들을 사로잡는다. 내부의 인테리어, 직원들의 복장, 조명, 메뉴판, 음식 모두 15세기로 들어온 것 같은 느낌을 주도록 완벽하게 재현되어 있다. 메뉴 역시 에스토니아 전통 요리를 중심으로, 돼지고기 및 생선 요리를 즐길 수 있으며 양과 맛 모두 만족스럽다. 거기에 달콤하면서 오묘한 맛의 꿀 맛 혹은 계피 맛 맥주를 곁들이면 금상첨화. 늘 사람이 많아 식사 시간에는 줄을 설 수 있으니 되도록 일찍 가서 자리를 잡자. 한국어 메뉴도 지원한다.

Address	Vana Turg 1
Tel	627 9020
Open	10:00~24:00
Access	라에코야 광장에서 시청사 왼쪽 옆 골목으로 진입.
Cost	볶은 땅콩 €3, 맥주(계피 맛/꿀 맛/생강 맛) €7.8, 메인 €15~, 후식 €6~8
Web	www.oldehansa.ee

카페 마이아스모크 Kohvik Maiasmokk

카페 로컬명소

에스토니아 대표 초콜릿 회사 깔렙Kalev에서 운영하는 탈린에서 가장 오래된 스위트 카페. 1864년 이래 한자리에서 최고의 초콜릿을 내놓는 카페로 자리 잡았다. 특히 오후 시간과 비 오거나 쌀쌀한 날이면 발 디딜 틈이 없을 정도로 붐빈다. 이곳의 대표 메뉴는 마지판을 이용해 만든 케이크이며, 깔렙의 다양한 초콜릿과 크림 케이크, 핫 초콜릿 등도 저렴하고 맛있다. 로어 타운을 관광하면서 잠시 들러 여유를 즐기고 피로도 풀자. 한쪽 옆에 위치한 마지판 박물관에서는 마지판으로 만든 예술 작품을 직접 만드는 모습까지 감상할 수 있어 일석이조.

Address	Pikk tn 16
Tel	646 4079
Open	**1층 카페** 09:00~21:00 **2층 레스토랑** 11:00~21:00 **마지판 박물관** 10:00~20:00
Access	라에코야 광장에서 시청사 건너편 골목의 Pikk 뒤편. 역사 박물관 건너편.
Cost	커피 · 핫 초콜릿 €2.5~4, 케이크 조각당 €5.5, 식사 메뉴 €7.5~
Wifi	가능
Web	www.kohvikmaiasmokk.ee

지지 ZiZi

쇼핑

에스토니아산 고급 리넨 제품을 판매하는 전문 숍. 쿠션 및 베개 커버, 앞치마, 주방 장갑, 가운 등의 리넨 제품이 작은 매장 안에 가득하다. 제작부터 판매까지 모두 'Made in Estonia'로 진행되어 나름의 자부심까지 느낄 수 있다.

Address Vene 12a
Tel 644 1212
Access 시청사 왼쪽 길에서 왼쪽의 Vene 길로 올라가 오른쪽.
Cost 앞치마 €30, 베개 및 쿠션 커버 €15~20, 에코 백 €16, 가운 €95
Web www.zizi.ee

에스토니아 역사 박물관 Eesti Ajaloomuuseum

박물관 로컬명소

1410년경 고딕 양식으로 지어졌던 중세 상인들의 길드홀 안에 세워졌다. 건물 자체도 역사적 유적이지만, 내부의 전시물까지 모두 보고 나면 탈린과 에스토니아의 오랜 역사에 대해 조금 더 가까이 다가갈 수 있다. 특히 '누구나 궁금해 하는 11개의 역사적 질문'에 대한 답을 읽으면, 그들의 어제와 오늘이 더 깊이 느껴진다. 독립 박물관(p.475 참조)과 함께 묶어서 보면 이해와 감동이 2배! 2/19, 5/18은 무료 입장 가능.

Address Pikk 17
Tel 631 2404
Open 10:00~18:00
Close 10~4월의 월 · 화요일, 부활절 전 금요일~당일, 6/23, 12/24~26 · 31, 5~9월의 월요일
Access 카페 마이아스모크 바로 앞. 라에코야 광장 뒤편 위치.
Cost 성인 €12, 학생 €8, 8세 미만 무료
Web www.ajaloomuuseum.ee

어퍼 타운(톰페아)
Upper Town(Toompea)

탈린 지배자들의 권력을 상징하는 구역으로, 특히 언덕에 세워진 교회와 성이 역사를 말해 주고 있다. 로어 타운과 달리 큼직한 건축물이 주를 이루며, 그 사이사이의 길 역시 산책하는 기분으로 둘러보기에 좋다.

알렉산더 네프스키 대성당
Alexander Nevsky Katedraal

관광명소 로컬명소

아름다운 둥근 지붕이 눈길을 끄는 러시아 정교회 대성당으로, 1900년에 지어졌다. 화려하고 큼직한 외관은 제정 러시아 시대의 힘을 상징한다. 내부에는 러시아 특유의 섬세하고 화려한 모자이크와 다양한 이콘(성화)이 시선을 사로잡는다. 매일 아침 8시에는 탈린에서 가장 큰, 무게 15톤의 종을 비롯한 11개의 종이 어우러져 내는 아름다운 소리를 들을 수 있다. 내부에서는 사진 촬영 금지.

Address Lossi plats 10
Tel 644 3484
Open 08:00~18:00(토 ~19:00)
Access 라에코야 광장에서 오른쪽으로 나온 후 언덕의 둥근 지붕 교회.
Web www.nevskisobor.ee(러시아어)

톰 교회 Toomkirik

뷰포인트

1219년에 지어진 탈린에서 가장 오래된 목조 교회이자, 에스토니아 루터란 교회의 총본산. 1684년 대화재와 1700년 스웨덴과 러시아 간의 전쟁 후, 소실되었다가 1789년 현재의 모습으로 재건되었다. 외관은 올레비스떼 교회를 닮은 고딕 양식이지만 내부는 후기 르네상스와 바로크 양식이 혼합되어 있다. 교회 안의 오르간 역시 놓칠 수 없는 볼거리다. 현재 탑 공사 중.

Address Toom-Kooli 6 Kaart
Tel 644 4140
Open **1~3 · 11 · 12월** 화~일 10:00~16:00,
4 · 10월 화~일 10:00~17:00,
5 · 9월 09:00~17:00,
6~8월 09:00~18:00
Close 10~4월의 월요일
Access 라에코야 광장에서 오른쪽의 길을 따라 성벽을 나온 후 언덕을 오르면 보인다.
Cost **탑 입장** 16세 이상 €5, 11~15세 €3, 11세 미만 무료
Web www.toomkirik.ee(에스토니아어)

독립 박물관 Okupatsioonide Ja Vabaduse Muuseum(Vabamu)

박물관 로컬명소

2003년에 지어진 에스토니아의 현대사 겸 독립 역사 박물관. 약 47년간 구소련 지배를 받던 시절, 탈린 시민들이 본국의 현실을 외국에 알리고, 자유와 독립을 위해 치열히 싸웠던 기록을 여러 전시물로 확인할 수 있다. 특히 각 파트의 모니터를 통해 생존자들의 증언을 전해 주고 있어(영어 자막 지원) 당시의 절박했던 상황이 더욱 생생히 느껴진다. 지하에는 독립 이후 해체된 공산주의자들의 동상이 있어 역시 어두웠던 역사를 말해 준다. 우리의 일제 치하 독립운동, 민주화운동을 생각하며 숙연한 마음으로 둘러보자. 2018년 이후 '자유' 주제의 전시가 추가되며 2배 규모로 확장되었다. 구시가지의 분관은 구소련 지배 당시 KGB의 비밀 감옥이었으며, 함께 묶어서 보면 이들의 현대사를 더 깊이 느낄 수 있다.

Address Toompea St 8(분관 Pagari 1)
Tel 668 0250
Open **6~8월** 10:00~18:00, **9~5월** 수~일 11:00~18:00
Close 월요일(분관 제외), 6/23, 12/24~26
Access 톰페아 성에서 오른쪽으로 언덕을 내려간다. 구시가지 바깥쪽에 위치.
Cost 성인 €13, 학생 €9, 오디오 가이드 €2
KGB 감옥터 통합 입장권 성인 €18, 학생 €13
Web www.vabamu.ee

톰페아 성 Toompea Loss

로컬명소

탈린의 지배자가 바뀔 때마다 언덕에 성이 세워졌는데, 특히 이 성은 에스토니아에서 가장 오래된 건축물로 당시 지배자의 힘을 과시하는 상징이기도 하다. 지금은 독립 후 에스토니아 국회의사당으로 이용되고 있다. 회기 중에 한해 45분간의 무료 가이드 투어로만 둘러볼 수 있으며, 영어 투어도 가능하다. 사전에 홈페이지를 통해 회기 기간을 반드시 확인하고 방문하자. 신분증 검사를 하니 방문 시 여권 원본 지참은 필수. 이외에 대정부 질문 방청(수 12:00), 2층 갤러리(월~금 10:00~16:00) 국회 도서관(월~목 09:00~17:30), 자료실(월~금 08:30~16:00)도 함께 개방하고 있다. 2024년 4월부터 개인 대상 가이드 투어가 재개될 예정이다.

Address Lossi plats 1a
Tel 가이드 투어 문의 631 6357
Open **가이드 투어** 회기 기간 금요일 11:00(영어)
Access 톰 교회에서 왼쪽으로 내려와 가장 큰 건물.
Web 에스토니아 국회 www.riigikogu.ee

Tina's Story

독립 박물관에서,
자유가 있음에 감사하며

에스토니아, 라트비아, 리투아니아의 발트 3국이 1991년까지 구소련의 일부분이었다는 사실을 알고 나면, 뭔가 우리와 비슷한 아픈 역사에 가슴 뜨거워질 것이다. 구소련의 지배는 우리네 일제강점기와 동급 수준이고, 그들의 러시아에 대한 적대감 역시 우리의 대일 감정과 맞먹는다. 심지어 러시아와의 아이스 하키 같은 경기가 있을 때에는 우리네 한일전처럼 경쟁도 치열하다.

제2차 세계대전 때에는 독일과 소련에게 호되게 얻어맞고, 종전 이후에는 소련의 공산 지배를 받으며 나라와 자유를 잃었던 국민들의 아픔이 독립 박물관 1층의 한편의 전시물과 영상 속에 살아 있다. 기본적인 삶의 권리를 잃고, 국토까지 크게 오염된 상태로 삶의 터전도 침탈당했던 에스토니아인들. 그래도 힘든 시절을 노래로 달래며 독립을 염원했던 그들. 우리도 역시 기본적인 권리를 모두 빼앗긴 채, 기를 끊겠다는 이유로 국토 곳곳에 쇠말뚝이 박혔고, 심지어 청춘 남자들은 강제 노역으로 징용당했던 그 시절처럼. 비슷한 과거를 지닌, 노래를 사랑하는 민족만이 알 수 있는 그 뜨거운 무언가가 가슴 속에서 올라오는 것을 느낄 수 있다. 에스토니아 국민들도 희망을 잃지 않고, '자주독립'의 꿈을 가지고 매진했기에 지금의 독립과 자유가 돌아올 수 있었다. '러시아로 편입되는 건 나치로 돌아가는 것과 같다'는 그들의 주장처럼.

마지막으로, 초입에 적혀 있던 이 한 마디가 나를 감동시켰다.

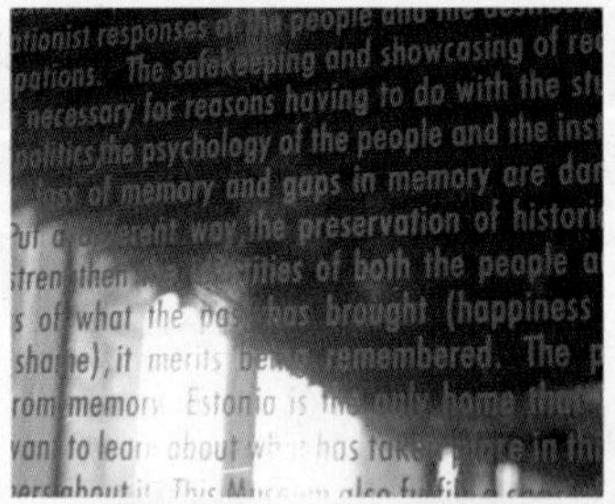

"기억의 상실과 기억 속의 격차는 국민들에게 위험한 영향을 끼친다. 과거는 기억으로부터 지울 수 없다. 에스토니아는 에스토니아 국민들의 유일한 집이다."

힘들게 지킨 그들의 자유가 지금 우리에게 자유로운 관광을 보장했듯, 자유가 있다는 것에 감사하자. 아울러 우리에게 자유가 있기 때문에, 이렇게 자유롭게 여행할 수 있다. 우리 역사를 다시 보고 아픈 역사를 잊지 않아야 발전할 수 있다.

탈린의 숙소
Tallinn Accommodations

다른 북유럽 국가들보다 숙박비가 저렴한 것이 큰 장점. 구시가지 위주의 일정 진행 시에는 구시가지 안에서 묵는 것이 가장 편하다. 하지만 더 좋은 호텔들은 신시가지 쪽에 주로 분포되어 있으니 일정을 짤 때 주의하자.

※ 요금은 호스텔의 경우 도미토리, 호텔은 스탠더드 2인실 기준.

비루 백패커스
Viru Backpackers

구시가지 안에서 저렴하면서도 편하게 묵을 수 있는 호스텔. 다양한 시내 투어 및 인근 국가로의 연결 서비스까지 제공한다. 수용 인원이 적으니 빨리 예약할 것. 호스텔 전용 예약 페이지에서만 예약 가능.

Address Viru 5
Tel 02 642 0470
Cost €28~(조식, 시트 포함)
Web www.tallinnbackpackers.com

올드 타운 호스텔 알뤼르
Old Town Hostel Alur

역사 박물관 옆에 위치한 '수도승의 기숙사' 공식 유스호스텔. 2~14인까지 선택 옵션이 다양하고 실내도 넓어서 옛집의 답답함이 덜하다. 취사가 필요하지만 아파트는 부담스러운 가족 단위에게도 괜찮은 선택.

Address Lai 20-22
Tel 646 6210
Cost €13~
Web www.alur.ee

소코스 호텔 비루
Sokos Hotel Viru

페리 터미널과 구시가지 모두 가까운 위치의 대규모 호텔. 주말 여행자나 가족 여행자를 위한 여러 패키지 상품도 준비되어 있으니 예약 전 눈여겨보자.

Address Viru Väljak 4
Tel 680 9300
Cost €80~
Web www.sokoshotels.fi

칼레브 스파 호텔 & 워터파크
Kalev Spa Hotel & Waterpark

시내에서 오래된 워터파크와 스파가 결합된 리조트 호텔. 구시가지의 고풍스런 분위기 속에서 스파와 편안한 휴식을 함께 하고 싶을 때 좋다. 어린이 동반 가족 여행자에게는 워터파크가 포함된 패키지 상품으로 예약하는 것을 추천. 워터파크는 별도 방문도 가능하다.

Address Aia 18
Tel 649 3300
Cost €75~ (워터파크만 방문 시 1인 €10.5~)
Web www.kalevspa.ee

Iceland 아이슬란드

All about Iceland

아이슬란드
Iceland / Ísland

1 | 국가 프로필

국가 기초 정보

국가명 아이슬란드 공화국(Iceland)
수도 레이캬비크 Reykjavik
면적 103,000㎢(한반도의 약 1.1배)
인구 약 33만 명
인종 아이슬란드인(노르딕 및 켈트 계열) 및 기타 이민자
정치 대통령제 및 의원내각제
(귀드니 요하네손 대통령, 카트린 야콥스도티르 총리)
종교 복음 루터교 80%, 기타 20%(자유교회 및 가톨릭 각각 2%)
공용어 아이슬란드어
통화 아이슬란드 크로네 Krone(ISK, 1ISK≒9.64원)

공휴일

1월 1일 새해 첫날New Year's Day
1월 6일 공현일Epiphany
3월 28일 성 목요일Maundy Thursday*
3월 29일 성 금요일Good Friday*
3월 31일 부활절Easter*
4월 1일 부활절 후 월요일Easter Monday*
4월 21일 여름의 첫날First Day of Summer*
5월 1일 노동절May Day
5월 9일 승천일Ascension Day*
5월 19일 성령강림절Whit Sunday*
5월 20일 성령강림절 후 월요일Whit Monday*
6월 17일 독립 기념일Independence Day
12월 24일 크리스마스 이브Christmas Eve
12월 25일 크리스마스Christmas
12월 26일 크리스마스 다음 날Second Day of Christmas
12월 31일 섣달 그믐날New Year's Eve
* 2024년 기준, 해마다 달라질 수 있음.

아이슬란드 이야기

간추린 역사 이야기

871년 전후로, 노르웨이에서 주로 넘어온 바이킹과 그들의 켈트족 노예들이 레이캬비크를 중심으로 농장을 만들어 정착하였다. 약 200년간, 세계 최초의 의회인 알싱기가 지금의 싱베틀리르에 만들어지고 그리스도교를 국교로 삼았다. 1230년 이후 종족간의 갈등, 노르웨이와 덴마크의 600년간 지배, 헤클라 등의 대형 화산 폭발과 기근으로 암흑의 역사를 거쳐야 했다. 하지만 1800년대 중후반 이후 도시가 건설되고 민족주의가 성장하면서 독립을 위한 목소리가 이어지고, 1944년 덴마크로부터 독립을 선언해 본격적인 공화국이 되었다. 제2차 세계대전 이후 링 로드 완공(1974), 영국과의 어업권 분쟁인 대구 전쟁(1972~1976), 세계 최초의 여성 대통령 선출(1980) 등을 거치며 성장했지만, 2008년에 국가 부도 위기를 맞았다. 2009년 초 '프라이팬 혁명'이라 불리는 국민들의 궐기 이후 새 정부가 수립되며 경제가 조금씩 회복되었고, 2010년 에이야퍄들라예퀴들 화산 폭발 후 관광 산업이 호황 중이다.

지역 정보

북대서양의 위도 63~66도에 걸쳐진 본토와 위로는 그림세이 섬, 아래로는 베스트만나에이야르 제도의 15개 섬들이 국토를 이루고 있다. 수도 레이캬비크를 비롯해 전국이 총 7개의 지역으로 나뉘며, 하이랜드라 불리는 내륙 지역과 북서부 지역은 야생의 상태로 남아 있다.

한국과의 관계

1962년에 외교 관계를 시작한 후 영국, 스웨덴에 이어 1974년부터 노르웨이 대사가 겸임하며 지속 중이다. 2015년 가을에는 양국 대통령 간의 정상 회담이 최초로 진행되기도 했다. 또한 주 중국 아이슬란드 대사관에서 남북한 관련 업무를 함께 맡고 있다.
주요 수출품은 자동차, 금속 가공 기계, 타이어 등의 중화학 공업 제품이며, 알루미늄 가공품과 수산물 종류를 수입하는 상호 보완적 무역 관계를 유지하고 있다.

아이슬란드인과 문화

오랜 세월 동안 숱한 위험을 겪으며 살아온 덕(?)에, 가족과 이웃에 대한 유대가 강하고 나라의 모든 것에 대한 애정이 유달리 깊다. 또한 계산 없이 사람을 잘 믿으면서 유쾌한 데다 흥도 많은 편이다.
하지만 여행자들을 향한 해코지 비슷한 언행을 목격

하기도 했고, 같은 북유럽 사람들 사이에서도 '너무 이기적이다'는 얘기가 나와 당황한 적이 있었다. 그 원인은 세상과 동떨어져 있던 그들만의 단단한 영역 안에, 갑자기 많은 외지인들이 유입되며 빚어진 불안과 혼란 때문이라 하겠다.

아이슬란드를 빛낸 사람들

1 비요크 Björk : 다양한 장르를 넘나드는 음악 세계로 유명한 아이슬란드 대표 여성 뮤지션.
2 시규어 로스 Sigur Rós : 자연에 영감을 받은 신비로운 음악을 선보이는 록 그룹. 한국에서도 내한 공연을 가졌다.
3 에이두르 구드욘센 Eidur Guðjohnsen : 2000년대 초반 유럽에서의 활약으로 국내 축구 열풍에 불을 지핀 국민 축구 영웅.
4 길피 시구르드손 Gylfi Sigurðsson : 현재 축구 국가 대표팀의 에이스. 기성용과 스완지 시티에서 활약하며 국내에도 이름을 알렸다.
5 할도르 락스네스 Halldór Laxness : 대표작 《독립된 민중》으로 노벨 문학상(1955)을 수상한 최초의 아이슬란드 작가.

여행 시기와 기후

해안 지역은 연중 온화한 기후를 보이지만 바람이 거세며, 겨울이 가장 길고 눈이 많이 내린다. 또한 기후 변화와 일교차가 심해 아침저녁에는 꽤 쌀쌀하고, 여름을 제외한 나머지 기간에는 흐린 날씨와 눈비가 교대로 이어진다. 내륙 지역은 여름까지 눈보라가 치기도 한다.
여행하기 좋은 시기 : 해가 길어지고, 눈이 녹아 도로 통행이 가능해지는 6~9월이 가장 좋다. 특히 내륙 지역은 6월 말~8월 말까지만 도로가 개방된다. 11~3월에는 날이 춥고 눈이 많이 오는 데다 일출 역시 짧지만, 오로라 및 빙하 동굴 관찰의 적기이다. 특히 오로라는 한겨울에 관찰 확률이 높아지고 9~4월까지 관찰 가능하다.
패션 코드 : 여름에도 거센 바람 때문에 추워질 수 있으니 얇은 옷을 여러 겹 껴입고, 아웃도어 재킷과 바닥 두꺼운 신발도 준비하자. 아웃도어 활동에는 발목까지 올라오는 방수 등산화가 필수다. 겨울에는 두꺼운 모자와 장갑, 스키복과 보드복, 방수 신발, 내복이 필요하다. 특히 오로라 촬영이나 빙하 체험을 한다면 보온 대책에 만전을 기하자.

가기 전 지식 쌓기

이 책 읽고 가자

- 《북유럽사》 변광수 지음
- 《안인희의 북유럽 신화》 안인희 역
- 《스칸디나비아 우리가 몰랐던 또 하나의 유럽》 토니 그리피스 지음
- 《레이캬비크 101》 하들그리뮈르 헬가손 지음
- 《부스러기들》 이르사 시구르다르도티르 지음
- 《냘의 사가》 현재까지 전해지는 최고의 사가 작품으로 국내 첫 번역판

이 영화 보고 가자

- 〈레이캬비크〉 소설 《레이캬비크 101》을 영화화한 블랙 코미디
- 〈숨겨진 살인〉 2007년 부산국제영화제 초대작
- 〈헤이마〉 시규어 로스의 뮤직비디오 겸 다큐멘터리
- 〈인터스텔라〉 스비나펠스예퀴들 빙하 배경
- 〈왕좌의 게임〉 미국 드라마. 북부, 서부 지역에서 촬영
- 〈월터의 상상은 현실이 된다〉 스나이펠스 반도, 스코가포스, 93번 도로 배경
- 〈툼 레이더〉, 〈007 어나더 데이〉 예퀼사우들론 배경
- 〈프로메테우스〉 데티포스 배경
- 〈오블리비언〉 북서부 및 내륙 지역 배경
- 〈잃어버린 세계를 찾아서〉 쥘 베른의 원작 소설 《지구 속 여행》을 영화화한 작품. 서부 지역 배경

2 | 현지 오리엔테이션

여행 기초 정보

국가 번호	354
통화	아이슬란드 크로네(ISK, 1ISK≒9.64원)
비자	무비자로 90일간 체류 가능 (쉥겐 조약 가맹국)
시차	한국보다 9시간 느리다(일광 시간제 미적용).
전기	220v, 50Hz(한국과 같은 콘센트 모양)

추천 웹 사이트

아이슬란드 관광청 www.visiticeland.com
아이슬란드 공식 홍보 www.inspiredbyiceland.com
기상청(오로라 지수 확인 가능) www.vedur.is
도로 상황 확인 www.road.is
안전 여행 공식 정보 www.safetravel.is

atm_크라드방키

예산 짜기

물가는 한국의 2~4배 정도로, 유럽에서 가장 비싸다. 노르웨이 및 덴마크와 비슷한 수준. 또한 아이슬란드 크로네는 한국에서 환전이 불가능하니, ATM과 카드를 함께 사용하는 것이 편하다. 하루 예산은 숙박비를 제외하고 10만 원이 기본이며, 한 끼라도 제대로 먹으려면 점심은 2~4만 원, 저녁은 5~10만 원 정도가 든다. 연료비는 한국의 1.5배 이상, 당일 투어나 빙하 트레킹 등의 액티비티 진행은 건당 최소 10만 원 이상을 예상하고 예산을 따로 잡아야 한다. 대중교통 이용 시 투어 이용 계획을 세우거나 패스를 준비하고, 3명 이상은 렌터카를 이용하자. 지방 여행 시에는 직접 요리해 먹고, 호스텔이나 캐빈 이용 시에는 침낭을 준비해 가자.

영업시간

관공서 월~금 09:00~16:30
은행 월~금 09:00~15:30
우체국 월~금 10:00~17:00
상점 월~금 09:00~18:00, 토 09:00~16:00, 일(일부) 12:00~17:00
(계절에 따라 여름에는 일 ~21:00)

긴급 연락처

경찰, 응급번호 112(국립병원 543 1000)
※ 여권 등의 영사 업무는 오슬로의 한국 대사관에서 진행한다.

현지 교통 따라잡기

지형과 기후, 인구 밀도 때문에 교통 연결이 잘 되지 않아 대중교통보다 렌터카 여행에 대한 의존도가 높은 편이다. 여름 시즌과 그 전후로 교통 시간표가 달라지고 길도 폐쇄되는 경우가 많으니 반드시 사전에 이동 방법과 시간표, 도로 상황을 확인하자.

항공

케플라빅 공항을 중심으로 메인 항공사인 아이슬란드에어가 유럽과 미주 지역의 주요 도시를 연결한다. 한국에서는 일부 유럽계 항공사의 경유편이 여름 시즌을 중심으로 운행한다. 파로 제도와 그린란드 이동 노선은 다른 유럽보다 많으며, 레이캬비크 시티 공항과 아큐레이리에 노선이 분산되어 있다.

한국-아이슬란드 운행 항공사 : 핀에어(4월 중순~10월, 전후는 아이슬란드에어와 공동 운행), SAS(연중, 코펜하겐 · 오슬로 출도착), 루프트한자(6~8월, 뮌헨 경유), KLM(연중, 트란사비아와 공동 운행), 영국항공(연중, 주 3회), 체코항공(6~8월, 주 2회)

아이슬란드-유럽 지역 저가 항공사 : 노르웨지안, 이지젯(연중 운행), 위즈에어, 부엘링, 유로윙스, 프리메라에어(여름 한정)

아이슬란드-그린란드 · 파로 제도 운행 항공사 : 노를란드에어(그린란드), 아이슬란드에어(그린란드, 파로 제도), 아틀란틱에어웨이즈(파로 제도)

버스

레이캬비크와 주변 및 아큐레이리의 시내 노선, 연중 운행하는 지방 노선은 스트라이토에서 운영하며, 여름 시즌에는 레이캬비크 익스커전과 스테르나에서 각 지방 주요 지역을 연결하는 노선과 버스 패스가 추가된다. 또한 단기 여행자들을 위한 다양한 현지 버스 투어 노선도 있으니 본인의 일정에 맞춰서 선택하자. 자세한 내용은 p.484 참조.

Tip

아이슬란드 버스 이용 팁

1. 요금은 탑승 시 카드 결제 가능하며, 학생 할인은 따로 없다.
2. 여름 시즌 버스들은 주요 관광지에서 15분~1시간까지 포토 타임과 식사 시간을 준다. 기사 재량에 따라 지역 관광 시간이 달라질 수 있으니 기사의 설명을 끝까지 듣고 하차하자.
3. 공통 구간에서는 함께 움직이며, 중간에 분기되는 지점에서 하차해 각 지역으로 가는 버스로 환승한다. 앞 유리에 해당 행선지 및 번호가 같이 붙어 있으니 탑승 전 반드시 확인하자.
4. 중간 중간 마을 정차 시 주유소에서 파는 음식들은 다소 비싸고 점심시간에는 줄도 길다. 주전부리와 충분한 물을 미리 준비해 가자.

페리

국내에서는 남쪽의 헤이마에이 섬, 북쪽의 그림세이 섬으로 가는 정기편 노선, 국제선 페리는 스뮈릴 라인Smyril Line에서 운영하는 덴마크 및 파로 제도행 카페리 노선(p.540 참조)이 대표적이다. 국내선 페리 이용 시에는 여름 시즌에 한해 당일치기 일정도 가능하니 시간을 잘 맞추자.

차량

'링 로드'라 불리는 1번 도로에는 주요 지역 및 관광지들이 연결되어 있어 그 위주로 여행하면 웬만해선 실패하지 않는다. 또한 여름 시즌에 한해 내륙의 F도로가 개방되는데, 좀 더 깊은 아이슬란드의 내면을 알고 싶다면 들러보기에 좋다. 최소한 운전 경력이 1년 이상은 되어야 하며, 국내 및 국제 운전 면허증 모두 준비할 것. 수동 운전이 가능하다면 렌트 비용도 절약할 수 있다. 반드시 정해진 길에서만 운전하자. 혹시 모를 사고에 대비해 보험도 철저히 준비할 것.

Tip

아이슬란드 차량 이용 팁

1. 제한 속도는 포장도로가 시속 90km, 비포장은 80km, 도심 및 마을 진입 시에는 50km 미만이다.
2. 내륙 지역의 F도로 주행까지 생각한다면 반드시 4륜 구동 차량을 이용해야 진입이 가능하다. 엄청난 자갈길인 데다 중간 중간 강도 건너야 한다. 보험도 맞춰서 준비하자.
3. 1번 도로를 비롯한 국내 주요 도로는 폭이 좁고 갓길이 없다. 편도 1차선 도로에서 큰 차가 올 때에는 핸들을 꺾지 말고 일단 멈춰 서자.
4. 여름 이외의 기간에는 도로 및 날씨 상황을 반드시 확인하고 움직이자. 긴급 구조 전화번호 확보는 필수.
5. 예약 시 사전에 자차 부담금 및 각종 보험 조건에 대해 꼭 확인하고, 미리 확정한 금액과 도착 후 결제할 금액이 일치하는지 차량 인도 전 재확인 후 인도받자.

6. 차량 인도 전 타이어를 비롯한 전체 상태를 확인하고, 동영상과 사진으로 증거를 남겨 놓는 것도 필수. 또한 반납 시에는 반드시 직원을 부르거나 사무실로 가서 이상유무 확인을 끝내고 정산을 마치자.
7. 주행 시간 산정 시, 구글 맵에서 조회되는 시간보다 최소 1.5배는 더 필요하다. 겨울 시즌에는 2배 이상도 예상할 것.

전화 · 인터넷 · 우편

전화

전화 서비스는 심넷Simnet에서 운영하며, 공공장소에서 몇 개의 빨간 공중전화를 볼 수 있다. 동전과 신용카드 모두 사용 가능하다.

전화 거는 요령

❶ 국제전화(아이슬란드→한국, 기타 유럽 국가)

00+국가번호(한국 82)+지역번호 또는 휴대전화 기지국(앞의 0 제외)+전화번호

❷ 아이슬란드 내 전화

국내 전화 시 전화번호만 입력한다. 별도의 지역번호는 없다.

우편

대도시와 큰 마을을 중심으로 포스투린Posturinn이라는 우체국을 이용할 수 있다. 각 관광지 기념품점이나 편의점 등에서 우표를 구입할 수 있으니 엽서 구입 시 우표를 함께 사는 것도 좋은 방법이다.

Cost 한국으로의 우편엽서 요금 265ISK
Web www.posturinn.is

인터넷

대부분의 카페와 바, 숙박시설, 미술관 등에서 무료로 이용 가능. 단 비밀번호가 걸려 있는 곳도 많으니 사용 전에 확인하자. 데이터 이용이 많을 경우 심인Siminn이나 노바Nova에서 심 카드를 구입해 사용하거나 이심을 구입해 활성화하자. 하지만 내륙이나 산악 지역에서는 아예 연결이 안 될 수도 있다.

치안 및 기타 주의사항

1 다른 유럽 국가들보다 치안 상태가 좋은 편이지만, 대도시나 공항처럼 사람이 많은 곳에서는 긴장을 풀지 말자. 가방 상태를 항상 점검하고, 아무 곳에나 가방을 두지 않는 것이 좋다.
2 슈퍼마켓에서는 3.5도 이하의 맥주 종류만 구입 가능하며, 그 이상은 빈부딘Vínbúðin이라는 국영 술 판매장을 이용해야 한다. 레이캬비크를 제외한 나머지 지방의 빈부딘은 평일 기준으로 1일 2~4시간만 영업하는 점 주의. 입국 시 면세점에서 미리 구입하는 게 최고다.

수도권 빈부딘 11:00~18:00

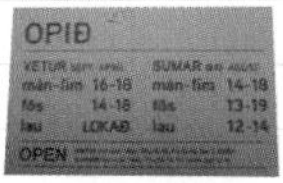

비크 마을은 단 2~4시간!

3 일요일에는 거의 모든 가게들이, 여름 시즌을 제외한 월요일에는 대부분의 박물관 · 미술관들이 문을 닫는다. 또한 영업이 단축되거나 아예 여름에만 문을 여는 곳도 많다.
4 대부분 지열 발전을 이용해 온천수가 그대로 일반 가정까지 들어간다. 유황 냄새가 나는 온수는 절대로 마시지 말자. 수돗물은 깨끗해 냉수로 마셔도 괜찮다. 하지만 속이 민감하다면 끓여 마시자.
5 자연 보호를 위해 지정된 곳에서만 운전하고 주차하자. 길이 아닌 곳에서 운전 시의 사고는 보험으로도 보상되지 않는다.
6 용암 지대의 이끼는 절대 밟지 말자. 한 번 훼손되면 복구에 오랜 세월이 소요된다. 돌 등의 자연물도 함부로 주워 오지 말자.
7 지열 지대나 간헐천처럼 100도 이상으로 끓는 곳에 발을 담그지 말자.
8 캠핑 위주로 여행할 경우 반드시 캠핑장 등의 지정된 곳을 이용하자. 부득이할 경우 본인의 쓰레기는 반드시 본인이 치워야 한다.

엔터테인먼트

음식

북대서양에서 잡히는 다양한 생선들과 호수에서 잡히는 **북극곤들메기**Arctic Char 등의 민물 생선, **랑구스틴** 등의 갑각류 모두 인기 많고 맛있다. **생선포**는 한국인의 입맛에도 잘 맞는다. 또한 **양고기 요리**는 깨끗한 물과 이끼를 먹고 자란 만큼 맛도 좋아 먹을 만하다.
스퀴르Skyr는 슈퍼마켓과 편의점에서 구입할 수 있다. 요구르트 같지만 요구르트가 아니며 지방이 적고 단백질이 많아 부담 없이 먹기 좋다. 과일과 시리얼을 곁들이면 최고의 아침 식사가 된다.
남미Nammi라 불리는 각종 단 것 종류와 **테 & 카피**Te & kaffi를 비롯한 여러 카페에서 마실 수 있는 수준급의 커피도 유명하다.
북부 지방에서는 호밀을 이용해 지열로 24시간 동안 찐 '온천 빵' **크베라브뢰이드**Hverabrauð도 먹어 보자. 버터나 생선 수프와 먹으면 맛있다.

대표 술

국민 맥주 바이킹Viking, 귀들Gull, 보르그Borg 등은 레이캬비크를 비롯한 여러 지역에서 마셔 볼 수 있다. 아큐레이리 특산인 에인스톡Einstök, 세이디스피외르뒤르에서 만날 수 있는 그릴로Grillo(p.543 참조)도 빼놓지 말자. 또한 감자와 캐러웨이씨로 만든 전통 술 브렌니빈Brennivín은 냄새 강한 음식을 먹을 때 위력을 발휘한다. 레이카Reyka, 카틀라Katla 등의 보드카 종류도 인기가 좋다.

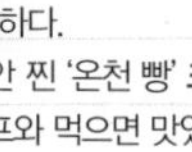

Snakk

아이슬란드의 '센' 음식들, 도전해 볼까요?

한국의 대표적인 '센' 음식이 홍어라면, 아이슬란드에는 발효시킨 상어고기 하우카르들Hákarl이 있습니다. 이를 능가하는 숫양의 고환 절임Sursaðir Hrútspungar, 불에 그을린 양 머리Svið 등도 도전 정신을 자극하지요. 그 맛이 궁금하다면 레이캬비크 시내의 콜라포르트티드 벼룩시장(p.496 참조)에서 소량으로 도전해 보세요. 남은 냄새를 없애기 위해 브렌니빈 한 잔도 빼놓지 말아야겠죠?

쇼핑

바이킹 및 **양 관련 소품**, **퍼핀 인형**, **브렌니빈**을 비롯한 여러 술 종류, 손뜨개로 만든 **'로파 페이사' 울 스웨터와 니트 소품**, **생선 가공 제품**, **바닷소금**, **노이 시리우스 초콜릿**, **아웃도어 의류와 소품**, **블루 라군의 화장품**, **유명 뮤지션의 음반**은 늘 인기 많은 아이템이다. 최근에는 **국가 대표 축구팀 셔츠**, **디자인 소품**, **보습력 뛰어난 화장품** 브랜드들도 한 자리 차지하고 있다. 세금 환급은 'Tax Refund'가 붙어 있는 숍에서 4,000ISK 구입 시 약 15%를 받을 수 있다. 아이슬란드는 EU 국가가 아니기 때문에 다른 국가로 이동하기 직전에 반드시 처리해야 한다.

아이슬란드 대표 브랜드

66 노스66 North : 서부 피요르드 지역의 어부들을 위해 만들어진 옷이, 지금은 아이슬란드 최고의 아웃도어 의류 전문 브랜드가 되었다. 아웃도어 활동에 유용한 재킷, 레인코트 등이 가장 인기가 많다.
노이 시리우스 Noi Sirius : 100년의 역사를 자랑하는 아이슬란드 대표 초콜릿. 다양한 종류의 초콜릿은 관광 상품으로 인기가 많다.
바이오 이펙트 Bio Effects : 최근 인기를 얻기 시작한 화장품 브랜드. 주름 개선과 보습에 좋은 EGF 에센스 종류를 눈여겨보자.
살트베르크Saltverk : 북서부 피요르드의 바닷물과 지열을 이용한 바닷소금 브랜드. 기본 소금과 화산암 · 허브 등을 첨가한 소금 모두 기념품으로 좋다.

세금 환급 처리하는 곳

❶ **페리** : 선내 안내 데스크
❷ **항공** : 케플라빅, 레이카빅 시티, 아큐레이리 공항 내 면세 창구
❸ **그 외** : 레이캬비크 시내 관광 안내소

예술

국민들의 자국 언어와 문학 사랑은 최고다. 특히 레이캬비크는 비영어권 국가로는 처음으로 유네스코 지정 문학 도시에 선정되기도 했으며, 독서 열기도 높기로 유명하다. 곳곳에서 열리는 낭독회, 문학가들의 동상, 지방 마을 곳곳까지 붙은 시 한 수는 이들의 문학 사랑을 가까이서 실감하기에 부족함이 없다. 또한 중세 이후 정리되기 시작한 이들의 구전 서사 문학인 사가Saga는 북유럽 전체를 비롯한 서구 문학의 발전과 현대 판타지 소설 등에도 영향을 끼쳤다.
음악 역시 이들의 정체성을 가장 강하게 나타내는 분야이다. 비요크, 시규어 로스, 아우스게이르Ásgeir 등 여러 뮤지션들이 아이슬란드 음악을 전 세계에 알리며 히트를 치고 있다. 매년 11월 에어웨이브 축제에서는 재능 있는 신인 뮤지션들을 만나 볼 수 있다.

스포츠

핸드볼 등의 실내 스포츠와 축구는 전 국민적인 인기 스포츠로, 특히 남자 핸드볼 대표팀은 2008년 올림픽에서 은메달을 획득하며 강팀으로 부상했다. 축구 대표팀은 최약체였지만 2000년대 들어 실내 구장을 비롯한 축구 인프라의 확대로 실력이 늘기 시작했고, 그 결과 유로 2016에서 본선에 첫 진출해 잉글랜드를 꺾고 8강까지 올랐다.

Tip

동네 지열 수영장 이용하기

각 동네의 지열 수영장 Sundhöllin은 주민들 간 교류의 장이자, 피로 회복 공간으로 사랑받고 있다. 온천에 갈 시간이 없거나, 아이슬란드인들의 생활을 가까이서 들여다보고 싶다면, 부득이하게 씻을 곳이 필요하다면 수영장을 이용해 보자. 대도시와 주요 마을에는 워터 슬라이드가 있는 야외 수영장, 따끈한 열탕을 이용할 수 있어 가족 여행 시에도 제격이다.

Web 전국 수영장 안내
www.swimminginiceland.com

Tina's Plus

차 없어도 좋다! 버스 '잘' 이용하기

아이슬란드 여행 시, 대부분의 여행자들이 렌터카를 이용한다. 하지만 운전을 못 하는데 아이슬란드에 가고 싶다면 어떻게 해야 할까? 이런 여행자들을 위해 버스가 있고, 여름에는 노선이 늘어나서 여행하기에 더 수월해진다.

버스 이용의 장단점

장점	• 여름 성수기 단독 여행 시 가장 저렴 • 같은 루트 여행자끼리 부분 동행 가능(외로움 해소) • 내륙 지방 이동 시 부담 감소(도강, 차량 파손 등) • 예약 없이 당일에 바로 이용 가능
단점	• 숙소 선택의 좁은 범위(버스 정차 마을 위주로만 가능) • 정해진 관광 시간(15분~1시간) • 차량만으로 갈 수 있는 곳을 가기 어려움 • 운행 횟수 및 운영 기간 제한적(1일 1~2회, 여름 이외 기간은 운행 횟수 감소) • 학생 할인 불가
추천	• 운전 실력이 미숙하거나 면허가 없을 때 • 꽉 짜여진 일정을 원할 때(투어 버스) • 시간 여유가 있을 때(스트라이토) • 여름 성수기에 여행하는 20대 중심 단독 여행자 • 하이킹, 캠핑 등의 아웃도어 위주 여행자 • 짐이 적은 여행자(배낭 소지 시)

어느 회사 버스를 이용할까?

버스 여행을 결심했다면, 어느 회사를 이용할지 또 한 번 고민을 하게 된다. 자신에게 맞는 루트를 정하고 비용을 계산해서 비교한 후 결정하자. 그러면 어느 회사를 이용할지도 자연스럽게 알 수 있다.

현재 아이슬란드에서는 레이캬비크 익스커전이 운영하는 Iceland of your own(Ioyo), 스테르나에서 운영하는 Iceland by bus 투어 버스가 있다. 본인의 일정에 맞춰 결정하자.

Web Iceland of your own www.ioyo.is

Iceland by bus www.icelandbybus.is

	익스커전, 스테르나	스트라이토
장점	• 계획된 일정 진행 가능 (주요 관광지는 중간에 내려서 돌아볼 수 있음) • 비슷한 루트 이용자끼리 동행 가능	• 유동성 있는 일정 진행 가능 • 넓은 지역 범위
단점	• 여름 시즌 이외 미운행 • 지역 이동이 폭이 좁음	• 여름 시즌 이외 운행 노선 감소 • 중간에 내려서 돌아보는 여유가 없음
이런 사람에게 추천	• 내륙 위주의 일정 • 하이킹 위주의 일정 • 사교적인 성격의 소유자 • 여름 성수기 여행(6월 말~8월 말) • 단거리 당일치기, 투어 위주의 일정 시	• 여름 시즌 이외 여행자 • 투어 버스가 커버할 수 없는 지역 여행 시 (동부, 북서부 피요르드 등) • 지역 세부 여행 시

버스 회사별 비교

	익스커전+SBA(loyo)	스테르나(Iceland by bus)
운영 기간	6월 중순~9월 초	7~8월(하이커 패스는 6/15~9/15)
장점	• 운행 횟수가 많다(1일 3회까지) • 긴 운영 기간	• 넓은 연결 범위 • 레이캬비크-요쿨사우들론까지 당일 일정 가능
단점	좁은 적용 범위	좁은 운행 범위(링 로드 및 중남부 내륙만 가능)
이런 사람에게 추천	내륙 위주 여행 시	• 짧은 시간 내 남부 일정 진행을 원할 때 • 내륙과 남부를 모두 가고 싶을 때

스트라이토 버스

현재 전국을 연결하는 장거리 주요 노선들은 모두 스트라이토에서 운영한다.

스트라이토 버스 이용 팁

본인의 코스에 맞는 노선 위주로 시간표를 알아 두고, 도로와 기상 상황, 시기에 따라 운행 시간과 횟수가 바뀔 수 있으니 홈페이지, 애플리케이션을 이용해 수시로 재확인하자. 특히 6~8월만 운행하는 노선은 운행 기간과 시간을 반드시 엄수해야 한다.

요금은 탑승 시 기사에게 현금이나 카드로 결제할 수 있다. 지역 안에서 이동이 많을 경우 스트라이토 공식 홈페이지나, 레이캬비크 시내 묘드 버스 터미널 창구에서 지역별 버스 카드를 구입하는 방법도 고려 가능하다.

Web www.straeto.is

스트라이토 전국 버스 노선 안내

책에 언급된 주요 지역과, 여행자들에게 인기 있는 지역 위주. 그 외 노선까지 확인 필요 시 공식 홈페이지를 참조하자.

❶ 남부 지역

51번 : 레이캬비크 – 셀포스 – 스코가포스 – 비크 – 스카프타페들 국립공원 – 예퀼사우들론 – 회픈(1일 1~2회 연중 운행, 남부 주요 관광지 연결)

52번 : 레이캬비크 – 셀포스 – 란데야회픈(1일 2~4회 연중 운행, 헤이마에이섬행 페리 연결)

55번 : 레이캬비크 – 케플라비크 공항 및 주변 지역(p.489 참조)

73번 : 셀포스 – 뢰이가바튼Laugarvatn – 그림스네스Grímsnes(1일 2회 연중 운행, 뢰이가바튼 온천 왕복)

❷ 북부, 서부 지역

56번 : 에일스타디르 – 뮈바튼 – 고다포스 – 아큐레이리(1일 1~2회 연중 운행, 동부 및 북부 주요 관광지 연결)

57번 : 아큐레이리 – 보르가르네스Borgarnes – 레이캬비크(1일 1~2회 연중 운행, 북부 일정 후 내려갈 때 이용)

58번 : 보르가르네스Borgarnes – 스티키스홀뮈르Stykkishólmur(1일 1~2회 연중 운행, 서부 스나이펠스반도 이동 시)

59번 : 보르가르네스Borgarnes – 홀마비크Hólmavík(6~8월 1일 1~2회, 이 외 기간 주 1회 운행. 여름 시즌 북서부 피요르드 연결)

61번 : 홀마비크Hólmavík – 이사피외르뒤르Ísafjörður(6~8월 1일 1회 운행, 북서부 피요르드 지역 연결)

62번 : 이사피외르뒤르Ísafjörður –딘얀디Dynjandi(6~8월 1일 1회 운행, 이사피외르뒤르 주변 지역 순환)

78번 : 아큐레이리 – 달빅 – 시글뤼피외르뒤르(1일 2~3회 연중 운행, 달빅 고래 관광 및 그림세이 섬행 페리 연결)

79번 : 아큐레이리 – 후사빅 – 아우스비르기 – 소르락스회픈(1일 2회 연중 운행, 후사빅 고래 관광 및 아우스비르기 협곡 연결, 아우스비르기 연장 노선은 6~8월만 운행하며 이동 전 예약 필요)

82번 : 스티키스홀뮈르Stykkisholmur – 그륀다피외르뒤르Grundafjordur – 헬리산뒤르Hellissandur(주 5회, 1일 2회 운행, 서부 스나이펠스반도 주요 지역 연결)

❸ 동부 지역(p.536 참조)

91번 : 에일스타디르 – 레이다르피외르뒤르 – 노르드피외르되르(6월 말~8월 말 평일 4회, 주말 2회, 이 외 기간 평일 2회, 토 1회)

92번 : 브레이달스빅 – 파우스크루즈피외르뒤르 – 레이다르피외르뒤르(6월 말~8월 말 평일 3회, 이외 기간은 파우스크뤼피외르뒤르까지만 평일 2회, 사전 예약편 1회)

93번 : 에일스타디르(공항 포함) – 세이디스피외르뒤르(월~토 1~2회, 페리 도착일 1회 증편)

94번 : 브라이달스빅 – 듀피보구르 – 회픈(6월 말~8월 말 평일 4회, 이외 기간은 듀피보구르까지만 주 3회 운행)

95번 : 에일스타디르–보가르피외르뒤르(평일 1회)

96번 : 파우스크뤼피외르뒤르–레이다르피외르뒤르–노르드피외르뒤르(평일 1일 5~6회, 6~8월은 주말 증편)

Sterna (Iceland by bus)

레이캬비크
Reykjavik

북위 64도에 위치한 세계 최북단의 수도이자, 아이슬란드 여행의 관문. 현재 아이슬란드 인구의 60% 이상이 거주하고 있는 대도시로, 이들만의 독특한 자연과 문화가 응축된 도시 분위기는 계절에 상관없이 많은 관광객들을 사로잡는다. 9세기에 처음 사람이 정착한 이래 바이킹 시대, 덴마크 지배를 거치면서 어업과 상업의 중심지로, 19세기 이후에는 폭발적으로 인구가 증가하며 지금의 대도시로 발전하였다.

여행하는 방법

유용한 홈페이지
레이캬비크 관광 공식 안내 www.visitreykjavik.is

관광 안내소
사설 관광 안내

2018년 이후부터 Whats'On, Getlocal, Guide to Iceland 등의 전문 회사로 관광 안내가 이관되면서 시내 안내소에서 관광 정보 수집, 투어 예약이 가능하다.

Address Laugavegur 5, 54(Whats'On), Kutrinartún 4
Open **Whats'On 본사** 08:30~21:00, **Whats'On Trip** 월~금 09:00~20:00, **Guide to Iceland** 월~금 08:00~18:00
Close 12/25~26, 12/31~1/1
Web www.whatson.is, www.guidetoiceland.is, www.tourdesk.is

유용한 정보지
레이캬비크 러브 Reykjavik Loves

시티 카드 구입 시 배부하는 안내지.

레이캬비크 컬처 가이드 The Reykjavik Culture Guide

관광청에서 발간하는 시내 공식 안내지.

어라운드 아이슬란드 Around Iceland

Heimur사에서 매년 발간하는 아이슬란드 공식 안내지. 레이캬비크를 비롯한 링 로드 위주의 전국 여행 시 필요한 정보가 많다.

환전소
소량의 유로나 달러화를 현지에서 환전하거나 ATM을 이용하자. 시내의 Landsbanki, Arion, Íslands 은행에 설치된 ATM, 케플라빅 공항 내 Arionbanki의 지점이 유용하다.

우체국
중앙 우체국

한국으로 엽서를 보낼 경우 275ISK가 든다. 국립 대학교 근처, 라디손 블루 사가 호텔 내.

Address Hagatorg 1
Open 월~금 09:00~18:00
Web www.postur.is

경찰서
시내 중심가 경찰서

흘렘뮈르 버스 터미널 근처에 위치.

Address Hverfisgata 113
Tel 444 1000, 긴급전화 112
Open 24시간
Web www.logreglan.is

슈퍼마켓
국민 슈퍼마켓 보뉘스Bonus, 덴마크산 슈퍼마켓 네토Netto를 비롯한 여러 체인을 이용할 수 있다. 늦은 시간에는 국민 편의점 체인 1011도 이용 가능.

보뉘스 Bonus : 구 항구 지구(Fiskislóð 2), 뢰이가베구르 거리(Laugavegur 59), 크링란 쇼핑몰 내 위치.
네토 Netto : 구 항구 지구(Fiskislóð 3)에 위치.
하우쾨이프 Hagkaup : 크링란 쇼핑센터 내 대형 매장.
크로난 Kronan : 구 항구 지구(Fiskislóð 15–21), 시내 중심가 중형 매장(Hallveigarstígur)

당일 짐 보관
BSI 버스 터미널 코인 로커 이용 가능.

Open 04:00~24:00
Cost 중형 890ISK, 대형 1,290ISK, 특대형 1,690ISK ※ 24시간 기준.

가는 방법

다른 유럽과 동떨어진 위치 때문에 항공이 가장 많이 이용되며, 지방에서는 버스와 차량으로 이동한다.

항공
레이캬비크 진입이 가능한 공항은 크게 국제선 전용 케플라빅 공항과 국내선 및 단거리 국제선용 레이캬비크 시티 공항으로 나뉜다. 출도착 공항을 반드시 확인하고 이용하자. 한국에서는 일부 유럽계 항공사의 경유편을 이용해 진입 가능하며, 계절에 따라 차이가 있다.

케플라빅 국제공항 Keflavikur Flugvöllur
레이카비크 시내에서 남서쪽으로 약 48km 떨어진 국내 최대 규모의 국제공항. 특히 유럽과 미주 지역을 잇는 허브 공항으로 인기가 높다. 최근 취항 항공사와 관광객이 크게 늘면서 혼잡이 거듭되고 있으니, 귀국 시에는 반드시 일찍 도착하여 세금 환급을 비롯한 절차를 마치자. 특히 런던이나 미주 지역으로 출국할 경우에는 세금 환급, 체크인 및 출국 수속 시간을 고려해 반드시 공항에서의 시간을 넉넉히 잡는 것이 좋다.
참고로 국제선 터미널의 별칭은 최초로 아메리카 대륙을 발견한 레이퓌르 에이릭손Leifur Eiríksson(p.502 하들그림스키르캬 참조)의 이름을 딴 '레이퓌르 에이릭손 터미널'이다.

Open 세금 환급 창구 24시간
Wifi 가능
Web www.kefairport.is

케플라빅 공항→시내
짐을 찾은 후에는 입국 면세점에 들러 심카드나 술 등을 구입하고 입국장으로 나오자. 나오는 문 앞에 공항버스 티켓 판매소, 각 렌터카 회사의 예약 창구 등이 자리 잡고 있다.

❶ 공항버스 플뤼부스 Flybus
공항과 시내를 잇는 최고의 교통수단. 시내 BSI 버스 터미널까지 운행한다. Flybus+로 티켓 구입 시, BSI 터미널 도착 후 별도의 차량으로 숙소 앞까지 직접 이동하거나 공항 이동 시 픽업이 가능하다. 도착층 내 부스나, 홈페이지에서 직접 구입할 수 있다.

운행 **공항→시내** 비행기 도착 시간에 맞춰서 운행
시내→공항 03:30~23:30(30분~1시간 간격)
Time 시내 BSI 터미널까지 약 50분, 이어서 각 숙소까지 20~30분 추가 소요.
Cost **Flybus 성인** 편도 3,899ISK(숙소까지 연계 시 1,100ISK 추가)
Web www.re.is

❷ 공항버스 에어포트 다이렉트 Airport Express
Flybus보다 좀 더 저렴한 가격이 장점. 도착층 내 부스나, 홈페이지에서 직접 구입할 수 있다. 시내→공항 이동 시에는 시티 공항 인근의 시내 사무소(Skógarhlíð10)에서부터 출도착하니, 숙소가 가깝다면 이곳에서 탑승하는 것을 추천.

운행 **공항→시내** 비행기 도착 시간에 맞춰 운행
시내→공항 24시간
Time 시내 시티 공항까지 약 40분, 이어서 각 숙소까지 20~30분 추가 소요(숙소까지 연계 시 1,100ISK 추가)
Cost **성인** 편도 3,890ISK, 왕복 6,615ISK
Web www.airportdirect.is

❸ 렌터카 예약 시
각 회사별 창구에서 예약 확인 후, 도착 터미널 바깥의 각 렌터카 회사별 주차장에서 차량을 인도받을 수 있다. 간혹 각 렌터카 회사의 직원이 입국 시간에 맞춰서 예약자의 이름을 든 피켓을 들고 있는 경우도 있으니 반드시 사전에 확인하자.

레이캬비크 시티 공항 Reykjavikur Flugvöllur
시내 중심가와 가까운 위치에 있어서 이동이 쉽다. 아이슬란드에어, 노를란드에어의 국내선 및 파로 제도, 그린란드행 노선을 이용할 수 있는 소규모의 국제공항 겸 국내선용 공항이다.
Web www.isavia.is

레이캬비크 시티 공항→시내
시내버스 15번
공항과 시내를 잇는 유일한 교통수단. 저렴한 요금으로 이동 가능하다. 클랍Klapp 애플리케이션을 설치해 충전하거나, 클랍 텐 등의 교통카드를 준비하자.
Time 시내 BSI 버스 터미널 약 5분, 히들그림스키르캬까지 약 10분 소요.
Cost 1회권 성인 630ISK
Web www.bus.is

버스
각 회사와 노선마다 출도착하는 터미널이 다르니 미리 숙지해 두자. BSI 터미널 내 창구 운영은 월~금 07:00~23:00, 토 · 일 08:00~22:00이며, 그레이 라인 터미널은 03:00~22:00이다.

버스 회사별 터미널 안내
레이캬비크 익스커전Reykjavik Excursions의 장거리 및 투어 버스, 플뤼부스 : BSI 버스 터미널
에어포트 익스프레스를 비롯한 그레이 라인의 모든 투어 버스 : 시 외곽의 그레이 라인 전용 터미널이나 레이캬토르그 버스 정류장 근처 예약 사무소 앞
스테르나Sterna에서 운영하는 모든 버스 : 하르파 콘서트 홀 앞
스트라이토Straeto의 장거리 버스 : 묘드Mjódd 버스 터미널

차량
케플라빅 공항과 블루 라군에서는 41번 도로, 골든 서클에서는 36번, 그리고 남북을 잇는 '링 로드'에선 1번 도로를 통해 시내로 진입할 수 있다. 도심 진입 시 통행료는 없다.

시내 교통

시내 중심가에서는 도보로 이동이 가능하며, 조금 더 멀리 나갈 경우에는 시내버스를 주로 이용한다. 시내 중심가에서는 MR과 레이캬토르그Lækjartorg에 주요 버스 노선이 정차한다. 좀 더 멀리 나가는 노선들의 경우 흘렘뮈르Hlemmur 환승 센터를 거치며, 장거리 버스 터미널로 이용되는 묘드Mjódd, 아르툰Artun 등의 주요 환승 센터 역시 노선별로 있다. 약 25개의 시내 노선들 중 시티 공항-시내를 잇는 15번, 크링란 쇼핑몰 및 남부 지역을 잇는 1번, 구 항구 지구와 BSI 터미널 및 시티 호스텔을 잇는 14번, 묘드 터미널과 시내 중심가, 야외 박물관으로 운행하는 12번 노선이 가장 유용하다. 지도와 시간표를 미리 받아 노선을 확인하고 이용할 것. 시내에는 노란색 S가 표기된 정류장에서 승하차가 가능하다. 택시는 버스 터미널, 공항, 시내 중심가에서 주로 잡을 수 있으며 가장 비싼 교통수단이다. 기본요금이 750ISK

Tip
가장 저렴한 이동 방법, 55번 지역 버스
평일 일정, 숙소가 BSI 터미널과 가까울 때, 짐이 가벼울 때 유용하다. 도착층 바깥의 S가 붙은 버스 정류장에서 탑승 가능. 탑승 시 카드로 요금을 지불하면 된다. 8월 중순 이후에는 오후 3~5시 이동 시 교통체증으로 지연되는 경우도 있으니 시간을 넉넉히 잡을 것.
운행 **공항→BSI 버스 터미널** 월~금 06:35, 07:40, 13:40~18:40(매시간 1대)
BSI 버스 터미널→공항 월~금 06:25, 07:55, 08:25, 14:25~19:25(매시간 1대)
Time 시내 BSI 버스 터미널까지 약 1시간 15~20분 소요.
Cost 2,280ISK(12~17세 · 67세 이상 50% 할인)
Web www.bus.is

부터 시작하니 주의. 급할 때에 여러 명이 함께 이용하자.

운행　월~금 06:35~23:00, 토 07:30~23:00, 일 09:30~23:00 (노선별로 다름)

Web　www.straeto.is

대중교통 요금

1회권 에이트 파 Eitt Far : 성인 630ISK, 12~17세 · 67세 이상 50% 할인. 개시 후 75분간 유효.

클랍 종이 카드 : 10회권 클랍 텐Klapp 10 6,300ISK, 24시간권 2,500ISK, 72시간권 5,600ISK

※ 초보자는 부득이하게 환승해야 할 경우를 대비해, 탑승 횟수에 제약이 없는 24시간권 등의 정기권이나 시티 카드를 사용하는 것이 편하고 안전하다.

티켓 구입과 사용 방법

클랍 종이 카드(10회권, 24 · 72시간권) : 시내 중심가 10-11 편의점 2곳, 크링란 쇼핑몰 등의 시 외곽 대형 쇼핑몰 내 안내소에서 구입 가능. 탑승 시 카드를 센서에 접촉시키며, 클랍 텐은 탑승자 수대로 접촉시켜야 한다. 단, 케플라빅 공항 등의 외곽이나 지방 이동 시에는 사용 불가능한 점 알아 두자.

레이캬비크 시티 카드 Reykjavik City Card

시내 대부분의 박물관과 미술관, 시내버스, 지열 수영장, 비데이 섬행 페리를 마음껏 이용할 수 있다. 일부 레스토랑과 사가 박물관, 등에서는 할인이 적용된다. 관광 안내소, 대부분의 호텔, 공식 유스호스텔, 일부 대형 관광지 등에서 구입 가능하다.

Cost　24시간 5,040ISK, 48시간 7,000ISK, 72시간 8,630ISK

Tip

시내 중심가에서 교통권 구입 가능한 곳

모두 24시간 영업하여 늦은 시간 이용이 편리하다.

10-11 Laugavegur - Laugavegur 116(흘렘뮈르 버스 환승 센터 뒤편)

10-11 Austurstræti - Austurstræti 17(레이카토르그 버스 중앙정류장 근처)

레이캬비크 시내, 이렇게 보자

레이캬비크 시내는 다른 북유럽 국가의 수도보다는 작은 편이지만, 관광지가 분산돼 있어 일정에 따라 배정을 다르게 하는 것이 좋다. 시내의 관광지는 크게 구 항구와 시청사를 중심으로 하는 중심부 지역, 외곽 지역의 두 부분으로 나뉜다. 중심가 지역은 하들그림스키르캬 교회와 대표 쇼핑가 뢰이가베구르Laugavegur, 트외르닌 호수를 중심으로 여유롭게 둘러보자. 시간이 부족하다면 중심가 지역 위주로만 일정을 정해도 괜찮다. 비데이 섬, 뢰이가르달루르 지구, 야외 박물관 등의 외곽 지역 관광지로 이동할 때에는 관람 및 이동 시간을 고려해 시간에 맞게 움직이자. 특히 여름을 제외한 나머지 시즌에는 운영 및 교통편 시간이 변동되니 철저히 이동 계획을 세워야 한다. 중간 중간 자리 잡은 지열 수영장과 주말 밤의 흥겨운 바에서 현지인들과 친해지는 것도 레이캬비크를 느낄 수 있는 좋은 방법이다.

레이캬비크에서 놓치지 말자!

1 구 항구 지구와 시내 곳곳에 숨은 이들의 어제를 돌아본다.

2 불과 얼음 속에서 꽃핀 아이슬란드인들의 삶과 예술을 만나 보자.

추천 코스

1일 차

하루 일정만 가능하다면 이 코스를 이용하자. 여름 이외의 시즌에는 반드시 운영 시간을 확인한 후 움직일 것. 구 항구 지구에서는 본인이 원하는 관광지를 미리 선택하고 움직여야 시간 절약이 가능하다.

트외르닌 호수 p.500

→

구 항구 지구 p.495

도보 10분

→

하르파 콘서트 홀 & 선 보이저 p.498~499

도보 10분

하들그림스키르캬 p.502

도보 10~15분

←

뢰이가베구르 거리 p.503

도보 5분

2일 차

시간 여유가 필요한 국립박물관(p.505), 국립미술관(p.506), 야외 박물관(p.508), 노르딕 하우스(p.507) 등을 선택해 둘러보자. 전날 방문했던 곳에 있는 박물관들을 함께 돌아보는 것도 괜찮다. 이때 시티 카드를 구입해 사용하면 입장과 교통이 모두 해결된다. 일정이 여유롭거나 어린이 동반 시에는 뢰이가르달루르 지구(p.509)나 비데이 섬(p.510)으로 반나절 일정을 진행하는 것도 괜찮다. 특히 레이캬비크 시민들과 함께 즐기기 좋은 여러 지열 수영장들을 눈여겨보자. 저녁에는 하르파 콘서트 홀(p.498)에서 원하는 공연을 골라 감상하는 것을 추천한다.

3일 차

블루 라군, 골든 서클 중 선택해서 반일~당일 여행을 떠나자. 차량 이용이 어렵거나 비수기 시즌에는 버스나 항공 투어를 이용해 당일~1박 2일 투어 프로그램을 진행하거나, 여름 시즌에는 패스를 구입해 원하는 지역을 자유롭게 다녀오는 것으로도 대체할 수 있다.

레이캬비크
Reykjavik
비데이 섬
Viðey
크루즈 페리 터미널
비데이 섬행 페리 선착장 (연중)
그레이 라인 버스 터미널
시티 호스텔 및 캠핑장
Reykjavik City Hostel & Camping
동물원 · 가족 공원
Húsdýragarðurinn
아이스링크
Skautahöllin
국립경기장
지열 수영장 뢰이가르달슬뢰이흐
Laugardalslaug
레이뮈들링 지역 Laugardalur
시구르욘 올라프스손 미술관
(국립미술관 분관)
Listasafn Sigurjóns Ólafssonar
Guide to Iceland
중앙 경찰서
흘렘뮈르 버스 환승 센터
Hlemmur
1011
(24시간)
에어포트 다이렉트 공항버스 출도착점
크링란 쇼핑몰
Kringlan
보낙스 Bonus
하우카이프 Hagkaup
빈부딘 Vinbúðin
66 노스 66 North
플라잉 타이거 Flying Tiger
에이문손 서점 Eymundsson
흐림 Hrím
이탈라 Iittala
Íslandsbanki 은행
야외 박물관 방향
(1.7km)
모드 버스 터미널 방향
(1.2km)
시립 공동묘지
Fossvogskirkjugarður
페를란
Perlan
BSÍ 버스 터미널
아이슬란드에어 호텔 나투라
Icelandair Hotel Natura
레이캬비크 시티 공항
Reykjavikur Flugvöllur
트외르닌 호수
Tjörnin
비데이 섬행 페리 선착장
(5월 중순~9월 초순)
레이캬비크 시내 중심가 p.494
Sæbraut
Sundlaugavegur
Borgartún
Laugavegur
Suðurlandsbraut
Háaleitisbraut
Miklabraut
Kringlumýrarbraut
Grensásvegur
Skeiðarvogur
Bústaðavegur
Langahlíð
Snorrabraut
Hringbraut
Njarðargata
Suðurgata
Hofsvallagata
Ægisíða
Eiðsgrandi
Ánanaust

레이캬비크 시내 중심가
Central District of Reykjavik
크로난 Kronan
오스타부딘 Ostabúðin
식스트 렌터카 Sixt
네토 Netto
보뉘스 Bonus
해양 박물관 Sjóminjasafnið
오딘 호 Óðinn
사가 박물관 Saga Museum
구내 레스토랑 Matur og Drykkur
엘딩 투어 Elding
(비데이 섬 · 고래 투어)
스테르나 버스 티켓 판매소
하르파 Harpa
레이캬비크 피시 Reykjavik Fish
스테르나 버스 정류장
Landsbanki 은행
피시 컴퍼니 Fiskfélagið
콜라포르티드 벼룩시장 Kolaportið
그리스도 왕 대성당 Dómkirkja Krists Konungs
베야린스 핫도그 Bæjarins Beztu Pylsur
빈부딘 Vínbúðin
정착기 박물관 871±2 Landnámssýningin
1011 (24시간)
테&카피 Te&Kaffi
아이문손 서점 Eymundsson
101 호텔 101 Hotel
66 노스 66 North
로프트 호스텔 Loft Hostel
선 보이저 Sólfarið
Safe Travel 안내소
국회의사당 Alþingi
모카 카피 Mokka Kaffi
Whats'On 안내소
플라잉 타이거 Flying Tiger
레이캬비크 레지던스 호텔 Reykjavik Residence Hotel
시청사 Ráðhús
크로난 Kronan
카피바린 Kaffibarinn
켁스 호스텔 KEX Hostel
톨프 토나르 12 Tónar
산드홀트 Sandholt Bakarí
트외르닌 호수 Tjörnin
보뉘스 Bonus
아이슬란드 손뜨개 협회 Handprjónasamband Íslands
Whats' On(trip) 안내소
보뉘스 Bonus
딜 Dill
국립미술관 Listasafn Íslands
레이캬비크포유 아파트먼트 Reykjavik4you Apartments Hotel
국립대학교 중앙 도서관 Landsbókasafn Íslands Háskólabókasafn
발뒤르브라우 게스트하우스 2호점 Baldursbrá Guesthouse
대통령 집무실 Office of the President of Iceland
에이나르 욘손 미술관 Listasafn Einars Jónssonar
레이퓌르 에이릭손 동상
순드홀린 수영장 Sundhöll Reykjavíkur
국립박물관 Þjóðminjasafn Íslands
발뒤르브라우 게스트하우스 Baldursbrá Guesthouse
하들그림스키르캬 Hallgrímskirkja
라디손 블루 사가 호텔 Radisson Blu Saga Hotel
Landsbanki 은행
중앙 우체국
B47 호스텔 B47 Hostel
아이슬란드 국립대학교 본부 Háskóli Íslands
아스그리무 욘손 컬렉션(국립미술관 분관) Safn Ásgríms Jónssonar
학생회관 Félagsstofnun Stúdenta
스튜덴타캬들라린 Stúdentakjallarinn
Te & Kaffi
국립병원 Landspítali Háskólasjúkrahús
55번 지역 버스 정류장 (공항행)
BSI 버스 터미널
노르딕 하우스 Norræna Húsið
레이캬비크 시티 공항 방향 (200m)
아이슬란드에어 호텔 나투라 방향 (200m)
페를란 방향 (800m)
Fiskislóð
Grandagarður
Mýrargata
Ægisgarður
Vesturgata
Tryggvagata
Geirsgata
Kalkofnsvegur
Garðastræti
Mjóstræti
Hafnarstræti
Túngata
Vallarstræti
Ingólfsstræti
Skúlagata
Sæbraut
Klapparstígur
Bankastræti
Hverfisgata
Lækjargata
Vonarstræti
Laugavegur
Skólavörðustígur
Grettisgata
Suðurgata
Tjarnargata
Fríkirkjuvegur
Þingholtsstræti
Bergstaðastræti
Óðinsgata
Frakkastígur
Vitastígur
Laufásvegur
Njálsgata
Skothúsvegur
Baldursgata
Sóleyjargata
Njarðargata
Freyjugata
Eiríksgata
Barónsstígur
Sæmundargata
Snorrabraut
Gamla Hringbraut
Hringbraut
Sturlugata
Njarðargata

구 항구 지구
Old Harbour Town

1913년에 조성된 이래 최근까지 아이슬란드 어업의 중심 기지로 사용되었으며, 지금은 바닷가 옆 옛 건물들에 영화관, 기념품점, 음식점들이 자리 잡아 관광의 명소가 되었다. 또한 고래, 퍼핀 관찰 등의 보트 투어를 제공하는 여행사들이 출발점으로 삼는 곳이기도 하다.

해양 박물관 Sjóminjasafnið

로컬명소 박물관 어린이 동반

냉동 창고로 사용된 건물을 개조해 2005년에 문을 열었다. 현재까지 아이슬란드의 주요 산업인 어업과 그 역사를 다양한 전시물을 통해 생생히 설명해 주고 있다. 특히 1950년대부터 약 20여 년간 '대구 전쟁'으로 요약되는 영국과의 어업권 분쟁에 대한 내용은 이들을 이해하기 위해 놓치지 말고 보자. 또한 2008년에는 '대구 전쟁' 동안 해안 경비정으로 사용되던 오딘 호가 추가되었고 현재는 가이드 투어를 이용해 탑승해 볼 수 있다. 미리 본관에서 내용을 본 후에 탑승하면 이해와 감동이 두 배!

Address Grandagarður 8
Tel 411 6300
Open 10:00~17:00
오딘 호 가이드 투어 13:00, 14:00, 15:00
Close 12/24~26
Access 시내에서 14번 버스로 Grandagarður 정류장에서 하차 후 도보 3분. 시내 중심가에서 도보 이동 시에는 항구 쪽으로 나와 Grandagarður 길을 따라 왼쪽.
Cost **박물관** 18세 이상 성인 2,350ISK, 학생 1,450ISK, 18세 미만 및 70세 이상 무료
오딘 호 가이드 투어 1,810ISK
Web www.reykjavikcitymuseum.is

사가 박물관 Saga Museum

박물관

아이슬란드의 구전 서사 문학인 사가Saga를 바탕으로 만들어진 인터랙티브 박물관. 사가의 주된 내용이 되었던 정착기 시대부터 중세까지의 역사적 내용들을 실제 크기의 모형과 소리로 접할 수 있게끔 생생히 재현해 놓았다. 오디오 가이드를 받아 들으면서 돌아봐야 내용 파악이 가능하다. 내용이 조금 어둡고 으스스한 느낌으로, 어린이들에게는 다소 무서울 수 있다. 국립박물관(p.505 참조), 정착기 박물관(p.501 참조) 관람 전후 함께 돌아보면 더 깊은 이해가 가능하다. 2017년 아이슬란드 최초로 미슐랭 가이드에 등재된 구내 레스토랑 Matur og Drykkur(목~일 17:00~23:00)에서의 맛있는 식사도 놓치지 말자.

Address	Grandagardi 2
Tel	511 1517
Open	10:00~17:00
Close	12/24~25
Access	해양 박물관 왼쪽으로 직진 후 왼쪽의 큰 건물로, 도보 3분 소요.
Cost	성인 3,600ISK, 학생 및 70세 이상 3,000ISK, 6~12세 1,000ISK(시티 카드 이용 시 10% 할인)
Web	www.sagamuseum.is 구내 레스토랑 www.maturogdrykkur.is

콜라포르티드 벼룩시장 Kolaportið

로컬명소 쇼핑

구 항구 지구에서 가장 매력적인, 시내 최대 규모의 주말 벼룩시장. 레이캬비크 시민들에게는 중고 물건 판매의 장으로, 여행자들에게는 필요한 물품을 저렴하게 구입할 수 있는 알뜰 쇼핑의 명소로 인기가 높다. 마음에 드는 물건은 반드시 그 자리에서 구입하자. 뒤편에 자리 잡은 음식 코너에서는 삭힌 상어 하우카르들이나 온천 빵, 말린 생선 등의 현지 음식을 가볍게 체험하기에 좋다. 약간의 현금을 준비할 것.

Address	Tryggvagötu 19
Open	토 · 일 11:00~17:00 (단 일요일이 공휴일인 경우 토 · 월)
Access	시립 현대미술관 뒤편의 큰 흰색 건물 1층.
Web	www.kolaportid.is(아이슬란드어)

레이캬비크 피시 Reykjavik Fish

레스토랑

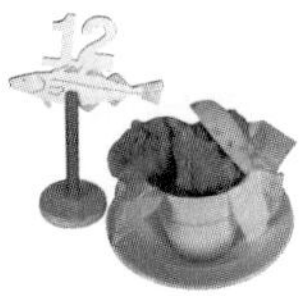

아이슬란드의 국민 음식 피시 앤 칩스와 전통 생선 스튜 플로카리Plokkari를 밝은 분위기에서 즐길 수 있는 레스토랑. 매일 들어오는 신선한 생선과 저렴한 가격은 배고픈 시민들의 사랑을 듬뿍 받는 원동력이다. 식사 시간에는 늘 줄이 길지만 회전은 빠르니 걱정 말자. 말린 대구를 사용한 조명, 어린이용 대구 그림 색칠 공부 역시 재미를 더한다. 가족 여행자에게도 추천.

Address Tryggvagötu 8
Tel 578 5656
Open 11:00~22:00
Access 사가 박물관 옆에서 Geirsgata를 따라 내려간 후 왼쪽 1층의 흰 벽면 가게. 대구 그림이 붙어 있다.
Cost 피시 앤 칩스 2,990ISK, 전통 생선 스튜 2,690ISK, 모둠 해물튀김 3,990ISK
Wifi 가능
Web www.reykjavikfish.is

피시 컴퍼니 Fiskfélagið

레스토랑

구 항구 지구를 대표하는 최고급 생선 요리 전문점. 아이슬란드 전통식과 각 나라의 요리가 결합된 퓨전 생선 및 고기 요리를 선보인다. 상대적으로 저렴한 점심 메뉴가 부담이 덜한 편이다. 특히 '오늘의 생선 요리'는 이 집의 성격을 드러내 주며, 밥 종류를 찾는다면 초밥도 괜찮은 선택이다. 저녁 시간에는 예약 필수이며, 드레스 코드는 스마트 캐주얼. 시티 카드 이용 시 10% 할인.

Address Vesturgötu 2a, Grófartorg
Tel 552 5300
Open 월~금 11:30~14:30, 17:30~22:30(금~23:30), 토 17:30~23:30(여름에는 11:30~), 일 17:30~22:30
Access 해양 박물관, 사가 박물관 앞에서 좌회전해 내려가 Tryggvagata 길로 접어들어 오른쪽 지하.
Cost 점심 단품 3,500ISK~, 저녁 단품 3,900ISK~
Wifi 가능
Web www.fiskfelagid.is

하르파 콘서트 홀 Harpa

관광명소 로컬명소 뷰포인트 건축 · 디자인

하들그림스키르캬와 함께 아이슬란드 자연을 대표하는 주상절리를 본떠 만들어진, 아이슬란드 최초의 대형 콘서트 홀. 맑은 날에는 햇빛에, 겨울 시즌의 밤에는 각색 조명에 반짝이는 건물이 아름다움을 더한다. 누군가는 레이캬비크의 소박한 분위기를 해친다고 얘기하지만, 현재 레이캬비크를 대표하는 랜드마크라는 사실은 무시하지 말자. 2008년 외환 위기 때에는 재정 문제에 부딪혀 건축이 중단되고 프로젝트 자체가 무산될 뻔했지만, 정부와 시가 힘을 합해 2011년에 어렵게 완공되어 의미가 깊다. 현대미술가 올라푸르 엘리아손Olafur Eliasson, 바떼리이스 건축사, 헤닝 라르센 프로젝트와의 공동작이며, 2013년에는 유럽 대표 건축상인 미스 반 데어 로에상을 수상하며 더욱 유명해졌다.

지금은 아이슬란드 심포니 오케스트라, 국립 오페라단, 재즈 밴드 '더 레이캬비크 빅 밴드'의 본거지이며, 매년 2월 초 블랙 뮤직 페스티벌에서는 실험적인 현대 음악들이 직접 연주되기도 한다. 공연 목록은 홈페이지를 참조하자. 2023년 이후 내부 투어가 재개되어 여름 시즌에 한해 1시간 가량 진행된다. 1층에는 스테르나 버스의 매표소 및 출발 포인트가 있어 전국 여행의 출발점으로도 이용되고 있다.

Address Austurbakki 2
Tel 528 5000
Open **티켓 오피스** 월~금 09:00~18:00, 토 · 일 10:00~18:00
가이드 투어(영어) 5/20~8/31 11:30, 13:00
Close 12/25
Access 구 항구 지구에서 Geirsgata를 따라 내려온다. 항구에서 도보로 10분 소요. 1, 14, 15번 버스로 하르파 정류장에서 하차.
Cost **가이드 투어** 성인 5,200ISK, 학생 4,400ISK, 12세 이하 무료
Wifi 가능
Web www.harpa.is

선 보이저 Sólfarið

관광명소 로컬명소 뷰포인트

레이캬비크 하면 떠오르는 랜드마크 조각. 레이캬비크 창도 200주년 프로젝트로 공모전에 당선된 욘 군나르 아르나손Jón Gunnar Árnason에 의해 설계되었고 1990년 현재의 자리에서 그 막을 올렸다. 화강암으로 만들어진 받침과 스테인리스로 만들어진 조각은 빛과 희망을, 배의 형상은 태양을 향해 나아가는 모습을 형상화했다. 특히 그 앞으로 펼쳐진 에스야Esja 산과 바다가 조화된 풍경은 낮과 저녁 모두 놓칠 수 없는 포토 포인트이며, 해 지는 때에는 아름다운 일몰을 보기에도 최고의 장소다.
설계자인 욘 군나르는 국립병원을 위해 제작한 그의 마지막 작품 〈마법Galdur〉과 함께, 희망과 치유의 의미를 담아 병상에서 이 조각의 제작을 진두지휘했다. 하지만 완성을 보지 못한 채 1989년에 세상을 떠났고, 그의 제자들이 이어받아 이듬해에 완성했다. 그래서 이 조각을 '그의 혼을 하늘로 인도하는 상징'으로 보는 관점도 있다.

Access 하르파에서 해안을 따라 있는 보행자 도로를 따라 왼쪽으로 직진. 도보 10분 소요.

Tina's Plus

이 동네 최고의 핫도그? 글쎄요...

레이캬비크 전통의 핫도그 가게, 베야린스 핫도그Bæjarins Beztu Pylsur는 '이 동네 최고의 핫도그'라는 뜻으로, 모두가 줄서서 먹는 명소로 유명하다. 필자도 그 명성(?)을 믿고 핫도그를 사 먹어 봤는데, 왜 여기가 최고인지 고개가 갸웃거려졌다. 물론 궁금하다면 한 번 가는 것도 나쁘지 않지만, 편의점을 비롯한 여러 곳과 비교해서 먹어 보고 진짜 최고인지 아닌지를 평가해 보자. 북유럽 여러 국가의 핫도그를 경험한 필자는 '같은 가격에 왜 여기가 최고일까?' 하는 의문이 생겼지만, 현지에서 먹어 본 다른 분들의 평가는 나쁘지 않았으니 말이다. 최근에는 공항 10–11 안에도 분점이 생겼다.

Address Tryggvagata 1
Tel 511 1566
Open 일~목 10:00~23:00, 금 · 토 10:00~02:00
Access 콜라포르티드 벼룩시장을 나와 오른쪽 큰길가 위치.
Cost 핫도그 개당 690ISK
Web www.bbp.is

시내 중심가
Central District of Reykjavik

하들그림스키르캬 교회를 중심으로 대표 쇼핑가 뢰이가베구르 Laugavegur를 아우르는 중심가 지역과 시청사를 중심으로 한 구시가지는 함께 묶어서 둘러보기에 좋다. 특히 아이슬란드의 과거와 현재를 읽을 수 있는 큼직한 관광지들은 반드시 들르자.

트외르닌 호수 Tjörnin

관광명소 로컬명소

시내 중심에 자리 잡은 한가로운 호수에서 현지인들과 함께 아침 산책을 즐기기 좋다. 호수 위로 오리, 백조, 갈매기 등이 떠다니고 있어 빵 조각을 던지면 한꺼번에 모여든다. 한겨울에는 스케이트장으로 조성되며, 남쪽에 자리 잡은 여러 조각상들도 재미를 더해 준다. 그 주변에는 레이캬비크의 과거와 현재를 말해 주는 시청사Ráðhús, 국회의사당 알싱기Alþingi, 대통령 집무실 등의 여러 기관들이 자리해 '아이슬란드 정치 1번지'로도 통한다. 이곳을 관광의 시작점으로 삼자. 시내의 역사 관련 투어는 모두 호수 주변을 중심으로 한다.

Access 시청사 바로 옆의 큰 호수.

정착기 박물관 871±2 Landnámssýningin

로컬명소 박물관

2001년에 현재 자리에서 871년 전후에 조성된 것으로 추정되는 바이킹 시대의 가장 오래된 유적지와 집터가 발굴되었고, 그 자리가 지금의 박물관이 되었다. 레이캬비크의 초기 정착민들이 어떻게 정착하고 살아왔는지에 대한 내용이 현대 영상 기술로 재현되어 있다. 이들의 정착 과정을 영상과 유물 등을 통해 생생히 느껴 보자. 국립박물관, 사가 박물관 관람 전후에 이곳을 방문하면 더 깊은 이해가 가능하다. 6~8월에는 매일 11시에 가이드 투어가 있다.

Address	Aðalstræti 16
Tel	411 6370
Open	10:00~17:00
Close	12/25
Access	시청사 앞에서 좌회전.
Cost	성인 2,900ISK, 학생 1,860ISK, 18세 미만 및 70세 이상 무료
Wifi	가능
Web	www.reykjavikmuseum.is

테 & 카피
Te & Kaffi

카페

시내 대표 커피 전문점 테 & 카피의 대규모 매장. 아침 일찍부터 시민들과 관광객으로 늘 붐빈다. 맛있는 커피와 샌드위치로 든든한 아침과 점심을 해결하고 싶다면 괜찮은 선택이다. 버스를 기다리며 잠깐의 여유를 맛보자. 다양한 원두는 커피 애호가들에게 선물용으로도 좋다.

Address	Hafnarstræti 20
Tel	555 1910
Open	월~금 08:00~18:00, 토 · 일 10:00~18:00
Access	레이카토르그 환승 정류장 옆(그레이 라인 사무실 건물).
Cost	커피 종류 625~1,100ISK, 샌드위치 및 베이글 종류 1,800ISK~, 원두 1300~2000ISK ※ 우유 대체품(두유, 귀리밀크, 락토프리)으로 무료 교체 가능
Web	www.teogkaffi.is(아이슬란드어)

하들그림스키르캬 Hallgrímskirkja

관광명소 로컬명소 뷰포인트 건축 · 디자인

레이캬비크를 대표하는 건축의 아이콘이자, 시내의 가장 큰 랜드마크로 어디에서든지 눈에 잘 띈다. 건축가 구드욘 사무엘손 Guðjón Samúelsson의 만년의 역작으로, 민족 시인 하들그리무르 페투르손Hallgrímur Pétursson의 312주기 직전에 완성되었다. 공사 기간에만 약 41년이 소요되었고, 레이캬비크 창도 200주년이기도 한 1986년에 문을 열었다. 외관은 하르파 콘서트 홀과 마찬가지로 주상절리, 특히 스바르티포스(p.531 참조)의 모습에 영감을 받아 만들어졌으며, 가슴을 활짝 편 형상은 시내를 포용하는 듯한 느낌을 주기도 한다. 내부는 특별한 장식 없이 소박함의 그 자체로, 안을 둘러보기보다 잠시 앉아 생각을 집중하기에 좋다. 국내 최대의 5,275개의 파이프가 있는 오르간 역시 놓칠 수 없으며, 여름 시즌의 저녁에는 연주회가 열린다. 또한 74.5m의 엘리베이터를 타고 탑에 오르면 시내 전경을 한눈에 볼 수 있어 최고의 뷰 포인트로도 인기가 높다. 아침 시간에는 역광으로 촬영이 다소 어려울 수 있는 점을 감안해, 좋은 사진을 찍고 싶다면 오후 이후에 가자.

교회 앞의 동상은 유럽인 최초로 신대륙을 발견한 레이뷔르 에이릭손의 동상이며, 의회 개원 1000주년을 기념해 1930년에 미국에서 증정받았다.

Address Skólavörðuholti
Tel 510 1000
Open **교회 · 탑 5~9월** 09:00~21:00, **10~4월** 09:00~17:00
Close 12/25, 부활절 당일, 일요일 예배 시간(10:30~12:15)
Access 구 항구 지구에서 Geirsgata를 따라 내려온다. 항구에서 도보로 10분 소요.
Cost **교회** 무료
탑 15세 이상 성인 1,300ISK, 학생 1,000ISK, 7~14세 200ISK
Web www.hallgrimskirkja.is

Tip
좀 더 시간이 있다면, 하들그림스키르캬의 할아버지뻘인 그리스도왕 대성당Dómkirkja Krists Konungs(Túngata 13)도 찾아가 보자. 역시 사무엘손의 설계로 1929년에 지어진 신고딕 양식의 가톨릭 성당이다. 아버지뻘인 아큐레이리 교회(p.549 참조)를 보았다면 3대(?)의 공통점을 찾아보는 것도 재미있다.

딜 Dill

레스토랑

아이슬란드 최초로 미슐랭 1스타를 획득한 국가 대표 고급 레스토랑. 지역 내 재료와 전통 요리를 현대식으로 풀어 낸 코스 요리만을 선보인다. 당일 메뉴는 셰프가 공수하는 재료에 따라 달라질 수 있는 점 알아 두자. 채식주의자용은 지원하지 않는 점 주의.

Address Laugavegur 59(2층)
Tel 552 1522
Open 수~토 18:00~22:00
Close 일~화, 휴가 기간
Cost 코스 요리 23,500ISK
Web www.dillrestaurant.is

산드홀트 Sandholt Bakarí

레스토랑 카페

1920년에 문을 연 이래 5대의 전통을 이어 온 시내 최고의 빵집. 다양한 견과류가 들어 있는 식사용 빵, 신선한 케이크와 마카롱, 초콜릿, 데니쉬 페스트리, 타르트 종류는 뢰이가베구르 거리에서 독보적이다. 시내에서 가장 맛있는 빵과 케이크를 맛보고 싶다면 적극 추천한다.

Address Laugavegur 36
Tel 551 3524
Open 07:00~21:00(**10~4월** 07:30~18:00)
Close 12/24~25, 그 외 부정기적
Cost 데니쉬 및 뺑 오 쇼콜라 495ISK, 식사용 곡물빵 900ISK~, 샌드위치 등의 식사 메뉴 1,450~3,000ISK, 음료 종류 450ISK
Web www.sandholt.is

모카 카피 Mokka Kaffi

카페 로컬명소

1957년 이래, 레이캬비크의 카페 문화를 주도한 전통의 카페. 특히 시내 최초로 에스프레소 기계를 이용해 커피 메뉴를 제공한 곳으로 역사가 깊다. 대표 메뉴는 바삭하고 달콤한 와플. 음악 없는 조용한 분위기와 여러 신진 화가들의 작품들이 돌아가며 전시되는 실내 역시 이곳만의 전통을 확인하기에 좋다.

Address Skólavörðustíg 3A
Tel 552 1174
Open 09:00~18:00
Cost 핫 초콜릿 820ISK, 하우스 와플 1,690ISK
Web mokka.is

톨프 토나르 12 Tónar

로컬명소 쇼핑

전 세계의 다양한 음악을 소개하고, 직접 들어 볼 수 있는 음반 숍. 특히 여름 시즌의 금요일에는 라이브 공연을 감상할 수 있어 음악 마니아들에게 인기 최고다. 또한 신인들을 발굴해 프로듀싱한 이들의 자체 레이블 음반 역시 들어 보고 평가할 수 있다. 2022년 이후 카페 · 바가 추가되어 분위기가 다소 바뀌었다.

Address Skólavörðustíg 15
Tel 511 5656
Open 월 10:00~18:00, 화~목 10:00~23:00, 금 · 토 10:00~01:00, 일 12:00~18:00(홈페이지 참조, 기간마다 다름)
Cost 음반 200ISK~
Web www.12tonar.is

아이슬란드 손뜨개 협회 Handprjónasamband Íslands

로컬명소 쇼핑

1977년에 창설된 이래 아이슬란드의 전통이었던 손뜨개 산업을 장려하는 기관으로 발전했다. 협회 회원들이 직접 만든 스웨터 종류, 다양한 소재와 색상의 털실, 뜨개바늘 등의 관련 부자재 등을 함께 판매하고 있다. 손뜨개에 관심이 많다면 반드시 들르자.

Address Skólavörðustígur 19(분점 Borgartún 31)
Open 월~금 10:00~18:00(여름 ~21:00), 토 10:00~17:00
Cost 소품류 3,000ISK~, 스웨터 20,000ISK~, 털실 500ISK~
Web www.handknitted.is

카피바린 Kaffibarinn

바 영화 · 책 배경

현지의 잘나가는 젊은이들이 주말 밤마다 모여드는 클럽 느낌의 바. 이곳에서만 판매하는 9도짜리 늑대 맥주가 유명하다. 매달 달라지는 DJ들의 선곡과 함께, 시내의 불타는 주말 밤을 즐길 수 있다. 영화 〈레이캬비크〉에 등장하기도 했다.

Address Bergstaðastræti 1
Tel 551 1588
Open 일~목 15:00~01:00, 금 · 토 15:00~04:30
Cost 늑대 맥주 1,600ISK~, Gull 맥주 800ISK~
※ '해피 아워(저녁 8시 이전)'에는 늑대 맥주 1,000ISK, 일반 맥주 900~950ISK.
Web www.kaffibarinn.is

국립박물관 Þjoðminjasafn Íslands

박물관 관광명소 로컬명소 어린이 동반

150년의 역사를 지닌 아이슬란드 종합 역사박물관. 1863년에 문을 연 이래 이들의 1200년간 역사와 전통을 담은 박물관으로 발전해 왔다. 2층에는 바이킹 시대, 아이슬란드의 시작과 덴마크 지배 기간, 그리고 3층에는 1600년대 이후부터 현재까지의 다양한 유물과 기록들이 건물 안에 가득하다. 시간을 넉넉히 잡고 아이슬란드가 어떤 나라인지를 제대로 파악해 보자. 특히 정착기 이후부터 12세기까지의 유물과 그리스도교 관련 내용, 13세기에 만들어진 발시오프스타디르 교회 문, 19세기 이후 근대화에 대한 내용은 놓치지 말자. 매주 토요일 11:00에는 45분간의 무료 가이드 투어가 있다.

어린이 동반 시에도 재미있게 즐길 수 있으며, 레이캬비크에서 단 한 곳의 박물관을 가야 한다면 이곳을 추천한다. 정착기 박물관, 사가 박물관, 야외 박물관 관람 전에 함께 방문하면 예습 및 이해에 도움이 된다.

Address Suðurgötu 41
Tel 530 2200
Open 10:00~17:00
Close 9/16~4/30일의 월요일, 부활절 당일, 12/25, 1/1
Access 관광 안내소나 정착기 박물관 앞에서 우회전하여 Suðurgata를 따라 내려온다.
시내버스 이용 시에는 12번 버스로 Þjoðminjasafn 정류장에서 하차 후 바로 앞.
Cost 18세 이상 성인 2,500ISK, 학생 및 67세 이상 1,200ISK, 18세 미만 무료
Wifi 가능(비밀번호 있음)
Web www.thjodminjasafn.is

국립미술관 Listasafn Íslands

미술관 관광명소 로컬명소

19~20세기의 국내 근현대 작품을 주로 전시하고 있는 국내 최대의 미술관. 처음에는 국립박물관의 일부분이었다가, 1951년에 분리되어 지금의 미술관이 되었다. 상설 전시보다는 철철이 진행되는 특설 전시 중심으로 운영되고 있다. 방문 전 홈페이지를 통해 전시 내용을 미리 알아보면 더욱 재미있게 즐길 수 있다. 3층에 있는 아이슬란드 화가들의 작품들은 주제에 따라 매번 달라지고 있으니 함께 둘러보면 더욱 알차다.
이곳, 메인 건물을 비롯해 시내에 2곳의 분관(아스그리무 욘손 컬렉션Safn Ásgríms Jónssonar, 시구르욘 올라프슨 미술관Listasafn Sigurjóns Ólafssonar)이 있으며, 한 티켓으로 3곳 모두를 함께 둘러볼 수 있다. 각 관마다 운영 시간이 다르니 모두 가 보고 싶다면 사전에 반드시 확인하자.

Address Fríkirkjuvegi 7
Tel 515 9600
Open 10:00~17:00(일부 공휴일 13:00~17:00)
Close 10~4월의 월요일, 부활절 다음날, 12/24~25, 12/31~1/1
Access 트외르닌 호수 옆. 시청사와 반대 방향에 위치. 버스 이용 시 1, 3, 6, 11, 12, 14번 버스로 Fríkirkjuvegur 정류장에서 하차 후 좌회전해서 100m 거리 위치.
Cost 18세 이상 성인 2,200ISK, 학생 및 67세 이상 1,100ISK, 18세 미만 무료, 오디오 가이드 300ISK
Web www.listasafn.is

아이슬란드 국립대학교 학생회관 Háskólatorg

로컬명소 바

아이슬란드 국립대학교 학생들의 만남의 장소. 1층과 지하 바는 일반인 출입이 가능해, 국립 박물관, 노르딕 하우스 일정 시 중간에 들르기에 좋다. 1층의 부설 서점 Bóksala Stúdenta과 테 & 카피 구내 지점, 점심 샐러드바 Hama, 지하 식당 겸 바 스튜덴타캬들라린Stúdentakjallarinn을 이용할 수 있다. 저렴한 식사와 함께 현지 대학생들의 모습을 엿보고 싶다면, 8월 중순~5월의 학기 중에 방문하는 것을 추천. 서점에서 판매하는 티셔츠, 에코 백 등의 대학교 상품은 기념품으로 좋다. 바에서는 '해피 아워' 시간에 시내보다 저렴한 가격으로 맥주를 마실 수 있다.

Address Háskólatorg, Sæmundargötu 4
Tel 570 0890
Open **학생회관 1층** 월~금 09:00~17:00(서점 포함), **점심 샐러드바** 11:30~13:30, **지하 바** 월~수 11:00~23:00, 목~토 11:00~01:00, 일 16:00~23:00(식사 ~21:30)
Access 시청사 건너편에서 12번 버스로 Háskoli Íslands에서 하차 후, 계단을 내려가 오른쪽 건물. 지하 바는 뒤편에 큰 간판이 있으며 그 옆의 계단으로 내려간다. 노르딕 하우스와 국립 박물관 이용 시 도보 이동 가능.
Cost 1층 점심 샐러드 1,780ISK~, 지하 바 식사 메뉴 1,780~2,900ISK, 주류 950~1,500ISK, 주말 브런치 1,690ISK, 어린이 세트 1,050ISK
Wifi 가능(지하 바)
Web 지하 바 www.studentakjallarinn.is, 1층 서점 www.boksala.is

노르딕 하우스 Norræna Húsið

로컬명소 건축 · 디자인 어린이 동반

1968년에 북유럽 협의회에서 서로의 문화적 연계성을 발전시키기 위해 창설된 이래, 그린란드, 파로 제도를 포함한 전 지역을 아우르는 '북유럽 문화원'으로 발전했다. 전시관과 이벤트 홀에서는 레이캬비크 국제영화제와 에어웨이브를 비롯한 국내의 굵직한 행사들 및 다양한 전시가 수시로 열린다. 취향에 맞는 전시를 미리 확인하고 방문하자. 다양한 주제와 언어의 북유럽 서적을 소장하고 있는 도서관은 이곳의 자랑이며, 지하의 어린이 전용 도서관은 어린이 동반 시에 함께 즐기기에 좋다. 특히 본관 건물은 핀란드 대표 건축가 알바르 알토(p.418 참조)의 설계로 1972년에 지어졌으며, 내부 집기들도 아르텍 가구와 골든 벨, 비하이브 조명을 비롯한 알토의 디자인들로 가득하다. 건축과 디자인에 관심이 많다면 추천. 도서관은 현재 보수 공사 중.

Address Sæmundargata 11
Tel 551 7030
Open **전시관 · 부설 레스토랑** 화~일 10:00~17:00
도서관 6~8월 화~일 11:00~17:00
9~5월 화~일 10:00~17:00
Close 월요일, 12/24~26, 1/1
Access 국립박물관에서 우회전해 Sæmundargata 길을 따라 내려간 후, 두 번째 샛길에서 우회전한다. 아이슬란드 국립대학교 구내 위치.
Cost 입장 무료, 개별 전시 및 공연마다 다름
Wifi 가능
Web www.nordichouse.is

순드홀린 수영장 Sundhöll Reykjavíkur

로컬명소 어린이 동반

현지인들이 사랑하는 시내 중심가의 지열 수영장. 멀리 나갈 필요 없이, 한여름에는 야외 수영장을, 그 외의 기간에는 28도로 데워진 실내 수영장을 이용할 수 있다. 수영장 이외에도 사우나, 열탕 시설이 갖춰져 있어, 피로를 풀며 현지 문화를 알기에 좋다. 한국의 찜질방이 생각날 때, 가족 동반 시 최적의 장소.

Address Barónsstígur 45a
Tel 411 5350
Open 월~금 06:30~22:00, 토 · 일 08:00~22:00
Close 12/25
Access 하들그림스키르캬 앞에서 우회전해 Bergþórugata를 따라 내려와 오른쪽.
Cost 18세 이상 성인 1,330ISK, 6~17세 210ISK, 수건 대여 640ISK, 67세 이상 무료
Web www.swimminginiceland.com

외곽 지역
Outskirts of Reykjavik

레이캬비크 시민들의 오늘과 아이슬란드의 전통을 더 깊이 알 수 있는 장소가 많다. 단 비수기 시즌에는 운영 기간이 제한되니 반드시 운영 시간과 대중교통 이용 시간을 확인할 것.

야외 박물관 Árbæjarsafn

박물관 | 로컬명소 | 어린이 동반

농장과 여관으로 오랫동안 이용되었던 단지 안에, 시내 중심부에서 옛 가옥들이 옮겨와 조성된 야외 민속박물관. 1800~1900년대 초중반까지 레이캬비크 시민들의 생활 모습을 조금 더 가까이서 엿볼 수 있다. 각 집마다 다양하게 열리는 특설 전시는 시민들의 과거와 현재를 통해 우리네 모습을 함께 돌아보기에 좋다. 여름 시즌에만 가능한 다양한 전통 실연 행사도 재미를 더해 준다. 전체를 다 돌아보는 데 최소 2시간은 소요되므로 일정을 넉넉히 잡고 여유롭게 방문하자. 어린이를 동반한 가족들에게도 흥미 만점.

Address Kistuhyl, 110 Reykjavik
Tel 411 6300
Open **6~8월** 10:00~17:00(가이드 투어 13:00), **9~5월** 13:00~17:00(가이드 투어 13:00)
Close 12/24~25, 1/1, 부활전 전 금요일~당일
Access 시내 중심가 레이캬토르그, 흘렘뮈르 버스 터미널에서 12번 버스로 박물관 앞에서 하차. 돌아가는 것이 싫다면 묘드 버스 터미널로 이동 후 24번 버스로 환승해도 괜찮지만, 배차 간격을 고려해 버스 시간을 미리 알아보고 이용하자.
차량 이용 시 중심가에서 49번 도로를 이용해 Árbæjarsafn의 붉은 간판이 보이면 우회전한다.
Cost 성인 2,350ISK, 학생 1,450ISK, 18세 미만 · 70세 이상 무료
Web www.reykjavikcitymuseum.is

페를란 Perlan

로컬명소 어린이 동반 뷰 포인트

레이캬비크 시내의 온수 공급을 맡았던 지열 발전소가 2017년 여름 이후 공사를 마치고 전시관으로 탈바꿈했다. 탱크 두 곳에는 세계 최초의 실내 얼음 동굴이 포함된 국토 전시관 원더스 오브 아이슬란드Wonders of Iceland가 새롭게 문을 열었으며, 나머지 탱크에는 천문대 및 아이슬란드의 수자원에 대한 전시관인 워터 인 아이슬란드 네이처Water in Iceland Nature와 오로라 체험관Áróra이 2018년 겨울 이후에 추가되어 리모델링을 모두 마쳤다.
1,174개의 유리 창문으로 만들어진 돔 형태의 '진주' 안에 자리 잡은 레스토랑은 시내를 조망하기에 최고의 장소 중 하나. 레스토랑이 부담스럽다면 4층 카페에서의 가벼운 차 한 잔도 괜찮다. 야외의 데크도 전망 명소지만, 온수 탱크에 풍경이 약간 가려지는 점을 감안하자. 시티 공항과 가까워 공항과 연계된 국내선 일정이 있다면 처음이나 마지막으로 들르는 것도 괜찮다.

Address Öskjuhlíð, 105 Reykjavík
Tel 562 0200
Open **전시관 · 전망 데크** 09:00~19:00(방학 기간 ~22:00)
부설 레스토랑 11:30~ 18:00
카페 09:00~18:00
Close 일부 공휴일
Access 시내 흘렘뮈르 버스 터미널에서 18번 버스로 Perlan 앞에서 하차 후 숲길로 접어든다. 차량 이용 시에는 시티 공항으로 내려가 Bustaðavegur 길로 접어들어 800m 거리.
Cost **전시관 통합** 성인 5,390ISK, 6~15세 3,390ISK(전망 데크 포함, 홈페이지 구입 시),
현장 구입 시 성인 5,890ISK, 6~17세 3,890ISK
전망 데크 16세 이상 990ISK(현장 구매만 가능)
Web www.perlanmuseum.is
부설 레스토랑 www.utiblainn.is

뢰이가르달루르 지구 Laugardalur

로컬명소 어린이 동반

예전에는 레이캬비크 시내의 온수 공급을 책임져 왔던 지열 발전의 장이자 빨래터로, 시민들의 만남의 장소이기도 했다. 지금은 시내 최대 지열 수영장 뢰이가르달슬뢰이흐Laugardalslaug, 축구 경기가 주로 열리는 국립경기장, 아이스 링크Skautahöllin가 있는 '종합운동장'이다. 또한 동물원 겸 작은 가족 놀이공원Húsdýragarðurinn은 시민들의 나들이 장소로 사랑받고 있다. 특히 수영장과 가족 공원은 어린이를 동반한 가족 여행자에게 추천.

Access BSI 터미널이나 흘렘뮈르 버스 터미널에서 14번 버스를 이용해 Laugardalslaug(지열 수영장)나, 2, 5, 15, 17번 버스를 이용해 Skautahöllin(동물원 · 가족 공원, 아이스 링크 등)에서 하차.
Web 동물원 · 가족 공원 www.mu.is
수영장 www.swimminginiceland.com

크링란 쇼핑몰 Kringlan

로컬명소 쇼핑

아이슬란드 최대의 쇼핑몰. 우리에게 익숙한 여러 내셔널 브랜드와 흐림Hrim 등의 디자인 숍, 66North를 비롯한 로컬 브랜드의 매장, 대형 서점 아이문손Eymundsson, 보뉘스와 하우쾨이프 슈퍼마켓의 대형 매장, 국영 술 판매장 빈부딘Vínbúðin 등이 모두 자리 잡고 있다. 지방 여행 전 미리 장을 봐야 할 때, 쇼핑할 시간이 없다면 이곳에서 해결하자.

Address Kringlunni 4-12
Tel 517 9000
Open 월~금 10:00~18:30,
토 11:00~18:00,
일 12:00~17:00
Access 1, 3, 4번 버스를 이용해 Kringlan에서 하차. 케플라빅 공항에서 차량 이동 시에는 40번 도로를 이용할 것.
Web www.kringlan.is

비데이 섬 Viðey

로컬명소 아웃도어

아이슬란드에 그리스도교가 전해진 10~11세기 당시부터 수도원이 생기며 종교적 중심지로 발전했고, 19~20세기에는 농장과 어업 기지로도 이용되었으나 1950년대 이후 한동안 폐허로 남아 있었다. 이후 시정부의 주도로 남은 시설들을 정리하고, 일부 유적지를 복원하며 지금의 모습으로 정비되었다. 관광 안내소에서 미리 하이킹 지도를 받아 섬을 천천히 돌아보자. 시내에서 가장 가까운 곳에서 때묻지 않은 자연을 느끼고 싶거나, 일정이 여유롭다면 추천.

섬 안에는 오노 요코가 제작한 빛의 우물, '프리다술루Friðarsúlu(이매진 피스 타워Imagine Peace Tower)'가 있다. 둘레의 흰 돌에는 '평화를 꿈꾸자'가 한글을 비롯한 24개 국어로 적혀 있으니 한번 찾아보자. 존 레논의 생일인 10월 9일부터 약 2개월간, 저녁 시간에는 15개의 등이 어우러진 빛이 하늘 높이 올라가며 장관을 이룬다.

Access 시내버스 16번을 이용해 Skarfagarðar에서 내린 후, Skarfabakki 페리 터미널에서 비데이 섬행 페리를 이용한다. 시내 중심가 기준으로 버스 약 20분, 페리 약 5분 소요. 왕복 1,700ISK.
5/15~8/31 Skarfabakki 터미널에서 왕편 10:15~17:15, 복편 10:30~18:30에 매시간 운행, 구 항구에서 왕편 11:50, 14:50, 복편 11:30, 14:30, 17:30 운행.
9/1~5/14 Skarfabakki 터미널에서 왕편 13:15~15:15, 복편 14:30~16:30에 매시간 운행.
Cost 성인 2,100ISK, 7~17세 1,050ISK
Web 섬 안내 www.reykjavikcitymuseum.is
페리 및 투어 안내 www.elding.is

레이캬비크의 숙소
Reykjavik Accommodations

성수기와 비수기, 주중과 주말의 가격 차이가 거의 2배까지 난다. 차량 없이 여행하거나, 나이트 라이프를 즐기고 싶다면 중심가와 가까운 곳이 좋다. 취사 가능한 곳은 식비 절약도 가능하니 적극 이용하자. 차량 소지자는 주차 여부 및 주차비를 확인해야 한다. 공식 유스호스텔은 유스호스텔증 소지 시 박당 800ISK이 할인된다.

※ 요금은 호스텔의 경우 도미토리, 호텔은 스탠더드 2인실 기준.

로프트 호스텔 Loft Hostel

시내 최중심가, 뢰이가베구르 거리 옆에 위치한 공식 유스호스텔. 시내의 호스텔 중 가장 비싸지만, 최고의 위치와 넓은 실내, 편리한 시설이 단점을 커버해 주고도 남는다. 꼭대기 층의 바와 야외 발코니는 젊은이들의 흥겨운 놀이터, 겨울에는 오로라 관찰 장소로도 인기가 높다. 단 밤에는 다소 시끄러운 편.

Address Bankastræti 7a
Tel 553 8140
Cost 6,000ISK~, 2인실 15,000ISK~ (조식 별도, 시트 포함)
Web www.hostel.is

달뤼르 호스텔 및 캠핑장 Reykjavik Dalur Hostel & Camping

뢰이가르달루르 지구에 자리한 공식 유스호스텔과 캠핑장. 수영장 및 가족 공원 등이 근처에 있어 가족 여행 시 편리하다. 시내에서 이용 가능한 유일한 캠핑장으로, 성수기에는 일찍 자리를 잡아야 한다.

Address Sundlaugavegur 34
Tel 553 8110
Cost 4,500ISK, 2인실 11,500ISK~ (조식 별도, 시트 포함) 캠핑장 1인당 1,600ISK
Web www.hostel.is

켁스 호스텔 KEX Hostel

과거의 과자 공장이 빈티지와 현대 감성을 결합한 대규모의 호스텔로 재탄생했다. 시내 중심가와 바닷가 모두 가까운 위치에 있어 전망과 접근성이 모두 뛰어나다. 1층의 야외 테라스와 지하의 펍은 스타일 좋은 젊은이들이 몰려드는 장소로도 유명하다. 밤에는 다소 시끄러울 수 있다.

Address Skúlagata 28
Tel 561 6060
Cost 3,600ISK~(조식 별도, 6인실 시트 포함, 10 · 16 · 42인실 시트 별도)
Web www.kexhostel.is

B47 호스텔 B47 Hostel

하들그림스키르캬 뒤편, 순드회들 수영장 옆에 위치한 호스텔 겸 대형 게스트 하우스. 시내 중심가에서 도보 이동이 가능하며, 15번 버스로 BSI 터미널과 시티 공항 이동 시 편리하다. 현관과 각 방 모두 키코드를 이용해 카드키 없이 편안하게 이용할 수 있다. 욕실은 공용이다.

Address Barónsstígur 47
Tel 458 9000
Cost 5,000ISK~(조식 별도, 시트 포함)
Web www.hostelb47.is

발뒤르브라우 게스트하우스
Baldursbrá Guesthouse

구시가지 근처의 조용한 주택가에 위치한 가정식 게스트하우스. 총 8개의 방과 전용 주방을 갖추고 있으며, 욕실은 공용이다. 트요르닌 호수, 국립미술관, BSI 터미널과 도보 이동이 가능하다. 방이 없다면 국립박물관 근처(Tjarnargata 46)의 2호점도 괜찮다.

Address Laufásvegur 41
Tel 552 6646
Cost 14,000ISK~
Web www.baldursbra.com

레이캬비크 레지던스 호텔
Reykjavik Residence Hotel

1918년에 지어진 건물을 이용한 아파트형 호텔. 총 17개의 아파트에는 2~8인까지 다양한 인원을 수용할 수 있어 가족 및 소그룹 여행자에게 적당하다. 특히 크리스티안 10 & 알렉산드리나 스위트는 1926년에 덴마크 국왕 크리스티안 10세 부부가 실제로 묵었던 곳으로, 다른 방보다 좀 더 클래식한 느낌이다.

Address Hverfisgata 45
Tel 561 1200
Cost 25,000ISK~
Web www.rrhotel.is

레이캬비크포유 아파트먼트
Reykjavik4you Apartments Hotel

스튜디오부터 6인용 디럭스까지 다양한 옵션과 훌륭한 시설을 갖춘 아파트형 호텔. 호텔급 서비스와 아파트의 편의를 모두 갖추고 있어 가족 단위 여행자들에게 최고의 장소다. 시내 중심가와 도보로 5분 안에 연결되어 관광과 식당 이용 모두 편리하다. 주차는 무료. 기간에 따라 요금의 차이가 큰 편이다.

Address Bergstaðastræti 12, 101 Reykjavik
Tel 771 1200
Cost 싱글 스튜디오(2인) 28,000ISK~, 아파트(3~6인) 35,000ISK~
Web www.reykjavik4you.com

101 호텔
101 Hotel

뢰이가베구르 거리에서 살짝 들어간 바닷가 쪽에 자리 잡은 디자인 & 부티크 호텔. 각 객실마다 서로 다른 그림과 조각을 배치해 갤러리 감각으로 구성했다. 시내의 전망을 즐길 수 있는 발코니룸은 훨씬 비싸지만 인기가 많다.

Address Hverfisgata 10
Tel 580 0101
Cost 40,000ISK~
Web www.101hotel.is

블루 라군
Blue Lagoon / Bláa Lónið

아이슬란드 하면 가장 먼저 떠오르는 명소로, 그들의 지열 발전과 온천 문화, 그리고 해수 온천의 효과가 집약된 '온천 테마 파크'이다. 지하 2,000m에서 끌어 올린, 푸른 물에 우유를 탄 듯한 신비로운 빛은 실리카Silica를 비롯한 풍부한 미네랄과 햇빛이 만들어 낸 색으로, 주변의 검은 현무암 지대와 어우러져 더욱 더 빛이 난다. 1974년에 스바르트셍기Svartsengi 지열 발전소가 생기면서 발견된 온천수는 현지인들의 피부질환 치료에 효과를 발휘하며 입소문이 났고, 1999년 지금의 위치에 정착했다. 내셔널 지오그래픽지에서 '세계에서 가장 경이로운 자연 25선' 중 한 곳으로 꼽히기도 했다. 2023년 11월 이후 현재까지, 주변 그린다빅 지역 화산 활동의 상황에 따라 영업 여부가 달라질 수 있다. 예약 및 방문 전 미리 재확인하자.

여행하는 방법

유용한 홈페이지
블루 라군 공식 홈페이지 www.bluelagoon.com

주소 및 입장 시간
Address 240 Grindavík
Open **1/1~6/4 · 8/24~12/31** 08:00~21:00, **6/5~8/23** 07:00~23:00
Close 부정기적, 시설 수리 기간
Cost **14세 이상 성인** 시기에 따라 9,990~11,990ISK,
장애인 시즌 무관 3,500ISK~,
13세 이하 시즌 무관 무료,
수건, 수영복 대여 각 700ISK, **가운이나 슬리퍼** 대여 1,400ISK,
주차비 무료
※ 기본 요금 기준. 시즌과 추가 서비스 여부에 따라 다름.

당일 짐 보관
정문 옆의 서비스 센터에 자리한 유인 보관소에서 보관해 준다. 개당 500ISK.

가는 방법

레이캬비크 시내에서 약 47km, 케플라빅 공항에서 약 23km 떨어진 위치에 있다. 특히 케플라빅 공항과 가까워 마지막 일정을 진행하고 공항으로 가기에 좋다.

차량

41번 도로를 이용해 Vogar 방향으로 간 후에, 그린다빅Grindavik 방향 43번 도로로 접어들어 큰 표지판이 보이는 곳에서 우회전한다.

버스

레이캬비크 시내의 BSI 버스 터미널(약 50분 소요)과 케플라빅 공항 바깥 버스 정류장에서(약 20분 소요) 레이캬비크 익스커전사의 버스를 이용할 수 있다. 홈페이지에서 시간을 미리 확인하고 움직이자. 이 외에도 그레이 라인, 버스 트래블 아이슬란드 등에서도 노선을 운행한다. 시기에 따라 운행 횟수가 달라지며, 여름에는 노선이 증편된다.

Time **레이캬비크 시내→블루 라군** 09:00~17:00(매시간 정각마다 운행)
블루 라군→레이캬비크 시내 13:15, 14:15, 16:15, 18:15, 20:15(매시간 15분마다 운행)
케플라빅 공항→블루 라군 08:45, 16:30
블루 라군→케플라빅 공항 12:00, 14:30

블루 라군, 이렇게 즐기자

로커에 짐을 넣고, 몸을 깨끗이 씻은 후 수영복을 입고 입장한다. 한쪽의 옷걸이에 수건이나 가운을 걸어 두고 슬리퍼를 벗고 들어갈 것. 이때 다른 사람들 것과 섞이지 않게, 눈에 잘 띄는 머리끈이나 수건 등으로 묶어 주는 센스!

물에 들어가기 전에 지하에서 솟아나오는 증기를 몸에 쐬며 증기욕을 2~3회 반복해 주는 것이 아이슬란드 온천욕의 정석. 그리고 물에 들어간다. 물의 온도는 37~40도를 항상 유지하고 있으며, 한국인들이 좋아하는 뜨끈한 온천욕보다는 다소 낮은 편이다.

한쪽에서 제공하는 실리카 머드를 직접 피부에 바르는 것도 이곳을 즐기는 또 하나의 묘미다. 한 번 바르는 시간은 15분을 넘지 않도록 하자. 컴포트Comfort 이상으로 티켓 구입 시에는 알게Algae 마스크를 1회에 한해 추가로 이용할 수 있다.

구내의 블루 카페, 라군 바 등을 이용해 간단한 식사나 음료, 와인 한 잔을 즐기는 것도 재미를 더해 준다. 좀 더 여유가 된다면 라바 레스토랑을 미리 예약해 훌륭한 식사도 즐겨 보자.

피부 미용이나 스파에 관심이 많다면 이곳에서 스파를 직접 받을 수 있다. 실리카 머드와 소금을 이용해 물에 떠서 받는 마사지는 오래도록 기억에 남는 스파가 될 것이다.

여유가 된다면 구내 안내소 주변에 조성된 풋 패스를 따라 가볍게 산책을 즐기는 것도 괜찮다. 이때 차창 밖으로만 봤던 아이슬란드의 화산 지대를 좀 더 가까이에서 볼 수 있어 재미를 더한다.

블루 라군에 가기 전에 알아 두세요!

1 여름 성수기에는 반드시 미리 예약하고, 덜 혼잡한 오전 시간을 선택해 방문하자.

2 모든 시설은 입장 시 받은 팔찌로 이용할 수 있으며, 나갈 때 한꺼번에 정산하면 된다. 팔찌는 요금제에 따라 색상이 다르다.

3 수건과 수영복, 물놀이용 슬리퍼, 날이 좋을 때에는 선글라스를 추가로 준비하고 입장하자. 귀금속 등을 담을 지퍼 팩, 물병, 휴대폰용

방수 팩, 머리카락 보호용 비닐 샤워 캡도 유용하다.
4 기념품은 라군 안에서 판매하는 화장품 종류가 가장 유명하지만, 공항 면세점보다는 다소 비싸다.
5 되도록 충분한 양의 물을 미리 준비하자. 특히 중간 중간 물을 자주 마셔야 탈수가 방지된다.
6 물 때문에 피부와 머리카락이 건조해질 수 있으니, 이용 후 충분한 양의 보습제와 트리트먼트를 사용하자. 숍에서 판매 중인 제품이 기본으로 제공되지만, 본인이 평소에 사용하는 제품이 있다면 미리 준비하는 것도 나쁘지 않다.
7 각자 피부 상태에 따라 실리카나 여타 미네랄 성분이 맞지 않을 수 있다. 특히 평소에 알레르기 등의 피부 질환이 있다면 출국 전 미리 의사에게 상담을 받은 후에 방문 여부를 결정하자.
8 어린이 동반 시에는 반드시 암벨트를 착용시키고 입장하되(무료 대여 가능), 너무 깊지 않은 쪽으로 가지 않도록 주의를 기울이자.

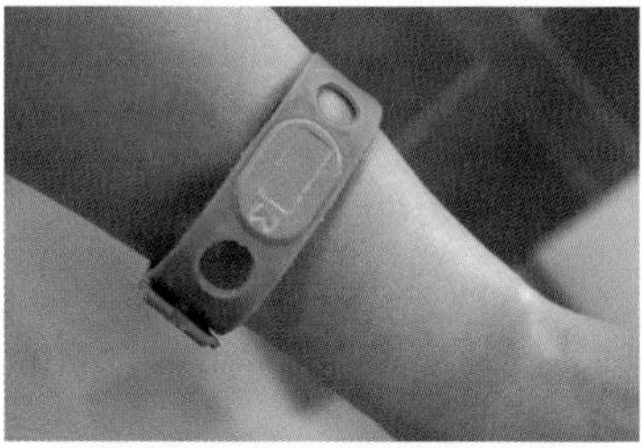

Tip

추천 숙소

실리카 호텔 Silica Hotel · **더 리트리트 호텔** The Retreat Hotel

블루 라군 정문에서 도보로 10분 소요되는 35실 규모의 직영 호텔. 투숙객만을 위해 마련된 온천에서 편안한 휴식을 취하기에 좋다. 신혼여행 등으로 특별한 장소를 찾거나, 처음 또는 마지막 일정으로 1박을 하며 피로를 풀고 싶다면 눈여겨보자. 일정이 결정되면 예약 필수. 연말연시를 제외하고 연중 운영한다. 만 18세 이상부터 숙박 가능. 2018년 이후에는 실리카 호텔 옆에 스위트룸 및 자체 스파가 갖추어진 더 리트리트 호텔이 추가로 운영 중이다.

Tel 420 8800
Cost 실리카 2인 기준 35,000ISK~
리트리트 2인 기준 120,000ISK~

골든 서클
Golden Circle

레이캬비크 시내에서 북쪽으로 약 35km 거리에 위치한 싱베틀리르 국립공원, 게이시르 간헐천, 귀들포스(굴포스)를 한데 묶어 '골든 서클'이라 한다. 아이슬란드를 대표하는 국가의 수호지와 자연 풍경을 당일 일정으로 진행할 수 있어 늘 인기가 높다.

여행하는 방법

유용한 홈페이지

싱베틀리르 국립공원 안내 www.thingvellir.is
귀들포스(굴포스) 안내 www.gullfoss.is

관광 안내소

싱베틀리르 국립공원

방문자용 멀티미디어 센터와 국립공원 정보 센터가 서로 다르니 주의. 보통 방문자 센터를 많이 이용하는 편이며, 정보 센터는 캠핑 시에 유용하다.

❶ 방문자 센터

싱베틀리르의 역사와 자연을 멀티미디어 기반의 환경에서 감상할 수 있다. 40분간의 프로그램과 터치스크린을 이용해 사실감을 더해 준다. 또한 건물 옆의 전망대는 싱바틀라바튼 호수와 주변 습지 지역을 함께 조망하기 좋은 뷰 포인트이다.

Address 801 Selfoss
Tel 482 3613
Cost 18세 이상 1,000ISK, 학생 500ISK, 18세 미만 무료
Open **5~10월** 09:00~18:00, **11~4월** 09:00~17:00, 일부 공휴일 전날 09:00~12:00

❷ 국립공원 정보 센터

하이킹 코스, 길 상태 안내, 캠핑 등의 국립공원 정보를 주로 얻을 수 있다. 캠핑 일정 시 유용하다.

Open **6~8월** 09:00~22:00, **9~5월** 09:00~16:00

게이시르 센터

간헐천 진입 전, N1 주유소 옆에 작은 안내 센터가 있다. 간단한 안내와 다양한 기념품 구입, 게이시르에 대한 멀티미디어 소개, 푸드 코트를 이용한 간단한 식사가 가능하다.

Address Haukadalur 35
Tel 480 6800
Open **5~9월** 09:00~22:00, **10~4월** 10:00~18:00
Web www.geysircenter.is(게이시르 호텔 및 캠핑장 안내 포함)

귀들포스(굴포스) 안내 센터

연중 운영. 다양한 메뉴를 갖춘 카페와 식당, 대규모의 기념품점은 놓치지 말자.

Address Gullfossi, Bláskógabyggð 801 Selfoss
Tel 486 6500
Open 09:00~21:00

가는 방법

현재 버스를 이용해 그곳에 접근하려면 반나절~하루 버스 투어를 이용하는 방법이 있다. 레이캬비크 익스커전, 스테르나, 그레이 라인 등의 여러 회사에서 운영하는 투어 버스가 있으니 본인의 일정에 맞춰 출발 전날까지 예약하자.
차량 이용 시에는 먼저 36번 도로를 이용해 싱베틀리르 쪽으로 간 다음, 이후 365번 지방도로로 진입해 뢰이가바튼Laugarvatn 분기점에서 37번 도로, 그리고 35번 도로 분기점이 나오면 좌회전해 올라간다. 먼저 게이시르 간헐천이, 마지막으로 F35번 직전에 귀들포스가 나온다.

Tip

게이시르 호텔 및 캠핑장 Geysir Center
자체 온천을 이용할 수 있다. 1월은 휴관, 캠핑장은 5/15~9/15만 운영.
Web www.geysircenter.com

싱베틀리르 국립공원 내 캠핑장
6~9월만 이용, 1인당 1,600ISK, 국립공원 정보 센터에서 신청 가능하다.

싱베틀리르 국립공원
Þingvellir Þjóðgarður

'싱벨리르'라고도 불리는, 전 세계 최초의 의회인 알싱기 Alþingi가 만들어진 곳으로, 아이슬란드 국민들의 정신적 사원이다. 870년 이래로 시작된 정착 후, 초기 의회 정치가 이곳에서 900년대 초반부터 시작되어 1200년대까지 전성기를 맞았고, 1798년 덴마크의 지배 때까지 국가의 중대사를 결정하는 대법정과 같은 곳이 되었다. 이후 독립 운동과 1944년 독립 선언, 이후의 대형 국가적 행사가 진행되며 정신적 지주 노릇을 하고 있다. 1928년 이래 주변 옥사라 Öxara 강과 습지 지역의 경관을 포함한 국립공원으로 조성되었으며, 2004년에는 유네스코 세계문화유산으로 지정되어 아이슬란드를 대표하는 세계적인 자연, 문화 유적지로 발돋움했다.
또한 이곳과 주변 호수 싱바틀라바튼 Þingvallavatn은 유라시아판과 아메리카판이 만나는 '중앙 해령'으로, 두 판이 움직이며 생성된 협곡 지역은 지정학적으로도 의미가 깊다. 매년 2cm씩 판이 벌어지면서 국토가 넓어진다는 사실!

Access **버스 이용 시** 레이캬비크 익스커전, 스테르나, 그레이 라인 등을 비롯한 여러 투어 회사의 버스를 이용할 수 있다. 각 회사에 따라 조금씩 다르지만, 방문자 센터를 비롯한 주요 포인트에 정차하여 둘러보는 일정으로 진행 가능하다. 이동 전후 시간에 따라 집합 장소가 달라질 수 있으니 기사에게 반드시 재확인하자.
차량 이용 시 레이캬비크 시내에서 북동쪽으로 1번 도로를 타고 이동 후, 36번 도로 분기점에서 우회전해 올라가면 오른쪽에 아주 큰 호수(싱바틀라바튼 호수)와 표지판이 보인다. 주차는 약 3군데의 사이트에서 가능하며, 주차 요금은 승용차 기준으로 대당 750ISK.

싱베틀리르, 이렇게 즐기자

유적 안쪽과 유적 바깥에는 여러 하이킹 트레일이 조성되어 있다. 특히 방문자 센터에서 아래로 내려오는 알만나갸우 Almannagjá 루트를 따라가면 법과 독립 선언문을 공표했던 뢰그베르Lögberg를 포함한 주요 유적들을 함께 둘러보기에 좋다. 싱베틀라바튼 호수와 습지 주변의 풋 패스 이용 시에는 교회와 주변 섬들로도 연결된다. 시간을 충분히 가지고 천천히 둘러보자. 단 교회는 5~9월에만 개방하는 점 주의. 중간 중간 놓여 있는 설명을 읽으면서 둘러보면 빠른 이해가 가능하다.
버스 이용 시에는 이동 전후 시간에 따라 정차 지점 및 시간이 달라질 수 있으니, 하차 전 기사에게 반드시 시간과 장소를 재확인하자. 가끔 기사 재량에 따라 시간을 충분히 주는 대신, 처음 내렸던 곳이 아닌 방문자 센터로 오라고 하는 경우도 있다.
싱베틀라바튼 호수 한쪽의 협곡 실프라Silfra, 다비드갸우Davíðsgjá는 다이빙이 가능한 곳으로, 특히 실프라 협곡은 랑예퀴들 빙하와 주변 용암층을 거친 맑디맑은 물과 깨끗한 시계로 다이빙 마니아들에게 인기가 많다. 스노클링이나 스쿠버 다이빙에 관심이 많다면 이곳은 최고의 장소다. 단, 방문 전 미리 허가를 받는 조건으로 1인당 1,000ISK를 지불해야 하며, 4도의 수온으로 드라이슈트를 착용해야만 물에 들어갈 수 있다. 방문을 원한다면 전용 투어 프로그램을 미리 예약하는 것이 좋다.
호수에 동전을 던지는 것은 오염 물질을 던지는 것이나 다름없으니 절대 하지 말자.

게이시르 간헐천
Geysir

지표면 아래의 물과 지열, 수맥을 잇는 지형들이 한데 모여 생성되는, '불의 땅' 아이슬란드의 용광로와 같다. 현재 땅 밑에서는 지열의 영향으로 물이 끓어오르고 있으며, 주변을 둘러보면 크고 작은 간헐천들이 부글부글 끓는 모습을 목격할 수 있다. 1294년의 헤클라 화산 대폭발 이후 간헐천이 관찰되기 시작한 이래 약 600년간 활동하다가, 1900년대 들어서는 거의 활동을 멈춘 상태였다. 이후 좀 더 원활한 폭발을 위해 주변 지역을 정리하는 등의 노력을 거치며, 지금은 대표 간헐천인 스트로쿠르 Strokkur에서 정기적인 폭발을 볼 수 있다. 3~5분마다 한 번씩, 10~40m 높이로 솟아오르는 강력한 힘을 느껴 보자.

Access **버스 이용 시** 레이캬비크 익스커전, 스테르나, 그레이 라인 등의 투어를 이용해 둘러볼 수 있다.
차량 이용 시 싱베틀리르 방문자 센터에서 36번 도로를 이용해 356번 도로 분기점까지 이동 후 우회전해 다시 37번 도로 분기점이 나오면 한 번 더 우회전해 올라간다.

게이시르, 이렇게 즐기자

초입 주변에 여러 작은 간헐천들이 있다. 하지만 스트로쿠르 같은 힘을 가진 간헐천은 없고 그냥 살짝 끓어오르거나 유황 냄새가 나는 김만 나오는 수준이니 처음부터 힘 빼지 말자. 스트로쿠르의 폭발을 확인한 이후에 봐도 괜찮다. 100m 아래에는 스트로쿠르의 아버지 격인 그레이트 게이시르가 있지만, 2000년 이후 폭발하지 않고 있어 굳이 기다릴 필요는 없다.
스트로쿠르는 보통 3~5분에 한 번씩 폭발하지만, 폭발 순간은 정해져 있지 않아 카메라를 들고 가슴 두근거리며 기다리기도 한다. 이때 분화구를 잘 보자. 물이 꿀렁거리는 모양이 점점 커진다면 폭발이 임박했다는 증거다. 이때 촬영 준비!
폭발하는 높이가 높고 물의 양이 많으면 물이 멀리까지 튀기도 한다. 되도록 방수가 잘 되는 옷과 신발을 준비해 만약의 대폭발(?)에 대비하자. 유모차 소지 시에는 방수 커버도 필요하다.
간혹 호기심에 간헐천 안으로 손이나 발을 살짝 담갔다가 화상을 입는 경우가 있어, 현지 신문에까지 보도되기도 했다. 간헐천의 온도는 100도를 상회하며, 조금만 지표면에서 내려가도 120도가 넘어가니 그냥 눈으로 보기만 하자.
1박을 하면서 여유롭게 보고 싶다면 주변의 호텔 게이시르와 캠핑장을 이용하는 것도 괜찮다.

귀들포스(굴포스)
Gullfoss

귀들포스는 랑예퀴들 Langjökull 빙하가 녹아 만들어지면서 월피사우 강에 생성된 폭 20m, 길이 2.5km의 대형 폭포로, 초입부터 들리는 엄청난 소리로 폭포의 위력을 확인할 수 있다. 최대 140m³의 수량이 11m와 20m의 높이에서 틈새로 연달아 떨어지는 삼각형 모양의 3층 폭포이며, '폭포 왕국' 아이슬란드를 대표하는 곳으로도 손색이 없다.

굴 Gull은 아이슬란드어로 '금'이라는 뜻이다. 그 이름은 빙하에서 섞여 나온 물이 저녁에는 금빛으로 빛난다는 이유로 붙여졌지만, 이제는 금보다 소중한 폭포다. 1900년대 초반에 가족들의 소유로 수력발전소가 될 뻔했던 곳을, 소유자의 딸이자 지역 가이드 시그리두르 토마스도띠르 Sigridur Tomasdottir가 '자손들에게 소중히 물려 줘야 한다'는 뜻으로 오랜 기간 싸웠고, 개발사들의 자금 부족도 한몫을 했다. 이후 이곳은 정부에게 소유권이 이양되며 자연보호 지구로 지정되었다. 이들의 활동에 감사하는 마음으로 돌아보면 감동이 더해질 것이다.

Access **버스 이용 시** 레이캬비크 익스커전, 스테르나, 그레이 라인 등의 투어를 이용해 둘러볼 수 있다.
차량 이용 시 싱베틀리르 방문자 센터에서 36번 도로를 이용해 356번 도로 분기점까지 이동 후 우회전해 다시 37번 도로 분기점이 나오면 한 번 더 우회전해 F35번 도로가 나올 때까지 북진한다. 주차장은 2곳이 있는데, 이 중 화장실과 안내소가 있는 북쪽 주차장이 이용에 편리하다.

귀들포스, 이렇게 즐기자

안내 센터에서 시작해 풋 패스를 따라 하이킹 코스를 이용하면 폭포를 다양한 높이에서 볼 수 있다. 먼저 위에서 폭포를 전체적으로 조망하고, 아래로 내려와 가까이 가면서 자세히 확인해 보자. 아래에는 세 곳의 뷰 포인트가 있는데 폭포를 가까이에서 볼 수 있어 늘 사람들로 붐빈다.

폭포에 가까이 가면 심한 물보라로 옷과 신발이 모두 젖을 수 있으니 방수 가능한 겉옷과 신발을 준비하자. 가을 이후에는 폭포 주변과 계단, 안전 난간 모두 얼어붙어 통행이 어려울 수 있다.

남부 지역
South Iceland

아이슬란드를 '얼음과 불의 땅'이라고 하면, 남부는 '얼음'에 가깝다. 유럽 최대의 빙하 지대인 바트나예퀴들 빙하를 비롯한 여러 크고 작은 빙하들과 화산 폭발로 생성된 용암 지대가 중남부에 집중 배치되어 있어, 빙하와 화산이 함께 연출하는 독특한 분위기를 느낄 수 있다. 실제로 아이슬란드 여행의 하이라이트는 남부 해안 지대에 집중되어 있으며, 겨울에도 레이캬비크에서 접근이 쉬워 사계절 여행지로 최적이다.

Web　남부 지방 종합 안내 www.south.is

가는 방법

레이캬비크에서 주로 차량과 버스를 이용해 이동하며, 베스트만나에이야르Vestmannæyjar 제도(헤이마에이 섬)나 회픈처럼 먼 곳은 이글에어의 국내선 항공편도 유용하다. 여름 성수기에는 운행 편수가 늘어나지만, 그 외 기간에는 당일 기상 사정에 따라 교통편 운행이 달라질 수 있다.

항공

목적지까지 가장 빠르게 이동하고 싶을 경우 유용하다. 레이캬비크 시티 공항에서는 시즌에 따라 주 3회~매일 아이슬란드, 이글에어의 정기편으로 회픈(호르나피외르뒤르Hafnarfjörður), 베스트만나에이야르 공항까지 이동이 가능하며 약 50분~1시간 소요된다. 버스편이 부족한 비수기나 빠른 시간 안에 이동하고 싶을 경우 가장 유용하다. 공항–읍내까지는 거리가 별로 멀지 않아 도보로도 충분히 이동 가능하지만, 짐이 있을 경우에는 택시와 지역 버스가 답이다.

Web　이글에어 www.eagleair.is

버스

스트라이토 버스가 연중, 레이캬비크 익스커전과 스테르나의 지역 버스가 6월 중순~9월 초까지 매일 1~2회, 헤이마에이 섬 페리 테미널로 가는 스트라이토 52번 버스는 약 3회까지의 정기편을 운행한다. 특히 중간 중간 관광 포인트에 정차해 포토 타임을 주는 여름 시즌 버스가 여행자들에게 유용하다. 6월 말~8월까지는 란드만날뢰이가Landmannalaugar, 소르스뫼르크Þórsmörk 등의 일부 내륙 지방으로 특수 버스가 운행한다. 각 노선은 중간 정차 지점의 수와 정차 시간 등에 따라 다소 지연되기도 하니, 이 점 주의해서 시간표를 꼼꼼히 확인하고 이동하자.

Web　레이캬비크 익스커전 www.re.is
　스테르나 www.sterna.is
　트렉스 www.trex.is
　스트라이토 www.bus.is

각 지역별 이동 시간

❶ 레이캬비크–스코가포스–비크 약 3시간 반~5시간
❷ 비크–스카프타페들 약 2시간
❸ 스카프타페들–란드만날뢰이가 약 4시간 반~5시간 15분
❹ 스카프타페들–예퀼사우들론–회픈 간 연결 시 약 1시간 30분

페리

본토에서 헤이마에이 섬을 오갈 때 가장 유용한 노선이다. 하지만 겨울 시즌처럼 바람과 파도가 심할 경우에는 다소 불편할 수 있으니 주의. 차량 소지 시에는 예약을 권한다. 란데야회픈Landeyjahöfn(1일 7회)과 소르락스회픈Þorlákshöfn(1일 2회)에서 정기편을 이용할 수 있다.

Web　www.herjolfur.is

남부 지역, 이렇게 다니자

1번 도로 '링 로드'에 놓인 관광지와 마을이 차량 이용자와 버스 이용자들 모두에게 최우선이 되겠다. 하루에 이동할 수 있는 거리와 관광지에서 머무는 시간, 본인의 취향, 그리고 숙박 가능 여부에 따라 달라질 수 있다. 여름 시즌에는 기본 3~4일, 겨울 시즌처럼 도로 사정이 좋지 않을 경우 이보다 1.5~2배는 더 필요하다. 헤이마에이 섬을 넣을 경우 배나 항공 이동 시간과 섬에서의 머무는 시간을 합해 왕복으로 최소 이틀, 7~8월에 란드만날뢰이가나 소르스뫼르크, 라키 분화구 등의 내륙을 추가할 경우 하이킹, 차량의 이용 가능 여부에 따라 가감하는 것을 권한다. 여의치 않으면 당일~1박 2일 투어를 이용하자.

기본 코스

차량 이용 시

1일 : 레이캬비크→셀야란드포스→스코가포스→레이니스피야라→비크→스카프타페들
2일 : 스카프타페들 전일(빙하 트레킹 및 스바르티포스 왕복 하이킹)
3일 : 스카프타페들→예퀼사우들론 빙하 호수→회픈
4일 : 회픈→레이캬비크(오면서 부족했던 곳들 돌아보는 것도 가능)
골든 서클 일정을 추가할 경우 1일 차에는 아침부터 '골든 서클'을 돌아본 후, 스코가포스나 비크에서 일정을 종료하고 2일 차에 스카프타페들로 이동해도 괜찮다. 숙소와 당일 기상 상태 등에 맞춰 조정하자.

버스 이용 시(여름 시즌)

1일 : 레이캬비크→셀야란드포스→스코가포스→(레이니스피야라)→비크→스카프타페들→(예퀼사우들론)→회픈

2일 : 스카프타페들 국립공원 및 예퀼사우들론 왕복

첫날 회픈에 숙소가 없을 경우, 1일 차는 스카프타페들까지만 이동하고 캠핑장 1박, 2일 차에 빙하 트레킹 및 예퀼사우들론 일정 후 회픈 이동도 괜찮다. 캠핑에 자신이 없다면 전 마을인 키르큐바이야르클뢰이스튀르 쪽에 숙박을 잡자. 스테르나 버스 이용 시에는 레이니스피야라를 반드시 들리되, 좀 더 시간을 갖고 싶다면 비크에서 1박하면서 하이킹으로 다녀오고 2일째는 비크부터 시작해 이동하면 된다.

여름 시즌 이외에는 스트라이토 버스의 운행일과 기상 상태를 확인하고 움직이되, 회픈으로 항공 이동해 왕복으로 돌아와도 괜찮다. 이때 스카프타페들 일정은 빙하 트레킹이나 스노모빌 정도만 짧게 진행할 것.

헤이마에이 섬 추가 시

1일 : 레이캬비크→헤틀라→란데야회픈→헤이마에이 섬

2일 : 헤이마에이 섬→란데야회픈→셀야란드포스→스코가포스

3일 : 스코가포스→비크→스카프타페들

4일 : 스카프타페들→예퀼사우들론→회픈

헤틀라와 셀야란드포스 사이에 2일을 넣고 그 안에 섬을 왕복한 후 돌아오는 것으로 잡자. 이때 회픈까지의 일정은 총 4일이 기본으로 필요하다. 차량 이동 시에도 응용 가능. 전체 일수는 섬 내 일정, 스카프타페들 내 액티비티에 따라 조정 가능.

내륙 지역 포함 코스

차량 이용 시

1일 : 레이캬비크→헤틀라–란드만날뢰이가 왕복

2일 : 헤틀라→셀야란드포스→스코가포스→(레이니스피야라)→비크→키르큐바이야르클뢰이스튀르

3일 : 키르큐바이야르클뢰이스튀르→스카프타페들(빙하 트레킹)→예퀼사우들론→회픈

여기서 라키를 추가할 경우에는 3일 차에 라키를 거쳐 스카프타페들 1박, 4일 차에 빙하 트레킹 후 예퀼사우들론을 거쳐 회픈으로 이동하는 것도 괜찮다.

버스 이용 시

1일 : 레이캬비크→헤틀라→란드만날뢰이가→스카프타페들
(또는 헤틀라→셀야란드포스→소르스뫼르크→헤틀라)

2일 : 스카프타페들→예퀼사우들론→회픈
(또는 헤틀라→비크→스카프타페들→예퀼사우들론→회픈)

스테르나 버스 이용 시에는 1일 차를 란드만날뢰이가/소르스뫼르크→헤틀라 또는 셀포스까지만 진행하고 1박 후, 2일 차는 오전부터 스카프타페들이나 회픈까지 이동하는 것으로 진행하면 된다. 지역은 본인의 패스 사정에 맞춰 조정하자. 스바르티포스 등의 산악 지역 하이킹까지 진행할 경우 하루를 더 늘려서 스카프타페들에서 2박까지 잡을 것.

란드만날뢰이가→소르스뫼르크 간의 3일 하이킹 시, 1일 일정을 란드만날뢰이가까지만 진행하고, 하이킹 이후 2일 차 일정을 응용해 나머지 지역으로 이동하는 것을 권한다. 헤이마에이 섬까지 추가할 경우 내륙 일정을 마친 후 헤틀라에서부터의 일정을 1~2일 더 잡자.

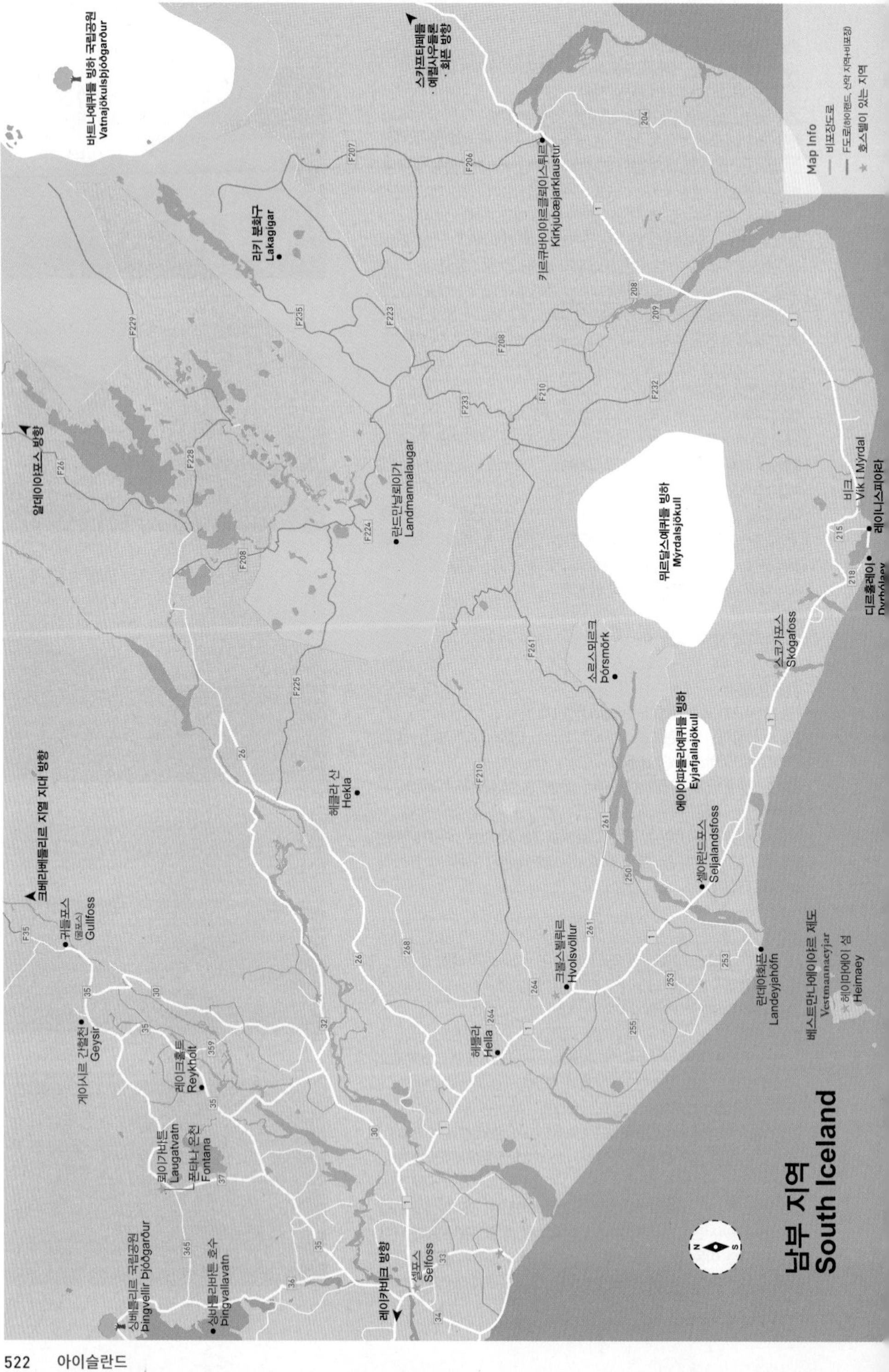
남부 지역
South Iceland
Map Info
비포장도로
F도로(하이랜드 산악 지역+비포장)
호스텔이 있는 지역
바트나예퀴틀 빙하 국립공원
Vatnajökulsþjóðgarður
스카프타페틀 · 예쿨사우를론 · 회픈 방향
라키 분화구
Lakagigar
키르큐바이야르클뢰이스튀르
Kirkjubæjarklaustur
알데이야포스 방향
란드만날뢰이가
Landmannalaugar
미르달스예퀴틀 빙하
Mýrdalsjökull
비크
Vík í Mýrdal
레이니스피아라
디르홀레이
Dyrhólaey
스코가포스
Skógafoss
소르스뫼르크
Þórsmörk
에이야퍄들라예퀴틀 빙하
Eyjafjallajökull
헤클라 산
Hekla
셀야란드스포스
Seljalandsfoss
크볼스벨뤼르
Hvolsvöllur
란데야회픈
Landeyjahöfn
베스트만나에이야르 제도
Vestmannaeyjar
헤이마에이 섬
Heimaey
헤틀라
Hella
크베리라베틀리르 지열 지대 방향
귀들포스
(굴포스)
Gullfoss
게이시르 간헐천
Geysir
레이크홀트
Reykholt
뢰이가바튼
Laugatvatn
폰타나 온천
Fontana
싱벨리르 국립공원
Þingvellir þjóðgarður
싱바들라바튼 호수
Þingvallavatn
레이캬비크 방향
셀포스
Selfoss

셀야란드포스 Seljalandsfoss

남부 지역을 대표하는 대형 폭포 중 한 곳. 에이야퍄들라예퀴들 Eyjafjallajökull 빙하에서 녹은 물이 셀야란드 강의 부분으로 흘러들면서 형성되었다. 60m 높이에서 여러 가닥으로 흘러내리는 폭포가 여성스러운 느낌을 준다. 특히 이곳의 하이라이트는 폭포 뒤에 하이킹 트레일과 동굴이 만들어져 있어 폭포 안쪽으로 직접 들어갈 수 있다는 사실! 비록 물에 젖는 것은 각오해야 하지만, 어디에서도 경험할 수 없는 폭포 안에서 바라보는 바깥쪽 모습은 인상적이다. 방수 재킷과 미끄러짐이 덜한 신발 모두를 준비해야 즐기기 좋다. 겨울 시즌에는 바닥이 결빙되어 미끄러질 수 있는 점을 주의하자. 드론 사용 금지.

Access 레이캬비크에서 약 120km 떨어져 있으며, 1번 도로변에서 쉽게 진입이 가능하다. 버스 이용 시에는 스테르나 사우스 코스트 버스가 1일 2회(**6/11~9/15** 1회, **7 · 8월** 1회 추가) 운행하며 레이캬비크에서 약 2시간 소요(약 20~30분 정도 포토 타임을 준다). 내륙 지역 소르스뫼르크 쪽에서는 F249번 비포장도로를 타고 나오면 오른쪽에 위치한다.

스코가포스
Skógafoss

모 전자 회사 에어컨 광고, 영화 〈토르 : 다크 월드〉와 〈월터의 상상은 현실이 된다〉의 배경으로 등장해 우리에게 좀 더 익숙한 곳. 높이 65m, 폭 25m의 중대형 폭포로, 셀야란드포스보다 좀 더 크고 수량이 많아 떨어지는 모습이 호쾌한 느낌을 준다. 낙차 큰 절벽에서 굉음을 내며 한꺼번에 떨어지는 엄청난 물줄기는 가슴 속까지도 시원해진다. 날씨 좋을 때에는 폭포에서 생기는 무지개도 놓칠 수 없다.

폭포의 정면 기준으로 오른쪽에는 가파른 계단을 따라 폭포의 전경을 볼 수 있는 전망대가 있어 조금 더 가까이서 폭포를 보기에 좋다. 오르는 데 약 20분 정도 소요되며, 다 오르기가 힘들거나 시간이 없다면 중간의 샛길에서 폭포를 보는 것도 괜찮다. 왼편에는 하이킹 트레일이 조성되어 있으며, 더 멀리 미르달스예퀴들 빙하와 내륙 지역 소르스뫼르크로 이어서 이동하기도 좋다. 또한 폭포 근처에는 호텔과 캠핑장이 있어 폭포를 더 깊이 즐기며 1박을 하기에 그만이다. 차량 이용 시에는 조금 더 이동해서 지역 민속박물관도 함께 둘러보자.

Access 1번 도로변에서 표지판을 보고 진입한다. 버스 이용 시에는 스트라이토 51번 버스가 연중(1일 1~2회), 스코가행 익스커전 버스가 1일 총 1회, 스테르나 버스가 1일 2회 운행하며(6/15~9/15, **스코가행** 6/15~9/15, **예퀼사우들론행** 7 · 8월) 레이캬비크에서 약 3시간 소요(약 30분 정도 포토 타임을 준다).

헤이마에이 섬
Heimaey

본토 아래에 해저 화산으로 조성된 베스트만나에이야르 Vestmannaeyjar 제도의 15개 섬들 중, 유일하게 주민이 거주하는 가장 큰 섬. 퍼핀과 벨루가 돌고래의 세계 최대 보호 지역이자, 화산으로 생성된 절벽이 어우러져 더욱 신비롭고 아름다운 풍경을 자랑한다. 특히 1973년 엘드펠 Eldfell 화산의 대폭발로 섬의 3분의 1이 매몰되며 '북구의 폼페이'로도 알려지기도 했다. 매년 8월 초에는 '상인들의 휴일'로 불리는 쇼드하우티드 축제(p.597 참조)가 이곳에서 열린다.

유용한 홈페이지
베스트만나에이야르 제도 공식 관광 안내
www.visitvestmannaeyjar.is
지역 종합 안내 www.vestmannaeyjar.is
섬 내 투어 등의 안내 www.visitwestmanislands.com

관광 안내소
페리 터미널과 선내에 관광 관련 자료와 섬 지도가 있다. 특히 지도에는 식당과 시설 안내가 충실하니 미리 읽고 섬으로 가자.

편의 시설
우체국, 술 판매장 빈부딘, 크로난 · 보뉘스 슈퍼마켓, 은행 Landsbanki은 모두 페리 터미널 인근의 Strandvegur 거리와 Gott 식당 주변 사이에 모여 있다. 단 경찰서는 Faxastigur 거리로 내려가야 한다.

가는 방법 & 돌아보는 법
레이캬비크 시내 묘드 터미널에서 스트라이토 52번 버스를 이용해 종점 란데야회픈까지 이동 후(약 2시간 소요, 일 2~4회 운행), 정류장 옆 페리 터미널에서 페리(약 40분 소요, 일 7회 운행)를 이용해 섬으로 들어간다. 선착장 상황에 따라 소르락스회픈까지로 대체될 수 있으니 반드시 재확인하자. 차량 이용 시 1번 도로에서 셀야란드포스 진입 직전 다리 옆의 254번 도로로 우회전해, 페리 터미널까지 이동 후 배에 차를 싣고 이동한다. 페리 티켓은 터미널 건물에서 미리 구입한 후 승선 시 제출할 것.
항공 이용 시에는 레이캬비크 시티 공항에서 아이슬란드에어의 정기편을 이용하며, 약 50분이 소요된다. 1일 1회 운행. 공항에서 마을까지는 도보로만 이동 가능하다.
섬에서는 도보나 차량, 자전거로 이동이 가능하며, 멀리 걸어가도 40분을 넘지 않을 정도다. 먼저 엘드헤이마에서 화산으로 얼룩진 현대사를 확인하고, 지역 박물관에서 감동을 배가시키자. 날씨가 좋다면 보트 투어를 이용해 기암괴석 속 퍼핀들을 찾아보거나 엘드펠 화산에 직접 올라 보는 것도 재미있다. 저녁에는 지역 식당에서 맛있는 생선 요리와 섬 맥주를 함께 즐겨 보자.

Cost 52번 버스 4,410ISK, 배 2,400ISK(12~15세 · 학생 · 67세 이상 노인 50% 할인), 차량 선적 시 4.5m 미만 승용차 대당 3600ISK

Web 지역 페리 www.herjolful.is

엘드헤이마 Eldheimar

관광명소 로컬명소

섬 내 화산 폭발 역사를 기록한 기념관 겸 박물관. 1973년 1월 23일부터 약 5개월간, 섬 동부 엘드펠Eldfell 화산의 폭발로 섬의 3분의 1이 매몰되었고, 주민들은 본토로 대피해야 했다. 활동이 멈춘 후 재건이 진행되어 주민들의 대부분은 귀향할 수 있었다. 2000년대 초반부터 지역 발굴이 시작되면서 역사를 기록할 박물관 건립의 필요성이 대두되었고, 2013년 당시 매몰된 가옥의 자리에 문을 열었다.

1층에는 섬에 대한 설명과 화산 폭발 전후의 모습이 총 7개 파트에 걸쳐 전시되어 있다. 집 앞에서 실제 거주자의 증언을 들으며 집 안을 둘러보면, 급박했던 폭발 당시의 상황과 당시 생활상이 생생히 느껴질 것이다. 집이 지어진 지 한 달도 채 되지 않은 채로 매몰당한 주민들이 많았다고 한다. 또한 폭발부터 피난과 재건의 전 과정에서, 큰 자연재해를 극복하고 화산과 살아 가는 모습은 또 한 번 감동을 준다.

2층에는 제도 남부의 자연유산 쉬르트세이Surtsey 섬에 대해 전시되어 있다. 1963년 해양 화산 폭발로 형성된 배경과 섬 내 생태계에 대해 연구된 자료는 자연의 경이로움과 보호의 중요성을 깨닫게 한다. 특히 이곳에서는 인간의 영향력 없이 생태계가 어떻게 흘러갈지에 대해 엄격한 관리하에 연구가 지속되고 있다.

입장 후 오디오 가이드를 이용해 반드시 순서대로 들으며 돌아보고, 영상 자료도 함께 맞춰서 보자. 특히 집 뒤편의 설립에 대한 영상은 이들의 이야기를 후세에 전달하는 모습에서 가슴이 찡해질 것이다. 섬 주민들이 직접 제작한 스웨터, 장갑 등의 기념품도 눈여겨보자.

Address	Gerðisbraut 10
Tel	488 2700
Open	**5/4~10/14** 10:00~18:00 **10/15~5/2** 13:00~16:30
Close	12/22~26, 12/31~1/1, 그 외 일부 공휴일
Access	섬 안에서 Helgafellsbraut 길을 따라 내려가 왼쪽. 박물관까지 이어진 붉은 색 가로등을 보고 따라가면 된다. 페리 터미널에서 도보로 약 25~30분 소요.
Cost	성인 2,900ISK, 10~18세 1,500ISK, 10세 미만 무료(오디오 가이드 포함)
Wifi	가능
Web	www.eldheimar.is

Tip

날씨가 좋고 시간 여유가 있으면, 박물관 내 하이킹 지도를 참고해 뒤편의 엘드펠 화산을 2시간 코스로 돌아보자. 산 위는 섬 전체를 조망하기에 좋아 뷰포인트로도 좋다. 또한 폭발 전 지도와 함께 현재 섬 전체 지형을 비교해 보면 당시 화산의 위력이 더욱 다가올 것이다.

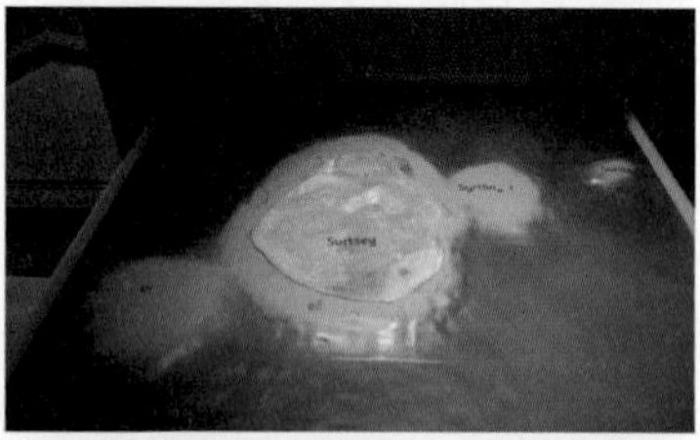

지역 역사 박물관 Sagnheimar

관광명소 로컬명소

섬의 옛 역사를 테마별로 정리한 박물관으로, 1932년에 처음 문을 열었고 2011년에 현재 장소로 이전했다. 17세기 알제리 해적들의 침입, 주민들의 거주와 산업 발전, 8월 '상인들의 휴일' 축제, 화산 폭발의 생생한 역사가 작은 공간 안에 압축되어 있다. 특히 여성들의 산업 내 역할, 화산 폭발 당시 신문 기사 원본과 주민들의 증언을 놓치지 말자. 엘드헤이마 방문 전후에 들르면 더욱 깊은 이해가 가능하다. 참고로 1973년 화산 폭발 기간에는 전시물이 4대의 컨테이너에 실려 레이캬비크의 국립 박물관 수장고로 잠시 이송되기도 했다.

Address Safnahúsinu við Ráðhúströð, 900 Vestmannaeyjabær
Tel 488 2050
Open **10~4월** 토 12:00~15:00, **5~9월** 10:00~17:00
※ 운영 시간 외 단체 방문 시 사전 승인 필요.
Close 10~4월 일~금요일, 일부 공휴일
Access 엘드헤이마 앞에서 우회전해 큰길을 따라 올라온 후, Asavegur 길에서 좌회전해 끝까지 가서 건너편. 지역 도서관 2층. 엘드헤이마에서 도보 10분, 페리 터미널에서 20분 소요.
Cost 18세 이상 성인 1,300ISK, 18세 미만 무료
Web www.sagnheimar.is

Tip
추천 식당

고트 Gott
국가 대표팀 출신 셰프가 운영하는 레스토랑. 다양한 가격대의 요리를 선보인다. 어린이 동반 시에도 편하다. 겨울 시즌에는 문을 닫는다.
Address Bárustígur 11
Open 목~토 11:30~21:30, 일 11:30~15:00
Web www.gott.is

아인시 칼디 Einsi Kaldi
섬 출신 셰프의 파인 다이닝 레스토랑. 신선한 지역 식재료를 이용한 요리를 내 놓는다. 테이스팅 코스는 예약 필수.
Address Vestmannabraut 28(호텔 베스트만나에이야르 1층)
Open 18:00~21:00
Web www.einsikaldi.is

아이디스 이스부드 Eydís Ísbúð
지역 주민들이 사계절 모두 사랑하는 아이스크림 가게. 직접 만든 맛있는 아이스크림과 이세이 사의 스퀴르를 이용한 디저트는 항상 인기가 많다.
Address Vesturvegur 5(Gott 레스토랑 건너편)
Open 월~금 11:00~16:00, 19:30~22:00, 토 · 일 12:00~16:00, 19:30~22:00
Web www.eydisisbud.is

비크
Vík Í Mýrdal

앞에는 너른 북대서양 바다, 옆과 뒤에는 산을 병풍처럼 끼고 있는 아이슬란드 본토 최남단 마을. 500명 남짓한 주민들이 거주 중이지만, 여행에 필요한 시설을 고루 갖춰 남부 지역 여행의 베이스로 계절에 관계없이 늘 붐빈다. 항구가 따로 없는 바닷가 마을이란 점이 특이하다. 베르겐 못지않게 연중 강수량이 높아, 맑은 날에 방문하면 그야말로 행운이다!

유용한 홈페이지

비크 지역 관광 안내 www.visitvik.is

관광 안내소

비크에서 가장 오래된 집 안에 조성되었다. 지역에 관련된 자료뿐만 아니라, 카틀라Katla 화산 지역 연구 및 인물에 대한 간단한 전시가 함께 갖춰져 있다. 솔헤이마예퀴들Sólheimajökull 등의 일부 근교 빙하 지역 투어도 예약 가능.

Address Víkurbraut 28
Tel 487 1395
Open **5/15~9/15** 월~토 10:00~17:00,
9/16~5/14 화 · 수 13:00~17:00, 목 15:00~18:00, 금 · 토 12:00~17:00
Close 12/25 등의 일부 공휴일
Access N1 주유소에서 우회전 후 다음 큰길에서 좌회전해 오른쪽. 퍼핀 호스텔 옆.

환전소

N1 주유소 옆 Arionbanki 은행의 지점과 ATM 이용 가능.

경찰서

주류 판매장 Vínbúðin 옆에 위치.

Address Ránarbraut 1
Tel 444 2030

슈퍼마켓

N1 주유소(버스 정류장) 옆 크로난Kronan 대형 매장.

Open 09:00~21:00

가는 방법

스테르나(사우스 코스트), 스트라이토 51번(연중, 1일 1~2회) 버스가 마을 내 N1 주유소 앞에서 정차한다. 레이캬비크에서 약 4시간 반 정도 소요된다. 차량 이용 시에는 1번 도로에서 바로 마을로 진입할 수 있다.

Tip

추천 식당

수두르-비크 Suður-Vík

비크 읍내에 위치한 3곳의 레스토랑 중 가장 인기 좋은 곳으로, 읍내 중심에서 살짝 떨어져 있지만 오픈 시간부터 늘 사람들로 붐빈다. 다양한 가격대의 식사 중에서는 태국식 커리와 밥 요리가 우리에게 잘 맞는다. 공식 유스호스텔에 묵는다면 리셉션에서 10% 할인 쿠폰을 받아 이용하는 것을 추천. 버스 이용 시에는 내리자마자 빨리 가서 자리를 잡는 것을 권한다.

Address Suðurvíkurvegur 1, 870 Vík-Handelssted
Tel 487 1515
Open 12:00~22:00
Access 관광 안내소를 나와 좌회전 후, 끝의 큰길에서 오른쪽으로 보이는 언덕을 올라간다. 공식 유스호스텔 가기 직전에 위치한 파란 지붕 2층 집. 벽에 상호가 크게 쓰여 있다.
Cost 오늘의 수프 1,350ISK, 식사 종류 2,450~5,000ISK(밥 종류 2,850ISK), 피자 1,500~3,000ISK
Wifi 가능

레이니스피야라 Reynisfjara

관광명소 뷰포인트

화산 활동으로 생긴 희고 검은 주상절리 절벽과 검은 빛의 자잘한 돌과 모래가 조화를 이루는 남부의 대표적인 해변. 절벽 위에는 여름이면 여러 바닷새들이 둥지를 틀고, 아래의 작은 동굴에서는 주상절리의 거친 뒷면을 직접 확인할 수 있다. 바다 기준으로 오른쪽의 디르홀레이Dyrhólaey 바위를 조망할 수 있어 디르홀레이를 가까이서 보지 못할 경우 대리만족(?)으로도 좋다. 그 반대편에는 '촛대바위'라 불리는 레이니스드랑가르Reynisdrangar도 함께 위치해 있으니 놓치지 말자. 여기서 주의! 자칫하면 거센 파도에 휩쓸릴 수 있으므로 파도 가까이로는 가지 않는 게 안전하다.

Access 1번 도로를 이용해 스코가포스를 지나 비크로 들어가기 직전, 215번 도로로 진입해 끝까지 간다. 비크 읍내에서는 차량으로 약 10분 정도 소요된다.
비크 읍내에서 도보 이동 시에는 동네 뒷산 레이니스펠을 넘어가는 5.5km의 코스를 이용할 수 있다. 도보로 약 1시간 30분 정도 소요. 버스 이용 시에는 스테르나 사의 노선이 7~8월 매일 1회 낮 시간에 운행하며, 약 45분간 정차한다.

디르홀레이 Dyrhólaey

관광명소 뷰포인트

일명 '코끼리 바위'라고 불리는, 아이슬란드 최남단으로 뻗은 120m의 곶. 두 부분으로 나뉘어져 있으며, 218번 도로로 이어진 아랫부분에서는 등대와 함께 전체 풍경을 조망하기에 좋다. 단 바닷새들의 번식 기간에, 윗부분은 낮 시간에 도보 이동만 가능한 점 주의. 되도록 근처에 차를 세우고 걸어갈 것을 권한다. 하이킹 트레일도 있으며 오가는 데 약 2시간 소요된다. 이곳의 이름은 앞쪽 아래의 아치 모양 때문에 '열쇠 구멍이 있는 언덕 같은 섬'의 뜻으로 붙여졌다. 1927년에 만들어진 등대는 10초마다 한 번씩 점등하며, 역시 포토 포인트로 인기가 높다.

Access 1번 도로를 이용해 스코가포스를 지난 후 218번 도로로 진입해 끝까지 간다. 비크 읍내에서는 차량으로 약 40분 소요.
Close 5월~6월 중순 18:00~09:00

바트나예퀴들 빙하 국립공원
Vatnajökulsþjóðgarður

전 세계에서 가장 큰 만년설인 바트나예퀴들 빙하를 보호하고자, 주변의 스카프타페들, 예퀼사우르글뤼퓌르 국립공원을 통합해 2008년에 대규모의 국립공원으로 조성되었다. 빙하의 크기가 전 아이슬란드 국토의 10%를 차지하는 만큼 그 면적은 총 넓이 8,300㎢, 깊이 2,109m에 달하며, 주변에는 여러 빙하들이 가지를 치듯 방사형으로 넓게 뻗어 있다.

현재 스카프타페들, 회픈, 아우스비르기 Ásbyrgi, 스크리두클라우스투르 Skriðuklaustur, 키르큐바이야르클뢰이스튀르 Kirkjubæjarklaustur의 총 5곳에 방문자 센터가 있다. 이 중 스카프타페들과 예퀼사우들론 빙하 호수, 라키 분화구 부분을 소개한다. 참고로 스카프타페들 지역은 1967년에 국립공원으로 지정되었다가, 바트나예퀴들 빙하가 국립공원이 되면서 그 일부로 귀속되었다.

유용한 홈페이지
지역 관광 안내 www.vjp.is

관광 안내소
스카프타페들 지역에 특화된 안내소로, 간단한 기념품 판매 및 각종 아웃도어 활동에 대한 안내 업무를 수행한다. 캠핑장 이용자를 위해 식사가 가능한 식당이 부설되어 있다.

Address Skaftafellsstofa, 785 Öraefi
Tel 470 8300
Open **12~2월** 10:00~17:00,
3~5 · 11월 09:00~17:00,
6~8월 09:00~19:00,
9 · 10월 09:00~18:00
Access 스카프타페들 버스 정류장 하차 후 바로 앞.

유용한 정보지
하이킹 위주의 일정 시, 트레일 지도를 구입하는 것도 괜찮다(350ISK~).

환전소
카드 결제가 가능하니 굳이 현금을 준비하지 않아도 된다. 단 세탁이나 샤워 등을 위해 필요하다면 비크, 회픈, 키르큐바이야르클뢰이스튀르 등의 마을에서 미리 인출해 올 것.

인터넷
안내소와 부설 식당에서만 이용 가능.

당일 짐 보관
캠핑장 내 유료 보관함(1일 700ISK), 투어 시에는 각 회사의 사무실에 투어 동안 보관 가능.

하이킹 Hiking

스카프타페들 지역의 아랫부분에는 자작나무, 마가목을 비롯한 여러 수목들이 울창한 숲을 이루고 있으며, 여름에는 온갖 야생화와 희귀 동물들도 관찰 가능하여 자연을 사랑하는 사람들을 제대로 사로잡는다. 다른 북유럽 지역의 숲을 경험해 봤다면 이곳을 놓치지 말아야 한다. 먼저 경험했던 화산 지대, 내륙 지역과는 또 다른 매력을 느낄 수 있다.

지역을 오가는 트레킹 코스는 총 9개로, 스카프타펠스예퀴들 빙하로 가는 3.8km의 기본부터 등산이 필요한 난이도 높은 코스까지 본인의 체력과 실력에 맞춰 선택 가능하다. 대부분의 하이킹 트레일에는 코스별로 표지판이 잘 되어 있지만, 난이도가 있는 일부 긴 코스는 중간 중간 본인이 직접 맞는 길을 찾아야 할 수도 있으니 미리 트레킹 지도를 보면서 익혀 두는 것도 권한다.

Hiking

스바르티포스 Svartifoss

관광명소 아웃도어

아이슬란드를 대표하는 사진에 어김없이 등장하는 '검은 폭포'. 안내소 뒤편부터 약 2km의 풋 패스를 따라 오르내리다 보면 움푹 파인 구멍 사이로 폭포처럼 흐르는 곳이 보이기 시작한다. 폭포에 도착하면 검은 커튼을 쫙 펼친 듯한 수많은 주상절리 기둥들 사이로 시원한 물줄기가 쏟아져 내린다. 흰 물줄기와 검은 배경이 연출하는 독특하고 신비로운 풍경은 스카프타페들을 방문하는 많은 하이커들의 시선을 오랫동안 집중시킨다. 필자도 그 앞에서 한동안 눈을 떼지 못했고, 단 한마디로 정리했다. "주상절리를 거꾸로 뒤집어 놔뿟네!"

이곳은 하르파 콘서트 홀Harpa(p.498 참조)의 디자이너인 올라푸르 엘리아손을 비롯해, 많은 아이슬란드 예술가들과 하들그림스키르캬Hallgrímskirkja(p.502), 호프 콘서트 홀을 비롯한 건축물들에 영감을 주기도 했다. 비슷한 건축물들과 레이니스피야라Reynisfjara(p.529) 해변의 주상절리 절벽과 비교해서 보면 흥미가 더해진다.

Access 스카프타페들 관광 안내소 뒤편부터 녹색의 표지판과 풋 패스를 따라 걷는다. 총 5km로, 왕복 약 2시간 정도 소요된다. 폭포로 가는 후반부에서 길이 가파르고 좁아지는 부분이 있으니 정신을 집중할 것. 최소 초등학생 이상부터 진행하자.

빙하 트레킹 Glacier Trekking

아웃도어

바트나예퀴들 빙하를 직접 몸으로 체험해 볼 수 있는 가장 쉬운 방법은 바로 이것! 가이드와 함께 빙하 위를 걸으며, 빙하의 진면목을 확인할 수 있다.
먼저 투어 사무실에서 본인 발에 맞는 아이젠을 고르고 버스에 올라 장소로 이동한 후, 빙하 진입로에서 아이젠을 신발에 고정하고 가이드의 안내에 맞춰 직접 빙하 위로 올라간다. 날씨가 좋을 때에는 햇볕에 반짝이는 빙하가 눈부시고, 겹겹이 쌓인 화산재와 침식으로 생긴 크레바스는 오랜 세월의 영향력이 드러난다. 빙하가 갈라진 틈이나 구멍 등을 지날 때에는 반드시 가이드의 안내에 따라야 위험 상황을 막을 수 있으니 주의. 아이젠 착용을 위해 발목까지 올라오는 등산화가 필요하며(사전 요청 시 대여도 가능), 맑은 날에는 눈 보호를 위해 선글라스도 준비하자. 만 10세 이상부터 진행 가능.

Tip
현재 스카프타페들에는 크게 2개의 업체에서 빙하 트레킹 프로그램을 운영하고 있으며, 여름에는 일 5회 이상, 그 외 시즌에는 일 2회만 진행한다. 두 곳 모두 가격이 같고 투어 수준도 비슷하니 본인의 스케줄에 맞는 시간대를 고르면 된다. 체력과 하이킹 강도에 따라 최소 3시간부터 많게는 5시간 이상까지 다양한 프로그램 선택도 가능하다. 예약은 홈페이지에서 미리 하거나, 레이캬비크 시내의 여러 여행사나 관광 안내소, 투어 사무실에서 직접 신청할 수 있다.

Cost **3시간 프로그램** 성인 14,400ISK~
Web **Glacier Guides**
www.glacierguides.is
Mountain Guides
www.mountainguides.is

라키 분화구 Lakagígar

로컬명소 아웃도어

1783년부터 약 1년간 진행된 라키 화산의 대폭발로, 주변의 해안을 비롯한 총 565㎢의 넓은 지역에서 큰 피해를 입었고 300억 톤이 넘는 용암은 지형마저 바꿔 놓았다. 이때 스카프타 강을 따라 여러 칼데라들이 생성되었으며, 이 중 라키는 가장 큰 칼데라로 화산의 이름을 따서 불렸다. 당시 활발했던 화산 활동으로 생성된 용암 들판과 협곡, 25km의 칼데라 및 기암괴석이 시선을 사로잡는다.
주변에 조성된 풋 패스를 이용해 설명을 읽고 천천히 걸으면서 지역을 둘러보자. 다 돌아보는 데 약 1~2시간 정도 소요된다.

Access **차량 이용 시** 1번 도로에서 키르큐바이야르클뢰이스튀르 마을로 진입한 후, 마을 남쪽의 농장 근처에서 F206번 오프로드를 이용한다. 4륜 구동 이상 차량만 진입 가능. 6월 말~8월 말까지는 캠핑장 이용도 가능하다.

예퀼사우들론 Jökulsárlón

관광명소 로컬명소 아웃도어 환경 · 생태 영화 · 책 배경

'예퀼사우들론 빙하 호수'라고도 불리지만 예퀼사우들론이라는 말 자체가 '강 위의 빙하 석호'를 뜻한다. 이곳은 자연이 아니면 연출할 수 없는 풍경으로 모두의 시선을 사로잡는다. 바트나예퀴들의 한 지류인 브레이다메르쿨예퀴들Breiðamerkurjökull 빙하가 1932년까지 단단히 자리 잡았다가, 이후 녹으며 침식된 빙하는 강 하구로 내려와 바닷물과 만나 푸른빛과 녹색이 섞인 신비로운 빙하 호수를 형성했다. 호수의 면적 18㎢, 깊이는 아이슬란드의 모든 호수들 중 가장 깊은 200m에 달한다. 물론 계절에 따라 얼었다 녹았다를 반복하지만, 면적의 확대는 곧 지구 온난화의 심각성이 어느 정도인지를 조금이나마 느끼게 해 줄 것이다. 호수 위에 떠 있는 온갖 크기의 빙산들은 빛을 받아 푸르게 빛나거나, 화산재가 켜켜이 내려앉아 잿빛을 띠기도 한다. 한쪽의 높은 언덕에서 호수 전체를 바라보거나, 아래로 내려와 물 위에 떠 있는 빙산의 모습을 가만히 지켜보면 그 신비로운 풍경에 저절로 빠져들 것이다. 실제로 007 시리즈와 〈툼 레이더〉, 〈배트맨 비긴즈〉 등의 영화가 이곳을 무대로 촬영되었다.

빙하 호수를 좀 더 가까이서 느끼려면 수륙양용 보트 투어나 조디악 투어 중 선택이 가능하다. 여기서 투어의 하이라이트는 오랜 세월 쌓인 투명한 얼음을 만져 보고, 한 조각씩 깨어서 맛을 보는 것인데, 이들의 빙하를 오감으로 더 가까이 느낄 수 있다. 모두 인기가 많고 단체 예약도 심심찮으니 미리 예약하거나, 도착 후 빨리 티켓을 구입하자.

11~3월의 겨울 시즌에는 빙하가 만들어 낸 또 하나의 작품, 빙하 동굴 투어를 3시간 동안 즐길 수 있다. 동굴 속으로 들어가면 온통 푸른빛으로 가득한 주변이 환상의 세계처럼 느껴진다. 투어 전 아이젠과 헬멧, 안전 멜빵을 착용하고 가이드의 지시에 따라 움직여야 하며, 빙하 트레킹과 마찬가지로 등산화, 방수 및 보온이 되는 옷이 꼭 필요하다. 17세 이상부터 가능.

Open **투어 사무실 10월~11/15** 10:00~17:00, **6~9월** 09:00~19:00
기념품점 겸 카페 6~9월 09:00~19:00, **3~5 · 10월** 09:00~18:00, **11/16~2월** 09:00~ 17:00

Access **버스 이용 시** 51번 스트라이토 버스가 시즌에 따라 1일 1~2회 연중 운행한다. 스카프타페들에서 45분, 회픈에서 1시간 소요. 스테르나 버스는 이곳까지 운행하며, 이후 레이캬비크로 회차한다. 여름 시즌에 1일 1회 운행(모두 7 · 8월에만 운행).
차량 이용 시 1번 도로에서 스카프타페들을 지나 회픈으로 가는 길에 사람들이 많이 늘어서 있고 얼음이 떠 있는 모습이 보이면 진입하자.

Cost **수륙양용 보트 투어** 13세 이상 6,700ISK, 6~12세 3,350ISK
조디악 투어 13세 이상 14,900ISK, 10~12세 7,450ISK
빙하 동굴 투어 7~15세 13,500ISK, 16세 이상 23,500ISK

Web 빙하 보트 투어 www.icelagoon.is
빙하 동굴 투어 www.explorers.is

회픈
Höfn

남부 일정의 끝이자 동부 피요르드 지역으로의 관문이 되는 작은 어촌 마을. 1800년대에 덴마크 상인들이 정착하면서 마을이 조성된 이래, 남부와 동부를 이어 주는 가교로 자리 잡았다. 또한 이 지역의 명물인 작은 바닷가재, 랑구스틴은 음식에 관심 많은 미식가들을 끌어들인다. 마을 안에는 여행자들을 위한 편의 시설들이 잘 갖춰져 있어, 동남부 지역 일정 전후 잠시 일정을 정리하고 쉬어 가려는 사람들로 늘 붐빈다.
회픈 마을은 크기가 작고 별다른 관광지는 없는 편이다. 마을과 주변 항구를 천천히 걸으면서 여행 중 잠시 여유를 찾는 데 목적을 두자. 물론 이들의 주특기(?)인 랑구스틴을 다루는 레스토랑들은 놓칠 수 없지만 가격이 많이 비싸다. 랑구스틴이 든 수프 종류는 3,000ISK이상, 메인 요리는 최소 8,000ISK 이상을 각오할 것.

유용한 홈페이지
지역 관광 안내 www.visitvatnajokull.is

관광 안내소
바트나예쿠들 지역 안내소의 한 부분이다. 2층에 설치된 바트나예쿠들 및 주변 해안 지역의 동식물, 문화에 대한 전시가 흥미를 더해준다.
Address Heppuvegur 1
Tel 470 8330
Open **6~8월** 09:00~19:00, **5 · 9월** 09:00~18:00
10~4월 월~금 09:00~17:00(12/24, 26, 31 별도)
Access 마을 끝까지 직진한 후 왼쪽.

유용한 정보지
바트나예쿠들 국립공원 및 읍내 지도 통합본.

환전소
읍내의 Islandsbanki, Landsbanki 지점의 ATM 이용 가능.

우체국
회픈 게스트하우스 1층에 위치.
Address Hafnarbraut 21
Open 월~금 10:00~16:00

경찰서
우체국에서 조금 내려와 건너편에 위치.
Address Hafnarbraut 17
Tel 470 6145

슈퍼마켓
저녁 시간에는 각 주유소에 비치돼 있는 편의점도 유용하지만 22:00~08:00에는 모두 문을 닫는다.

네토 Netto : 마을 중간의 쇼핑몰 내 위치. 큰 안내판이 있어 찾기 쉽다. 약국, 술 판매장 빈부딘이 함께 있다.

가는 방법
버스
레이캬비크와 스카프타페들, 예퀼사우들론을 잇는 51번(연중 1일 1~2회 운행), 동부 지역 듀피보구르를 잇는 94번 스트라이토 버스(9~5월 주 3회, 6~8월은 브레이달스빅까지 주 5회 연장 운행)가 N1 주유소 및 캠핑장 앞에 정차한다. 탑승 시 카드로 결제하자.

차량
1번 도로에서 공항을 지나 99번 도로 분기점에서 내려온다. 항공 이동은 p.520 참조.

Tip
추천 식당
오토 마튀르 & 드뤼커 Otto Matur & Drykkur
1897년에 지어진 덴마크 상인의 집을 개조해 만든 북유럽 퓨전 레스토랑. 계절 재료를 다양하게 사용한 요리가 맛있다.
Address Hafnarbraut 2
Tel 478 1818
Open 11:30~22:00(계절에 따라 17:00~)
Access 마을 끝 항구 가기 직전의 녹색 지붕 2층 집.
Cost 랑구스틴 수프 3,000ISK, 메인 요리 4,000ISK~

내륙 지역
Hálendið

아이슬란드의 진정한 '날 것'은 얼음과 화산뿐만이 아닌, 바로 내륙 지역이라고 해도 과언이 아니다. 거칠고 황량한 바위 벌판, 화산 활동으로 생겨난 색색의 봉우리와 이끼 가득한 용암 대지, 억겁의 세월이 드러난 기암괴석, 빙하 사이에 형성된 키 작은 나무들의 숲이 어우러져 다른 행성에 온 듯한 착각마저 안겨 준다. 오랫동안 사람의 접촉 없이 야생의 상태를 이어 오다가, 오프로드가 개방되며 여름 시즌에만 진입이 가능해졌다. 레이캬비크에서 접근 가능한 남부 내륙 지역은 크게 란드만날뢰이가 Landmannalaugar와 소르스뫼르크 Þórsmörk의 두 곳으로 나뉜다. 란드만날뢰이가에는 화산이 빚은 갖가지 지형과 천연 온천의 조화, 그리고 소르스뫼르크에는 빙하가 만든 협곡과 숲이 포인트! 서로 다른 매력을 가진 두 지역을 모두 가 보려면, 55km의 트레킹 코스 뢰이가베귀린 Laugarvegurinn을 이용하거나(약 3일 소요) 하루씩 당일 투어를 이용하는 방법 중 선택할 수 있다. 특히 투어 이용 시에는 특수 차량으로 비포장도로와 도강의 재미를 모두 만끽하기에 좋다.

란드만날뢰이가 Landmannalaugar

가는 방법

차량

1번 도로에서 26번 도로로 진입해 쭉 북진한 후, 이후 F26에서 F208 비포장도로로 빠져 내려와 F224번으로 분기되는 지점에서 들어간다. 레이캬비크에서 약 4~5시간 소요 예상.

버스

레이캬비크에서는 시티 유스호스텔과 BSI 터미널에서 익스커전의 11번 버스(약 4시간 소요, 일 3회), 하르파 콘서트 홀 앞에서 스테르나의 란드만날뢰이가 버스(약 4시간 45분 소요, 일 1회)를 이용해 진입할 수 있다. 두 회사 모두 6월 중순~9월 중순(익스커전은 7~8월 2회 추가)에 운행하며, 당일 왕복도 가능하다. 단, 현지 기상 상태에 따라 운행이 일찍 종료될 수 있다.

소르스뫼르크 Þórsmörk

가는 방법

차량

1번 도로에서 셀야란드포스 옆의 F249번 비포장도로로 들어와 강을 따라 계속 직진한다. 강을 건너기 직전 구간에 주차 후 버스를 이용해 들어가는 것이 안전하다.

버스

레이캬비크에서는 BSI 터미널에서 익스커전의 9번 버스(약 4시간 45분 소요, 일 3회), 하르파 콘서트 홀 앞에서 스테르나의 소르스뫼르크 버스(약 4시간 소요, 일 1회)를 이용할 수 있다. 당일 왕복도 가능하며 6월 중순~9월 중순까지 운행.

남부 지역의 숙소
South Iceland Accommodations

여행자가 크게 몰리는 여름 시즌에는 빨리 매진되고 가격이 오른다. 4인 이상의 다인실은 단체가 한꺼번에 예약하는 경우도 많아, 개인 여행자들은 비싼 개인실이나 캠핑으로 밀려나기도 한다. 저렴하게 이용하고 싶다면 무조건 빨리 예약하자. 특히 비크-회픈까지의 하이라이트 지역과 란드만날뢰이가-소르스뫼르크-스코가간 내륙 하이킹 코스의 산장은 빠른 예약 필수!

여기에는 개인 여행자들을 위한 저렴한 숙소 및 대체 이용 가능한 캠핑장을 소개한다. 모두 공용 욕실이며, 엘리베이터가 없고 진입로에는 돌이 가득한 비포장도로가 많으니, 캐리어 소지 시 불편할 수 있다. 공식 유스호스텔 이용 시 유스호스텔증이 있으면 1박당 800ISK의 비회원 추가 요금이 면제된다. 침낭 사용도 가능.

Web 아이슬란드 공식 유스호스텔 안내 www.hostel.is
내륙 하이킹 코스(뢰이가뵈귀린 트렉) 내 산장 안내 www.fi.is
※ 호스텔 요금은 도미토리 기준, 시트 · 조식 별도

셀포스 호스텔 Selfoss Hostel

교통의 요지, 셀포스 마을 중심에 위치한 사설 호스텔 겸 호텔. 8인 도미토리와 4인 이상 가족실을 지원해 취사가 필요한 가족과 개인 여행자에게 모두 편리하다. 링 로드 여행 시 헤이마에이 섬, 내륙을 하루씩 다녀올 경우 베이스로 좋다. 연중 운영.

Address Austurvegur 28, 800 Selfoss
Tel 771 1969
Access 회픈행 51번, 란데야회픈행 52번, 뢰이가바튼행 73번 버스로 N1 주유소 앞에서 하차 후 도보 이동. 여름 시즌에는 스테르나, 익스커전의 투어 버스를 이용해서도 진입 가능하다.
Cost 8인 도미토리 5,700ISK~, 2인실 1,2500ISK~
Web www.selfosshostel.is

비크 공식 유스호스텔 Norður-Vik

비크 마을 북서쪽에 위치한 35명 규모의 가정식 공식 유스호스텔. 규모와 방 모두 작지만, 비크에서 가장 저렴하고 깨끗한 숙박인 만큼 인기는 최고다. 직접 키운 달걀과 지역 식재료를 주로 이용한 맛있는 아침 식사(2,000ISK)도 추천한다. 10:00~14:00는 청소 시간. 1월은 운영하지 않는다.

Address Suðurvíkurvegur 5
Tel 487 1106
Access N1 주유소에 하차 후 좌회전해 올라가 레이니스펠 산 가기 직전에서 우회전해 언덕 끝까지 올라간다. Suður-Vík에서 더 위쪽에 위치.
Cost 개인실 12,000ISK, 5,400ISK~(조식, 시트 별도)

퍼핀 네스트 캡슐 호스텔 Puffin Nest Capsule Hostel

헤이마에이 섬 안의 유일한 도미토리로, 최근 리모델링을 끝내며 미래 지향적 캡슐 도미토리가 되었다. 페리 터미널과 중심가에 가까이 위치해 이동과 편의 시설 이용 시 최적의 위치다. 다소 답답한 느낌이 들 수 있지만, 각 캡슐 안 시설은 최첨단 수준이다. 16명만 묵을 수 있으니 빨리 예약하자. 5월 중순~9월 중순까지만 문을 연다.

Address Herjólfsgata 4, 900 Vestmannaeyjabær
Tel 481 3400
Access 페리 터미널을 나와 중심가로 접어드는 큰길 건너편. 우체국 앞.
Cost 캡슐 도미토리 8,000ISK~, 본관 게스트하우스 13,000ISK~(조식 포함)
Web www.guesthousehamar.is

회픈 공식 유스호스텔
Höfn HI Hostel

회픈 마을 초입에 위치한 공식 유스호스텔. 깔끔하고 편안한 시설도 좋지만, 그룹 및 가족 여행자를 고려해 주방 시설을 1층과 지하에 배치한 배려 역시 돋보인다. 여름에는 비크와 함께 가장 빨리 매진되는 곳으로 인기 최고다. 리셉션 오픈 시간이 짧은 편. 연중 운영.

Address Hvannabraut 3
Tel 478 1736
Access 캠핑장이나 N1 주유소에서 내린 후 도보 10분 소요.
Cost 6,000ISK~, 개인실 8,500ISK~(조식 별도, 시트 포함)

반스스타디르 공식 유스호스텔
Vagnsstaðir HI Hostel

회픈에 숙박이 없을 경우 차선책으로 고려 가능한 유스호스텔. 26명만 수용 가능한 아담한 규모로 편안하게 묵기에 좋다. 예퀼사우들론, 스카프타페들과도 가까워 바트나예퀴들 빙하 일정 시 좋은 위치이며, 특히 겨울 시즌에는 빙하 지프 투어가 이곳에서 가장 먼저 출발한다. 12/19~1월은 운영하지 않는다.

Address Suðursveit, A-Skaftafellssýsla
Tel 478 1048
Access 버스 이용 시 예퀼사우들론을 지나, 호스텔 앞에 내려 달라고 기사에게 요청하면 진입로에서 하차 가능. 1번 도로변에 진입로가 있다.
Cost 6,000ISK~

스카프타페들 캠프 그라운드
Skaftafell Campground

스카프타페들 지역 안에서 가장 저렴하게 묵고 싶다면, 버스 이용 시 부득이하게 스카프타페들에서 1박이 필요하다면 이곳밖에 선택의 여지가 없다. 관광 안내소 옆에 위치한 400명 규모의 대형 캠핑장으로, 예약 없이도 당일에 이용이 가능하다. 한여름에도 핫팩, 물주머니 등의 보온용품을 반드시 준비할 것.

Tel 470 8300
Access 스카프타페들 관광 안내소 하차 후 왼쪽.
Open 5~9월 캠핑장 안내소 08:00~23:00
Cost 소형 텐트 이용 시(1인당) 3,000ISK, 3인용 이상 텐트 이용 시(1인당) 4,000ISK, 캠퍼밴 이용 시 5,000~7,000ISK, 13세 미만 무료, 5인 미만 차량 주차 1,000ISK

후사달뤼르
Volcano Huts, Húsadalur

내륙 지방 일정 시 소르스뫼르크 마을에서 이용 가능한 대형 산장. 32명 수용 가능한 도미토리부터 개인실, 5인까지 이용 가능한 오두막, 캠핑장 등의 다양한 시설을 갖추고 있다. 버스 정류장이 가까이 있어 지역 이동 시에도 편리하다. 단 샤워 시설은 인근의 수영장 겸 사우나를 이용해야 하고, 주방 이용 시 본인의 조리 도구가 필요하니 이 점 주의. 내륙 하이킹 코스와 연계한 숙박, 교통 패키지 상품도 운영한다.

Address Þórsmerkurvegur
Tel 552 8300
Access **버스 이용 시** 소르스뫼르크 마을 진입 후 Húsadalur 에서 하차.
차량 이용 시 셀야란드포스에서 249번 도로, 이후 F249번 오프로드를 이용하며, 중간에 강을 한 번 건넌다.
Open 5/15~9/14
Cost 캠핑(1인당) 2,900ISK, 도미토리 9,000ISK(조식, 시트 별도), 개인실 25,000ISK~(조식 별도)
Web www.volcanohuts.com

동부 지역
East Iceland

1번 도로를 타고 회픈을 지나 올라가기 시작하면, 높고 웅장한 산세가 새로운 곳에 왔음을 알려 준다. 그리고 구불구불해지는 도로와 폭포, 피요르드 안에 자리 잡은 작은 어촌 마을들이 남부와는 또 다른 분위기를 선사한다. 18세기 이후 외국과의 교역과 외침 방지를 위해 피요르드 깊숙한 곳에 항구를 열면서 그들의 역사가 시작되었다. 또한 최근에는 어업에 이어 제2의 산업이 된 알루미늄 제련의 중심지이기도 하다.

Web www.east.is

가는 방법

레이캬비크에서는 항공으로, 회픈이나 아큐레이리에서 버스로 에일스타디르까지 연결된다. 또한 차량이나 자전거 소지 시에는 덴마크 히르샬에서 페리로도 연결 가능하다. 에일스타디르를 중심으로 1번 도로도 이용할 수 있다.

항공

레이캬비크 시티 공항에서는 매일 3~5회 아이슬란드에어의 정기편으로 에일스타디르까지 이동 가능하다. 에일스타디르 공항에서 읍내까지는 1번 버스가 매일 1~2회(일요일 제외) 운행하며, 스뮈릴 라인 페리가 출도착하는 날에는 3번 버스가 추가로 1회 증편된다.

버스

아큐레이리-뮈바튼-에일스타디르를 잇는 56번 스트라이토 버스가 여름 시즌에는 매일, 그 외 기간에는 주 3~5회 연결된다. 평일 위주로 일정을 맞춰 움직이자.

차량

회픈 이후부터 1번 도로가 듀피보구르Djúpivogur-브레이달스빅Breiðdalsvik을 지나 에일스타디르까지 연결되며, 이때 남부보다 더 웅장한 산으로 둘러싸인 풍경을 감상할 수 있다. 하지만 이 지역에는 남부와 달리 약간의 비포장 구간과 언덕, 요철, 커브가 있는 점을 고려해 속도를 조절해서 운전하자. 특히 눈이 많이 올 때에는 통제되기도 한다.

페리

덴마크 북부 히르샬Hirtshals에서 스뮈릴 라인Smyril Line의 대형 카 페리 노뢰나Norröna호를 이용해 세이디스피외르뒤르 마을로 진입할 수 있다. 히르샬 출발 기준으로 약 이틀이 소요되며, 파로 제도 토르스하운Tórshavn에서 중간 정박한다. 시즌과 날짜, 차량 크기와 종류에 따라 요금이 다르니 미리 확인하자. 일정에 여유가 있고 해상 여행의 낭만을 원한다면, 여름 이외 기간에 파로 제도를 함께 여행하고 싶다면, 차량이나 오토바이, 자전거를 소지해 이동하고 싶다면 추천한다.

각 시기별 운행 시간

❶ 3/16~5/31, 9/7~11/6

히르샬→세이디스피외르뒤르 : 토 15:00~화 09:00

세이디스피외르뒤르→히르샬 : 수 20:00~토 11:00(토르스하운 중간 정박 왕편 3시간 30분, 복편 4시간)

❷ 6/1~9/6

히르샬→세이디스피외르뒤르 : 화 11:30~목 08:30

세이디스피외르뒤르→히르샬 : 목 10:30~토 12:30(토르스하운 중간 정박 왕편 30분, 복편 1시간)

❸ 11/7~23

히르샬→세이디스피외르뒤르 : 일 15:00~화 07:00

세이디스피외르뒤르→히르샬 : 목 20:00~일 11:00(토르스하운 중간 정박 왕복편 모두 4시간)

❹ 1/4~3/15, 11/24~12/31

히르샬→토르스하운 : 토 15:00~월 07:30

토르스하운→히르샬 : 목 20:00~토 11:00(세이디스피외르뒤르행은 운행하지 않음)

※ 출도착 시간은 모두 현지 기준.

Cost 16세 이상 성인 6인실 쿠셋 편도 €90~295, 자전거 대당 €20, 차량 대당 €160~665

Web www.smyrilline.com

지역 내 교통

차량

에일스타디르를 중심으로 92, 93, 94, 96번 도로가 주요 지역을 연결한다. 모두 산길과 커브가 많아 운전할 때 주의가 필요하다. 특히 94번 도로는 보가르피외르뒤르Borgarfjörður로 들어가는 후반부가 난코스. 되도록 기상 상태를 확인한 후 구름이 너무 많이 꼈다 싶으면 조금 잦아든 후에 들어가자. 악천후로 지역 도로가 통제되는 경우도 있으니 주의할 것.

버스

동부 지역 내 운행 버스는 스트라이토에서 에일스타디르를 베이스로 하여 연중 운행한다. 특히 4번 노선인 듀피보구르-회픈 노선은 에일스타디르와 연결되지 않아, 여름 시즌 외에는 지역 연결이 불가능한 점을 주의해 일정을 잡자. 당일 기상 및 도로 상황에 따라 운행이 원활하지 않을 수도 있다. 또한 지역 인구 밀도를 고려해 중소형 차량 위주로 운행한다. 요금은 탑승 시 기사에게 현금이나 카드로 결제한다.

버스 정기 노선

❶ **1번** : 에일스타디르-레이다르피외르뒤르-에스키피외르뒤르-노르드피외르뒤르(평일 4회, 주말 · 공휴일 2~3회)

❷ **2번** : 레이다르피외르뒤르-스퇴드발피외르뒤르-브레이달스비크(일 3회)

❸ **3번** : 에일스타디르-세이디스피외르뒤르(월~토 1~3회)

❹ **4번** : 회픈-듀피보구르-브레이달스빅(평일 4회, 일요일 1회, 6~8월) ※ 이 외 시즌에는 듀피보구르까지만 주 3회 운행.

❺ **5번** : 에일스타디르-보가르피외르뒤르(평일 1회)

동부 지역, 이렇게 다니자

본인의 여행 스타일에 따라 중심 지역과 교통 연결이 달라진다. 한 마을에 머물며 지역 여행을 하겠다면 중심지인 에일스타디르에 묵으며 지역 한 곳씩 반일~당일로 다녀오는 일정이 가능하다. 차량 이용 시에는 듀피보구르부터 시작해 동부 피요르드 해안선을 따라 자리 잡은 마을들을 둘러보고 에일스타디르로 오는 루트도 괜찮다. 스뮈릴 라인 페리를 이용할 경우에는 세이디스피외르뒤르를 반드시 처음이나 끝으로 잡아야 한다.

기본 코스

버스 여행 시

1일 : 회픈→듀피보구르

2일 : 듀피보구르→브레이달스빅→레이다르피외르뒤르

3일 : 레이다르피외르뒤르→노르드피외르뒤르→에일스타디르→세이디스피외르뒤르

4일 : 세이디스피외르뒤르→에일스타디르→뮈바튼 또는 아큐레이리 이동

조금 더 여유 있는 일정을 원한다면 세이디스피외르뒤르 일정을 조금 더 늘려도 괜찮다. 에일스타디르에 숙박을 잡을 경우 2일차에 노르드피외르뒤르를 제외하고 바로 에일스타디르로 넘어가며, 세이디스피외르뒤르는 3일차에 당일 일정으로 다녀오면 된다. 여름 이외 기간에는 듀피보구르를 제외하고 바로 에일스타디르부터 들어가 일정을 진행할 것.

차량 이용 시

1일 : 회픈→듀피보구르→브레이달스빅→레이다르피외르뒤르 및 주변 지역

2일 : 레이다르피외르뒤르–에일스타디르–노르드피외르뒤르 등 왕복

3일 : 세이디스피외르뒤르 당일 왕복

4일 : 에일스타디르–보가르피외르뒤르 왕복 이후 다시 1번 도로로 지역 이동

버스 이동이 쉽지 않은 보가르피외르뒤르 등의 마을들을 둘러보기에 좋다. 특히 브레이달스빅 이후부터는 92, 96, 953, 955번 도로를 이용해 피요르드 노선을 쭉 따라가는 묘미가 남다르다. 단 10~4월에는 눈이 많이 올 경우 통행에 어려움이 있는 점 감안해 미리 도로 상태를 확인하고 이동을 결정하자. 숙소는 버스 이용자와 마찬가지로 호스텔 위주의 지역에 잡거나, 에일스타디르에 잡고 하루씩 왕복해도 괜찮다.

듀피보구르–에일스타디르 간 이동 시 시간 단축을 원하면, 옥사나달뤼르의 경치를 볼 수 있는 939번 비포장도로 이용도 괜찮다. 하지만 당일 날씨와 타이어 상태가 좋지 않을 경우 문제가 생길 수 있으니 반드시 낮 시간에, 날씨 좋을 때 이동하자.

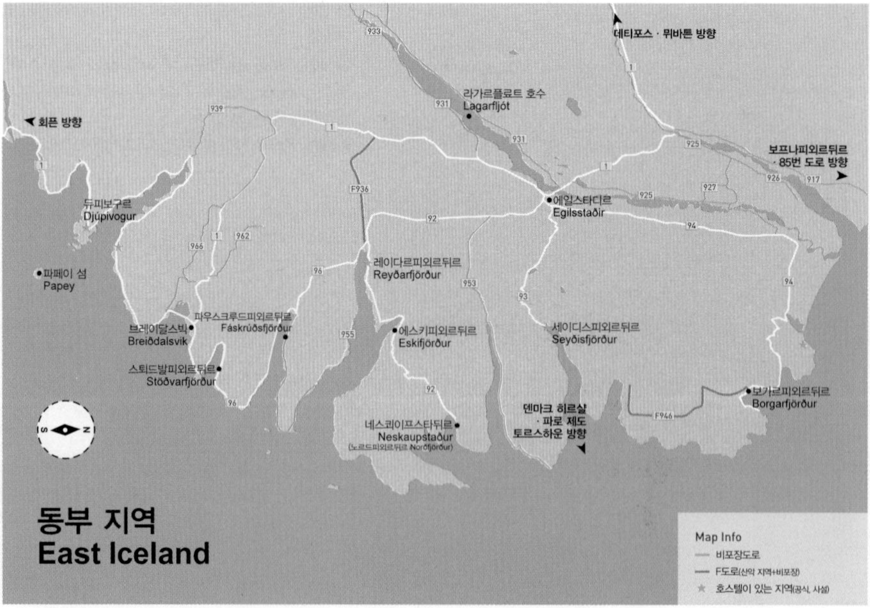

에일스타디르
Egilsstaðir

1947년에 마을이 만들어진 이래 급속도로 성장을 거듭해, 지금은 동부 지역의 교통, 산업, 물류의 중심지가 되었다. 전국을 잇는 1번 도로가 마을을 관통하고 있어 동부 지역을 여행하는 모든 여행자들의 베이스 마을로도 유용한 곳이다. 또한 아이슬란드판 네시(?)로 통하는 라가르플료트 Lagarfljót 호수 속 괴물에 대한 이야기도 심심찮게 전해진다.

유용한 홈페이지

지역 관광 안내 www.visitegilsstadir.is

관광 안내소

에일스타디르 지역 관광 안내소

마을 캠핑장 안내 및 간단한 식사도 가능.

Address Kaupvangur 17

Tel 470 0750

Open **5 · 9월** 월~금 08:30~15:00, **6~8월** 07:00~23:00
10~4월 월~금 08:30~12:30

Close 10~4월의 토 · 일

Access 아큐레이리행 버스 정류장 및 캠핑장 바로 옆.

유용한 정보지

동부 아이슬란드 오피셜 투어리스트 가이드

East Iceland Official Tourist Guide

지역 전체 안내가 충실하고 사이즈가 작아 휴대하기에도 좋다.
마을 지도에는 렌터카, 미용실, 세탁소를 비롯한 세세한 정보가 많아 급할 때 유용.

환전소

동부 지역 안내소 옆 Islandsbanki, 네토 슈퍼 뒤편 Landsbanki, Arionbanki 지점의 ATM 이용 가능.

우체국

네토 슈퍼마켓 옆에 위치.

Address Kaupvangur 6

Open 월~금 09:00~16:30

경찰서

Tel 444 0640

Open 24시간

슈퍼마켓

네토 Netto : N1 주유소 근처. Coop 계열의 상품이 많고 규모도 크다. Lyfja 약국이 함께 있다.

보뉘스 Bonus : Orkan 주유소 근처의 지역 대표 슈퍼마켓이지만 다소 거리가 있다. 술 판매장 빈부딘 옆.

당일 짐 보관

지역 안내소 내에서 운영 시간 동안 가능.

가는 방법

버스

56번 스트라이토 버스(아큐레이리-에일스타디르, 연중 운영) 노선을 이용할 수 있다. 또한 레이다르피외르뒤르, 보가르피외르뒤르, 세이디스피외르뒤르 마을에서 스트라이토의 지역 버스가 1일 1~5회 연중 운행된다. 지역 버스와 장거리 버스 모두 지역 관광 안내소 앞에서 출도착하며, 노선에 따라 일부 지역 버스는 에일스타디르 공항으로도 운행한다.

차량

아큐레이리와 회픈에서는 1번 도로를, 지역 안에선 92, 93, 94번 도로를 이용해 진입 가능.

Tip
추천 식당

살트 카페 & 비스트로 Salt Cafe & Bistro

에일스타디르 마을에서 가장 다양한 메뉴를 갖춘 식당 겸 카페. 특히 다양한 피자와 버거 종류는 누구나 좋아하는 인기 아이템이다. 어린이를 동반한 가족 여행 시 추천.

Address Miðvangi 2, 700 Egilsstöðum

Tel 471 1700

Open 11:00~22:00

Access 버스 정류장에서 우회전 후 네토 슈퍼 다음 길을 건너 오른쪽.

Cost 피자 종류 2,900~4,000ISK, 버거 종류 3,300ISK~, 생선요리 3,890ISK

Web www.saltbistro.is

세이디스피외르뒤르
Seyðisfjörður

동부 피요르드의 좁은 만에 깊숙이 자리 잡은 이 작은 마을은 19세기 이후 해상 교역의 중심지로 이용되었고, 지금은 매주 덴마크를 오가는 스뮈릴 라인 페리가 유럽 대륙을 이어 주고 있다. 그 당시 노르웨이와의 청어 어업을 시작하며 이들이 들여온 아기자기한 목조 건물들은 마을의 상징으로 여행자들의 시선을 집중시킨다. 또한 몇몇 예술인들이 이곳을 터전으로 작품 활동을 하고 있어, 마을 구석구석 감각적인 작품이 빛나는 '감성 마을'로도 유명하다.

유용한 홈페이지
지역 관광 안내 www.visitseydisfjordur.com

관광 안내소
페리 이용자 위주로 운영되고 있다. 버스 이용 시 정류장에서 도보로 약 7분 소요.
Address Ferjuleira 1
Tel 472 1551
Open **5~9월** 월~금 08:00~16:00,
3~4 · 10월 화 08:00~12:00, 수 13:00~16:00
※ 크루즈 정박 시간에 맞춰서 문을 열기도 한다.
Access 페리 터미널 내.

유용한 정보지
지역 지도
아이슬란드의 모든 지역 지도 중 감각적으로 꾸며져 있으며, 마을 내 디자인, 아트 숍, 조각 등을 찾기에도 좋다.

환전소
페리 선착장 근처 Landsbanki의 ATM 이용 가능.

우체국
Access 읍내 키외르부딘Kjörbúðin 슈퍼마켓 내.
Open 월~금 08:30~17:00, 토 10:00~15:00

슈퍼마켓
키외르부딘 Kjörbúðin : 09:00~18:00(일 12:00~17:00) 영업. Coop 계열 상품이 많다.

가는 방법
버스
에일스타디르 지역 안내소 앞에서 마을 중심가 내 도서관 앞까지 93번 스트라이토 버스가 평일 2회, 토요일 1회 운행하며, 스뮈릴 라인이 도착하는 날에는 1회 증편된다. 요금은 1,770ISK로, 탑승 시 카드 결제 가능.

차량
93번 도로가 에일스타디르를 연결한다. 특히 93번 도로는 27km의 거리에 언덕과 커브길이 연이은 산길로, 영화 〈월터의 상상은 현실이 된다〉에서 주인공이 스케이트보드를 타고 등장했던 배경 장소이다. 영화 속 장면과 번갈아서 보는 것도 재미를 더한다.
궂은 날씨에는 길 위에 비구름이 짙게 끼어 시야가 확보되지 않을 수 있으니 반드시 주의를 기울여 운전하도록 하자.

페리
p.538 참조.

블라우아 키르캰 Bláa Kirkjan

로컬명소

세이디스피외르뒤르 마을의 상징으로 자리 잡은 푸른 빛깔의 교회. 평소에는 개방하지 않으며, 매년 여름 시즌 수요일 저녁의 콘서트 때에만 입장 가능하다. 1998년부터 지금까지 계속된 여름 콘서트에서는 다양한 장르의 음악이 매주 올라간다. 그 해의 스케줄은 매년 1월 말까지 참여 신청을 받은 후에 결정하니, 참여를 원한다면 직접 도전해 보는 것은 어떨까?

Address Hafnargata 44
Tel 470 3861
Open **콘서트** 6월 말~8월 중순 20:30
Access 키외르부딘 슈퍼마켓 왼쪽 건너편으로 우회전.
Web www.blaakirkjan.is

카피 라라 엘 그릴로 바 Kaffi Lára El Grillo Bar

레스토랑 바

100년 넘은 목조 건물 '라라의 집'에 지어진 게스트로 펍. 지역 특산 그릴로 맥주와 이에 맞는 맛있는 음식들을 함께 즐기기에 좋다. 호일로 싸서 구운 대구 요리는 향이 좋은 야채가 더해져 담백하고 깔끔하다. 달콤한 간식 종류도 갖추고 있어 가족이 함께 오기에도 좋다. 4월 중순~10월까지 운영.

Address Norðurgata 3
Tel 472 1703
Open **4~10월** 월~목 11:30~01:30, 금 · 토 11:30~03:30, 일 14:00~01:30
Access 삼쾨이프 슈퍼마켓 왼쪽 건너편의 흰 목조 건물.
Cost 대구 호일 구이 3,900ISK, 점심 2,900~3,600ISK, 저녁 3,200~5,400ISK, 지역 맥주 1,200ISK~
Wifi 가능
Web www.elgrillobar.com

스카프페들 아트 센터 Skaftfell Myndlistarmiðstöð

로컬명소 건축 · 디자인

동부 아이슬란드를 대표하는 미술관. 국내에서 재능 있는 현대 미술가들과 외국 작가들의 전시를 함께 다루고 있다. 1층의 식당 겸 예술 서적을 취급하는 비스트로 레스토랑도 인기 만점. 관광 중 잠시 들러 감성을 충전하면서 맛있는 식사를 즐기기에 좋다.

Address Austurvegur 42
Tel 472 1632
Open **갤러리** 월~금 11:00~15:00
부설 식당 월~목 11:45~22:00, 금 11:45~01:00, 토 17:00~01:00
Access 관광 안내소 건너편의 흰 건물.
Cost 전시에 따라 다름
Wifi 가능
Web www.skaftfell.is

블로드베르 Blóðberg

쇼핑 건축 · 디자인

독특한 건물 벽화가 눈길을 끄는 마을 최대의 디자인 및 아트 숍. 북유럽의 유명 브랜드와 지역 디자이너들의 다양한 상품들을 함께 취급하고 있다. 철철이 달라지는 상품 구색과 건물의 외관 모두가 재미를 더해 준다.

Address Nordurgata 8
Tel 899 9429
Open 월~금 09:00~18:00, **겨울 시즌** 수 · 금 14:00~17:00, 토 12:00~15:00
Close 일요일 및 부정기적
Access 카피 라라 엘 그릴로 바 옆 건물.

보르가회들 아트 & 크래프트 Borgarholl Art & Craft

로컬명소 쇼핑 건축 · 디자인

각 지역 신진 디자이너들의 다양한 상품과 주인 Iris의 수공예 상품을 판매하는 아담한 디자인 숍. 특히 물고기 껍질을 이용한 가방과 아이슬란드에서만 볼 수 있는 크리스마스 용품들이 재미있다. 주인이 직접 꾸민 독특한 정원 역시 시선을 사로잡는다.

Address Austurvegur 17B
Open **6~8월** 월~금 11:00~20:00
Close 토 · 일요일, 공휴일 및 부정기적
Access 페리 터미널 가는 Austurvegur 길에서 피요르드 가장자리로 들어와 오른쪽의 집들 중 정원이 특이하게 꾸며진 집. 가게는 정원에서 조금 더 올라가면 오른쪽에 위치.

Tip
세이디스피외르뒤르 마을을 빛내는 여러 설치 미술과 감성적인 벽화들은 포토 포인트로도 그만이다.
① 〈Outlines〉 : 크리스티안 구드문손Kristján Guðmundsson 작
② 〈A Sculpture〉 : 시구르욘 올라프손Sigurjón Ólafsson 작, 작곡가 잉기 라우루손Ingi T. Lárusson을 기리며 제작
③ 〈Avalanche〉 : 무명의 조각가가 공장이 파괴되며 쏟아진 빛을 형상화해서 제작
④ 마을 도서관 벽화

①

②

③

④

동부 지역의 숙소
East Iceland Accommodations

대부분 교통이 괜찮은 곳에 자리 잡고 있어, 버스 이용자들도 편리하게 이용할 수 있다. 하지만 운영 기간이 제한되어 있는 점 미리 알아 두자. 일정이 정해지자마자 예약하는 것은 기본 중 기본. 침낭 이용도 가능하다.

하팔단 공식 유스호스텔
Hafaldan HI Hostel

동부 지역 최고의 공식 유스호스텔. 늘 깨끗하게 관리되고 있으며 취사를 비롯한 시설도 훌륭하고 위치도 최고다. 메인 리셉션이 있는 옛 병원 건물 외에 파란 교회를 지나 읍내에서 조금 벗어난 쪽에(Ranargata 9) 한 곳이 더 있다. 병원 건물에 묵을 경우 따로 방 열쇠를 주지 않는 점 알아 두자. 4~10월까지 운영한다.

Address Sudurgata 8, 710 Seyðisfjörður
Tel 611 4410
Access 도서관 앞에서 하차 후, 수영장을 바라보는 방향으로 올라가다 빨간 건물이 보이면 우회전. 이곳에서 먼저 체크인하자.
Cost 6,000ISK~(조식, 시트 별도)
Web www.hafadan.is

세이디스피외르뒤르 게스트하우스
Seyðisfjörður

페리 터미널에서 가장 가깝고 저렴한 호스텔. 읍내 중심가와 약간 거리가 있지만 피요르드를 바라보는 전망과 깔끔한 시설로 인기가 많다. 연중 운영하는 것도 큰 장점. 3인 이상 함께 이용 시 추천.

Address Hafnargata 4, 710 Seyðisfjörður
Tel 898 6242
Access 페리 터미널 방향으로 직진. 페리 터미널 진입로를 조금 지나쳐 간다.
Cost 4500ISK~, 2인실 17,000ISK~
Web www.seydisfjordurguesthouse.is

히야 말린 게스트하우스
Hjá Marlin

타 동부 지역까지 연결해 여행하고 싶을 때 이용 가능한 게스트하우스. 카페를 비롯해 3곳의 건물을 이용하고 있다. 9번지 건물에서 먼저 체크인한 후 이동하자. 버스 정류장에서 약간 거리가 있는 것이 단점. 연중 운영한다.

Address Vallargerði 9, Reyðarfjörður
Tel 474 1220
Access 레이다르피외르뒤르 마을 내 쇼핑몰 앞에서 하차 후, Austurvegur 거리를 따라 직진. 버스 정류장에서 15분 소요.
차량 이용 시 92번 도로변에 위치.
Cost 2,000ISK~

테후시드 호스텔
Tehúsið Hostel

에일스타디르 마을 중심에 위치한 '찻집'이라는 뜻의 소박한 호스텔 및 캠핑장. 관광 안내소, 버스 정류장이 가까워 지역 관광에 최적의 위치다. 2020년 호스텔월드에서 아이슬란드 최고의 가족 친화적 사설 호스텔로 선정되기도 했다. 식사는 부설 식당과 바 이용 가능.

Address Kaupvangur 17, 700 Egilsstaðir
Tel 471 2450
Access 에일스타디르 마을 내 56번 버스 정류장 옆.
Cost 도미토리 6,000ISK, 4인 가족실 40,000ISK~
Web www.tehusidhostel.is

아큐레이리
Akureyri

1700년대 이후 덴마크 상인들이 지금의 시내 위치에 정착하며 무역항의 역사가 시작된 이래, 지역 최대의 어업과 교역의 중심지로 발전을 거듭했다. 지금은 아이슬란드 제2의 도시이자 북부 지역 여행의 중심지이기도 하다. 도시를 둘러싸고 있는 산과 깊숙이 들어온 에이야 피요르드는 북극권과 인접한 이곳을 겨울에도 춥지 않게 지켜주고 있다.

여행하는 방법

유용한 홈페이지
아큐레이리 및 주변 지역 관광 공식 안내 www.visitakureyri.is

관광 안내소
2022년 이후 시내 관광안내소가 호프 문화센터 내에 여름 시즌 한정으로 재오픈했다. 이외 기간에는 시내 중심가의 아큐레이리 백패커스 호스텔 1층 리셉션을 이용하자.

Open **4~5월 · 9/1~10/15** 10:00~15:00, **6~8월** 08:00~16:00

유용한 정보지
아큐레이리 가이드 Akureyri Guide
시내 공식 관광 안내지로, 주변 북부 지역까지 폭넓게 다루고 있다.

환전소
시내 중심가 Islandsbanki, Landsbanki의 지점과 ATM이 유용하다.

우체국
Address Strandgötu 3
Open 월~금 09:00~18:00
Close 토 · 일요일 및 공휴일
Access 시청 앞 광장에서 Strandgata를 따라간 다음 Geislagata에서 우회전해 왼쪽.

경찰서
중앙 경찰서 Lögreglan á Akureyri
Address Þórunnarstræti
Tel 444 2800
Access 시청 앞 광장에서 Brekkugata를 따라 올라간 후 Þórunnarstræti로 좌회전해 왼쪽.

슈퍼마켓
크람부딘 Krambúðin : 소규모 편의점 성격의 슈퍼마켓. 캠핑장 및 시내 중심가와 가장 가깝다.
네토 Netto : Glerártorg 쇼핑몰 내 위치. 버스로 이동 가능.
보뉘스 Bonus : 시내에 2곳(Kjarnagötu 2, Langholt 1), 이 중 유스호스텔 근처 매장이 유용하다.

가는 방법

아이슬란드 국내에서는 버스와 항공을 주로 이용해 진입하며, 1번 도로가 시내와 전국을 연결한다. 또한 그린란드행 항공편으로도 연결 가능하다.

항공
시내 중심가에서 8km 떨어진 아큐레이리 국제공항에서 레이캬비크 시티, 그린란드 동부를 잇는 아이슬란드에어의 노선이 1일 5회 이상, 그림세이 섬(주 3회~매일), 동부 피요르드 지역(주 2회)을 잇는 노를란드에어Norlandair의 노선이 발착한다. 공항 옆에는 항공 박물관이 있어서(6~9월 운영) 이동 전후 잠시 들러 둘러보기에 좋다. 레이캬비크 시티 공항에서 약 45~50분 소요.

Web 공항 안내 www.isavia.is
항공 박물관 www.flugsafn.is

아큐레이리 국제공항→시내

❶ 택시

공항과 시내를 연결하는 유일한 교통수단으로, 시내 중심가까지 빠르게 연결 가능. 여러 명이 함께 이동하거나 짐이 많을 때, 주말 이동 시 유용하다. 돌아올 때는 시내버스 중앙 정류장 옆 택시 회사 사무실에서 예약 가능.

운행 비행기 출도착 시간에 맞춰 운행
Time 버스 터미널까지 5분, 시내 중심가까지 10분 이내 소요.
Cost 약 2,000ISK~(미터기 이용)
Web www.BSO.is

❷ 도보+버스

버스 정류장이 있는 스케이트장Skautahöll으로 도보 이동 후, 6번 시내버스를 이용할 수 있다. 공항 앞에서 우회전해 Eyjafjarðarbraut를 따라 시내 방향으로 올라간 후, Naustavegur 길에서 좌회전해 내려간다. 교통비가 들지 않는 것이 큰 장점이지만, 짐을 들고 오르락내리락 하는 것은 물론, 15분 정도 걸어야 하기 때문에 짐이 적을 때에만 가능하다. 공항으로 갈 때는 5번 버스를 이용해 시내 이동의 역순으로 진행한다.

운행 **6번 버스** 월~금 06:50~22:50, 토 · 일 12:55~18:55
Time **공항–스케이트장** 도보 15분, **스케이트장–시내** 호프 문화 센터 종점 약 10분 소요.

❸ 시내버스

6월 중순~8월 중순에 한해 비행기 도착 시간에 맞춰서 무료로 운행한다. 시내의 주요 호텔과 중심가를 연결하며, 최종 종점은 아이슬란드에어 호텔이다. 또한 아이슬란드에어에서 기간 한정으로 여름에 한해 버스를 운영하니(편도 850ISK) 현지에서 재확인할 것.

버스

스트라이토의 56번 버스 노선이 에일스타디르, 57번이 레이캬비크를 연중 연결하며, 달빅행 78번과 후사빅행 79번 노선 역시 연중 이용 가능하다. 스트라이토의 모든 노선은 모두 호프 문화 센터 근처의 정류장에서 별도로 출도착한다.

차량

1번 도로 이용 시 시내로 바로 진입이 가능하다. 단 시내 중심가는 차량 출입이 어렵고 일방통행 길이 많으니 주의. 중앙 버스 정류장 근처의 시영 주차장에 주차 후 중심가로 나오는 것을 권한다.

시내 교통

시내 중심가는 크기가 작아 충분히 도보 이동이 가능하다. 단 시내 중심에서 약간 떨어진 공식 유스호스텔, 글레라토르그 쇼핑몰, 시립 박물관, 스케이트장(공항 연결) 등을 오갈 때에는 버스를 이용한다. 배차 간격이 길고 운행 횟수가 적지만, 전 노선 무료! 돈 안 들고 시내를 한 바퀴 돌기에 가장 좋은 방법이다. 6개의 각 노선당 한 바퀴를 도는 데 약 40분~1시간이 소요된다.

모든 시내버스 노선은 호프 문화 센터 건너편의 버스 정류장 Miðbær부터 시작하며, 노선에 따라 시내 중심가에서도 승하차가 가능하다. 정류장에는 SVA 표시가 붙어 있다.

운행 **1~6번** 월~금 06:10~21:50(1시간에 1~2대 운행)
6번 토 · 일 12:15~18:15(1시간에 1대 운행)
Web www.bus.is

주요 정류장 및 노선 안내

아큐레이리 호스텔 : 1, 2, 3번 Stórholt
시립 박물관 : 5, 6번 Minjasafn
스케이트장(공항 연결) : 5, 6번 Skautahöll
글레라토르그 쇼핑몰 : 평일 2, 3, 4번 Bogabraut/Glerártorg

아큐레이리 시내, 이렇게 보자

보통 링 로드 일정 중 반나절 정도로 머물거나, 북부 지역 투어를 위해 적게는 당일, 많게는 2~3일 정도 머물며 틈틈이 시내를 보는 경우가 많다. 하지만 일정이 분산될 경우 아쉬움이 남을 수 있으니 되도록이면 최소 반나절~하루는 시내를 집중적으로 보는 일정을 권한다.

여름 시즌에는 오전에 시립 박물관을 먼저 왕복한 후, 오후에는 시내 관광지를 천천히 돌아보자. 주말이나 여름 이외 시즌에는 그 반대 순서가 적당하다. 좀 더 여유가 있다면 시내의 지열 수영장이나 국립식물원, 시립 박물관의 분관 등을 추가해도 괜찮다. 방문하는 시기의 관광지 입장 시간을 먼저 체크한 후에 일정을 잡자. 주머니가 가볍거나 궂은 날씨에 시내버스를 타고 대학교를 비롯한 시내 구석구석을 돌면서 시민들의 일상을 들여다보는 것도 나름의 재미를 준다.

추천 코스

관광안내소 및 호프 문화 센터 ➔ 시립 박물관 ➔ 아큐레이리 교회 ➔ 시립 미술관 및 중심가(여유가 된다면 교회와 시립 박물관 사이에 국립식물원 추가 가능)

예상 소요 시간 : 6시간~하루

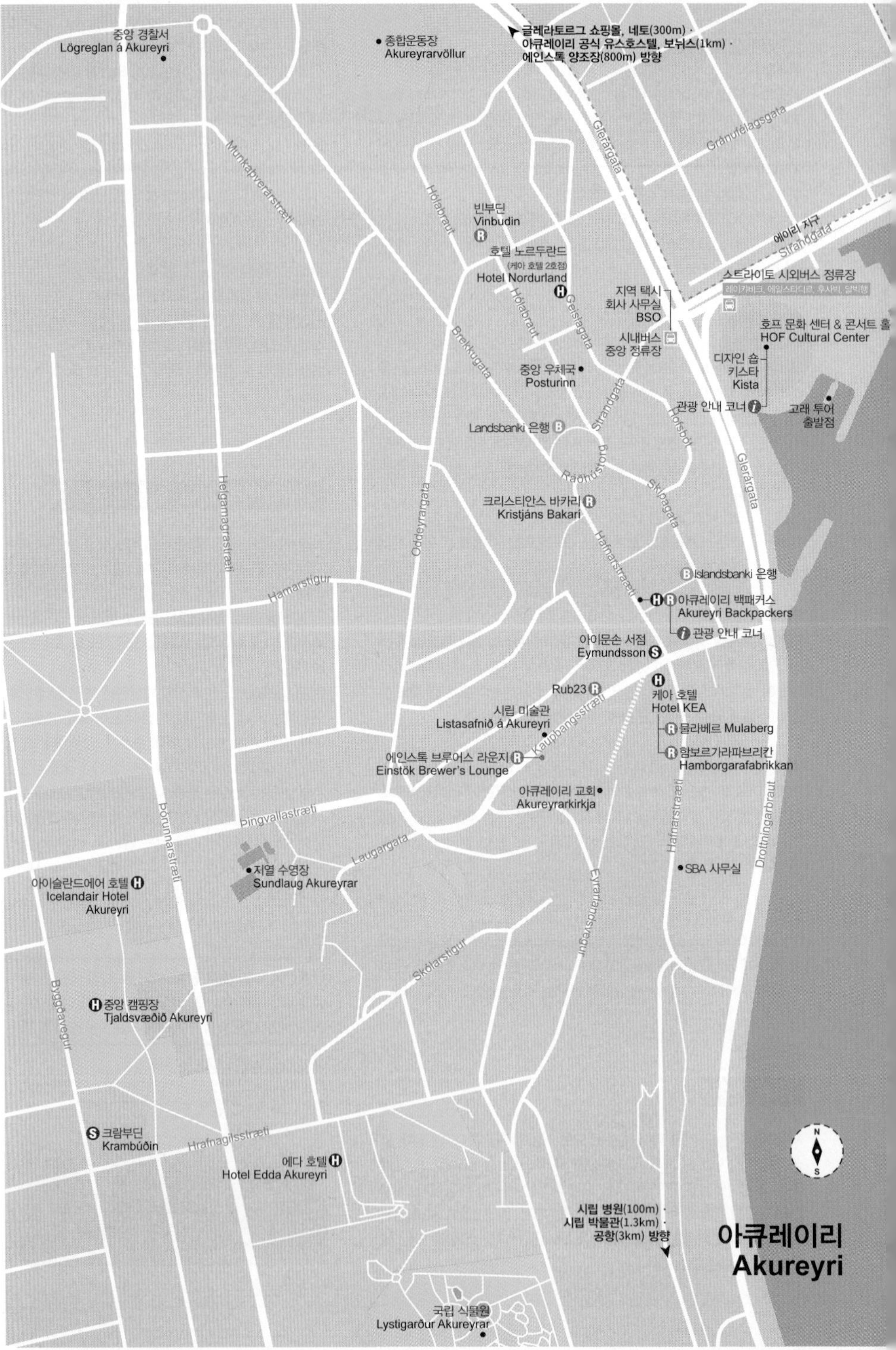

중앙 경찰서
Lögreglan á Akureyri
종합운동장
Akureyrarvöllur
글레라토르그 쇼핑몰, 네토(300m) · 아큐레이리 공식 유스호스텔, 보뉘스(1km) · 에인스톡 양조장(800m) 방향
Glerárgata
Gránufélagsgata
Munkaþverárstræti
Hólabraut
빈부딘
Vinbudin
호텔 노르두란드
(케아 호텔 2호점)
Hotel Nordurland
에이리 지구
Strandgata
스트라이토 시외버스 정류장
레이캬비크, 에일스타디르, 후사비, 달비크행
지역 택시 회사 사무실
BSO
시내버스 중앙 정류장
Geislagata
Brekkugata
호프 문화 센터 & 콘서트 홀
HOF Cultural Center
중앙 우체국
Posturinn
디자인 숍
키스타
Kista
관광 안내 코너
고래 투어 출발점
Landsbanki 은행
Hofsbót
Ráðhústorg
Skipagata
크리스티안스 바카리
Kristjáns Bakarí
Oddeyrargata
Helgamagrastræti
Hafnarstræti
Islandsbanki 은행
아큐레이리 백패커스
Akureyri Backpackers
관광 안내 코너
Hamarstígur
아이문손 서점
Eymundsson
Rub23
케아 호텔
Hotel KEA
시립 미술관
Listasafnið á Akureyri
물라베르 Mulaberg
함보르가라파브리칸
Hamborgarafabrikkan
Kaupvangsstræti
에인스톡 브루어스 라운지
Einstök Brewer's Lounge
아큐레이리 교회
Akureyrarkirkja
Þingvallastræti
Þórunnarstræti
Laugargata
Drottningarbraut
지열 수영장
Sundlaug Akureyrar
아이슬란드에어 호텔
Icelandair Hotel Akureyri
SBA 사무실
Eyrarlandsvegur
Skólastígur
중앙 캠핑장
Tjaldsvæðið Akureyri
Byggðavegur
크람부딘
Krambúðin
Hrafnagilsstræti
에다 호텔
Hotel Edda Akureyri
시립 병원(100m) · 시립 박물관(1.3km) · 공항(3km) 방향
아큐레이리
Akureyri
국립 식물원
Lystigarður Akureyrar
N
S

아큐레이리 교회 Akureyrarkirkja

뷰포인트 관광명소 로컬명소 건축·디자인

1940년에 완공된 이래 시내의 랜드마크이자 시내를 바라보는 뷰포인트, 최고의 관광 명소로 굳건히 자리 잡았다. 하들그림스키르캬(p.502 참조)를 설계한 구드욘 사무엘손의 초기작으로, 하들그림스키르캬의 아버지뻘이다. 제단의 스테인드글라스는 제2차 세계대전 동안 파괴된 영국 코벤트리 대성당에서 들여와 설치했으며, 양쪽 창문에는 아이슬란드 교회의 간략한 역사도 스테인드글라스와 함께 볼 수 있다. 3,300개의 파이프를 이용한 오르간, 예수의 생애를 하나하나 새긴 2층의 조각, 바다에 나간 어부들을 보호한다는 믿음으로 매달린 배 역시 함께 봐야 하는 포인트다. 아침부터 밤 10시까지 30분마다 한 번씩 시내에 울리는 종소리도 꼭 들어 보자.

Address við Eyrarlandsveg
Tel 462 7700
Open **입장** 월~금 10:00~19:00(6~9월에는 일 17:00~19:00 추가)
예배 일 11:00(6~9월에는 20:00 추가)
Close 10~5월, 장례식 등의 행사 시, 6~9월의 토요일
Access 시내 중심가 케아 호텔 옆의 계단을 올라가서 있는 큰 교회.
Web www.akureyrarkirkja.is(아이슬란드어)

시립 미술관 Listasafnið á Akureyri

로컬명소 미술관

북부 지역을 대표하는 미술관으로, 규모는 크지 않지만 전시만큼은 알차다. 시즌마다 미술관 안팎을 장식하는 기발한 작품들도 재미있다. 상설 전시보다는 매 시즌 바뀌는 특설 전시 위주로 운영되고 있다. 방문 전 미리 홈페이지를 통해 전시 내용을 알아보고 가자. 매주 목요일 12:30에 특설 전시에 대한 무료 가이드 투어(영어)가 있다.

Address Kaupvangsstræti 12
Tel 461 2610
Open **6~8월** 10:00~17:00, **9~5월** 12:00~17:00
Close 12/24~25, 12/31~1/1
Access 아큐레이리 교회 옆에서 길을 건너 올라간다. RUB23 레스토랑 옆의 큰 건물.
Cost 성인 2,000ISK, 학생 1,000ISK
Web www.listak.is

호프 문화 센터 & 콘서트 홀
HOF Cultural Center

관광명소 로컬명소 건축 · 디자인

지역 건축사 알싱Arkþing 및 레이니스 시루손의 설계와 7개 사의 합작으로 2010년에 완공된 후, 아큐레이리 시내의 새로운 랜드마크가 되었다. 특히 외벽의 배열은 스바르티포스(p.531 참조) 등의 주상절리 암벽을 모티브로, 남부 지방에서 직접 채취한 석재를 이용하여 하르파 콘서트 홀(p.498 참조)과는 또 다른 느낌을 준다. 지금은 관광 안내 부스, 디자인 숍 키스타Kista를 비롯해, 북아이슬란드 심포니 오케스트라 NISO, 시어터 컴퍼니 및 연기 학교의 본거지로 이용되고 있다.

Address Strandgata 12
Tel 450 1000
Open 관광 안내소와 레스토랑 운영 시간 위주, 박스 오피스는 공연 2시간 전부터 오픈
Access 시내 중심가에서 시청 앞 광장으로 넘어온 후, 광장에서 우회전하여 원형의 큰 건물이 나오면 길을 건넌다.
Web 공연장 www.mak.is
디자인 숍 키스타 www.kista.is

시립 박물관 Minjasafnið á Akureyri

로컬명소 박물관

1978년에 문을 연 이래, 아큐레이리 시내의 역사와 시민들의 삶, 이에 관련된 아이슬란드 역사를 철철이 교체해 전시하는 시내 최대의 박물관이 되었다. 상설 전시에서는 지역 정착기부터 중세, 도시가 형성된 19세기 이후부터 현재까지의 시내 역사를 다양한 설명으로 재미있게 접할 수 있다. 먼저 지하의 시내 역사 파트를 보면서 내용을 파악한 후에 1층의 전시를 보는 것을 권한다. 또한 바깥의 정원은 1899년에 국내 최초로 나무를 심기 시작한 곳으로도 의미가 깊다. 지금까지 심어진 나무와 타원형 정원도 잘 보존되어 있어 관람 전후 잠시 쉬어 가기에도 그만이다. 시내에서 교회를 제외한 단 한 곳을 꼽는다면 이곳을 추천.
여름 시즌에는 아동 문학가 노니Nonni, 아이슬란드 국가의 작사가인 마티아스 요쿰손Matthías Jochumsson, 민족 시인 다비드 스테판손Davíð Stefánsson의 생가를 묶어 2,300ISK에 다녀올 수 있는 당일 패스를 판매한다. 시간이 있다면 함께 가 보자.

Address Aðalstræti 58
Tel 462 4162
Open **6월~10/1** 10:00~17:00,
10/2~5월 13:00~16:00
Close 공휴일 및 기타 부정기적
Access 호프 문화 센터 건너편에서 5번 시내버스를 타고 Minjasafn 정류장에서 하차. 시내 중심가에서 도보 이동 시 20~25분 소요.
Cost 성인 1,800ISK, 18세 미만 · 70세 이상 무료
Web www.minjasafnid.is

국립식물원 Lystigarður Akureyrar

관광명소 로컬명소 어린이 동반

국내에서 가장 오래 된 세계 최북단의 야외 식물원 겸 공원. 1912년에 처음 공원으로 조성되었다가, 확장을 거치며 1957년에 지금의 식물원 목적으로 바뀌었다. 잘 꾸며진 정원 안에 자작나무를 비롯한 여러 종류의 큰 나무들과 7,000여 종의 식물들이 함께 자라고 있다. 특히 이곳은 국내 기후에 적응 가능한 식물들을 찾기 위한 테스트의 장으로 유명하다. 한 켠에 위치한 400여 종의 아이슬란드 자생 식물과 대륙별 식물 종이 모인 정원, 극지방 및 고산 지대 식물 코너는 관심 있게 눈여겨보자. 시내에서 식물과 함께 잠시 여유를 찾기 위해 조용히 둘러보기에 좋다.

Address Eyrarlandsvegur, 600 Akureyri
Tel 462 7487
Open **6~9월** 08:00~22:00(10~5월은 화장실 이용 불가), **구내 식당 LYST** 일~목 10:00~19:00, 금 · 토 10:00~23:00
Close 나머지 기간
Access 시내 중앙 정류장에서 1번 버스를 이용해 Þórunnarstræti, Sjúkrahús 정류장에 하차 후 길을 건너 진입. 돌아올 때는 2번 버스를 이용한다. 도보 이동 시에는 아큐레이리 교회 왼쪽 옆길을 내려간 후 Eyrarlandsvegur 길을 따라 내려가 오른쪽.
Cost 무료
Web www.lystigardur.akureyri.is

아인스톡 브루어스 라운지 Einstök Brewers Lounge

로컬명소 바

북부 지역 대표 맥주 회사 아인스톡Einstök에서 로컬 바 안에 마련한 별도의 공간. 아인스톡 맥주에 관련된 간단한 체험과 함께, 곳곳에 걸려 있는 전시물과 그림에서 분위기를 느낄 수 있게 하였다. 한국인 입맛에 잘 맞는 시원하고 상쾌한 악틱 라거와 에일 맥주를 비롯, 시즌별로 출시되는 에일 종류도 선택 가능하다. 선택이 어렵거나 여러 명이 함께 간다면 4종류의 샘플러를 마셔 본 후, 맘에 드는 맥주를 선택해 보자. 저녁 6~8시의 해피 아워 시간대에는 조금 더 저렴하다. 한국식 튀김과 전에는 화이트 에일이나 악틱 라거, 양념치킨에는 페일 에일을 추천.

Address Kaupvangsstræti 23
Tel 896 3093
Open 월~수 18:00~23:00, 목 18:00~01:00, 토 14:00~01:00, 일 14:00~23:00
Access 시립 박물관 건너편, 욀스토파Ölstofa Akureyrar 바 2층 안쪽
Cost 맥주 잔당 1,000ISK~, 4잔 샘플러 2,500ISK
Wifi 가능(비밀번호 있음)
Web www.brewerslounge.is

크리스티안스 바카리 Kristjáns Bakarí

카페

1913년 이래 한 장소에서 시민들의 아침을 책임진 지역 대표 빵집. 다양한 종류의 샌드위치와 데니쉬 페스트리, 식사용 호밀 빵이 인기 최고 아이템이다. 전통 도넛 클라이나Kleina를 비롯한 도넛 종류와, 맛있는 빵과 커피로 아침을 시작하기에 가장 좋은 장소.

Address Hafnarstræti 104
Tel 460 5930
Open 07:00~19:00(**겨울 시즌** 월~금 08:00~17:00, 토 08:00~16:30, 일 09:00~16:30)
Access 시청 앞 광장에서 시내 중심가 Hafnarstraeti로 들어가 왼쪽. 오렌지색 간판이 있다.
Cost 식사용 빵 625ISK~, 데니쉬 종류 470ISK~, 샌드위치 500~900ISK, 커피 종류 410ISK~, 전통 도넛 클라이나 235ISK
Wifi 가능(비밀번호 있음)
Web www.braudgerd.is(아이슬란드어)

럽23 Rub23

로컬명소 레스토랑

초밥류와 여러 가지 생선 요리를 즐길 수 있는 지역 인기 레스토랑. 특히 점심 시간의 초밥 뷔페는 초밥류와 샐러드, 고기 종류를 골고루 먹을 수 있어 현지인들과 관광객 모두에게 인기가 높다. 뷔페가 다소 부담된다면 저녁보다 저렴한 점심 메뉴도 괜찮은 선택이다. 여행 중 '밥'을 먹고 싶다면 괜찮지만, 된장국이 없는 것이 다소 아쉽다.

Address Kaupvangsstræti 6
Tel 462 2223
Open 월~목 11:30~14:00, 17:00~22:00, 금 11:30~14:00, 17:00~23:00, 토 17:00~23:00, 일 17:00~22:00
Access 시립 박물관 옆
Cost 점심 초밥 뷔페 4390ISK, 식사류 3300~8400ISK
Wifi 가능(비밀번호 있음)
Web www.rub23.is

아큐레이리 백패커스 Akureyri Backpackers

레스토랑 바

저렴하고 맛있는 식사 메뉴는 배낭여행자부터 가족 단위의 여행자까지 골고루 만족시킨다. 주말 점심에는 푸짐한 브런치가 인기 최고. 또한 주말 저녁에는 현지 젊은이들의 놀이터로 인기가 높다.

Address Hafnarstræti 98
Tel 571 9050
Open 월~목 · 일 11:00~23:00, 금 · 토 11:00~03:00
Access 아큐레이리 교회에서 계단을 내려와 시내 중심가 Hafnarstraeti로 들어가 오른쪽. 아큐레이리 백패커스 호스텔 1층.
Cost 버거 · 피자 · 샐러드 및 브런치 메뉴 2,700~3,300ISK, 맥주 잔당 750ISK~, 오늘의 생선요리 3,200ISK
Wifi 가능
Web www.akureyribackpackers.com

아큐레이리의 숙소
Akureyri Accommodations

도시 규모는 작아도 숙소의 폭은 넓고 중심가에 숙소가 많다. 심지어 시내 중심가 근처에 캠핑장까지 있을 정도! 하지만 여름 시즌에는 예약하고 가는 게 안심이다. 버스 중심 여행자는 시내 중심가와 터미널 근처로, 차량 소지자는 주차가 편하고 1번 도로와 가까운 곳에 숙박을 잡는 것을 권한다. 캐리어 소지 시, 혹은 무릎이 좋지 않을 경우 시립 미술관에서 캠핑장까지의 경로는 경사 급한 언덕길로 이동이 힘드니 피하자.

※ 요금은 호스텔의 경우 도미토리, 호텔은 스탠더드 2인실 기준.

아큐레이리 백패커스
Akureyri Backpackers

1층의 레스토랑 겸 바 외에, 지하와 2~4층이 호스텔로 이용되고 있다. 시내 최중심가라는 위치와 무료 사우나를 비롯한 깨끗하고 편리한 시설은 배낭여행자들에게 최고의 매력이다. 세탁 시 동전이 필요하니 약간의 현금을 준비하자. 주말 밤 시간에는 다소 시끄러운 것이 가장 큰 단점. 침낭 사용 가능.

Address Hafnarstræti 98
Tel 571 9050
Cost 3,500ISK~(조식, 시트 별도)
Web www.akureyribackpackers.com

케아 호텔
Hotel KEA

아큐레이리를 대표하는 기업 케아KEA에서 1944년에 설립한 시내 최고 호텔이자 랜드마크. 교회와 시내 중심가를 바라보는 최상의 위치에 있다. 시설이 다소 낡은 것이 단점이었으나 최근에 리노베이션을 거치면서 정비되었다. 1층의 부설 레스토랑 겸 바 물라베르Mulaberg와 사각 햄버거로 유명한 함보르가라파브리칸Hamborgarafabrikkan도 인기 만점. 가격이 부담스럽다면 시내 2호점인 노르두란드Nordurland(Geislagata 7)도 괜찮다.

Address Hafnarstraeti 79-87
Tel 460 2000
Cost 15,000ISK~
Web www.keahotels.is

하프나르스트래티 호스텔
Hafnarstræti Hostel

시내 중심가에 새로 오픈한 캡슐식 호스텔. 백패커스에 자리가 없을 경우 차선책으로 알아보자. 일본식 캡슐 호텔에 익숙한 여행자에게 추천하며, 체크인 전 비밀번호를 이메일로 받아야 한다. 연중 운영한다.

Address Hafnarstræti 99
Tel 774 8855
Cost 6600ISK~(조식 별도, 시트 포함)
Web www.hhostel.is

북부 지역
North Iceland

남부의 '얼음'과 극명한 대조를 이루는, 북쪽은 '불'이다. 화산 활동의 결과가 최근까지 남아, 일부 지역은 지금도 유황 냄새 가득한 열기를 내뿜고 있다. 한창 포경이 활발했던 시절에는 달빅, 후사빅 등의 항구 마을을 중심으로 고래가 잡혔지만, 지금은 고래 관광의 중심지가 되어 '고래의 꿈'을 꾸는 여행자들을 끌어들인다. 화산이 만들어 낸 호수와 지열 지대, 바트나예퀴들 빙하가 만들어 낸 협곡과 폭포, 그리고 고래로 대표되는 바다가 3박자를 이루는 이곳은 남부보다 더 흥미로운 아이슬란드를 맛보기에 좋은 곳이다.

Web www.northiceland.is

가는 방법

아큐레이리와 레이카흘리드Reykahlið를 중심으로 항공과 버스, 차량 중 본인의 사정에 맞게 선택할 수 있다. 특히 여름 시즌 이외에는 교통 이용이 어려울 수 있으니 본인이 방문하는 기간에 교통이 운행하는지 꼭 먼저 확인하고 일정을 진행하자. 아큐레이리 이동은 p.546 참조.

항공

가장 빠르게 이동하고 싶거나, 항공사에서 진행하는 당일 투어를 이용할 경우에 유용하다. 레이캬비크에서는 항공과 버스로 아큐레이리부터 진입해 이동하며, 방문하려는 지역에 따라 후사빅과 소르스회픈 Þórshöfn, 그림세이Grímsey 공항을 이용해 이동해도 괜찮다. 후사빅은 이글에어, 나머지 지역은 노를란드에어, 아이슬란드에어가 주 3~6회 취항하며 계절에 따라 운행 횟수가 달라질 수 있으니 반드시 확인하자. 단 공항 도착 후 읍내까지 나가려면 차량이나 택시만 가능하며, 그림세이 섬은 마을까지 도보로 이동할 수 있다.

Web 공항 안내 www.isavia.is
이글에어 www.eagleair.is
노를란드에어 www.norlandair.is

버스

스트라이토 57번 노선이 매일 1~2회 연중 운행하며, 중간에 보르가르네스Borgarnes에서 북서부 피요르드를 연결하는 홀마빅Holmavik행 59번 노선으로 환승이 가능하다. 또한 에일스타디르에서는 스트라이토 56번 버스가 계절에 따라 여름에는 매일 1회, 이외 기간에는 주 3~5회 운행하며, 레이카흘리드에 중간 정차한다. 기상 상황과 도로 상태를 확인하며 선택하자.

차량
에일스타디르부터 1번 도로가 내륙을 지나 크베리르 지열 지대, 레이카흘리드, 뢰이가, 고다포스, 아큐레이리를 연결한다. 또한 에일스타디르 이후 85번 도로가 분기되면서, 북부 해안의 보프나피외르뒤르, 소르스회픈 등의 작은 마을을 거쳐 후사빅까지 이어진다. 보통 1번 도로를 이용해 중간에 분기된 지점으로 각 관광지까지 이동하게 된다. 동부보다는 커브와 비포장이 많지 않아 운전이 다소 편해지지만, 뮈바튼에 도착하기 전 지열 지대에서의 뜨거운 김과 유황 냄새는 주의. 6월 중순~9월 초까지는 F35번(크욀뤼르Kjölur 루트), F26번(스프레잉기산뒤르Spregisandur 루트), F88번(외스큘레이드Oskjuleið 또는 아스카Askja 루트)을 비롯한 내륙의 산악 비포장도로가 통행이 가능해진다. 아이슬란드의 다양한 면을 확실히 느끼고 싶다면, 반드시 4륜 구동 차량을 이용해 방문하자.

지역 내 교통

아큐레이리와 레이카흘리드, 달빅을 중심으로 정기 항공편과 버스, 페리편을 선택해 이용할 수 있다. 최종 목적지에 맞게 선택하자.

항공
아큐레이리 공항에서 소르스회픈, 그림세이 섬으로 가는 노를란드에어의 정기 항공편을 이용할 수 있다. 시즌에 따라 주 3회~매일 운행한다.

버스
스트라이토 56번 이외에 연중 운행하는 후사빅행 79번, 달빅 · 시글리피외르되르행 78번 버스 노선(월~금 3회, 일 1회)은 고래 관광이나 그림세이 섬, 아우스비르기(여름) 일정 시 이용 가능하다. 또한 아큐레이리를 중심으로 여러 투어 회사에서 뮈바튼, 고다포스, 데티포스, 크라플라 등의 관광지를 돌아보는 당일 투어 프로그램을 이용할 수 있다. 계절과 도로 상태에 따라 돌아볼 수 있는 관광지가 달라지는 점 알아 두자. 관광 안내소와 묵는 숙소의 리셉션, 아큐레이리 시내의 여행사 등에서 신청 가능.
Web　**Saga Travel** www.sagatravel.is
　　　Nonni Travel www.nonnitravel.is

페리
달빅 항구에서 그림세이 섬으로 가는 정기 페리편이 주 3회(여름 시즌 주 5회) 출도착한다. 특히 차량 소지 시에는 반드시 미리 예약하자.
Web　www.samskip.is/innanlands/saefari

각 시기별 운행 시간
❶ 6~8월 (월 · 수 · 목 · 금 · 일)
달빅–그림세이 : 09:00~12:00
그림세이–달빅 : 월 · 수 · 금 17:00~20:00, 목 14:00~17:00, 일 16:00~19:00
❷ 1/15~5/14 (월 · 수 · 목 · 금)
달빅–그림세이 : 09:00~12:00
그림세이–달빅 : 16:00~19:00, 14:00~17:00
❸ 5/15~31, 9월(월 · 수 · 목 · 금)
달빅–그림세이 : 09:00~12:00
그림세이–달빅 : 월 · 수 · 금 16:00~19:00, 목 14:00~17:00
❹ 10/1~1/14 (월 · 수 · 금)
달빅–그림세이 : 09:00~12:00
그림세이–달빅 : 14:00~17:00

차량
에일스타디르 이후부터 지역을 연결하는 1번 도로를 중심으로, 각 지역마다 들어가는 길이 갈라진다. 지역으로 들어가는 도로 번호를 미리 알아 두고 진입 전 확인하자. 단 뮈바튼 네이처 바스는 진입 표지판을 반드시 확인하고 들어갈 것.

각 지역별 도로 번호
❶ **데티포스** : 862번(1번 도로에서 데티포스 진입로까지 포장, 이후 87번까지 비포장), 864번(비포장)
❷ **후사빅, 소르스회픈** : 85번
❸ **달빅** : 82번
❹ **뮈바튼 호수 주변** : 848번(이후 다시 1번으로 연결)
❺ **알데이야포스** : 842번(이후 F26번 비포장으로 연결)
❻ **크라플라** : 863번

북부 지역, 이렇게 다니자

북부 지역은 남부와 또 다른 매력의 여행지가 많아 짧은 일정에 다 진행하기에는 쉽지 않다. 먼저 본인의 취향, 비용, 숙박 가능 여부, 여행 기간, 이동할 교통수단 등을 미리 확인하자. 당일 날씨와 길 상태에 따라 언제든지 달라질 수 있는 것도 염두에 두어야 한다.
차량 이용 시 1번 도로 주변에 여러 관광지들이 산재해 있어, 중간 중간 진입 후 내려서 돌아보는 데 적지 않은 시간이 소요된다. 또한 고래 투어와 내륙 지방이 더해지면 일정을 비롯해 차량 렌트와 투어 등의 비용도 늘어나게 된다. 계획 시 운전 거리, 숙박, 내륙 도로 통과 가능 여부 등을 미리 확인하고, 일정을 여유 있게 잡는 것이 좋다. 겨울 시즌에는 일부 관광지 도로가 눈으로 통제되고 내륙 지역은 진입이 불가능하니 도로 상황을 반드시 확인하고 이동하자.
버스 중심 여행자는 먼저 본인이 가고 싶은 곳의 버스 운행 여부, 숙박 이용, 투어 프로그램 이용 가능 여부를 확인하고 일정을 정하자. 원하는 지역에 숙박이 없거나 캠핑에 자신이 없다면, 여름 전후 시즌에 방문 시에는 아큐레이리를 중심으로 투어나 지역 버스를 이용해 주변을 다녀오면 된다. 시간이 없을 경우 아이슬란드에어, 이글에어의 당일~1박 2일 항공 투어를 이용해 레이캬비크에서 아큐레이리나 후사빅 등을 왕복하며 현지 투어를 이용하는 방법도 있다.

기본 코스

일반 차량 및 여름 이외 시즌 시

1일 : 에일스타디르→데티포스→아우스비르기 협곡→후사빅
2일 : 후사빅 고래 투어→뮈바튼 지역 및 뮈바튼 네이처 바스
3일 : 크라플라+크베리르 지열 지대→고다포스→아큐레이리
4일 : 아큐레이리(달빅+그림세이 섬 왕복이나 낚시 투어도 가능)
5일 : 이후 1번 도로 일정(레이캬비크나 68번 도로로 빠져 웨스트 피요르드 지역 이동)

시계 방향의 링 로드 일정 시에는 역순으로 진행하며, 아큐레이리 일정은 자유롭게 조정 가능. 시간이 없을 경우 후사빅 일정을 아큐레이리에서 왕복하며 진행해도 괜찮다. 10월 이후 864, 862번 북쪽 진입로 폐쇄 시에는 1일 차에 862번 남쪽 진입로로 데티포스 일정 후(눈으로 통제되면 생략) 뮈바튼 지역 및 네이처 바스, 2일 차에 지열 지대 왕복 후 87번 도로로 후사빅 및 아우스비르기 왕복, 3일 차에 고래 투어 후 고다포스를 거쳐 아큐레이리 이동으로 변경 가능하다. 뮈바튼에 숙박이 없다면 2일 일정 후 아큐레이리로 바로 이동하고, 뮈바튼 지역과 네이처 바스 일정을 3일 차에 함께 넣어 당일치기로 진행해도 된다. 단 겨울 시즌에는 고래 및 낚시 투어 진행 여부를 미리 알아본 후에 맞춰서 진행하거나 후사빅 일정을 생략하자.

4륜 구동 차량 이용 시(6월 중순~8월 말)

1~2일 : 위와 동일하게 진행
3일 : 크라플라→크베리르 지열 지대→고다포스 및 근처 숙박
4일 : 알데이야포스→(F821번 도로 이용 또는 F26으로 왕복)→아큐레이리
5일 : 아큐레이리 시내나 달빅+그림세이 섬 당일 일정 중 선택
6일 : F35 루트로 골든 서클까지 이동 후 각 관광지 근처나 뢰이가바튼에서 1박

F26 루트로 이동 시 알데이야포스 주변의 다른 폭포들도 묶어서 돌아보자. 또한 9월까지 데티포스 일정 시에는 864번, 아우스비르기까지 연결 시 862번 북행 도로 이용이 좀 더 수월해진다.

버스 이용 시

1일 : 에일스타디르–아큐레이리 버스 이동
2일 : 당일 투어 프로그램을 이용해 뮈바튼 호수, 고다포스, 데티포스, 네이처바스 돌아보기
3일 : 달빅(+그림세이섬), 후사빅 고래 투어, 아우스비르기 협곡 하이킹 중 선택해 당일
4일 : 아큐레이리 시내 관광
5일 : 스트라이토 버스나 항공으로 레이캬비크, 또는 보르가르네스(서부, 북서부행 버스 환승) 이동

아큐레이리에 머물면서 뮈바튼과 달빅, 후사빅 등을 하루씩 투어 프로그램이나 당일 버스 왕복으로 진행하는 방법. 첫날 버스로 이동하며 뮈바튼, 고다포스를 대강 훑어봤다면, 이후 투어로 확실히 눈에 익히자. 10~4월의 겨울 시즌에는 데티포스 진입이 어렵고, 겨울 시즌에는 고래나 낚시 투어가 진행되지 않을 수 있으니 투어 예약은 1~2일 전에 하는 것이 좋다. 캠핑, 백패킹에 익숙하다면 여름 시즌을 최대한 이용하되 1일차는 뮈바튼까지만 이동하고, 뮈바튼에 하루 묵으며 주변 지역을 도보로 둘러본 후 2일차 오후에 아큐레이리로 이동해도 괜찮다. 혹시 모를 투어 매진이나 기상 악화, 도로 상태 변동 등을 대비해 아큐레이리 숙박과 이동 시 하루 정도는 여유일을 두자.

Tip
뮈바튼+데티포스 및 북부 지역 투어는 회사별로 5월 중순~9월 말이나 10월 중순까지 이용 가능한 경우도 있다. 아큐레이리 관광 안내 홈페이지를 참조해 본인의 여행 기간에 맞는 투어를 확인하고 이용하면 된다. 관광 안내소를 통해서도 알선 및 예약 가능하며, 당일 기상 사정에 따라 변동될 수 있는 점 감안하자.

Tip
아큐레이리 시내에서 가능한 특별한 체험
아큐레이리 시내 고래 투어
보통 고래, 대구 낚시 투어는 달빅, 후사빅 등의 인근 도시에 묵으며 진행하게 된다. 하지만 시간이 부족하면 아큐레이리 시내에서 출발하는 고래 투어를 진행하는 것도 고려해 보자. 연중 운영하며, 호프 문화 센터 뒤편 선착장에서 출도착한다. 당일 기상 상태에 따라 취소될 가능성도 반드시 고려한 후 예약을 서두르자.

운영 12 · 1월 매일 11:00, 2~11월 매일 13:00(여름 시즌 17:00, 20:30 추가)
Cost 기본 3시간 투어 16세 이상 11,990ISK(15세 이하 50% 할인)
Web www.whalewatchingakureyri.is

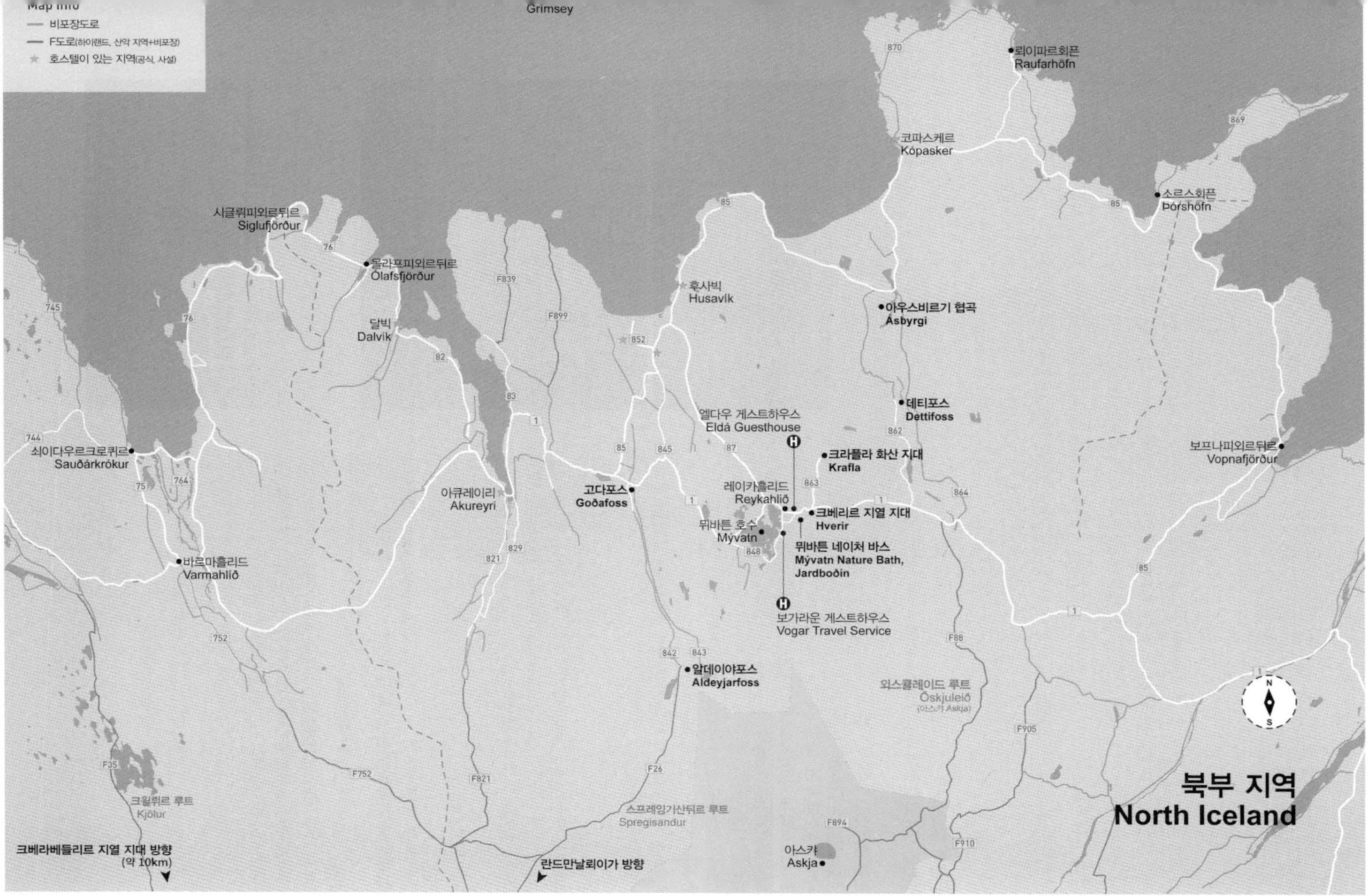
북부 지역
North Iceland
Map Info
비포장도로
F도로(하이랜드, 산악 지역+비포장)
호스텔이 있는 지역(공식, 사설)
Grimsey
뢰이파르회픈
Raufarhöfn
코파스케르
Kópasker
소르스회픈
Þórshöfn
시글뤼피외르뒤르
Siglufjörður
올라프피외르뒤르
Ólafsfjörður
달빅
Dalvík
후사빅
Husavík
아우스비르기 협곡
Ásbyrgi
데티포스
Dettifoss
엘다우 게스트하우스
Eldá Guesthouse
크라플라 화산 지대
Krafla
보프나피외르뒤르
Vopnafjörður
쇠이다우르크로퀴르
Sauðárkrókur
아큐레이리
Akureyri
고다포스
Goðafoss
레이카흘리드
Reykahlið
크베리르 지열 지대
Hverir
뮈바튼 호수
Mývatn
뮈바튼 네이처 바스
Mývatn Nature Bath,
Jardboðin
바르마흘리드
Varmahlíð
보가라운 게스트하우스
Vogar Travel Service
알데이야포스
Aldeyjarfoss
외스큘레이드 루트
Öskjuleið
(아스캬 Askja)
크욀뤼르 루트
Kjölur
스프레잉가산뒤르 루트
Sprengisandur
아스캬
Askja
크베라베들리르 지열 지대 방향
(약 10km)
란드만날뢰이가 방향
N
S
1
75
76
82
83
85
87
744
745
752
764
821
829
842
843
845
848
852
862
863
864
869
870
F26
F35
F88
F752
F821
F839
F894
F899
F905
F910

뮈바튼
Mývatn

약 2,300년 전 화산 활동으로 생겨난, 국내에서 4번째로 큰 37㎢ 규모의 담수호 겸 습지 지대. 뮈바튼이라는 이름이 깔따구를 뜻하는 'Midge(Mý)'와 물이라는 뜻의 'Vatn'이 합쳐진 단어라는 것을 생각하면, 그만큼 날벌레가 많아서 붙여졌다고 하겠다. 중심 마을인 레이카흘리드에 도착해 차 문을 여는 순간, 몰려드는 깔따구 떼에 정신이 쏙 빠진다. 하지만 물진 않으니 걱정 말자. 호수 주변 지역에는 화산 활동으로 생겨난 온천과 지열 지대가 산재해 있어, 지금은 주변 지열 지대까지를 합해 뮈바튼 지역이라 부르기도 한다. 지질학적으로는 신생아나 다름없는 아이슬란드의 화끈한 면을 가장 가까이에서 맛보기에 최고의 장소다.

유용한 홈페이지
뮈바튼 지역 관광 안내 www.visitmyvatn.is

관광 안내소
Gígur Visitor Centre
뮈바튼 호수와 주변, 바트나예퀴들 국립공원 북부 지역을 포함하는 안내소. 지역 내 하이킹 코스를 안내받고 싶을 때 유용하다.
Address 660 Skútustaðir
Tel 470 7110
Open 11~2월 10:00~14:00, 이후는 재확인 필요
Close 12/24~26, 12/31~1/1
Access 56번 버스 이용 시 Skútustaðir에 하차해 주차장 방향으로 도보 5분.

슈퍼마켓
크람부딘 Krambuðin : 레이카흘리드 마을 내 N1 주유소 옆. 캠핑 시 필요한 간편 식품들이 많다. 시즌마다 영업시간이 다르다(여름 시즌 09:00~22:00, 그 외 09:00~18:00).

가는 방법
버스
스트라이토 56번 버스가 레이카흘리드 마을, 관광 안내소 근처에서 출도착한다. 여름에는 1일 1회, 이외 기간에는 주 3~5회 운행.

차량
1번 도로에서 바로 레이카흘리드 마을로 진입 가능하며, 아큐레이리에서는 848번 도로를 중간에 경유하여 들어갈 수 있다. 또한 후사빅에서는 85→87→1번 도로 순서대로 내려오면 된다.

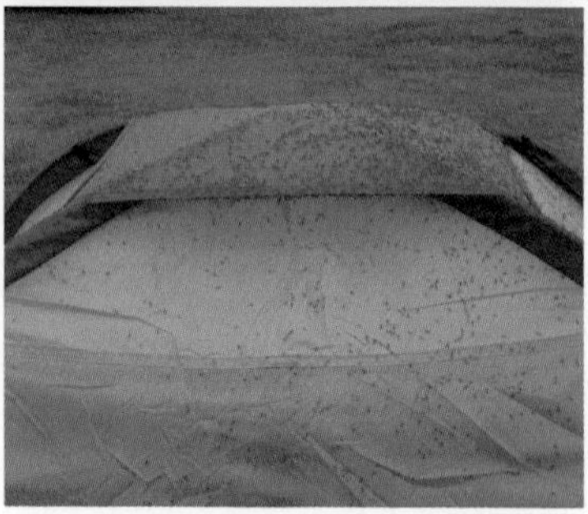

뮈바튼 네이처 바스
Mývatn Nature Bath, Jardboðin

관광명소 로컬명소

북부를 대표하는 화산의 선물은 바로 이곳! 2004년에 문을 연 이래 현지인들과 여행자들 모두를 사로잡았으며, 블루 라군보다 이용자가 적고 규모도 크지 않아 더 편안한 분위기에서 온천욕을 즐기기에 좋다. 미네랄이 풍부한 온천수는 인근 지열 발전소에서 끌어 올린 130도의 온천수를 식혀서 사용하고 있는데 블루 라군과 마찬가지로 우윳빛을 띠며, 바닷물이 아닌 담수로 피부에 자극이 적은 것도 큰 장점이다.
먼저 지하 깊은 곳에서 올라오는 45도의 증기를 몸에 쐬어 주면서 증기욕을 한 다음 물에 들어가자. 온천수의 온도는 38~40도로, 한국에서의 뜨끈한 목욕탕 문화에 익숙하다면 미지근하게 느껴질 수도 있으니 한쪽의 42도 열탕을 이용하는 것도 괜찮다. 오후 3시 이후부터는 이용자가 많아지니 되도록 오전에 가는 것도 좋은 방법이다.
이곳의 최대 단점은 대중교통 연결이 되지 않아, 차가 없으면 이동이 어렵다는 것. 버스 이용 시에는 미리 얘기하면 문 앞에 직접 세워 주지만, 돌아올 때에는 지역 택시를 불러서 이동하는 것을 권한다(여름 시즌 가능). 여름 이외의 시즌에는 투어를 이용해 방문하는 것도 좋은 방법이다.
또한 뮈바튼 지역 숙소와 캠핑장에서 숙박 시, 성인 요금에 한해 10% 할인된 티켓도 미리 구입할 수 있으니 문의해 보자. 들어갈 때 귀금속 종류는 모두 빼야 하며, 영유아 동반은 불가능하다.

Address	Jardbadsholar, 660 Mývatn
Tel	464 4411
Open	**5~9월** 09:00~24:00(**9/16~30** 10:00~), **10~4월** 12:00~22:00, **일부 공휴일 전날** 13:00~16:00
Close	12/25, 1/1
Access	1번 도로를 이용해 레이카흘리드 읍내로 들어가기 전 진입 표지판을 보고 좌회전한다. 레이카흘리드 읍내에서 택시 이용 시 약 7분, 도보 이동 시 50분 소요.
Cost	성인 6,490ISK, 13~15세 3,290ISK, 학생 및 노인 4,290ISK
Web	www.myvatnnaturebaths.is

TICKET!

크라플라 화산 지대 Krafla

관광명소 로컬명소 아웃도어

북부 지역에서 화산 활동으로 생성된 칼데라 호수, 두 곳의 비티Víti 중 한 곳이다(나머지 하나는 바트나예퀴들 빙하 국립공원 내 아스캬Askja). 이곳은 1724~1729년의 뮈바튼 화산 폭발 시 생성되었으며, 비티가 아이슬란드어로 '지옥'이라는 뜻인 것처럼, '그 밑에 지옥이 있다'고 여겨질 정도로 공포의 대상이었다. 1984년 이후 휴화산 상태지만, 2006년 이후 2.1km 아래에 마그마층이 있다는 것이 확인되어, 추후 재폭발의 가능성을 배제할 수는 없다.
먼저 약 650m 높이에 자리 잡은 비티에 도달하면, 지름 300m의 거대한 분화구 사이에 고인 신비로운 청록색의 호수가 눈길을 사로잡는다. 그 주변을 걷다 보면 크베리르와 비슷한 희고 붉은 유황 지대와 작은 칼데라, 그리고 군데군데 피어 있는 색색의 야생화들도 볼 수 있다. 1시간 정도의 하이킹을 이용해 한 바퀴 둘러보자. 또한 그 주변의 레이른위퀴르Leirhnjúkur는 폭발 당시 용암이 흘러나오면서 거대한 용암 지대가 형성되었다. 용암이 만들어 낸 기암괴석과 유황 지대, 이끼들이 어우러져 더욱 흥미를 더하며, 비티 주변과 함께 약 3시간의 코스로 돌아보기에 좋다.
1977년 이후 크라플라 지역에는 지열 발전소가 조성되었으며, 이후 북부 지역의 각 가정에 온수와 전력을 공급 중이다.

Access **차량 이용 시** 1번 도로에서 크라플라행 나무 표지판을 보고 863번 도로로 진입 후 끝까지 직진하면 분화구 근처 주차장이 나온다.
Web 아이슬란드 내 발전소 안내
(크라플라, 뮈바튼 지열 발전소)
www.landsvirkjun.com

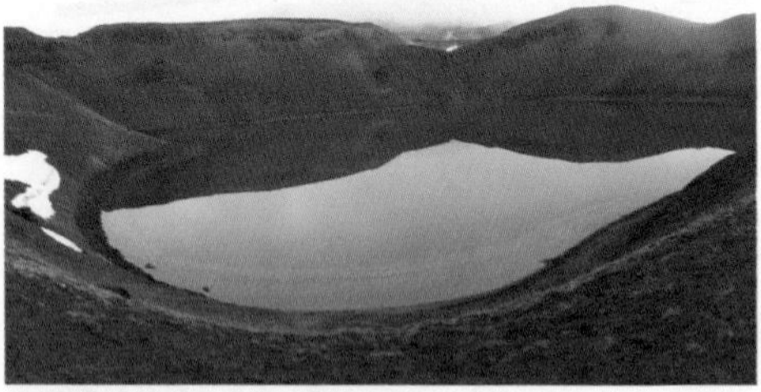

크베리르 지열 지대 Hverir

관광명소 로컬명소

크라플라 지역의 남쪽 나우마피야들Námafjall에선, 지금까지 뜨끈한 김을 내며 부글부글 끓고 있는 지열 지대를 만날 수 있다. 이곳에 다다르면 코를 찌르는 듯한 유황 냄새가 여행자들을 반긴다. 그리고 길 따라 나 있는 트레일을 걸으면서 둘러보면, 유황과 그 부산물로 만들어진 각색의 지표면, '끓는다, 끓어'를 연발하는 진흙 웅덩이와 압력솥처럼 김이 분출하는 언덕들이 곳곳에 포진해 있다. 북부가 '불의 땅'이라는 증거를 가장 가까이에서 확실히 느낄 수 있는 장소라 하겠다. 걷다 보면 완전히 딴 세상 속에 있는 느낌마저 들 것이다. 안전을 위해 걸을 때 나무 트레일을 벗어나지 않도록 하자.

Access 레이카흘리드에서 에일스타디르 방면으로 1번 도로 이용 시, 네이처 바스를 지나 3km 거리에 김이 나는 웅덩이들이 있다. 그 주변 주차장에 주차 후 트레일을 따라 이동한다.

예퀼사우르글뤼퓌르
Jökulsárgljúfur

바트나예퀴들 국립공원의 북부 지역 지부와 같은 곳. 비록 지역의 경계가 빙하와 멀리 떨어져 있지만, 중심이 되는 예퀼사우 Jökulsá 강의 수원지가 바트나예퀴들 빙하로, 지리학적으로 밀접하게 연결된 점이 인정되어 국립공원의 일부가 되었다. 이 구역에는 862번, 864번 도로 사이에 북쪽으로 아우스비르기 협곡, 중간에는 데티포스가 양대 산맥으로 포진해 있어 북부 지역을 여행하는 여행자들의 방문 1순위로 손꼽힌다.

유용한 홈페이지
지역 관광 안내 www.vjp.is

관광 안내소
아우스비르기, 데티포스 지역에 특화된 안내소로, 간단한 기념품 판매 및 각종 아웃도어 활동에 대한 자료를 얻기에 좋다. 인근에 캠핑장이 있어 캠핑 안내도 가능하다(캠핑장은 5/15~9/30에 운영, 1인 3,000ISK).

Address Gljúfrastofa, Ásbyrgi 671 Kópasker
Tel 470 7100
Open **11~4월** 월~금 11:00~15:00,
9 · 10월 10:00~16:00,
6~8월 09:00~17:00
Close 12/16~1/16
Access 아우스비르기 들어가는 즈음의 주유소에서 861번 도로로 진입해 약 100m 거리.
Web 캠핑장 안내 www.parka.is/asbyrgi

유용한 정보지
하이킹 위주의 일정 시, 트레일 지도 구입이 가능하다(350ISK~).

Tina's Plus
아우스비르기–데티포스 간 하이킹하기
국립공원 내에서는 여름 시즌에 한해 아우스비르기–데티포스를 오가는 약 33km의 하이킹 코스를 이용할 수 있다. 먼저 아우스비르기에서 3분의 1 지점인 베스튀르달뤼르Besturdalur까지는 협곡의 아름다운 경치를 감상하며 걷기에 좋다. 그 다음 코스인 베스튀르달뤼르–홀마툰구르의 8km 구간은 도강이 필요하며, 이후 데티포스까지의 10km 코스 중 마지막 3분의 1 지점에 놓인 저지대는 오갈 때 주의가 필요하다. 전 코스 진행에 약 이틀이 소요되며 중간에 산장이 없는 점 감안해, 반드시 캠핑 장비를 준비해서 하이킹을 진행하는 것을 권한다. 베스튀르달뤼르와 데티포스 버스 정류장 근처에 캠핑장이 마련돼 있다.

데티포스에서는 드론 사용 금지

데티포스 Dettifoss

관광명소 로컬명소 영화, 책 배경

이곳은 '폭포 왕국' 아이슬란드의 '왕중왕'이자, 북부 지역의 하이라이트! 바트나예퀴들 빙하에서 발원된 예퀼사우 피요룸Jökulsá á Fjöllum 강 위에서 그 존재를 만천하에 뽐내고 있다. 길에 들어설 때 들리는 엄청난 물소리가 모두를 사로잡으며, 폭포에 도착하면 어마어마한 수량이 빚어 내는 장쾌한 물보라가 가슴 속까지 시원하게 뚫어 준다. 44m의 높이, 약 100m의 폭에서 나오는 초당 193㎥의 수량은 유럽 최대의 폭포라고 해도 과언이 아니다. 날이 좋거나, 쌍무지개가 뜬 날에 간다면 그야말로 최고의 풍경이 눈앞에서 펼쳐진다. 영화 〈프로메테우스〉에서 주인공이 몸을 던지는 첫 장면을 촬영했던 곳으로도 유명하다.

폭포를 보러 갈 수 있는 도로는 864와 862번, 두 개의 노선이 있다. 둘 중에 어느 도로가 좋느냐고 묻는다면, 물보라가 덜 튀면서 가장 좋은 풍경을 볼 수 있는 864번을 추천하는 편이다. 하지만 도로 상태를 고려해, 4륜 구동이 아닌 일반 승용차나 캠퍼밴 등은 좀 더 정비된 862번 도로가 안전하다는 점 기억하자. 또한 862번에 바트나예퀴들 국립공원에서 조성한 편의 시설이 있는 것도 한몫한다. 폭포 근처에는 아무런 울타리가 없는 덕에 폭포를 가까이서 제대로 보기에 좋지만, 자칫하면 추락할 수 있으니 반드시 신경 써서 진입하자.

데티포스만으로는 뭔가 아쉽다면, 남쪽으로 내려가 데티포스의 아버지 격인 셀포스Selfoss도 함께 묶어서 돌아보자. 하지만 규모가 데티포스만큼 크지 않아 감흥이 덜할 수 있는 점 주의.

Access **투어 이용 시** 아큐레이리에서 겨울 제외하고 운영하는 투어 프로그램을 이용해 진입할 수 있다. 버스 도착 후 1시간 정도 여유 시간을 주며, 진입로 도착 후에는 약 1km의 하이킹 트레일을 이용해 폭포로 진입 가능하다.

차량 이용 시 1번 도로나 85번 도로에서 864번(5~10월 오픈하며 비포장, 4륜 구동 이용 권장)이나 862번(1번 도로에서 진입 시 연중 오픈하며 일반 차량 가능, 85번에서 진입 시 6~9월만 가능하며 비포장) 중에서 선택해 진입이 가능하다. 862번 이용 시에는 주차장에 주차 후 하이킹 트레일을 이용해 들어갈 것. 겨울에는 눈 때문에 길이 폐쇄될 수 있으니 여름 시즌 이외에는 반드시 당일 날씨와 길 상황을 확인하고 움직여야 한다.

※ 드론 사용이 금지돼 있다.

아우스비르기 협곡 Ásbyrgi

관광명소 로컬명소 아웃도어

남부의 소르스뫼르크처럼 빙하의 침식으로 만들어진 협곡으로, 최대 100m의 높이, 길이 3.5km에 이르는 수직 절벽에 둘러싸여 있고 그 아래에는 숲이 조성되어 있다. 펼쳐진 협곡의 모양이 말 발굽과 같아, 오딘의 8개 발 달린 말 슬레이프니르의 발굽이 바닥에 찍혀서 생겼다는 이야기가 전해진다. 또한 협곡 한가운데 우뚝 서 있는 에이얀Eyjan이라는 바위는 '섬'이라는 뜻처럼 협곡의 포인트로 자리 잡았다.

아우스비르기 안에는 크게 9개의 하이킹 코스가 있으며, 적게는 1시간부터 많게는 7시간까지 소요된다. 쉬운 3개의 코스를 제외하면 모두 난이도가 조금 있는 편이다. 이 중에서 아우스비르기를 좀 더 잘 볼 수 있는 왕복 약 2시간 반의 2번 코스, 3시간의 3번 코스가 괜찮은 편. 에이얀 바위와 함께 멋진 풍경을 감상하고 싶다면 하이킹을 하며 협곡의 아름다움을 느껴 보자.

참고로 현재 아우스비르기의 실제 운영은 국립공원이 아닌 산림청이라는 사실! 그 이유는 협곡 안쪽의 숲이 1940년대 이후 우리의 '나무 심기 운동'처럼 침식 방지를 위해 인공 조림으로 조성되었기 때문이다.

Access **버스 이용 시** 스트라이토의 79번 버스 역시 아큐레이리에서 후사빅을 거쳐 아우스비르기와 소르스회픈까지 1일 1회에 한해(일~금) 연장 운행하며 약 1시간 소요. 단 최소 출발 4시간 전까지는 탑승 여부를 전화로 미리 알려야 왕복 이동이 가능한 점 참고하자. 버스 정차 후 관광 안내소와 캠핑장을 거쳐 하이킹을 바로 시작할 수 있다. 여름 시즌에만 운영.

차량 이용 시 후사빅에서 87번 도로를 이용하며, 861번 도로로 진입해 길 끝까지 직진한 후 나오는 주차장에 주차하고 돌아볼 수 있다. 1번 도로에서는 862나 864번 중 한 곳을 선택해 역시 같은 방법으로 주차장까지 진입한다. 후사빅에서 약 1시간 소요. 이때 1번 코스로의 간단한 1시간 하이킹도 가능하다.

© Helena

© Helena

© Helena

고다포스
Goðafoss

'신들의 폭포'라고 하는, 북부 지역의 마스코트 같은 둥근 폭포. 중부 내륙 지방에서 발원해 내려온 물이 30m의 폭, 12m의 높이에서 '예쁘게' 쏟아지는 모습은 데티포스보다 좀 더 부드럽고 온화한 느낌을 준다. 특히 이 폭포는 서기 1000년 당시, 알싱기의 의장이었던 토르기르 요스베트닝가고디 Þorgeir Ljósvetningagoði가 그리스도교를 국교로 공식 발표한 후, 싱베틀리르에서 돌아오는 길에 가지고 있던 토르를 비롯한 온갖 신상들을 이곳에 던진 이야기가 전해져서 '신들의 폭포'라는 이름이 붙었다. 아큐레이리 교회의 스테인드글라스에 관련된 이야기가 새겨져 있으니 여행 전후 함께 보면 더 재미있다.

폭포를 볼 수 있는 뷰 포인트는 크게 두 곳이 있는데, 아큐레이리행 1번 도로를 기준으로 하면 북쪽 방향, 또 하나는 안내소에서 길을 건너 약 10분 정도 도보로 내려가는 남쪽 방향이 되겠다. 물론 좀 더 높은 곳에서 전체를 바라보려면 남쪽 방향이 좋은 편이지만, 북쪽 방향은 폭포를 더 가까이서 조망하기에 좋은 곳이기도 하다. 조금 더 아래로 내려가서 폭포의 왼쪽 아래로 진입한 후, 가장 가까이로 가서 위로 올려다보는 것도 재미있다. 폭포 주변 역시 주상절리와 화산암들이 곳곳에 숨어 있으니 확인해 보자. 계절에 관계없이 진입이 가능한 것도 큰 장점이다.

Access **버스 이용 시** 56번 스트라이토 버스가 폭포 근처에 정차하며, 당일 상황에 따라 잠시 둘러보고 오는 것도 가능하다. 또한 여러 투어 회사들의 뮈바튼 방향 투어 버스가 모두 이곳에 정차해 짧게는 15분, 많게는 1시간 동안 중간에 다녀올 수 있다. 주차장 앞에는 간단한 안내소가 있으며, 폭포까지 도보로 10분 소요.

차량 이용 시 아큐레이리 방면 1번 도로의 왼쪽에 위치. 표지판을 보고 들어가자. 남쪽 방향으로 가려면 844번 도로 직전에 작은 안내소 겸 식당 옆에 주차 후 도보로 이동한다.

북부 지역의 숙소
North Iceland Accommodations

주요 마을 위주로 숙소가 있으며, 여름 성수기에는 6개월 전부터 마감될 정도로 인기가 높다. 호스텔은 달빅, 후사빅 등을 제외하면 주요 관광 및 교통의 요지에서 너무 먼 것이 큰 단점이다. 저렴하고 시설 좋은 곳에 묵고 싶다면, 특히 뮈바튼 지역에 일정이 있다면 반드시 일찍 예약하자. 뮈바튼 지역에서 숙박 시 그물망 모자, 모기 기피제 등의 벌레 방어 용품은 필수 중 필수! 저렴하게 묵고 싶으면 침낭을 준비하자.

보가라운 게스트하우스
Vogar Travel Service

게스트하우스, 캠핑장, 레스토랑 대디스 피자, 마을 내 택시 서비스 등을 갖춘 여행 종합 센터. 8인까지 들어갈 수 있는 캐빈, 3 · 4인실을 다양하게 갖추고 있다. 가족 단위 여행 시 추천. 레이카흘리드 마을에서 약 4km 떨어져 있으니 버스 이용 시에는 미리 요청하자. 1월을 제외하고 연중 오픈.

Address Vogar, 660 Vogar
Tel 464 4399
Cost 개인실 12,000ISK~(조식 별도, 시트 포함), 캠핑장 2,250ISK
Web www.vogahtravelservice.com

엘다우 게스트하우스 Eldá Guesthouse

레이카흘리드 마을 중심에 위치한 25실 규모, 3개 동의 게스트 하우스. 이곳을 중심으로 지역을 움직이기에 최고의 위치다. 7 · 9번지는 공용 주방을 갖춘 게스트 하우스로, 15번지는 가족 단위의 아파트로 이용 중이다. 체크인은 9번지에서 진행하고 열쇠를 받아 들어가자.

Address Helluhraun 9, 660 Mývatn
Tel 464 4220
Cost 2인실 9,500ISK~
Web www.elda.is

달빅 공식 유스호스텔 Dalvik HI Hostel

달빅 마을의 최중심가에 위치한 공식 유스호스텔. 단 20명만 묵을 수 있는 소규모로 여름에 특히 인기가 많다. 78번 버스 정류장, 키외르부딘Kjörbúðin 슈퍼마켓, 그림세이행 페리 터미널, 고래 · 낚시 투어 회사가 가까이에 있어 북쪽 바다 여행의 베이스로 최고다.

Address Vegamót, Hafnarbraut 4, 620 Dalvik
Tel 699 6616
Access 달빅 마을 N1 주유소에서 내려 항구 방면으로 약 200m 직진해 왼쪽의 하얀 집.
Cost 도미토리 6,000ISK~, 개인실 12,000ISK(조식 별도, 시트 포함)
Web www.hostel.is

후사빅 그린 호스텔 Húsavík Green Hostel

후사빅 마을 중심에서 저렴하고 편하게 묵기 좋은 호스텔. 고래 박물관과 항구, 버스 정류장 모두 가까워 고래 투어, 버스를 이용한 주변 지역 당일 일정 시 유용하다. 20명만 숙박 가능하며 특히 가장 저렴한 4인실은 단 하나뿐이다. 성수기에는 2박 이상만 가능.

Address Vallholtsvegur 9, 640 Húsavík
Tel 866 0882
Access 후사빅 마을 버스 정류장, 고래 박물관 앞에서 Vallholtsvegur 길로 올라와 왼쪽.
Cost 침낭 4인 도미토리 6,600ISK, 개인실 12,700ISK(조식, 시트 별도)
Web www.husavikgreenhostel.com

03

Step to Northern Europe

쉽고 빠르게 끝내는 여행 준비

정보 수집 & 여행 계획 세우기

정보 수집 단계를 반영한 여행 준비 기간

A. 탐색 및 정보 수집 : 6개월~1년 전

북유럽 여행을 결심했다면 꼭 가고 싶은 지역을 정하고, 정보 수집을 시작하자. 가고 싶은 곳을 구체적으로 정하면 루트 및 항공권 결정이 좀 더 쉬워진다. 책, 영화, TV 프로그램, 인터넷 여행기 및 질문과 답변 등을 다각도로 보면서 구체적인 정보를 얻고 스크랩해 두자. 여행 노트를 준비하거나 편집 프로그램을 이용해 나만의 가이드북을 만들면서, 도움이 된다 싶은 내용들은 모두 저장해 두면 다 쓸모가 있고 돌아와서도 추억으로 남는다.

유용한 홈페이지

종합 여행 정보 및 각종 기관
외교통상부 www.mofat.go.kr
해외안전 여행정보(외교통상부 제공) www.0404.go.kr
여행신문 www.traveltimes.co.kr
한국국제관광전 kotfa.co.kr

여행 커뮤니티
배낭길잡이(다음) cafe.daum.net/bpguide
유랑(네이버) cafe.naver.com/firenze
카페아이슬란드(네이버) cafe.naver.com/cafeiceland
발트한국인마당(네이버) cafe.naver.com/balticassociation

B. 전체 루트 결정 및 항공권 예약 : 3~6개월 전

가고 싶은 곳을 묶어서 대강의 루트를 만들고, 인과 아웃할 곳을 정해 항공권을 구입하자. 지도에 본인이 가고 싶은 지역을 표시하고, 동선과 이동 소요 시간, 체류 일정, 기간별 교통 이용 등을 고려해 전체 루트를 계획하면 일정에 맞는 항공권 결정에 도움이 된다.

항공권 구입은 3~6개월 전부터 고려하고, 구입 전 조건과 규정을 꼼꼼히 확인하고 결정하자. 특히 여름 성수기, 추석 연휴, 소위 '황금연휴'라 불리는 징검다리 연휴 기간, 마일리지 이용 시에는 최소 6개월 전부터 알아보는 것이 좋다. 요즘은 결제 시 여권 정보를 미리 입력해야 하는 경우도 있으니 여권도 미리 발급받을 것.

C. 세부 일정 계획 및 각종 예약 : 1~3개월 전

큰 루트를 정하고 항공권을 구입했으면, 이제 세부 일정을 짤 차례다. 각 지역별 체류 일정, 구체적인 이동 시간, 관광지 운영 여부 등을 고려해 조금 더 자세한 일정을 만들고, 이동 교통편도 이때 결정하는 것이 좋다. 숙박도 같이 예약하면 위치와 가격이 좋은 곳을 쉽게 구할 수 있다. 단기 여행 시에는 각국 철도청의 예약 기간 등에 맞춰 일정을 빨리 확정하고 구간권과 숙박을 모두 예약하자.

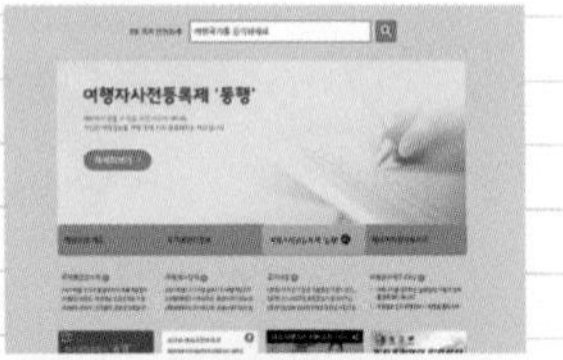

D. 각종 카드 발급, 철도 패스 최종 구입 : 10일~1개월 전

일정이 완전히 확정되었다면 늦어도 출발 10일 전까지는 철도 패스 구입을 마치자. 유스호스텔증, 국제학생증 등의 각종 카드도 이때 맞춰 발급을 완료할 것. 호텔 패키지 등의 여행사 일정을 예약했을 경우, 잔금을 지불하고 오리엔테이션을 받으면서 진행 상황을 중간중간 점검하자.

E. 환전, 여행자 보험 가입, 짐 싸기 및 컨디션 점검 : 1~10일 전

짐은 평소에 꾸준히 싸 두는 것이 좋다. 최소한 열흘 전부터 조금씩 캐리어를 채우자. 환전과 여행자 보험 모두 이때 직접 하거나 미리 신청하면 조금 더 저렴하고 절차도 간단하다. 또한 출발 당일에 최고의 몸 상태로 여행할 수 있도록 몸 컨디션을 조절하자.

Step to Northern Europe 2

여권 · 각종 카드 발급 & 항공권 구입

1 여권 & 각종 카드 발급

여권

현재 한국에서 발급되는 여권은 전자 여권으로, 본인의 바이오 인식과 신원 정보가 저장되어 있다. 얼굴과 지문을 비롯한 여러 신원 정보가 수록되는 만큼 반드시 본인이 신청하자. 접수는 서울 지역의 모든 구청, 광역시청, 지방 도청에서 가능하다. 북유럽 국가들에는 여권 만료일이 6개월 이상 남아 있어야 입국이 가능하니 만료 기간을 확인하고 미리 발급받자. 발급에는 5일 정도 소요되며, 성수기 임박 시에는 발급 기간이 다소 길어질 수 있다.

Web 외교통상부 www.0404.go.kr

여권의 종류

단수(1년, 군 미필자 해당), 복수(성인 10년, 미성년자 5년)

구비 서류

발급 신청서 1통, 여권용 사진 1매, 신분증, 발급비.

군 미필자는 국외여행허가서 1통(병무청 홈페이지에서 신청), 미성년자는 여권발급 동의서 및 동의자의 인감증명서가 추가로 필요하다.

국제학생증

북유럽 여행 시 학생증은 최고의 '무기'이다. 여행 시 각종 관광지는 물론, 각 지역의 교통 이용 시 많은 할인 혜택을 받을 수 있기 때문이다. 국제학생증은 ISIC와 ISEC, 두 종류가 있으며, 발급 후 1년간 유효하다. 일부 은행에서는 국제 체크카드를 만들면서 동시에 발급도 가능하니 같이 알아보자.

구비 서류

반명함판 또는 여권 사진 1매, 주민등록증이나 여권, 재학증명서 원본, 발급비(약 2만 원).

ISIC는 키세스 여행사에서, ISEC는 본사 및 대부분의 여행사에서 발급 가능하다.

Web 키세스 여행사 www.kises.co.kr

ISEC 본사 www.isecard.co.kr

※ 국제학생증으로 할인받을 수 없는 대표 서비스

덴마크 철도, 핀란드 철도 및 버스, 레고랜드 및 무민 월드 등의 주요 테마파크, 유스호스텔, 아이슬란드 버스

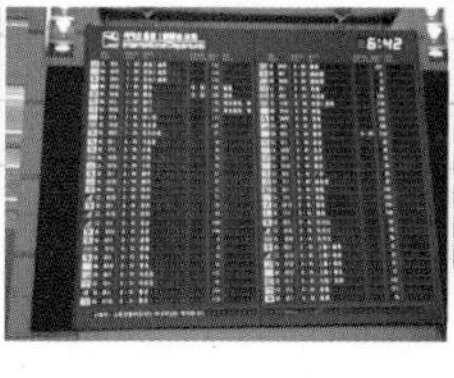

✖ 유스호스텔 회원증

북유럽의 호스텔 중 유스호스텔은 회원제로 운영되며, 회원증 소지 여부에 따라 요금이 달라진다. 최소 15일 이상의 중장기 일정이나, 교환학생 등의 목적으로 장기 체류 시 유용하다. 특히 피요르드, 북극권 지역처럼 유스호스텔 이용의 비중이 높다면 필수 중 필수품!
유스호스텔증은 각 지역의 유스호스텔 연맹에서 발급받을 수 있으며, 신청서만 작성하면 바로 발급 가능하다. 또한 원하는 국가의 유스호스텔을 예약해 주는 서비스도 해 주니 숙박 예약이 필요하다면 적극 이용하자. 한국어 예약 홈페이지도 지원한다.

Web 한국유스호스텔연맹 www.kyha.or.kr

> Tip
> **유스호스텔증 소지 시 할인 혜택**
> 노르웨이, 덴마크
> 전체 숙박비의 10% 할인.
> 핀란드
> 1박당 €2.5 할인.
> 스웨덴
> 1박당 추가 요금 50SEK 면제.
> 아이슬란드
> 1박당 추가 요금 800ISK 면제.

✖ 국제 운전면허증

현지에서 차량을 빌려 운전하려면 반드시 필요하다. 가까운 운전면허 시험장에서 직접 발급이 가능하며, 1년간 유효하다. 구비해야 할 서류는 국내 운전면허증, 여권, 여권용 사진 1장, 교부 신청서, 발급비 8,500원 등이다.

Tel 운전면허행정 콜센터 1577-1120

2 북유럽 여행에 맞는 항공권 예약

북유럽 여행은 본인의 일정에 가장 잘 맞는 항공권 구입에서 1차적으로 성패가 갈린다. 다음에 제시하는 팁을 참고하여 최선의 항공권을 구입해 보자.

✖ 핀에어

2008년 6월 헬싱키 직항 취항을 시작한 이래, 북유럽 여행을 생각한다면 1순위로 고려하는 중심 항공사가 되었다. 직항 비행시간이 9시간(전쟁 이후 13시간) 이내로, 유럽계 항공사 중 최단 시간 이동이 최고의 매력이다. 마리메코 디자인의 기내 용품을 지급하면서, 디자인에 관심 많은 여행자들을 확실히 사로잡고 있다.

운행 인천→헬싱키 23:00~05:40(+1), 헬싱키→인천 17:35~12:20(+1)
Web www.finnair.com/kr

◎ 장점

1 헬싱키 직항으로 빠른 연결 가능.
2 우리말 서비스 및 한식 기내식 이용 가능.
3 헬싱키 공항에서의 한국어 안내 및 자동 출입국 절차, 디자인 상품 면세 쇼핑 가능.
4 스톱오버를 이용한 핀란드 전 지역 연결 가능.
5 추가 수화물 이용 시 가격이 가장 저렴하다.
6 원월드 마일리지 적립 가능.
7 최소 시간 경유로 아이슬란드 이동 가능(4~10월).

◎ 단점

1 전체 노선 중 가장 빨리 마감한다.
2 핀란드 국내와 북유럽 대도시를 제외한 나머지 지역으로의 연결 불가능.
3 단거리 편도 가격이 비싸다.
4 전자 여권 미 소지 시 반타 공항에서의 까다로운 입국 심사(러시아 접경지대).
5 기내식을 제외한 주전부리 및 주류, 컵라면 유료 판매.
6 마일리지 유효 기간이 짧다.

이럴 경우 이용하자

1 헬싱키를 포함한 대도시 위주의 단기 일정.
2 헬싱키 스톱오버를 이용해 핀란드 각 지역 및 발트 국가 연결 시.
3 어린이나 노약자를 동반한 가족 여행 시.
4 짧은 비행시간을 원할 때.
5 디자인에 관심 많은 여행자.

SAS

스칸디나비아 3개국의 연합 항공사로, 피요르드나 북극권 지역으로의 연결 여행 시 가장 편리하게 이용할 수 있다. 비록 한국에 취항하지 않아 2회 이상의 경유가 필요하지만, 전 지역을 아우르는 폭넓은 연결은 단점을 훌륭히 상쇄한다. 2020년 이후 아시아 전 노선이 철수했다가, 2023년 방콕을 시작으로 노선을 재개하는 중.

운행 코펜하겐→방콕, 상하이, 도쿄 주 3회
코펜하겐→방콕 23:35~17:10(+1) / 방콕→코펜하겐 23:50~06:40(+1)
코펜하겐→상하이 19:00~13:55(+1) / 상하이→코펜하겐 23:00~06:15(+1)
코펜하겐→도쿄 하네다 11:15~07:55(+1) / 도쿄 하네다→코펜하겐 09:55~15:55

Web www.flysas.com

◎ 장점

1 핀란드 지방을 제외한 북유럽 전 지역을 촘촘하게 연결.
2 다양한 스톱오버 옵션으로 철도 이동이 어려운 지역과 아이슬란드까지 연결 가능.
3 단거리 편도 노선이 가장 저렴하다.
4 2024년부터 대한항공 마일리지 적립 가능.
5 경유지 연결 시 김포, 부산, 제주에서 발착 가능.
6 긴 유효 기간(12개월).
7 기내 면세품이나 식음료 구입 시 잔여 크로네화 사용 용이.
8 코펜하겐 공항에서의 다양한 면세 쇼핑 이용 가능.

◎ 단점

1 한국 여행사에서는 연결 예약이 되지 않아 경유지까지의 노선을 따로 예약해야 함(마일리지 제외).
2 국내 미취항 항공사이므로 우리말 서비스 및 한식 기내식, 국내 특가 판매 없음.
3 일반석 장거리는 기내식 선택이 없고 단거리 노선은 음료만 지급. 기내식 사이의 주전부리 및 주류는 유료 판매.
4 상하이 경유 시 반드시 짐을 찾아 재수속을 해야 한다.

이럴 경우 이용하자

1 서비스, 언어, 음식에 구애받지 않는 여행자.
2 디자인에 관심 많은 여행자.
3 1개월 이상의 여행이나 교환학생 등의 중장기 체류 시.
4 부산 중심의 남부 지방 거주자.
5 지방 도시, 노르웨이 · 스웨덴 북극권 지역, 아이슬란드, 발트 3국에서의 인 혹은 아웃 시.

유럽계 항공사

현재 국내에 취항하는 유럽계 항공사들은 5개국 수도를 비롯해 일부 지방 도시까지 노선을 운행하고 있다. 본인의 상황에 따라 다양한 항공사 선택이 가능하고, 특가 행사도 자주 진행해 인기가 높다. 특히 SAS의 2회 경유가 부담스러울 때 대체 선택으로도 유용하다.

해당 항공사

에어프랑스, KLM, 루프트한자, 체코항공, 터키항공, 폴란드항공(LOT)

◎ 장점

1 경유지까지 우리말 서비스 및 한식 기내식 이용 가능.
2 1회 경유로 일부 중도시 및 아이슬란드 발착(KLM, 루프트한자, 영국항공, 체코항공) 가능.
3 KLM, 터키항공 등은 심야 노선 운영.
4 아시아나(루프트한자, 터키항공, LOT), 대한항공(KLM, 에어프랑스, 체코항공, 러시아항공), 원월드(영국항공) 마일리지 적립 가능.

◎ 단점

1 오후 출발 항공사 이용 시 현지에 늦은 시간 도착.
2 심야 노선은 성수기, 신혼여행 시즌인 봄가을 주말, '황금연휴' 시즌에 가장 먼저 마감.
3 높은 세금과 비싼 단거리 노선 요금.
4 항공사별 서비스, 취항지, 운행일, 마일리지 확인 후 구매 필요.

이럴 경우 이용하자

1 심야 출발이 필요한 신혼부부 및 직장인.
2 최소 경유로 중소 도시 및 아이슬란드 이동 시.
3 경유지에서의 스톱오버를 묶어서 여행할 때(체코, 터키, 러시아 등).
4 노르웨이 피요르드 중심 여행 시(KLM).

아시아 · 중동계 항공사

현지인들의 업무 및 휴가 시 이용하는 항공사가 주를 이루며, 특히 저렴한 가격과 좋은 서비스로 국내 알뜰 여행자들에게 인기가 높다. 최근에는 중동계 항공사들이 적극적으로 노선을 늘리고 특가 행사를 지속하며 경쟁에 가세하고 있다. 하지만 선택 전 반드시 항공사별 조건을 확인해야 낭비가 없다.

해당 항공사

중국국제항공(에어차이나), 일본항공(JAL), 에미레이트, 카타르항공, 타이항공, 케세이퍼시픽, 싱가포르항공, 에디하드

◎ 장점

1 경유지까지 우리말 서비스 및 한식 기내식 이용 가능.
2 잦은 특가 행사로 저렴한 항공권 구입 가능.
3 스톱오버 이용 시 2개 이상 지역 여행 가능.
4 김포, 부산, 제주 취항 항공사 선택 가능.
5 중동계 항공사는 심야 출발, 위탁 수화물 25kg까지 가능.
6 아시아나(에어차이나, 싱가포르항공, 타이항공), 원월드(일본항공, 카타르, 케세이퍼시픽) 마일리지 적립 가능.

◎ 단점

1 항공사별 취항지, 운행일, 마일리지 확인 및 비교 후 구매 필요.
2 서비스와 노선, 항공권 구입 시점에 따라 개인별로 차이가 큼.
3 한정된 연결 노선 및 취항 스케줄.

이럴 경우 이용하자

1 알뜰 여행자.
2 심야 출발이 필요한 신혼부부 및 직장인, 영유아 동반 가족 여행자.
3 1~2곳 위주의 단기 일정이나, 북극권을 포함한 시계 방향 혹은 반시계 방향 루트 여행 시.
4 스톱오버를 이용한 타 국가 여행을 함께 원할 경우.
5 큰 수화물 용량이 필요한 장기 체류자 및 현지 거주자, 쇼핑 중심 여행자.
6 부산 중심의 남부 지방이나 제주도 거주자.

✕ 아이슬란드에어

아이슬란드의 국적 항공사. 유럽과 북미의 중간 지점이라는 노선상 장점을 잘 이용해, 미주 지역에 거주하는 한인들에게 인기가 많다.

Web www.icelandair.com

◎ 장점

1 저렴한 가격
2 북미 주요 도시들과 북유럽 대도시를 연결.
3 한국 출발보다 짧은 이동 시간.
4 유럽 지역 왕복 시 레이캬비크 스톱오버를 이용한 아이슬란드 여행 추가 가능.
5 동부 지역에서 이동 시 저녁 출발, 아침 도착 가능.

◎ 단점

1 비행거리 문제로 아시아 지역 취항 불가.
2 일반석의 경우 음료만 지급하며 기내식은 유료 판매.
3 대형 동맹체로의 마일리지 적립 불가.
4 미국, 캐나다 외 국적자는 비자 확인 문제로 온라인 체크인 불가능.

이럴 경우 이용하자

1 미국, 캐나다 대도시 거주자 및 해당 도시 이동 시.
2 서비스, 언어, 음식에 구애받지 않는 여행자.
3 알뜰 여행자.
4 심야 이동으로 시간 절약이 필요할 경우.
5 레이캬비크 스톱오버를 묶어서 여행할 때.

Step to Northern Europe 3

지역 교통 이용하기

북유럽의 모든 교통수단은 여행의 일부이자, 그 자체가 관광이다. 대중교통 하나하나에서 그 지역을 충분히 느낄 수 있도록 해 놓았으니 무슨 말이 필요할까. 하나라도 제대로 이용하고 느꼈다면 더 편하면서도 의미 깊은 여행으로 남을 것이다. 대표적인 교통수단 다섯 가지를 소개하겠다.

1 철도

각 나라 안에서 도시 간 이동 시 유용한 교통수단이며 유럽 여행의 큰 묘미이다. 특히 가족 여행 시 이용하기 좋으며 자전거 소지 시, 심지어는 차량 소지 시에도 이용할 수 있다. 일부 노선은 관광용으로 특정 기간 동안에만 운행하여 나름의 희소가치(?)까지 지닌다. 하지만 노선이 수도나 대도시 중심으로 한정되어 있어 일부 지역은 아예 이용이 어려울 수 있는 점을 감안해야 한다.

기차 이용하기

북유럽의 기차는 크게 지역 기차와 주간 장거리 기차, 야간 침대 열차 등으로 나뉜다. 또한 주간 기차는 이동 속도와 정차 역의 수, 나라별 구분에 따라 일반 인터시티(스웨덴, 덴마크) 및 인터시티 2(핀란드), 인터시티 륀(덴마크 준고속 열차), 초고속 열차 등으로 나뉜다.

지역 기차

1시간 이내의 단거리 이동 시에 주로 사용되며, 예약할 필요 없이 당일 시간에 맞춰서 자동판매기에서 구입해 타면 된다. 헬싱키 광역권(에스포, 반타, 카우니아이넨 등), 스톡홀름 근교 지역, 코펜하겐 근교 지역 이동 시에는 지역 내 광역 교통권으로도 대체 가능하다.

주간 기차

최소 1시간 반에서 8시간까지 이동 시간이 다양하며, 대도시 간 이동 시 주로 사용한다. 일반 인터시티(인터시티2, 인터시티 륀) 노선은 예약이 필요없고 당일에 시간 맞춰 이용 가능하다. 하지만 스웨덴의 스납톡Snabbtåg(구 X2000), 핀란드의 펜도리노Pendolino를 비롯한 초고속 열차, 노르웨이의 주간 장거리 열차는 전 좌석이 예약제로 운영되고 있다.

철도 패스 소지 시에도 반드시 좌석 예약을 해야만 탑승 가능하니 탑승 하루 전까지는 예약을 마치자. 특히 최성수기에는 도착 후 예약부터 진행해야 마음 편히 일정을 진행할 수 있으며, 부득이할 경우 구간권을 따로 구입하는 방법도 고려할 수 있다.

Tip 1

• 야간열차는 각국별로 이용 가능한 침대 열차가 천차만별로 운행되고 있다. 스웨덴은 6인실 쿠셋부터 1인실 침대차까지 가장 다양하며, 핀란드는 3인실부터 침대 열차 이용이 가능하다. 또한, 노르웨이는 2인실 침대차 위주로 이용할 수 있고 1인만 이용 시 추가 요금이 비싸다.

• 철도 패스 소지 시, 좌석 예약은 해당 국가의 기차역에서만 가능하며, 핀란드에서 노르웨이 구간 예약 시에는 추가 요금이 붙는다. 단, 스웨덴 철도청 홈페이지에서는 국내선 노선에 한해 패스 소지자 자격으로 좌석 예약이 가능하다.

야간열차

전날 오후나 밤에 출발해 다음 날 오전에 현지에 도착하는 노선이다. 특히 북극권 지역, 노르웨이 주요 도시 이동 시 이용되며 시간 절약을 원할 경우 유용하다. 역시 전 좌석과 침대칸 모두 예약제로 운영되고 있으며, 출발 하루 전까지 예약해야 한다. 스웨덴에서는 나톡Nattåg, 노르웨이에서는 소베Sove, 핀란드에서는 외유나Yöjuna 등으로 불린다.

직접 적은 예약 내용 예시

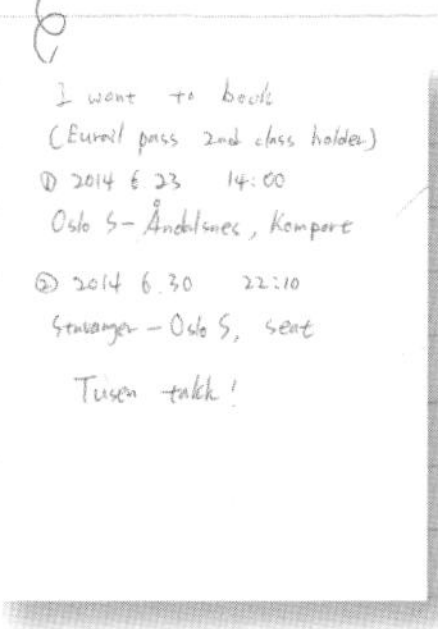

도와주세요!

창구에서 직접 예약하기 겁나요!

초보 : 제가 이용하려는 기차가 예약 필수라고 해서 직접 창구에 가야 하는데, 어떻게 말해야 하죠? 영어 울렁증도 있는데…….

티나 : 말로 하기가 힘들다면 종이에 써서 전달해도 충분히 예약이 가능해요.

초보 : 그런 방법이 있었군요. 그러면 어떻게 적어서 줘야 그쪽에서 알아 볼까요?

티나 : 먼저 앞에 'I want to book(Eurail pass 1st/2ndholder)'이라고 쓰시고, 탑승 날짜와 출발 시간, 발착 도시, 좌석 등급 등을 순서대로 적어서 철도 패스, 예약비와 함께 창구에 보여 주면 그대로 예약해 줍니다. 야간열차 예약 시에는 침대 열차 이용 여부와 종류(스웨덴, 핀란드 해당)를 추가해 주시구요. 예약 후에는 그 자리에서 시간과 이동 지역의 예약비 및 할인 적용 여부(특히 플롬 산악 열차)를 꼼꼼히 확인하세요.

Tip 2

예약표 확인하기

① 출발 날짜
② 출발 도시
③ 출발 시각
④ 도착 도시
⑤ 도착 시각
⑥ 클래스
⑦ 열차 번호
⑧ 열차 종류
⑨ 열차칸 번호
⑩ 좌석 번호
⑪ 예약비
⑫ 창측/내측

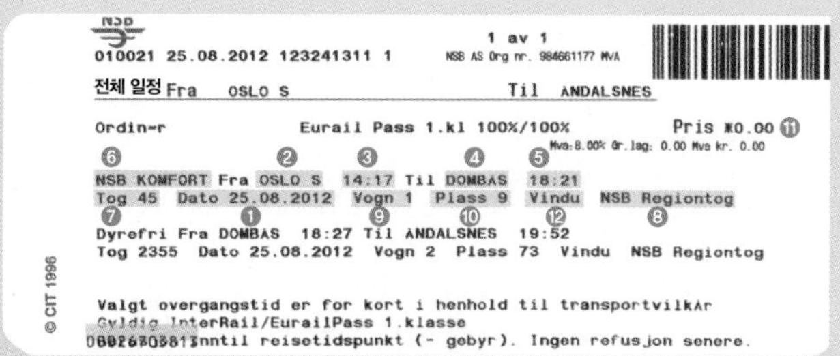

NSB
1 av 1
010021 25.08.2012 123241311 1 NSB AS Org nr. 984661177 MVA
전체 일정 Fra OSLO S Til ANDALSNES
Ordin-r Eurail Pass 1.kl 100%/100% Pris ¤0.00 ⑪
Mva:8.00% Gr.lag: 0.00 Mva kr. 0.00
⑥ ② ③ ④ ⑤
NSB KOMFORT Fra OSLO S 14:17 Til DOMBAS 18:21
Tog 45 Dato 25.08.2012 Vogn 1 Plass 9 Vindu NSB Regiontog
⑦ ① ⑨ ⑩ ⑫ ⑧
Dyrefri Fra DOMBAS 18:27 Til ANDALSNES 19:52
Tog 2355 Dato 25.08.2012 Vogn 2 Plass 73 Vindu NSB Regiontog
© CIT 1996
Valgt overgangstid er for kort i henhold til transportvilkAr
Gyldig InterRail/EurailPass 1.klasse
0802670381 Innntil reisetidspunkt (- gebyr). Ingen refusjon senere.

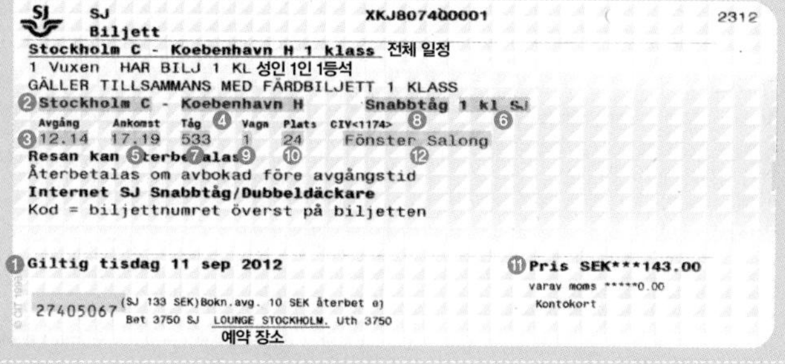

SJ
SJ XKJ807400001 (2312
Biljett
Stockholm C - Koebenhavn H 1 klass 전체 일정
1 Vuxen HAR BILJ 1 KL 성인 1인 1등석
GÄLLER TILLSAMMANS MED FÄRDBILJETT 1 KLASS
② Stockholm C - Koebenhavn H Snabbtåg 1 kl SJ
Avgång Ankomst Tåg ④ Vagn Plats CIV<1174> ⑧ ⑥
③ 12.14 17.19 533 1 24 Fönster Salong
Resan kan ⑤terbe⑦alas⑨ ⑩ ⑫
Återbetalas om avbokad före avgångstid
Internet SJ Snabbtåg/Dubbeldäckare
Kod = biljettnumret överst på biljetten
① Giltig tisdag 11 sep 2012 ⑪ Pris SEK***143.00
varav moms *****0.00
Kontokort
27405067 (SJ 133 SEK)Bokn.avg. 10 SEK återbet e)
Bet 3750 SJ LOUNGE STOCKHOLM. Uth 3750
예약 장소
© CIT 1996

철도 패스 구입

현재 북유럽 종합 철도 패스로 이용되는 '유레일 스칸디나비아 패스(스칸 패스)'를 비롯해, 1개국용 국가별 패스가 있다. 특히 이들은 모두 원하는 날짜를 체크해 쓰는 '선택 사용'이며, 만 28세 이상도 2등석을 선택해 이용할 수 있어 독립 여행자도 비용 부담이 덜하다. 다른 유럽과 마찬가지로 2인 이상 함께 이동 시에는 세이버 패스를 사용할 수 있고, 일부 페리 노선에서도 할인이 가능하다. 먼저 본인의 일정을 잘 파악한 후 계획에 맞게 구입해 사용하자. 단, 인접한 서유럽 국가와 연결 여행 시, 1개월 이상 장기 일정 시에는 글로벌 패스를 이용하는 것을 권하며, 학생비자 등의 거주 비자 소지 시에는 인터레일 패스로 대체해 구입해야 한다.

다른 유럽 지역까지 일정이 있고 장기 여행 시 연속 패스 이용은 교통 복잡한 북유럽에서 오히려 손해가 될 수 있다. 선택 사용이 가능한 플렉시 패스로 구입하거나, 대륙용 연속 패스와 북유럽용 패스로 나눠서 구입하는 것도 고려해 보자.

Web www.eurail.com

구간권 예약

현지 거주 및 단기 일정 등으로 패스 이용이 어렵거나, 장기 일정으로 패스가 모자란다면, 최성수기에 인기 노선(오슬로–뮈르달 등) 이용 시 일부 중장거리 구간에 한해 구간권을 미리 예약하는 것도 방법이 될 수 있다. 단, 예약 후 일정 변경이나 환불이 되지 않으니 일정이 정해진 후 신중하게 구입하자. 역에서 자동판매기로도 구입 가능하다.

핀란드 : 주요 도시 구간 중심으로 2개월 전, 거리에 따라 최소 €9.9부터 어드밴스 요금제를 이용할 수 있다.

스웨덴 : 4개월 전부터 구입 가능하며, 2등석은 좌석 예약비 별도(p.125 참조).

노르웨이 : 출발 60일 전부터 저가요금 라브프리스Lavpris로 구입 가능하다(p.250 참조).

덴마크 : 여름 성수기에 일부 노선에 한해 오렌지 요금이 있다(p.53 참조).

Tip 3

철도 패스 이용 시 추가 혜택

- 뮈르달–플롬, 산악열차 30% 할인
- 온달스네스–올레순, 온달스네스–몰되 버스 노선 50% 할인
- 케미–하파란다–룰레오 간 버스 노선 무료 이용(1일 차감)
- 실야탈링크 페리 성수기 20%, 비수기 50% 할인(스톡홀름–투르쿠 · 헬싱키 · 탈린 · 리가 간 등 장거리 노선은 캐빈 전체 예약 시에만 할인)
- 바이킹 라인 페리 승선료 50% 할인
- 하르샬–크리스티안산 · 스타방게르–베르겐 간 피요르드 라인 페리 30% 할인
- 예테보리–프레데릭스하운, 킬(글로벌 패스 해당), 오슬로–프레데릭스하운, 스트룀스타드–산더피요르드 간 스테나 라인 페리 30% 할인
- 헬싱키–독일 로슈톡 · 트라베뮌데, 말뫼–트라베뮌데 간 핀라인 페리 50% 할인(글로벌 해당)
- 헬싱괴르–헬싱보리, 뢰드비–푸트가르덴 간 스칸드 라인 페리 무료
- 뉘네스함 · 오스카르함–고틀란드 비스뷔행 페리 특별 요금으로 이용 가능
- 이스타드–폴란드 시비노우이시치에, 뉘네스함–폴란드 그단스크(글로벌 해당)
- 노르웨이 철도 박물관(하마르), 핀란드 철도 박물관(휘빈카), 요키오이넨 협궤 열차 박물관(키푸) 무료입장, 스웨덴 철도 박물관(예블레) 50% 할인, 덴마크 철도 박물관(오덴세) 25% 할인

Tip 4

유레일 패스

여기서는 유레일 4개국 셀렉트 패스권을 예로 들었으며, 북유럽용 철도 패스 역시 일종의 '플렉시'에 속한다.

① 패스 개시일
② 패스 종료일
③ 패스 사용일 기재 시 차장이 차내에서 날짜에 도장을 찍는다.
④ 개시 도장이 있어야 사용 가능!

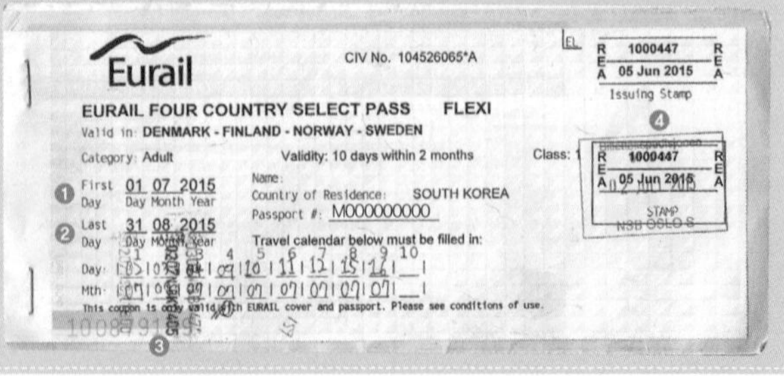

주요 유레일 패스 요금

유레일 스칸디나비아 패스(단위 : €)

기간 (1개월 내)	유스		성인	
	1등석	2등석	1등석	2등석
3일	221	188	276	218
4일	251	207	314	247
5일	277	236	346	273
6일	301	257	377	297
8일	342	291	427	337

글로벌 연속 패스(단위:€)

기간	유스		성인	
	1등석	2등석	1등석	2등석
15일	454	357	605	476
22일	558	440	744	586
1개월	663	522	884	696

글로벌 플렉시 패스(단위 : €)

기간	유스		성인	
	1등석	2등석	1등석	2등석
4일(1개월)	269	212	359	283
5일	303	239	404	318
7일	363	286	484	381
10일(2개월)	426	335	568	447

※ **성인** : 만 28세 이상 **유스** : 만 12~27세
※ **어린이** : 만 4~11세까지이며 부모와 함께 동행 시 2인까지 무료.
※ 1개국 패스 요금은 각국 '현지 오리엔테이션' 참조.
※ 이 외에 연속 패스는 2 · 3개월, 플렉시는 2개월 내 15일 선택 이용이 있다.

Tip 5

철도 패스 이용 시 주의사항

- 패스는 역에서 개시 도장을 받은 후 사용이 가능하다.
- 패스의 유효 기간은 발권일로부터 6개월, 사용은 개시일로부터 1~2개월이다. 스칸다나비아 · 국가별 패스는 1개월, 글로벌 패스는 연속과 플렉시 여부에 따라 다르다. 개시 전 반드시 재확인하자.
- 사용일 첫 열차 탑승 전에 반드시 직접 날짜를 써야 한다.
- 무료, 할인 혜택은 개시된 날부터 유효 만기일의 24:00까지 가능하다.
- 야간열차 탑승 시 다음 날 04:00 이후에 도착한다는 조건으로 다음 날 날짜를 쓴다.
- 패스 발권 신청 시에는 여권과 동일한 이름인지 확인 필수! 여권과 함께 대조하자.
- 패스 커버 밑의 Travel Report에 여정을 반드시 써야 하며, 쓰지 않을 경우 €30에 상당하는 벌금을 내야 한다.

2 버스

단거리 근교, 철도가 연결되지 않은 지역으로 이동 시에 주로 사용되는 수단이다. 특히 지형, 기후상 철도 이용이 불가능한 곳에서 가장 유용하다. 단거리 노선은 탑승 시 티켓을 구입하고, 장거리 노선은 매표소나 홈페이지에서 미리 티켓을 구입해 탑승할 수 있다. 일부 노선은 일찍 예약해야 저렴하게 구입 가능하다. 핀란드 제외하고 학생 할인이 가능하니 반드시 국제학생증을 준비하자!

각국별 버스 주 이용 지역

데마크 : 유틀란트 지역 내, 코펜하겐-빌룬트 주간 이동, 코펜하겐-오슬로 야간 이동

스웨덴 : 스톡홀름 중심의 인근 도시, 오슬로 · 예테보리 · 우메오행 야간 이동, 북극권 지역, 하파란다-룰레오 구간

노르웨이 : 오슬로-피요르드 지역 야간 이동, 서부 피요르드, 남부 텔레마르크 및 북극권 지역

핀란드 : 포르보나 코트카 등의 남부 지역, 로바니에미 이후 북극권 지역, 케미-하파란다 구간

아이슬란드 : 남부 하이라이트 지역, 동부 · 북부 지역(이상 연중 운행), 내륙 지역과 북서부 피요르드 지역(여름 중심)

3 항공

철도나 버스 이동 시 장거리 구간이나, 이동이 애매한 구간을 오갈 때 가장 빠르고 편리한 수단이다. 특히 장시간 육로 이동이 부담스러울 때 최고의 선택이다.

지역 내 항공 교통은 크게 메이저 항공사(SAS, 핀에어, 아이슬란드에어)와, 노르웨지안으로 대표되는 저가 항공의 경쟁 체제로 가고 있다. 또한, 일부에서는 여러 군소 항공사도 활약 중이다.

메이저 항공사

핀에어, SAS, 아이슬란드에어의 노선을 이용할 수 있으며, 헬싱키 · 코펜하겐 · 레이캬비크 스톱오버를 이용해 지방 및 미주 지역 이동 시 특히 유용하다. SAS는 지역별 자회사(비데뢰, 블루원, 브로텐스 등) 및 코드쉐어 구간(에스토니안에어)이 활성화되어 있어 3개국 소지역 이동 시 가장 촘촘한 연결을 자랑한다. 국제선에 한해 대한항공 마일리지 적립도 가능하니 예약 시 마일리지 번호를 적는 것도 잊지 말자. 비데뢰는 프로펠러기를 사용하고 있어 당일 날씨에 영향을 많이 받을 수 있다. 체크인, 수화물 처리 모두 본인이 직접 해야 한다. 세 항공사 모두 23kg 수화물 무료 탁송 가능. SAS는 예약 후 24시간 안에 일정 변경 및 환불 가능하다.

노르웨지안

북유럽 주요 도시들과 노르웨이 전 지역, 유럽 및 일부 비유럽권 도시(두바이, 방콕 등)를 대상으로 SAS의 경쟁 상대가 된 노르웨이산 저가 항공. SAS보다 편수가 적지만, 저렴한 가격과 정시 발착, 폭넓은 노선으로 늘 인기가 높다. 역시 저가 항공답게 수화물 및 좌석 배치 시 별도의 요금을 내야 한다. 새벽이나 저녁 출발 편수가 많으니 공항-시내 이동 부분 방법을 반드시 확인하고 예약하자. 토요일에는 거의 모든 노선이 운행하지 않는다. 예약 후 4시간 안에 일정 변경 및 환불이 가능하며 체크인과 수화물 처리 모두 본인이 직접 해야 한다.

지역 내 군소 항공사

DAT, 이글에어, 노를란드에어 등의 여러 군소 항공사가 있으며, 국내선이나 지방 도시 간 이동 시 사용된다. 특히 스웨덴 남부 고틀란드 지역이나 북쪽 라플란드 지역 이동 시 SAS의 대체 선택으로도 가능하다. 라플란드 지역으로 이동 시에는 공항-시내 연결 부분을 반드시 확인하고 예약할 것. 기체가 작은 프로펠러기를 사용하는 노선이 많아 날씨에 영향을 받을 수 있다.

4 페리

해상 이동이 필요하거나 차량 이용 시, 피요르드 지역에서의 이동 및 관광 시 주로 사용하는 수단. 크게 지역 내 이동 시 사용되는 단거리 페리와 국제노선 이동 시 사용되는 장거리 페리로 나뉜다.

단거리 페리

피요르드 지역에서의 이동이나 한 국가 내 이동 시에 주로 사용되는 교통수단이다. 특히 피요르드 지역을 더 가까이서 느끼고 싶다면 최고의 수단. 보통 당일 현장 구매만 가능하며, 차량 소지 여부에 따라 가격은 천차만별이다. 학생 및 노인 등의 여러 조건으로 당일 구매 시 할인 혜택도 받을 수 있다. 고속 페리를 이용하는 일부 구간 이용 시, 멀미에 민감하다면 멀미약을 준비하자.

장거리 페리

대표적으로 실야나 바이킹 등의 핀란드-스웨덴 간 노선, 아이슬란드-덴마크 간 스뮈릴 라인을 들 수 있다. 국제노선에서의 이동이나, 국내에서의 8시간 이상 이동 시(후티루텐 등) 해당된다. 지역 단거리보다 훨씬 큰 대형 여객선을 이용해 해상 여행의 낭만을 제대로 느낄 수 있다. 조기 예약 등을 잘 이용하면 저렴하게 티켓을 구할 수 있으니 날짜를 잘 맞추자. 단, 현재 철도 패스 소지 시의 할인 혜택이 크게 줄어들었다. 반드시 사용 전 혜택을 확인하고 장거리 노선은 미리 예약할 것.

5 렌터카

3인 이상이 함께 여행하거나, 캠핑 등의 아웃도어 활동을 주로 할 경우, 대중교통 연결이 어려운 아이슬란드 및 노르웨이 피요르드 · 로포텐 제도 등을 여행할 때에 가장 유용하다. 만 25세 이상, 운전 경력 최소 1년 이상이어야 이용 가능하지만 실제로는 여러 도로 및 기상 조건에서의 다양한 운전 경험이 더 필요하다.

노르웨이 피요르드 지역은 산악 지역과 경사도가 있는 1.5차선의 커브길이 많아 상대적으로 운전이 까다롭다. 가파른 언덕과 낭떠러지가 있는 급커브길 운전에 대비해, 미시령이나 한계령 등을 수동 변속기로 여러 번 운전하며 감을 익히고 가자. 유료 도로 통행을 위해 한국의 하이패스와 같은 '오토 패스'를 미리 등록하도록(신용카드 이용) 요청하는 것도 필수. 로포텐 제도 안에서는 피요르드보다 운전이 좀 더 편하지만, 자칫하면 엄청난 금액의 속도위반 딱지가 날아올 수 있으니 규정 속도를 지키자.

아이슬란드 지역은 노르웨이와 달리, 땅 위에 흙을 돋워서 길을 만든 구간이 대다수이며 갓길 또한 거의 없다. 앞에서 차가 올 경우 속도를 줄여 핸들을 꺾지 말고 멀리 떨어지는 것도 요령이다. 날씨가 좋지 않을 때를 대비해 미리 통행 가능 여부를 확인해야 대체 일정을 세우기에도 수월하다. 같은 회사에서 렌트를 하더라도 지역 특성별로 별도의 보험(화산재, 자갈 등)과 사고 시 면책금 범위 등이 다르니 꼭 체크하자. 특히 내륙 F도로까지 운전할 경우에는 신경 쓸 것들이 많아지고 면책금 또한 높아질 수 있다.

최근 관광객이 늘면서 지역 렌터카 업체의 피해 사례도 보고되고 있다. 반드시 사전에 업체의 평판과 면책금 및 보험 처리 범위에 대해 파악하고, 관련 보험을 준비하자. 차량 인도 전 타이어 등의 전체 상태를 확인해 기록을 남기는 것은 기본. 반납 전에도 반드시 차량 상태에 대해 기록을 남기면 마음 편하다. 무조건 저렴하다는 이유로 지역 군소 렌터카 이용 시 문제 발생 소지가 크니, 반드시 잘 알려진 회사의 렌터카를 이용하자.

Tip 6

페리 관련 웹 사이트

- 실야 라인, 후티루텐 국내 예약 대행 www.helloscankor.com
- 바이킹 라인 국내 예약 대행 www.vikingline.co.kr

Tip 7

렌터카 관련 웹 사이트

- 허츠 www.hertz.com
- 에이비스 www.avis.com
- 유로카 www.europcar.com
- 식스트 www.sixt.com

Tip 8

각국 도로별 제한 속도

고속도로

- 덴마크 110km/h
- 노르웨이 80~90km/h
- 스웨덴 90~110km/h
- 핀란드 100~120km/h

4차선

- 덴마크 80km/h
- 노르웨이 80~90km/h
- 스웨덴 · 핀란드 70~110km/h

2차선

- 덴마크 80km/h
- 노르웨이 80~90km/h
- 스웨덴 70~110km/h
- 핀란드 80~100km/h
- 아이슬란드 90km/h(비포장 80km/h)

시가지

- 50km/h로 동일

Tip 9

노르웨이에서 렌트 시 랜덤 배정으로 전기차를 인도받는 경우가 간혹 있다. 노르웨이는 전세계에서 전기차 이용 비중이 높아, 충전소 등의 인프라가 잘 갖춰져 있다. 여행 일정에 여유가 있고 전기차 이용 경험이 있다면, 렌트 시 전기차를 이용해 현지인들의 환경 보호 노력에 동참해 보자. 차량 충전용 C to C Type의 충전기를 반드시 소지할 것.

숙소 구하기

여행에서의 만족도를 결정하는 가장 큰 요소는 숙소이다. 또한, 개인의 예산과 여행지에 따라 묵을 수 있는 숙소는 천차만별이다. 물가를 고려하여 좋은 숙소를 마련한다면 이미 여행은 반쯤 성공한 셈이다.

1 숙소 종류

호스텔

북유럽을 여행한다면 가장 먼저 고려하는 저렴한 숙박 시설로, 운영 주체에 따라 유스호스텔 및 사설 호스텔로 나뉜다. 대도시에는 여러 호스텔이 혼재해 있으며, 소도시와 일부 교외 지역은 유스호스텔이 주를 이룬다.
방 인원과 화장실 유무, 조식 포함과 시트 제공 여부, 기간에 따라 가격도 들쑥날쑥. 예약 전 여러 곳을 잘 살펴보고 이용자들의 평을 고려해 선택하는 것이 좋다. 90% 이상의 호스텔에는 취사 시설이 갖추어져 있는데 직접 요리해 먹으면 식비 절약에 도움이 되고 입맛도 회복할 수 있다. 또한, 개인 여행자에게는 다양한 외국인 친구 사귀기에 가장 좋은 곳이며, 대도시 호스텔에는 한국인 여행자가 많아 루트가 비슷하다면 즉석에서 동행도 만들 수 있다.

◎ Web
공식 유스호스텔 전문 예약 www.hihostels.com(한국어 이용 시 kyha.or.kr)
호스텔월드 www.hostelworld.com
호스텔닷컴 www.hostels.com
호스텔부커스 www.hostelbookers.com

호텔

소규모의 별 1~2개짜리부터 도심의 5성급까지 호텔은 참으로 다양하고 서비스 또한 곳마다 편차가 크다. 게다가 숙박비 역시 물가 못지않은 점은 고려해야 한다.
북유럽 국가들에서 주로 이용되는 호텔 체인은 라디손 블루Radisson Blu, 클라리온Clarion, 스칸딕Scandic, 톤Thon, 소코스Sokos 등이 있으며, 각국 디자인의 특성을 살린 '디자인 호텔'은 규모는 작지만 관광청에서도 적극 홍보할 정도로 인기가 좋으니, 디자인 전공자나 관련 직종에 종사하는 여행자라면 반드시 눈여겨보자.

◎ 국내에서 주로 이용하는 호텔 예약 홈페이지
부킹닷컴 www.booking.com
아고다 www.agoda.com
호텔스닷컴 www.hotels.com

Tip 1
호스텔 이용 시 주의사항
• 다인실 이용 시 개인 짐 보안에 각별히 신경을 써야 한다. 되도록 개인 사물함이 지원되는 숙소를 고르는 것이 좋으며, 자물쇠 등의 안전용품도 반드시 준비하자.
• 보통 체크인은 오후 3시부터, 체크아웃은 오전 10시까지이며 곳마다 약간의 차이가 있다. 늦은 시간 도착 시, 반드시 메일이나 전화로 하루 전까지 미리 알려 줄 것.
• 도미토리를 남녀 혼용으로 운영하는 곳도 있으니 예약 시 반드시 확인하자.

Tip 2
호텔 이용 시 주의사항
• 도시에 따라 주말이 비싸거나(헬싱키 등), 주중이 비싼 곳(스타방게르)도 있다.
• 어린이 동반 시 각 체인에 따라 무료 숙박이 가능한 인원, 연령이 다르다. 예약 시 반드시 확인할 것.

호텔패스 www.hotelpass.com
호텔스컴바인 www.hotelscombine.com
카약 www.kayak.com

◎ 숙박 시설 평 확인 시
트립어드바이저 www.tripadvisor.co.kr

Tip 3
• 렌터카를 이용한 여행 시, 내비게이션에 캠핑장 위치를 알려 주는 기능이 있는 것으로 선택하자.
• 캠핑장 이용 시 국제 캠핑 카드를 미리 만들어 두자. 할인 및 보험 혜택을 받을 수 있다.

캠핑장 및 캐빈 & 아파트

여름 시즌에 차량을 가지고 이동할 때 주로 이용하는 숙소다. 캠핑장에서는 캠핑카 이용자들을 위한 시설, 오토 캠핑족을 위한 텐트장, 좀 더 편안한 휴식을 위한 캐빈을 지원한다. 특히 캐빈은 2인 이상부터 함께 이동할 때 유용하며, 내부에는 주방 시설이 지원되어 간단한 요리 역시 가능하다. 대부분 도시의 외곽이나 국립공원을 비롯한 여러 곳에 분포되어 있어 자연 속에서의 여행을 원한다면 이만한 곳이 없다. 단 캐빈은 곳에 따라 5~9월에만 운영하고, 샤워 시설 이용이 불편할 수 있는 것은 주의하자. 개인 시트도 준비해야 한다.

대도시에서는 스튜디오 등의 작은 아파트를 빌려 이용하는 방법도 있다. 어린이와 노약자를 동반한 가족 여행 시, 5일 이상의 일정 시 유용하며, 직접 요리해 먹으면서 식비를 절약할 수 있다. 하지만 대부분이 시내 중심가와 떨어진 곳에 위치하고 있는 점을 고려해, 위치와 조건을 꼼꼼히 따져서 결정해야 후회가 없다. 현지인들의 집을 빌려서 쓰는 예약 서비스 이용 시 여행 직전에 주인이 취소할 가능성도 존재하니 차선책도 함께 알아보고 예약하자.

Web 에어비앤비 www.airbnb.com

민박

현지인들의 집을 개조해 만든 B & B처럼, 소규모로 운영되는 숙박 시설. 게스트 하우스라고도 한다. 3인 이하의 소규모 숙박을 원할 경우 적당하며, 조용하고 편안한 분위기에서 현지식의 분위기를 느껴 보고 싶을 때 추천한다. 특히 시내 외곽이나 근교, 시골 지역에 산재되어 있다. 도심의 인기 있는 게스트 하우스는 늘 예약이 꽉 차 있으니 묵고 싶다면 되도록 빨리 문의하자.

북유럽에도 역시 한인 민박이 존재하지만, 서유럽의 민박과 달리 출장자 대상으로 운영되고 있다. 가격도 호스텔보다 1.5~2배까지 비싼 데다가 중심가 및 관광지와 많이 떨어져 있어 일반 여행자들이 찾기에는 다소 부담스럽다. 시내에 빈 숙박 시설이 없거나, 일정 중후반에 지쳤을 때 차선책으로 이용하는 것을 권한다.

그 밖에도, 현지인들의 집에서 무료로 숙박할 수 있는 '카우치 서핑Couch Surfing'은 비용 절약에는 좋지만, 약간의 위험 부담도 있다. 20대 남성 개인 여행자, 특히 영어에 능통하고 외국 문화에 관심이 많다면 도전할 만하다. 호스트의 평을 반드시 확인하고 이용해야 후회가 없다.

Web www.couchsurfing.com

2 숙소 구하는 방법

1 평소에 선호하는 숙박을 먼저 파악하자. 개인의 성향에 따라 호스텔 다인실부터 현지 민박, 아파트, 호텔까지 다양하게 나올 것이다.

2 호텔이나 아파트 예약 시에는 평소에 사용하는 호텔 예약 홈페이지에 들어가서, 본인의 기호와 위치에 맞는 숙박 시설을 파악하고 목록을 만들어 놓은 후 결정하자. 곳마다 규정이 다르고, 취소 여부와 창문, 조식 등의 옵션에 따라 가격도 천차만별이니 이때 꼼꼼히 봐야 한다.

3 호스텔 예약 시에는 공식, 사설 여부를 확인하고 예약 홈페이지를 다르게 하자. 공식 유스호스텔은 각국 유스호스텔 홈페이지에서 예약 가능. 사설 호스텔은 되도록 각 호스텔의 홈페이지에서 예약하는 것이 좋다.

4 예약은 해외에서도 사용 가능한 신용카드나 체크카드로 진행하며, 곳에 따라 일정 비율의 보증금을 받거나(취소 시 환불 불가), 숙박비 전액을 모두 내야 할 수 있으니 미리 체크하자.

5 예약 후에는 예약 사항이 메일로 전송된다. 반드시 저장해 놓고 당일에 보여주자. 출력해 놓는 것도 괜찮다.

6 예약 취소는 늦어도 숙박 이틀 전까지 하는 것이 좋다. 이때 보증금은 환불되지 않는 점을 주의할 것.

경험자가 알려 주는 북유럽 숙소 관련 팁

- 일정이 결정되면 숙소부터 예약하자. 특히 노르웨이의 피요르드나 아이슬란드 지역의 인기 좋은 호스텔은 여름 시즌에 여행 시 가능한 한 빨리 예약해야 한다. 그렇지 않으면 숙소가 없어서 루트를 바꿔야 할 정도.
- 비용이 조금 더 들어도 이동이 편리한 중앙역, 중심가 근처에 숙소를 잡자. 특히 늦은 시간에 도착하거나, 이른 시간 출발 시 가장 편하게 이동 가능하다.
- 호스텔, 캐빈 이용 시 시트 대여가 필요한 곳들이 있다. 이불과 베갯속은 있으며 단지 씌워서 사용하는 '껍데기'만 빌리는 것이다. 시트 대여 비용은 1회당 약 8,000~12,000원 정도이며, 침낭 반입은 곳마다 규정이 다르다.
- 자동차 여행 시 피요르드나 북극권 지역에서는 지역별 안내 홈페이지를 참고해 대강의 숙소 리스트를 정리한 후 현지에서 확인하고 이용해도 괜찮다. 영어에 자신이 있다면 전화로 예약 가능. 단 로포텐 제도의 로부어는 미리 예약하자.
- 다인실 이용이 부담스러운 30대 이상의 단독 여행자라면, 도미토리 이용 시 최대 4인까지가 적당하다. 요즘은 싱글 룸을 지원하는 호스텔도 생겨나고 있지만 화장실은 공동 이용인 점을 감안하자.
- 친환경을 표방하는 일부 호텔 체인의 경우 일회용품을 지급하지 않고 냉장고도 없다. 반드시 여분의 얇은 슬리퍼를 준비할 것.
- 컵라면이 먹고 싶다면 간이 주방을 이용하거나, 창문을 최대한 열고 환기를 시켜야 한다. 한국 라면은 특유의 매운 냄새가 강해 한번 방에 냄새가 퍼지면 난감하다.

Step to Northern Europe 5

예산 짜기 & 환전

북유럽은 그들만의 화폐 체계 때문에 환전이 쉽지 않고, 비싼 물가 때문에 예산도 높게 잡아야 한다. 그래서 예산 사용 계획을 꼼꼼히 세우고 환전과 카드 사용을 적절히 해야 낭비를 막을 수 있다.

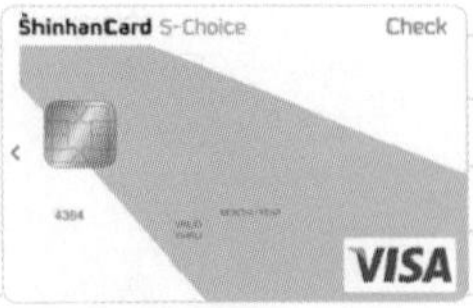

© 신한은행

어떻게 가져갈 것인가?

보통 서유럽을 여행할 때에는 경비 전액을 환전해 가거나, 카드와 현금의 비율을 일정 정도로 맞춰 조금만 환전하는 것이 좋다는 얘기를 들었을 것이다. 북유럽은 후자에 해당한다. 또한 여기에는 여행 일정에 따라 약간의 변화를 주는 것도 필요하다.

현금

수수료 계산하는 것이 머리 아프다면, 지방 도시 일정이 길다면 현금이 답이다. 하지만 분실하면 방법이 없으니 반드시 분산해 보관할 것. 특히 4개국 크로네화는 섞이지 않도록 나라별로 보관하자. 비상금 정도의 소액만 환전하고, 현지에서 다 쓰고 올 것.

크로네 권종 : 20(스웨덴), 50, 100, 500, 1,000(아이슬란드는 1,000, 5,000, 10,000 추가)

크로네 동전 : 0.5(50외레), 1, 5, 10, 20(아이슬란드는 50, 100 추가)

신용카드

카드 사용은 북유럽 지역 어~디에서든지 가능하다. 또한 숙박이나 교통편 예약 시에 신용카드가 없으면 예약이 되지 않는 경우도 많아 이래저래 쓸모 만점. 하지만 단점은 충동구매를 하기 쉽고 사용 수수료가 있으며 여행 이후에 갚느라 더 고생한다. '여행 때 사용했던 카드값이 모두 결제되어야 진정한 여행의 끝'이라는 말도 있을 정도라면!

반드시 해외 결제 시 문자 메시지로 오는 결제 안내를 꼼꼼히 확인하고, 며칠에 한 번은 사용 금액을 구체적으로 확인하여 부정 사용 여부도 체크하자. 사용 시에는 핀 넘버(비밀번호) 4자리가 서명을 대신한다. 유출되지 않도록 주의할 것. 그리고 분실 시 반드시 1순위로 정지시키는 것도 필수.

스웨덴에서는 카드 사용 시 본인 확인을 하는 경우도 있으니 주의하자.

체크카드

현지에서도 ATM을 이용해 한국의 계좌에서 인출해 사용할 수 있고, 신용카드처럼 결제 시 사용도 가능하다. 신용카드 발급이 어렵다면, 유학이나 장기 여행 등으로 한국에서 환전이 어렵다면 가장 좋은 방법. 카드는 자신의 주거래 은행에서 발급받을 수 있으며, 일부 은행에서는 국제학생증 기능이 추가된 카드로도 발급이 가능하니 적극 이용하자. 카드에 Visa Plus나, Cirrus, Maestro 마크가 붙어 있고 'International'이라고 쓰여 있는지 확인 필수! 도난이나 분실에 대비해 2장 이상 발급받고 분산해 보관하는 것이 안전하다.

Tip 1

각 나라별 ATM 명칭

노르웨이 : 미니방크Minibank

스웨덴 : 방코마트Bankomat

핀란드 : 오또Otto

에스토니아 : 팡아아우토마트Pangaautomaat

아이슬란드 : 크라드방키Hraðbanki

Tip 2

트래블월렛 & 트래블로그

최근 인기를 얻고 있는 외화 충전식 체크카드(트래블월렛, 트래블로그)는 유로화와 북유럽 3개국 크로네화가 지원되며, 트래블월렛은 아이슬란드 크로네화도 이용 가능하다. 컨택리스 결제도 가능하여 교통편 이용 시 편리하다. 단, 유로화보다 수수료율이 높은 점 주의.

Tip 3

• 크로네화는 처음 받았을 때 자세히 봐야 나라별 크로네를 분간할 수 있을 정도다. 반드시 나라별로 구분해 보관할 것.

• 환전할 때에는 고액권(500, 1,000 크로네)과 소액권(50, 100크로네)을 골고루 섞어서 하자.

• 공항이나 역 등의 자동 환전기는 최후의 수단으로만 사용하자. 환율이 상당히 안 좋은 편이다.

Tip 4

수수료 없이 동전까지 환전하기!

특히 지폐와 동전이 함께 남았을 경우, 다음에 이동할 나라의 돈으로 이동 직전 환전하면 수수료 없이 동전까지 깔끔히 처리할 수 있어 더욱 편리하다. 환전소에서는 타국 화폐를 자국 화폐로 바꿀 경우 수수료가 발생하지만, 그 반대인 경우에는 수수료가 없다. 또 3개국 안에서 기차로 이동하는 경우가 많은데 중앙역 환전소에서 바로 옆 나라의 화폐 정도는 동전과 같이 환전해 주기도 한다.

여행에 필요한 총예산은?

각 나라별 개요 부분에서도 언급했지만, 북유럽에서의 기본 1일 예산은 최소 10만 원을 기본으로 잡자. 여기에는 도시 카드나 교통권 가격이 포함되며, 시내 일정을 짤 때에 어느 교통권이나 도시 카드를 이용할 지 결정하면 1일 예산을 잡기에 좀 더 쉬워진다.

예를 들어, 코펜하겐에서의 3일 동안 쓸 도시 카드 48시간권을 구입한다고 가정했을 때, 3일간 전체 예산 1,800DKK에서 48시간권 가격인 679DKK를 빼고 일수로 나누면 하루 사용할 돈을 대강 추릴 수 있다.

(1800−619)/3≒394DKK ⇒ 관광지 입장, 교통을 뺀 나머지 비용은 1일 약 394DKK!

총 여행 비용은 '(1일 비용X여행일수)+숙박비+지역 이동 교통비(패스, 조기 예약, 현장 구매, 렌터카 등)+기타 예산(고가 입장료 관광지, 현지 투어, 연료비, 쇼핑 등)'으로 계산할 수 있다.

얼마를 환전해야 하나?

총예산을 잡은 후, 자잘하게 들어가는 1일 비용 부분만을 우선 추려서 나라별로 나눠 환전한다. 한 나라당 1일치 비용(약 10~15만 원, 핀란드에 탈린 일정 추가 시에는 20만 원)을 나눠서 우선 환전하고, 필요할 경우 카드를 주로 사용하자. 돌아와서 재환전하는 것도 어려우니 반드시 현지에서 다 쓸 생각으로 '모자란 듯' 환전해야 한다. 각국의 환율을 출국 전부터 숙지하고 있어야 대략의 사용 금액을 파악할 수 있고 앞으로의 소비 예측도 가능하니 애플리케이션 등을 통해 미리 익히자. 피요르드나 북극권 지역 등에서는 카드 사용이 안 되는 곳들도 있으니 현금 비중을 조금 더 높여서 가져가자. 단 아이슬란드 크로네는 대강의 예산을 잡은 후 카드 위주로 쓰는 것이 좋다.

어디서 환전할 수 있나?

핀란드, 에스토니아 일정이 있다면 유로화가 필요하다. 유로화는 각 은행에서 손쉽게 환전할 수 있고, 주거래 은행에서는 좀 더 유리한 조건으로의 환전이 가능하다. 하지만 북유럽 3개국(덴마크, 스웨덴, 노르웨이) 크로네화는 국내에서 환전 가능한 은행이 적고 우대 비율도 낮은 편이다.

3개국 크로네화를 모두 환전하려면 KEB하나은행에서만 가능하며, 1~2개국의 크로네화만 가능한 은행도 있다. 일단 주거래 은행에서 크로네화 환전이 가능한지를 확인하고, 최소 3주 전에 미리 신청하자. 주변에 환전 가능한 은행이 없거나 직접 받고 싶다면 KEB하나은행이 답이다. 서울 및 수도권 거주 시에는 지점에 미리 예약하거나 명동의 KEB하나은행 본점에 방문해 받을 수 있으며, 지방 거주자들은 KEB하나은행 지점에 미리 예약하는 것이 좋다. 시간이 없다면 홈페이지에서 인터넷 환전을 신청해 공항에서 받거나, 외화 충전식 체크카드를 이용해 해당 애플리케이션에 예산 금액을 환전해 두자.

현지에서는 Forex가 보편적으로 사용되며, 현지인들도 많이 이용한다. 단 건당 수수료가 부과되니 돈이 너무 많이 남았다 싶을 경우에만 이용하자. 아이슬란드에서는 공항 내 은행도 유용하니 비상금으로 약간의 유로나 달러를 준비해 가도 괜찮다.

Step to Northern Europe 6

짐 싸기 & 준비물 리스트

필자에게 여행을 간다는 의미는 바로 짐 싸는 데에 있다. 짐을 잘 싸면 가고 올 때 모두 편하고, 또 현지에서 요긴한 물건들을 잘 챙기면 생돈 나갈 일 없이 상황을 해결할 수 있다. 북유럽 여행 선배가 알려주는 짐 싸는 노하우를 여기서 공개한다.

옷과 신발은 어떤 것으로?

최대한 가볍고, 세탁하기 쉬우면서 구겨져도 좋은 것으로 주로 준비하자. 보통 상의 3장, 바지 1~2벌, 양말과 속옷 3~4세트 정도가 표준(?)이다. 큰 일교차를 대비해 껴입기 좋은 후드 집업, 카디건, 머플러, 레깅스 등은 반드시 챙기고, 피요르드와 북극권 지역 여행 시에는 아웃도어 재킷도 추가하자. 겨울 시즌에 북극권 지역 여행 시 내의류와(순모 권장) 기능성 의류가 보온에 최고다. 신발은 바닥 두꺼운 운동화, 가벼운 패션 스니커즈나 편한 구두, 숙소 안에서 신을 슬리퍼 정도 챙기는 것이 좋다. 아웃도어 여행자는 등산화, 겨울에는 방수 가능한 부츠로 대체하자.

북유럽에서 특히 요긴한 알뜰 물품

시트

중장기 여행 시, 호스텔 및 캐빈 위주로 여행한다면 필수! 집에서 안 쓰는 베개 커버, 이불 홑청 등을 챙겨서 쓰면 한 끼 식사비가 절약되고 기간이 거듭될수록 그 가치가 커진다. 돌아올 땐 미련 없이 버리거나 필요한 사람에게 넘기자.

지퍼 팩

빨래할 때, 물건 구분해 보관할 때, 저가 항공 이용 시 액체류 넣을 때, 매일 아침 도시락 쌀 때에 요긴하다. 현지 슈퍼마켓에서는 찾기 힘드니 미리 챙기자.

장바구니

장을 볼 때(북유럽에서도 비닐값을 받는다), 중간에 짐이 많아졌을 때, 빨래하러 갈 때 들고 다니는 용도로 유용하다. 집에서 안 쓰는 장바구니를 가져가서 쓰자. 접을 수 있는 것이 부피를 덜 차지한다. 현지 슈퍼마켓이나 디자인 숍 등에서 구입하면 기념품으로도 좋다.

✖ 준비물 Check List

필수/선택	항목	체크 V	내용
필수	여권		앞면은 사본 3장도 함께 준비!
	여행 경비		카드와 함께 분산 보관
	여권 사진 3~4장		만약의 경우 대비(최근 6개월 내 촬영한 것)
	항공권		여러 장 출력해 두자.
	국외여행허가필증		병역 미필자의 필수 서류
	여행자보험		나를 지키는 든든한 '빽'
	국제학생증		학생의 특권이자 무기!
	철도 패스나 구간권 예약증		지역 이동 시 필수품
	여행 책자		현지 정보를 알려면 챙기자.
	필기도구		싼 것으로 많이!
	카메라 장비들		배터리, 메모리, 어댑터, 리더기 등
	세면도구 및 수건		집에서 굴러다니는 샘플과 스포츠 타월이 유용하다.
	비상약		감기약, 진통제, 연고류, 모기약, 파스류 등
	손톱깎이		깔끔한 손을 위한 필수품
	보조가방		평소에 들던 가방도 무방. 방수 되는 것으로!
	반짇고리		이래저래 떨어졌을 때 없으면 섭섭하다.
	수첩류		추억의 저장소이자 비상 시 나의 동반자
	철사 옷걸이나 미니 행거		매일 빨래한다면 필수품
	약간의 한국 돈		공항 왕복 시, 소액의 동전은 기념품으로
	양말 및 속옷류		3세트를 기본으로 챙기고 매일 빨아 쓰기
	겹쳐 입을 수 있는 아이템들		레깅스, 스카프, 후드나 후리스 재킷 등
	상의, 하의		각 3벌 정도 챙기고, 모자라면 현지에서 조달하자.
	슬리퍼류		숙소, 비행기 안에서 가볍게 신을 것으로 준비
	선글라스		햇볕 강한 여름에 눈을 보호하자.
선택	핫팩 등의 보온 용품		쌀쌀한 날씨, '그날'에 따뜻하게~
	유스호스텔증		호스텔 위주의 중장기 여행자용
	등산용품(신발, 의류 등)		등산, 트래킹 위주의 아웃도어 여행 시
	자물쇠 등의 안전 용품		호스텔 위주 여행 시
	지퍼 팩		수납용, 도시락용으로 요긴하다.
	목베개		장기 이동 시 편안한 휴식을 위해
	장바구니		비닐도 돈 받는 북유럽!
	약간의 기념품(과자류 등)		외국 친구들에게 나눠 주는 용도로 넉넉히 챙기자.
	책 1~2권		부피 적은 것으로, 유익한 시간 보내기
	태블릿 PC 등의 동영상 저장 장치		여행 관련 영상으로 예습과 복습을~
	힘이 나는 한국 음식들		부피 적은 것으로 조금씩 준비하자.
	국제운전면허증		렌터카 여행 시 필수
	여성용품 및 물티슈		중장기 여행 시, 한국 제품이 최고다.
	침대 시트		호스텔 위주 여행 시 개인위생 겸 절약 수단
	세탁 세제		매일매일 깔끔하게!
	렌즈, 인공 누액, 안경		렌즈 착용자나 안구건조증이 있을 시 많이 챙기자.

공항 이용하기

1 출국하기

본인이 발권한 항공사의 출발 공항을 반드시 확인하고, 사전에 공항까지의 이동 교통편을 파악한 후 이동하자. 출발 최소 2시간 전까지, 성수기에는 3시간 전까지 공항에 도착하는 것이 안전한 출국에 좋다. 자세한 교통수단은 공항 홈페이지를 참조하자.

유용한 홈페이지
인천공항 www.airport.kr
김포 · 김해 · 제주 · 대구공항 www.airport.co.kr
도심공항터미널 www.calt.co.kr

공항으로 이동하기

A. 인천공항

리무진 버스, 공항철도 AREX, 택시를 주로 이용하여 이동할 수 있으며 본인의 거주 지역과 짐의 용량, 이동 시간에 따라 선택의 폭이 넓다.
강남 및 서울역 인근 지역 거주, 근무 시에는 서울역 도심공항터미널에서 출발 3시간 20분 전까지 미리 수속을 마치고 이동할 수 있으며, 수속 가능한 항공사를 반드시 체크하고 이용하자.
지방에서 이동할 경우 기차 · 고속버스+공항철도 또는 공항 리무진의 조합을 주로 이용하면 되며, 갈아타는 것이 귀찮다면 공항까지의 직행 버스 노선도 유용하다. 부산에서 항공 이동 시에는 인천행 국내 항공편을 연계해서 예약하면 좀 더 편하게 이동할 수 있지만 하루에 몇 편밖에 없다는 것이 단점.

B. 김포공항

경유 항공편을 이용할 때나 지방에서 국내선 항공편을 연계해서 이동 시 이용한다. 공항까지는 지하철 5 · 9호선, 공항철도 AREX, 시내버스, 리무진 버스, 택시로 이동 가능하다. 서울 및 일부 수도권 거주 시 저렴하고 편하게 이동 가능하다. 국내선과 국제선 터미널이 분리되어 있다.

C. 김해공항

부산 및 남부 지역 거주자들이 경유 항공편 탑승 시 이용할 수 있다. 307번 부산 시내버스, 마을버스, 시외버스, 리무진 버스, 부산김해경전철 중 선택해 이동할 수 있다. 부산 거주자는 거주 지역에 맞춰 시내버스나 마을버스를, 주변 지역 거주 시에서는 직행 시외버스를 이용하자. 국내선과 국제선 터미널이 분리되어 있다.

D. 제주공항

제주도 거주자들이 중국, 일본 경유편 탑승할 때 이용 가능하다. 서귀포에서는 600번 리무진 버스가 연결되며, 제주 시내에서는 시내버스로 이동할 것.

Tip 1

인천국제공항에 제2터미널이 개장했으므로, 본인이 이용하는 항공사의 터미널을 확인하고 이동하자. 서로 오갈 수는 있으나 시간이 꽤 걸린다. 현재 대한항공, KLM, 에어프랑스, 체코항공, 러시아항공(아에로플로트) 등의 스카이팀 계열 항공사가 2터미널, 나머지 항공사는 모두 1터미널을 이용 중이다.

공항 도착 후 출국까지

A. 항공사 카운터 확인

공항 도착 후 1순위. 본인이 체크인해야 하는 항공사의 카운터를 반드시 체크하고 카운터로 가자. 카운터는 알파벳으로 구분되어 있다.

B. 탑승 수속

카운터는 출발 3시간 전부터 오픈한다. 우선 해당 카운터에 여권과 전자 항공권을 제시한 후, 탑승권(보딩 패스)을 받고 짐을 부치면 된다. 항공사 규정에 따라 허용되는 짐의 개수와 무게가 다르니 사전에 미리 체크하고, 부친 후에 받는 수하물 보관표(배기지 클레임 태그)는 분실 시 중요한 단서가 되니 잘 보관할 것. 탑승권에 적힌 탑승 시간, 탑승 게이트, 좌석은 탑승 전까지 착오가 없도록 확인하고 또 확인하자.

대부분 최종 목적지까지 짐을 부치게 되지만(연결 체크인, 스루Through 체크인), 스톱오버 등으로 중간 경유지에서 부득이하게 짐을 찾아야 한다면, 첫 수속 시 반드시 경유지까지의 탑승권을 발급받아야 한다. 또한 노르웨이 국내선 환승 시 짐을 찾아서 다시 탑승 수속을 해야 하니 이 점 역시 주의할 것.

C. 보안 검색

이제 출국장으로 갈 시간이다. 보안 요원에게 여권, 탑승권을 보여 준 후 출국장으로 들어가 보안 검색을 거쳐야 한다. 직원의 안내에 따라 본인의 가방, 겉옷, 주머니 내 소지품, 노트북이나 태블릿 PC 등을 꺼내서 바구니에 넣고 검색대를 통과한다.

액체류 규정에 맞춰 기내에서 100ml 미만의 액체류는 반드시 20*20 사이즈의 지퍼 팩에 넣어서 휴대하여야 한다.

D. 출국 심사

대기선 앞에서 차례를 기다렸다가 자기 순서가 되면 가서 여권과 탑승권을 보여 주고 통과한다. 심사 시에는 반드시 모자와 선글라스를 벗을 것.

E. 면세품 수령

출국 전 면세점에서 쇼핑을 했을 경우, 인도장에서 면세품을 찾아야 한다. 면세점별로 인도장이 나뉘어 있으니 번호표를 뽑은 후, 순서가 되면 창구에 가서 상품을 확인한 후 서명하고 인도받는다. 밀봉 포장이 된 액체류 상품은 최종 목적지에 도착할 때까지 절대 뜯지 말 것.

F. 탑승 전

탑승 30분 전까지 탑승 게이트로 이동해 해당 비행기에 올라타자. 보통 30~10분 전까지 탑승을 마치게 되니 시간 엄수는 생명! 특히 외국 항공사 이용 시에는 모노레일을 타고 별도의 청사로 이동해야 하니 더더욱 신경을 써야 한다. 간혹 게이트가 변경될 수 있으니 수시로 모니터를 확인하는 것 역시 필수.

2 북유럽으로 입국하기

북유럽 4개국 및 발트 3개국, 아이슬란드는 모두 쉥겐 조약에 가맹되어 있다. 다른 가입국의 도시에서 경유하거나 출발하여 입국할 때, 첫 국가에서 간단히 입국 심사를 하고 여권에 입국 도장을 찍는다. 여행에 관련해 간단한 질문을 하는 편이니 크게 걱정하지는 말자. 그 외의 국가를 경유할 때에는 처음 입국하는 북유럽 국가에서 입국 수속을 받게 된다.

여기서 핀란드와 에스토니아 입국 시에는 약간의 주의가 필요하다. 러시아 접경지대라는 이유로 까다롭게 대하는 경우가 있다. 이민국 직원이 일부러 꼬치꼬치 묻는 경우 왕복 전자 항공권을 제시하며 성실하게 답하고, 대사관 등의 비상 연락처를 반드시 소지하자.

핀에어 이용 시 전자 여권을 소지해 자동 출입국 창구를 이용할 경우에도, 신장 130cm 미만의 아동 동반 시에는 일반 입국 창구를 거쳐야 하는 점 주의.

3 북유럽 내 항공 이동

국내선 이용 시 1시간 전까지 도착해 수속과 보안 검색을 마치고 바로 이동하면 된다. 국제선 이용 시에는 별다른 출국 심사는 없지만 출발 2시간 전, 최소한 1시간 반 이상은 확보해야 한다. 특히 여름 성수기와 주말 아침에는 체크인 카운터와 보안 검색대에 엄청나게 줄이 늘어서기도 한다. 또한 EU-비EU 국가 간 이동 시 세금 환급이 있다면 빠른 처리를 위해 환급받을 물건을 미리 준비하자.

소지역 공항에서는 셀프 체크인 기계 이용에도 주의하자. 특히 SAS는 수하물이 기본으로 추가돼 있는 클래스(SAS Go)를 구매했어도, 셀프 체크인 기계에서 추가 비용을 내고 짐을 부쳐야 한다는 메시지가 뜰 때가 있다. 이동 전 항공권 클래스를 반드시 확인하고, 이상하다 싶으면 직원을 불러서 해결한 후에 수속을 마치자.

4 귀국하기

입국과 반대 순서대로 다른 쉥겐 가입국의 도시에서 경유 시에는 경유하는 공항에서, 비쉥겐 지역으로 경유 시에는 마지막으로 출국하는 북유럽 국가에서 출국 도장을 찍는다. 한국 도착 1~2시간 전에 나눠 주는 세관 신고서를 성실하게 기입하고, 도착 후 이용한 비행기 편수에 맞춰 짐을 찾은 후 세관 신고서를 제출하고 나오면 끝!

Tip 2

쉥겐 조약 가맹국

그리스, 네덜란드, 독일, 룩셈부르크, 리히텐슈타인, 몰타, 벨기에, 스위스, 스페인, 슬로바키아, 슬로베니아, 오스트리아, 이탈리아, 체코, 포르투갈, 폴란드, 프랑스, 헝가리

※ 노르웨이 국내에서도 스발바르 제도는 쉥겐 조약에 포함되지 않으니 이동 시 별도의 수속을 해야 한다.

Tip 3

- 1인당 면세 범위는 주류 1리터 1병, 담배 20개비 10갑, 향수 2온스, 기타 구입 물건은 USD600까지 가능하다.
- 핀에어 인천행을 비롯, 아시아와 중동 국가 및 러시아행 경유편 이용 시에는 세금 환급과 출국 수속, 탑승 게이트 이동에 시간이 많이 걸린다. 특히 헬싱키 공항의 경우 인천행 출발 시간에 여타 아시아 국가행 출발이 함께 집중되어 있어 2터미널 전체가 혼잡하니 마지막까지 정신을 바짝 차리자. 여름 성수기에 세금 환급까지 받는다면 늦어도 출발 3시간 전까지는 공항에 도착해 세금 환급 창구에 줄 서는 것을 권한다. 또한 탑승 1시간 전까지는 모든 것을 마치고 출국 도장을 찍으러 갈 것.
- 전자 여권 소지 시 헬싱키 공항 내 비치된 전자 출입국 창구를 이용할 수 있다. 이때 사진 촬영이 있으니 미리 모자를 벗을 것.

Step to Northern Europe 8

우편 · 통신

어디서든
눈에 띄는 우체통

우편

디지털이 좋다 해도 아날로그의 매력을 못 따라가는 것처럼, 손글씨 엽서와 편지는 디지털에 익숙해진 우리에게 감동을 준다. 특히 그 나라를 상징하는 캐릭터나 디자인이 담긴 엽서와 우표는 저렴하면서도 마음을 전하는 기념품으로 최고다. 엽서와 우표는 기념품점이나 기차역 내 우체국, 편의점 등에서 구입할 수 있으며, 우체통은 곳곳에 있다. 1주일 안이면 대부분 한국에 도착한다.

또한, 짐이 많아졌을 경우 늘어난 만큼 미리 부치는 방법도 있지만, 소포 요금은 최소 3~5만 원 정도 예상하는 것이 좋다. 박스나 봉투는 우체국이나 우편취급소에서 본인이 직접 구입해야 하며, 배편으로는 현재 이용이 불가능하니 비싸더라도 항공 소포를 이용해야 한다. 역시 1주일 정도 소요된다.

Tip 1

• 스웨덴은 노란색, 핀란드는 오렌지색, 노르웨이와 덴마크는 빨간색 우체통을 사용한다.

• 가벼운 물건은 박스보다 두터운 봉투를 이용해 부치는 것이 훨씬 저렴하다.

• 샘플로 나와 있는 박스와 봉투에 물건을 미리 넣어 보고, 맞는 것으로 구입하자.

• 일명 '뽁뽁이'라 불리는 충격방지용 비닐 에어 캡은 현지에서 사기가 어렵고 비싸다. 면세점에서 물건 구입 시 받은 에어 캡은 버리지 말고 이때 적극 활용하자.

• 국가명은 반드시 Republic of Korea나 South Korea로 적어야 한다. 서울 제외한 나머지 지역은 Korea라고 적으면 우편물이 가지 않으니 반드시 주의하자!

휴대전화

현재 한국에서 사용하는 3G 및 4G, 5G LTE 지원 휴대전화 모두 현지에서 충분히 사용 가능하다. 현지 도착 후 전원을 켜면 자동 로밍으로 연결되고 국가별 요금 등이 문자로 자동 발송된다. 전화 이용 시 발신 및 수신 모두 요금이 부과되며, 반드시 필요한 전화만 받도록 하자. 출국 전 통화 연결음에 로밍 안내 서비스를 넣는 것도 필터링에 도움이 된다. 문자는 건당 300원 정도.

단, 데이터는 로밍 시 얘기가 달라진다. 모르고 사용했다가 '요금 폭탄'을 맞지 않으려면, 출국 전 통신사별 센터에 들러 데이터 로밍을 꼭 차단시키고 비행기에 오르자. 쇼핑이나 렌터카 이용 등으로 종일 필요할 경우, 각 통신사별로 지원되는 일일 데이터 정액제 요금을 이용하는 것을 권한다. 요금은 24시간을 기준으로 최소 9,000원부터 가능하다.

여행 기간이 길면, 현지에서 심 카드를 구입하는 것도 괜찮은 방법이다. 각 나라의 편의점, 입국 면세점, 통신사별 매장에서 선불 심 카드를 구입할 수 있으며 가격도 저렴하다. 통신사별 조건을 반드시 확인하고 구입할 것. 또한 사용 전 휴대전화의 'Country Lock'이 풀려 있어야 심 카드 사용이 가능하니 출국 전 미리 체크해야 한다. 한국에서 사용하던 심 카드는 데이터 로밍은 차단시키되 귀국 시까지 분실하지 않도록 잘 보관하자. 안 쓰는 전화기에 끼워 비상용 전화로 사용해도 괜찮다.

현재 북유럽 통합 선불 심 카드는 스웨덴 컴빅(아이슬란드 제외 유럽 전역, 데이터 위주), 노르웨이 마이콜, 덴마크 라이카(유럽 전역, 데이터 위주) 사의 서비스만 지원하며, 구입 및 개통은 해당 통신사의 국가에서만 가능하다. 여행 국가에 맞춰 선택하되, 피요르드나 내륙 산악 지대에서는 연결이 좋지 않은 점 감안해 이용하자. 자세한 내용은 p.592 참조.

인터넷

노트북과 스마트 폰 이용이 늘어나면서, 자연히 무선 인터넷 서비스도 확대되었다. 다행히 북유럽은 인터넷 인프라가 좋아 무선 인터넷 사용이 가능한 곳이 서유럽보다 많다. 기차역과 버스 터미널을 비롯해 관광 안내소, 공항버스, 지역 연결 일부 장거리 교통편, 박물관, 미술관, 패스트푸드점, 카페, 숙소에서 무료로 무선 인터넷을 사용할 수 있다. 속도는 한국보다 느리지만, 편하게 사용이 가능해서 굳이 정액제 요금을 쓸 필요가 없을 정도. 특히 길눈이 어두운 여행자라면 관광할 때 중간중간 들러서 스마트 폰으로 확인해도 괜찮다.

Step to Northern Europe 9

휴대전화 현지 이용 시 방법별 장단점

현지 이용 시 스마트 폰의 중요성은 말이 필요 없다. 특히 현지에서의 교통 이용 시 애플리케이션을 이용한 결제가 많아 데이터 이용이 없이는 여행 자체가 어려울 정도다. 한국에서처럼 데이터를 잘 쓰면서 내 전화기에 맞게 이용하는 방법은 어떤 것이 있을까? 본인의 기종과 상황에 맞는 것을 잘 파악해 구입을 결정하자.

방법	장점	단점	추천
로밍	내 전화를 그대로 이용 가능	• 통신사별 사전 신청 필요(기간별 용량, 자녀 사용 등) • 걸고 받을 때 요금 높음	• 대도시 위주의 단기 패키지 일정 시 • 기계에 익숙치 않은 어르신 중심
현지 유심 구입	• 저렴한 요금 • 빠른 통신 속도 • 기종에 구애받지 않음	본인 인증 등으로 한국 전화 필요 시 심 교체 등의 불편(여분의 공기계 추가 준비 필요)	• 현지 중장기 거주자 • 렌트 등으로 현지 전화번호 필요 시 • eSIM 사용 불가 시 대체용
eSIM	• 물리 심 끼울 필요가 없음 • 한국 유심 유지하며 사용 가능(문자 이용한 본인 인증 편리) • 나라별 저렴한 요금	사용 가능한 기종에 제한이 있음(아이폰 11 이상, 갤럭시 폴더 4, 갤럭시 울트라 23 이상)	• 사용 가능한 기종 보유 시 • 한국 문자 이용 횟수가 많을 경우

Tip 1

북유럽 통합 선불 심 지원 통신사

- 노르웨이 마이콜 www.mycall.no
- 스웨덴 컴빅 www.comviq.se
- 덴마크 라이카 www.lycamobile.dk
- 핀란드 텔리아 www.telia.fi

Tip 2

현지 통신 이용 시 주의사항

- 유심 구입 시 반드시 조건을 확인하고 일정에 맞게 구입하자. 특히 여러 나라 일정 시 로밍 여부 및 가능한 데이터 용량, 핫스팟 이용 여부 등을 꼼꼼히 확인할 것.
- 미성년자용 요금제는 자동 로밍이 불가능하다. 출국 전 부모가 통신사에 여행 기간 동안 로밍 사용을 요청하거나 유심을 따로 구입하자.
- 여러 명이 같이 여행 시에는 급할 경우를 대비해 통신 방법을 서로 다르게 하자.
- 사용하지 않는 공기계가 있다면 같이 준비해 가자. 비상 시 유용하다.
- 노르웨이 마이콜 유심 구입 후에는 등록에 시간이 조금 걸린다. 특히 주말부터 입국 시에는 미리 로밍을 신청하거나, 저용량 eSIM을 등록 시까지만 사용하자.
- eSIM 사용 시 한국에서 미리 구입하고, 현지에서 활성화시키자.

사건사고 대처 방법

북유럽에 이민자가 크게 늘어나면서, 덩달아 사건사고까지 늘어 가장 안전하다는 말은 옛말이 되었다. 다행히 본인이 조심하면 90% 이상의 사고는 충분히 막을 수 있으니 어디에서든지 한시도 긴장을 늦추지 말아야 한다.

범죄 유형

교통수단 이용 시

역이나 시내 중심가에서 혼잡한 틈을 타서 지갑이나 카메라, 스마트 폰을 가져간다. 가방은 앞으로 메거나 들고 단단히 붙잡아야 한다. 꺼낸 후에는 반드시 가방에 다시 넣자.

식사 중

잠시 화장실 등으로 자리를 비운 사이에 가방이나 스마트 폰을 가져가는 경우가 있다. 자리를 뜰 경우에는 가방을 반드시 소지하고, 스마트 폰은 테이블 위에 놓지 말자.

경찰 사칭

핀란드에서 계속해서 신고가 들어오는 수법으로, 대사관에서도 주의를 당부하는 범죄다. 사복 경찰이라 얘기한 후 여권 제시를 요구한다. 이때 여권을 보여주면 바로 갖고 도망갈 수 있으니 절대 응하지 말자. 경찰서로 직접 가자고 단호하게 말하면 십중팔구 도망간다.

오물 뿌리기

필자도 스톡홀름 중앙역에서 겪었던 사건이다. 한 사람이 로션이나 케첩 등을 가방이나 옷에 뿌린다. 그리고 다른 한 사람이 '뭐가 묻었다'고 말하며 접근한 후, 당황해서 닦아 낼 때 가방을 가져가는 옛날 수법이다. 이때는 당황하지 말고, 가방을 단단히 멘 채로 주변을 살피며 가볍게 닦아 낸 후 화장실로 가는 것이 좋다.

사건사고 시 대처 방법

여권 분실

한국 여권이 전자 여권으로 바뀌었어도 여전히 위조의 위험은 존재한다. 자칫하면 입국 거절로도 이어질 수 있으니 여권 관리에 주의를 기울이자.

여권 분실 시, 우선 가까운 경찰서에서 도난 증명서(폴리스 리포트Police Report)를 작성하자. 그리고 해당 국가의 수도에 있는 한국 대사관을 방문해 여권이나 여행증명서 재발급을 신청해야 한다. 신청 시 여권 사진 2매, 여권이나 주민등록증 복사본, 도난 증명서를 제출하며, 여권 재발급에는 약 20일, 여행증명서 발급은 1~2일이 소요된다. 단, 여행증명서로는 지정된 국가에 한해서만 여행 가능하다.

소지품 도난

역시 여권 분실과 마찬가지로 도난 증명서를 작성하며, 경찰에게 경위를 설명할 수 있어야 한다. 사유는 'Stolen'으로, 품목과 가격은 구체적으로 적는 것이 좋다. 특히 고가의 물건은 보험사에서 물품 구입 영수증이나 구입 내역서, 카메라나 전자 제품은 시리얼 번호를 요구할 수 있으니 정확하게 적자. 귀국 후 도난 증명서와 보험사 신고 서류를 작성해 제출하면, 확인을 거쳐 보상 금액을 입금해 준다.

추가로 휴대전화 도난 및 분실 시에는 자칫하면 부정 사용으로 인한 과다 요금이 청구될 수 있다. 분실 확인 즉시 통신사에 신고해 사용 정지를 요청하자. 현금, 철도 패스는 도난이나 분실 시 보험 처리는커녕 아무런 보상도 없으니 특별히 주의!

항공권 분실

요즘은 항공권이 전자 항공권으로 교체되어 언제든지 재출력 가능하다. 항공권 이메일은 여행이 끝날 때까지 반드시 보관해 두고, 숙소나 도서관 등에서 필요 시 재출력하자. 출국 전 미리 여러 장을 출력해서 분산해 보관하거나, 해당 항공사 앱을 미리 받아 이용하는 것도 괜찮다.

카드 분실

우선 분실 확인 후 카드사에 급히 연락해 사용 정지를 요청하고, 혹시 모를 부정 사용이 있었는지 반드시 확인하자. 만약을 대비해 비상용 카드 한 장을 미리 준비하면 안심이다. 외화 충전식 체크카드 사용 시 애플리케이션에서 카드 사용을 비활성화시키자.

몸이 아플 때

병원에서 진료를 받고 비용을 지불한 후, 창구에서 보험용 서류를 발급받아 귀국 시 보험사에 제출하자. 확인 후 한도 내에서 보험금이 입금된다. 간단한 병의 경우 약국에 가서 우선 조치를 받고, 심할 경우 병원으로 가야 한다.

✖ 경험자가 알려주는 안전 팁

- 여행자 보험의 필요성은 말이 필요 없다. 반드시 가입하고 가자.
- 여권, 신용카드, 철도 패스 등은 항상 자기 몸에서 떼지 말고 숙소에서는 리셉션이나 안전 금고, 개인 사물함을 이용해 보관하는 것이 좋다.
- 여권과 전자 항공권(이티켓)은 만약을 대비해 사본을 3장 정도 만들고, 여분의 체크카드 및 비상용 신용카드와 함께 분산해 넣어 두자.
- 여분의 여권 사진 3장, 주민등록증이나 운전면허증 사본은 여권 분실 시를 대비해 소지하자. 여행 수첩에는 대사관, 경찰서 등의 주소와 긴급 상황 시 사용하는 단어, 카드 및 통신사의 분실 신고 전화번호, 카드 번호, 카메라나 스마트 폰의 시리얼 번호 등을 꼼꼼히 적어 두면 비상 상황 대처 시 도움이 된다.
- 가방의 지퍼는 몸쪽으로 향하게 메자. 작은 옷핀 등으로 지퍼가 움직이지 않게 한 번 더 집어 주면 안심이다.
- 지갑 안에는 하루 쓸 돈만 나눠서 가방 안에 깊숙이 넣고, 남성 여행자는 뒷주머니에 지갑을 절대 넣지 말자. 작은 카드+동전 지갑 정도가 적당하다. 가방 안에 매달 수 있으면 금상첨화.
- 가방에서 시선을 떼지 말고, 식당 등에서 자리를 뜰 때에도 반드시 소지하여야 한다.
- 휴대전화는 되도록 필요할 때에만 꺼내고 레스토랑이나 카페에서는 테이블에 올려 놓은 채로 자리를 뜨지 말자.
- 현금은 소액으로만 환전하고, 부득이하게 ATM 이용 시에는 은행 근처에 있는 곳 위주로 이용하자.

조금 더 건강한 여행을 위한 어드바이스

북유럽 여행 시 최근에는 '한 달 살기' 등의 중장기 체류, 어르신과 어린이를 함께 동반한 가족 여행이 크게 늘었다. 하지만 평소의 병력, 환경의 변화, 여행 중 피로 누적, 변화가 심한 날씨, 짧은 일조 시간, 맞지 않는 음식 등으로 여러 질환이 발생해 현지에서 불편을 호소하는 경우도 계속해서 생기고 있다.
평소 필자가 접했던 다양한 응급 상황, 직간접적으로 경험한 건강한 여행 준비 내용을 함께 정리했다. 조금 더 건강하고 편안한 여행을 위해, 다음 내용을 확인하고 더 꼼꼼하게 준비해 보자.

1. 준비 단계

- 평소 건강 상태와 여행 시기를 모두 고려해 계획을 세워야 한다. 임신 중이거나 준비 시, 만성 내외과 질환, 장시간 수술력, 항암 치료, 정신건강 관련 치료 시 사전에 의사와 충분히 상의하여 여행 여부를 결정하자.
- 임신 기간에 여행 시 15주~20주의 중기 기간이 권장되는 편이나, 단독 여행 및 장시간 버스 이동은 금지.
- 항공 예약 시 특별 기내식과 어르신을 위한 휠체어 등을 미리 신청하자.
- 계획을 짤 때에 일반 성인보다 2배 이상 느리게 일정을 잡고, 장거리 이동이 필요한 구간은 항공이나 캐빈 이용이 가능한 페리로 대체하자. 중간 중간 쉬는 시간을 넉넉히 두는 것이 좋다.
- 묵는 숙소와 가까운 범위의 병원, 약국을 미리 확인하고 지도에 체크해 두자.
- 취사가 가능한 숙소를 이용하면 좀더 안전하게 식사 준비하는 데 좋다.
- 처방약과 관련 용품은 여행 기간보다 넉넉히 준비하고, 분실을 대비해 가방마다 분산해 보관하자.
- 어린이 동반 시 처방약, 해열제 2종류 및 체온계, 성인 여행자는 항히스타민제, 진통 소염제, 파스류 등을 반드시 챙기자. 충분한 보습제, 피부 질환용 연고, 피로 회복용 영양제, 아웃도어 여행 시 모기 기피제도 필요하다.
- 영문 진단서나 소견서, 처방전이 있으면 현지에서 급한 약 구입이나 병원 진료 시 도움이 된다. 시간이 없다면 최근 처방약이 적혀 있는 봉투도 유용하다.
- 기피 식품 및 약품, 알레르기 항원은 수첩이나 별도의 카드에 적어 반드시 휴대하고, 사진으로도 저장해 두자.
- 나무, 풀 꽃가루 알레르기가 있다면 나무에 꽃 피는 기간인 5~6월을 반드시 피해서 일정을 잡자.
- 급성 알레르기 전신반응(아나필락시스) 병력이 있다면 젝스트, 에피펜 등의 비상용 주사를 반드시 미리 처방받아 사용법을 숙지해 두자.
- 핫팩, 물주머니 등의 보온을 위한 무전원 온열 기구와 겹쳐 입을 수 있는 옷을 충분히 준비해 가자.
- 인공 관절 치환술을 받았다면 본인의 관절 촬영 사진을 저장해 두자. 보안 검색 시 필요할 수 있다.
- 여행자 보험은 필수! 단 일부 만성질환 등은 보장이 되지 않을 수 있으니 가입 시 약관을 꼭 확인할 것.

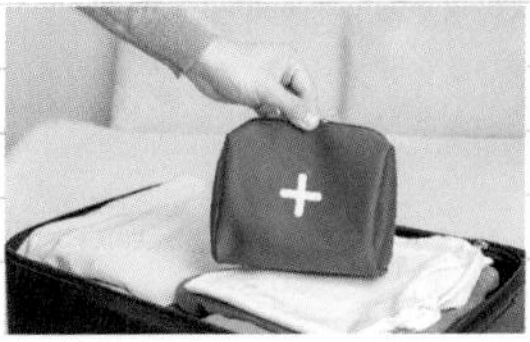

2. 현지에서

- 건강상 기피 식재료와 약 성분이 있다면 식당 이용 시, 약 처방 시 직원에게 내역을 보여 주고 안내를 받자.
- 장을 볼 때에는 포장지 뒤에 적힌 알레르기 항원 부분을 꼼꼼히 확인하고, 각 슈퍼마켓의 대체 식품 코너를 적극 이용하자. 밀가루 · 달걀 · 유제품 미사용 빵류, 쌀 파스타, 뻥튀기 등의 대체 식품류 이용이 가능하다. 직원에게 물어 보면 친절히 알려 준다.
- 유제품 대체용으로는 유당을 뺀 락토 프리lacto-free 제품이나, 두유soya, 쌀, 귀리oat, 아몬드, 코코넛 등의 식물성 제품이 있다. 식사 주문 시 직원에게 어떤 대체 식품을 쓰는지 물어볼 것.
- 북유럽의 물은 덴마크를 제외하면 서유럽보다 석회가 덜하고 깨끗한 편이다. 한국의 필터 샤워기는 장착이 불가능한 곳이 많은 점 주의.
- 아이슬란드에서는 곳에 따라 유황온천수가 온수로 나온다. 유황 성분으로 피부가 약해질 수 있으니 보습에 특히 주의를 기울이자.
- 어린이 동반 시, 열이 나면 해열제 2가지를 시간 간격을 두어 교차 복용토록 하고, 수건에 미지근한 물을 적셔 몸을 자주 닦아 주자.
- 두드러기 등의 알레르기 반응 시 먼저 항히스타민제나 연고를 사용하고, 입과 목 안이 붓기 시작하면 바로 동행이나 숙소에 알려 응급실이 있는 병원으로 가자.
- 숙소에서 베드버그(빈대)에 물렸을 때에는 입었던 옷 종류를 모두 최대한 고온으로 세탁 및 건조하여야 하며, 가방은 햇빛에 최대한 말리거나 스팀으로 소독해야 한다. 아예 다 버리고 새로 사야 할 수도 있다. 물린 자국은 항히스타민제와 연고 등으로 가라앉히되 절대 긁지 말 것.
- 팔다리에 힘이 없어지거나 대소변을 가리기 어렵다면, 극심한 통증 발생 시 얼른 병원으로 가자.
- 피로할 때 생기는 염증(방광염, 눈다래끼 등)에는 증상이 나타나야만 항생제 처방이 가능하다. 혈뇨 등의 증상 발견 시 빨리 병원으로 가서 항생제를 처방받아 정해진 기간 동안 복용하자.

*** 유비무환! 감염병 예방 관련 어드바이스**

- 평소에 손을 자주 씻고, 손 소독용 물티슈 등을 넉넉히 챙겨 수시로 닦아 주자.
- 종합 감기약, 항생제, 항히스타민제, 진통 소염제, 지사제, 피부 연고제, 피로 회복용 영양제 등을 상비약으로 꼭 챙기자.
- 피로할 때 생기는 증상에 맞춰 관련 영양제를 미리 준비해 꾸준히 복용하면 도움이 된다.
- 여행 중 피로가 쌓이면 면역력이 떨어져 감염이 쉬워진다. 계획 시 여유를 줘서 일정을 잡고, 중간중간 충분한 휴식으로 컨디션을 조절하자.
- 기내처럼 밀집된 교통수단 안에서는 마스크를 착용하는 것을 권한다. 마스크는 일정에 맞춰 준비하자.
- 인후통, 몸살 등의 호흡기 질환 의심 증상이 있다면, 자가 키트로 코로나19 양성 여부를 체크한 후 일정을 조정하자. 증상 발생 시 3~4일간 외부 접촉을 줄이고 충분히 휴식을 취하면 빨리 회복된다. 지역 이동 등의 부득이한 외출 시에는 마스크를 착용하고 빨리 진행한 후 숙소로 돌아오자.
- 고열이 지속되거나 통증이 심해지는 등의 증상이 있으면 바로 병원으로 가야 한다. 여행자 보험을 사전에 꼭 챙길 것.

Tip 1

한국의 알레르기 유발 식품 항목

우유, 달걀, 밀, 호두, 땅콩, 메밀, 콩, 복숭아, 토마토, 아황산류, 고등어, 게, 새우, 닭고기, 쇠고기, 돼지고기, 오징어, 조개류, 홍합, 굴, 전복(이 외에 참깨, 당근, 보리, 딸기, 아몬드, 사과, 옥수수, 파인애플 등)

알레르기 이외 특정 식재료 섭취 시 이상

유당 불내증(우유 및 유제품-락토 프리 제품이나 식물성으로 대체), 글루텐 불내증, 셀리악(밀 등의 글루텐 섭취 시-글루텐 프리 제품 이용), 자가면역질환 증상 심화(육류, 유제품 섭취 시 주의)

Tip 2

인천국제공항 의료센터

출국 전이나 귀국 후 의료적 조치가 필요할 때를 대비해 알아 두자. 인하대학교병원에서 직접 운영한다.

Open **1터미널** 08:00~20:00(가정의학과, 감염내과) **2터미널** 월~금 08:30~18:00, 토 · 공휴일 08:30~15:00(가정의학과, 외과 외래/응급진료 가능)

Access **1터미널** 지하 1층 동편(5번 출구), **2터미널** 지하 1층 서편 (2번 출구).

Step to Northern Europe 12

각국 축제와 국경일 일정

축제를 알면 지역 여행이 더 즐거워진다. 다음에 언급하는 축제들은 특히 국제적으로도 인기 있는 행사들로 골라 뽑은 것이다. 특별히 빠른 숙박 예약이 필요한 축제 기간은 별도로 ★표시했으니 참고하자. 독립 기념일이나 국경일 등은 모든 관광지가 문을 닫으니 이러한 점도 주의.

★ 표시는 축제를 즐기기 위해 사전 숙박 예약 중요도를 나타낸다. 표시가 많을수록 미리 예약하는 게 좋다.

1월 January

트롬쇠 극야 하프 마라톤 노르웨이 트롬쇠 ★★

하지 백야 마라톤과 함께 트롬쇠를 대표하는 한겨울 행사. 머리에 라이트 달고 극야의 어둠 속을 힘차게 달리자.

Date 매년 1월 첫 번째 토요일

Web www.msm.no

트롬쇠 국제영화제 노르웨이 트롬쇠 ★★

노르웨이 최대이자 세계 최북단에서 열리는 국제영화제. 1991년부터 시작되었으며 노르웨이의 영화 산업에 대해 알고 싶다면 둘러보자.

Date 매년 1월 두 번째 주

Web www.tiff.no

키루나 눈 축제 스웨덴 키루나

각국에서 출품한 눈 조각 작품들을 짧고 강렬한 낮 시간 동안 감상할 수 있다.

Date 매년 1월 마지막 주

Web www.snofestivalen.com

2월 February

사미 주간 스웨덴, 노르웨이, 핀란드 북부 라플란드 지방

트롬쇠, 우메오 등의 지역 주요 도시에서 사미족 문화를 체험할 수 있는 축제가 열린다. 사미족의 날인 2월 6일에는 시내에 민속 의상을 입은 사미족들이 운집한다. 또한 스웨덴 요크모크Jokkmokk에서는 400년 이상 전통의 겨울 시장도 함께 열린다.

Date **사미 주간** 매년 2월 첫 번째 주간
겨울 시장 매년 2월 첫 번째 목~토요일

Web www.msm.no
요크모크 겨울시장 www.jokkmokksmarknad.se

뢰로스마르트난Rørosmartnan 노르웨이 뢰로스

뢰로스가 동부 지역 상업 중심지였던 시절을 재현하는, 노르웨이 최대의 겨울 축제 겸 전통 시장. 트론헤임에서 당일치기 일정으로 다녀오며 즐기는 것을 추천한다.

Date 매년 2월 중순

Web www.rorosmartnan.no(노르웨이어)

윈터라이트 페스티벌 아이슬란드 레이캬비크

레이캬비크 시내의 주요 건물마다 각색 조명을 밝히는 겨울밤 빛의 축제. 특히 하들그림스키르캬를 밝히는 조명에 이목이 집중된다.

Date 매년 2월 첫 번째 목~일요일

Web www.winterlightsfestival.is

3월 March

홀멘콜렌(월드컵 노르딕 스키 대회) Holmenkollen
노르웨이 오슬로 ★

오슬로 외곽의 홀멘콜렌 스키 점프장 및 주변 지역에서 진행되는 크로스컨트리 스키 및 스키 점프 대회. 노르웨이 스키의 가장 큰 이벤트로 전 국민의 시선이 집중된다.

Date 매년 3월 두 번째 주

Web www.holmenkollen-worldcup.no

바살로펫Vasaloppet 스웨덴 달라르나 ★

북유럽 최대의 노르딕 스키 행사로, 90km의 코스를 질주하는 최장거리 크로스컨트리 스키 마라톤. 1년 전부터 신청자가 마감될 정도로 인기 최고다. 칼 필립 왕자도 왕실 최고 기록으로 완주했다!

Date 매년 3월 첫 번째 일요일

Web www.vasaloppet.se

4월 April

발푸르기스Walpurgis**의 전야제 & 바푸**Vappu
스웨덴 전역 & 핀란드 전역

돌아오는 봄을 기념하며, 학생들을 중심으로 기쁨의 노래와 모닥불 피우기 행사. 헬싱키에서는 학생들이 하비스 아만다 동상 근처에 운집하며, 동상에 학생 모자를 씌우고, 대형 모자 풍선을 날리며 학기 끝과 봄을 기념한다.

Date 매년 4월 30일

5월 May

노르웨이 헌법 기념일 노르웨이 전역
거리마다 민속 의상을 입은 사람들로 가득하며, 오슬로 왕궁에서는 왕을 비롯한 로열 패밀리들이 나와서 손을 흔들기도 한다.
Date 매년 5월 17일

베르겐 국제 페스티벌 노르웨이 베르겐 ★★
베르겐 및 홀다란드 지방 최대의 문화 축제로 다양한 공연이 펼쳐진다.
Date 매년 5월 말~6월 초
Web www.fib.no

레이캬비크 아트 페스티벌 아이슬란드 레이캬비크 ★
하르파 콘서트 홀을 중심으로 대규모의 공연이 열리는 시내 최대의 문화 축제.
Date 매년 5월 말~6월 초
Web www.listahatid.is

6월 June

덴마크 헌법 기념일 덴마크 전역
Date 매년 6월 5일

스웨덴 국경일 스웨덴 전역
국기가 만들어진 것을 기념하는 이날에는 퍼레이드와 강연, 오케스트라 공연 등을 볼 수 있다.
Date 매년 6월 6일

헬싱키의 날 핀란드 헬싱키
헬싱키 시에 수도가 세워진 것을 기념하는 축제. 이날 국립박물관 입장이 무료!
Date 매년 6월 12일

트롬쇠 백야 마라톤 노르웨이 트롬쇠 ★★
세계 최북단의 국제 공인 코스에서 진행되는 마라톤 대회로, 한밤중에 진행되는 시상식이 백야를 빛낸다. 5km부터 풀코스까지 선택할 수 있으며, 1년 전부터 근처 숙박 시설이 동난다.
Date 매년 6월 세 번째 주 토요일
Web www.msm.no

성 요한 축일 전야제 Juhanus **& 하지 휴일**
스웨덴과 핀란드 전역
하지 전날에는 헬싱키 세우라사리, 스톡홀름 스칸센을 중심으로 전국에서 하지를 기념하는 불 피우기, 메이폴 세우고 춤추기 등의 행사가 진행된다. 다음 날은 스웨덴과 핀란드 전역의 공휴일로 모든 곳이 문을 닫는다.
Date 매년 6월 세 번째 주 금 · 토

중세 페스티벌과 마켓 & 파보 누르미 마라톤 대회
핀란드 투르쿠
아보아 베투스 박물관을 중심으로 중세를 재현한 마켓이 열리며, 이때 함께 열리는 장거리의 전설 파보 누르미를 기리는 마라톤 대회 역시 인기 높은 행사이다. 골인 지점은 누르미 동상.
Date 매년 6월 마지막 주
Web 중세 마켓 www.keskiaikaisetmarkkinat.fi
파보 누르미 마라톤 www.paavonurmisports.fi

하지 뮤직 페스티벌 아이슬란드 전역 ★
17일의 독립 기념일과 함께, 한 해의 가장 긴 낮 시간을 기념하는 록 페스티벌.
Date 매년 6월 16~18일
Web www.secretsolstice.is

7월 July

사본린나 오페라 축제 핀란드 사본린나 ★★
올라빈린나 성Olavinlinna의 앞뜰 특설 무대에서 매년 열리는 1개월간의 오페라 축제. 북유럽을 대표하는 최대의 여름 클래식 축제로 인기가 높다. 원하는 공연이 있다면 예약 필수!
Date 매년 7월
Web www.operafestival.fi

로스킬데 록 페스티벌 덴마크 로스킬데 ★★
북유럽 최대의 록 페스티벌로, 전 세계에서 몰려든 3만 명 이상의 록 마니아가 공원과 시내를 가득 채운다.
Date 매년 6월 마지막 주~7월 초
Web www.roskilde-festival.dk

아내 들어올리기 경주 세계 챔피언십
핀란드 손카야르비Sonkajärvi
핀란드의 엽기적인 세계 챔피언십 대회의 대표 격이며, 우승 상품은 아내 무게만큼의 맥주!
Date 매년 7월 첫 번째 토요일
Web www.eukonkanto.fi

코펜하겐 재즈 페스티벌 덴마크 코펜하겐 ★
정상급 재즈 아티스트들의 공연이 이어지는 북유럽 최고의 재즈 축제.
Date 매년 7월 첫 번째 주
Web www.jazz.dk

몰데 국제 재즈 페스티벌 노르웨이 몰데
서부 피요르드 지역 최고의 음악 축제. 피요르드 여행과 묶어서 다녀오기에 좋다.
Date 매년 7월 중순
Web www.moldejazz.no

스톡홀름 프라이드 스웨덴 스톡홀름
북유럽 최고의 게이 페스티벌로 토요일 오후의 퍼레이드가 가장 인기 많고 재미있다.
Date 매년 7월 말~8월 초
Web www.stockholmpride.org

8월 August

중세 주간 스웨덴 고틀란드 ★★
스웨덴의 제주도 격인 고틀란드 섬의 고색창연함이 빛나는 중세 축제 주간.
Date 매년 8월 첫 번째 주
Web www.medeltidsveckan.se

탐페레 국제영화제 핀란드 탐페레 ★★
전 세계에서 운집하는 핀란드 영화계의 최고 행사.
Date 매년 8월 첫 번째 주
Web www.teatterikesa.fi

오슬로 재즈 페스티벌 노르웨이 오슬로
시내 콘서트 홀과 오페라 하우스, 여러 곳의 유명 재즈 클럽에서 다양한 공연을 만날 수 있다. 어린이와 청소년도 참여 가능한 프로그램은 가족 여행객에게도 좋다.
Date 매년 8월 두 번째 주
Web www.oslojazz.no(노르웨이어)

헬싱키 페스티벌 핀란드 헬싱키 ★
헬싱키 시내 최대의 문화 축제.
Date 매년 8월 마지막 주 목~토요일
Web www.helsinkifestival.fi

에어 기타 세계 챔피언십 핀란드 오울루
〈카모메 식당〉에서 마사코를 핀란드로 이끌었던 그 축제. 기타 소리를 얼마나 멋지게 흉내 내는지 직접 확인해 보자.
Date 매년 8월 마지막 주 수~토요일
Web www.airguitarworldchampionships.com

쇼드하우티드Þjóðhátíð 아이슬란드 헤이마에이 섬
'상인들의 휴일'을 가장 성대하게 보내는 국내 최남단 섬의 축제. 3일간 흥겨운 음악과 공연으로 떠들썩하다.
Date 매년 8월 첫 번째 주말
Web www.dalurinn.is

9월 September

오르후스 페스티벌 덴마크 오르후스 ★★
덴마크 최대의 문화 축제로 2014년에 50주년을 맞았다.
Date 매년 8월 마지막 금요일부터 약 10일간
Web www.aarhusfestuge.dk

시벨리우스 페스티벌 핀란드 라티
핀란드 민족 음악가 시벨리우스를 기리는 축제. 그의 작품 연주와 테마 투어 등 다양한 행사가 마련되어 있다.
Date 매년 9월 첫 번째 목~일요일
Web www.sinfonialahti.fi

10월 October

UKA 노르웨이 트론헤임 ★
25,000명의 트론헤임 학생 인구가 함께하는 노르웨이 최대의 문화 축제. 격년제로 진행된다.
Date 홀수 해 10월의 약 25일간
Web www.uka.no

재즈 해프닝 핀란드 탐페레
겨울의 시작을 알리는 핀란드 최대의 재즈 축제.
Date 매년 10월 말~11월 초
Web www.tampere.fi/jazz

11월 November

스톡홀름 국제영화제 스웨덴 스톡홀름 ★
어두운 계절을 화려하게 빛내는 스웨덴 대형 영화 축제. 스톡홀름 시내 10곳 이상 영화관에서 입맛대로 관람이 가능.
Date 매년 11월 첫 번째 주 수요일부터 약 10일간
Web www.stockholmfilmfestival.se

아이슬란딕 에어 웨이브 아이슬란드 레이캬비크 ★
신예 밴드들과 기존 밴드들이 어우러져, 새로운 음악 경향을 선보이는 국내 최대의 음악 축제.
Date 매년 11월 첫 번째 수~일요일
Web www.icelandairwaves.is

12월 December

크리스마스 마켓
덴마크 코펜하겐 · 오덴세 · 리베/핀란드 헬싱키 · 투르쿠/스웨덴 스톡홀름 · 예테보리/에스토니아 탈린 등
Date 매년 11월 중순~12월 중순(곳에 따라 1월 말까지)

노벨상 시상식 스웨덴 스톡홀름, 노르웨이 오슬로
Date 매년 12월 10일

성 루치아 페스티벌과 여러 행렬
스웨덴 전역, 핀란드 헬싱키와 서부 지역
머리에 촛불을 단 소녀를 비롯한 행렬이 스웨덴 전역, 핀란드 주요 도시들의 아침을 연다. 〈Sankta Lucia〉를 함께 부르며 겨울 속 빛의 행렬에 동참해 보자.
Date 매년 12월 13일

5개국 여행 언어

북유럽에서 영어만으로 소통이 어느 정도 가능하다고 해도 현지어를 알면 여행의 범위는 더 넓어진다. 한국에서도 외국인들이 우리말로 인사하는 모습을 보면 괜히 흐뭇해지지 않는가. 조금이라도 익혀서 가자. 특히 슈퍼마켓 같은 상점엔 영어 표기가 전무한 경우도 있으니 필요한 것이 있으면 메모해서 가자.

※ 순서는 우리말, 덴마크어, 노르웨이어, 스웨덴어, 핀란드어, 아이슬란드어.
※ 원어 표기 옆 괄호에는 한글 독음을 달아 이해를 도왔다.
※ 아이슬란드어의 þ는 영어의 'th' 중 무성음(번데기 발음), ð는 유성음이라 보면 된다.

인사

우리말 덴마크어 | 노르웨이어 | 스웨덴어 | 핀란드어 | 아이슬란드어

안녕하세요(평소)	Hej 헤이 | Hei 헤이 | Hej 헤이 | Hei 헤이, Moi 모이 | Halló 할로
아침 인사	God morgen 곳 모른 | God morgen 고 모른 | God morgon 곳 모론 | Hyvää huomenta 휘바 후오멘따 | Goðan daginn 고단 다인
오후 인사	God eftermiddag 곳 에프터미데이 | God dag 고 닥 | God eftermiddag 곳 에프터미닥, God afton 곳 압톤 | Hyvää päivää 휘바 파이바 | Gott siðdegi 곳 시드데예이
저녁 인사	God aften 곳 압텐 | God kveld 고 크벨 | God kväll 곳 크벨 | Hyvää ilta 휘바 일타 | Gott kvöld 곳 크뵐트
밤 인사	God nät 곳 내트 | God natt 고 나트 | God natt 고드 나트 | Hyvää yötä 휘바 위외따 | Góða nótt 고다 노트
안녕히 가세요	Farvel 파벨 | Ha det 하 뎃 | Adjö 아드예, Hej då 헤이 도 | Näkemiin 내케민 | Bless 블레스

※ 전화 인사 시 핀란드는 Moi moi로, 4개국(아이슬란드 제외) 모두 Hei hei로 대체 가능.

부탁합니다	Vær så venlig 배어 소 벤리 | Vær så snill 베어 소 스닐 | Var så god 바 소 곳 | Olkaa hyvät 올카 휘바 | Kurteisisorð 쿨테이시소르드
감사합니다	Tak 탁 | Takk 탁 | Tack 탁 | Kiitos 키토스 | Takk 탁
정말 감사합니다	Mange tak 망에 탁 | Tusen takk 투센 탁 | Tack så mycket 탁 소 뮈켓 | Paljon kiitos 팔욘 키토스 | Takk fyrir 탁 퓌릴
예	Ja 야 | Ja 야 | Ja 야 | Joo 여 또는 Kyllä 퀼라 | Já 야우
아니오	Nej 나이 | Nei 나이 | Nej 나이 | Ei 에이 | Nei 네이
실례합니다	Undskyld 운쉴 | Unnskyld 운쉴 | Ursäkta mig 우르색타 미 | Anteeksi 안텍시 | Afsakið mig 아프사키드 미

표지판 & 여행 관련

우리말 덴마크어 | 노르웨이어 | 스웨덴어 | 핀란드어 | 아이슬란드어

열림	åben 오벤 | åpen오펜, åpet 오펫 | öppen 외펜, öppet 외펫 | avoinna 아보인나 | opna 오프나, opinn 오핀
닫힘	lukket 루켓 | stengt 슈텡트 | stängt 슈탱트 | suljettu 술예투 | loka 로카
화장실	toiletter 토일레터 | toaletter 토알레터 | toalett 토알렛 | vessa 베사 | salerni 살레르(드)니, klósett 클로셋
남자	herrer 헤러 | herrer 헤러 | herrar 헤러 | miehet 미에헷 | maður 마뒤르
여자	damer 다머 | damer 다머 | damer 다머 | naiset 나이셋 | konur 코뉘르, kona 코나
성인	voksen 복슨 | voksen 복센 | vuxen 북센 | aikuinen 아이꾸이넨 | fullorðinn 풔틀로르드닌
어린이	barn 반 | barn 바른 | barn 반 | lapsi 랍시 | barn 반
입구	indgang 인드강 | inngang 인강 | ingång 인공 | sisään 시샌 | innganga 인강가

출구	udgang 웃강 | utgang 웃강 | utgång 웃공 | ulos 울로스 | hætta 하이타
출발	afgang 아브강 | avgang 아브강 | avgång 아브공 | lähtö 라퇴 | brottför 브로트푀르
도착	ankomst 안콤스트 | ankomst 안콤스트 | ankomst 안콤스트 | saapuminen 사푸미넨 | koma 코마
티켓	billet 빌레 | billet 빌레트 | biljett 빌예트 | lippu 리뿌, kortti 코르티 | miða 미다
편도	enkelt 엥켈트 | en vei 엔 바이 | enkel 엥켈, ett sätt 엣 셋 | menolippu 메노리뿌 | ein leið 에인 레이드
왕복	retur 리투르 | rundtur 룬투르 | retur 레투르, avkastning 압카스트닝 | edestakainen 에데스타카이넨, paluu 파루 | endurgjald 엔뒤르갈드
오른쪽	højre 회이레 | høyre 회이레 | höger 회거 | oikealle 오이케알레 | hægri 하이그리
왼쪽	venstre 벤스트레 | venstre 벤스트레 | vänster 밴스터 | vasemmalle 바셈말레 | vinstri 빈스트리
은행	bank 방크 | bank 방크 | bank 방크 | pankki 팡키 | banki 방키
약국	apotek 아포텍 | apotek 아포텍 | apotek 아포텍 | apteekki 압텍키 | lyfja(fræði) 리프야(프라이디)
의사	laege 레게 | lege 레게 | läkare 레카레 | lääkäri 레케리 | læknir 라이크니르
병원	hospital 호스피텔 | sykehus 쉬케휘스 | sjukhus 쉬크후스 | sairaala 사이랄라 | sjúkrahús 시우클라후스
호스텔	vandrerhjem 반드러헴 | vandrerhjem 반드러헴 | vandrarhem 방드라헴 | retkeilymaja 렛케이뤼마야 | farfuglaheimili 파우파글라헤이밀리
경찰	politi 폴리티 | politi 폴리티 | polis 폴리스 | poliisi 폴리시 | lögreglan 뢰글레글란
우체국	posthus 포스트후스 | postkontor 포스트콘토어 | post-kontor 포스트콘토어 | posti-konttori 포스티콘토리 | pósthús 포우스트후스
우표	frimærke 프리메르케 | frimerke 프리메르케 | frimärke 프리메르케 | postimerkki 포스티메르키 | frímerki 프리메르키
전화	telefon 텔레폰 | telefon 텔레폰 | telefon 텔레폰 | puhelin 푸헤린 | sími 시미

음식 & 장보기

우리말 덴마크어 | 노르웨이어 | 스웨덴어 | 핀란드어 | 아이슬란드어

빵	brød 브뢰트 | brød 브뢰드 | bröd 브뢰트 | leipä 레이빠 | brauð 브뢰이드
쌀	ris 리스 | ris 리스 | ris 리스 | riisi 리시 | hrísgrjón 흐리스그리욘
우유	mælk 맬크 | melk 멜크 | mjölk 묄크 | maito 마이토 | mjólk 뮈욜크
물	vand 반트 | vann 반 | vatten 바텐 | vesi 베시 | vatn 바튼
맥주	øl 욀 | øl 욀, pils 필스 | öl 욀 | olut 올룻 | bjór 뷔욜
감자	kartoffel 칼토펠 | potet 포텟 | potatis 포타티스 | peruna 페루나 | kartöflu 카르퇴플루, kartafla 카르타플라
양파	løg 뢱 | løk 뢱 | ök 뢱 | sipuli 시푸리 | laukur 뢰이쿼르
쇠고기	oksekød 옥세쾨트 | storfekjøtt 스토르페쉐트 | biff 비프, kött 셰트 | naudanliha 나우단리하 | nautakjöt 뇌이타키외트
돼지고기	svinekød 스비네쾨트, flæsk 프래스크 | svin 스빈 | gris 그리스 | sianliha 시안리하 | svínakjöt 스비나키외트
닭고기	kylling 퀼링 | kylling 퀼링 | kyckling 쉬클링 | kana 카나 | kjúklingur 키유크링귀르
양고기	fårekød 포레쾨트 | fårekjøtt 포르셰트 | fårkött 포르셰트 | lampaanliha 람판리하 | lambakjöt 람바키외트, kindakjöt 킨다키외트
순록고기	rensdyr 렌스뒤르 | reinsdyr 라인스뒤르 | ren 렌, rensdjur 렌스듀르 | poro 뽀로 | hreindýrakjöt 흐뢰인뒤키외트
새우	rejer 라이어 | reker 레케르 | räka 레카 | katkarapu 카트카라푸 | rækjur 라이퀴르, rækja 라이캬
청어	sild 실 | sild 셀 | sill 실, strömming 스트뢰밍 | silli 실리 | síld 실드
대구	torsk 토르스크 | torsk 토쉬크, tørfisk 퇴르피스크 | torsk 토르스크 | turska 투르스카 | þorskur 소르스쿼르
사과	æble 애블레 | eple 에플러 | äpple 애플러 | omena 오메나 | epli 에플리
오렌지	appelsin 아플신 | appelsin 아플신 | apelsin 아펠신 | oranssi 오란씨 | appelsína 아펠시나
딸기	jordbær 요르드배르 | jordbær 욜드바르 | jordgubbe 요르드구베 | mansikka 만시카 | jarðarber 야르다르베르
치즈	ost 오스트 | ost 오스트 | ost 오스트 | juusto 유스토 | ostur 오스튀르
버터	smør 스뫼르 | smør 스뫼르 | smör 스뫼르 | voi 보이 | smjör 스미예르

실용 회화

우리말 덴마크어 | 노르웨이어 | 스웨덴어 | 핀란드어 | 아이슬란드어

도와주세요

Hjælp 헬프 | Hjelp 헬프 | Hjälp 핼프 | Apua 아푸아 | Hjálp 햐울프

의사를 불러 주세요

Ring efter en laege 링 에프터 엔 레에

Ring en lege 링 엔 레게

Ring efter en doktor 링 에프터 엔 독터

Kutsukaa lääkäri 쿠츠카 레케리

Vinsamlegast hringi lækni
빈삼레가스트 프링기 라이크니

경찰을 불러 주세요

Ring efter politiet 렝 에프터 폴리티엣

Ring politiet 링 폴리티엣

Ring polisen 링 폴리센

Soittakaa poliisi 소이타카 폴리시

Vinsamlegast hringi lögreglu
빈삼레가스트 프링기 뢰글레글루

이거 얼마예요?

Hvor meget koster det? 보어 메에 코스터 데?

Hvor mye koster det? 보어 미 코스터 데?

Hur mycket kostar den? 후르 미켓 코스타 덴?

Paljonko se maksaa? 팔욘코 세 막사?

Hversu mikið er það? 크베르수 미키드 에르 사드?

이름은 무엇입니까?

Hvad hedder du? 바드 헤터 두?

Hva heter du? 바 헤터 두?

Vad heter du? 바드 헤터 두?

Mika teidän nimenne on? 미카 테이단 니멘 온?

Hvað heitir þú? 크바드 헤이티르 수?

만나서 반갑습니다

Rart at møde dig 라르트 앗 뫼데 다이

Hyggelig å møte(treffe) deg 휘게리 오 뫼테(트레페) 다이

Trevligt att träffas 트레브리트 아트 트래파스

Hauska tavata 하우스카 타바타

Gaman að hitta þig 가만 아드 히타 시그

나는 ○입니다

Mit navn er ○ 미트 나운 에어 ○

Jeg heter ○ 예 헤터 ○

Jag heter ○ 야 헤터 ○

Minun nimeni on ○ 미눈 니메니 온 ○

Ég heiti ○ 예그 헤이티 ○

영어 하실 줄 아세요?

Taler de engelsk? 타러 데 엥엘스크?

Snakker du engelsk? 스나커 두 엥겔스크?

Talar du engelska? 탈라 두 엥엘스카?

Puhutko engelantia? 푸후트코 엥겔란티아?

Getur þú talað ensku? 예튀르 스 탈라드 엔스쿠?

방 있습니까?

Har I ledige vaelelser? 하르 이 레디 베레르세르?

Har du ledige rom? 하르 두 레디게 롬?

Finns det några lediga rum?
핀스 뎃 노그라 레디가 롬?

Onko teillä vapaata huonetta?
온코 테이라 바파타 후오네타?

Er einhver herbergi?
에르 에인크베르 헤르베르기?

○는 어디 있나요?

Hvor er ○? 보어 에어 ○?

Hvor er ○? 보어 에어 ○?

Var är ○? 바 에어 ○?

Missä on ○? 미사 온 ○?

Hvar er ○? 크바르 에르 ○?

○ 하나 주세요

En ○, tak! 엔 ○, 탁!

En ○, takk! 엔 ○, 탁!

En ○, tack! 엔 ○, 탁!

Yksi ○, kiitos! 윅시○, 키토스!

Einn ○, takk! 에인 ○, 탁!

Ex) 맥주 한 잔 주세요. En øl, takk!(엔 욀, 탁!)

Travel Map Index

북유럽 6개국 지도 인덱스

Travel Note

전문가와 함께하는
프리미엄 여행
나만의 특별한 여행을 만들고
여행을 즐기는 가장 완벽한 방법, 상상투어!
알차요
친절해요
맛있어요
상상투어
예약문의 070-7727-6853 | www.sangsangtour.net
서울특별시 동대문구 정릉천동로 58, 롯데캐슬 상가 110호